实验室溶液制备手册

李云巧 编著

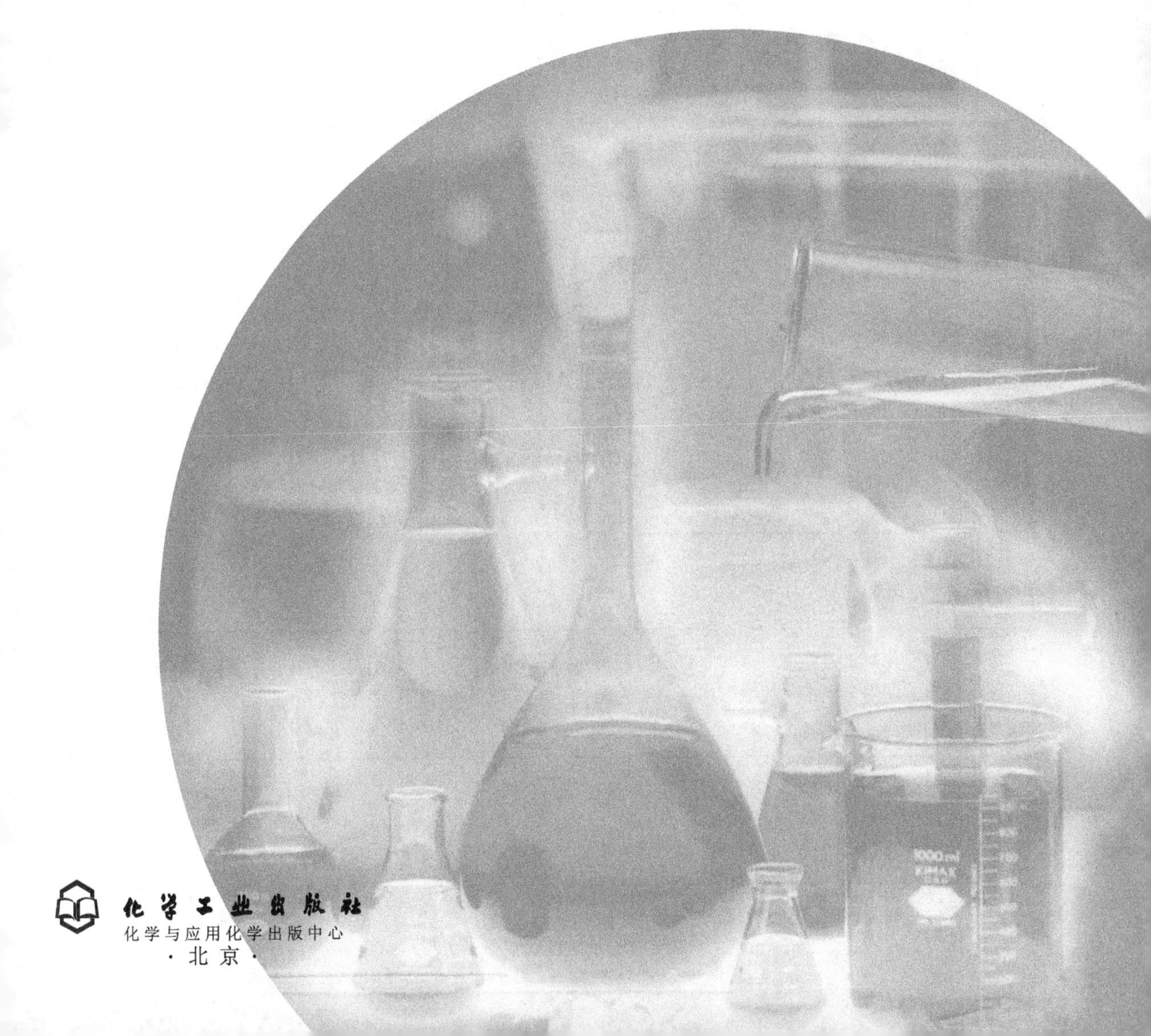

化学工业出版社
化学与应用化学出版中心
·北京·

图书在版编目（CIP）数据

实验室溶液制备手册/李云巧编著．—北京：化学工业出版社，2006.4（2024.5重印）
ISBN 978-7-5025-8506-8

Ⅰ.①实…　Ⅱ.①李…　Ⅲ.①实验室-溶液-制备-手册
Ⅳ.①TQ016.5-62

中国国家版本馆CIP数据核字（2024）第104197号

责任编辑：李晓红　任惠敏　　　装帧设计：九九设计工作室
责任校对：郑　捷

出版发行：化学工业出版社（北京市东城区青年湖南街13号　邮政编码100011）
印　　装：北京虎彩文化传播有限公司
开本787mm×1092mm　1/16　印张61　字数1484千字　　2024年5月北京第1版第3次印刷

购书咨询：010-64518888　　　售后服务：010-64518899
网　　址：http://www.cip.com.cn
凡购买本书，如有缺损质量问题，本社销售中心负责调换。

定　　价：360.00元

前　言

化学测量涉及国际贸易、公共安全、科技发展、社会进步的各个方面，是科技创新的重要技术基础，是国民经济发展和国际贸易不可或缺的技术支撑，也是保护环境与人类健康的有效技术保障。准确可靠的分析测量结果是国际贸易、环境保护、公共安全、法律实施、科技发展、大众健康等正确决策的基础。因此化学测量已经成为21世纪最为活跃的测量领域。

化学测量与物理测量相比更为复杂，待测量的物质涉及固体、液体和气体，待测量的特性量有化学成分量（无机成分、有机成分等）、物理化学量、化学工程量等。测量过程涉及样品处理、测量方法的选择、分析仪器的校准、标准物质的使用等。而且，化学测量方法大多数为相对测量方法，样品能够不经处理直接进行测量的方法目前还很少。除极少固体样品和部分气体样品可以直接测量外，在绝大多数情况下，需要对待测物质样品先进行前处理，使之成为溶液后再进行测定。因此在化学测量过程中，常需要使用和配制各类溶液。为了规范化学测量过程，提高测量结果的可靠性，使之具有可比性和溯源性，特编制本手册。以供各行各业的分析检测人员在配制溶液时作一些基本的参考。

本手册分为四个部分。第一部分为溶液配制所应掌握的基础知识，包括：分析实验室用水；溶液制备常用器皿；常用玻璃量器的校准；溶液配制用试剂；标准溶液配制用试剂、原料的处理及称量；常用量、单位以及有效数字；溶液浓度的表示及计算；溶液配制的通用方法；溶液标准物质；标准溶液配制中的不确定度评定基础知识和典型例子等。第二部分是标准溶液的制备。对于相对测量方法而言，使用准确的标准溶液是测量结果准确可靠的前提条件，需要采用标准溶液来校准分析仪器，并直接作为测量的标准。根据测量的特性量不同，本书把标准溶液分为无机成分（阳离子、阴离子、有机金属化合物）分析用标准溶液、有机生化成分分析用标准溶液、容量分析（酸碱滴定、络合滴定、氧化还原滴定、沉淀滴定、非水滴定）用标准溶液、pH标准溶液和其他标准溶液。第三部分为非标准溶液，亦即除了标准溶液以外的，为完成化学测量过程所需使用的溶液。包括常用酸碱溶液、盐溶液、有机溶液、生化分析用溶液、缓冲溶液、指示剂溶液（一般指示剂溶液、氧化还原指示剂溶液和非水滴定用指示剂溶液）、纯化溶剂、常用吸收液、显色剂溶液、常用洗涤液等。第四部分为附录。其中列出了溶液配制中需要常备的辅助的和公共的信息或知识，包括化学元素的基本参数、化学式（原子、分子或原子团）及式量、常用酸碱密度和浓度、常用试剂一般性质、常用干燥剂、玻璃量器校准—衡量法用表、化学试剂标准目录、国家一级和二级溶液标准物质目录、一级标准物质技术规范、分子吸收分光光度法通则、化学试剂电位滴定法通则等。

由于本人知识水平有限，本书内容还不够全面和完整，亦难免存在不当之处，敬请各位读者指正。

编者

2006年5月

编写说明

1. 本手册主要按溶液的使用目的划分成不同的部分，在每部分中则按拼音字母的顺序编排，出现同音字时，按笔画多少编排，比画少的在前，笔画多的在后。

2. 在标准溶液浓度的表示中，有些浓度单位采用了 μg/mL，这主要是考虑这些标准溶液主要用于仪器分析，而仪器分析常用于测定含量水平较低（微量、痕量）的特性量，如此使用较方便。其量值与用 mg/L 为单位表示的相同。

3. 对于大部分无机成分量标准溶液，比较容易获得高纯原料。因此在溶液的配制中，直接给出需要准确测量的原料质量。此时，该原料的纯度以 100%计。对于少数很难获得高纯原料的，应将进行纯度换算后的原料质量作为称量的原料质量。

4. 对于大部分有机生化成分量标准溶液，获得高纯原料的难度较大。因此在溶液的配制中，除直接给出需要准确测量的原料质量（此时，该原料的纯度以 100%计）外，还同时给出需要进行纯度换算后的原料质量。

5. 在某些标准溶液的配制中，考虑到标定方法复杂，如采用 ICP 发射光谱法、色谱法等，若全面介绍测量步骤需要的篇幅很大，因此，只列出了标定方法的名称，未给出具体操作步骤。如读者有需要，可以查阅相关的资料。

6. 某些同特性量的标定，可采用相同的标定方法和操作步骤。对于这些具有共性的方法和操作步骤，为避免重复，以标注的方式或以附录的方法给出。如分子吸收分光光度法通则、化学试剂电位滴定法通则等。

7. 在本手册溶液（主要为酸溶液）浓度的表示中，当所列浓度表示为 5%或 10%，又未给出特殊说明时，则表示为体积分数，如浓度为 10%时，将市售浓酸作为 100%计，以酸与水按 1+9 比例混合，即得到浓度为 10%的酸溶液。

8. 附录一“元素的基本参数”中各元素的相对原子质量源自 IUPAC 2001 年发布的原子量。在每个元素相对原子质量数值表示中，如 Al：26.981538(2)，括号中的“2”为相对原子质量测量的扩展不确定度，表明其测量的不确定度为 0.000002；如果需要换算成标准不确定度，可按矩形分布处理，即引用的不确定度除以$\sqrt{3}$得到。由于各元素相对原子质量测量的难易程度不同，其有效数字位数也不同，测量的不确定度也不同。

9. 附录中关于化学式量的有效数值取舍原则是：依据化学式中各元素的相对原子量的有效数字，按有效数字的运算原则获得。

目录

Ⅰ 溶液配制基础知识

Ⅱ 标准溶液

Ⅲ 非标准溶液

四、生化溶液 ………… 667

Ⅳ 附录

I　溶液配制基础知识

溶液在化学检验中广泛应用。化学检验中所用溶液按所用溶剂的种类可以分为水溶液（简称溶液）和非水溶液，按溶液浓度的准确度又可分为标准溶液和非标准溶液（也称一般溶液）。常用溶液的配制是化学检验员所必须掌握的基本技能。配制常用溶液除需选择合适的容器、符合要求的溶质（化学试剂）和溶剂（水或有机溶剂），以及掌握一些必备的基本技能外，还需要掌握一些相关的基础知识。

一、分析实验室用水

在化学检验和溶液配制中，水的用量最大。除配制溶液外，洗涤容器、标定溶液、水浴加热等都需要使用水。而天然水或自来水中存在着很多的杂质，不能直接用于检验和配制溶液。必须将水纯化，除去杂质后才能使用。通常把未经纯化的水称之为原水。有关国家标准规定了一般分析实验室用水的技术要求，这些规定也适用于溶液配制用水的要求，对于某些特殊分析，如超纯分析及痕量分析用溶液的配制，需要使用纯度更高的水。

（一）实验室用水的规格

我国国家标准 GB/T 6682—1992《实验室用水规格和试验方法》规定，分析实验室用水共分三个级别。一级水用于有严格要求的分析试验，包括对颗粒有要求的试验。如高效液相色谱、电感耦合等离子体质谱分析用水。当配制各类标准溶液时，尤其是痕量成分分析用标准溶液时，应使用一级水。二级水用于灵敏的仪器分析试验，如原子吸收光谱、电感耦合等离子发射光谱分析。三级水用于一般化学分析试验。本手册配制溶液所用的水，均应符合 GB/T 6682—1992 的规定，表 1-1 给出了该标准规定的实验室用水规格。

表 1-1　分析实验室用水的规格

名　　称		一　级	二　级	三　级
外观		无色透明液体		
pH 值范围(25℃)		—	—	5.0～7.5
电导率(25℃)/(mS/m)	≤	0.01	0.10	0.50
可氧化物质[以(O)计]/(mg/L)	<	—	0.08	0.4
吸光度(254nm,1cm 光程)	≤	0.001	0.01	—
蒸发残渣[(105±2)℃]/(mg/L)	≤	—	1.0	2.0
可溶性硅[以(SiO_2)计]/(mg/L)	<	0.01	0.02	—

注：1. 由于在一级水、二级水的纯度下，难于测定其真实的 pH 值，因此，对一级水、二级水的 pH 值范围不做规定。

2. 一级水、二级水的电导率需用新制备的水“在线”测定。

3. 由于在一级水的纯度下，难于测定可氧化物质和蒸发残渣，对其限量不做规定。可用其他条件和制备方法来保证一级水的质量。

不同级别的分析用水其制备方法和原水要求不同。制备所用原水应为符合饮用水标准或适当纯度的水。一级水可用二级水经过石英设备蒸馏或离子交换混合床处理后，再经0.2μm微孔滤膜过滤来制取。配制痕量成分标准溶液时，如果一级水仍达不到要求，应在洁净室中，采用二级水亚沸蒸馏法制备实验用水。二级水可用多次蒸馏或离子交换等方法制取。三级水可用蒸馏或离子交换等方法制取。

为了保证分析用水的纯度，对其储存的容器和方法有一定的要求。三级水可用密闭的专用玻璃容器或聚乙烯容器。二级水和一级水应用石英容器或专用的聚乙烯容器。有机成分痕量分析用水，应用石英容器或玻璃容器储存。无机成分痕量分析用水应用石英容器或专用的聚乙烯容器储存。新购置容器在使用前，必须经过以下方法处理。

玻璃容器和石英容器：先用盐酸溶液（1+1）或硝酸溶液（1+1）浸泡（2～3)d，用自来水冲洗，用待储存水清洗，并浸泡6h以上。

聚乙烯塑料容器：先用氢氧化钠溶液（100g/L）浸泡（2～3)d后，用自来水冲洗，用待储存水清洗，再用盐酸溶液（体积分数为20%）或硝酸溶液（体积分数为20%）浸泡(2～3)d，用自来水冲洗，用待储存水清洗，并浸泡6h以上。塑料容器使用一段时间后，由于细菌的作用，在塑料容器内壁上产生大量的霉菌，因此每间隔（2～3）个月，用少量稀双氧水清洗内壁。

虽然容器在使用前经过处理，但在各级水储存期间，常因容器中可溶性成分、空气中的二氧化碳和其他杂质的溶解而造成污染。因此，一级水不可储存，应在使用前制备。二级水和三级水可适量制备，储存在经过处理的容器中，并尽快使用。

（二）分析实验室用水的检验

目前，许多城市有纯水生产厂，其出售的纯水通常能达到GB/T 6682中二级水或三级水的要求，满足一般化学分析的要求（应当指出实验用纯水不同于饮用纯净水，其技术指标不同，不可替代使用）。无论是自制或购买的纯水均应按GB/T 6682—1992规定的试验方法检验后方可使用。取样应有代表性，取样体积不少于3L。取样前应对储水容器按前述方法进行处理。

1. pH值的测定

［仪器］

酸度计：分度为0.1pH

（1）指示电极

① 玻璃电极：使用前需在水中浸泡24h以上，使用后浸在水中保存。

② 锑电极：使用前用细砂纸将表面擦亮，使用后清洗擦干。

（2）参比电极——饱和甘汞电极：使用时电极上端小孔的橡皮塞必须拔出，以防止产生扩散电位，影响测定结果。电极中氯化钾溶液中不能有气泡，以防止断路。溶液中保持有少许氯化钾晶体，以保证氯化钾溶液的饱和。

［操作步骤］ 用pH4.00的邻苯二甲酸氢钾标准缓冲溶液和pH9.00的硼砂标准缓冲溶液校准酸度计。将温度补偿旋钮调至标准缓冲溶液的温度处，如酸度计不具备电极系数调节功能，相互校正的误差不得大于0.1pH。用与待测水样pH接近的标准缓冲溶液定位，用水冲洗电极，调节待测水样温度至（25±1)℃，并将酸度计的温度补偿旋钮调至25℃，测定

水样 pH 值，重复取样测定 3 次，取算术平均值为测量值。

2. 电导率的测定

水的电导率是水质纯度的重要指标。用电导率仪测定水的电导率是水质分析和监测的最佳方法之一。下面介绍基本测量方法。

[仪器]

(1) 用于一、二级水测定的电导仪：配备电极常数为 (0.01～0.1)cm^{-1}的"在线"电导池。并具有温度自动补偿功能。

若电导仪不具有温度补偿功能，可装"在线"热交换器，使测量时水温控制在 (25±1)℃或记录水的温度，再进行换算。

(2) 用于三级水测定的电导仪：配备电极常数为 (0.1～1)cm^{-1}的电导池。并具有温度自动补偿功能。若电导仪不具有温度补偿功能，可装恒温水浴槽，使待测水样温度控制在 (25±1)℃或记录水的温度，再进行换算。

[操作步骤]

(1) 一、二级水的测量：将电导池装在水处理装置流动出水口处，调节水流速，赶净管道及电导池内的气泡，即可进行测量。

(2) 三级水的测量：取 400mL 水样于锥形瓶中，插入电导池后，即可进行测量。

3. 可氧化物质限量试验

[试剂]

(1) 硫酸溶液 (20%)

(2) 高锰酸钾标准溶液 [$c(\frac{1}{5}KMnO_4)$=0.1mol/L]

(3) 高锰酸钾标准溶液 [$c(\frac{1}{5}KMnO_4)$=0.01mol/L]：量取 10.00mL 高锰酸钾标准溶液 [$c(\frac{1}{5}KMnO_4)$=0.1mol/L] 于 100mL 容量瓶中，用水稀释至刻度，混匀。

[操作步骤] 量取 1000mL 二级水或 200mL 三级水，注入烧杯中，加入 1.0mL 硫酸溶液 (20%)，混匀。加入 1.00mL 高锰酸钾标准溶液 [$c(\frac{1}{5}KMnO_4)$=0.01mol/L]，混匀。盖上表面皿，加热至沸并保持 5min，溶液的粉红色不得完全消失。

4. 吸光度的测定

[仪器]

(1) 紫外可见分光光度计

(2) 石英吸收池：厚度 1cm、2cm。

[操作步骤] 将水样分别注入 1cm 和 2cm 吸收池中，在紫外可见分光光度计上，于 254nm 处，以 1cm 吸收池中水样为参比，测定 2cm 吸收池中水样的吸光度。如仪器的灵敏度不够时，可适当增加测量吸收池的厚度。

5. 蒸发残渣的测定

[仪器]

(1) 旋转蒸发器：配备 500mL 蒸馏瓶。

(2) 干燥箱：温度可保持在 (105±2)℃。

［操作步骤］

（1）水样预浓缩：量取 1000mL 二级水（或 500mL 三级水）。将水样分几次加入到旋转蒸发器的蒸馏瓶中，于水浴上减压蒸发（避免蒸干）。待水样蒸至约 50mL 时，停止加热。

（2）测定：将上述预浓缩的水样，转移至一个已于（105±2)℃恒重的玻璃蒸发皿中。并用（5～10)mL 水样分（2～3)次冲洗蒸馏瓶，将洗液与预浓缩水样合并，于水浴上蒸干，并在（105±2)℃的干燥箱中干燥至恒重。残渣质量不得大于 1.0mg。

6. 可溶性硅的限量试验

［试剂］

（1）二氧化硅标准溶液［$\rho(SiO_2)=1.000mg/mL$］。

（2）二氧化硅标准溶液［$\rho(SiO_2)=0.01mg/mL$］：量取 1.00mL 二氧化硅标准溶液［$\rho(SiO_2)=1.000mg/mL$］于 100mL 容量瓶中，加无硅水稀释至刻度，摇匀。转移至聚乙烯瓶中，临用现配。

（3）钼酸铵溶液（50g/L）。

（4）草酸溶液（50g/L）。

（5）对甲氨基酚硫酸盐（米吐尔）溶液（2g/L）。

［操作步骤］ 量取 520mL 一级水（或 270mL 二级水），注入铂皿中。在防尘条件下，亚沸蒸发至约 20mL，停止加热。冷却至室温，加 1.0mL 钼酸铵溶液（50g/L），摇匀。放置 5min 后，加 1.0mL 草酸溶液（50g/L）摇匀。放置 1min 后，加 1.0mL 对甲氨基酚硫酸盐溶液（2g/L），摇匀。转移至 25mL 比色管中，稀释至刻度，摇匀，于 60℃水浴中保温 10min。目视观察，试液的蓝色不得深于标准。

标准：准确量取 0.50mL 二氧化硅标准溶液［$\rho(SiO_2)=0.01mg/mL$］，加入 20mL 水样，加 1.0mL 钼酸铵溶液（50g/L），摇匀。放置 5min 后，加 1.0mL 草酸溶液（50g/L）摇匀。放置 1min 后，加 1.0mL 对甲氨基酚硫酸盐溶液（2g/L），摇匀。转移至 25mL 比色管中，稀释至刻度，摇匀，于 60℃水浴中保温 10min。标准与水样同时处理。

所有检验用仪器和量器应进行定期检定，合格后方可使用。

标准检验方法严格但很费时，一般在对水的纯度要求不高，水的生产条件不变的情况下，可定期进行检测。也可仅测定电导率来判定水的质量，或用化学方法检验水中的阳离子、氯离子，同时用指示剂法测 pH 值来判定水的质量。

二、溶液制备用器皿

溶液配制常用的器皿主要有烧杯、试剂瓶、锥形瓶、量筒、吸管、容量瓶、滴定管、称量瓶、表面皿、滴管、滴瓶、坩埚等。常用的器皿主要由玻璃、石英、聚乙烯、聚四氟乙烯、铂、瓷等材料制成。实验室分析人员应掌握一般器皿的洗涤、使用原则等。

（一）常用器皿分类和规格

化验室使用的玻璃及其他器皿种类很多，这里主要介绍常用玻璃和其他器皿的知识。表 1-2 给出了常用器皿的分类和规格。

表 1-2 常用器皿分类和规格

序号	容器名称	常用规格	形状	主要特点	主要用途	使用注意
1	烧杯	体积(mL):10、50、100、150、200、250、300、400、500、1000、2000、5000	 普通 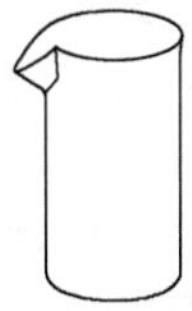 高型 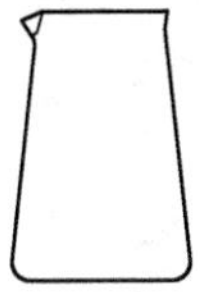 锥形	分普通和高型,刻度和非刻度 能加热	配制溶液、溶解样品等	加热时应置于石棉网或石墨板上,使其受热均匀
2	圆(平)底烧瓶	体积(mL):50、100、250、500、1000、2000、3000、4000、5000、10000、20000	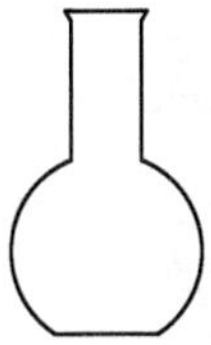 平底烧瓶 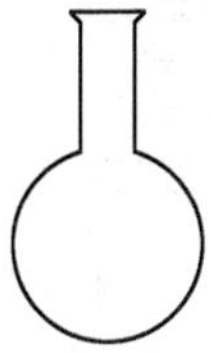 圆底烧瓶	能加热	主要用于蒸馏	一般避免直接火焰加热,隔石棉网或各种加热套、加热浴加热
3	圆底蒸馏烧瓶	体积(mL):50、100、250、500、1000、2000、5000	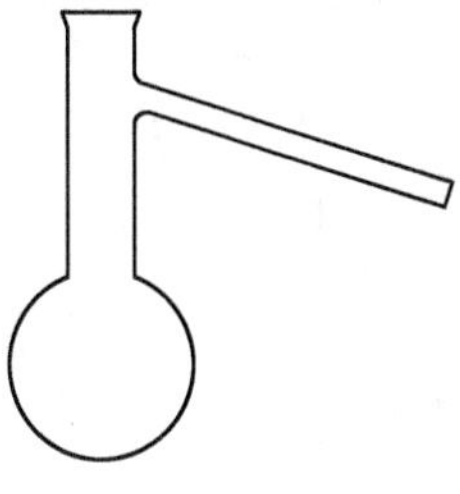	能加热	蒸馏;也可用作少量气体发生反应器等	同圆(平)底烧瓶

续表

序号	容器名称	常用规格	形状	主要特点	主要用途	使用注意
4	三角烧瓶（锥形瓶）	体积（mL）：5、10、15、20、25、50、100、150、200、250、300、500、1000、2000、3000、5000		分具塞和普通； 能加热	容量滴定、加热处理样品等	加热时应置于石棉网或石墨板上，使其受热均匀； 具塞锥形瓶加热时要打开塞子，非标准磨口要保持原配塞
5	碘瓶	体积（mL）：50、100、250、500、1000		能加热	碘量法或其他生成挥发性物质的定量分析容量滴定、加热处理样品等	同三角烧瓶
6	量筒 量杯	体积（mL）：5、10、20、25、50、100、250、500、1000、2000		量出式； 不能加热	用于量取一定体积的液体、但量出体积的准确度不高	使用时需沿壁加入或倒出液体
7	单标线吸管	体积（mL）：0.5、1、2、5、10、15、20、25、50、100		量出式； 按准确度分为一等（A级）和二等（B级）	准确移取一定体积的液体，常用于配制标准溶液	应定期检定或校准后使用； 稀释或配制标准溶液时，应使用A级

续表

序号	容器名称	常用规格	形　状	主要特点	主要用途	使用注意
8	分度吸管	体积(mL):0.1、0.2、0.5、1、2、5、10、15、20、25、50		量出式； 按准确度分为一等(A级)和二等(B级)	准确移取不同体积的液体	应定期检定或校准后使用； 如必须用分度吸管稀释或配制标准溶液时,应使用A级
9	容量瓶	体积(mL):2、5、10、25、50、100、150、200、250、500、1000、2000		量入式； 有棕色和无色； 按准确度分为一等(A级)和二等(B级)	准确配制溶液	应定期检定或校准后使用； 配制标准溶液时,应使用A级。塞子要保持原配； 漏水的不能用； 不能直接用火加热,可用水浴加热
10	酸式滴定管	体积(mL):5、10、25、50、100		有棕色和无色； 按准确度分为一等(A级)和二等(B级)； 不能加热	容量分析滴定	应定期检定或校准后使用； 活塞要原配； 漏水的不能用； 不能长期存放溶液
11	碱式滴定管	体积(mL):5、10、25、50、100		有棕色和无色； 按准确度分为一等(A级)和二等(B级)； 不能加热	容量分析滴定；滴加碱溶液	应定期检定或校准后使用； 漏水的不能用； 不能长期存放碱溶液； 不能放与橡皮有作用的有机溶液

续表

序号	容器名称	常用规格	形状	主要特点	主要用途	使用注意
12	称量瓶	矮形： 容量 mL / 瓶高 mm / 直径 mm 10 / 25 / 35 15 / 25 / 40 高形： 10 / 40 / 25 20 / 50 / 35 ……		有矮形和高形； 不能加热	矮形常用于测定水分和在干燥箱中干燥试剂； 高形常用于称量	干燥试剂时不能盖紧磨口塞，磨口塞要原配
13	表面皿	直径(mm)：40、45、50、60、70、75、80、85、90、95、100、110、120、140、150、170、180		能加热	在用烧杯或锥形瓶等配制溶液、溶解样品时，作为盖子使用	不可直接用火焰加热； 直径要略大于所盖容器
14	广口瓶	体积(mL)：30、60、125、250、300、500、1000、2500、5000、10000、20000		有棕色和无色； 不能加热	用于存放固体试剂；棕色瓶用于存放见光易分解的试剂	
15	细口瓶	体积(mL)：30、60、125、250、300、500、1000、2500、5000、10000、20000		有棕色和无色； 不能加热	用于存放液体；棕色瓶用于存放见光易分解的液体	不能在瓶内配制在操作过程中放出大量热量的溶液； 磨口瓶要保持原配塞； 不要长期存放碱性溶液，必须存放时，应使用橡皮塞
16	滴管				吸取溶液	避免将溶液吸入橡胶头
17	滴瓶	体积(mL)：15、30、60、125		有无色或棕色	用于存装液体； 棕色瓶用于存放见光易分解的液体	不能加热； 不能在瓶内配制在操作过程中放出大量热量的溶液； 磨口瓶要保持原配塞； 不要长期存放碱性溶液，必须存放时，应使用橡皮塞

续表

序号	容器名称	常用规格	形　　状	主要特点	主要用途	使用注意
18	漏斗	长颈 口径(mm):40、45、50、55、60、70、75、80、90、100、120 短颈 口径(mm):30、40、45、50、55、60、70、75、80、90、100、120	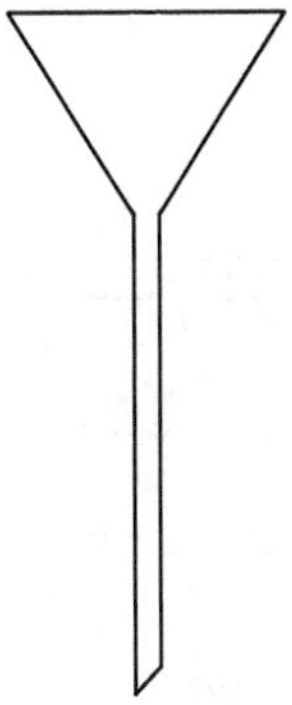 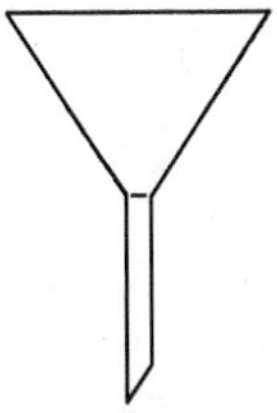		长颈漏斗用于定量分析,过滤沉淀;短颈漏斗用于一般过滤	不可直接用火加热
19	瓷漏斗	直径(mm):25、40、50、60、65、80、100、120、150、200、250、300	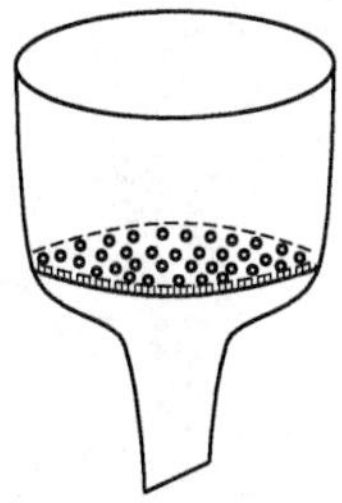		用于抽滤沉淀	
20	分液漏斗	锥形(mL):10、20、25、50、100、125、250、500、1000、2000 球形(mL):50、100、125、250、500、1000、2000	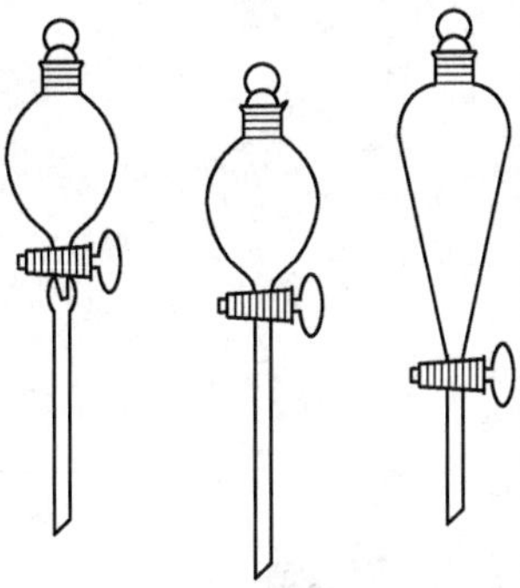	不可加热	用于分开两种互不相溶液体; 用于萃取分离和富集; 制备反应中加液体(多用球形和滴液漏斗)	磨口塞必须原配; 漏水的漏斗不能使用
21	比色管	体积(mL):5、10、25、50、100	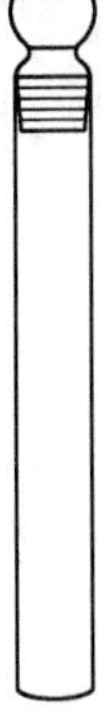	分带刻度和不带刻度;具塞和不具塞	光度分析	不可直接用火焰加热,非标准口必须原配,注意保持管壁透明,不可用去污粉刷洗

续表

序号	容器名称	常用规格	形状	主要特点	主要用途	使用注意
22	干燥器	直径(mm):120、160、180、210、240、300、350、400、450	非真空 真空	分无色和棕色;真空和非真空	保持烘干或灼烧过的物质的干燥;也可用于干燥少量样品	底部放变色硅胶或其他干燥剂,盖磨口处涂适量凡士林; 不可将红热的物体放入,放入热物体后,应先开启几次盖子,以免盖子跳起
23	瓷坩埚	体积(mL):5、10、15、18、20、25、30、40、50、70、100、150			灼烧样品,用硫酸氢钾(钠)、焦硫酸钾(钠)或硫代硫酸钠等为熔剂熔融	但不能使用氢氟酸、过氧化钠、氢氧化碱及碱金属碳酸盐等
24	铂坩埚	体积(mL):25、30、40、50、100、150			碱熔融,用氢氟酸处理样品	注意事项见本节(三)中5
25	蒸发皿	体积(mL):24、30、35、40、50、60、70、75、100、125、140、150、200、250、300		能加热	蒸发液体,浓缩样品	

续表

序号	容器名称	常用规格	形　状	主要特点	主要用途	使用注意
26	冷凝管	全长(mm)：200、250、300、400、500、600、800、1000		分直形、球形、蛇形、空气冷凝等	用于冷却蒸馏出的液体，蛇形管适用于低沸点液体蒸气，空气冷凝管适用于冷凝沸点150℃以上的液体蒸气	不可骤冷骤热，注意从下水口进冷却水，上口出水
27	抽滤瓶	体积(mL)：50、100、250、500、1000			抽滤时接收滤液	属于厚壁容器，能耐负压；不可加热
28	砂芯漏斗	体积(mL)：25、40、60、80、100、120、150		分G1、G2、G3、G4、G5、G6	用于过滤沉淀	必须抽滤、不可骤冷骤热，不能过滤氢氟酸、碱等，用毕立即清洗
29	砂芯玻璃坩埚	体积(mL)：40		分G1、G2、G3、G4、G5、G6	重量分析中烘干需称量的沉淀	必须抽滤、不可骤冷骤热，不能过滤氢氟酸、碱等，用毕立即清洗

（二）器皿的洗涤

用于制备溶液的各种器皿使用前，必须进行仔细的清洗确保不含干扰物，以免影响配制溶液的量值，这一点对于配制痕量成分分析用标准溶液尤为重要。不同的器皿因材质不同、用途不同应采取不同的洗涤方法，下面分述之。

1. 玻璃及石英器皿的洗涤

玻璃因具有良好的化学稳定性，在溶液制备中大量使用。根据玻璃的性质可分为硬质玻璃器皿和软质玻璃器皿两类。软质玻璃的耐热性、硬度、耐腐蚀性较差，但透明度好，一般用于制造非加热器皿，如吸管、滴管、滴瓶、试剂瓶、量筒、滴定管等。硬质玻璃的耐热性、耐腐蚀性、耐冲击性都较好，常用于制造烧杯、锥形瓶等。

一般玻璃器皿，如烧杯、锥形瓶、量筒、试剂瓶、称量瓶等的洗涤，可用刷子蘸去污粉或合成洗涤剂刷洗，再用自来水冲洗，若仍有油污可用铬酸洗涤液浸泡：先将欲洗涤器皿内的水尽量倾倒干净，再将铬酸洗涤液倒入欲洗涤的器皿中，旋转器皿使器皿内壁与洗涤液充分接触，数分钟后倒出洗涤液。如将洗涤液预先温热则洗涤效果更佳。洗涤液对于不易用刷子刷洗的器皿进行洗涤更为方便。

滴定管如无明显油污，可直接用自来水冲洗，再用滴定管刷刷洗。若有油污则可倒入适量铬酸洗液，将滴定管横握，两手平端滴定管转动直至滴定管内壁与洗液充分接触。碱式滴定管则应事先将橡皮管取下，把橡皮滴头套在滴定管底部，然后再倒入洗液进行洗涤。污染严重的滴定管可直接倒入铬酸洗液浸泡数分钟后倒出洗涤液，用水冲洗。

新容量瓶可用碎蛋壳放入瓶内，加入少量合成洗涤剂和水，盖上瓶盖，轻轻振摇、重复多次后，倒出蛋壳和洗涤剂，用水冲洗。若容量瓶污染严重，可倒入铬酸洗液摇动或浸泡，数分钟后倒出洗涤液，再用水冲洗干净，但不得用瓶刷刷洗。

使用后的容量瓶可以用盐酸溶液（1＋1）或硝酸溶液（1＋1）浸泡数日，再用水清洗干净。

吸管可吸取铬酸洗液洗涤，若污染严重则可放在高型玻璃筒或大量筒内用铬酸洗液浸泡，再用水冲洗干净，或吸取部分铬酸洗液，倾斜一定角度转动吸管，直至吸管内壁与洗液充分接触。数分钟后倒出洗液，再用水冲洗干净。

上述器皿用铬酸洗液清洗后，先用少量自来水冲洗器皿内壁，并回收此废液（因铬酸洗液有毒，应避免直接倒入下水道）。再用自来水冲洗干净，最后用蒸馏水或去离子水清洗2～3次，备用。

由于铬酸洗液有毒，大量使用将不可避免污染环境，因此洗涤玻璃器皿时应尽量避免使用铬酸洗液。可以采取下述方法洗涤玻璃器皿。将玻璃器皿用合成洗涤剂洗涤后，用自来水清洗，再用蒸馏水或去离子水清洗后，将玻璃器皿放入盛有盐酸溶液（1＋1）或硝酸溶液（1＋1）密封的容器（可用大干燥器作为容器）中浸泡数日（也可将各种玻璃器皿保存在容器中，临用前清洗）。再用自来水冲洗干净，最后用蒸馏水或去离子水清洗2～3次，备用。

洗涤时应注意：如果该器皿将用于配制铬标准溶液（尤其是痕量铬溶液），不得用铬酸洗液清洗，同样，若用于配制氯标准溶液则应避免使用盐酸，其余类推。总之，器皿应避免与含有待配制成分的物质接触，以免影响量值。

2. 塑料或聚四氟乙烯器皿的洗涤

塑料或聚四氟乙烯器皿先用刷子蘸去污粉或合成洗涤剂刷洗，用自来水冲洗后，再用氢氧化钠溶液（100g/L）浸泡（2～3）日后，依次用自来水冲洗，蒸馏水或去离子水清洗，再用盐酸溶液（1+1）或硝酸溶液（1+1）浸泡（2～3）日，再用自来水冲洗，蒸馏水或去离子水清洗干净。

3. 瓷器皿的清洗

因为瓷器皿具有较高的耐热性，常用作蒸发皿和坩埚，其洗涤方法与玻璃器皿类似。

4. 铂器皿

铂器皿常用于碱熔融及氢氟酸处理样品。由于铂器皿很软且价格昂贵，洗涤时应仔细。铂皿一般用自来水清洗，蒸馏水或去离子水冲洗即可。若长久使用造成内壁沾污，可采用下述方法清洗：

在稀盐酸溶液［$c(HCl)=(1.5\sim2)mol/L$］中加热煮沸，注意所用的盐酸中不得含有硝酸、硝酸盐、卤素等氧化剂。如效果不理想，则用焦硫酸钾、碳酸钠或硼砂熔融清洗。如仍有污点，可采用牙膏用水润湿后轻轻擦洗，使表面恢复光泽。

器皿使用后应立即进行清洗。

（三）配制溶液用器皿的选择、使用和维护

1. 玻璃器皿

玻璃器皿能够耐一般的酸，并能耐600℃高温，当采用除氢氟酸以外的酸溶解样品、配制或标定无机和有机溶液时可使用玻璃烧杯、试剂瓶、锥形瓶、量筒、吸管、容量瓶、滴定管、称量瓶、表面皿、滴管、滴瓶、蒸发皿等。如配制的溶液见光分解，应采用棕色器皿。玻璃称量瓶可用于600℃以下样品的干燥，因玻璃主要化学成分为SiO_2、CaO、Na_2O、K_2O、及少量的B_2O_3、Al_2O_3、ZnO、BaO等，玻璃容器不应用于保存钾、钠、硼、硅、钙等标准溶液和碱溶液。

当配制有机溶液或重量法配制无机成分溶液时，需要事先将器皿干燥。对于无刻线的器皿可在干燥箱中于200℃以下烘干。称量瓶等烘干后应放在干燥器中冷却备用。对于有刻线的容器，如吸管、容量瓶等以及不急用的器皿应在洁净的环境中倒置，自然干燥。

在溶液配制中，常要用到三种准确量取溶液体积的玻璃量器：滴定管、吸管和容量瓶。这些容器按其准确度分为A级或B级。配制标准溶液需选用A级容器，并经过检定合格方可使用。配制一般溶液可采用A级或B级。这三种量器的正确使用是溶液配制中的基本操作。

（1）滴定管的使用　滴定管是准确测量放出液体体积的量器。按其容积不同分为常量、半微量及微量滴定管。常量滴定管中最常用的是容积为50mL(20℃）的滴定管，其最小分度值为0.1mL，读数可估读到0.01mL。此外还有容积为100mL和25mL的常量滴定管，最小分度值也是0.1mL。容积为10mL，最小分度值为0.05mL的滴定管称为半微量滴定

管。测量的液体体积较小时使用微量滴定管，容积有（1～5)mL各种规格，最小分度值为0.005或0.01mL。

滴定管按其用途分为酸式滴定管和碱式滴定管。酸式滴定管适用于盛装酸性和中性溶液，不适宜盛装碱性溶液，因为玻璃活塞易被碱性溶液腐蚀而难以转动。碱式滴定管适宜于盛装碱性溶液。能与乳胶管起作用的溶液（如高锰酸钾、碘、硝酸银等溶液）不能用碱式滴定管。有些需要避光的溶液（如硝酸银、高锰酸钾溶液）应使用棕色滴定管。

滴定管用毕后，应倒去管内剩余溶液，用水洗净，装入纯水至刻度以上，用大试管套在管口上。或者洗净后倒置（尖端向上）于滴定管架上。酸式滴定管长期不用时，活塞部位要垫上纸。碱性滴定管不用时胶管应拔下保存。滴定管使用注意事项见图1-1。

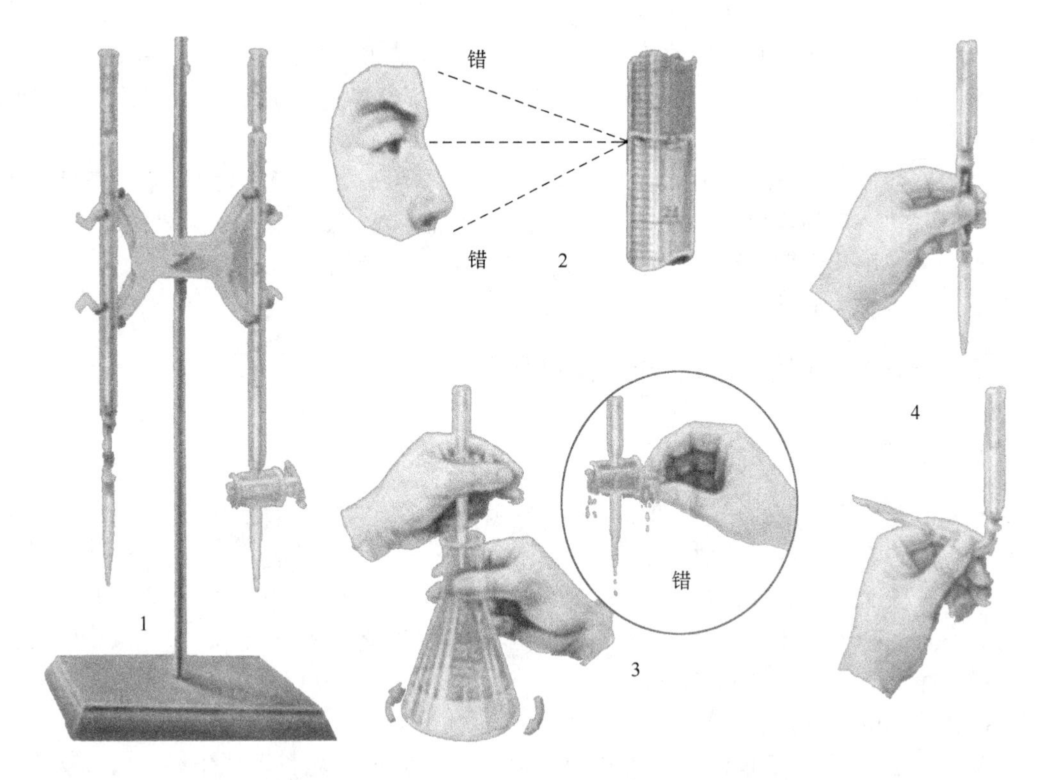

图1-1 滴定管的使用

1—滴定管架上的滴定管（左：碱式；右：酸式)；2—观看管内液面的位置视线跟管内液体的凹液面的最低处保持水平；3—酸式滴定管的使用；右手拿住锥形瓶颈，向同一方向转动，左手旋开（或关闭）活塞，使滴定液逐滴加入；4—碱式滴定管的使用左手捏挤玻璃球处的橡皮管，使液体逐滴下降（如果管内有气泡，要先赶掉气泡）

（2）移液管（吸管）的使用　吸管分单标（大肚）吸管和分度（刻度）吸管两种。用于准确移取一定体积的液体。单刻线吸管颈部刻有一环形标线，表示20℃时移出溶液的体积。刻度吸管可以移取不同体积的液体，有容量为（0.1～10)mL各种规格。使用刻度吸管时，应从刻度最上端开始放出所需体积。移液管使用注意事项，见图1-2。

（3）容量瓶的使用　容量瓶又称量瓶。用于配制体积要求准确的溶液或进行溶液的定量稀释。容量瓶颈上有一环形刻线，表示20℃时瓶内溶液的准确体积。容量瓶长期不用时，

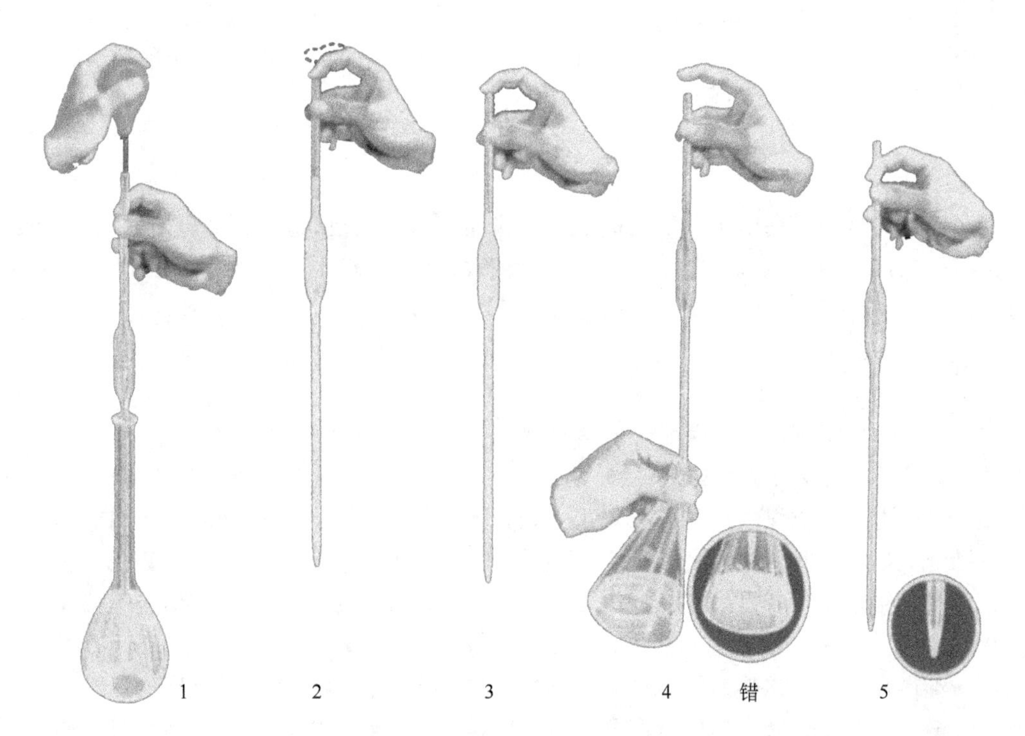

图 1-2　移液管的使用

1—吸溶液：右手握住移液管，左手揿洗耳球多次；2—把溶液吸到管颈标线以上，不时放松食指，使管内液面慢慢下降；3—把液面调节到标线；4—放出溶液：移液管下端紧贴锥形瓶内壁，放开食指，溶液沿瓶壁自由流出；5—残留在移液管尖的最后一滴溶液，一般不要吹掉（如果管上有“吹”字，就要吹掉）

应洗净后在塞子部位垫上纸，以防时间久了，塞子打不开。

2. 石英器皿

石英玻璃的纯度很高，SiO_2 含量在 99.95％以上，其耐酸性非常好，除氢氟酸和磷酸以外的任何浓度的有机酸和无机酸，甚至在高温下也很难与石英作用。因此在高纯水和痕量标准溶液制备中常使用石英器皿。常用的石英玻璃器皿有石英烧杯、坩埚、蒸发皿等。石英玻璃可耐 1100℃高温。石英器皿比玻璃器皿更脆，容易破碎，使用时要特别小心。可以在石英坩埚中用硫酸氢钾（钠）、焦硫酸钾（钠）或硫代硫酸钠等为熔剂进行熔融，但不能使用氢氟酸、过氧化钠、氢氧化钠及碱金属碳酸盐，因为它们对石英都有侵蚀作用，另外多种金属氧化物在高温下能和石英作用而生成硅酸盐，破坏石英坩埚。

3. 塑料或聚四氟乙烯器皿

由于塑料具有一些特有的物理和化学性质，需要使用氢氟酸和碱配制溶液时，常用塑料器皿替代玻璃或石英器皿。常用的塑料器皿有聚乙烯器皿和聚丙烯器皿，由于塑料不能耐高温，因此使用时温度一般不能超过 60℃，塑料器皿不应用于有机溶液的制备。聚乙烯瓶可用于保存无机溶液，尤其是钾、钠、钙、镁、硅等标准溶液、碱溶液和纯水。由于聚乙烯瓶对各种试剂有渗透性，因而不易清洗干净，其吸附杂质的能力也较强，因此，为避免交叉污染，在使用塑料瓶储存各类溶液时，最好实行专用。

聚四氟乙烯器皿化学性能稳定，能耐酸耐碱，不受氢氟酸的侵蚀。其表面光滑、耐磨，不易破碎，机械强度好，一般使用温度可达200℃，可代替铂器皿在需要使用氢氟酸和碱时配制溶液时使用。

4. 瓷器皿

瓷器皿尤其是瓷坩埚由于其能耐高温，价格便宜而广泛使用。瓷坩埚用于高温下灼烧样品，用硫酸氢钾（钠）、焦硫酸钾（钠）或硫代硫酸钠等为熔剂进行熔融等。但不能使用氢氟酸、过氧化钠、氢氧化钠及碱金属碳酸盐等。

5. 铂器皿

铂坩埚主要用于碱熔融及氢氟酸处理样品。使用中应注意以下几点。

（1）铂的熔点在为1768.3℃，铂皿使用时加热温度最高温度不可超过1200℃。加热灼烧时，应当在电炉上或煤气灯的氧化焰上进行，不可用还原焰或冒黑烟的火焰加热铂皿，或使铂皿接触火焰中的蓝色焰心。以免生成炭化铂，使铂皿变脆而易破裂。

（2）由于铂较软，所以拿取铂皿时要轻拿轻放，以免变形或致凸凹。切勿用玻璃等尖头物体从铂皿中刮出物质致使内壁损伤。可以用带橡皮头的玻璃棒。

（3）不得在铂皿中加热或熔融碱金属的氧化物、氢氧化物、氧化钡、硫代硫酸钠。含磷以及含大量硫的物质、碱金属的硝酸盐、亚硝酸盐、氯化物、氰化物等在高温与铂形成脆性磷化铂、硫化铂等，且都能侵蚀铂。

（4）含有重金属，如铅、锡、锑、砷、银、汞、铜等的样品不可在铂皿内灼烧和加热，这些重金属化合物容易还原成金属与铂生成合金损坏铂皿。

（5）高温加热时不可与其他金属接触，必须放在铂三角或陶瓷、黏土、石英等材料的支撑物上灼烧，也可放在垫有石棉板的电炉或电热板上加热，但不得直接与铁板或电炉丝接触，因为在高温时铂易与其他金属形成合金。须用铂头坩埚钳，镍或不锈钢的钳子只能在低温时使用。

（6）在铂皿内不得处理卤素及能分解出卤素的物质，如王水、溴水及盐酸与氧化剂（氯酸盐、硝酸盐、高锰酸盐、二氧化锰、铬酸盐、亚硝酸盐）等的混合物以及卤化物和氧化剂的混合物。三氯化铁溶液对铂有明显的侵蚀作用，因此不能与三氯化铁接触。

（7）成分不明的物质不要在铂皿中加热或溶解。

（8）铂皿必须保持清洁，内外应有光亮，若表面发黑，应按前述方法进行清洗。

三、常用玻璃量器的校准

容量器皿的标称容积与实际容积不可避免地存在着差异，因此当用容量法配制标准溶液或进行标准溶液标定时，应对所用的容量器皿进行检定或校准，必要时进行修正。常需要校准的玻璃量器有滴定管、分度吸管、单标线吸管、容量瓶、量筒、量杯等。

（一）容量器皿的允差

JJG 196—1990《常用玻璃量器检定规程》规定了玻璃量器的准确度等级和允差。见表1-3。

表 1-3 温度 20℃时准确度等级和允差

容量/mL	标准容量允差/mL											
	无塞滴定管 具塞滴定管 微量滴定管		吸管					容量瓶		量筒		量杯
			单标线		分度							
					流出式		吹出式					
	A级	B级	A级	B级	A级	B级		A级	B级	量入式	量出式	
2000	—	—	—	—	—	—	—	0.60	1.20	10.0	20.0	20.0
1000	—	—	—	—	—	—	—	0.40	0.80	5.0	10.0	10.0
500	—	—	—	—	—	—	—	0.25	0.50	2.5	5.0	6.0
250	—	—	—	—	—	—	—	0.15	0.30	1.0	2.0	3.0
200	—	—	—	—	—	—	—	0.15	0.30	—	—	—
100	0.10	0.20	0.080	0.160	—	—	—	0.10	0.20	0.5	1.0	1.5
50	0.05	0.10	0.050	0.100	0.100	0.200	—	0.05	0.10	0.25	0.5	1.0
40	—	—	—	—	0.100	0.200	—	—	—	—	—	—
25	0.04	0.08	0.030	0.060	0.100	0.200	—	0.03	0.06	0.25	0.5	—
20	—	—	0.030	0.060	—	—	—	—	—	—	—	0.5
15	—	—	0.025	0.050	—	—	—	—	—	—	—	—
11	—	—	—	—	—	—	—	—	—	—	—	—
10	0.025	0.05	0.020	0.040	0.050	0.100	0.100	0.02	0.04	0.1	0.2	0.4
5	0.01	0.02	0.015	0.030	0.025	0.050	0.050	0.02	0.04	0.05	0.1	0.2
4	—	—	—	—	—	—	—	—	—	—	—	—
3	—	—	0.015	0.030	—	—	—	—	—	—	—	—
2	0.01	0.02	0.010	0.020	0.012	0.025	0.025	0.015	0.030	—	—	—
1	0.01	0.02	0.007	0.015	0.008	0.015	0.015	0.010	0.020	—	—	—
0.5	—	—	—	—	—	—	0.010	—	—	—	—	—
0.25	—	—	—	—	—	—	0.008	—	—	—	—	—
0.20	—	—	—	—	—	—	0.006	—	—	—	—	—
0.10	—	—	—	—	—	—	0.004	—	—	—	—	—

(二) 校准条件

1. 工作室

采用衡量法进行容量检定的工作室，温度不宜超过（20±5)℃；室内温度变化不能大于1℃/h；水温与室温之差不应超过 2℃。

2. 介质

衡量法用介质——纯水（蒸馏水或去离子水）。

3. 校准设备

(1) 三等砝码。

(2) 相应称量范围的天平，其称量不确定度应小于被检量器允差的1/10。

(3) 温度范围（0～50)℃，分度值为0.1℃的温度计。

(4) 测温筒。

(5) 有盖称量杯。

(三) 校准方法

1. 衡量法

校准前容器应清洗并干燥，提前放入工作室，使其与室温尽可能接近。取一个容量大于被校量器的洁净有盖称量杯（如果校准量瓶则取一个洁净干燥的待校量瓶)，进行空称量平衡。将被校量器内的纯水放入称量杯中（量瓶应注纯水到标线)，称得纯水质量（m_0)。在调整被校量器弯液面的同时，应观察测温筒内的水温，读数应准确到0.1℃，量瓶可在称完后将温度计直接插入瓶内测温。然后在附录六衡量法用表中查得质量（m)。量器在标准温度20℃时的实际容量按下式计算：

$$V_{20}=V_0+\frac{m_0-m}{\rho_W}$$

式中 V_{20}——量器在标准温度20℃时的实际容量，mL；

V_0——量器的标称容量，mL；

m_0——称得纯水的质量，g；

m——衡量法用表中查得的质量（见附录六)；

ρ_W——t℃时纯水密度，近似为$1(g/cm^3)$。

凡使用需要实际值的校准，其校准次数至少2次，2次校准数据的差值应不超过被校容量允差的¼，并取2次的平均值。

2. 校准点的设置

(1) 滴定管

(1～10)mL：半容量和总容量两点；

25mL：A级——(0～5)mL，(0～10)mL，(0～15)mL，(0～20)mL，(0～25)mL五点；

B级——(0～12.5)mL，(0～25)mL二点；

50mL：A级——(0～10)mL，(0～20)mL，(0～30)mL，(0～40)mL，(0～50)mL五点；

B级——(0～12.5)mL，(0～25)mL，(0～37.5)mL，(0～50)mL四点；

100mL：A级——(0～20)mL，(0～40)mL，(0～60)mL，(0～80)mL，(0～100)mL五点；

B级——(0～25)mL，(0～50)mL，(0～75)mL，(0～100)mL四点。

(2) 分度吸管

① 1mL以下（不包括1mL)：选总容量和总容量的1/10两点，若无1/10分度线则选2/10（自流液口起)。② 1mL以上（包括1mL）校准点：总容量的1/10，若无1/10分度线则选2/10（自流液口起)；半容量～流液口（不完全流出式自零位起)；总容量。

（3）量筒、量杯的校点　总容量的1/10（自底部起，若无总容量的1/10分度线，则选2/10点）；半容量；总容量。

（四）玻璃量器的简便校正方法

基本原理：称量一定容积的水，然后根据该温度下水的密度，将水的质量换算为容积。这种方法是基于在不同的温度下水的密度已经准确测量。表1-4列出了不同温度下用水充满20℃时容积为1L的玻璃容器在空气中用黄铜砝码称取的水的质量。校正后的容积是指20℃时该容积的真实容积。应用该表来校准容量仪器十分方便。

表1-4　不同温度下用水充满20℃时容积为1L的玻璃容器，于空气中以黄铜砝码称取的水的质量

温度 t/℃	质量 m/g	温度 t/℃	质量 m/g	温度 t/℃	质量 m/g
0	998.24	14	998.04	28	995.44
1	998.32	15	997.93	29	995.18
2	998.39	16	997.80	30	994.91
3	998.44	17	997.65	31	994.64
4	998.48	18	997.51	32	994.34
5	998.50	19	997.34	33	994.06
6	998.51	20	997.18	34	993.75
7	998.50	21	997.00	35	993.45
8	998.48	22	996.80	36	993.12
9	998.44	23	996.60	37	992.80
10	998.39	24	996.38	38	992.46
11	998.32	25	996.17	39	992.12
12	998.23	26	995.93	40	991.77
13	998.14	27	995.69		

容量仪器是以20℃为标准而校准的，但使用时不一定也在20℃。为了便于校准其他温度下所测量的体积，表1-5列出了在不同温度下1000mL水（或稀溶液）换算到20℃时，其体积应增减的量（ΔV/mL）。例如，如果在10℃时滴定用去25.00mL标准溶液，在20℃时应相当于（mL）

$$25.00+\frac{1.45\times 25.00}{1000}=25.04$$

1. 滴定管的校准

将待校准的滴定管充分洗净，并在活塞上涂以凡士林后，加水调至滴定管0.00mL或接近零的任一刻度（加水的温度应当与室温相同）。记录水的温度，将滴定管尖外水珠擦去，然后以滴定速度放出10mL水，置于预先准确称过质量（准确至0.01g）的50mL具塞锥形瓶中，将滴定管尖与锥形瓶内壁接触，收集管尖余滴。30s后读数（使用时也应遵守该规定），并记录；盖上瓶塞后，称其质量，并记录。两次质量之差即放出水的质量。

由滴定管中再放出10mL水（即放至约20mL处）于原锥形瓶中，用上述同样方法称量，读数并记录。同样，每次再放出10mL水，直至总量为50mL为止。用实验温度时1mL水的质量（查表1-4）除以每次得到的水的质量，即可得相当于滴定管各部分容积的实际容积（即20℃时的真实容积）。

表 1-5 不同温度下每 1000mL 水（或稀溶液）换算到 20℃ 时的校正值

温度 t/℃	水，0.1mol/L 盐酸溶液，0.01mol/L 溶液 ΔV/mL	0.1mol/L 溶液 ΔV/mL
5	+1.5	+1.7
10	+1.3	+1.45
15	+0.8	+0.9
20	0.0	0.0
25	−1.3	−1.1
30	−2.3	−2.5

【例 1】 在 25℃时由滴定管中放出 10.10mL 水，其质量为 10.08g。查表 1-4 知道 25℃时每 1mL 水的质量为 0.99617g。由此，可算出 20℃时其实际容积为

$$V_{20℃}=\frac{10.08}{0.99617}\text{mL}=10.12\text{mL}$$

故此管容积的误差为

$$\Delta V=(10.12-10.10)\text{mL}=+0.02\text{mL}$$

碱式滴定管的校正方法与酸式滴定管相同。

现将在 25℃时校准滴定管的一组实验数据列于表 1-6 中。

表 1-6 滴定管校准的实验数据（水温 25℃，1mL 水的质量为 0.9962g）

滴定管读数	读数的容积 /mL	瓶与水的质量 /g	水的质量 /g	实际容积 /mL	校正值 /mL	总校正值 /mL
0.03		29.20（空瓶）				
10.13	10.10	39.28	10.08	10.12	+0.02	+0.02
20.10	9.97	49.19	9.91	9.95	−0.02	0.00
30.17	10.07	59.27	10.08	10.12	+0.05	+0.05
40.20	10.03	69.24	9.97	10.01	−0.02	+0.03
49.99	9.79	79.07	9.83	9.86	+0.07	+0.10

最后一项总校正值是对前面各次校正结果的累计数。如 0 与 10mL 之间为+0.02mL，而 10mL 与 20mL 之间的校正值为−0.02mL，则（0～20）mL 之间总校正值为+0.02mL+（−0.02）mL=0.00mL。
由此可得校准滴定时所用去的溶液实际体积。

2. 移液管的校准

移液管的校准方法与上述滴定管的校准方法相同。

3. 容量瓶的校准

将洗净、干燥、带塞的容量瓶准确称量（空瓶质量）。注入蒸馏水至标线，记录水温，用滤纸条吸干瓶颈内壁刻线上方水滴，盖上瓶塞称量（称量准确度应与容量瓶大小相对应，一般称量值有效数字位数为四位。如校正 250mL，容量瓶应称准至 0.1g）。两次称量结果之差即为容量瓶中水的质量。根据上述方法算出该容量瓶 20℃时的真实容积数值，求出校正值。

四、溶液配制用试剂

溶液配制需要使用各种化学试剂，不同用途的溶液需要选择不同级别的试剂，试剂选择与用量是否恰当，不仅影响溶液配制的成本，而且直接影响溶液的质量。因此，了解化学试剂的分类、规格、性质及使用知识是非常必要的。

(一) 化学试剂的分类

化学试剂品种繁多，目前还没有统一的分类方法，一般按试剂的化学组成或用途进行分类。表 1-7 列出了化学试剂的分类。

表 1-7 化学试剂分类

序号	名　称	说　明
1	无机试剂	无机化学品。可细分为金属、非金属、氧化物、酸、碱、盐等
2	有机试剂	有机化学品。可细分为烃、醇、醚、醛、酮、酸、酯、胺等
3	基准试剂	我国将滴定分析用标准试剂称为基准试剂。pH 基准试剂用于 pH 计的校准(定位) 基准试剂常用于制备标准物质,其主成分含量高,化学组成恒定①
4	特效试剂	在无机分析中用于测定、分离被测组分的专用有机试剂,如沉淀剂、显色剂、螯合剂、萃取剂等
5	仪器分析试剂	用于仪器分析的试剂,如色谱试剂和制剂、核磁共振分析试剂等
6	生化试剂	用于生命科学研究的试剂
7	指示剂和试纸	滴定分析中用于指示滴定终点,或用于检验气体或溶液中某些物质存在的试剂;试纸是用指示剂或试剂溶液处理过的滤纸条
8	高纯物质	用于某些特殊需要的材料,如半导体和集成电路用的化学品、单晶,痕量分析用试剂,其纯度一般在 4 个“9”(99.99%)以上,杂质总量≤0.01%
9	液晶	既具有流动性、表面张力等液体的特征,又具有光学各向异性、双折射等固态晶体的特征

① 基准试剂并不等于标准物质。标准物质定义见本书“九”。

(二) 化学试剂的规格与包装

1. 化学试剂的规格

化学试剂的规格反映试剂的质量，试剂规格一般按试剂的纯度及杂质含量划分若干级别。为了保证和控制试剂产品的质量，国家及有关部门对化学试剂制订和颁布了国家标准（GB）和化工行业标准（HG），没有国家标准和化工行业标准的产品执行企业标准（代号 QB）。近年来，一部分试剂标准的修订采用了国际标准或国外先进标准。

我国的化学试剂规格按纯度和使用要求分为高纯（或超纯、特纯）、光谱纯、基准、分光纯、优级纯、分析纯和化学纯等七种。国家质监总局颁布的国家标准主要是指后三种即优级纯、分析纯、化学纯等 3 种规格（见表 1-8）。

表 1-8 化学试剂规格

名　　称	级　　别	英文标志	标志颜色	应　　用
基准试剂			深绿色	纯度最高、杂质含量最低，适用于准确分析工作和科学研究
优级纯试剂（保证试剂）	一级	GR	深绿色	
分析纯试剂	二级	AR	金光红色	纯度略次于优级纯、适用于分析工作及一般研究工作
化学纯试剂	三级	CP	中蓝色	纯度与分析纯相差较大，适用于工矿、学校一般工作
生物染色剂			玫红色	

国际理论化学和应用化学联合会（IUPAC）对化学试剂分级的规定如表 1-9 所示。我国试剂标准中的基准试剂相当于 C 级和 D 级。

表 1-9 IUPAC 化学试剂的分级

A 级	原子量标准
B 级	和 A 级最接近的基准物质
C 级	含量为(100±0.02)%的标准试剂
D 级	含量为(100±0.05)%的标准试剂
E 级	以 C 级或 D 级试剂为标准进行的对比测定所得的纯度或相当于这种纯度的试剂，比 D 级的纯度低

2. 化学试剂的包装与标志

我国国家标准 GB 15346—1994《化学试剂的包装及标志》规定用不同的颜色标记化学试剂的等级及分类，见表 1-8。

在购买化学试剂时，除了了解试剂的等级外，还需要知道试剂的包装单位。化学试剂的包装单位是指每个包装容器内盛装化学试剂的净质量（固体）或体积（液体）。包装单位的大小根据化学试剂的性质，用途和价格而决定的。

我国规定化学试剂以下列 5 类包装单位包装：

第一类：0.1g、0.25g、0.5g、1g、5g 或 0.5mL、1mL；

第二类：5g、10g、25g 或 5mL、10mL、25mL；

第三类：25g、50g、100g 或者 25mL、50mL、100mL。如以安瓿包装的液体化学试剂增加 20mL 的包装单位；

第四类：100g、250g、500g 或者 100mL、250mL、500mL；

第五类：500g、1kg 至 5kg（每 0.5kg 为一间隔），或 500mL、1L、2.5L、5L。

应根据用量决定购买量，以免造成浪费和安全隐患。

（三）化学试剂的选用

应根据不同的工作要求合理地选用相应级别的试剂。因试剂的价格与其级别及纯度相关，在满足实验要求的前提下，选用试剂的级别就低不就高。配制痕量分析及容量分析用标准溶液要选用高纯或优级纯试剂，以降低空白值和避免杂质干扰，同时，对所用纯水的制取方法和仪器的洗涤方法也应有特殊的要求。一般化学分析用溶液可使用分析纯试剂。有些教学实验，如酸碱滴定也可用化学纯试剂代替，但络合滴定用溶液最好选用分析纯试剂，因试剂中有些杂质金属离子封闭指示剂，使终点难以观察。

对分析结果准确度要求高的工作，如仲裁分析、对社会出具公正数据、产品检验、试剂检验等，应选用优级纯、分析纯试剂。对分析结果准确度不高的工作可选用分析纯、化学纯试剂。制备实验、冷却浴或加热浴用可选用工业品。

下面介绍各种规格的试剂在溶液制备中的用途。

基准试剂（容量）可用于制备容量分析用标准物质，在分析测量准确度要求不高的情况下，可直接作为容量分析中的标准。通过准确称量后配制成标准溶液。在分析测量准确度要求较高或要求量值溯源的情况下，应采用准确可靠的方法进行定值。或直接购买有证标准物质作为容量分析用标准。基准试剂主成分含量一般在99.95%～100.05%，杂质含量略低于优级纯或与优级纯相当。

优级纯试剂主成分含量高，杂质含量低，主要用于制备仪器及化学成分分析用标准溶液。

高纯、光谱纯及纯度99.99%（4个9也用4N表示）以上的试剂，主成分含量高，杂质含量比优级纯低，且规定的检验项目多。主要用于制备微量及痕量成分分析用标准溶液，尤其是高灵敏度的仪器分析，如等离子体质谱仪等分析用标准溶液。

分析纯试剂主成分含量略低于优级纯，杂质含量略高，用于配制一般溶液。

化学纯品质较分析纯差，用于工厂、教学实验的一般溶液配制。

分光纯试剂要求在一定波长范围内干扰物质的吸收小于规定值。

表1-10列出了我国国家标准中提到的部分仪器分析方法要求使用的试剂级别，供选用试剂时参考。

表1-10　部分仪器分析方法应选用的试剂规格

分析方法	试剂规格	引用标准
气相色谱法	试剂主含量不得低于99.9%	GB/T 9722—1988
分子吸收分光光度法(紫外可见)	规定了有机溶剂在使用波长下的吸光度	GB/T 9721—1988
无火焰(石墨炉)原子吸收光谱法	用亚沸蒸馏法纯化分析纯盐酸、硝酸	GB/T 10724—1989
电感耦合高频等离子体发射光谱法	用亚沸蒸馏法纯化分析纯盐酸、硝酸	GB/T 10725—1989
阳极溶出伏安法	汞及用量较大的试剂用高纯试剂	GB/T 3914—1983

化学试剂虽然均有相应的国家或行业标准，但不同生产厂或不同产地的化学试剂在质量上存在着差异。有时因原料不同，非控制项目杂质也会造成干扰或使实验出现异常现象。故在购买试剂时要注意产品生产厂。另外，在标签上都印有“批号”，不同批号产品因其生产条件不同，质量也不完全相同，在某些工作中，不同批号的试剂应作对照试验。在选用紫外光谱用溶剂、液相色谱流动相、色谱载体、吸附剂、指示剂、有机显色剂及试纸时应注意试剂的生产厂及批号并做作好记录，必要时应做专项检验和对照试验。

（四）化学试剂的使用方法

为了保持试剂的质量和纯度，确保化验室人员的人身安全，需要掌握化学试剂的性质和使用方法，制定相应的安全守则，并要求有关人员共同遵守。

化验人员应熟知最常用试剂的性质，如市售酸碱的浓度，试剂在水中的溶解性，有机溶剂的沸点，试剂的毒性及其化学性质等。有危险性的试剂可分为易燃易爆危险品、毒品、强腐蚀剂三类，使用与保管应符合注意事项的要求。

要注意保护试剂瓶的标签，它表明试剂的名称，规格，质量，万一脱落应照原样贴牢。分装或配制溶液应立即贴上标签，杜绝无标签试剂和溶液。绝不可在瓶中盛装不是标签指明的物质。万一出现无标签试剂，可取小样验明，对于不能使用的试剂要慎重处理，不应乱倒。

为保证试剂不受沾污，应当用清洁的牛角勺或不锈钢勺从试剂瓶中取出试剂，绝不可用手抓取，如试剂结块可用洁净的粗玻璃棒或药铲将其捣碎后取出。液体试剂可用洗干净的量筒倒取，不要用吸管伸入原瓶试剂中吸取液体，取出的试剂不可倒回原瓶。打开易挥发的试剂瓶塞时不可把瓶口对准脸部。在夏季由于室温高试剂瓶中常有大量的气体，最好把试剂瓶放在冷水中浸泡一段时间，再打开瓶塞。取完试剂后应立即盖紧塞子，不可错盖瓶塞。对于释放有毒、有味气体的试剂瓶，应该蜡封。

不可用鼻子对准试剂瓶口猛吸气，如果必须嗅试剂的气味，可将瓶口远离鼻子，用手在试剂瓶上方扇动，使空气流吹向自己而闻出其味。绝不可用舌头品尝试剂。

（五）化学试剂的管理与安全存放条件

化学试剂大多数具有一定的毒性及危险性。加强化学试剂的管理，不仅是保证配制溶液的质量、也是确保生命财产安全的需要。

化学试剂的管理应根据试剂的化学和物理性质：如毒性、易燃性、腐蚀性和潮解性等不同特点，采用不同的方式妥善管理。

实验室内宜存放少量短期内需要的试剂，易燃易爆试剂应放在铁皮柜中，柜的顶部要有通风口，严禁在实验室内存放总量为 20L 的瓶装易燃液体。大量试剂应放在试剂库内。对于一般试剂，如无机盐，应存放有序地放在试剂柜内，可按元素周期系类族，或按酸、碱、盐、氧化物等分类存放。存放试剂时，要注意化学试剂的存放期限，某些试剂在存放过程中会逐渐变质，甚至形成危害物。如醚类、四氢呋喃、二氧六烷、烯烃、液体石蜡等，在见光的条件下，若接触空气可形成过氧化物、放置时间越久越危险。某些具有还原性的试剂，如苯三酚、$TiCl_3$、四氢硼钠、硫酸亚铁、维生素 C、维生素 E 以及金属铁丝、铝、镁、锌粉等易被空气中氧所氧化变质。

化学试剂必须分类存放，不能混放在一起，通常把试剂分成以下几类，分别存放。

1. 易燃类

易燃类液体极易挥发成气体，遇明火即燃烧，通常把闪点在 25℃以下的液体均列入易燃类。闪点在−4℃以下者有石油醚、氯乙烷、溴乙烷、乙醚、汽油、二硫化碳、缩醛、丙酮、苯、乙酸乙酯、乙酸甲酯等。闪点在 25℃以下的有丁酮、甲苯、甲醇、乙醇、异丙醇、二甲苯、乙酸丁酯、乙酸戊酯、三聚甲醛、吡啶等。

这类试剂要求单独存放于阴凉通风处，理想存放温度为（−4～4)℃。闪点在 25℃以下的试剂，存放最高室温不得超过 30℃，特别要注意远离火源。

2. 剧毒类

专指由消化道侵入极少量即能引起中毒致死的试剂。生物试验半致死量在 50mg/kg 以下者称为剧毒物品，如氰化钾、氰化钠及其他剧毒氰化物，三氧化二砷及其他剧毒砷化物，二氯化汞及其他极毒汞盐，硫酸二甲酯，某些生物碱和毒苷等。

这类试剂要置于阴凉干燥处，与酸类试剂隔离。应锁在专门的毒品柜中，建立双人登记签字领用制度。建立使用、消耗、废物处理等制度。皮肤有伤口时，禁止操作这类物质。

3. 强腐蚀类

指对人体皮肤、黏膜、眼、呼吸道和物品等有极强腐蚀性的液体和固体（包括蒸汽），如发烟硫酸、硫酸、发烟硝酸、盐酸、氢氟酸、氢溴酸、氯磺酸、氯化砜、一氯乙酸、甲酸、乙酸酐、氯化氧磷、五氧化二磷、无水三氯化铝、溴、氢氧化钠、氢氧化钾、硫化钠、苯酚、无水肼、水合肼等。

存放处要求阴凉通风，并与其他药品隔离放置。应选用抗腐蚀性的材料，如耐酸水泥或耐酸陶瓷制成架子来放置这类试剂。试剂架不宜过高，也不要放在高架上，最好放在地面靠墙处，以保证存放安全。

4. 燃爆类

这类试剂中，遇水反应十分猛烈发生燃烧爆炸的有钾、钠、锂、钙、氢化锂铝、电石等。钾和钠应保存在煤油中。试剂本身就是炸药或极易爆炸的有硝酸纤维、苦味酸、三硝基甲苯、三硝基苯、叠氮或重氮化合物、雷酸盐等，要轻拿轻放。与空气接触能发生强烈的氧化作用而引起燃烧的物质如黄磷，应保存在水中，切割时也应在水中进行。引火点低，受热、冲击、摩擦或与氧化剂接触能急剧燃烧甚至爆炸的物质，有硫化磷、赤磷、镁粉、锌粉、铝粉、萘、樟脑等。

此类试剂要求存放室内温度不超过30℃，与易燃物、氧化剂均需隔离存放。试剂架用砖和水泥砌成，有槽，槽内铺消防沙。试剂置于沙中，加盖，万一出事不致扩大事态。

5. 强氧化剂类

这类试剂是过氧化物或含氧酸及其盐，在适当条件下会发生爆炸，并可与有机物、镁、铝、锌粉、硫等易燃固体形成爆炸混合物。这类物质中有的能与水起剧烈反应，如过氧化物遇水有发生爆炸的危险。属于此类的有硝酸铵、硝酸钾、硝酸钠、高氯酸、高氯酸钾、高氯酸钠、高氯酸镁或钡、铬酸酐、重铬酸铵、重铬酸钾及其他铬酸盐、高锰酸钾及其他高锰酸盐、氯酸钾或钠、氯酸钡、过硫酸铵及其他过硫酸盐、过氧化钠、过氧化钾、过氧化钡、过氧化二苯甲酰、过乙酸等。

存放处要求阴凉通风，最高温度不得超过30℃。要与酸类以及木屑、炭粉、硫化物、糖类等易燃物、可燃物或易被氧化物（即还原性物质）等隔离，堆垛不宜过高过大，注意散热。

6. 放射性类

一般化验室不可能有放射性物质。化验操作这类物质需要特殊防护设备和知识，以保护人身安全，并防止放射性物质的污染与扩散。

以上6类均属于危险品。

7. 低温存放类

此类试剂需要低温存放才不至于聚合变质或发生其他事故。属于此类的有甲基丙烯酸甲酯、苯乙烯、丙烯腈、乙烯基乙炔及其他可聚合的单体、过氧化氢、氢氧化铵（氨水）等。存放于温度10℃下。

8. 贵重类

单价昂贵的特殊试剂、超纯试剂和稀有元素及其化合物均属于此类。这类试剂大部分为小包装。这类试剂应与一般试剂分开存放，加强管理，建立领用制度。常见的有钯黑、氯化钯、氯化铂、铂、铱、铂石棉、氯化金、金粉、稀土元素等。

9. 指示剂与有机试剂类

指示剂可按酸碱指示剂、氧化还原指示剂、络合滴定指示剂及荧光吸附指示剂分类排列。有机试剂可按分子中碳原子数目多少排列。

10. 一般试剂

一般试剂分类存放于阴凉通风，温度低于30℃的柜内即可。

五、标准溶液配制用试剂、原料的处理及称量

（一）试剂、原料的处理

用于配制标准溶液的试剂常常需要进行处理后方可使用。掌握原料的处理方法对于准确配制溶液是很重要的。下面分别予以介绍。

1. 金属

金属一般都具有一定的化学活性，在空气中长久储存，表面会发生氧化作用，形成一层氧化膜，容易吸收空气中的二氧化碳，形成碳酸盐，如果不做任何处理，直接配制标准溶液，量值可能与目标值不一致。金属一般均是块状或片状，为了能在称量时获得预期的量值，首先应将金属切割成不同的大小，以便称量时进行质量调整。称量前应进行处理：选取待称量的高纯金属，置于烧杯中，用稀盐酸溶液（体积分数10%）或稀硝酸溶液（体积分数10%）浸泡金属表面片刻（注意碱金属和碱土金属不可用此法处理，对于较活泼的金属，处理过程应迅速）。然后用自来水、去离子水清洗干净，最后用无水乙醇清洗，用滤纸轻轻吸干残余溶剂，放入干燥器中保存备用。

2. 盐类

如果盐的纯度已经符合要求，处理过程相对比较简单，主要是干燥或灼烧，除去水分、二氧化碳及微量其他杂质（如灼烧可除去有机杂质）。一般盐类应在（105～115）℃烘干，碳酸盐应在（270～300）℃下灼烧，有机物和铵盐最好在95℃以下烘干，氯化物、硫酸盐等在600℃左右灼烧，并置于干燥器中备用。

有时市售的试剂纯度达不到要求，则要求对试剂进行纯化。一般常用的纯化方法有重结晶法、萃取法、水解法等。各种试剂纯化的具体操作及条件不同，在此不做赘述。

3. 氧化物

金属氧化物一般具有一定的碱性，尤其是活泼金属的氧化物往往会吸附空气中二氧化碳，形成碳酸盐，因此在称量之前必须除去二氧化碳。此类氧化物常用的处理方法是将氧化物在（800～900)℃下灼烧后，干燥器中保存备用。必要时可采用真空干燥器保存，以免在冷却过程中再次吸收二氧化碳。

4. 酸及有机溶剂

当纯度达到要求时，不用做任何处理即可使用。若纯度不够，可采取重蒸馏、亚沸蒸馏、色谱法等方法进行纯化。

（二）试剂、原料纯度的检验

用于配制溶液的试剂尤其是配制标准溶液的试剂，常需要知道其确切的纯度或某些对量值有影响杂质的含量，以控制配制溶液的质量。如配制电感耦合等离子体质谱用标准溶液，除要了解试剂主含量外，还必须了解试剂中所含杂质的含量。试剂纯度的测定通常采用两种方式，既直接测定主含量法或扣除杂质法。我国已经颁布了许多有关试剂的标准，规定了试剂主含量及重要杂质的测定方法（见附录七、化学试剂标准目录）。

1. 主含量测定法

化学成分量分析中准确度最高的方法，是国际计量委员会物质量咨询委员会（CIPM/CCQM）公认的五个潜在的基准方法（并非这些方法本身就是基准方法，而是需要按照基准方法定义的要求，通过系统的研究，才可能将其发展为可行的基准方法）：重量法、库仑法、凝固点下降法、同位素稀释质谱法、称量滴定法。库仑法准确度最高，要求所依据的化学反应必须按反应式定量进行，电流效率必须100%，操作者必须具有相当的操作经验等。凝固点下降法最适用于有机试剂的测定，要求被加入的杂质稳定，不与待测物形成固熔体等。上述两种方法适用于99.5%以上的试剂纯度分析。重量法应用广泛，适用于能定量形成沉淀的无机或有机成分的测定，主要用于含量高于1%的成分分析，但操作程序复杂，耗时长，影响测量准确度的因素多。同位素稀释质谱法由于所用仪器昂贵，一般实验室很少配备。称量滴定是以肉眼读取滴定剂体积改用天平称量滴定剂质量，减少人为误差，提高测定准确度，在一般化学试剂主含量测定中，常采用酸碱滴定、络合滴定、沉淀滴定、氧化还原滴定等。

这几种方法在配制准确度要求很高的标准溶液，尤其是研制标准物质时，是理想的定值方法。这些方法也常用于标准溶液的定值。

2. 扣除杂质法

采用灵敏的仪器分析方法，准确测定试剂中可能存在的各种杂质含量，计算杂质总量（Z)，$(100-Z)\%$即为试剂纯度。测定中需要注意的是：尽量对可能存在的所有杂质进行测定，以确保纯度测定的准确可靠。常用的用于测定无机杂质的仪器分析方法有：原子吸收分光光度法、等离子体发射光谱法、等离子体质谱法、紫外可见分光光度法、原子荧光法、离子色谱法等。测定有机杂质的仪器方法有：气相色谱法、高效液相色谱法、色谱-质谱法等。由于扣除杂质法需要测量的成分多，难度大，通常是在测定主含量没有适当的方法时，或当纯度大于 99.9%才使用。

（三）试剂和原料的称量

1. 称量方法

称量是溶液配制的一项基本操作，对于不同的待称量物或溶液准确度的不同要求，采用不同的称量方法。称量不能将待称量物直接置于天平的托盘上，而是须将待称物置于某容器或称量纸上称量。

（1）增量称量法：先称量空容器，再将待称量试剂加入到上述容器中，再次称量，读取两次质量差值，即为称量的试剂质量。

[操作方法] 先将空容器或称量纸称质量，记录读数（m_1）（电子天平采用回零的方法），将待称物加入空容器或称量纸上，直到预期质量（m_2）。按下式计算称量的试剂质量 m：

$$m=m_2-m_1 \tag{1-1}$$

采用称量纸称取样品时，要确保称量纸必须不黏附试剂。

（2）减量（差减）称量法

减量称量法是先称量装有试剂的称量瓶（或其他容器）的质量，倒出所需的试剂量，再称量剩余试剂及称量瓶（或其他容器）的质量，二者之差即是试剂的质量。此法适于称量易吸水、易氧化或易与 CO_2 反应的试剂。称量时应防止试剂的损失。

[操作方法] 在称量瓶中装入一定量的试剂，盖好瓶盖，带细纱手套、指套或用纸条套住秤量瓶（以防止手上污汁或汗液黏附于称量瓶上，影响称量），放在天平托盘中央，称出其质量（m_1）。取出称量瓶，悬在接受试剂的容器（烧杯或锥形瓶）上方，使称量瓶倾斜，打开称量瓶盖，用盖轻轻敲击瓶口上缘，渐渐倾出样品，当估计倾出的试剂量接近所需要的质量时，慢慢地将瓶立起，再用称量瓶盖轻敲瓶口上部，使粘在瓶口的试剂落回瓶内，然后盖好瓶盖，将称量瓶放回天平盘上，再次称量（m_2）。两次称量之差，即为倒出试剂的质量（m）。若试剂的质量不够，可照上述方法再倒一次、再次称量，直到试剂量符合要求。但次数不宜太多。如倒出试剂太多，不可借助药勺把试剂放回称量瓶，只能弃去重称。按下式计算称量的试剂质量 m：

$$m=m_1-m_2 \tag{1-2}$$

（3）替代法 主要用于称量准确要求较高的试剂的称量。

[操作方法] 将空容器称量，读取 m_1，再在天平上放置待称样量的标准砝码（m_2）读数（m_1+m_2），取下砝码，在空容器中加入待称试剂，直到天平读数回复到初始读数（m_1+m_2）（有时因最小砝码质量与天平的末位读数不易匹配，末位读数可直接采用天平的读数）替代的砝码质量加上砝码的修正值即为试剂的称样量。用于替代法称量的标准砝码应定期检定合格后方可使用，保证量值准确。下面举例说明如何采用替代法进行称量。

【例】 欲准确称取 4.9031g 重铬酸钾（$K_2Cr_2O_7$）。具体操作如下：先称取空称量瓶的质量 m_1 为 8.2489g，然后在天平上再加 m_2 为 4.9031g 的标准砝码（2 个 2g 砝码，1 个 500mg 砝码，2 个 200mg 的砝码，1 个 2mg，1 个 1mg 砝码，且假设标准砝码的修正值均为零)，使天平的读数为 $m_1+m_2=13.1520$g（没有 0.1mg 砝码，读取天平的显示值），然后取下砝码，将 $K_2Cr_2O_7$ 加入到称量瓶中，直到天平的读数仍为 13.1521g，则所称量的重铬酸钾质量为 4.9031g。

（4）固定称样量法　在分析工作中常要准确称量某一指定质量的试剂。例如，要求配制浓度为 $c(\frac{1}{6}K_2Cr_2O_7)=0.1000$mol/L 标准溶液 1000mL，需要准确称取 4.9031g 重铬酸钾（$K_2Cr_2O_7$）。在例行分析中，为了便于计算结果或利用计算图表，往往要求称量某一指定质量的被测样品，这时，可采用固定质量称量法。此法要求试样不易吸水，在空气中稳定。

[操作方法]　在天平上准确称量容器的质量（容器可以是称量瓶、表面皿、称量纸等），然后在容器中加入欲称量的样品，直到天平显示出所要称量的质量。称量后将试样全部转移到实验容器中（采用清洗等办法），确保称量的试样没有损失。若要再称一份试样，则按上述程序重复操作。

2. 浮力修正

由于样品的密度与砝码的密度不同，因此空气浮力对样品的影响与对砝码的影响不同，两者密度相差越大，空气浮力的影响也就越大。一般在不确定度要求<0.5%时，为了获得准确的量值，需要对称量的样品质量进行空气浮力修正。空气浮力校正后的试样质量按下式计算：

$$m_1=m_2+\rho_1\left(\frac{1}{\rho_2}-\frac{1}{\rho_3}\right)m_2$$

$$\rho_1=0.00129\left(\frac{273.15}{t+273.15}\right)\left(\frac{p_1-0.3783p_2}{101.3}\right)$$

$$p_2=W\times p_3$$

式中　m_1——浮力修正后的试样质量，g；

m_2——试样的称量质量，g；

ρ_1——湿空气的密度，g/cm^3；

ρ_2——试样的密度，g/cm^3；

ρ_3——砝码的密度，g/cm^3；

p_1——大气压，kPa；

p_2——室温下水的蒸气压，kPa；

p_3——室温下水的饱和蒸气压，kPa；

t——室温，℃；

W——相对湿度，%。

若要对称量的样品进行空气浮力修正，则应在称量的同时，记录室温、大气压、相对湿度。此外，用以测定室温、大气压、相对湿度的温度计、气压表和湿度计应定期送检，保证量值准确。

3. 称量不确定度和天平的选择

由于天平的特性，使得称量不可避免地存在着误差，那么如何降低和计算称量不确定度。目前天平制作技术日趋先进，通过选择不同的天平和控制称样量，完全有可能将称量误差降低到很小的水平，甚至于可以忽略不计。

称量不确定度一般由天平的重复性和天平校准的不确定度决定（称量不确定度评定见

"十一溶液配制中不确定度评定的典型实例")。一般应将称量不确定度控制在标准溶液(或测量)总不确定度的⅓之内。例如,如果溶液的总不确定度为0.3%,则称量不确定度应在0.1%以内。在通常情况下通过选择天平和控制称样量来实现。如上述例子:只要选择最小分度为0.1mg的天平,称样量不小于0.2g就能实现。如果只有最小分度为1mg的天平,那么应将称样量增加到2g也能实现称量相对不确定度小于0.1%。因此在进行称量前,需要根据称量的不确定度要求,确定使用的天平和称样量。

(四) 天平、砝码的使用

1. 天平、砝码的使用环境条件

(1) 天平是精密仪器,必须保持一定的环境条件,才能达到其设计性能。一般要求天平室温度应保持稳定,温度波动不大于0.5℃/h,室温应在(15~30)℃。相对湿度低于75%。天平室应避免阳光直射,最好是在朝北的房间内,以减少温度变化。天平室应配有窗帘,挡住直射阳光。

(2) 天平室应注意清洁、防尘。门窗要严密,最好有双层窗。天平室应选择周围无震动源和无强磁场的房间,最好在楼房的底层,不靠近空压机、电梯等设备。天平台最好是从隔震的地基上直接构筑的水泥台,上放50mm厚的水磨石或人造大理石台面。天平也不要安装在离门、窗和通风设备排气口太近的地方。

2. 天平使用的原则

(1) 天平和砝码应定期检定,确保其计量性能符合相应计量检定规程的要求。检定应按照检定规程,请计量部门专门从事该项工作的专业人员进行。

(2) 称量前后应检查天平是否完好,并保持天平清洁。若不慎在天平内洒落试剂,应立即清理干净,以免腐蚀天平。

(3) 天平载重不得超过最大载荷。开启天平不能用力过猛。不可直接将称量试剂放在天平上称量,被称试剂应放在洁净的器皿中称量,挥发性、腐蚀性、吸潮性的试剂必须放在密闭的容器中称量。

(4) 不得把过热或过冷的物体放到天平上称量。应将待称物品平衡到室温后方可称量。

(5) 被称物体和砝码均应放在天平称盘中央,开门、取放物体、加减砝码必须在天平处于休止状态。

(6) 称量完毕,应及时取出被称物,将砝码放回盒中,天平回零,切断电源。

(7) 应在天平内放置硅胶干燥剂。干燥剂可置于小烧杯中,硅胶颜色变红后,应及时烘干除水或更换。

(8) 搬动天平时,应卸下称盘、吊耳、横梁等部件。搬动后检验天平性能,确认正常后,方可使用。

六、溶液配制常用量、单位以及有效数字

(一) 溶液配制常用的量和单位

国家标准GB 3100~3102—1993规定了表示溶液浓度的有关量和单位。

1. 物质的量

“物质的量”是量的名称，是国际单位制七个基本量之一。规定物质 B“物质的量”的符号为 n_B，其单位为摩尔（mol），符号为 mol，是化学量惟一的 SI 单位。摩尔是一系统的物质的量，该系统中包含的基本单元数与 0.012kg 碳-12 的原子数目相等。在使用摩尔时，基本单元应予指明，可以是原子、分子、离子、电子及其他粒子，或是这些粒子的特定组合。1 摩尔的任何物质所包含的粒子数（可以是原子、分子、离子、电子等）相同，即一个阿伏加德罗常数（N_A）。阿伏加德罗常数（N_A）等于单元数 N 除以物质的量 n。

$$N_A=\frac{N}{n}=6.02214199(47)\times10^{23}\text{mol}^{-1}$$

$6.02214199(47)\times10^{23}$ 是 1999 年发布的最新数值，由美国国家标准与技术研究院（NIST）提供。

如用 B 代表泛指物质的基本单元，则将 B 表示成右下标，如 n_B。若基本单元有具体所指，则应将单元的符号置于量的符号齐线的括号中。例如：

1mol（H），具有质量 1.00794g　　　$1\text{mol}\left(\frac{1}{2}\text{Hg}_2^{2+}\right)$，具有质量 200.59g

1mol（H_2），具有质量 2.01588g　　　$1\text{mol}\left(\frac{1}{5}\text{KMnO}_4\right)$，具有质量 31.6068g

2. 质量

质量为国际单位制七个基本量之一，用符号 m 表示，是溶液配制中最为常用的量。质量单位为千克（kg），等于国际千克原器的质量。在溶液配制中常用克（g）、毫克（mg）、微克（μg）表示。它们之间的换算关系为：

$$1\text{kg}=1000\text{g}$$
$$1\text{g}=1000\text{mg}$$
$$1\text{mg}=1000\mu\text{g}$$

3. 元素的相对原子质量

元素的相对原子质量是指元素的平均原子质量与核素 ^{12}C 原子质量的 1/12 之比。元素的相对原子质量用符号 A_r 表示，为量纲一的量，以前称为原子量，元素的相对原子质量（见附录一）。例如：$A_r(\text{Cl})=35.453$

4. 物质的相对分子质量

物质的相对分子质量是指物质的分子或特定单元的平均质量与核素 ^{12}C 原子质量的 1/12 之比。物质的相对分子质量用符号 M_r 表示，为量纲一的量，以前称为分子量，一些常用物质的相对分子质量见附录二。

例如：$M_r(Na_2CO_3)=105.9884$

5. 体积

体积用符号 V 表示，国际单位为立方米（m^3），在溶液配制中常用升（L）、毫升（mL）和微升（μL）。它们之间的换算关系为：

$$1m^3=1000L$$
$$1L=1000mL$$
$$1mL=1000\mu L$$

6. 密度

密度是指单位体积内物质的质量，用符号 ρ 表示，单位为千克/米^3（kg/m^3），常用单位还有克/立方厘米（g/cm^3）或克/毫升（g/mL）。相对密度是指在规定条件下，物质的密度 ρ 与参考物质的密度 ρ_r 之比其符号为 d（过去称为比重）。对于液态和固态物质，通常采用纯水为参考物质。由于温度影响物质的体积，通常密度需要标明测定时的温度。溶液的密度常用相对密度表示。

7. 摩尔质量

摩尔质量（M）定义为：一系统中物质B的质量除以该物质的量，单位符号为千克/摩（kg/mol），克/摩（g/mol）。

$$M=\frac{m}{n_B}$$

可理解为1mol(6.02214199（47）$\times10^{23}$）个基本单元所具有的质量，根据所涉及基本单元的不同，摩尔质量可分为分子摩尔质量、原子摩尔质量等。

对于同一物质，规定的基本单元不同，其摩尔质量也不同。

例如：$M(KMnO_4)=158.0339g/mol$ $M(K_2Cr_2O_7)=294.1846g/mol$

$M\left(\frac{1}{5}KMnO_4\right)=31.6068g/mol$ $M\left(\frac{1}{6}K_2Cr_2O_7\right)=49.0308g/mol$

$M(Na_2CO_3)=105.9884g/mol$ $M(I_2)=253.80894g/mol$

$M\left(\frac{1}{2}Na_2CO_3\right)=52.9942g/mol$ $M\left(\frac{1}{2}I_2\right)=126.90447g/mol$

摩尔质量是建立各量间定量关系的关键，有了阿伏加德罗常数、摩尔质量、相对原子量（分子量），微观量与宏观量各量之间的换算显得很简单，以图1-3表示。

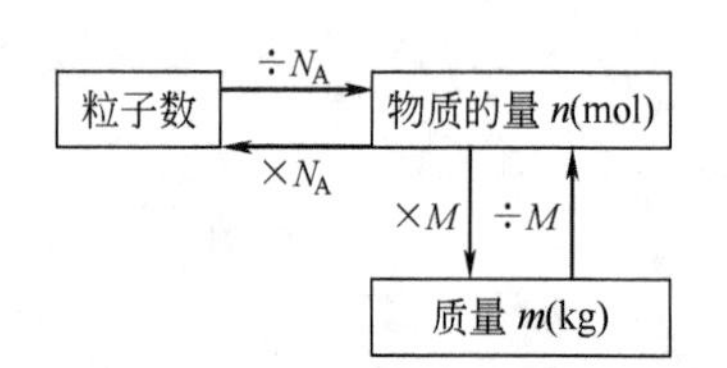

图1-3 各量值间的换算关系

【例1】 已知某试样中含 Fe_3O_4 57.35g，计算 Fe_3O_4 物质的量。

解： 已知 $M(Fe_3O_4)=231.533g/mol$

$$n(Fe_3O_4)=\frac{m(Fe_3O_4)}{M(Fe_3O_4)}=0.2477\ (mol)$$

【例2】 已知某溶液中含钠离子0.0456mol，计算溶液中钠离子质量。

解： 已知 $M(Na^+)=22.989770g/mol$

$$m(Na^+)=M(Na^+)\times n(Na^+)=22.989770\times0.0456=1.05g$$

（二）表示溶液浓度常用的量和单位

表1-11列出了表示溶液浓度常用的量和单位。

表 1-11 溶液配制常用的量和单位

量的名称	符号	定义	单位名称	符号	换算因数
B的质量浓度	ρ_B	B的质量除以混合物的体积	千克每升	kg/L	$1kg/L=10^3 kg/m^3=1kg/dm^3$
B的质量分数	w_B	B的质量与混合物的质量之比	—	1	
B的浓度，B的物质的量浓度	c_B	B的物质的量除以混合物的体积	摩[尔]每立方米 摩[尔]每升	mol/m^3 mol/L	$1mol/L=10^3 mol/m^3=1mol/dm^3$
B的摩尔分数	x_B,(y_B)	B的物质的量与混合物的物质的量之比	—	1	
溶质B的摩尔比	r_B	溶质B的物质的量与溶剂的物质的量之比	—	1	
B的体积分数	φ_B	对于混合物，$\varphi_B=x_B V_{m,B}^*/(\sum_A x_A V_{m,A}^*)$ 式中 $V_{m,A}^*$ 是纯物质A在相同温度和压力时的摩尔体积，$\sum$代表在全部物质范围求和	—	1	
溶质B的质量摩尔浓度	b_B,m_B	溶质B的物质的量除以溶剂的质量	摩[尔]每千克	mol/kg	

(三) 量和单位符号的表示

在国家标准（GB 3101—1993）中规定：量的符号通常是单个拉丁或希腊字母，有时带有下标或其他的说明性标记。无论正文的其他字体如何，量的符号都应当使用斜体。除正常语法句子结尾的标点符号，量的符号不得附加圆点。如体积用“V”表示，质量用“m”表示。单位的符号：无论其他部分的字体如何，单位符号都应当用正体。在复数时，单位符号的字体不变。除正常语法句子结尾的标点符号，单位符号不得附加圆点。单位符号应当置于量的整个数值之后，并在其间留一空隙。在单位符号附加表示量的特性和测量过程信息的标志是不正确的。如体积的单位“毫升”用符号“mL”表示，质量的单位“千克”用符号“kg”表示。

(四) 溶液配制中的有效数字及其运算

1. 有效数字

如何用有效数字正确表示溶液浓度？首先需要清楚有效数字的概念。若某近似数字的误差绝对值不超过该末位数的半个单位值时，则从其第一个不是零的数字起至最末一位的所有数字，都是有效数字。例如，⅓的小数值为0.333…。若取0.33，则其末位数的半个单位值为0.005（末位为0.03，其末位数的一个单位值为0.01，其末位数的半个单位值为0.005）；而误差的绝对值$|0.333-0.33|=0.003$，不超过0.005。于是0.33的有效数字为两位。为了明显地表示有效数字，一般采用下列形式：

$$k \times 10^{m}$$

式中，m 为可具有任意符号的任意自然数；k 为不小于 1 而小于 10 的任意数，其位数即是有效数字。

【例 1】 0.0115mol/L 的 EDTA 标准溶液，应表示为 1.15×10^{-2} mol/L。表明有效数字为 3 位。

【例 2】 1000μg/mL 的铜标准溶液，应表示为 1.000×10^{3} μg/mL。表明有效数字为 4 位。

2. 有效数字的运算

① 加、减运算　如果参与运算的数不超过 10 个，运算时以各数中末位的数量级最大的数为准，其余的数均比它多保留一位，多余位数舍去。计算结果的末位的数量级，应与参与计算的数中末位的数量级最大的那个数相同。若计算结果尚需要参与下一步运算，则可多保留一位。

【例 3】 $16.5+3.7484+8.897 \rightarrow 16.5+3.75+8.90=29.15 \approx 29.2$

计算结果为 29.2，若尚需参加下一步计算，则取 29.15。

② 乘、除（或乘方、开方）运算　在进行乘除运算时，以有效数字位数最少的那个数为准，其余的数均比它多保留一位，计算结果（积或商）的有效数字位数，应与参与计算的数中有效数字位数最少的那个数相同。乘方、开方运算类同。

【例 4】 $1.5 \times 0.7128 \times 8.813497 \rightarrow 1.5 \times 0.713 \times 8.81=9.42 \approx 9.4$

计算结果为 9.4，若尚需参加下一步计算，则取 9.42。

（五）数字修约

1. 数字修约的基本概念

对某一拟修约数，根据保留数位的要求，将其多余位数的数字进行取舍，按一定的规则，选取一个其值为修约间隔整数倍的数（称为修约数）来代替拟修约数，这一过程称为数值修约，也称为数的化整或数的凑整。

修约间隔又称为修约区间或化整间隔，它是确定修约保留位数的一种方式。修约间隔一般以 $k \times 10^{n}$（k 可取 1,2,5；n 为正、负整数）的形式表示。

修约间隔一经确定，修约数只能是修约间隔的整数倍。例如：

（1）指定修约间隔为 0.1，修约数应在 0.1 的整数倍的数中选取；

（2）若修约间隔为 2×10^{n}，修约数的末位只能是 0，2，4，6，8 等数字；

（3）若修约间隔为 5×10^{n}，则修约数的末位数字必然不是“0”就是“5”。

当对某一拟修约数进行修约时，需根据修约间隔确定修约的位数，即修约数的保留位数应与修约间隔相应。例如，修约间隔为 0.1，则拟修约数应保留到小数点后第一位；若修约间隔为 2，则拟修约数应保留到个位数。

2. 数字修约规则

GB 8170—1987《数值修约规则》，对：“1”、“2”、“5”间隔的修约方法分别做了规定，但使用比较烦琐，现介绍一种更为简洁的方法。

(1) 如果在为修约间隔整数倍的一系列数中，只有一个数最接近拟修约数，则该数就是修约数。

例如，将 1.1500001 按 0.1 修约间隔进行修约。与拟修约数 1.1500001 邻近的为修约间隔整数倍的数中有 1.1 和 1.2（分别为 0.1 的 11 倍和 12 倍），然而只有 1.2 最接近拟修约数，因此 1.2 就是修约数。又如，要求将 1.015 修约十分位的 0.2 个单位。修约间隔为 0.02，与拟修约数 1.015 邻近的为修约间隔整数倍的数中有 1.00 和 1.02（分别为 0.02 的 50 倍和 51 倍），然而只有 1.02 最接近拟修约数，因此 1.02 就是修约数。

(2) 如果在为修约间隔整数倍的一系列数中，有连续的两个数同等地接近拟修约数，则这两个数中，只有为修约间隔偶数倍的那个数才是修约数。

例如，要求将 1150 按 100 修约间隔修约。有两个连续的为修约间隔整数倍的数 1.1×10^3 和 1.2×10^3 同等地接近拟修约数 1150，因为 1.1×10^3 是修约间隔 100 的奇数倍（11 倍）。只有 1.2×10^3 是修约间隔 100 的偶数倍（12 倍），因此 1.2×10^3 是修约数。

又如，要求将 1.500 按 0.2 修约间隔进行修约。有两个连续的为修约间隔整数倍的数 1.4 和 1.6 同等地接近拟修约数 1.500，因为 1.4 是修约间隔 0.2 的奇数倍（7 倍），所以不是修约数。只有 1.6 是修约间隔 0.2 的偶数倍（8 倍），因而才是修约数。

3. 数值的舍入规则

(1) 被舍入数字的第一位小于 5，则全部舍去。

【例 5】 4569.45 → 4569

(2) 被舍入数字的第一位为 5，且后面的数字为 0 或无任何数字，当保留数字的末位为偶数或 0 时，则全部舍去。当保留数字的末位为奇数时，则该奇数加 1。

【例 6】 4566.5 → 4566

【例 7】 4567.5 → 4568

(3) 被舍入数字的第一位大于 5 或等于 5，但其后有不为 0 的数字，则保留数字加 1。

【例 8】 4567.5005 → 4568

【例 9】 4567.7 → 4568

该规则是以产生最小修约误差为原则的。

需要注意的是，数字修约导致的不确定度呈均匀分布，约为修约间隔的½。还应注意，不要多次连续修约。

例如：12.251 → 12.25 → 12.2；如果一步修约到小数点后第一位，则为 12.3，多次连续修约会产生累积不确定度。

七、溶液浓度的表示及计算

在化学检验中，随时都要用到各种浓度的溶液，溶液的浓度是指一定量的溶液（或溶剂）中所含溶质的量。在国际标准和国家标准中，一般用 A 代表溶剂，用 B 代表溶质。常用的溶液浓度表示方法有以下几种。

（一）B 的质量分数

B 的质量分数是指 B 的质量（m_B）与混合物的质量（m）之比。以 w_B 表示，即

$$物质B的质量分数(w_B)=\frac{m_B}{m}$$

B的质量分数（w_B）常用百分数的形式表示。由于质量分数是相同物理量之比，因此其量纲为1，但在量值表达上是以纯小数表示的，而不出现量纲1。

市售液体试剂一般都以质量浓度的百分数表示，例如市售的浓盐酸标签上标明37%，表明此盐酸溶液100g含37g HCl和63g水。其浓度可表示为$w(HCl)=0.37$，或$w(HCl)=37\%$。如果分子、分母两个质量单位不同，则质量分数应写上单位，如mg/g和μg/g等。

在微量和痕量分析中，过去常用ppm和ppb表示含量，其含义是10^{-6}和10^{-9}，现在这种表示方法已废止，改用法定计量单位表示。例如某化工产品中含铜5ppm，应表示为$w(Cu)=5\times10^{-6}$，或5μg/g，或5mg/kg。

1. 当溶质为固体物质时的计算方法

【例1】 配制500g质量分数为1000μg/g的Zn^{2+}溶液，计算所需金属锌的质量。

解： $$w_{Zn}=\frac{m_{Zn}}{m}$$

则 $$m_{Zn}=w_{Zn}\times m=1000\times500\times10^{-6}=0.5000g$$

2. 当溶质为液体物质时的计算方法

（1）直接称量液体时的计算方法

【例2】 配制1000g质量分数为1000μg/g的汞溶液，计算所需汞的质量。

解： $$w_{Hg}=\frac{m_{Hg}}{m}$$

则 $$m_{Hg}=w_{Hg}\times m=1000\times1000\times10^{-6}=1.0000g$$

（2）量取溶液体积时的计算方法

对于某些液体如浓酸、浓碱等不宜采用称量的方式；通常量取液体体积比称量更方便，如溶液的稀释。在配制前需要了解溶质的密度，再进行计算，计算的依据是溶质的总量在稀释前后不变。

$$\rho_0V_0w_0=\rho Vw$$

式中 ρ_0——浓溶液的密度，g/mL；

V_0——浓溶液的体积，mL；

w_0——浓溶液的质量分数，%；

ρ——欲配溶液的密度，g/mL；

V——欲配溶液的体积，mL；

w——欲配溶液的质量分数，%。

【例3】 欲配制30% H_2SO_4($\rho=1.220$mg/mL) 溶液500mL，计算量取浓硫酸的体积。

解： $$V_0=\frac{\rho Vw}{\rho_0w_0}=\frac{1.220\times500\times30}{1.84\times96}mL=103.6mL$$

（二）B的质量浓度

B的质量浓度是指B的质量除以混合物的体积，以ρ_B表示，单位是g/L。即

$$\rho_B=\frac{m_B}{V}$$

式中　ρ_B——溶质 B 的质量浓度，g/L；

m_B——溶质 B 的质量，g；

V——混合物（溶液）的体积，L。

例如 $\rho(NaCl)=10g/L$ 氯化钠溶液，表示 1L 氯化钠溶液中含氯化钠 10g。当溶液的浓度很稀时，可用 mg/L，μg/L，ng/L 来表示。

【例 4】 若配制上述 10.0g/L 氯化钠溶液 200mL，计算所需氯化钠的质量。

解：

$$\rho_{NaCl}=\frac{m_{NaCl}}{V}$$

$$m_{NaCl}=\rho_{NaCl}V=(10.0\times0.200)g=2.00g$$

在一些较早的检验方法标准中，习惯使用质量体积百分浓度来表示溶液的浓度，如 0.5%的淀粉溶液，现质量体积百分浓度不应再使用，0.5%的淀粉溶液的质量浓度，应表示为 5g/L。

（三）B 的体积分数

混合前 B 的体积（V_B）除以混合物的体积（V_0）称为 B 的体积分数，通常用于溶质为液体的溶液，将液体试剂稀释时，多采用这种浓度表示，以 φ_B 表示。即

$$\varphi_B=\frac{V_B}{V_0}$$

B 的体积分数（φ_B）为量纲一的量，常以"%"表示其浓度值，如 $\varphi(C_2H_5OH)=0.70$，也可以写成 $\varphi(C_2H_5OH)=70\%$，若用无水乙醇来配制这种浓度的溶液，可量取无水乙醇 70mL，加水稀释至 100mL。又如 $\varphi(HCl)=5\%$，即表示 100mL 溶液中含有 5mL 浓盐酸。

【例 5】 配制体积分数 5%的盐酸溶液 300mL，计算需要浓盐酸的体积。

解：

$$\varphi_{HCl}=\frac{V_{HCl}}{V_0}$$

$$V_{HCl}=\varphi_{HCl}V_0=5\%\times300mL=15mL$$

（四）比例浓度

比例浓度是化验室里常用的粗略表示溶液（或混合物）浓度的一种方法。包括容量比浓度和质量比浓度两种浓度表示方法。

容量比浓度是指液体试剂相互混合或用溶剂（大多数为水）稀释时的表示方法，常以（V_A+V_B）或 V_A：V_B 符号表示。例如 $1+3(V_1+V_2)$ 盐酸溶液，表示 1 体积市售浓盐酸与 3 体积蒸馏水相混而成的盐酸溶液。1∶4 硝酸溶液，表示 1 体积市售浓硝酸与 4 体积蒸馏水相混而成的硝酸溶液。

质量比浓度是指两种固体试剂相互混合的表示方法，例如 $1+100(m_1+m_2)$ 钙指示剂-氯化钠混合指示剂，表示 1 个单位质量的钙指示剂与 100 个单位质量的氯化钠相互混合，是一种固体稀释方法。

（五）B 的物质的量浓度

B 的物质的量浓度，常简称为 B 的浓度，是指 B 的物质的量除以混合物的体积，以 c_B

表示，单位为 mol/L，即

$$c_B=\frac{n_B}{V}$$

式中 c_B——物质 B 的物质的量浓度，mol/L；

n_B——物质 B 的物质的量，mol；

V——混合物（溶液）的体积，L。

c_B 是物质的量浓度的符号，下标 B 指基本单元。

【例 6】 配制 1L 物质的量浓度为 0.1000mol/L 的草酸钠溶液，计算所需草酸钠的质量。

$$c_{Na_2C_2O_4}=\frac{n_{Na_2C_2O_4}}{V}=\frac{m_{Na_2C_2O_4}}{VM_{Na_2C_2O_4}}$$

$$m_{Na_2C_2O_4}=c_{Na_2C_2O_4}VM_{Na_2C_2O_4}=0.1000\times1.000\times133.9985\text{g}=13.3998\text{g}$$

（六）B 的质量摩尔浓度

B 的质量摩尔浓度是溶液中溶质 B 的物质的量（mol）除以溶剂 K 的质量（kg）。即

$$b_B=\frac{n_B}{m_K}$$

式中 b_B——质量摩尔浓度，mol/kg；

n_B——溶质 B 的物质的量，mol；

m_K——溶剂 K 的质量，kg。

用质量摩尔浓度 b_B 表示溶液的组成，优点是其量值不受温度的影响，缺点是使用不方便。因此在溶液配制中，在准确度要求较高的情况下才使用。

【例 7】 已知某溶液中含有重铬酸钾 0.0012mol，所用溶剂为 0.100kg，计算重铬酸钾溶液的质量摩尔浓度。

$$b_{K_2Cr_2O_7}=\frac{n_{K_2Cr_2O_7}}{m_{H_2O}}=\frac{0.0012}{0.100}\text{mol/kg}=0.012$$

（七）滴定度

滴定度广泛使用于容量分析，一般用 $T_{S/X}$表示。$T_{S/X}$是用 1mL 标准滴定溶液能滴定被测组分的质量表示，单位为 g/mL 或 mg/mL，其中 S 代表滴定剂的化学式，X 代表被测组分的化学式，滴定剂写在前面，被测组分写在后面，中间的斜线表示“相当于”，并不代表分数关系。

同一种标准溶液对不同的被滴定物质有不同的滴定度，所以，在给出滴定度时必须指出被滴定物质。

【例 8】 用 EDTA 标准溶液滴定样品中的铁，$T_{EDTA/Fe}=0.05000\text{g/mL}$，表示 1mLEDTA 标准溶液相当于分析样品中有 0.05000g 铁。

滴定度适用于分析对象相对固定的情况，使用滴定度计算样品中被测成分的含量，比直接用物质的量浓度计算更为简便。若已知滴定中试样消耗标准溶液的体积为 V（单位 mL），则被测组分 X 的质量为

$$m_X=T_{S/X}V$$

如例 8 中若在某次试样的滴定中消耗 EDTA 标准溶液 21.50mL，则样品中铁的质量为

$$m(\mathrm{Fe})=(0.05000\times21.50)\mathrm{g}=1.075\mathrm{g}$$

在一些企业的化验室中，为了计算更方便，通常固定称量试样的质量，因此，滴定度也可直接用 1mL 标准溶液相当于被测组分的质量分数表示，即用 $T_{S/X}(\%)$ 来表示。若已知滴定中试样消耗标准溶液的体积为 V（单位为 mL），则试样中被测组分的含量（质量分数）为

$$w_X=T_{S/X}(\%)V$$

如例 8 中，若称样量固定为 10.000g，则滴定度可表示为 $T_{\mathrm{EDTA/Fe}}=0.5000\%$，当 $V=$ 21.50mL 时，样品中铁含量为

$$w(\mathrm{Fe})=0.5000\%\times21.50=10.75\%$$

虽然滴定度的单位与质量浓度 ρ 的单位相同，但绝不表示标准溶液的质量浓度。滴定度与物质的量浓度（即 $T_{S/X}$ 和 c_B）可以相互换算。若已知标准溶液的物质的量浓度 c，则可由下式计算所需滴定度，即

$$T_{S/X}=c_S M_X$$

式中，M_X 为被测组分的摩尔质量。

例 8 中，若已知铁（Fe）的摩尔质量为 55.845g/mol，则 EDTA 标准溶液的物质的量的浓度为

$$c(\mathrm{EDTA})=T_{\mathrm{EDTA}}\times\frac{1000}{M(\mathrm{Fe})}=\left(0.05000\times\frac{1000}{55.845}\right)\mathrm{mol/L}=0.8953\mathrm{mol/L}$$

（八）相对密度和波美度

在工厂生产控制分析中还用相对密度（d）和波美度（°Bé）表示溶液的浓度。

测量相对密度的仪器称为密度计。密度计分两种，一种用于测定比水重的液体；另一种用于测定比水轻的液体（如石油产品），习惯称石油密度计。

溶液的相对密度是随溶液的质量分数而变化的，对某些常见的未知浓度的溶液，测出其相对密度后，便可从化学手册上查到它的质量分数。一般溶液的相对密度值在 1～2 之间，用密度计测量，读数差很小，误差较大。为了克服这一缺点，生产上常使用波美计，用波美计测得溶液的相对密度称为波美度。波美计也有重表和轻表两种，重表用于测定密度大于水（比水重）的液体，如硫酸、盐酸、磷酸等，其度数越大，相对密度越大。轻表用于测定密度小于水（比水轻）的液体，如白酒，其度数越大，相对密度越小。波美度不是我国法定单位，由于其使用方便，现在许多工厂还继续使用。但试验（检验）报告中应以密度 d 报出。

20℃时，波美度°Bé 和相对密度 d 的关系为

对于密度大于水的液体：

$$d=\frac{144.3}{144.3-°\mathrm{Bé}}$$

对于密度小于水的液体：

$$d=\frac{144.3}{144.3+°\mathrm{Bé}}$$

【例 9】 测量某浓卤水为 16°Bé，计算溶液相对密度。

解

$$d(\text{卤水})=\frac{144.3}{144.3-16}=1.125$$

试验报告数据应写为1.125。

(九) 不同溶液浓度间换算

上述列举的几种常用的溶液浓度表示方法，尽管它们的表达形式不同，但彼此之间都有一定的关系，可以相互换算。这些浓度表示方法可以分为两大类。一类为质量浓度，包括物质B的质量分数（w_B），质量摩尔浓度（b_B）等。它们表示了溶液中溶质和溶剂的相对质量，其特点是浓度数值不随温度的变化而变化。另一类为体积浓度，包括物质B的物质的量浓度（c_B），质量浓度（ρ_B）等。这一类的表示方法特点是使用方便，广泛应用于分析检验中。

溶液浓度间的换算，包括浓溶液的稀释和各类浓度表示方法之间的换算，现分别举例说明。

1. 质量浓度的稀释方法

可用交叉图解法又称对角线图式法，进行质量浓度的溶液稀释和配制计算。其原理是基于混合前后溶质的总量不变。

设两种欲混合的溶液浓度分别为a和b，取溶液a溶液x份，取b溶液y份混合。混合后溶液浓度为c，则：

$$ax+by=c(x+y)$$

或

$$(a-c)x=(c-b)y$$

当$x=c-b$时，则$y=a-c$。

式中 a——浓溶液的浓度；

b——稀溶液的浓度（如果稀溶液是水，则$b=0$）；

c——混合后溶液浓度；

x——应取浓溶液的份数；

y——应加入稀溶液（或）水的份数。

若用图解法表示：

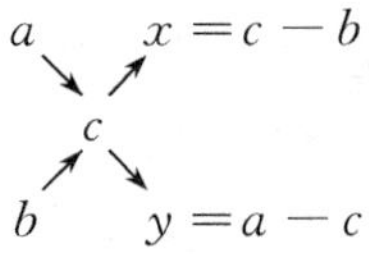

$$\begin{array}{ccc} a & & x=c-b \\ & \searrow\ \nearrow & \\ & c & \\ & \nearrow\ \searrow & \\ b & & y=a-c \end{array}$$

计算时a、b、c必须单位相同。

【例10】 用NaOH溶液（500g/L）与NaOH溶液（200g/L）混合，配制NaOH溶液（300g/L）。

用图解法：

（1）画出交叉图

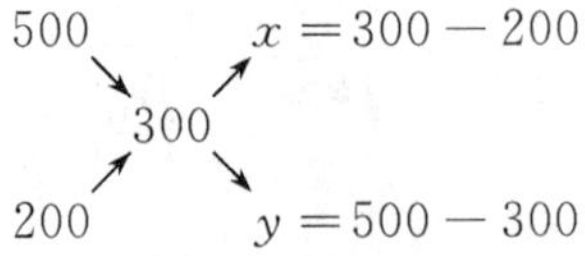

$$\begin{array}{ccc} 500 & & x=300-200 \\ & \searrow\ \nearrow & \\ & 300 & \\ & \nearrow\ \searrow & \\ 200 & & y=500-300 \end{array}$$

（2）算出x，y

$$x=c-b=300-200=100$$

$$y=a-c=500-300=200$$

取10份NaOH溶液（500g/L）和20份NaOH溶液（200g/L），混合即得到30份

NaOH 溶液（300g/L）。

（3）如果要配制总体积 1000mL 的 NaOH 溶液（300g/L），则按下式计算出取浓、稀溶液的体积。

$$V_1=\frac{x}{x+y}\times V$$
$$V_2=V-V_1$$

式中　x，y——分别为取浓、稀溶液的份数；

V_1——取浓溶液的体积，mL；

V_2——取稀溶液的体积，mL；

V——混合后（即欲配制）溶液的总体积，mL。

$$V_1=\left(\frac{10}{10+20}\times 1000\right)\text{mL}=333\text{mL}$$
$$V_2=(1000-333)\text{mL}=667\text{mL}$$

取 333mL NaOH 溶液（500g/L）和 667mLNaOH 溶液（200g/L），混匀，即得到 1000mL NaOH 溶液（300g/L）。

【例 11】 配制 180g/L$H_2SO_4$480g，需要用多少浓 H_2SO_4 稀释得到？

解：根据交叉图算出应取浓 H_2SO_4 的份数

```
96          18 = 18 - 0
   ↘     ↗
      18
   ↗     ↘
 0          78 = 96 - 18
```

取 18 份浓 H_2SO_4 和 78 份水，混合即得到 180g/L H_2SO_4。现要配制 180g/L H_2SO_4 480g，需要浓 H_2SO_4 的质量为：

$$\frac{18}{18+78}\times 480\text{g}=90\text{g}$$

需要水的质量为：(480－90)g＝390g

取 90g 浓 H_2SO_4 慢慢加入到盛有 390g 水的烧杯中，混匀即配成 480gH_2SO_4 溶液（180g/L）。

2. 物质的量浓度的稀释方法

加水稀释溶液时，溶液的体积增大，浓度相应降低，但溶液中溶质的物质的量并没有改变。根据前后溶质的总量不变的原则，可以得到稀释规则：

$$C_{B1}V_1=C_{B2}V_2$$

式中　C_{B1}、C_{B2}——分别表示浓溶液和稀溶液的物质的量浓度，mol/L；

V_1、V_2——分别表示浓溶液和稀溶液的体积，mL。

【例 12】 用浓度为 18mol/L H_2SO_4 溶液，配制 500mL3mol/L 的稀 H_2SO_4 溶液，需要 18mol/L H_2SO_4 多少体积？

解：根据稀释规则：

$$C_{B1}V_1=C_{B2}V_2$$
$$18V_1=1500\text{mL}$$
$$V_1=83.3\text{mL}$$

取 18mol/L H_2SO_4 溶液 83.3mL，加入到水中，使总体积为 500mL，即配成 500mL 3mol/L 的稀 H_2SO_4 溶液。

3. 质量浓度与质量摩尔浓度间的换算

【例 13】 求 600g/L H_2SO_4 溶液（ρ=1.344g/mL）的质量摩尔浓度。

解： 600g/L H_2SO_4 溶液的质量为 $m_{H_2SO_4}$

$$m_{H_2SO_4}=1.344\text{g/mL}\times1000\text{mL}=1344\text{g}$$

$$m_{H_2O}=1344\text{g}-600\text{g}=744\text{g}=0.744\text{kg}$$

$$b(H_2SO_4)=\frac{H_2SO_4\text{ 的物质的量}}{\text{溶剂的质量}}=\frac{600/98.078}{0.744}\text{mol/kg}=8.22\text{mol/kg}$$

600g/L H_2SO_4 溶液的质量摩尔浓度［$b(H_2SO_4)$］为 8.22mol/kg。

4. 质量浓度与物质的量浓度间的换算

【例 14】 计算 50.0g/L 的 $CuSO_4$ 溶液的物质的量浓度。

解：

$$c(CuSO_4)=\frac{\rho_{CuSO_4}}{M_{CuSO_4}}=\frac{50.0}{159.609}\text{mol/L}=0.313\text{mol/L}$$

50.0g/L 的 $CuSO_4$ 溶液的物质的量浓度为 0.313mol/L。

5. 物质的量浓度与质量分数间的换算

物质的量浓度与质量分数间换算时，必须有一个媒介——溶液的密度，借助于密度可以得知溶液的质量与体积的关系。

【例 15】 市售 H_2SO_4 的密度 ρ=1.84g/mL，质量分数为 98%，计算其物质的量浓度。

解： 1LH_2SO_4 中含有 H_2SO_4 的质量为：

$$1.84\text{g/mL}\times1000\text{mL}\times98\%=1766\text{g}$$

1LH_2SO_4 中含 H_2SO_4 物质的量为：(1766÷98.078)mol/L=18.0mol/L

市售 H_2SO_4 的物质的量浓度为 18.0mol/L。

6. 各类溶液浓度之间的换算公式

表 1-12 列出了换算公式。

表 1-12 常用溶液浓度之间的换算公式

浓 度	w_B	ρ_B	b_B	c_B
B 的质量分数 w_B	—	$\frac{\rho_B}{1000\rho}$	$\frac{b_BM}{1000+b_BM}$	$\frac{b_BM}{1000\rho}$
B 的质量浓度 ρ_B	$1000\rho w_B$	—	$\frac{1000\rho b_BM}{1000+b_BM}$	c_BM
B 的质量摩尔浓度 b_B	$\frac{w_B}{M(1-w_B)}$	$\frac{1000\rho_B}{M(1000\rho-\rho_B)}$	—	$\frac{1000c_B}{1000\rho-c_BM}$
B 的物质的量浓度 c_B	$\frac{1000\rho w_B}{M}$	$\frac{\rho_B}{M}$	$\frac{1000\rho b_B}{1000+b_BM}$	—

注：ρ 表示溶液密度，g/mL；M 表示溶质的摩尔质量，g/mol；ρ_B 的单位为 g/L；b_B 的单位为 mol/kg；c_B 的单位为 mol/L。

八、溶液配制的通用方法

溶液是指一种物质以分子、原子或离子状态分散于另一物质中的均匀且稳定的体系。按照不同的分类原则溶液可分为很多类。如按溶液本身的特性—分散相粒子的大小，可分为真溶液（简称溶液）、胶体溶液、悬浊液。按量值传递分类可分为标准溶液和非标准溶液。按用途可分为缓冲溶液、指示剂溶液、容量分析用溶液、元素分析用溶液等。本节将主要从量值传递的角度，介绍标准溶液与非标准溶液的一般配制方法。

（一）溶液的基础知识

1. 标准溶液

标准溶液是已确定其主体物质浓度或其他特性量值的溶液。标准溶液指直接参与测量结果计算的溶液，其浓度准确与否直接关系到测量结果及其准确度。化学检验中常用的标准溶液有以下三种。

（1）滴定分析用标准溶液　也称为标准滴定溶液。主要用于测定试样的主体成分或常量成分。其浓度常要求准确到4位有效数字，常用的浓度表示方法是物质的量浓度和滴定度。常用的滴定溶液有：酸碱滴定标准溶液、沉淀滴定标准溶液、氧化还原滴定标准溶液、络合滴定标准溶液、非水滴定标准溶液等。

（2）微量或痕量分析用标准溶液　包括各类无机成分或有机成分标准溶液、标准比对溶液（如标准比色溶液、标准比浊溶液等）。主要用于对样品中微量成分（元素、分子、离子等）进行定量、半定量或限量分析。其浓度通常以质量分数或质量浓度来表示，常用的单位是mg/g、mg/mL、μg/mL、ng/mL等。

（3）物理化学特性标准溶液　具有某物理化学特性量准确量值的标准溶液，如：黏度标准油、pH标准缓冲溶液、浊度标准溶液等。

2. 非标准溶液

非标准溶液是指其浓度和用量不直接参与测量结果计算的溶液，也可称为一般溶液。如缓冲溶液、指示剂溶液等。这类溶液的浓度要求不太严格，一般不需要标定或用其他比对方法求得其准确浓度。在化学分析中，通常用来作为“条件”溶液，如控制酸度、指示终点、消除干扰、显色、络合等。按用途可分为显色剂溶液、支持电解质溶液、掩蔽剂溶液、缓冲溶液、指示剂溶液、萃取溶液、吸收液、沉淀剂溶液、空白溶液等。

（二）溶液配制的一般方法

溶液的配制包括标准溶液的配制和非标准溶液的配制。这里主要介绍标准溶液的配制。

1. 直接配制法

直接配制法是指溶液配制后，不再进行标定，浓度以配制值为准。常用于非标准溶液的制备。如显色剂溶液、支持电解质溶液、掩蔽剂溶液、缓冲溶液、指示剂溶液、萃取溶液、吸收液、沉淀剂溶液、空白溶液等。配制非标准溶液的浓度准确度要求不高，量值保持1～

2位有效数字。试剂的质量可用最小分度较大的天平称量，体积常用量筒量取。

当采用有证标准物质配制标准溶液、或对原料或试剂的纯度进行了测定、或当试剂原料纯度很高，标准溶液的准确度要求不高、或暂时没有合适的方法进行标定的标准溶液时，也可采用直接配制法。标准溶液的稀释也常用该方法。

（1）非标准溶液的配制　称取或量取一定量的溶质溶于纯水或有机溶剂后，稀释到预期的体积，摇匀即可。

（2）标准溶液　由于溶液不再进行标定，准确称量（移取）溶质、定容等都要严格进行，确保溶液的量值准确可靠，常采用容量法或重量法配制。

① 容量法　该方法操作相对方便，能满足一般测量用标准溶液的准确度要求。缺点是由于体积随温度变化，因此溶液浓度受温度的影响，随着温度的变化，浓度略有变化，因此，标准溶液的使用温度应与配制温度相同或接近。

[操作方法]　固体原料（试剂）：在分析天平上准确称取一定量的已处理的原料（试剂）溶于酸、碱、纯水或有机溶剂后，移入已校正的容量瓶中，在（20±2)℃的实验室中定容，摇匀，即可。其浓度常用质量浓度、物质的量浓度等表示。

稀释标准溶液：用单刻线吸管准确吸取一定量的溶质液体（已在恒温室中放置平衡），加入到已校正的容量瓶中，用酸、碱、纯水或有机溶剂稀释后，在（20±2)℃的实验室中定容，摇匀，即可。其浓度常用质量浓度、物质的量浓度、体积分数、比例浓度等表示。

② 重量法　该方法操作相对烦琐，但是溶液的浓度不受温度的影响。

[操作方法]　在分析天平上准确称取一定量的已处理的原料试剂，溶于酸、碱、纯水或有机溶剂后，转移到预先洗净、干燥并已经称重的容器中（如容量瓶、聚乙烯瓶等），加入溶剂直到达到预期的质量。其浓度常用质量分数、质量摩尔浓度等表示。

表1-13列出两种配制方法特点。

表1-13　容量法与重量法的比较

特点		容量法	重量法
浓度	名称	质量浓度、物质的量浓度	质量分数、摩尔分数、质量摩尔浓度
	单位	mg/L、μg/L、mol/L、mmol/L等	mg/g，μg/g，mol/g，mmol/g
配制过程		相对简单	比较复杂
浓度准确度		较低	较高
浓度受环境温度影响		相对较大	很小
适用范围		适用于一般测试分析，大多数标准溶液的配制	适用于高准确分析、溶质易于同玻璃容量瓶等发生化学反应的溶液配制
相互之间的关系		质量（或物质的量）浓度＝质量（或物质的量）分数×相对密度	

2. 标定法

标定法指溶液按上述（一）中所述的方法配制后进行标定，浓度以标定值为准。主要用于标准溶液的配制。标准溶液的浓度准确程度直接影响分析结果的准确度。因此，标准溶液的配制在方法、使用仪器、量具和试剂等方面都有严格的要求。

（1）滴定分析用标准溶液

① 一般规则　国家标准GB/T 601—2002《滴定分析用标准溶液的制备》中对上述各个方面的要求作了规定，应达到下列要求：

ⓐ 配制标准溶液用水，至少应符合 GB/T 6682 中三级水的规格；

ⓑ 所用试剂纯度应在分析纯以上（标定应使用有证标准物质或基准试剂）；

ⓒ 所用分析天平及砝码应定期检定；

ⓓ 所用滴定管、容量瓶及移液管均需定期校正。校正方法按 JJG 196—1990《常用玻璃量器检定规程》中规定进行；

ⓔ 制备标准溶液的浓度系指 20℃时的浓度，在标定和使用时，如温度有差异，应按 GB/T 601 中附录 A 进行补正；

ⓕ 标定标准溶液时，平行试验不得少于 8 次，两人各作 4 次平行测定，检测结果在按规定的方法进行数据的取舍（见“六”）后取平均值，浓度值取 4 位有效数字；

ⓖ 浓度值以标定结果为准；

ⓗ 配制浓度等于或低于 0.02mol/L 的标准溶液时，且溶液的稳定性无保障时，应于临用前将浓度高的标准溶液稀释，必要时重新标定；

ⓘ 用碘量法标定时，溶液温度不能过高，一般在（15～20)℃之间进行。

② 标定　很多试剂并不符合基准试剂的条件，例如市售的浓盐酸中 HCl 很易挥发，固体氢氧化钠很易吸收空气中的水分和 CO_2，高锰酸钾不易提纯而易分解等。因此它们都不能直接配制所需浓度的标准溶液。一般是先将这些物质配成近似浓度的溶液，再用溶液标准物质测定其浓度准确值，这一操作称为标定。标准溶液标定方法常有以下两种。

(a) 直接标定法　直接标定可采用容量法和重量法两种方法进行。

容量法：准确称取或移取一定量的标准物质（或基准试剂），溶于纯水（或有机溶剂）后，用待标定溶液滴定，至反应完全，根据所消耗待标定溶液的体积和标准物质（或基准试剂）的质量，计算出待标定溶液的准确浓度。如，用无水碳酸钠标准物质标定盐酸或硫酸溶液，就属于这种标定方法。

(b) 重量法　利用待标定物质与某种沉淀剂形成沉淀的方法标定。准确称取或移取一定量的待标定溶液，加入适当的沉淀剂溶液，使待标定溶液完全沉淀，将沉淀过滤、洗涤、干燥（灼烧）、称重，直到恒重，计算待标定溶液的浓度。

【例】 用直接标定法标定氢氧化钾-乙醇溶液

配制：称取 30g 氢氧化钾，溶于 30mL 水中，用无醛乙醇稀释至 1000mL。放置 5h 以上，取清液使用。

标定：称取 3g（准确至 0.0001g）于 115℃烘至恒重的邻苯二甲酸氢钾标准物质，溶于 80mL 无二氧化碳的水中，加入 2 滴酚酞指示液（10g/L），用配制好的氢氧化钾-乙醇液滴定至溶液呈粉红色，同时做空白试验。

计算：其准确浓度由下式计算：

$$c(\mathrm{KOH})=\frac{m}{(V_1-V_2)\times 0.2042}$$

式中　$c(\mathrm{KOH})$ ——标准溶液物质的量浓度，mol/L；

m——邻苯二甲酸氢钾的质量，g；

V_1——消耗氢氧化钾溶液的体积，mL；

V_2——空白试验氢氧化钾溶液的体积，mL；

0.2042——与 1.00mL 氢氧化钾标准溶液［$c(\mathrm{KOH})=1.000$mol/L］相当的以 g 为单位的邻苯二甲酸氢钾的质量。

（c）间接标定法

部分标准溶液没有合适的用以直接标定的标准物质或基准试剂，需要先标定某标准溶液，再用该标准溶液标定待测溶液。因此，间接标定的不确定度比直接标定的要大些。如标定乙酸溶液时，需要使用氢氧化钠标准溶液进行标定，因此需要先标定氢氧化钠标准溶液。用高锰酸钾标准溶液标定草酸溶液也属于这类标定方法。

（2）微量或痕量分析用标准溶液

① 一般原则

为了确保标准溶液的准确度，国家标准对其制备和使用也有严格要求，GB/T 602—2002 对杂质测定用标准溶液制备和使用作了一般规定。

（a）制备标准溶液所用的水，至少应符合 GB/T 6682 中三级水的规格。

（b）所用试剂纯度应在分析纯以上。

（c）一般浓度低于 0.1mg/mL 的标准溶液，应在临用前用较浓的标准溶液（标准储备液）于容量瓶中稀释而成。

（d）储备标准溶液中元素一般的浓度是 1000mg/L 或 10000mg/L。

② 标准溶液的标定

（a）容量滴定方法，包括络合滴定、氧化还原滴定、沉淀滴定、酸碱滴定等，与上述滴定用标准溶液的标定相似。

（b）采用基准方法定值，包括库仑法、重量法、凝固点下降法、同位素稀释质谱法等。

（c）采用多种仪器分析方法，如 ICP-质谱法、ICP-发射光谱法、原子吸收法、离子色谱法、气相色谱法、液相色谱法等通过测量原料中可能存在的杂质，得到原料纯度，准确配制。

（三）溶液标签

每瓶溶液必须附有适当的标签。杜绝无标签溶液和标签内容信息不全。如发现标签模糊或脱落应立即重新书写并黏附牢固。

1. 标准溶液标签

内容应包括标准溶液名称、浓度及单位、介质、配制日期、配制温度、有效期、配制人、编号等。

标准溶液标签填写格式举例说明如下，供参考：

磷标准溶液
浓度：1000μg/L
介质：0.12mol/L 盐酸
有效期：一年
配制者：×××
2005.1.25

重铬酸钾标准溶液
$c(\frac{1}{6}K_2Cr_2O_7)=0.01000mol/L$
有效期：半年
配制者：×××
2005.1.25

2. 非标准溶液标签

内容包括溶液名称、浓度及单位、介质、配制日期、配制人、编号等。

非标准溶液标签填写格式举例说明如下，供参考：

硫酸溶液 $c(H_2SO_4)=0.1000mol/L$ 配制者：××× 2004.6.2	乙酸-乙酸钠缓冲溶液 浓度：0.5mol/L pH：9.5 配制者：××× 2004.7.23

（四）溶液配制注意事项

配制标准溶液和非标准溶液时，一般应注意以下几个方面的内容。

① 配制溶液实验室的要求：干净整洁，有控温设备，定容温度为（20±2）℃。

② 分析实验所用的水溶液应用纯水配制，容器应用纯水洗净。特殊要求的溶液应事先做纯水的空白值检验。

③ 溶液要用带塞的试剂瓶盛装。见光易分解的溶液要装于棕色瓶中。挥发性试剂、与空气接触易变质及放出腐蚀性气体的溶液，瓶塞要严密。浓碱液应用塑料瓶装，如装在玻璃瓶中，要用橡皮塞塞紧，不能用玻璃磨口塞。

④ 配制硫酸、磷酸、硝酸、盐酸等溶液时，都应把酸倒入水中。对于溶解时放热较多的试剂，不可在试剂瓶中配制，以免炸裂。

⑤ 用有机溶剂配制溶液时（如配制指示剂溶液），有时有机物溶解较慢，应不时搅拌，可以在热水浴中温热溶液，不可直接加热。易燃溶剂要远离明火使用，有毒有机溶剂应在通风柜内操作，配制溶液用的烧杯应加盖，以防有机溶剂的蒸发。

⑥ 要熟悉一些常用溶液的配制方法。如配制碘溶液应加入一定量的碘化钾；配制易水解的盐类溶液应先加酸溶解后，再以一定浓度的稀酸稀释，如 $SnCl_2$ 溶液的配制。

⑦ 每瓶溶液必须附有适当的标签。

⑧ 不能用手接触腐蚀性及剧毒的溶液。剧毒溶液应作降解处理，不可直接倒入下水道。

总之，溶液的配制是进行化学检验的一项基础工作，是保证检结果准确可靠的前提。

九、溶液标准物质

标准物质（reference material，简称 RM）是具有一种或多种足够均匀和很好地确定了特性值，用以校准测量装置、评价测量方法或给材料赋值的一种材料或物质。标准物质可以是纯的或混合气体、液体或固体，包括化学分析用标准溶液。有证标准物质（certified reference material，简称 CRM）是附有证书的标准物质，其一种或多种特性值用建立了溯源性的程序确定，使之溯源到准确复现的表示该特性值的测量单位，每一种有证的特性值都附有给定置信水平的不确定度。这里主要介绍标准物质的一般知识及有证溶液标准物质的研制。

（一）标准物质的分类、分级

1. 标准物质的分类

根据标准物质管理办法（1987 年 7 月 10 日国家计量局发布）中第二条规定：用于统一量值的标准物质，包括化学成分标准物质、物理特性与物理化学特性测量标准物质和工程技术特性测量标准物质。按其标准物质的属性和应用领域可分成13大类，它们是：

① 钢铁成分分析标准物质；

② 有色金属及金属中气体成分分析标准物质；

③ 建材成分分析标准物质；

④ 核材料成分分析与放射性测量标准物质；

⑤ 高分子材料特性测量标准物质；

⑥ 化工产品成分分析标准物质；

⑦ 地质矿产成分分析标准物质；

⑧ 环境化学分析与药品成分分析标准物质；

⑨ 临床化学分析与药品成分分析标准物质；

⑩ 食品成分分析标准物质；

⑪ 煤炭石油成分分析和物理特性测量标准物质；

⑫ 工程技术特性测量标准物质；

⑬ 物理特性与物理化学特性测量标准物质。

溶液标准物质主要应用于环境化学分析、化工产品、临床化学、食品，工程技术特性测量、物理特性与物理化学特性测量等领域。

2. 标准物质的分级

我国将标准物质按准确度水平分为一级标准物质与二级标准物质，它们都符合“有证标准物质”的定义。

（1）一级标准物质　是用绝对测量法或两种以上不同原理的准确可靠方法定值，若只有一种定值方法可采取多个实验室合作定值。它的不确定度具有国内最高水平，均匀性良好。稳定性在一年以上，具有符合标准物质技术规范要求的包装形式。一级标准物质由中国计量测试学会标准物质专业委员会进行技术审查，由国务院计量行政部门批准、颁布并授权生产，它的代号是以国家级标准物质的汉语拼音中“Guo”“Biao”“Wu”三个字的字头“GBW”表示。

（2）二级标准物质　是用与一级标准物质进行比较测量的方法或一级标准物质的定值方法定值，其不确定度和均匀性未达到一级标准物质的水平，稳定性在半年以上，能满足一般测量的需要，包装形式符合标准物质技术规范的要求。二级标准物质由国务院计量行政部门批准、颁布并授权生产，它的代号是以国家级标准物质的汉语拼音中“Guo”“Biao”“Wu”三个字的字头“GBW”加上二级的汉语拼音中“er”字的字头“E”并以小括号括起来—“GBW（E）”表示。

溶液标准物质也分为两个级别，现有国家一级、二级溶液标准物质（见附录九）。通常化学试剂标准中所称的“基准试剂”（见附录七），因其没有按照标准物质的技术规范进行相关的研究，没有建立溯源性，不能作为有证标准物质使用。但这些试剂具有很高的纯度，因此是理想的制备标准物质的原料，尤其是一级标准物质的原料。在一些测量准确度要求不高的分析工作，或不要求溯源的情况下，也可将这些试剂作为工作标准使用。

（二）标准物质的用途

标准物质的用途相当广泛。其用途可归为以下几类：

1. 用于校准分析仪器

理化测试仪器及成分分析仪器一般都属于相对测量仪器，如酸度计、电导率仪、折射仪、色谱仪等，使用前，必须用标准物质校准后方可进行测定工作，如 pH 计，使用前需用 pH 标准缓冲物质配制的 pH 标准缓冲溶液来定位，然后测定未知样品的 pH。

2. 用于评价分析方法

某种分析方法的可靠性可用加入标准物质做回收试验的方法来评价。具体做法是，在被测样品中加入已知量的标准物质，然后作对照试验，计算标准物质的回收率，根据回收率的高低，判断分析过程是否存在系统误差及该方法的准确度。

还可以通过选择基体相同或相近的标准物质，采用待评价的方法进行测量，如果测定值与标准值在测量不确定度范围内吻合，说明该方法准确可靠。

3. 用于实验室内部或实验室之间的质量保证

标准物质可以作为质控样品用于考核某个分析者或某个化验室的工作质量。分析者在同一条件下对标准物质和被测样品进行分析，当对标准物质分析得到的数据在其不确定度要求范围内与标准物质的保证值一致时，则认定该分析者的测定结果是可信的。

(三) 溶液标准物质的研制

对于有证标准物质的研制，国家制定了相应的技术规范，即 JJG 1006—1994《一级标准物质技术规范》。该规范适用于化学成分、物理化学特性及工程技术特性一级标准物质的研制，二级标准物质的研制可参照执行。溶液标准物质也同样适用。该规范包括标准物质的制备、标准物质的均匀性检验、标准物质的稳定性检验、标准物质的定值、标准值的确定及总不确定度的估计、定值结果的表示、标准物质的包装与储存、标准物质证书等内容（详见附录八）。

溶液标准物质研制的通用技术路线如图 1-4 所示。

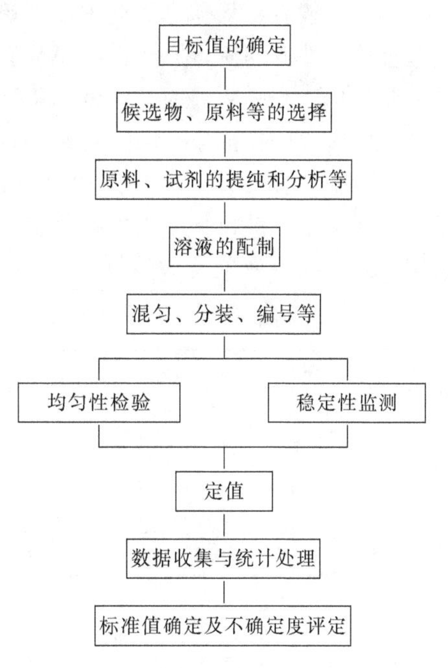

图 1-4　溶液标准物质研制的通用路线

1. 目标值的确定

首先要确定欲研制标准物质的预期目的，如应用领域，用途；充分考虑溶液标准物质的稳定性和适用性及不确定度要求，确定标准物质的特性量及目标值，如微量分析用储备溶液标准物质一般的浓度是 1000mg/L 或 10000mg/L。

2. 候选物、原料等的选择

一般选用高纯度的化学试剂，如优级纯、高纯、色谱纯试剂，基准试剂，高纯金属等为原料；高纯物质（金属、氧化物、盐等）一般指纯度≥99.99%的物质。再对原料的纯度进行分析，纯度分析可以采用测定主含量或测定杂质扣除法。当欲以配制值为标准值时，纯度的测量是关键的一步，需要获得准确的纯度及其测量不确定度。如果无法获得高纯度的试剂，则应对原料进行提纯，常用的提纯方法有重结晶法、重蒸馏法、离子交换法等。

3. 溶液的配制

溶液标准物质的配制可采用重量法或容量法，对于某些溶液需要加入稳定剂，以保证溶液标准物质具有良好的稳定性。如金属离子标准溶液需要加入酸作为稳定剂，酸的浓度以使待测元素的溶液稳定为宜。同时要考虑所用酸碱的纯度，通常选高纯、优级纯、MOS级纯度的酸碱。用于配制储备溶液及后续稀释的水，25℃时的电导率应小于0.1mS/m(ISO 3696规定的二级水)。如果配制混合离子（包括阴离子）溶液标准物质，应考虑混合溶液中各元素的彼此兼容，并在混合液中稳定。还应考虑作为保护剂而加入的酸也应与所选的元素兼容。

4. 混匀、分装、编号

溶液配制后应充分混匀，然后再分装在洁净的玻璃安瓿或高密度聚乙烯塑料瓶中。最小包装单元量应根据标准物质的用途而定，如容量分析用标准物质一次的取样量较大，包装量应适当加大。仪器分析用溶液标准物质的包装量可适当减小，无机成分溶液一般为20mL、50mL、100mL。有机溶液一般≤5mL。选用的最小包装单元的材料应根据所配制的溶液的特性而定。无机成分溶液常采用玻璃安瓿或高密度聚乙烯塑料瓶，有机溶液一般采用玻璃安瓿。如果溶液见光易分解，则应采用棕色包装或外加避光套。如果溶液的稳定性受环境温度影响大，溶液应低温保存，但必须注意：溶液在使用前应在给出标准值的温度下平衡后方可使用。为便于均匀性检验抽样，应对分装后的溶液进行编号。

5. 均匀性检验

溶液一般容易均匀，因此抽取的单元数可以取技术规范所规定的下限。均匀性检验应选用测量重复性好的测量方法，在不易获得重复性更好的测量方法时，可采用定值方法。常通过方差分析法判断溶液的均匀性。下面以钡溶液标准物质均匀性检验数据举例说明。在钡溶液均匀性检验中，抽取18瓶溶液，每瓶平行测定两次，测定方法采用钡—硫酸钡重量法与仪器分析相结合的方法进行：重量法测得由硫酸钡沉淀得到的钡，仪器方法测定残留于滤液、洗涤液中以及机械损失的钡，包夹在沉淀中的硫酸钠和氯化钡，进行修正后得到总的钡浓度。测量结果列于表1-14。

表1-14　Ba^{2+}溶液均匀性检验结果　　单位：mg/g

瓶号 \ 测定值 \ 次数	1	2	$\overline{x}_i$	$\sum_{j=1}^{n_i}(x_j-\overline{x}_i)^2$	$n_i(\overline{x}_i-\overline{x})^2$
1	19.2961	19.3039	19.3000	3.0E-05	2.6E-06
2	19.2990	19.2966	19.2978	2.9E-06	2.2E-05
3	19.2790	19.2905	19.2848	6.6E-05	5.4E-04
4	19.3028	19.2971	19.3000	1.6E-05	2.8E-06
5	19.2968	19.3069	19.3019	5.1E-05	1.0E-06
6	19.2945	19.3062	19.3004	6.8E-05	1.2E-06

续表

瓶号＼测定值＼次数	1	2	$\overline{x}_i$	$\sum_{j=1}^{n_i}(x_j-\overline{x}_i)^2$	$n_i(\overline{x}_i-\overline{x})^2$
7	19.3057	19.3005	19.3031	1.4E-05	7.7E-06
8	19.3098	19.3076	19.3087	2.4E-06	1.1E-04
9	19.3012	19.3177	19.3095	1.4E-04	1.4E-04
10	19.3120	19.3010	19.3065	6.1E-05	9.3E-05
11	19.3020	19.3075	19.3048	1.5E-05	5.0E-05
12	19.3052	19.3053	19.3053	5.0E-09	3.4E-05
13	19.3055	19.3068	19.3062	8.5E-07	5.0E-05
14	19.2966	19.2863	19.2915	5.3E-05	1.9E-04
15	19.2878	19.3032	19.2955	1.2E-04	6.4E-05
16	19.3062	19.2953	19.3008	5.9E-05	3.0E-07
17	19.3005	19.2978	19.2992	3.6E-06	7.9E-06
18	19.3127	19.2974	19.3051	1.2E-04	3.1E-05
$\overline{x}$	19.3011				
Q_1	1.35E-03				
Q_2	8.15E-04				
ν_1	17				
ν_2	18				
F	1.47				
$F_{0.05,(17,18)}$	2.22				

对测定的数据按方差分析法进行处理：

x_{11}，x_{12}，平均值 $\overline{x}_1$

x_{21}，x_{22}，平均值 $\overline{x}_2$

⋮

x_{m1}，x_{m2}

平均值 $\overline{x}$；设 $\overline{x}=\dfrac{\sum_{i=1}^{m}\overline{x}_i}{m}$

$$N=\sum_{i=1}^{m}n_i$$

组间平方和
$$Q_1=\sum_{i=1}^{m}n_i(\overline{x}_i-\overline{x})^2$$

组内平方和
$$Q_2=\sum_{i=1}^{m}\sum_{j=1}^{n_i}(x_{ij}-\overline{x}_i)^2$$

$$\nu_1=m-1$$

$$\nu_2=N-m$$

统计量 F
$$F=\frac{\frac{Q_1}{\nu_1}}{\frac{Q_2}{\nu_2}}$$

根据自由度（ν_1，ν_2）及给定的显著性水平 α，可由 F 表查得临界的 F_α 值：$F_{0.05,(17,18)}$。如果组间方差与组内方差之比，即 F 计算值小于 F 统计检验临界值，说明溶液是均匀的。

6. 标准溶液的稳定性检验

稳定性检验方法的选择原则上与均匀性检验相同。检验频次按先密后疏的原则，一年内一般要求进行 6 次以上稳定性检验。稳定性检验结果常采用 t 检验法评定。

设方法的测量标准偏差 S（通过多次测量统计得出），该溶液特性量值的标准值为 $\bar{x}$，测量次数为 n，则标准值 $\bar{x}$ 的标准不确定度应为
$$t_\alpha(n-1)\frac{S}{\sqrt{n}}$$

如果溶液的稳定性好，在规定的期限内，任一次测量所得该溶液的特性量值 $\bar{x}_i$，应有
$$|\bar{x}_i-\bar{x}|\leqslant t_\alpha(n-1)\frac{S}{\sqrt{n}}$$

即
$$\frac{|\bar{x}_i-\bar{x}|}{\frac{S}{\sqrt{n}}}\leqslant t_\alpha(n-1)$$

因此，用 $\frac{|\bar{x}_i-\bar{x}|}{\frac{S}{\sqrt{n}}}$ 和 t 分布的临界值 $t_\alpha(n-1)$ 进行比较，就可判定溶液的特性量值是否发生了显著性变化。

当 $\frac{|\bar{x}_i-\bar{x}|}{\frac{S}{\sqrt{n}}}\leqslant t_\alpha(n-1)$ 时，认为溶液的特性量值没有显著性变化，否则认为溶液的特性量值发生了显著性变化。需要据此规定溶液的稳定性期限或/和在不确定度评定时，加以考虑。

7. 定值及数据统计处理

当确认溶液的均匀性和稳定性符合要求时，可以开始定值工作。在实际研究中，稳定性和定值工作常穿插进行。定值及其方法的选择、数据统计处理按《一级标准物质技术规范》中所规定的进行。

8. 标准值的确定及总不确定度评定

一般采用所有定值结果的算术平均值为标准值。不确定度评定按 JJF 1059—1999《测量不确定度评定与表示》原则进行。由于化学测量相对比较复杂，不是所有的不确定度评定均能按数学模型计算得出的，可以结合实际工作，从溶液研制的过程，确定各不确定度分量来源，再确定其量值，统一换算成相对标准不确定度后合成。再将合成不确定度乘以包含因子 k，从而得到扩展不确定度。

十、标准溶液配制中的不确定度基础知识

（一）不确定度的定义

《国际计量学基本和通用术语》（ISO）中关于测量不确定度的定义是：表征合理地赋予被测量之值的分散性，与测量结果有关的参数。

在国际指南（GUM）《测量不确定度表示指南》中所指的测量结果指的是被测量的最佳估计值。被测量之值，则是指被测量的真值。因为被测量的真值是一个理想的概念，如何估计其分散性？实际上，国际指南（GUM）所评定的并非被测量真值的分散性，也不是其约定真值的分散性，而是被测量最佳估计值的分散性。

至于参数，可以是标准差或其倍数，也可以是给定置信概率的置信区间的半宽度。用标准差表示的测量不确定度称为测量标准不确定度。在实际应用中，如不加说明，一般称测量标准不确定度为测量不确定度，甚至简称不确定度。

用标准差表示的测量不确定度，一般包括若干分量。其中，一些分量用测量列结果的统计分布评定，并用标准差表示；而另外一些分量则是通过经验或其他信息而判定的（主观的或先验的）概率分布评定，也以标准差表示。

测量不确定度用 u（不确定度英文 uncertainty 的字头）来表示。标准不确定度用小写“u”表示。扩展不确定度用大写“U”表示。

（二）测量不确定度的分类

测量不确定度按照评定的方法可将其分为以下两类。

1. 不确定度的 A 类评定

用对观察列进行统计分析的方法来评定的标准不确定度，称为不确定度的 A 类评定，也称为 A 类不确定度评定，有时可用 u_A 表示。

2. 不确定度的 B 类评定

用不同于对观察列进行统计分析的方法来评定的标准不确定度，称为不确定度的 B 类评定，也称为 B 类不确定度评定，有时可用 u_B 表示。

实践中，可以简单地说，测量不确定度按其评定方法可分为两类：A 类——用统计方法评定的分量；B 类——用非统计方法评定的分量。

用统计方法评定的 A 类不确定度，基本上相当于传统的随机误差；用非统计方法评定 B 类不确定度，则不同于传统的系统误差。

（三）测量不确定度的来源

在国际指南（GUM）中，将测量不确定的来源归纳为 10 个方面：

① 对被测量的定义不完善；

② 实现被测量的定义的方法不完善；

③ 抽样的代表性不够，即被测量的样本不能代表所定义的被测量；

④ 对测量过程受环境影响的认识不全面，或对环境条件的测量与控制不完善；

⑤ 对模拟仪器的读数存在人为偏移；

⑥ 测量仪器的分辨率或鉴别力不够；

⑦ 赋予计量标准的值或标准物质的值不准；

⑧ 引用于数据计算的常量和其他参量不准；

⑨ 测量方法和测量程序的近似性和假定性；

⑩ 在表面上看来完全相同的条件下，被测量重复观测值的变化。

上述来源，基本上概括了实践中所能遇到的情况。

(四) 测量不确定度的通用评定流程

1. 建立数学模型

所谓建立数学模型，就是根据被测量的定义和测量方案，确立被测量与若干量之间的函数关系。通常一个被测量可能依赖于若干个有关量，只有确定了所依赖的各有关量的值，才能得出被测量的值；只有评定了所依赖各量的不确定度，才能得出被测量值的不确定度。所以也可以说，数学模型实际上给出了被测量测得值不确定度的主要来源。

设被测量 Y 是各依赖量 X_1，X_2，…，X_N 的函数，即

$$Y=f(X_1,X_2,\cdots,X_N)$$

被测量 Y 常称为输出量，而 X_1，X_2，…，X_N 称为输入量。

通过建立数学模型，基本上确定了影响被测量的各不确定度分量。数学模型有时不是惟一的，通常取决于测量方法、仪器和环境条件等。

2. 求被测量的最佳值

可根据观测数据和其他可用信息，利用上式得出被测量的最佳值（通常是指算术平均值）。被测量 Y 的最佳值可表示为

$$y=f(x_1,x_2,\cdots,x_N)$$

求最佳值是为了报告测量结果和构成相对不确定度。

3. 根据数学模型可列出各不确定度分量的表达式

$$u_i(y)=\left|\frac{\partial f}{\partial x_i}\right|u(x_i)$$

式中，$\left|\frac{\partial f}{\partial x_i}\right|$称为不确定度传播系数或灵敏系数。其含义是：当 x_i 变化 1 个单位值时所引起 y 的变化值，即起到了不确定度的传播作用。

由此可见，不确定度的各分量 $u_i(y)$，等于各输入量所引起的不确定度 $u_i(x_i)$ 乘上相应的传播系数的模$\left|\frac{\partial f}{\partial x_i}\right|$。之所以取不确定度传播系数的模$\left|\frac{\partial f}{\partial x_i}\right|$，主要是为避免在不确定度合成过程中，由于传播系数的负值可能造成的各分量之间的相互抵消。

有时，为了简便，以 c_i 表示$\frac{\partial f}{\partial x_i}$：

$$u_i(y)=|c_i|u(x_i)$$

应当注意，在列出各分量表达式时，应注意不要漏项，也不应重复。

4. 对各不确定度分量的评定

按照不确定度评定方法，分别对A类不确定度分量和B类不确定度分量，逐个量化评定。

(1) A类不确定度评定　在化学测量中，常常直接通过在相同条件下，对被测量 Y 进行 n 次独立的测量，求得其最佳值

$$\bar{y}=\frac{1}{n}\sum_{i=1}^{n}y_i$$

之后，由贝塞尔（Bessel）公式求出标准差

$$s=\sqrt{\frac{1}{(n-1)}\sum_{i=1}^{n}(y_i-\bar{y})}$$

然后，求出 $\bar{y}$ 的实验标准差（A类不确定度）

$$u_{\mathrm{A}}=\sqrt{\frac{1}{n(n-1)}\sum_{i=1}^{n}(y_i-\bar{y})}$$

(2) B类不确定度评定　B类不确定度评定需要利用相关的信息才能进行。

若随机变量 X_j 的估计值 x_j 不能由重复观测得到，则相应的标准不确定度 $u(x_j)$，应根据可能引起 x_j 变化的所有有关信息来判断、评定。

可利用的信息一般有：

① 以前的测量数据；

② 有关资料与仪器特性的知识和经验；

③ 制造厂的技术说明书；

④ 校准或标准物质证书提供的数据；

⑤ 有关技术文件提供的数据；

⑥ 引自手册的标准数据及其不确定度。

根据上述可用信息，通常可以得出随机变量 X_j 的估计值 x_j 的置信区间（变化范围）的半宽度 α（相当于传统的测量误差限）或扩展不确定度 $U(x_j)$。

由于标准差、置信区间的半宽度与置信因子（或标准差、扩展不确定度的包含因子）之间有明确的函数关系：

$$u(x_j)=\frac{\alpha}{k}\text{或}u(x_j)=\frac{U}{k}$$

故不确定度的B类评定，进一步转化为对置信因子（或包含因子）k 的评定；而 k 值的评定需要根据经验或主观概率分布来确定。如：

正态分布　$k=2\sim3$ 相应的置信概率 P 约为 $0.95\sim0.99$，

均匀分布　$k=\sqrt{3}$；

三角分布　$k=\sqrt{6}$；

反正弦分布　$k=\sqrt{2}$。

上述三种情况，相应的置信概率 $P\approx1$

t 分布　$k=t_p(\nu)$（t 分布的临界值）

当缺乏足够的信息来判断属于哪种分布时，往往只能取均匀分布。

得出 $u(x_j)$ 之后，再求出转播系数，即可求出 $u_j(y)$

$$u_j(y)=\left|\frac{\partial f}{\partial x_i}\right|u(x_j)$$

B类标准不确定度的评定，主要取决于信息量是否充分以及对它们的使用是否合理。

5. 不确定度的合成

当测量不确定度有若干个分量时，则总不确定度应由所有各分量（A类与B类）来合成，称为合成不确定度。

当各变量非相关时，合成不确定度 $u_c(y)$ 有

$$u_c(y)=\sqrt{\sum_{i=1}^{N}u_i^2(y)}$$

6. 扩展不确定度

将合成不确定度 u_c 乘以包含因子 k，得到扩展不确定度：

$$U=ku_c(y)$$

一般情况下，k 取2即能满足要求。

（五）化学测量不确定度评定过程

由于化学测量的复杂性和特殊性，直接将通用流程应用于化学测量有时可能遇到一些困难。为此EURCHEM和CITAC根据《测量不确定度的表示指南》（GUM）的通用原则，结合化学检测的实际情况，联合发布了《化学分析中不确定度的评估指南》。给出了评估不确定度的典型过程，如图1-5所示。

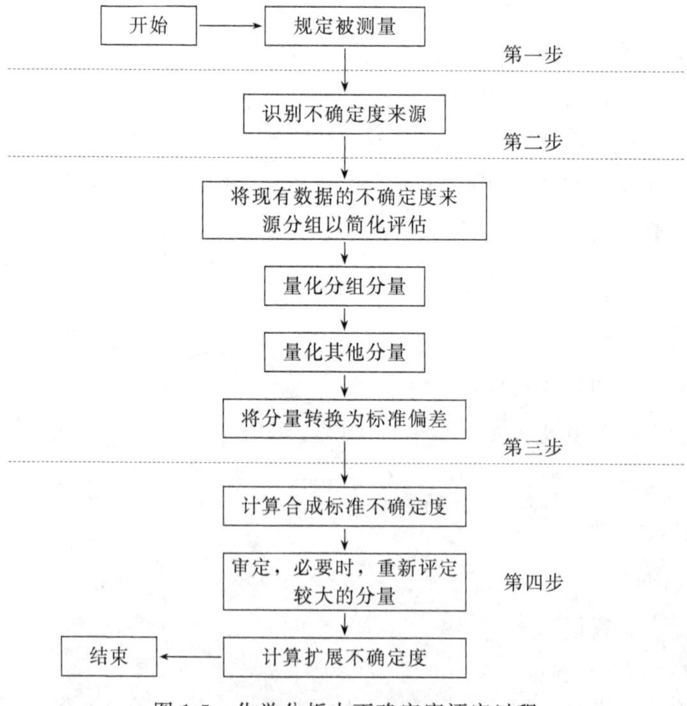

图1-5 化学分析中不确定度评定过程

第一步：规定被测量

明确需要测量的量，包括被测量及其所依赖的输入量（如被测常量、常数、校准标准值）之间的关系，若有可能，还应包括对已知系统影响量的修正。

第二步：识别不确定度的可能来源

列出不确定度的各分量。包括第一步所规定的关系式中所含参数的不确定度来源，但是也可能还有其他的来源。还必须包括那些由化学假设所产生的不确定度来源。

第三步：不确定度分量的量化

对所识别的不确定度分量进行量化评估。通常可能评估与大量独立来源有关的不确定度单个分量。还要考虑得到的数据是否足以反映所有不确定度来源。

第四步：计算合成不确定度和扩展不确定度

第三步得到的是各个不确定度分量，这些分量必须以标准偏差的形式给出，将各不确定度分量合成，进而得出扩展不确定度。

(六) 不确定度评定原则

不确定度评定的严密程度，主要取决于使用要求。不确定度的有效数字最多只能取 2 位，相对不确定度的有效数字最多也只能取 2 位。对于中间运算环节，为减小舍入误差的影响，不确定度有效数字位数可适当多取，一般多取 1 位。

不确定度是有单位的（与被测量的测得值的单位相同，或者可用其分数单位），若用相对不确定度则单位相消。

不确定度的末位数应与测得值的末位数的数量级相同。不确定度数值恒为正。

十一、溶液配制中不确定度评定的典型实例

标准溶液配制的基本过程一般有配制、标定等过程，储备标准溶液最常用的标定方法有容量滴定法和重量分析法，下面分别举例说明溶液配制、标定的不确定度评定方法。

(一) 溶液配制的不确定度评定

【例 1】 镧标准溶液（1000μg/mL）

［过程］

选取经纯度测定的高纯（≥99.98%）三氧化二镧，取适量置于瓷坩埚中，于 900℃下灼烧 1h，冷却后，抽真空保存。准确称取 1.1728g 上述三氧化二镧于 200mL 高型烧杯中，加入少量水润湿后，再加入 10mLHCl 溶液［c(HCl)=6mol/L］，微热溶解，加热除去大部分酸，冷却后，移入 1000mL 容量瓶中，在 20℃±2℃的条件下，用 HCl 溶液（体积分数 10%）准确稀释到刻度。

第一步：规定被测量

$$\rho(\mathrm{La})=\frac{1000mw}{V}$$

式中　ρ(La) ——镧溶液的浓度，μg/mL；

m——三氧化二镧的质量，g；

V——镧溶液的体积，mL；

w——三氧化二镧的纯度；

1000——从 mg 到 μg 的换算系数

第二步：识别不确定度的可能来源

(1) 三氧化二镧的纯度

(2) 质量 ①称量；②空气浮力

(3) 体积 ①确定容量瓶体积时的不确定度；②容量瓶和溶液温度与容量瓶校准温度差异引入的不确定度；③满刻度时体积读数引入的不确定度。

第三步：不确定度分量的量化

(1) 三氧化二镧的纯度

三氧化二镧纯度的测量是采取扣除杂质方法，已知纯度为 99.98%，其测量相对标准不确定度为 $u_1=3.0\times10^{-4}$。

(2) 质量

① 称量引入的不确定度

称量采用增量法：准确称取容器的质量 m_1，再将三氧化二镧加入到容器中，再称量，直到三氧化二镧质量为 1.1728g。天平的最小分度为 0.1mg；最大称量为 200g；检定证书给出重复性为 0.1mg，最大允许误差为±0.2mg。称量的不确定度来源为：称量的重复性以及天平校准产生的不确定度分量。天平的校准有两个潜在的不确定度来源，即天平的灵敏度及其线性，因称量是用同一天平，在很窄的范围内进行，灵敏度可以忽略。线性引入的不确定度：检定证书给出最大允许误差为±0.2mg，线性分量被假设为均匀分布，换算成标准不确定度为

$$\frac{0.2\text{mg}}{\sqrt{3}}=0.12\text{mg}$$

线性分量应重复计算两次，一次是空容器，一次是盛有样品，产生的不确定度为

$$\sqrt{2\times0.12^2}\ \text{mg}=0.17\text{mg}$$

因此，由重复性以及线性分量构成称量的不确定度为：

$$\sqrt{0.17^2+0.1^2}\ \text{mg}=0.20\text{mg}$$

转化为相对标准不确定度 u_2 为

$$u_2=\frac{0.20\times10^{-3}}{1.1728}=1.7\times10^{-4}$$

② 空气浮力引入的不确定度 由于三氧化二镧的密度与砝码密度不同，空气浮力对三氧化二镧与砝码所产生的影响不同，估算得出相对标准不确定度：$u_3=3.0\times10^{-4}$。

(3) 体积引入的不确定度

① 确定容量瓶体积时的不确定度 对所用容量瓶检定合格后使用。1000mLA 级容量瓶的允差为 0.40mL，可认为其为三角分布，标准不确定度：$\frac{0.4}{\sqrt{6}}\text{mL}=0.17\text{mL}$

转化为相对标准不确定度 u_4 为

$$u_4=\frac{0.17}{1000}=1.7\times10^{-4}$$

② 温度不一致引入的不确定度 容量瓶的体积是指 20℃下的体积，实验室的温度在 20℃±2℃的范围内波动，波动所引起的体积不确定度，可通过估算在该温度范围和体积膨

胀系数来计算。液体的体积膨胀明显大于容量瓶的体积膨胀，因此可以忽略容量瓶的体积膨胀。水的体积膨胀系数为 $2.1\times10^{-4}℃^{-1}$。因此产生的体积变化为

$$\pm(1000\times2\times2.1\times10^{-4})\text{mL}=\pm0.42\text{mL}$$

设温度变化是均匀分布，其标准不确定度：

$$\frac{0.42}{\sqrt{3}}\text{mL}=0.24\text{mL}$$

转化为相对标准不确定度 u_5 为

$$u_5=\frac{0.24}{1000}=2.4\times10^{-4}$$

③ 体积读数引入的不确定度　由于满刻度时读数不准，引起体积的波动，对 1000mL 容量瓶重复充满 10 次，并进行称量实验，得出读数引起的体积标准偏差为 0.1mL，可直接作为标准不确定度。

其相对标准不确定度为

$$u_6=\frac{0.1}{1000}=1.0\times10^{-4}$$

第四步：

① 计算合成相对不确定度

$$u_c=\sqrt{u_1^2+u_2^2+u_3^2+u_4^2+u_5^2+u_6^2}=5.6\times10^{-4}$$

② 计算扩展相对不确定度

$$U=ku_c=2\times5.6\times10^{-4}=1.2\times10^{-3}\qquad(k=2)$$

（二）容量滴定的不确定度评定

【例 2】 EDTA 络合滴定测定镧标准溶液（1000μg/mL）

[过程]

准确吸取 15.0mL 镧溶液，于 250mL 锥型瓶中，加入 30mL 蒸馏水，摇匀后，滴加氨水溶液（1＋1），使溶液 pH＝3.0～3.5，加入 5mL 乙酸钠-乙酸缓冲溶液（1mol/L，pH5.9），3 滴二甲酚橙指示液（3g/L），用 EDTA 标准溶液 [c(EDTA)＝0.0100mol/L] 滴定，溶液颜色由紫红色到亮黄色，即为终点。

第一步：规定被测量

$$\rho(\text{La})=\frac{V_1c_1}{V_2}\times138.9055\text{g/mol}\times1000$$

式中　ρ(La)——镧溶液的浓度，μg/mL；

c_1——EDTA 标准溶液的浓度，mol/L；

V_1——EDTA 标准溶液的体积，mL；

V_2——镧溶液的体积，mL；

138.9055——镧的摩尔质量 [M(La)]，g/mol；

1000——从 mg 到 μg 的换算系数。

第二步：识别不确定度可能来源

1）A 类不确定度

用对重复测量结果进行统计分析的方法来评定。

2）B类不确定度

（1）EDTA标准溶液浓度

① EDTA质量不确定度

（ⅰ）称量引入的不确定度；

（ⅱ）空气浮力引入的不确定度。

② EDTA纯度不确定度

③ EDTA标准溶液配制体积的不确定度

（ⅰ）确定容量瓶体积时的不确定度；

（ⅱ）容量瓶和溶液温度与容量瓶校准温度差异引入的不确定度；

（ⅲ）满刻度时体积读数引入的不确定度。

（2）EDTA标准溶液滴定体积引入的不确定度　也即滴定体积引入的不确定度。

① 确定滴定管体积时的不确定度；

② 滴定管和溶液温度与滴定管校准温度差异引入的不确定度；

③ 体积读数引入的不确定度。

（3）镧溶液体积引入的不确定度　即移取滴定用镧溶液时体积引入的不确定度。

① 确定移液管体积时的不确定度；

② 移液管和溶液温度与移液管校准温度差异引入的不确定度；

③ 体积读数引入的不确定度。

（4）滴定终点引入的不确定度

① 终点检测的重复性；

② 终点与等当点不一致引入的不确定度。

（5）镧相对原子质量测定的不确定度

第三步：不确定度分量的量化

1）A类不确定度

10次重复测量结果单次测量标准差为 7×10^{-4}，则平均值的实验标准差，即A类不确定度为：$u_A=u_1=2.3\times10^{-4}$

u_A 包含了镧溶液体积的重复性、EDTA标准溶液体积的重复性、终点检测的重复性等。

2）B类不确定度

（1）EDTA标准溶液浓度引入的不确定度　EDTA标准溶液是选用GBW 06102乙二胺四乙酸二钠（$C_{10}H_{14}N_2O_8Na_2\cdot2H_2O$）标准物质准确配制的准确称取3.7224g乙二胺四乙酸二钠，加热溶于适量水中，冷却，转移到1000mL容量瓶中，在20℃±2℃的室温下，用水稀释到刻度，摇匀后使用。

① EDTA质量不确定度

（ⅰ）称量引入的不确定度　评定方法同［例1］，可以得出：由重复性以及线性分量构成称量的不确定度为

$$\sqrt{0.17^2+0.1^2}\,\text{mg}=0.20\text{mg}$$

转化为相对标准不确定度 u_2 为

$$u_2=\frac{0.20\times10^{-3}}{3.7224}=5.4\times10^{-5}$$

（ⅱ）空气浮力引入的不确定度　由于 EDTA 的密度与砝码密度不同，空气浮力对 EDTA 与砝码所产生的影响不同，估算得出相对标准不确定度为 $u_3=3.0\times10^{-4}$

（2）EDTA 纯度不确定度　EDTA 标准物质证书给出的质量分数为 99.979%，不确定度为 5.0×10^{-5}，换算为相对标准不确定度为

$$u_4=\frac{U}{k}=\frac{5.0\times10^{-5}}{2}=2.5\times10^{-5}$$

（3）EDTA 标准溶液配制体积的不确定度　与评定方法同［例 1］，得出：

（ⅰ）确定容量瓶体积时的不确定度为 $u_5=1.7\times10^{-4}$；

（ⅱ）温度不一致引入的不确定度为 $u_6=2.5\times10^{-4}$；

（ⅲ）满刻度时体积读数引入的不确定度为 $u_7=1.0\times10^{-4}$

（4）EDTA 标准溶液滴定体积引入的不确定度　即滴定体积引入的不确定度。

① 确定滴定管体积时的不确定度　对所用滴定管检定合格后使用。10mLA 级滴定管，检定证书给出的允差为 0.02mL，可认为其为三角分布：

$$\frac{0.02}{\sqrt{6}}\text{mL}=0.0082\text{mL}$$

每次所用 EDTA 体积约为 10mL，相对标准不确定度为

$$u_8=\frac{0.0082}{10}=8.2\times10^{-4}$$

② 温度不一致引入的不确定度　滴定管的体积是指 20℃下的体积，实验室的温度在 20℃±2℃的范围内波动，波动所引起的体积不确定度，可通过估算在该温度范围和体积膨胀系数来计算。液体的体积膨胀明显大于容量瓶的体积膨胀，因此可以忽略容量瓶的体积膨胀。水的体积膨胀系数为 2.1×10^{-4}℃$^{-1}$。因此产生的体积变化为 $\pm(10\times2\times2.1\times10^{-4})$ mL $=4.2\times10^{-3}$ mL

设温度变化是均匀分布，体积变化的标准不确定度为

$$\frac{4.2\times10^{-3}}{\sqrt{3}}\text{mL}=2.4\times10^{-3}\text{mL}$$

每次所用 EDTA 体积约为 10mL，转化为相对标准不确定度：

$$u_9=\frac{2.4\times10^{-3}}{10}=2.4\times10^{-4}$$

③ 体积读数引入的不确定度　已经包括在 u_A 中，不再重复计算。

（5）镧溶液体积引入的不确定度　即移液管体积引入的不确定度评定方法与 EDTA 滴定体积类似。

① 确定移液管体积时的不确定度　对所用移液管检定合格后使用。15mLA 级单刻线移液管容量允差为 0.025mL，可认为其为三角分布：

$$\frac{0.025}{\sqrt{6}}\text{mL}=0.010\text{mL}$$

其相对标准不确定度为

$$u_{10}=\frac{0.010}{15}=6.7\times10^{-4}$$

② 温度不一致引入的不确定度为$\pm(15\times2\times2.1\times10^{-4})mL=\pm6.3\times10^{-3}$mL

设温度变化是均匀分布，体积变化的标准不确定度为

$$\frac{6.3\times10^{-3}}{\sqrt{3}}\text{mL}=3.7\times10^{-3}\text{mL}$$

每次所取镧溶液体积约为15mL，转化为相对标准不确定度：

$$u_{11}=\frac{3.7\times10^{-3}}{15}=2.5\times10^{-4}$$

③ 体积读数引入的不确定度　已经包括在u_A中，不再重复计算。

(6) 滴定终点引入的不确定度

① 终点检测的重复性　已经包括在u_A中，不再重复计算。

② 终点与等当点不一致引入的不确定度　根据经验估计终点与等当点不一致在0.1%，假设其为三角分布，则其相对标准偏差为

$$u_{12}=\frac{1.0\times10^{-3}}{\sqrt{6}}=4.2\times10^{-4}$$

(7) 镧相对原子质量测定的不确定度　查最新IUPAC发布的镧原子量表得知：镧的原子量为138.9055，其不确定度为0.0002，为均匀分布，换算成相对标准不确定度为

$$u_{13}=\frac{2.0\times10^{-4}}{\sqrt{3}\times138.9055}=8.3\times10^{-7}$$

第四步：

① 计算合成相对不确定度

$$u_c=\sqrt{u_1^2+u_2^2+u_3^2+u_4^2+u_5^2+u_6^2+u_7^2+u_8^2+u_9^2+u_{10}^2+u_{11}^2+u_{12}^2+u_{13}^2}=1.3\times10^{-3}$$

② 计算扩展相对不确定度

$$U=ku_c=2\times1.3\times10^{-3}=2.6\times10^{-3}\qquad(k=2)$$

(三) 重量分析不确定度评定

【例3】 磷钼酸喹啉重量法测定磷标准溶液（1000μg/mL）

[过程] 准确移取10.00mL磷溶液于300mL烧杯中，盖上表面皿，并称重，加入10mLHNO_3溶液（1+1），80mL水，至总体积为100mL，混匀，加热煮沸，趁热加入40mL喹钼柠酮沉淀剂，继续加热微沸1min，冷却。用预先在180℃烘干至恒重的4号玻璃砂芯坩埚抽滤沉淀，用水洗涤沉淀，抽干水分。将坩埚连同沉淀于180℃干燥1h，冷却至室温，称重，直到恒重。

第一步：规定被测量

$$\rho(\text{P})=\frac{0.013998m_1}{m}\times\rho\times10^6$$

式中　ρ(P)——磷溶液的浓度，μg/mL；

m_1——磷钼酸喹啉沉淀的质量，g；

m——所取磷溶液的质量，g；

ρ——溶液的密度，g/mL；

0.013998——磷钼酸喹啉与P的换算系数。

第二步：识别不确定度的可能来源

1. A 类不确定度

用对重复测量结果进行统计分析的方法来评定。

2. B 类不确定度

(1) 样品溶液的质量

(ⅰ) 称量引入的不确定度；

(ⅱ) 空气浮力引入的不确定度。

(2) 沉淀质量

(ⅰ) 称量引入的不确定度；

(ⅱ) 空气浮力引入的不确定度。

(3) 溶液密度

(4) 沉淀沾污引入的不确定度

(5) 沉淀损失引入的不确定度

第三步：不确定度分量的量化

1) A 类不确定度

10 次重复测量磷溶液标准物质的单次测量标准差为：7.0×10^{-4}。则平均值的实验标准差，即 A 类不确定度为 $u_A=u_1=2.4\times10^{-4}$

u_A 包含了磷溶液称量的重复性、沉淀称量的重复性等。

2) B 类不确定度

(1) 样品质量

(ⅰ) 称量引入的不确定度　包括以下两个方面内容。第一，称量采用增量法：准确称取容器的质量 m_1，再将移取的 10.0mL 磷标准溶液加入到容器中，再称量。天平的最小分度为 0.1mg；最大称量为 200g；检定证书给出重复性为 0.1mg，最大允许误差为±0.2mg。评定方法同 [例 1]。

第二，线性引入的不确定度：检定证书给出最大允许误差为±0.2mg，线性分量被假设为均匀分布，换算成标准不确定度为

$$\frac{0.2}{\sqrt{3}}\text{mg}=0.12\text{mg}$$

线性分量应重复计算两次，一次是空容器，一次是盛有样品，产生的不确定度为：

$$\sqrt{2\times0.12^2}\text{mg}=0.17\text{mg}$$

称量重复性已经包括在 u_A 中，不再重复计算。

在 (20±0.1)℃的条件下准确测得，溶液密度 $\rho=1.0002$g/mL，10mL 溶液为 10g。因此，由线性分量构成称量的不确定度，转化为相对标准不确定度 u_2 为

$$u_2=\frac{0.17\times10^{-3}}{10.0}=1.7\times10^{-5}$$

(ⅱ) 空气浮力引入的不确定度　由于磷溶液的密度与砝码密度不同，空气浮力对磷溶液与砝码所产生的影响不同，估算得出相对标准不确定度：$u_3=3.0\times10^{-4}$。

(2) 沉淀质量

① 称量引入的不确定度　天平的最小分度为 0.01mg；最大称量为 40g；检定证书给出

重复性为 0.04mg，最大允许误差为±0.05mg。

称量的不确定度来源为：称量的重复性以及天平校准产生的不确定度分量。天平的校准有两个潜在的不确定度来源，即天平的灵敏度及其线性，因称量是用同一天平，在很窄的范围内进行，灵敏度可以忽略。

线性引入的不确定度：检定证书给出最大允许误差为±0.05mg，线性分量被假设为均匀分布，换算成标准不确定度为

$$\frac{0.05}{\sqrt{3}}\text{mg}=0.029\text{mg}$$

线性分量应重复计算两次，一次是空容器，一次是盛有样品，产生的不确定度为

$$\sqrt{2\times0.029^2}\,\text{mg}=0.041\text{mg}$$

称量重复性已经包括在 u_A 中，不再重复计算。

因此，由线性分量构成称量的不确定度，沉淀的质量为 0.72g。转化为相对标准不确定度 u_2 为

$$u_4=\frac{0.041\times10^{-3}}{0.72}=5.7\times10^{-5}$$

② 空气浮力引入的不确定度　通过测定相关沉淀的密度及温度、湿度、大气压，计算出该项相对标准不确定度为 $u_5=2.0\times10^{-4}$。

(3) 溶液密度不确定度　在 (20±0.1)℃的条件下准确测得，$\rho=1.0002$g/mL，测量的相对标准不确定度为：$u_6=4.0\times10^{-4}$。

(4) 沉淀沾污引入的不确定度　虽然沉淀经过充分洗涤，但是由于沉淀本身的特点，将不可避免地吸附或包夹其他非构晶离子，造成沉淀的沾污。在本方法中，钼酸钠是沉淀剂组分之一，而且钠离子不参与沉淀反应，是溶液中浓度最大的无关离子。通过测定沉淀中钠离子的包夹量，可以推测沉淀中所包夹的杂质总量。经测定，由沉淀中包夹钠离子引入的标准不确定度为 8×10^{-5}。

由此推断由沉淀包夹杂质引起的总的标准不确定度为　$u_7=2.0\times10^{-4}$。

(5) 沉淀损失引入的不确定度　在本实验条件下，证明溶液中磷的饱和浓度为 0.02μg/mL，在沉淀及洗涤过程中，滤液及洗涤液的总体积为 270mL，故总残留磷为 5.4μg，每份试样含磷为 10mg，磷的残留总量为 5.4μg，由此带来的相对标准不确定度为 $u_8=5.4\times10^{-4}$。

第四步：① 计算合成相对不确定度

$$u_c=\sqrt{u_1^2+u_2^2+u_3^2+u_4^2+u_5^2+u_6^2+u_7^2+u_8^2}=8.3\times10^{-4}$$

② 计算扩展相对不确定度

$$U=ku_c=2\times8.3\times10^{-4}=1.7\times10^{-3}\qquad(k=2)$$

总之，在实际应用中，不确定度评定可以根据需要，简化某些环节和内容，重点考虑数值较大的不确定度分量。同时要避免漏项，尤其是数值较大的分量，也要注意避免重复计算。总之不确定度评定的简单还是复杂，主要根据实际应用要求决定。

Ⅱ　标准溶液

一、无机成分分析用标准溶液

（一）阳离子成分分析用标准溶液

氨（NH_3）**标准溶液**（1000μg/mL）

［配制］

方法 1　选取优级纯氯化铵（NH_4Cl；$M_r=53.491$），取适量置于称量瓶中，于 105℃下烘干 2h，冷却后，置于干燥器中保存备用。准确称取 3.1409g 上述氯化铵于 200mL 高型烧杯中，用水溶解后，移入 1000mL 容量瓶中，用水稀释至刻度，混匀。

方法 2　选取优级纯硫酸铵［$(NH_4)_2SO_4$；$M_r=132.140$］，取适量置于称量瓶中，于 105℃下烘干 2h，冷却后，置于干燥器中保存备用。准确称取 3.8795g 上述硫酸铵于 200mL 高型烧杯中，用水溶解后，移入 1000mL 容量瓶中，用水稀释至刻度，混匀。

铵（NH_4^+）**标准溶液**（1000μg/mL）

［配制］　选取优级纯氯化铵，取适量置于称量瓶中于 105℃下烘 2h，置于干燥器中备用。准确称取 2.9654g 上述氯化铵（NH_4Cl；$M_r=53.491$）于 200mL 高型烧杯中，加水溶解，移入 1000mL 容量瓶中，用水稀释到刻度，混匀。

［标定］　准确移取 20.00mL 上述铵溶液于 250mL 锥形瓶中，加 4mL 中性甲醛溶液，摇匀，放置 30min，加入 2 滴二甲酚橙指示液（1g/L），用氢氧化钠标准溶液［$c(NaOH)=0.1000mol/L$］滴定至微红色，并保持 30s 不变色。铵溶液的质量浓度按下式计算：

$$\rho(NH_4^+)=\frac{cV_1}{V}\times 18.0385\times 1000$$

式中　$\rho(NH_4^+)$——铵（NH_4^+）溶液的浓度，μg/mL；
V_1——氢氧化钠标准溶液的体积，mL；
c——氢氧化钠标准溶液的浓度，mol/L；
V——铵（NH_4^+）溶液的体积，mL；
18.0385——铵（NH_4^+）的摩尔质量［$M(NH_4^+)$］，g/mol。

铵-氮（NH_4^+-N）**标准溶液**（1000μg/mL）

［配制］　取适量优级纯氯化铵于称量瓶中，于 105℃干燥至恒重，置于干燥器中冷却备用。准确称取 3.8190g 氯化铵（NH_4Cl；$M_r=53.491$），于 200mL 烧杯中，溶于适量水中，移入 1000mL 容量瓶中，用水稀释到刻度，混匀。

［标定］　准确移取 20.00mL 上述铵-氮（NH_4^+-N）溶液于 250mL 锥形瓶中，加 4mL

中性甲醛溶液，摇匀，放置30min，加入2滴二甲酚橙指示液（1g/L），用氢氧化钠标准溶液［c(NaOH)=0.1000mol/L］滴定至微红色，并保持30s不变色。铵-氮溶液的质量浓度按下式计算：

$$\rho(NH_4^+\text{-N})=\frac{cV_1}{V}\times 14.0067\times 1000$$

式中 $\rho(NH_4^+\text{-N})$——铵-氮（NH_4^+-N）溶液的浓度，μg/mL；

V_1——氢氧化钠标准溶液的体积，mL；

c——氢氧化钠标准溶液的浓度，mol/L；

V——铵-氮（NH_4^+-N）溶液的体积，mL；

14.0067——铵-氮(NH_4^+-N）的摩尔质量［M(N)］，g/mol。

钯（Pd）**标准溶液**（1000μg/mL）

［配制］

方法1　取适量优级纯氯化钯（$PdCl_2$；M_r=177.33）于称量瓶中，在（105～110)℃干燥1h，取出置于干燥器中冷却备用。准确称取1.6664g氯化钯，于200mL高型烧杯中，加30mL盐酸溶液（20%）溶解，移入1000mL容量瓶中，用盐酸溶液（5%）稀释至刻度，混匀。

方法2　准确称取0.1000g高纯金属钯于200mL高型烧杯中，加王水溶解，在水浴上蒸干后，加入盐酸，再蒸干。加盐酸和水溶解，移入100mL容量瓶中，用盐酸溶液［c(HCl)=1mol/L］稀释到刻度，混匀。

钡（Ba）**标准溶液**（1000μg/mL）

［配制］

方法1　选取优级纯$BaCl_2\cdot 2H_2O$，取适量置于称量瓶中于115℃下烘2h，除去结晶水，置于干燥器中备用。准确称取1.5164g无水氯化钡（$BaCl_2$；M_r=208.233），置于烧杯中，用HCl溶液（5%）溶解后，移入1000mL容量瓶中，用HCl溶液（5%）准确稀释到刻度，混匀。

方法2　准确称取1.7787g优级纯氯化钡（$BaCl_2\cdot 2H_2O$；M_r=244.264），置于烧杯中，用煮沸除去二氧化碳的水溶解，移入1000mL容量瓶中，用煮沸过并冷却的水稀释至刻度（用作离子色谱等方法分析用标准溶液）。

［标定］　准确移取30.00mL上述钡溶液，于250mL锥形瓶中，加25mL乙醇（95%），用乙二胺四乙酸二钠标准溶液［c(EDTA)=0.0200mol/L］滴定，近终点时，加15mL氨水，0.1g邻甲苯酚酞-萘酚绿B混合指示剂，继续滴定至溶液由蓝紫色变为绿色。钡溶液的质量浓度按下式计算：

$$\rho(Ba)=\frac{c_1V_1}{V}\times 137.327\times 1000$$

式中 ρ(Ba)——钡溶液的浓度，μg/mL；

V_1——乙二胺四乙酸二钠标准溶液的体积，mL；

c_1——乙二胺四乙酸二钠标准溶液的浓度，mol/L；

V——钡溶液的体积，mL；

137.327——钡的摩尔质量［M(Ba)］，g/mol。

铋（Bi）标准溶液（1000μg/mL）

［配制］

方法1　称取0.1000g高纯金属铋，置于100mL高型烧杯中，加入6mL硝酸溶液（1+1）溶解，煮沸除去三氧化二氮气体，移入100mL容量瓶中，用硝酸溶液［$c(HNO_3)$=1mol/L］稀释至刻度，混匀。

方法2　准确称取1.0000g高纯金属铋于200mL高型烧杯中，加入50mL硝酸溶液（1+1），加热溶解后，冷却，移入预先加入50mL硝酸的1000mL容量瓶中，用水稀释至刻度，混匀。

方法3　准确称取0.2321g优级纯硝酸铋［$Bi(NO_3)_3 \cdot 5H_2O$；M_r=485.0715］，置于100mL高型烧杯中，加10mL硝酸溶液（25%）溶解，移入100mL容量瓶中，用硝酸溶液［$c(HNO_3)$=1mol/L］稀释至刻度，混匀。

方法4　准确称取1.1148g优级纯氧化铋（Bi_2O_3；M_r=465.9590）于200mL高型烧杯中，加入30mL硝酸（1+1），加热溶解后，冷却，移入预先加入85mL硝酸的1000mL容量瓶中，用水稀释至刻度，混匀。

［标定］　准确移取5.00mL上述铋溶液于250mL锥形瓶中，加水至70mL，加0.5g硫脲，加入氨水（1+1）中和到pH=1.5～2.0，使溶液呈黄色，用EDTA标准溶液［c(EDTA)=0.0025mol/L］滴定至溶液黄色消失。铋溶液的质量浓度按下式计算：

$$\rho(\mathrm{Bi})=\frac{V_1c_1}{V_2}\times 208.98\times 1000$$

式中　ρ(Bi)——铋溶液的浓度，μg/mL；

c_1——EDTA标准溶液的浓度，mol/L；

V_1——EDTA标准溶液的体积，mL；

V_2——铋溶液的体积，mL；

208.98——铋的摩尔质量［M(Bi)］，g/moL。

铂（Pt）标准溶液（1000μg/mL）

［配制］

方法1　准确称取0.1000g高纯金属铂于100mL高型烧杯中，加8mL王水（1+1）溶解，加热缓慢溶解，冷却后，移入100mL容量瓶中，用盐酸溶液（5%）稀释至刻度，混匀。

方法2　取适量经纯度分析的分析纯（≥99.9%）氯铂酸钾（K_2PtCl_6；M_r=485.993）于称量瓶中，105℃下干燥4h，取出置于干燥器中冷却备用。准确称取0.2491g（或按纯度换算出质量m=0.2491g/w：w——质量分数）氯铂酸钾置于100nL高型烧杯中，溶于盐酸溶液（1%），移入100mL容量瓶中，用盐酸溶液（1%）稀释至刻度，混匀。

［氯铂酸钾纯度测定］　准确称取0.5g已干燥的氯铂酸钾，准确到0.0002g，于400mL烧杯中，加入130mL硫酸（50%），加热溶解，加入2g甲酸钠，煮沸至反应完全，上层溶液澄清，冷却后，加入130mL水，搅拌，用慢速定量滤纸过滤，用热盐酸溶液［c(HCl)=0.1mol/L］洗至滤液无硫酸盐反应，将沉淀置于已恒重的坩埚中，于800℃灼烧至恒重。氯铂酸钾的质量分数（w）按下式计算：

$$w=\frac{m_1\times 2.491}{m}\times 100\%$$

式中 w——氯铂酸钾的质量分数，%；

m_1——沉淀质量，g；

m——样品质量，g；

2.491——换算系数。

氮（N）**标准溶液**（1000μg/mL）

［配制］

方法1 取适量优级纯氯化铵（NH_4Cl；M_r=53.491）于称量瓶中，在105℃干燥4h，置于干燥器中冷却备用。准确称取3.8190g氯化铵，于200mL高型烧杯中，加水溶解，移入1000mL容量瓶中，用水稀释至刻度，混匀。

方法2 准确称取6.0682g优级纯硝酸钠（$NaNO_3$；M_r=84.9947），于200mL高型烧杯中，加水溶解，移入1000mL容量瓶中，用水稀释至刻度，混匀。

镝（Dy）**标准溶液**（1000μg/mL）

［配制］ 选取高纯（≥99.99%）三氧化二镝（Dy_2O_3；M_r=373.00），取适量置于瓷坩埚中，于马弗炉中逐步升温到900℃，灼烧1h，以除去氧化物吸收的水分和二氧化碳，冷却后，取出坩埚，置于真空干燥器中，抽真空保存，备用。准确称取1.1477g上述三氧化二镝于200mL高型烧杯中，加入少量水润湿后，再加入10mLHCl溶液［c(HCl)=6mol/L］，盖上表面皿，微热溶解，加热除去大部分酸，冷却后，移入1000mL容量瓶中，用HCl溶液（10%）准确稀释到刻度，混匀。

［标定］ 准确移取10.00mL上述溶液，于250mL锥形瓶中，加入10mL蒸馏水，摇匀后，滴加氨水溶液（1+1），使溶液pH在3.0～3.5之间，加入5mL乙酸钠-乙酸缓冲溶液（pH5.9），及20.00mL EDTA标准溶液［c(EDTA)=0.01000mol/L］，3滴二甲酚橙指示液（3g/L），用锌标准溶液［c(Zn)=0.01000mol/L］返滴定，溶液由亮黄色到紫红色，即为终点。镝溶液的质量浓度按下式计算：

$$\rho(\mathrm{Dy})=\frac{c_1V_1-c_2V_2}{V}\times 162.50\times 1000$$

式中 ρ(Dy)——镝溶液的浓度，μg/mL；

c_1——EDTA标准溶液的浓度，mol/L；

V_1——EDTA标准溶液的体积，mL；

c_2——锌标准溶液的浓度，mol/L；

V_2——锌标准溶液的体积，mL；

V——镝溶液的体积，mL。

162.50——镝的摩尔质量［M(Dy)］，g/mol。

碲（Te）**标准溶液**（1000μg/mL）

［配制］

方法1 准确称取1.0000g高纯金属碲于200mL高型烧杯中，加（20～30）mL盐酸及数滴硝酸，温热溶解，移入1000mL容量瓶中，用20%盐酸溶液稀释至刻度，混匀。

方法2　准确称取1.0000g高纯金属碲于200mL高型烧杯中，溶解于王水中，蒸干后，加入5mL盐酸，再蒸干。加盐酸和水溶解，移入1000mL容量瓶中，用盐酸溶液［$c(HCl)=3mol/L$］稀释到刻度，混匀。

铥（Tm）**标准溶液**（1000μg/mL）

［配制］　选取高纯（≥99.99%）三氧化二铥（Tm_2O_3；$M_r=385.8666$），取适量置于瓷坩埚中，于马弗炉中逐步升温到900℃，灼烧1h，以除去氧化物吸收的水分和二氧化碳，冷却后，取出坩埚，置于真空干燥器中，抽真空保存，放置过夜备用。准确称取1.1421g上述三氧化二铥于200mL高型烧杯中，加入少量水润湿后，再加入10mL HCl溶液［$c(HCl)=6mol/L$］，盖上表面皿，微热溶解，加热除去大部分酸，冷却后，移入1000mL容量瓶中，用HCl溶液（10%）准确稀释到刻度，混匀。

［标定］　准确移取10.00mL上述溶液，于250mL锥形瓶中，加入10mL蒸馏水，摇匀后，滴加氨水溶液（1+1），使溶液pH=3.0～3.5，加入5mL乙酸钠-乙酸缓冲溶液（pH5.9），及20.00mL EDTA标准溶液［$c(EDTA)=0.01000mol/L$］，3滴二甲酚橙指示液（3g/L），用锌标准溶液［$c(Zn)=0.01000mol/L$］返滴定，溶液由亮黄色到紫红色，即为终点。铥溶液的质量浓度按下式计算：

$$\rho(Tm)=\frac{c_1V_1-c_2V_2}{V}\times168.93\times1000$$

式中　$\rho(Tm)$——铥溶液的浓度，μg/mL；

c_1——EDTA标准溶液的浓度，mol/L；

V_1——EDTA标准溶液的体积，mL；

c_2——锌标准溶液的浓度，mol/L；

V_2——锌标准溶液的体积，mL；

V——铥溶液的体积，mL。

163.93——铥的摩尔质量［$M(Tm)$］，g/mol。

锇（Os）**标准溶液**（1000μg/mL）

［配制］　准确称取0.2308g优级纯氯锇酸铵［$(NH_4)_2OsCl_6$；$M_r=439.03$］，置于100mL高型烧杯中，加10mL盐酸溶液［$c(HCl)=1mol/L$］，50mL水，温热溶解，冷却后，移入100mL容量瓶中，用水稀释至刻度，混匀。

二氧化硅（SiO_2）**标准溶液**（1000μg/mL）

［配制］　取适量经纯度测定的光谱纯二氧化硅（SiO_2；$M_r=60.0843$）于瓷坩埚中，于马弗炉中800℃下灼烧2h，冷却后，置于干燥器中备用。准确称取1.0000g二氧化硅，置于铂坩埚中，加3.3g无水碳酸钠，与二氧化硅分层铺于坩埚中，于900℃加热熔融30min，冷却，用热水分数次提取，提取液移入1000mL容量瓶中，用水稀释至刻度，混匀。储存于聚乙烯瓶中。

［二氧化硅纯度测定］　称取1.0g已灼烧的二氧化硅，准确到0.0002g，置于已于950℃灼烧至恒重的铂坩埚中，加入5滴硫酸溶液（20%）润湿后，逐滴加入5mL氢氟酸溶液，

在电炉上蒸发近干［控制温度在（90～100)℃］，取下铂坩埚，冷却后，用水洗涤坩埚壁，加入 3mL 氢氟酸溶液，于低温下蒸发至近干，用少量水洗涤坩埚壁，蒸干后升高温度，驱尽三氧化硫，冷却后，用湿滤纸擦净坩埚外壁，在马弗炉中于 950℃灼烧 30min，冷却到(300～400)℃取出，置于干燥器中冷却到室温后称重，反复灼烧，直至恒重。二氧化硅的质量分数（w）按下式计算：

$$w(SiO_2)=\frac{m-m_1}{m}\times 100\%$$

式中 $w(SiO_2)$——二氧化硅质量分数，%；

m_1——残渣的质量，g；

m——二氧化硅的质量 g。

铒（Er）**标准溶液**（1000μg/mL）

［配制］ 选取高纯（≥99.99%）三氧化二铒（Er_2O_3；M_r=382.516），取适量置于瓷坩埚中，于马弗炉中逐步升温到 900℃，灼烧 1h，以除去氧化物吸收的水分和二氧化碳，冷却后，取出坩埚，置于真空干燥器中，抽真空保存，放置过夜备用。准确称取 1.1435g 上述三氧化二铒于 200mL 高型烧杯中，加入少量水润湿后，再加入 10mLHCl 溶液［c(HCl)=6mol/L］，盖上表面皿，微热溶解，加热除去大部分酸，冷却后，移入 1000mL 容量瓶中，用 HCl 溶液（10%）准确稀释到刻度，混匀。

［标定］ 准确移取 10.00mL 上述溶液，于 250mL 锥形瓶中，加入 10mL 蒸馏水，摇匀后，滴加氨水溶液（1∶1），使溶液 pH 值在 3.0～3.5 之间，加入 5mL 乙酸钠-乙酸缓冲溶液（pH5.9），及 20.00mL EDTA 标准溶液［c(EDTA)=0.01000mol/L］，3 滴二甲酚橙指示液（3g/L），用锌标准溶液［c(Zn)=0.01000mol/L］返滴定，溶液由亮黄色到紫红色，即为终点。铒溶液的质量浓度按下式计算：

$$\rho(Er)=\frac{c_1V_1-c_2V_2}{V}\times 167.26\times 1000$$

式中 $\rho(Er)$——铒溶液的浓度，μg/mL；

c_1——EDTA 标准溶液的浓度，mol/L；

V_1——EDTA 标准溶液的体积，mL；

c_2——锌标准溶液的浓度，mol/L；

V_2——锌标准溶液的体积，mL；

V——铒溶液的体积，mL。

167.26——铒的摩尔质量［M(Er)］，g/mol。

钒（V）**标准溶液**（1000μg/mL）

［配制］

方法 1 准确称取 1.7852g 光谱纯五氧化二钒（V_2O_5；M_r=181.8800）于 100mL 高型烧杯中，用盐酸溶液（5%）溶解，转移到 1000mL 容量瓶中，用盐酸溶液（5%）稀释到刻度，混匀。

方法 2 准确称取 1.7852g 光谱纯五氧化二钒于 200mL 高型烧杯中，加 100mL 高纯氨水，溶解后，加热煮沸，除去氨，冷却后，转移到 1000mL 容量瓶中，用水稀释到刻度，混匀。

方法3　准确称取2.2964g偏钒酸铵（NH_4VO_3；M_r=116.9782）于200mL高型烧杯中，用盐酸溶液（5%）溶解，转移到1000mL容量瓶中，用水稀释到刻度，混匀。

方法4　准确称取2.2964g偏钒酸铵（NH_4VO_3；M_r=116.9782），于100mL高型烧杯中，溶于水（必要时可温热），移入1000mL容量瓶中，用水稀释到刻度，混匀。

［标定］　准确移取10.00mL上述钒溶液，置于150mL锥形瓶中，加10mL水，10mL硫酸（d=1.84），加入（3～5)滴苯代邻氨基苯甲酸指示液（2g/L），用硫酸亚铁铵标准溶液｛$c[(NH_4)_2Fe(SO_4)_2]$=0.0200mol/L｝滴定，溶液由紫红色滴定至绿色为终点。钒溶液的质量浓度按下式计算：

$$\rho(V)=\frac{c_1V_1}{V}\times 50.942\times 1000$$

式中　$\rho(V)$——钒溶液的质量浓度，μg/mL；

V_1——硫酸亚铁铵标准溶液的体积，mL；

c_1——硫酸亚铁铵标准溶液的浓度，mol/L；

V——钒标准溶液的体积，mL；

50.942——钒的摩尔质量［$M(V)$］，g/mol。

钆（Gd）**标准溶液**（1000μg/mL）

［配制］　选取高纯（≥99.99%）三氧化二钆（Gd_2O_3；M_r=362.50），取适量置于瓷坩埚中，于马弗炉中逐步升温到900℃，灼烧1h，以除去氧化物吸收的水分和二氧化碳，冷却后，取出坩埚，置于真空干燥器中，抽真空保存，备用。准确称取1.1527g上述三氧化二钆于200mL高型烧杯中，加入少量水润湿后，再加入10mLHCl溶液［c(HCl)=6mol/L］，盖上表面皿，微热溶解，加热除去大部分酸，冷却后，移入1000mL容量瓶中，用HCl溶液（10%）准确稀释到刻度，混匀。

［标定］　准确移取10.00mL上述溶液，于250mL锥形瓶中，加入10mL蒸馏水，摇匀后，滴加氨水溶液（1+1），使溶液pH=3.0～3.5，加入5mL乙酸钠-乙酸缓冲溶液（pH5.9），20.00mL EDTA标准溶液［c(EDTA)=0.01mol/L］，3滴二甲酚橙指示液（3g/L），用锌标准溶液［c(Zn)=0.0100mol/L］返滴定，溶液颜色由亮黄色到紫红色，为终点。钆溶液的质量浓度按下式计算：

$$\rho(Gd)=\frac{c_1V_1-c_2V_2}{V}\times 157.25\times 1000$$

式中　$\rho(Gd)$——钆溶液的浓度，μg/mL；

c_1——EDTA标准溶液的浓度，mol/L；

V_1——EDTA标准溶液的体积，mL；

c_2——锌标准溶液的浓度，mol/L；

V_2——锌标准溶液的体积，mL；

V——钆溶液的体积，mL；

157.25——钆的摩尔质量［$M(Gd)$］，g/mol。

钙（Ca）**标准溶液**（1000μg/mL）

［配制］

方法1　选取GBW（E）060080碳酸钙标准物质，取适量置于称量瓶中，于120℃下烘干4h，置于干燥器中备用。准确称取2.4973g上述碳酸钙于200mL高型烧杯中，用少量水润湿后，慢慢加入15mLHCl溶液［c(HCl)＝6mol/L］，盖上表面皿，溶解后，加热除去二氧化碳，移入1000mL容量瓶中，再加入14mL HCl溶液［c(HCl)＝6mol/L］，用水准确稀释至刻度，混匀后，转移到洁净的塑料瓶中保存。酸度为1%HCl。

方法2　选取GBW（E）060080碳酸钙标准物质，取适量置于称量瓶中，在120℃干燥4h，取出置于干燥器中，冷却备用。准确称取2.4973g碳酸钙，加20mL水及3mL盐酸溶液［c(HCl)＝0.5mol/L］溶解，移入1000mL容量瓶中，加水稀释至刻度，混匀。储存于聚乙烯塑料瓶内，4℃保存。此溶液适用于要求低酸度的离子色谱分析方法❶。

方法3　准确称取3.6682g优级纯氯化钙（$CaCl_2 \cdot 2H_2O$；M_r＝147.015），于200mL高型烧杯中，溶于水，移入1000mL容量瓶中，用水稀释至刻度。储存于聚乙烯塑料瓶内，4℃保存。此溶液适用于要求低酸度的离子色谱分析方法❶。

方法4　钙乙醇标准溶液（含钙1000μg/mL）　选取GBW（E）060080碳酸钙标准物质，取适量置于称量瓶中，在120℃干燥4h，取出置于干燥器中，冷却备用。称取0.24973g干燥的碳酸钙于200mL高型烧杯中，加12mL乙酸溶液［c(CH_3COOH)＝0.6mol/L］溶解后，转移到100mL容量瓶中，加95%乙醇稀释至刻度，混匀。

注：如果无法获得碳酸钙标准物质，可采用优级纯碳酸钙（纯度大于99.99%）试剂代替，但当此标准溶液用于准确测量时，应对试剂纯度测定后使用。

碳酸钙纯度测定　取适量待测定的碳酸钙，置于称量瓶中，于120℃下烘干4h，置于干燥器中备用。准确称取（0.12～0.15）g碳酸钙，准确到0.0002g，置于250mL锥形瓶中，用0.6mL盐酸溶液（20%）溶解，加入100mL蒸馏水，用EDTA标准溶液［c(EDTA)＝0.05000mol/L］滴定，近终点时，加入5mL乙二胺四乙酸镁溶液，10mL氨-氯化铵缓冲溶液（pH10），5滴铬黑T指示液（5g/L），继续用标准溶液滴定至溶液由紫红色变为纯蓝色。碳酸钙的质量分数（w）按下式计算

$$w=\frac{c_1 V_1 \times 0.1001}{m} \times 100\%$$

式中　w——碳酸钙的质量分数，%；

c_1——EDTA标准溶液的浓度，mol/L；

V_1——EDTA标准溶液的体积，mL；

0.1001——与1.00mL EDTA标准溶液［c(EDTA)＝1.000mol/L］相当的，以g为单位的碳酸钙的质量；

m——碳酸钙的质量，g。

锆（Zr）标准溶液（1000μg/mL）

［配制］

方法1　准确称取3.5325g优级纯氧氯化锆（$ZrOCl_2 \cdot 8H_2O$；M_r＝322.252）置于200mL高型烧杯中，加（30～40）mL盐酸溶液（10%）溶解，移入1000mL容量瓶中，用盐酸溶液（10%）稀释至刻度，混匀。

准确移取10.0mL上述锆溶液，置于250mL锥形瓶中，加50mL水，10mL盐酸，加热煮沸，加2滴二甲酚橙指示液（3g/L），立即用EDTA标准溶液［c(EDTA)＝0.0200mol/L］滴定至溶液呈亮黄色。锆溶液的质量浓度按下式计算：

❶ 当作为离子色谱分析用标准溶液时，尽量保持低酸度。

$$\rho(Zr)=\frac{c_1V_1}{V}\times 91.224\times 1000$$

式中 $\rho(Zr)$——锆溶液的质量浓度，μg/mL；

c_1——EDTA 标准溶液的浓度，mol/L；

V_1——EDTA 标准溶液的体积，mL；

V——锆溶液的体积，mL；

91.224——锆的摩尔质量［$M(Zr)$］，g/mol。

方法 2 准确称取 0.1000g 高纯金属锆，于聚四氟乙烯烧杯中，加氢氟酸溶解，蒸干后，加入硫酸，加热，至三氧化硫白烟冒尽，加硫酸溶液［$c(H_2SO_4)=0.5mol/L$］溶解残渣，移入 100mL 容量瓶中，用硫酸溶液［$c(H_2SO_4)=0.5mol/L$］稀释至刻度，混匀。

铬（Cr）标准溶液（1000μg/mL）

［配制］

方法 1 选取高纯金属铬，先用稀盐酸处理金属表面，然后用自来水、去离子水清洗干净，放入干燥器中保存备用。准确称取 1.0000g 金属铬于 300mL 高型烧杯中，加入 50mL HCl 溶液［$c(HCl)=4mol/L$］，盖上表面皿，溶解后，加热微沸，回流 5min，冷却后，移入 1000mL 容量瓶中，再加入 115mLHCl 溶液［$c(HCl)=4mol/L$］，用水准确稀释刻度，混匀。酸度为 5%HCl。

方法 2 选用 GBW 06105 或 GBW（E）060018 重铬酸钾（$K_2Cr_2O_7$；$M_r=294.1846$）标准物质[1]，取适量置于称量瓶中，于 130℃下烘干 2h，置于干燥器中备用。准确称取 3.8289g 重铬酸钾于 200mL 高型烧杯中，用水溶解后，移入 1000mL 容量瓶中，用水准确稀释至刻度，混匀。

方法 3 取适量优级纯铬酸钾（K_2CrO_4；$M_r=194.1920$）置于称量瓶中，于 130℃干燥下烘 2h，置于干燥器中备用。准确称取 0.3733g 铬酸钾，于 100mL 高型烧杯中，溶于含有 1 滴氢氧化钠溶液（100g/L）的少量水中，移入 100mL 容量瓶中，稀释至刻度，混匀。

［标定］（适用于标定用方法 2 和方法 3 配制的溶液）

准确移取 2.00mL 上述铬标准溶液于 250mL 碘量瓶中，加水至 25mL，加 2g 碘化钾及 20mL 硫酸溶液［$c(H_2SO_4)=2mol/L$］，摇匀，于暗处放置 10min，加 150mL 水，用硫代硫酸钠标准溶液［$c(Na_2S_2O_3)=0.00500mol/L$］滴定，近终点时加 2mL 淀粉指示液（10g/L），继续滴定至溶液呈亮绿色。同时做空白试验。铬溶液的质量浓度按下式计算：

$$\rho(Cr)=\frac{c(V_1-V_2)\times 51.9961\times 1000}{3V}$$

式中 $\rho(Cr)$——铬溶液的浓度，μg/mL；

c——硫代硫酸钠标准溶液的浓度，mol/L；

V_2——空白试验硫代硫酸钠标准溶液的体积，mL；

V_1——硫代硫酸钠标准溶液的体积，mL；

[1] 由于 Cr(Ⅵ) 毒性比 Cr(Ⅲ) 要大的多，为减小污染，建议使用金属铬配制标准溶液。

V——铬溶液的体积，mL

51.9961——铬的摩尔质量［M(Cr)］，g/mol。

六价铬［Cr(Ⅵ)］标准溶液（1000μg/mL）

［配制］ 选用GBW 06105或GBW（E）060018重铬酸钾标准物质，取适量置于称量瓶中于130℃下烘干2h，置于干燥器中备用。准确称取2.8289g重铬酸钾（$K_2Cr_2O_7$；M_r＝294.1846）于200mL高型烧杯中，用水溶解后，移入1000mL容量瓶中，用水准确稀释至刻度，混匀，即可使用。注意勿与有机材料制成的塑料容器接触。

隔（Cd）标准溶液（1000μg/mL）

［配制］

方法1 选取高纯金属镉（99.99%），先用稀硝酸处理金属表面，然后用自来水、去离子水清洗干净，放入干燥器中保存备用。准确称取1.0000g金属镉于200mL高型烧杯中，加入15mLHNO_3溶液（1＋1），盖上表面皿，微热溶解后，加热微沸，回流5min，冷却后，移入1000mL容量瓶中，再加入2mLHNO_3溶液（1＋1），用水准确稀释刻度，混匀。溶液酸度为1% HNO_3。

方法2 准确称取1.000g处理过的高纯金属镉（99.99%）于烧杯中，分次加20mL盐酸溶液（1＋1）溶解，加2滴硝酸，移入1000mL容量瓶，加水至刻度，混匀。

方法3 准确称取1.0000g处理过的高纯金属镉（99.99%）于200mL高型烧杯中，加盐酸溶液（1＋1）溶解，盖上表面皿，微热溶解后，加热微沸，回流5min，冷却后，移入1000mL容量瓶中，用HCl溶液（1%）准确稀释到刻度，混匀。

方法4 准确称取2.0315g高纯氯化镉（$CdCl_2 \cdot 2.5H_2O$）于200mL高型烧杯中，溶于HCl溶液（1%）中，移入1000mL容量瓶中，用HNO_3溶液（1%）溶液稀释至刻度，混匀。

［标定］

方法1 络合滴定法：准确移取20.00mL上述镉溶液，于250mL锥形瓶中，加水至100mL，加5g六次甲基四胺，2mL硫脲溶液（100g/L），2mL抗坏血酸溶液（50g/L），3滴二甲酚橙指示液（3g/L），用EDTA标准溶液［c(EDTA)＝0.00500mol/L］滴定，溶液由紫红色变为亮黄色，近终点时滴定速度需缓慢。镉溶液的质量浓度按下式计算：

$$\rho(\mathrm{Cd})=\frac{V_1 c_1 \times 112.411 \times 1000}{V}$$

式中 ρ(Cd)——镉溶液的质量浓度，μg/mL；

c_1——EDTA标准溶液的浓度，mol/L；

V_1——EDTA标准溶液的体积，mL；

V——镉溶液的体积，mL；

112.411——镉的摩尔质量［M(Cd)］，g/mol。

方法2 恒电位库仑滴定法

基本实验条件 采用恒电位库仑仪。工作电极：汞；参比电极：饱和甘汞电极；对电极：铂网；电流范围：100mA档；支持电解质：高氯酸溶液［$c(HClO_4)$＝1mol/L］；控制电位：－800mV。

操作过程　仪器预热稳定后，将高氯酸溶液［$c(HClO_4)=1mol/L$］加入到已清洗的电解池中，在搅拌下，通入高纯氮除氧后，预电解，除去试剂空白，然后，用最小分度为0.1mg的天平，减量法准确称取（0.5～2)g待测镉溶液，加入到电解池中进行测定，读取所消耗的电量。

镉溶液的质量浓度按下式计算：

$$\rho(Cd)=\frac{Q}{2mF}\rho\times112.411\times10^6$$

式中　$\rho(Cd)$——镉溶液的质量浓度，μg/mL；

Q——镉溶液消耗的电量，C；

F——法拉第常数，C/mol；

m——镉溶液的质量，g；

ρ——20℃时该溶液的密度，g/mL；

112.411——镉的摩尔质量［$M(Cd)$］，g/mol。

汞（Hg）标准溶液（1000μg/mL）

［配制］

方法1　准确称取1.0000g金属汞于200mL高型烧杯中，加入20mLHNO_3溶液（1+1)，盖上表面皿，微热溶解（温度不能太高)，冷却后，移入1000mL容量瓶中，再加入60mLHNO_3溶液（1+1)，用水准确稀释到刻度，混匀。溶液酸度为3% HNO_3。

方法2　准确称取1.3536g优级纯二氯化汞（$HgCl_2$；$M_r=271.50$）于200mL高型烧杯中，溶解于HNO_3溶液（1%)，转移到1000mL容量瓶中，用HNO_3溶液（1%）准确稀释至刻度，混匀。

方法3　准确称取0.1619g优级纯硝酸汞［$Hg(NO_3)_2$；$M_r=324.60$］于200mL高型烧杯中，用10mL硝酸溶液（10%）溶解，移入100mL容量瓶中，用水稀释至刻度，混匀。

［标定］

方法1　络合滴定法：准确移取25.00mL待测汞溶液，于250mL锥形瓶中，加水至75mL，加10mL氨-氯化氨缓冲溶液（pH≈10)，加25mL乙二胺四乙酸镁溶液｛量取25mL氯化镁溶液［$c(MgCl_2)=0.02mol/L$］，加100mL水，10mL氨-氯化氨缓冲溶液（pH≈10)。用EDTA标准溶液［$c(EDTA)=0.00200mol/L$］滴定，近终点时加5滴铬黑T指示液（5g/L)，继续滴定至溶液由紫色变为纯蓝色｝，摇匀，放置2min，加5滴铬黑T指示液（5g/L)，用EDTA标准溶液［$c(EDTA)=0.00500mol/L$］滴定，近终点时，用力振摇，继续滴定至溶液由紫红色变为纯蓝色。汞溶液的质量浓度按下式计算：

$$\rho(Hg)=\frac{c_1V_1\times200.59\times1000}{V}$$

式中　$\rho(Hg)$——待测汞溶液的质量浓度，μg/mL；

V_1——EDTA标准溶液体积，mL；

c_1——EDTA标准溶液的浓度，mol/L；

V——汞溶液的体积，mL；

200.59——汞的摩尔质量［$M(Hg)$］，g/mol。

方法 2 恒电位库仑滴定法

实验基本条件 采用恒电位库仑仪。工作电极：铂网；参比电极：饱和甘汞电极；对电极：铂网；电流范围：100mA 档；支持电解质：高氯酸溶液 [$c(HClO_4)=1mol/L$]；控制电位：+300mV。

操作过程 仪器预热稳定后，将高氯酸溶液 [$c(HClO_4)=1mol/L$] 加入到已清洗的电解池中，在搅拌下，通入高纯氮除氧后，在+300mV 下预电解，除去试剂空白，然后，再加入少许汞溶液预先在铂电极上镀上一层汞。用最小分度为 0.1mg 的天平，准确称取 (0.5～2)g 待测汞溶液，加入到电解池中进行测定，读取所消耗的电量。汞溶液的质量浓度按下式计算：

$$\rho(Hg)=\frac{Q}{2mF}\rho\times 200.59\times 10^6$$

式中 $\rho(Hg)$——汞溶液的质量浓度，μg/mL；

Q——汞溶液消耗的电量，C；

F——法拉第常数，C/mol；

m——汞溶液的质量，g；

ρ——20℃时该溶液的密度，g/mL；

200.59——汞的摩尔质量 [$M(Hg)$]，g/mol。

钴 (Co) **标准溶液** (1000μg/mL)

[配制]

方法 1 选取高纯金属钴，先用稀硝酸处理金属表面，然后用自来水、去离子水清洗干净，放入干燥器中保存备用。准确称取 1.0000g 金属钴于 200mL 高型烧杯中，加入 15mLHNO_3 溶液 (1+1)，盖上表面皿，微热溶解后，加热至微沸，回流 5min，冷却后，移入 1000mL 容量瓶中，再加入 9mLHNO_3 溶液 (1+1)，用水准确稀释到刻度，混匀。溶液酸度为 1% HNO_3。

方法 2 选取高纯金属钴，先用稀硝酸处理金属表面，然后用自来水、去离子水清洗干净，放入干燥器中保存备用。准确称取 1.0000g 金属钴于 200mL 高型烧杯中，溶解于适量盐酸溶液 (1+1)，转移到 1000mL 容量瓶中，用 HCl 溶液 (1%) 准确稀释到刻度，混匀。

方法 3 取适量优级纯硫酸钴 ($CoSO_4\cdot 7H_2O$；$M_r=281.103$) 于瓷坩埚中，在马弗炉中于 (500～550)℃灼烧至恒重，冷却后，置于干燥器中备用。准确称取 2.6300g 无水硫酸钴 ($CoSO_4$；$M_r=154.996$)，溶于水，移入 1000mL 容量瓶中，用水稀释至刻度，混匀。

[标定] 恒电位库仑滴定法

实验基本条件 采用恒电位库仑仪。工作电极：汞；参比电极：饱和甘汞电极；对电极：铂网；电流范围：100mA 档；支持电解质：氨水 [$c(NH_4OH)=1mol/L$] 与氯化铵 [$c(NH_4Cl)=1mol/L$] 的混合溶液；控制电位：−1300mV。

操作过程 仪器预热稳定后，将氨水 [$c(NH_4OH)=1mol/L$] 与氯化铵 [$c(NH_4Cl)=1mol/L$] 的混合溶液加入到已清洗的电解池中，搅拌下，通入高纯氮除氧后，预电解，除去试剂空白，然后，用最小分度为 0.1mg 的天平，减量法准确称取 (0.5～2)g 待测钴溶液，加入到电解池中进行测定，读取所消耗的电量。钴溶液的质量浓度按下式计算：

$$\rho(\mathrm{Co})=\frac{Q}{2mF}\times\rho\times 58.93\times 10^6$$

式中 $\rho(\mathrm{Co})$——钴标准溶液的质量浓度，μg/mL；

Q——钴溶液消耗的电量，C；

F——法拉第常数，C/mol；

m——钴溶液的质量，g；

ρ——20℃时该溶液的密度，g/mL；

58.93——钴的摩尔质量 [$M(\mathrm{Co})$]，g/mol。

硅（Si）**标准溶液**（1000μg/mL）

[配制]

方法1　准确称取1.0119g优级纯硅酸钠（$Na_2SiO_3 \cdot 9H_2O$；$M_r=284.2008$）（确保准确含有9个结晶水），于200mL高型烧杯中，溶于水中，转移到100mL容量瓶中，用水稀释到刻度，混匀。

方法2　取适量经纯度测定的光谱纯二氧化硅（SiO_2；$M_r=60.0843$）于瓷坩埚中，于马弗炉中800℃下灼烧2h，冷却后，置于干燥器中备用。准确称取0.2140g二氧化硅，置于铂坩埚中，加1g无水碳酸钠，与二氧化硅分层铺于坩埚中，于马弗炉中，900℃加热熔融30min，冷却，用热水分数次提取，移入100mL容量瓶中，用水稀释至刻度，混匀。储存于聚乙烯瓶中。

[二氧化硅纯度测定]　称取1.0g已灼烧的二氧化硅，准确到0.0002g，置于已于950℃灼烧至恒重的铂坩埚中，加入5滴硫酸溶液（20%）润湿后，逐滴加入5mL氢氟酸溶液，在电炉上蒸发近干（控制温度在90℃～100℃），取下铂坩埚，冷却后，用水洗涤坩埚壁，加入3mL氢氟酸溶液，于低温下蒸发至近干，用少量水洗涤坩埚壁，蒸干后升高温度，驱尽三氧化硫，冷却后，用湿滤纸擦净坩埚外壁，在马弗炉中于950℃灼烧30min，冷却到(300～400)℃取出，置于干燥器中冷却到室温后称重，反复灼烧，直至恒重。二氧化硅的质量分数按下式计算：

$$w(\mathrm{SiO_2})=\frac{m-m_1}{m}\times 100\%$$

式中 $w(\mathrm{SiO_2})$——二氧化硅质量分数，%；

m_1——残渣的质量，g；

m——二氧化硅的质量 g。

硅酸盐-硅（SiO_3^{2-}-Si）**标准溶液**（100μg/mL）

[配制]　取适量经纯度分析的高纯二氧化硅于瓷坩埚中，在马弗炉中于900℃灼烧1h，冷却后，取出置于干燥器中备用。准确称取0.2139g二氧化硅，置于铂坩埚中，加1.0g基准无水碳酸钠，与二氧化硅分层铺于坩埚中，于900℃加热30min至完全熔融，冷却，用热水提取，提取液移入1000mL容量瓶中，反复提取、洗涤，合并所有溶液，冷却后，用水稀释至刻度。立即转移到聚乙烯瓶中保存。

[二氧化硅纯度测定]　参见“硅标准溶液中二氧化硅纯度测定”。

［标定］

(1) 重量法测定　准确移取10.0mL上述硅溶液于250mL烧杯中，加入25mL盐酸，在电热板上蒸发至体积为(10～15)mL，加15mL盐酸，冷却后加5mLPEO溶液［1g/L溶液：称取0.1g聚环氧乙烷，用水浸泡0.5h，搅拌溶解，过滤，并稀释到100mL］，搅拌均匀，放置(2～3)min，用双层定量滤纸过滤到250mL容量瓶中，用盐酸溶液(5%)洗涤(5～6)次，再用热水洗至无Cl^-，将滤液稀释到刻度，用硅钼蓝法测定残留硅。沉淀置于铂坩埚中，灰化后，于马弗炉中1000℃灼烧1h，冷却到(300～400)℃，取出置于干燥器内冷却3h，称重。反复灼烧，直到恒重。测得二氧化硅质量m_1。

(2) 分光光度法测定　准确吸取(10～20)mL滤液于50mL容量瓶中，加水至25mL，加1滴对硝基酚指示液(2g/L)，用NaOH溶液(40%)和硫酸溶液(1+4)调至溶液黄色刚消失(pH≈2)，加入1.25mL钼酸铵溶液(80g/L)，放置10min，加入1.25mL酒石酸溶液(250g/L)，放置5min，然后依次加入1mL硫酸亚铁铵溶液(60g/L)和1mL EDTA(50g/L)，溶液，每加一次试液都要摇匀，然后用水稀释到刻度。按附录十，用分光光度法测定，波长：650nm。测得二氧化硅质量m_2。

(3) 硅溶液的质量浓度按下式计算：

$$\rho(\mathrm{Si})=\frac{m_1+m_2}{V_2}\times 0.4674\times 1000$$

式中　$\rho(\mathrm{Si})$——硅溶液的浓度，μg/mL；

m_1——重量法测得二氧化硅质量，mg；

m_2——光度法测得二氧化硅质量，mg；

V_2——硅溶液的体积，mL；

0.4674——硅与二氧化硅换算系数。

铪(Hf)**标准溶液**(1000μg/mL)

［配制］　准确称取0.1000g高纯金属铪于100mL高型烧杯中，加王水溶解，在水浴上蒸发近干，溶于盐酸溶液(5%)，移入100mL容量瓶中，用盐酸溶液(5%)稀释至刻度，混匀。

钬(Ho)**标准溶液**(1000μg/mL)

［配制］　选取高纯(≥99.99%)三氧化二钬(Ho_2O_3；M_r=337.8588)，取适量置于瓷坩埚中，于马弗炉中逐步升温到900℃，灼烧1h，以除去氧化物吸收的水分和二氧化碳，冷却后，取出坩埚，置于真空干燥器中，抽真空保存备用。准确称取1.1456g上述三氧化二钬于200mL高型烧杯中，加入少量水润湿后，再加入10mLHCl溶液［c(HCl)=6mol/L］，盖上表面皿，微热溶解，加热除去大部分酸，冷却后，移入1000mL容量瓶中，用HCl溶液(10%)准确稀释到刻度，混匀。

［标定］　准确移取10.00mL上述溶液，于250mL锥形瓶中，加入10mL蒸馏水，摇匀后，滴加氨水溶液(1+1)，使溶液pH=3.0～3.5，加入5mL乙酸钠-乙酸缓冲溶液(pH5.9)，及20.00mL EDTA标准溶液［c(EDTA)=0.0100mol/L］，3滴二甲酚橙指示液(3g/L)，用锌标准溶液［c(Zn)=0.0100mol/L］返滴定，溶液由亮黄色到紫红色，即为终点。钬溶液的质量浓度按下式计算：

$$\rho(Ho)=\frac{c_1V_1-c_2V_2}{V}\times 164.93\times 1000$$

式中 $\rho(Ho)$——钬溶液的浓度，$\mu g/mL$；

c_1—EDTA 标准溶液的浓度，mol/L；

V_1——EDTA 标准溶液的体积，mL；

c_2——锌标准溶液的浓度，mol/L；

V_2——锌标准溶液的体积，mL；

V——钬溶液的体积，mL；

164.93——钬的摩尔质量 [$M(Ho)$]，g/mol。

镓（Ga）标准溶液（1000μg/mL）

[配制]

方法 1 取适量光谱纯三氧化二镓（Ga_2O_3；M_r=187.444）置于瓷坩埚中，于马弗炉中 800℃，灼烧 1h，冷却后，取出，置于干燥器中保存备用。准确称取 0.1344g 三氧化二镓于 100mL 烧杯中，加入 10mL 硫酸溶液（5%）溶解，移入 100mL 容量瓶中，用水稀释至刻度，混匀。

方法 2 取适量光谱纯三氧化二镓置于瓷坩埚中，于马弗炉中 800℃，灼烧 1h，冷却后，取出坩埚，置于干燥器中保存备用。准确称取 1.3442g 光谱纯三氧化二镓，置于高型烧杯中，加入 20mL 盐酸溶液[c(HCl)=6mol/L] 溶解，移入 1000mL 容量瓶中，用水稀释至刻度，混匀。酸度为 1% HCl。

方法 3 准确称取 1.0000g 光谱纯金属镓，置于高型烧杯中，加入 20mL 盐酸溶液 [c(HCl)=6mol/L]，滴加几滴硝酸，在水浴上加热使其溶解，冷却后，移入 1000mL 容量瓶中，用水稀释到刻度，混匀。

[标定] 准确移取 2.00mL 上述镓溶液于 300mL 锥形瓶中，加水至 50mL，加 10mL 酒石酸溶液（50g/L），加氨水溶液（1+1）中和至 pH8，加入 5mL 氯化铵溶液（50g/L），5mL 氨-氯化铵缓冲溶液（pH9.5：称取 130g 氯化铵于烧杯中，加水溶解完全，加入 65mL 氨水，用水稀释到 500mL），加少许铬黑 T-氯化钠混合指示剂（按 $m_{铬黑T}:m_{NaCl}=1:100$ 比例混合粉末，研磨均匀，保存于干燥处），加热煮沸，用 EDTA 标准溶液 [c(EDTA)=0.00500mol/L] 滴定到亮蓝色为终点。镓的质量浓度按下式计算：

$$\rho(Ga)=\frac{c_1V_1}{V}\times 69.723\times 1000$$

式中 $\rho(Ga)$——镓溶液的质量浓度，$\mu g/mL$；

V_1——EDTA 标准溶液的体积，mL；

c_1——EDTA 标准溶液的浓度，mol/L；

V——镓溶液的体积，mL；

69.723——镓的摩尔质量 [$M(Ga)$]，g/mol。

钾（K）标准溶液（1000μg/mL）

[配制]

方法 1 选用 GBW 06109 或 GBW（E）060020 氯化钾（KCl；M_r=74.551）标准物质，

取适量置于瓷坩埚中，于马弗炉中500℃，灼烧6h，冷却后，取出坩埚，置于干燥器中保存备用。准确称取1.9068g上述氯化钾于200mL高型烧杯中，用水溶解后，移入1000mL容量瓶中，加入20mLHCl[1]溶液［c(HCl)=6mol/L］，用水稀释刻度，混匀，转移到洁净的塑料瓶中保存。酸度为1%HCl。可直接使用。

如果无法获得氯化钾标准物质，可采用基准试剂代替，但当此标准溶液用于准确测量时应标定后使用。

方法2　选取GBW 06503硫酸钾标准物质，取适量置于瓷坩埚中，于马弗炉中500℃，灼烧6h，冷却后，取出坩埚，置于干燥器中保存备用。准确称取2.2285g上述硫酸钾（K_2SO_4；M_r=174.259）于200mL高型烧杯中，用水溶解后，移入1000mL容量瓶中，用水稀释到刻度，混匀。转移到洁净的塑料瓶中保存。

方法3　选取优级纯硝酸钾（KNO_3；M_r=101.0132），取适量置于称量瓶中，于105℃干燥至恒重，准确称取2.5836g硝酸钾，溶于水，移入1000mL容量瓶中，用水稀释到刻度，混匀。

金（Au）标准溶液（1000μg/mL）

［配制］

方法1　准确称取0.1000g高纯金属金于100mL高型烧杯中，加10mL盐酸、5mL硝酸溶解，在水浴上蒸发近干，溶于盐酸溶液（5%），移入100mL容量瓶中，用盐酸溶液（5%）稀释至刻度，混匀。

方法2　准确称取1.0000g高纯金属金于100mL烧杯中，加入王水20mL，在水浴上加热溶解后，加入2g氯化钾，167mL浓盐酸，使溶液酸度保持在c(HCl)=2mol/L，移入1000mL容量瓶中，用饱和氯水稀释至刻度，混匀。

［标定］

方法1　准确移取2.00mL上述金溶液于50mL瓷坩埚中，加10滴KCl溶液（100g/L）于水浴上蒸干，加2mL新配制的王水，蒸干，加5滴HCl溶液（10%）蒸干。并重复1次，加3mL热乙酸溶液（体积分数为7%），取下冷却，加2滴NH_4F溶液（20g/L），6滴EDTA溶液（20g/L）和0.2g碘化钾，摇动，立即用硫代硫酸钠标准溶液［$c(Na_2S_2O_3)$=0.00500mol/L］滴定至溶液呈浅黄色，加5滴淀粉指示液（5g/L）继续滴定至无色为终点。金溶液的质量浓度按下式计算：

$$\rho(\mathrm{Au})=\frac{c_1V_1}{V_2}\times 98.48\times 1000$$

式中　ρ(Au)——金溶液的质量浓度，μg/mL；

c_1——硫代硫酸钠标准溶液的浓度，mol/L；

V_1——硫代硫酸钠标准溶液的体积，mL；

V_2——金溶液的体积，mL；

98.48——金的摩尔质量［$M(\frac{1}{2}\mathrm{Au})$］，g/mol。

[1] 当用作离子色谱标准溶液时，直接用水溶解并稀释。

方法 2　恒电位库仑滴定法

实验基本条件　采用恒电位库仑仪。工作电极：铂网；参比电极：饱和甘汞电极；对电极：铂网；电流范围：100mA 档；支持电解质：盐酸溶液 [c(HCl)=0.5mol/L]；控制电位：+450mV。

[操作过程]　仪器预热稳定后，将盐酸溶液 [c(HCl)=0.5mol/L] 加入到已清洗的电解池中，加入少量固体氨基磺酸粉末，在搅拌下，通入高纯氮除氧 20min 后，预电解，除去试剂空白，再加入少许金溶液预先在铂电极上镀上一层金。然后，用最小分度为 0.1mg 的天平，减量法准确称取（0.5～2)g 待测金溶液，加入到电解池中进行测定，读取所消耗的电量。金溶液的质量浓度按下式计算：

$$\rho(\mathrm{Au})=\frac{Q\times1000}{3mF}\rho\times196.967\times1000$$

式中　ρ(Au)——金溶液的质量浓度，μg/mL；

Q——金溶液消耗的电量，C；

F——法拉第常数，C/mol；

m——金溶液的质量，g；

ρ——20℃时该溶液的密度，g/mL；

196.967——金的摩尔质量 [M(Au)]，g/mol。

钪（Sc）**标准溶液**（1000μg/mL）

[配制]　选取高纯（≥99.99%）三氧化二钪，取适量置于瓷坩埚中，于马弗炉中逐步升温到 900℃，灼烧 1h，以除去氧化物吸收的水分和二氧化碳，冷却后，取出坩埚，置于真空干燥器中，抽真空保存，放置过夜备用。准确称取 1.5338g 上述三氧化二钪（Sc_2O_3；M_r=137.9100）于 200mL 高型烧杯中，加入少量水润湿后，再加入 10mLHCl 溶液 [c(HCl)=6mol/L]，盖上表面皿，微热溶解，加热除去大部分酸，冷却后，移入 1000mL 容量瓶中，用 HCl 溶液（10%）准确稀释到刻度，混匀。

[标定]　准确移取 20.00mL 上述溶液于 150mL 锥形瓶中，加入 10mL 蒸馏水，摇匀，滴加氨水溶液（1+1)，使溶液 pH=3.0～3.5，加入 5mL 乙酸钠-乙酸缓冲溶液（pH5.9)，3 滴二甲酚橙指示液（3g/L)，用 EDTA 标准溶液 [c(EDTA)=0.0100mol/L] 滴定，溶液由紫红色变为亮黄色，即为终点。钪溶液的质量浓度按下式计算：

$$\rho(\mathrm{Sc})=\frac{c_1V_1}{V_2}\times44.956\times1000$$

式中　ρ(Sc)——钪溶液的浓度，μg/mL；

c_1——EDTA 标准溶液的浓度，mol/L；

V_1——EDTA 标准溶液的体积，mL；

V_2——钪溶液的体积，mL；

44.956——钪的摩尔质量 [M(Sc)]，g/mol。

铼（Re）**标准溶液**（1000μg/mL）

[配制]　准确称取 0.1000g 高纯金属铼，置于 100mL 高型烧杯中，加 20mL 盐酸溶液（1+1)，滴加过氧化氢（30%）溶解完全，加少量水，加热除去过氧化氢，冷却后，移入

100mL 容量瓶中，用水稀释到刻度，混匀。

镧（La）**标准溶液**（1000μg/mL）

［配制］ 选取高纯（≥99.99%）三氧化二镧，取适量置于瓷坩埚中，于马弗炉中逐步升温到 900℃，灼烧 1h，以除去吸收的水分和二氧化碳，冷却后，取出，置于真空干燥器中，抽真空保存，备用。准确称取 1.1728g 上述三氧化二镧（La_2O_3；Mr＝325.8092）于 200mL 高型烧杯中，加入少量水润湿后，再加入 10mLHCl 溶液［c(HCl)＝6mol/L］，盖上表面皿，微热溶解，加热除去大部分酸，冷却后，移入 1000mL 容量瓶中，用 HCl 溶液（10%）准确稀释到刻度，混匀。

［标定］

方法 1 准确移取 20.0mL 上述溶液于 150mL 锥形瓶中，加入 10mL 蒸馏水，摇匀，滴加氨水溶液（1＋1），使溶液 pH＝3.0～3.5，加入 5mL 的乙酸钠-乙酸缓冲溶液（pH5.9），3 滴二甲酚橙指示液（3g/L），用 EDTA 标准溶液［c(EDTA)＝0.01000mol/L］滴定，溶液颜色由紫红色到亮黄色，即为终点。

方法 2 移取 20.00mL 上述溶液于 150mL 锥形瓶中，加 3 滴偶氮胂 M 溶液（3g/L），滴加六次甲基四胺溶液（200g/L），使溶液呈深蓝色，并过量 3mL，加水至 40mL，用 EDTA标准溶液［c(EDTA)＝0.0100mol/L］滴定至溶液呈亮红紫色。即为终点。镧溶液的质量浓度按下式计算：

$$\rho(\mathrm{La})=\frac{c_1V_1}{V_2}\times 138.9055\times 1000$$

式中 ρ(La)——镧溶液的浓度，μg/mL；

c_1——EDTA 标准溶液的浓度，mol/L；

V_1——EDTA 标准溶液的体积，mL；

V_2——镧溶液的体积，mL；

138.9055——镧的摩尔质量［M(La)］，g/mol。

铑（Rh）**标准溶液**（1000μg/mL）

［配制］ 准确称取 0.1958g 优级纯氯铑酸铵［$(NH_4)_2RhCl\cdot \frac{3}{2}H_2O$；$M_r$＝201.458］，置于 100mL 高型烧杯中，溶于盐酸溶液［c(HCl)＝1mol/L］，移入 100mL 容量瓶中，用盐酸溶液［c(HCl)＝1mol/L］稀释到刻度，混匀。

锂（Li）**标准溶液**（1000μg/mL）

［配制］ 选取经纯度测定的高纯或光谱纯碳酸锂（Li_2CO_3；M_r＝73.891），取适量置于称量瓶中于 105℃ 下烘干 2h，置于干燥器中备用。准确称取 5.3229g 上述碳酸锂于 200mL 高型烧杯中，用少量水润湿后，慢慢加入 30mLHCl 溶液（1＋1），盖上表面皿，溶解后，移入 1000mL 容量瓶中，再加入 10mL HCl 溶液（1＋1）[1]，用水准确稀释到刻度。酸度为 1%HCl。

［碳酸锂纯度测定］ 准确称取 0.1g 上述碳酸锂，准确到 0.0001g，于 150mL 锥形瓶

[1] 当作为离子色谱分析用标准溶液时，尽量保持低酸度。

中，加水50mL溶解，加10滴甲基红-溴甲酚绿混合指示液，用盐酸标准溶液［c(HCl)＝0.0500mol/L］滴定至溶液由绿色变为暗红色，加热除去CO_2，冷却，继续滴定至酒红色即为终点，同时做空白试验。碳酸锂的质量分数（w）按下式计算：

$$w=\frac{c_1(V_1-V_0)}{m}\times 0.03699\times 100\%$$

式中　w——碳酸锂质量分数，%；

c_1——盐酸标准溶液的浓度，mol/L；

V_1——盐酸标准溶液的体积，mL；

V_0——空白试验盐酸标准溶液的体积，mL；

m——碳酸锂质量，g；

0.03699——与1.00mL盐酸标准溶液［c(HCl)＝1.000mol/L］相当的，以g为单位的碳酸锂的质量。

钌（Ru）**标准溶液**（1000μg/mL）

［配制］　准确称取3.2891g优级纯氯亚钌酸铵［$(NH_4)_2RuCl_5 \cdot H_2O$；$M_r$＝332.427］，置于100mL高型烧杯中，加10mL盐酸，水50mL，温热溶解，冷却后，移入1000mL容量瓶中，用水稀释到刻度，混匀。

磷（P）**标准溶液**（1000μg/mL）

［配制］

方法1　取适量优级纯磷酸二氢钾（KH_2PO_4；M_r＝136.0855）于称量瓶中，115℃下干燥至恒重，置于干燥器中备用。确称取4.3937g磷酸二氢钾，于200mL高型烧杯中，用盐酸溶液（1%）溶解，转移到1000mL容量瓶中，用盐酸溶液（1%）稀释至刻度，混匀。

方法2　准确称取4.2635g优级纯磷酸氢二铵［$(NH_4)_2HPO_4$；M_r＝132.0562］，于200mL高型烧杯中，用盐酸溶液（1%）溶解，转移到1000mL容量瓶中，用盐酸溶液（1%）稀释至刻度，混匀。

［标定］　磷钼酸喹啉重量法

（1）沉淀　准确移取10.00mL磷溶液于300mL烧杯中，盖上表面皿并称重，加入10mLHNO_3溶液（1＋1）、80mL水，至总体积为100mL，混匀，加热煮沸，趁热加入40mL喹钼柠酮沉淀剂，继续加热微沸2min，不搅拌，取下并在室温下冷却，冷却过程中转动烧杯（2～3)次。

（2）过滤和洗涤　用预先在180℃烘干至恒重的4号玻璃沙芯坩埚抽滤沉淀，先将上层清液过滤，然后用倾析法洗涤二次，最后将沉淀移入坩埚中用水洗涤（4～5)次，抽干水分。

（3）干燥和恒重　将坩埚连同沉淀于180℃干燥1h，取出置于保干器中放置4h，冷却至室温称重，反复烘干，直到恒重。

（4）空白实验　与试样同时做空白实验。

（5）磷溶液的质量浓度按下式计算：

$$\rho(P)=\frac{0.013998(m_1-m_2)}{m}\rho\times 10^6$$

式中　ρ(P)——磷溶液的浓度，μg/mL；

m_1——磷钼酸喹啉沉淀的质量，g；
m_2——空白试验沉淀的质量，g；
m——磷溶液的质量，g；
ρ——磷溶液的密度，g/mL；
0.013998——磷钼酸喹啉与P的换算系数。

硫（S）标准溶液（1000μg/mL）

［配制］

方法1 选取GBW 08665硫酸钠（Na_2SO_4；$M_r=142.042$）中硫成分分析标准物质，取适量置于瓷坩埚中，于马弗炉中600℃灼烧2h，置于干燥器中备用。准确称取4.4298g无水硫酸钠，于烧杯中，用HCl溶液（1%）溶解后，移入1000mL容量瓶中，用HCl溶液（1%）准确稀释到刻度，混匀。

方法2 选取优级纯或高纯无水硫酸钾（K_2SO_4；$M_r=174.259$），取适量置于瓷坩埚中，于马弗炉中600℃灼烧2h，置于干燥器中备用。准确称取5.4346g硫酸钾，于烧杯中，溶于水，移入1000mL容量瓶中，用水稀释至刻度，混匀。

［标定］ 准确移取30.00mL上述硫溶液于500mL烧杯中，加水至150mL，加热至94℃左右。另取100mL $BaCl_2$沉淀剂溶液（5.0g/L）于200mL烧杯中，加热至近沸，用移液管将热的$BaCl_2$溶液分十次加入到Na_2SO_4溶液中，用热水将烧杯及移液管中残留的$BaCl_2$洗入沉淀溶液中（每次约5mL，洗涤多次），使溶液总体积约为300mL。溶液在94℃左右保温数小时。沉淀先用近沸的热水倾析法洗涤（5～6)次，然后将沉淀尽可能转移到漏斗中，用热水洗涤。再将沉淀转移到已于800℃灼烧至恒重的铂坩埚中，于马弗炉中逐步升温，在800℃灼烧至恒重，待温度降到300℃左右，取出坩埚置于干燥器中冷却，称重，直到恒重。硫溶液的质量浓度按下式计算：

$$\rho(S)=\frac{m_1}{V}\times 0.1374\times 10^6$$

式中 $\rho(S)$——硫溶液的浓度，μg/mL；
m_1——硫酸钡沉淀的质量，g；
V——硫溶液的体积，mL；
0.1374——硫与硫酸钡的换算系数。

镥（Lu）标准溶液（1000μg/mL）

［配制］ 选取高纯（≥99.99%）三氧化二镥（Lu_2O_3；$M_r=397.932$），取适量置于瓷坩埚中，于马弗炉中逐步升温到900℃，灼烧1h，以除去氧化物吸收的水分和二氧化碳，冷却后，取出坩埚，置于真空干燥器中，抽真空保存，放置过夜备用。准确称取1.1372g上述三氧化二镥于200mL高型烧杯中，加入少量水润湿后，再加入10mLHCl溶液［c(HCl)＝6mol/L］，盖上表面皿，微热溶解，加热除去大部分酸，冷却后，移入1000mL容量瓶中，用HCl溶液（10%）准确稀释到刻度，混匀。

［标定］ 准确移取20.00mL上述溶液于150mL锥形瓶中，加入10mL蒸馏水，摇匀后，滴加氨水溶液（1＋1），使溶液pH＝3.0～3.5，加入5mL乙酸钠-乙酸缓冲溶液（pH5.9），3滴二甲酚橙指示液（3g/L），用EDTA标准溶液［c(EDTA)＝0.0100mol/L］

滴定，溶液由紫红色变为亮黄色，即为终点。镥溶液的质量浓度按下式计算：

$$\rho(\mathrm{Lu})=\frac{c_1V_1}{V_2}\times174.967\times1000$$

式中 $\rho(\mathrm{Lu})$——镥溶液的浓度，μg/mL；

c_1——EDTA 标准溶液的浓度，mol/L；

V_1——EDTA 标准溶液的体积，mL；

V_2——镥溶液的体积，mL；

174.967——镥的摩尔质量 [$M(\mathrm{Lu})$]，g/mol。

铝（Al）标准溶液（1000μg/mL）

[配制]

方法 1 选取高纯金属铝，先用稀盐酸处理金属表面，然后用自来水、去离子水清洗干净，放入干燥器中保存备用。准确称取 1.0000g 高纯金属铝于 200mL 高型烧杯中，加入 100mL 盐酸溶液（1+1），加热溶解，冷却后移入 1000mL 容量瓶中，用水稀释至刻度，混匀。盐酸浓度约为 $c(\mathrm{HCl})=1$mol/L。

方法 2 选取高纯金属铝，先用稀盐酸处理金属表面，然后用自来水、去离子水清洗干净，放入干燥器中保存备用。准确称取 1.0000g 高纯金属铝于 200mL 高型烧杯中，加入 20mL 水，3g 氢氧化钠，待铝溶解后，用盐酸（1+1），缓缓地中和至出现混浊，再加入 20mL 盐酸，加热使其溶解（不断搅拌），冷却后移入 1000mL 容量瓶中，用水准确地稀释至刻度，混匀。

方法 3 准确称取 1.7582g 优级纯硫酸铝钾 [$KAl(SO_4)_2\cdot12H_2O$；$M_r=474.388$]，于 200mL 高型烧杯中，加水溶解，加 10mL 硫酸溶液（25%），移入 100mL 容量瓶中，用水稀释至刻度，混匀。

[标定] 准确移取 10.00mL 上述铝标准溶液于 250mL 锥形瓶中，加 75mL 水，25mL EDTA 标准溶液 [$c(\mathrm{EDTA})=0.0500$mol/L]，用六次甲基四胺溶液（300g/L）中和到 pH=5～6，并过量 2mL，加热煮沸 3min 以上，冷却后加 3 滴二甲酚橙指示液（5g/L），用硝酸铅标准溶液 {$c[Pb(NO_3)_2]=0.0500$mol/L} 滴定至溶液由黄色变为红色，即为终点。铝溶液的质量浓度按下式计算：

$$\rho(\mathrm{Al})=\frac{c_1V_1-c_2V_2}{V}\times26.98\times1000$$

式中 $\rho(\mathrm{Al})$——铝溶液的浓度，μg/mL；

c_1——EDTA 标准溶液的浓度，mol/L；

V_1——EDTA 标准溶液的体积，mL；

V_2——硝酸铅标准溶液的体积，mL；

c_2——硝酸铅标准溶液的浓度，mol/L；

V——铝溶液的体积，mL；

26.98——铝的摩尔质量 [$M(\mathrm{Al})$]，g/mol。

镁（Mg）标准溶液（1000μg/mL）

[配制]

方法 1 选取基准试剂（或光谱纯）氧化镁（MgO；$M_r=40.3044$），取适量置于铂坩埚中，于马弗炉中逐步升温到800℃，灼烧2h，以除去吸收的水分和二氧化碳，冷却后，坩埚置于干燥器中保存，备用。准确称取1.6583g上述氧化镁[1]于200mL高型烧杯中，用少量水润湿后，滴加20mL HCl溶液［$c(HCl)=6mol/L$］，盖上表面皿，溶解后，移入1000mL容量瓶中，再加入19mL HCl溶液［$c(HCl)=6mol/L$］，用水准确稀释至刻度，混匀。转移到洁净的塑料瓶中保存。酸度为1%HCl。

方法2　将高纯金属镁条用稀盐酸溶液迅速处理，再用水清洗干净后，置于干燥器中干燥。准确称取1.0000g金属镁于150mL烧杯中，缓慢加入少量盐酸溶液［$c(HCl)=3mol/L$］溶解，待溶解完全后加热煮沸，冷却，移入1000mL容量瓶，加水稀释至刻度，混匀。储于聚乙烯塑料瓶中备用。

方法3　准确称取10.1409g优级纯硫酸镁（$MgSO_4 \cdot 7H_2O$；$M_r=246.475$），于250mL烧杯中，溶于水，移入1000mL容量瓶中，稀释至刻度，混匀。转移到洁净的塑料瓶中保存。

锰（Mn）**标准溶液**（1000μg/mL）

［配制］

方法1　选取高纯金属锰，先用稀硝酸处理金属表面，然后用自来水、去离子水清洗干净，放入干燥器中保存备用。准确称取1.0000g金属锰于200mL高型烧杯中，加入15mL HNO_3溶液（1+1），盖上表面皿，微热溶解后，加热微沸，回流5min，冷却后，移入1000mL容量瓶中，再加入10mL HNO_3溶液（1+1），用水准确稀释到刻度，混匀。溶液酸度为1% HNO_3。

方法2　选用优级纯硫酸锰（$MnSO_4 \cdot nH_2O$），取适量置于称量瓶中于280℃下烘干2h，置于干燥器中冷却备用。准确称取2.7486g无水硫酸锰（$MnSO_4$；$M_r=151.001$）于200mL高型烧杯中，用盐酸溶液（1%）溶解后，移入1000mL容量瓶中，用盐酸溶液（1%）稀释刻度，混匀。

方法3　选用优级纯硫酸锰（$MnSO_4 \cdot nH_2O$），取适量置于称量瓶中于100℃下烘干2h，得到一水硫酸锰（$MnSO_4 \cdot H_2O$；$M_r=169.016$）。准确称取3.0765g一水硫酸锰，于200mL高型烧杯中，溶于水，加入3滴硫酸，移入1000mL容量瓶中，用水稀释至刻度，混匀。

方法4　准确称取4.0603g优级纯四水硫酸锰（$MnSO_4 \cdot 4H_2O$；$M_r=223.062$），于200mL高型烧杯中，加水溶解后移入1000mL容量瓶中，加入3滴硫酸，用水稀释至刻度，混匀。

钼（Mo）**标准溶液**（1000μg/mL）

［配制］

方法1　准确称取1.8403g优级纯钼酸铵［$(NH_4)_6Mo_7O_{24} \cdot 4H_2O$；$M_r=209.0687$］，置于200mL高型烧杯中，溶于水，移入1000mL容量瓶中，用水稀释至刻度，混匀。

方法2　准确称取1.5003g光谱纯三氧化钼（MoO_3；$M_r=143.94$），置于200mL高型烧杯中，溶解于少量氢氧化钠溶液中，加水到50mL，用稀硫酸中和，并过量2mL，移入

[1] 氧化镁吸水性强，应在湿度较小的环境中称量，尽量减小湿度的影响。

1000mL 容量瓶中，用水稀释到刻度，混匀。

［标定］ 准确移取 20.0mL 上述钼溶液，置于 150mL 锥形瓶中，加 30mL 水，2g 六次甲基四胺，加热至 70℃，加入 3 滴 PAR 指示液，用硝酸铅标准溶液 {$c[Pb(NO_3)_2]$ = 0.0200mol/L} 滴定，至溶液呈粉红色为终点。钼溶液的质量浓度按下式计算：

$$\rho(\mathrm{Mo})=\frac{c_1V_1}{V}\times 95.94\times 1000$$

式中 $\rho(\mathrm{Mo})$——钼溶液的质量浓度，μg/mL；

V_1——硝酸铅标准溶液的体积，mL；

c_1——硝酸铅标准溶液的浓度，mol/L；

V——钼溶液的体积，mL；

95.94——钼的摩尔质量［$M(\mathrm{Mo})$］，g/mol。

钠（Na）**标准溶液**（1000μg/mL）

［配制］ 选用 GBW 06103 或 GBW（E）060024 氯化钠（NaCl；M_r=58.443）纯度标准物质，取适量置于瓷坩埚中，于马弗炉中 550℃，灼烧 6h，冷却后，取出坩埚，置于干燥器中保存备用。准确称取 2.5421g 上述氯化钠于 200mL 高型烧杯中，用水溶解后，移入 1000mL 容量瓶中，加入 20mL HCl[1] 溶液［$c(HCl)$=6mol/L］，用水准确稀释到刻度。混匀，转移到洁净的塑料瓶中保存。酸度为 1%HCl。可直接使用。

如果无法获得氯化钠标准物质，可采用基准试剂代替，但当此标准溶液用于准确测量时应标定后使用。

铌（Nb）**标准溶液**（1000μg/mL）

［配制］

方法 1 取适量高纯五氧化二铌置于瓷坩埚中，于马弗炉中 800℃，灼烧 1h，冷却后，取出坩埚，置于干燥器中保存备用。准确称取 0.1431g 经乳钵研细的高纯五氧化二铌（Nb_2O_5；M_r=265.8098）和 4g 粉末状焦硫酸钾，二者分层放入石英坩埚中，于 600℃熔融，取出冷却，加数滴浓硫酸，继续熔融，如此反复几次，直至熔融物清亮为止。用 20mL 酒石酸溶液（150g/L）加热溶解。冷却后，移入 100mL 容量瓶中，稀释至刻度，混匀。

方法 2 将 0.1000g 高纯金属铌于聚四氟乙烯烧杯中，用加有数滴硝酸的氢氟酸溶解，蒸干后加入硫酸，加热，至三氧化硫白烟冒尽，加硫酸溶液［$c(H_2SO_4)$=0.5mol/L］溶解残渣，移入 100mL 容量瓶中，用硫酸溶液［$c(H_2SO_4)$=0.5mol/L］稀释至刻度，混匀。

方法 3 取适量高纯五氧化二铌置于瓷坩埚中，于马弗炉中 800℃，灼烧 1h，冷却后，取出坩埚，置于干燥器中保存备用。准确称取 1.4305g 五氧化二铌于聚四氟乙烯烧杯中，加入 20mL 氢氟酸，低温加热溶解至清亮。浓缩体积至 10mL，用水稀释到 100mL，转移到 1000mL 容量瓶中，用水稀释到刻度。立即转移到塑料瓶中保存。

［标定］ 铌在氢氟酸溶液中加入硼酸掩蔽氟后，在酸性介质中与铜铁试剂形成沉淀，经过灼烧后成五氧化二铌。

---

[1] 当用作离子色谱标准溶液时，直接用水配制。

准确移取 50.00mL 铌溶液于 500mL 烧杯中，加入 45mL 浓盐酸，加入 100mL 硼酸溶液（40g/L），在冰水中冷却至 10℃以下，加入少许纸浆，逐渐加入 30mL 铜铁试剂溶液（60g/L），放置 40min，用定量滤纸过滤，沉淀全部转移到滤纸上，用铜铁试剂洗涤液[500mL 水中加入 10mL 盐酸及 10mL 铜铁试剂（60g/L）] 洗涤（10～12）次，用水洗涤 2 次，将沉淀连同滤纸移入已恒重的瓷坩埚中，干燥，灰化，在 900℃灼烧至恒重。铌溶液的质量浓度按下式计算：

$$\rho(\mathrm{Nb})=\frac{m\times 0.69904\times 10^{6}}{V}$$

式中 $\rho(\mathrm{Nb})$——铌溶液的质量浓度，μg/mL；

m——五氧化二铌的质量，g；

V——铌溶液的体积，mL；

0.69904——五氧化二铌与铌的换算系数。

镍（Ni）标准溶液（1000μg/mL）

[配制]

方法 1　选取高纯金属镍，先用稀硝酸处理金属表面，然后用自来水、去离子水清洗干净，放入干燥器中保存备用。准确称取 1.0000g 金属镍于 200mL 高型烧杯中，加入 15mL HNO_3 溶液（1+1），盖上表面皿，微热溶解后，加热至微沸，回流 5min，冷却后，移入 1000mL 容量瓶中，再加入 9mL HNO_3 溶液（1+1），用水准确稀释至刻度，混匀。溶液酸度为 1% HNO_3。

方法 2　准确称取 0.4955g 优级纯硝酸镍 [$Ni(NO_3)_2\cdot 6H_2O$；$M_r=290.7949$] 于 200mL 高型烧杯中，溶于少量盐酸溶液 [$c(HCl)=0.5mol/L$]，移入 100mL 容量瓶中，并用盐酸溶液 [$c(HCl)=0.5mol/L$] 稀释至刻度，混匀。

方法 3　准确称取 0.6730g 优级纯硫酸镍铵 [$NiSO_4\cdot(NH_4)_2SO_4\cdot 6H_2O$；$M_r=394.987$]，于 200mL 高型烧杯中，溶于盐酸溶液 [$c(HCl)=0.5mol/L$]，移入 100mL 容量瓶中，用盐酸溶液 [$c(HCl)=0.5mol/L$] 稀释至刻度，混匀。

方法 4　准确称取 0.4479g 优级纯硫酸镍（$NiSO_4\cdot 6H_2O$；$M_r=262.848$），溶于硫酸溶液 [$c(H_2SO_4)=0.1mol/L$]，移入 100mL 容量瓶中，用硫酸溶液 [$c(H_2SO_4)=0.1mol/L$] 稀释至刻度，混匀。

[标定]

方法 1　络合滴定法

准确移取 20.00mL 待测镍溶液，于 150mL 锥形瓶中，加水至 70mL，加 10mL 氨-氯化氨缓冲溶液（pH≈10），加 0.2g 紫脲酸铵混合指示剂（称取 0.1g 紫脲酸铵与 25g 硫酸钾研磨混合），用 EDTA 标准溶液 [$c(EDTA)=0.00500mol/L$] 滴定溶液由黄色变为紫红色，近终点时滴定速度需缓慢。镍溶液的质量浓度按下式计算：

$$\rho(\mathrm{Ni})=\frac{c_1V_1\times 58.6934\times 1000}{V}$$

式中 $\rho(\mathrm{Ni})$——镍溶液的质量浓度，μg/mL；

c_1——EDTA 标准溶液的浓度，mol/L；

V_1——EDTA 标准溶液的体积，mL；

V——镍溶液的体积，mL；

58.6934——镍的摩尔质量［M(Ni)］，g/mol。

方法 2　恒电位库仑滴定法

(1) 实验基本条件　采用恒电位库仑仪。工作电极：汞；参比电极：饱和甘汞电极；对电极：铂网；电流范围：100mA 档；支持电解质：氨水溶液［$c(NH_4OH)=2mol/L$］；控制电位：－1100mV。

(2) 操作过程　仪器预热稳定后，将氨水溶液［$c(NH_4OH)=2mol/L$］加入到已清洗的电解池中，在搅拌下，通入高纯氮除氧后，预电解，除去试剂空白，然后，用最小分度为 0.1mg 的天平，减量法准确称取（0.5～2)g 待测镍溶液，加入到电解池中进行测定，读取所消耗的电量。

镍溶液的质量浓度按下式计算：

$$\rho(\mathrm{Ni})=\frac{Q}{2mF}\rho\times 58.6934\times 10^6$$

式中　ρ(Ni)——镍溶液的质量浓度，μg/mL；

Q——镍溶液消耗的电量，C；

F——法拉第常数，C/mol；

m——镍溶液的质量，g；

ρ——20℃时该溶液的密度，g/mL；

58.6934——镍的摩尔质量［M(Ni)］，g/mol。

钕（Nd）**标准溶液**（1000μg/mL）

［配制］　选取高纯（≥99.99%）三氧化二钕（Nd_2O_3；$M_r=336.48$)，取适量置于瓷坩埚中，于马弗炉中逐步升温到 900℃，灼烧 1h，以除去氧化物吸收的水分和二氧化碳，冷却后，取出坩埚，置于真空干燥器中，抽真空保存，放置过夜备用。准确称取 1.1664g 上述三氧化二钕于 200mL 高型烧杯中，加入少量水润湿后，再加入 10mL HCl 溶液［$c(HCl)=6mol/L$］，盖上表面皿，微热溶解，加热除去大部分酸，冷却后，移入 1000mL 容量瓶中，用 HCl 溶液（10%）准确稀释至刻度，混匀。

［标定］　准确移取 10.00mL 上述溶液，于 250mL 锥形瓶中，加入 10mL 蒸馏水，摇匀，滴加氨水溶液（1＋1)，使溶液 pH＝3.0～3.5，加入 5mL 乙酸钠-乙酸缓冲溶液（pH5.9)，及 20.00mL EDTA 标准溶液［$c(EDTA)=0.0100mol/L$］，3 滴二甲酚橙指示液（3g/L)，用锌标准溶液［$c(Zn)=0.0100mol/L$］进行返滴定，溶液颜色由亮黄色到紫红色为终点。钕溶液的质量浓度按下式计算：

$$\rho(\mathrm{Nd})=\frac{c_1V_1-c_2V_2}{V}\times 144.24\times 1000$$

式中　ρ(Nd)——钕溶液的浓度，μg/mL；

c_1——EDTA 标准溶液的浓度，mol/L；

V_1——EDTA 标准溶液的体积，mL；

c_2——锌标准溶液的浓度，mol/L；

V_2——锌标准溶液的体积，mL；

V——钕溶液的体积，mL；

144.24——钕的摩尔质量 [M(Nd)]，g/mol。

硼（B）**标准溶液**（1000μg/mL）

[配制] 取适量优级纯硼酸于称量瓶中，在（80±2）℃烘干至恒重，置于干燥器中冷却备用。准确称取 5.7194g 硼酸（H_3BO_3；M_r＝61.832），置于 250mL 高型烧杯中，加 100mL 水，温热溶解，移入 1000mL 容量瓶中，洗涤烧杯并将洗涤液合并到容量瓶中，用水稀释至刻度，混匀。

[标定] 准确移取 10.00mL 上述硼酸溶液，于 250mL 锥形瓶中，加 25mL 丙三醇，25mL 水，5 滴酚酞指示液（10g/L），用氢氧化钠标准溶液 [c(NaOH)＝0.100mol/L] 滴定呈粉红色。硼溶液的质量浓度按下式计算：

$$\rho(\mathrm{B})=\frac{c_1V_1}{V_2}\times 10.811\times 1000$$

式中 ρ(B)——硼溶液的质量浓度，μg/mL；

c_1——氢氧化钠标准溶液的浓度，mol/L；

V_1——氢氧化钠标准溶液的体积，mL；

V_2——硼溶液的体积，mL；

10.811——硼的摩尔质量 [M(B)]，g/mol。

铍（Be）**标准溶液**（100μg/mL）

[配制]

方法 1 准确称取 0.1000g 高纯金属铍（99.99%）于 250mL 高型烧杯中，用盐酸溶液（1＋1）溶解后，移入 1000mL 容量瓶中，缓慢滴加 5mL 浓硫酸，冷却后，用水稀释至刻度，摇匀。移入 1000mL 干燥聚乙烯塑料瓶中，于冰箱中保存。用时取适量稀释。

方法 2 准确称取 0.1966g 优级纯硫酸铍（$BeSO_4\cdot 4H_2O$；M_r＝177.136）于 200mL 高型烧杯中，用水溶解后，移入 100mL 容量瓶中，用盐酸溶液（0.5%）稀释至刻度，混匀。

方法 3 准确称取 0.2776g 氧化铍（BeO；M_r＝25.0116）（99.5%）于 200mL 高型烧杯中，加入盐酸溶液（1＋1），加热溶解，移入 1000mL 容量瓶中，用盐酸溶液（1%）稀释至刻度，混匀。

[标定] 铍在乙酸存在下，于 pH＝5.2～5.8 被磷酸氢二铵沉淀为磷酸铍铵（$BeNH_4PO_4$），沉淀在 1000℃灼烧成焦磷酸铍（$Be_2P_2O_7$）。

准确移取 20.00mL 铍标准溶液于 300mL 烧杯中，依次加入 80mL 盐酸溶液（2%），1mL 过氧化氢，2mL 乙二铵四乙酸溶液（15%），3mL 磷酸氢二铵溶液 [$c(NH_4H_2PO_4)$＝2mol/L]，搅拌均匀，在不断搅拌下滴加氢氧化铵溶液（1＋1）至出现沉淀，加入 20mL 乙酸铵溶液（150g/L），加热煮沸 3min，在沸水浴中保温 0.5h，放置过夜，以慢速定量滤纸过滤，用硝酸铵溶液（20g/L）洗涤烧杯和沉淀，直到滤液中无氯离子（用硝酸银检验）。将沉淀同滤纸移入已恒量的瓷坩埚中，小心干燥，灰化，置马弗炉中，逐步升温，在 1000℃灼烧至恒重。铍溶液的质量浓度按下式计算：

$$\rho(\mathrm{Be})=\frac{m\times 0.09389}{V}\times 10^6$$

式中　$\rho(Be)$——铍标准溶液的质量浓度，μg/mL；
m——焦磷酸铍的质量，g；
V——铍溶液的体积，mL；
0.09389——焦磷酸铍换算成铍的换算系数。

镨（Pr）标准溶液（1000μg/mL）

［配制］ 选取高纯（≥99.99%）氧化镨（Pr_6O_{11}；M_r=1021.4393），取适量置于瓷坩埚中，于马弗炉中逐步升温到900℃，灼烧1h，以除去吸收的水分和二氧化碳，冷却后，取出坩埚，置于真空干燥器中，抽真空保存，放置备用。准确称取1.2082g上述氧化镨于200mL高型烧杯中，加入少量水润湿后，再加入10mLHCl溶液［c(HCl)=6mol/L］，盖上表面皿，微热溶解，加热除去大部分酸，冷却后，移入1000mL容量瓶中，用HCl溶液（10%）准确稀释至刻度，混匀。

［标定］ 准确移取10.00mL上述溶液，于250mL锥形瓶中，加入10mL蒸馏水，摇匀，滴加氨水溶液（1+1），使溶液pH=3.0～3.5，加入5mL乙酸钠-乙酸缓冲溶液（pH5.9），20.00mL EDTA标准溶液［c(EDTA)=0.0100mol/L］，3滴二甲酚橙指示液（3g/L），用锌标准溶液［c(Zn)=0.0100mol/L］返滴定，溶液颜色由亮黄色到紫红色为终点。镨溶液的质量浓度按下式计算：

$$\rho(Pr)=\frac{c_1V_1-c_2V_2}{V}\times140.91\times1000$$

式中　$\rho(Pr)$——镨溶液的浓度，μg/mL；
c_1——EDTA标准溶液的浓度，mol/L；
V_1——EDTA标准溶液的体积，mL；
c_2——锌标准溶液的浓度，mol/L；
V_2——锌标准溶液的体积，mL；
V——镨溶液的体积，mL；
140.91——镨的摩尔质量［M(Pr)］，g/mol。

铅（Pb）标准溶液（1000μg/mL）

［配制］

方法1　选取高纯金属铅，先用稀硝酸处理金属表面，然后用自来水、去离子水清洗干净，放入干燥器中保存备用。准确称取1.0000g金属铅于200mL高型烧杯中，加入15mLHNO_3溶液（1+1），盖上表面皿，微热溶解后，加热至微沸，回流5min，冷却后，移入1000mL容量瓶中，再加入6mLHNO_3溶液（1+1），用水准确稀释至刻度，混匀。溶液酸度为1% HNO_3。

方法2　选取优级纯硝酸铅，取适量置于称量瓶中于105℃下烘干2h，置于干燥器中冷却备用。准确称取1.5985g上述硝酸铅［$Pb(NO_3)_2$；M_r=331.2］于200mL高型烧杯中，加入20mLHNO_3溶液（1+1），溶解后，移入1000mL容量瓶中，用水准确稀释至刻度，混匀。溶液酸度为1% HNO_3。

［标定］

方法1　络合滴定法

准确移取25.00mL待测铅溶液，于250mL锥形瓶中，加水至100mL，加5g六次甲基四胺，2滴二甲酚橙指示液（5g/L），用EDTA标准溶液［c(EDTA)＝0.00500mol/L］滴定至溶液呈亮黄色为终点。铅溶液的质量浓度按下式计算：

$$\rho(\mathrm{Pb})=\frac{c_1V_1\times207.2\times1000}{V}$$

式中 ρ(Pb)——铅溶液的质量浓度，μg/mL；

c_1——EDTA标准溶液的浓度，mol/L；

V_1——EDTA标准溶液的体积，mL；

V——铅溶液的体积，mL；

207.2——铅的摩尔质量［M(Pb)］，g/mol。

方法2 恒电位库仑滴定法

实验基本条件 采用恒电位库仑仪。工作电极：汞电极；参比电极：饱和甘汞电极；对电极：铂网；电流范围：100mA档；支持电解质：高氯酸溶液［$c(HClO_4)$＝1mol/L］；控制电位：－500mV。

操作过程 仪器预热稳定后，将高氯酸溶液［$c(HClO_4)$＝1mol/L］加入到已清洗的电解池中，在搅拌下，通入高纯氮除氧后，预电解，除去试剂空白，然后，用最小分度为0.1mg的天平，减量法准确称取（0.5～2)g待测铅溶液，加入到电解池中进行测定，读取所消耗的电量。

铅溶液的质量浓度按下式计算：

$$\rho(\mathrm{Pb})=\frac{Q}{2mF}\rho\times207.2\times10^6$$

式中 ρ(Pb)——铅标准溶液的质量浓度，μg/mL；

Q——铅标准溶液消耗的电量，C；

F——法拉第常数，C/mol；

m——铅溶液的质量，g；

ρ——20℃时该溶液的密度，g/mL；

207.2——铅的摩尔质量［M(Pb)］，g/mol。

铷（Rb）标准溶液（1000μg/mL）

［配制］ 取适量光谱纯氯化铷（RbCl；M_r＝120.921）于称量瓶中，105℃下干燥4h，取出置于干燥器中冷却备用。准确称取0.1415g光谱纯氯化铷，于200mL高型烧杯中，溶解于盐酸溶液（1%）中，移入100mL容量瓶中，用盐酸溶液（1%）稀释至刻度，混匀。

铯（Cs）标准溶液（1000μg/mL）

［配制］ 取适量光谱纯氯化铯（CsCl；M_r＝168.358）于称量瓶中，105℃下干燥4h，取出置于干燥器中冷却备用。准确称取0.1267g光谱纯氯化铯，于200mL高型烧杯中，溶解于盐酸溶液（1%），移入100mL容量瓶中，用盐酸溶液（1%）稀释至刻度，混匀。

钐（Sm）标准溶液（1000μg/mL）

［配制］ 选取高纯（≥99.99%）三氧化二钐（Sm_2O_3；M_r＝348.72），取适量置于瓷

坩埚中，于马弗炉中逐步升温到900℃，灼烧1h，以除去氧化物吸收的水分和二氧化碳，冷却后，取出坩埚，置于真空干燥器中，抽真空保存，放置过夜备用。准确称取1.1597g上述三氧化二钐于200mL高型烧杯中，加入少量水润湿后，再加入10mLHCl溶液［c(HCl)＝6mol/L］，盖上表面皿，微热溶解，加热除去大部分酸，冷却后，移入1000mL容量瓶中，用HCl溶液（10%）准确稀释到刻度，混匀。

［标定］ 准确移取10.00mL上述溶液，于250mL锥形瓶中，加入10mL蒸馏水，摇匀，滴加氨水溶液（1＋1），使溶液pH＝3.0～3.5，加入5mL乙酸钠-乙酸缓冲溶液（pH5.9），20.00mL EDTA标准溶液［c(EDTA)＝0.0100mol/L］，3滴二甲酚橙指示液（3g/L），用锌标准溶液［c(Zn)＝0.0100mol/L］返滴定，溶液颜色由亮黄色到紫红色为终点。钐溶液的质量浓度按下式计算：

$$\rho(\mathrm{Sm})=\frac{c_1V_1-c_2V_2}{V}\times150.36\times1000$$

式中 ρ(Sm)——钐溶液的浓度，μg/mL；

c_1——EDTA标准溶液的浓度，mol/L；

V_1——EDTA标准溶液的体积，mL；

c_2——锌标准溶液的浓度，mol/L；

V_2——锌标准溶液的体积，mL；

V——钐溶液的体积，mL；

150.36——钐的摩尔质量［M(Sm)］，g/mol。

砷（As）**标准溶液**（1000μg/mL）

［配制］

方法1 选取优级纯三氧化二砷（As_2O_3；M_r＝197.8414），取适量置于称量瓶中于110℃下烘干2h，冷却后，放入干燥器中备用。准确称取1.3203g三氧化二砷于200mL塑料烧杯中，加入15mL氢氧化钠溶液［c(NaOH)＝2mol/L］，盖上表面皿，微热溶解，冷却后，加入10mL HNO_3溶液（1＋1），中和剩余的氢氧化钠，溶液移入1000mL容量瓶中，再加入8mLHNO_3溶液（1＋1），用水准确稀释至刻度，混匀。溶液酸度为1% HNO_3。

方法2 选取优级纯三氧化二砷（As_2O_3；M_r＝197.8414），取适量置于称量瓶中，于110℃下烘干2h，冷却后，置于干燥器中备用。称取0.1320g三氧化二砷（As_2O_3）于200mL塑料烧杯中，加入5mL氢氧化钠溶液（200g/L）。溶解后，加入25mL硫酸溶液［c(H_2SO_4)＝1mol/L］，移入100mL容量瓶中，加新煮沸冷却的水稀释至刻度，混匀。储存于棕色玻璃瓶中。

方法3 选取优级纯三氧化二砷，取适量置于称量瓶中于110℃下烘2h，冷却后，放入干燥器中备用。准确称取1.3203g三氧化二砷于200mL烧杯中，溶于20mL氢氧化钠溶液（100g/L），微热溶解，冷却后，移入1000mL容量瓶中，用水稀释到200mL，加2滴酚酞指示液（10g/L），以盐酸中和至中性并过量2滴，用水准确稀释至刻度，混匀。

［标定］

方法1 氧化还原滴定法：准确移取20.00mL待测砷溶液，于250mL锥形瓶中，加水至50mL，加2滴酚酞指示液（10g/L），用硫酸溶液［c(½H_2SO_4)＝0.5000mol/L］中和至溶液红色退去并过量1滴，加3g碳酸氢钠及3mL淀粉指示液（10g/L），用碘标准溶液

[$c(\frac{1}{2}I_2)=0.0050mol/L$] 滴定至溶液呈浅蓝色。同时做空白试验。砷溶液的质量浓度按下式计算：

$$\rho(As)=\frac{c_1(V_1-V_0)\times37.461\times1000}{V}$$

式中 $\rho(As)$——砷溶液的质量浓度，μg/mL；

c_1——碘标准溶液的浓度，mol/L；

V_1——碘标准溶液的体积，mL；

V_0——空白消耗碘标准溶液的体积，mL；

V——砷溶液的体积，mL；

37.461——砷摩尔质量 [$M(\frac{1}{2}As)$]，g/mol。

方法 2　恒电位库仑滴定法

(1) 实验基本条件　采用恒电位库仑仪。工作电极：铂网；参比电极：饱和甘汞电极；对电极：铂网；电流范围：100mA 挡；支持电解质：硫酸溶液 [$c(H_2SO_4)=1mol/L$]；控制电位：+1150mV。

(2) 操作过程　仪器预热稳定后，将硫酸溶液 [$c(H_2SO_4)=1mol/L$] 加入到已清洗的电解池中，在搅拌下，通入高纯氮除氧后，预电解，除去试剂空白，然后，用最小度为 0.1mg 的天平，准确称取 (0.5～2)g 待测砷溶液，加入到电解池中进行电解，读取所消耗的电量。

砷溶液的质量浓度按下式计算：

$$\rho(As)=\frac{Q}{2mF}\rho\times74.9216\times10^6$$

式中 $\rho(As)$——砷溶液的浓度，μg/mL；

Q——砷溶液消耗的电量，C；

F——法拉第常数，C/mol；

m——砷溶液的质量，g；

ρ——20℃时砷溶液的密度，g/mL；

74.9216——砷的摩尔质量 [$M(As)$]，g/mol。

铈 (Ce) 标准溶液 (1000μg/mL)

[配制]

方法 1　选取高纯 (≥99.99%) 二氧化铈 (CeO_2；$M_r=172.115$)，取适量置于瓷坩埚中，于马弗炉中逐步升温到 900℃，灼烧 1h，以除去吸收的水分和二氧化碳，冷却后，取出，置于真空干燥器中，抽真空保存，备用。准确称取 1.2284g 上述二氧化铈于 200mL 高型烧杯中，加入少量水润湿后，再加入 10mL HNO_3 溶液 [$c(HNO_3)=8mol/L$] 和 3mLH_2O_2，盖上表面皿，微热溶解，加热除去大部分酸，冷却后，移入 1000mL 容量瓶中，用 HNO_3 (10%) 准确稀释到刻度，混匀。

方法 2　准确称取 3.0990g 高纯硝酸铈 [$Ce(NO_3)_3\cdot6H_2O$；$M_r=434.222$]，于 200mL 高型烧杯中，加入 4mL 硝酸 (1+1)，溶解后，移入 1000mL 容量瓶中，用 HNO_3 溶液 (1%) 准确稀释至刻度，混匀。

[标定]　准确移取 20.00mL 上述溶液于 150mL 锥形瓶中，加入 10mL 蒸馏水，摇匀，

滴加氨水溶液（1+1），使溶液 pH=3.0～3.5，加入 5mL 乙酸钠-乙酸缓冲溶液（pH5.9），3 滴二甲酚橙指示液（3g/L），用 EDTA 标准溶液［c(EDTA)=0.0100mol/L］滴定，溶液由紫红色到亮黄色，即为终点。铈溶液的质量浓度按下式计算：

$$\rho(\mathrm{Ce})=\frac{c_1V_1}{V}\times 140.116\times 1000$$

式中 ρ(Ce)——铈溶液的浓度，μg/mL；

c_1——EDTA 标准溶液的浓度，mol/L；

V_1——EDTA 标准溶液的体积，mL；

V——铈溶液的体积，mL；

140.116——铈的摩尔质量［M(Ce)］，g/mol。

锶（Sr）标准溶液（1000μg/mL）

［配制］

方法 1　准确称取 3.0429g 优级纯氯化锶（$SrCl_2\cdot 6H_2O$；M_r=266.62），于 200mL 高型烧杯中，加入盐酸溶液（1%）溶解，移入 1000mL 容量瓶中，用盐酸溶液（1%）稀释至刻度，混匀。

方法 2　取适量高纯碳酸锶（$SrCO_3$；M_r=147.63）于瓷坩埚中，在 800℃灼烧 2h，取出置于干燥器中，冷却备用。准确称取 1.6849g 碳酸锶于 200mL 高型烧杯中，加入适量盐酸溶液［c(HCl)=3mol/L］溶解，加热除去二氧化碳，冷却后，移入 1000mL 容量瓶中，用盐酸溶液（5%）稀释至刻度，混匀。

方法 3　取适量优级纯氯化锶（$SrCl_2\cdot 6H_2O$）于称量瓶中，于 250℃烘干脱水至恒重，制备成无水氯化锶，置于干燥器中冷却备用。准确称取 1.8093g 无水氯化锶（$SrCl_2$），置于 250mL 高型烧杯中，溶于盐酸溶液（1%），移入 1000mL 容量瓶中，用 1%盐酸稀释至刻度，混匀。

［标定］　准确移取 20.00mL 上述锶溶液，置于 300mL 锥形瓶中，加 50mL 水，2mL 乙二胺，约 10mg 甲基百里香酚蓝指示剂，立即用 EDTA 标准溶液［c(EDTA)=0.0200mol/L］滴定至溶液由蓝色变为灰白色。锶溶液的质量浓度按下式计算：

$$\rho(\mathrm{Sr})=\frac{c_1V_1}{V}\times 87.62\times 1000$$

式中 ρ(Sr)——锶溶液的质量浓度，μg/mL；

V_1——乙二胺四乙酸二钠标准溶液的体积，mL；

c_1——乙二胺四乙酸二钠标准溶液的浓度，mol/L；

V——锶溶液的体积，mL；

87.62——锶的摩尔质量［M(Sr)］，g/mol。

铊（Tl）标准溶液（1000μg/mL）

［配制］

方法 1　取适量优级纯氯化亚铊（TlCl；M_r=239.836）于称量瓶中，于 105℃下干燥 4h，取出置于干燥器中冷却备用。准确称取 0.1174g 氯化亚铊置于 100mL 高型烧杯中，加

5mL 硫酸溶液（1+1），加热溶解，继续蒸发除去生成的盐酸，移入 100mL 容量瓶中，用水稀释至刻度，混匀。

方法 2　准确称取 1.0000g 高纯金属铊，置于 300mL 烧杯中，用 20mL 硝酸溶液（1+1）溶解，移入 1000mL 容量瓶中，用水稀释至刻度，混匀。

方法 3　取适量优级纯碘化亚铊（TlI；M_r=331.2877）于称量瓶中，于 105℃下干燥 4h，取出置于干燥器中冷却备用。准确称取 0.1621g 氯化亚铊置于 100mL 高型烧杯中，溶于 2mL 硫酸溶液（1+1），加热溶解，加入 2 滴硝酸，加热除去产生的碘，冷却后，移入 100mL 容量瓶中，用水稀释至刻度，混匀。

碳（C）标准溶液（1000μg/mL）

［配制］　取适量 GBW 06101 或 GBW（E）060023 碳酸钠（Na_2CO_3；M_r=105.9884）纯度标准物质，于坩埚中，在 280℃下于马弗炉中灼烧 4h，置于干燥器中冷却备用。准确称取 8.8245g 无水碳酸钠，于 200mL 高型烧杯中，加入无二氧化碳的水中，移入 1000mL 容量瓶中，用无二氧化碳的水稀释至刻度，混匀。

［标定］　准确移取 2.00mL 碳溶液于 250mL 锥形瓶中，加 50mL 水，2 滴甲基橙指示液（1g/L），用盐酸标准溶液［c(HCl)=0.1000mol/L］滴定至溶液呈橙色。同时做空白试验。碳溶液的质量浓度按下式计算：

$$\rho(\mathrm{C})=\frac{c_1(V_1-V_2)}{2V}\times 12.0107\times 1000$$

式中　ρ(C)——碳溶液的质量浓度，μg/mL；

c_1——盐酸标准溶液的浓度，mol/L；

V_1——盐酸标准溶液的体积，mL；

V_2——空白试验盐酸标准溶液的体积，mL；

V——碳溶液的体积，mL；

12.0107——碳的摩尔质量［M(C)］，g/mol。

钛（Ti）标准溶液（1000μg/mL）

［配制］

方法 1　取适量光谱纯二氧化钛于称量瓶中，在 130℃下干燥至恒重。准确称取 0.1669g 二氧化钛（TiO_2；M_r=79.866），加（2～4）g 焦硫酸钾，分层铺于瓷坩埚中，于 600℃灼烧熔融，冷却，用硫酸溶液（5%）溶解，移入 100mL 容量瓶中，用硫酸溶液（5%）稀释至刻度，混匀。

方法 2　准确称取 0.1000g 高纯金属钛于聚四氟乙烯烧杯中，加氢氟酸溶解，蒸干后，加入硫酸，加热，至三氧化硫白烟冒尽，用硫酸溶液（5%）溶解，移入 100mL 容量瓶中，用硫酸溶液（5%）稀释至刻度，混匀。

方法 3　取适量光谱纯二氧化钛于称量瓶中，在 130℃下干燥至恒重。准确称取 1.6685g 二氧化钛于 200mL 烧杯中，加 20g 硫酸铵（分析纯），加 20mL 浓硫酸，加热至溶液清亮，取下稍冷，再加 30mL 浓硫酸，加热至二氧化钛完全溶解，冷却，用水稀释后转入 1000mL 容量瓶中，用水稀释至刻度，摇匀。

［标定］　准确移取 2.0mL 上述钛溶液于 250mL 锥形瓶中，加 5 滴过氧化氢，25mL 氢氧

化钠溶液（40g/L），15mL 氨-氯化铵缓冲溶液（pH10），10mL EDTA 标准溶液［c(EDTA)＝0.0200mol/L］，加热至微沸，加 2 滴二甲酚橙指示液（5g/L），用硝酸铋标准溶液｛$c[Bi(NO_3)_3]$＝0.0200mol/L｝滴定至溶液呈橙红色。钛溶液的质量浓度按下式计算：

$$\rho(Ti)=\frac{c_1V_1}{V}\times 47.867\times 1000$$

式中　ρ(Ti)——钛溶液的质量浓度，μg/mL；

c_1——硝酸铋标准溶液的浓度，mol/L；

V_1——硝酸铋标准溶液的体积，mL；

V——钛溶液的体积，mL；

47.867——钛的摩尔质量［M(Ti)］，g/mol。

方法 4　取适量光谱纯二氧化钛于称量瓶中，在 130℃下干燥至恒重。准确称取 1.6685g 二氧化钛，置于铂坩埚中，加 3g 碳酸钾，与二氧化钛分层铺于坩埚中，混合均匀。在 900℃熔融 30min，冷却，用 20mL 水和 30mL 盐酸的混合溶液，分次将残渣移入 1000mL 容量瓶中，置水浴上加热至溶液清亮，冷却，用水稀释到刻度，摇匀。

［标定］　准确移取 10.00mL 上述溶液于 500mL 锥形瓶中，加 200mL 水，4mL 浓过氧化氢溶液，混匀，准确加入 50mL EDTA 标准溶液［c(EDTA)＝0.0500mol/L］，放置 5min，加 1 滴甲基红指示液（0.5g/L），用氢氧化钠溶液（200g/L）中和，加 5g 六次甲基四胺，溶解后，加 1mL 二甲酚橙指示液（1g/L），用锌标准溶液［c(Zn)＝0.0500mol/L］滴定至溶液自橙色转为橙红色。钛溶液的质量浓度按下式计算：

$$\rho(Ti)=\frac{c_1V_1}{V}\times 47.867\times 1000$$

式中　ρ(Ti)——钛溶液的浓度，μg/mL；

c——EDTA 标准溶液的浓度，mol/L；

V_1——EDTA 标准溶液的体积，mL；

V——钛溶液的体积，mL；

47.867——钛的摩尔质量［M(Ti)］，g/mol。

钽（Ta）标准溶液（1000μg/mL）

［配制］

方法 1　准确称取 0.1000g 高纯金属钽于 200mL 聚四氟乙烯烧杯中，溶解于加有数滴硝酸的氢氟酸中，蒸干后，加入硫酸，加热，至三氧化硫白烟冒尽，加硫酸溶液溶解［$c(H_2SO_4)$＝0.5mol/L］移入 100mL 容量瓶中，用硫酸溶液［$c(H_2SO_4)$＝0.5mol/L］稀释至刻度，混匀。

方法 2　取适量高纯五氧化二钽置于瓷坩埚中，于马弗炉中 800℃，灼烧 1h，冷却后，取出坩埚，置于干燥器中保存备用。准确称取 0.1221g 经乳钵研细的五氧化二钽（Ta_2O_5；M_r＝441.8928）和 4g 粉末状焦硫酸钾，二者分层放入石英坩埚中，于 600℃熔融，取出冷却，加数滴浓硫酸继续熔融，如此反复几次，直至熔融物清亮为止。用 20mL 酒石酸溶液（150g/L）加热溶解。移入 100mL 容量瓶中，用水稀释至刻度，混匀。

方法 3　取适量高纯五氧化二钽置于瓷坩埚中，于马弗炉中 800℃，灼烧 1h，冷却后，取出坩埚，置于干燥器中保存备用。准确称取 1.2210g 五氧化二钽于聚四氟乙烯烧杯中，加入 20mL 氢氟酸，低温加热溶解至清亮。浓缩体积至 10mL，用水稀释到 100mL，转移到

1000mL容量瓶中，用水稀释到刻度。立即转移到塑料瓶中保存。

[标定] 钽在氢氟酸溶液中加入硼酸掩蔽氟后，在酸性介质中与铜铁试剂形成沉淀，经过灼烧后成五氧化二钽。

准确移取50.00mL钽溶液于500mL烧杯中，依次加入45mL盐酸，100mL硼酸溶液(6%)，搅拌均匀后在冰水中冷至10℃以下，加入少许纸浆，逐滴加入30mL铜铁试剂溶液(60g/L)，放置40min，用定量滤纸过滤，沉淀全部移到滤纸上，用铜铁试剂洗涤液洗涤(10～12)次，以水洗涤2次，将沉淀连同滤纸移到已恒重的瓷坩埚中，干燥，灰化，在900℃灼烧至恒重。钽溶液的质量浓度按下式计算：

$$\rho(\mathrm{Ta})=\frac{m\times 0.81897\times 10^{6}}{V}$$

式中 $\rho(\mathrm{Ta})$——钽溶液的质量浓度，μg/mL；

m——五氧化二钽沉淀的质量，g；

V——钽溶液的体积，mL；

0.81897——五氧化二钽换算成钽的换算系数。

铽（Tb）标准溶液（1000μg/mL）

[配制] 选取高纯（≥99.99%）氧化铽（Tb_4O_7；M_r=747.6972），取适量置于瓷坩埚中，于马弗炉中逐步升温到900℃，灼烧1h，以除去氧化物吸收的水分和二氧化碳，冷却后，取出坩埚，置于真空干燥器中，抽真空保存备用。准确称取1.1762g上述氧化铽于200mL高型烧杯中，加入少量水润湿后，再加入10mLHCl溶液[c(HCl)=6mol/L]，盖上表面皿，微热溶解，加热除去大部分酸，冷却后，移入1000mL容量瓶中，用HCl溶液(10%)准确稀释到刻度，混匀。

[标定] 准确移取10.00mL上述溶液，于250mL锥形瓶中，加入10mL蒸馏水，摇匀后，滴加氨水溶液（1＋1），使溶液pH＝3.0～3.5，加入5mL乙酸钠-乙酸缓冲溶液(pH5.9)，20.00mL EDTA标准溶液[c(EDTA)=0.0100mol/L]，3滴二甲酚橙指示液(3g/L)，用锌标准溶液[c(Zn)=0.0100mol/L]进行返滴定，溶液由亮黄色到紫红色，即为终点。铽溶液的质量浓度按下式计算：

$$\rho(\mathrm{Tb})=\frac{c_1V_1-c_2V_2}{V}\times 158.93\times 1000$$

式中 $\rho(\mathrm{Tb})$——铽溶液的质量浓度，μg/mL；

c_1——EDTA标准溶液的浓度，mol/L；

V_1——EDTA标准溶液的体积，mL；

c_2——锌标准溶液的浓度，mol/L；

V_2——锌标准溶液的体积，mL；

V——铽溶液的体积，mL；

158.93——铽的摩尔质量[M(Tb)]，g/mol。

锑（Sb）标准溶液（1000μg/mL）

[配制]

方法1 准确称取光谱纯金属锑0.1000g于200mL烧杯中，加入10mL盐酸溶液

[c(HCl)=2mol/L]，并滴加少量30%过氧化氢加速溶解，再加热除去溶液中过氧化氢后冷却，移入100mL容量瓶中，用盐酸溶液[c(HCl)=2mol/L]稀释至刻度，混匀。

方法2　准确称取0.2743g酒石酸锑钾（$C_4H_4KO_7Sb \cdot \frac{1}{2}H_2O$；$M_r$=333.936），于200mL烧杯中，溶于盐酸溶液（10%），移入100mL容量瓶中，用盐酸溶液（10%）稀释至刻度，混匀。

方法3　准确称取1.0000g光谱纯金属锑于200mL烧杯中，加入20mL硫酸溶液（1+1），加热溶解，完全溶解后，移入1000mL容量瓶中，用硫酸溶液（1+4）稀释至刻度，混匀。

[标定]　准确移取20.00mL上述锑溶液，置于250mL锥形瓶中，加20mL水，10mL盐酸，加热微沸，加2滴甲基橙指示液（1g/L），用溴酸钾标准溶液[$c(\frac{1}{3}KBrO_3)$=0.00200mol/L]滴定至溶液红色消失。锑溶液的质量浓度按下式计算：

$$\rho(\mathrm{Sb})=\frac{c_1V_1}{V}\times 121.76\times 1000$$

式中　ρ(Sb)——锑溶液的质量浓度，μg/mL；

V_1——溴酸钾标准溶液的体积，mL；

c_1——溴酸钾（$\frac{1}{3}KBrO_3$）标准溶液的浓度，mol/L；

V——锑标准溶液的体积，mL；

121.76——锑的摩尔质量[M(Sb)]，g/mol。

铁（Fe）标准溶液（1000μg/mL）

[配制]

方法1　选取高纯金属铁，先用稀盐酸处理金属表面，然后用自来水、去离子水清洗干净，放入干燥器中保存备用。准确称取1.0000g金属铁于300mL高型烧杯中，加入50mLHCl溶液[c(HCl)=4mol/L]，盖上表面皿，微热，防止反应过快，溶解后加热微沸，回流5min，冷却后，移入1000mL容量瓶中，再加入110mL HCl溶液[c(HCl)=4mol/L]，用水准确稀释到刻度，混匀。溶液酸度（体积分数）为5%HCl。

方法2　称取0.8634g硫酸铁铵[$NH_4Fe(SO_4)_2 \cdot 12H_2O$；$M_r$=482.192]，于200mL高型烧杯中，溶于水，加10mL硫酸溶液（25%），移入100mL容量瓶中，用水稀释至刻度，混匀。

方法3　准确称取优级纯7.0219g硫酸亚铁铵[$(NH_4)_2Fe(SO_4)_2 \cdot 6H_2O$；$M_r$=392.139]，于200mL高型烧杯中，溶于盐酸溶液（体积分数为5%），同时加2滴浓盐酸，转移到1000mL容量瓶中，用盐酸溶液（体积分数为5%）稀释至刻度，混匀。

[标定]

方法1　恒电位库仑滴定法

(1) 实验基本条件　采用恒电位库仑仪。工作电极：铂网；参比电极：饱和甘汞电极；对电极：铂网；电流范围：100mA档；支持电解质：高氯酸溶液[$c(HClO_4)$=1mol/L]；对电极室溶液：硫酸溶液[$c(H_2SO_4)$=2mol/L]；参比电极室溶液：硫酸溶液[$c(H_2SO_4)$=2mol/L]；控制电位：+300mV，600mV。

(2) 操作过程　仪器预热稳定后，将高氯溶液[$c(HClO_4)$=1mol/L]加入到已清洗的电解池中，在搅拌下，通入高纯氮除氧后，分别在+300mV，660mV下反复预电解，除去试剂空白，然后，用最小分度为0.1mg的天平，减量法准确称取（0.5～2）g待测铁标准溶液，加入到电解池中先在+660mV下进行氧化，确保所有铁全部以Fe^{3+}存在，再在300mV进行还原，读取所消耗的电量。

铁溶液的质量浓度按下式计算：

$$\rho(\mathrm{Fe})=\frac{Q}{mF}\rho\times55.845\times10^6$$

式中 $\rho(\mathrm{Fe})$——铁溶液的浓度，μg/mL；

Q——铁溶液消耗的电量，C；

F——法拉第常数，C/mol；

m——铁标准溶液的质量，g；

ρ——20℃时该溶液的密度，g/mL；

55.845——铁的摩尔质量［$M(\mathrm{Fe})$］，g/mol。

方法2 准确移取上30.00mL述铁溶液，置于碘量瓶中，5mL盐酸溶液（20%），4mL过氧化氢，煮沸，冷却，加2g碘化钾，摇匀，于暗处放置30min，加30mL水，用硫代硫酸钠标准溶液［$c(Na_2S_2O_3)=0.0200$mol/L］滴定，近终点时加2mL淀粉指示液（10g/L），继续滴定至溶液蓝色消失。同时做空白试验。铁溶液的质量浓度按下式计算：

$$\rho(\mathrm{Fe})=\frac{c(V_1-V_2)\times55.845}{V}\times1000$$

式中 $\rho(\mathrm{Fe})$——铁标准溶液的浓度，μg/mL；

V_1——硫代硫酸钠标准溶液的体积，mL；

V_2——空白试验硫代硫酸钠标准溶液的体积，mL；

c——硫代硫酸钠标准溶液的浓度，mol/L；

V——铁溶液的体积，mL；

55.845——铁的摩尔质量［$M(\mathrm{Fe})$］，g/mol。

铜（Cu）标准溶液（1000μg/mL）

［配制］

方法1 选取高纯金属铜，先用稀硝酸处理金属表面，然后用自来水、去离子水清洗干净，放入干燥器中保存备用。准确称取1.0000g金属铜于200mL高型烧杯中，加入15mLHNO_3溶液（1+1），盖上表面皿，微热溶解后，加热至微沸，回流5min，冷却后，移入1000mL容量瓶中，再加入10mLHNO_3溶液（1+1），用水准确稀释到刻度，混匀。溶液酸度为1% HNO_3。

方法2 称取3.9292g优级纯硫酸铜（$CuSO_4\cdot5H_2O$；$M_r=249.685$）于200mL高型烧杯中，溶于HNO_3溶液（1%），移入1000mL容量瓶中，准确稀释至刻度，混匀。

［标定］

方法1 络合滴定法：准确移取20.00mL待测铜溶液，于300mL锥形瓶中，加水至150mL，加（1.5～2.0）mL氨-氯化铵缓冲溶液（pH≈10），加0.2g紫脲酸铵混合指示剂（称取0.1g紫脲酸铵与25g硫酸钾研磨混合），此时溶液应呈黄色，用EDTA标准溶液［$c(\mathrm{EDTA})=0.00500$mol/L］滴定溶液由黄色变为玫瑰红色，近终点时滴定速度需缓慢。铜溶液的质量浓度按下式计算：

$$\rho(Cu)=\frac{c_1V_1\times 63.546\times 1000}{V}$$

式中　$\rho(Cu)$——铜溶液的质量浓度，μg/mL；

c_1——EDTA 标准溶液的浓度，mol/L；

V_1——EDTA 标准溶液的体积，mL；

V——铜溶液的体积，mL；

63.546——铜的摩尔质量［$M(Cu)$］，g/mol。

方法 2　恒电位库仑滴定法

(1) 实验基本条件　采用恒电位库仑仪。工作电极：铂网；参比电极：饱和甘汞电极；对电极：铂网；电流范围：100mA 档；支持电解质：硫酸钠溶液［$c(Na_2SO_4)=0.8mol/L$］；对电极室溶液：硫酸溶液［$c(H_2SO_4)=2mol/L$］；参比电极室溶液：硫酸溶液［$c(H_2SO_4)=2mol/L$］；控制电位：－200mV。

(2) 操作过程　仪器预热稳定后，将硫酸钠溶液［$c(Na_2SO_4)=0.8mol/L$］加入到已清洗的电解池中，在搅拌的情况下，通入高纯氮除氧后，预电解，除去试剂空白，再加入少许铜溶液预先在铂电极上镀上一层铜。然后，用最小度为 0.1mg 的天平，减量法准确称取(0.5～2)g 待测铜溶液，加入到电解池中进行电解，读取所消耗的电量。

铜溶液的质量浓度按下式计算：

$$\rho(Cu)=\frac{Q}{2mF}\rho\times 63.546\times 10^6$$

式中　$\rho(Cu)$——铜溶液的质量浓度，μg/mL；

Q——铜溶液消耗的电量，C；

F——法拉第常数，C/mol；

m——铜溶液的质量，g；

ρ——20℃时该溶液的密度，g/mL；

63.546——铜的摩尔质量［$M(Cu)$］，g/mol。

钍（Th）标准溶液（1000μg/mL）

［配制］　取适量高纯二氧化钍，置于瓷坩埚中，于马弗炉中 400℃灼烧 2h，取出置于干燥器中保存，备用。准确称取 1.1379g 二氧化钍（ThO_2；$M_r=264.0369$），置于 200mL 高型烧杯中，加 10mL 盐酸，少量氟化钠，加热溶解，加入 2mL 高氯酸，蒸发至干，加 2mL 盐酸，在水浴上蒸干，加入 20mL 盐酸溶液（2%），微热、冷却后，移入 1000mL 容量瓶中，用盐酸溶液（2%）稀释到刻度，混匀。

［标定］　准确移取 2.50mL 上述钍溶液于 150mL 锥形瓶中，加入氨水溶液（1＋1）中和到刚果红试纸变为红色，再加盐酸溶液（1＋3）调至紫红色，加入盐酸（HCl）-氯化钾（KCl）缓冲溶液（称取 3.7g 氯化钾，加入 1mL 盐酸，用水稀释到 1000mL）。加水至 50mL，加 2 滴二甲酚橙指示液（5g/L）。用 EDTA 标准溶液［$c(EDTA)=0.00250mol/L$］滴定至溶液呈亮黄色。钍溶液的质量浓度按下式计算：

$$\rho(Th)=\frac{c_1V_1}{V}\times 232.0381\times 1000$$

式中　$\rho(Th)$——钍溶液的质量浓度，μg/mL；

c_1——EDTA 标准溶液的浓度，mol/L；

V_1——EDTA 标准溶液的体积，mL；

V——钍溶液的体积，mL；

232.0381——钍的摩尔质量 [M(Th)]，g/mol。

钨（W）标准溶液（1000μg/mL）

［配制］ 取少量光谱纯或高纯三氧化钨[1]，于马弗炉中 800℃，灼烧 1h，冷却后，取出坩埚，置于干燥器中保存备用。准确称取 1.2611g 三氧化钨（WO_3；M_r=231.84），置于 200mL 高型烧杯中，加 20mL 氢氧化钠溶液（200g/L），稍微加热溶解，冷却后，移入 1000mL 容量瓶中，用水稀释到刻度，混匀。

［标定］ 采用重量法与硫氰酸盐比色法相结合：在钨酸钠溶液中，加入盐酸，即得到钨酸沉淀，沉淀灼烧得到三氧化钨，称量，得到 m_1，滤液用硫氰酸盐比色法测定残余的钨，得到 m_2。

（1）重量法 移取 50.00mL 钨溶液于 200mL 烧杯中，加热煮沸后加入 10mL 盐酸，加少量纸浆，继续加热煮沸 1min，放置过夜，用定量滤纸过滤，以盐酸溶液（2.5%）洗涤沉淀 10 次，将沉淀连同滤纸放入已恒重的铂坩埚内，干燥，灰化后放入 750℃马弗炉中灼烧至恒重。滤液收集于 100mL 容量瓶中，定容后留做比色测定。

（2）硫氰酸盐比色法

① 标准曲线的绘制：取 2.0、4.0、6.0、8.0、10.0mL 钨标准溶液（20μg/mL）分别置于 5 个 25mL 容量瓶中，加氢氧化钠溶液（10g/L）至 10mL，依次加入 2mL 草酸溶液（100g/L），2mL 硫氰酸铵溶液（250g/L），用三氯化钛盐酸（0.3g/L）稀释至刻度，摇匀，放置 20min 后，用 1cm 比色皿在 420nm 以试剂空白为参比，测定吸光度，绘制标准曲线。

② 滤液测定：移取 20.00mL 滤液于烧杯中，蒸干，用 10mL 氢氧化钠（10g/L）溶解，转入 25mL 容量瓶，加氢氧化钠溶液（1g/L）至 10mL，依次加入 2mL 草酸溶液（100g/L），2mL 硫氰酸铵溶液（250g/L），用三氯化钛盐酸（0.3g/L）稀释至刻度，摇匀，放置 20min 后用 1cm 比色皿在 420nm 以试剂空白为参比测定吸光度，求出滤液中钨的质量。

（3）钨溶液的质量浓度 按下式计算：

$$\rho(\mathrm{W})=\frac{(m_1\times 0.79296+m_2)\times 10^6}{V}$$

式中 ρ(W)——钨溶液的质量浓度，μg/mL；

m_1——重量法测得三氧化钨的质量，g；

m_2——硫氰酸盐比色法测得钨的质量，g；

V——钨溶液的体积，mL；

0.79296——三氧化钨换算成钨的换算系数。

硒（Se）标准溶液（100μg/mL）

［配制］

方法 1 准确称取 0.1000g 金属硒（99.99%）于 250mL 高型烧杯中，用少量硝酸溶液

[1] 三氧化钨可用钨酸铵在（400～500）℃灼烧 20min 分解制备。

(1+1) 溶解后，加入 2mL 高氯酸，在沸水浴上加热蒸去硝酸（约 3h～4h，待棕色气体除尽），稍冷后加入 10mL 水和 8.4mL 盐酸，继续加热 2min，移入 1000mL 容量瓶中，用水稀释到刻度，混匀，浓度以标定值为准。

方法 2　准确称取 1.0000g 金属硒（99.99%）于 250mL 高型烧杯中，加入 10mL 水和 10mL 浓盐酸，在水浴上加热溶解，滴加几滴硝酸，分解完全后，移入 1000mL 容量瓶中，用水稀释到刻度，混匀，浓度以标定值为准。

方法 3　准确称取 0.1635g 优级纯亚硒酸（H_2SeO_3；$M_r=128.974$）于 200mL 高型烧杯中，用水溶解后，移入 1000mL 容量瓶中，用盐酸溶液 [$c(HCl)=0.06mol/L$] 稀释至刻度，混匀。

方法 4　称取 0.1405g 二氧化硒（SeO_2；$M_r=110.96$），于 100mL 高型烧杯中，溶于水，移入 100mL 容量瓶中，用水稀释至刻度，混匀。

[标定]　准确移取 5.00mL 待测硒溶液，置于 250mL 碘量瓶中，加 100mL 水，25.00mL 硫代硫酸钠标准溶液 [$c(Na_2S_2O_3)=0.0200mol/L$]，加 3mL 淀粉指示液（5g/L），用碘标准溶液 [$c(\frac{1}{2}I_2)=0.0200mol/L$] 滴定至溶液蓝色消失。同时做空白试验。硒溶液的质量浓度按下式计算：

$$\rho(Se)=\frac{c_1(V_1-V_2)}{V}\times 19.74\times 1000$$

式中　$\rho(Se)$——硒溶液的质量浓度，μg/mL；

c_1——碘标准溶液的浓度，mol/L；

V_2——碘标准溶液的体积，mL；

V_1——空白试验碘标准溶液的体积，mL；

V——硒标准溶液的体积，mL；

19.74——硒的摩尔质量 [$M(\frac{1}{4}Se)$]，g/mol。

锡（Sn）标准溶液（1000μg/mL）

[配制]

方法 1　准确称取 0.1000g 高纯金属锡（99.99%），置于 100mL 小烧杯中，加 10mL 硫酸，盖上表面皿，加热至锡完全溶解，移去表面皿，继续加热至冒浓白烟，冷却，慢慢加 50mL 水，移入 100mL 容量瓶中，用硫酸（1+9）多次洗涤烧杯，洗液并入容量瓶中，用水稀释至刻度，混匀。

方法 2　准确称取 0.5000g 高纯金属锡（99.99%），置于 200mL 小烧杯中，加入 50mL 硫酸，5mL 硝酸和 25mL 水的混合液，加热溶解，溶解完全后，加热煮沸直至冒白色烟雾，把锡氧化成四价锡。冷却后，溶液转移到含 1.6mL 硫酸（1+9）和 100mL 水的 500mL 容量瓶中。冷却，用水稀释至刻度，混匀。

方法 3　准确称取 0.1000g 高纯金属锡（99.99%），溶于盐酸溶液（20%）中，移入 100mL 容量瓶中，用盐酸溶液（20%）稀释至刻度，混匀。

[标定]　此方法用于标定方法 1 和方法 2 配制的锡标准溶液。

准确移取 10.00mL 上述锡溶液于 250mL 锥形瓶中，加 50mL 盐酸（3+7），加入 1g 铝片，立即盖好盖氏漏斗，自漏斗上倒入碳酸氢钠饱和溶液。待还原反应完全，加热，使残余的铝片和析出的金属锡完全溶解，至无小气泡发生为止。冷却溶液，注意向盖氏漏斗内补充碳酸氢钠饱和溶液。溶液冷却至室温，取下盖氏漏斗，将漏斗中碳酸氢钠饱和溶液倒入锥形瓶中，加 2mL 淀粉溶液（10g/L），用碘标准溶液 [$c(\frac{1}{2}I_2)=0.00250mol/L$] 滴定至溶液呈浅蓝色。锡溶液的质量浓度按下式计算：

$$\rho(Sn)=\frac{c_1V_1}{2V}\times 118.71\times 1000$$

式中 $\rho(Sn)$——锡溶液的质量浓度，μg/mL；
c_1——碘标准溶液的浓度，mol/L；
V_1——碘标准溶液的体积，mL；
V——锡溶液的体积，mL；
118.71——锡的摩尔质量 [$M(Sn)$]，g/mol。

锌（Zn）标准溶液（1000μg/mL）

[配制]

方法 1　选取高纯金属锌，先用稀盐酸处理金属表面，然后用自来水、去离子水清洗干净，放入干燥器中保存备用。准确称取 1.0000g 金属锌于 200mL 高型烧杯中，加入 15mLHCl 溶液（1+1），盖上表面皿，微热溶解后，加热微沸，回流 5min，冷却后，移入 1000mL 容量瓶中，再加入 10mL HCl 溶液（1+1），用水准确稀释到刻度，混匀。溶液酸度（体积分数）为 1%HCl。

方法 2　准确称取 1.2448g 高纯氧化锌（ZnO；$M_r=81.39$）于 200mL 高型烧杯中，加入 100mL 硫酸溶液（1%），溶解后，移入 1000mL 容量瓶中，用水稀释至刻度，混匀。

方法 3　准确称取 4.3977g 高纯硫酸锌（$ZnSO_4\cdot 7H_2O$；$M_r=287.56$）于 200mL 高型烧杯中，加入 100mL 硫酸溶液（1%），溶解后，移入 1000mL 容量瓶中，用水稀释至刻度，混匀。

[标定]

方法 1　络合滴定法：准确移取 25.00mL 待测锌溶液，于 250mL 锥形瓶中，加水至 100mL，加氨水中和到 pH≈8，加 10mL 氨-氯化铵缓冲溶液（pH10），加 3 滴铬黑 T 指示液（5g/L），用EDTA标准溶液 [$c(EDTA)=0.00500mol/L$] 滴定至溶液由紫色变为纯蓝色。锌溶液的质量浓度按下式计算：

$$\rho(Zn)=\frac{c_1V_1\times 65.39\times 1000}{V}$$

式中 $\rho(Zn)$——锌溶液的质量浓度，μg/mL；
c_1——EDTA 标准溶液的浓度，mol/L；
V_1——EDTA 标准溶液的体积，mL；
V——锌溶液的体积，mL；
65.39——锌的摩尔质量 [$M(Zn)$]，g/mol。

方法 2　恒电位库仑滴定法

（1）实验基本条件　采用恒电位库仑仪。工作电极：汞；参比电极：饱和甘汞电极；对电极：铂网；电流范围：100mA 档；支持电解质：氨水溶液 [$c(NH_4OH)=2mol/L$]；对电极室溶液：氨水溶液［$c(NH_4OH)=2mol/L$］；参比电极室溶液：硫酸溶液［$c(H_2SO_4)=2mol/L$］；控制电位：－1300mV。

（2）操作过程　仪器预热稳定后，将氨水溶液［$c(NH_4OH)=2mol/L$］加入到已清洗的电解池中，在搅拌下，通入高纯氮除氧后，预电解，除去试剂空白，然后，用最小分度为0.1mg的天平，准确称取（0.5～2)g待测锌溶液，加入到电解池中进行测定，读取所消耗的电量。

锌溶液的质量浓度按下式计算：

$$\rho(Zn)=\frac{Q}{2mF}\rho\times65.39\times10^6$$

式中　$\rho(Zn)$——锌溶液的质量浓度，μg/mL；

Q——锌溶液消耗的电量，C；

F——法拉第常数，C/mol；

m——锌溶液的质量，g。

ρ——20℃时锌溶液的密度，g/mL；

65.39——锌的摩尔质量［$M(Zn)$］，g/mol。

亚铁［Fe(Ⅱ)］标准溶液（1000μg/mL）

［配制］　准确称取0.7022g优级纯硫酸亚铁铵［$(NH_4)_2Fe(SO_4)_2$ $6H_2O$；$M_r=392.139$］，置于100mL烧杯中，加入10mL硫酸溶液（5%）溶解，移入100mL容量瓶中，用水稀释至刻度，混匀。此标准溶液使用前制备和标定。

［标定］　准确吸取25.00mL上述亚铁溶液，于250mL锥形瓶中，加25mL煮沸并冷却的水，用高锰酸钾标准溶液［$c(\frac{1}{5}KMnO_4)=0.0200mol/L$］滴定至溶液呈粉红色，保持30s。铁（Ⅱ）溶液的质量浓度按下式计算：

$$\rho[Fe(Ⅱ)]=\frac{c_1V_1}{V}\times55.845\times1000$$

式中　$\rho[Fe(Ⅱ)]$——铁（Ⅱ）溶液的质量浓度，μg/mL；

V_1——高锰酸钾标准溶液的体积，mL；

c_1——高锰酸钾标准溶液的浓度，mol/L；

V——铁（Ⅱ）溶液的体积，mL；

55.845——铁的摩尔质量［$M(Fe)$］，g/mol。

铱（Ir）标准溶液（1000μg/mL）

［配制］　准确称取0.2295g优级纯氯铱酸铵［$(NH_4)_2IrCl_6$；$M_r=441.013$］，置于100mL高型烧杯中，溶于盐酸溶液［$c(HCl)=1mol/L$］，移入100mL容量瓶中，用盐酸溶液［$c(HCl)=1mol/L$］稀释到刻度，混匀。

钇（Y）标准溶液（1000μg/mL）

［配制］　选取高纯（≥99.99%）三氧化二钇（Y_2O_3；$M_r=225.8099$），取适量置于瓷坩埚中，于马弗炉中逐步升温到900℃，灼烧1h，以除去氧化物吸收的水分和二氧化碳，冷却后，取出坩埚，置于真空干燥器中，抽真空保存，备用。准确称取1.2700g上述三氧化二

钇于 200mL 高型烧杯中，加入少量水润湿后，再加入 10mLHCl 溶液［c(HCl)＝6mol/L］，盖上表面皿，微热溶解，加热除去大部分酸，冷却后，移入 1000mL 容量瓶中，用 HCl 溶液（10%）准确稀释到刻度，混匀。

［标定］ 准确移取 20.00mL 上述溶液于 150mL 锥形瓶中，加入 10mL 蒸馏水，摇匀，滴加氨水溶液（1＋1），使溶液 pH＝3.0～3.5，加入 5mL 乙酸钠-乙酸缓冲溶液（pH5.9），3 滴二甲酚橙指示液（3g/L），用 EDTA 标准溶液［c(EDTA)＝0.0100mol/L］滴定，溶液由紫红色变为亮黄色，即为终点。钇溶液的质量浓度按下式计算：

$$\rho(\mathrm{Y})=\frac{c_1V_1}{V}\times 88.906\times 1000$$

式中 ρ(Y)——钇溶液的质量浓度，μg/mL；

c_1——EDTA 标准溶液的浓度，mol/L；

V_1——EDTA 标准溶液的体积，mL；

V——钇溶液的体积，mL；

88.906——钇的摩尔质量［M(Y)］，g/mol。

镱（Yb）**标准溶液**（1000μg/mL）

［配制］ 选取高纯（≥99.99%）三氧化二镱（Yb_2O_3；M_r＝394.08），取适量置于瓷坩埚中，于马弗炉中逐步升温到 900℃，灼烧 1h，以除去氧化物吸收的水分和二氧化碳，冷却后，取出坩埚，置于真空干燥器中，抽真空保存，备用。准确称取 1.1387g 上述三氧化二镱于 200mL 高型烧杯中，加入少量水润湿后，再加入 10mLHCl 溶液［c(HCl)＝6mol/L］，盖上表面皿，微热溶解，加热除去大部分酸，冷却后，移入 1000mL 容量瓶中，用 HCl 溶液（10%）准确稀释到刻度，混匀。

［标定］ 准确移取 20.00mL 上述溶液于 150mL 锥形瓶中，加入 10mL 蒸馏水，摇匀后，滴加氨水溶液（1＋1），使溶液 pH＝3.0～3.5，加入 5mL 乙酸钠-乙酸缓冲溶液（pH5.9），3 滴二甲酚橙指示液（3g/L），用 EDTA 标准溶液［c(EDTA)＝0.0100mol/L］滴定，溶液由紫红色变为亮黄色，即为终点。镱溶液的质量浓度按下式计算：

$$\rho(\mathrm{Yb})=\frac{c_1V_1}{V}\times 173.04\times 1000$$

式中 ρ(Yb)——镱溶液的质量浓度，μg/mL；

c_1——EDTA 标准溶液的浓度，mol/L；

V_1——EDTA 标准溶液的体积，mL；

V——镱溶液的体积，mL；

173.04——镱的摩尔质量［M(Yb)］，g/mol。

铟（In）**标准溶液**（1000μg/mL）

［配制］

方法 1 准确称取 0.1000g 高纯金属铟，于 100mL 高型烧杯中，加 15mL 盐酸溶液（20%），加热溶解，冷却，移入 100mL 容量瓶中，用盐酸溶液［c(HCl)＝1mol/L］稀释至刻度，混匀。

方法 2 准确称取 0.1000g 高纯金属铟于 100mL 高型烧杯中，溶解于 10mL 硝酸（20%）

中，加热除去氮的氧化物后，移入100mL容量瓶中，用硝酸溶液［$c(HNO_3)=0.5mol/L$］稀释到刻度，混匀。

［标定］ 准确移取2.00mL上述铟溶液于250mL锥形瓶中，加水至50mL，用氨水中和到中性，加20mL酒石酸钾钠溶液（100g/L），5mL氨-氯化铵缓冲溶液，加入约0.1g铬黑T指示剂（将1份铬黑T和100份氯化钠研磨混匀，保存于暗处），此时溶液呈玫瑰红色，加热至沸，用EDTA标准溶液［$c(EDTA)=0.00500mol/L$］滴定至蓝色，因反应过程慢，易出现假终点，因此滴定速度不宜过快，需反复加热滴定到蓝色最后不消失，即为终点。铟溶液的质量浓度按下式计算：

$$\rho(In)=\frac{c_1V_1}{V}\times114.818\times1000$$

式中 $\rho(In)$——铟溶液的质量浓度，μg/mL；

c_1——EDTA标准溶液的浓度，mol/L；

V_1——EDTA标准溶液的体积，mL；

V——铟溶液的体积，mL；

114.818——铟的摩尔质量［$M(In)$］，g/mol。

银（Ag）标准溶液（1000μg/mL）

［配制］

方法1 选取高纯金属银，准确称取1.0000g金属银，于200mL高型烧杯中，加入15mLHNO_3溶液（1+1），盖上表面皿，微热溶解，冷却后，移入1000mL容量瓶中，再加入6mL HNO_3溶液（1+1），用水准确稀释到刻度，混匀，避光保存。溶液酸度为1% HNO_3。

方法2 称取1.5748g基准试剂硝酸银（$AgNO_3$；$M_r=169.8731$），于200mL高型烧杯中，用硝酸溶液［$c(HNO_3)=0.1mol/L$］溶解，移入1000mL容量瓶，用硝酸溶液［$c(HNO_3)=0.1mol/L$］稀释至刻度，混匀。避光保存。

［标定］

方法1 准确移取2.00mL上述银溶液于50mL烧杯中，用氢氧化钠溶液（400g/L）中和至中性，加25mL无水乙醇，以银电极为指示电极，甘汞电极为参比电极，用氯化钠标准溶液［$c(NaCl)=0.0100mol/L$］滴定，电位突跃为终点。银溶液的质量浓度按下式计算：

$$\rho(Ag)=\frac{c_1V_1}{V}\times107.8682\times1000$$

式中 $\rho(Ag)$——银溶液的质量浓度，μg/mL；

c_1——氯化钠标准溶液的浓度，mol/L；

V_1——氯化钠标准溶液的体积，mL；

V——银溶液的体积，mL；

107.8682——银的摩尔质量［$M(Ag)$］，g/mol。

方法2 恒电位库仑滴定法

（1）实验基本条件 采用恒电位库仑仪。工作电极：铂网；参比电极：饱和甘汞电极；对电极：铂网；电流范围：100mA档；支持电解质：硫酸溶液［$c(H_2SO_4)=0.15mol/L$］；对电极室溶液：硫酸溶液［$c(H_2SO_4)=0.1mol/L$］；参比电极室溶液：硫酸溶液［$c(H_2SO_4)=$

0.1mol/L]；控制电位：+200mV。

(2) 操作过程 仪器预热稳定后，将硫酸溶液 [$c(H_2SO_4)$=0.15mol/L] 加入到已清洗的电解池中，加入少量固体氨基磺酸粉末，在搅拌下，通入高纯氮除氧后，预电解，除去试剂空白，再加入少许银溶液预先在铂电极上镀上一层银。然后，用最小度为 0.1mg 的天平，减量法准确称取 (0.5～2)g 待测银标准溶液，加入到电解池中进行电解，读取所消耗的电量。银溶液的质量浓度按下式计算：

$$\rho(\mathrm{Ag})=\frac{Q}{mF}\rho\times107.8682\times10^6$$

式中 $\rho(\mathrm{Ag})$——银溶液的质量浓度，μg/mL；

Q——银溶液消耗的电量，C；

F——法拉第常数，C/mol；

m——银溶液的质量，g；

ρ——20℃时锌溶液的密度，g/mL；

107.8682——银的摩尔质量 [$M(\mathrm{Ag})$]，g/mol。

铕 (Eu) 标准溶液 (1000μg/mL)

[配制] 选取高纯 (≥99.99%) 三氧化二铕 (Eu_2O_3；M_r=351.926)，取适量置于瓷坩埚中，于马弗炉中逐步升温到 900℃，灼烧 1h，以除去氧化物吸收的水分和二氧化碳，冷却后，取出坩埚，置于真空干燥器中，抽真空保存，备用。准确称取 1.1580g 上述三氧化二铕于 200mL 高型烧杯中，加入少量水润湿后，再加入 10mLHCl 溶液 [c(HCl)=6mol/L]，盖上表面皿，微热溶解，加热除去大部分酸，冷却后，移入 1000mL 容量瓶中，用 HCl 溶液 (10%) 准确稀释到刻度，混匀。

[标定] 准确移取 10.00mL 上述溶液，于 250mL 锥形瓶中，加入 10mL 蒸馏水，摇匀，滴加氨水溶液 (1+1)，使溶液 pH=3.0～3.5，加入 5mL 乙酸钠-乙酸缓冲溶液 (pH5.9)，20.00mL EDTA 标准溶液 [c(EDTA)=0.0100mol/L]，3 滴二甲酚橙指示液 (3g/L)，用锌标准溶液 [c(Zn)=0.0100mol/L] 进行返滴定，溶液颜色由亮黄色到紫红色，为终点。铕溶液的质量浓度按下式计算：

$$\rho(\mathrm{Eu})=\frac{c_1V_1-c_2V_2}{V}\times151.964\times1000$$

式中 $\rho(\mathrm{Eu})$——铕溶液的质量浓度，μg/mL；

c_1——EDTA 标准溶液的浓度，mol/L；

V_1——EDTA 标准溶液的体积，mL；

c_2——锌标准溶液的浓度，mol/L；

V_2——锌标准溶液的体积，mL；

V——铕溶液的体积，mL；

151.964——铕的摩尔质量 [$M(\mathrm{Eu})$]，g/mol。

铀 (U) 标准溶液 (1000μg/mL)

[配制]

方法 1 准确称取 2.1095g 优级纯硝酸铀酰 [$UO_2(NO_3)_2\cdot6H_2O$；M_r=502.1292]，

置于 200mL 高型烧杯中，加少量水，加入 10mL 浓硝酸，移入 1000mL 容量瓶中，用水稀释到刻度，混匀。

方法 2　取适量高纯八氧化三铀（U_3O_8；M_r=842.0819）置于瓷坩埚中，于马弗炉中(850～900)℃灼烧 4h，冷却到（300～400)℃时，取出置于干燥器中保存备用。准确称取 1.1792g 八氧化三铀于 200mL 烧杯中，加入 20 硝酸溶液（1+1），加热溶解，冷却，移入 1000mL 容量瓶中，用水稀释到刻度，混匀。

[标定]　准确移取 2.00mL 上述铀溶液于 150mL 锥形瓶中，加水至 30mL，加入 10mL 磷酸和 2 滴硫酸亚铁铵溶液（300g/L），在不断摇动下，滴加三氯化钛溶液至溶液呈稳定的紫红色，并过量 2 滴，在不断摇动下，滴加亚硝酸钠溶液（150g/L）至棕褐色消失，立即加入 5mL 尿素（200g/L），继续摇动至大量气泡消失，放置 5min，加入几滴二苯胺磺酸钠溶液（称取 0.2g 二苯胺磺酸钠，0.2g 碳酸钠以少量水调成糊状，用水溶解并稀释到 100mL），2 滴苯基邻氨基苯甲酸指示液（2g/L）。用钒酸铵标准溶液 [$c(NH_4VO_3)$=0.00300mol/L] 滴定至溶液呈微紫红色，并保持 30s。铀溶液的质量浓度按下式计算：

$$\rho(\mathrm{U})=\frac{c_1V_1}{V}\times 238.02891\times 1000$$

式中　$\rho(\mathrm{U})$——铀溶液的质量浓度，μg/mL；

c_1——钒酸铵标准溶液的浓度，mol/L；

V_1——钒酸铵标准溶液的体积，mL；

V——铀溶液的体积，mL；

238.02891——铀的摩尔质量 [$M(\mathrm{U})$]，g/mol。

锗（Ge）**标准溶液**（1000μg/mL）

[配制]

方法 1　准确称取 0.1441g 光谱纯二氧化锗（GeO_2；M_r=104.64）于小烧杯中，加水并加热溶解后，移入 100mL 容量瓶中，加 10 滴硫酸溶液（1+1），用水稀释至刻度，混匀。

方法 2　准确称取 0.1000g 高纯锗，于小烧杯中，加热溶于（3～5)mL 30%过氧化氢中，逐滴加入氨水至白色沉淀溶解，用硫酸溶液（20%）中和并过量 0.5mL，移入 100mL 容量瓶中，稀释至刻度，混匀。

方法 3　准确称取 1.0000g 金属锗，于 200mL 高型烧杯中，加入 20mL 过氧化氢(6%）中，在水浴上加热溶解，可滴加几滴氢氧化钠以加速溶解，溶解后再加入几滴热水，用盐酸溶液（1+1）中和，并过量 2mL，加热除去剩余过氧化氢，冷却后，移入 1000mL 容量瓶中，用水稀释至刻度，混匀。

方法 4　准确称取 0.1441g 高纯（含量 99.999%）氧化锗（GeO_2；M_r=104.64）于 200mL 高型烧杯中，用 10mL 氢氧化钠溶液（4g/L）加热溶解，再加入 10mL 盐酸溶液 [$c(HCl)$=0.1mol/L] 进行中和，转移到 100mL 容量瓶中，加水稀释至刻度，混匀。

（二）阴离子成分分析用标准溶液

氮氧化物（NO_x）**标准溶液**（1000μg/mL 以 NO_2 计）

[配制]　取光谱纯亚硝酸钠（$NaNO_2$；M_r=68.9953）于称量瓶中，于 110℃烘干至恒

重，置于干燥器中冷却备用。准确称取 1.4997g 亚硝酸钠，于 200mL 高型烧杯中，用水溶解后，移入 1000mL 容量瓶中，用水稀释至刻度，混匀。置于冰箱、暗处保存。临用前取适量稀释。

[标定] 准确移取 20.00mL 高锰酸钾标准溶液 [$c(\frac{1}{5}KMnO_4)=0.0500mol/L$] 于 300mL 碘量瓶中，加 50mL 水，及 10mL 硫酸溶液（20%），混匀，准确移取 20.00mL 上述氮氧化物溶液，在摇动下，缓慢加入到碘量瓶中，注入时，移液管尖端须接触溶液表面，摇匀，放置 10min，加 2g 碘化钾，摇匀，暗处静置 5min，用硫代硫酸钠标准溶液 [$c(Na_2S_2O_3)=0.0500mol/L$] 滴定，近终点时，加入 2mL 淀粉指示液（10g/L），继续滴定至蓝色刚刚消失，即为终点。同时做空白试验。氮氧化物溶液的质量浓度按下式计算：

$$\rho(NO_x)=\frac{c(V_2-V_1)\times 23.0028}{V}\times 1000$$

式中 $\rho(NO_x)$——氮氧化物溶液的质量浓度，μg/mL；

V_2——空白试验硫代硫酸钠标准溶液的体积，mL；

V_1——硫代硫酸钠标准溶液的体积，mL；

V——所取氮氧化物溶液的体积，mL；

c——硫代硫酸钠标准溶液的浓度，mol/L；

23.0028——二氧化氮的摩尔质量 [$M(\frac{1}{2}NO_2)$]，g/mol。

草酸盐（$C_2O_4^{2-}$）**标准溶液**（1000μg/mL）

[配制] 选用 GBW 06107 或 GBW（E）060021 草酸钠（$Na_2C_2O_4$；$M_r=133.9985$）纯度标准物质，取适量草酸钠置于称量瓶中，在 105℃下干燥 3h，取出于干燥器中冷却备用。准确称取 1.5224g 草酸钠，于 200mL 高型烧杯中，溶于水，移入 1000mL 容量瓶中，用水稀释至刻度，混匀。即可使用。

如果不能获得草酸钠标准物质，可用基准试剂代替，当对溶液准确度要求较高时，需对试剂含量进行测定。

[草酸钠含量的测定] 称取 0.2g 于 105℃下干燥至恒重的基准试剂草酸钠，准确至 0.0002g，置于 250mL 锥形瓶中，溶于 100mL 硫酸溶液（8%）。用高锰酸钾标准溶液 [$c(\frac{1}{5}KMnO_4)=0.1000mol/L$] 滴定，近终点时加热至 65℃，继续滴定至溶液呈粉红色，并保持 30s。草酸钠的质量分数按下式计算：

$$w=\frac{c_1V_1\times 0.06780}{m}\times 100\%$$

式中 w——草酸钠的质量分数，%；

c_1——高锰酸钾标准溶液的浓度，mol/L；

V_1——高锰酸钾标准溶液的体积，mL；

m——草酸钠的质量，g；

0.06780——与 1.00mL 高锰酸钾标准溶液 [$c(\frac{1}{5}KMnO_4)=1.000mol/L$] 相当的以 g 为单位的草酸钠的质量。

碘（I^-）标准溶液（1000μg/mL）

［配制］ 准确称取1.3081g经含量分析的优级纯碘化钾（KI；M_r=166.0028），于200mL高型烧杯中，溶于水，移入1000mL容量瓶中，用水稀释至刻度，混匀。储存于棕色瓶中。

［碘化钾含量测定］ 称取0.3g碘化钾，准确到0.0002g，于250mL锥形瓶中，加40mL水，10mL乙酸溶液（5%）及3滴曙红钠盐指示溶液（5g/L），用硝酸银标准溶液［$c(AgNO_3)$=0.1000mol/L］避光滴定至沉淀呈红色。碘化钾的质量分数按下式计算：

$$w=\frac{c_1V_1\times 0.1660}{m}\times 100\%$$

式中 w——碘化钾的质量分数，%；
V_1——硝酸银标准溶液的体积，mL；
c_1——硝酸银标准溶液的浓度，mol/L；
m——碘化钾的质量，g；
0.1660——与1.00mL硝酸银标准溶液［$c(AgNO_3)$=1.000mol/L］相当的，以g为单位的碘化钾的质量。

碘酸盐（IO_3^-）标准溶液（1000μg/mL）

［配制］ 准确称取1.2235g优级纯碘酸钾（KIO_3；M_r=214.0010），于200mL高型烧杯中，溶于水，移入1000mL容量瓶中，用水稀释至刻度，混匀。储存于棕色瓶中。

［标定］ 准确移取20.00mL上述溶液于250mL碘量瓶中，加2g碘化钾，5mL盐酸溶液（20%），摇匀，暗处静置5min，加50mL水，用硫代硫酸钠标准溶液［$c(Na_2S_2O_3)$=0.0500mol/L］滴定，近终点时，加入2mL淀粉指示液（10g/L），继续滴定至蓝色刚刚消失，即为终点。同时做空白试验。碘酸盐溶液的质量浓度按下式计算：

$$\rho(IO_3^-)=\frac{c(V_2-V_1)\times 29.1505}{V}\times 1000$$

式中 $\rho(IO_3^-)$——碘酸盐溶液的质量浓度，μg/mL；
V_2——空白试验硫代硫酸钠标准溶液的体积，mL；
V_1——硫代硫酸钠标准溶液的体积，mL；
V——所取碘酸盐（IO_3^-）溶液的体积，mL；
c——硫代硫酸钠标准溶液的浓度，mol/L；
29.1505——碘酸盐的摩尔质量［$M(\frac{1}{6}IO_3^-)$］，g/mol。

二氧化硫（SO_2）标准溶液（1000μg/mL）

［配制］ 称取2.5g亚硫酸钠（Na_2SO_3；M_r=126.043）于200mL高型烧杯中，用新煮沸冷却的水溶解后，移入1000mL容量瓶中，用水稀释至刻度，混匀。浓度以标定值为准。

［标定］ 准确移取50.00mL碘使用溶液[1]［$c(\frac{1}{2}I_2)$=0.0100mol/L］于250mL碘量瓶

[1] 碘使用溶液［$c(\frac{1}{2}I_2)$=0.010mol/L］：准确移取50.00mL碘标准溶液［$c(\frac{1}{2}I_2)$=0.1mol/L］，于500mL容量瓶中，加入10g碘化钾，溶解后，用水稀释到刻度，临用现配。

中，再准确加入25.00mL上述二氧化硫溶液，混匀后，静置5min，用硫代硫酸钠标准溶液[$c(Na_2S_2O_3)=0.0100mol/L$]滴定，滴定至溶液呈淡黄色时，加入2mL淀粉指示液(10g/L)，呈蓝色，继续滴定至蓝色刚刚消失，即为终点。同时做空白试验：用25mL水代替二氧化硫溶液，余相同。二氧化硫溶液的质量浓度按下式计算：

$$\rho(SO_2)=\frac{c(V_2-V_1)\times 32.032}{V}\times 1000$$

式中 $\rho(SO_2)$——二氧化硫溶液的质量浓度，μg/mL；

V_2——空白试验硫代硫酸钠标准溶液的体积，mL；

V_1——硫代硫酸钠标准溶液的体积，mL；

V——所取二氧化硫溶液的体积，mL；

c——硫代硫酸钠标准溶液的浓度，mol/L；

32.032——二氧化硫的摩尔质量[$M(\frac{1}{2}SO_2)$]，g/mol。

二氧化碳（CO_2）**标准溶液**（1000μg/mL）

[配制]

方法1　准确称取1.4323g草酸[$(COOH)_2\cdot 2H_2O$；$M_r=126.0654$]于200mL高型烧杯中，用水溶解后，移入1000mL容量瓶中，用水洗涤烧杯数次，合并洗涤液于容量瓶中，用水稀释至刻度，混匀。

方法2　选用GBW 06101或GBW（E）060023碳酸钠纯度标准物质，取适量于280℃下在马弗炉中灼烧4h，取出置于干燥器中备用。准确称取2.4083g无水碳酸钠，于200mL高型烧杯中，溶于无二氧化碳的水，移入1000mL容量瓶中，用无二氧化碳的水稀释至刻度，混匀。即可使用。

如果不能获得碳酸钠纯度标准物质，可用碳酸钠基准试剂代替，当对溶液的准确度要求比较高时，需要对试剂含量进行测定。

[无水碳酸钠含量测定]　准确称取0.15g已于280℃灼烧至恒重的无水碳酸钠，准确到0.0002g，置于250mL锥形瓶中，加50mL水溶解，加10滴溴甲酚绿-甲基红混合指示液，用盐酸标准溶液[$c(HCl)=0.1000mol/L$]滴定至溶液由绿色变为暗红色。煮沸2min，按上装有钠石灰的双球管，冷却，继续滴定至溶液呈暗红色。无水碳酸钠的质量分数按下式计算：

$$w=\frac{cV\times 0.052995}{m}\times 100\%$$

式中 w——无水碳酸钠的质量分数，%；

V——盐酸标准溶液的体积，mL；

c——盐酸标准溶液的浓度，mol/L；

m——无水碳酸钠的质量，g；

0.052995——与1.00mL盐酸标准溶液[$c(HCl)=1.000mol/L$]相当的，以g为单位的无水碳酸钠的质量。

氟标准溶液（1000μg/mL）

[配制]　选取优级纯氟化钠（NaF；$M_r=41.988173$），取适量置于称量瓶中，于110℃下烘干2h，冷却后，置于干燥器中保存备用。准确称取2.2101g上述氟化钠于200mL高型

烧杯中，用水溶解后，移入 1000mL 容量瓶中，用水稀释至刻度，混匀。储于聚乙烯瓶中。该溶液可保存一年。

［标定］ 准确移取 2.00mL 上述氟溶液于 150mL 锥形瓶中，加水至 50mL，加 1 滴茜素 S 指示液（1g/L），滴加盐酸（1＋3）至溶液刚刚变为黄色，加入 2.5mL 一氯乙酸-氢氧化钠缓冲溶液（称取 9.45g 一氯乙酸与 2g 氢氧化钠溶于 1000mL 水中，调至 pH3），用硝酸钍标准溶液 $\{c[Th(NO_3)_4]=0.0100mol/L\}$ 滴定至与空白溶液的颜色相同时即为终点（空白的终点颜色为浅橙红色）。近终点时慢慢滴定。氟溶液的质量浓度按下式计算：

$$\rho(F)=\frac{cV_1}{V}\times 4\times 18.998\times 1000$$

式中 $\rho(F)$——氟溶液的浓度，μg/mL；

c——硝酸钍标准溶液的浓度，mol/L；

V_1——硝酸钍标准溶液的体积，mL；

V——氟溶液的体积，mL；

18.998——氟的摩尔质量 $[M(F)]$，g/mol。

铬酸盐（CrO_4^{2-}）**标准溶液**（1000μg/mL）

［配制］ 取适量优级纯铬酸钾（K_2CrO_4；$M_r=194.1920$）于称量瓶中，于（105～110）℃干燥 1h，置于干燥器中冷却备用。准确称取 0.1674g 经含量测定的铬酸钾，于 100mL 高型烧杯中，溶于含有 1 滴氢氧化钠溶液（100g/L）的少量水中，移入 100mL 容量瓶中，用水稀释至刻度，混匀。

［铬酸钾含量测定］ 称取 0.2g 铬酸钾，准确到 0.0002g，于 250mL 碘量瓶中，加 25mL 水，2g 碘化钾及 10mL 硫酸溶液（25%），摇匀，暗处静置 10min，加 150mL 水（不超过 10℃），用硫代硫酸钠标准溶液 $[c(Na_2S_2O_3)=0.1000mol/L]$ 滴定，近终点时，加入 2mL 淀粉指示液（10g/L），溶液呈蓝色，继续滴定至溶液由蓝色变为亮绿色，为终点。同时做空白试验。铬酸钾的质量分数按下式计算：

$$w=\frac{c(V_2-V_1)\times 0.06473}{m}\times 100\%$$

式中 w——铬酸钾的质量分数，%；

V_2——硫代硫酸钠标准溶液的体积，mL；

V_1——空白实验硫代硫酸钠标准溶液的体积，mL；

c——硫代硫酸钠标准溶液的浓度，mol/L；

m——样品质量，g；

0.06473——与 1.00mL 硫代硫酸钠标准溶液 $[c(Na_2S_2O_3)=1.000mol/L]$ 相当的，以 g 为单位的铬酸钾的质量。

硅酸盐（SiO_3^{2-}）**标准溶液**（1000μg/mL）

［配制］ 取适量经纯度分析的高纯二氧化硅（SiO_2；$M_r=60.0843$）于瓷坩埚中，在马弗炉中于 800℃灼烧 1h，冷却后，取出置于干燥器中备用。准确称取 0.7898g 二氧化硅，置于铂坩埚中，加 2.6g 无水碳酸钠，混匀。于 900℃加热熔融 20min，冷却，用热水提取，提取液移入 1000mL 容量瓶中，稀释至刻度，混匀。储存于聚乙烯瓶中。

［二氧化硅含量测定］ 取适量高纯二氧化硅于瓷坩埚中，在马弗炉中于800℃灼烧1h，冷却后，取出置于干燥器中备用。准确称取1.0000g二氧化硅，置于已于1000℃灼烧至恒重的铂坩埚中，加入5滴硫酸溶液（20%）润湿后，逐滴加入5mL氢氟酸溶液，在电炉上蒸发近干（控制温度在90℃～100℃），取下铂坩埚，冷却后，用水洗涤坩埚壁，加入3mL氢氟酸溶液，于低温下蒸发至近干，用少量水洗涤坩埚壁，蒸干后升高温度，驱尽三氧化硫，冷却后，用湿滤纸擦净坩埚外壁，在马弗炉中于1000℃灼烧30min，冷却到300℃～400℃取出，置于干燥器中冷却到室温后称量，反复灼烧，直至恒重。二氧化硅的质量分数按下式计算：

$$w(SiO_2)=\frac{m-m_1}{m}\times 100\%$$

式中 $w(SiO_2)$——二氧化硅的质量分数，%；

m_1——残渣的质量，g；

m——二氧化硅的质量，g。

磷酸盐（PO_4^{3-}）**标准溶液**（1000μg/mL）

［配制］ 取适量基准试剂磷酸二氢钾（KH_2PO_4；$M_r=136.0855$）于称量瓶中，在110℃下干燥至恒重，取出，置于干燥器中保存备用。准确称取1.4329g磷酸二氢钾，于200mL高型烧杯中，溶于水，移入1000mL容量瓶中，用水稀释至刻度，混匀。

［标定］

方法1 离子色谱法

（1）实验条件 分离柱：AS-4A；保护柱：AGAA；抑制柱：AMMS；再生液：0.0125mol/L的H_2SO_4溶液，流速1mL/min；淋洗液：0.75mmol/L的$NaHCO_3$-2mmol/L的Na_2CO_3溶液，流速：2mL/min。

（2）操作过程 待淋洗液基线稳定后，注入纯水确认无杂质峰后，先测定标准溶液，再多次重复测定待测溶液，然后再次测定标准溶液。

（3）磷酸盐的质量浓度按下式计算：

$$\rho(PO_4^{3-})=\frac{2h_x}{h_{s1}+h_{s2}}\times\rho_s$$

式中 $\rho(PO_4^{3-})$——磷酸盐溶液的质量浓度，μg/mL；

h_{s1}，h_{s2}——注入样品前后标准溶液的峰高，cm；

ρ_s——标准溶液的质量浓度，μg/mL；

h_x——磷酸盐溶液的峰高，cm。

方法2 磷钼酸喹啉重量法：操作过程如下。

（1）沉淀 准确移取25.00mL磷酸盐溶液于300mL烧杯中，盖上表面皿并称重，加入10mL HNO_3溶液（1＋1）、80mL水，至总体积为100mL，混匀，加热煮沸，趁热加入40mL喹钼柠酮沉淀剂，继续加热微沸2min，不搅拌，取下并在室温下冷却，冷却过程中转动烧杯（2～3)次。

（2）过滤和洗涤 用预先在180℃烘干至恒重的4号玻璃沙芯坩埚抽滤沉淀，先将上层清液过滤，然后用倾析法洗涤二次，最后将沉淀移入坩埚中用水洗涤（4～5)次，抽干水分。

（3）干燥和恒重 将坩埚连同沉淀于180℃干燥1h，取出置于保干器中放置4h，冷却至室温称重，反复烘干，直到恒重。

(4) 空白试验　与试样同时进行试剂空白试验。

(5) 磷酸盐溶液的质量浓度按下式计算：

$$\rho(PO_4^{3-})=\frac{0.042914(m_1-m_2)}{m}\rho\times10^6$$

式中　$\rho(PO_4^{3-})$——磷酸盐溶液的质量浓度，μg/mL；

m_1——磷钼酸喹啉沉淀的质量，g；

m_2——空白试验沉淀的质量，g；

m——磷酸盐溶液的质量，g；

ρ——溶液的密度，g/mL；

0.042914——磷钼酸喹啉与磷酸盐的换算系数。

硫代硫酸盐（$S_2O_3^{2-}$）**标准溶液**（1000μg/mL）

［配制］　称取2.2134g硫代硫酸钠（$Na_2S_2O_3\cdot5H_2O$；M_r=248.184），于200mL高型烧杯中，溶于煮沸过的水，移入1000mL容量瓶中，用煮沸过的水稀释至刻度，混匀，放置数日后标定。浓度以标定值为准。

［标定］　称取1.0g固体碘化钾于250mL碘量瓶中，加入50mL水，再加入10.00mL重铬酸钾标准溶液［$c(1/6K_2Cr_2O_7)=0.01000mol/L$］和5mL硫酸溶液（20%），加盖后，于暗处静置5min，用待标定的硫代硫酸钠溶液滴定。至溶液呈淡黄色时，加入2mL淀粉指示液（10g/L），呈蓝色，继续滴定至蓝色刚刚消失，即为终点。同时，移取10.00mL蒸馏水代替重铬酸钾标准溶液做试剂空白试验。硫代硫酸盐溶液的质量浓度按下式计算：

$$\rho=\frac{c_0V}{V_1-V_2}\times112.128\times1000$$

式中　ρ——硫代硫酸盐溶液的质量浓度，μg/mL；

V——所取重铬酸钾标准溶液的体积，mL；

c_0——重铬酸钾标准溶液的浓度，mol/L；

V_1——硫代硫酸盐溶液的体积，mL；

V_2——空白试验硫代硫酸钠溶液的体积，mL；

112.128——硫代硫酸根离子的摩尔质量［$M(S_2O_3^{2-})$］，g/mol。

该方法为一般实验室常用标定方法。

硫化氢（H_2S）**标准溶液**（1000μg/mL）

［配制］　取硫化钠晶体（$Na_2S\cdot9H_2O$；M_r=240.182）用少量水清洗表面，用滤纸吸干。称取7.0475g硫化钠晶体于200mL高型烧杯中，用新煮沸冷却的水溶解后，移入1000mL容量瓶中，用水稀释至刻度，混匀。现用现标定。浓度以标定值为准。

［标定］　准确移取20.00mL碘使用溶液[1]［$c(1/2I_2)=0.0100mol/L$］于250mL碘量瓶中，加90mL水，加1mL盐酸溶液（1+1）。准确加入10.00mL上述硫化氢溶液，混匀后，

[1] 碘使用溶液［$c(1/2I_2)=0.0100mol/L$］：准确移取50.00mL碘标准溶液［$c(1/2I_2)=0.1000mol/L$］，于500mL容量瓶中，加入10g碘化钾，溶解后用水稀释到刻度，临用现配。

暗处静置3min，用硫代硫酸钠标准溶液［$c(Na_2S_2O_3)=0.0100mol/L$］滴定，滴定至溶液呈淡黄色时，加入1mL淀粉指示液（10g/L），呈蓝色，用少量水冲洗瓶内壁，继续滴定至蓝色刚刚消失，即为终点（由于有硫生成，使溶液呈微混浊色。此时要特别注意滴定终点颜色突变）。同时做空白试验：用10mL水代替上述硫化氢溶液，余相同。硫化氢溶液的质量浓度按下式计算：

$$\rho(H_2S)=\frac{c_0(V_2-V_1)\times 17.040}{V}\times 1000$$

式中 $\rho(H_2S)$——硫化氢溶液的质量浓度，μg/mL；

V_2——空白试验硫代硫酸钠标准溶液的体积，mL；

V_1——硫代硫酸钠标准溶液的体积，mL；

V——所取待标定硫化氢溶液的体积，mL；

c_0——硫代硫酸钠标准溶液的浓度，mol/L；

17.040——H_2S硫化氢的摩尔质量［$M(\frac{1}{2}H_2S)$］，g/mol。

硫化物（S^{2-}）**标准溶液**（1000μg/mL）

［配制］ 称取7.4905g硫化钠（$Na_2S\cdot 9H_2O$；$M_r=240.182$），于200mL高型烧杯中，用新煮沸冷却的水溶解后，移入1000mL容量瓶中，用水稀释至刻度，混匀。使用前制备。现用现标定。

［标定］ 准确移取20.00mL碘使用溶液[1]［$c(\frac{1}{2}I_2)=0.0100mol/L$］于250mL碘量瓶中，加90mL水，加1mL盐酸溶液（1+1）。准确加入10.00mL上述硫化物溶液，混匀后，暗处静置3min，用硫代硫酸钠标准溶液［$c(Na_2S_2O_3)=0.0100mol/L$］滴定，滴定至溶液呈淡黄色时，加入1mL新配制的淀粉溶液（10g/L），呈蓝色，用少量水冲洗瓶内壁，继续滴定至蓝色刚刚消失，即为终点（由于有硫生成，使溶液呈微混浊色。此时要特别注意滴定终点颜色突变）。同时做空白试验，用10mL水代替上述硫化物溶液，余相同。硫化物溶液的质量浓度按下式计算：

$$\rho(S^{2-})=\frac{c_0(V_2-V_1)\times 16.032}{V}\times 1000$$

式中 $\rho(S^{2-})$——硫化物溶液的质量浓度，μg/mL；

V_2——空白试验硫代硫酸钠标准溶液的体积，mL；

V_1——硫代硫酸钠标准溶液的体积，mL；

V——所取待标定硫化物溶液的体积，mL；

c_0——硫代硫酸钠标准溶液的浓度，mol/L；

16.032——硫的摩尔质量［$M(\frac{1}{2}S)$］，g/mol。

硫氰酸盐（SCN^-）**标准溶液**（1000μg/mL）

［配制］ 准确称取1.3106g经含量分析的优级纯硫氰酸铵（NH_4SCN；$M_r=76.121$），

[1] 碘使用溶液［$c(\frac{1}{2}I_2)=0.0100mol/L$］：准确移取50.00mL碘标准溶液［$c(\frac{1}{2}I_2)=0.1000mol/L$］，于500mL容量瓶中，加入10g碘化钾，溶解后用水稀释到刻度，临用现配。

于100mL高型烧杯中，溶于水，移入1000mL容量瓶中，用水稀释至刻度，混匀。

[硫氰酸铵含量测定] 称取0.3g硫氰酸铵，准确到0.0002g，于250mL锥形瓶中，加40mL水，5mL硝酸溶液（25%），在摇动下滴加50.00mL硝酸银标准溶液 [$c(AgNO_3)$=0.1000mol/L]，及1mL硫酸铁铵指示液（80g/L），用硫氰酸钠标准溶液 [$c(NaSCN)$=0.1000mol/L] 返滴定，终点前摇动溶液至完全清亮后，继续滴定至溶液呈浅棕红色。保持30s，同时做空白试验。硫氰酸铵的质量分数按下式计算：

$$w=\frac{c_1(V_1-V_2)\times 0.07612}{m}\times 100\%$$

式中 w——硫氰酸铵的质量分数，%；

V_1——空白试验硫氰酸钠标准溶液的体积，mL；

V_2——硫氰酸钠标准溶液的体积，mL；

c_1——硫氰酸钠标准溶液的浓度，mol/L；

m——硫氰酸铵的质量，g；

0.07612——与1.00mL硫氰酸钠标准溶液 [$c(NaSCN)$=1.000mol/L] 相当的以g为单位的硫氰酸铵的质量。

硫酸盐（SO_4^{2-}）**标准溶液**（1000μg/mL）

[配制]

方法1 选取GBW 08665硫酸钠（Na_2SO_4；M_r=142.042）中硫酸根成分分析标准物质，取适量置于瓷坩埚中，600℃下灼烧4h，冷却后，置于干燥器中保存备用。准确称取1.4787g上述硫酸钠于200mL高型烧杯中，用水溶解后，移入1000mL容量瓶中，用水稀释至刻度，混匀，即可使用。

当无法获得标准物质时，可以用优级纯试剂替代，在对溶液的准确度要求较高时，需要标定后使用。

方法2 选取优级纯无水硫酸钾（K_2SO_4；M_r=174.259），取适量置于称量瓶中，于600℃下灼烧4h，冷却后，置于干燥器中保存备用。准确称取1.8141g上述硫酸钾于200mL高型烧杯中，用水溶解后，移入1000mL容量瓶中，用水稀释至刻度，混匀。

[标定] 准确移取50.00mL硫酸盐溶液于200mL烧杯中，加入50mL水，加1滴甲基橙指示液（10g/L），用盐酸溶液（3mol/L）调至溶液刚呈红色，加热溶液至微沸，滴加10mL氯化钡溶液（50g/L），放置电热板上过夜，定量滤纸过滤沉淀，用热水洗涤沉淀至滤液中无氯离子为止（硝酸银溶液检查），将滤纸连同沉淀移入已恒重的瓷坩埚中，烘干、灰化后，在800℃灼烧至恒重。硫酸盐溶液的质量浓度按下式计算：

$$\rho(SO_4^{2-})=\frac{m\times 0.41160\times 10^6}{V}$$

式中 $\rho(SO_4^{2-})$——硫酸盐溶液的质量浓度，μg/mL；

m——硫酸钡沉淀的质量，g；

V——硫酸盐溶液的体积，mL；

0.41160——硫酸钡换算成硫酸盐的换算系数。

六氟合硅酸盐（SiF_6^{2-}）**标准溶液**（1000μg/mL）

［配制］ 称取若干克六氟合硅酸（30%～32%）于 200mL 烧杯中，溶于水，移入 1000mL 容量瓶中，稀释至刻度。储存于聚乙烯瓶中。六氟合硅酸的质量按下式计算：

$$m=\frac{1.0141\times1.0000}{w}$$

式中 m——六氟合硅酸的质量，g；

w——六氟合硅酸的质量分数，%；

1.0000——配制 1000mL 六氟合硅酸盐标准溶液所需六氟合硅酸的质量，g；

1.0141——六氟合硅酸盐换算为六氟合硅酸的系数。

注：制备前应按下面规定方法测定六氟硅酸的含量。

六氟合硅酸含量测定：称取 0.3g 六氟合硅酸，准确至 0.0002g。置于聚乙烯烧杯中，加 100mL 水、10mL 饱和氯化钾溶液及 3 滴酚酞指示液（10g/L），冷却至 0℃，用氢氧化钠标准溶液［c(NaOH)＝0.1000mol/L］滴定至粉红色，保持 15s(V_1)。然后加热至 80℃，继续用氢氧化钠标准溶液［c(NaOH)＝0.1000mol/L］滴定至溶液呈稳定的粉红色（V_2）。六氟合硅酸质量分数按下式计算：

$$w=\frac{c(V_2-V_1)\times0.036023}{m}\times100\%$$

式中 w——六氟合硅酸的质量分数，%；

V_1——滴定至第一终点氢氧化钠标准溶液的体积，mL；

V_2——滴定至第二终点氢氧化钠标准溶液的体积，mL；

c——氢氧化钠标准溶液的浓度，mol/L；

m——六氟合硅酸的质量，g；

0.036023——与 1.00mL 氢氧化钠标准溶液［c(NaOH)＝1.000mol/L］相当的，以 g 为单位的六氟合硅酸的质量。

六氰合铁酸盐［$Fe(CN)_6^{4-}$］**标准溶液**（1000μg/mL）

［配制］ 称取 0.1993g 经含量测定的优级纯六氰合铁（Ⅱ）酸钾｛$K_4[Fe(CN)_6]\cdot3H_2O$；M_r＝503.252｝，于 100mL 烧杯中，溶于水，移入 100mL 容量瓶中，稀释至刻度。使用前制备。

［六氰合铁（Ⅱ）酸钾含量测定］ 称取 0.2g 六氰合铁（Ⅱ）酸钾，准确到 0.0002g，于 250mL 锥形瓶中，加 40mL 水，2mL 硝酸和 0.4mL 磷酸，摇匀，用高锰酸钾标准溶液［c(⅕$KMnO_4$)＝0.0200mol/L］滴定至溶液呈微黄棕色。六氰合铁（Ⅱ）酸钾的质量分数按下式计算：

$$w=\frac{cV\times0.4224}{m}\times100\%$$

式中 w——六氰合铁（Ⅱ）酸钾的质量分数，%；

V——高锰酸钾标准溶液的体积，mL；

c——高锰酸钾标准溶液的浓度，mol/L；

m——六氰合铁（Ⅱ）酸钾的质量，g；

0.4224——与 1.00mL 高锰酸钾标准溶液［c(⅕$KMnO_4$)＝1.000mol/L］相当的，以 g 为单位的六氰合铁（Ⅱ）酸钾的质量。

氯（Cl^-）标准溶液（1000μg/mL）

［配制］

方法1　选用GBW 06103或GBW（E）060024氯化钠（NaCl；M_r＝58.443）纯度标准物质，取适量置于瓷坩埚中，于马弗炉中550℃，灼烧6h，冷却后，取出坩埚，置于干燥器中保存备用。准确称取1.6485g上述氯化钠于200mL高型烧杯中，用水溶解后，移入1000mL容量瓶中，用水稀释至刻度，混匀。可直接使用。

方法2　选取GBW（E）060020氯化钾（KCl；M_r＝74.551）纯度标准物质，取适量置于瓷坩埚中，于马弗炉中550℃，灼烧6h，冷却后，取出坩埚，置于干燥器中保存备用。准确称取2.1028g上述氯化钾于200mL高型烧杯中，用水溶解后，移入1000mL容量瓶中，用水稀释至刻度，混匀。即可使用。

如果不能获得氯化钠或氯化钾纯度标准物质，可采用基准试剂代替，但在准确度要求高时，应标定后使用。

方法3　称取约4g氯胺T（$NaC_7H_7ClNO_2S \cdot 3H_2O$；$M_r$＝281.690），置于100mL容量瓶中，溶于水，稀释至刻度（溶液Ⅰ）。

准确量取$\{V\}_{mL}$溶液Ⅰ，置于100mL容量瓶中，稀释至刻度。此标准溶液使用前制备。

移取氯胺T溶液Ⅰ的体积按下式计算：

$$V=\frac{0.1000}{\rho}$$

式中　V——氯胺T溶液Ⅰ的体积，mL；

ρ——溶液Ⅰ中氯的质量浓度，g/mL；

0.1000——配制100mL氯标准溶液所需氯的质量，g。

注：制备前应按下列规定方法标定溶液Ⅰ的氯含量。

溶液Ⅰ中氯含量测定：准确移取5.00mL溶液Ⅰ注入碘量瓶中，加100mL水、2g碘化钾及5mL盐酸溶液（10%），在暗处放置10min，用硫代硫酸钠标准溶液［$c(Na_2S_2O_3)=0.1000mol/L$］滴定，近终点时，加2mL淀粉指示液（10g/L），继续滴定至溶液蓝色消失。氯的质量浓度按下式计算：

$$\rho=\frac{cV\times 0.03545}{V_1}$$

式中　ρ——氯的质量浓度，g/mL；

V——硫代硫酸钠标准溶液的体积，mL；

c——硫代硫酸钠标准溶液的浓度，mol/L；

V_1——溶液Ⅰ的体积，mL；

0.03545——与1.00mL硫代硫酸钠标准溶液［$c(Na_2S_2O_3)=1.000mol/L$］相当的，以g为单位的氯的质量。

［标定］　适用于采用方法1和方法2配制的溶液

方法1　准确移取2.00mL上述氯溶液于锥形瓶中，加1滴溴酚蓝指示液（1g/L），用硝酸溶液［$c(HNO_3)=6mol/L$］调至黄色，采用电位滴定法，用硝酸银标准溶液［$c(AgNO_3)=0.01000mol/L$］滴定至终点。氯溶液的质量浓度按下式计算：

$$\rho(Cl^-)=\frac{cV_1}{V}\times 35.453\times 1000$$

式中 $\rho(Cl^-)$——氯溶液的质量浓度，μg/mL；

c——硝酸银标准溶液的浓度，mol/L；

V_1——硝酸银标准溶液的体积，mL；

V——氯溶液的体积，mL；

35.453——氯的摩尔质量 [$M(Cl^-)$]，g/mol。

方法 2 恒电流库仑滴定法

(1) 实验基本条件 阳极：纯银电极；支持电解质：硝酸钠-冰醋酸-乙醇溶液 [$c(NaNO_3)=$ 2mol/L]。

(2) 操作过程 仪器预热稳定后，在阳极室中加入 100mL 硝酸钠-冰醋酸-乙醇支持电解质溶液，在阴极室加入 50mL 硝酸钠硝酸饱和溶液，在搅拌下，在阳极室通入高纯氮约 1h，除去氧后，加入数滴稀氯溶液，使电解质处于终点之前，为防止硝酸银分解，将阳极室和中间室避光，在 10.186mA 电流下预电解，以增量法求出预滴定时间 (t)-电位变化 ($\Delta E/\Delta t$) 终点曲线。

然后，用最小分度为 0.1mg 的天平，减量法准确称取 2g 待测氯溶液，在搅拌下分次缓缓加入到阳极室。在氮气、冰水浴和避光的条件下，以 10.186mA 电流下电解，求出滴定的终点曲线、滴定终点和实际消耗的电量。氯溶液的质量浓度按下式计算：

$$\rho(Cl^-)=\frac{Q}{mF}\rho\times 35.453\times 10^6$$

式中 $\rho(Cl^-)$——氯溶液的质量浓度，μg/mL；

Q——氯溶液消耗的电量，C；

F——法拉第常数，C/mol；

m——氯溶液的质量，g；

ρ——20℃时该溶液的密度，g/mL；

35.453——氯的摩尔质量 [$M(Cl^-)$]，g/mol。

氯酸盐 (ClO_3^-) **标准溶液** (1000μg/mL)

[配制] 准确称取 1.4685g 优级纯氯酸钾 ($KClO_3$；$M_r=122.550$)，于 200mL 高型烧杯中，溶于水，移入 1000mL 容量瓶中，用水稀释至刻度，混匀。

[标定] 准确移取 25.00mL 上述溶液于 400mL 锥形瓶中，加入 50.00mL 硫酸亚铁铵标准溶液 {$c[(NH_4)_2Fe(SO_4)_2]=0.0500$mol/L}，缓缓加入 10mL 硫酸和 2mL 磷酸，冷却，在室温下静置 10min，稀释到 150mL，加 5 滴二苯胺磺酸钠指示液 (5g/L)，用重铬酸钾标准溶液 [$c(\frac{1}{6}K_2Cr_2O_7)=0.0500$mol/L] 滴定至溶液呈紫色。同时做空白试验。氯酸盐溶液的质量浓度按下式计算：

$$\rho(ClO_3^-)=\frac{c(V_2-V_1)\times 13.9085}{V}\times 1000$$

式中 $\rho(ClO_3^-)$——氯酸盐 (ClO_3^-) 溶液的质量浓度，μg/mL；

V_2——空白试验重铬酸钾标准溶液的体积，mL；

V_1——重铬酸钾标准溶液的体积，mL；

V——所取氯酸盐 (ClO_3^-) 溶液的体积，mL；

c——重铬酸钾标准溶液的浓度，mol/L；

13.9085——氯酸盐的摩尔质量 $[M(\frac{1}{6}ClO_3^-)]$，g/mol。

氰（CN^-）标准溶液（1000μg/mL）

［配制］ 称取0.25g氰化钾（KCN；M_r=65.1157）于200mL高型烧杯中，溶于氢氧化钠溶液［c(NaOH)=0.1mol/L］，移入100mL容量瓶中，用氢氧化钠溶液［c(NaOH)=0.1mol/L］稀释至刻度。储存在聚乙烯塑料瓶中。

［标定］ 准确吸取10.00mL上述氰溶液于150mL锥形瓶中，加入0.1mL试银灵（对二甲氨基亚苄基罗丹宁）指示液（0.02g试银灵溶解于100mL丙酮中），用硝酸银标准溶液［$c(AgNO_3)$=0.0200mol/L］滴定，使溶液由黄色变成浑浊的橙红色即为终点。氰溶液的质量浓度按下式计算：

$$\rho(CN^-)=\frac{c_1V_1}{V}\times 26.0174\times 1000$$

式中 $\rho(CN^-)$——氰溶液的质量浓度，μg/mL；

V——氰溶液的体积，mL；

c_1——硝酸银标准溶液的浓度，mol/L；

V_1——滴定消耗硝酸银标准溶液的体积，mL；

26.0174——氰的摩尔质量［$M(CN^-)$］，g/mol。

碳酸盐（CO_3^{2-}）标准溶液（1000μg/mL）

［配制］ 选用GBW 06101或GBW（E）060023碳酸钠（Na_2CO_3；M_r=105.9884）纯度标准物质，取适量于280℃下于马弗炉中灼烧4h，取出置于干燥器中备用。准确称取1.7662g的无水碳酸钠，于200mL高型烧杯中，溶于无二氧化碳的水中，移入1000mL容量瓶中，用无二氧化碳的水稀释至刻度，混匀。

如果不能获得碳酸钠纯度标准物质，可采用基准试剂代替，但在准确度要求高时，应对试剂标定后使用。

［无水碳酸钠含量的测定］ 准确称取0.15g已于280℃灼烧至恒重的无水碳酸钠，准确到0.0002g，置于250mL锥形瓶中，加50mL水溶解，加10滴溴甲酚绿-甲基红混合指示液，用盐酸标准溶液［c(HCl)=0.1000mol/L］滴定至溶液由绿色变为暗红色。煮沸2min，按上装有钠石灰的双球管，冷却，继续滴定至溶液呈暗红色。无水碳酸钠的质量分数w按下式计算：

$$w=\frac{cV\times 0.052995}{m}\times 100\%$$

式中 w——无水碳酸钠的质量分数，%；

V——盐酸标准溶液的体积，mL；

c——盐酸标准溶液的浓度，mol/L；

m——无水碳酸钠的质量，g；

0.052995——与1.00mL盐酸标准溶液［c(HCl)=1.000mol/L］相当的，以g为单位的无水碳酸钠的质量。

五氧化二磷（P_2O_5）**标准溶液**（1000μg/mL 以 P_2O_5 计）

［配制］ 取适量基准试剂磷酸二氢钾（KH_2PO_4；M_r＝136.0855）于称量瓶中，于110℃，干燥至恒重，取出，置于干燥器中保存备用。准确称取 1.9175g 磷酸二氢钾，于200mL 高型烧杯中，溶于水，移入 1000mL 容最瓶中，用水稀释至刻度，混匀。配制成五氧化二磷质量浓度为1000μg/mL（以 P_2O_5 计）的标准溶液。

［标定］ 用磷钼酸喹啉重量法。

（1）沉淀 准确移取 25.00mL 五氧化二磷溶液于 300mL 烧杯中，加入 10mLHNO_3溶液（1＋1）、80mL 水，至总体积为 100mL，混匀，加热煮沸，趁热加入 40mL 喹钼柠酮沉淀剂，继续加热微沸 2min，不搅拌，取下并在室温下冷却，冷却过程中转动烧杯(2～3)次。

（2）过滤和洗涤 用预先在 180℃烘干至恒重的 4 号玻璃沙芯坩埚抽滤沉淀，先将上层清液过滤，然后用倾析法洗涤二次，最后将沉淀移入坩埚中用水洗涤（4～5)次，抽干水分。

（3）干燥和恒重 将坩埚连同沉淀于 180℃干燥 1h，取出置于保干器中放置 4h，冷却至室温称重，反复烘干，直到恒重。

（4）空白试验 与试样同时进行试剂空白试验。

（5）五氧化二磷溶液的质量浓度按下式计算：

$$\rho(P_2O_5)=\frac{0.032075(m_1-m_2)}{V}\times 10^6$$

式中 $\rho(P_2O_5)$——五氧化二磷溶液的质量浓度，μg/mL；

m_1——磷钼酸喹啉沉淀的质量，g；

m_2——空白试验沉淀的质量，g；

V——五氧化二磷溶液的体积，mL；

0.032075——磷钼酸喹啉与五氧化二磷的换算系数。

硝酸盐（NO_3^-）**标准溶液**（1000μg/mL）

［配制］

方法 1 选取优级纯硝酸钾（KNO_3；M_r＝101.0132），取适量置于称量瓶中，于110℃下烘干 4h，冷却后，置于干燥器中保存备用。准确称取 1.6291g 硝酸钾于 200mL 高型烧杯中，用水溶解后，移入 1000mL 容量瓶中，用水稀释至刻度，混匀。

方法 2 选取优级纯硝酸钠（$NaNO_3$；M_r＝84.9947），取适量置于称量瓶中，于110℃下烘干 4h，冷却后，置于干燥器中保存备用。准确称取 1.3708g 硝酸钠，溶于水，移入 1000mL 容量瓶中，稀释至刻度，混匀。

［标定］

方法 1 准确移取 30.00mL 上述溶液，注入到强酸性阳离子交换树脂中，以（4～5）mL/min 流量进行交换，交换液收集于锥形瓶中，用水分次洗涤树脂至滴下溶液呈中性。收集交换液和洗涤液，加 2 滴甲基红指示液（1g/L），用氢氧化钠标准溶液［c(NaOH)＝0.0500mol/L］滴定至溶液呈黄色，同时做空白试验。硝酸盐（NO_3^-）溶液的质量浓度按下式计算：

$$\rho(NO_3^-)=\frac{c_1(V_1-V_2)}{V}\times 62.0049\times 1000$$

式中 $\rho(NO_3^-)$——硝酸盐（NO_3^-）溶液的质量浓度，μg/mL；

V_2——空白试验氢氧化钠标准溶液的体积，mL；

V_1——氢氧化钠标准溶液的体积，mL；

c_1——氢氧化钠标准溶液的浓度，mol/L；

V——NO_3^- 溶液的体积，mL；

62.0049——NO_3^- 的摩尔质量 [$M(NO_3^-)$]，g/mol。

方法 2 采用离子色谱法。阴离子分离柱：AS-4A，抑制柱：CMMS-1，淋洗液：1.5mmol/LNaOH-1.5mmol/L $KHCO_3$，流速：1.5mL/min。

待淋洗液基线稳定后，注入纯水确认无杂质峰后，先测定标准溶液，再多次重复测定待测溶液，然后再次测定标准溶液。计算待测硝酸盐（NO_3^-）溶液的质量浓度：

$$\rho(NO_3^-)=\frac{2h_x}{h_{s1}+h_{s2}}\rho_s$$

式中 $\rho(NO_3^-)$——待测 NO_3^- 溶液的质量浓度，μg/mL；

h_{s1}，h_{s2}——注入样品前后标准溶液峰高，cm；

ρ_s——标准溶液的质量浓度，μg/mL；

h_x——待测 NO_3^- 溶液峰高，cm。

硝酸盐氮（NO_3^--N）**标准溶液**（1000μg/mL）

［配制］ 选取优级纯硝酸钾（KNO_3；$M_r=101.0132$），取适量置于称量瓶中，于110℃下烘干 4h，冷却后，置于干燥器中保存备用。准确称取 7.2118g 硝酸钾于 200mL 高型烧杯中，用水溶解后，移入 1000mL 容量瓶中，用水稀释至刻度，混匀。

［标定］

方法 1 取 30.00mL 上述溶液，注入到强酸性阳离子交换树脂中，以（4～5）mL/min 流量进行交换，交换液收集于锥形瓶中，用水分次洗涤树脂至滴下溶液呈中性。收集交换液和洗涤液，加 2 滴甲基红指示液（1g/L），用氢氧化钠标准溶液 [$c(NaOH)=0.1000$mol/L] 滴定至溶液呈黄色，同时做空白试验。硝酸盐氮（NO_3^--N）溶液的浓度按下式计算：

$$\rho(NO_3^--N)=\frac{c_1(V_1-V_2)}{V}\times 14.0067\times 1000$$

式中 $\rho(NO_3^--N)$——硝酸盐氮（NO_3^--N）溶液的质量浓度，μg/mL；

V_2——空白试验氢氧化钠标准溶液的体积，mL；

V_1——氢氧化钠标准溶液的体积，mL；

c_1——氢氧化钠标准溶液的浓度，mol/L；

V——硝酸盐氮（NO_3^--N）溶液的体积，mL；

14.0067——硝酸盐氮（NO_3^--N）的摩尔质量 [$M(N)$]，g/mol。

方法 2 采用离子色谱法。阴离子分离柱：AS-4A；抑制柱：CMMS-1；淋洗液：1.5mmol/LNaOH-1.5mmol/L $KHCO_3$；流速：1.5mL/min。

待淋洗液基线稳定后，注入纯水确认无杂质峰后，先测定标准溶液，再多次重复测定待测溶液，然后再次测定标准溶液。硝酸盐氮溶液的质量浓度按下式计算：

$$\rho(NO_3^- \text{-N})=\frac{2h_x}{h_{s1}+h_{s2}}\times\rho_s$$

式中 $\rho(NO_3^- \text{-N})$——待测硝酸盐氮溶液的质量浓度，μg/mL；

h_{s1}，h_{s2}——注入样品前后标准溶液峰高，cm；

ρ_s——标准溶液浓度，μg/mL；

h_x——待测硝酸盐氮溶液的峰高，cm。

亚硝酸盐（NO_2^-）**标准溶液**（1000μg/mL）

［配制］ 取光谱纯亚硝酸钠（$NaNO_2$；M_r＝68.9953）于称量瓶中，于110℃烘至恒重，置于干燥器中冷却备用。准确称取1.4997g亚硝酸钠和0.2g氢氧化钠于200mL高型烧杯中，用水溶解后，移入1000mL容量瓶中，用水稀释至刻度，混匀。冰箱、暗处保存。临用前取适量稀释。

［标定］ 准确移取20.00mL高锰酸钾标准溶液［$c(\frac{1}{5}KMnO_4)$＝0.0500mol/L］于300mL碘量瓶中，加50mL水，10mL硫酸溶液（20%），混匀，准确移取20.00mL上述溶液，在摇动下，缓慢加入到碘量瓶中，注入时，移液管尖端须接触溶液表面，摇匀，放置10min，加2g碘化钾，摇匀，暗处静置5min，用硫代硫酸钠标准溶液［$c(Na_2S_2O_3)$＝0.0500mol/L］滴定，近终点时，加入2mL淀粉指示液（10g/L），继续滴定至蓝色刚刚消失，即为终点。同时做空白试验。亚硝酸盐溶液的浓度按下式计算：

$$\rho(NO_2^-)=\frac{c(V_1-V_2)}{V}\times 23.0028\times 1000$$

式中 $\rho(NO_2^-)$——亚硝酸盐溶液的质量浓度，μg/mL；

V_1——空白试验硫代硫酸钠标准溶液的体积，mL；

V_2——硫代硫酸钠标准溶液的体积，mL；

c——硫代硫酸钠标准溶液的浓度，mol/L；

V——亚硝酸盐溶液的体积，mL；

23.0028——亚硝酸盐（NO_2^-）的摩尔质量［$M(\frac{1}{2}NO_2^-)$］，g/mol。

亚硝酸盐-氮（NO_2^--N）**标准溶液**（1000μg/mL）

［配制］ 选取光谱纯亚硝酸钠（$NaNO_2$；M_r＝68.9953），取适量置于称量瓶中，于110℃下烘干2h，冷却后，置于干燥器中保存备用。准确称取4.9259g亚硝酸钠于200mL高型烧杯中，用水溶解后，移入1000mL容量瓶中，加入1mL三氯甲烷作保护剂，用水稀释至刻度，混匀。冰箱、暗处保存。临用前取适量稀释。

［标定］ 准确移取20.00mL高锰酸钾标准溶液［$c(\frac{1}{5}KMnO_4)$＝0.0500mol/L］于300mL碘量瓶中，加50mL水，10mL硫酸溶液（20%），混匀，准确移取20.00mL上述溶液，在摇动下，缓慢加入到碘量瓶中，注入时，移液管尖端须接触溶液表面，摇匀，放置10min，加2g碘化钾，摇匀，暗处静置5min，用硫代硫酸钠标准溶液［$c(Na_2S_2O_3)$＝0.0500mol/L］滴定，近终点时，加入2mL淀粉指示液（10g/L），继续滴定至蓝色刚刚消失，即为终点。同时做空白试验。亚硝酸盐-氮溶液的质量浓度按下式计算：

$$\rho(NO_2^- \text{-N})=\frac{c(V_1-V_2)}{V}\times 7.0034\times 1000$$

式中 $\rho(NO_2^- \text{-N})$——亚硝酸盐氮溶液的质量浓度，μg/mL；

V_1——空白试验硫代硫酸钠标准溶液的体积，mL；

V_2——硫代硫酸钠标准溶液的体积，mL；

c——硫代硫酸钠标准溶液的浓度，mol/L；

V——亚硝酸盐氮溶液的体积，mL；

7.0034——氮的摩尔质量 $[M(\frac{1}{2}N)]$，g/mol。

溴（Br^-）标准溶液

A. 溴（Br^-）标准溶液（1000μg/mL）

[配制] 选取优级纯溴化钾（KBr；M_r=119.002），取适量置于称量瓶中，于130℃下干燥2h，冷却后，置于干燥器中保存备用。准确称取1.4893g溴化钾，于200mL高型烧杯中，用水溶解后，移入1000mL容量瓶中，用水稀释至刻度，混匀。储存于棕色瓶中。

[标定] 准确移取2.00mL溴溶液于50mL烧杯中，加8mL水，放在电磁搅拌器上，开动搅拌，以银电极为指示电极，固体参比电极为参比电极，用硝酸银标准溶液 [$c(AgNO_3)$=0.0200mol/L] 滴定。溴溶液的质量浓度按下式计算：

$$\rho(Br^-)=\frac{c_1V_1}{V}\times 79.904\times 1000$$

式中 $\rho(Br^-)$——溴溶液的质量浓度，μg/mL；

V_1——硝酸银标准溶液的体积，mL；

c_1——硝酸银标准溶液的浓度，mol/L；

V——溴溶液的体积，mL；

79.904——溴的摩尔质量 [$M(Br^-)$]，g/mol。

B. 溴（Br^-）标准溶液 [$c(Br^-)$=0.1mol/L]

[配制] 称取50.0g优级纯溴化钾，溶于300mL水，加（2.5～2.6)mL（8g）溴，稀释至1000mL，浓度以标定值为准。

[标定] 准确移取25.00mL上述溶液，于250mL碘量瓶中，加2g碘化钾及30mL水，待碘化钾溶解后，暗处放置5min，用硫代硫酸钠标准溶液 [$c(Na_2S_2O_3)$=0.100mol/L] 滴定，近终点时，加2mL淀粉指示液（10g/L)，继续滴定至溶液蓝色消失。溴溶液的浓度按下式计算：

$$c(Br^-)=\frac{c_1V_1}{V}$$

式中 $c(Br^-)$——溴溶液的浓度，mol/L；

V_1——硫代硫酸钠标准溶液的体积，mL；

c_1——硫代硫酸钠标准溶液的浓度，mol/L；

V——溴溶液的体积，mL。

溴酸盐（BrO_3^-）标准溶液（1000μg/mL）

[配制] 准确称取1.3057g优级纯溴酸钾（$KBrO_3$；M_r=167.000），于200mL高型烧

杯中，溶于水，移入1000mL容量瓶中，用水稀释至刻度，混匀。储存于棕色瓶中。

［标定］ 准确移取20.00mL上述溶液于250mL碘量瓶中，加2g碘化钾，5mL盐酸溶液（20%），摇匀，暗处静置5min，加50mL水（不超过10℃），用硫代硫酸钠标准溶液[$c(Na_2S_2O_3)=0.0500$mol/L]滴定，近终点时，加入2mL淀粉指示液（10g/L），继续滴定至蓝色刚刚消失，即为终点。同时做空白试验。溴酸盐溶液的质量浓度按下式计算：

$$\rho(BrO_3^-)=\frac{c(V_2-V_1)\times 21.3170}{V}\times 1000$$

式中 $\rho(BrO_3^-)$——溴酸盐（BrO_3^-）溶液的质量浓度，μg/mL；

V_2——空白试验硫代硫酸钠标准溶液的体积，mL；

V_1——硫代硫酸钠标准溶液的体积，mL；

V——所取溴酸盐（BrO_3^-）溶液的体积，mL；

c——硫代硫酸钠标准溶液的浓度，mol/L；

21.3170——溴酸盐的摩尔质量[$M(\frac{1}{6}BrO_3^-)$]，g/mol。

臭氧（O_3）标准溶液

A. 臭氧标准溶液（0.24mg/mL），用碘酸钾配制

［配制］

① 碘酸钾标准溶液[$c(\frac{1}{6}KIO_3)=0.1000$mol/L]：选取优级纯碘酸钾，取适量于称量瓶中于105℃下烘2h，置于干燥器中备用。准确称取3.5668g碘酸钾于200mL高型烧杯中，用少量水溶解后，移入1000mL容量瓶中，用水洗涤烧杯数次，合并洗涤液到容量瓶中，用水稀释至刻度，混匀。

② 臭氧标准溶液（0.24mg/mL）：准确移取10.00mL上述碘酸钾标准溶液于含有50mL水的100mL棕色容量瓶中，加入1g碘化钾，溶解后再加5mL硫酸溶液[$c(H_2SO_4)=0.5$mol/L]，用水稀释至刻度，混匀。此时碘的标准溶液，浓度$c(\frac{1}{2}I_2)=0.0100$mol/L，此溶液相当于臭氧浓度为0.24mg/mL（用于硼酸碘化钾比色法测定臭氧）。

B. 用靛蓝二磺酸钠配制（相当于臭氧标准溶液）

［配制］ 称取0.25g靛蓝二磺酸钠（IDS）（$Na_2C_{16}H_8N_2O_8S_2$；$M_r=466.353$）于200mL高型烧杯中，用水溶解后，移入500mL容量瓶中，用水稀释至刻度。储于棕色瓶，室温暗处放置24h后标定。

［标定］ 准确吸取20.00mL待标定的靛蓝二磺酸钠溶液，于250mL碘量瓶中，加入20.00mL溴酸钾-溴化钾标准溶液{$c[\frac{1}{6}(KBrO_3)]=0.0100$mol/L}，再加入50mL水。在(19.0±0.5)℃水浴中放置至溶液温度与水浴温度平衡时，加入5.0mL硫酸溶液（1+6），立即盖好瓶塞，混匀，并开始计时，在（19.0±0.5)℃水浴中放置（30±1)min，若水浴温度为（17.0±0.5)℃，反应时间应延长至（35±1)min。加入1g碘化钾，立即盖好瓶塞，轻轻混匀，至完全溶解后，在暗处放置5min，用硫代硫酸钠标准溶液[$c(Na_2S_2O_3)=0.0050$mol/L]滴定至棕色刚刚褪去，溶液呈淡黄色时。加入1mL淀粉指示液（5g/L），溶液呈蓝色，继续滴定至蓝色刚刚消失，终点为亮黄色。靛蓝二磺酸钠溶液相当于臭氧的质量浓度（μg/mL），由下式计算：

$$\rho(O_3)=\frac{(c_1V_1-c_2V_2)\times 48.00}{V\times 4}\times 1000$$

式中 $\rho(O_3)$——臭氧溶液的质量浓度，μg/mL；

V——靛蓝二磺酸钠溶液的体积，mL；

c_1——溴酸钾-溴化钾标准溶液的浓度，mol/L；

V_1——加入溴酸钾-溴化钾标准溶液的体积，mL；

c_2——硫代硫酸钠标准溶液的浓度，mol/L；

V_2——硫代硫酸钠标准溶液的体积，mL；

48.00——臭氧的摩尔质量 [$M(O_3)$]，g/mol；

4——化学计量因数，Br_2/IDS。

[用途] 用于靛蓝二磺酸钠比色法测定臭氧。

乙酸盐（CH_3COO^-）**标准溶液**（1000μg/mL）

[配制] 准确称取 2.3047g 经含量测定的优级纯三水乙酸钠（$NaCH_3COO \cdot 3H_2O$；M_r=136.0796），于 200mL 高型烧杯中，溶于水，移入 1000mL 容量瓶中，用水稀释至刻度，混匀。

[三水乙酸钠含量测定] 称取 0.4g 三水乙酸钠，准确至 0.0002g，置于 250mL 烧杯中，溶于 25mL 水。注入到强酸性阳离子交换树脂中，以（4～5）mL/min 流量进行交换，交换液收集于锥形瓶中，用水分次洗涤树脂至滴下溶液呈中性。收集交换液和洗涤液，加 2 滴酚酞指示液（10g/L），用氢氧化钠标准溶液 [c(NaOH)=0.100mol/L] 滴定至溶液呈粉红色，并保持 30s。同时做空白试验。三水乙酸钠的质量分数按下式计算：

$$w=\frac{c_1(V_1-V_2)\times 0.1361}{m}\times 100\%$$

式中 w——三水乙酸钠的质量分数，%；

c_1——氢氧化钠标准溶液的浓度，mol/L；

V_1——氢氧化钠标准溶液的体积，mL；

V_2——空白试验氢氧化钠标准溶液的体积，mL；

m——三水乙酸钠的质量，g；

0.1361——与 1.00mL 氢氧化钠标准溶液 [c(NaOH)=1.000mol/L] 相当的，以 g 为单位的三水乙酸钠的质量。

（三）有机金属化合物成分分析用标准溶液

甲基汞标准溶液（1000μg/mL）

[配制] 用最小分度为 0.1mg 的分析天平，准确称取 0.1252g 氯化甲基汞纯品（≥99%），置于小烧杯中，用苯溶解后，转移到 100mL 容量瓶中，加苯稀释至刻度，混匀。配制成浓度为 1000μg/mL 的标准储备溶液。放置冰箱中保存。

三苯基锡氯化物标准溶液（1000μg/mL）

[配制] 用最小分度为 0.01mg 的分析天平，准确称取 0.1000g 的三苯基锡氯化物（纯

度≥99%）纯品，于100mL容量瓶中，用正己烷稀释到刻度，混匀。配制成浓度为1000μg/L的标准储备溶液。

三丁基锡氯化物标准溶液（1000μg/mL）

［配制］ 用最小分度为0.01mg的分析天平，准确称取0.1000g的三丁基锡氯化物（纯度≥99%）纯品，于100mL容量瓶中，用正己烷稀释到刻度，混匀。配制成浓度为1000μg/L的标准储备溶液。

三氟乙酰丙酮铍溶液（100μg/mL）

［配制］ 准确称取0.1771g升华纯化过的三氟乙酰丙酮铍于100mL容量瓶中，加入色谱纯苯溶解，并稀释到刻度，用于色谱法测定铍。

［三氟乙酰丙酮铍制备］ 称取0.35g硫酸铍（$BeSO_4 \cdot 4H_2O$）、0.6g乙酸钠，于100mL烧杯中，加7mL水溶解，取0.5mL新蒸馏的三氟乙酰丙酮溶于无水乙醇中，倒入上述溶液中，用力摇动，将生成的三氟乙酰丙酮铍抽滤，水洗，放在空气中晾干。在6.7Pa压力下于100℃真空升华提纯。

螨完锡标准溶液（1000μg/mL）

［配制］ 用最小分度为0.01mg的分析天平，准确称取0.1000g螨完锡（纯度≥99%）纯品，于100mL容量瓶中，用重蒸馏的石油醚稀释到刻度，混匀。配制成浓度为1000μg/L的标准储备溶液。

有机锗（Ge-132）**标准溶液**［ρ(Ge)＝1000μg/mL］

［配制］ 用最小分度为0.1mg的分析天平，准确称取0.234g有机锗（Ge-132）（纯度99.99%）纯品，于100mL烧杯中，加10mL氢氧化钠溶液（4g/L），温热溶解，加入10mL盐酸溶液［c(HCl)＝0.1mol/L］，移入100mL容量瓶中，用水稀释到刻度，混匀。配制成浓度为ρ(Ge)＝1000μg/L的标准储备溶液。临用时，用水稀释［结果乘以2.34则为有机锗（Ge-132）量］。

脂肪酸镍标准溶液［ρ(Ni)＝1000μg/mL］

［配制］ 用最小分度为0.1mg的分析天平，准确称取$\{m_1\}_g$g脂肪酸镍纯品，于250mL圆底烧瓶中，加入含0.35% 2,6-二叔丁基-4-甲基酚（T501）（抗氧化剂）的白油$\{m_2\}_g$g，在60℃油浴中搅拌2h，使脂肪酸镍充分溶解，冷却至室温，保存在聚乙烯瓶中。

$$m_1 = \frac{0.1000}{w}$$

$$m_2 = 100 - m_1$$

式中 w——脂肪酸镍中镍含量，%；

m_1——脂肪酸镍的质量，g；

m_2——白油的质量，g。

脂肪酸铁标准溶液［ρ(Fe)＝1000μg/mL］

［配制］ 用最小分度为0.1mg的分析天平，准确称取$\{m_1\}_g$g脂肪酸铁纯品，于

250mL圆底烧瓶中，加入含0.35% 2,6-二叔丁基-4-甲基酚（T501）（抗氧化剂）的白油$\{m_2\}_g$g，在60℃的油浴中搅拌2h，使脂肪酸铁充分溶解，冷却至室温，保存在聚乙烯瓶中。

$$m_1=\frac{0.1000}{w}$$

$$m_2=(100-m_1)$$

式中 w——脂肪酸铁中铁含量，%；

m_1——脂肪酸铁的质量，g；

m_2——白油的质量，g。

二、有机生化成分分析用标准溶液

阿苯达唑（$C_{12}H_{15}N_3O_2S$）**标准溶液**（1000μg/mL）

［配制］ 取适量阿苯达唑纯品于称量瓶中，在105℃下干燥至恒重，置于干燥器中冷却备用。准确称取1.0000g（或按含量换算出质量；$m=1.0000\text{g}/w$；w——质量分数）经含量分析的阿苯达唑（$C_{12}H_{15}N_3O_2S$；$M_r=265.3312$）纯品（纯度≥99%），置于100mL烧杯中，加适量氯仿-冰醋酸混合溶剂（9+1）溶解后，移入1000mL容量瓶中，用氯仿-冰醋酸混合溶剂（9+1）稀释到刻度，混匀。

［阿苯达唑含量测定］ 称取0.2g已干燥的样品，准确到0.0001g，置于250mL锥形瓶中，加20mL冰醋酸溶解后，加1滴结晶紫指示液（5g/L），用高氯酸标准溶液［$c(HClO_4)=0.1000$mol/L］滴定至溶液显绿色。同时做空白试验。阿苯达唑的质量分数按下式计算：

$$w=\frac{c(V_1-V_2)\times0.2653}{m}\times100\%$$

式中 w——阿苯达唑的质量分数，%；

V_1——高氯酸标准溶液的体积，mL；

V_2——空白试验高氯酸标准溶液的体积，mL；

c——高氯酸标准溶液的浓度，mol/L；

m——样品质量，g；

0.2653——与1.00mL高氯酸标准溶液［$c(HClO_4)=1.000$mol/L］相当的，以g为单位的阿苯达唑的质量。

阿拉伯醇（$C_5H_{12}O_5$）**标准溶液**（1000μg/mL）

［配制］ 用最小分度为0.01mg的分析天平，准确称取0.1000g（或按含量换算出质量$m=0.1000\text{g}/w$；w——质量分数）阿拉伯醇（$C_5H_{12}O_5$；$M_r=152.1458$）纯品（纯度≥99%），于100mL烧杯中，加入1mL无水吡啶和4mL乙酸酐，在电热板上加热30min（缓慢加热，以防内容物沸腾），冷却，移入100mL干燥容量瓶中，用丙酮稀释到刻度，混匀。配制成浓度为1000μg/mL的储备标准溶液。

阿米卡星（$C_{22}H_{43}N_5O_{13}$）**标准溶液**［1000单位/mL(μg/mL)］

［配制］ 取适量阿米卡星于称量瓶中，于120℃下干燥至恒重，置于干燥器中冷却备

用。准确称取适量［按纯度换算出质量 $m=1000g/X$；X——每 1mg 的效价单位］阿米卡星（$C_{22}H_{43}N_5O_{13}$；$M_r=585.6025$）纯品（1mg 的效价不低于 910 阿米卡星单位），准确至 0.0001g，置于 100mL 烧杯中，加灭菌水溶解，移入 1000mL 容量瓶中，用灭菌水稀释到刻度，混匀。配制成每 1mL 中含 1000 单位的阿米卡星标准储备溶液。1000 阿米卡星单位相当于 1mg $C_{22}H_{43}N_5O_{13}$。采用抗生素微生物检定法测定。

阿莫西林（$C_{16}H_{19}N_3O_5S$）**标准溶液**（1000μg/mL）

［配制］ 准确称取 1.1479g（或按纯度换算出质量 $m=1.1479g/w$；w——质量分数）经含量测定（高效液相色谱法）的阿莫西林（$C_{16}H_{19}N_3O_5S \cdot 3H_2O$；$M_r=419.450$）纯品（纯度≥99%），置于 100mL 烧杯中，加水溶解后，移入 1000mL 容量瓶中，用水稀释到刻度，混匀。避光，置于冰箱中低温保存。

阿莫西林钠（$NaC_{16}H_{18}N_3O_5S$）**标准溶液**（1000μg/mL）

［配制］ 准确称取 1.0000g（或按纯度换算出质量 $m=1.0000g/w$；w——质量分数）经含量测定（高效液相色谱法）的阿莫西林钠（$NaC_{16}H_{18}N_3O_5S$；$M_r=387.386$）纯品（纯度≥99%），置于 100mL 烧杯中，加水溶解后，移入 1000mL 容量瓶中，用水稀释到刻度，混匀。避光，置于冰箱中低温保存。

阿普唑仑（$C_{17}H_{13}ClN_4$）**标准溶液**（1000μg/mL）

［配制］ 取适量阿普唑仑于称量瓶中，于 105℃下干燥至恒重，置于干燥器中冷却备用。准确称取 1.0000g（或按纯度换算出质量 $m=1.0000g/w$；w——质量分数）经纯度分析的阿普唑仑（$C_{17}H_{13}ClN_4$；$M_r=308.765$）纯品（纯度≥99%），置于 100mL 烧杯中，加适量氯仿溶解后，移入 1000mL 容量瓶中，用氯仿稀释到刻度，混匀。避光低温保存。

［阿普唑仑含量的测定］ 称取 0.15g 已干燥的样品，准确到 0.0001g，置于 250mL 锥形瓶中，加 10mL 乙酸酐，振摇溶解后，加 1 滴结晶紫指示液（5g/L），用高氯酸标准溶液［$c(HClO_4)=0.1000mol/L$］滴定至溶液显黄绿色。同时做空白试验。阿普唑仑的质量分数按下式计算：

$$w=\frac{c(V_1-V_2)\times 0.1544}{m}\times 100\%$$

式中 w——阿普唑仑的质量，%；

V_1——高氯酸标准溶液的体积，mL；

V_2——空白消耗高氯酸标准溶液的体积，mL；

c——高氯酸标准溶液的浓度，mol/L；

m——样品质量，g；

0.1544——与 1.00mL 高氯酸标准溶液［$c(HClO_4)=1.000mol/L$］相当的，以 g 为单位的阿普唑仑的质量。

阿奇霉素（$C_{38}H_{72}N_2O_{12}$）**标准溶液**［1000 单位/mL（μg/mL）］

［配制］ 准确称取适量（按纯度换算出质量 $m=1000g/X$；X——每 1mg 的效价单位）阿奇霉素（$C_{38}H_{72}N_2O_{12}$；$M_r=748.9845$）纯品（1mg 的效价不低于 945 阿奇霉素单位），

准确至0.0001g，置于100mL烧杯中，加无菌水溶解，移入1000mL容量瓶中，用无菌稀释到刻度，混匀。配制成每1mL中含1000单位的阿奇霉素溶液。1000阿奇霉素单位相当于1mg $C_{38}H_{72}N_2O_{12}$。按照抗生素微生物检定法测定。

阿司帕坦（$C_{14}H_{18}N_2O_5$）**标准溶液**（1000μg/mL）

［配制］ 取适量阿司帕坦于称量瓶中，于105℃下干燥至恒重，置于干燥器中冷却备用。准确称取1.0000g（或按纯度换算出质量 $m=1.0000g/w$；w——质量分数）经纯度分析的阿司帕坦（$C_{14}H_{18}N_2O_5$；$M_r=294.3031$）纯品（纯度≥99%），置于100mL烧杯中，加适量水溶解后，移入1000mL容量瓶中，用水稀释到刻度，混匀。

［阿司帕坦纯度的测定］ 称取0.3g已干燥的样品，准确到0.0001g，置于250mL锥形瓶中，加3mL甲醇及50mL冰醋酸，溶解后，加2滴结晶紫指示液（5g/L），立即用高氯酸标准溶液［$c(HClO_4)=0.1000mol/L$］滴定至溶液显蓝色。同时做空白试验。阿司帕坦的质量分数按下式计算：

$$w=\frac{c(V_1-V_2)\times 0.2943}{m}\times 100\%$$

式中 w——阿司帕坦的质量分数，%；

V_1——高氯酸标准溶液的体积，mL；

V_2——空白消耗高氯酸标准溶液的体积，mL；

c——高氯酸标准溶液的浓度，mol/L；

m——样品质量，g；

0.2943——与1.00mL高氯酸标准溶液［$c(HClO_4)=1.000mol/L$］相当的，以g为单位的阿司帕坦的质量。

阿司匹林（乙酰水杨酸；$C_9H_8O_4$）**标准溶液**（1000μg/mL）

［配制］ 准确称取1.0000g（或按纯度换算出质量 $m=1.0000g/w$；w——质量分数）经纯度分析的阿司匹林（乙酰水杨酸）（$C_9H_8O_4$；$M_r=180.1574$）纯品（纯度≥99%），置于100mL烧杯中，加乙醇溶解后，移入1000mL容量瓶中，用乙醇稀释到刻度，混匀。

［阿司匹林纯度的测定］ 称取0.4g样品，准确到0.0001g。置于250mL锥形瓶中，加20mL中性乙醇（对酚酞指示液显中性）溶解后，加3滴酚酞指示液（10g/L），用氢氧化钠标准溶液［$c(NaOH)=0.1mol/L$］滴定至溶液呈粉红色，并保持30s。阿司匹林的质量分数（w）按下式计算：

$$w=\frac{cV\times 0.1802}{m}\times 100\%$$

式中 w——阿司匹林的质量分数，%；

V——氢氧化钠标准溶液的体积，mL；

c——氢氧化钠标准溶液的浓度，mol/L；

m——样品质量，g；

0.1802——与1.00mL氢氧化钠标准溶液［$c(NaOH)=1.000mol/L$］相当的，以g为单位的阿司匹林的质量。

阿特拉津（$C_8H_{14}ClN_5$）**标准溶液**（1000μg/mL）

［配制］ 用最小分度为0.01mg的分析天平，准确称取0.1000g（或按纯度换算出质量$m=0.1000g/w$；w——质量分数）的阿特拉津（$C_8H_{14}ClN_5$；$M_r=215.683$）纯品（纯度≥99%），于小烧杯中，用重蒸馏丙酮溶解后，转移到100mL容量瓶中，并用重蒸馏丙酮定容，混匀。配制成浓度为1000μg/mL的标准储备溶液，于冰箱（4℃）中保存，使用时用正己烷稀释成适当浓度的标准工作溶液。

阿替洛尔（$C_{14}H_{22}N_2O_3$）**标准溶液**（1000μg/mL）

［配制］ 取适量阿替洛尔于称量瓶中，于105℃下干燥至恒重，置于干燥器中冷却备用。准确称取1.0000g（或按纯度换算出质量$m=1.0000g/w$；w——质量分数）经纯度分析（高效液相色谱法）的阿替洛尔（$C_{14}H_{22}N_2O_3$；$M_r=266.3361$）纯品（纯度≥99%），置于100mL烧杯中，加乙醇溶解后，移入1000mL容量瓶中，用乙醇稀释到刻度，混匀。

阿托品（$C_{17}H_{23}NO_3$）**标准溶液**（1000μg/mL）

［配制］ 用最小分度为0.01mg的分析天平，准确称取0.1201g（或按纯度换算出质量$m=0.1201g/w$；w——质量分数）硫酸阿托品［$(C_{17}H_{23}NO_3)_2\cdot H_2SO_4\cdot H_2O$；$M_r=676.817$］纯品（纯度≥99%），于烧杯中，溶于10mL水中，加氨水（1+1）呈碱性，用三氯甲烷提取两次，每次8mL，三氯甲烷提取液经少许无水硫酸钠脱水，滤入100mL容量瓶中，再用少许三氯甲烷洗涤滤器，洗液并入容量瓶中，用三氯甲烷稀释到刻度，混匀。配制成浓度为1000μg/mL的标准储备溶液。避光保存。

阿昔洛韦（$C_8H_{11}N_5O_3$）**标准溶液**（1000μg/mL）

［配制］ 取适量阿昔洛韦于称量瓶中，于105℃下干燥至恒重，置于干燥器中冷却备用。准确称取1.0000g（或按纯度换算出质量$m=1.0000g/w$；w——质量分数）经纯度分析（高效液相色谱法）的阿昔洛韦（$C_8H_{11}N_5O_3$；$M_r=225.2046$）纯品（纯度≥99%），置于100mL烧杯中，加适量氢氧化钠溶液（10g/L）溶解后，移入1000mL容量瓶中，用水稀释到刻度，混匀。避光低温保存。

艾司唑仑（$C_{16}H_{11}ClN_4$）**标准溶液**（1000μg/mL）

［配制］ 取适量艾司唑仑于称量瓶中，于105℃下干燥至恒重，取出，置于干燥器中冷却备用。准确称取1.0000g（或按纯度换算出质量$m=1.0000g/w$；w——质量分数）经纯度分析的艾司唑仑（$C_{16}H_{11}ClN_4$；$M_r=294.738$）纯品（纯度≥99%），置于100mL烧杯中，加适量乙醇溶解后，移入1000mL容量瓶中，用乙醇稀释到刻度，混匀。

［艾司唑仑纯度的测定］ 准确称取0.1g已干燥的样品，准确到0.0001g，置于250mL锥形瓶中，加50mL乙酐溶解后，加2滴结晶紫指示液（5g/L），用高氯酸标准溶液［$c(HClO_4)=0.100mol/L$］滴定至溶液显黄色。同时做空白试验。艾司唑仑的质量分数（w）按下式计算：

$$w=\frac{c(V_1-V_2)\times 0.1474}{m}\times 100\%$$

式中　V_1——高氯酸标准溶液的体积，mL；

　　V_2——空白试验高氯酸标准溶液的体积，mL；

　　c——高氯酸标准溶液的浓度，mol/L；

　　m——样品质量，g；

0.1474——与 1.00mL 高氯酸标准溶液［$c(HClO_4)=1.000mol/L$］相当的，以 g 为单位的艾司唑仑的质量。

艾氏剂（$C_{12}H_8Cl_6$）**标准溶液**（1000μg/mL）

［配制］ 用最小分度为 0.01mg 的分析天平，准确称取 0.1000g（或按纯度换算出质量 $m=0.1000g/w$；w——质量分数）艾氏剂（$C_{12}H_8Cl_6$；$M_r=364.910$）纯品（纯度≥99%），置于烧杯中，用丙酮溶解，转移到 100mL 容量瓶中，用丙酮稀释到刻度，混匀。配制成浓度为 1000μg/mL 的标准储备溶液。使用时，根据需要再用正己烷稀释成适当浓度的标准工作溶液。

氨苯砜（$C_{12}H_{12}N_2O_2S$）**标准溶液**（1000μg/mL）

［配制］ 取适量氨苯砜于称量瓶中，于 105℃下干燥至恒重，置于干燥器中冷却备用。准确称取 1.0000g（或按纯度换算出质量 $m=1.0000g/w$；w——质量分数）经纯度分析的氨苯砜（$C_{12}H_{12}N_2O_2S$；$M_r=248.301$）纯品（纯度≥99%），置于 100mL 烧杯中，加适量甲醇溶解后，移入 1000mL 容量瓶中，用甲醇稀释到刻度，混匀。

［氨苯砜纯度的测定］ 永停滴定法：准确称取 0.25g 已干燥的样品，准确到 0.0001g。置于 250mL 锥形瓶中，加 30mL 水与 20mL 盐酸溶液（50%），再加 2g 溴化钾，插入铂-铂电极后，将滴定管的尖端插入液面下约 2/3 处，用亚硝酸钠标准溶液［$c(NaNO_2)=0.1000mol/L$］迅速滴定，随滴随搅拌，至近终点时，将滴定管的尖端提出液面，用少量水淋洗尖端，洗液并入溶液中，继续缓缓滴定，至电流计指针突然偏转，并不再回复，即为滴定终点。氨苯砜的质量分数（w）按下式计算：

$$w=\frac{cV\times0.1242}{m}\times100\%$$

式中　V——亚硝酸钠标准溶液的体积，mL；

　　c——亚硝酸钠标准溶液的浓度，mol/L；

　　m——样品质量，g；

0.1242——与 1.00mL 亚硝酸钠标准溶液［$c(NaNO_2)=1.000mol/L$］相当的，以 g 为单位的氨苯砜的质量。

氨苯蝶啶（$C_{12}H_{21}N_7$）**标准溶液**（1000μg/mL）

［配制］ 取适量氨苯蝶啶于称量瓶中，于 105℃下干燥至恒重，置于干燥器中冷却备用。准确称取 1.0000g（或按纯度换算出质量 $m=1.0000g/w$；w——质量分数）经纯度分析的氨苯蝶啶（$C_{12}H_{21}N_7$；$M_r=253.2626$）纯品（纯度≥99%），置于 100mL 烧杯中，加适量二甲亚砜溶解后，移入 1000mL 容量瓶中，用二甲亚砜稀释到刻度，混匀。

［氨苯蝶啶纯度的测定］ 准确称取 0.1g 已干燥的样品，准确到 0.0001g，置于 250mL 锥形瓶中，加 20mL 冰醋酸，加热使其溶解，冷却，加 10mL 乙酐与 2 滴喹哪啶红指示液

(5g/L)，用高氯酸标准溶液［$c(HClO_4)=0.1000mol/L$］滴定，至溶液红色消失，同时做空白试验。氨苯蝶啶的质量分数（w）按下式计算：

$$w=\frac{c(V_1-V_2)\times 0.1266}{m}\times 100\%$$

式中 V_1——高氯酸标准溶液的体积，mL；

V_2——空白消耗高氯酸标准溶液的体积，mL；

c——高氯酸标准溶液的浓度，mol/L；

m——样品质量，g；

0.1266——与1.00mL高氯酸标准溶液［$c(HClO_4)=1.000mol/L$］相当的，以g为单位的氨苯蝶啶的质量。

氨苄西林（$C_{16}H_{19}N_3O_4S$）**标准溶液**（1000μg/mL）

［配制］ 准确称取1.1547g（或按纯度换算出质量$m=1.1547g/w$；w——质量分数）经纯度分析（高效液相色谱法）的氨苄西林（$C_{16}H_{19}N_3O_4S\cdot 3H_2O$；$M_r=403.451$）纯品（纯度≥99%），置于100mL烧杯中，加适量稀盐酸溶液（1%）溶解后，移入1000mL容量瓶中，用水稀释到刻度，混匀。低温避光保存。

氨苄西林钠（$NaC_{16}H_{18}N_3O_4S$）**标准溶液**（1000μg/mL）

［配制］ 准确称取1.0000g（或按纯度换算出质量$m=1.0000g/w$；w——质量分数）经纯度分析（高效液相色谱法）的氨苄西林钠（$NaC_{16}H_{18}N_3O_4S$；$M_r=371.387$）纯品（纯度≥99%），置于100mL烧杯中，加适量水溶解后，移入1000mL容量瓶中，用水稀释到刻度，混匀。低温避光保存。

氨丙嘧吡啶（$C_{14}H_{19}ClN_4$）**标准溶液**（1000μg/mL）

［配制］ 用最小分度为0.01mg的分析天平，准确称取0.1000g（或按纯度换算出质量$m=0.1000g/w$；w——质量分数）的氨丙嘧吡啶（$C_{14}H_{19}ClN_4$；$M_r=278.781$）纯品（纯度≥99%），于小烧杯中，用水溶解，转移到100mL容量瓶中，用水稀释到刻度，混匀。配制成浓度为1000μg/mL的标准储备溶液。

氨基磺酸（H_3NO_3S）**标准溶液**（1000μg/mL）

［配制］ 准确称取1.0000g（或按纯度换算出质量$m=1.0000g/w$；w——质量分数）经纯度分析的氨基磺酸（H_3NO_3S；$M_r=97.094$）纯品（纯度≥99%），置于100mL烧杯中，加适量水溶解后，移入1000mL容量瓶中，用水稀释到刻度，混匀。

［氨基磺酸纯度的测定］ 称取0.3g样品，准确到0.0001g，置于250mL锥形瓶中，加10mL盐酸溶液（1+1），用水稀释到100mL，用亚硝酸钠标准溶液［$c(NaNO_2)=0.100mol/L$］缓缓滴定，直到用玻璃棒蘸取一滴溶液于淀粉-碘化钾试纸上刚显蓝色，继续搅拌1min，再蘸取一滴溶液，使蓝色在试纸上保持1min不褪色为终点。氨基磺酸的质量分数（w）按下式计算：

$$w=\frac{cV\times 0.09709}{m}\times 100\%$$

式中 V——亚硝酸钠标准溶液的体积，mL；

c——亚硝酸钠标准溶液的浓度，mol/L；

m——样品质量，g；

0.09709——与1.00mL亚硝酸钠标准溶液［$c(NaNO_2)=1.000mol/L$］相当的，以g为单位的氨基磺酸的质量。

氨基甲酸乙酯（$C_3H_7NO_2$）**标准溶液**（1000μg/mL）

［配制］ 用最小分度为0.01mg的分析天平，准确称取0.1000g（或按纯度换算出质量 $m=0.1000g/w$；w——质量分数）氨基甲酸乙酯（$C_3H_7NO_2$；$M_r=89.0932$）纯品（纯度≥99%），置于烧杯中，用甲醇溶解后，转移到100mL容量瓶中，用甲醇稀释到刻度，混匀，配制成浓度为1000μg/mL的标准储备溶液。使用时，根据需要再用正己烷稀释成适当浓度的标准工作溶液。

4-氨基-5-甲氧基-2-甲基苯磺酸标准溶液（1000μg/mL）

［配制］ 取适量4-氨基-5-甲氧基-2-甲基苯磺酸于称量瓶中，置于真空干燥器中干燥24h，用最小分度为0.01mg的分析天平，准确称取0.1000g（或按纯度换算出质量 $m=0.1000g/w$；w——质量分数）4-氨基-5-甲氧基-2-甲基苯磺酸（纯度≥99%），置于100mL烧杯中，用乙酸铵溶液（1.5g/L）溶解，移入100mL容量瓶中，用水稀释到刻度，混匀，配制成浓度为1000μg/mL的储备标准溶液。

氨基三乙酸（$C_6H_9NO_6$）**标准溶液**（1000μg/mL）

［配制］ 准确称取1.0000g（或按纯度换算出质量 $m=1.0000g/w$；w——质量分数）优级纯氨基三乙酸（$C_6H_9NO_6$；$M_r=191.1388$），置于200mL烧杯中，加50mL水，在搅拌下滴加氢氧化钠溶液（200g/L）至氨基三乙酸完全溶解，移入1000mL容量瓶中，用水稀释到刻度，混匀。

氨甲环酸（$C_8H_{15}NO_2$）**标准溶液**（1000μg/mL）

［配制］ 取适量氨甲环酸于称量瓶中，于105℃下干燥至恒重，置于干燥器中冷却备用。准确称取1.0000g（或按纯度换算出质量 $m=1.0000g/w$；w——质量分数）经纯度分析的氨甲环酸（$C_8H_{15}NO_2$；$M_r=157.2102$）纯品（纯度≥99%），置于100mL烧杯中，加适量水溶解后，移入1000mL容量瓶中，用水稀释到刻度，混匀。低温避光保存。

［氨甲环酸纯度的测定］ 准确称取0.25g已干燥的样品，准确到0.0001g，置于250mL锥形瓶中，加40mL冰醋酸溶解后，加1滴结晶紫指示液（5g/L），用高氯酸标准溶液［$c(HClO_4)=0.1000mol/L$］滴定，至溶液显蓝绿色，同时做空白试验。氨甲环酸的质量分数（w）按下式计算：

$$w=\frac{c(V_1-V_2)\times 0.1572}{m}\times 100\%$$

式中 V_1——高氯酸标准溶液的体积，mL；

V_2——空白消耗高氯酸标准溶液的体积，mL；

c——高氯酸标准溶液的浓度，mol/L；

m——样品质量，g；

0.1572——与1.00mL高氯酸标准溶液［$c(HClO_4)=1.000mol/L$］相当的，以g为单位的氨甲环酸的质量。

氨鲁米特（$C_{13}H_{16}N_2O_2$）**标准溶液**（1000μg/mL）

［配制］ 取适量氨鲁米特于称量瓶中，于105℃下干燥至恒重，置于干燥器中冷却备用。准确称取1.0000g（或按纯度换算出质量$m=1.0000g/w$；w——质量分数）经纯度分析的氨鲁米特（$C_{13}H_{16}N_2O_2$；$M_r=232.2783$）纯品（纯度≥99%），置于100mL烧杯中，加适量乙醇溶解后，移入1000mL容量瓶中，用乙醇稀释到刻度，混匀。低温避光保存。

［氨鲁米特纯度的测定］ 准确称取0.2g已干燥的样品，准确到0.0001g，置于250mL锥形瓶中，加30mL冰醋酸溶解后，加1滴结晶紫指示液（5g/L），用高氯酸标准溶液［$c(HClO_4)=0.100mol/L$］滴定，至溶液显绿色，同时做空白试验。氨鲁米特的质量分数（w）按下式计算：

$$w=\frac{c(V_1-V_2)\times 0.2323}{m}\times 100\%$$

式中 V_1——高氯酸标准溶液的体积，mL；

V_2——空白消耗高氯酸标准溶液的体积，mL；

c——高氯酸标准溶液的浓度，mol/L；

m——样品质量，g；

0.2323——与1.00mL高氯酸标准溶液［$c(HClO_4)=1.000mol/L$］相当的，以g为单位的氨鲁米特的质量。

安乃近（$NaC_{13}H_{16}N_3O_4S$）**标准溶液**（1000μg/mL）

［配制］ 取适量安乃近于称量瓶中，于105℃下干燥至恒重，取出，置于干燥器中冷却备用。准确称取1.0000g（或按纯度换算出质量$m=1.0000g/w$；w——质量分数）经纯度分析的安乃近（$NaC_{13}H_{16}N_3O_4S$；$M_r=333.339$）或1.0541g（$NaC_{13}H_{16}N_3O_4S\cdot H_2O$；$M_r=351.354$）纯品（纯度≥99%），置于100mL烧杯中，加适量水溶解后，移入1000mL容量瓶中，用水稀释到刻度，混匀。避光低温保存。

［安乃近纯度的测定］ 确称取0.3g已干燥的样品，准确到0.0001g。置于250mL锥形瓶中，加10mL乙醇和10mL盐酸溶液［$c(HCl)=0.01mol/L$］溶解后，立即用碘标准溶液［$c(\frac{1}{2}I_2)=0.1000mol/L$］滴定［控制滴定速度（3～5)mL/min］至溶液显浅黄色，并保持30s。安乃近的质量分数（w）按下式计算：

$$w=\frac{cV\times 0.1667}{m}\times 100\%$$

式中 V——碘标准溶液的体积，mL；

c——碘标准溶液的浓度，mol/L；

m——样品质量，g；

0.1667——与1.00mL碘标准溶液［$c(\frac{1}{2}I_2)=1.000mol/L$］相当的，以g为单位的安乃近（$NaC_{13}H_{16}N_3O_4S$）的质量。

奥芬达唑（芬苯达唑、苯硫苯咪唑；$C_{15}H_{13}N_3O_2S$）**标准溶液**（1000μg/mL）

［配制］ 用最小分度为0.01mg的分析天平，准确称取0.1000g（或按纯度换算出质量$m=0.1000g/w$；w——质量分数）的苯硫苯咪唑（$C_{15}H_{13}N_3O_2S$；$M_r=299.348$）纯品（纯度≥99%），于小烧杯中，溶解于二甲基亚砜中，转移到100mL容量瓶中，并用二甲基亚砜稀释到刻度，配制成浓度为1000μg/mL的标准储备溶液，使用时，根据需要再用甲醇配成适当浓度的标准工作溶液。

奥沙普秦（$C_{18}H_{15}NO_3$）**标准溶液**（1000μg/mL）

［配制］ 取适量奥沙普秦于称量瓶中，于105℃下干燥至恒重，置于干燥器中冷却备用。准确称取1.0000g（或按纯度换算出质量$m=1.0000g/w$；w——质量分数）经纯度分析的奥沙普秦（$C_{18}H_{15}NO_3$；$M_r=293.3166$）纯品（纯度≥99%），置于100mL烧杯中，加适量乙醇溶解后，移入1000mL容量瓶中，用乙醇稀释到刻度，混匀。低温避光保存。

［奥沙普秦纯度的测定］ 准确称取0.3g已干燥的样品，准确到0.0001g，置于250mL锥形瓶中，加25mL无水乙醇（对酚酞指示液显中性），振摇使其溶解，加2滴酚酞指示液（10g/L），用氢氧化钠标准溶液［$c(NaOH)=0.1000mol/L$］滴定至溶液呈粉红色，并保持30s。奥沙普秦的质量分数（w）按下式计算：

$$w=\frac{cV\times 0.2933}{m}\times 100\%$$

式中 V——氢氧化钠标准溶液的体积，mL；

c——氢氧化钠标准溶液的浓度，mol/L；

m——样品质量，g；

0.2933——与1.00mL氢氧化钠标准溶液［$c(NaOH)=1.000mol/L$］相当的，以g为单位的奥沙普秦的质量。

奥沙西泮（$C_{15}H_{11}ClN_2O_2$）**标准溶液**（1000μg/mL）

［配制］ 取适量奥沙西泮于称量瓶中，于105℃下干燥至恒重，置于干燥器中冷却备用。准确称取1.0000g（或按纯度换算出质量$m=1.0000g/w$；w——质量分数）经纯度分析的奥沙西泮（$C_{15}H_{11}ClN_2O_2$；$M_r=286.713$）纯品（纯度≥99%），置于100mL烧杯中，加适量丙酮溶解后，移入1000mL容量瓶中，用丙酮稀释到刻度，混匀。低温避光保存。

［标定］ 分光光度法：准确移取1.00mL上述溶液，移入250mL容量瓶中，用乙醇稀释至刻度（4μg/mL），摇匀。同法配制对照品溶液，按附录十，用分光光度法，在229nm的波长处分别测定对照品溶液和待测溶液的吸光度，计算，即得。

巴胺磷标准溶液（1000μg/mL）

［配制］ 用最小分度为0.01mg的分析天平，准确称取0.1000g（或按纯度换算出质量$m=0.1000g/w$；w——质量分数）巴胺磷（propetumphos）纯品（纯度≥99%），于小烧杯中，用二氯甲烷溶解，转移到100mL容量瓶中，用二氯甲烷稀释至刻度，混匀。配制成浓度为1000μg/mL的标准储备溶液。储于冰箱（4℃）中。使用时，用二氯甲烷稀释成适当浓度的标准工作溶液。

巴豆酸（$C_4H_6O_2$）**标准溶液**（1000μg/mL）

［配制］ 准确称取1.0000g（或按纯度换算出质量 $m=1.0000g/w$；w——质量分数）巴豆酸（$C_4H_6O_2$；$M_r=86.0892$）纯品（纯度≥99%），置于100mL烧杯中，加水溶解，转移到1000mL容量瓶中，用水稀释到刻度，混匀。配制成浓度为1000μg/mL的标准储备溶液。

巴沙（$C_{19}H_{22}F_2N_4O_3$）**标准溶液**（1000μg/mL）

［配制］ 用最小分度为0.01mg的分析天平，准确称取0.1000g（或按纯度换算出质量 $m=0.1000g/w$；w——质量分数）巴沙（$C_{19}H_{22}F_2N_4O_3$；$M_r=392.3998$）纯品（纯度≥99%），置于100mL烧杯中，加适量丙酮溶解后，移入100mL容量瓶中，用丙酮稀释到刻度，混匀。配制成浓度为1000μg/mL的标准储备溶液。使用时，吸取适量储备液用甲醇稀释。

白消安（$C_6H_{14}O_6S_2$）**标准溶液**（1000μg/mL）

［配制］ 准确称取1.0000g（或按纯度换算出质量 $m=1.0000g/w$；w——质量分数）经纯度分析的白消安（$C_6H_{14}O_6S_2$；$M_r=246.302$）纯品（纯度≥99%），置于100mL烧杯中，加适量重蒸馏丙酮溶解后，移入1000mL容量瓶中，用丙酮稀释到刻度，混匀。

［白消安纯度的测定］ 称取0.2g样品，准确至0.0001g，置于200mL锥形瓶中，加40mL水，附回流冷凝管，缓缓回流30min，冷却至室温，加数滴酚酞指示液（10g/L），用氢氧化钠标准溶液［$c(NaOH)=0.1000mol/L$］滴定至溶液呈粉红色，并保持30s。白消安的质量分数（w）按下式计算：

$$w=\frac{cV\times 0.1232}{m}\times 100\%$$

式中 V——氢氧化钠标准溶液的体积，mL；

c——氢氧化钠标准溶液的浓度，mol/L；

m——样品质量，g；

0.1232——与1.00mL氢氧化钠标准溶液［$c(NaOH)=1.000mol/L$］相当的，以g为单位的白消安的质量。

百草枯二氯化物（$C_{12}H_{14}Cl_2N_2$）**标准溶液**（1000μg/mL）

［配制］ 用最小分度为0.01mg的分析天平，准确溶解0.1000g百草枯二氯化物（$C_{12}H_{14}Cl_2N_2$；$M_r=257.159$）纯品（纯度≥99%），置于烧杯中，溶于少量饱和氯化铵溶液中，转移至100mL棕色容量瓶中，并以饱和氯化铵溶液准确定容，摇匀。配制成浓度为1000μg/mL的标准储备溶液。避光保存。使用时，根据需要再配制成适当浓度的标准工作溶液。

百菌清（$C_8Cl_4N_2$）**标准溶液**（1000μg/mL）

［配制］ 用最小分度为0.01mg的分析天平，准确称取0.1000g（或按纯度换算出质量

$m=0.1000g/w$；w——质量分数）的百菌清（$C_8Cl_4N_2$；$M_r=265.911$）纯品（纯度≥99%），于小烧杯中，用石油醚（或环己烷）溶解，转移到100mL容量瓶中，用石油醚（或环己烷）定容，混匀。配制成浓度为1000μg/mL的标准储备溶液，存放在冰箱中备用。使用时，根据需要再配成适当浓度的标准工作溶液。

L-半胱氨酸盐酸盐（$C_3H_7NO_2S \cdot HCl$）**标准溶液**（1000μg/mL）

[配制] 取适量的L-半胱氨酸盐酸盐于称量瓶中，于105℃烘干至恒重，置于干燥器中冷却备用。准确称取1.0000g（或按纯度换算出质量$m=1.0000g/w$；w——质量分数）经纯度分析的L-半胱氨酸盐酸盐（$C_3H_7NO_2S \cdot HCl$；$M_r=157.619$）纯品（纯度≥99.5%）置于100mL烧杯中，加适量水，溶解后，移入1000mL容量瓶中，用水稀释到刻度，混匀。临用现配。

[L-半胱氨酸盐酸盐含量的测定] 称取0.4g于105℃烘干至恒重的样品，准确至0.0001g。置于碘量瓶中，溶于50mL水中，加6mL盐酸，用碘标准溶液[$c(\frac{1}{2}I_2)=0.1000mol/L$]滴定，近终点时，加2mL淀粉指示液（10g/L），继续滴定至溶液呈蓝色。同时做空白试验。L-半胱氨酸盐酸盐的质量分数（w）按下式计算：

$$w=\frac{c(V_1-V_2)\times 0.1576}{m}\times 100\%$$

式中 w——L-半胱氨酸盐酸盐的质量分数，%；
V_1——样品消耗碘标准溶液的体积，mL；
V_2——空白试验消耗碘标准溶液的体积，mL；
c——碘标准溶液的浓度，mol/L；
m——样品质量，g；
0.1576——与1.00mL碘标准溶液[$c(\frac{1}{2}I_2)=1.000mol/L$]相当的，以g为单位的L-半胱氨酸盐酸盐的质量。

半乳糖（$C_6H_{12}O_6$）**标准溶液**（1000μg/mL）

[配制] 用最小分度为0.01mg的分析天平，准确称取1.0000g半乳糖（$C_6H_{12}O_6$；$M_r=180.1559$）纯品（纯度≥99%）（或按纯度换算出质量$m=1.0000g/w$；w——质量分数），于烧杯中，加水溶解后，转移到1000mL容量瓶中，加水至刻度，混匀。用0.2μm超滤膜过滤。配制成浓度为1000μg/mL的储备标准溶液。

棒曲霉素（$C_7H_6O_4$）**标准溶液**（1000μg/mL）

[配制] 用最小分度为0.01mg的分析天平，准确称取0.1000g（或按纯度换算出质量$m=0.1000g/w$；w——质量分数）的棒曲霉素（$C_7H_6O_4$；$M_r=154.1201$）纯品（纯度≥99%），于小烧杯中，溶于乙酸盐缓冲溶液{pH4；16.4mL稀乙酸[$c(CH_3COOH)=0.2mol/L$]与3.6mL乙酸钠水溶液（0.2mol/L）混合}中，转移到100mL棕色容量瓶中，并用乙酸盐缓冲溶液定容，混匀。避光，于0℃下储存。配制成浓度为1000μg/L标准储备溶液。

贝诺酯（$C_{17}H_{15}NO_5$）**标准溶液**（1000μg/mL）

[配制] 取适量贝诺酯于称量瓶中，于105℃下干燥至恒重取出，置于干燥器中冷却备

用。准确称取 1.0000g（或按纯度换算出质量 $m=1.0000g/w$；w——质量分数）贝诺酯（$C_{17}H_{15}NO_5$；$M_r=313.3047$）纯品（纯度≥99%），置于 100mL 烧杯中，加适量氯仿-甲醇混合溶剂（9+1）溶解后，移入 1000mL 容量瓶中，用氯仿-甲醇混合溶剂（9+1）稀释到刻度，混匀。避光低温保存。

［标定］ 准确移取 1.5mL 上述溶液，移入 200mL 容量瓶中，用乙醇稀释到刻度（7.5μg/mL）。按附录十，用分光光度法，在 240nm 的波长处，同时测定标准溶液和待测溶液的吸光度，计算，即得。

倍硫磷（$C_{10}H_{15}O_3PS_2$）**标准溶液**（1000μg/mL）

［配制］ 用最小分度为 0.01mg 的分析天平，准确称取 0.1000g（或按纯度换算出质量 $m=0.1000g/w$；w——质量分数）倍硫磷（$C_{10}H_{15}O_3PS_2$；$M_r=278.328$）纯品（纯度≥99%）置于烧杯中，用三氯甲烷溶解后，转移到 100mL 容量瓶中，用三氯甲烷定容，混匀。配制成浓度为 1000μg/mL 的标准储备溶液。使用时，根据需要再配制成适宜浓度的标准工作溶液。

倍他环糊精［$(C_6H_{10}O_5)_7$］**标准溶液**（1000μg/mL）

［配制］ 取适量倍他环糊精于称量瓶中，于 105℃下干燥至恒重，置于干燥器中冷却备用。准确称取 1.0000g（或按纯度换算出质量 $m=1.0000g/w$；w——质量分数）经纯度分析（高效液相色谱法）的倍他环糊精［$(C_6H_{10}O_5)_7$；$M_r=1134.9842$］纯品（纯度≥99%），置于 100mL 烧杯中，加适量水溶解后，移入 1000mL 容量瓶中，用水稀释到刻度，混匀。

倍他米松（$C_{22}H_{29}FO_5$）**标准溶液**（1000μg/mL）

［配制］ 取适量倍他米松于称量瓶中，于 105℃下干燥至恒重，置于干燥器中冷却备用。准确称取 1.0000g（或按纯度换算出质量 $m=1.0000g/w$；w——质量分数）经纯度分析（高效液相色谱法）的倍他米松（$C_{22}H_{29}FO_5$；$M_r=392.4611$）纯品（纯度≥99%），置于 100mL 烧杯中，加适量乙醇溶解后，移入 1000mL 容量瓶中，用乙醇稀释到刻度，混匀。低温避光保存。

倍他米松磷酸钠（$Na_2C_{22}H_{28}FO_8P$）**标准溶液**（1000μg/mL）

［配制］ 取适量倍他米松磷酸钠于称量瓶中，于 100℃下减压干燥至恒重，置于干燥器中冷却备用。准确称取 1.0000g（或按纯度换算出质量 $m=1.0000g/w$；w——质量分数）经纯度分析（高效液相色谱法）的倍他米松磷酸钠（$Na_2C_{22}H_{28}FO_8P$；$M_r=516.4046$）纯品（纯度≥99%），置于 100mL 烧杯中，加适量水溶解后，移入 1000mL 容量瓶中，用水稀释到刻度，混匀。低温避光保存。

棓酸丙酯（$C_{10}H_{12}O_5$）**标准溶液**（1000μg/mL）

［配制］ 取适量棓酸丙酯于称量瓶中，于 110℃下干燥至恒重，置于干燥器中冷却备用。准确称取 1.0000g（或按纯度换算出质量 $m=1.0000g/w$；w——质量分数）经纯度分析的棓酸丙酯（$C_{10}H_{12}O_5$；$M_r=212.1993$）纯品（纯度≥99%），置于 100mL 烧杯中，加

适量水溶解后，移入1000mL容量瓶中，用水稀释到刻度，混匀。

［棓酸丙酯纯度的测定］ 称取0.2g已干燥的样品，准确到0.0001g，置于400mL烧杯中，加150mL水溶解后加热至沸腾，边用力搅拌，边加入50mL硝酸铋溶液，继续搅拌和加热直到沉淀完全。冷却后，用已恒重的玻璃砂芯坩埚过滤，用冷稀硝酸溶液（1+300）洗涤沉淀，沉淀在110℃下干燥至恒重。棓酸丙酯的质量分数（w）按下式计算：

$$w=\frac{m_1\times 0.4866}{m}\times 100\%$$

式中 m_1——沉淀的质量，g；

m——样品质量，g；

0.4866——换算系数。

苯（C_6H_6）**标准溶液**（1000μg/mL）

［配制］ 取100mL棕色容量瓶，加入10mL色谱纯甲醇（或甲苯），加盖，用最小分度为0.01mg的分析天平准确称量。之后滴加GBW 06404苯（C_6H_6；M_r=78.1118）纯度分析标准物质（纯度：99.3%），至两次质量之差为0.1001g，即为苯的质量（如果准确到0.1001g操作有困难，可通过准确记录苯质量，计算其浓度）。用色谱纯甲醇（或甲苯）稀释到刻度，混匀。使用前在（20±2）℃下平衡后，根据需要再配制成适用浓度的标准工作溶液。

苯胺（C_6H_7N）**标准溶液**（1000μg/mL）

［配制］ 取100mL棕色容量瓶，预先加入10mL硫酸溶液［$c(H_2SO_4)$=0.005mol/L］（或甲醇），加盖，用最小分度为0.01mg的分析天平准确称量。之后滴加新蒸馏的并经过纯度分析的苯胺（C_6H_7N；M_r=93.1265），称量，至两次质量之差为0.1000g，即为苯胺质量（如果准确到0.1000g操作有困难，可通过准确记录苯胺质量，计算其浓度）。用硫酸溶液［$c(H_2SO_4)$=0.005mol/L］（或甲醇）稀释到刻度，混匀。低温保存备用。临用时取适量稀释。

［苯胺纯度的测定］ 称取0.1g样品，准确至0.0002g，于250mL碘量瓶中，加10mL盐酸溶液［c(HCl)=1mol/L］，15mL水，加40.00mL溴标准溶液［$c(\frac{1}{2}Br_2)$=0.1000mol/L］及12mL硫酸溶液［$c(\frac{1}{2}H_2SO_4)$=4mol/L］，盖紧瓶塞，不时振摇30min，放置10min，加2g碘化钾，于暗处放置5min，用硫代硫酸钠标准溶液［$c(Na_2S_2O_3)$=0.1000mol/L］滴定，近终点时，加2mL淀粉指示液（10g/L），继续滴定至溶液蓝色消失。同时做空白试验。苯胺的质量分数（w）按下式计算：

$$w=\frac{c(V_1-V_2)\times 0.01552}{m}\times 100\%$$

式中 V_1——空白试验硫代硫酸钠标准溶液的体积，mL；

V_2——硫代硫酸钠标准溶液的体积，mL；

c——硫代硫酸钠标准溶液的浓度，mol/L；

m——样品质量，g；

0.01552——与1.00mL硫代硫酸钠标准溶液［$c(Na_2S_2O_3)$=1.000mol/L］相当的，以g为单位的苯胺的质量。

苯巴比妥（$C_{12}H_{12}N_2O_3$）**标准溶液**（1000μg/mL）

［配制］ 取适量苯巴比妥于称量瓶中，于105℃下干燥至恒重，置于干燥器中冷却备用。准确称取1.0000g（或按纯度换算出质量 $m=1.0000g/w$；w——质量分数）经纯度分析的苯巴比妥（$C_{12}H_{12}N_2O_3$；$M_r=232.2353$）纯品（纯度≥99%），置于100mL烧杯中，加适量乙醇溶解后，移入1000mL容量瓶中，用乙醇稀释到刻度，混匀。

［苯巴比妥纯度的测定］ 电位滴定法：准确称取0.2g已干燥的样品，准确到0.0001g，置于250mL锥形瓶中，加40mL甲醇使其溶解，再加新配制的15mL无水碳酸钠溶液(30g/L)，溶解后，置电磁搅拌器上，浸入电极（银电极为指示电极，饱和甘汞电极为参比电极），搅拌，并自滴定管中分次加入硝酸银标准溶液［$c(AgNO_3)=0.1000mol/L$］，开始时可每次加入较多的量，搅拌，记录电位；至将近终点前，则应每次加入少量，搅拌，记录电位；至突跃点已过，仍应继续滴加几次标准溶液，并记录电位。

滴定终点的确定：用坐标纸以电位（E）为纵坐标，以标准溶液体积（V）为横坐标，绘制 E-V 曲线，以此曲线的陡然上升或下降部分的中心为滴定终点。或以 $\Delta E/\Delta V$（即相邻两次的电位差和加入标准溶液的体积差之比）为纵坐标，以标准溶液体积（V）为横坐标，绘制（$\Delta E/\Delta V$)-V 曲线，与 $\Delta E/\Delta V$ 的极大值对应的体积即为滴定终点。也可采用二阶导数确定终点。根据求得的 $\Delta E/\Delta V$ 值，计算相邻数值间的差，即 $\Delta E^2/\Delta V^2$，绘制（$\Delta E^2/\Delta V^2$)-V 曲线，曲线过零时的体积即为滴定终点。苯巴比妥的质量分数（w）按下式计算：

$$w=\frac{cV\times 0.2322}{m}\times 100\%$$

式中 V——硝酸银标准溶液的体积，mL；

c——硝酸银标准溶液的浓度，mol/L；

m——样品质量，g；

0.2322——与1.00mL硝酸银标准溶液［$c(AgNO_3)=1.000mol/L$］相当的，以g为单位的苯巴比妥的质量。

苯巴比妥钠（$NaC_{12}H_{11}N_2O_3$）**标准溶液**（1000μg/mL）

［配制］ 取适量苯巴比妥钠于称量瓶中，于105℃下干燥至恒重，置于干燥器中冷却备用。准确称取1.0000g（或按纯度换算出质量 $m=1.0000g/w$；w——质量分数）经纯度分析的苯巴比妥钠（$NaC_{12}H_{11}N_2O_3$；$M_r=254.2171$）纯品（纯度≥99%），置于100mL烧杯中，加适量水溶解后，移入1000mL容量瓶中，用水稀释到刻度，混匀。避光低温保存。

［苯巴比妥钠纯度的测定］ 电位滴定法：称取0.2g已干燥的样品，准确到0.0001g，置于250mL锥形瓶中，加40mL甲醇使其溶解，再加新配制的15mL无水碳酸钠溶液(30g/L)，溶解后，置电磁搅拌器上，浸入电极（电极同“苯巴比妥”），搅拌，并自滴定管中分次加入硝酸银标准溶液［$c(AgNO_3)=0.1000mol/L$］，开始时可每次加入较多的量，搅拌，记录电位；至将近终点前，则应每次加入少量，搅拌，记录电位；至突跃点已过，仍应继续滴加几次标准溶液，并记录电位。

滴定终点的确定：同苯巴比妥。

苯巴比妥钠的质量分数（w）按下式计算：

$$w=\frac{cV\times 0.2542}{m}\times 100\%$$

式中 V——硝酸银标准溶液的体积，mL；

c——硝酸银标准溶液的浓度，mol/L；

m——样品质量，g；

0.2542——与 1.00mL 硝酸银标准溶液 [$c(AgNO_3)$=1.000mol/L] 相当的，以 g 为单位的苯巴比妥钠的质量。

苯并 [*ghi*] 苝 ($C_{22}H_{12}$) **标准溶液** (1000μg/mL)

[配制] 用最小分度为 0.01mg 的分析天平，准确称取 0.1000g（或按纯度换算出质量 m=0.1000g/w；w——质量分数）苯并 [*ghi*] 苝 ($C_{22}H_{12}$；M_r=276.3307) 纯品 (≥99.5%)，于小烧杯中，用甲醇溶解后，转移到 100mL 容量瓶中，用甲醇稀释至刻度，混匀。配制成浓度为 1000μg/mL 的储备标准溶液。采用液相色谱法定值。

5-(丁硫酰)-1*H*-苯并咪唑-2-胺标准溶液 (1000μg/mL)

[配制] 用最小分度为 0.01mg 的分析天平，准确称取 0.1000g（或按纯度换算出质量 m=0.1000g/w；w——质量分数）的 5-(丁硫酰)-1*H*-苯并咪唑-2-胺纯品（纯度≥99%），于小烧杯中，用重蒸馏二甲亚砜溶解，转移到 100mL 容量瓶内，用重蒸馏二甲亚砜稀释至刻度，混匀。配制成浓度为 1000μg/mL 的标准储备溶液。

苯丙氨酸 ($C_9H_{11}NO_2$) **标准溶液** (1000μg/mL)

[配制] 取适量苯丙氨酸于称量瓶中，于 105℃下干燥至恒重，置于干燥器中冷却备用。准确称取 1.0000g（或按纯度换算出质量 m=1.0000g/w；w——质量分数）经纯度分析的苯丙氨酸 ($C_9H_{11}NO_2$；M_r=165.1891) 纯品（纯度≥99%），置于 100mL 烧杯中，加适量水溶解后，移入 1000mL 容量瓶中，用水稀释到刻度，混匀。

[苯丙氨酸纯度的测定] 电位滴定法：称取 0.13g 已干燥的样品，准确到 0.0001g，置于 250mL 锥形瓶中，加 3mL 无水甲酸溶解后，加 50mL 冰醋酸，溶解后，置电磁搅拌器上，浸入电极，搅拌，并自滴定管中分次加入高氯酸标准溶液 [$c(HClO_4)$=0.1mol/L]；开始时可每次加入较多的量，搅拌，记录电位；至将近终点前，则应每次加入少量，搅拌，记录电位；至突跃点已过，仍应继续滴加几次标准溶液，并记录电位。

滴定终点的确定：同苯巴比妥。同时作空白试验。

苯丙氨酸的质量分数 (w) 按下式计算：

$$w=\frac{c(V_1-V_2)\times 0.1652}{m}\times 100\%$$

式中 V_1——高氯酸标准溶液的体积，mL；

V_2——空白消耗高氯酸标准溶液的体积，mL；

c——高氯酸标准溶液的浓度，mol/L；

m——样品质量，g；

0.1652——与 1.00mL 高氯酸标准溶液 [$c(HClO_4)$=1.000mol/L] 相当的，以 g 为单位的苯丙氨酸的质量。

苯丙醇（$C_9H_{12}O$）**标准溶液**（1000μg/mL）

［配制］ 准确称取 1.0000g（或按纯度换算出质量 $m=1.0000g/w$；w——质量分数）经纯度分析的苯丙醇（$C_9H_{12}O$；$M_r=136.1910$）纯品（纯度≥99%），置于 100mL 烧杯中，加乙醇溶解后，移入 1000mL 容量瓶中，用乙醇稀释到刻度，混匀。

［苯丙醇纯度的测定］ 准确称取 0.16g 样品，准确到 0.0001g，置于 250mL 锥形瓶中，准确加入 5mL 新配制的乙酐-吡啶（1＋4），联结回流冷凝管，置水浴上加热回流 1h，加 10mL 水，继续加热 10min，冷却，用 10mL 丁醇（对酚酞指示液显中性）洗涤冷凝管和瓶颈，加 2 滴酚酞指示液（10g/L），用氢氧化钠标准溶液［$c(NaOH)=0.1000mol/L$］滴定，同时做空白试验。苯丙醇的质量分数（w）按下式计算：

$$w=\frac{c(V_1-V_2)\times 0.1362}{m}\times 100\%$$

式中 V_1——氢氧化钠标准溶液的体积，mL；

V_2——空白试验氢氧化钠标准溶液的体积，mL；

c——氢氧化钠标准溶液的浓度，mol/L；

m——样品质量，g；

0.1362——与 1.00mL 氢氧化钠标准溶液［$c(NaOH)=1.000mol/L$］相当的，以 g 为单位的苯丙醇的质量。

苯丙酸诺龙（$C_{27}H_{34}O_3$）**标准溶液**（1000μg/mL）

［配制］ 准确称取 1.0000g（或按纯度换算出质量 $m=1.0000g/w$；w——质量分数）经纯度分析（高效液相色谱法）的苯丙酸诺龙（$C_{27}H_{34}O_3$；$M_r=406.5571$）纯品（纯度≥99%），置于 100mL 烧杯中，加乙醇溶解后，移入 1000mL 容量瓶中，用乙醇稀释到刻度，混匀。避光低温保存。

苯并［*a*］芘（$C_{20}H_{12}$）**标准溶液**（100μg/mL）

［配制］ 用最小分度为 0.01mg 的天平，准确称取 10.00mg[1] 苯并［*a*］芘（$C_{20}H_{12}$；$M_r=252.3093$）纯品（纯度≥99%），（如果准确到 0.0100g 操作有困难，可通过准确记录苯并［*a*］芘质量，计算其浓度）。于 100mL 棕色容量瓶中，用预先通氮数小时除氧的甲醇溶解后稀释到刻度，混匀。低温保存，使用前在（20±2)℃下平衡后，取适量稀释。

［标定］ 采用高压液相色谱法、气相色谱法和荧光光度法标定。

苯并［*e*］芘标准溶液（1000μg/mL）

［配制］ 用最小分度为 0.01mg 的分析天平，准确称取 0.1000g（或按纯度换算出质量 $m=0.1000g/w$；w——质量分数）的苯并［*e*］芘（纯度≥99%），于小烧杯中，用脱醛乙醇溶解，转移到 100mL 棕色容量瓶中，用脱醛乙醇稀释至刻度，混匀，4℃保存。

---

[1] 苯并［*a*］芘为强致癌物质，操作时必须佩戴防护用具，所有操作应在搪瓷盘中，通风橱中进行，防止污染，注意安全。若苯并［*a*］芘意外洒出，可用强氧化剂（如重铬酸钾-浓硫酸洗液）破坏。

苯并［b］荧蒽（$C_{20}H_{12}$）**标准溶液**（1000μg/mL）

［配制］ 用最小分度为 0.01mg 的分析天平，准确称取 0.1000g（或按纯度换算出质量 $m=0.1000g/w$；w——质量分数）苯并［b］荧蒽（$C_{20}H_{12}$；$M_r=252.3093$）纯品（≥99.5%），于小烧杯中，用甲醇溶解后，转移到 100mL 容量瓶中，用甲醇稀释至刻度，混匀。配制成浓度为 1000μg/mL 的储备标准溶液。采用液相色谱法定值。

苯并［k］荧蒽（$C_{20}H_{12}$）**标准溶液**（1000μg/mL）

［配制］ 用最小分度为 0.01mg 的分析天平，准确称取 0.1000g（或按纯度换算出质量 $m=0.1000g/w$；w——质量分数）苯并［k］荧蒽（$C_{20}H_{12}$；$M_r=252.3093$）纯品（≥99.5%），于小烧杯中，用甲醇溶解后，转移到 100mL 容量瓶中，用甲醇稀释至刻度，混匀，配制成浓度为 1000μg/mL 的储备标准溶液。采用液相色谱法定值。

苯丁酸氮芥（$C_{14}H_{19}Cl_2NO_2$）**标准溶液**（1000μg/mL）

［配制］ 准确称取 1.0000g（或按纯度换算出质量 $m=1.0000g/w$；w——质量分数）经纯度分析的苯丁酸氮芥（$C_{14}H_{19}Cl_2NO_2$；$M_r=304.2122$）纯品（纯度≥99%），置于 100mL 烧杯中，加适量乙醇溶解后，移入 1000mL 容量瓶中，用乙醇稀释到刻度，混匀。避光低温保存。

［苯丁酸氮芥纯度的测定］ 准确称取 0.2g 样品，准确到 0.0001g，置于 250mL 锥形瓶中，加 10mL 丙酮溶解后，立即加 10mL 水与 3 滴酚酞指示液（10g/L），迅速用氢氧化钠标准溶液［$c(NaOH)=0.1000mol/L$］滴定，同时做空白试验。苯丁酸氮芥的质量分数（w）按下式计算：

$$w=\frac{c(V_1-V_2)\times 0.3042}{m}\times 100\%$$

式中 V_1——氢氧化钠标准溶液的体积，mL；

V_2——空白试验氢氧化钠标准溶液的体积，mL；

c——氢氧化钠标准溶液的浓度，mol/L；

m——样品质量，g；

0.3042——与 1.00mL 氢氧化钠标准溶液［$c(NaOH)=1.000mol/L$］相当的，以 g 为单位的苯丁酸氮芥的质量。

苯丁锡（蛳完锡；$Sn_2C_{60}H_{78}O$）**标准溶液**（1000μg/mL）

［配制］ 用最小分度为 0.01mg 的分析天平，准确称取 0.1000g（或按纯度换算出质量 $m=0.1000g/w$；w——质量分数）苯丁锡（蛳完锡）（$Sn_2C_{60}H_{78}O$；$M_r=933.971$）纯品（纯度≥99%），置于烧杯中，用正己烷（或重蒸馏石油醚）溶解，转移到 100mL 容量瓶中，用正己烷（或重蒸馏石油醚）稀释到刻度，混匀。配制成浓度为 1000μg/mL 的标准储备溶液，根据需要用正己烷稀释成适当浓度的标准工作溶液。

苯酚（C_6H_5OH）**标准溶液**（1000μg/mL）

［配制］ 准确称取 1.0000g（或按纯度换算出质量 $m=1.0000g/w$；w——质量分数）

提纯后的苯酚（C_6H_5OH；$M_r=94.1112$）纯品（纯度≥99%），置于烧杯中，加入2g优级纯氢氧化钠，用无酚蒸馏水溶解，转移到1000mL的棕色容量瓶中，用无酚蒸馏水清洗烧杯数次，将洗涤液一并转移到容量瓶中，用无酚蒸馏水稀释到刻度，混匀。避光低温保存。由于苯酚见光或与空气接触，易被氧化生成醌，不稳定。因此必须以标定值作为标准溶液的标准值。

[标定]

方法1 准确量取30.00mL上述溶液，置于碘量瓶中，准确加入30.00mL溴标准溶液[$c(\frac{1}{2}Br_2)=0.1000mol/L$]，再加5mL盐酸，立即盖紧瓶塞，振摇30min，在暗处静置15min，注意开启瓶塞，加5mL碘化钾溶液（165g/L），立即盖紧瓶塞，充分振摇后，加1mL氯仿，摇匀，用硫代硫酸钠标准溶液[$c(Na_2S_2O_3)=0.1000mol/L$]滴定，至近终点时，加1mL淀粉指示液（10g/L），继续滴定至蓝色消失。同时做空白试验。苯酚的浓度按下式计算：

$$\rho(C_6H_5OH)=\frac{(c_1V_1-c_2V_2)\times 15.6852}{V}\times 1000$$

式中 $\rho(C_6H_5OH)$——苯酚的质量浓度，μg/mL；

V_1——溴标准溶液的体积，mL；

c_1——溴标准溶液的浓度，mol/L；

V_2——硫代硫酸钠标准溶液的体积，mL；

c_2——硫代硫酸钠溶液的浓度，mol/L；

V——苯酚溶液的体积，mL；

15.6852——苯酚的摩尔质量[$M(\frac{1}{6}C_6H_5OH)$]，g/mol。

方法2 准确移取10.00mL苯酚溶液于250mL碘量瓶中，加90mL水，10.00mL溴酸钾标准溶液[$c(\frac{1}{6}KBrO_3)=0.1000mol/L$]，立即加入5mL盐酸，盖好瓶盖，混匀，暗处静置10min，加入1g碘化钾，混匀，5min后，用硫代硫酸钠标准溶液[$c(Na_2S_2O_3)=0.1000mol/L$]滴定析出的碘，至溶液呈淡黄色时，加入1mL新配制的淀粉溶液（10g/L），呈蓝色，继续滴定至蓝色刚刚消失，即为终点。记录所消耗硫代硫酸钠标准溶液的体积（V_1）；同时，量取10.00mL无酚蒸馏水做试剂空白滴定，其操作步骤完全同上。记录空白滴定消耗硫代硫酸钠标准溶液的体积（V_2）。苯酚的浓度按下式计算：

$$\rho(C_6H_5OH)=\frac{c_0(V_2-V_1)\times 15.6852}{V}\times 1000$$

式中 $\rho(C_6H_5OH)$——苯酚的质量浓度，μg/mL；

V——所取酚溶液的体积，mL；

c_0——硫代硫酸钠标准溶液的浓度，mol/L；

V_2——空白滴定消耗硫代硫酸钠标准溶液的体积，mL；

V_1——样品滴定消耗硫代硫酸钠标准溶液的体积，mL；

15.6852——苯酚的摩尔质量[$M(\frac{1}{6}C_6H_5OH)$]，g/mol。

[苯酚的提纯] 采用分析纯苯酚为原料，用热水融化后，置于蒸馏器中，加热，空气冷凝，用棕色瓶收集（182～184)℃馏分，冷藏保存备用。

[无酚蒸馏水的制备] 将蒸馏水置于玻璃蒸馏器中，滴加氢氧化钠至碱性，再滴加高锰

酸钾溶液至深紫红色，蒸馏。

1-苯基-3-甲基-5-吡唑酮（$C_{10}H_{10}N_2O$）**标准溶液**（1000μg/mL）

［配制］ 准确称取 1.0000g（或按纯度换算出质量 $m=1.0000g/w$；w——质量分数）1-苯基-3-甲基-5-吡唑酮（$C_{10}H_{10}N_2O$；$M_r=174.1992$）纯品（纯度≥99%），置于 100mL 烧杯中，加适量盐酸溶液（5%）溶解后，移入 1000mL 容量瓶中，用水稀释到刻度，混匀。

［1-苯基-3-甲基-5-吡唑酮纯度的测定］ 称取已研细的约（0.3～0.5）g 试样，准确到 0.0001g，置于 250mL 烧杯中，加 15mL 盐酸溶液（50%），待溶解完全后，加入 100mL 蒸馏水。将注入亚硝酸钠标准溶液［$c(NaNO_2)=0.1000mol/L$］的滴定管尖端插入液面下约 2/3 处，控制溶液温度（10～15）℃缓缓滴定，随滴随搅拌。离终点（1～2）mL 时，将滴定管尖端提出液面，用少量水洗涤尖端，继续缓缓滴定至用玻璃棒蘸取少许溶液，划过有淀粉碘化钾指示液的白瓷板上，立即呈蓝色，再搅拌 3min，用玻璃棒试之仍显蓝色为终点。同时做空白试验。1-苯基-3-甲基-5-吡唑酮的质量分数按下式计算：

$$w=\frac{c(V-V_0)\times 0.1742}{m}\times 100\%$$

式中 w——1-苯基-3-甲基-5-吡唑酮的质量分数，%；

c——亚硝酸钠标准溶液的浓度，mol/L；

V——试样消耗亚硝酸钠标准溶液的体积，mL；

V_0——空白消耗亚硝酸钠标准溶液的体积，mL；

m——样品的质量，g；

0.1742——与 1.00mL 亚硝酸钠标准溶液［$c(NaNO_2)=1.000mol/L$］相当的，以 g 为单位的 1-苯基-3-甲基-5-吡唑酮的质量。

苯海拉明（$C_{17}H_{21}NO$）**标准溶液**（1000μg/mL）

［配制］ 准确称取 1.0000g 经纯度分析的苯海拉明（$C_{17}H_{21}NO$；$M_r=255.3547$）纯品（纯度≥99%），（或按纯度换算出质量 $m=1.0000g/w$；w——质量分数），置于 100mL 烧杯中，加适量乙醇溶解后，移入 1000mL 容量瓶中，用乙醇稀释到刻度，混匀。

［苯海拉明纯度的测定］ 准确称取 0.3g 样品，准确到 0.0001g，置于 250mL 锥形瓶中，加 15mL 冰醋酸，微热使其溶解，冷却后，加 1 滴结晶紫指示液（5g/L），用高氯酸标准溶液［$c(HClO_4)=0.100mol/L$］滴定，至溶液显蓝色。同时做空白试验。苯海拉明的质量分数（w）按下式计算：

$$w=\frac{c(V_1-V_2)\times 0.2554}{m}\times 100\%$$

式中 V_1——高氯酸标准溶液的体积，mL；

V_2——空白消耗高氯酸标准溶液的体积，mL；

c——高氯酸标准溶液的浓度，mol/L；

m——样品质量，g；

0.2554——与 1.00mL 高氯酸标准溶液［$c(HClO_4)=1.000mol/L$］相当的，以 g 为单位的苯海拉明的质量。

苯甲醇（C_7H_8O）**标准溶液**（1000μg/mL）

［配制］

方法1　用带盖的玻璃称量瓶，准确称取1.0000g（或按纯度换算出质量 $m=1.0000g/w$；w——质量分数）经纯度分析的苯甲醇（C_7H_8O；$M_r=108.1378$）纯品（纯度≥99%），全部转移到1000mL容量瓶中，并用水分数次洗涤称量瓶，将洗涤液转移到容量瓶中，用水稀释到刻度，混匀。避光低温保存。

方法2　取100mL容量瓶，加入10mL乙醇，加盖，用最小分度为0.01mg的分析天平准确称量。之后滴加苯甲醇（C_7H_8O；$M_r=108.1378$）纯品（纯度≥99%），至两次质量之差为0.1000g（或按纯度换算出质量 $m=0.1000g/w$；w——质量分数），即为苯甲醇的质量（如果准确到0.1000g操作有困难，可通过准确记录苯甲醇质量，计算其浓度）。用乙醇稀释到刻度，混匀。低温保存备用。临用时取适量稀释。

［苯甲醇纯度的测定］　称取0.6g样品，准确到0.0001g，置于250mL锥形瓶中，准确加入15mL乙酐-吡啶（1+7）混合液，置水浴上加热回流30min，冷却，加25mL水，加2滴酚酞指示液（10g/L），用氢氧化钠标准溶液［$c(NaOH)=0.5000mol/L$］滴定，同时做空白试验。苯甲醇的质量分数（w）按下式计算：

$$w=\frac{c(V_1-V_2)\times 0.1081}{m}\times 100\%$$

式中　V_1——氢氧化钠标准溶液的体积，mL；

V_2——空白试验氢氧化钠标准溶液的体积，mL；

c——氢氧化钠标准溶液的浓度，mol/L；

m——样品质量，g；

0.1081——与1.00mL氢氧化钠标准溶液［$c(NaOH)=1.000mol/L$］相当的，以g为单位的苯甲醇的质量。

苯甲酸（$C_7H_6O_2$）**标准溶液**（1000μg/mL）

［配制］　准确称取1.0000g GBW 13201苯甲酸（$C_7H_6O_2$；$M_r=122.1213$）热量标准物质或已知纯度的纯品（纯度≥99%），置于烧杯中，加适量优级纯乙醇溶解后，转移到1000mL容量瓶中，用乙醇清洗烧杯数次，将洗涤液一并转移到容量瓶中，用乙醇稀释到刻度，混匀。

若无法获得有证标准物质，可采用下述方法提纯和测定苯甲酸的纯度。

苯甲酸提纯方法　将适量欲提纯的苯甲酸加入到升华器中，接通电源，逐步加热，升高温度，直至苯甲酸开始升华，升华的苯甲酸布满在玻璃接收器内。待苯甲酸升华完毕，停止加热，温度降至室温后，用洁净的玻璃容器收集升华的苯甲酸。若需要制备纯度更高的苯甲酸，可重复进行升华提纯。

苯甲酸纯度的测定　准确称取0.4g已提纯的样品，准确到0.0001g，置于250mL锥形瓶中，加5mL乙醇溶解，加30mL不含二氧化碳的水，2滴酚酞指示液（10g/L），用氢氧化钠标准溶液［$c(NaOH)=0.1000mol/L$］滴定至溶液呈粉红色。同时做空白试验。苯甲酸的质量分数（w）按下式计算：

$$w=\frac{c(V_1-V_2)\times 0.1221}{m}\times 100\%$$

式中 V_1——氢氧化钠标准溶液的体积，mL；

V_2——空白试验氢氧化钠标准溶液的体积，mL；

c——氢氧化钠标准溶液的浓度，mol/L；

m——样品质量，g；

0.1221——与1.00mL氢氧化钠标准溶液［c(NaOH)＝1.000mol/L］相当的，以g为单位的苯甲酸的质量。

苯甲酸雌二醇（$C_{25}H_{28}O_3$）**标准溶液**（1000μg/mL）

［配制］ 取适量苯甲酸雌二醇于称量瓶中，于105℃下干燥至恒重，置于干燥器中冷却备用。准确称取1.0000g（或按纯度换算出质量$m=1.0000g/w$；w——质量分数）经纯度分析（高效液相色谱法）的苯甲酸雌二醇（$C_{25}H_{28}O_3$；$M_r=376.4880$）纯品（纯度≥99%），置于100mL烧杯中，加丙酮溶解后，移入1000mL容量瓶中，用丙酮稀释到刻度，混匀。避光低温保存。

苯甲酸钠（$C_7H_5NaO_2$）**标准溶液**（1000μg/mL）

［配制］ 取适量苯甲酸钠于称量瓶中，于105℃下干燥至恒重，取出置于干燥器中备用，准确称取1.0000g（或按纯度换算出质量$m=1.0000g/w$；w——质量分数）经纯度测定的苯甲酸钠（$C_7H_5NaO_2$；$M_r=144.1032$）纯品（纯度≥99.5%），置于200mL高型烧杯中，加适量水加热溶解，冷却后，移入1000mL容量瓶中，用水稀释到刻度，摇匀。

［苯甲酸钠纯度测定］

方法1 称取0.3g已干燥的样品，准确至0.0001g，置于250mL锥形瓶中，加25mL水溶解，再加50mL乙醚、10滴溴酚蓝指示液（0.4g/L），用盐酸标准溶液［c(HCl)＝0.1000mol/L］滴定，边滴边将水层和乙醚层充分摇匀，当水层显示淡绿色时为终点。

方法2 准确称取0.5g已干燥的样品，准确到0.0001g，置于分液漏斗中，加25mL水、50mL乙醚与2滴甲基橙指示液（10g/L），用盐酸标准溶液［c(HCl)＝0.5000mol/L］滴定，随滴随振摇，至水层显橙红色；分取水层，置具塞锥形瓶中，乙醚层用5mL水洗涤，洗液并入锥形瓶中，加20mL乙醚，继续用盐酸标准溶液［c(HCl)＝0.5000mol/L］滴定，随滴随振摇，至水层显持续的橙红色。苯甲酸钠的质量分数（w）按下式计算：

$$w=\frac{cV\times 0.1441}{m}\times 100\%$$

式中 V——盐酸标准溶液体积，mL；

c——盐酸标准溶液的浓度，mol/L；

m——样品质量，g；

0.1441——与1.00mL盐酸标准溶液［c(HCl)＝1.000mol/L］相当的，以g为单位的苯甲酸钠的质量。

苯硫磷（$C_{14}H_{14}NO_4PS$）**标准溶液**（1000μg/mL）

［配制］ 用最小分度为0.01mg的分析天平，准确称取0.1000g（必要时按纯度换算出质量$m=0.1000g/w$；w——质量分数）苯硫磷（$C_{14}H_{14}NO_4PS$；$M_r=303.304$）纯品（纯度≥99%），置于烧杯中，用少量苯溶解，转移到100mL容量瓶中，然后用石油醚稀释到刻

度，混匀，配制成浓度为1000μg/mL的标准储备溶液，使用时，根据需要再配制成适用浓度的标准工作溶液。

苯并戊三酮（茚三酮；$C_9H_4O_3 \cdot H_2O$）**标准溶液**（1000μg/mL）

［配制］ 准确称取1.0000g（或按纯度换算出质量 $m=1.0000g/w$；w——质量分数）经纯度分析的苯并戊三酮（茚三酮）（$C_9H_4O_3 \cdot H_2O$；$M_r=178.1415$）纯品（纯度≥99%），置于100mL烧杯中，加50mL水，溶解后，移入1000mL容量瓶中，用水稀释到刻度，混匀。避光保存。

［苯并戊三酮（茚三酮）纯度的测定］ 称取0.1g样品，准确至0.0001g。置于磨口回流锥形瓶中，加25.00mL盐酸羟胺-二甲基黄甲醇溶液，于水浴中回流20min，用90%甲醇洗涤冷凝管，冷却，用氢氧化钠标准溶液［$c(NaOH)=0.1mol/L$］滴定至溶液由红色变为纯黄色。同时做空白试验。苯并戊三酮的质量分数（w）按下式计算：

$$w=\frac{c(V_1-V_2)\times 0.05938}{m}\times 100\%$$

式中 V_1——氢氧化钠标准溶液的体积，mL；

V_2——空白试验氢氧化钠标准溶液的体积，mL；

c——氢氧化钠标准溶液的浓度，mol/L；

m——样品质量，g；

0.05938——与1.00mL氢氧化钠标准溶液［$c(NaOH)=1.000mol/L$］相当的，以g为单位的苯并戊三酮（$C_9H_4O_3 \cdot H_2O$）的质量。

注：(1) 二甲基黄指示液的制备：称取0.05g二甲基黄，溶于25mL 90%甲醇中。

(2) 盐酸羟胺-二甲基黄甲醇溶液的制备：称取7g盐酸羟胺，溶于5mL水中，加95mL 90%甲醇及0.4mL二甲基黄指示液。

苯噻啶（$C_{19}H_{21}NS$）**标准溶液**（1000μg/mL）

［配制］ 取适量苯噻啶于称量瓶中，于105℃下干燥至恒重，置于干燥器中冷却备用。准确称取1.0000g（或按纯度换算出质量 $m=1.0000g/w$；w——质量分数）经纯度分析的苯噻啶（$C_{19}H_{21}NS$；$M_r=295.442$）纯品（纯度≥99%），置于100mL烧杯中，加适量氯仿溶解后，移入1000mL容量瓶中，用氯仿稀释到刻度，混匀。避光低温保存。

［苯噻啶纯度的测定］ 称取0.2g已干燥的样品，准确到0.0001g，置于250mL锥形瓶中，加10mL冰醋酸溶解后，加1滴结晶紫指示液（5g/L），用高氯酸标准溶液［$c(HClO_4)=0.1000mol/L$］滴定至溶液显蓝色。同时做空白试验。苯噻啶的质量分数（w）按下式计算：

$$w=\frac{c(V_1-V_2)\times 0.2954}{m}\times 100\%$$

式中 V_1——高氯酸标准溶液的体积，mL；

V_2——空白消耗高氯酸标准溶液的体积，mL；

c——高氯酸标准溶液的浓度，mol/L；

m——样品质量，g；

0.2954——与1.00mL高氯酸标准溶液［$c(HClO_4)=1.000mol/L$］相当的，以g为单位的苯噻啶的质量。

苯噻酰草胺（$C_{16}H_{14}N_2O_2S$）**标准溶液**（1000μg/mL）

［配制］ 用最小分度为0.01mg的分析天平，准确称取0.1000g（必要时按纯度换算出质量$m=0.1000g/w$；w——质量分数）的苯噻酰草胺（$C_{16}H_{14}N_2O_2S$；$M_r=298.360$）纯品（纯度≥99%），置于烧杯中，用少量丙酮溶解，转移到100mL的容量瓶中，用重蒸馏正己烷稀释到刻度，混匀，配制成浓度为1000μg/mL的标准储备溶液。使用时，根据需要用正己烷稀释储备溶液配制成适用浓度的标准工作溶液。

苯妥英钠（$NaC_{15}H_{11}N_2O_2$）**标准溶液**（1000μg/mL）

［配制］ 取适量苯妥英钠于称量瓶中，于105℃下干燥至恒重，置于干燥器中冷却备用。准确称取1.0000g（或按纯度换算出质量$m=1.0000g/w$；w——质量分数）经纯度分析的苯妥英钠（$NaC_{15}H_{11}N_2O_2$；$M_r=274.2498$）纯品（纯度≥99%），置于100mL烧杯中，加适量水溶解后，移入1000mL容量瓶中，用水稀释到刻度，混匀。

［苯妥英钠纯度的测定］ 称取0.3g已干燥的样品，准确到0.0001g。置于250mL锥形瓶中，加50mL水溶解后，加10mL稀盐酸溶液（10%），摇匀，用乙醚振摇提取5次，第一次100mL，以后每次各25mL，合并乙醚液，用水洗涤2次，每次5mL，合并洗液，用10mL乙醚振摇提取，合并前后两次得到的乙醚液，置105℃恒重蒸发皿中，低温蒸去乙醚，并在105℃干燥至恒重。称量（m_1）。苯妥英钠的质量分数（w）按下式计算：

$$w=\frac{m_1\times 1.087}{m}\times 100\%$$

式中 m_1——恒重后残渣质量，g；

m——样品质量，g；

1.087——换算系数。

苯芴醇（$C_{30}H_{32}Cl_3NO$）**标准溶液**（1000μg/mL）

［配制］ 取适量苯芴醇于称量瓶中，于105℃下干燥至恒重，取出，置于干燥器中冷却备用。准确称取1.0000g（或按纯度换算出质量$m=1.0000g/w$；w——质量分数）经纯度分析的苯芴醇（$C_{30}H_{32}Cl_3NO$；$M_r=528.940$）纯品（纯度≥99%），置于100mL烧杯中，加适量氯仿溶解后，移入1000mL容量瓶中，用氯仿稀释到刻度，混匀。

［苯芴醇纯度的测定］ 称取0.5g已干燥的样品，准确到0.0001g，置于250mL锥形瓶中，加20mL乙酐振摇，溶解后，加1滴结晶紫指示液（5g/L），用高氯酸标准溶液［$c(HClO_4)=0.1000mol/L$］滴定至溶液显纯蓝色，同时做空白试验。苯芴醇的质量分数（w）按下式计算：

$$w=\frac{c(V_1-V_2)\times 0.5289}{m}\times 100\%$$

式中 V_1——高氯酸标准溶液的体积，mL；

V_2——空白试验高氯酸标准溶液的体积，mL；

c——高氯酸标准溶液的浓度，mol/L；

m——样品质量，g；

0.5289——与1.00mL高氯酸标准溶液［$c(HClO_4)=1.000mol/L$］相当的，以g为单位

的苯芴醇的质量。

苯乙醇（$C_8H_{10}O$）**标准溶液**（1000μg/mL）

［配制］ 取100mL容量瓶，加入10mL乙醇，加盖，用最小分度为0.1mg的分析天平准确称量。之后滴加苯乙醇（$C_8H_{10}O$；M_r=122.1644）纯品（纯度≥99%），至两次质量之差为0.1000g（或按纯度换算出质量 m=0.1000g/w；w——质量分数），即为苯乙醇的质量（如果准确到0.1000g操作有困难，可通过准确记录苯乙醇质量，计算其浓度）。用乙醇稀释到刻度，混匀。

苯乙烯（C_8H_8）**标准溶液**（1000μg/mL）

［配制］ 取100mL容量瓶，预先加入约⅔体积二硫化碳，准确称量；滴加苯乙烯（C_8H_8；M_r=104.1491）纯品（纯度≥99%），称重，至两次质量之差为0.1000g（或按纯度换算出质量 m=0.1000g/w；w——质量分数），即为苯乙烯质量（如果准确到0.1000g操作有困难，可通过准确记录苯乙烯质量，计算其浓度），用二硫化碳稀释至刻度，混匀。配制成浓度为1000μg/mL的标准储备溶液。

苯扎氯铵（$C_{22}H_{40}ClN$）**标准溶液**（1000μg/mL）

［配制］ 准确称取适量（m=1.0000g/w；w——质量分数）经含量分析的苯扎氯铵（$C_{22}H_{40}ClN$；M_r=354.0127）纯品，置于100mL烧杯中，加适量水溶解后，移入1000mL容量瓶中，用水稀释到刻度，混匀。避光低温保存。

［苯扎氯铵含量测定］ 准确称取0.5g样品，准确到0.0001g，置烧杯中，用35mL水分次洗入分液漏斗中，加10mL氢氧化钠溶液［c(NaOH)=0.1mol/L］与25mL氯仿，准确加入新制的10mL碘化钾溶液（50g/L），振摇，静置使其分层，水层用氯仿提取3次，每次10mL，弃去氯仿层，水层移入250mL具塞锥形瓶中，用15mL水分3次淋洗分液漏斗，合并洗液和水液，加40mL盐酸，冷却，用碘酸钾标准溶液［$c(\frac{1}{6}KIO_3)$=0.0500mol/L］滴定至淡棕色，加5mL氯仿，继续滴定并距烈振摇至氯仿层无色，同时做空白试验。苯扎氯铵的质量分数（w）按下式计算：

$$w=\frac{c(V_1-V_2)\times 0.3540}{m}\times 100\%$$

式中 V_1——空白消耗的碘酸钾标准溶液的体积，mL；

V_2——碘酸钾标准溶液的体积，mL；

c——碘酸钾标准溶液的浓度，mol/L；

m——样品质量，g；

0.3540——与1.00mL碘酸钾标准溶液［$c(\frac{1}{6}KIO_3)$=1.000mol/L］相当的，以g为单位的苯扎氯铵的质量。

苯扎溴铵（$C_{22}H_{40}BrN$）**标准溶液**（1000μg/mL）

［配制］ 准确称取适量（m=1.0000g/w；w——质量分数）经含量分析的苯扎溴铵（$C_{22}H_{40}BrN$；M_r=398.464）纯品，置于100mL烧杯中，加适量水溶解后，移入1000mL容量瓶中，用水稀释到刻度，混匀。避光低温保存。

[苯扎溴铵含量测定] 准确称取 0.25g 样品，准确到 0.0001g，置于 250mL 塞锥形瓶中，加 50mL 水与 1mL 氢氧化钠溶液（43g/L），加 0.4mL 溴酚蓝指示液（0.5g/L）与 10mL 氯仿，用四苯硼钠标准溶液 $\{c[(C_6H_5)_4BNa]=0.0200mol/L\}$ 滴定，将近终点时必须强力振摇，至氯仿层蓝色消失，即得。苯扎溴铵的质量分数（w）按下式计算：

$$w=\frac{cV\times 0.3984}{m}\times 100\%$$

式中 V——四苯硼钠标准溶液的体积，mL；

c——四苯硼钠标准溶液的浓度，mol/L；

m——样品质量，g；

0.3984——与 1.00mL 四苯硼钠标准溶液 $\{c[(C_6H_5)_4BNa]=1.000mol/L\}$ 相当的，以 g 为单位的苯扎溴铵的质量。

苯佐卡因（$C_9H_{11}NO_2$）**标准溶液**（1000μg/mL）

[配制] 准确称取 1.0000g（或按纯度换算出质量 $m=1.0000g/w$；w——质量分数）经纯度分析的苯佐卡因（$C_9H_{11}NO_2$；$M_r=165.1891$）纯品（纯度≥99%），置于 100mL 烧杯中，加乙醇溶解后，移入 1000mL 容量瓶中，用乙醇稀释到刻度，混匀。避光低温保存。

[苯佐卡因纯度的测定] 永停滴定法：称取 0.35g，准确到 0.0001g。置于 250mL 锥形瓶中，加 20mL 冰醋酸溶解，加 10mL 盐酸，40mL 水，再加 2g 溴化钾，插入铂-铂电极后，将滴定管的尖端插入液面下约⅔处，用亚硝酸钠标准溶液 $[c(NaNO_2)=0.1000mol/L]$ 迅速滴定，随滴随搅拌，至近终点时，将滴定管的尖端提出液面，用少量水淋洗尖端，洗液并入溶液中，继续缓缓滴定，至电流计指针突然偏转，并不再回复，即为滴定终点。苯佐卡因的质量分数（w）按下式计算：

$$w=\frac{cV\times 0.1652}{m}\times 100\%$$

式中 V——亚硝酸钠标准溶液的体积，mL；

c——亚硝酸钠标准溶液的浓度，mol/L；

m——样品质量，g；

0.1652——与 1.00mL 亚硝酸钠标准溶液 $[c(NaNO_2)=1.000mol/L]$ 相当的，以 g 为单位的苯佐卡因的质量。

苯唑西林钠（$NaC_{19}H_{18}N_3O_5S$）**标准溶液**（1000μg/mL）

[配制] 准确称取 1.0425g（或按纯度换算出质量 $m=1.0425g/w$；w——质量分数）经纯度分析的苯唑西林钠（$NaC_{19}H_{18}N_3O_5S\cdot H_2O$；$M_r=441.433$）纯品（纯度≥99%），置于 100mL 烧杯中，加适量水溶解后，移入 1000mL 容量瓶中，用水稀释到刻度，混匀。

[标定]

(1) 总苯唑西林钠的标定：准确移取 50.00mL 上述溶液，置于 250mL 锥形瓶中，加 5mL 氢氧化钠溶液 $[c(NaOH)=1mol/L]$，混匀，放置 15min，加 5mL 硝酸溶液 $[c(HNO_3)=1mol/L]$、20mL 乙酸缓冲液（pH4.6），摇匀，照电位滴定法，以铂电极为指示电极，汞-硫酸亚汞电极为参比电极，在（30～40)℃，用硝酸汞标准溶液 $[c(HgNO_3)_2=0.0200mol/L]$ 缓慢滴定（控制滴定过程为 15min）不记第一个终点，计算第二个终点时消耗标准溶液的量。

（2）苯唑西林钠降解物的测定：准确移取100mL上述溶液，置于250mL锥形瓶中，加2mL乙酸缓冲液（pH4.6），摇匀，在室温下，立即用硝酸汞标准溶液［$c(HgNO_3)_2$=0.0200mol/L］滴定，终点判断方法同上。

总唑西林钠的浓度与降解物的浓度之差即为苯唑西林钠的浓度，按下式计算：

$$\rho(NaC_{19}H_{18}N_3O_5S)=\frac{c\left(V_1-\frac{V_2}{2}\right)\times 423.418}{V}\times 1000$$

式中 V_1——从第一终点到第二终点总苯唑西林钠消耗的硝酸汞标准溶液的体积，mL；

V_2——从第一终点到第二终点降解物消耗的硝酸汞标准溶液的体积，mL；

c——硝酸汞标准溶液的浓度，mol/L；

V——苯唑西林钠溶液的体积，mL；

423.418——苯唑西林钠的摩尔质量［$M(NaC_{19}H_{18}N_3O_5S)$］，g/mol。

比沙可啶（$C_{22}H_{19}NO_4$）**标准溶液**（1000μg/mL）

［配制］ 取适量比沙可啶于称量瓶中，于105℃下干燥至恒重取出，置于干燥器中冷却备用。准确称取1.0000g（或按纯度换算出质量m=1.0000g/w；w——质量分数）经纯度分析的比沙可啶（$C_{22}H_{19}NO_4$；M_r=361.3906）纯品（纯度≥99%），置于100mL烧杯中，加适量氯仿溶解后，移入1000mL容量瓶中，用氯仿稀释到刻度，混匀。避光低温保存。

［比沙可啶纯度的测定］ 称取0.3g已干燥的样品，准确到0.0001g。置于250mL锥形瓶中，加25mL冰醋酸溶解后，2滴萘酚苯甲醇指示液（2g/L），用高氯酸标准溶液［$c(HClO_4)$=0.1000mol/L］滴定至溶液呈黄绿色，同时做空白试验。比沙可啶的质量分数（w）按下式计算：

$$w=\frac{c(V_1-V_2)\times 0.3614}{m}\times 100\%$$

式中 V_1——高氯酸标准溶液的体积，mL；

V_2——空白试验高氯酸标准溶液的体积，mL；

c——高氯酸标准溶液的浓度，mol/L；

m——样品质量，g；

0.3614——与1.00mL高氯酸标准溶液［$c(HClO_4)$=1.000mol/L］相当的，以g为单位的比沙可啶的质量。

吡啶（C_5H_5N）**标准溶液**（1000μg/mL）

［配制］ 取100mL容量瓶，预先加入10mL盐酸溶液［$c(HCl)$=0.01mol/L］（或二硫化碳），加盖，用最小分度为0.01mg的分析天平准确称量。之后滴加新蒸馏的吡啶（C_5H_5N；M_r=79.0999），称量，至两次质量之差为0.1000g，即为吡啶质量（如果准确到0.1000g操作有困难，可通过准确记录吡啶质量，计算其浓度）。用盐酸溶液［$c(HCl)$=0.01mol/L］（或二硫化碳）稀释到刻度，混匀。低温保存备用。临用时取适量稀释。

吡哆胺（$C_8H_{12}N_2O_2$）**标准溶液**（1000μg/mL）

［配制］ 用最小分度为0.01mg的分析天平，准确称取0.1000g（或按纯度换算出质量

m=0.1000g/w；w——质量分数）吡哆胺（$C_8H_{12}N_2O_2$；M_r=108.1931）纯品（纯度≥99%），于小烧杯中，溶于水，转移到 100mL 容量瓶中，用水定容，混匀，配制成浓度为 1000μg/mL 的标准储备溶液。

吡哆醇（维生素 B_6；$C_8H_{11}NO_3$）**标准溶液**（1000μg/mL）

［配制］ 用最小分度为 0.01mg 的分析天平，准确称取 0.1000g（或按纯度换算出质量 m=0.1000g/w；w——质量分数）吡哆醇（$C_8H_{11}NO_3$；M_r=169.1778）纯品（纯度≥99%），置于 100mL 烧杯中，溶于水，转移到 100mL 容量瓶中，用水定容，混匀。配制成浓度为 1000μg/mL 的标准储备溶液。

吡咯嘧啶酸（$C_{14}H_{16}N_4O_3$）**标准溶液**（1000μg/mL）

［配制］ 用最小分度为 0.01mg 的分析天平，准确称取 0.1000g（必要时按纯度换算出质量 m=0.1000g/w；w——质量分数）的吡咯嘧啶酸（$C_{14}H_{16}N_4O_3$；M_r=288.3018）纯品（纯度≥99%）于小烧杯中，溶于硼酸缓冲液｛pH10.0：取硼酸 6.183g 溶于约 600mL 水中，用氢氧化钠溶液［c(NaOH)=1mol/L］调整 pH 值为 10.0 后，加水定容至 1000mL｝，转移到 100mL 容量瓶中，用硼酸缓冲液定容，配制成浓度为 1000μg/mL 的标准储备溶液。使用时，根据需要用甲醇-水-乙腈混合溶剂（4+5+2）稀释配制成适当浓度的标准工作溶液。

吡喹酮（$C_{19}H_{24}N_2O_2$）**标准溶液**（1000μg/mL）

［配制］ 取适量吡喹酮于称量瓶中，于 105℃下干燥至恒重，取出，置于干燥器中冷却备用。准确称取 1.0000g（或按纯度换算出质量 m=1.0000g/w；w——质量分数）经纯度分析（高效液相色谱法）的吡喹酮（$C_{19}H_{24}N_2O_2$；M_r=312.4061）纯品（纯度≥99%），置于 100mL 烧杯中，加适量乙醇溶解后，移入 1000mL 容量瓶中，用乙醇稀释到刻度，混匀。避光低温保存。

吡罗昔康（$C_{15}H_{13}N_3O_4S$）**标准溶液**（1000μg/mL）

［配制］ 取适量吡罗昔康于称量瓶中，于 105℃下干燥至恒重，置于干燥器中冷却备用。准确称取 1.0000g（或按纯度换算出质量 m=1.0000g/w；w——质量分数）经纯度分析的吡罗昔康（$C_{15}H_{13}N_3O_4S$；M_r=331.346）纯品（纯度≥99%），置于 100mL 烧杯中，加适量氯仿溶解后，移入 1000mL 容量瓶中，用氯仿稀释到刻度，混匀。避光低温保存。

［吡罗昔康纯度的测定］ 称取 0.2g 已干燥的样品，准确至 0.0001g，置于 250mL 锥形瓶中，加 20mL 冰醋酸使其溶解，加 1 滴结晶紫指示液（5g/L），用高氯酸标准溶液［$c(HClO_4)$=0.1000mol/L］滴定至溶液显蓝绿色，同时做空白试验。吡罗昔康的质量分数（w）按下式计算：

$$w=\frac{c(V_1-V_2)\times 0.3313}{m}\times 100\%$$

式中 V_1——高氯酸标准溶液的体积，mL；

V_2——空白试验高氯酸标准溶液的体积，mL；

c——高氯酸标准溶液的浓度，mol/L；

m——样品质量，g；

0.3313——与1.00mL高氯酸标准溶液［$c(HClO_4)$=1.000mol/L］相当的，以g为单位的吡罗昔康的质量。

吡哌酸（$C_{14}H_{17}N_5O_3$）**标准溶液**（1000μg/mL）

［配制］ 取适量吡哌酸（$C_{14}H_{17}N_5O_3 \cdot 3H_2O$；$M_r$=357.3623）于称量瓶中，于105℃下干燥至恒重，置于干燥器中冷却备用。准确称取1.0000g（或按纯度换算出质量m=1.0000g/w；w——质量分数）经纯度分析的无水吡哌酸（$C_{14}H_{17}N_5O_3$；M_r=303.3165）纯品（纯度≥99%），置于100mL烧杯中，加适量氢氧化钠溶液（0.4g/L）溶解后，移入1000mL容量瓶中，用水稀释到刻度，混匀。

［吡哌酸纯度的测定］ 称取0.2g已干燥的样品，准确到0.0001g，置于250mL锥形瓶中，加20mL冰醋酸使其溶解，加1滴结晶紫指示液（5g/L），用高氯酸标准溶液［$c(HClO_4)$=0.1000mol/L］滴定至溶液显纯蓝色，同时做空白试验。吡哌酸的质量分数（w）按下式计算：

$$w=\frac{c(V_1-V_2)\times 0.3033}{m}\times 100\%$$

式中 V_1——高氯酸标准溶液的体积，mL；

V_2——空白试验高氯酸标准溶液的体积，mL；

c——高氯酸标准溶液的浓度，mol/L；

m——样品质量，g；

0.3033——与1.00mL高氯酸标准溶液［$c(HClO_4)$=1.000mol/L］相当的，以g为单位的吡哌酸的质量。

吡嗪酰胺（$C_5H_5N_3O$）**标准溶液**（1000μg/mL）

［配制］ 准确称取1.0000g（或按纯度换算出质量m=1.0000g/w；w——质量分数）经纯度分析的吡嗪酰胺（$C_5H_5N_3O$；M_r=123.1127）纯品（纯度≥99%），置于100mL烧杯中，加适量水溶解后，移入1000mL容量瓶中，用水稀释到刻度，混匀。避光低温保存。

［吡嗪酰胺纯度的测定］ 准确称取0.25g样品，准确到0.0001g，置于蒸馏瓶中，加200mL水，小心沿瓶壁加入50mL氢氧化钠溶液（400g/L）使成一液层，连接蒸馏装置，另取40mL硼酸溶液（40g/L）于吸收瓶中作为吸收液，加入10滴甲基红-溴甲酚绿混合指示液，轻轻转动蒸馏瓶使溶液混合均匀，加热蒸馏，待蒸馏完全后，吸收液用盐酸标准溶液［$c(HCl)$=0.1000mol/L］滴定，同时做空白试验。吡嗪酰胺的质量分数（w）按下式计算：

$$w=\frac{c(V_1-V_2)\times 0.1231}{m}\times 100\%$$

式中 V_1——盐酸标准溶液的体积，mL；

V_2——空白试验盐酸标准溶液的体积，mL；

c——盐酸标准溶液的浓度，mol/L；

m——样品质量，g；

0.1231——与1.00mL盐酸标准溶液［$c(HCl)$=1.000mol/L］相当的，以g为单位的吡嗪酰胺的质量。

苄氟噻嗪（$C_{15}H_{14}F_3N_3O_4S_2$）**标准溶液**（1000μg/mL）

［配制］ 取适量苄氟噻嗪于称量瓶中，于105℃下干燥至恒重，置于干燥器中冷却备用。准确称取1.0000g（或按纯度换算出质量$m=1.0000\text{g}/w$；w——质量分数）经纯度分析的苄氟噻嗪（$C_{15}H_{14}F_3N_3O_4S_2$；$M_r=421.415$）纯品（纯度≥99%），置于100mL烧杯中，加适量乙醇溶解后，移入1000mL容量瓶中，用乙醇稀释到刻度，混匀。

［苄氟噻嗪纯度的测定］ 准确称取0.2g已干燥的样品，准确到0.0001g，置于250mL锥形瓶中，加40mL二甲基甲酰胺溶解后，加3滴偶氮紫指示液（1g/L），在氮气流中，用甲醇钠标准溶液［$c(NaCH_3O)=0.1000\text{mol/L}$］滴定至溶液恰显蓝色，同时做空白试验。苄氟噻嗪的质量分数（w）按下式计算：

$$w=\frac{c(V_1-V_2)\times 0.2107}{m}\times 100\%$$

式中 V_1——甲醇钠标准溶液的体积，mL；

V_2——空白试验甲醇钠标准溶液的体积，mL；

c——甲醇钠标准溶液的浓度，mol/L；

m——样品质量，g；

0.2107——与1.00mL甲醇钠标准溶液［$c(NaCH_3O)=1.000\text{mol/L}$］相当的，以g为单位的苄氟噻嗪的质量。

苄星青霉素［$(C_{16}H_{18}N_2O_5S_2)_2\cdot C_{16}H_{20}N_2$］**标准溶液**（1000μg/mL，相当于青霉素：1309单位/mL）

［配制］ 准确称取1.0000g（或按纯度换算出质量$m=1.0000\text{g}/w$；w——质量分数）经纯度分析的苄星青霉素［$(C_{16}H_{18}N_2O_5S_2)_2\cdot C_{16}H_{20}N_2$；$M_r=1145.319$］（1mg的效价不低于1180青霉素单位）纯品（纯度≥99%），置于100mL烧杯中，加适量水溶解后，移入1000mL容量瓶中，用水稀释到刻度。1mg（$C_{16}H_{18}N_2O_5S_2)_2\cdot C_{16}H_{20}N_2$相当于青霉素1309单位。

［标定］ 准确移取上述溶液15.00mL，置于250mL碘量瓶中，加5mL氢氧化钠溶液［$c(NaOH)=1\text{mol/L}$］，放置30min。加5.5mL盐酸溶液［$c(HCl)=1\text{mol/L}$］，准确加入30mL碘标准溶液［$c(\frac{1}{2}I_2)=0.0200\text{mol/L}$］，避光放置15min，用硫代硫酸钠标准溶液［$c(Na_2S_2O_3)=0.0200\text{mol/L}$］滴定，至近终点时，加2mL淀粉指示液（5g/L），继续滴定至蓝色消失；另移取上述溶液15mL，置于250mL碘量瓶中，准确加入30mL碘标准溶液［$c(\frac{1}{2}I_2)=0.0200\text{mol/L}$］，直接用硫代硫酸钠标准溶液［$c(Na_2S_2O_3)=0.0200\text{mol/L}$］滴定，作为空白实验。苄星青霉素的质量浓度（$\rho$）按下式计算：

$$\rho=\frac{c(V_1-V_2)\times 1145.319}{V}\times 1000$$

式中 V_1——空白消耗硫代硫酸钠标准溶液的体积，mL；

V_2——硫代硫酸钠标准溶液的体积，mL；

c——硫代硫酸钠溶液的浓度，mol/L；

V——苄星青霉素溶液的体积，mL；

1145.319——苄星青霉素的摩尔质量［M（$C_{16}H_{18}N_2O_5S_2)_2\cdot C_{16}H_{20}N_2$］，g/mol。

别嘌醇（$C_5H_4N_4O$）**标准溶液**（1000μg/mL）

［配制］ 取适量别嘌醇于称量瓶中，于105℃下干燥至恒重，置于干燥器中冷却备用。准确称取1.0000g（或按纯度换算出质量 $m=1.0000g/w$；w——质量分数）经纯度分析的别嘌醇（$C_5H_4N_4O$；$M_r=136.1115$）纯品（纯度≥99%），置于100mL烧杯中，加适量氢氧化钠溶液（4g/L）溶解后，移入1000mL容量瓶中，用水溶液稀释到刻度，混匀。避光低温保存。

［标定］ 分光光度法：准确量取1.0mL上述溶液，置100mL容量瓶中，用盐酸溶液（1%）稀释至刻度（10μg/mL），按附录十用分光光度法，在250nm的波长处测定吸光度。$C_5H_4N_4O$ 的吸光系数（$E_{1cm}^{1\%}$）为571，计算，即得。

丙氨酸（$C_3H_7NO_2$）**标准溶液**（1000μg/mL）

［配制］ 准确称取1.0000g（或按纯度换算出质量 $m=1.0000g/w$；w——质量分数）的经纯度分析的丙氨酸（$C_3H_7NO_2$；$M_r=89.0932$）纯品（纯度≥99%）于烧杯中，用水溶解后，转移到1000mL容量瓶中，用水稀释到刻度，混匀。配制成浓度为1000μg/mL的标准储备溶液，避光低温保存。使用时用水稀释。

［丙氨酸纯度的测定］ 电位滴定法：准确称取0.08g样品，准确至0.0001g。置于干燥的锥形瓶中，加2mL无水甲酸溶解后，加30mL冰醋酸（优级纯），溶解后，置电磁搅拌器上，浸入电极，搅拌，并自滴定管中分次加入高氯酸标准溶液［$c(HClO_4)=0.100mol/L$］；开始时可每次加入较多的量，搅拌，记录电位；至将近终点前，则应每次加入少量，搅拌，记录电位；至突跃点已过，仍应继续滴加几次标准溶液，并记录电位。

滴定终点的确定：同苯巴比妥。同时做空白试验。

丙氨酸的质量分数按下式计算：

$$w=\frac{c(V_1-V_2)\times 0.08909}{m}\times 100\%$$

式中 w——丙氨酸的质量分数，%；

V_1——消耗高氯酸标准溶液的体积，mL；

V_2——空白试验消耗高氯酸标准溶液的体积，mL；

c——高氯酸标准溶液的浓度，mol/L；

m——样品质量，g；

0.08909——与1.00mL高氯酸标准溶液［$c(HClO_4)=1.000mol/L$］相当的，以g为单位的丙氨酸的质量。

丙草胺（$C_{15}H_{22}ClNO_2$）**标准溶液**（1000μg/mL）

［配制］ 用最小分度为0.01mg的分析天平，准确称取0.1000g（或按纯度换算出质量 $m=0.1000g/w$；w——质量分数）的丙草胺（$C_{15}H_{22}ClNO_2$；$M_r=283.794$）纯品（纯度≥99%），置于烧杯中，用少量丙酮溶解，转移到100mL容量瓶中，用重蒸馏正己烷定容，混匀，配制成浓度为1000μg/mL的标准储备溶液。使用时，根据需要用正己烷稀释配制成适用浓度的标准工作溶液。

丙二醇（$C_3H_8O_2$）**标准溶液**（1000μg/mL）

［配制］ 准确称取 1.0000g（或按纯度换算出质量 $m=1.0000g/w$；w——质量分数）经纯度分析（气相色谱法）的丙二醇（$C_3H_8O_2$；$M_r=76.0944$）纯品（纯度≥99%），于预先放有 100mL 水的 1000mL 容量瓶中，再用水稀释到刻度，混匀。

丙二醛（$C_3H_4O_2$）**标准溶液**（1000μg/mL）

［配制］ 准确称取 3.150g（或按纯度换算出质量 $m=3.150g/w$；w——质量分数）1,1,3,3-四乙氧基丙烷纯品（纯度≥99%），置于 100mL 烧杯中，加适量三氯甲烷溶解后，移入 1000mL 容量瓶中，用三氯甲烷稀释到刻度，混匀。配制成丙二醛浓度为 1000μg/mL 的标准储备溶液。置冰箱中 4℃保存。

丙谷胺（$C_{18}H_{26}N_2O_4$）**标准溶液**（1000μg/mL）

［配制］ 取适量丙谷胺于称量瓶中，于 105℃下干燥至恒重，取出，置于干燥器中冷却备用。准确称取 1.0000g（或按纯度换算出质量 $m=1.0000g/w$；w——质量分数）经纯度分析的丙谷胺（$C_{18}H_{26}N_2O_4$；$M_r=334.4100$）纯品（纯度≥99%），置于 100mL 烧杯中，加适量乙醇溶解后，移入 1000mL 容量瓶中，用乙醇稀释到刻度，混匀。

［丙谷胺纯度的测定］ 准确称取 0.3g 已干燥的样品，准确到 0.0001g，置于 250mL 锥形瓶中，加 30mL 中性乙醇（对酚酞指示液显中性），加 2 滴酚酞指示液（10g/L），用氢氧化钠标准溶液［$c(NaOH)=0.1000mol/L$］滴定至溶液呈粉红色，并保持 30s。丙谷胺的质量分数（w）按下式计算：

$$w=\frac{cV\times 0.3344}{m}\times 100\%$$

式中 V——氢氧化钠标准溶液的体积，mL；
c——氢氧化钠标准溶液的浓度，mol/L；
m——样品质量，g；
0.3344——与 1.00mL 氢氧化钠标准溶液［$c(NaOH)=1.000mol/L$］相当的，以 g 为单位的丙谷胺的质量。

丙环唑（$C_{15}H_{17}Cl_2N_3O_2$）**标准溶液**（1000μg/mL）

［配制］ 用最小分度为 0.01mg 的分析天平，准确称取 0.1000g（或按纯度换算出质量 $m=0.1000g/w$；w——质量分数）丙环唑（$C_{15}H_{17}Cl_2N_3O_2$；$M_r=342.220$）纯品（纯度≥99%），置于烧杯中，用少量丙酮溶解后，转移到 100mL 容量瓶中，用丙酮定容，配制成浓度为 1000μg/mL 的标准储备溶液。使用时，再根据需要配成适当浓度的标准工作溶液。

丙磺舒（$C_{13}H_{19}NO_4S$）**标准溶液**（1000μg/mL）

［配制］ 取适量丙磺舒于称量瓶中，于 105℃下干燥至恒重，取出，置于干燥器中冷却备用。准确称取 1.0000g（或按纯度换算出质量 $m=1.0000g/w$；w——质量分数）经纯度分析的丙磺舒（$C_{13}H_{19}NO_4S$；$M_r=285.359$）纯品（纯度≥99%），置于 100mL 烧杯中，加适量乙醇溶解后，移入 1000mL 容量瓶中，用乙醇稀释到刻度，混匀。避光、低温保存。

［丙磺舒纯度的测定］ 准确称取0.6g已干燥的样品，准确到0.0001g，置于250mL锥形瓶中，加50mL中性乙醇（对酚酞指示液显中性）溶解后，加3滴酚酞指示液（10g/L），用氢氧化钠标准溶液［$c(NaOH)=0.1000mol/L$］滴定至溶液呈粉红色，保持30s。丙磺舒的质量分数（w）按下式计算：

$$w=\frac{cV\times 0.2854}{m}\times 100\%$$

式中 V——氢氧化钠标准溶液的体积，mL；

c——氢氧化钠标准溶液的浓度，mol/L；

m——样品质量，g；

0.2854——与1.00mL氢氧化钠标准溶液［$c(NaOH)=1.000mol/L$］相当的，以g为单位的丙磺舒的质量。

丙硫氧嘧啶（$C_7H_{10}N_2OS$）**标准溶液**（1000μg/mL）

［配制］ 取适量丙硫氧嘧啶于称量瓶中，于105℃下干燥至恒重，取出，置于干燥器中冷却备用。准确称取1.0000g（或按纯度换算出质量$m=1.0000g/w$；w——质量分数）经纯度分析的丙硫氧嘧啶（$C_7H_{10}N_2OS$；$M_r=170.232$）纯品（纯度≥99%），置于100mL烧杯中，加适量乙醇溶解后，移入1000mL容量瓶中，用乙醇稀释到刻度，混匀。避光低温保存。

［丙硫氧嘧啶纯度的测定］ 准确称取0.3g已干燥的样品，准确到0.0001g，置于250mL锥形瓶中，加5mL氢氧化钠溶液（43g/L），50mL水，必要时加热溶解，冷却至室温，加2滴酚酞指示液（10g/L），滴加稀乙酸（10%）至红色消失，加1mL二苯偕肼指示液（10g/L），用硝酸汞标准溶液［$c(HgNO_3)_2=0.0500mol/L$］滴定至溶液显淡紫堇色。丙硫氧嘧啶的质量分数（w）按下式计算：

$$w=\frac{cV\times 0.3405}{m}\times 100\%$$

式中 V——硝酸汞标准溶液的体积，mL；

c——硝酸汞标准溶液的浓度，mol/L；

m——样品质量，g；

0.3405——与1.00mL硝酸汞标准溶液［$c(HgNO_3)_2=1.000mol/L$］相当的，以g为单位的丙硫氧嘧啶的质量。

丙硫异烟胺（$C_9H_{12}N_2S$）**标准溶液**（1000μg/mL）

［配制］ 取适量丙硫异烟胺于称量瓶中，于105℃下干燥至恒重，取出，置于干燥器中冷却备用。准确称取1.0000g（或按纯度换算出质量$m=1.0000g/w$；w——质量分数）经纯度分析的丙硫异烟胺（$C_9H_{12}N_2S$；$M_r=180.270$）纯品（纯度≥99%），置于100mL烧杯中，加适量乙醇溶解后，移入1000mL容量瓶中，用乙醇稀释到刻度，混匀。

［丙硫异烟胺纯度的测定］ 准确称取0.15g已干燥的样品，准确到0.0001g，置于250mL锥形瓶中，加25mL冰醋酸溶解后，加0.4mL萘酚苯甲醇指示液（5g/L），用高氯酸标准溶液［$c(HClO_4)=0.1000mol/L$］滴定至溶液显绿色。同时做空白试验。丙硫异烟胺的质量分数（w）按下式计算：

$$w=\frac{c(V_1-V_2)\times 0.1803}{m}\times 100\%$$

式中 V_1——高氯酸标准溶液的体积，mL；

V_2——空白试验高氯酸标准溶液的体积，mL；

c——高氯酸标准溶液的浓度，mol/L；

m——样品质量，g；

0.1803——与1.00mL高氯酸标准溶液［$c(HClO_4)=1.000mol/L$］相当的，以g为单位的丙硫异烟胺的质量。

(丙硫酰)-1*H*-苯并咪唑-2-胺标准溶液（1000μg/mL）

［配制］ 用最小分度为0.01mg的分析天平，准确称取0.1000g（或按纯度换算出质量$m=0.1000g/w$；w——质量分数）的（丙硫酰)-1*H*-苯并咪唑-2-胺纯品（纯度≥99%），于小烧杯中，用重蒸馏二甲亚砜溶解，并转移到100mL容量瓶内，用重蒸馏二甲亚砜稀释至刻度，混匀。配制成浓度为1000μg/mL的标准储备溶液。

丙三醇（$C_3H_8O_3$）**标准溶液**（1000μg/mL）

［配制］ 准确称取1.0000g（或按纯度换算出质量$m=1.0000g/w$；w——质量分数）经纯度分析的丙三醇（$C_3H_8O_3$；$M_r=92.0938$）纯品（纯度≥99%），置于100mL烧杯中，加50mL水，溶解后，移入1000mL容量瓶中，用水稀释到刻度。

［丙三醇纯度的测定］ 准确称取0.35g样品，称准到0.0001g，置于500mL具塞锥形瓶中，用水稀释到50mL，加5滴溴百里香酚蓝指示液（1g/L），溶液应呈绿色或黄绿色，如果溶液呈蓝绿色，用硫酸标准溶液［$c(\frac{1}{2}H_2SO_4)=0.100mol/L$］滴定至溶液呈绿色或黄绿色，再用氢氧化钠标准溶液［$c(NaOH)=0.0500mol/L$］滴定至溶液呈纯蓝色，准确加入50.00mL高碘酸钠溶液｛60g/L，1L中含120mL硫酸标准溶液［$c(\frac{1}{2}H_2SO_4)=0.100mol/L$］｝，缓缓摇匀，盖上瓶塞，于暗处放置30min（温度不得超过35℃），加入10mL中性乙二醇溶液｛量取50mL乙二醇与50mL水混合，加5滴溴百里香酚蓝指示液（1g/L)，用氢氧化钠溶液［$c(NaOH)=0.05mol/L$］滴定至溶液呈纯蓝色，使用前配制｝，放置20min，稀释至300mL，用氢氧化钠标准溶液［$c(NaOH)=0.100mol/L$］滴定至溶液呈纯蓝色，同时做空白试验。丙三醇的质量分数按下式计算：

$$w=\frac{c(V_1-V_2)\times 0.09209}{m}\times 100\%$$

式中 w——丙三醇的质量分数，%；

V_1——氢氧化钠标准溶液的体积，mL；

V_2——空白试验氢氧化钠标准溶液的体积，mL；

c——氢氧化钠标准溶液的浓度，mol/L；

m——样品质量，g；

0.09209——与1.00mL氢氧化钠标准溶液［$c(NaOH)=1.000mol/L$］相当的，以g为单位的丙三醇的质量。

丙酸（$C_3H_6O_2$）**标准溶液**（1000μg/mL）

［配制］ 准确称取1.0000g（或按纯度换算出质量$m=1.0000g/w$；w——质量分数）经纯度分析的丙酸（$C_3H_6O_2$；$M_r=74.0785$）纯品（纯度≥99%），置于100mL烧杯中，

加水溶解，转移到1000mL容量瓶中，用水定容，混匀。配制成浓度为1000μg/mL的标准储备溶液。

［丙酸纯度的测定］ 称取0.3g试样，准确到0.0001g，置于250mL锥形瓶中，加100mL新煮沸并冷却的水溶解，加2滴酚酞指示液（10g/L），用氢氧化钠标准溶液［c(NaOH)=0.100mol/L］滴定至粉红色，持续30s不褪色为终点。丙酸的质量分数（w）按下式计算：

$$w=\frac{cV\times 0.07409}{m}\times 100\%$$

式中 c——氢氧化钠标准溶液的浓度，mol/L；

V——氢氧化钠标准溶液的体积，mL；

m——样品质量，g；

0.07409——与1.00mL氢氧化钠标准溶液［c(NaOH)=1.000mol/L］相当的，以g为单位的丙酸的质量。

丙酸倍氯米松（$C_{28}H_{37}ClO_7$）**标准溶液**（1000μg/mL）

［配制］ 取适量丙酸倍氯米松于称量瓶中，于105℃下干燥至恒重，取出，置于干燥器中冷却备用。准确称取1.0000g（或按纯度换算出质量m=1.0000g/w；w——质量分数）经纯度分析（高效液相色谱法）的丙酸倍氯米松（$C_{28}H_{37}ClO_7$；M_r=521.042）纯品（纯度≥99%），置于100mL烧杯中，加适量乙醇溶解后，移入1000mL容量瓶中，用乙醇稀释到刻度，混匀。避光低温保存。

丙酸睾酮（$C_{22}H_{32}O_3$）**标准溶液**（1000μg/mL）

［配制］ 取适量丙酸睾酮于称量瓶中，于105℃下干燥至恒重，取出，置于干燥器中冷却备用。准确称取1.0000g（或按纯度换算出质量m=1.0000g/w；w——质量分数）经纯度分析（高效液相色谱法）的丙酸睾酮（$C_{22}H_{32}O_3$；M_r=344.4877）纯品（纯度≥99%），置于100mL烧杯中，加适量乙醇溶解后，移入1000mL容量瓶中，用乙醇稀释到刻度，混匀。避光低温保存。配制成浓度为1000μg/mL的标准储备液。使用时，根据需要再配制成适用浓度的标准工作溶液。

丙酸氯倍他索（$C_{25}H_{32}ClFO_5$）**标准溶液**（1000μg/mL）

［配制］ 取适量丙酸氯倍他索于称量瓶中，于105℃下干燥至恒重，取出，置于干燥器中冷却备用。准确称取1.0000g（或按纯度换算出质量m=1.0000g/w；w——质量分数）经纯度分析（高效液相色谱法）的丙酸氯倍他索（$C_{25}H_{32}ClFO_5$；M_r=466.970）纯品（纯度≥99%），置于100mL烧杯中，加适量乙醇溶解后，移入1000mL容量瓶中，用乙醇稀释到刻度，混匀。避光低温保存。

丙酸乙酯（$C_5H_{10}O_2$）**标准溶液**（1000μg/mL）

［配制］ 取100mL容量瓶，加入10mL甲醇，加盖，用最小分度为0.01mg的分析天平准确称量。之后滴加丙酸乙酯（$C_5H_{10}O_2$；M_r=102.1317）纯品（纯度≥99%），至两次质量之差为0.1000g（或按纯度换算出质量m=0.1000g/w；w——质量分数），即为丙酸乙酯的质量（如果准确到0.1000g操作有困难，可通过准确记录丙酸乙酯质量，计算其浓度）。

用甲醇稀释到刻度，混匀。

丙体六六六（$C_6H_6Cl_6$）**农药标准溶液**（1000μg/mL）

［配制］ 准确称取适量［m(g)］GBW 06403 丙体六六六（$C_6H_6Cl_6$；M_r＝290.830）纯度分析标准物质［m＝0.1001g，质量分数为 99.9%］或已知纯度（纯度≥99%）［质量 m＝0.1000g/w；w——质量分数］的纯品，置于烧杯中，加入优级纯苯（或重蒸馏正己烷）溶解，移入 100mL 容量瓶中，用优级纯苯（或重蒸馏正己烷）稀释到刻度，混匀。配制成浓度为 1000μg/mL 的标准储备溶液。低温保存，使用前在（20±2）℃下平衡后，根据需要再配制成适用浓度的标准工作溶液。

丙酮（C_3H_6O）**标准溶液**（1000μg/mL）

［配制］ 取 100mL 容量瓶，加入 10mL 水，加盖，用最小分度为 0.1mg 的分析天平准确称量。之后滴加丙酮（C_3H_6O；M_r＝58.0791）（色谱纯：纯度≥99%），至两次质量之差为 0.1000g，即为丙酮的质量（如果准确到 0.1000g 操作有困难，可通过准确记录丙酮质量，计算其浓度）。用水稀释到刻度，混匀。低温保存备用。临用时取适量稀释。

丙戊酸钠（$NaC_8H_{15}O_2$）**标准溶液**（1000μg/mL）

［配制］ 取适量丙戊酸钠于称量瓶中，于 105℃下干燥至恒重，取出，置于干燥器中冷却备用。准确称取 1.0000g（或按纯度换算出质量 m＝1.0000g/w；w——纯度）经纯度分析的丙戊酸钠（$NaC_8H_{15}O_2$；M_r＝166.1933）纯品（纯度≥99%），置于 100mL 烧杯中，加适量水溶解后，移入 1000mL 容量瓶中，用水稀释到刻度，混匀。

［丙戊酸钠纯度的测定］ 电位滴定法：准确称取 0.5g 已干燥的样品，准确到 0.0001g，置于 250mL 锥形瓶中，加 30mL 水溶解后，加 30mL 乙醚，溶解后，置电磁搅拌器上，浸入电极（玻璃电极为指示电极，饱和甘汞电极为参比电极），搅拌，并自滴定管中分次加入盐酸标准溶液［c(HCl)＝0.100mol/L］滴定至溶液 pH4.5；开始时可每次加入较多的量，搅拌，记录电位；至将近终点前，则应每次加入少量，搅拌，记录电位；至突跃点已过，仍应继续滴加几次标准溶液，并记录电位。

滴定终点的确定：同苯巴比妥。

丙戊酸钠的质量分数（w）按下式计算：

$$w=\frac{cV\times 0.1662}{m}\times 100\%$$

式中 V——盐酸标准溶液的体积，mL；

c——盐酸标准溶液的浓度，mol/L；

m——样品质量，g；

0.1662——与 1.00mL 盐酸标准溶液［c(HCl)＝1.000mol/L］相当的，以 g 为单位的丙戊酸钠的质量。

丙烯腈（C_3H_3N）**标准溶液**（1000μg/mL）

［配制］

方法 1 取 100mL 棕色容量瓶，预先加入少量丙酮-二硫化碳（1＋100）混合溶剂，用经过校准的微量注射器准确量取 0.125mL 的丙烯腈（C_3H_3N；$M_r=53.0626$）（色谱纯，20℃为 0.1000g）于容量瓶中，用上述丙酮-二硫化碳稀释到刻度，混匀。

方法 2 取 100mL 棕色容量瓶，预先加入少量 *N*,*N*-二甲基甲酰胺，加盖，用最小分度为 0.1mg 的分析天平准确称量。之后滴加丙烯腈（色谱纯），称量，至两次质量之差为 0.1000g，即为丙烯腈质量（如果准确到 0.1000g 操作有困难，可通过准确记录丙烯腈质量，计算其浓度）。加 *N*,*N*-二甲基甲酰胺稀释定容至刻度，混匀。储于冰箱中。

丙烯醛（C_3H_4O）**标准溶液**（1000μg/mL）

[配制] 取 100mL 容量瓶，预先加入少量甲苯（或 95%乙醇），用经过校准的微量注射器准确量取 0.119mL 的丙烯醛（C_3H_4O；$M_r=56.0633$）（色谱纯，20℃为 0.1000g）注入容量瓶中，用甲苯（或 95%乙醇）稀释到刻度，混匀。4℃以下冷藏，可稳定 4 周。

丙线磷（$C_8H_{19}O_2PS_2$）**标准溶液**（1000μg/mL）

[配制] 用最小分度为 0.01mg 的分析天平，准确称取 0.1000g（或按纯度换算出质量 $m=0.1000g/w$；w——质量分数）丙线磷（$C_8H_{19}O_2PS_2$；$M_r=242.339$）纯品（纯度≥99%），置于烧杯中，用正己烷溶解后，转移到 100mL 容量瓶中，用正己烷定容，混匀。配制成浓度为 1000μg/mL 的标准储备溶液。使用时，根据需要再配成适当浓度的标准工作溶液。

玻璃酸酶标准溶液（1000 单位/mL）

[配制] 准确称取适量 [按纯度换算出质量 $m=1.000g/X$；X——每 1mg 的效价单位] 经效价测定的玻璃酸酶纯品（1mg 的效价不低于 300 玻璃酸酶单位），准确至 0.0001g，置于 100mL 烧杯中，加无菌水溶解，移入 1000mL 容量瓶中，用水稀释到刻度，混匀。

泼尼松（$C_{21}H_{26}O_5$）**标准溶液**（1000μg/mL）

[配制] 取适量泼尼松于称量瓶中，于 105℃下干燥至恒重，置于干燥器中冷却备用。准确称取 1.0000g（或按纯度换算出质量 $m=1.0000g/w$；w——质量分数）经纯度分析（高效液相色谱法）的泼尼松（$C_{21}H_{26}O_5$；$M_r=358.4281$）纯品（纯度≥99%），置于 100mL 烧杯中，加适量乙醇溶解后，移入 1000mL 容量瓶中，用乙醇稀释到刻度，混匀。避光低温保存。

泼尼松龙（$C_{21}H_{28}O_5$）**标准溶液**（1000μg/mL）

[配制] 取适量泼尼松龙于称量瓶中，于 105℃下干燥至恒重，置于干燥器中冷却备用。准确称取 1.0000g（或按纯度换算出质量 $m=1.0000g/w$；w——质量分数）经纯度分析（高效液相色谱法）的泼尼松龙（$C_{21}H_{28}O_5$；$M_r=360.4440$）纯品（纯度≥99%），置于 100mL 烧杯中，加适量乙醇溶解后，移入 1000mL 容量瓶中，用乙醇稀释到刻度，混匀。避光低温保存。

薄荷脑（$C_{10}H_{20}O$）**标准溶液**（1000μg/mL）

[配制] 准确称取 1.0000g（或按纯度换算出质量 $m=1.0000g/w$；w——质量分数）

经纯度分析的薄荷脑（$C_{10}H_{20}O$；M_r=156.2650）纯品（纯度≥99%），置于100mL烧杯中，加适量乙醇溶解后，移入1000mL容量瓶中，用乙醇稀释到刻度，混匀。

布洛芬（$C_{13}H_{18}O_2$）**标准溶液**（1000μg/mL）

［配制］ 取适量布洛芬于称量瓶中，置于五氧化二磷的干燥器中干燥备用。准确称取1.0000g（或按纯度换算出质量 m=1.0000g/w；w——质量分数）经纯度分析的布洛芬（$C_{13}H_{18}O_2$；M_r=206.2808）纯品（纯度≥99%），置于100mL烧杯中，加适量乙醇溶解后，移入1000mL容量瓶中，用乙醇稀释到刻度，混匀。

［布洛芬纯度的测定］ 准确称取0.5g样品，准确到0.0001g，置于250mL锥形瓶中，加50mL中性乙醇（对酚酞指示液显中性），加3滴酚酞指示液（10g/L），用氢氧化钠标准溶液［c(NaOH)=0.100mol/L］滴定至溶液呈粉红色，保持30s。布洛芬的质量分数（w）按下式计算：

$$w=\frac{cV\times 0.2063}{m}\times 100\%$$

式中 V——氢氧化钠标准溶液的体积，mL；

c——氢氧化钠标准溶液的浓度，mol/L；

m——样品质量，g；

0.2063——与1.00mL氢氧化钠标准溶液［c(NaOH)=1.000mol/L］相当的，以g为单位的布洛芬的质量。

布美他尼（$C_{17}H_{20}N_2O_5S$）**标准溶液**（1000μg/mL）

［配制］ 取适量布美他尼于称量瓶中，于105℃下干燥至恒重，取出，置于干燥器中冷却备用。准确称取1.0000g（或按纯度换算出质量 m=1.0000g/w；w——质量分数）经纯度分析的布美他尼（$C_{17}H_{20}N_2O_5S$；M_r=364.416）纯品（纯度≥99%），置于100mL烧杯中，加适量乙醇溶解后，移入1000mL容量瓶中，用乙醇稀释到刻度，混匀。避光低温保存。

［布美他尼纯度的测定］ 准确称取0.1g已干燥的样品，准确到0.0001g，置于250mL锥形瓶中，加25mL中性乙醇（对甲酚红指示液显中性）溶解后，加3滴甲酚红指示液（1g/L），用氢氧化钠标准溶液［c(NaOH)=0.0100mol/L］滴定至溶液呈红色，保持30s。布美他尼的质量分数（w）按下式计算：

$$w=\frac{cV\times 0.3644}{m}\times 100\%$$

式中 V——氢氧化钠标准溶液的体积，mL；

c——氢氧化钠标准溶液的浓度，mol/L；

m——样品质量，g；

0.3644——与1.00mL氢氧化钠标准溶液［c(NaOH)=1.000mol/L］相当的，以g为单位的布美他尼的质量。

菜油甾醇（$C_{28}H_{48}O$）**标准溶液**（1000μg/mL）

［配制］ 用最小分度为0.01mg的分析天平，准确称取0.1000g（或按纯度换算出质量

m=0.1000g/w；w——质量分数）菜油甾醇（$C_{28}H_{48}O$；M_r=400.6801）纯品（纯度≥99%）于小烧杯中，用氯仿溶解，转移到100mL容量瓶中，用氯仿定容，混匀。配制成浓度为1000μg/mL的标准储备溶液。

残杀威（$C_{11}H_{15}NO_3$）**标准溶液**（1000μg/mL）

［配制］ 用最小分度为0.01mg的分析天平，准确称取0.1000g（必要时按纯度换算出质量m=0.1000g/w；w——质量分数）的残杀威（$C_{11}H_{15}NO_3$；M_r=209.2417）纯品（纯度≥99%）于小烧杯中，用苯溶解并转移到100mL容量瓶中，用苯准确定容，摇匀，配制成浓度为1000μg/mL的标准储备溶液。使用时，再根据需要用正己烷稀释成适当浓度的标准工作溶液。

草丙磷铵盐（$C_5H_{15}N_2O_4P$）**标准溶液**（1000μg/mL）

［配制］ 用最小分度为0.01mg的分析天平，准确称取0.1000g（或按纯度换算出质量m=0.1000g/w；w——质量分数）草丙磷铵盐（$C_5H_{15}N_2O_4P$；M_r=198.1574）纯品（纯度≥99%）置于烧杯中，用水溶解后，转移到100mL容量瓶中，用水稀释到刻度，混匀。配制成浓度为1000μg/mL的标准储备溶液。根据需要再用水稀释成适用浓度的标准工作溶液。

草枯醚（CNP；$C_{12}H_6Cl_3NO_3$）**标准溶液**（1000μg/mL）

［配制］ 用最小分度为0.01mg的分析天平，准确称取0.1000g（或按纯度换算出质量m=0.1000g/w；w——质量分数）的草枯醚$C_{12}H_6Cl_3NO_3$；M_r=318.540）纯品（纯度≥99%），置于100mL烧杯中，用正己烷溶解，移入100mL容量瓶中，用正己烷稀释到刻度，混匀。配制成浓度为1000μg/L的标准储备溶液。

草乃敌（$C_{16}H_{17}NO_2$）**标准溶液**（1000μg/mL）

［配制］ 准确称取0.1000g（或按纯度换算出质量m=0.1000g/w；w——质量分数）草乃敌（$C_{16}H_{17}NO_2$；M_r=239.3123）纯品（纯度≥99%），置于100mL烧杯中，用重蒸馏二氯甲烷溶解，移入100mL容量瓶中，用重蒸馏二氯甲烷定容，混匀。配制成浓度为1000μg/mL的储备标准溶液。

茶氨酸（$C_7H_{14}N_2O_3$）**标准溶液**（1000μg/mL）

［配制］ 用最小分度为0.01mg的分析天平，准确称取0.1000g（或按纯度换算出质量m=0.1000g/w；w——质量分数）的茶氨酸（$C_7H_{14}N_2O_3$；M_r=174.1977）纯品（纯度≥99%），于小烧杯中，用水溶解，转移到100mL容量瓶中，用水定容，配制成浓度为1000μg/mL的标准储备溶液，使用时用水稀释成适当浓度的标准工作溶液。

茶碱（$C_7H_8N_4O_2$）**标准溶液**（1000μg/mL）

［配制］ 取适量茶碱（$C_7H_8N_4O_2 \cdot H_2O$；M_r=198.1793）于称量瓶中，于105℃下干燥至恒重，置于干燥器中冷却备用。准确称取1.0000g（或按纯度换算出质量m=1.0000g/w；w——质量分数）经纯度分析的茶碱（$C_7H_8N_4O_2$；M_r=180.1640）纯品（纯度≥

99%），置于100mL烧杯中，加适量乙醇溶解后，移入1000mL容量瓶中，用乙醇稀释到刻度，混匀。

［茶碱纯度的测定］ 准确称取0.3g已干燥的样品，准确到0.0001g，置于250mL锥形瓶中，加50mL水，微温溶解后，加25mL硝酸银标准溶液［$c(AgNO_3)=0.1000mol/L$］，再加1mL溴麝香草酚蓝指示液（10g/L），摇匀，用氢氧化钠标准溶液［$c(NaOH)=0.1000mol/L$］滴定，至溶液显蓝色。茶碱的质量分数（w）按下式计算：

$$w=\frac{cV\times 0.1802}{m}\times 100\%$$

式中 V——氢氧化钠标准溶液的体积，mL；

c——氢氧化钠标准溶液的浓度，mol/L；

m——样品质量，g；

0.1802——与1.00mL氢氧化钠标准溶液［$c(NaOH)=1.000mol/L$］相当的，以g为单位的茶碱的质量。

赤霉酸（赤霉素；$C_{19}H_{22}O_6$）**标准溶液**（1000μg/mL）

［配制］ 准确称取1.0000g（或按纯度换算出质量$m=1.0000g/w$；w——质量分数）并经纯度分析（分光光度法）的赤霉酸（$C_{19}H_{22}O_6$；$M_r=346.3744$）纯品，置于100mL烧杯中，溶于适量甲醇后，移入1000mL容量瓶中，用甲醇稀释到刻度，混匀。

（玉米）**赤霉烯酮**（$C_{18}H_{22}O_5$）**标准溶液**（1000μg/mL）

［配制］ 用最小分度为0.01mg的分析天平，准确称取0.1000g（或按纯度换算出质量$m=0.1000g/w$；w——质量分数）（玉米）赤霉烯酮（$C_{18}H_{22}O_5$；$M_r=318.3643$）纯品（纯度≥99%），置于烧杯中，用三氯甲烷溶解后，转移到100mL容量瓶中，用三氯甲烷定容，混匀。配制成浓度为1000μg/mL的标准储备溶液。避光于－5℃以下储存。使用时，根据需要再用三氯甲烷配成适当浓度的标准工作溶液。

赤藓红（$C_{20}H_6I_4Na_2O_5$）**标准溶液**（1000μg/mL）

［配制］ 准确称取1.0205g（或按纯度换算出质量$m=1.0205g/w$；w——质量分数）赤藓红（$C_{20}H_6I_4Na_2O_5\cdot H_2O$；$M_r=897.8713$）纯品（纯度≥99%），置于烧杯中，加入3次水溶解后，转移到1000mL棕色容量瓶中，用三次水清洗烧杯数次，将洗涤液一并转移到容量瓶中，用3次水稀释到刻度，混匀。配制成浓度为1000μg/mL的标准储备溶液。

［赤藓红纯度的测定］ 称取0.5g样品，准确至0.0001g。置于250mL烧杯中，用水溶解，并加热至沸，加入20mL盐酸（1＋49），再次煮沸，再用5mL水冲洗烧杯内壁，盖上表面皿，在水浴上加热约5h后，冷却至室温，用已在135℃恒重的4#玻璃砂芯坩埚过滤。用30mL盐酸（1＋199）分两次洗涤后，再用15mL水洗一次，将沉淀于135℃干燥箱中干燥，在干燥器内冷却后，称量，直至恒重。赤藓红的质量分数（w）按下式计算：

$$w=\frac{m_1\times 1.074}{m}\times 100\%$$

式中 m——样品的质量，g；

m_1——沉淀的质量，g；

1.074——换算系数。

虫螨磷（$C_{11}H_{15}Cl_2O_3PS_2$）**标准溶液**（1000μg/mL）

［配制］ 用最小分度为0.01mg的分析天平，准确称取0.1000g（或按纯度换算出质量$m=0.1000g/w$；w——质量分数）虫螨磷（$C_{11}H_{15}Cl_2O_3PS_2$；$M_r=361.245$）纯品（纯度≥99%），置于小烧杯中，用苯（或三氯甲烷）溶解，转移到100mL容量瓶中，用苯（或三氯甲烷）稀释至刻度，混匀。配制成浓度为1000μg/mL的标准储备溶液。冰箱中低温保存。

重酒石酸间羟胺（$C_9H_{13}NO_2 \cdot C_4H_6O_6$）**标准溶液**（1000μg/mL）

［配制］ 取适量重酒石酸间羟胺于称量瓶中，于105℃下干燥至恒重，置于干燥器中冷却备用。准确称取1.0000g（或按纯度换算出质量$m=1.0000g/w$；w——质量分数）经纯度分析的重酒石酸间羟胺（$C_9H_{13}NO_2 \cdot C_4H_6O_6$；$M_r=317.2919$）纯品（纯度≥99%），置于100mL烧杯中，加适量水溶解后，移入1000mL容量瓶中，用水稀释到刻度，混匀。避光低温保存。

［重酒石酸间羟胺纯度的测定］ 准确称取0.1g已干燥的样品，准确到0.0001g，置于250mL碘量瓶中，加40mL水溶解，准确加入40mL溴标准溶液［$c(\frac{1}{2}Br_2)=0.1000mol/L$］，再加8mL盐酸，立即盖紧瓶塞，放置15min，注意微开瓶塞，加8mL碘化钾溶液（165g/L），立即盖紧瓶塞，振摇，用少量水冲洗瓶塞和瓶颈，加1mL氯仿，振摇，用硫代硫酸钠标准溶液［$c(Na_2S_2O_3)=0.1000mol/L$］滴定，至近终点时，加2mL淀粉指示液（5g/L），继续滴定至蓝色消失，同时做空白试验。重酒石酸间羟胺的质量分数（w）按下式计算：

$$w=\frac{c(V_1-V_2)\times 0.05288}{m}\times 100\%$$

式中 V_1——空白试验硫代硫酸钠标准溶液的体积，mL；

V_2——硫代硫酸钠标准溶液的体积，mL；

c——硫代硫酸钠标准溶液的浓度，mol/L；

m——样品质量，g；

0.05288——与1.00mL硫代硫酸钠标准溶液［$c(Na_2S_2O_3)=1.0mol/L$］相当的，以g为单位的重酒石酸间羟胺的质量。

重酒石酸去甲肾上腺素（$C_8H_{11}NO_3 \cdot C_4H_6O_6$）**标准溶液**（1000μg/mL）

［配制］ 准确称取1.0564g（或按纯度换算出质量$m=1.0564g/w$；w——质量分数）经纯度分析的重酒石酸去甲肾上腺素（$C_8H_{11}NO_3 \cdot C_4H_6O_6 \cdot H_2O$；$M_r=337.2800$）纯品（纯度≥99%），置于100mL烧杯中，加适量水溶解后，移入1000mL容量瓶中，用水稀释到刻度，混匀。避光低温保存。

［重酒石酸去甲肾上腺素纯度的测定］ 准确称取0.2g样品，准确到0.0001g，置于250mL锥形瓶中，加10mL冰醋酸（必要时微温）溶解后，加1滴结晶紫指示液（5g/L），用高氯酸标准溶液［$c(HClO_4)=0.1000mol/L$］滴定，至溶液显蓝绿色，同时做空白试验。重酒石酸去甲肾上腺素的质量分数（w）按下式计算：

$$w=\frac{c(V_1-V_2)\times 0.3193}{m}\times 100\%$$

式中 V_1——高氯酸标准溶液的体积，mL；

V_2——空白消耗高氯酸标准溶液的体积，mL；

c——高氯酸标准溶液的浓度，mol/L；

m——样品质量，g；

0.3193——与1.00mL高氯酸标准溶液 [$c(HClO_4)$=1.000mol/L] 相当的，以g为单位的重酒石酸去甲肾上腺素甲肾上腺素（$C_8H_{11}NO_3 \cdot C_4H_6O_6$）的质量。

重组人生长激素（$C_{990}H_{1528}N_{262}O_{300}S_7$）**标准溶液**（1000μg/mL）

［配制］ 准确称取适量（m=1.0000g/w；m——称取样品质量，g；w——质量分数）经纯度分析（高效液相色谱法）的重组人生长激素（$C_{990}H_{1528}H_{262}O_{300}S_7$；$M_r$=22124.756）纯品，置于100mL烧杯中，加适量水溶解后，移入1000mL容量瓶中，用水稀释到刻度，混匀。低温保存。

重组人胰岛激素（$C_{257}H_{338}N_{65}O_{77}S_6$）**标准溶液**（1000μg/mL）

［配制］ 准确称取适量（m=1.0000g/w；w——质量分数）经纯度分析（高效液相色谱法）的重组人胰岛素（$C_{257}H_{338}N_{65}O_{77}S_6$；$M_r$=5762.21）纯品，置于100mL烧杯中，加适量盐酸溶液（1%）溶解后，移入1000mL容量瓶中，用盐酸溶液（1%）稀释到刻度。低温保存。

除草醚（$C_8H_6INO_5$）**标准溶液**（1000μg/mL）

［配制］ 用最小分度为0.01mg的分析天平，准确称取0.1000g（或按纯度换算出质量m=0.1000g/w；w——质量分数）除草醚（$C_8H_6INO_5$；M_r=323.0414）纯品（纯度≥99%）置于烧杯中，用石油醚溶解，转移到100mL容量瓶中，用石油醚定容，混匀。配制成浓度为1000μg/mL的标准储备溶液。使用时，根据需要分别配制成适用浓度的标准工作溶液。

除虫菊素标准溶液（1000μg/mL）

［配制］ 用最小分度为0.01mg的分析天平，准确称取0.1000g（或按纯度换算出质量m=0.1000g/w；w——质量分数）的天然除虫菊素（瓜叶菊素Ⅰ、茉莉菊素Ⅰ、除虫菊素Ⅰ总量纯度≥99%）纯品，置于烧杯中，用少量重蒸馏正己烷溶解，转移到100mL的容量瓶中，用重蒸馏正己烷定容，混匀。配制成浓度为1000μg/mL的标准储备溶液。使用时，根据需要再用正己烷稀释成适当浓度的标准工作溶液。

除虫脲（$C_{14}H_9ClF_2N_2O_2$）**标准溶液**（1000μg/mL）

［配制］ 用最小分度为0.01mg的分析天平，准确称取0.1000g（或按纯度换算出质量m=0.1000g/w；w——质量分数）除虫脲（$C_{14}H_9ClF_2N_2O_2$；M_r=310.683）纯品（纯度≥99%）置于烧杯中，用乙腈（或二氯甲烷）溶解后，转移到100mL容量瓶中，用乙腈（或二氯甲烷）定容，混匀。配制成浓度为1000μg/mL的标准储备溶液。根据需要，用乙腈配制成适当浓度的标准工作溶液。

雌二醇（$C_{18}H_{24}O_2$）**标准溶液**（1000μg/mL）

［配制］ 用最小分度为0.01mg的分析天平，准确称取0.1000g（或按纯度换算出质量$m=0.1000g/w$；w——质量分数）经纯度分析（高效液相色谱法）的雌二醇（$C_{18}H_{24}O_2$；$M_r=272.3820$）纯品（纯度≥99.9%），于小烧杯中，用无水甲醇溶解，并转移到100mL容量瓶中，用无水甲醇稀释到刻度，混匀。配制成浓度为1000μg/mL的标准储备溶液，密封，避光，置4℃保存。

雌三醇（$C_{18}H_{24}O_3$）**标准溶液**（1000μg/mL）

［配制］ 准确称取0.1000g（或按纯度换算出质量$m=0.1000g/w$；w——质量分数）的雌三醇（$C_{18}H_{24}O_3$；$M_r=288.3814$）标准品（纯度≥99%），于小烧杯中，用无水乙醇溶解，并转移至100mL容量瓶中，用无水乙醇定容，混匀。配制成浓度为1000μg/mL的标准储备溶液。−15℃保存，可稳定半年。

醋氨苯砜（$C_{16}H_{16}N_2O_4S$）**标准溶液**（1000μg/mL）

［配制］ 取适量醋氨苯砜于称量瓶中，于105℃下干燥至恒重，置于干燥器中冷却备用。准确称取1.0000g经纯度分析的醋氨苯砜（$C_{16}H_{16}N_2O_4S$；$M_r=332.374$）纯品（纯度≥99%），（或按纯度换算出质量$m=1.0000g/w$；w——质量分数），置于100mL烧杯中，加适量甲醇温热溶解，冷却至室温后，移入1000mL容量瓶中，用甲醇稀释到刻度，混匀。

［醋氨苯砜纯度的测定］ 永停滴定法：准确称取0.5g已干燥的样品，准确到0.0001g。置于250mL锥形瓶中，加75mL盐酸溶液（50%），瓶口放一小漏斗，加热至沸后，保持微沸30min，冷却，将溶液移入烧杯中，锥形瓶用25mL水分次洗涤，洗液并入烧杯，置电磁搅拌器上，搅拌，再加溴化钾2g，插入铂-铂电极后，将滴定管的尖端插入液面下约⅔处，用亚硝酸钠标准溶液［$c(NaNO_2)=0.100mol/L$］迅速滴定，随滴随搅拌，至近终点时，将滴定管的尖端提出液面，用少量水淋洗尖端，洗液并入溶液中，继续缓缓滴定，至电流计指针突然偏转，并不再回复，即为滴定终点。醋氨苯砜的质量分数（w）按下式计算：

$$w=\frac{cV\times 0.1662}{m}\times 100\%$$

式中 V——亚硝酸钠标准溶液的体积，mL；

c——亚硝酸钠标准溶液的浓度，mol/L；

m——样品质量，g；

0.1662——与1.00mL亚硝酸钠标准溶液［$c(NaNO_2)=1.000mol/L$］相当的，以g为单位的醋氨苯砜的质量。

醋酸泼尼松（$C_{23}H_{28}O_6$）**标准溶液**（1000μg/mL）

［配制］ 取适量醋酸泼尼松于称量瓶中，于105℃下干燥至恒重，置于干燥器中冷却备用。准确称取1.0000g（或按纯度换算出质量$m=1.0000g/w$；w——质量分数）经纯度分析（高效液相色谱法）的醋酸泼尼松（$C_{23}H_{28}O_6$；$M_r=400.4648$）纯品（纯度≥99%），置于100mL烧杯中，加适量氯仿溶解后，移入1000mL容量瓶中，用氯仿稀释到刻度，混匀。避光低温保存。

醋酸泼尼松龙（$C_{23}H_{30}O_6$）**标准溶液**（1000μg/mL）

[配制] 取适量醋酸泼尼松龙于称量瓶中，于105℃下干燥至恒重，置于干燥器中冷却备用。准确称取1.0000g（或按纯度换算出质量 $m=1.0000g/w$；w——质量分数）经纯度分析（高效液相色谱法）的醋酸泼尼松龙（$C_{23}H_{30}O_6$；$M_r=402.4807$）纯品（纯度≥99%），置于100mL烧杯中，加适量二氧六环溶解后，移入1000mL容量瓶中，用二氧六环稀释到刻度，混匀。避光低温保存。

醋酸地塞米松（$C_{24}H_{31}FO_6$）**标准溶液**（1000μg/mL）

[配制] 取适量醋酸地塞米松于称量瓶中，于105℃下干燥至恒重，置于干燥器中冷却备用。准确称取1.0000g（或按纯度换算出质量 $m=1.0000g/w$；w——质量分数）经纯度分析（高效液相色谱法）的醋酸地塞米松（$C_{24}H_{31}FO_6$；$M_r=434.4977$）纯品（纯度≥99%），置于100mL烧杯中，加适量无水乙醇溶解后，移入1000mL容量瓶中，用无水乙醇稀释到刻度，混匀。避光低温保存。

醋酸氟轻松（$C_{26}H_{32}F_2O_7$）**标准溶液**（1000μg/mL）

[配制] 取适量醋酸氟轻松于称量瓶中，于105℃下干燥至恒重，置于干燥器中冷却备用。准确称取1.0000g（或按纯度换算出质量 $m=1.0000g/w$；w——质量分数）经纯度分析（高效液相色谱法）的醋酸氟轻松（$C_{26}H_{32}F_2O_7$；$M_r=494.5249$）纯品（纯度≥99%），置于100mL烧杯中，加适量氯仿-甲醇（9+1）混合溶剂溶解后，移入1000mL容量瓶中，用氯仿-甲醇（9+1）混合溶剂稀释到刻度，混匀。

醋酸氟氢可的松（$C_{23}H_{31}FO_6$）**标准溶液**（1000μg/mL）

[配制] 取适量醋酸氟氢可的松于称量瓶中，于105℃下干燥至恒重，置于干燥器中冷却备用。准确称取1.0000g（或按纯度换算出质量 $m=1.0000g/w$；w——质量分数）经纯度分析（高效液相色谱法）的醋酸氟氢可的松（$C_{23}H_{31}FO_6$；$M_r=422.4870$）纯品（纯度≥99%），置于100mL烧杯中，加适量乙醇溶解后，移入1000mL容量瓶中，用乙醇稀释到刻度，混匀。

醋酸磺胺米隆（$C_7H_{10}N_2O_2S \cdot C_2H_4O_2$）**标准溶液**（1000μg/mL）

[配制] 准确称取1.0000g（或按纯度换算出质量 $m=1.0000g/w$；w——质量分数）经纯度分析的醋酸磺胺米隆（$C_7H_{10}N_2O_2S \cdot C_2H_4O_2$；$M_r=246.283$）纯品（纯度≥99%），置于100mL烧杯中，加适量水溶解后，移入1000mL容量瓶中，用水稀释到刻度，混匀。避光低温保存。

[醋酸磺胺米隆纯度的测定] 准确称取0.2g样品，准确到0.0001g，置于250mL锥形瓶中，加20mL冰醋酸溶解后，加1滴结晶紫指示液（5g/L），用高氯酸标准溶液[$c(HClO_4)=0.100mol/L$]滴定，至溶液显蓝绿色，同时做空白试验。醋酸磺胺米隆的质量分数（w）按下式计算：

$$w=\frac{c(V_1-V_2)\times 0.2463}{m}\times 100\%$$

式中 V_1——高氯酸标准溶液的体积，mL；

V_2——空白消耗高氯酸标准溶液的体积，mL；

c——高氯酸标准溶液的浓度，mol/L；

m——样品质量，g；

0.2463——与 1.00mL 高氯酸标准溶液 [$c(HClO_4)=1.000$mol/L] 相当的，以 g 为单位的醋酸磺胺米隆的质量。

醋酸甲地孕酮（$C_{24}H_{32}O_4$）**标准溶液**（1000μg/mL）

[配制] 取适量醋酸甲地孕酮于称量瓶中，于 105℃下干燥至恒重，置于干燥器中冷却备用。准确称取 1.0000g（或按纯度换算出质量 $m=1.0000\text{g}/w$；w——质量分数）经纯度分析（高效液相色谱法）的醋酸甲地孕酮（$C_{24}H_{32}O_4$；$M_r=384.5085$）纯品（纯度≥99%），置于 100mL 烧杯中，加适量氯仿溶解后，移入 1000mL 容量瓶中，用氯仿稀释到刻度，混匀。避光低温保存。

醋酸甲萘氢醌（$C_{15}H_{14}O_4$）**标准溶液**（1000μg/mL）

[配制] 取适量醋酸甲萘氢醌于称量瓶中，于 80℃下干燥至恒重，置于干燥器中冷却备用。准确称取 1.0000g（或按纯度换算出质量 $m=1.0000\text{g}/w$；w——质量分数）经纯度分析的醋酸甲萘氢醌（$C_{15}H_{14}O_4$；$M_r=258.2693$）纯品（纯度≥99%），置于 100mL 烧杯中，加适量无水乙醇溶解后，移入 1000mL 容量瓶中，用无水乙醇稀释到刻度，混匀。避光低温保存。

[醋酸甲萘氢醌纯度的测定] 准确称取 0.2g 已干燥的样品，准确到 0.0001g，置于 250mL 锥形瓶中，加 15mL 冰醋酸及 15mL 稀盐酸溶液（10%），附回流冷凝管加热回流 15min，冷却，避免氧化，加 0.1mL 邻二氮菲指示液，用硫酸铈标准溶液 [$c(Ce(SO_4)_2=0.100$mol/L] 滴定，同时做空白试验。醋酸甲萘氢醌的质量分数（w）按下式计算：

$$w=\frac{c(V_1-V_2)\times 0.1291}{m}\times 100\%$$

式中 V_1——硫酸铈标准溶液的体积，mL；

V_2——空白消耗硫酸铈标准溶液的体积，mL；

c——硫酸铈标准溶液的浓度，mol/L；

m——样品质量，g；

0.1291——与 1.00mL 硫酸铈标准溶液 {$c[Ce(SO_4)_2]=1.000$mol/L} 相当的，以 g 为单位的醋酸甲萘氢醌的质量。

醋酸甲羟孕酮（$C_{24}H_{34}O_4$）**标准溶液**（1000μg/mL）

[配制] 取适量醋酸甲羟孕酮于称量瓶中，于 105℃下干燥至恒重，置于干燥器中冷却备用。准确称取 1.0000g（或按纯度换算出质量 $m=1.0000\text{g}/w$；w——质量分数）经纯度分析（高效液相色谱法）的醋酸甲羟孕酮（$C_{24}H_{34}O_4$；$M_r=386.5244$）纯品（纯度≥99%），置于 100mL 烧杯中，加适量氯仿溶解后，移入 1000mL 容量瓶中，用氯仿稀释到刻度，混匀。避光低温保存。

醋酸可的松（$C_{23}H_{30}O_6$）**标准溶液**（1000μg/mL）

［配制］ 取适量醋酸可的松于称量瓶中，于105℃下干燥至恒重，置于干燥器中冷却备用。准确称取1.0000g（或按纯度换算出质量$m=1.0000g/w$；w——质量分数）经纯度分析（高效液相色谱法）的醋酸可的松（$C_{23}H_{30}O_6$；$M_r=402.4807$）纯品（纯度≥99%），置于100mL烧杯中，加适量氯仿溶解后，移入1000mL容量瓶中，用氯仿稀释到刻度，混匀。避光低温保存。

醋酸赖氨酸（$C_6H_{14}N_2O_2 \cdot C_2H_4O_2$）**标准溶液**（1000μg/mL）

［配制］ 取适量醋酸赖氨酸于称量瓶中，于80℃下干燥至恒重，置于干燥器中冷却备用。准确称取1.0000g（或按纯度换算出质量$m=1.0000g/w$；w——质量分数）经纯度分析的醋酸赖氨酸（$C_6H_{14}N_2O_2 \cdot C_2H_4O_2$；$M_r=206.2395$）纯品（纯度≥99%），置于100mL烧杯中，加适量水溶解后，移入1000mL容量瓶中，用水稀释到刻度，混匀。避光低温保存。

［醋酸赖氨酸纯度的测定］ 电位滴定法：准确称取0.1g已干燥的样品，准确到0.0001g，置于100mL烧杯中，加3mL无水甲酸溶解后，加30mL冰醋酸，溶解后，置电磁搅拌器上，浸入电极（玻璃电极为指示电极，饱和甘汞电极为参比电极），搅拌，并自滴定管中分次加入高氯酸标准溶液［$c(HClO_4)=0.100mol/L$］；开始时可每次加入较多的量，搅拌，记录电位；至将近终点前，则应每次加入少量，搅拌，记录电位；至突跃点已过，仍应继续滴加几次标准溶液，并记录电位。

滴定终点的确定：同苯巴比妥。同时做空白试验。

醋酸赖氨酸的质量分数（w）按下式计算：

$$w=\frac{c(V_1-V_2)\times 0.1031}{m}\times 100\%$$

式中 V_1——高氯酸标准溶液的体积，mL；

V_2——空白消耗高氯酸标准溶液的体积，mL；

c——高氯酸标准溶液的浓度，mol/L；

m——样品质量，g；

0.1031——与1.00mL高氯酸标准溶液［$c(HClO_4)=1.000mol/L$］相当的，以g为单位的醋酸赖氨酸的质量。

醋酸氯地孕酮（$C_{23}H_{29}ClO_4$）**标准溶液**（1000μg/mL）

［配制］ 取适量醋酸氯地孕酮于称量瓶中，于105℃下干燥至恒重，置于干燥器中冷却备用。准确称取1.0000g（或按纯度换算出质量$m=1.0000g/w$；w——质量分数）经纯度分析的醋酸氯地孕酮（$C_{23}H_{29}ClO_4$；$M_r=404.927$）纯品（纯度≥99%），置于100mL烧杯中，加适量氯仿溶解后，移入1000mL容量瓶中，用氯仿稀释到刻度，混匀。避光低温保存。

［标定］ 分光光度法：取上述溶液1.00mL，移入100mL容量瓶中，用乙醇稀释到刻度（10μg/mL）。按附录十，用分光光度法，在285nm的波长处测定溶液的吸光度，

$C_{23}H_{29}ClO_4$ 的吸光系数为 $E_{1cm}^{1\%}$550 计算，即得。

醋酸氯己定（$C_{22}H_{30}Cl_2N_{10} \cdot 2C_2H_4O_2$）**标准溶液**（1000μg/mL）

［配制］ 取适量醋酸氯己定于称量瓶中，于105℃下干燥至恒重，置于干燥器中冷却备用。准确称取1.0000g（或按纯度换算出质量 $m=1.0000g/w$；w——质量分数）经纯度分析的醋酸氯己定（$C_{22}H_{30}Cl_2N_{10} \cdot 2C_2H_4O_2$；$M_r=625.551$）纯品（纯度≥99%），置于100mL烧杯中，加适量乙醇溶解后，移入1000mL容量瓶中，用乙醇稀释到刻度，混匀。

［醋酸氯己定纯度的测定］ 准确称取0.25g已干燥的样品，准确到0.0001g，置于250mL锥形瓶中，加30mL丙酮与2mL冰醋酸，振摇使其溶解后，加（0.5～1）mL甲基橙的饱和丙酮溶液，用高氯酸标准溶液［$c(HClO_4)=0.1mol/L$］滴定，至溶液显橙色，同时做空白试验。醋酸氯己定的质量分数（w）按下式计算：

$$w=\frac{c(V_1-V_2)\times 0.3218}{m}\times 100\%$$

式中 V_1——高氯酸标准溶液的体积，mL；

V_2——空白消耗高氯酸标准溶液的体积，mL；

c——高氯酸标准溶液的浓度，mol/L；

m——样品质量，g；

0.3218——与1.00mL高氯酸标准溶液［$c(HClO_4)=1.000mol/L$］相当的，以g为单位的醋酸氯己定的质量。

醋酸氢化可的松（$C_{23}H_{32}O_6$）**标准溶液**（1000μg/mL）

［配制］ 取适量醋酸氢化可的松于称量瓶中，于105℃下干燥至恒重，置于干燥器中冷却备用。准确称取1.0000g（或按纯度换算出质量 $m=1.0000g/w$；w——质量分数）经纯度分析（高效液相色谱法）的醋酸氢化可的松（$C_{23}H_{32}O_6$；$M_r=404.4966$）纯品（纯度≥99%），置于100mL烧杯中，加适量乙醇溶解后，移入1000mL容量瓶中，用乙醇稀释到刻度，混匀。避光低温保存。

醋酸曲安奈德（$C_{26}H_{33}FO_7$）**标准溶液**（1000μg/mL）

［配制］ 取适量醋酸曲安奈德于称量瓶中，于105℃下干燥至恒重，置于干燥器中冷却备用。准确称取1.0000g（或按纯度换算出质量 $m=1.0000g/w$；w——质量分数）经纯度分析（高效液相色谱法）的醋酸曲安奈德（$C_{26}H_{33}FO_7$；$M_r=476.5344$）纯品（纯度≥99%），置于100mL烧杯中，加适量氯仿溶解后，移入1000mL容量瓶中，用氯仿稀释到刻度，混匀。避光低温保存。

醋酸去氧皮质酮（$C_{23}H_{32}O_4$）**标准溶液**（1000μg/mL）

［配制］ 取适量醋酸去氧皮质酮于称量瓶中，于105℃下干燥至恒重，置于干燥器中冷却备用。准确称取1.0000g（或按纯度换算出质量 $m=1.0000g/w$；w——质量分数）经纯度分析（高效液相色谱法）的醋酸去氧皮质酮（$C_{23}H_{32}O_4$；$M_r=372.4978$）纯品（纯度≥99%），置于100mL烧杯中，加适量氯仿溶解后，移入1000mL容量瓶中，用氯仿稀释到刻

度，混匀。避光低温保存。

达那唑（$C_{22}H_{27}NO_2$）**标准溶液**（1000μg/mL）

［配制］ 取适量达那唑于称量瓶中，于60℃下减压干燥至恒重，取出，置于干燥器中冷却备用。准确称取1.0000g（或按纯度换算出质量 $m=1.0000g/w$；w——质量分数）经纯度分析（高效液相色谱法）的达那唑（$C_{22}H_{27}NO_2$；$M_r=337.4553$）纯品（纯度≥99%），置于100mL烧杯中，加适量乙醇溶解后，移入1000mL容量瓶中，用乙醇稀释到刻度，混匀。避光低温保存。

代森锌标准溶液（1000μg/mL）

［配制］ 用最小分度为0.01mg的分析天平，准确称取0.1000g（或按纯度换算出质量 $m=0.1000g/w$；w——质量分数）代森锌［$(C_4H_6N_2S_4Mn)_a \cdot (C_4H_4N_2S_4Zn)_y$］纯品（纯度≥99%），置于100mL高型烧杯中，加适量重蒸馏正己烷溶解后，移入100mL容量瓶中，用重蒸馏正己烷稀释到刻度，混匀。

单硫酸卡那霉素标准溶液［1000单位/mL（μg/mL以 $C_{18}H_{36}N_4O_{11}$ 计）］

［配制］ 取适量单硫酸卡那霉素于称量瓶中，于105℃下干燥至恒重，置于干燥器中冷却备用。准确称取适量经效价测定的单硫酸卡那霉素（$C_{18}H_{36}N_4O_{11} \cdot H_2SO_4$；$M_r=582.577$）纯品［按纯度换算出质量 $m(g)=1000/X$；X——每1mg的效价单位］纯品（1mg的效价不低于760卡那霉素单位），准确到0.0001g。置于100mL烧杯中，加灭菌水溶解，移入1000mL容量瓶中，再用灭菌水稀释至刻度，摇匀，配制成每1mL中含1000单位的溶液。1000卡那霉素单位相当于1mg的 $C_{18}H_{36}N_4O_{11}$。

单宁酸（$C_{76}H_{52}O_{46}$）**标准溶液**（1000μg/mL）

［配制］ 用最小分度为0.01mg的分析天平，准确称取0.1000g（或按纯度换算出质量 $m=0.1000g/w$；w——质量分数）单宁酸（$C_{76}H_{52}O_{46}$；$M_r=1701.1985$）标准品（相对分子质量为1701.25的单宁酸作为标准品）于小烧杯中，溶于水中，转移到100mL容量瓶中，用水稀释到刻度，混匀。避光、低温保存，可稳定一周。

胆茶碱（$C_{12}H_{21}N_5O_3$）**标准溶液**（1000μg/mL）

［配制］ 取适量胆茶碱于称量瓶中，于105℃下干燥至恒重，置于干燥器中冷却备用。准确称取1.0000g（或按纯度换算出质量 $m=1.0000g/w$；w——质量分数）经纯度分析的胆茶碱（$C_{12}H_{21}N_5O_3$；$M_r=283.3268$）纯品（纯度≥99%），置于100mL烧杯中，加适量水溶解后，移入1000mL容量瓶中，用水稀释到刻度，混匀。

［胆茶碱纯度的测定］ 准确称取样品0.25g已干燥的样品，准确到0.0001g，置于250mL锥形瓶中，加50mL水与8mL氨溶液（40%），置水浴中缓缓加热，待完全溶解，准确加入20mL硝酸银标准溶液［$c(AgNO_3)=0.1000mol/L$］，摇匀后，继续置水浴中加热15min，冷却至（5～10）℃，20min后，用玻璃砂芯漏斗过滤，滤渣用水洗涤3次，每次10mL，合并滤液和洗液，加硝酸使之成为酸性后，再加3mL硝酸，冷却，加2mL硫酸铁铵指示液（80g/L），用硫氰酸铵标准溶液［$c(NH_4CNS)=0.1000mol/L$］滴定。胆茶碱的

质量分数（w）按下式计算：

$$w=\frac{(c_1V_1-c_2V_2)\times 0.2833}{m}\times 100\%$$

式中 V_1——硝酸银标准溶液的体积，mL；

c_1——硝酸银标准溶液的浓度，mol/L；

c_2——硫氰酸铵标准溶液的浓度，mol/L；

V_2——硫氰酸铵标准溶液的体积，mL；

m——样品质量，g；

0.2833——与1.00mL硝酸银标准溶液［$c(AgNO_3)$=1.000mol/L］相当的，以g为单位的胆茶碱的质量。

胆固醇（$C_{27}H_{46}O$）**标准溶液**（1000μg/mL）

［配制］ 用最小分度为0.01mg的分析天平，准确称取适量［m(g)，m=0.1002g，质量分数为99.8%］GBW 09203a胆固醇（$C_{27}H_{46}O$；M_r=386.6535）纯度分析标准物质或已知纯度（纯度≥99%）［质量m=0.1000g/w；w——质量分数］的纯品，于小烧杯中，溶于冰醋酸（或三氯甲烷）中，移入100mL容量瓶中，用冰醋酸（或三氯甲烷）稀释到刻度。混匀，配制成浓度为1000μg/mL的标准储备溶液。可稳定2个月。

注：如果无法获得胆固醇（$C_{27}H_{46}O$）标准物质，可采用如下方法提纯并测定纯度。

① 称取50g市售胆固醇，溶解于350mL乙醚（干燥，无过氧化物）中，在40℃水浴中缓缓加热使其全部溶解，过滤除去不溶杂质。

② 在220mL冰醋酸中加入1.66g无水乙酸钠和22.7g（相当7.3mL）溴水，混合溶解后慢慢倒入胆固醇乙醚溶液中，边加边搅拌，生成二溴胆固醇白色沉淀。

③ 用3#砂芯漏斗过滤，收集沉淀，用少量冰醋酸洗涤沉淀至溶液无色。保留滤液，并向其中加入270mL去离子水，又有沉淀生成。过滤沉淀，用少量冰醋酸洗涤，合并沉淀，抽滤至干后转移到1000mL锥形瓶中，加入400mL乙醚，搅拌成悬浮液。

④ 将13g锌粉，在5min内慢慢加入悬浮液中，边加边搅拌。由于反应放热，要小心防止溶液溅出，必要时可用冰水冷却。随着锌粉的加入，悬浮液渐渐变清，继续加锌粉又出现浑浊，有白色沉淀生成。锌粉加完，继续搅拌15min后，加入100mL去离子水，沉淀溶解，溶液澄清，分成二层。

⑤ 将上层溶液倒入1000mL分液漏斗中，用150mL盐酸溶液（2.5%）和100mL去离子水各洗涤3次，再用100mL氢氧化钠溶液（100g/L）洗涤1次，将洗涤后的乙醚溶液转移到1000mL烧杯中，在60℃水浴中将溶液蒸发至200mL，加入200mL甲醇，继续蒸发至出现结晶。取出烧杯置冷处，便有大量结晶析出。此时不要摇动，静置2h后放入4℃冰箱过夜。

⑥ 用4#砂芯漏斗过滤沉淀，抽干后放入培养皿中在空气中干燥。此为一次提纯品。重复上述操作数次直到达到预定的纯度要求。−20℃保存。

⑦ 采用高效液相色谱法测定杂质和差热分析相结合确定纯度。

胆碱氢氧化物标准溶液（1000μg/mL）

［配制］ 准确称取2.093g（或按纯度换算出质量m=2.093g/w；w——质量分数）胆碱酒石酸氢盐纯品（纯度≥99%），于小烧杯中，加水溶解，移入1000mL容量瓶中，用蒸馏水稀释至刻度，混匀。配制成浓度为1000μg/mL的标准储备溶液。

胆酸（$C_{24}H_{40}O_5$）**标准溶液**（1000μg/mL）

［配制］ 准确称取 1.0000g（或按纯度换算出质量 $m=1.0000\mathrm{g}/w$；w——质量分数）经纯度分析的胆酸（$C_{24}H_{40}O_5$；$M_r=408.5714$）（纯度≥99%）纯品，于小烧杯中，用乙醇溶解后，转移到1000mL容量瓶，用乙醇定容，混匀。配制成浓度为1000μg/mL的储备标准溶液。

［胆酸纯度的测定］ 称取 0.4g 样品，准确至 0.0001g。置于250m锥形瓶中，加20mL水和40mL乙醇，加盖，慢慢加热直到样品溶解，冷却，加5滴酚酞指示液（10g/L），用氢氧化钠标准溶液［$c(\mathrm{NaOH})=0.1000\mathrm{mol/L}$］滴定至溶液呈粉红色。并保持30s。同时做空白试验。胆酸的质量分数按下式计算：

$$w=\frac{c(V_1-V_2)\times 0.4086}{m}\times 100\%$$

式中 w——胆酸的质量分数，%；

V_1——氢氧化钠标准溶液的体积，mL；

V_2——空白试验消耗氢氧化钠标准溶液的体积，mL；

c——氢氧化钠标准溶液的浓度，mol/L；

m——胆酸的质量，g；

0.4086——与1.00mL氢氧化钠标准溶液［$c(\mathrm{NaOH})=1.000\mathrm{mol/L}$］相当的，以g为单位的胆酸（$C_{24}H_{40}O_5$）的质量。

胆影酸（$C_{20}H_{14}I_6N_2O_6$）**标准溶液**（1000μg/mL）

［配制］ 取适量胆影酸于称量瓶中，于105℃下干燥至恒重，置于干燥器中冷却备用。准确称取1.0000g（或按纯度换算出质量 $m=1.0000\mathrm{g}/w$；w——质量分数）经纯度分析的胆影酸（$C_{20}H_{14}I_6N_2O_6$；$M_r=1139.7618$）纯品（纯度≥99%），置于100mL烧杯中，加适量氢氧化钠溶液［$c(\mathrm{NaOH})=0.1\mathrm{mol/L}$］溶解后，移入1000mL容量瓶中，用氢氧化钠溶液［$c(\mathrm{NaOH})=0.1\mathrm{mol/L}$］稀释到刻度，混匀。避光低温保存。

［胆影酸纯度的测定］ 准确称取 0.3g 已干燥的样品，准确到 0.0001g。加30mL氢氧化钠溶液（43g/L）与1.0g锌粉，加热回流30min，冷却，冷凝管用少量水洗涤，过滤，烧瓶与滤器用水洗涤3次，每次15mL，洗液与滤液合并，加5mL冰醋酸与5滴曙红钠指示液（5g/L），用硝酸银标准溶液［$c(\mathrm{AgNO_3})=0.1000\mathrm{mol/L}$］滴定。胆影酸的质量分数（$w$）按下式计算：

$$w=\frac{cV\times 0.1900}{m}\times 100\%$$

式中 V——硝酸银标准溶液的体积，mL；

c——硝酸银标准溶液的浓度，mol/L；

m——样品质量，g；

0.1900——与1.00mL硝酸银标准溶液［$c(\mathrm{AgNO_3})=1.000\mathrm{mol/L}$］相当的，以g为单位的胆影酸的质量。

5-α-胆甾烷（$C_{27}H_{48}$）**标准溶液**（1000μg/mL）

［配制］ 用最小分度为0.01mg的分析天平，准确称取0.1000g（或按纯度换算出质量m=0.1000g/w；w——质量分数）5-α-胆甾烷（$C_{27}H_{48}$；M_r=372.6700）纯品（纯度≥99%）于小烧杯中，用氯仿溶解，转移到100mL容量瓶中，用氯仿定容，混匀。配制成浓度为1000μg/mL的标准储备溶液。

蛋氨酸（$C_5H_{11}NO_2S$）**标准溶液**（1000μg/mL）

［配制］ 准确称取1.0000g（或按纯度换算出质量m=1.0000g/w；w——质量分数）的经纯度分析的蛋氨酸（$C_5H_{11}NO_2S$；M_r=149.211）纯品（纯度≥99%）于烧杯中，用盐酸溶液［c(HCl)=0.1mol/L］溶解后，转移到1000mL容量瓶中，用水稀释到刻度，混匀。配制成浓度为1000μg/mL的标准储备溶液，避光低温保存。使用时用水稀释。

稻丰散（$C_{12}H_{17}O_4PS_2$）**标准溶液**（1000μg/mL）

［配制］ 用最小分度为0.01mg的分析天平，准确称取0.1000g（或按纯度换算出质量m=0.1000g/w；w——质量分数）稻丰散（$C_{12}H_{17}O_4PS_2$；M_r=320.365）纯品（纯度>99%），置于烧杯中，用少量苯溶解，转移到100mL容量瓶中，用石油醚稀释到刻度，混匀。配制成浓度为1000μg/mL的标准储备溶液，使用时，根据需要再配制成适用浓度的标准工作溶液。

稻瘟净（$C_{11}H_{17}O_3PS$）**标准溶液**（1000μg/mL）

［配制］ 用最小分度为0.01mg的分析天平，准确称取0.1000g（或按纯度换算出质量m=0.1000g/w；w——质量分数）的稻瘟净（$C_{11}H_{17}O_3PS$；M_r=260.290）(kitazin)纯品（纯度≥99.9%），于小烧杯中，用丙酮溶解，并转移到100mL容量瓶中，用丙酮稀释到刻度，混匀。配制成浓度为1000μg/mL的标准储备溶液。使用时，根据需要再配成适当浓度的标准工作溶液。

稻瘟灵（$C_{12}H_{18}O_4S_2$）**标准溶液**（1000μg/mL）

［配制］ 用最小分度为0.01mg的分析天平，准确称取0.1000g（或按纯度换算出质量m=0.1000g/w；w——质量分数）的稻瘟灵（$C_{12}H_{18}O_4S_2$；M_r=290.399）纯品（纯度≥99%），于小烧杯中，用丙酮溶解，转移到100mL容量瓶中，用丙酮稀释到刻度，混匀。配制成浓度为1000μg/mL的标准储备溶液，冰箱中低温保存。

2,4-滴（$C_8H_6Cl_2O_3$）**标准溶液**（1000μg/mL）

［配制］ 用最小分度为0.01mg的分析天平，准确称取0.1000g（或按纯度换算出质量m=0.1000g/w；w——质量分数）的2,4-滴（$C_8H_6Cl_2O_3$；M_r=221.037）纯品（纯度≥99%），于小烧杯中，用重蒸馏无水乙醚溶解后，转移至100mL容量瓶中，用重蒸馏无水乙醚定容，混匀。配制成浓度为1000μg/mL标准储备溶液。使用时，用无水乙醚稀释成适用浓度的标准工作溶液。

2,4-滴丁酯（$C_{12}H_{14}Cl_2O_3$）**标准溶液**（1000μg/mL）

［配制］ 用最小分度为0.01mg的分析天平，准确称取0.1000g（或按纯度换算出质量$m=0.1000g/w$；w——质量分数）的2，4-滴丁酯（$C_{12}H_{14}Cl_2O_3$；$M_r=277.144$）纯品（纯度≥99%），于小烧杯中，用重蒸馏正己烷溶解后，转移到100mL容量瓶中，并用重蒸馏正己烷定容，混匀。配制成浓度为1000μg/mL的标准储备溶液，使用时，根据需要配成适当浓度的标准工作溶液。

敌百虫（$C_4H_8Cl_3O_4P$）**标准溶液**（1000μg/mL）

［配制］ 用最小分度为0.01mg的分析天平，准确称取0.1000g（或按纯度换算出质量$m=0.1000g/w$；w——质量分数）敌百虫（$C_4H_8Cl_3O_4P$；$M_r=257.437$）纯品（纯度≥99%），置于烧杯中，用少量乙酸乙酯（或苯）溶解后，转移到100mL容量瓶中，用乙酸乙酯（或苯）定容，混匀。配制成浓度为1000μg/mL的标准储备溶液。使用时，根据需要用乙酸乙酯（或苯）配制成适用浓度的标准工作溶液。

敌草快（$C_{12}H_{12}N_2$）**阳离子标准溶液**（1000μg/mL）

［配制］ 用最小分度为0.01mg的分析天平，准确称取0.1965g敌草快二溴盐（纯度≥99%，纯品中敌草快阳离子的含量为50.89%）纯品，置于烧杯中，用盐酸溶液［$c(HCl)=0.2mol/L$］溶解，转移到100mL容量瓶中，用盐酸溶液［$c(HCl)=0.2mol/L$］定容，混匀。配制成含敌草快阳离子浓度为1000μg/mL的标准储备液。使用时，根据需要由上述储备溶液稀释成适用浓度的标准工作溶液。

敌草隆（$C_9H_{10}Cl_2N_2O$）**标准溶液**（1000μg/mL）

［配制］ 用最小分度为0.01mg的分析天平，准确称取0.1000g（或按纯度换算出质量$m=0.1000g/w$；w——质量分数）的敌草隆（$C_9H_{10}Cl_2N_2O$；$M_r=233.094$）纯品（纯度≥99%），于小烧杯中，用重蒸馏的甲醇-乙腈（1+1）混合溶剂溶解，并转移到100mL容量瓶中，用重蒸馏的甲醇-乙腈（1+1）混合溶剂准确定容，混匀。配制成浓度为1000μg/mL的标准储备溶液。使用时，根据需要用甲醇-乙腈（1+1）混合溶剂稀释成适当浓度的标准工作溶液。

敌草索（TPN）**标准溶液**（1000μg/mL）

［配制］ 用最小分度为0.01mg的分析天平，准确称取0.1000g的敌草索（TPN）纯品（纯度≥99%）（或按纯度换算出质量$m=0.1000g/w$；w——质量分数），置于100mL烧杯中，加10mL丙酮溶解，移入100mL容量瓶中，用正己烷稀释到刻度，混匀。配制成浓度为1000μg/L的标准储备溶液。

敌敌畏（$C_4H_7Cl_2O_4P$）**标准溶液**（1000μg/mL）

［配制］ 用最小分度为0.01mg的分析天平，准确称取适量GBW（E）060135敌敌畏（$C_4H_7Cl_2O_4P$；$M_r=220.976$）纯度分析标准物质［$m=0.1013g$，质量分数为98.7%］或已知纯度（纯度≥98%）［质量$m=0.1000g/w$；w——质量分数］的纯品，置于烧杯中，

用三氯甲烷（或重蒸馏石油醚）溶解后，转移到100mL容量瓶中，用三氯甲烷定容，混匀。配制成浓度为1000μg/mL的标准储备溶液。低温保存，使用前在（20±2）℃下平衡后，根据需要配制成适宜浓度的标准工作溶液。

敌菌丹（$C_{10}H_9Cl_4NO_2S$）**标准溶液**（1000μg/mL）

［配制］ 用最小分度为0.01mg的分析天平，准确称取0.1000g（或按纯度换算出质量$m=0.1000g/w$；w——质量分数）的敌菌丹（$C_{10}H_9Cl_4NO_2S$；$M_r=349.061$）纯品（纯度≥99%），置于小烧杯中，用少量重蒸馏的丙酮溶解，转移到100mL容量瓶中，用重蒸馏的石油醚稀释到刻度，混匀。配制成浓度为1000μg/mL的标准储备溶液。使用时，根据需要再配成适当浓度的标准工作溶液。

敌麦丙标准溶液（1000μg/mL）

［配制］ 用最小分度为0.01mg的分析天平，准确称取0.1000g（或按纯度换算出质量$m=0.1000g/w$；w——质量分数）的敌麦丙纯品（纯度≥99%），于小烧杯中，用丙酮溶解，转移到100mL容量瓶中，用丙酮稀释到刻度，混匀。配制成浓度为1000μg/mL的标准储备溶液。使用时，根据需要用丙酮稀释成适当浓度的标准工作溶液。

狄氏剂（$C_{12}H_8Cl_6O$）**标准溶液**（1000μg/mL）

［配制］ 用最小分度为0.01mg的分析天平，准确称取0.1000g（或按纯度换算出质量$m=0.1000g/w$；w——质量分数）狄氏剂（$C_{12}H_8Cl_6O$；$M_r=380.909$）纯品（纯度≥99%），置于烧杯中，用少量苯溶解，转移到100mL容量瓶中，然后用石油醚定容，混匀。配制成浓度为1000μg/mL的标准储备溶液。使用时，根据需要再配制成适用浓度的标准工作溶液。

地虫硫磷（$C_{10}H_{15}OP_2$）**标准溶液**（1000μg/mL）

［配制］ 用最小分度为0.01mg的分析天平，准确称取0.1000g（或按纯度换算出质量$m=0.1000g/w$；w——质量分数）的地虫硫磷（$C_{10}H_{15}OP_2$；$M_r=213.173$）纯品（纯度≥99%），于小烧杯中，用重蒸馏的丙酮溶解，转移到100mL容量瓶中，用重蒸馏的丙酮定容，混匀。配制成浓度为1000μg/mL的标准储备溶液。使用时，根据需要用重蒸馏的乙酸乙酯配制成适当浓度的标准工作溶液。

地蒽酚（$C_{14}H_{10}O_3$）**标准溶液**（1000μg/mL）

［配制］ 取适量地蒽酚于称量瓶中，于105℃下干燥至恒重，取出，置于干燥器中冷却备用。准确称取1.0000g（或按纯度换算出质量$m=1.0000g/w$；w——质量分数）经纯度分析的地蒽酚（$C_{14}H_{10}O_3$；$M_r=226.2274$）纯品（纯度≥99%），置于100mL烧杯中，加适量氯仿溶解后，移入1000mL容量瓶中，用氯仿稀释到刻度，混匀。避光低温保存。

［标定］分光光度法 取上述溶液1.00mL，移入100mL容量瓶中，用氯仿稀释到刻度（10μg/mL）。按附录十，用分光光度法，在356nm的波长处测定溶液的吸收度，$C_{14}H_{10}O_3$的吸光系数$E_{1cm}^{1\%}$为463计算，即得。

地高辛（$C_{41}H_{64}O_{14}$）**标准溶液**（1000μg/mL）

［配制］ 取适量地高辛于称量瓶中，于105℃下干燥至恒重，取出，置于干燥器中冷却备用。准确称取1.0000g（或按纯度换算出质量 $m=1.0000g/w$；w——质量分数）的地高辛（$C_{41}H_{64}O_{14}$；$M_r=780.9385$）纯品（纯度≥99%），置于100mL烧杯中，加适量70%乙醇（或吡啶）溶解后，移入1000mL容量瓶中，用70%乙醇（或吡啶）稀释到刻度，混匀。

［标定］分光光度法　取上述溶液4.00mL，移入100mL容量瓶中，用70%乙醇稀释到刻度（40μg/mL）。准确移取10.00mL地高辛溶液（40μg/mL），准确加入6mL新制备的碱性三硝基苯酚饱和溶液，摇匀，在（20～25）℃暗处放置30min，按附录十，立即用分光光度法，在485nm的波长处分别测定标准溶液和待测溶液的吸光度，并计算，即得。

地乐酚（$C_{10}H_{12}N_2O_5$）**标准溶液**（1000μg/mL）

［配制］ 用最小分度为0.01mg的分析天平，准确称取0.1000g（或按纯度换算出质量 $m=0.1000g/w$；w——质量分数）地乐酚（$C_{10}H_{12}N_2O_5$；$M_r=240.2127$）纯品（纯度>99%），置于烧杯中，加少量苯溶解，转移到100mL容量瓶中，然后用正己烷稀释到刻度，混匀。配制成浓度为1000μg/mL的标准储备溶液。使用时，根据需要用正己烷配成适当浓度的标准工作溶液。

地塞米松（$C_{22}H_{29}FO_5$）**标准溶液**（1000μg/mL）

［配制］ 取适量地塞米松于称量瓶中，于105℃下干燥至恒重，取出，置于干燥器中冷却备用。准确称取1.0000g（或按纯度换算出质量 $m=1.0000g/w$；w——质量分数）经纯度分析（高效液相色谱法）的地塞米松（$C_{22}H_{29}FO_5$；$M_r=392.4611$）纯品（纯度≥99%），置于100mL烧杯中，加适量甲醇溶解后，移入1000mL容量瓶中，用甲醇稀释到刻度，混匀。避光低温保存。

地塞米松磷酸钠（$Na_2C_{22}H_{28}FO_8P$）**标准溶液**（1000μg/mL）

［配制］ 准确称取1.0000g（或按纯度换算出质量 $m=1.0000g/w$；w——纯度）经纯度分析（高效液相色谱法）的地塞米松磷酸钠（$Na_2C_{22}H_{28}FO_8P$；$M_r=516.4046$）纯品（纯度≥99%），置于100mL烧杯中，加适量水溶解后，移入1000mL容量瓶中，用水稀释到刻度，混匀。避光低温保存。

地西泮（$C_{16}H_{13}ClN_2O$）**标准溶液**（1000μg/mL）

［配制］ 取适量地西泮于称量瓶中，于105℃下干燥至恒重，取出，置于干燥器中冷却备用。准确称取1.0000g（或按纯度换算出质量 $m=1.0000g/w$；w——质量分数）经纯度分析的地西泮（$C_{16}H_{13}ClN_2O$；$M_r=284.740$）纯品（纯度≥99%），置于100mL烧杯中，加适量乙醇溶解后，移入1000mL容量瓶中，用乙醇稀释到刻度，混匀。

［地西泮纯度的测定］ 准确称取0.2g已干燥的样品，准确到0.0001g，置于250mL锥形瓶中，加10mL冰醋酸与10mL乙酐使其溶解，加1滴结晶紫指示液（5g/L），用高氯酸标准溶液［$c(HClO_4)=0.100mol/L$］滴定，至溶液显绿色。同时做空白试验。地西泮的质量分数（w）按下式计算：

$$w=\frac{c(V_1-V_2)\times 0.2847}{m}\times 100\%$$

式中 V_1——高氯酸标准溶液的体积，mL；

V_2——空白消耗高氯酸标准溶液的体积，mL；

c——高氯酸标准溶液的浓度，mol/L；

m——样品质量，g；

0.2847——与1.00mL高氯酸标准溶液［$c(HClO_4)$=1.000mol/L］相当的，以g为单位的地西泮的质量。

地亚农（二嗪农、二嗪磷；$C_{12}H_{21}N_2O_3PS$）**标准溶液**（1000μg/mL）

［配制］ 用最小分度为0.01mg的分析天平，准确称取0.1000g（或按纯度换算出质量$m=0.1000g/w$；w——质量分数）地亚农（二嗪农、二嗪磷，diazinon）（$C_{12}H_{21}N_2O_3PS$；M_r=304.346）纯品（纯度≥99%），于小烧杯中，用二氯甲烷（或正己烷）溶解，转移到100mL容量瓶中，用二氯甲烷（或正己烷或三氯甲烷）稀释至刻度，混匀。配制成浓度为1000μg/mL的标准储备溶液。储于冰箱中4℃保存。使用时，用二氯甲烷（或正己烷，或三氯甲烷）稀释成适当浓度的标准工作溶液。

碘苯酯（$C_{19}H_{29}IO_2$）**标准溶液**（1000μg/mL）

［配制］ 准确称取1.0000g（或按纯度换算出质量$m=1.0000g/w$；w——质量分数）经纯度分析的碘苯酯（$C_{19}H_{29}IO_2$；M_r=416.3368）纯品（纯度≥99%），置于100mL烧杯中，加适量乙醇溶解后，移入1000mL容量瓶中，用乙醇稀释到刻度，混匀。低温避光保存。

［碘苯酯纯度的测定］ 准确称取20mg，准确到0.01mg，用氧瓶燃烧法进行有机破坏，置于250mL锥形瓶中，用2mL氢氧化钠溶液（43g/L）与10mL水为吸收液，待吸收完全后，加10mL溴醋酸溶液（取10g醋酸钾，加适量冰醋酸使其溶解，加0.4mL溴，再加冰醋酸制成100mL），盖紧瓶塞，振摇，放置数分钟，加约1mL甲酸，用水洗涤瓶口，并通入空气流（3～5）min，以除去剩余的溴蒸气，加2g碘化钾，盖紧瓶塞，摇匀，用硫代硫酸钠标准溶液［$c(Na_2S_2O_3)$=0.020mol/L］滴定，至近终点时，加1mL淀粉指示液（5g/L），继续滴定至蓝色消失，同时做空白试验。碘苯酯的质量分数（w）按下式计算：

$$w=\frac{c(V_1-V_2)\times 0.06939}{m}\times 100\%$$

式中 V_1——空白试验硫代硫酸钠标准溶液的体积，mL；

V_2——硫代硫酸钠标准溶液的体积，mL；

c——硫代硫酸钠标准溶液的浓度，mol/L；

m——样品质量，g；

0.06939——与1.00mL硫代硫酸钠标准溶液［$c(Na_2S_2O_3)$=1.000mol/L］相当的，以g为单位的碘苯酯的质量。

碘番酸（$C_{11}H_{12}I_3NO_2$）**标准溶液**（1000μg/mL）

［配制］ 取适量碘番酸于称量瓶中，于105℃下干燥至恒重，置于干燥器中冷却备用。

准确称取 1.0000g（或按纯度换算出质量 $m=1.0000g/w$；w——质量分数）经纯度分析的碘番酸（$C_{11}H_{12}I_3NO_2$；$M_r=570.9319$）纯品（纯度≥99%），置于 100mL 烧杯中，加适量乙醇溶解后，移入 1000mL 容量瓶中，用乙醇稀释到刻度，混匀。低温避光保存。

[碘番酸纯度的测定] 准确称取 0.3g 已干燥的样品，准确到 0.0001g，置于 250mL 锥形瓶中，加 30mL 氢氧化钠液（43g/L）与 1.0g 锌粉，加热回流 30min，冷却，冷凝管用少量的水洗涤，过滤，烧瓶与滤器用水洗涤 3 次，每次 15mL 水，洗液与滤液合并，加 5mL 冰醋酸与 5 滴曙红钠指示液（5g/L），用硝酸银标准溶液 [$c(AgNO_3)=0.1000mol/L$] 滴定。碘番酸的质量分数（w）按下式计算：

$$w=\frac{cV\times 0.1903}{m}\times 100\%$$

式中 V——硝酸银标准溶液的体积，mL；

c——硝酸银标准溶液的浓度，mol/L；

m——样品质量，g；

0.1903——与 1.00mL 硝酸银标准溶液 [$c(AgNO_3)=1.000mol/L$] 相当的，以 g 为单位的碘番酸的质量。

碘苷（$C_9H_{11}IN_2O_5$）**标准溶液**（1000μg/mL）

[配制] 取适量碘苷于称量瓶中，于 60℃下减压干燥至恒重，置于干燥器中冷却备用。准确称取 1.0000g（或按纯度换算出质量 $m=1.0000g/w$；w——质量分数）经纯度分析的碘苷（$C_9H_{11}IN_2O_5$；$M_r=354.0985$）纯品（纯度≥99%），置于 100mL 烧杯中，加适量氢氧化钠溶液 [$c(NaOH)=0.01mol/L$] 溶解后，移入 1000mL 容量瓶中，用氢氧化钠溶液 [$c(NaOH)=0.01mol/L$] 稀释到刻度，混匀。低温避光保存。

[标定] 分光光度法 准确移取 3.00mL 上述溶液于 100mL 容量瓶中，用氢氧化钠溶液 [$c(NaOH)=0.01mol/L$] 稀释到刻度（30μg/mL）。按附录十，用分光光度法，在 279nm 的波长处测定溶液的吸光度，$C_9H_{11}IN_2O_5$ 的吸光系数 $E_{1cm}^{1\%}$ 为 158 计算，即得。

碘解磷定（$C_7H_9IN_2O$）**标准溶液**（1000μg/mL）

[配制] 取适量碘解磷定于称量瓶中，于 105℃下干燥至恒重，置于干燥器中冷却备用。准确称取 1.0000g（或按纯度换算出质量 $m=1.0000g/w$；w——质量分数）经纯度分析的（$C_7H_9IN_2O$；$M_r=264.0636$）纯品（纯度≥99%），置于 100mL 烧杯中，加适量水溶解后，移入 1000mL 容量瓶中，用水稀释到刻度，混匀。低温避光保存。

[标定] 分光光度法 避光操作。准确移取 1.00mL 上述溶液，移入 100mL 容量瓶中，用盐酸溶液（1%）稀释到刻度（10μg/mL）。按附录十，用分光光度法，1h 内，在 294nm 的波长处测定溶液的吸收度，$C_7H_9IN_2O$ 的吸光系数 $E_{1cm}^{1\%}$ 为 479 计算，即得。

碘他拉酸（$C_{11}H_9I_3N_2O_4$）**标准溶液**（1000μg/mL）

[配制] 取适量碘他拉酸于称量瓶中，于 105℃下干燥至恒重，置于干燥器中冷却备用。准确称取 1.0000g（或按纯度换算出质量 $m=1.0000g/w$；w——质量分数）经纯度分析的碘他拉酸（$C_{11}H_9I_3N_2O_4$；$M_r=613.9136$）纯品（纯度≥99%），置于 100mL 烧杯中，加适量氢氧化钠溶液（10g/L）溶解后，移入 1000mL 容量瓶中，用氢氧化钠溶液（10g/L）

稀释到刻度，混匀。低温避光保存。

［碘他拉酸纯度的测定］ 准确称取 0.4g 已干燥的样品，准确到 0.0001g，置于 250mL 锥形瓶中，加 30mL 氢氧化钠溶液（43g/L）与 1.0g 锌粉，加热回流 30min，冷却，冷凝管用少量的水洗涤，过滤，烧瓶与滤器用水洗涤 3 次，每次 15mL 水，洗液与滤液合并，加 5mL 冰醋酸与 5 滴曙红钠指示液（5g/L），用硝酸银标准溶液［$c(AgNO_3)=0.1000mol/L$］滴定。碘他拉酸的质量分数（w）按下式计算：

$$w=\frac{cV\times 0.2046}{m}\times 100\%$$

式中 V——硝酸银标准溶液的体积，mL；

c——硝酸银标准溶液的浓度，mol/L；

m——样品质量，g；

0.2046——与 1.00mL 硝酸银标准溶液［$c(AgNO_3)=1.000mol/L$］相当的，以 g 为单位的碘他拉酸的质量。

淀粉标准溶液（1000μg/mL）

［配制］ 取适量可溶性淀粉于称量瓶中，在（100±2)℃下干燥 2h。于干燥器中冷却备用。用最小分度为 0.01mg 的分析天平，准确称取 0.1000g（或按纯度换算出质量 $m=0.1000g/w$；w——质量分数）的可溶性淀粉纯品（纯度≥99%），于小烧杯中，溶于少量 60℃重蒸馏水中，冷却后，移入 100mL 容量瓶中，用水定容，摇匀。配制成浓度为 1000μg/mL 的标准储备溶液。

靛蓝（$C_{16}H_{10}N_2O_2$）**标准溶液**（1000μg/mL）

［配制］ 准确称取 1.0000g（或按纯度换算出质量 $m=1.0000g/w$；w——质量分数）靛蓝（$C_{16}H_{10}N_2O_2$；$M_r=262.2628$）纯品（纯度≥99%），置于烧杯中，加水溶解后，转移到 1000mL 容量瓶中，用水清洗烧杯数次，将洗涤液一并转移到容量瓶中，用水稀释到刻度，混匀。配制成浓度为 1000μg/mL 的标准储备溶液。

靛蓝二磺酸钠（$C_{16}H_8N_2Na_2O_8S_2$）**标准溶液**（1000μg/mL）

［配制］ 取适量靛蓝二磺酸钠于称量瓶中，在 105℃干燥至恒重，保存在干燥器中备用。准确称取 1.0000g（或按纯度换算出质量 $m=1.0000g/w$；w——质量分数）经纯度分析的靛蓝二磺酸钠（靛蓝胭脂红）（$C_{16}H_8N_2Na_2O_8S_2$；$M_r=466.353$）纯品（纯度≥99%），置于 100mL 烧杯中，加 2mL 硫酸溶液（1+5）溶解，移入 1000mL 容量瓶中，用水稀释到刻度，混匀。可使用 10d。

［靛蓝二磺酸钠纯度测定］ 称取 0.2g 预先在 105℃干燥恒重的靛蓝二磺酸钠，准确至 0.0001g。置于 250mL 锥形瓶中，加 30mL 水溶解，加 1mL 硫酸，加水稀释至 60mL，用高锰酸钾标准溶液［$c(\frac{1}{5}KMnO_4)=0.1000mol/L$］滴定至溶液由绿色变为淡黄色。靛蓝二磺酸钠的质量分数按下式计算：

$$w=\frac{cV\times 0.1166}{m}\times 100\%$$

式中 w——靛蓝二磺酸钠的质量分数，%；

V——高锰酸钾标准溶液的体积，mL；

c——高锰酸钾标准溶液的浓度，mol/L；

m——样品质量，g；

0.1166——与 1.00mL 高锰酸钾标准溶液 [$c(1/5 KMnO_4)$=1.000mol/L] 相当的，以 g 为单位的靛蓝二磺酸钠的质量。

丁苯威（仲丁威；$C_{12}H_{17}NO_2$）**标准溶液**（1000μg/mL）

[配制] 用最小分度为 0.01mg 的分析天平，准确称取 0.1000g（必要时按纯度换算出质量 $m=0.1000g/w$；w——质量分数）的仲丁威（$C_{12}H_{17}NO_2$：$M_r=207.2689$）纯品（纯度≥99%），置于 100mL 烧杯中，用紫外光谱纯乙腈（或正己烷）溶解，转移到 100mL 容量瓶中，用紫外光谱纯乙腈（或正己烷）稀释到刻度，混匀。配制成 1000μg/mL 的标准储备溶液，使用时，根据需要用乙腈（或正己烷）稀释成适当浓度的标准工作溶液。

1,3-丁二醇（$C_4H_{10}O_2$）**标准溶液**（1000μg/mL）

[配制] 用最小分度为 0.01mg 的分析天平，准确称取 0.1000g（或按纯度换算出质量 $m=0.1000g/w$；w——质量分数）经纯度分析的 1,3-丁二醇（$C_4H_{10}O_2$；$M_r=90.1210$）纯品（纯度≥99%）于小烧杯中，用水溶解后，转移到 100mL 容量瓶，并用水稀释定容，混匀。配制成浓度为 1000μg/mL 的储备标准溶液。

[1,3-丁二醇纯度的测定] 准确称取 0.2g 样品，准确至 0.0001g。置于 250mL 碘量瓶中，加 25mL 乙酰化试剂（将 3.4mL 水，130mL 乙酸酐和 1000mL 无水吡啶混合，配制成乙酰化试剂，1 周内使用），将干燥的回流冷凝器与碘量瓶连接，加热回流 1h，冷却到室温，用 50mL 新煮沸冷却的水，分次淋洗冷凝器，加 5 滴酚酞指示液（10g/L），用氢氧化钠标准溶液 [$c(NaOH)=0.1000mol/L$] 滴定，不断摇动，至溶液出现淡粉红色，并保持 30s。同时做空白试验。1,3-丁二醇的质量分数（w）按下式计算：

$$w=\frac{c(V_1-V_2)\times 0.04506}{m}\times 100\%$$

式中 V_1——氢氧化钠标准溶液的体积，mL；

V_2——空白试验氢氧化钠标准溶液的体积，mL；

c——氢氧化钠标准溶液的浓度，mol/L；

m——样品质量，g；

0.04506——与 1.00mL 氢氧化钠标准溶液 [$c(NaOH)=1.000mol/L$] 相当的，以 g 为单位的 1,3-丁二醇的质量。

丁二酸（琥珀酸；$C_4H_6O_4$）**标准溶液**（1000μg/mL）

[配制] 准确称取 1.0000g（或按纯度换算出质量 $m=1.0000g/w$；w——质量分数）经纯度分析的琥珀酸（$C_4H_6O_4$；$M_r=118.0880$）纯品（纯度≥99%），置于 100mL 烧杯中，加适量水溶解后，移入 1000mL 容量瓶中，用水稀释到刻度，混匀。

[琥珀酸纯度的测定] 准确称取 0.25g 样品，准确到 0.0001g，置于 250mL 锥形瓶中，加入 25mL 刚煮沸并冷却的水，使其溶解，加 5 滴酚酞指示液（10g/L），用氢氧化钠标准溶液 [$c(NaOH)=0.100mol/L$] 滴定至溶液呈粉红色，保持 30s 不褪色。琥珀酸的质量分数

（w）按下式计算：

$$w=\frac{cV\times 0.05904}{m}\times 100\%$$

式中 V——氢氧化钠标准溶液的体积，mL；

c——氢氧化钠标准溶液的浓度，mol/L；

m——样品质量，g；

0.05904——与 1.00mL 氢氧化钠标准溶液［c(NaOH)=1.000mol/L］相当的，以 g 为单位的琥珀酸的质量。

丁二酮肟（二甲基乙二醛肟；$C_4H_8N_2O_2$）**标准溶液**（1000μg/mL）

［配制］ 用最小分度为 0.01mg 的分析天平，准确称取 0.1000g（或按纯度换算出质量 m=0.1000g/w；w——质量分数）经纯度分析的丁二酮肟（$C_4H_8N_2O_2$；M_r=116.1185）纯品（纯度≥99%），置于 100mL 烧杯中，加乙醇溶解后，转移到 100mL 容量瓶中，用乙醇稀释至刻度，摇匀。配制成浓度为 1000μg/mL 的储备标准溶液。

［丁二酮肟纯度的测定］ 称取 0.2g 样品，准确至 0.0001g。于 250mL 锥形瓶中，溶于 40mL 乙醇中，在不断搅拌下，缓缓加入煮沸的 250mL 六水合硫酸镍溶液［称取 2.8g 六水合硫酸镍，溶于 100mL 水中，必要时过滤。取 25mL 溶液，加 3mL 氨水溶液（10%）及 2mL 乙酸（冰醋酸），用水稀释到 250mL］。冷却，放置（2～3)h，用已于（115～120)℃干燥至恒重的 4 号玻璃砂芯坩埚过滤，用冰浴冷却的水洗涤沉淀至洗液无硫酸盐反应，于（115～120)℃烘干至恒重。丁二酮肟质量分数（w）按下式计算：

$$w=\frac{m_1\times 0.8038}{m}\times 100\%$$

式中 m_1——沉淀的质量，g；

m——样品质量，g；

0.8038——丁二酮肟镍［$Ni(C_4H_7O_2N_2)_2$］换算成丁二酮肟［$C_4H_8O_2N_2$］的系数。

4-*n*-丁基铵碘化物标准溶液（1000μg/mL）

［配制］ 准确称取 1.0000g（或按纯度换算出质量 m=1.0000g/w；w——质量分数）经纯度分析的 4-*n*-丁基铵碘化物的纯品（纯度≥99%），于小烧杯中，用水溶解后，转移到 1000mL 容量瓶中，用水稀释到刻度，混匀。配制成浓度为 1000μg/mL 的标准储备溶液。

丁酸（$C_4H_8O_2$）**标准溶液**（1000μg/mL）

［配制］ 取 100mL 容量瓶，加入 10mL 水，加盖，用最小分度为 0.01mg 的分析天平准确称量。之后滴加丁酸（$C_4H_8O_2$；M_r=88.1051）纯品（纯度≥99%），称量，至两次质量之差为 0.1000g（或按纯度换算出质量 m=0.1000g/w；w——质量分数），即为丁酸的质量（如果准确到 0.1000g 操作有困难，可通过准确记录丁酸质量，计算其浓度）。用水稀释到刻度，混匀。低温保存备用。临用时取适量稀释。

丁酸苄酯（$C_{11}H_{14}O_2$）**标准溶液**（1000μg/mL）

［配制］ 取 100mL 容量瓶，加入 10mL 乙醇，加盖，用最小分度为 0.01mg 的分析天

平准确称量。之后滴加丁酸苄酯（$C_{11}H_{14}O_2$；M_r=156.2221）纯品（纯度≥99%），至两次质量之差为 0.1000g（或按纯度换算出质量 m=0.1000g/w；w——质量分数），即为丁酸苄酯的质量（如果准确到 0.1000g 操作有困难，可通过准确记录丁酸苄酯质量，计算其浓度）。用乙醇稀释到刻度，混匀。

丁酸氢化可的松（$C_{25}H_{36}O_6$）**标准溶液**（1000μg/mL）

［配制］ 取适量的丁酸氢化可的松，于 75℃下减压干燥至恒重，取出，置于干燥器中冷却备用。准确称取 1.0000g（或按纯度换算出质量 m=1.0000g/w；w——质量分数）经纯度分析（高效液相色谱法）的丁酸氢化可的松（$C_{25}H_{36}O_6$；M_r=432.5497）纯品（纯度≥99%），置于 100mL 烧杯中，加适量甲醇溶解后，移入 1000mL 容量瓶中，用甲醇稀释到刻度，混匀。避光低温保存。

丁酸乙酯（$C_6H_{12}O_6$）**标准溶液**（1000μg/mL）

［配制］ 取 100mL 容量瓶，加入 10mL 乙醇，加盖，用最小分度为 0.01mg 的分析天平准确称量。之后滴加丁酸乙酯（$C_6H_{12}O_6$；M_r=180.1559）纯品（纯度≥99%），至两次称量结果之差为 0.1000g（或按纯度换算出质量 m=0.1000g/w；w——质量分数），即为丁酸乙酯的质量（如果准确到 0.1000g 操作有困难，可通过准确记录丁酸乙酯质量，计算其浓度）。用乙醇稀释到刻度，混匀。低温保存备用。临用时取适量稀释。

丁酸异戊酯（$C_9H_{18}O_2$）**标准溶液**（1000μg/mL）

［配制］ 取 100mL 容量瓶，加入 10mL 乙醇，加盖，用最小分度为 0.01mg 的分析天平准确称量。之后滴加丁酸异戊酯（$C_9H_{18}O_2$；M_r=158.2380）纯品（纯度≥99%），至两次称量结果之差为 0.1000g（或按纯度换算出质量 m=0.1000g/w；w——质量分数），即为丁酸异戊酯的质量（如果准确到 0.1000g 操作有困难，可通过准确记录丁酸异戊酯质量，计算其浓度）。用乙醇稀释到刻度，混匀。

丁体六六六（$C_6H_6Cl_6$）**农药标准溶液**（1000μg/mL）

［配制］ 准确称取适量 GBW 06404 丁体六六六（$C_6H_6Cl_6$；M_r=290.830）纯度分析标准物质［m=0.1001g，质量分数为 99.9%］或已知纯度（纯度≥99%）［质量 m=0.1000g/w；w——质量分数］的纯品，置于烧杯中，加入优级纯苯溶解，移入 100mL 容量瓶中，用优级纯苯稀释到刻度，混匀。配成浓度为 1000μg/mL 的标准储备溶液。低温保存，使用前在（20±2）℃下平衡后，根据需要再配制成适用浓度的工作溶液。

2-丁酮（C_4H_8O）**标准溶液**（1000μg/mL）

［配制］ 取 100mL 容量瓶，加入 10mL 无羰基的甲醇，加盖，用最小分度为 0.01mg 的分析天平准确称量。之后滴加 2-丁酮（C_4H_8O；M_r=72.1057）纯品（纯度≥99%），至两次称量结果之差为 0.1000g（或按纯度换算出质量 m=0.1000g/w；w——质量分数），即为 2-丁酮的质量（如果准确到 0.1000g 操作有困难，可通过准确记录 2-丁酮质量，计算其浓度）。用无羰基的甲醇稀释到刻度，混匀。

丁烯磷（$C_{14}H_{19}O_6P$）**标准溶液**（1000μg/mL）

［配制］ 用最小分度为0.01mg的分析天平，准确称取0.1000g（或按纯度换算出质量$m=0.1000g/w$；w——质量分数）的丁烯磷（$C_{14}H_{19}O_6P$；$M_r=314.2708$）纯品（纯度≥99%），于小烧杯中，用重蒸馏的丙酮溶解，并转移到100mL容量瓶中，用重蒸馏的丙酮准确定容，混匀。配制成浓度为1000μg/mL的标准储备溶液，使用时，再根据需要用正己烷稀释成适当浓度的标准工作溶液。

丁酰肼（daminozide；$C_6H_{12}N_2O_3$）**标准溶液**（1000μg/mL）

［配制］ 用最小分度为0.01mg的分析天平，准确称取0.1000g丁酰肼（$C_6H_{12}N_2O_3$；$M_r=160.1711$）标准品（纯度≥99%），置于100mL烧杯中，用少量水溶解，转移到100mL容量瓶中，并用水稀释到刻度，混匀。配制成浓度为1000μg/mL的标准储备溶液。

丁香酚（$C_{10}H_{12}O_2$）**标准溶液**（1000μg/mL）

［配制］ 取100mL容量瓶，加入10mL甲醇，加盖，用最小分度为0.01mg的分析天平准确称量。之后滴加丁香酚（$C_{10}H_{12}O_2$；$M_r=164.2011$）纯品（纯度≥99%），至两次质量之差为0.1000g（或按纯度换算出质量$m=0.1000g/w$；w——质量分数），即为丁香酚的质量（如果准确到0.1000g操作有困难，可通过准确记录丁香酚质量，计算其浓度）。用甲醇稀释到刻度，混匀。

丁溴东莨菪碱（$C_{21}H_{30}BrNO_4$）**标准溶液**（1000μg/mL）

［配制］ 取适量的丁溴东莨菪碱，于105℃下干燥至恒重，取出，置于干燥器中冷却备用。准确称取1.0000g（或按纯度换算出质量$m=1.0000g/w$；w——质量分数）经纯度分析的丁溴东莨菪碱（$C_{21}H_{30}BrNO_4$；$M_r=440.371$）纯品（纯度≥99%），置于100mL烧杯中，加适量水溶解后，移入1000mL容量瓶中，用水稀释到刻度。避光低温保存。

［丁溴东莨菪碱纯度的测定］ 准确称取0.3g已于105℃干燥的样品，准确到0.0001g。置于250mL锥形瓶中，加20mL冰醋酸溶解后（必要时温热溶解），加5mL乙酸汞溶液(50g/L)，1滴结晶紫指示液（5g/L)，用高氯酸标准溶液［$c(HClO_4)=0.1000mol/L$］滴定至溶液呈纯蓝色，同时做空白试验。丁溴东莨菪碱的质量分数（w）按下式计算：

$$w=\frac{c(V_1-V_2)\times 0.4404}{m}\times 100\%$$

式中 V_1——高氯酸标准溶液的体积，mL；

V_2——空白试验高氯酸标准溶液的体积，mL；

c——高氯酸标准溶液的浓度，mol/L；

m——样品质量，g；

0.4404——与1.00mL高氯酸标准溶液［$c(HClO_4)=1.000mol/L$］相当的，以g为单位的丁溴东莨菪碱的质量。

定菌磷（$C_{14}H_{20}N_3O_5PS$）**标准溶液**（1000μg/mL）

［配制］ 用最小分度为0.01mg的分析天平，准确称取0.1000g（或按纯度换算出质量

$m=0.1000g/w$；w——质量分数）的定菌磷（$C_{14}H_{20}N_3O_5PS$；$M_r=373.364$）纯品（纯度≥99%），于小烧杯中，用重蒸馏的正己烷溶解，并转移到100mL容量瓶中，用重蒸馏的正己烷准确定容，混匀。配制成浓度为1000μg/mL的标准储备溶液，使用时，再根据需要用正己烷稀释成适当浓度的标准工作溶液。

东莨菪碱（$C_{17}H_{21}NO_4$）**标准溶液**（1000μg/mL）

［配制］ 用最小分度为0.01mg的分析天平，准确称取0.1450g（或按纯度换算出质量$m=0.1450g/w$；w——质量分数）氢溴酸东莨菪碱（$C_{17}H_{21}NO_4 \cdot HBr \cdot 3H_2O$；$M_r=438.311$）纯品（纯度≥99%），于烧杯中，溶于10mL水中，加氨水（1+1）呈碱性，用三氯甲烷提取二次，每次8mL，三氯甲烷提取液经少许无水硫酸钠脱水，滤入100mL容量瓶中，再用少许三氯甲烷洗滤器，洗液并入容量瓶中，用三氯甲烷稀释到刻度，混匀。配制成浓度为1000μg/mL的标准储备溶液。

毒虫畏（$C_{12}H_{14}Cl_3O_4P$）**标准溶液**（1000μg/mL）

［配制］ 用最小分度为0.01mg的分析天平，准确称取0.1000g毒虫畏（$C_{12}H_{14}Cl_3O_4P$；$M_r=359.570$）（纯度≥98%，含有Z-异构体与E-异构体），（或按纯度换算出质量$m=0.1000g/w$；w——质量分数），置于烧杯中，用重蒸馏的正己烷溶解后，转移到100mL容量瓶中，用重蒸馏的正己烷定容，混匀。配制成浓度为1000μg/mL的标准储备液。根据需要再用正己烷稀释成适当浓度的标准工作溶液。

毒毛花苷K（毒毛旋芯苷；$C_{36}H_{54}O_{14}$）**标准溶液**（1000单位/mL）

［配制］ 准确称取适量经含量测定的毒毛花苷K（$C_{36}H_{54}O_{14}$；$M_r=710.8056$）（按纯度换算出质量$m=1000g/X$；X——每1mg的效价单位）纯品，准确至0.0001g，置于100mL烧杯中，加无菌水溶解，移入1000mL容量瓶中，用水稀释到刻度，混匀。避光低温保存。

毒杀芬（$C_{10}H_{10}Cl_8$）**标准溶液**（1000μg/mL）

［配制］ 用最小分度为0.01mg的分析天平，准确称取0.1000g（或按纯度换算出质量$m=0.1000g/w$；w——质量分数）的毒杀芬（$C_{10}H_{10}Cl_8$；$M_r=373.318$）纯品（纯度≥99%），于小烧杯中，用经全玻璃装置重蒸馏的石油醚溶解，再转移到100mL容量瓶中，用重蒸馏石油醚定容，混匀。配制成浓度为1000μg/mL的标准储备溶液。使用时，根据需要再配成适当浓度的标准工作溶液。

毒死蜱（$C_9H_{11}Cl_3NO_3PS$）**标准溶液**（1000μg/mL）

［配制］ 用最小分度为0.01mg的分析天平，准确称取0.1000g（或按纯度换算出质量$m=0.1000g/w$；w——质量分数）的毒死蜱（$C_9H_{11}Cl_3NO_3PS$；$M_r=350.586$）纯品（纯度≥99%），于小烧杯中，用重蒸馏的正己烷溶解，并转移到100mL容量瓶中，用重蒸馏的正己烷准确定容，混匀。配制成浓度为1000μg/mL的标准储备溶液。使用时，根据需要再配制成适当浓度的标准工作溶液。

度米芬（$C_{22}H_{40}BrNO$）**标准溶液**（1000μg/mL）

［配制］ 取适量度米芬（$C_{22}H_{40}BrNO \cdot H_2O$；$M_r$=432.478）于称量瓶中，于80℃下干燥至恒重，置于干燥器中冷却备用。准确称取1.0000g（或按纯度换算出质量 m=1.0000g/w；w——质量分数）经纯度分析的度米芬（$C_{22}H_{40}BrNO$；M_r=414.463）纯品（纯度≥99%），置于100mL烧杯中，加适量水溶解后，移入1000mL容量瓶中，用水稀释到刻度，混匀。避光低温保存。

［度米芬纯度测定］ 准确称取0.2g已干燥的样品，准确到0.0001g，置于250mL具塞锥形瓶中，加75mL水溶解后，加2mL碳酸氢钠溶液（10g/L），摇匀，加10mL氯仿与8滴溴酚蓝指示液（0.5g/L），用四苯硼钠标准溶液 $\{c[Na(C_6H_5)_4B]=0.0200mol/L\}$ 滴定，将近终点时须强力振摇，至氯仿层的蓝色消失。度米芬的质量分数（w）按下式计算：

$$w=\frac{cV\times 0.4145}{m}\times 100\%$$

式中 V——四苯硼钠标准溶液的体积，mL；

c——四苯硼钠标准溶液的浓度，mol/L；

m——样品质量，g；

0.4145——与1.00mL四苯硼钠标准溶液 $\{c[Na(C_6H_5)_4B]=1.000mol/L\}$ 相当的，以g为单位的度米芬（$C_{22}H_{40}BrNO$）的质量。

多果定（$C_{15}H_{33}N_3O_2$）**标准溶液**（1000μg/mL）

［配制］ 用最小分度为0.01mg的分析天平，准确称取0.1000g（或按纯度换算出质量 m=0.1000g/w；w——质量分数）的多果定（$C_{15}H_{33}N_3O_2$；M_r=287.4414）纯品（纯度≥99%），于小烧杯中，用甲醇溶解，转移到100mL容量瓶中，用甲醇定容，混匀。配制成浓度为1000μg/L的标准储备溶液。

多菌灵（$C_9H_{10}N_3O_2$）**标准溶液**（1000μg/mL）

［配制］ 用最小分度为0.01mg的分析天平，准确称取0.1000g（或按纯度换算出质量 m=0.1000g/w；w——质量分数）的多菌灵（$C_9H_{10}N_3O_2$；M_r=192.1946）纯品（纯度≥99%），于小烧杯中，先用少量的盐酸溶液［c(HCl)=2mol/L］，微热溶解，冷却后，转移到100mL容量瓶中，再用该盐酸溶液定容，混匀。配制成浓度为1000μg/mL的标准储备溶液。使用时，根据需要再配成适当浓度的标准工作溶液。

多氯联苯标准溶液

［配制］

(1) 多氯联苯标准溶液（1000μg/mL） 用最小分度为0.01mg的分析天平，各准确称取0.0500g的多氯联苯K-400（相当于Aroclor 1248）、K-500（相当于Aroclor 1254），于小烧杯中，加少许经全玻璃装置重蒸馏的石油醚溶解后，转移到100mL容量瓶中，用石油醚稀释到刻度，混匀。配制成浓度为1000μg/mL的标准储备溶液。使用时，根据需要再配成适当浓度的标准工作溶液。

(2) 多氯联苯 (PCB_3) 标准溶液 (1000μg/mL) 用最小分度为 0.01mg 的分析天平，准确称取 0.1000g 的 PCB_3，置于 100mL 容量瓶中，用正己烷稀至刻度，混匀。配制成浓度为 1000μg/mL 的标准储备溶液。使用前用正己烷稀释成标准工作溶液。

(3) 多氯联苯 (PCB_5) 标准溶液 (1000μg/mL) 用最小分度为 0.01mg 的分析天平，准确称取 0.1000g 的 PCB_5，置于 1000mL 容量瓶中，用正己烷稀至刻度，混匀。配制成浓度为 1000μg/mL 的标准储备溶液。使用前用正己烷稀释成标准工作溶液。

杜烯 ($C_{10}H_{14}$) **标准溶液** (1000μg/mL)

[配制] 用最小分度为 0.01mg 的分析天平，准确称取 0.1000g (或按纯度换算出质量 $m=0.1000g/w$；w——质量分数) 的杜烯 ($C_{10}H_{14}$；$M_r=134.2182$) 纯品 (纯度≥99%)，于小烧杯中，用重蒸馏正己烷 [在 1L 正己烷中，加 4g 氢氧化钠，水浴回流 2h，用全玻璃装置重蒸馏，收集 (67～69)℃馏分。浓缩 100 倍，检查无杜烯色谱峰和干扰峰] 溶解，转移到 100mL 容量瓶中，用重蒸馏正己烷稀释到刻度，配制成浓度为 1000μg/mL 的标准储备溶液。使用时，根据需要再用正己烷稀释成适当浓度的标准工作溶液。

对氨基苯甲酸 ($C_7H_7NO_2$) **标准溶液** (1000μg/mL)

[配制] 准确称取 0.1000g (或按纯度换算出质量 $m=0.1000g/w$；w——质量分数) 的经纯度分析的对氨基苯甲酸 ($C_7H_7NO_2$；$M_r=137.1360$) 纯品 (纯度≥99%) 于 100mL 烧杯中，加水溶解，移入 100mL 容量瓶中，加少许甲苯，以水稀释至刻度，混匀。转移到棕色试剂瓶中，于冰箱中低温避光保存。

对氨基苯乙醚 ($C_8H_{11}NO$) **标准溶液** (1000μg/mL)

[配制] 准确称取 0.1000g (或按纯度换算出质量 $m=0.1000g/w$；w——质量分数) 经纯度测定的对氨基苯乙醚 ($C_8H_{11}NO$；$M_r=137.1790$) 纯品 (纯度≥99%) 置于烧杯中，加适量无水乙醇溶解，移入 100mL 容量瓶中，用无水乙醇稀释到刻度，摇匀。避光保存。

对氨基水杨酸钠 ($NaC_7H_6NO_3$) **标准溶液** (1000μg/mL)

[配制] 取适量对氨基水杨酸钠 ($NaC_7H_6NO_3 \cdot 2H_2O$；$M_r=211.1478$) 于称量瓶中，于 105℃下干燥至恒重，取出，置于干燥器中冷却备用。准确称取 1.0000g (或按纯度换算出质量 $m=1.0000g/w$；w——质量分数) 经纯度分析的无水对氨基水杨酸钠 ($NaC_7H_6NO_3$；$M_r=175.1172$) 纯品 (纯度≥99%)，置于 100mL 烧杯中，加适量水溶解后，移入 1000mL 容量瓶中，用水稀释到刻度，混匀。避光低温保存。

[对氨基水杨酸钠纯度的测定] 永停滴定法：准确称取 0.4g 已干燥的样品，准确到 0.0001g，置于 250mL 锥形瓶中，加 180mL 水与 15mL 盐酸溶液 (50%)，溶解后，置电磁搅拌器上，搅拌使溶解，再加 2g 溴化钾，插入铂-铂电极后，将滴定管的尖端插入液面下约 ⅔处，用亚硝酸钠标准溶液 [$c(NaNO_2)=0.100mol/L$] 迅速滴定，随滴随搅拌，至近终点时，将滴定管的尖端提出液面，用少量水淋洗尖端，洗液并入溶液中，继续缓缓滴定，至电流计指针突然偏转，并不再回复，即为滴定终点。对氨基水杨酸钠的质量分数 (w) 按下式计算：

$$w=\frac{cV\times 0.1751}{m}\times 100\%$$

式中 V——亚硝酸钠标准溶液的体积，mL；

c——亚硝酸钠标准溶液的浓度，mol/L；

m——样品质量，g；

0.1751——与1.00mL亚硝酸钠标准溶液［$c(NaNO_2)=1.000$mol/L］相当的，以g为单位的对氨基水杨酸钠（$NaC_7H_6NO_3$）的质量。

对苯二酚（$C_6H_6O_2$）**标准溶液**（1000μg/mL）

［配制］ 用最小分度为0.01mg的分析天平，准确称取0.1000g（或按纯度换算出质量$m=0.1000g/w$；w——质量分数）对苯二酚（$C_6H_6O_2$；$M_r=110.1106$）纯品（纯度≥99%），于小烧杯中，用少量乙醇溶解，转移到100mL容量瓶中，用乙醇定容，混匀。配制成浓度为1000μg/mL的标准储备溶液。

对苯二甲酸（$C_8H_6O_4$）**标准溶液**（1000μg/mL）

［配制］ 用最小分度为0.01mg的分析天平，准确称取0.1000g（或按纯度换算出质量$m=0.1000g/w$；w——质量分数）的对苯二甲酸（$C_8H_6O_4$；$M_r=166.1308$）纯品（纯度≥99%），于小烧杯中，用热乙醇（约40℃）溶解，冷却后，转移到100mL容量瓶中，用乙醇定容，混匀。配制成浓度为1000μg/L的标准储备溶液。使用时，根据需要再用乙醇稀释成适当浓度的标准工作溶液。

对草快（$C_{12}H_{14}Cl_2N_2$）**阳离子标准溶液**（1000μg/mL）

［配制］ 用最小分度为0.01mg的分析天平，准确称取0.1383g对草快二氯盐（纯度≥99%，纯品中对草快阳离子的含量为72.3%）纯品，置于烧杯中，用盐酸溶液［$c(HCl)=0.2$mol/L］溶解，转移到100mL容量瓶中，用盐酸溶液［$c(HCl)=0.2$mol/L］定容，配制成含对草快阳离子浓度为1000μg/mL的标准储备溶液。根据需要由上述储备溶液配成适用浓度的标准工作溶液。

对二甲苯（C_8H_{10}）**标准溶液**（1000μg/mL）

［配制］ 准确称取0.5000g对二甲苯（C_8H_{10}；$M_r=106.1650$）纯品（纯度≥99%），于500mL棕色容量瓶中，加入色谱纯甲醇溶解后，稀释到刻度，混匀。低温保存，使用前在(20±2)℃下平衡后，根据需要再配制成适用浓度的标准工作溶液。

对甲氨基酚硫酸盐（$C_{14}H_{18}N_2O_2\cdot H_2SO_4$）**标准溶液**（1000μg/mL）

［配制］ 准确称取1.0000g（或按纯度换算出质量$m=1.0000g/w$；w——质量分数）经纯度测定的对甲氨基酚硫酸盐（$C_{14}H_{18}N_2O_2\cdot H_2SO_4$；$M_r=344.383$）纯品（纯度≥99.0%），置于200mL高型烧杯中，加适量水溶解，移入1000mL容量瓶中，用水稀释到刻度，摇匀。

［对甲氨基酚硫酸盐纯度的测定］ 称取0.6g试样，准确至0.0001g，于150mL锥形瓶中，加入20mL水，振摇使其溶解，加入5滴酚酞指示液（10g/L）用氢氧化钠标准溶液

[c(NaOH)=0.100mol/L] 滴定至溶液呈粉红色，并保持30s。对甲氨基酚硫酸盐的质量分数（w）按下式计算：

$$w=\frac{cV\times 0.1772}{m}\times 100\%$$

式中　c——氢氧化钠标准溶液的浓度，mol/L；

V——氢氧化钠标准溶液的体积，mL；

m——试样质量，g；

0.1772——与1mL氢氧化钠标准溶液 [c(NaOH)=1.000mol/L] 相当的，以g为单位的对甲氨基酚硫酸盐的质量。

对硫磷（$C_5H_{12}NO_3PS_2$）**标准溶液**（1000μg/mL）

[配制] 用最小分度为0.01mg的分析天平，准确称取适量 [m(g)] GBW（E）060134对硫磷（$C_5H_{12}NO_3PS_2$；M_r=229.257）纯度分析标准物质 [m=0.1004g，质量分数为99.6%] 或已知纯度（纯度≥99%）[质量 m=0.1000g/w；w——质量分数] 的纯品，置于烧杯中，用丙酮溶解后，转移到100mL容量瓶中，用丙酮稀释到刻度，混匀。配制成浓度为1000μg/mL的标准储备溶液，使用时稀释成适用浓度的标准工作溶液。

注：如果无法获得对硫磷标准物质，可采用如下方法提纯并测定纯度。

提纯：称取30g对硫磷，置于250mL分液漏斗中，每次用30g石油醚洗涤，共洗涤6次，分离出对硫磷层，加50mL乙醚溶解对硫磷，每次用30mL碳酸钠溶液（100g/L）振荡洗涤溶液，直到碳酸钠溶液不呈黄色为止。分离出对硫磷层。用无水硫酸钠干燥分离出的对硫磷乙醚溶液，再用玻璃漏斗抽滤，除去无水硫酸钠；加入30mL乙醚，再加石油醚至刚好出现浑浊，然后在冰盐浴中于冰箱中冷却，出现淡黄色晶体，用冷冻的乙醚-石油醚混合溶剂洗涤晶体3次，每次10mL，再加50mL乙醚溶解晶体。用无水硫酸钠干燥对硫磷乙醚溶液，抽滤，除去无水硫酸钠。向滤液中通入高纯氮，使乙醚蒸发完全（此步骤在通风橱中进行），制得淡黄色对硫磷晶体。

纯度分析：采用气相色谱法、液相色谱法测定其纯度。

对羟基苯甲酸丙酯（$C_{10}H_{12}O_3$）**标准溶液**（1000μg/mL）

[配制] 用最小分度为0.01mg的分析天平，准确称取0.1000g（或按纯度换算出质量 m=0.1000g/w；w——质量分数）的对羟基苯甲酸丙酯（$C_{10}H_{12}O_3$；M_r=180.2005）纯品（纯度≥99%），于小烧杯中，用无水乙醇溶解，转移到100mL容量瓶中，用无水乙醇稀释至刻度，混匀。

[对羟基苯甲酸丙酯纯度测定] 称取0.4g已干燥的样品，准确至0.0001g，置于250mL锥形瓶中，用50mL滴定管加入40mL氢氧化钠溶液（40g/L），缓缓加热至沸回流1h，冷却至室温，加5滴溴百里香酚蓝指示液（1g/L），用硫酸标准溶液 [$c(\frac{1}{2}H_2SO_4)$=0.1000mol/L] 滴定。

另取40mL磷酸盐缓冲溶液 [(pH6.5)：称取0.68g无水磷酸二氢钾（准确至0.001g），加13.9mL氢氧化钠溶液（4g/L）用水稀释至100mL，即可使用]，加5滴溴百里香酚蓝指示液，作为终点颜色对照液。同时做空白试验。对羟基苯甲酸丙酯质量分数（w）按下式计算：

$$w=\frac{c(V_1-V_2)\times 0.1802}{m}\times 100\%$$

式中 V_1——空白消耗硫酸标准溶液的体积，mL；

V_2——样品消耗硫酸标准溶液的体积，mL；

m——样品的质量，g；

c——硫酸标准溶液的浓度，mol/L；

0.1802——与 1.00mL 硫酸标准溶液 [$c(\frac{1}{2}H_2SO_4)$=1.000mol/L] 相当的，以 g 为单位的对羟基苯甲酸丙酯的质量。

对羟基苯甲酸甲酯（$C_8H_8O_3$）**标准溶液**（1000μg/mL）

[配制] 准确称取 1.0000g（或按纯度换算出质量 m=1.0000g/w；w——质量分数）经纯度分析的对羟基苯甲酸甲酯（$C_8H_8O_3$；M_r=152.1473）纯品（纯度≥99%），置于100mL 烧杯中，加水溶解后，移入 1000mL 容量瓶中，用水稀释到刻度，混匀。

[对羟基苯甲酸甲酯纯度的测定] 称取 0.2g 的样品，准确到 0.0001g，置于 250mL 锥形瓶中，准确加入 40.0mL 氢氧化钠标准溶液 [c(NaOH)=0.100mol/L]，并用水清洗瓶壁；用表面皿盖好，缓缓煮沸 1h 后，冷却，用硫酸标准溶液 [$c(\frac{1}{2}H_2SO_4)$=0.100mol/L] 滴定过量的氢氧化钠溶液至 pH6.5。同时做空白试验。对羟基苯甲酸甲酯的质量分数（w）按下式计算：

$$w=\frac{c(V_1-V_2)\times 0.1521}{m}\times 100\%$$

式中 V_1——空白试验硫酸标准溶液的体积，mL；

V_2——硫酸标准溶液的体积，mL；

c——硫酸标准溶液的浓度，mol/L；

m——样品质量，g；

0.1521——与 1.00mL 氢氧化钠标准溶液 [c(NaOH)=1.000mol/L] 相当的，以 g 为单位的对羟基苯甲酸甲酯的质量。

对羟基苯甲酸乙酯（$C_9H_{10}O_3$）**标准溶液**（1000μg/mL）

[配制] 取适量对羟基苯甲酸乙酯于称量瓶中，在 80℃ 干燥 2h，置于干燥器中冷却备用。用最小分度为 0.01mg 的分析天平，准确称取 0.1000g（或按纯度换算出质量 m=0.1000g/w；w——质量分数）的对羟基苯甲酸乙酯（$C_9H_{10}O_3$；M_r=166.1739）纯品（纯度≥99%），于小烧杯中，用无水乙醇溶解，转移到 100mL 容量瓶中，用无水乙醇稀释至刻度，混匀。

[对羟基苯甲酸乙酯纯度测定] 称取 0.4g 已干燥的样品，准确至 0.0001g，置于250mL 锥形瓶中，用 50mL 滴定管加入 40mL 氢氧化钠溶液（40g/L），缓缓加热至沸回流1h，冷却至室温，加 5 滴溴百里香酚蓝指示液（1g/L），用硫酸标准溶液 [$c(\frac{1}{2}H_2SO_4)$=0.100mol/L] 滴定。

另取 40mL 磷酸盐缓冲溶液 [(pH6.5)：称取 0.68g 无水磷酸二氢钾（准确至 0.001g），加 13.9mL 氢氧化钠溶液（4g/L）用水稀释至 100mL，即可使用]，加 5 滴溴百里香酚蓝指示液，作为终点颜色对照液。同时做空白试验。对羟基苯甲酸乙酯质量分数（w）按下式计算：

$$w=\frac{c(V_1-V_2)\times 0.1662}{m}\times 100\%$$

式中 V_1——空白消耗硫酸标准溶液的体积，mL；

V_2——样品消耗硫酸标准溶液的体积，mL；

m——样品的质量，g；

c——硫酸标准溶液的浓度，mol/L；

0.1662——与1.00mL硫酸标准溶液［$c(\frac{1}{2}H_2SO_4)$=1.000mol/L］相当的，以g为单位的对羟基苯甲酸乙酯的质量。

对羟基苯甲酸正庚酯（$C_{14}H_{20}O_3$）**标准溶液**（1000μg/mL）

［配制］ 准确称取1.0000g（或按纯度换算出质量m=1.0000g/w；w——质量分数）并经纯度分析的对羟基苯甲酸正庚酯（$C_{14}H_{20}O_3$；M_r=236.3068）纯品（纯度≥99%），置于100mL烧杯中，加适量乙醇，溶解后，移入1000mL容量瓶中，用乙醇稀释到刻度，混匀。配制成浓度为1000μg/mL的标准储备溶液。

［对羟基苯甲酸正庚酯纯度的测定］ 准确称取0.35g样品，准确到0.0001g，置于250mL烧瓶中，准确加入40.0mL氢氧化钠标准溶液［c(NaOH)=0.100mol/L］，并用水清洗瓶壁；用表面皿盖好，缓缓煮沸1h后冷却，用硫酸标准溶液［$c(\frac{1}{2}H_2SO_4)$=0.100mol/L］滴定过量的氢氧化钠溶液至pH6.5。同时做空白试验。对羟基苯甲酸正庚烷的质量分数（w）按下式计算：

$$w=\frac{c(V_1-V_2)\times 0.2363}{m}\times 100\%$$

式中 V_1——空白试验硫酸标准溶液的体积，mL；

V_2——硫酸标准溶液的体积，mL；

c——硫酸标准溶液的浓度，mol/L；

m——样品质量，g；

0.2363——与1.00mL氢氧化钠标准溶液［c(NaOH)=1.000mol/L］相当的，以g为单位的对羟基苯甲酸正庚酯的质量。

对硝基苯酚钠（$C_6H_4NO_3Na$）**标准溶液**（1000μg/mL）

［配制］ 用最小分度为0.01mg的分析天平，准确称取0.1000g（或按纯度换算出质量m=0.1000g/w；w——质量分数）的对硝基苯酚钠（$C_6H_4NO_3Na$；M_r=161.0906）纯品（纯度≥99%），于小烧杯中，用蒸馏水溶解，转移到100mL容量瓶中，用蒸馏水定容，混匀。配制成浓度为1000μg/mL的标准储备溶液。

对乙酰氨基酚（$C_8H_9NO_2$）**标准溶液**（1000μg/mL）

［配制］ 取适量对乙酰氨基酚于称量瓶中，于105℃下干燥至恒重，取出，置于干燥器中冷却备用。准确称取1.0000g（或按纯度换算出质量m=1.0000g/w；w——质量分数）经纯度分析的对乙酰氨基酚（$C_8H_9NO_2$；M_r=151.1626）纯品（纯度≥99%），置于100mL烧杯中，加适量水，温热溶解，冷却后，移入1000mL容量瓶中，用水稀释到刻度，混匀。

［标定］分光光度法：准确取 2.00mL 上述溶液，移入 250mL 容量瓶中，加 10mL 氢氧化钠溶液（4g/L），用水稀释到刻度（8μg/mL）。按附录十，用分光光度法，在 257nm 的波长处测定溶液的吸光度，$C_8H_9NO_2$ 的吸光系数 $E_{1cm}^{1\%}$ 为 715，计算，即得。

恶虫威（苯恶威；$C_{11}H_{13}NO_4$）**标准溶液**（1000μg/mL）

［配制］ 用最小分度为 0.01mg 的分析天平，准确称取 0.1000g（或按纯度换算出质量 $m=0.1000g/w$；w——质量分数）的恶虫威（$C_{11}H_{13}NO_4$；$M_r=223.2252$）纯品（纯度≥99%），置于 100mL 烧杯中，用正己烷溶解，移入 100mL 容量瓶中，用正己烷稀释到刻度，混匀。配制成浓度为 1000μg/L 的标准储备溶液。

噁喹酸（$C_{13}H_{11}NO_5$）**标准溶液**（1000μg/mL）

［配制］ 用最小分度为 0.01mg 的分析天平，准确称取 0.1000g（或按纯度换算出质量 $m=0.1000g/w$；w——质量分数）噁喹酸（$C_{13}H_{11}NO_5$；$M_r=261.2301$）纯品（纯度>99%），置于烧杯中，加丙酮溶解，转移到 100mL 容量瓶中，用丙酮稀释至刻度，混匀。配制成浓度为 1000μg/mL 的标准储备溶液，使用时，根据需要再配制成适当浓度的标准工作溶液。

二氨基甲苯（2,4-二氨基甲苯；$C_7H_{10}N_2$）**标准溶液**（1000μg/mL）

［配制］ 准确称取 1.0000g（或按纯度换算出质量 $m=1.0000g/w$；w——质量分数）二氨基甲苯（$C_7H_{10}N_2$；$M_r=122.1677$）纯品（纯度≥99%），置于 100mL 烧杯中，加适量二氯甲烷溶解后，移入 1000mL 容量瓶中，用二氯甲烷稀释到刻度，混匀。配制成浓度为 1000μg/mL 的标准储备溶液。冰箱中 4℃保存。

二苯胺（$C_{12}H_{11}N$）**标准溶液**（1000μg/mL）

［配制］ 准确称取 1.0000g（或按纯度换算出质量 $m=1.0000g/w$；w——质量分数）经纯度分析的二苯胺（$C_{12}H_{11}N$；$M_r=169.2224$）纯品（纯度≥99%），置于 200mL 烧杯中，加 50mL 乙醇，溶解后，移入 1000mL 容量瓶中，用乙醇稀释到刻度，混匀。

［二苯胺的纯度测定］ 称取 0.1g 样品，准确到 0.0001g。置于 250mL 碘量瓶中，用 10mL 三氯甲烷溶解，加 50.00mL 溴标准溶液 $[c(\frac{1}{6}KBrO_3)=0.1000mol/L]$，80mL 水及 5mL 盐酸，立即密封，振摇 5min，放置 10min 后，冷却至 20℃以下，加 2g 碘化钾，于暗处放置 10min，用硫代硫酸钠标准溶液 $[c(Na_2S_2O_3)=0.100mol/L]$ 滴定，近终点时加 3mL 淀粉指示液（5g/L），继续滴定至溶液蓝色消失。同时做空白试验。二苯胺的质量分数按下式计算：

$$w=\frac{c(V_1-V_2)\times 0.02115}{m}\times 100\%$$

式中 w——二苯胺的质量分数，%；

V_1——空白试验消耗硫代硫酸钠标准溶液的体积，mL；

V_2——样品消耗硫代硫酸钠标准溶液的体积，mL；

c——硫代硫酸钠标准溶液的浓度，mol/L；

m——样品质量，g；

0.02115——与1.00mL硫代硫酸钠标准溶液［$c(Na_2S_2O_3)$=1.000mol/L］相当的，以g为单位的二苯胺的质量。

二噁硫磷（$C_{12}H_{26}O_6P_2S_4$）**标准溶液**（1000μg/mL）

［配制］ 用最小分度为0.01mg的分析天平，准确称取0.1000g（或按纯度换算出质量m=0.1000g/w；w——质量分数）二噁硫磷（$C_{12}H_{26}O_6P_2S_4$；M_r=456.539）纯品（纯度≥99%），置于烧杯中，用乙酸乙酯溶解，转移到100mL容量瓶中，用乙酸乙酯稀释到刻度，混匀。配制成浓度为1000μg/mL的标准储备溶液，4℃下保存。使用时，根据需要稀释成适当浓度的标准工作溶液。

2,6-二氟苯甲酰胺（氟酰胺；$C_7H_5F_2ON$）**标准溶液**（1000μg/mL）

［配制］ 用最小分度为0.01mg的分析天平，准确称取0.1000g（或按纯度换算出质量m=0.1000g/w；w——质量分数）的2,6-二氟苯甲酰胺（$C_7H_5F_2ON$；M_r=157.1175）纯品（纯度≥99%），置于烧杯中，用少量丙酮溶解，转移到100mL的容量瓶中，用重蒸馏正己烷定容，混匀。配制成浓度为1000μg/mL的标准储备溶液。使用时，根据需要用正己烷稀释成适用浓度的标准工作溶液。

2,4-二甲基苯胺（$C_8H_{11}N$）**标准溶液**（1000μg/mL）

［配制］ 用最小分度为0.01mg的分析天平，准确称取0.1000g（或按纯度换算出质量m=0.1000g/w；w——质量分数）的2,4-二甲基苯胺（$C_8H_{11}N$；M_r=121.1796）纯品（纯度≥99%），置于烧杯中，用异辛烷溶解，转移到100mL容量瓶中，用异辛烷稀释到刻度，混匀。配制成浓度为1000μg/mL的标准储备液。使用时，根据需要再配制成适当浓度的标准工作溶液。

二甲基甲酰胺（C_3H_7NO）**标准溶液**（1000μg/mL）

［配制］ 取适量盐酸二甲胺（$C_2H_7N\cdot HCl$；M_r=81.545）于称量瓶中，于五氧化二磷干燥器中干燥24h以上（防止吸潮），准确称取1.1157g盐酸二甲胺纯品（或按纯度换算出质量m=1.1157g/w；w——质量分数）置于烧杯中，加适量水溶解，移入1000mL容量瓶中，用水稀释到刻度，混匀。相当于二甲基甲酰胺浓度为1000μg/mL。

二甲替肼标准溶液（1000μg/mL）

［配制］ 用最小分度为0.01mg的分析天平，准确称取0.1000g（或按纯度换算出质量m=0.1000g/w；w——质量分数）的二甲替肼纯品（纯度≥99%），于小烧杯中，用水溶解，转移至100mL棕色容量瓶中，用水稀释至刻度，摇匀。配制成浓度为1000μg/mL的标准储备溶液。

二甲戊灵（$C_{13}H_{19}N_3O_4$）**标准溶液**（1000μg/mL）

［配制］ 用最小分度为0.01mg的分析天平，准确称取0.1000g（或按纯度换算出质量m=0.1000g/w；w——质量分数）的二甲戊灵（$C_{13}H_{19}N_3O_4$；M_r=281.3077）纯品（纯

度≥99%），置于烧杯中，用少量丙酮溶解，转移到100mL的容量瓶中，用重蒸馏正己烷定容，混匀。配制成浓度为1000μg/mL的标准储备溶液。使用时，根据需要用正己烷稀释储备液配制成适用浓度的标准工作溶液。

二甲硝咪唑（$C_5H_7N_3O$）**标准溶液**（1000μg/mL）

［配制］ 用最小分度为0.01mg的分析天平，准确称取0.1000g（或按纯度换算出质量$m=0.1000g/w$；w——质量分数）的二甲硝咪唑（$C_5H_7N_3O$；$M_r=125.1286$）纯品（纯度≥99.5%），于小烧杯中，用无水乙醇溶解后，转移到100mL容量瓶中，用无水乙醇稀释至刻度，混匀。配制成浓度为1000μg/mL的标准储备溶液，使用时，根据需要再配成适当浓度的标准工作溶液。

二硫化碳（CS_2）**标准溶液**（1000μg/mL）

［配制］ 取100mL容量瓶，预先加入约10mL无水乙醇（或四氯化碳），加盖，用最小分度为0.01mg的分析天平准确称量。之后滴加二硫化碳（CS_2；$M_r=76.141$）（优级纯），称重，至两次称量结果之差为0.1000g，即为二硫化碳质量（如果准确到0.1000g操作有困难，可通过记录二硫化碳的质量，计算其浓度）。用无水乙醇（或四氯化碳）稀释到刻度，混匀。此标准溶液使用前制备。临用时取适量稀释。

2,4-二氯苯酚（$C_6H_4Cl_2O$）**标准溶液**（1000μg/mL）

［配制］ 用最小分度为0.01mg的分析天平，准确称取0.1000g（或按纯度换算出质量$m=0.1000g/w$；w——质量分数）经纯度分析的2,4-二氯苯酚（$C_6H_4Cl_2O$；$M_r=163.001$）纯品（纯度≥99%），置于100mL烧杯中，加适量甲醇溶解后，移入100mL容量瓶中，用甲醇稀释到刻度，混匀。

二氯苯醚菊酯（氯菊酯；$C_{21}H_{20}Cl_2O_3$）**标准溶液**（1000μg/mL）

［配制］ 用最小分度为0.01mg的分析天平，准确称取0.1000g（或按纯度换算出质量$m=0.1000g/w$；w——质量分数）的二氯苯醚菊酯（氯菊酯）（$C_{21}H_{20}Cl_2O_3$；$M_r=391.288$）纯品（纯度≥99%），于小烧杯中，用少量重蒸馏苯溶解，转移到100mL容量瓶中，然后用重蒸馏正己烷定容，混匀。配制成浓度为1000μg/mL的标准储备溶液。使用时，根据需要再稀释配制成适用浓度的标准工作溶液。

2,6-二氯靛酚钠（$C_{12}H_6Cl_2NNaO_2$）**标准溶液**（1000μg/mL）

［配制］ 称取52.5mg碳酸氢钠（$NaHCO_3$），置于烧杯中，溶解于200mL经煮沸的热蒸馏水（50～60)℃，然后称取62.5mg 2,6-二氯靛酚钠（$C_{12}H_6Cl_2NNaO_2$；$M_r=290.077$），溶解于上述碳酸氢钠溶液中，冷却后，定容至250mL，过滤于棕色试剂瓶中，置冰箱中保存。浓度以标定值为准。每星期标定一次，以保证溶液浓度的准确。

［标定］ 吸取5.00mL抗坏血酸标准溶液1000μg/mL于150mL锥形瓶中，加5mL草酸溶液（20g/L），立即用2,6-二氯靛酚溶液滴定到微红色，15s不褪色为终点。同时做空白试验。2,6-二氯靛酚溶液的浓度按下式计算

$$\rho(C_{12}H_6Cl_2NNaO_2)=\frac{\rho_1 VM_1}{(V_1-V_0)M_2}$$

式中 $\rho(C_{12}H_6Cl_2NNaO_2)$——2,6-二氯靛酚的质量浓度，μg/mL；

V_1——滴定抗坏血酸标准溶液所耗2,6-二氯靛酚溶液的体积，mL；

V_0——空白滴定所耗2,6-二氯靛酚溶液的体积，mL；

V——吸取抗坏血酸的体积，mL；

ρ_1——抗坏血酸标准溶液的浓度，μg/mL；

M_1——2,6-二氯靛酚的摩尔质量，g/mol；

M_2——抗坏血酸的摩尔质量，g/mol。

注：

① 2,6-二氯靛酚如含有分解物或其制备的储备液中含有分解产物，均使滴定终点不明显，每次使用2,6-二氯靛酚溶液，须用新配制的抗坏血酸标准溶液标定，1mL纯2,6-二氯靛酚相当于0.088mg的抗坏血酸，若低于此数过大，应当废去不用，重新配制。若2,6-二氯靛酚不纯亦须更换新的试剂。

② 抗坏血酸在溶液中易氧化，在整个滴定过程中，操作应迅速。滴定开始时，2,6-二氯靛酚迅速加入，至红色不立即消失，然后逐滴加入，并不断摇动锥形瓶直至终点，整个滴定时间不宜超过2min。应确保抗坏血酸的纯度。

二氯二甲吡啶酚（$C_7H_7Cl_2NO$）**标准溶液**（1000μg/mL）

［配制］ 用最小分度为0.01mg的分析天平，准确称取0.1000g（或按纯度换算出质量$m=0.1000g/w$；w——质量分数）的二氯二甲吡啶酚（$C_7H_7Cl_2NO$；$M_r=192.043$）纯品（纯度≥99%），于小烧杯中，用少量重蒸馏甲醇溶解后，转移到100mL容量瓶中，以重蒸馏甲醇准确定容，摇匀。配制成浓度为1000μg/mL的标准储备溶液，使用时，根据需要再配成适用浓度的标准工作溶液。

2,4-二氯酚（$C_6H_4Cl_2O$）**标准溶液**（1000μg/mL）

［配制］ 用最小分度为0.01mg的分析天平，准确称取0.1000g（或按纯度换算出质量$m=0.1000g/w$；w——质量分数）经纯度测定的2,4-二氯酚（$C_6H_4Cl_2O$；$M_r=163.001$）纯品（≥99.5%），于小烧杯中，用甲醇溶解后，转移到100mL容量瓶中，用甲醇稀释至刻度，混匀。配制成浓度为1000μg/mL的标准储备溶液。

［标定］ 采用气相色谱法、液相色谱法定值。

二氯乙烷（$C_2H_4Cl_2$）**标准溶液**（1000μg/mL）

［配制］ 准确称取1.0000g（或按纯度换算出质量$m=1.0000g/w$；w——质量分数）二氯乙烷（$C_2H_4Cl_2$；$M_r=98.959$）纯品（纯度≥99%），于高型烧杯中，加乙醇溶解后，转移到1000mL容量瓶，并用乙醇稀释到刻度，混匀。配制成浓度为1000μg/mL的标准储备溶液。

［标定］ 准确吸取10.00mL上述溶液，注入带有磨口回流冷凝器的250mL锥形瓶中。加入30mL乙醇溶液（70%）和4g氢氧化钾。回流1h，冷却后以（30～40)mL水冲洗冷凝器，然后取下锥形瓶，加入（2～3）滴酚酞指示液（10g/L），用硝酸溶液（20%）中和至红色刚刚消失为止［如酸过量可用氢氧化钠溶液（50g/L）回滴］再加入2mL铬酸钾溶液（50g/L），用硝酸银标准溶液［$c(AgNO_3)=0.100mol/L$］滴定至红棕色出现为终点。同时做空白试验。二氯乙烷的浓度按下式计算：

$$\rho(C_2H_4Cl_2)=\frac{c_0(V_2-V_1)\times 49.48}{V}\times 1000$$

式中 $\rho(C_2H_4Cl_2)$——二氯乙烷的质量浓度，μg/mL；
c_0——硝酸银标准溶液的浓度，mol/L；
V_2——滴定试样消耗硝酸银标准滴定溶液的体积，mL；
V_1——空白试验消耗硝酸银标准滴定溶液的体积，mL；
V——二氯乙烷溶液的体积，mL；
49.48——二氯乙烷的摩尔质量 $[M(\frac{1}{2}C_2H_4Cl_2)]$，g/mol。

1,1-二氯乙烯（$C_2H_2Cl_2$）**标准溶液**（1000μg/mL）

［配制］ 取100mL容量瓶，加入10mL甲醇，加盖，用最小分度为0.1mg的分析天平准确称量。之后滴加经气相色谱法测定纯度的1,1-二氯乙烯（$C_2H_2Cl_2$；$M_r=96.943$）（99.9%），至两次称量结果之差为0.1000g（或按纯度换算出质量$m=0.1000g/w$；w——质量分数），即为1,1-二氯乙烯的质量（如果准确到0.1000g操作有困难，可通过准确记录1,1-二氯乙烯质量，计算其浓度）。用甲醇稀释到刻度，混匀。低温保存备用。采用气相色谱法定值。临用时取适量稀释。

二羟丙茶碱（$C_{10}H_{14}N_4O_4$）**标准溶液**（1000μg/mL）

［配制］ 取适量二羟丙茶碱于称量瓶中，于105℃下干燥至恒重取出，置于干燥器中冷却备用。准确称取1.0000g（或按纯度换算出质量$m=1.0000g/w$；w——质量分数）经纯度分析的二羟丙茶碱（$C_{10}H_{14}N_4O_4$；$M_r=254.2426$）纯品（纯度≥99%），置于100mL烧杯中，加适量水，溶解后，移入1000mL容量瓶中，用水稀释到刻度，混匀。

［二羟丙茶碱纯度的测定］ 称取0.2g已干燥至恒重的样品，准确到0.0001g。置于250mL锥形瓶中，加2mL无水甲酸溶解，缓缓加50mL乙酸酐，振摇3min，加（4～5）滴苏丹Ⅳ指示液（5g/L），用高氯酸标准溶液［$c(HClO_4)=0.1000mol/L$］滴定至溶液呈紫色，同时做空白试验。二羟丙茶碱的质量分数（w）按下式计算：

$$w=\frac{c(V_1-V_2)\times 0.2542}{m}\times 100\%$$

式中 V_1——高氯酸标准溶液的体积，mL；
V_2——空白试验高氯酸标准溶液的体积，mL；
c——高氯酸标准溶液的浓度，mol/L；
m——样品质量，g；
0.2542——与1.00mL高氯酸标准溶液［$c(HClO_4)=1.000mol/L$］相当的，以g为单位的二羟丙茶碱的质量。

二巯丙醇（$C_3H_8OS_2$）**标准溶液**（1000μg/mL）

［配制］ 用带盖的玻璃称量瓶，预先加入少量乙醇（或甲醇），加盖，准确称量。之后滴加二巯丙醇（$C_3H_8OS_2$；$M_r=124.225$）纯品（纯度≥99%），称量，至两次质量之差为1.0000g（或按纯度换算出质量$m=1.0000g/w$；w——质量分数），即为二巯丙醇质量（如果准确到1.0000g操作有困难，可通过准确记录二巯丙醇质量，计算其浓度），转移到

1000mL 容量瓶中，用乙醇（或甲醇）稀释到刻度，混匀。

［标定］ 准确移取 30.00mL 上述溶液，置于 250mL 锥形瓶中，用碘标准溶液 [$c(\frac{1}{2}I_2)$=0.100mol/L] 滴定至溶液显持续的微黄色，并保持 30s。同时做空白试验。二巯丙醇的浓度按下式计算：

$$\rho(C_3H_8OS_2)=\frac{c(V_1-V_2)\times 62.11}{V}\times 1000$$

式中 $\rho(C_3H_8OS_2)$——二巯丙醇溶液的质量浓度，μg/mL；

V_1——样品消耗碘标准溶液的体积，mL；

V_2——空白试验消耗碘标准溶液的体积，mL；

c——碘标准溶液的浓度，mol/L；

V——二巯丙醇溶液的体积，mL；

62.11——二巯丙醇的摩尔质量 [$M(\frac{1}{2}C_3H_8OS_2)$]，g/mol。

二巯丁二钠（$Na_2C_4H_4O_4S_2$）**标准溶液**（1000μg/mL）

［配制］ 准确称取 1.2390g（或按纯度换算出质量 m=1.2390g/w；w——质量分数）经纯度分析的二巯丁二钠（$Na_2C_4H_4O_4S_2 \cdot 3H_2O$；$M_r$=280.228）纯品（纯度≥99%），置于 100mL 烧杯中，加适量水，溶解后，移入 1000mL 容量瓶中，用水稀释到刻度，混匀。

［二巯丁二钠纯度的测定］ 准确称取 0.1g 样品，准确到 0.0001g。置于 100mL 容量瓶中，加 30mL 水溶解后，加 2mL 稀乙酸（6%），准确加入 50.00mL 硝酸银标准溶液 [$c(AgNO_3)$=0.100mol/L]，强力振摇，置水浴中加热（2～3）min，冷却，加水稀释至刻度，摇匀，用干燥滤纸过滤，准确量取 50.00mL 滤液，置具塞锥形瓶中，加 2mL 硝酸与 2mL 硫酸铁铵指示液（80g/L），用硫氰酸铵标准溶液 [$c(NH_4CNS)$=0.100mol/L] 滴定。同时做空白试验。二巯丁二钠的质量分数（w）按下式计算：

$$w=\frac{(c_1V_1-2c_2V_2)\times 0.05655}{m}\times 100\%$$

式中 V_1——硝酸银标准溶液的体积，mL；

c_1——硝酸银标准溶液的浓度，mol/L；

c_2——硫氰酸铵标准溶液的浓度，mol/L；

V_2——滴定½体积（50mL）滤液所消耗的硫氰酸铵标准溶液的体积，mL；

m——样品质量，g；

0.05655——与 1.00mL 硝酸银标准溶液 [$c(HClO_4)$=1.000mol/L] 相当的，以 g 为单位的二巯丁二钠（$Na_2C_4H_4O_4S_2$）的质量。

二巯丁二酸（$C_4H_6O_4S_2$）**标准溶液**（1000μg/mL）

［配制］ 取适量的二巯丁二酸，于 105℃ 下干燥至恒重取出，置于干燥器中冷却备用。准确称取 1.0000g（或按纯度换算出质量 m=1.0000g/w；w——质量分数）经纯度分析的二巯丁二酸（$C_4H_6O_4S_2$；M_r=182.218）纯品（纯度≥99%），置于 200mL 烧杯中，加适量乙醇，溶解后，移入 1000mL 容量瓶中，用乙醇稀释到刻度，混匀。避光低温保存。

［标定］ 准确移取 30.00mL 上述溶液，置于 250mL 锥形瓶中，加 2mL 稀硝酸，准确加入 25.00mL 硝酸银标准溶液 [$c(AgNO_3)$=0.100mol/L]，强力振摇，置水浴中加热

(2～3)min，冷却，过滤，用水洗涤锥形瓶和沉淀至洗液无银离子反应，合并滤液与洗液，加 2mL 硝酸与 2mL 硫酸铁铵指示液（80g/L），用硫氰酸铵标准溶液［$c(NH_4CNS)$＝0.1000mol/L］滴定，同时做空白试验。二巯丁二酸的浓度按下式计算：

$$\rho(C_4H_6O_4S_2)=\frac{(c_1V_1-c_2V_2)\times 45.56}{V}\times 1000$$

式中 $\rho(C_4H_6O_4S_2)$——二巯丁二酸溶液的质量浓度，μg/mL；

V_1——硝酸银标准溶液的体积，mL；

c_1——硝酸银标准溶液的浓度，mol/L；

c_2——硫氰酸铵标准溶液的浓度，mol/L；

V_2——硫氰酸铵标准溶液的体积，mL；

V——二巯丁二酸溶液的体积，mL；

45.56——二巯丁二酸的摩尔质量［$M(\frac{1}{4}C_4H_6O_4S_2)$］，g/mol。

2,6-二叔丁基对甲酚（二丁基羟基甲苯、BHT；$C_{15}H_{24}O$）**标准溶液**（1000μg/mL）

［配制］ 准确称取 1.0000g（或按纯度换算出质量 m＝1.0000g/w；w——质量分数）经凝固点下降法测定纯度的 2,6-二叔丁基对甲酚（二丁基羟基甲苯、BHT）($C_{15}H_{24}O$；M_r＝220.3505）纯品（纯度≥99%），置于 100mL 烧杯中，用正己烷溶解，转移到 1000mL 棕色容量瓶中，用正己烷定容，混匀。配制成浓度为 1000μg/mL 的标准储备溶液，使用时，用正己烷稀释。置冰箱中 4℃避光保存。

2,5-二叔丁基氢醌（2,5-二叔丁基对苯二酚；$C_{14}H_{22}O_2$）**标准溶液**（1000μg/mL）

［配制］ 用最小分度为 0.01mg 的分析天平，准确称取 0.1000g（或按纯度换算出质量 m＝0.1000g/w；w——质量分数）2,5-二叔丁基氢醌（$C_{14}H_{22}O_2$；M_r＝222.3233）纯品（纯度≥99%），于小烧杯中，用少量乙醇溶解，转移到 100mL 容量瓶中，用乙醇定容，混匀。配制成浓度为 1000μg/mL 的标准储备溶液。

4,4-二酮-β-胡萝卜素（$C_{40}H_{52}O_2$）**标准溶液**（1000μg/mL）

［配制］ 准确称取 1.0000g（或按纯度换算出质量 m＝1.0000g/w；w——质量分数）经纯度分析（分光光度法）的 4,4-二酮-β-胡萝卜素（$C_{40}H_{52}O_2$；M_r＝564.8397）（纯度≥99%）纯品，于小烧杯中，用氯仿溶解后，转移到 1000mL 容量瓶，用氯仿稀释到刻度，混匀。配制成浓度为 1000μg/mL 的标准储备溶液。

2,4-二硝基苯肼［$(NO_2)_2C_6H_3NHNH_2$］**标准溶液**（1000μg/mL）

［配制］ 用最小分度为 0.01mg 的分析天平，准确称取 0.1000g（或按纯度换算出质量 m＝0.1000g/w；w——质量分数）经纯度分析的 2,4-二硝基苯肼［$(NO_2)_2C_6H_3NHNH_2$；M_r＝198.1362］纯品（纯度≥99%），置 100mL 烧杯中，用盐酸溶液［$c(HCl)$＝2mol/L］溶解后，移入 100mL 容量瓶中，用盐酸溶液［$c(HCl)$＝2mol/L］稀释至刻度，摇匀。配制成浓度为 1000μg/mL 的标准储备溶液。

［2,4-二硝基苯肼纯度的测定］ 称取 0.4g 样品，准确至 0.0001g，于 250mL 锥形瓶中，加 100mL 盐酸溶液［$c(HCl)$＝2mol/L］，在水浴上加热溶解。冷却，加 14mL 环已酮-乙醇

溶液（4+10），再加 50mL 盐酸溶液 [$c(HCl)=2mol/L$]，混匀后，放置（12～18）h。用冰浴冷却 2h，用已于（90～100）℃干燥至恒重的 4 号玻璃坩埚过滤，用 75mL 盐酸溶液 [$c(HCl)=2mol/L$] 分次洗涤沉淀，再用冰浴冷却的水洗涤两次，于（90～100）℃烘干至恒重。2,4-二硝基苯肼的质量分数（w）按下式计算：

$$w=\frac{m_1\times 0.7120}{m}\times 100\%$$

式中 m_1——沉淀的质量，g；

m——样品质量，g；

0.7120——$(NO_2)_2C_6H_3NHNC_6H_{10}$ 换算为 2,4-二硝基苯肼 $(NO_2)_2C_6H_3NHNH_2$ 的系数。

二硝甲酚（4,6-二硝基邻甲酚；$C_7H_6N_2O_5$）**标准溶液**（1000μg/mL）

[配制] 用最小分度为 0.01mg 的分析天平，准确称取 0.1000g（或按纯度换算出质量 $m=0.1000g/w$；w——质量分数）的二硝甲酚（4,6-二硝基邻甲酚）（$C_7H_6N_2O_5$；$M_r=198.1329$）纯品（纯度≥99%），于小烧杯中，用少量苯溶解，转移到 100mL 容量瓶中，用重蒸馏正己烷准确定容，混匀。配制成浓度为 1000μg/mL 的标准储备溶液。使用时，根据需要再用正己烷稀释储备溶液成适当浓度的标准工作溶液。

二溴磷（$C_4H_7Br_2Cl_2O_4P$）**标准溶液**（1000μg/mL）

[配制] 用最小分度为 0.01mg 的分析天平，准确称取 0.1000g（或按纯度换算出质量 $m=0.1000g/w$；w——质量分数）的二溴磷（$C_4H_7Br_2Cl_2O_4P$；$M_r=380.784$）纯品（纯度≥99%），于小烧杯中，用丙酮溶解，并转移到 100mL 容量瓶中，用丙酮准确定容，混匀。配制成浓度为 1000μg/mL 的标准储备溶液，使用时，根据需要再用正己烷稀释成适当浓度的标准工作溶液。

二溴乙烷（$C_2H_4Br_2$）**标准溶液**（1000μg/mL）

[配制] 取 100mL 棕色容量瓶，用最小分度为 0.01mg 的分析天平准确称量。之后滴加二溴乙烷，称量，至两次称量结果之差为 0.1000g（或按纯度换算出质量 $m=0.1000g/w$；w——质量分数），即为二溴乙烷（$C_2H_4Br_2$；$M_r=187.861$）质量（如果准确到 0.1000g 操作有困难，可通过准确记录二溴乙烷质量，计算其浓度）。用正己烷定容，混匀。配制成浓度为 1000μg/L 的标准储备溶液。使用时，根据需要再配制成适用浓度的标准工作溶液。

二盐酸奎宁（$C_{20}H_{24}N_2O_2\cdot 2HCl$）**标准溶液**（1000μg/mL）

[配制] 取适量二盐酸奎宁（$C_{20}H_{24}N_2O_2\cdot 2HCl$；$M_r=397.339$）于称量瓶中，于 105℃下干燥至恒重取出，置于干燥器中冷却备用。准确称取 1.0000g（或按纯度换算出质量 $m=1.0000g/w$；w——质量分数）经纯度分析的二盐酸奎宁纯品（纯度≥99%），置于 100mL 烧杯中，加适量水，溶解后，移入 1000mL 容量瓶中，用水稀释到刻度，混匀。避光低温保存。

[二盐酸奎宁纯度的测定] 称取 0.15g 已于 105℃干燥的样品，准确到 0.0001g。置于 250mL 锥形瓶中，加 5mL 醋酸酐，3mL 醋酸汞溶液（50g/L）溶解样品后，加 1 滴结晶紫

指示液（5g/L），用高氯酸标准溶液［$c(HClO_4)=0.1000mol/L$］滴定至溶液呈蓝绿色，同时做空白试验。二盐酸奎宁的质量分数（w）按下式计算：

$$w=\frac{c(V_1-V_2)\times 0.1987}{m}\times 100\%$$

式中 V_1——高氯酸标准溶液的体积，mL；

V_2——空白试验高氯酸标准溶液的体积，mL；

c——高氯酸标准溶液的浓度，mol/L；

m——样品质量，g；

0.1987——与1.00mL高氯酸标准溶液［$c(HClO_4)=1.000mol/L$］相当的，以g为单位的二盐酸奎宁的质量。

二乙胺（$C_4H_{11}N$）**标准溶液**（1000μg/mL）

［配制］ 量取4mL优级纯二乙胺（$C_4H_{11}N$；$M_r=73.1368$）于1000mL容量瓶中，加水稀释到刻度，混匀。浓度以标定值为准。

［标定］ 吸取10.00mL二乙胺溶液于250mL锥形瓶中，加40mL水，加数滴甲基橙指示液，用盐酸标准溶液［$c(HCl)=0.100mol/L$］滴定。记录所用盐酸标准溶液的体积。二乙胺溶液的浓度按下式计算：

$$\rho(C_4H_{11}N)=\frac{c_0V_0\times 73.14}{V}\times 1000$$

式中 $\rho(C_4H_{11}N)$——二乙胺溶液的质量浓度，μg/mL；

V——所取二乙胺的体积，mL；

c_0——盐酸标准溶液的浓度，mol/L；

V_0——滴定消耗盐酸标准溶液的体积，mL；

73.14——二乙胺的摩尔质量［$M(C_4H_{11}N)$］，g/mol。

二乙基二硫代氨基甲酸钠［$(C_2H_5)_2NCS_2Na\cdot 3H_2O$］**标准溶液**（1000μg/mL）

［配制］ 准确称取1.0000g（或按纯度换算出质量 $m=1.0000g/w$；w——质量分数）经纯度分析的二乙基二硫代氨基甲酸钠（铜试剂）（$(C_2H_5)_2NCS_2Na\cdot 3H_2O$；$M_r=225.305$）置于100mL烧杯中，加50mL水，溶解后，移入1000mL容量瓶中，用水稀释到刻度，混匀。

［二乙基二硫代氨基甲酸钠纯度的测定］ 称取0.5g样品，准确至0.0001g。于250mL锥形瓶中，溶于70mL甲醇中，用碘标准溶液［$c(\frac{1}{2}I_2)=0.100mol/L$］滴定至溶液呈浅黄色。二乙基二硫代氨基甲酸钠的质量分数（w）按下式计算：

$$w=\frac{cV\times 0.2253}{m}\times 100\%$$

式中 V——碘标准溶液的体积，mL；

c——碘标准溶液的浓度，mol/L；

m——样品质量，g；

0.2253——与1.00mL碘标准溶液［$c(\frac{1}{2}I_2)=1.000mol/L$］相当的，以g为单位的二乙基二硫代氨基甲酸钠［$(C_2H_5)_2NCS_2Na\cdot 3H_2O$］的质量。

法莫替丁（$C_8H_{15}N_7O_2S_3$）**标准溶液**（1000μg/mL）

［配制］ 取适量法莫替丁于称量瓶中，于105℃下干燥至恒重，置于干燥器中冷却备用。准确称取1.0000g（或按纯度换算出质量 $m=1.0000g/w$；w——质量分数）经纯度分析的法莫替丁（$C_8H_{15}N_7O_2S_3$；$M_r=337.445$）纯品（纯度≥99%），置于100mL烧杯中，加适量乙酸溶液（10%）溶解后，移入1000mL容量瓶中，用乙酸溶液（10%）稀释到刻度，混匀。避光低温保存。

［法莫替丁纯度的测定］ 准确称取0.12g已干燥的样品，准确到0.0001g，置于250mL锥形瓶中，加20mL冰醋酸与5mL乙酐溶解后，加1滴结晶紫指示液（5g/L），用高氯酸标准溶液［$c(HClO_4)=0.1000mol/L$］滴定，至溶液显绿色，同时做空白试验。法莫替丁的质量分数（w）按下式计算：

$$w=\frac{c(V_1-V_2)\times 0.1687}{m}\times 100\%$$

式中 V_1——高氯酸标准溶液的体积，mL；

V_2——空白消耗高氯酸标准溶液的体积，mL；

c——高氯酸标准溶液的浓度，mol/L；

m——样品质量，g；

0.1687——与1.00mL高氯酸标准溶液［$c(HClO_4)=1.000mol/L$］相当的，以g为单位的法莫替丁的质量。

泛酸（维生素B_5；$C_9H_{16}NO_5$）**标准溶液**（1000μg/mL）

［配制］ 用最小分度为0.01mg的分析天平，准确称取0.1092g（或按纯度换算出质量 $m=0.1092g/w$；w——质量分数）在五氧化二磷干燥器干燥的泛酸钙［$Ca(C_9H_{16}NO_5)_2$；$M_r=476.532$］标准品（纯度≥99%），于小烧杯中，加水溶解，转移到100mL容量瓶中，用水稀释至刻度，混匀。配制成浓度为1000μg/mL的标准储备溶液。储于冰箱中。

D-泛酸钙（$C_{18}H_{32}CaN_2O_{10}$）**标准溶液**（1000μg/mL）

［配制］ 准确称取0.1000g的经纯度分析的D-泛酸钙（$C_{18}H_{32}CaN_2O_{10}$；$M_r=476.532$）纯品（防止吸潮）（纯度≥99%）（或按纯度换算出质量 $m=0.1000g/w$；w——质量分数）于100mL烧杯中，加水溶解，移入100mL容量瓶中，加少许甲苯，以水稀释至刻度，混匀。转移到棕色试剂瓶中，于冰箱中保存。

泛影葡胺（$C_{11}H_9I_3N_2O_4\cdot C_7H_{17}NO_5$）**标准溶液**（1000μg/mL）

［配制］ 准确称取1.0000g（或按纯度换算出质量 $m=1.0000g/w$；w——质量分数）经纯度分析的泛影葡胺（$C_{11}H_9I_3N_2O_4\cdot C_7H_{17}NO_5$；$M_r=809.1272$）纯品（纯度≥99%），置于100mL烧杯中，加适量无菌水溶解后，移入1000mL棕色容量瓶中，用无菌水稀释到刻度，混匀。避光低温保存。

［泛影葡胺纯度的测定］ 称取0.6g样品，准确到0.0001g。置于250mL蒸馏烧瓶中，加30mL氢氧化钠溶液（43g/L）与1.0g锌粉，加热回流30min，冷却，冷凝管用少量水洗涤，过滤，烧瓶与滤器用水洗涤3次，每次15mL，洗液与滤液合并，加5mL冰醋酸与5滴

曙红钠指示液（5g/L），用硝酸银标准溶液［$c(AgNO_3)=0.100mol/L$］滴定。泛影葡胺的质量分数（w）按下式计算：

$$w=\frac{cV\times 0.2697}{m}\times 100\%$$

式中 V——硝酸银标准溶液的体积，mL；

c——硝酸银标准溶液的浓度，mol/L；

m——样品质量，g；

0.2697——与 1.00mL 硝酸银标准溶液［$c(AgNO_3)=1.000mol/L$］相当的，以 g 为单位的泛影葡胺的质量。

泛影酸（$C_{11}H_9I_3N_2O_4$）**标准溶液**（1000μg/mL）

［配制］ 取适量泛影酸（$C_{11}H_9I_3N_2O_4\cdot 2H_2O$；$M_r=649.9441$）于称量瓶中，于130℃下干燥至恒重，置于干燥器中冷却备用。准确称取 1.0000g（或按纯度换算出质量 $m=1.0000g/w$；w——质量分数）经纯度分析的泛影酸（$C_{11}H_9I_3N_2O_4$；$M_r=613.9136$）纯品（纯度≥99%），置于 100mL 烧杯中，加适量氨水（50%）溶解后，移入 1000mL 容量瓶中，用水稀释到刻度，混匀。避光低温保存。

［泛影酸纯度的测定］ 准确称取 0.4g 已干燥的样品，准确到 0.0001g。置于 250mL 蒸馏烧瓶中，加 30mL 氢氧化钠溶液（43g/L）与 1.0g 锌粉，加热回流 30min，冷却，冷凝管用少量水洗涤，过滤，烧瓶与滤器用水洗涤 3 次，每次 15mL，洗液与滤液合并，加 5mL 冰醋酸与 5 滴曙红钠指示液（5g/L），用硝酸银标准溶液［$c(AgNO_3)=0.100mol/L$］滴定。泛影酸的质量分数（w）按下式计算：

$$w=\frac{cV\times 0.2046}{m}\times 100\%$$

式中 V——硝酸银标准溶液的体积，mL；

c——硝酸银标准溶液的浓度，mol/L；

m——样品质量，g；

0.2046——与 1.00mL 硝酸银标准溶液［$c(AgNO_3)=1.000mol/L$］相当的，以 g 为单位的泛影酸的质量。

泛影酸钠（$NaC_{11}H_9I_3N_2O_4$）**标准溶液**（1000μg/mL）

［配制］ 准确称取 1.0000g（或按纯度换算出质量 $m=1.0000g/w$；w——质量分数）经纯度分析的泛影酸钠（$NaC_{11}H_9I_3N_2O_4$；$M_r=635.8954$）纯品（纯度≥99%），置于 100mL 烧杯中，加适量水溶解后，移入 1000mL 容量瓶中，用水稀释到刻度，混匀。避光低温保存。

［泛影酸钠纯度的测定］ 称取 0.5g 样品，准确到 0.0001g。置于 250mL 蒸馏烧瓶中，加 30mL 氢氧化钠溶液（43g/L）与 1.0g 锌粉，加热回流 30min，冷却，冷凝管用少量水洗涤，过滤，烧瓶与滤器用水洗涤 3 次，每次 15mL，洗液与滤液合并，加 5mL 冰醋酸与 5 滴曙红钠指示液（5g/L），用硝酸银标准溶液［$c(AgNO_3)=0.100mol/L$］滴定。泛影酸钠的质量分数（w）按下式计算：

$$w=\frac{cV\times 0.2120}{m}\times 100\%$$

式中 V——硝酸银标准溶液的体积，mL；

c——硝酸银标准溶液的浓度，mol/L；

m——样品质量，g；

0.2120——与 1.00mL 硝酸银标准溶液 [$c(AgNO_3)$=1.000mol/L] 相当的，以 g 为单位的泛影酸钠的质量。

放线菌素 D（$C_{62}H_{86}N_{12}O_{16}$）**标准溶液**（1000μg/mL）

[配制] 取适量放线菌素 D 于称量瓶中，以五氧化二磷为干燥剂，于 60℃下减压干燥至恒重，置于干燥器中冷却备用。准确称取 1.0000g（或按纯度换算出质量 m=1.0000g/w；w——质量分数）经纯度分析的放线菌素 D（$C_{62}H_{86}N_{12}O_{16}$；M_r=1255.4170）纯品（纯度≥99%），置于 200mL 烧杯中，加适量甲醇溶解后，移入 1000mL 容量瓶中，用甲醇稀释到刻度，混匀。避光低温保存。

[标定] 分光光度法：准确移取 2.00mL 上述溶液，于 100mL 容量瓶中，用甲醇稀释到刻度（20μg/mL）。按附录十，用分光光度法，在（442±2）nm 的波长处测定溶液的吸光度，$C_{62}H_{86}N_{12}O_{16}$的吸光系数 $E_{1cm}^{1\%}$ 为 202 计算，即得。

非诺贝特（$C_{20}H_{21}ClO_4$）**标准溶液**（1000μg/mL）

[配制] 取适量非诺贝特于称量瓶中，于 50℃下减压干燥至恒重，置于干燥器中冷却备用。准确称取 1.0000g（或按纯度换算出质量 m=1.0000g/w；w——质量分数）经纯度分析的非诺贝特（$C_{20}H_{21}ClO_4$；M_r=360.831）纯品（纯度≥99%），置于 100mL 烧杯中，加适量乙醇溶解后，移入 1000mL 容量瓶中，用乙醇稀释到刻度，混匀。避光低温保存。

[非诺贝特纯度的测定] 称取 0.4g 已干燥的样品，准确到 0.0001g。置于 250mL 锥形瓶中，加 10mL 中性乙醇，微热溶解，加数滴酚酞指示液（10g/L），用氢氧化钾乙醇标准溶液 [c(KOH)=0.100mol/L] 滴定至微红色，准确加入 25mL 氢氧化钾乙醇标准溶液 [c(KOH)=0.100mol/L] 加热回流 30min，用 10mL 水冲洗冷凝管，冷却，加 1mL 酚酞指示液（10g/L），用盐酸标准溶液 [c(HCl)=0.100mol/L] 滴定至红色消失，同时做空白试验。非诺贝特的质量分数（w）按下式计算：

$$w=\frac{(c_1V_1-c_2V_2)\times 0.3608}{m}\times 100\%$$

式中 V_1——氢氧化钾标准溶液的体积，mL；

c_1——氢氧化钾标准溶液的浓度，mol/L；

V_2——盐酸标准溶液的体积，mL；

c_2——盐酸标准溶液的浓度，mol/L；

m——样品质量，g；

0.3608——与 1.00mL 氢氧化钾标准溶液 [c(KOH)=1.000mol/L] 相当的，以 g 为单位的非诺贝特的质量。

非诺洛芬钙（$CaC_{30}H_{26}O_6$）**标准溶液**（1000μg/mL）

[配制] 准确称取 1.0689g（或按纯度换算出质量 m=1.0689g/w；w——质量分数）经纯度分析的非诺洛芬钙（$CaC_{30}H_{26}O_6 \cdot 2H_2O$；$M_r$=558.632）纯品（纯度≥99%），置

于100mL烧杯中，加适量乙醇溶解后，移入1000mL容量瓶中，用乙醇稀释到刻度，混匀。

[非诺洛芬钙纯度的测定] 称取0.25g样品，准确到0.0001g，置于250mL锥形瓶中，加20mL冰醋酸与2mL乙酐溶解后，加1滴结晶紫指示液（5g/L），用高氯酸标准溶液[$c(HClO_4)=0.100mol/L$]滴定，至溶液显蓝绿色。同时做空白试验。非诺洛芬钙的质量分数（w）按下式计算：

$$w=\frac{c(V_1-V_2)\times 0.2613}{m}\times 100\%$$

式中 V_1——高氯酸标准溶液的体积，mL；

V_2——空白消耗高氯酸标准溶液的体积，mL；

c——高氯酸标准溶液的浓度，mol/L；

m——样品质量，g；

0.2613——与1.00mL高氯酸标准溶液[$c(HClO_4)=1.000mol/L$]相当的，以g为单位的非诺洛芬钙的质量。

1,10-菲啰啉（$C_{12}H_8N_2$）**标准溶液**（1000μg/mL）

[配制] 准确称取1.1000g（或按纯度换算出质量$m=1.1000g/w$；w——质量分数）经纯度分析的1,10-菲啰啉（$C_{12}H_8N_2\cdot H_2O$；$M_r=198.2206$）纯品（纯度≥99%），置于100mL烧杯中，加50mL水，溶解后，移入1000mL容量瓶中，用水稀释到刻度，混匀。避光保存。

[1,10-菲啰啉纯度测定] 称取0.5g样品，准确至0.0001g。置于干燥的250mL锥形瓶中，加50mL冰醋酸及3mL乙酸酐溶解，加2滴结晶紫指示液（5g/L），用高氯酸标准溶液[$c(HClO_4)=0.100mol/L$]滴定至溶液由紫色变为纯蓝色。同时做空白试验。1,10-菲啰啉的质量分数（w）按下式计算：

$$w=\frac{c(V_1-V_2)\times 0.1802}{m}\times 100\%$$

式中 V_1——高氯酸标准溶液的体积，mL；

V_2——空白试验高氯酸标准溶液的体积，mL；

c——高氯酸标准溶液的浓度，mol/L；

m——样品质量，g；

0.1802——与1.00mL高氯酸标准溶液[$c(HClO_4)=1.000mol/L$]相当的，以g为单位的1,10-菲啰啉的质量。

粉锈宁（三唑酮；$C_{14}H_{16}ClN_3O_2$）**标准溶液**（1000μg/mL）

[配制] 用最小分度为0.01mg的分析天平，准确称取0.1000g（或按纯度换算出质量$m=0.1000g/w$；w——质量分数）的粉锈宁（三唑酮）（$C_{14}H_{16}ClN_3O_2$；$M_r=293.749$）纯品（纯度≥99%），于小烧杯中，用重蒸馏的丙酮溶解，转移到100mL容量瓶中，用重蒸馏的丙酮稀释到刻度，混匀。配制成浓度为1000μg/L的标准储备溶液。使用时，根据需要再用石油醚稀释成适当浓度的标准工作溶液。

酚磺酞（$C_{19}H_{14}O_5S$）**标准溶液**（1000μg/mL）

[配制] 取适量酚磺酞于称量瓶中，于105℃下干燥至恒重，置于干燥器中冷却备用。

准确称取 1.0000g（或按纯度换算出质量 $m=1.0000\text{g}/w$；w——质量分数）经纯度分析的酚磺酞（$C_{19}H_{14}O_5S$；$M_r=354.376$）纯品（纯度≥99%），置于 100mL 烧杯中，加适量氢氧化钠溶液（4g/L）溶解后，移入 1000mL 容量瓶中，用水稀释到刻度，混匀。

［酚磺酞纯度的测定］ 称取 0.1g 已干燥的样品，准确到 0.0001g，置于 250mL 碘量瓶中，加 20mL 氢氧化钠溶液（40g/L）溶解后，加水使其体积为 200mL，准确加入 40.00mL 溴标准溶液［$c(\frac{1}{2}Br_2)=0.100\text{mol/L}$］，加 10mL 盐酸，立即盖紧瓶塞，摇匀，静置 5min 后，注意微开瓶塞，加 6mL 碘化钾溶液（165g/L），再盖紧瓶塞，摇匀，振摇 1min，用硫代硫酸钠标准溶液［$c(Na_2S_2O_3)=0.100\text{mol/L}$］滴定，至近终点时，加淀粉指示液（5g/L），继续滴定至蓝色消失，同时做空白试验。酚磺酞的质量分数（w）按下式计算：

$$w=\frac{(c_1V_1-c_2V_2)\times 0.04430}{m}\times 100\%$$

式中 V_1——溴标准溶液的体积，mL；

c_1——溴标准溶液的浓度，mol/L；

V_2——硫代硫酸钠标准溶液的体积，mL；

c_2——硫代硫酸钠标准溶液的浓度，mol/L；

m——样品质量，g；

0.04430——与 1.00mL 溴标准溶液［$c(\frac{1}{2}Br_2)=1.000\text{mol/L}$］相当的，以 g 为单位的酚磺酞的质量。

酚酞（$C_{20}H_{14}O_4$）**标准溶液**（1000μg/mL）

［配制］ 取适量酚酞于称量瓶中，于 105℃下干燥至恒重，置于干燥器中冷却备用。准确称取 1.0000g（或按纯度换算出质量 $m=1.0000\text{g}/w$；w——质量分数）经纯度分析的酚酞（$C_{20}H_{14}O_4$；$M_r=318.3228$）纯品（纯度≥99%），置于 100mL 烧杯中，加适量乙醇溶解后，移入 1000mL 容量瓶中，用乙醇稀释到刻度，混匀。

［标定］分光光度法：准确移取 3.00mL 上述溶液，移入 200mL 容量瓶中，用盐酸溶液［$c(HCl)=0.01\text{mol/L}$］稀释至刻度（15μg/mL），摇匀，以盐酸溶液［$c(HCl)=0.01\text{mol/L}$］为空白，按附录十，用分光光度法，在 275nm 的波长处测定溶液的吸光度，$C_{20}H_{14}O_4$ 的吸光系数 $E_{1\text{cm}}^{1\%}$ 为 134 计算，即得。

芬布芬（$C_{16}H_{14}O_3$）**标准溶液**（1000μg/mL）

［配制］ 取适量芬布芬于称量瓶中，于 105℃下干燥至恒重，置于干燥器中冷却备用。准确称取 1.0000g（或按纯度换算出质量 $m=1.0000\text{g}/w$；w——质量分数）经纯度分析的芬布芬（$C_{16}H_{14}O_3$；$M_r=254.2806$）纯品（纯度≥99%），置于 100mL 烧杯中，加适量乙醇溶解后，移入 1000mL 容量瓶中，用乙醇稀释到刻度，混匀。避光低温保存。

［芬布芬纯度的测定］ 称取 0.4g 已干燥的样品，准确至 0.0001g，置于 250mL 锥形瓶中，加 50mL 中性乙醇，置热水中温热使其溶解，冷却后，加 2 滴酚酞指示液（10g/L），用氢氧化钠标准溶液［$c(NaOH)=0.1000\text{mol/L}$］滴定，至溶液出现粉红色，并保持 30s。芬布芬的质量分数（w）按下式计算：

$$w=\frac{cV\times 0.2543}{m}\times 100\%$$

式中 V——氢氧化钠标准溶液的体积，mL；

c——氢氧化钠标准溶液的浓度，mol/L；

m——样品质量，g；

0.2543——与1.00mL氢氧化钠标准溶液［c(NaOH)＝1.000mol/L］相当的，以g为单位的芬布芬的质量。

奋乃静（$C_{21}H_{26}ClN_3OS$）**标准溶液**（1000μg/mL）

［配制］ 准确称取1.0000g（或按纯度换算出质量 m＝1.0000g/w；w——质量分数）经纯度分析的奋乃静（$C_{21}H_{26}ClN_3OS$；M_r＝403.969）纯品（纯度≥99%），置于100mL烧杯中，加适量乙醇溶解后，移入1000mL容量瓶中，用乙醇稀释到刻度，混匀。避光低温保存。

［奋乃静纯度的测定］ 称取0.15g样品，准确到0.0001g，置于250mL锥形瓶中，加20mL冰醋酸溶解后，加1滴结晶紫指示液（5g/L），用高氯酸标准溶液［c($HClO_4$)＝0.100mol/L］滴定，至溶液显蓝绿色。同时做空白试验。奋乃静的质量分数（w）按下式计算：

$$w=\frac{c(V_1-V_2)\times 0.2020}{m}\times 100\%$$

式中 V_1——高氯酸标准溶液的体积，mL；

V_2——空白消耗高氯酸标准溶液的体积，mL；

c——高氯酸标准溶液的浓度，mol/L；

m——样品质量，g；

0.2020——与1.00mL高氯酸标准溶液［c($HClO_4$)＝1.000mol/L］相当的，以g为单位的奋乃静的质量。

丰索磷（$C_{11}H_{17}O_4PS_2$）**标准溶液**（1000μg/mL）

［配制］ 用最小分度为0.01mg的分析天平，准确称取0.1000g（或按纯度换算出质量 m＝0.1000g/w；w——质量分数）丰索磷（$C_{11}H_{17}O_4PS_2$；M_r＝308.354）纯品（纯度≥99%），置于烧杯中，用少量乙酸乙酯溶解，转移到100mL容量瓶中，并用乙酸乙酯稀释到刻度，混匀。配制成浓度为1000μg/mL的标准储备溶液。使用时，根据需要用乙酸乙酯稀释成适用浓度的标准工作溶液。

呋喃丹（克百威；$C_{12}H_{15}NO_3$）**标准溶液**（1000μg/mL）

［配制］ 用最小分度为0.01mg的分析天平，准确称取适量GBW（E）060225呋喃丹（$C_{12}H_{15}NO_3$；M_r＝221.2524）纯度分析标准物质［m＝0.1001g，质量分数为99.9%］或经纯度分析的呋喃丹（纯度≥99.3%）［质量 m＝0.1000g/w；w——质量分数］的纯品，于小烧杯中，用乙醇溶解，转移到100mL容量瓶中，用乙醇溶解稀释到刻度。配制成浓度为1000μg/mL的标准储备溶液。储于冰箱中，使用时，用乙醇稀释成10μg/mL的工作标准溶液。

注：如果无法获得呋喃丹标准物质，可采用如下方法提纯并测定纯度。

［提纯］

方法1 称取100g呋喃丹，置于500mL烧杯中，加入三氯甲烷，加热使晶体完全溶解，并呈饱和溶液，趁热快速抽滤，放置冷却后，滤液置于冰箱中冷冻（−12℃）结晶。完全冷冻后，取出，抽滤，用冷冻的三氯甲烷-乙醇混合溶剂洗涤晶体2遍。

方法2　将晶体再次用热三氯甲烷溶解，并呈饱和溶液，放置冷却后，移入冰箱中冷冻（−12℃）结晶，抽滤，用冷冻的三氯甲烷-乙醇混合溶剂洗涤晶体2遍。再重复结晶1次。经真空干燥制得纯品。

［纯度分析］　采用差示扫描量热法、液相色谱法测定其纯度。

呋喃妥因（$C_8H_6N_4O_5$）**标准溶液**（1000μg/mL）

［配制］　取适量呋喃妥因于称量瓶中，于105℃下干燥至恒重，置于干燥器中冷却备用。准确称取1.0000g（或按纯度换算出质量 $m=1.0000\text{g}/w$；w——质量分数）经纯度分析的呋喃妥因（$C_8H_6N_4O_5$；$M_r=238.1570$）纯品（纯度≥99%），置于500mL烧杯中，加250mL二甲基甲酰胺溶解后，移入1000mL容量瓶中，用二甲基甲酰胺稀释到刻度，混匀。避光低温保存。

［标定］　分光光度法：避光操作，准确量取0.8mL上述溶液，置于100mL棕色容量瓶中，用水稀释至刻度（8μg/mL），摇匀，1h内，按附录十，用分光光度法，在367nm的波长处测定溶液的吸光度，$C_8H_6N_4O_5$ 的吸光系数 $E_{1cm}^{1\%}$ 为766计算，即得。

呋喃唑酮（$C_8H_7N_3O_5$）**标准溶液**（1000μg/mL）

［配制］　用最小分度为0.01mg的分析天平，准确称取0.1000g（或按纯度换算出质量 $m=0.1000\text{g}/w$；w——质量分数）的呋喃唑酮（$C_8H_7N_3O_5$；$M_r=225.1583$）纯品（纯度≥99%），于小烧杯中，用乙腈水溶液（乙腈＋水＝80＋20）溶解，转移到100mL棕色容量瓶中，用乙腈水溶液（乙腈＋水体积比＝80＋20）稀释到刻度，混匀，配制成浓度为1000μg/mL的标准储备溶液。保存于冰箱中。

呋塞米（$C_{12}H_{11}ClN_2O_5S$）**标准溶液**（1000μg/mL）

［配制］　取适量呋塞米于称量瓶中，于105℃下干燥至恒重，置于干燥器中冷却备用。准确称取1.0000g（或按纯度换算出质量 $m=1.0000\text{g}/w$；w——质量分数）经纯度分析的呋塞米（$C_{12}H_{11}ClN_2O_5S$；$M_r=330.744$）纯品（纯度≥99%），置于100mL烧杯中，加适量乙醇溶解后，移入1000mL容量瓶中，用乙醇稀释到刻度，混匀。避光低温保存。

［呋塞米纯度的测定］　称取0.5g已干燥的样品，准确到0.0001g，置于250mL锥形瓶中，加30mL乙醇，温热使其溶解，冷却，加4滴甲酚红指示液与1滴麝香草酚蓝指示液，用氢氧化钠标准溶液［$c(NaOH)=0.100\text{mol/L}$］滴定，至溶液显紫红色，并保持30s。呋塞米的质量分数（w）按下式计算：

$$w=\frac{cV\times 0.3307}{m}\times 100\%$$

式中　V——氢氧化钠标准溶液的体积，mL；

c——氢氧化钠标准溶液的浓度，mol/L；

m——样品质量，g；

0.3307——与1.00mL氢氧化钠标准溶液［$c(NaOH)=1.000\text{mol/L}$］相当的，以g为单位的呋塞米的质量。

伏杀硫磷（$C_{12}H_{15}ClNO_4PS_2$）**标准溶液**（1000μg/mL）

［配制］ 用最小分度为 0.01mg 的分析天平，准确称取 0.1000g（或按纯度换算出质量 $m=0.1000g/w$；w——质量分数）的伏杀硫磷（$C_{12}H_{15}ClNO_4PS_2$；$M_r=367.809$）纯品（纯度≥99%），于小烧杯中，用二氯甲烷（重蒸馏，收集 40℃馏分）溶解，转移到 100mL 容量瓶中，用二氯甲烷稀释到刻度，混匀。配制成浓度为 1000μg/L 的标准储备溶液。使用时，根据需要再用二氯甲烷稀释成适当浓度的标准工作溶液。

氟胺氰菊酯（$C_{26}H_{22}ClF_3N_2O_3$）**标准溶液**（1000μg/mL）

［配制］ 用最小分度为 0.01mg 的分析天平，准确称取 0.1000g（或按纯度换算出质量 $m=0.1000g/w$；w——质量分数）的氟胺氰菊酯（$C_{26}H_{22}ClF_3N_2O_3$；$M_r=502.913$）纯品，置于烧杯中，用盐酸溶液［c(HCl)=1mol/L］或正己烷溶解，移入 100mL 容量瓶中，用盐酸溶液［c(HCl)=1mol/L］或正己烷稀释到刻度，混匀。配制成浓度为 1000μg/mL 的标准储备溶液。使用时，根据需要再配制成适当浓度的标准工作溶液。

氟胞嘧啶（$C_4H_4FN_3O$）**标准溶液**（1000μg/mL）

［配制］ 取适量氟胞嘧啶于称量瓶中，于 105℃下干燥至恒重，置于干燥器中冷却备用。准确称取 1.0000g（或按纯度换算出质量 $m=1.0000g/w$；w——质量分数）经纯度分析的氟胞嘧啶（$C_4H_4FN_3O$；$M_r=129.0925$）纯品（纯度≥99%），置于 100mL 烧杯中，加适量水溶解后，移入 1000mL 容量瓶中，用水稀释到刻度，混匀。避光低温保存。

［氟胞嘧啶纯度的测定］ 电位滴定法：称取 0.1g 已干燥的样品，准确到 0.0001g，置于 250mL 锥形瓶中，加 20mL 冰醋酸与 10mL 乙酐，微热使其溶解，冷却，置电磁搅拌器上，浸入电极（玻璃电极为指示电极，饱和甘汞电极为参比电极），搅拌，并自滴定管中分次加入高氯酸标准溶液［$c(HClO_4)=0.1mol/L$］；开始时可每次加入较多的量，搅拌，记录电位；至将近终点前，则应每次加入少量，搅拌，记录电位；至突跃点已过，仍应继续滴加几次标准溶液，并记录电位。

滴定终点的确定：同苯巴比妥。

氟胞嘧啶的质量分数（w）按下式计算：

$$w=\frac{c(V_1-V_2)\times 0.1291}{m}\times 100\%$$

式中 V_1——高氯酸标准溶液的体积，mL；

V_2——空白消耗高氯酸标准溶液的体积，mL；

c——高氯酸标准溶液的浓度，mol/L；

m——样品质量，g；

0.1291——与 1.00mL 高氯酸标准溶液［$c(HClO_4)=1.000mol/L$］相当的，以 g 为单位的氟胞嘧啶的质量。

氟磺胺草醚（$C_{15}H_{10}ClF_3N_2O_6S$）**标准溶液**（1000μg/mL）

［配制］ 用最小分度为 0.01mg 的分析天平，准确称取 0.1000g（或按纯度换算出质量 $m=0.1000g/w$；w——质量分数）的氟磺胺草醚（$C_{15}H_{10}ClF_3N_2O_6S$；$M_r=438.763$）纯

品（纯度≥99%），于小烧杯中，用色谱纯甲醇溶解后，转移到 100mL 容量瓶中。用色谱纯甲醇定容，混匀。配制成浓度为 1000μg/mL 的标准储备溶液。

氟康唑（$C_{13}H_{12}F_2N_6O$）**标准溶液**（1000μg/mL）

［配制］ 取适量氟康唑于称量瓶中，于 105℃下干燥至恒重，置于干燥器中冷却备用。准确称取 1.0000g（或按纯度换算出质量 $m=1.0000g/w$；w——质量分数）经纯度分析的氟康唑（$C_{13}H_{12}F_2N_6O$；$M_r=306.2708$）纯品（纯度≥99%），置于 100mL 烧杯中，加适量乙醇溶解后，移入 1000mL 容量瓶中，用乙醇稀释到刻度，混匀。

［氟康唑纯度的测定］ 称取 0.1g 已干燥的样品，准确到 0.0001g，置于 250mL 锥形瓶中，加 50mL 冰醋酸溶解后，置电磁搅拌器上，浸入电极（玻璃电极为指示电极，饱和甘汞电极为参比电极），搅拌，并自滴定管中分次加入高氯酸标准溶液［$c(HClO_4)=0.100mol/L$］；开始时可每次加入较多的量，搅拌，记录电位；至将近终点前，则应每次加入少量，搅拌，记录电位；至突跃点已过，仍应继续滴加几次标准溶液，并记录电位。

滴定终点的确定：同苯巴比妥。

氟康唑的质量分数（w）按下式计算：

$$w=\frac{c(V_1-V_2)\times 0.1531}{m}\times 100\%$$

式中 V_1——高氯酸标准溶液的体积，mL；

V_2——空白消耗高氯酸标准溶液的体积，mL；

c——高氯酸标准溶液的浓度，mol/L；

m——样品质量，g；

0.1531——与 1.00mL 高氯酸标准溶液［$c(HClO_4)=1.000mol/L$］相当的，以 g 为单位的氟康唑的质量。

氟乐灵（$C_{13}H_{16}F_3N_3O_4$）**标准溶液**（1000μg/mL）

［配制］ 用最小分度为 0.01mg 的分析天平，准确称取 0.1000g（或按纯度换算出质量 $m=0.1000g/w$；w——质量分数）氟乐灵（$C_{13}H_{16}F_3N_3O_4$；$M_r=335.2790$）纯品（纯度≥99%），置于烧杯中，用苯溶解，转移到 100mL 容量瓶中，用苯定容，混匀。配制成浓度为 1000μg/mL 的标准储备溶液。使用时，根据需要再用苯稀释成适当浓度的标准工作溶液。

氟尿嘧啶（$C_4H_3FN_2O_2$）**标准溶液**（1000μg/mL）

［配制］ 取适量氟尿嘧啶于称量瓶中，于 105℃下干燥至恒重，置于干燥器中冷却备用。准确称取 1.0000g（或按纯度换算出质量 $m=1.0000g/w$；w——质量分数）经纯度分析的氟尿嘧啶（$C_4H_3FN_2O_2$；$M_r=130.0772$）纯品（纯度≥99%），置于 100mL 烧杯中，加适量盐酸溶液（1%）溶解后，移入 1000mL 容量瓶中，用盐酸溶液（1%）稀释到刻度，混匀。避光低温保存。

［标定］ 分光光度法：准确取 1.00mL 上述溶液，移入 100mL 容量瓶中，用盐酸溶液（1%）稀释到刻度（10μg/mL），按附录十，用分光光度法，在 265nm 的波长处测定溶液的吸光度，$C_4H_3FN_2O_2$ 的吸光系数 $E_{1cm}^{1\%}$ 为 552 计算，即得。

氟哌啶醇（$C_{21}H_{23}ClFNO_2$）**标准溶液**（1000μg/mL）

［配制］ 取适量氟哌啶醇于称量瓶中，于60℃下减压干燥至恒重，置于干燥器中冷却备用。准确称取1.0000g（或按纯度换算出质量 $m=1.0000g/w$；w——质量分数）经纯度分析的氟哌啶醇（$C_{21}H_{23}ClFNO_2$；$M_r=375.864$）纯品（纯度≥99%），置于100mL烧杯中，加适量乙醇溶液溶解后，移入1000mL容量瓶中，用乙醇溶液稀释到刻度，混匀。避光低温保存。

［氟哌啶醇纯度的测定］ 称取0.2g样品，准确到0.0001g，置于250mL锥形瓶中，加20mL冰醋酸，微热使其溶解，冷却，加2滴萘酚甲醇指示液（5g/L），用高氯酸标准溶液［$c(HClO_4)=0.100mol/L$］滴定至溶液显绿色，同时做空白试验。氟哌啶醇的质量分数（w）按下式计算：

$$w=\frac{c(V_1-V_2)\times 0.3759}{m}\times 100\%$$

式中 V_1——高氯酸标准溶液的体积，mL；

V_2——空白消耗高氯酸标准溶液的体积，mL；

c——高氯酸标准溶液的浓度，mol/L；

m——样品质量，g；

0.3759——与1.00mL高氯酸标准溶液［$c(HClO_4)=1.0mol/L$］相当的，以g为单位的氟哌啶醇的质量。

氟烷（$C_2HBrClF_3$）**标准溶液**（1000μg/mL）

［配制］ 用带盖的玻璃称量瓶，预先加入10mL乙醇，加盖，准确称量。之后滴加经纯度测定的（气相色谱法）氟烷（$C_2HBrClF_3$；$M_r=197.382$）纯品，称量，至两次称量结果之差为1.0000g，即为氟烷质量（如果准确到0.1000g操作有困难，可通过准确记录氟烷质量，计算其浓度）。全部转移到1000mL容量瓶中，加少量麝香草酚蓝作为稳定剂，用乙醇稀释到刻度，混匀。避光低温保存备用。临用时取适量稀释。

福尔可定（$C_{23}H_{30}N_2O_4$）**标准溶液**（1000μg/mL）

［配制］ 取适量福尔可定（$C_{23}H_{30}N_2O_4\cdot H_2O$；$M_r=416.5106$）于称量瓶中，于105℃下干燥至恒重，置于干燥器中冷却备用。准确称取1.0000g（或按纯度换算出质量 $m=1.0000g/w$；w——质量分数）经纯度分析的福尔可定（$C_{23}H_{30}N_2O_4$；$M_r=398.4953$）纯品（纯度≥99%），置于100mL烧杯中，加适量水溶解后，移入1000mL容量瓶中，用水稀释到刻度，混匀。避光低温保存。

［福尔可定纯度的测定］ 准确称取0.15g已干燥的样品，准确到0.0001g，置于250mL锥形瓶中，加10mL冰醋酸溶解后，加1滴结晶紫指示液（5g/L），用高氯酸标准溶液［$c(HClO_4)=0.100mol/L$］滴定，至溶液显绿色，同时做空白试验。福尔可定的质量分数（w）按下式计算：

$$w=\frac{c(V_1-V_2)\times 0.1992}{m}\times 100\%$$

式中 V_1——高氯酸标准溶液的体积，mL；

V_2——空白消耗高氯酸标准溶液的体积，mL；

c——高氯酸标准溶液的浓度，mol/L；

m——样品质量，g；

0.1992——与 1.00mL 高氯酸标准溶液 [$c(HClO_4)=1.000mol/L$] 相当的，以 g 为单位的福尔可定的质量。

福美双（$C_6H_{12}N_2S_4$）**标准溶液**（1000μg/mL）

[配制] 用最小分度为 0.01mg 的分析天平，准确称取 0.1000g（或按纯度换算出质量 $m=0.1000g/w$；w——质量分数）的福美双（$C_6H_{12}N_2S_4$；$M_r=240.433$）纯品（纯度≥99%），于小烧杯中，用三氯甲烷溶解，转移到 100mL 容量瓶中，用三氯甲烷定容，混匀。配制成浓度为 1000μg/mL 的标准储备溶液。

腐霉利（$C_{13}H_{11}Cl_2NO_2$）**标准溶液**（1000μg/mL）

[配制] 用最小分度为 0.01mg 的分析天平，准确称取 0.1000g（或按纯度换算出质量 $m=0.1000g/w$；w——质量分数）腐霉利（$C_{13}H_{11}Cl_2NO_2$；$M_r=284.138$）纯品（纯度≥99%），置于烧杯中，用丙酮溶解后，转移到 100mL 容量瓶中，用丙酮稀释到刻度，混匀。配制成浓度为 1000μg/mL 的标准储备溶液。使用时，根据需要再用正己烷稀释成适当浓度的标准工作溶液。

辅酶 Q_{10}（$C_{59}H_{90}O_4$）**标准溶液**（1000μg/mL）

[配制] 避光操作：准确称取 1.0000g（或按纯度换算出质量 $m=1.0000g/w$；w——质量分数）经纯度分析（高效液相色谱法）的辅酶（$C_{59}H_{90}O_4$；$M_r=863.3435$）纯品（纯度≥99%），置于 100mL 烧杯中，加适量氯仿溶解后，移入 1000mL 容量瓶中，用氯仿稀释到刻度，混匀。低温避光保存。

辅酶 R（维生素 H、d-生物素；$C_{10}H_{16}N_2O_3S$）**标准溶液**（1000μg/mL）

[配制] 用最小分度为 0.01mg 的分析天平，准确称取 0.1000g（或按纯度换算出质量 $m=0.1000g/w$；w——质量分数）d-生物素（$C_{10}H_{16}N_2O_3S$；$M_r=244.311$）纯品（纯度≥99%），于小烧杯中，用无水乙醇溶解，转移到 100mL 棕色容量瓶中，用无水乙醇稀释至刻度，混匀。配制成浓度为 1000μg/mL 的标准储备溶液。

[维生素 H 纯度的测定] 准确称取 0.50g 样品，准确至 0.0001g，置于 250mL 锥形瓶中，加 100mL 新煮沸冷却的水，2 滴酚酞指示液（10g/L），在加热和不断搅拌下，慢慢用氢氧化钠标准溶液 [$c(NaOH)=0.100mol/L$] 滴定悬浮液，至溶液出现淡粉红色，并保持 30s。维生素 H 的质量分数按下式计算：

$$w=\frac{cV\times 0.2443}{m}\times 100\%$$

式中 w——维生素 H 的质量分数，%；

V——氢氧化钠标准溶液的体积，mL；

c——氢氧化钠标准溶液的浓度，mol/L；

m——样品质量，g；

0.2443——与1.00mL氢氧化钠标准溶液[c(NaOH)=1.000mol/L]相当的，以g为单位的维生素H的质量。

富马酸（$C_4H_4O_4$）**标准溶液**（1000μg/mL）

[配制] 准确称取1.0000g（或按纯度换算出质量m=1.0000g/w；w——质量分数）经纯度测定的高纯富马酸（$C_4H_4O_4$；M_r=116.0722）纯品（纯度≥99%），于高型烧杯中，加水溶解后，转移到1000mL容量瓶中，并用水稀释到刻度，混匀。配制成浓度为1000μg/mL的标准储备溶液。

[富马酸纯度的测定] 准确称取0.2g样品，准确至0.0001g，置于250mL锥形瓶中，加50mL甲醇，温热使其溶解，冷却后，加5滴酚酞指示液（10g/L），并用氢氧化钠标准溶液[c(NaOH)=0.100mol/L]滴定到开始出现粉红色，并保持30s。富马酸的质量分数（w）按下式计算：

$$w=\frac{cV\times 0.05804}{m}\times 100\%$$

式中 V——氢氧化钠标准溶液的体积，mL；

c——氢氧化钠标准溶液的浓度，mol/L；

m——样品质量，g；

0.05804——与1.00mL氢氧化钠标准溶液[c(NaOH)=1.000mol/L]相当的，以g为单位的富马酸的质量。

富马酸氯马斯汀（$C_{21}H_{26}ClNO \cdot C_4H_4O_4$）**标准溶液**（1000μg/mL）

[配制] 取适量富马酸氯马斯汀于称量瓶中，于105℃下干燥至恒重，置于干燥器中冷却备用。准确称取1.0000g（或按纯度换算出质量m=1.0000g/w；w——质量分数）经纯度分析的富马酸氯马斯汀（$C_{21}H_{26}ClNO \cdot C_4H_4O_4$；$M_r$=459.962）纯品（纯度≥99%），置于100mL烧杯中，加适量乙醇加热溶解，冷却后，移入1000mL容量瓶中，用乙醇稀释到刻度，混匀。低温避光保存。

[富马酸氯马斯汀纯度的测定] 电位滴定法：准确称取0.35g已干燥的样品，准确到0.0001g，置于250mL锥形瓶中，加60mL冰醋酸溶解后，溶解后，置电磁搅拌器上，浸入电极（玻璃电极为指示电极，饱和甘汞电极为参比电极），搅拌，并自滴定管中分次加入高氯酸标准溶液[c($HClO_4$)=0.100mol/L]；开始时可每次加入较多的量，搅拌，记录电位；至将近终点前，则应每次加入少量，搅拌，记录电位；至突跃点已过，仍应继续滴加几次标准溶液，并记录电位。

滴定终点的确定：同苯巴比妥。同时做空白试验。

富马酸氯马斯汀的质量分数（w）按下式计算：

$$w=\frac{c(V_1-V_2)\times 0.4600}{m}\times 100\%$$

式中 V_1——高氯酸标准溶液的体积，mL；

V_2——空白消耗高氯酸标准溶液的体积，mL；

c——高氯酸标准溶液的浓度，mol/L；

m——样品质量，g；

0.4600——与 1.00mL 高氯酸标准溶液 [$c(HClO_4)=1.000mol/L$] 相当的，以 g 为单位的富马酸氯马斯汀的质量。

富马酸酮替芬（$C_{19}H_{19}NOS \cdot C_4H_4O_4$）**标准溶液**（1000μg/mL）

［配制］ 取适量富马酸酮替芬于称量瓶中，于 105℃下干燥至恒重，置于干燥器中冷却备用。准确称取 1.0000g（或按纯度换算出质量 $m=1.0000g/w$；w——质量分数）经纯度分析的富马酸酮替芬（$C_{19}H_{19}NOS \cdot C_4H_4O_4$；$M_r=425.497$）纯品（纯度≥99%），置于 100mL 烧杯中，加适量甲醇溶解后，移入 1000mL 容量瓶中，用甲醇稀释到刻度，混匀。低温避光保存。

［富马酸酮替芬纯度的测定］ 称取 0.3g 已干燥的样品，准确到 0.0001g，置于 250mL 锥形瓶中，加 10mL 冰醋酸溶解后，加 1 滴结晶紫指示液（5g/L），用高氯酸标准溶液 [$c(HClO_4)=0.100mol/L$] 滴定，至溶液显蓝色，同时做空白试验。富马酸酮替芬的质量分数（w）按下式计算：

$$w=\frac{c(V_1-V_2)\times 0.4255}{m}\times 100\%$$

式中 V_1——高氯酸标准溶液的体积，mL；

V_2——空白消耗高氯酸标准溶液的体积，mL；

c——高氯酸标准溶液的浓度，mol/L；

m——样品质量，g；

0.4255——与 1.00mL 高氯酸标准溶液 [$c(HClO_4)=1.000mol/L$] 相当的，以 g 为单位的富马酸酮替芬的质量。

甘氨酸（氨基乙酸）**标准溶液** [$\rho(C_2H_5NO_2)=1000\mu g/mL$]

［配制］ 取适量甘氨酸于称量瓶中，于 105℃下干燥至恒重，取出，置于干燥器中冷却备用。准确称取 1.0000g（或按纯度换算出质量 $m=1.0000g/w$；w——质量分数）并经纯度分析的甘氨酸（$C_2H_5NO_2$；$M_r=75.0666$）纯品（纯度≥99%），置于 100mL 烧杯中，加适量水，溶解后，移入 1000mL 棕色容量瓶中，用水稀释到刻度。避光低温保存。

［甘氨酸纯度的测定］ 准确称取 0.10g 已于 105℃干燥的样品，准确至 0.0001g。置于 250mL 锥形瓶中，加 1.5mL 无水甲酸，25mL 冰醋酸，溶解后，加 1 滴结晶紫指示液（5g/L），用高氯酸标准溶液 [$c(HClO_4)=0.100mol/L$] 滴定至溶液呈蓝绿色，同时做空白试验。甘氨酸的质量分数按下式计算：

$$w=\frac{c(V_1-V_2)\times 0.07507}{m}\times 100\%$$

式中 w——甘氨酸的质量分数，%；

V_1——高氯酸标准溶液的体积，mL；

V_2——空白试验高氯酸标准溶液的体积，mL；

c——高氯酸标准溶液的浓度，mol/L；

m——样品质量，g；

0.07507——与 1.00mL 高氯酸标准溶液 [$c(HClO_4)=1.000mol/L$] 相当的，以 g 为单位的甘氨酸的质量。

甘氨酸标准溶液［$c(C_2H_5NO_2)$＝0.1mol/L］

［配制］ 准确称取7.5067g经纯度分析的甘氨酸（或按纯度换算得出的质量m＝7.5067g/w；w——质量分数）置于100mL烧杯中，加50mL水，溶解后，移入1000mL容量瓶中，用水稀释到刻度，混匀。

［标定］ 准确移取30.00mL配制好的甘氨酸溶液，于250mL锥形瓶中，加20mL冰醋酸，加1滴结晶紫指示液（5g/L），用高氯酸标准溶液［$c(HClO_4)$＝0.100mol/L］滴定至溶液由紫色变为蓝绿色。同时做空白试验。甘氨酸溶液的浓度按下式计算：

$$c(C_2H_5NO_2)=\frac{c(V_1-V_2)}{V}$$

式中 $c(C_2H_5NO_2)$——甘氨酸溶液的浓度，mol/L；
V_1——高氯酸标准溶液的体积，mL；
V_2——空白试验高氯酸标准溶液的体积，mL；
c——高氯酸标准溶液的浓度，mol/L；
V——甘氨酸溶液的体积，mL。

甘露醇（$C_6H_{14}O_6$）**标准溶液**（1000μg/mL）

［配制］ 用最小分度为0.01mg的分析天平，准确称取0.1000g（或按纯度换算出质量m＝0.1000g/w；w——质量分数）甘露醇（$C_6H_{14}O_6$；M_r＝182.1718）纯品（纯度≥99%），于烧杯中，加入1mL无水吡啶和4mL乙酸酐，在电热板上加热30min（缓慢加热，以防内容物沸腾），冷却，移入100mL容量瓶中，用丙酮稀释到刻度，混匀。配制成浓度为1000μg/mL的标准储备溶液。

甘油三乙酸酯（$C_9H_{14}O_6$）**标准溶液**（1000μg/mL）

［配制］ 准确称取1.0000g（或按纯度换算出质量m＝1.0000g/w；w——质量分数）经纯度分析的甘油三乙酸酯（$C_9H_{14}O_6$；M_r＝218.2039）纯品（纯度≥99%），置于100mL烧杯中，加适量水溶解后，移入1000mL容量瓶中，用水稀释到刻度，混匀。

［甘油三乙酸酯纯度的测定］ 准确称取1.0g样品，准确到0.0001g，移入一适用压力瓶内，添加25.0mL氢氧化钾溶液［$c(KOH)$＝1mol/L］和15mL异丙醇，瓶盖塞好，用安全的包装纸包好放在一帆布袋内。放置在水浴中维持（98±2）℃，加热1h，应使水浴中水的液面恰好超过瓶内液体。然后移出水浴，在室温空气中冷却，松开包装纸卸去瓶盖使之释放出全部压力，移开包装纸，加6滴酚酞指示液（10g/L），用硫酸标准溶液［$c(\frac{1}{2}H_2SO_4)$＝0.500mol/L］滴定其中过量的碱，使之刚好隐约呈现粉红色为止，同时做空白试验。甘油三乙酸酯的质量分数（w）按下式计算：

$$w=\frac{c(V_1-V_2)\times 0.09606}{m}\times 100\%$$

式中 V_1——硫酸标准溶液的体积，mL；
V_2——空白消耗硫酸标准溶液的体积，mL；
c——硫酸标准溶液的浓度，mol/L；
m——样品质量，g；

0.09606——与1.00mL硫酸标准溶液［$c(\frac{1}{2}H_2SO_4)$=1.000mol/L］相当的，以g为单位的甘油三乙酸酯的质量。

杆菌肽（$C_{66}H_{103}N_{17}O_{16}S$）**标准溶液**（1000单位/mL）

［配制］ 准确称取适量（按纯度换算出质量m=1000g/X；X——每1mg的效价单位），经效价测定的杆菌肽（$C_{66}H_{103}N_{17}O_{16}S$；$M_r$=1422.693）标准品（58IU/mg），准确到0.0001g，用pH6.0磷酸盐缓冲液配制成1000IU/mL的标准储备溶液，置于冰箱中4℃保存，可使用一周。

肝素钠标准溶液［1000单位/mL(μg/mL)］

［配制］ 取适量肝素钠于称量瓶中，置于五氧化二磷干燥器中，于60℃下减压干燥至恒重，取出，置于干燥器中冷却备用。准确称取适量（按纯度换算出质量m=1000g/X；X——每1mg的效价单位）经效价测定的肝素钠纯品，置于100mL烧杯中，加适量灭菌水溶解后，移入1000mL容量瓶中，用灭菌水稀释到刻度。1mL溶液中含1000单位的肝素钠。

高三尖杉酯碱（$C_{29}H_{39}NO_9$）**标准溶液**（1000μg/mL）

［配制］ 准确称取1.0000g（或按纯度换算出质量m=1.0000g/w；w——质量分数）经纯度分析的高三尖杉酯碱（$C_{29}H_{39}NO_9$；M_r=545.6213）纯品（纯度≥99%），置于100mL烧杯中，加适量无水乙醇溶解后，移入1000mL容量瓶中，用无水乙醇稀释到刻度，混匀。低温避光保存。

［标定］ 分光光度法：准确移取6.00mL上述溶液，移入100mL容量瓶中，加无水乙醇稀释到刻度（60μg/mL），用分光光度法，在291nm的波长处测定溶液的吸光度，$C_{29}H_{39}NO_9$的吸光系数$E_{1cm}^{1\%}$为76计算，即得。

格列本脲（$C_{23}H_{28}ClN_3O_5S$）**标准溶液**（1000μg/mL）

［配制］ 取适量格列本脲于称量瓶中，于105℃下干燥至恒重，置于干燥器中冷却备用。准确称取1.0000g（或按纯度换算出质量m=1.0000g/w；w——质量分数）经纯度分析（高效液相色谱法）的格列本脲（$C_{23}H_{28}ClN_3O_5S$；M_r=494.004）纯品（纯度≥99%），置于100mL烧杯中，加适量氯仿溶解后，移入1000mL容量瓶中，用氯仿稀释到刻度，混匀。

格列吡嗪（$C_{21}H_{27}N_5O_4S$）**标准溶液**（1000μg/mL）

［配制］ 取适量格列吡嗪于称量瓶中，于105℃下干燥至恒重，置于干燥器中冷却备用。准确称取1.0000g（或按纯度换算出质量m=1.0000g/w；w——质量分数）经纯度分析的格列吡嗪（$C_{21}H_{27}N_5O_4S$；M_r=445.535）纯品（纯度≥99%），置于100mL烧杯中，加适量稀氢氧化钠溶液（10g/L）溶解后，移入1000mL容量瓶中，用稀氢氧化钠溶液（10g/L）稀释到刻度。避光保存。

［格列吡嗪纯度的测定］ 准确称取0.4g已干燥的样品，准确到0.0001g，置于250mL锥形瓶中，加50mL二甲基甲酰胺溶解后，加2滴喹哪啶红指示液（1g/L），用甲醇钠标准溶液［$c(CH_3ONa)$=0.100mol/L］滴定至溶液所显红色消褪，同时做空白试验。格列吡嗪

的质量分数（w）按下式计算：

$$w=\frac{c(V_1-V_2)\times 0.4455}{m}\times 100\%$$

式中 V_1——甲醇钠标准溶液的体积，mL；
V_2——空白试验甲醇钠标准溶液的体积，mL；
c——甲醇钠标准溶液的浓度，mol/L；
m——样品质量，g；
0.4455——与 1.00mL 甲醇钠标准溶液［$c(CH_3ONa)$=1.000mol/L］相当的，以 g 为单位的格列吡嗪的质量。

格列齐特（$C_{15}H_{21}N_3O_3S$）**标准溶液**（1000μg/mL）

［配制］ 取适量格列齐特于称量瓶中，于 105℃下干燥至恒重，置于干燥器中冷却备用。准确称取 1.0000g（或按纯度换算出质量 m=1.0000g/w；w——质量分数）经纯度分析的格列齐特（$C_{15}H_{21}N_3O_3S$；M_r=323.411）纯品（纯度≥99%），置于 100mL 烧杯中，加适量甲醇溶解后，移入 1000mL 容量瓶中，用甲醇稀释到刻度，混匀。避光保存。

［格列齐特纯度的测定］ 电位滴定法：准确称取 0.2g 已干燥的样品，准确到 0.0001g，置于 250mL 锥形瓶中，加 50mL 冰醋酸溶解后，置电磁搅拌器上，浸入电极（玻璃电极为指示电极，饱和甘汞电极为参比电极），搅拌，并自滴定管中分次加入高氯酸标准溶液［$c(HClO_4)$=0.100mol/L］；开始时可每次加入较多的量，搅拌，记录电位；至将近终点前，则应每次加入少量，搅拌，记录电位；至突跃点已过，仍应继续滴加几次标准溶液，并记录电位。

滴定终点的确定：同苯巴比妥。

格列齐特的质量分数（w）按下式计算：

$$w=\frac{c(V_1-V_2)\times 0.3234}{m}\times 100\%$$

式中 V_1——高氯酸标准溶液的体积，mL；
V_2——空白消耗高氯酸标准溶液的体积，mL；
c——高氯酸标准溶液的浓度，mol/L；
m——样品质量，g；
0.3234——与 1.00mL 高氯酸标准溶液［$c(HClO_4)$=1.000mol/L］相当的，以 g 为单位的格列齐特的质量。

庚酸乙酯（$C_9H_{18}O_2$）**标准溶液**（1000μg/mL）

［配制］ 取 100mL 容量瓶，加入 10mL 甲醇，加盖，用最小分度为 0.01mg 的分析天平准确称量。之后滴加庚酸乙酯（$C_9H_{18}O_2$；M_r=158.2380）纯品（纯度≥99%），至两次称量结果之差为 0.1000g（或按纯度换算出质量 m=0.1000g/w；w——质量分数），即为庚酸乙酯的质量（如果准确到 0.1000g 操作有困难，可通过准确记录庚酸乙酯质量，计算其浓度）。用甲醇稀释到刻度，混匀。

功夫菊酯（三氟氯氰菊酯；$C_{23}H_{19}ClF_3NO_3$）**标准溶液**（1000μg/mL）

［配制］ 用最小分度为 0.01mg 的分析天平，准确称取 0.1000g（或按纯度换算出质量

$m=0.1000\mathrm{g}/w$；w——质量分数）的三氟氯氰菊酯（$C_{23}H_{19}ClF_3NO_3$；$M_r=449.850$）纯品（纯度≥99%），于小烧杯中，用重蒸馏苯溶解，转移到100mL容量瓶中，用重蒸馏苯稀释到刻度，混匀，配制成浓度为1000μg/mL的标准储备溶液。使用时，用石油醚稀释配成适当浓度的标准工作溶液。置于冰箱保存备用。

果胶标准溶液（10g/L）

［配制］ 准确称取1.0000g（或按纯度换算出质量$m=1.0000\mathrm{g}/w$；w——质量分数）果胶纯品（纯度≥99%），于烧杯中，加水溶解，煮沸，冷却。如有不溶物则需过滤。调至pH3.5，移入100mL容量瓶中，用水定容，混匀。在冰箱中储存备用。使用时间不超过3天。

果糖（$C_6H_{12}O_6$）**标准溶液**（1000μg/mL）

［配制］ 取适量果糖于称量瓶中，在55℃真空干燥至恒重。用最小分度为0.01mg的分析天平，准确称取0.1000g（或按纯度换算出质量$m=0.1000\mathrm{g}/w$；w——质量分数）果糖（$C_6H_{12}O_6$；$M_r=180.1559$）纯品（纯度≥99%），于小烧杯中，溶解于适量水中，移入100mL容量瓶中，用蒸馏水定容，混匀。存放于冰箱中备用。

过氧苯甲酰（$C_{14}H_{10}O_4$）**标准溶液**（1000μg/mL）

［配制］ 准确称取1.0000g（或按纯度换算出质量$m=1.0000\mathrm{g}/w$；w——质量分数）经纯度分析的过氧苯甲酰（$C_{14}H_{10}O_4$；$M_r=242.2268$）（纯度≥99%）纯品，于100mL烧杯中，用丙酮溶解后，转移到1000mL容量瓶，用丙酮稀释定容，混匀。配制成浓度为1000μg/mL的标准储备溶液。避光低温保存。

［过氧苯甲酰纯度的测定］ 准确称取0.25g，准确至0.0001g。置于250mL碘量瓶中，加30mL丙酮，振摇使其溶解，加5mL碘化钾溶液（165g/L）盖紧瓶塞，摇匀，置暗处15min，用硫代硫酸钠标准溶液［$c(Na_2S_2O_3)=0.100\mathrm{mol/L}$］滴定至无色。同时做空白试验。过氧苯甲酰的质量分数（w）按下式计算

$$w=\frac{c(V_1-V_2)\times 0.1211}{m}\times 100\%$$

式中 V_1——空白试验硫代硫酸钠标准溶液的体积，mL；

V_2——硫代硫酸钠标准溶液的体积，mL；

c——硫代硫酸钠标准溶液的浓度，mol/L；

m——样品质量，g；

0.1211——与1.00mL硫代硫酸钠标准溶液［$c(Na_2S_2O_3)=1.0\mathrm{mol/L}$］相当的，以g为单位的过氧苯甲酰的质量。

注：应注意！该物质，尤其是干燥品，是危险的、反应剧烈的氧化物质，会自发爆炸，故储存时必须保持一定的水分。使用时需仔细阅读标签上的警告说明，仔细操作。

L-谷氨酸（$C_5H_9NO_4$）**标准溶液**（1000μg/mL）

［配制］ 取适量L-谷氨酸于称量瓶中，于85℃下干燥至恒重取出，置于干燥器中冷却备用。准确称取1.0000g（或按纯度换算出质量$m=1.0000\mathrm{g}/w$；w——质量分数）并经纯

度分析的L-谷氨酸（$C_5H_9NO_4$；$M_r=147.1293$）纯品（纯度≥99%），置于100mL烧杯中，加适量新煮沸冷却的水，溶解后，移入1000mL容量瓶中，用水稀释到刻度，混匀。

[L-谷氨酸纯度的测定] 准确称取0.5g样品，准确至0.0001g，溶于100mL新煮沸并冷却的水中，加溴百里酚蓝指示液，用氢氧化钠标准溶液［$c(NaOH)=0.100mol/L$］滴定到蓝色为终点。L-谷氨酸的质量分数按下式计算：

$$w=\frac{cV\times0.1471}{m}\times100\%$$

式中 w——L-谷氨酸的质量分数，%；

V——氢氧化钠标准溶液的体积，mL；

c——氢氧化钠标准溶液的浓度，mol/L；

m——样品质量，g；

0.1471——与1.00mL氢氧化钠标准溶液［$c(NaOH)=1.000mol/L$］相当的，以g为单位的L-谷氨酸的质量。

谷氨酸（$C_5H_9NO_4$）**标准溶液**（1000μg/mL）

[配制] 取适量谷氨酸于称量瓶中，于105℃下干燥至恒重，取出，置于干燥器中冷却备用。用最小分度为0.1mg的分析天平，准确称取1.0000g（或按纯度换算出质量$m=1.0000g/w$；w——质量分数）的经纯度分析的谷氨酸（$C_5H_9NO_4$；$M_r=147.1293$）纯品（纯度≥99%），于烧杯中，用热水溶解后，冷却后，转移到1000mL容量瓶中，用水稀释到刻度，混匀。配制成浓度为1000μg/mL的标准储备溶液，避光低温保存。使用时用水稀释。

[谷氨酸纯度的测定] 准确称取0.25g已干燥的样品，准确到0.0001g，置于250mL锥形瓶中，加50mL沸水使其溶解，冷却，加5滴麝香草酚蓝指示液（0.5g/L），用氢氧化钠标准溶液［$c(NaOH)=0.100mol/L$］滴定，至溶液由黄色变为蓝绿色。谷氨酸的质量分数（w）按下式计算：

$$w=\frac{cV\times0.1471}{m}\times100\%$$

式中 V——氢氧化钠标准溶液的体积，mL；

c——氢氧化钠标准溶液的浓度，mol/L；

m——样品质量，g；

0.1471——与1.00mL氢氧化钠标准溶液［$c(NaOH)=1.000mol/L$］相当的，以g为单位的谷氨酸的质量。

谷氨酸钾（$KC_5H_8NO_4\cdot H_2O$）**标准溶液**（1000μg/mL）

[配制] 准确称取1.0000g（或按纯度换算出质量$m=1.0000g/w$；w——质量分数）经纯度分析的谷氨酸钾（$KC_5H_8NO_4\cdot H_2O$；$M_r=203.2349$）纯品（纯度≥99%），置于100mL烧杯中，加适量水溶解后，移入1000mL容量瓶中，用水稀释到刻度，混匀。避光低温保存。

[谷氨酸钾纯度的测定] 称取0.1g的样品，准确到0.0001g，置于250mL锥形瓶中，加3mL水，30mL冰醋酸溶解后，用电位滴定法，用高氯酸标准溶液［$c(HClO_4)=0.1mol/L$］滴定。同时做空白试验。

谷氨酸钾的质量分数（w）按下式计算：

$$w=\frac{c(V_1-V_2)\times 0.1016}{m}\times 100\%$$

式中 V_1——高氯酸标准溶液的体积，mL；

V_2——空白消耗高氯酸标准溶液的体积，mL；

c——高氯酸标准溶液的浓度，mol/L；

m——样品质量，g；

0.1016——与1.00mL高氯酸标准溶液［$c(HClO_4)=1.000mol/L$］相当的，以g为单位的谷氨酸钾（$KC_5H_8NO_4\cdot H_2O$）的质量。

L-谷氨酸盐酸盐（盐酸L-谷氨酸；$C_5H_9NO_4\cdot HCl$）**标准溶液**（1000μg/mL）

［配制］ 取适量L-谷氨酸盐酸盐于称量瓶中，于85℃下干燥至恒重取出，置于干燥器中冷却备用。准确称取1.0000g（或按纯度换算出质量 $m(g)=1.0000g/w$；w——质量分数）并经纯度分析的L-谷氨酸盐酸盐（$C_5H_9NO_4\cdot HCl$；$M_r=183.590$）纯品（纯度≥99%），置于100mL烧杯中，加适量新煮沸冷却的水，溶解后，移入1000mL容量瓶中，用水稀释到刻度，混匀。

［L-谷氨酸盐酸盐纯度的测定］ 准确称取0.3g样品，准确至0.0001g，置于250mL锥形瓶中，溶于100mL水中，加溴百里酚蓝指示液，用氢氧化钠标准溶液［$c(NaOH)=0.100mol/L$］滴定到蓝色为终点。L-谷氨酸盐酸盐的质量分数按下式计算：

$$w=\frac{cV\times 0.09180}{m}\times 100\%$$

式中 w——L-谷氨酸盐酸盐的质量分数，%；

V——氢氧化钠标准溶液的体积，mL；

c——氢氧化钠标准溶液的浓度，mol/L；

m——样品质量，g；

0.09180——与1.00mL氢氧化钠标准溶液［$c(NaOH)=1.000mol/L$］相当的，以g为单位的L-谷氨酸盐酸盐的质量。

谷氨酸钠（$NaC_5H_8NO_4\cdot H_2O$）**标准溶液**（1000μg/mL）

［配制］ 取适量谷氨酸钠于称量瓶中，于98℃下干燥至恒重，置于干燥器中冷却备用。准确称取1.0000g（或按纯度换算出质量 $m=1.0000g/w$；w——质量分数）经纯度分析的谷氨酸钠（$NaC_5H_8NO_4\cdot H_2O$；$M_r=187.1264$）纯品（纯度≥99%），置于100mL烧杯中，加适量水溶解后，移入1000mL容量瓶中，用水稀释到刻度，混匀。避光低温保存。

［谷氨酸钠纯度的测定］ 准确称取0.080g已干燥的样品，准确到0.00001g，置于250mL锥形瓶中，加3mL无水甲酸溶解后，加30mL冰醋酸，置电磁搅拌器上，浸入电极（玻璃电极为指示电极，饱和甘汞电极为参比电极），搅拌，并自滴定管中分次加入高氯酸标准溶液［$c(HClO_4)=0.100mol/L$］；开始时可每次加入较多的量，搅拌，记录电位；至将近终点前，则应每次加入少量，搅拌，记录电位；至突跃点已过，仍应继续滴加几次标准溶液，并记录电位。

滴定终点的确定：同苯巴比妥。同时作空白试验。

谷氨酸钠的质量分数（w）按下式计算：

$$w=\frac{c(V_1-V_2)\times 0.09356}{m}\times 100\%$$

式中 V_1——高氯酸标准溶液的体积，mL；

V_2——空白消耗高氯酸标准溶液的体积，mL；

c——高氯酸标准溶液的浓度，mol/L；

m——样品质量，g；

0.09356——与1.00mL高氯酸标准溶液［$c(HClO_4)=1.000mol/L$］相当的，以g为单位的谷氨酸钠（$NaC_5H_8NO_4\cdot H_2O$）的质量。

L-谷酰胺（$C_5H_{10}N_2O_3$）**标准溶液**（1000μg/mL）

［配制］ 取适量L-谷酰胺于称量瓶中，于85℃下干燥3h，置于干燥器中冷却备用。准确称取1.0000g（或按纯度换算出质量$m=1.0000g/w$；w——质量分数）并经纯度分析的L-谷酰胺（$C_5H_{10}N_2O_3$；$M_r=146.1445$）纯品（纯度≥99%），置于100mL烧杯中，加适量水，溶解后，移入1000mL容量瓶中，用水稀释到刻度，混匀。配制成浓度为1000μg/mL的标准储备溶液。

［L-谷酰胺纯度的测定］ 称取0.15g已于85℃干燥的样品，准确至0.0001g。置于干燥的锥形瓶中，加3mL甲酸，50mL冰醋酸（优级纯），用高氯酸标准溶液［$c(HClO_4)=0.100mol/L$］滴定，采用电位滴定法确定终点。同时做空白试验。L-谷酰胺的质量分数（w）按下式计算：

$$w=\frac{c(V_1-V_2)\times 0.1461}{m}\times 100\%$$

式中 V_1——高氯酸标准溶液的体积，mL；

V_2——空白试验高氯酸标准溶液的体积，mL；

c——高氯酸标准溶液的浓度，mol/L；

m——样品质量，g；

0.1461——与1.00mL高氯酸标准溶液［$c(HClO_4)=1.000mol/L$］相当的，以g为单位的L-谷酰胺的质量。

胱氨酸（$C_6H_{12}N_2O_4S_2$）**标准溶液**（1000μg/mL）

［配制］ 取适量胱氨酸于称量瓶中，于105℃下干燥至恒重，置于干燥器中冷却备用。准确称取1.0000g（或按纯度换算出质量$m=1.0000g/w$；w——质量分数），经纯度分析的胱氨酸（$C_6H_{12}N_2O_4S_2$；$M_r=240.301$）纯品（纯度≥99%），置于100mL烧杯中，加适量盐酸溶液［$c(HCl)=0.01mol/L$］溶解后，移入1000mL容量瓶中，用盐酸溶液［$c(HCl)=0.01mol/L$］稀释到刻度。低温避光保存。

［胱氨酸纯度的测定］ 蒸馏装置如图2-1。图中A为1000mL圆底烧瓶，B为安全瓶，C为连有氮气球的蒸馏器，D为漏斗，E为直形冷凝管，F为100mL锥形瓶，G、H为橡皮管夹。

连接蒸馏装置，A瓶中加适量水与数滴甲基红指示液，加稀硫酸使成酸性，加玻璃珠或沸石数粒，从D漏斗加约50mL水，关闭G夹，开放冷凝水，煮沸A瓶中的水，当蒸气

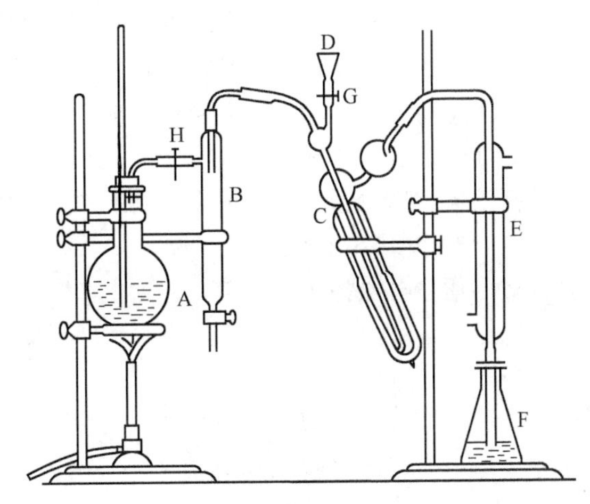

图 2-1 蒸馏装置

从冷凝管尖端冷凝而出时，移去火源，关H夹，使C瓶中的水反抽到B瓶，开G夹，放出B瓶中的水，关B瓶及G夹，将冷凝管尖端插入约50mL水中，使水自冷凝管尖端反抽至C瓶，再抽至B瓶，如上法放去。如此将仪器洗涤（2～3）次。

称取约20mg已干燥的样品［约相当于含氮量（1.0～2.0）mg］，准确到0.00001g，置干燥的（30～50）mL凯氏烧瓶中，加0.3g硫酸钾（或无水硫酸钠）与5滴硫酸铜溶液（300g/L），再沿瓶壁滴加2.0mL硫酸；在凯氏烧瓶口放一小漏斗，并使烧瓶成45°斜置，用小火缓缓加热使溶液保持在沸点以下，等泡沸停止，逐步加大火力，沸腾至溶液澄清的绿色后，除另有规定外，继续加热10min，冷却，加2mL水。

取10mL硼酸溶液（2%），置100mL锥形瓶中，加5滴甲基红-溴甲酚绿混合指示液，将冷凝管尖端插入液面下。然后，将凯氏烧瓶中内容物经由D漏斗转入C蒸馏瓶中，用水少量淋洗凯氏烧瓶及漏斗数次，再加入10mL氢氧化钠溶液（400g/L），用少量水再洗涤漏斗数次，关G夹，加热A瓶进行蒸气蒸馏，至硼酸溶液开始由酒红色变为蓝绿色时起，继续蒸馏约10min后，将冷凝管尖端提出液面，使蒸气继续冲洗约1min，用水淋洗尖端后停止蒸馏。

馏出液用硫酸标准溶液［$c(\frac{1}{2}H_2SO_4)=0.0100mol/L$］滴定至溶液由蓝绿色变为灰紫色，并将滴定的结果用空白试验［空白和样品所得馏出液的容积应基本相同，约（70～75）mL］校正。

取用的样品如在0.1g以上时，应适当增加硫酸的用量，使消解作用完全，并相应地增加氢氧化钠溶液（400g/L）的用量。

胱氨酸的质量分数（w）按下式计算：

$$w=\frac{c(V_1-V_2)\times 0.1201}{m}\times 100\%$$

式中 V_1——硫酸标准溶液的体积，mL；

V_2——空白消耗硫酸标准溶液的体积，mL；

c——硫酸标准溶液的浓度，mol/L；

m——样品质量，g；

0.1201——与1.00mL硫酸标准溶液［$c(\frac{1}{2}H_2SO_4)=1.000mol/L$］相当的，以g为单位的胱氨酸的质量。

L-胱氨酸标准溶液（1000μg/mL）

［配制］ 准确称取1.0000g（或按纯度换算出质量 $m=1.0000g/w$；w——质量分数）GBW（E）060002 L-胱氨酸标准物质或经纯度分析的L-胱氨酸（$C_6H_{12}N_2O_4S_2$；$M_r=240.301$）纯品（纯度≥99%）置于100mL烧杯中，加30mL盐酸溶液（1+99），溶解后，

移入 1000mL 容量瓶中，用盐酸溶液（1+99）稀释到刻度。

［L-胱氨酸纯度的测定］ 准确称取 0.1g 样品，准确至 0.0001g。置于碘量瓶中，加 3mL 氢氧化钠溶液（40g/L）及 3mL 水溶解，再加 30mL 水及 50.00mL 溴标准溶液［$c(\frac{1}{6}KBrO_3)$=0.100mol/L］，10mL 盐酸，立即密封，振摇 5min，放置 10min。于冰浴中冷却，加 2g 碘化钾，振摇溶解，暗处放置 10min。用硫代硫酸钠标准溶液［$c(Na_2S_2O_3)$=0.100mol/L］滴定，近终点时，加 3mL 淀粉指示液（5g/L），继续滴定至溶液蓝色消失。同时做空白试验。L-胱氨酸的质量分数按下式计算：

$$w=\frac{c(V_1-V_2)\times 0.2403}{m}\times 100\%$$

式中 w——L-胱氨酸的质量分数，%；

V_1——空白试验硫代硫酸钠标准溶液的体积，mL；

V_2——硫代硫酸钠标准溶液的体积，mL；

c——硫代硫酸钠标准溶液的浓度，mol/L；

m——样品质量，g；

0.2403——与 1.00mL 硫代硫酸钠标准溶液［$c(Na_2S_2O_3)$=1.000mol/L］相当的，以 g 为单位的 L-胱氨酸的质量。

桂利嗪（$C_{26}H_{28}N_2$）**标准溶液**（1000μg/mL）

［配制］ 取适量桂利嗪于称量瓶中，于 80℃下干燥至恒重，置于干燥器中冷却备用。准确称取 1.0000g（或按纯度换算出质量 m=1.0000g/w；w——质量分数）经纯度分析的桂利嗪（$C_{26}H_{28}N_2$；M_r=368.5139）纯品（纯度≥99%），置于 100mL 烧杯中，加适量氯仿溶解后，移入 1000mL 容量瓶中，用氯仿稀释到刻度，混匀。避光保存。

［桂利嗪纯度的测定］ 准确称取 0.15g 已干燥的样品，准确到 0.0001g，置于 250mL 锥形瓶中，加 20mL 冰醋酸与 4mL 乙酐溶解后，加 1 滴结晶紫指示液（5g/L），用高氯酸标准溶液［$c(HClO_4)$=0.100mol/L］滴定，至溶液显绿色，同时做空白试验。桂利嗪的质量分数（w）按下式计算：

$$w=\frac{c(V_1-V_2)\times 0.1843}{m}\times 100\%$$

式中 V_1——高氯酸标准溶液的体积，mL；

V_2——空白消耗高氯酸标准溶液的体积，mL；

c——高氯酸标准溶液的浓度，mol/L；

m——样品质量，g；

0.1843——与 1.00mL 高氯酸标准溶液［$c(HClO_4)$=1.000mol/L］相当的，以 g 为单位的桂利嗪的质量。

癸二酸（$C_{10}H_{18}O_4$）**标准溶液**（1000μg/mL）

［配制］ 准确称取 1.0000g（或按纯度换算出质量 m=1.0000g/w；w——质量分数）癸二酸（$C_{10}H_{18}O_4$；M_r=202.2475）纯品（纯度≥99%），置于 100mL 烧杯中，加乙醇溶解后，移入 1000mL 容量瓶中，用乙醇稀释到刻度，混匀。

［癸二酸纯度的测定］ 称取 0.3g 试样，准确到 0.0001g，置于 250mL 锥形瓶中，加入

50mL 中性乙醇溶液待试样全部溶解后，加 2 滴酚酞指示液（10g/L），用氢氧化钠标准溶液［c(NaOH)＝0.100mol/L］滴定至溶液呈微红色，保持 30s 不褪色。癸二酸的质量分数按下式计算：

$$w=\frac{cV\times 0.1011}{m}\times 100\%$$

式中 w——癸二酸的质量分数，%；

c——氢氧化钠标准溶液的浓度，mol/L；

V——氢氧化钠标准溶液的体积，mL；

m——样品质量，g；

0.1011——与 1.00mL 氢氧化钠标准溶液［c(NaOH)＝1.000mol/L］相当的，以 g 为单位的癸二酸的质量。

癸氟奋乃静（$C_{32}H_{44}F_3N_3O_2S$）**标准溶液**（1000μg/mL）

［配制］ 准确称取 1.0000g（或按纯度换算出质量 m＝1.0000g/w；w——质量分数）经纯度分析的癸氟奋乃静（$C_{32}H_{44}F_3N_3O_2S$；M_r＝591.771）纯品（纯度≥99%），置于 1000mL 容量瓶中，用乙醇稀释到刻度，混匀。低温避光保存。

［癸氟奋乃静纯度的测定］ 准确称取 0.25g 样品，准确到 0.0001g，置于 250mL 锥形瓶中，加 20mL 冰醋酸溶解后，加 1 滴结晶紫指示液（5g/L），用高氯酸标准溶液［$c(HClO_4)$＝0.100mol/L］滴定，至溶液显蓝绿色，同时做空白试验。癸氟奋乃静的质量分数（w）按下式计算：

$$w=\frac{c(V_1-V_2)\times 0.2959}{m}\times 100\%$$

式中 V_1——高氯酸标准溶液的体积，mL；

V_2——空白消耗高氯酸标准溶液的体积，mL；

c——高氯酸标准溶液的浓度，mol/L；

m——样品质量，g；

0.2959——与 1.00mL 高氯酸标准溶液［$c(HClO_4)$＝1.000mol/L］相当的，以 g 为单位的癸氟奋乃静的质量。

癸酸乙酯（$C_{12}H_{24}O_2$）**标准溶液**（1000μg/mL）

［配制］ 准确称取 1.0000g（或按纯度换算出质量 m＝1.0000g/w；w——质量分数）新蒸馏的癸酸乙酯（$C_{12}H_{24}O_2$；M_r＝200.3178）纯品（纯度≥99%），置于小烧杯中，用乙醇溶解，转移到 1000mL 容量瓶中，用乙醇稀释至刻度，混匀。配制成浓度为 1000μg/mL 的标准储备溶液。

癸氧喹酯（$C_{24}H_{35}\cdot NO_5$）**标准溶液**（1000μg/mL）

［配制］ 用最小分度为 0.01mg 的分析天平，准确称取 0.1000g（或按纯度换算出质量 m＝0.1000g/w；w——质量分数）的癸氧喹酯（$C_{24}H_{35}NO_5$；M_r＝417.5384）纯品（纯度≥99%），于小烧杯中，用重蒸馏三氯甲烷溶解后，转移到 100mL 容量瓶中，用重蒸馏三

氯甲烷稀释到刻度，混匀。配制成浓度为 1000μg/mL 的标准储备溶液，根据需要再配成适当浓度的标准工作溶液。

哈西萘德（$C_{24}H_{32}ClFO_5$）**标准溶液**（1000μg/mL）

［配制］ 准确称取 1.0000g（或按纯度换算出质量 $m=1.0000g/w$；w——质量分数）经纯度分析（高效液相色谱法）的哈西萘德（$C_{24}H_{32}ClFO_5$；$M_r=454.959$）纯品（纯度≥99%），置于 100mL 烧杯中，加适量氯仿溶解后，移入 1000mL 容量瓶中，用氯仿稀释到刻度，混匀。

蒿甲醚（$C_{16}H_{26}O_5$）**标准溶液**（1000μg/mL）

［配制］ 准确称取 1.0000g（或按纯度换算出质量 $m=1.0000g/w$；w——质量分数）经纯度分析（高效液相色谱法）的蒿甲醚（$C_{16}H_{26}O_5$；$M_r=298.3746$）纯品（纯度≥99%），置于 100mL 烧杯中，加适量乙醇溶解后，移入 1000mL 容量瓶中，用乙醇稀释到刻度，混匀。低温避光保存。

禾草丹（杀草丹；$C_{12}H_{16}ClNOS$）**标准溶液**（1000μg/mL）

［配制］ 用最小分度为 0.01mg 的分析天平，准确称取 0.1000g（或按纯度换算出质量 $m=0.1000g/w$；w——质量分数）禾草丹（$C_{12}H_{16}ClNOS$；$M_r=257.780$）纯品（纯度≥99%），置于烧杯中，用少量丙酮溶解，转移到 100mL 容量瓶中，用丙酮定容，混匀。配制成浓度为 1000μg/mL 的标准储备溶液。根据需要再配制成适用浓度的标准工作溶液。

禾草灵（$C_{16}H_{14}Cl_2O_4$）**标准溶液**（1000μg/mL）

［配制］ 用最小分度为 0.01mg 的分析天平，准确称取 0.1000g（或按纯度换算出质量 $m=0.1000g/w$；w——质量分数）禾草灵（$C_{16}H_{14}Cl_2O_4$；$M_r=341.186$）纯品（纯度≥99%），置于烧杯中，用少量重蒸馏的石油醚溶解，转移到 100mL 容量瓶中，用重蒸馏石油醚定容，混匀。配制成浓度为 1000μg/mL 的标准储备溶液。使用时，根据需要再用石油醚稀释成适用浓度的标准工作溶液。

禾大壮（$C_9H_{17}NOS$）**标准溶液**（1000μg/mL）

［配制］ 用最小分度为 0.01mg 的分析天平，准确称取 0.1000g（或按纯度换算出质量 $m=0.1000g/w$；w——质量分数）的禾大壮（$C_9H_{17}NOS$；$M_r=187.302$）纯品（纯度≥99%），于小烧杯中，用重蒸馏丙酮溶解，转移到 100mL 容量瓶中，用重蒸馏丙酮定容，混匀。配制成浓度为 1000μg/mL 的标准储备溶液，储存于冰箱（4℃）中，使用时，用丙酮稀释成适当浓度的标准工作溶液。

核黄素（维生素 B_2；$C_{17}H_{20}N_4O_6$）**标准溶液**（1000μg/mL）

［配制］ 避光操作。取适量维生素 B_2 于称量瓶中，于五氧化二磷干燥器中干燥 24h，用最小分度为 0.01mg 的分析天平，准确称取 0.1000g（或按纯度换算出质量 $m=0.1000g/w$；w——质量分数）经纯度分析的维生素 B_2（$C_{17}H_{20}N_4O_6$；$M_r=376.3639$）纯品（纯度≥99%），于小烧杯中，加乙酸溶液 [$c(CH_3COOH)=0.02mol/L$]，在蒸汽浴上恒速搅动至溶

解，冷却后，转移到100mL棕色容量瓶中，加少量甲苯用作稳定剂，用乙酸溶液[$c(CH_3COOH)$=0.02mol/L]定容，混匀。盛入棕色瓶，临用现配。低温（4℃）避光保存。

［标定］ 分光光度法：避光操作，准确移取1.5mL上述溶液，置100mL棕色容量瓶中，加7mL乙酸钠溶液（14g/L），用水稀释至刻度（15μg/mL），摇匀。按附录十，用分光光度法，在444nm的波长处测定溶液的吸光度，$C_{17}H_{20}N_4O_6$的吸光系数$E_{1cm}^{1\%}$为323计算，即得。

核黄素磷酸钠（$NaC_{17}H_{20}N_4O_9P$）**标准溶液**（1000μg/mL）

［配制］ 取适量核黄素磷酸钠（$NaC_{17}H_{20}N_4O_9P \cdot 2H_2O$；$M_r$=478.3256）于称量瓶中，于130℃下干燥至恒重，置于干燥器中冷却备用。准确称取1.0000g（或按纯度换算出质量m=1.0000g/w；w——质量分数）经纯度分析的核黄素磷酸钠（$NaC_{17}H_{20}N_4O_9P$；M_r=445.535）纯品（纯度≥99%），置于100mL烧杯中，加适量水溶解后，移入1000mL容量瓶中，用水稀释到刻度，混匀。避光低温保存。

［标定］ 分光光度法：避光操作，准确移取2.00mL上述溶液，移入100mL容量瓶中，加7mL乙酸钠溶液（14g/L），用水稀释到刻度（20μg/mL），摇匀。按附录十，用分光光度法，在444nm的波长处测定溶液的吸光度，$C_{17}H_{20}N_4O_6$的吸光系数$E_{1cm}^{1\%}$为323，计算，即得。

红花黄色素（$C_{21}H_{22}O_{11}$）**标准溶液**（1000μg/mL）

［配制］ 准确称取1.0000g（或按纯度换算出质量m=1.0000g/w；w——质量分数）的红花黄色素（$C_{21}H_{22}O_{11}$；M_r=342.2965）纯品置于烧杯中，用水溶解后，转移到1000mL容量瓶中，用水清洗烧杯数次，将洗涤液一并转移到容量瓶中，用水稀释到刻度，混匀。

红霉素（$C_{37}H_{67}NO_{13}$）**标准溶液**［1000单位/mL(μg/mL)］

［配制］ 用最小分度为0.01mg的分析天平，准确称取适量（按纯度换算出质量m=1000g/X；X——每1mg的效价单位，1mg的效价不低于920红霉素单位）经效价测定的红霉素（$C_{37}H_{67}NO_{13}$；M_r=733.9268）标准品，置于100mL烧杯中，加适量灭菌水溶解后，移入1000mL容量瓶中，用灭菌水稀释到刻度，混匀。1mL溶液中含1000单位的红霉素，1000单位的红霉素相当于1mg $C_{37}H_{67}NO_{13}$。于冰箱中4℃保存，可使用一周。

红曲色素标准溶液（1000μg/mL）

［配制］ 用最小分度为0.01mg的分析天平，准确称取0.1000g的用下述方法制备的红曲色素，于小烧杯中，用甲醇溶解，转移到100mL容量瓶中，用甲醇稀释到刻度，混匀。配制成浓度为1000μg/mL的标准储备溶液。

［红曲色素的制备］ 取1g红曲色素于烧杯中，加入30mL甲醇溶解，然后加入5g硅胶，拌匀，装入50g硅胶层析柱中（湿法装柱），将拌有硅胶的红曲色素装在柱顶，后用甲醇洗脱；直至洗脱下来的甲醇无色为止，然后减压浓缩至膏状，于(60～70)℃烘箱中烘干，约剩下0.89g的红曲色素作为标准品。

β-胡萝卜素（$C_{40}H_{56}$）**标准溶液**（1000μg/mL）

［配制］ 用最小分度为0.01mg的分析天平，准确称取0.1000g（或按纯度换算出质量 $m=0.1000g/w$；w——质量分数）β-胡萝卜素（$C_{40}H_{56}$；$M_r=536.8726$）标准品，于小烧杯中，溶于10mL三氯甲烷中，立即转移到100mL棕色容量瓶中，用三氯甲烷稀释到刻度，混匀。配制成浓度为1000μg/mL的标准储备溶液，避光保存于冰箱中。

［标定］ 准确移取1.5mL上述溶液，于100mL容量瓶中，用正己烷稀释到刻度，混匀，用1cm比色皿，以正己烷为空白，在450nm处测定吸光度，平行测定三份，取均值。β-胡萝卜素标准溶液的质量浓度按下式计算：

$$\rho=\frac{A}{E}\times\frac{100}{1.5}$$

式中 ρ——β-胡萝卜素溶液的质量浓度，μg/mL；

A——平均吸光度；

E——β-胡萝卜素在正己烷溶液中的吸光系数（于波长450nm处，1cm比色皿，溶液的质量浓度1μg/mL时的吸光系数为0.2638）。

琥珀氯霉素（$C_{15}H_{16}Cl_2N_2O_8$）**标准溶液**（1000μg/mL）

［配制］ 准确称取适量（按纯度换算出质量 $m(g)=1000g/w$；w——质量分数）琥珀氯霉素（$C_{15}H_{16}Cl_2N_2O_8$；$M_r=423.202$）纯品，置于100mL烧杯中，加适量无水乙醇溶解后，移入1000mL容量瓶中，用无水乙醇稀释到刻度，混匀。

［标定］ 分光光度法：准确移取2.00mL上述溶液，置100mL容量瓶中，用水稀释至刻度（20μg/mL），摇匀。按附录十，用分光光度法，在276nm的波长处测定溶液的吸光度，$C_{15}H_{16}Cl_2N_2O_8$ 的吸光系数 $E_{1cm}^{1\%}$ 为298，计算，即得。

琥乙红霉素（$C_{37}H_{67}NO_{13}$）**标准溶液**［1000单位/mL(μg/mL)］

［配制］ 准确称取适量（按纯度换算出质量 $m=1000g/X$；X——每1mg的效价单位经效价测定）琥乙红霉素（$C_{43}H_{75}NO_{16}$；$M_r=862.0527$）纯品（1mg的效价不低于765红霉素单位），置于100mL烧杯中，加适量无水乙醇溶解后，移入1000mL容量瓶中，用无水乙醇稀释到刻度，混匀。1000单位的红霉素相当于1mg $C_{37}H_{67}NO_{13}$。

华法林钠（$NaC_{19}H_{15}O_4$）**标准溶液**（1000μg/mL）

［配制］ 准确称取1.0000g（或按纯度换算出质量 $m=1.0000g/w$；w——质量分数）经纯度分析的华法林钠（$NaC_{19}H_{15}O_4$；$M_r=330.3098$）纯品（纯度≥99%），置于100mL烧杯中，加适量水溶解后，移入1000mL容量瓶中，用水稀释到刻度，混匀。避光低温保存。

［标定］ 分光光度法：准确移取1.00mL上述溶液，移入100mL容量瓶中，用氢氧化钠溶液［$c(NaOH)=0.01mol/L$］稀释到刻度（10μg/mL）。按附录十，用分光光度法，在308nm的波长处测定溶液的吸光度，$NaC_{19}H_{15}O_4$ 的吸光系数 $E_{1cm}^{1\%}$ 为431，计算，即得。

环孢素（$C_{62}H_{111}N_{11}O_{12}$）**标准溶液**（1000μg/mL）

［配制］ 取适量环孢素于称量瓶中，以五氧化二磷为干燥剂，于60℃下减压干燥至恒

重，置于干燥器中冷却备用。准确称取 1.0000g（或按纯度换算出质量 $m=1.0000g/w$；w——质量分数）经纯度分析（高效液相色谱法）的环孢素（$C_{62}H_{111}N_{11}O_{12}$；$M_r=1202.6112$）纯品（纯度≥99%），置于 100mL 烧杯中，加乙醇溶解后，移入 1000mL 容量瓶中，用乙醇稀释到刻度，混匀。避光低温保存。

环吡酮胺（$C_{12}H_{17}NO_2 \cdot C_2H_7NO$）**标准溶液**（1000μg/mL）

［配制］ 准确称取 1.0000g（或按纯度换算出质量 $m=1.0000g/w$；w——质量分数）经纯度分析的环吡酮胺（$C_{12}H_{17}NO_2 \cdot C_2H_7NO$；$M_r=268.3520$）纯品（纯度≥99%），置于 100mL 烧杯中，加适量甲醇（或乙醇）溶解后，移入 1000mL 容量瓶中，用甲醇（或乙醇）稀释到刻度，混匀。避光低温保存。

［环吡酮胺纯度的测定］ 准确称取 0.3g 样品，准确到 0.0001g，置于 250mL 锥形瓶中，加 40mL 二甲基甲酰胺，使其溶解，加 2 滴麝香草酚蓝甲醇指示液（0.5g/L），在氮气流中用甲醇锂标准溶液［$c(CH_3OLi)=0.100mol/L$］滴定，至溶液显蓝色。同时做空白试验。环吡酮胺的质量分数（w）按下式计算：

$$w=\frac{c(V_1-V_2)\times 0.2684}{m}\times 100\%$$

式中 V_1——甲醇锂标准溶液的体积，mL；

V_2——空白试验甲醇锂标准溶液的体积，mL；

c——甲醇锂标准溶液的浓度，mol/L；

m——样品质量，g；

0.2684——与 1.00mL 甲醇锂标准溶液［$c(CH_3OLi)=1.000mol/L$］相当的，以 g 为单位的环吡酮胺（$C_{12}H_{17}NO_2 \cdot C_2H_7NO$）的质量。

环扁桃酯（$C_{17}H_{24}O_3$）**标准溶液**（1000μg/mL）

［配制］ 准确称取 1.0000g（或按纯度换算出质量 $m=1.0000g/w$；w——质量分数）经纯度分析的环扁桃酯（$C_{17}H_{24}O_3$；$M_r=276.3707$）纯品（纯度≥99%），置于 100mL 烧杯中，加乙醇溶解后，移入 1000mL 容量瓶中，用乙醇稀释到刻度，混匀。避光低温保存。

［环扁桃酯纯度的测定］ 准确称取 0.3g 样品，称准至 0.0001g，置于 250mL 锥形瓶中，准确加入 25mL 氢氧化钾乙醇标准溶液［$c(KOH)=0.100mol/L$］，在水浴上加热回流 30min，冷却，用新煮沸过的冷水淋洗冷凝管，洗液并入锥形瓶中，加数滴酚酞指示液（10g/L），用硫酸滴定标准溶液［$c(\frac{1}{2}H_2SO_4)=0.100mol/L$］滴定，同时做空白试验。环扁桃酯的质量分数（$w$）按下式计算：

$$w=\frac{c(V_1-V_2)\times 0.2764}{m}\times 100\%$$

式中 V_1——空白试验硫酸标准溶液的体积，mL；

V_2——硫酸标准溶液的体积，mL；

c——硫酸标准溶液的浓度，mol/L；

m——样品质量，g；

0.2764——与 1.00mL 硫酸滴定标准溶液［$c(\frac{1}{2}H_2SO_4)=1.000mol/L$］相当的，以 g 为单位的环扁桃酯的质量。

环己胺（$C_6H_{13}N$）**标准溶液**（1000μg/mL）

［配制］ 用最小分度为0.01mg的分析天平，准确称取0.1000g（或按纯度换算出质量$m=0.1000g/w$；w——质量分数）环己胺（$C_6H_{13}N$；$M_r=99.1741$）纯品（纯度≥99%）于烧杯中，加水50mL和0.5mL盐酸溶解后，移入100mL容量瓶中，用水稀释至刻度，摇匀。配制成浓度为1000μg/mL的标准储备溶液。

环己基氨基磺酸钠（甜蜜素；$C_6H_{12}NNaO_3S$）**标准溶液**（1000μg/mL）

［配制］ 取适量环己基氨基磺酸钠于称量瓶中，105℃干燥2h，取出，置于干燥器中冷却，备用。用最小分度为0.1mg的分析天平，准确称取0.1000g（或按纯度换算出质量$m=0.1000g/w$；w——质量分数）的环己基氨基磺酸钠（$C_6H_{12}NNaO_3S$；$M_r=201.219$）纯品（纯度≥99%），于小烧杯中，加水溶解，转移到100mL容量瓶中，加水定容，混匀。配制成浓度为1000μg/mL的标准储备溶液。

［环己基氨基磺酸钠纯度测定］ 称取0.3g经105℃干燥的样品，准确至0.0001g，于250mL锥形瓶中，加30mL冰醋酸，加热使之溶解，冷却至室温后，加2滴结晶紫指示液(5g/L)，用高氯酸标准溶液［$c(HClO_4)=0.100mol/L$］滴定，至溶液由紫色变为蓝绿色为终点，同时做空白试验。环己基氨基磺酸钠的质量分数（w）按下式计算：

$$w=\frac{c(V_1-V_2)\times 0.2012}{m}\times 100\%$$

式中 V_1——高氯酸标准溶液的体积，mL；

V_2——空白试验高氯酸标准溶液的体积，mL；

c——高氯酸标准溶液的浓度，mol/L；

m——样品质量，g；

0.2012——与1.00mL高氯酸标准溶液［$c(HClO_4)=1.000mol/L$］相当的，以g为单位的环己基氨基磺酸钠的质量。

环己基丙酸烯丙酯（$C_{12}H_{20}O_2$）**标准溶液**（1000μg/mL）

［配制］ 取100mL容量瓶，加入10mL乙醇，加盖，用最小分度为0.01mg的分析天平准确称量。之后滴加环己基丙酸烯丙酯（$C_{12}H_{20}O_2$；$M_r=196.2860$）纯品（纯度≥99%），至两次质量之差为0.1000g（或按纯度换算出质量$m=0.1000g/w$；w——质量分数），即为环己基丙酸烯丙酯的质量（如果准确到0.1000g操作有困难，可通过准确记录环己基丙酸烯丙酯质量，计算其浓度）。用乙醇稀释到刻度，混匀。低温保存备用。临用时取适量稀释。

环己六醇（肌醇；$C_6H_{12}O_6$）**标准溶液**（1000μg/mL）

［配制］ 取适量环己六醇置于称量瓶中，在105℃下干燥至恒重，置于干燥器中冷却备用。准确称取1.0000g（或按纯度换算出质量$m=1.0000g/w$；w——质量分数）经纯度分析的环己六醇（$C_6H_{12}O_6$；$M_r=180.1559$）纯品（纯度≥99%），于100mL烧杯中，用水溶解后，移入1000mL容量瓶中，用乙醇稀释到刻度，混匀。低温避光保存。

［环己六醇纯度的测定］ 准确称取0.2g已干燥的样品，准确到0.0001g，移入250mL

烧杯中，加入 5mL 由 1 份硫酸溶液（95%）和 50 份乙酸酐构成的混合溶液，盖上表面皿。置于汽浴上加热 20min，再在冰浴上冷冻，并加入 100mL 水；煮沸 20min。冷却；用少量水，定量移入 250mL 分液漏斗中。用 6 份氯仿萃取，体积为 30mL、25mL、15mL、10mL、10mL 和 10mL，并用氯仿冲洗原烧杯。用第二个 250mL 分液漏斗收集氯仿萃取液，并用 10mL 水洗涤萃取混合液。用另一铺有棉花拭子（纱布包棉花）的漏斗将氯仿溶液移入称量的索氏烧瓶中，用 10mL 氯仿清洗分液漏斗和漏斗，清洗液并入萃取混合液中。在汽浴上蒸发至干，并在烘箱内 105℃下干燥 1h；取出，在干燥器内冷却后称量。环已六醇的质量分数（w）按下式计算：

$$w=\frac{m_1\times 0.4167}{m}\times 100\%$$

式中 m_1——六乙酸环乙酯的质量，g；

m——样品质量，g；

0.4167——环已六醇与六乙酸环乙酯换算系数。

环已酮肟（已内酰胺；$C_6H_{11}NO$）**标准溶液**（1000μg/mL）

［配制］ 准确称取 1.0000g（或按纯度换算出质量 $m=1.0000g/w$；w——质量分数）在苯中两次重结晶的环已酮肟（已内酰胺）（$C_6H_{11}NO$；$M_r=113.1576$）（称量时注意防止吸水）纯品（纯度≥99%），置于 100mL 烧杯中，加适量水溶解后，移入 1000mL 容量瓶中，用水稀释到刻度，混匀。配制成浓度为 1000μg/mL 的标准储备溶液。冰箱中 4℃可保存 6 个月。

环拉酸钠（$NaC_6H_{12}O_3S$）**标准溶液**（1000μg/mL）

［配制］ 取适量环拉酸钠于称量瓶中，于 105℃下干燥至恒重，置于干燥器中冷却备用。准确称取 1.0000g（或按纯度换算出质量 $m=1.0000g/w$；w——质量分数）经纯度分析的环拉酸钠（$NaC_6H_{12}O_3S$；$M_r=201.219$）纯品（纯度≥99%），置于 100mL 烧杯中，加适量水溶解后，移入 1000mL 容量瓶中，用水稀释到刻度，混匀。

［环拉酸钠纯度的测定］ 准确称取 0.16g 已干燥的样品，准确至 0.0001g，置于 250mL 锥形瓶中，加 40mL 冰醋酸，微热溶解后，冷却，加 2 滴结晶紫指示液（5g/L），用高氯酸标准溶液［$c(HClO_4)=0.100mol/L$］滴定，至溶液显绿色。同时做空白试验。环拉酸钠的质量分数（w）按下式计算：

$$w=\frac{c(V_1-V_2)\times 0.2012}{m}\times 100\%$$

式中 V_1——高氯酸标准溶液的体积，mL；

V_2——空白消耗高氯酸标准溶液的体积，mL；

c——高氯酸标准溶液的浓度，mol/L；

m——样品质量，g；

0.2012——与 1.00mL 高氯酸标准溶液［$c(HClO_4)=1.000mol/L$］相当的，以 g 为单位的环拉酸钠的质量。

环磷酰胺（$C_7H_{15}Cl_2N_2O_2P$）**标准溶液**（1000μg/mL）

［配制］ 准确称取 1.0690g（或按纯度换算出质量 $m=1.0690g/w$；w——质量分数）

经纯度分析（高效液相色谱法）的环磷酰胺（$C_7H_{15}Cl_2N_2O_2P \cdot H_2O$；$M_r=279.1012$）纯品（纯度≥99%），置于100mL烧杯中，加水溶解后，移入1000mL容量瓶中，用水稀释到刻度，混匀。避光低温保存。

环维黄杨星D（$C_{26}H_{46}N_2O$）**标准溶液**（1000μg/mL）

［配制］ 取适量环维黄杨星D于称量瓶中，于105℃下干燥至恒重，取出，置于干燥器中冷却备用。准确称取1.0000g（或按纯度换算出质量$m=1.0000g/w$；w——质量分数）经纯度分析的环维黄杨星D（$C_{26}H_{46}N_2O$；$M_r=402.6562$）纯品（纯度≥99%），置于100mL烧杯中，加适量乙醇溶解后，移入1000mL容量瓶中，用乙醇稀释到刻度，混匀。避光保存。

［环维黄杨星D纯度的测定］ 准确称取0.15g已干燥的样品，准确到0.0001g，置于250mL锥形瓶中，加30mL冰醋酸溶解后，加1mL乙酐和1滴结晶紫指示液（5g/L），用高氯酸标准溶液［$c(HClO_4)=0.100mol/L$］滴定至溶液显纯蓝色，同时做空白试验。环维黄杨星D的质量分数（w）按下式计算：

$$w=\frac{c(V_1-V_2)\times 0.2013}{m}\times 100\%$$

式中 V_1——高氯酸标准溶液的体积，mL；
V_2——空白消耗高氯酸标准溶液的体积，mL；
c——高氯酸标准溶液的浓度，mol/L；
m——样品质量，g；
0.2013——与1.00mL高氯酸标准溶液［$c(HClO_4)=1.000mol/L$］相当的，以g为单位的环维黄杨星D的质量。

环氧丙烷（C_3H_6O）**标准溶液**（1000μg/mL）

［配制］ 取100mL容量瓶，预先加入10mL乙醇，加盖，用最小分度为0.01mg的分析天平准确称量。之后滴加色谱纯环氧丙烷（C_3H_6O；$M_r=58.0791$），称量，至两次质量之差为0.1000g，即为环氧丙烷质量（如果准确到0.1000g操作有困难，可通过准确记录环氧丙烷质量，计算其浓度）。用乙醇稀释到刻度，混匀。低温保存备用。临用时取适量稀释。

环氧氯丙烷（$C_3H_5C_{10}$）**标准溶液**（1000μg/mL）

［配制］ 取100mL容量瓶，预先加入少量经处理并重蒸馏的二硫化碳（或水），用经过校准的微量注射器准确量取0.0847mL的环氧氯丙烷（$C_3H_5C_{10}$；$M_r=92.524$）（色谱纯，20℃为0.1000g）（或准确称取0.1000g环氧氯丙烷）注入容量瓶中，用二硫化碳（或水）稀释到刻度。4℃以下冷藏，备用。

环氧七氯（$C_{10}H_5Cl_7O$）**标准溶液**（1000μg/mL）

［配制］ 用最小分度为0.01mg的分析天平，准确称取0.1000g环氧七氯（$C_{10}H_5Cl_7O$；$M_r=389.317$）纯品（纯度≥99%），（或按纯度换算出质量$m=0.1000g/w$；w——质量分数），置于烧杯中，用少量苯溶解，转移到100mL容量瓶中，然后用石油醚定容，混匀。配制成浓

度为 1000μg/mL 的标准储备溶液。使用时，根据需要再配制成适用浓度的标准工作溶液。

环氧乙烷（C_2H_4O）**标准溶液**（1000μg/mL）

方法 1

［配制］ 准确移取 3.5mL 环氧乙烷（C_2H_4O；$M_r=44.0526$）于预先盛有异丙醇的 1000mL 容量瓶，用异丙醇稀释到刻度，混匀。低温保存备用。临用时取适量稀释。

［标定］ 准确移取 25.00mL 盐酸乙醇标准溶液［c(HCl)＝0.5mol/L］，置于含有 40mg 氯化镁（$MgCl_2 \cdot 6H_2O$）的磨口锥形瓶中，摇匀，使饱和，准确加入 30mL 上述环氧乙烷溶液，加 1mL 溴甲酚绿指示液（0.5g/L），溶液呈黄色，再准确加入 10mL 盐酸乙醇标准溶液［c(HCl)＝0.0500mol/L］，盖紧瓶塞，置冰浴中 30min，用氢氧化钾乙醇标准溶液［c(KOH)＝0.0500mol/L］滴定。同时做空白试验。环氧乙烷的质量分数（w）按下式计算：

$$w=\frac{(c_1V_1-c_2V_2)\times 0.04405}{m}\times 100\%$$

式中 V_1——盐酸标准溶液的体积，mL；

c_1——盐酸标准溶液的浓度，mol/L；

c_2——氢氧化钾标准溶液的浓度，mol/L；

V_2——氢氧化钾标准溶液的体积，mL；

m——样品质量，g；

0.04405——与 1.00mL 盐酸标准溶液［c(HCl)＝1.000mol/L］相当的，以 g 为单位的环氧乙烷的质量。

方法 2

［配制］ 取 100mL 容量瓶，预先加入 10mL 乙醇，加盖，用最小分度为 0.01mg 的分析天平准确称量。之后滴加纯度分析的环氧乙烷（C_2H_4O；$M_r=44.0526$），至两次称量结果之差为 0.1000g（或按纯度换算出质量 $m=0.1000g/w$；w——质量分数），即为环氧乙烷质量，用乙醇稀释到刻度，混匀。低温保存备用。临用时取适量稀释。

［环氧乙烷纯度的测定］ 于 50mL 具塞磨口锥形瓶中，称取氯化镁 100g，并加入 85mL 氯化镁饱和溶液，再准确加入 20.0mL 硫酸溶液［$c(\frac{1}{2}H_2SO_4)=1mol/L$］，于冰浴中冷却至 1℃以下。

另取一已知质量的安瓿球于丙酮-干冰浴中冷却，吸取（0.50～0.89）g［或用注射器注入（0.60～1.0）mL］待测环氧乙烷样品，20mL 硫酸溶液［$c(\frac{1}{2}H_2SO_4)=1mol/L$］［相当于 0.89g 的 99%的环氧乙烷，若硫酸溶液浓度低于 1mol/L 或试料量超过 0.89g，则需相应增加酸量或氯化镁的量］，然后将安瓿球细颈末端用火封口，自丙酮-干冰浴中取出安瓿球，并用滤纸擦干，置干燥器内升至室温后称量（准确至 0.0001g）。再将其置于上述冷却至 1℃以下的具塞磨口锥形瓶中（勿使小球碰破）盖紧瓶塞（瓶塞上可涂些油脂，使其润滑密封）。稍冷后，包上毛巾，压紧瓶塞，摇破小球，继续摇动 15min，使其充分反应，如果安瓿球细颈未完全碰碎，可用搅拌棒将其捣碎，加入 0.5mL 溴甲酚紫指示液，用氢氧化钠标准溶液［c(NaOH)＝0.250mol/L］至溶液呈紫色为终点，同时做空白试验。

空白试验滴定时，先用移液管加入 50.0mL 氢氧化钠标准溶液［c(NaOH)＝0.250mol/L］中和部分硫酸溶液，再加入溴甲酚紫指示液，继续滴定至终点。

环氧乙烷的质量分数按下式计算：

$$w=\frac{c_1(50+V_0-V_1)\times 0.04405}{m}\times 100\%$$

式中 w——环氧乙烷的质量分数，%；

$50+V_0$——滴定空白时所消耗的氢氧化钠标准溶液的体积，mL；

V_1——滴定样品时所消耗氢氧化钠标准溶液的体积，mL；

c_1——氢氧化钠标准溶液的浓度，mol/L；

m——样品质量，g；

0.04405——与1.00mL氢氧化钠标准溶液［$c(NaOH)=1.000mol/L$］相当的，以g为单位的环氧乙烷的质量。

磺胺（$C_6H_8N_2O_2S$）**标准溶液**（1000μg/mL）

［配制］ 取适量经纯度测定的磺胺于称量瓶中，于105℃下干燥至恒重，取出，置于干燥器中冷却备用。用最小分度为0.01mg的分析天平，准确称取0.1000g（或按纯度换算出质量$m=0.1000g/w$；w——质量分数）的磺胺（$C_6H_8N_2O_2S$；$M_r=172.205$）纯品（纯度≥99%），于小烧杯中，用乙腈溶解后，转移到100mL容量瓶，并用乙腈稀释到刻度，混匀。配制成浓度为1000μg/mL的标准储备溶液。

［磺胺纯度的测定］

方法1 称取0.4g已干燥样品，准确到0.0001g，置于200mL烧杯中，加40mL水和20mL盐酸溶液（1+1），搅拌使之溶解，再加20mL溴化钾溶液（100g/L），装好铂-铂电极，将滴定管尖端插入液面下约⅔处，在搅拌下于（10～25）℃用亚硝酸钠标准溶液［$c(NaNO_2)=0.100mol/L$］快速滴定，近终点时，将滴定管尖端提出液面，用少量水淋洗，然后缓缓逐滴滴定，至电流计指针突然偏转，并不再回复时为滴定至终点。

方法2 称取0.4g已干燥样品，准确到0.0001g，置于250mL烧杯中，加70mL水和15mL盐酸溶液（1+1），搅拌使之溶解，将滴定管尖端插入液面下约⅔处，在搅拌下于（10～25）℃用亚硝酸钠标准溶液［$c(NaNO_2)=0.1mol/L$］快速滴定，近终点时，将滴定管尖端提出液面，用少量水淋洗，然后缓缓逐滴滴定，至对碘化钾-淀粉指示液立即显微蓝色，经过1min后用同样方法试验仍立即出现微蓝色即为滴定终点。

磺胺的质量分数按下式计算：

$$w=\frac{cV\times 0.1722}{m}\times 100\%$$

式中 w——磺胺的质量分数，%；

c——亚硝酸钠标准溶液的浓度，mol/L；

V——消耗亚硝酸钠标准溶液的体积，mL

m——试样的质量，g；

0.1722——与1.00mL亚硝酸钠标准溶液［$c(NaNO_2)=1.000mol/L$］相当的，以g为单位的磺胺的质量。

磺胺吡啶（$C_{11}H_{11}N_3O_2S$）**标准溶液**（1000μg/mL）

［配制］ 用最小分度为0.01mg的分析天平，准确称取0.1000g（或按纯度换算出质量

$m=0.1000g/w$；w——质量分数）的磺胺吡啶（$C_{11}H_{11}N_3O_2S$；$M_r=249.289$）纯品（纯度≥99%），于小烧杯中，用丙酮溶解，并转移至100mL容量瓶中，用丙酮准确定容，混匀。配制成浓度为1000μg/mL的标准储备溶液。使用时，根据需要再用正己烷稀释成适当浓度的标准工作溶液。存放在聚乙烯瓶中，于－10℃保存可使用一个月。

磺胺醋酰钠（$C_8H_9N_2NaO_3S$）**标准溶液**（1000μg/mL）

［配制］ 取适量磺胺醋酰钠（$NaC_8H_9N_2O_3S \cdot H_2O$；$M_r=254.239$）于称量瓶中，于105℃下干燥至恒重，取出，置于干燥器中冷却备用。准确称取1.0000g（或按纯度换算出质量$m=1.0000g/w$；w——质量分数）经纯度分析的磺胺醋酰钠（$C_8H_9N_2NaO_3S$；$M_r=236.223$）纯品（纯度≥99%），置于100mL烧杯中，加适量水溶解后，移入1000mL容量瓶中，用水稀释到刻度，混匀。

［磺胺醋酰钠纯度的测定］ 永停滴定法：准确称取0.45g已干燥的样品，准确到0.0001g，置于200mL烧杯中，加40mL水与15mL盐酸溶液（50%），置电磁搅拌器上，搅拌使其溶解，再加2g溴化钾，插入铂-铂电极后，将滴定管的尖端插入液面下约⅔处，用亚硝酸钠标准溶液［$c(NaNO_2)=0.100mol/L$］迅速滴定，随滴随搅拌，至近终点时，将滴定管的尖端提出液面，用少量水淋洗尖端，洗液并入溶液中，继续缓缓滴定，至电流计指针突然偏转，并不再回复，即为滴定终点。磺胺醋酰钠的质量分数（w）按下式计算：

$$w=\frac{cV\times 0.2362}{m}\times 100\%$$

式中 V——亚硝酸钠标准溶液的体积，mL；

c——亚硝酸钠标准溶液的浓度，mol/L；

m——样品质量，g；

0.2362——与1.00mL亚硝酸钠标准溶液［$c(NaNO_2)=1.000mol/L$］相当的，以g为单位的磺胺醋酰钠的质量。

磺胺多辛（$C_{12}H_{14}N_4O_4S$）标准溶液（1000μg/mL）

［配制］ 取适量磺胺多辛于称量瓶中，于105℃下干燥至恒重，取出，置于干燥器中冷却备用。准确称取1.0000g（或按纯度换算出质量$m=1.0000g/w$；w——质量分数）经纯度分析的磺胺多辛（$C_{12}H_{14}N_4O_4S$；$M_r=310.329$）纯品（纯度≥99%），置于100mL烧杯中，加适量盐酸溶液（1%）溶解后，移入1000mL容量瓶中，用盐酸溶液（1%）稀释到刻度，混匀。避光低温保存。

［磺胺多辛纯度的测定］ 永停滴定法：准确称取0.6g已干燥的样品，准确到0.0001g，置于烧杯中，加40mL水与15mL盐酸溶液（50%），置电磁搅拌器上，搅拌使溶解，再加2g溴化钾，插入铂-铂电极后，将滴定管的尖端插入液面下约⅔处，用亚硝酸钠标准溶液［$c(NaNO_2)=0.100mol/L$］迅速滴定，随滴随搅拌，至近终点时，将滴定管的尖端提出液面，用少量水淋洗尖端，洗液并入溶液中，继续缓缓滴定，至电流计指针突然偏转，并不再回复，即为滴定终点。磺胺多辛的质量分数（w）按下式计算：

$$w=\frac{cV\times 0.3103}{m}\times 100\%$$

式中 V——亚硝酸钠标准溶液的体积，mL；

c——亚硝酸钠标准溶液的浓度，mol/L；

m——样品质量，g；

0.3103——与 1.00mL 亚硝酸钠标准溶液 [$c(NaNO_2)$=1.000mol/L] 相当的，以 g 为单位的磺胺多辛的质量。

磺胺二甲嘧啶（$C_{12}H_{14}N_4O_2S$）**标准溶液**（1000μg/mL）

[配制] 用最小分度为 0.01mg 的分析天平，准确称取 0.1000g（或按纯度换算出质量 m=0.1000g/w；w——质量分数）的磺胺二甲嘧啶（$C_{12}H_{14}N_4O_2S$；M_r=278.330）纯品（纯度≥99%），于小烧杯中，用乙腈溶解后，转移到 100mL 容量瓶，并用乙腈稀释定容，混匀。配制成浓度为 1000μg/mL 的标准储备溶液。

磺胺二甲异嗯唑标准溶液（1000μg/mL）

[配制] 用最小分度为 0.01mg 的分析天平，准确称取 0.1000g（或按纯度换算出质量 m=0.1000g/w；w——质量分数）的磺胺二甲异嗯唑纯品（纯度≥99%），于小烧杯中，用乙腈溶解后，转移到 100mL 容量瓶，并用乙腈稀释定容，混匀。配制成浓度为 1000μg/mL 的标准储备溶液。

磺胺甲嗯唑（$C_{10}H_{11}N_3O_3S$）**标准溶液**（1000μg/mL）

[配制] 准确称取 1.0000g（或按纯度换算出质量 m=1.0000g/w；w——质量分数）经纯度分析的磺胺甲嗯唑（$C_{10}H_{11}N_3O_3S$；M_r=253.278）纯品（纯度≥99%），置于 100mL 烧杯中，加适量盐酸溶液（1%）溶解后，移入 1000mL 容量瓶中，用盐酸溶液（1%）稀释到刻度，混匀。避光低温保存。

[磺胺甲嗯唑纯度的测定] 永停滴定法：准确称取 0.5g 样品，准确到 0.0001g，置于 100mL 烧杯中，加 25mL 盐酸溶液（50%）溶解后，加 25mL 水，置电磁搅拌器上，再加 2g 溴化钾，插入铂-铂电极后，将滴定管的尖端插入液面下约 ⅔ 处，用亚硝酸钠标准溶液 [$c(NaNO_2)$=0.100mol/L] 迅速滴定，随滴随搅拌，至近终点时，将滴定管的尖端提出液面，用少量水淋洗尖端，洗液并入溶液中，继续缓缓滴定，至电流计指针突然偏转，并不再回复，即为滴定终点。磺胺甲嗯唑的质量分数（w）按下式计算：

$$w=\frac{cV\times 0.2533}{m}\times 100\%$$

式中 V——亚硝酸钠标准溶液的体积，mL；

c——亚硝酸钠标准溶液的浓度，mol/L；

m——样品质量，g；

0.2533——与 1.00mL 亚硝酸钠标准溶液 [$c(NaNO_2)$=1.000mol/L] 相当的，以 g 为单位的磺胺甲嗯唑的质量。

磺胺甲基异嗯唑（$C_{10}H_{11}N_3O_3S$）**标准溶液**（1000μg/mL）

[配制] 用最小分度为 0.01mg 的分析天平，准确称取 0.1000g（或按纯度换算出质量 m=0.1000g/w；w——质量分数）的磺胺甲基异嗯唑（$C_{10}H_{11}N_3O_3S$；M_r=253.278）纯

品（纯度≥99%），于小烧杯中，用乙腈溶解后，转移到100mL容量瓶，并用乙腈稀释定容，混匀。配制成浓度为1000μg/mL的标准储备溶液。

磺胺甲嘧啶（$C_{11}H_{12}N_4O_2S$）**标准溶液**（1000μg/mL）

［配制］ 用最小分度为0.01mg的分析天平，准确称取0.1000g（或按纯度换算出质量$m=0.1000g/w$；w——质量分数）的磺胺甲嘧啶（$C_{11}H_{12}N_4O_2S$；$M_r=264.304$）纯品（纯度≥99%），于小烧杯中，用乙腈溶解后，转移到100mL容量瓶，并用乙腈稀释定容，混匀。配制成浓度为1000μg/mL的标准储备溶液。

磺胺甲噻二唑标准溶液（1000μg/mL）

［配制］ 用最小分度为0.01mg的分析天平，准确称取0.1000g（或按纯度换算出质量$m=0.1000g/w$；w——质量分数）的磺胺甲噻二唑纯品（纯度≥99%），于小烧杯中，用乙腈溶解后，转移到100mL容量瓶，并用乙腈稀释定容，混匀。配制成浓度为1000μg/mL的标准储备溶液。

磺胺甲氧哒嗪（$C_{11}H_{14}O_3N_4S$）**标准溶液**（1000μg/mL）

［配制］ 用最小分度为0.01mg的分析天平，准确称取0.1000g（或按纯度换算出质量$m=0.1000g/w$；w——质量分数）的磺胺甲氧哒嗪（$C_{11}H_{14}O_3N_4S$；$M_r=282.319$）纯品（纯度≥99%），于小烧杯中，用丙酮溶解，并转移到100mL容量瓶中，用丙酮准确定容，混匀。配制成浓度为1000μg/mL的标准储备溶液，存放在聚乙烯瓶中，于−10℃保存可使用一个月。使用时，根据需要再用正己烷稀释成适当浓度的标准工作溶液。

磺胺甲氧嘧啶（$C_{11}H_{12}N_4O_3S$）**标准溶液**（1000μg/mL）

［配制］ 用最小分度为0.01mg的分析天平，准确称取0.1000g（或按纯度换算出质量$m=0.1000g/w$；w——质量分数）的磺胺甲氧嘧啶（$C_{11}H_{12}N_4O_3S$；$M_r=280.303$）纯品（纯度≥99%），于小烧杯中，用约10mL重蒸馏乙腈溶解后，转移到100mL容量瓶中，并用乙腈准确定容，摇匀，配制成浓度为1000μg/mL的标准储备溶液，使用时，根据需要再配制成适用浓度的标准工作溶液。

磺胺间二甲氧嘧啶（$C_{12}H_{14}N_4O_4S$）**标准溶液**（1000μg/mL）

［配制］ 用最小分度为0.01mg的分析天平，准确称取0.1000g（或按纯度换算出质量$m=0.1000g/w$；w——质量分数）的磺胺间二甲氧嘧啶（$C_{12}H_{14}N_4O_4S$；$M_r=310.329$）纯品（纯度≥99.9%），于小烧杯中，用少量丙酮溶解，转移到100mL容量瓶中，用丙酮准确定，摇匀，配制成浓度为1000μg/mL的标准储备溶液。使用时，根据需要再配制成适用浓度的标准工作溶液。

磺胺喹噁啉（$C_{14}H_{12}N_4O_2S$）**标准溶液**（1000μg/mL）

［配制］ 用最小分度为0.01mg的分析天平，准确称取0.1000g（或按纯度换算出质量$m=0.1000g/w$；w——质量分数）的磺胺喹噁啉（$C_{14}H_{12}N_4O_2S$；$M_r=300.336$）纯品（纯度≥99%），于小烧杯中，用约10mL重蒸馏乙腈溶解后，转移到100mL容量瓶中，并

用乙腈准确定容，摇匀。配制成浓度为1000μg/mL的标准储备溶液。使用时，根据需要再配制成适用浓度的标准工作溶液。

磺胺氯哒嗪标准溶液（1000μg/mL）

［配制］ 用最小分度为0.01mg的分析天平，准确称取0.1000g（或按纯度换算出质量$m=1.0000\text{g}/w$；w——质量分数）的磺胺氯哒嗪纯品（纯度≥99%），于小烧杯中，用乙腈溶解后，转移到100mL容量瓶，并用乙腈稀释定容，混匀。配制成浓度为1000μg/mL的标准储备溶液。

磺胺嘧啶（$C_{10}H_{10}N_4O_2S$）**标准溶液**（1000μg/mL）

［配制］ 准确称取1.0000g（或按纯度换算出质量$m=1.0000\text{g}/w$；w——质量分数）经纯度分析的磺胺嘧啶（$C_{10}H_{10}N_4O_2S$；$M_r=250.277$）纯品（纯度≥99%），置于300mL烧杯中，加适量盐酸溶液（1%）溶解后，移入1000mL容量瓶中，用盐酸溶液（1%）稀释到刻度。避光低温保存。

［磺胺嘧啶纯度的测定］ 永停滴定法：准确称取0.5g样品，准确到0.0001g，置于200mL烧杯中，加40mL水与15mL盐酸溶液（50%），置电磁搅拌器上，搅拌使其溶解，再加2g溴化钾，插入铂-铂电极后，将滴定管的尖端插入液面下约⅔处，用亚硝酸钠标准溶液［$c(NaNO_2)=0.100\text{mol/L}$］迅速滴定，随滴随搅拌，至近终点时，将滴定管的尖端提出液面，用少量水淋洗尖端，洗液并入溶液中，继续缓缓滴定，至电流计指针突然偏转，并不再回复，即为滴定终点。磺胺嘧啶的质量分数（w）按下式计算：

$$w=\frac{cV\times 0.2503}{m}\times 100\%$$

式中 V——亚硝酸钠标准溶液的体积，mL；

c——亚硝酸钠标准溶液的浓度，mol/L；

m——样品质量，g；

0.2503——与1.00mL亚硝酸钠标准溶液［$c(NaNO_2)=1.000\text{mol/L}$］相当的，以g为单位的磺胺嘧啶的质量。

磺胺嘧啶钠（$NaC_{10}H_9N_4O_2S$）**标准溶液**（1000μg/mL）

［配制］ 准确称取1.0000g（或按纯度换算出质量$m=1.0000\text{g}/w$；w——质量分数）经纯度分析的磺胺嘧啶钠（$NaC_{10}H_9N_4O_2S$；$M_r=272.259$）纯品（纯度≥99%），置于100mL烧杯中，加适量水溶解后，移入1000mL容量瓶中，用水稀释到刻度，混匀。低温避光保存。

［磺胺嘧啶钠纯度的测定］ 永停滴定法：准确称取0.6g样品，准确到0.0002g，置于200mL烧杯中，加40mL水与15mL盐酸溶液（50%），置电磁搅拌器上，搅拌使其溶解，再加2g溴化钾，插入铂-铂电极后，将滴定管的尖端插入液面下约⅔处，用亚硝酸钠标准溶液［$c(NaNO_2)=0.100\text{mol/L}$］迅速滴定，随滴随搅拌，至近终点时，将滴定管的尖端提出液面，用少量水淋洗尖端，洗液并入溶液中，继续缓缓滴定，至电流计指针突然偏转，并不再回复，即为滴定终点。磺胺嘧啶钠的质量分数（w）按下式计算：

$$w=\frac{cV\times 0.2723}{m}\times 100\%$$

式中 V——亚硝酸钠标准溶液的体积，mL；

c——亚硝酸钠标准溶液的浓度，mol/L；

m——样品质量，g；

0.2723——与 1.00mL 亚硝酸钠标准溶液 [$c(NaNO_2)=1.000mol/L$] 相当的，以 g 为单位的磺胺嘧啶钠的质量。

磺胺嘧啶锌 [$Zn(C_{10}H_9N_4O_2S)_2$] **标准溶液**（1000μg/mL）

[配制] 准确称取 1.0639g（或按纯度换算出质量 $m=1.0639g/w$；w——质量分数）经纯度分析的磺胺嘧啶锌 [$Zn(C_{10}H_9N_4O_2S)_2 \cdot 2H_2O$；$M_r=599.96$] 纯品（纯度≥99%），置于 100mL 烧杯中，加适量盐酸溶液（1%）溶液溶解后，移入 1000mL 容量瓶中，用盐酸溶液（1%）溶液稀释到刻度，混匀。低温避光保存。

[磺胺嘧啶锌纯度的测定] 准确称取干燥至恒重的样品 0.5g，准确到 0.0001g。置于 250mL 锥形瓶中，加 25mL 水，加 15mL 氨-氯化铵缓冲液（pH10.0），溶解后，加少许铬黑 T 指示液，用 EDTA 标准溶液 [$c(EDTA)=0.0500mol/L$] 滴定，至溶液由紫色变为纯蓝色。磺胺嘧啶锌的质量分数（w）按下式计算：

$$w=\frac{cV\times 0.5639}{m}\times 100\%$$

式中 V——EDTA 标准溶液的体积，mL；

c——EDTA 标准溶液的浓度，mol/L；

m——样品质量，g；

0.5639——与 1.00mL EDTA 标准溶液 [$c(EDTA)=1.0mol/L$] 相当的，以 g 为单位的磺胺嘧啶锌 [$Zn(C_{10}H_9N_4O_2S)_2$] 的质量。

磺胺嘧啶银（$AgC_{10}H_9N_4O_2S$）**标准溶液**（1000μg/mL）

[配制] 准确称取 1.0000g（或按纯度换算出质量 $m=1.0000g/w$；w——质量分数）经纯度分析的磺胺嘧啶银（$AgC_{10}H_9N_4O_2S$；$M_r=357.137$）纯品（纯度≥99%），置于 100mL 烧杯中，加适量硝酸溶解后，移入 1000mL 棕色容量瓶中，用水稀释到刻度，混匀，低温避光保存。

[磺胺嘧啶银纯度的测定] 准确称取 0.5g，准确到 0.0001g，置于 250mL 锥形瓶中，加 8mL 硝酸溶解后，加 50mL 水与 2mL 硫酸铁铵指示液（80g/L），用硫氰酸铵标准溶液 [$c(NH_4CNS)=0.100mol/L$] 滴定，同时做空白试验。磺胺嘧啶银的质量分数（w）按下式计算：

$$w=\frac{c(V_1-V_2)\times 0.3571}{m}\times 100\%$$

式中 V_1——硫氰酸铵标准溶液的体积，mL；

V_2——空白试验硫氰酸铵标准溶液的体积，mL；

c——硫氰酸铵溶液的浓度，mol/L；

m——样品质量，g；

0.3571——与 1.00mL 硫氰酸铵标准溶液 [$c(NH_4CNS)=1.000mol/L$] 相当的，以 g 为单位的磺胺嘧啶银的质量。

磺胺噻唑（$C_9H_9N_3O_2S_2$）**标准溶液**（1000μg/mL）

［配制］ 用最小分度为0.01mg的分析天平，准确称取0.1000g（或按纯度换算出质量$m=0.1000g/w$；w——质量分数）的磺胺噻唑（$C_9H_9N_3O_2S_2$；$M_r=255.317$）纯品（纯度≥99%），于小烧杯中，用乙腈溶解后，转移到100mL容量瓶，并用乙腈稀释定容，混匀。配制成浓度为1000μg/mL的标准储备溶液。

磺胺异噁唑（$C_{11}H_{13}N_3O_3S$）**标准溶液**（1000μg/mL）

［配制］ 取适量磺胺异噁唑于称量瓶中，于105℃下干燥至恒重，取出，置于干燥器中冷却备用。准确称取1.0000g（或按纯度换算出质量$m=1.0000g/w$；w——质量分数）经纯度分析的磺胺异噁唑（$C_{11}H_{13}N_3O_3S$；$M_r=267.304$）纯品（纯度≥99%），置于100mL烧杯中，加适量乙醇溶解后，移入1000mL容量瓶中，用乙醇稀释到刻度，混匀。避光低温保存。

［磺胺异噁唑纯度的测定］ 准确称取0.5g已干燥的样品，准确到0.0001g，置于250mL锥形瓶中，加40mL二甲基甲酰胺溶解后，加3滴偶氮紫指示液（1g/L），用甲醇钠标准溶液［$c(CH_3ONa)=0.100mol/L$］滴定至溶液恰显蓝色，同时做空白试验。磺胺异噁唑的质量分数（w）按下式计算：

$$w=\frac{c(V_1-V_2)\times 0.2673}{m}\times 100\%$$

式中 V_1——甲醇钠标准溶液的体积，mL；

V_2——空白试验甲醇钠标准溶液的体积，mL；

c——甲醇钠标准溶液的浓度，mol/L；

m——样品质量，g；

0.2673——与1.00mL甲醇钠标准溶液［$c(CH_3ONa)=1.000mol/L$］相当的，以g为单位的磺胺异噁唑的质量。

磺苄西林（$C_{16}H_{18}N_2O_7S_2$）**标准溶液**（1000单位/mL，μg/mL）

［配制］ 准确称取适量（按纯度换算出质量$m=1.1061g/X$；X——每1mg中磺苄西林的效价单位）磺苄西林钠（$Na_2C_{16}H_{16}N_2O_7S_2$；$M_r=458.417$）纯品（1mg的效价不低于900磺苄西林单位），置于100mL烧杯中，加适量灭菌水溶解后，移入1000mL容量瓶中，用灭菌水稀释到刻度，混匀。1mL溶液中含1000单位的磺苄西林，1000单位的磺苄西林相当于1mg $C_{16}H_{18}N_2O_7S_2$。采用抗生素微生物检定法测定。

5-磺基水杨酸（$C_7H_6O_6S\cdot 2H_2O$）**标准溶液**（1000μg/mL）

［配制］ 准确称取1.0000g（或按纯度换算出质量$m=1.0000g/w$；w——质量分数）经纯度分析的5-磺基水杨酸（$C_7H_6O_6S\cdot 2H_2O$；$M_r=254.214$）（不含硫酸盐）纯品（纯度≥99%）置于100mL烧杯中，加50mL水，溶解后，移入1000mL容量瓶中，用水稀释到刻度，混匀。

［5-磺基水杨酸纯度的测定］ 称取0.5g样品，准确至0.0001g。于250mL锥形瓶中，溶于100mL水中，加2滴酚酞指示液（10g/L），用氢氧化钠标准溶液［$c(NaOH)=$

0.1000mol/L]滴定至溶液呈粉红色，并保持30s。5-磺基水杨酸的质量分数按下式计算：

$$w=\frac{cV\times 0.1271}{m}\times 100\%$$

式中　w——5-磺基水杨酸的质量分数，%

V——氢氧化钠标准溶液的体积，mL；

c——氢氧化钠标准溶液的浓度，mol/L；

m——样品质量，g；

0.1271——与1.00mL氢氧化钠标准溶液[c(NaOH)=1.000mol/L]相当的，以g为单位的5-磺基水杨酸（$C_7H_6O_6S\cdot 2H_2O$）的质量。

磺溴酞钠（$Na_2C_{20}H_8Br_4O_{10}S_2$）**标准溶液**（1000μg/mL）

[配制]　取适量磺溴酞钠于称量瓶中，于105℃下干燥至恒重，取出，置于干燥器中冷却备用。准确称取1.0000g（或按纯度换算出质量m=1.0000g/w；w——质量分数）经纯度分析的磺溴酞钠（$Na_2C_{20}H_8Br_4O_{10}S_2$；$M_r$=837.997）纯品（纯度≥99%），置于100mL烧杯中，加适量水溶解后，移入1000mL棕色容量瓶中，用水稀释到刻度，混匀。低温避光保存。

[磺溴酞钠纯度的测定]　通过测定硫的含量（方法1）或溴的含量（方法2）换算得出磺溴酞钠的含量。

方法1　准确称取0.2g已干燥的样品，准确到0.0001g，用氧瓶燃烧法进行有机破坏，选取1000mL燃烧瓶，以0.5mL浓过氧化氢与30mL水为吸收液，待生成的烟雾完全吸入吸收液后，加2mL盐酸，用水稀释至200mL，煮沸，不断搅拌，缓缓加入20mL热氯化钡溶液（50g/L），至不再产生沉淀，置水浴上加热30min，静置1h，用无灰滤纸过滤，沉淀用水分次洗涤，至洗液不再显氯化物的反应，干燥并于800℃灼烧至恒重。磺溴酞钠的质量分数（w）按下式计算：

$$w=\frac{m_1}{m}\times 1.7953\times 100\%$$

式中　m_1——硫酸钡沉淀质量，g；

m——样品质量，g；

1.7953——硫酸钡与磺溴酞钠的换算系数。

方法2　准确称取0.2g已干燥的样品，准确到0.0001g，用氧瓶燃烧法进行有机破坏，选取1000mL燃烧瓶，以10mL氢氧化钠溶液（40g/L）、0.5mL浓过氧化氢与10mL水为吸收液，待生成的烟雾完全吸入吸收液后，用水稀释至100mL，煮沸5min，冷却，加稀硝酸（10%）使溶液成酸性，准确加20mL用硝酸银标准溶液[$c(AgNO_3)$=0.100mol/L]，摇匀，再加2mL硫酸铁铵指示液（80g/L），用硫氰酸铵标准溶液[$c(NH_4CNS)$=0.100mol/L]滴定，同时做空白试验。磺溴酞钠的质量分数（w）按下式计算：

$$w=\frac{(c_1V_1-c_2V_2)\times 0.2095}{m}\times 100\%$$

式中　V_1——硝酸银标准溶液的体积，mL；

c_1——硝酸银标准溶液的浓度，mol/L；

V_2——硫氰酸铵标准溶液的体积，mL；

c_2——硫氰酸铵标准溶液的浓度，mol/L；

m——样品质量，g；

0.2095——与1.00mL硝酸银标准溶液［$c(AgNO_3)$=1.000mol/L］相当的，以g为单位的磺溴酞钠的质量。

黄曲霉毒素B₁（$C_{17}H_{12}O_6$）**标准溶液**（1000μg/mL）

［配制］ 用最小分度为0.01mg的分析天平，准确称取0.1000g（或按纯度换算出质量m=0.1000g/w；w——质量分数）的经纯度分析的黄曲霉毒素B_1（$C_{17}H_{12}O_6$；M_r=312.2736）纯品（纯度≥99%），于100mL棕色容量瓶中，以苯-乙腈混合溶液（98+2）溶解并稀释到刻度，混匀。配制成浓度为1000μg/mL标准储备溶液。避光，置于4℃冰箱保存。使用时，根据需要，再配成适当浓度的标准工作溶液。

黄曲霉毒素B_2（$C_{17}H_{14}O_6$）**标准溶液**（1000μg/mL）

［配制］ 用最小分度为0.01mg的分析天平，准确称取0.1000g（或按纯度换算出质量m=0.1000g/w；w——质量分数）黄曲霉毒素B_2（$C_{17}H_{14}O_6$；M_r=314.2895）纯品（纯度≥99%），置于烧杯中，以苯-乙腈（98+2）混合溶剂溶解，转移到100mL棕色容量瓶中，以苯-乙腈（98+2）混合溶剂定容，混匀。配制成浓度为1000μg/mL的标准储备溶液。

黄曲霉毒素G_1（$C_{17}H_{12}O_7$）**标准溶液**（1000μg/mL）

［配制］ 用最小分度为0.01mg的分析天平，准确称取0.1000g（或按纯度换算出质量m=0.1000g/w；w——质量分数）黄曲霉毒素G_1（$C_{17}H_{12}O_7$；M_r=328.2730）纯品（纯度≥99%），置于烧杯中，以苯-乙腈（98+2）混合溶剂溶解，转移到100mL棕色容量瓶中，以苯-乙腈（98+2）混合溶剂定容，混匀。配制成浓度为1000μg/mL的标准储备溶液。

黄曲霉毒素G_2（$C_{17}H_{14}O_7$）**标准溶液**（1000μg/mL）

［配制］ 用最小分度为0.01mg的分析天平，准确称取0.1000g（或按纯度换算出质量m=0.1000g/w；w——质量分数）黄曲霉毒素G_2（$C_{17}H_{14}O_7$；M_r=330.2889）纯品（纯度≥99%），置于烧杯中，以苯-乙腈（98+2）混合溶剂溶解，转移到100mL棕色容量瓶中，以苯-乙腈（98+2）混合溶剂定容，混匀。配制成浓度为1000μg/mL的标准储备溶液。

黄曲霉毒素M_1（$C_{17}H_{12}O_7$）**标准溶液**（1000μg/mL）

［配制］ 用最小分度为0.01mg的分析天平，准确称取0.1000g（或按纯度换算出质量m=0.1000g/w；w——质量分数）黄曲霉毒素M_1（$C_{17}H_{12}O_7$；M_r=328.2730）纯品（纯度≥99%）于小烧杯中，用三氯甲烷溶解，并转移到100mL容量瓶中，用三氯甲烷稀释到刻度，混匀。配制成浓度为1000μg/mL的标准储备溶液。置4℃冰箱避光保存。

黄体酮（$C_{21}H_{30}O_2$）**标准溶液**（1000μg/mL）

［配制］ 取适量黄体酮于称量瓶中，于105℃下干燥至恒重，置于干燥器中冷却备用。准确称取1.0000g（或按纯度换算出质量m=1.0000g/w；w——质量分数）经纯度分析（高效液相色谱法）的黄体酮（$C_{21}H_{30}O_2$；M_r=314.4617）纯品（纯度≥99%），置于

100mL烧杯中，用重蒸馏的甲醇溶解，移入1000mL容量瓶中，用重蒸馏的甲醇定容，混匀。低温避光保存。使用时，根据需要再用甲醇稀释成适当浓度的标准工作溶液。

黄樟素（$C_{10}H_{10}O_2$）**标准溶液**（1000μg/mL）

［配制］ 准确称取1.0000g（或按纯度换算出质量$m=1.0000g/w$；w——质量分数）新重蒸馏的黄樟素（$C_{10}H_{10}O_2$；$M_r=162.1852$）纯品（纯度≥99%），置于小烧杯中，用苯溶解，转移到1000mL容量瓶中，用苯稀释至刻度，混匀。

灰黄霉素（$C_{17}H_{17}ClO_6$）**标准溶液**（1000μg/mL）

［配制］ 取适量灰黄霉素于称量瓶中，于105℃下干燥至恒重，取出，置于干燥器中冷却备用。准确称取1.0000g（或按纯度换算出质量$m=1.0000g/w$；w——质量分数）经纯度分析（高效液相色谱法）的灰黄霉素（$C_{17}H_{17}ClO_6$；$M_r=352.766$）纯品（纯度≥99%），置于100mL烧杯中，加适量二甲基甲酰胺溶解后，移入1000mL容量瓶中，用二甲基甲酰胺稀释到刻度，混匀。配制成浓度为1000μg/mL的标准储备溶液。

肌苷酸二钠（$Na_2C_{10}H_{11}N_4O_8P$）**标准溶液**（1000μg/mL）

［配制］ 准确称取1.0000g（或按纯度换算出质量$m=1.0000g/w$；w——质量分数）经纯度分析（分光光度法）的肌苷酸二钠（$Na_2C_{10}H_{11}N_4O_8P$；$M_r=392.1696$）纯品（纯度≥99%），于高型烧杯中，加水溶解后，转移到1000mL容量瓶，并用水稀释到刻度，混匀。配制成浓度为1000μg/mL的标准储备溶液。

吉非罗齐（$C_{15}H_{22}O_3$）**标准溶液**（1000μg/mL）

［配制］ 准确称取1.0000g（或按纯度换算出质量$m=1.0000g/w$；w——质量分数）经纯度分析（高效液相色谱法）的吉非罗齐（$C_{15}H_{22}O_3$；$M_r=250.3334$）纯品（纯度≥99%），置于100mL烧杯中，加适量乙醇（或甲醇）溶解后，移入1000mL容量瓶中，用乙醇（或甲醇）稀释到刻度，混匀。配制成浓度为1000μg/mL的标准储备溶液。

己酸（$C_6H_{12}O_2$）**标准溶液**（1000μg/mL）

［配制］ 取100mL容量瓶，加入10mL水，加盖，用最小分度为0.01mg的分析天平准确称量。之后滴加己酸（$C_6H_{12}O_2$；$M_r=116.1583$）纯品（纯度≥99%），至两次称量结果之差为0.1000g（或按纯度换算出质量$m=0.1000g/w$；w——质量分数），即为己酸的质量（如果准确到0.1000g操作有困难，可通过准确记录己酸质量，计算其浓度）。用水稀释到刻度，混匀。低温保存备用。临用时取适量稀释。

己酸羟孕酮（$C_{27}H_{40}O_4$）**标准溶液**（1000μg/mL）

［配制］ 取适量己酸羟孕酮于称量瓶中，于105℃下干燥至恒重，取出，置于干燥器中冷却备用。准确称取1.0000g（或按纯度换算出质量$m=1.0000g/w$；w——质量分数）经纯度分析（高效液相色谱法）的己酸羟孕酮（$C_{27}H_{40}O_4$；$M_r=428.6041$）纯品（纯度≥99%），置于100mL烧杯中，加适量乙醇溶解后，移入1000mL容量瓶中，用乙醇稀释到刻度，混匀。避光低温保存。

己酸烯丙酯（$C_9H_{16}O_2$）**标准溶液**（1000μg/mL）

［配制］ 取100mL容量瓶，加入10mL乙醇，加盖，用最小分度为0.01mg的分析天平准确称量。之后滴加己酸烯丙酯（$C_9H_{16}O_2$；M_r=156.2221）纯品（纯度≥99%），至两次称量结果之差为0.1000g（或按纯度换算出质量m=0.1000g/w；w——质量分数），即为己酸烯丙酯的质量（如果准确到0.1000g操作有困难，可通过准确记录己酸烯丙酯质量，计算其浓度）。用乙醇稀释到刻度，混匀。

己酮可可碱（$C_{13}H_{18}N_4O_3$）**标准溶液**（1000μg/mL）

［配制］ 取适量己酮可可碱于称量瓶中，于80℃下干燥至恒重，取出，置于干燥器中冷却备用。准确称取1.0000g（或按纯度换算出质量m=1.0000g/w；w——质量分数）的己酮可可碱（$C_{13}H_{18}N_4O_3$；M_r=278.3070）纯品（纯度≥99%），置于100mL烧杯中，加适量水溶解后，移入1000mL容量瓶中，用水稀释到刻度，混匀。避光低温保存。

［标定］ 分光光度法：移取1.00mL上述溶液，移入100mL容量瓶中，用水稀释到刻度（10μg/mL）。按附录十，在274nm的波长处测定吸光度，按$C_{13}H_{18}N_4O_3$的吸收系数$E_{1cm}^{1\%}$为365，计算，即得。

己烯雌酚（DES；$C_{18}H_{20}O_2$）**标准溶液**（1000μg/mL）

［配制］ 取适量己烯雌酚于称量瓶中，于105℃下干燥至恒重，取出，置于干燥器中冷却备用。准确称取1.0000g（或按纯度换算出质量m=1.0000g/w；w——质量分数）的己烯雌酚（$C_{18}H_{20}O_2$；M_r=268.3502）纯品（纯度≥99%），置于100mL烧杯中，加适量乙醇溶解后，移入1000mL容量瓶中，用乙醇稀释到刻度，混匀。避光低温保存。

［标定］ 高效液相色谱法：移取10.00mL上述溶液，移入100mL容量瓶中，用乙醇-水（1+1）混合溶剂稀释到刻度（100μg/mL）。取1μL己烯雌酚溶液（100μg/mL）注入液相色谱仪中，按外标法以己烯雌酚反式体峰面积和顺式体峰面积的总和（己烯雌酚顺式体峰的峰面积与1.26相乘）计算，即得。

季戊四醇（$C_5H_{12}O_4$）**标准溶液**（1000μg/mL）

［配制］ 准确称取1.0000g（或按纯度换算出质量m=1.0000g/w；w——质量分数）季戊四醇（$C_5H_{12}O_4$；M_r=136.1464）纯品（纯度≥99%），置于100mL烧杯中，加适量水溶解后，移入1000mL容量瓶中，用水稀释到刻度，混匀。

［季戊四醇纯度的测定］ 称取在研钵中研细的约0.5g样品，准确到0.0001g，置于具塞锥形瓶中，加5mL的水，轻轻加盖，或水浴上或直接加热。加热时，不应使溶液沸腾，并使样品迅速溶解。在上述热溶液中加入20mL苯甲醛-甲醇溶液（15+100）和12mL盐酸，加盖，在室温下放置15min～30min，放置期间要时常摇动锥形瓶、结晶析出后继续摇动。再将锥形瓶置于（0～2）℃的冰水浴中放置1h，使结晶完全析出，从冰水浴中取出锥形瓶，立即用多孔玻璃漏斗抽滤。停止抽滤后，用20mL（20～25）℃的甲醇水溶液（1+1）洗涤锥形瓶内壁，将洗涤液移入多孔玻璃漏斗内，用一头扁平的玻璃棒搅拌沉淀物，再抽滤。此操作再反复进行3次，停止抽滤后，最后用剩下的20mL甲醇水溶液（1+1）洗锥形瓶内壁、玻璃棒及多孔玻璃漏斗内壁，再抽滤完毕。此操作所用的甲醇水溶液总量

为 100mL。

沉淀物在（120±3)℃的条件下干燥 2h。在干燥器中冷却至室温，准确称量。季戊四醇的质量分数（w）按下式计算：

$$w=\frac{(m_1+0.0300)\times 0.4359}{m}\times 100\%$$

式中　w——季戊四醇的质量分数，%；

m_1——沉淀物的质量，g；

m——试样的质量，g；

0.4359——季戊四醇与二亚苄基化合物的摩尔质量之比。

0.0300——溶解部分的校正质量，g。

甲氨蝶呤（$C_{20}H_{22}N_8O_5$）**标准溶液**（1000μg/mL）

［配制］ 取适量甲氨蝶呤于称量瓶中，以五氧化二磷为干燥剂，于 100℃下减压干燥至恒重，取出，置于干燥器中冷却备用。准确称取 1.0000g（或按纯度换算出质量 $m=1.0000\text{g}/w$；w——质量分数）经纯度分析（高效液相色谱法）的甲氨蝶呤（$C_{20}H_{22}N_8O_5$；$M_r=454.4393$）纯品（纯度≥99%），置于 100mL 烧杯中，加适量盐酸溶解（5%）后，移入 1000mL 容量瓶中，用水稀释到刻度，混匀。避光低温保存。

甲胺磷（$C_2H_8NO_2PS$）**标准溶液**（1000μg/mL）

［配制］ 用最小分度为 0.01mg 的分析天平，准确称取 0.1000g（或按纯度换算出质量 $m=0.1000\text{g}/w$；w——质量分数）的甲胺磷（$C_2H_8NO_2PS$；$M_r=141.129$）纯品（纯度≥99%），于小烧杯中，用二氯甲烷（或丙酮）溶解，转移到 100mL 容量瓶中，二氯甲烷（或丙酮）定容，混匀。配制成浓度为 1000μg/mL 的标准储备溶液，储藏于冰箱中。使用时，根据需要再配成适当浓度的标准工作溶液。

甲拌磷（$C_7H_{17}O_2PS_3$）**标准溶液**（1000μg/mL）

［配制］ 用最小分度为 0.01mg 的分析天平，准确称取 0.1000g（或按纯度换算出质量 $m=0.1000\text{g}/w$；w——质量分数）的甲拌磷（$C_7H_{17}O_2PS_3$；$M_r=260.377$）纯品（纯度≥99%），于小烧杯中，用重蒸馏的丙酮溶解，转移到 100mL 容量瓶中，用重蒸馏的丙酮定容，混匀。配制成浓度为 1000μg/mL 的标准储备溶液。使用时，根据需要用重蒸馏的乙酸乙酯配制成适当浓度的标准工作溶液。

甲苯（C_7H_8）**标准溶液**（1000μg/mL）

［配制］ 准确称取 0.5000g 经纯度分析的高纯甲苯（C_7H_8；$M_r=92.1384$），置于 500mL 棕色容量瓶中，加入色谱纯甲醇溶解后，稀释到刻度，混匀。低温保存，使用前在(20±2)℃下平衡后，根据需要再配制成适用浓度的工作溶液。

甲苯磺丁脲（$C_{12}H_{18}N_2O_3S$）**标准溶液**（1000μg/mL）

［配制］ 准确称取 1.0000g（或按纯度换算出质量 $m=1.0000\text{g}/w$；w——质量分数）经纯度分析的甲苯磺丁脲（$C_{12}H_{18}N_2O_3S$；$M_r=270.348$）纯品（纯度≥99%），置于

100mL烧杯中，加适量乙醇溶解后，移入1000mL容量瓶中，用乙醇稀释到刻度，混匀。避光低温保存。

[甲苯磺丁脲纯度的测定] 准确称取0.5g样品，准确到0.0001g，置于250mL锥形瓶中，加20mL中性乙醇（对酚酞指示液显中性），加3滴酚酞指示液（10g/L），用氢氧化钠标准溶液[c(NaOH)=0.100mol/L]滴定至溶液呈粉红色，并保持30s。甲苯磺丁脲的质量分数（w）按下式计算：

$$w=\frac{cV\times 0.2703}{m}\times 100\%$$

式中 V——氢氧化钠标准溶液的体积，mL；

c——氢氧化钠标准溶液的浓度，mol/L；

m——样品质量，g；

0.2703——与1.00mL氢氧化钠标准溶液[c(NaOH)=1.000mol/L]相当的，以g为单位的甲苯磺丁脲的质量。

甲苯咪唑（$C_{16}H_{13}N_3O_3$）**标准溶液**（1000μg/mL）

[配制] 取适量甲苯咪唑于称量瓶中，于105℃下干燥至恒重，取出，置于干燥器中冷却备用。准确称取1.0000g（或按纯度换算出质量m=1.0000g/w；w——质量分数）经纯度分析的甲苯咪唑（$C_{16}H_{13}N_3O_3$；M_r=295.2927）纯品（纯度≥99%），置于100mL烧杯中，加适量二甲亚砜溶解后，移入1000mL容量瓶中，用二甲亚砜稀释到刻度，混匀。

[甲苯咪唑纯度的测定] 电位滴定法：准确称取0.25g已干燥的样品，准确到0.0001g，置于250mL锥形瓶中，加8mL甲酸溶解，加40mL冰醋酸，加5mL乙酸酐，溶解后，置电磁搅拌器上，浸入电极（玻璃电极为指示电极，饱和甘汞电极为参比电极），搅拌，并自滴定管中分次加入高氯酸标准溶液[$c(HClO_4)$=0.100mol/L]；开始时可每次加入较多的量，搅拌，记录电位；至将近终点前，则应每次加入少量，搅拌，记录电位；至突跃点已过，仍应继续滴加几次标准溶液，并记录电位。

滴定终点的确定：同苯巴比妥。同时做空白试验。

甲苯咪唑的质量分数（w）按下式计算：

$$w=\frac{c(V_1-V_2)\times 0.2953}{m}\times 100\%$$

式中 V_1——高氯酸标准溶液的体积，mL；

V_2——空白消耗高氯酸标准溶液的体积，mL；

c——高氯酸标准溶液的浓度，mol/L；

m——样品质量，g；

0.2953——与1.00mL高氯酸标准溶液[$c(HClO_4)$=1.000mol/L]相当的，以g为单位的甲苯咪唑的质量。

甲醇（CH_4O）**标准溶液**（1000μg/mL）

[配制] 取100mL容量瓶，预先加入少量水，加盖，用最小分度为0.01mg的分析天平准确称量。之后滴加甲醇（CH_4O；M_r=32.0419）（色谱纯），称量，至两次质量之差为0.1000g，即为甲醇质量（如果准确到0.1000g操作有困难，可通过准确记录甲醇质量，计

算其浓度）。用水稀释到刻度，混匀。低温保存备用。临用时取适量稀释。

甲地高辛（$C_{42}H_{66}O_{14}$）**标准溶液**（1000μg/mL）

［配制］ 取适量甲地高辛于称量瓶中，以五氧化二磷为干燥剂的干燥器中干燥备用。准确称取 1.0000g（或按纯度换算出质量 $m=1.0000\text{g}/w$；w——质量分数）经纯度分析（高效液相色谱法）的甲地高辛（$C_{42}H_{66}O_{14}$；$M_r=794.9650$）纯品（纯度≥99%），置于 100mL 烧杯中，加适量氯仿溶解后，移入 1000mL 容量瓶中，用氯仿稀释到刻度，混匀。

甲酚（C_7H_8O）**标准溶液**（1000μg/mL）

［配制］ 用带盖的玻璃称量瓶，加入 10mL 乙醇，加盖，用最小分度为 0.01mg 的分析天平准确称量。之后滴加经纯度分析（高效液相色谱法）的甲酚（C_7H_8O；$M_r=108.1378$）纯品，至两次称量结果之差为 0.1000g，即为甲酚的质量（如果准确到 0.1000g 操作有困难，可通过准确记录甲酚质量，计算其浓度）。用乙醇稀释到刻度，混匀。低温避光保存。临用时取适量稀释。

甲酚红（$C_{21}H_{18}O_5S$）**标准溶液**（1000μg/mL）

［配制］ 用最小分度为 0.01mg 的分析天平，准确称取 0.1000g（或按纯度换算出质量 $m=0.1000\text{g}/w$；w——质量分数）甲酚红（$C_{21}H_{18}O_5S$；$M_r=382.430$）纯品（纯度≥99%），于小烧杯中，溶于 40mL 氢氧化钠溶液［c(NaOH)＝0.1mol/L］，定量转移到 100mL 容量瓶中，加水至约 80mL，加入 10mL 盐酸溶液［c(HCl)＝1mol/L］，加水稀释至刻度，混匀。配制成浓度为 1000μg/mL 的标准储备溶液。

甲芬那酸（$C_{15}H_{15}NO_2$）**标准溶液**（1000μg/mL）

［配制］ 取适量甲芬那酸于称量瓶中，于 105℃下干燥至恒重，置于干燥器中冷却备用。准确称取 1.0000g（或按纯度换算出质量 $m=1.0000\text{g}/w$；w——质量分数）经纯度分析的甲芬那酸（$C_{15}H_{15}NO_2$；$M_r=241.2851$）纯品（纯度≥99%），置于 100mL 烧杯中，加适量乙醇溶解后，移入 1000mL 容量瓶中，用乙醇稀释到刻度，混匀。

［甲芬那酸纯度的测定］ 准确称取 0.5g 已干燥的样品，准确到 0.0001g，置于 250mL 锥形瓶中，加温热的 100mL 无水中性乙醇（对酚磺酞指示液显中性），加 3 滴酚磺酞指示液（0.5g/L），用氢氧化钠标准溶液［c(NaOH)＝0.100mol/L］滴定。甲芬那酸的质量分数（w）按下式计算：

$$w=\frac{cV\times 0.2413}{m}\times 100\%$$

式中 V——氢氧化钠标准溶液的体积，mL；

c——氢氧化钠标准溶液的浓度，mol/L；

m——样品质量，g；

0.2413——与 1.00mL 氢氧化钠标准溶液［c(NaOH)＝1.000mol/L］相当的，以 g 为单位的甲芬那酸的质量。

甲砜霉素（$C_{12}H_{15}Cl_2NO_5S$）**标准溶液**（1000μg/mL）

［配制］ 取适量甲砜霉素于称量瓶中，于 105℃下干燥至恒重，取出，置于干燥器中冷

却备用。准确称取 1.0000g（或按纯度换算出质量 $m=1.0000\mathrm{g}/w$；w——质量分数）经纯度分析的甲砜霉素（$C_{12}H_{15}Cl_2NO_5S$；$M_r=356.222$）纯品（纯度≥99%），于小烧杯中，用重蒸馏丙酮溶解，转移到 1000mL 容量瓶中，用重蒸馏丙酮稀释至刻度，混匀。配制成浓度为 1000μg/mL 的标准储备溶液。避光低温保存。

[甲砜霉素纯度的测定] 准确称取 0.3g 已干燥的样品，准确到 0.0001g，置于 250mL 锥形瓶中，加 30mL 乙醇使其溶解，加 20mL 氢氧化钾溶液（500g/L），加热回流 4h，冷却，加 100mL 水稀释，用稀硝酸（10%）中和后再加 7.5mL，按电位滴定法，用银-玻璃电极，用硝酸银标准溶液 [$c(AgNO_3)=0.100\mathrm{mol/L}$] 滴定。同时做空白试验。甲砜霉素的质量分数（$w$）按下式计算：

$$w=\frac{c(V_1-V_2)\times 0.1781}{m}\times 100\%$$

式中 V_1——硝酸银标准溶液的体积，mL；

V_2——空白试验硝酸银标准溶液的体积，mL；

c——硝酸银标准溶液的浓度，mol/L；

m——样品质量，g；

0.1781——与 1.00mL 硝酸银标准溶液 [$c(AgNO_3)=1.000\mathrm{mol/L}$] 相当的，以 g 为单位的甲砜霉素的质量。

甲睾酮（$C_{20}H_{30}O_2$）**标准溶液**（1000μg/mL）

[配制] 取适量甲睾酮于称量瓶中，于 105℃下干燥至恒重，取出，置于干燥器中冷却备用。准确称取 1.0000g（纯度≥99%），（或按纯度换算出质量 $m=1.0000\mathrm{g}/w$；w——质量分数）经纯度分析（高效液相色谱法）的甲睾酮（$C_{20}H_{30}O_2$；$M_r=302.4510$）纯品，置于 100mL 烧杯中，加适量乙醇溶解后，移入 1000mL 容量瓶中，用乙醇稀释到刻度，混匀。避光低温保存。

甲磺酸酚妥拉明（$C_{17}H_{19}N_3O\cdot CH_4O_3S$）**标准溶液**（1000μg/mL）

[配制] 取适量甲磺酸酚妥拉明于称量瓶中，于 105℃下干燥至恒重，取出，置于干燥器中冷却备用。准确称取 1.0000g（或按纯度换算出质量 $m=1.0000\mathrm{g}/w$；w——质量分数）经纯度分析的甲磺酸酚妥拉明（$C_{17}H_{19}N_3O\cdot CH_4O_3S$；$M_r=377.458$）纯品（纯度≥99%），置于 100mL 烧杯中，加适量水溶解后，移入 1000mL 容量瓶中，用水稀释到刻度，混匀。避光低温保存。

[甲磺酸酚妥拉明纯度的测定] 准确称取 0.2g 已干燥的样品，准确至 0.0001g，加 20mL 水溶解后，在搅拌下缓缓加入 40mL 三氯乙酸溶液（10%），放置 2h，析出的沉淀用干燥至恒重的玻璃砂心坩埚过滤，沉淀先用少量三氯乙酸（10%）溶液洗涤，再用 20mL 10℃以下的冷水分次洗涤后，置五氧化二磷干燥器中减压干燥至恒重，准确称量。甲磺酸酚妥拉明的质量分数（w）按下式计算：

$$w=\frac{m_1\times 0.8487}{m}\times 100\%$$

式中 m_1——沉淀质量，g；

m——样品质量，g；

0.8487——换算系数。

α-甲基吡啶（C_6H_7N）**标准溶液**（1000μg/mL）

［配制］ 准确称取1.0000g（或按纯度换算出质量 $m=1.0000g/w$；w——质量分数）经纯度分析α-甲基吡啶（C_6H_7N；$M_r=93.1265$）纯品（纯度≥99%），置于100mL烧杯中，加适量水溶解后，移入1000mL容量瓶中，用水稀释到刻度，混匀。

甲基毒虫畏（$C_{10}H_{10}Cl_3O_4P$）**标准溶液**（1000μg/mL）

［配制］ 用最小分度为0.01mg的分析天平，准确称取0.1000g（或按纯度换算出质量 $m=0.1000g/w$；w——质量分数）甲基毒虫畏（$C_{10}H_{10}Cl_3O_4P$；$M_r=331.517$）纯品（纯度≥99.9%），置于烧杯中，用重蒸馏正己烷溶解，转移到100mL容量瓶中，用重蒸馏正己烷定容，混匀。配制成浓度为1000μg/mL的标准储备溶液。使用时，根据需要再用正己烷稀释成适当浓度的标准工作溶液。

甲基毒死蜱标准溶液（1000μg/mL）

［配制］ 用最小分度为0.01mg的分析天平，准确称取0.1000g（或按纯度换算出质量 $m=0.1000g/w$；w——质量分数）的甲基毒死蜱纯品（纯度≥99%），于小烧杯中，用重蒸馏的二氯甲烷溶解，转移到100mL容量瓶中，用重蒸馏的二氯甲烷定容，混匀。配制成浓度为1000μg/L的标准储备溶液。使用时，根据需要再配制成适用的浓度的标准工作溶液。

甲基对硫磷（E1605；$C_8H_{10}NO_5PS$）**标准溶液**（1000μg/mL）

［配制］ 准确称取0.5000g（或按纯度换算出质量 $m=0.5000g/w$；w——质量分数）甲基对硫磷（$C_8H_{10}NO_5PS$；$M_r=263.207$）纯品（纯度≥99%），于500mL容量瓶中，加入优级纯无水乙醇溶解后，用无水乙醇稀释到刻度，混匀。低温保存，使用前在（20±2)℃下平衡后，根据需要再配制成适用浓度的标准工作溶液。

甲基多巴（$C_{10}H_{13}NO_4$）**标准溶液**（1000μg/mL）

［配制］ 取适量甲基多巴（$C_{10}H_{13}NO_4 \cdot \frac{3}{2}HCl$；$M_r=238.2374$）于称量瓶中，于125℃下干燥至恒重，取出，置于干燥器中冷却备用。准确称取1.0000g（或按纯度换算出质量 $m=1.0000g/w$；w——质量分数）经纯度分析的无水甲基多巴（$C_{10}H_{13}NO_4$；$M_r=211.2145$）纯品（纯度≥99%），置于100mL烧杯中，加适量水溶解后，移入1000mL容量瓶中，用水稀释到刻度，混匀。避光低温保存。

［甲基多巴纯度的测定］ 准确称取0.15g样品，准确至0.0001g，置于250mL锥形瓶中，加20mL冰醋酸溶解后，加1滴结晶紫指示液（5g/L），用高氯酸标准溶液［$c(HClO_4)=0.100mol/L$］滴定至溶液显蓝色。同时做空白试验。甲基多巴的质量分数（w）按下式计算：

$$w=\frac{c(V_1-V_2)\times 0.2112}{m}\times 100\%$$

式中 V_1——高氯酸标准溶液的体积，mL；

V_2——空白消耗高氯酸标准溶液的体积，mL；

c——高氯酸标准溶液的浓度，mol/L；

m——样品质量，g；

0.2112——与1.00mL高氯酸标准溶液［$c(HClO_4)=1.000mol/L$］相当的，以g为单位的甲基多巴的质量。

甲基谷硫磷（$C_{10}H_{12}N_3O_3PS_2$）**标准溶液**（1000μg/mL）

［配制］ 用最小分度为0.01mg的分析天平，准确称取0.1000g（或按纯度换算出质量$m=0.1000g/w$；w——质量分数）甲基谷硫磷（$C_{10}H_{12}N_3O_3PS_2$；$M_r=317.324$）纯品（纯度≥99.5%），置于烧杯中，用少量苯溶解后，转移到100mL容量瓶中，用重蒸馏正己烷定容，混匀。配制成浓度为1000μg/mL的标准储备溶液。使用时，根据需要再配成适当浓度标准工作溶液。

甲基克杀螨（$C_{10}H_6N_2OS_2$）**标准溶液**（1000μg/mL）

［配制］ 用最小分度为0.01mg的分析天平，准确称取0.1000g（或按纯度换算出质量$m=0.1000g/w$；w——质量分数）甲基克杀螨（$C_{10}H_6N_2OS_2$；$M_r=234.297$）纯品（纯度≥99%），置于烧杯中，用少量苯溶解，转移到100mL容量瓶中，然后用重蒸馏正己烷稀释到刻度，混匀。配制成浓度为1000μg/mL的标准储备溶液。使用时，根据需要再用正己烷配制成适用浓度的标准工作溶液。

3-甲基膦丙酸（$C_4H_9O_4P$）**标准溶液**（1000μg/mL）

［配制］ 用最小分度为0.01mg的分析天平，准确称取0.1000g（或按纯度换算出质量$m=0.1000g/w$；w——质量分数）3-甲基膦丙酸（$C_4H_9O_4P$；$M_r=152.0856$）纯品（纯度≥99%），置于烧杯中，用水溶解后，转移到100mL容量瓶中，用水稀释到刻度，混匀。配制成浓度为1000μg/mL的标准储备溶液。使用时，根据需要再用水稀释成适用浓度的标准工作溶液。

甲基硫菌灵（甲基托布津；$C_{12}H_{14}N_4O_4S_2$）**标准溶液**（1000μg/mL）

［配制］ 用最小分度为0.01mg的分析天平，准确称取0.1000g（或按纯度换算出质量$m=0.1000g/w$；w——质量分数）的甲基硫菌灵（$C_{12}H_{14}N_4O_4S_2$；$M_r=342.394$）纯品（纯度≥99%），于小烧杯中，用重蒸馏的二氯甲烷溶解，转移到100mL容量瓶中，用重蒸馏的二氯甲烷定容，混匀。配制成浓度为1000μg/mL的标准储备溶液。使用时，根据需要再配成适当浓度的标准工作溶液。

4-甲基咪唑标准溶液（1000μg/mL）

［配制］ 用最小分度为0.01mg的分析天平，准确称取0.1000g（或按纯度换算出质量$m=0.1000g/w$；w——质量分数）4-甲基咪唑纯品（纯度≥99%），于小烧杯中，用95%乙醇溶解，转移到100mL容量瓶中，用乙醇定容，混匀。配制成浓度为1000μg/mL的标准储备溶液。

甲基嘧啶磷（$C_{11}H_{20}N_3O_3PS$）**标准溶液**（1000μg/mL）

［配制］ 用最小分度为0.01mg的分析天平，准确称取0.1000g（或按纯度换算出质量

$m=0.1000g/w$；w——质量分数）甲基嘧啶磷（$C_{11}H_{20}N_3O_3PS$；$M_r=305.334$）纯品（纯度≥99%），置于烧杯中，转移到100mL容量瓶中，用重蒸馏正己烷稀释到刻度，混匀。配制成浓度为1000μg/mL的标准储备溶液，根据需要再配制成适用浓度的标准工作溶液。

甲基萘（$C_{11}H_{10}$）**标准溶液**（1000μg/mL）

［配制］ 用最小分度为0.01mg的分析天平，准确称取0.1000g（或按纯度换算出质量$m=1.0000g/w$；w——质量分数）经纯度分析（气相色谱法）的甲基萘（$C_{11}H_{10}$；$M_r=142.1971$）纯品（纯度≥99%），置于100mL烧杯中，加适量三氯甲烷溶解后，移入100mL容量瓶中，用三氯甲烷稀释到刻度，混匀。

甲基纤维素标准溶液{1000μg/mL[以甲氧基计(—OCH_3)]}

［配制］ 取适量甲基纤维素干燥纯品于称量瓶中，于105℃下干燥至恒重，置于干燥器中冷却备用。准确称取适量经甲氧基含量分析（约3g）的甲基纤维素纯品（甲氧基含量：27.0%～32.0%），置于100mL烧杯中，加适量水溶解后，移入1000mL容量瓶中，用水稀释到刻度，混匀。

［甲基纤维素中甲氧基含量测定］

（1）仪器装置 如图2-2。A为50mL圆底烧瓶，侧部具一内径为1mm的支管供导入二氧化碳或氮气流用；瓶颈垂直装有长约25cm、内径为9mm的直形空气冷凝管E，其上端弯曲成出口向下、并缩为内径2mm的玻璃毛细管，浸入内盛水约2mL的洗气瓶B中；洗气瓶具出口为一内径约7mm的玻璃管，其末端为内径4mm可拆卸的玻璃管，可浸入两个相连接的接受容器C、D中的第一个容器C内液面之下。

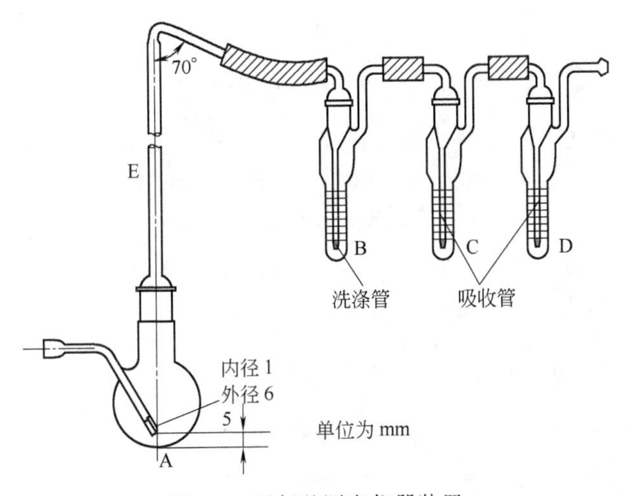

图2-2 甲氧基测定仪器装置

（2）测定 准确称取干燥的样品（相当于甲氧基10mg），置烧瓶中，加2.5mL熔融的苯酚与5mL氢碘酸，连接上述装置；另在两个接受容器内，分别加入6mL和4mL乙酸钾冰醋酸溶液（100g/L），再各加0.2mL溴；通过支管将CO_2或N_2气流缓慢而均衡地（每秒钟1个～2个气泡为宜）通入烧瓶，缓缓加热使温度控制在恰使沸腾液体的蒸气上升至冷凝管的半高度［约至30min使油液温度上升至（135～140)℃］，在此温度下通常在45min可完成反应［根据样品的性质而定，如果样品中含有多于二个甲氧基时，加热时间应延长到

(1～3)h]。而后拆除装置，将两只接受器的内容物倾入250mL碘量瓶[内盛5mL乙酸钠(250g/L)溶液]中，并用水淋洗使总体积约为125mL，加入0.3mL甲酸，转动碘量瓶至溴的颜色消失，再加入0.6mL甲酸，密塞振摇，使过量的溴完全消失，放置(1～2)min，加入1.0g碘化钾与5mL稀硫酸，用硫代硫酸钠标准溶液[$c(Na_2S_2O_3)=0.100mol/L$]滴定，并将滴定的结果用空白试验校正。每1mL硫代硫酸钠标准溶液[$c(Na_2S_2O_3)=0.100mol/L$]相当于5.172mg的甲氧基。甲基纤维素中甲氧基的质量分数(w)按下式计算：

$$w(-OCH_3)=\frac{c_1(V_1-V_2)\times 0.05172}{m}\times 100\%$$

式中 $w(-OCH_3)$——甲基纤维素中甲氧基的质量分数，%；

V_1——硫代硫酸钠标准溶液的体积，mL；

V_2——空白消耗硫代硫酸钠标准溶液的体积，mL；

c_1——硫代硫酸钠标准溶液的浓度，mol/L；

m——样品质量，g；

0.05172——与1.00mL硫代硫酸钠标准溶液[$c(Na_2S_2O_3)=1.000mol/L$]相当的，以g为单位的甲氧基的质量。

甲基乙拌磷($C_6H_{15}O_2PS_3$)**标准溶液**(1000μg/mL)

[配制] 用最小分度为0.01mg的分析天平，准确称取0.1000g(或按纯度换算出质量$m=0.1000g/w$；w——质量分数)甲基乙拌磷($C_6H_{15}O_2PS_3$；$M_r=346.351$)纯品(纯度≥99%)，置于烧杯中，用丙酮溶解，转移到100mL容量瓶中，用丙酮稀释到刻度，混匀。配制成浓度为1000μg/mL的标准储备溶液。使用时，根据需要再用丙酮稀释成适当浓度的标准工作溶液。

甲基异柳磷($C_{14}H_{22}NO_4PS$)**标准溶液**(1000μg/mL)

[配制] 用最小分度为0.01mg的分析天平，准确称取0.1000g(或按纯度换算出质量$m=0.1000g/w$；w——质量分数)的甲基异柳磷($C_{14}H_{22}NO_4PS$；$M_r=331.368$)纯品(纯度≥99%)，于小烧杯中，用重蒸馏的丙酮溶解，转移到100mL容量瓶中，用重蒸馏的丙酮定容，混匀。配制成浓度为1000μg/mL的标准储备溶液。使用时，根据需要用重蒸馏的乙酸乙酯配制成适当浓度的标准工作溶液。

甲喹硫磷标准溶液(1000μg/mL)

[配制] 用最小分度为0.01mg的分析天平，准确称取0.1000g(或按纯度换算出质量$m=0.1000g/w$；w——质量分数)甲喹硫磷(methdathion)纯品(纯度≥99.6%)，于小烧杯中，用二氯甲烷溶解，转移到100mL容量瓶中，用二氯甲烷稀释至刻度，混匀。配制成浓度为1000μg/mL的标准储备溶液。储于冰箱中4℃保存。使用时，用二氯甲烷稀释成适当浓度的标准工作溶液。

甲硫氨酸($C_5H_{11}NO_2S$)**标准溶液**(1000μg/mL)

[配制] 取适量甲硫氨酸于称量瓶中，于105℃下干燥至恒重，取出，置于干燥器中冷却备用。准确称取1.0000g(或按纯度换算出质量$m=1.0000g/w$；w——质量分数)经纯

度分析的甲硫氨酸（$C_5H_{11}NO_2S$；$M_r=149.211$）纯品（纯度≥99%），置于100mL烧杯中，加适量水溶解后，移入1000mL容量瓶中，用水稀释到刻度，混匀。

［甲硫氨酸纯度的测定］ 电位滴定法：准确称取0.13g已干燥的样品，准确至0.0001g，置于250mL锥形瓶中，加3mL无水甲酸与50mL冰醋酸溶解后，置电磁搅拌器上，浸入电极（玻璃电极为指示电极，饱和甘汞电极为参比电极），搅拌，并自滴定管中分次加入高氯酸标准溶液［$c(HClO_4)=0.100mol/L$］；开始时可每次加入较多的量，搅拌，记录电位；至将近终点前，则应每次加入少量，搅拌，记录电位；至突跃点已过，仍应继续滴加几次标准溶液，并记录电位。

滴定终点的确定：同苯巴比妥。同时作空白试验。

甲硫氨酸的质量分数（w）按下式计算：

$$w=\frac{c(V_1-V_2)\times 0.1492}{m}\times 100\%$$

式中 V_1——高氯酸标准溶液的体积，mL；

V_2——空白消耗高氯酸标准溶液的体积，mL；

c——高氯酸标准溶液的浓度，mol/L；

m——样品质量，g；

0.1492——与1.00mL高氯酸标准溶液［$c(HClO_4)=1.000mol/L$］相当的，以g为单位的甲硫氨酸的质量。

甲硫酸新斯的明（$C_{13}H_{22}N_2O_6S$）**标准溶液**（1000μg/mL）

［配制］ 取适量甲硫酸新斯的明于称量瓶中，于105℃下干燥至恒重，取出，置于干燥器中冷却备用。准确称取1.0000g（或按纯度换算出质量 $m=1.0000g/w$；w——质量分数）经纯度分析的甲硫酸新斯的明（$C_{13}H_{22}N_2O_6S$；$M_r=334.389$）纯品（纯度≥99%），置于100mL烧杯中，加适量水溶解后，移入1000mL容量瓶中，用水稀释到刻度，混匀。避光低温保存。

［甲硫酸新斯的明纯度的测定］ 准确称取0.15g已干燥的样品，准确至0.0001g，置于凯氏烧瓶中，加90mL水溶解后，加100mL氢氧化钠溶液（43g/L），加热蒸馏，馏出液导入50mL硼酸溶液（2%）中，至体积150mL时停止蒸馏，馏出液中加6滴甲基红-溴甲酚绿混合指示液，用硫酸标准溶液［$c(\frac{1}{2}H_2SO_4)=0.0200mol/L$］滴定，至溶液由蓝绿色变为灰紫色。同时做空白试验。甲硫酸新斯的明的质量分数（w）按下式计算：

$$w=\frac{c(V_1-V_2)\times 0.3344}{m}\times 100\%$$

式中 V_1——硫酸标准溶液的体积，mL；

V_2——空白消耗高氯酸标准溶液的体积，mL；

c——硫酸标准溶液的浓度，mol/L；

m——样品质量，g；

0.3344——与1.00mL硫酸标准溶液［$c(\frac{1}{2}H_2SO_4)=1.000mol/L$］相当的，以g为单位的甲硫酸新斯的明的质量。

甲嘧硫磷标准溶液（1000μg/mL）

［配制］ 用最小分度为0.01mg的分析天平，准确称取0.1000g（或按纯度换算出质量

$m=0.1000g/w$；w——质量分数）的甲嘧硫磷纯品（纯度≥99%），于小烧杯中，用丙酮溶解，转移到100mL容量瓶中，用丙酮定容，混匀。配制成浓度为1000μg/mL的标准储备溶液。

甲氰菊酯（$C_{22}H_{23}NO_3$）**标准溶液**（1000μg/mL）

［配制］ 用最小分度为0.01mg的分析天平，准确称取0.1000g（或按纯度换算出质量$m=0.1000g/w$；w——质量分数）的甲氰菊酯（$C_{22}H_{23}NO_3$；$M_r=349.4229$）纯品（纯度≥99.9%），于小烧杯中，用甲苯溶解后，转移到100mL容量瓶中，用正己烷稀释定容，混匀。配制成浓度为1000μg/mL的标准储备溶液，置于冰箱保存备用。

甲巯咪唑（$C_4H_6N_2S$）**标准溶液**（1000μg/mL）

［配制］ 取适量甲巯咪唑于称量瓶中，于105℃下干燥至恒重，取出，置于干燥器中冷却备用。准确称取1.0000g（或按纯度换算出质量$m=1.0000g/w$；w——质量分数）经纯度分析的甲巯咪唑（$C_4H_6N_2S$；$M_r=114.169$）纯品（纯度≥99%），置于100mL烧杯中，加适量水溶解后，移入1000mL容量瓶中，用水稀释到刻度，混匀。

［甲巯咪唑纯度的测定］ 准确称取0.1g已干燥的样品，准确至0.0001g，置于250mL锥形瓶中，加35mL水溶解后，先自滴定管中加入4mL氢氧化钠标准溶液［$c(NaOH)=0.100mol/L$］，摇匀后，滴加15mL硝酸银标准溶液［$c(AgNO_3)=0.100mol/L$］滴定，随加随振摇，再加入0.5mL溴麝香草酚蓝指示液（0.5g/L），继续用氢氧化钠标准溶液［$c(NaOH)=0.100mol/L$］滴定至溶液呈蓝绿色。甲巯咪唑的质量分数（w）按下式计算：

$$w=\frac{cV\times 0.1142}{m}\times 100\%$$

式中 V——氢氧化钠标准溶液的体积，mL；

c——氢氧化钠标准溶液的浓度，mol/L；

m——样品质量，g；

0.1142——与1.00mL氢氧化钠标准溶液［$c(NaOH)=1.000mol/L$］相当的，以g为单位的甲巯咪唑的质量。

甲醛（CH_2O）**标准溶液**（1000μg/mL）

方法1 容量法配制，浓度以标定值为准。

［配制］ 用刻度移液管吸取2.8mL含量为（36～38）%甲醛（CH_2O；$M_r=30.0260$）溶液，于1000mL容量瓶中，加水稀释到刻度，混匀。浓度以标定值为准。冷藏，可稳定3个月。

［标定］ 氧化还原滴定法：准确吸取20.00mL待标定的甲醛溶液，于250mL碘量瓶中，加入20.00mL碘标准溶液［$c(\frac{1}{2}I_2)=0.100mol/L$］，15mL氢氧化钠溶液［$c(NaOH)=1mol/L$］，放置15min。加入20mL硫酸溶液［$c(H_2SO_4)=0.5mol/L$］，再放置15min，用硫代硫酸钠标准溶液［$c(Na_2S_2O_3)=0.100mol/L$］滴定，至溶液呈淡黄色时，加入1mL新配制的淀粉溶液（5g/L），呈蓝色，继续滴定至蓝色刚刚消失，即为终点。记录所消耗硫代硫酸钠标准溶液的体积（V_1）；同时，用蒸馏水作试剂空白滴定，其操作步骤完全同上。记录空白滴定消耗硫代硫酸钠标准溶液的体积（V_2）。甲醛溶液的质量浓度按下式计算：

$$\rho(CH_2O)=\frac{c_0(V_2-V_1)\times 15.012}{V}\times 1000$$

式中 $\rho(CH_2O)$——甲醛溶液的质量浓度，mg/mL；

V——所取甲醛溶液的体积，mL；

c_0——硫代硫酸钠标准溶液的浓度，mol/L；

V_2——空白滴定消耗硫代硫酸钠标准溶液的体积，mL；

V_1——样品滴定消耗硫代硫酸钠标准溶液的体积，mL；

15.012——甲醛的摩尔质量 [$M(\frac{1}{2}CH_2O)$]，g/mol。

方法 2 准确测定甲醛浓溶液含量，准确移取适量的甲醛浓溶液稀释配制，浓度以配制值为准。

[配制] 准确称取适量（$m=0.1000g/w$；w——质量分数）经过标定的含量的甲醛（CH_2O；$M_r=30.0260$）浓溶液，于 1000mL 容量瓶中，加水稀释到刻度，混匀。浓度以配制值为准。冷藏，可稳定 3 个月。

[甲醛浓溶液含量的测定] 准确量取 3.00mL 甲醛溶液，置于预先称量的带盖称量瓶中，称量，准确至 0.0002g。全部转移到预先加入 50mL 亚硫酸钠溶液 [$c(Na_2SO_3)=1.00mol/L$][1] 的锥形瓶中，用硫酸标准溶液 [$c(\frac{1}{2}H_2SO_4)=1.00mol/L$] 滴定至溶液由蓝色变为无色。甲醛浓溶液的质量分数（w）按下式计算：

$$w=\frac{cV\times 0.03003}{m}\times 100\%$$

式中 w——甲醛浓溶液的质量分数，%；

V——硫酸标准溶液的体积，mL；

c——硫酸标准溶液的浓度，mol/L；

m——甲醛浓溶液的质量，g；

0.03003——与 1.00mL 硫酸标准溶液 [$c(\frac{1}{2}H_2SO_4)=1.000mol/L$] 相当的，以 g 为单位的甲醛的质量。

甲噻硫磷（$C_6H_{11}N_2O_4PS_3$）**标准溶液**（1000μg/mL）

[配制] 用最小分度为 0.01mg 的分析天平，准确称取 0.1000g（或按纯度换算出质量 $m=0.1000g/w$；w——质量分数）的甲噻硫磷（$C_6H_{11}N_2O_4PS_3$；$M_r=302.331$）纯品（纯度≥99%），于小烧杯中，用重蒸馏的二氯甲烷溶解，转移到 100mL 容量瓶中，用重蒸馏的二氯甲烷定容，混匀。配制成浓度为 1000μg/L 的标准储备溶液。使用时，根据需要再配制成适当的标准工作溶液。

甲霜灵（$C_{15}H_{21}NO_4$）**标准溶液**（1000μg/mL）

[配制] 用最小分度为 0.01mg 的分析天平，准确称取 0.1000g（或按纯度换算出质量 $m=0.1000g/w$；w——质量分数）的甲霜灵（$C_{15}H_{21}NO_4$；$M_r=279.3315$）纯品（纯度≥99%），于小烧杯中，用乙酸乙酯溶解，转移到 100mL 容量瓶中，用乙酸乙酯定容，混匀。

[1] 亚硫酸钠溶液 [$c(Na_2SO_3)=1mol/L$] 制备：称取 126g 亚硫酸钠，溶于水，转移到 1000mL 容量瓶中，用水稀释至刻度，加百里香酚酞指示液（1g/L），用硫酸溶液（5%）中和至无色。

配制成浓度为1000μg/L的标准储备溶液。使用时，根据需要再配成适当浓度的标准工作溶液。

甲酸甲酯（$C_2H_4O_2$）**标准溶液**（1000μg/mL）

［配制］ 取一带盖的称量瓶，加入少量水，加盖，准确称量。之后滴加经纯度分析的甲酸甲酯（$C_2H_4O_2$；M_r=60.0520），至两次称量结果之差为1.0000g（或按纯度换算出质量m=1.0000g/w；w——质量分数），即为甲酸甲酯的质量（如果准确到1.0000g操作有困难，可通过准确记录甲酸甲酯质量，计算其浓度）。转移到1000mL容量瓶中，用水稀释到刻度，混匀。低温保存备用。

［标定］ 准确移取20.00mL上述溶液，准确加入50.00mL氢氧化钠标准溶液［c(NaOH)=0.100mol/L］，加0.1mL酚酞指示液（10g/L），用盐酸标准溶液［c(HCl)=0.100mol/L］滴定过量的氢氧化钠，同时做空白试验。甲酸甲酯溶液的质量浓度（ρ）按下式计算：

$$\rho(C_2H_4O_2)=\frac{(V_1c_1-V_2c_2)\times 30.026}{V}\times 1000$$

式中 V_1——氢氧化钠标准溶液的体积，mL；

c_1——氢氧化钠标准溶液的浓度，mol/L；

V_2——盐酸标准溶液的体积，mL；

c_2——盐酸标准溶液的浓度，mol/L；

V——样品溶液的体积，mL；

30.026——甲酸甲酯的摩尔质量［$M(\frac{1}{2}C_2H_4O_2)$］，g/mol。

甲体六六六（$C_6H_6Cl_6$）**标准溶液**（1000μg/mL）

［配制］ 准确称取适量［m(g)］GBW 06401甲体六六六（$C_6H_6Cl_6$；M_r=290.830）纯度分析标准物质［m=0.1001g，质量分数为99.9%］或已知纯度（纯度≥99%）（质量m=0.1000g/w；w——质量分数）的纯品，置于烧杯中，加入优级纯苯溶解，移入100mL容量瓶中，用优级纯苯稀释到刻度，混匀。配制成浓度为1000μg/mL的标准储备溶液。低温保存，使用前在（20±2)℃下平衡后，根据需要再配制成适用浓度的标准工作溶液。

甲烯雌醇乙酸酯（MGA）**标准溶液**（1000μg/mL）

［配制］ 准确称取1.0000g甲烯雌醇乙酸酯（MGA）纯品（纯度≥99%），（或按纯度换算出质量m=1.0000g/w；w——质量分数），置于100mL烧杯中，加适量己烷-丙酮（80+20）混合溶剂溶解后，移入1000mL容量瓶中，用己烷-丙酮（80+20）混合溶剂稀释到刻度，混匀。配制成浓度为1000μg/mL的标准储备溶液。

甲硝唑（$C_6H_9N_3O_3$）**标准溶液**（1000μg/mL）

［配制］ 取适量甲硝唑于称量瓶中，于105℃下干燥至恒重，取出，置于干燥器中冷却备用。准确称取1.0000g（或按纯度换算出质量m=1.0000g/w；w——质量分数）经纯度分析的甲硝唑（$C_6H_9N_3O_3$；M_r=171.1540）纯品（纯度≥99%），置于100mL烧杯中，加

适量乙醇溶解后，移入1000mL容量瓶中，用乙醇稀释到刻度，混匀。避光低温保存。

［甲硝唑纯度的测定］ 准确称取0.13g已干燥的样品，准确至0.0001g，置于250mL锥形瓶中，加10mL冰醋酸溶解后，加2滴萘酚苯甲醇指示液（5g/L），用高氯酸标准溶液［$c(HClO_4)=0.100mol/L$］滴定至溶液显绿色。同时做空白试验。甲硝唑的质量分数（w）按下式计算：

$$w=\frac{c(V_1-V_2)\times 0.1712}{m}\times 100\%$$

式中 V_1——高氯酸标准溶液的体积，mL；

V_2——空白消耗高氯酸标准溶液的体积，mL；

c——高氯酸标准溶液的浓度，mol/L；

m——样品质量，g；

0.1712——与1.00mL高氯酸标准溶液［$c(HClO_4)=1.000mol/L$］相当的，以g为单位的甲硝唑的质量。

甲氧苄啶（$C_{14}H_{18}N_4O_3$）**标准溶液**（1000μg/mL）

［配制］ 取适量甲氧苄啶于称量瓶中，于105℃下干燥至恒重，取出，置于干燥器中冷却备用。准确称取1.0000g（或按纯度换算出质量$m=1.0000g/w$；w——质量分数）经纯度分析的甲氧苄啶（$C_{14}H_{18}N_4O_3$；$M_r=290.3168$）纯品（纯度≥99%），置于100mL烧杯中，加适量氯仿溶解后，移入1000mL容量瓶中，用氯仿稀释到刻度，混匀。避光低温保存。

［甲氧苄啶纯度的测定］ 准确称取0.2g已干燥的样品，准确到0.0001g，置于250mL锥形瓶中，加20mL冰醋酸，温热使其溶解，冷却至室温，加1滴结晶紫指示液（5g/L），用高氯酸标准溶液［$c(HClO_4)=0.100mol/L$］滴定至溶液显蓝色。同时做空白试验。甲氧苄啶的质量分数（w）按下式计算：

$$w=\frac{c(V_1-V_2)\times 0.2903}{m}\times 100\%$$

式中 V_1——高氯酸标准溶液的体积，mL；

V_2——空白消耗高氯酸标准溶液的体积，mL；

c——高氯酸标准溶液的浓度，mol/L；

m——样品质量，g；

0.2903——与1.00mL高氯酸标准溶液［$c(HClO_4)=1.000mol/L$］相当的，以g为单位的甲氧苄啶的质量。

甲氧滴滴涕（$C_{16}H_{15}Cl_3O_2$）**标准溶液**（1000μg/mL）

［配制］ 用最小分度为0.01mg的分析天平，准确称取0.1000g（或按纯度换算出质量$m=0.1000g/w$；w——质量分数）的甲氧滴滴涕（$C_{16}H_{15}Cl_3O_2$；$M_r=345.648$）纯品（纯度≥99.9%），于小烧杯中，用少量石油醚［经全玻璃装置重蒸馏，收集（60～90)℃馏分］溶解，转移到100mL容量瓶中，用石油醚准确定容，摇匀，配制成浓度为1000μg/mL的标准储备溶液。使用时，根据需要再用石油醚稀释配成适当浓度的标准工作溶液。

甲氧氯普胺（$C_{14}H_{22}ClN_3O_2$）**标准溶液**（1000μg/mL）

［配制］ 取适量甲氧氯普胺于称量瓶中，于105℃下干燥至恒重，取出，置于干燥器中冷却备用。准确称取1.0000g（或按纯度换算出质量 $m=1.0000g/w$；w——质量分数）经纯度分析的甲氧氯普胺（$C_{14}H_{22}ClN_3O_2$；$M_r=299.797$）纯品（纯度≥99%），置于100mL烧杯中，加适量乙醇溶解后，移入1000mL容量瓶中，用乙醇稀释到刻度，混匀。

［甲氧氯普胺纯度的测定］ 永停滴定法：准确称取0.25g已干燥的样品，准确到0.0001g，置于250mL锥形瓶中，加40mL水与15mL盐酸溶液（1+2），而后置电磁搅拌器上，搅拌使样品溶解，再加2g溴化钾，插入铂-铂电极后，将滴定管的尖端插入液面下约⅔处，用亚硝酸钠标准溶液［$c(NaNO_2)=0.0500mol/L$］迅速滴定，随滴随搅拌，至近终点时，将滴定管的尖端提出液面，用少量水淋洗尖端，洗液并入溶液中，继续缓缓滴定，至电流计指针突然偏转，并不再回复，即为滴定终点。甲氧氯普胺的质量分数（w）按下式计算：

$$w=\frac{cV\times 0.2998}{m}\times 100\%$$

式中 V——亚硝酸钠标准溶液的体积，mL；

c——亚硝酸钠标准溶液的浓度，mol/L；

m——样品质量，g；

0.2998——与1.00mL亚硝酸钠标准溶液［$c(NaNO_2)=1.000mol/L$］相当的，以g为单位的甲氧氯普胺的质量。

间苯二酚（$C_6H_6O_2$）**标准溶液**（1000μg/mL）

［配制］ 准确称取1.0000g（或按纯度换算出质量 $m=1.0000g/w$；w——质量分数）经纯度分析的间苯二酚（$C_6H_6O_2$；$M_r=110.1106$）纯品（纯度≥99.5%），置于100mL烧杯中，加适量水溶解后，移入1000mL容量瓶中，用水稀释到刻度，混匀。避光低温保存。

［标定］ 准确量取30.00mL上述溶液，置于碘量瓶中，准确加入30mL溴标准溶液［$c(\frac{1}{2}Br_2)=0.100mol/L$］，再加50mL水与5mL盐酸，立即盖紧瓶塞，振摇，在暗处静置15min，注意开启瓶塞，加5mL碘化钾溶液（165g/L），立即盖紧瓶塞，振摇，在暗处静置15min，用硫代硫酸钠标准溶液［$c(Na_2S_2O_3)=0.100mol/L$］滴定，至近终点时，加1mL淀粉指示液（5g/L），继续滴定至蓝色消失。同时做空白试验。间苯二酚溶液的质量浓度按下式计算：

$$\rho(C_6H_6O_2)=\frac{c_1(V_1-V_2)\times 18.3518}{V}\times 1000$$

式中 $\rho(C_6H_6O_2)$——间苯二酚溶液的质量浓度，μg/mL；

V_1——空白消耗硫代硫酸钠标准溶液的体积，mL；

V_2——硫代硫酸钠标准溶液的体积，mL；

c_1——硫代硫酸钠溶液的浓度，mol/L；

V——间苯二酚溶液的体积，mL；

18.3518——间苯二酚的摩尔质量［$M(\frac{1}{6}C_6H_6O_2)$］，g/mol。

间二甲苯（C_8H_{10}）**标准溶液**（1000μg/mL）

［配制］ 准确称取0.5000g间二甲苯（C_8H_{10}；M_r=106.1650）纯品（纯度≥99%），于500mL棕色容量瓶中，加入色谱纯甲醇溶解后，稀释到刻度，混匀。低温保存，使用前在（20±2）℃下平衡后，根据需要再配制成适用浓度的标准工作溶液。

间甲酚（C_7H_8O）**标准溶液**（1000μg/mL）

［配制］ 用最小分度为0.01mg的分析天平，准确称取0.1000g（或按纯度换算出质量m=0.1000g/w；w——质量分数）经纯度测定（气相色谱法、液相色谱法）的间甲酚（C_7H_8O；M_r=108.1378）纯品（≥99.5%），于小烧杯中，用甲醇溶解后，转移到100mL容量瓶中，用甲醇稀释至刻度，混匀。配制成浓度为1000μg/mL的标准储备溶液。

间氯苯甲酸（$C_7H_5ClO_2$）**标准溶液**（1000μg/mL）

［配制］ 准确称取1.0000g GBW（E）060031间氯苯甲酸标准物质或经纯度分析的间氯苯甲酸（$C_7H_5ClO_2$；M_r=156.566）纯品（纯度≥99%）（或按纯度换算出质量m=1.0000g/w；w——质量分数），置于100mL烧杯中，加50mL乙醇，溶解后，移入1000mL容量瓶中，用乙醇稀释到刻度，混匀。

注：如果无法获得间氯苯甲酸标准物质，可采用如下方法提纯并测定纯度。

［提纯］ 将间氯苯甲酸用乙醇水溶液重结晶数次，经真空干燥制得纯品。再采用区域熔融方法提纯。

［间氯苯甲酸纯度测定］ 采用差示扫描量热法、酸碱中和法结合质谱法、液相色谱法、红外吸收光谱法、紫外吸收光谱法、ICP发射光谱法等方法测定主含量和杂质，确定其纯度。

金霉素（$C_{22}H_{23}ClN_2O_8$）**标准溶液**［1000μg/mL(1000单位/mg)］

［配制］ 用最小分度为0.01mg的分析天平，准确称取0.1000g（或按纯度换算出质量m=0.1000g/w；w——质量分数）金霉素（$C_{22}H_{23}ClN_2O_8$；M_r=478.880），用盐酸溶液［c(HCl)=0.01mol/L］溶解后，移入100mL容量瓶中，用盐酸溶液［c(HCl)=0.01mol/L］定容，混匀。金霉素标准溶液浓度为1000g/mL。于冰箱中4℃保存，可使用一周。

金霉素标准工作溶液：吸取适量金霉素标准储备溶液，用pH4.5磷酸盐缓冲液稀释后使用。

精氨酸（$C_6H_{14}N_4O_2$）**标准溶液**（1000μg/mL）

［配制］ 准确称取1.0000g（或按纯度换算出质量m=1.0000g/w；w——质量分数）的经纯度分析的精氨酸（$C_6H_{14}N_4O_2$；M_r=174.2010）纯品（纯度≥99%），于烧杯中，用水溶解后，转移到1000mL容量瓶中，用水稀释到刻度，混匀。配制成浓度为1000μg/mL的标准储备溶液，避光低温保存。使用时用水稀释。

L-精氨酸（$C_6H_{14}N_4O_2$）**标准溶液**（1000μg/mL）

［配制］ 准确称取1.0000g（或按纯度换算出质量m=1.0000g/w；w——质量分数）并经纯度分析的L-精氨酸（$C_6H_{14}N_4O_2$；M_r=174.2010）纯品（纯度≥99.5%），置于100mL烧杯中，加适量水，溶解后，移入1000mL容量瓶中，用水稀释到刻度，混匀。

[L-精氨酸纯度的测定] 准确称取 0.2g 样品，准确至 0.0001g。置于干燥的锥形瓶中，加 50mL 冰醋酸溶解，加 2 滴结晶紫指示液（2g/L），用高氯酸标准溶液 [$c(HClO_4)=0.100mol/L$] 滴定至溶液呈蓝绿色，同时做空白试验。L-精氨酸的质量分数按下式计算：

$$w=\frac{c(V_1-V_2)\times 0.08710}{m}\times 100\%$$

式中 w——L-精氨酸的质量分数，%；

V_1——高氯酸标准溶液的体积，mL；

V_2——空白试验高氯酸标准溶液的体积，mL；

c——高氯酸标准溶液的浓度，mol/L；

m——样品质量，g；

0.08710——与 1.00mL 高氯酸标准溶液 [$c(HClO_4)=1.000mol/L$] 相当的，以 g 为单位的 L-精氨酸的质量。

久效磷（$C_7H_{14}NO_5$）**标准溶液**（1000μg/mL）

[配制] 用最小分度为 0.01mg 的分析天平，准确称取 0.1000g（或按纯度换算出质量 $m=0.1000g/w$；w——质量分数）的久效磷（$C_7H_{14}NO_5$；M_r=P223.1635）纯品（纯度≥99%），于小烧杯中，用重蒸馏的丙酮溶解，转移到 100mL 容量瓶中，用重蒸馏的丙酮定容，混匀。配制成浓度为 1000μg/mL 的标准储备溶液。使用时，根据需要用重蒸馏的乙酸乙酯配制成适当浓度的标准工作溶液。

DL-酒石酸（$C_4H_6O_6$）**标准溶液**（1000μg/mL）

[配制] 取适量 DL-酒石酸（$C_4H_6O_6\cdot H_2O$；M_r=168.1021）于称量瓶中，在 105℃ 下干燥至恒重，置于干燥器中冷却备用。准确称取 1.0000g（或按纯度换算出质量 $m=1.0000g/w$；w——质量分数）经纯度分析的 DL-酒石酸（$C_4H_6O_6$；M_r=150.0868）纯品（纯度≥99.5%），置于 100mL 烧杯中，加适量水溶解后，移入 1000mL 容量瓶中，用水稀释到刻度，混匀。

[DL-酒石酸纯度的测定] 准确称取 0.2g 样品，准确到 0.0001g，置于 250mL 锥形瓶中，加 30mL 新煮沸过的冷水溶解后，加 3 滴酚酞指示液（10g/L），用氢氧化钠标准溶液 [$c(NaOH)=0.100mol/L$] 滴定至溶液呈粉红色，并保持 3min。同时做空白试验。DL-酒石酸的质量分数（w）按下式计算：

$$w=\frac{c(V_1-V_2)\times 0.07504}{m}\times 100\%$$

式中 V_1——氢氧化钠标准溶液的体积，mL；

V_2——空白试验氢氧化钠标准溶液的体积，mL；

c——氢氧化钠标准溶液的浓度，mol/L；

m——试样质量，g；

0.07504——与 1.00mL 氢氧化钠标准溶液 [$c(NaOH)=1.000mol/L$] 相当的以 g 为单位的 DL-酒石酸的质量。

酒石酸麦角胺 [$(C_{33}H_{35}N_5O_5)_2 \cdot C_4H_6O_6$] **标准溶液**（1000μg/mL）

［配制］ 取适量酒石酸麦角胺于称量瓶中，于95℃下干燥至恒重，置于干燥器中冷却备用。称取1.0000g（或按纯度换算出质量 $m=1.0000g/w$；w——质量分数）经纯度分析的酒石酸麦角胺［$(C_{33}H_{35}N_5O_5)_2 \cdot C_4H_6O_6$；$M_r=1313.4098$］纯品（纯度≥99%），置于100mL烧杯中，加适量酒石酸溶液（10g/L）溶解后，移入1000mL容量瓶中，用酒石酸溶液（10g/L）稀释到刻度。低温避光保存。

［标定］ 分光光度法

(1) 对照品溶液的制备 准确称取50mg经五氧化二磷干燥至恒重的马来酸麦角新碱对照品，准确到0.0001g，置于1000mL容量瓶中，加酒石酸溶液（10g/L）溶解并稀释至刻度，摇匀，即得。

(2) 测定 移取5.00mL上述待测酒石酸麦角胺溶液，移入100mL容量瓶中，加酒石酸溶液（10g/L）稀释到刻度（50μg/mL），分别准确量取5.00mL对照品溶液和酒石酸麦角胺溶液（50μg/mL），分别置于具塞试管中，准确加入10.00mL对二甲氨基苯甲醛溶液（取对二甲氨基苯甲醛0.125g，加65mL无氮硫酸与35mL水的冷混合溶液溶解后，加0.05mL三氯化铁溶液（90g/L），摇匀，即得。本溶液可使用一周），在暗处放置30min，按附录十，用分光光度法，在550nm的波长处分别测定两种溶液的吸光度，计算，即得。每1mg马来酸麦角新碱相当于1.488mg的 $(C_{33}H_{35}N_5O_5)_2 \cdot C_4H_6O_6$。

酒石酸美托洛尔 [$(C_{15}H_{25}NO_3)_2 \cdot C_4H_6O_6$] **标准溶液**（1000μg/mL）

［配制］ 取适量酒石酸美托洛尔于称量瓶中，于60℃下减压干燥至恒重，置于干燥器中冷却备用。称取1.0000g（或按纯度换算出质量 $m=1.0000g/w$；w——质量分数）经纯度分析的酒石酸美托洛尔［$(C_{15}H_{25}NO_3)_2 \cdot C_4H_6O_6$；$M_r=684.8146$］纯品（纯度≥99%），置于100mL烧杯中，加适量水溶解后，移入1000mL容量瓶中，用水稀释到刻度，混匀。低温避光保存。

［酒石酸美托洛尔纯度的测定］ 准确称取0.3g已干燥的样品，准确到0.0001g，置于250mL锥形瓶中，加20mL冰醋酸微温溶解后，加1滴结晶紫指示液（5g/L），用高氯酸标准溶液［$c(HClO_4)=0.100mol/L$］滴定，至溶液显纯蓝色，同时做空白试验。酒石酸美托洛尔的质量分数（w）按下式计算：

$$w=\frac{c(V_1-V_2)\times 0.3424}{m}\times 100\%$$

式中 V_1——高氯酸标准溶液的体积，mL；

V_2——空白消耗高氯酸标准溶液的体积，mL；

c——高氯酸标准溶液的浓度，mol/L；

m——样品质量，g；

0.3424——与1.00mL高氯酸标准溶液［$c(HClO_4)=1.000mol/L$］相当的，以g为单位的酒石酸美托洛尔的质量。

酒石酸氢胆碱（$C_9H_{19}NO_7$）**标准溶液**（1000μg/mL）

［配制］ 准确称取1.0000g（或按纯度换算出质量 $m=1.0000g/w$；w——质量分数）

经纯度分析的酒石酸氢胆碱（$C_9H_{19}NO_7$；M_r=253.2497）（纯度≥99%）纯品，于小烧杯中，用水溶解后，转移到 1000mL 容量瓶，并用水稀释到刻度，混匀。配制成浓度为 1000μg/mL 的标准储备溶液。

［酒石酸氢胆碱纯度的测定］ 准确称取 0.5g 样品，准确至 0.0001g，置于 250mL 锥形瓶中，加 50mL 冰醋酸，微热溶解，冷却后，加 2 滴结晶紫指示液（10g/L 的冰醋酸溶液），用高氯酸冰醋酸标准溶液［$c(HClO_4)$=0.100mol/L］滴定至溶液呈绿色，同时做空白试验。酒石酸氢胆碱的质量分数（w）按下式计算：

$$w=\frac{c(V_1-V_2)\times 0.2532}{m}\times 100\%$$

式中 V_1——高氯酸标准溶液的体积，mL；

V_2——空白试验消耗高氯酸标准溶液的体积，mL；

c——高氯酸标准溶液的浓度，mol/L；

m——样品质量，g；

0.2532——与 1.00mL 高氯酸标准溶液［$c(HClO_4)$=1.000mol/L］相当的，以 g 为单位的酒石酸氢胆碱的质量。

枸橼酸芬太尼（$C_{22}H_{28}N_2O \cdot C_6H_8O_7$）**标准溶液**（1000μg/mL）

［配制］ 取适量枸橼酸芬太尼于称量瓶中，于 105℃下干燥至恒重，置于干燥器中冷却备用。准确称取 1.0000g（或按纯度换算出质量 m=1.0000g/w；w——质量分数）经纯度分析的枸橼酸芬太尼（$C_{22}H_{28}N_2O \cdot C_6H_8O_7$；$M_r$=528.5940）纯品（纯度≥99%），置于 100mL 烧杯中，加适量甲醇溶解后，移入 1000mL 容量瓶中，用甲醇稀释到刻度，混匀。

［枸橼酸芬太尼纯度的测定］ 准确称取 0.5g 已干燥的样品，准确到 0.0001g，置于 250mL 锥形瓶中，加 15mL 冰醋酸溶解后，加 1 滴结晶紫指示液（5g/L），用高氯酸标准溶液［$c(HClO_4)$=0.100mol/L］滴定，至溶液显绿色，同时做空白试验。枸橼酸芬太尼的质量分数（w）按下式计算：

$$w=\frac{c(V_1-V_2)\times 0.5286}{m}\times 100\%$$

式中 V_1——高氯酸标准溶液的体积，mL；

V_2——空白消耗高氯酸标准溶液的体积，mL；

c——高氯酸标准溶液的浓度，mol/L；

m——样品质量，g；

0.5286——与 1.00mL 高氯酸标准溶液［$c(HClO_4)$=1.000mol/L］相当的，以 g 为单位的枸橼酸芬太尼的质量。

枸橼酸钾（$K_3C_6H_5O_7 \cdot H_2O$）**标准溶液**（1000μg/mL）

［配制］ 准确称取 1.0000g（或按纯度换算出质量 m=1.0000g/w；w——质量分数）经纯度分析的枸橼酸钾（$K_3C_6H_5O_7 \cdot H_2O$；M_r=324.4099）纯品（纯度≥99%），置于 100mL 烧杯中，加适量水溶解后，移入 1000mL 容量瓶中，用水稀释到刻度，混匀。

［枸橼酸钾纯度的测定］ 准确称取 0.1g 样品，准确到 0.0001g，置于 250mL 锥形瓶中，加 20mL 冰醋酸与 2mL 乙酐，加热使其溶解，冷却后，加 1 滴结晶紫指示液（5g/L），

用高氯酸标准溶液［$c(HClO_4)=0.100mol/L$］滴定，至溶液显蓝色，同时做空白试验。枸橼酸钾的质量分数（w）按下式计算：

$$w=\frac{c(V_1-V_2)\times 0.1081}{m}\times 100\%$$

式中　V_1——高氯酸标准溶液的体积，mL；

V_2——空白消耗高氯酸标准溶液的体积，mL；

c——高氯酸标准溶液的浓度，mol/L；

m——样品质量，g；

0.1081——与1.00mL高氯酸标准溶液［$c(HClO_4)=1.000mol/L$］相当的，以g为单位的枸橼酸钾（$K_3C_6H_5O_7 \cdot H_2O$）的质量。

枸橼酸氯米芬（$C_{26}H_{28}ClNO \cdot C_6H_8O_7$）**标准溶液**（1000μg/mL）

［配制］　准确称取1.0000g（或按纯度换算出质量$m=1.0000g/w$；w——质量分数）经纯度分析的枸橼酸氯米芬（$C_{26}H_{28}ClNO \cdot C_6H_8O_7$；$M_r=598.083$）纯品（纯度≥99%），置于100mL烧杯中，加适量乙醇溶解后，移入1000mL容量瓶中，用乙醇稀释到刻度，混匀。避光低温保存。

［枸橼酸氯米芬纯度的测定］　准确称取0.5g样品，准确到0.0001g，置于250mL锥形瓶中，加20mL冰醋酸溶解，加1滴结晶紫指示液（5g/L），用高氯酸标准溶液［$c(HClO_4)=0.100mol/L$］滴定至溶液显蓝色，同时做空白试验。枸橼酸氯米芬的质量分数（w）按下式计算：

$$w=\frac{c(V_1-V_2)\times 0.5981}{m}\times 100\%$$

式中　V_1——高氯酸标准溶液的体积，mL；

V_2——空白消耗高氯酸标准溶液的体积，mL；

c——高氯酸标准溶液的浓度，mol/L；

m——样品质量，g；

0.5981——与1.00mL高氯酸标准溶液［$c(HClO_4)=1.000mol/L$］相当的，以g为单位的枸橼酸氯米芬的质量。

枸橼酸哌嗪［$(C_4H_{10}N_2)_3 \cdot 2C_6H_8O_7$］**标准溶液**（1000μg/mL）

［配制］　准确称取1.1402g（或按纯度换算出质量$m=1.1402g/w$；w——质量分数）经纯度分析的枸橼酸哌嗪［$(C_4H_{10}N_2)_3 \cdot 2C_6H_8O_7 \cdot 5H_2O$；$M_r=732.7302$］纯品（纯度≥99%），置于100mL烧杯中，加适量水溶解后，移入1000mL容量瓶中，用水稀释到刻度，混匀。避光低温保存。

［枸橼酸哌嗪纯度的测定］　准确称取0.1g已干燥的样品，准确到0.0001g，置于250mL锥形瓶中，加30mL冰醋酸，振摇使其溶解，加1滴结晶紫指示液（5g/L），用高氯酸标准溶液［$c(HClO_4)=0.100mol/L$］滴定，至溶液显蓝绿色，同时做空白试验。枸橼酸哌嗪的质量分数（w）按下式计算：

$$w=\frac{c(V_1-V_2)\times 0.1071}{m}\times 100\%$$

式中　V_1——高氯酸标准溶液的体积，mL；

V_2——空白消耗高氯酸标准溶液的体积，mL；

c——高氯酸标准溶液的浓度，mol/L；

m——样品质量，g；

0.1071——与 1.00mL 高氯酸标准溶液 [$c(HClO_4)$=1.000mol/L] 相当的，以 g 为单位的枸橼酸哌嗪的质量。

枸橼酸喷托维林（$C_{20}H_{31}NO_3 \cdot C_6H_8O_7$）**标准溶液**（1000μg/mL）

［配制］ 准确称取 1.0000g（或按纯度换算出质量 m=1.0000g/w；w——质量分数）经纯度分析的枸橼酸喷托维林（$C_{20}H_{31}NO_3 \cdot C_6H_8O_7$；$M_r$=525.5886）纯品（纯度≥99%），置于 100mL 烧杯中，加适量水溶解后，移入 1000mL 容量瓶中，用水稀释到刻度，混匀。

［枸橼酸喷托维林纯度的测定］ 准确称取 0.4g 样品，准确到 0.0001g，置于 250mL 锥形瓶中，加 10mL 冰醋酸溶解后，加 1 滴结晶紫指示液（5g/L），用高氯酸标准溶液 [$c(HClO_4)$=0.100mol/L] 滴定至溶液显蓝色，同时做空白试验。枸橼酸喷托维林的质量分数（w）按下式计算：

$$w=\frac{c(V_1-V_2)\times 0.5256}{m}\times 100\%$$

式中 V_1——高氯酸标准溶液的体积，mL；

V_2——空白消耗高氯酸标准溶液的体积，mL；

c——高氯酸标准溶液的浓度，mol/L；

m——样品质量，g；

0.5256——与 1.00mL 高氯酸标准溶液 [$c(HClO_4)$=1.000mol/L] 相当的，以 g 为单位的枸橼酸喷托维林的质量。

枸橼酸他莫昔芬（$C_{26}H_{29}NO \cdot C_6H_8O_7$）**标准溶液**（1000μg/mL）

［配制］ 取适量枸橼酸他莫昔芬于称量瓶中，于 105℃下干燥至恒重，置于干燥器中冷却备用。准确称取 1.0000g（或按纯度换算出质量 m=1.0000g/w；w——质量分数）经纯度分析的枸橼酸他莫昔芬（$C_{26}H_{29}NO \cdot C_6H_8O_7$；$M_r$=563.6381）纯品（纯度≥99%），置于 100mL 烧杯中，加适量甲醇溶解后，移入 1000mL 容量瓶中，用甲醇稀释到刻度，混匀。避光低温保存。

［枸橼酸他莫昔芬纯度的测定］ 准确称取 0.35g 已干燥的样品，准确到 0.0001g，置于 250mL 锥形瓶中，加 50mL 冰醋酸，微热使其溶解后，加 1 滴结晶紫指示液（5g/L），用高氯酸标准溶液 [$c(HClO_4)$=0.100mol/L] 滴定，至溶液显蓝绿色，同时做空白试验。枸橼酸他莫昔芬的质量分数（w）按下式计算：

$$w=\frac{c(V_1-V_2)\times 0.5636}{m}\times 100\%$$

式中 V_1——高氯酸标准溶液的体积，mL；

V_2——空白消耗高氯酸标准溶液的体积，mL；

c——高氯酸标准溶液的浓度，mol/L；

m——样品质量，g；

0.5636——与 1.00mL 高氯酸标准溶液 [$c(HClO_4)$=1.000mol/L] 相当的，以 g 为单位的枸橼酸他莫昔芬的质量。

枸橼酸乙胺嗪（$C_{10}H_{21}N_3O \cdot C_6H_8O_7$）**标准溶液**（1000μg/mL）

[配制] 取适量枸橼酸乙胺嗪于称量瓶中，于 105℃下干燥至恒重，置于干燥器中冷却备用。准确称取 1.0000g（或按纯度换算出质量 m=1.0000g/w；w——质量分数）经纯度分析的枸橼酸乙胺嗪（$C_{10}H_{21}N_3O \cdot C_6H_8O_7$；$M_r$=391.4168）纯品（纯度≥99%），置于 100mL 烧杯中，加适量水溶解后，移入 1000mL 容量瓶中，用水稀释到刻度，混匀。

[枸橼酸乙胺嗪纯度的测定] 准确称取 0.3g 已干燥的样品，准确到 0.0001g，置于 250mL 锥形瓶中，加 1mL 乙酐与 10mL 冰醋酸使其溶解后，加 1 滴结晶紫指示液（5g/L），用高氯酸标准溶液 [$c(HClO_4)$=0.100mol/L] 滴定，至溶液显蓝色。同时做空白试验。枸橼酸乙胺嗪的质量分数（w）按下式计算：

$$w=\frac{c(V_1-V_2)\times 0.3914}{m}\times 100\%$$

式中 V_1——高氯酸标准溶液的体积，mL；

V_2——空白消耗高氯酸标准溶液的体积，mL；

c——高氯酸标准溶液的浓度，mol/L；

m——样品质量，g；

0.3914——与 1.00mL 高氯酸标准溶液 [$c(HClO_4)$=1.000mol/L] 相当的，以 g 为单位的枸橼酸乙胺嗪的质量。

咖啡碱（咖啡因；$C_8H_{10}N_4O_2$）**标准溶液**（1000μg/mL）

[配制] 取适量水合咖啡因（$C_8H_{10}N_4O_2 \cdot H_2O$）于称量瓶中，于 105℃下干燥至恒重取出，置于干燥器中冷却备用。准确称取 1.0000g（或按纯度换算出质量 m=1.0000g/w；w——质量分数）经纯度分析的咖啡因（$C_8H_{10}N_4O_2$；M_r=194.1906）纯品（纯度≥99%），置于 100mL 烧杯中，加适量水，溶解后，移入 1000mL 容量瓶中，用水稀释到刻度，混匀。

[咖啡因纯度的测定] 称取 0.15g 已于 105℃干燥的样品，准确至 0.0001g。置于 250mL 锥形瓶中，加 25mL 乙酸酐-冰醋酸（5+1）混合溶液，微热溶解，冷却，加 1 滴结晶紫指示液（5g/L），用高氯酸标准溶液 [$c(HClO_4)$=0.100mol/L] 滴定至溶液显黄色。同时做空白试验。咖啡因的质量分数（w）按下式计算：

$$w=\frac{c(V_1-V_2)\times 0.1942}{m}\times 100\%$$

式中 V_1——高氯酸标准溶液的体积，mL；

V_2——空白消耗的高氯酸标准溶液的体积，mL；

c——高氯酸标准溶液的浓度，mol/L；

m——样品质量，g；

0.1942——与 1.00mL 高氯酸标准溶液 [$c(HClO_4)$=1.000mol/L] 相当的，以 g 为单位的咖啡因的质量。

卡巴氧（$C_{11}H_{10}N_4O_4$）**标准溶液**（1000μg/mL）

［配制］ 用最小分度为0.01mg的分析天平，准确称取0.1000g（或按纯度换算出质量$m=0.1000g/w$；w——质量分数）的卡巴氧（$C_{11}H_{10}N_4O_4$；$M_r=262.2215$）纯品（纯度≥99%），于小烧杯中，溶于少量二甲基甲酰胺，并转移到100mL棕色容量瓶中，再以无水甲醇定容，混匀。配制成浓度为1000μg/mL的标准储备溶液。

卡比多巴（$C_{10}H_{14}N_2O_4$）**标准溶液**（1000μg/mL）

［配制］ 准确称取1.0796g（或按纯度换算出质量$m=1.0796g/w$；w——质量分数）经纯度分析的卡比多巴（$C_{10}H_{14}N_2O_4 \cdot H_2O$；$M_r=244.2444$）或1.0000g卡比多巴（$C_{10}H_{14}N_2O_4$）纯品（纯度≥99%），置于100mL烧杯中，加适量盐酸溶液（1%）溶液溶解后，移入1000mL容量瓶中，用盐酸溶液（1%）稀释到刻度，混匀。避光低温保存。

［卡比多巴纯度的测定］ 准确称取0.25g样品，准确到0.0001g，置于250mL锥形瓶中，准确加入15mL高氯酸标准溶液［$c(HClO_4)=0.100mol/L$］溶解样品，加15mL乙酸酐，摇匀，加2滴结晶指示液（5g/L），用乙酸钠标准溶液［$c(CH_3COONa)=0.100mol/L$］滴定至溶液显绿色。同时做空白试验。卡比多巴的质量分数（w）按下式计算：

$$w=\frac{(c_1V_1-c_2V_2)\times 0.2262}{m}\times 100\%$$

式中 V_1——高氯酸标准溶液的体积，mL；

c_1——高氯酸标准溶液的浓度，mol/L；

V_2——乙酸钠标准溶液的体积，mL；

c_2——乙酸钠标准溶液的浓度，mol/L；

m——样品质量，g；

0.2262——与1.00mL高氯酸标准溶液［$c(HClO_4)=1.000mol/L$］相当的，以g为单位的卡比多巴（$C_{10}H_{14}N_2O_4$）的质量。

卡比马唑（$C_7H_{10}N_2O_2S$）**标准溶液**（1000μg/mL）

［配制］ 取适量卡比马唑于称量瓶中，于80℃下干燥至恒重，置于干燥器中冷却备用。准确称取1.0000g（或按纯度换算出质量$m=1.0000g/w$；w——质量分数）经纯度分析（分光光度法）的卡比马唑（$C_7H_{10}N_2O_2S$；$M_r=186.232$）纯品（纯度≥99%），置于100mL烧杯中，加适量乙醇溶解后，移入1000mL容量瓶中，用乙醇稀释到刻度，混匀。

［标定］ 分光光度法：移取1.00mL上述溶液，移入100mL容量瓶中，加10mL盐酸溶液（10%），用水稀释到刻度（10μg/mL）。按附录十，用分光光度法，在292nm的波长处测定溶液的吸光度，以$C_7H_{10}N_2O_2S$的吸光系数$E_{1cm}^{1\%}$为557计算，即得。

卡波姆标准溶液［1000μg/mL；以羧基（—COOH）计］

［配制］ 取适量卡波姆（交联聚丙烯酸树脂）于称量瓶中，于80℃下减压干燥至恒重，置于干燥器中冷却备用。准确称取适量［$m=1.0000g/w$；w——羧基含量，%］经羧基含量分析的卡波姆（$\mathrm{-\!\!\!+CH_2-CH\!\!\!+_{n}COOH}$）纯品，置于100mL烧杯中，加适量水溶解后，移入1000mL容量瓶中，用水稀释到刻度，混匀。

［卡波姆中羧基含量的测定］ 准确称取 0.1g 样品，准确到 0.0001g，均匀分散于 100mL 水中，搅拌使其溶解，采用电位滴定法滴定，溶解后，置电磁搅拌器上，浸入电极（玻璃电极为指示电极，饱和甘汞电极为参比电极），搅拌，并自滴定管中分次加入氢氧化钠标准溶液 [c(NaOH)=0.0500mol/L] 滴定；开始时可每次加入较多的量，搅拌，记录电位；近终点时，每次滴入后搅拌至少 2min，记录电位；至突跃点已过，仍应继续滴加几次标准溶液，并记录电位。

滴定终点的确定：同苯巴比妥。

卡波姆中羧基的质量分数（w）按下式计算：

$$w(\text{—COOH})=\frac{cV\times 0.04500}{m}\times 100\%$$

式中 w(—COOH) ——卡波姆中羧基的质量分数，%；

V——氢氧化钠标准溶液的体积，mL；

c——氢氧化钠标准溶液的浓度，mol/L；

m——样品质量，g；

0.04500——与 1.00mL 氢氧化钠标准溶液 [c(NaOH)=1.000mol/L] 相当的，以 g 为单位的卡波姆 [以羧基计(—COOH)] 的质量。

卡铂（$PtC_6H_{12}N_2O_4$）**标准溶液**（1000μg/mL）

［配制］ 取适量卡铂于称量瓶中，于 105℃下干燥至恒重，置于干燥器中冷却备用。准确称取 1.0000g（或按纯度换算出质量 m=1.0000g/w；w——质量分数）经纯度分析（高效液相色谱法）的卡铂（$PtC_6H_{12}N_2O_4$；M_r=371.248）纯品（纯度≥99%），置于 100mL 烧杯中，加适量水溶解后，移入 1000mL 容量瓶中，用水稀释到刻度，混匀。避光低温保存。

卡马西平（$C_{15}H_{12}N_2O$）**标准溶液**（1000μg/mL）

［配制］ 取适量卡马西平于称量瓶中，于 105℃下干燥 2h，置于干燥器中冷却备用。准确称取 1.0000g（或按纯度换算出质量 m=1.0000g/w；w——质量分数）经纯度分析（分光光度法）的卡马西平（$C_{15}H_{12}N_2O$；M_r=236.2686）纯品（纯度≥99%），置于 100mL 烧杯中，加适量乙醇溶解后，移入 1000mL 容量瓶中，用乙醇稀释到刻度，混匀。避光低温保存。

［标定］ 分光光度法：移取 1.00mL 上述溶液，移入 100mL 容量瓶中，用乙醇稀释到刻度（10μg/mL）。按附录十，用分光光度法，在 285nm 的波长处分别测定标准溶液和待测溶液的吸光度，计算，即得。

卡莫司汀（$C_5H_9Cl_2N_3O_2$）**标准溶液**（1000μg/mL）

［配制］ 准确称取 1.0000g（或按纯度换算出质量 m=1.0000g/w；w——质量分数）卡莫司汀（$C_5H_9Cl_2N_3O_2$；M_r=214.050）纯品（纯度≥99%），置于 100mL 烧杯中，加适量乙醇溶解后，移入 1000mL 容量瓶中，用乙醇稀释到刻度，混匀。避光低温保存。

［标定］ 分光光度法：移取 2.00mL 上述溶液，移入 100mL 容量瓶中，用无水乙醇稀释到刻度（20μg/mL）。按附录十，用分光光度法，在 230nm 的波长处测定溶液的吸光度，

以 $C_5H_9Cl_2N_3O_2$ 的吸光系数 $E_{1cm}^{1\%}$ 为 270 计算，即得。

卡那霉素（$C_{18}H_{36}N_4O_{11}$）**标准溶液**（1000μg/mL）

［配制］ 用最小分度为 0.01mg 的分析天平，准确称取适量（$m=1.0000g/w$；w——质量分数）的卡那霉素（$C_{18}H_{36}N_4O_{11}$；$M_r=484.4986$）纯品（775μg/mg），用磷酸盐缓冲溶液［pH=6.0±0.1；称取 3.5g 无水磷酸二氢钾及 16.73g 无水磷酸氢二钾溶于水中，定容于 1000mL，121℃高压灭菌 15min］溶解，转移到 1000mL 容量瓶中，用磷酸盐缓冲溶液定容，混匀。配制成浓度为 1000μg/mL 的标准储备溶液，置冰箱中 4℃保存，可使用 1 个月。

卡前列甲酯（$C_{22}H_{38}O_2$）**标准溶液**（1000μg/mL）

［配制］ 准确称取 1.0000g（或按纯度换算出质量 $m=1.0000g/w$；w——质量分数）经纯度分析（高效液相色谱法）的卡前列甲酯（$C_{22}H_{38}O_2$；$M_r=335.5359$）纯品（纯度≥99%），置于 100mL 烧杯中，加适量乙醇溶解后，移入 1000mL 容量瓶中，用乙醇稀释到刻度，混匀。避光低温保存。

卡托普利（$C_9H_{15}NO_3S$）**标准溶液**（1000μg/mL）

［配制］ 取适量卡托普利于称量瓶中，以五氧化二磷为干燥剂，60℃下干燥备用。准确称取 1.0000g（或按纯度换算出质量 $m=1.0000g/w$；w——质量分数）经纯度分析的卡托普利（$C_9H_{15}NO_3S$；$M_r=217.285$）纯品（纯度≥99%），置于 100mL 烧杯中，加适量水溶解后，移入 1000mL 容量瓶中，用水稀释到刻度，混匀。避光低温保存。

［卡托普利纯度的测定］ 准确称取 0.3g 已干燥的样品，准确到 0.0001g，置于 250mL 锥形瓶中，加 100mL 水，振摇使其溶解，加 10mL 稀硫酸溶液（10%），再加 0.1g 碘化钾和 2mL 淀粉指示液（10g/L），用碘酸钾标准溶液［$c(\frac{1}{6}KIO_3)=0.100mol/L$］滴定，至溶液显微蓝色（保持 30s 不褪色），同时作空白试验。卡托普利的质量分数（w）按下式计算：

$$w=\frac{c(V_1-V_2)\times 0.2173}{m}\times 100\%$$

式中 V_1——碘酸钾标准溶液的体积，mL；

V_2——空白消耗碘酸钾标准溶液的体积，mL；

c——碘酸钾标准溶液的浓度，mol/L；

m——样品质量，g；

0.2173——与 1.00mL 碘酸钾标准溶液［$c(\frac{1}{6}KIO_3)=1.000mol/L$］相当的，以 g 为单位的卡托普利的质量。

糠醛（$C_5H_4O_2$）**标准溶液**（1000μg/mL）

［配制］ 准确称取 1.0000g（或按纯度换算出质量 $m=1.0000g/w$；w——质量分数）糠醛（$C_5H_4O_2$；$M_r=96.0841$）纯品（纯度≥99%），置于 100mL 烧杯中，加水溶解，移入 1000mL 容量瓶中，用水稀释至刻度，混匀。

抗倒胺（$C_{19}H_{15}ClN_2O_2$）**标准溶液**（1000μg/mL）

［配制］ 用最小分度为 0.01mg 的分析天平，准确称取 0.1000g（或按纯度换算出质量

$m=0.1000g/w$；w——质量分数）的抗倒胺（$C_{19}H_{15}ClN_2O_2$；$M_r=338.788$）纯品（纯度≥99%），置于烧杯中，用重蒸馏丙酮溶解，转移到100mL容量瓶中，用丙酮稀释到刻度，混匀。配制成浓度为1000μg/mL的标准储备溶液，根据需要再配成适当浓度的标准工作溶液。

抗坏血酸（维生素C；$C_6H_8O_6$）**标准溶液**

(1) 质量浓度（1000μg/mL）

[配制] 准确称取1.0000g（或按纯度换算出质量$m=1.0000g/w$；w——纯度）经纯度分析的维生素C（L-抗坏血酸）（$C_6H_8O_6$；$M_r=176.1241$）纯品（纯度≥99%），置于100mL烧杯中，加适量水（或2%偏磷酸或2%草酸溶液）溶解后，移入1000mL容量瓶中，用水（或2%偏磷酸或2%草酸溶液）稀释到刻度。低温避光保存。于4℃冰箱可保存（7～10)d。

[维生素C纯度的测定]

方法1 确称取0.2g样品，准确到0.0001g。置于250mL锥形瓶中，加100mL新煮沸过的冷水与10mL稀醋酸溶液（6%），使其溶解，加1mL淀粉指示液（5g/L），立即用碘标准溶液［$c(\frac{1}{2}I_2)=0.100mol/L$］滴定，至溶液所显的蓝色在30s内不褪。维生素C的质量分数（w）按下式计算：

$$w=\frac{cV\times 0.08806}{m}\times 100\%$$

式中 V——碘标准溶液的体积，mL；

c——碘标准溶液的浓度，mol/L；

m——样品质量，g；

0.08806——与1.00mL碘标准溶液［$c(\frac{1}{2}I_2)=1.0mol/L$］相当的，以g为单位的维生素C的质量。

方法2 抗坏血酸溶液的标定：吸取10.00mL抗坏血酸溶液于盛有10mL偏磷酸溶液（2%）或草酸溶液溶（2%）的锥形瓶中，加入5mL碘化钾溶液（60g/L）和3mL淀粉溶液（10g/L），摇匀。用碘酸钾标准溶液［$c(\frac{1}{6}KIO_3)=0.0100mol/L$］滴定，终点为极淡蓝色。抗坏血酸溶液的质量浓度按下式计算：

$$\rho(C_6H_8O_6)=\frac{c_1V_1\times 88.065}{V_2}$$

式中 $\rho(C_6H_8O_6)$——抗坏血酸溶液的质量浓度，mg/mL；

V_1——碘酸钾标准溶液的体积，mL；

c_1——碘酸钾标准溶液的浓度，mol/L；

V_2——所取抗坏血酸溶液的体积，mL；

88.065——抗坏血酸的摩尔质量［$M(\frac{1}{2}C_6H_8O_6)$］，g/mol。

(2)［$c(\frac{1}{2}C_6H_8O_6)=0.1mol/L$］抗坏血酸标准溶液

[配制] 称取8.8065g抗坏血酸（$C_6H_8O_6$）置于100mL烧杯中，加50mL水，溶解后，移入1000mL棕色容量瓶中，用水稀释到刻度，混匀。

[标定] 移取30.00mL上述抗坏血酸溶液于锥形瓶中，加50mL水，加2mL硫酸溶液（20%），摇匀，立即用碘标准溶液［$c(\frac{1}{2}I_2)=0.100mol/L$］滴定，近终点时，加3mL淀粉

指示液（10g/L）继续滴定至溶液呈蓝色。抗坏血酸溶液浓度按下式计算：

$$c\left(\frac{1}{2}C_6H_8O_6\right)=\frac{c_1V_1}{V_2}$$

式中 $c\left(\frac{1}{2}C_6H_8O_6\right)$——抗坏血酸溶液的浓度，mol/L；

V_1——碘标准溶液的体积，mL；

c_1——碘标准溶液的浓度，mol/L；

V_2——抗坏血酸溶液的体积，mL。

抗坏血酸十六酯（$C_{22}H_{38}O_7$）**标准溶液**（1000μg/mL）

［配制］ 准确称取 1.0000g 经纯度分析的抗坏血酸十六酯（$C_{22}H_{38}O_7$；M_r = 414.5329）（或按纯度换算出质量 m=1.0000g/w；w——质量分数），置于 100mL 烧杯中，加 50mL 乙醇，溶解后，移入 1000mL 容量瓶中，用乙醇稀释到刻度，混匀。

［抗坏血酸十六酯纯度的测定］ 称取 0.3g 样品，准确至 0.0001g。置于干燥的锥形瓶中，加 50mL 乙醇（优级纯），加 50mL 水，立即用碘标准溶液［$c(\frac{1}{2}I_2)$=0.100mol/L］滴定至溶液呈黄色，并保持 30s。抗坏血酸十六酯的质量分数（w）按下式计算：

$$w=\frac{cV\times 0.2073}{m}\times 100\%$$

式中 V——碘标准溶液的体积，mL；

c——碘标准溶液的浓度，mol/L；

m——样品质量，g；

0.2073——与 1.00mL 碘标准溶液［$c(\frac{1}{2}I_2)$=1.000mol/L］相当的，以 g 为单位的抗坏血酸十六酯的质量。

抗蚜威（$C_{11}H_{18}N_4O_2$）**标准溶液**（1000μg/mL）

［配制］ 用最小分度为 0.01mg 的分析天平，准确称取 0.1000g（或按纯度换算出质量 m=0.1000g/w；w——质量分数）的抗蚜威（$C_{11}H_{18}N_4O_2$；M_r=238.2862）纯品（纯度≥99%），于小烧杯中，用无水乙醇溶解后，转移到 100mL 容量瓶中，用无水乙醇稀释定容，混匀。配制成浓度为 1000μg/mL 的标准储备溶液，使用时，根据需要再配成适当浓度的标准工作溶液。

克菌丹（$C_9H_8Cl_3NO_2S$）**标准溶液**（1000μg/mL）

［配制］ 用最小分度为 0.01mg 的分析天平，准确称取 0.1000g（或按纯度换算出质量 m=0.1000g/w；w——质量分数）的克菌丹（$C_9H_8Cl_3NO_2S$；M_r=300.589）纯品（纯度≥99%），于小烧杯中，用适量的甲醇溶解，转移到 100mL 容量瓶中，再用甲醇稀释至刻度，混匀。配制成浓度为 1000μg/mL 的标准储备溶液。

克力西丁磺酸偶氮 G 盐标准溶液（1000μg/mL）

［配制］ 取适量克力西丁磺酸偶氮 G 盐于称量瓶中，置于真空干燥器中干燥 24h，用最小分度为 0.01mg 的分析天平，准确称取 0.1000g（或按纯度换算出质量 m=0.1000g/w；w——质量分数）克力西丁磺酸偶氮 G 盐（纯度≥99%），置于 100mL 烧杯中，用乙酸铵溶

液（1.5g/L）溶解，移入 100mL 容量瓶中，用水稀释到刻度，混匀，配制成浓度为 1000μg/mL 的标准储备溶液。

克力西丁磺酸偶氮 R 盐标准溶液（1000μg/mL）

［配制］ 取适量克力西丁磺酸偶氮 R 盐于称量瓶中，置于真空干燥器中干燥 24h，用最小分度为 0.01mg 的分析天平，准确称取 0.1000g（或按纯度换算出质量 $m=0.1000\text{g}/w$；w——质量分数）克力西丁磺酸偶氮 R 盐（纯度≥99%），置于 100mL 烧杯中，用乙酸铵溶液（1.5g/L）溶解，移入 100mL 容量瓶中，用水稀释到刻度，混匀，配制成浓度为 1000μg/mL 的标准储备溶液。

克力西丁磺酸偶氮 β-萘酚标准溶液（1000μg/mL）

［配制］ 取适量克力西丁磺酸偶氮 β-萘酚于称量瓶中，置于真空干燥器中干燥 24h，用最小分度为 0.01mg 的分析天平，准确称取 0.1000g（或按纯度换算出质量 $m=0.1000\text{g}/w$；w——质量分数）克力西丁磺酸偶氮 β-萘酚（纯度≥99%），置于 100mL 烧杯中，用乙酸铵溶液（1.5g/L）溶解，移入 100mL 容量瓶中，用水稀释到刻度，混匀，配制成浓度为 1000μg/mL 的标准储备溶液。

克力西丁偶氮薛佛氏酸盐标准溶液（1000μg/mL）

［配制］ 取适量克力西丁偶氮薛佛氏酸盐于称量瓶中，置于真空干燥器中干燥 24h，用最小分度为 0.1mg 的分析天平，准确称取 0.1000g（或按纯度换算出质量 $m=0.1000\text{g}/w$；w——质量分数）克力西丁偶氮薛佛氏酸盐（纯度≥99%），置于 100mL 烧杯中，用乙酸铵溶液（1.5g/L）溶解，移入 100mL 容量瓶中，用水稀释到刻度，混匀，配制成浓度为 1000μg/mL 的标准储备溶液。

克拉霉素（$C_{38}H_{69}NO_{13}$）**标准溶液**［1000 单位/mL(μg/mL)］

［配制］ 准确称取适量克拉霉素（$C_{38}H_{69}NO_{13}$；$M_r=747.9534$）纯品（按纯度换算出质量 $m=1000\text{g}/X$；X——每 1mg 的效价单位，）纯品（1mg 的效价不低于 940 克拉霉素单位），置于 100mL 烧杯中，加甲醇溶解后，移入 1000mL 容量瓶中，用灭菌水稀释到刻度。1mL 溶液中含 1000 单位的克拉霉素，1000 单位的克拉霉素相当于 1mg 的 $C_{38}H_{69}NO_{13}$。采用抗生素微生物测定法测定。

克拉维酸钾（$KC_8H_8NO_5$）**标准溶液**（1000μg/mL）

［配制］ 准确称取适量（按纯度换算出质量 $m=1.0000\text{g}/w$；w——质量分数）经纯度分析（高效液相色谱法）的克拉维酸钾（$KC_8H_8NO_5$；$M_r=237.2511$）纯品，置于 100mL 烧杯中，加适量水溶解后，移入 1000mL 容量瓶中，用水稀释到刻度，混匀。低温保存。

克罗米通（$C_{13}H_{17}NO$）**标准溶液**（1000μg/mL）

［配制］ 准确称取 1.0000g（或按纯度换算出质量 $m=1.0000\text{g}/w$；w——质量分数）经纯度分析（凯氏定氮法）的克罗米通（$C_{13}H_{17}NO$；$M_r=203.2802$）纯品（纯度≥99%），置于 100mL 烧杯中，加适量乙醇溶解后，移入 1000mL 容量瓶中，用乙醇稀释到刻度，混

匀。避光低温保存。

克螨特（$C_{19}H_{26}O_4S$）**标准溶液**（1000μg/mL）

［配制］ 用最小分度为0.01mg的分析天平，准确称取0.1000g（必要时按纯度换算出质量$m=0.1000g/w$；w——质量分数）的克螨特（$C_{19}H_{26}O_4S$；$M_r=350.472$）纯品（纯度≥99%），置于烧杯中，用重蒸馏苯溶解，转移到100mL容量瓶中，用苯稀释到刻度，混匀。配制成浓度为1000μg/mL的标准储备溶液，使用时，再根据需要用正己烷稀释成适当的不同浓度的标准工作溶液。

克霉唑（$C_{22}H_{17}ClN_2$）**标准溶液**（1000μg/mL）

［配制］ 取适量克霉唑于称量瓶中，于105℃下干燥至恒重，置于干燥器中冷却备用。准确称取1.0000g（或按纯度换算出质量$m=1.0000g/w$；w——质量分数）经纯度分析的克霉唑（$C_{22}H_{17}ClN_2$；$M_r=344.837$）纯品（纯度≥99%），置于100mL烧杯中，加适量甲醇（或乙醇）溶解后，移入1000mL容量瓶中，用甲醇（或乙醇）稀释到刻度，混匀。避光低温保存。

［克霉唑纯度的测定］ 准确称取0.3g已干燥的样品，准确至0.0001g，置于250mL锥形瓶中，加20mL冰醋酸使其溶解，加1滴结晶紫指示液（5g/L），用高氯酸标准溶液［$c(HClO_4)=0.100mol/L$］滴定，至溶液呈蓝绿色，同时做空白试验。克霉唑的质量分数（w）按下式计算：

$$w=\frac{c(V_1-V_2)\times 0.3448}{m}\times 100\%$$

式中 V_1——高氯酸标准溶液的体积，mL；

V_2——空白试验高氯酸标准溶液的体积，mL；

c——高氯酸标准溶液的浓度，mol/L；

m——样品质量，g；

0.3448——与1.00mL高氯酸标准溶液［$c(HClO_4)=1.000mol/L$］相当的，以g为单位的克霉唑的质量。

克瘟散（$C_{14}H_{15}O_2PS_2$）**标准溶液**（1000μg/mL）

［配制］ 用最小分度为0.01mg的分析天平，准确称取0.1000g（或按纯度换算出质量$m=0.1000g/w$；w——质量分数）的克瘟散（$C_{14}H_{15}O_2PS_2$；$M_r=310.372$）纯品（纯度≥99%），置于烧杯中，用少量乙酸乙酯溶解，转移到100mL容量瓶中，并以乙酸乙酯稀释到刻度，混匀。配制成浓度为1000μg/mL的标准储备溶液。使用时，根据需要再用乙酸乙酯配制成适用浓度的标准工作溶液。

克线磷（$C_{13}H_{22}NO_3PS$）**标准溶液**（1000μg/mL）

［配制］ 用最小分度为0.01mg的分析天平，准确称取0.1000g（或按纯度换算出质量$m=0.1000g/w$；w——质量分数）克线磷（$C_{13}H_{22}NO_3PS$；$M_r=303.357$）纯品（纯度≥99.9%），于小烧杯中，用二氯甲烷溶解，转移到100mL容量瓶中，用二氯甲烷稀释至刻度，混匀。配制成浓度为1000μg/mL的标准储备溶液。储于冰箱中4℃保存。使用时，用二氯甲烷稀释成适当浓度的标准工作溶液。

苦味酸（$C_6H_3N_3O_7$）**标准溶液**（1000μg/mL）

［配制］ 准确称取 1.0000g（或按纯度换算出质量 $m=1.0000g/w$；w——质量分数）苦味酸（$C_6H_3N_3O_7$；$M_r=229.1039$）纯品（纯度≥99%），置于 100mL 烧杯中，加水溶解后，移入 1000mL 容量瓶中，用水稀释到刻度，混匀。

［苦味酸纯度的测定］ 称取苦味酸 0.3g，准确到 0.0001g，置于 250mL 锥形瓶中，加入 25mL 蒸馏水，加热使其全部溶解。冷却至 20℃，加 2 滴酚红乙醇指示液（0.04%），用氢氧化钠标准溶液［c(NaOH)=0.100mol/L］滴定至溶液呈微红色，保持 30s 不褪色。苦味酸的质量分数按下式计算：

$$w=\frac{cV\times 0.2291}{m}\times 100\%$$

式中 w——苦味酸的质量分数，%；

c——氢氧化钠标准溶液的浓度，mol/L；

V——消耗氢氧化钠标准溶液体积，mL；

m——苦味酸的质量，g；

0.2291——与 1.00mL 氢氧化钠标准溶液［c(NaOH)=1.000mol/L］相当的，以 g 为单位的苦味酸的质量。

喹硫磷（$C_{12}H_{15}N_2O_3PS$）**标准溶液**（1000μg/mL）

［配制］ 用最小分度为 0.01mg 的分析天平，准确称取 0.1000g（或按纯度换算出质量 $m=0.1000g/w$；w——质量分数）喹硫磷（$C_{12}H_{15}N_2O_3PS$；$M_r=298.298$）纯品（纯度>99%），置于烧杯中，用苯溶解，转移到 100mL 容量瓶中，用苯稀释到刻度，混匀，配制成浓度为 1000μg/mL 的标准储备溶液，使用时，根据需要再配制成适当浓度的标准工作溶液。

喹乙醇（$C_{12}H_{13}N_3O_4$）**标准溶液**（1000μg/mL）

［配制］ 用最小分度为 0.01mg 的分析天平，准确称取 0.1000g（或按纯度换算出质量 $m=0.1000g/w$；w——质量分数）的喹乙醇（$C_{12}H_{13}N_3O_4$；$M_r=263.2493$）纯品（纯度≥99%），于小烧杯中，以少量水溶解，再转移到 100mL 棕色容量瓶中，用紫外光谱纯甲醇稀释到刻度，混匀。配制成浓度为 1000μg/mL 的标准储备溶液，避光冷藏保存。

拉沙里菌素钠（$C_{34}H_{53}NaO_8$）**标准溶液**（1000μg/mL）

［配制］ 用最小分度为 0.01mg 的分析天平，准确称取 0.1000g（或按纯度换算出质量 $m=0.1000g/w$；w——质量分数）的拉沙里菌素钠（$C_{34}H_{53}NaO_8$；$M_r=612.7696$）纯品（纯度≥99%），于小烧杯中，用少量重蒸馏四氢呋喃溶解后，转移到 100mL 容量瓶中，并用重蒸馏四氢呋喃定容，摇匀。配制成浓度为 1000μg/mL 的标准储备溶液。使用时，根据需要再配制成适用浓度的标准工作溶液。

赖氨酸（$C_6H_{12}N_2O_2$）**标准溶液**（1000μg/mL）

［配制］ 准确称取 1.0000g（或按纯度换算出质量 $m=1.0000g/w$；w——质量分数）的经纯度分析的赖氨酸（$C_6H_{12}N_2O_2$；$M_r=146.1876$）纯品（纯度≥99%），于烧杯中，

用水溶解后，转移到 1000mL 容量瓶中，用水稀释至刻度，混匀。配制成浓度为 1000μg/mL 的标准储备溶液，避光低温保存。使用时用水稀释。

酪氨酸（$C_9H_{11}NO_3$）**标准溶液**（1000μg/mL）

［配制］ 取适量酪氨酸于称量瓶中，于 105℃下干燥至恒重，置于干燥器中冷却备用。准确称取 1.0000g（或按纯度换算出质量 $m=1.0000g/w$；w——质量分数）经纯度分析的酪氨酸（$C_9H_{11}NO_3$；$M_r=181.1885$）纯品（纯度≥99%），置于 100mL 烧杯中，加适量盐酸（1%）溶解后，移入 1000mL 容量瓶中，用盐酸（1%）稀释到刻度，混匀。低温避光保存。

［酪氨酸纯度的测定］ 电位滴定法：准确称取 0.15g 已干燥的样品，准确到 0.0001g，置于 250mL 锥形瓶中，加 6mL 无水甲酸溶解后，加 50mL 冰醋酸，溶解后，置电磁搅拌器上，浸入电极（玻璃电极为指示电极，饱和甘汞电极为参比电极），搅拌，并自滴定管中分次加入高氯酸标准溶液［$c(HClO_4)=0.100mol/L$］；开始时可每次加入较多的量，搅拌，记录电位；至将近终点前，则应每次加入少量，搅拌，记录电位；至突跃点已过，仍应继续滴加几次标准溶液，并记录电位。

滴定终点的确定：同苯巴比妥。同时做空白试验。

酪氨酸的质量分数（w）按下式计算：

$$w=\frac{c(V_1-V_2)\times 0.1812}{m}\times 100\%$$

式中 V_1——高氯酸标准溶液的体积，mL；

V_2——空白消耗高氯酸标准溶液的体积，mL；

c——高氯酸标准溶液的浓度，mol/L；

m——样品质量，g；

0.1812——与 1.00mL 高氯酸标准溶液［$c(HClO_4)=1.000mol/L$］相当的，以 g 为单位的酪氨酸的质量。

酪蛋白（$C_{21}H_{14}Br_4O_5SNa$）**标准溶液**（1000μg/mL）

［配制］ 准确称取适量（$m=1.0000g/w$；w——质量分数）用凯氏（Kjeldahl）法准确测定的酪蛋白（$C_{21}H_{14}Br_4O_5SNa$；$M_r=721.004$），于小烧杯中，用水溶解后，转移到 1000mL 容量瓶中，用水稀释刻度，混匀。配制成浓度为 1000μg/mL 的标准储备溶液。

乐果（$C_5H_{12}NO_3PS_2$）**标准溶液**（1000μg/mL）

［配制］ 用最小分度为 0.01mg 的分析天平，准确称取适量（$m=0.1007g$，质量分数为 99.3%）GBW（E）060136 乐果（$C_5H_{12}NO_3PS_2$；$M_r=229.257$）纯度分析标准物质或已知纯度（纯度≥99%）［质量，$m=0.1000g/w$；w——质量分数］的纯品，于 100mL 容量瓶中，加入无水乙醇溶解后，稀释到刻度，混匀。低温保存，使用前在（20±2）℃下平衡后，取适量稀释。

注：如果无法获得乐果标准物质，可采用如下方法提纯并测定纯度。

［提纯方法］ 取 500g 乐果原油，用石油醚洗涤 3 次，在水浴上（约 40℃）用氯仿溶解并饱和，冷却后过滤，用乙醚重结晶 1 次。再在水浴上（约 40℃）用氯仿溶解，趁热过滤，滤液冷却到室温后，移入冰

箱中结晶，过滤，采用减压干燥除去溶剂，再重复在水浴上（约40℃）用氯仿重结晶数次，直到得到白色的乐果晶体。在室温下于真空干燥箱中干燥。

［纯度分析］ 采用差示扫描量热法、液相色谱法测定其纯度。

乐杀螨（$C_{15}H_{18}N_2O_6$）**标准溶液**（1000μg/mL）

［配制］ 用最小分度为0.01mg的分析天平，准确称取0.1000g（或按纯度换算出质量$m=0.1000g/w$；w——质量分数）的乐杀螨（$C_{15}H_{18}N_2O_6$；$M_r=322.3132$）纯品（纯度≥99%），于小烧杯中，用正己烷溶解，转移到100mL容量瓶中，用正己烷定容，混匀。配制成浓度为1000μg/L的标准储备溶液。使用时，再根据需要用正己烷稀释成适当浓度的标准工作溶液。

利巴韦林（$C_8H_{12}N_4O_5$）**标准溶液**（1000μg/mL）

［配制］ 取适量利巴韦林于称量瓶中，于105℃下干燥至恒重，取出，置于干燥器中冷却备用。准确称取1.0000g（或按纯度换算出质量$m=1.0000g/w$；w——质量分数）经纯度分析（高效液相色谱法）的利巴韦林（$C_8H_{12}N_4O_5$；$M_r=244.2047$）纯品（纯度≥99%），置于100mL烧杯中，加适量水溶解后，移入1000mL容量瓶中，用水稀释到刻度，混匀。避光低温保存。

利佛米（$C_{15}H_{15}ClF_3N_3O$）**标准溶液**（1000μg/mL）

［配制］ 用最小分度为0.01mg的分析天平，准确称取0.1000g（或按纯度换算出质量$m=0.1000g/w$；w——质量分数）的利佛米（$C_{15}H_{15}ClF_3N_3O$；$M_r=345.747$）纯品（纯度≥99%），于小烧杯中，用色谱纯乙腈溶解，转移到100mL容量瓶中，用色谱纯乙腈定容，混匀。配制成浓度为1000μg/mL的标准储备溶液。使用时，根据需要用乙腈-碳酸盐缓冲溶液-水（7+1+2）混合溶液分别稀释配制成适当浓度的标准工作液。

注：碳酸盐缓冲溶液：pH9.23。取4mL碳酸钠溶液［$c(Na_2CO_3)=0.2mol/L$］及46mL碳酸氢钠溶液（0.2mol/L），加水定容至1000mL。

利佛米代谢物［4-氯-α,α,α-三氟(代)-N-(1-氨-2-丙氧基亚乙基)-o-甲苯胺］**标准溶液**（1000μg/mL）

［配制］ 用最小分度为0.01mg的分析天平，准确称取0.1000g（或按纯度换算出质量$m=0.1000g/w$；w——质量分数）的利佛米代谢物［4-氯-α,α,α-三氟(代)-N-(1-氨-2-丙氧基亚乙基)-o-甲苯胺］纯品（纯度≥99%），于小烧杯中，用色谱纯乙腈溶解，转移到100mL容量瓶中，用色谱纯乙腈定容，混匀。配制成浓度为1000μg/mL的标准储备溶液。使用时，根据需要用乙腈-碳酸盐缓冲溶液-水（7+1+2）混合溶液稀释配制成适当浓度的标准工作溶液。

注： 碳酸盐缓冲溶液：pH9.23。取4mL碳酸钠溶液［$c(Na_2CO_3)=0.2mol/L$］及46mL碳酸氢钠溶液［$c(NaHCO_3)=0.2mol/L$］，加水定容至1000mL，混匀。

利福平（$C_{43}H_{58}N_4O_{12}$）**标准溶液**（1000μg/mL）

［配制］ 取适量利福平于称量瓶中，于105℃下干燥至恒重，取出，置于干燥器中冷却

备用。准确称取 1.0000g（或按纯度换算出质量 $m=1.0000g/w$；w——质量分数）经纯度分析（高效液相色谱法）的利福平（$C_{43}H_{58}N_4O_{12}$；$M_r=822.9402$）纯品（纯度≥99%），置于 100mL 烧杯中，加适量甲醇溶解后，移入 1000mL 容量瓶中，用甲醇稀释到刻度，混匀。避光低温保存。

利谷隆（$C_9H_{10}Cl_2N_2O_2$）**标准溶液**（1000μg/mL）

［配制］ 用最小分度为 0.01mg 的分析天平，准确称取 0.1000g（或按纯度换算出质量 $m=0.1000g/w$；w——质量分数）的利谷隆（$C_9H_{10}Cl_2N_2O_2$；$M_r=249.094$）纯品（纯度≥99%），于小烧杯中，用重蒸馏苯溶解，并转移到 100mL 容量瓶中，用重蒸馏苯准确定容，混匀。配制成浓度为 1000μg/mL 的标准储备溶液，使用时，根据需要再用正己烷稀释成适当浓度的标准工作溶液。

利血平（$C_{33}H_{40}N_2O_9$）**标准溶液**（1000μg/mL）

［配制］ 取适量利血平于称量瓶中，于 60℃下减压干燥至恒重，取出，置于干燥器中冷却备用。准确称取 1.0000g（或按纯度换算出质量 $m=1.0000g/w$；w——质量分数）经纯度分析的利血平（$C_{33}H_{40}N_2O_9$；$M_r=608.6787$）纯品（纯度≥99%），置于 200mL 烧杯中，加 20mL 氯仿溶解后，移入 1000mL 容量瓶中，用氯仿稀释到刻度，混匀。避光低温保存。

［标定］ 分光光度法：准确量取 2.00mL 上述溶液，置 100mL 容量瓶中，用无水乙醇稀释至刻度（20μg/mL）。

准确移取 5.00mL 利血平对照品标准及待测溶液（20μg/mL），分别置于 10mL 容量瓶中，各加 1.0mL 硫酸标准溶液 [$c(\frac{1}{2}H_2SO_4)=0.500mol/L$] 与新配制的 1.0mL 亚硝酸钠溶液（3g/L），摇匀，置 55℃水浴中加热 30min，冷却后，各加新配制的 0.5mL 氨基磺酸胺溶液（50g/L），用无水乙醇稀释至刻度，摇匀，另取 5mL 对照品溶液与 5mL 样品溶液，除不加 1.0mL 亚硝酸钠溶液（3g/L）外，分别用同一方法处理后作为各自相应的空白，按附录十，用分光光度法，在 390nm±2nm 的波长处测定吸光度。计算，即得。

联苯苄唑（$C_{22}H_{18}N_2$）**标准溶液**（1000μg/mL）

［配制］ 取适量于称量瓶中，于 105℃下干燥至恒重，置于干燥器中冷却备用。准确称取 1.0000g 经纯度分析的联苯苄唑（$C_{22}H_{18}N_2$；$M_r=310.3917$）纯品（纯度≥99%），（或按纯度换算出质量 $m=1.0000g/w$；w——质量分数），置于 100mL 烧杯中，加适量氯仿溶解后，移入 1000mL 容量瓶中，用氯仿稀释到刻度，混匀。低温避光保存。

［联苯苄唑纯度的测定］ 准确称取 0.25g 已干燥的样品，准确到 0.0001g，置于 250mL 锥形瓶中，加 20mL 冰醋酸溶解后，冷却，加 1 滴结晶紫指示液（5g/L），用高氯酸标准溶液 [$c(HClO_4)=0.100mol/L$] 滴定，至溶液显蓝绿色，同时做空白试验。联苯苄唑的质量分数（w）按下式计算：

$$w=\frac{c(V_1-V_2)\times 0.3104}{m}\times 100\%$$

式中 V_1——高氯酸标准溶液的体积，mL；

V_2——空白消耗高氯酸标准溶液的体积，mL；

c——高氯酸标准溶液的浓度，mol/L；

m——样品质量，g；

0.3104——与1.00mL高氯酸标准溶液［$c(HClO_4)$=1.000mol/L］相当的，以g为单位的联苯苄唑的质量。

联苯双酯（$C_{20}H_{18}O_{10}$）**标准溶液**（1000μg/mL）

［配制］取适量联苯双酯于称量瓶中，于105℃下干燥至恒重，置于干燥器中冷却备用。准确称取1.0000g（或按纯度换算出质量 m=1.0000g/w；w——质量分数）经纯度分析的联苯双酯（$C_{20}H_{18}O_{10}$；M_r=418.3509）纯品（纯度≥99%），置于100mL烧杯中，加适量氯仿溶解后，移入1000mL容量瓶中，用氯仿稀释到刻度，混匀。低温避光保存。

［标定］分光光度法：准确移取1.50mL上述溶液，置100mL容量瓶中，用乙醇稀释至刻度（15μg/mL），摇匀。同法配制对照品标准溶液。按附录十，用分光光度法，在278nm的波长处分别测定对照品标准溶液及待标定溶液的吸光度，计算，即得。

2,2′-联吡啶（$C_{10}H_8N_2$）**标准溶液**（1000μg/mL）

［配制］用最小分度为0.01mg的分析天平，准确称取0.1000g（或按纯度换算出质量 m=0.1000g/w；w——质量分数）经纯度分析的2,2′-联吡啶（$C_{10}H_8N_2$；M_r=156.1839）纯品（纯度≥99%），置100mL烧杯中，加乙醇溶解后，转移到100mL容量瓶中，用乙醇稀释至刻度，摇匀。配制成浓度为1000μg/mL的标准储备溶液。

［2,2′-联吡啶纯度的测定］称取0.6g样品，准确至0.0001g。于250mL锥形瓶中，溶于40mL乙酸中，加2mL乙酸酐，摇匀，加2滴结晶紫指示液（5g/L），用高氯酸标准溶液［$c(HClO_4)$=0.100mol/L］滴定至溶液由紫色变为蓝色（微带紫色）。2,2′-联吡啶的质量分数按下式计算：

$$w=\frac{cV\times 0.1562}{m}\times 100\%$$

式中 w——2,2′-联吡啶的质量分数，%；

V——高氯酸标准溶液的体积，mL；

c——高氯酸标准溶液的浓度，mol/L；

m——样品质量，g；

0.1562——与1.00mL高氯酸标准溶液［$c(HClO_4)$=1.000mol/L］相当的，以g为单位的2,2′-联吡啶的质量。

两性霉素B（$C_{47}H_{73}NO_{17}$）**标准溶液**［1000单位/mL(μg/mL)］

［配制］取适量两性霉素B于称量瓶中，于60℃下减压干燥至恒重，置于干燥器中冷却备用。准确称取适量两性霉素B（$C_{47}H_{73}NO_{17}$；M_r=924.0790）纯品（按纯度换算出质量 m=1000g/X；X——每1mg的效价单位，）纯品（每1mg的效价不低于850两性霉素B单位），准确至0.0001g，置于100mL烧杯中，加二甲基亚砜溶解，移入1000mL容量瓶中，用二甲基亚砜稀释到刻度，混匀。配制成每1mL中含1000单位的两性霉素B溶液。

［标定］将每1mL中含1000单位的两性霉素B溶液，用磷酸盐缓冲液（pH10.5）稀释成每1mL中含1.4单位与0.7单位的溶液，最后二甲基甲酰胺的浓度应为8%，但在双碟制备

中取消底层培养基，菌层用 15mL。1000 单位的两性霉素 B 相当于 1mg 的 $C_{47}H_{73}NO_{17}$。

亮氨酸（$C_6H_{13}NO_2$）**标准溶液**（1000μg/mL）

[配制] 取适量亮氨酸于称量瓶中，于 105℃下干燥至恒重，置于干燥器中冷却备用。准确称取 1.0000g（或按纯度换算出质量 $m=1.0000\text{g}/w$；w——质量分数）经纯度分析的亮氨酸（$C_6H_{13}NO_2$；$M_r=131.1729$）纯品（纯度≥99%），置于 100mL 烧杯中，加适量水溶解后（必要时加热），移入 1000mL 容量瓶中，用水稀释到刻度，混匀。避光低温保存。

[亮氨酸纯度的测定] 电位滴定法：准确称取 0.1g 已干燥的样品，准确到 0.0001g，置于 250mL 锥形瓶中，加 1mL 无水甲酸溶解后，加 25mL 冰醋酸，溶解后，置电磁搅拌器上，浸入电极（玻璃电极为指示电极，饱和甘汞电极为参比电极），搅拌，并自滴定管中分次加入高氯酸标准溶液 [$c(HClO_4)=0.100$mol/L]；开始时可每次加入较多的量，搅拌，记录电位；至将近终点前，则应每次加入少量，搅拌，记录电位；至突跃点已过，仍应继续滴加几次标准溶液，并记录电位。

滴定终点的确定：同苯巴比妥。同时作空白试验。

亮氨酸的质量分数（w）按下式计算：

$$w=\frac{c(V_1-V_2)\times 0.1312}{m}\times 100\%$$

式中 V_1——高氯酸标准溶液的体积，mL；

V_2——空白试验高氯酸标准溶液的体积，mL；

c——高氯酸标准溶液的浓度，mol/L；

m——样品质量，g；

0.1312——与 1.00mL 高氯酸标准溶液 [$c(HClO_4)=1.000$mol/L] 相当的，以 g 为单位的亮氨酸的质量。

亮蓝（$Na_2C_{27}H_{34}N_2O_9S_3$）**标准溶液**（1000μg/mL）

[配制] 准确称取适量（$m=1.0277$g，质量分数为 97.3%）GBW 10004 亮蓝（$Na_2C_{27}H_{34}N_2O_9S_3$；$M_r=672.741$）纯度分析标准物质或已知纯度的纯品（质量 $m=1.0000\text{g}/w$；w——质量分数），置于烧杯中，用水溶解后，转移到 1000mL 容量瓶中，用水清洗烧杯数次，将洗涤液一并转移到容量瓶中，用水稀释到刻度，混匀。

[亮蓝纯度的测定] 称取 1.4g 样品，准确至 0.0001g，置于 500mL 锥形瓶中，加 30mL 新煮沸并已冷却至室温的水溶解，加入 15g 柠檬酸三钠，200mL 水，按苋菜红纯度测定中所示，装好仪器，在液面下通入二氧化碳气流的同时，加热至沸，并用三氯化钛标准溶液 [$c(TiCl_3)=0.100$mol/L] 滴定至无色为终点。亮蓝的质量分数（w）按下式计算：

$$w=\frac{cV\times 0.3964}{m}\times 100\%$$

式中 V——滴定试样消耗的三氯化钛标准溶液的体积，mL；

c——三氯化钛标准溶液的浓度，mol/L；

m——样品的质量，g；

0.3964——与 1.00mL 三氯化钛标准溶液 [$c(TiCl_3)=1.000$mol/L] 相当的，以 g 为单位的亮蓝的质量。

亮蓝铝色淀（$C_{37}H_{36}N_2O_9S_3$）**标准溶液**（1000μg/mL）

［配制］ 准确称取 1.0000g（或按纯度换算出质量 $m=1.0000g/w$；w——质量分数）的亮蓝铝色淀（$C_{37}H_{36}N_2O_9S_3$；$M_r=748.885$）纯品置于烧杯中，加入 20mL 水，4g 酒石酸氢钠，缓缓加热至（80～90）℃，溶解冷却后，移入 1000mL 的容量瓶中，稀释至刻度，摇匀。

［亮蓝铝色淀纯度的测定］ 称取 1.4g 样品，准确至 0.0001g，置于 500mL 锥形瓶中，加 20mL 硫酸溶液（10%），在（40～50）℃下搅拌溶解，加 30mL 新煮沸并已冷却至室温的水，加入 30g 柠檬酸三钠，200mL 水，按苋菜红纯度测定中所示，装好仪器，在液面下通入二氧化碳气流的同时加热至沸，并用三氯化钛标准溶液［$c(TiCl_3)=0.100mol/L$］滴定至无色为终点。亮蓝铝色淀的质量分数（w）按下式计算：

$$w=\frac{cV\times 0.3745}{m}\times 100\%$$

式中 V——三氯化钛标准溶液的体积，mL；

c——三氯化钛标准溶液的浓度，mol/L；

m——样品的质量，g；

0.3745——与 1.00mL 三氯化钛标准溶液［$c(TiCl_3)=1.000mol/L$］相当的，以 g 为单位的亮蓝铝色淀的质量。

林旦（$C_6H_6Cl_6$）**标准溶液**（1000μg/mL）

［配制］ 准确称取 1.0000g（或按纯度换算出质量 $m=1.0000g/w$；w——质量分数）经纯度分析的（$C_6H_6Cl_6$；$M_r=290.830$）纯品（纯度≥99%），置于 100mL 烧杯中，加适量乙醇溶解后，移入 1000mL 容量瓶中，用乙醇稀释到刻度，混匀。避光低温保存。

［林旦纯度的测定］ 准确称取 0.4g，准确到 0.0001g，置于 250mL 锥形瓶中，加 25mL 乙醇，置水浴中加热使其溶解，冷却，加 10mL 乙醇制氢氧化钾溶液［$c(KOH)=1mol/L$］轻轻摇匀，静置 10min，加 100mL 水，加硝酸溶液［$c(HNO_3)=2mol/L$］中和，并过量 10mL，准确加入 50mL 硝酸银标准溶液［$c(AgNO_3)=0.100mol/L$］，摇匀，加 2mL 硫酸铁铵指示液（80g/L），用硫氰酸铵标准溶液［$c(NH_4CNS)=0.100mol/L$］滴定，至溶液显淡棕红色。林旦的质量分数（w）按下式计算：

$$w=\frac{(V_1c_1-V_2c_2)\times 0.09694}{m}\times 100\%$$

式中 V_1——硝酸银标准溶液的体积，mL；

c_1——硝酸银标准溶液的浓度，mol/L；

V_2——硫氰酸铵标准溶液的体积，mL；

c_2——硫氰酸铵标准溶液的浓度，mol/L；

m——样品质量，g；

0.09694——与 1.00mL 硝酸银标准溶液［$c(AgNO_3)=1.000mol/L$］相当的，以 g 为单位的林旦的质量。

林可霉素（$C_{18}H_{34}N_2O_6S$）**标准溶液**（100μg/mL）

［配制］ 称取一定量林可霉素标准品，准确至 0.0001g，用磷酸盐缓冲液溶解（pH8.0：称取 33.46g 无水磷酸氢二钾及 1.046g 无水磷酸二氢钾，溶于水中并定容至 1000mL），并稀释。配制成浓度为 100μg/mL 的林可霉素标准储备溶液，保存于 4℃冰箱中，可稳定 1 个月。

邻苯二甲酸二丁酯（$C_{16}H_{22}O_4$）**标准溶液**（1000μg/mL）

［配制］ 准确称取 1.0000g（或按纯度换算出质量 $m=1.0000g/w$；w——质量分数）经纯度测定的邻苯二甲酸二丁酯（$C_{16}H_{22}O_4$；$M_r=278.3435$）纯品（纯度≥99%），置于 200mL 高型烧杯中，加适量甲醇溶解，移入 1000mL 容量瓶中，用甲醇稀释到刻度，混匀。

［邻苯二甲酸二丁酯纯度的测定］

（1）邻苯二甲酸二丁酯含量的测定　称取 0.15g 样品，准确至 0.0001g，于 250mL 锥形瓶中，加入 25.00mL 氢氧化钠标准溶液［c(NaOH)=0.100mol/L］，加入 50mL 乙醇（95%），在水浴上回流 30min，冷却至室温。加入 2 滴酚酞指示液（10g/L），用盐酸标准溶液［c(HCl)=0.0500mol/L］滴定至溶液红色消失为止。同时做空白试验。邻苯二甲酸二丁酯的质量分数（w）按下式计算：

$$w=\frac{c(V_1-V_2)\times 0.1392}{m}-1.6755w_2$$

式中：c——盐酸标准溶液的浓度，mol/L；

V_1——空白试验盐酸标准溶液的体积，mL；

V_2——盐酸标准溶液的体积，mL；

m——样品质量，g；

1.6755——酸度转化为酯含量的换算系数；

w_2——酸度（以邻苯二甲酸二丁酯的质量分数表示），%；

0.1392——与 1mL 盐酸标准溶液［c(HCl)=1.000mol/L］相当的，以 g 为单位的邻苯二甲酸二丁酯的质量。

（2）酸度的测定

① 中性乙醇的制备：量取 50mL 乙醇（无水乙醇），加入两滴酚酞指示液（10g/L），用氢氧化钠标准溶液［c(NaOH)=0.1000mol/L］滴定至溶液呈粉红色，保持 30s。

② 测定步骤　称取 10g 样品，准确到 0.01g，加入 50mL 中性乙醇及 2 滴酚酞指示液（10g/L），用氢氧化钠标准溶液［c(NaOH)=0.1000mol/L］滴定至溶液呈粉红色，保持 30s。

③ 酸度以质量分数（w_2）表示，按下式计算：

$$w_2=\frac{cV\times 0.08307}{m}\times 100\%$$

式中　w_2——酸度（以邻苯二甲酸计），%；

V——样品消耗氢氧化钠标准溶液的体积，mL；

c——氢氧化钠标准溶液的浓度，mol/L；

0.08307——与 1.00mL 氢氧化钠标准溶液［c(NaOH)=1.000mol/L］相当的，以 g 表示

的邻苯二甲酸的质量；

m——样品质量，g。

邻苯二甲酸二甲酯（$C_{10}H_{10}O_4$）**标准溶液**（1000μg/mL）

［配制］ 用最小分度为0.01mg的分析天平，准确称取0.1000g（或按纯度换算出质量$m=0.1000g/w$；w——质量分数）邻苯二甲酸二甲酯（$C_{10}H_{10}O_4$；$M_r=194.1840$）纯品（纯度≥99%），于烧杯中，加正己烷溶解，移入100mL棕色容量瓶中，用正己烷稀释到至刻度，摇匀。配制成浓度为1000μg/mL的标准储备溶液。

邻苯二甲酸二乙酯（$C_{12}H_{14}O_4$）**标准溶液**（1000μg/mL）

［配制］ 准确称取1.0000g（或按纯度换算出质量$m=1.0000g/w$；w——质量分数）经纯度测定的邻苯二甲酸二乙酯（$C_{12}H_{14}O_4$；$M_r=222.2372$）纯品（纯度≥99%），置于200mL高型烧杯中，加适量无水乙醇溶解，移入1000mL容量瓶中，用无水乙醇稀释到刻度，摇匀。

邻苯二甲酸酐（$C_8H_4O_3$）**标准溶液**（1000μg/mL）

［配制］ 准确称取1.0000g（或按纯度换算出质量$m=1.0000g/w$；w——质量分数）经纯度分析的邻苯二甲酸酐（$C_8H_4O_3$；$M_r=148.1156$）纯品（纯度≥99%），置于100mL烧杯中，加50mL乙醇水溶液（50%）溶解后，移入1000mL容量瓶中，用乙醇水溶液（50%）稀释到刻度，混匀。

［邻苯二甲酸酐纯度的测定］ 准确称取0.15g样品，准确至0.0001g。于250mL锥形瓶中，加50mL不含二氧化碳的水，2滴酚酞指示液（10g/L），用氢氧化钠标准溶液［$c(NaOH)=0.100mol/L$］滴定至溶液呈粉红色。同时做空白试验。邻苯二甲酸酐的质量分数（w）按下式计算：

$$w=\frac{c(V_1-V_2)\times 0.04903}{m}\times 100\%$$

式中 V_1——氢氧化钠标准溶液的体积，mL；

V_2——空白试验氢氧化钠标准溶液的体积，mL；

c——氢氧化钠标准溶液的浓度，mol/L；

m——样品质量，g；

0.04903——与1.00mL氢氧化钠标准溶液［$c(NaOH)=1.000mol/L$］相当的，以g为单位的邻苯二甲酸酐的质量。

邻苯基苯酚（$C_{12}H_{10}O$）**标准溶液**（1000μg/mL）

［配制］ 用最小分度为0.01mg的分析天平，准确称取0.1000g（或按纯度换算出质量$m=0.1000g/w$；w——质量分数）的邻苯基苯酚（$C_{12}H_{10}O$；$M_r=170.2072$）纯品（纯度≥99.5%），于小烧杯中，用色谱纯甲醇溶解，转移到100mL容量瓶中，用色谱纯甲醇定容，混匀。配制成浓度为1000μg/mL的标准储备溶液。使用时，根据需要再稀释成适当浓度的标准工作溶液。

邻-二甲苯（C_8H_{10}）**标准溶液**（1000μg/mL）

［配制］ 准确称取0.5000g经纯度分析的高纯邻-二甲苯（C_8H_{10}；M_r=106.1650），置于500mL棕色容量瓶中，加入色谱纯甲醇溶解后，稀释到刻度，混匀。低温保存，使用前在（20±2）℃下平衡后，根据需要再配制成适用浓度的标准工作溶液。

邻硝基苯酚钠（$C_6H_4NO_3Na$）**标准溶液**（1000μg/mL）

［配制］ 用最小分度为0.01mg的分析天平，准确称取0.1000g（或按纯度换算出质量m=0.1000g/w；w——质量分数）的邻硝基苯酚钠（$C_6H_4NO_3Na$；M_r=161.0906）纯品（纯度≥99%），于小烧杯中，用蒸馏水溶解，转移到100mL容量瓶中，用蒸馏水定容，混匀。配制成浓度为1000μg/mL的标准储备溶液。

邻溴苯甲酸（$C_7H_5BrO_2$）**标准溶液**（1000μg/mL）

［配制］ 准确称取1.0000g（或按纯度换算出质量m=1.0000g/w；w——质量分数）GBW（E）060031邻溴苯甲酸标准物质或经纯度分析的邻溴苯甲酸（$C_7H_5BrO_2$；M_r=201.017）纯品（纯度≥99.5%），置于100mL烧杯中，加50mL乙醇，溶解后，移入1000mL容量瓶中，用乙醇稀释到刻度，混匀。

注：如果无法获得邻溴苯甲酸标准物质，可采用如下方法提纯并测定纯度。

［邻溴苯甲酸提纯方法］ 将邻溴苯甲酸用乙醇水溶液重结晶数次，经真空干燥制得纯品。再采用区域熔融方法提纯。

［邻溴苯甲酸纯度测定］ 采用差示扫描量热法、酸碱中和法结合质谱法、高压液相色谱法、红外吸收光谱法、紫外吸收光谱法、ICP发射光谱法等方法测定主含量和杂质，确定其纯度。

磷胺（$C_{11}H_{18}NO_4 \cdot H_2O$）**标准溶液**（1000μg/mL）

［配制］ 用最小分度为0.01mg的分析天平，准确称取0.1000g（或按纯度换算出质量m=0.1000g/w；w——质量分数）（顺式异构体70%，反式异构体30%）的磷胺（$C_{11}H_{18}NO_4 \cdot H_2O$；$M_r$=246.2802）纯品（纯度≥99%），置于烧杯中，用重蒸馏丙酮溶解，转移到100mL容量瓶中，用丙酮稀释到刻度，混匀。配制成浓度为1000μg/mL的标准储备溶液。根据需要再用丙酮稀释储备液成适当浓度的标准工作溶液。

磷霉素（$C_3H_7O_4P$）**标准溶液**［1000单位/mL(μg/mL)］

［配制］ 准确称取适量磷霉素钠（$Na_2C_3H_5O_4P$；M_r=182.0227）纯品（1mg的效价不低于700磷霉素单位），置于100mL烧杯中，加适量灭菌水溶解后，移入1000mL容量瓶中，用灭菌水稀释到刻度。1mL溶液中含1000单位的磷霉素，1000单位的磷霉素相当于1mg $C_3H_7O_4P$。

磷酸苯丙哌林（$C_{21}H_{27}NO \cdot H_3PO_4$）**标准溶液**（1000μg/mL）

［配制］ 取适量磷酸苯丙哌林于称量瓶中，于105℃下干燥至恒重，取出，置于干燥器中冷却备用。准确称取1.0000g（或按纯度换算出质量m=1.0000g/w；w——质量分数）经纯度分析的磷酸苯丙哌林（$C_{21}H_{27}NO \cdot H_3PO_4$；$M_r$=407.4404）纯品（纯度≥99%），

置于100mL烧杯中，加适量水溶解后，移入1000mL容量瓶中，用水稀释到刻度，混匀。低温避光保存。

［磷酸苯丙哌林纯度的测定］ 准确称取0.3g已干燥的样品，准确到0.0001g，置于150mL锥形瓶中，加20mL冰醋酸与4mL乙酸酐溶解后，加1滴结晶紫指示液（5g/L），用高氯酸标准溶液［$c(HClO_4)=0.100mol/L$］滴定，至溶液显绿色，同时做空白试验。磷酸苯丙哌林的质量分数（w）按下式计算：

$$w=\frac{c(V_1-V_2)\times 0.4074}{m}\times 100\%$$

式中 V_1——高氯酸标准溶液的体积，mL；

V_2——空白消耗高氯酸标准溶液的体积，mL；

c——高氯酸标准溶液的浓度，mol/L；

m——样品质量，g；

0.4074——与1.00mL高氯酸标准溶液［$c(HClO_4)=1.000mol/L$］相当的，以g为单位的磷酸苯丙哌林的质量。

磷酸丙吡胺（$C_{21}H_{29}N_3O \cdot H_3PO_4$）**标准溶液**（1000μg/mL）

［配制］ 取适量磷酸丙吡胺于称量瓶中，于105℃下干燥至恒重，取出，置于干燥器中冷却备用。准确称取1.0000g（或按纯度换算出质量$m=1.0000g/w$；w——质量分数）经纯度分析的磷酸丙吡胺（$C_{21}H_{29}N_3O \cdot H_3PO_4$；$M_r=437.4696$）纯品（纯度≥99%），置于100mL烧杯中，加适量水溶解后，移入1000mL容量瓶中，用水稀释到刻度，混匀。

［磷酸丙吡胺纯度的测定］ 准确称取0.1g已干燥的样品，准确到0.0002g，置于150mL锥形瓶中，加10mL冰醋酸溶解后，加1滴结晶紫指示液（5g/L），用高氯酸标准溶液［$c(HClO_4)=0.100mol/L$］滴定，至溶液显绿色，同时做空白试验。磷酸丙吡胺的质量分数（w）按下式计算：

$$w=\frac{c(V_1-V_2)\times 0.2187}{m}\times 100\%$$

式中 V_1——高氯酸标准溶液的体积，mL；

V_2——空白消耗高氯酸标准溶液的体积，mL；

c——高氯酸标准溶液的浓度，mol/L；

m——样品质量，g；

0.2187——与1.00mL高氯酸标准溶液［$c(HClO_4)=1.000mol/L$］相当的，以g为单位的磷酸丙吡胺的质量。

磷酸伯氨喹（$C_{15}H_{21}N_3O \cdot 2H_3PO_4$）**标准溶液**（1000μg/mL）

［配制］ 取适量磷酸伯氨喹于称量瓶中，于105℃下干燥至恒重，取出，置于干燥器中冷却备用。准确称取1.0000g（或按纯度换算出质量$m=1.0000g/w$；w——质量分数）经纯度分析的磷酸伯氨喹（$C_{15}H_{21}N_3O \cdot 2H_3PO_4$；$M_r=455.3371$）纯品（纯度≥99%），置于100mL烧杯中，加适量水溶解后，移入1000mL容量瓶中，用水稀释到刻度，混匀。低温避光保存。

［磷酸伯氨喹纯度的测定］ 电位滴定法：准确称取0.15g已干燥的样品，准确到

0.0001g，置于200mL烧杯中，加40mL冰醋酸溶解后，置电磁搅拌器上，浸入电极（玻璃电极为指示电极，饱和甘汞电极为参比电极），搅拌，并自滴定管中分次加入高氯酸标准溶液 [$c(HClO_4)=0.100$mol/L]；开始时可每次加入较多的量，搅拌，记录电位；至将近终点前，则应每次加入少量，搅拌，记录电位；至突跃点已过，仍应继续滴加几次标准溶液，并记录电位。

滴定终点的确定：同苯巴比妥。同时做空白试验。

磷酸伯氨喹的质量分数（w）按下式计算：

$$w=\frac{c(V_1-V_2)\times 0.2277}{m}\times 100\%$$

式中 V_1——高氯酸标准溶液的体积，mL；

V_2——空白消耗高氯酸标准溶液的体积，mL；

c——高氯酸标准溶液的浓度，mol/L；

m——样品质量，g；

0.2277——与1.00mL高氯酸标准溶液 [$c(HClO_4)=1.000$mol/L] 相当的，以g为单位的磷酸伯氨喹的质量。

磷酸可待因（$C_{18}H_{21}NO_3\cdot H_3PO_4$）**标准溶液**（1000μg/mL）

［配制］ 取适量磷酸可待因（$C_{18}H_{21}NO_3\cdot H_3PO_4\cdot 1.5H_2O$；$M_r=424.3823$）于称量瓶中，于105℃下干燥至恒重，取出，置于干燥器中冷却备用。准确称取1.0000g（或按纯度换算出质量 $m=1.0000g/w$；w——质量分数）经纯度分析的磷酸可待因（$C_{18}H_{21}NO_3\cdot H_3PO_4$；$M_r=397.3594$）纯品（纯度≥99%），置于100mL烧杯中，加适量水溶解后，移入1000mL容量瓶中，用水稀释到刻度，混匀。低温避光保存。

［磷酸可待因纯度的测定］ 准确称取0.25g已干燥的样品，准确到0.0001g，置于150mL锥形瓶中，加10mL冰醋酸溶解后，加1滴结晶紫指示液（5g/L），用高氯酸标准溶液 [$c(HClO_4)=0.100$mol/L] 滴定，同时做空白试验。磷酸可待因的质量分数（w）按下式计算：

$$w=\frac{c(V_1-V_2)\times 0.3974}{m}\times 100\%$$

式中 V_1——高氯酸标准溶液的体积，mL；

V_2——空白消耗高氯酸标准溶液的体积，mL；

c——高氯酸标准溶液的浓度，mol/L；

m——样品质量，g；

0.3974——与1.00mL高氯酸标准溶液 [$c(HClO_4)=1.000$mol/L] 相当的，以g为单位的磷酸可待因的质量。

磷酸咯萘啶（$C_{29}H_{32}ClN_5O_2\cdot 4H_3PO_4$）**标准溶液**（1000μg/mL）

［配制］ 取适量磷酸咯萘啶于称量瓶中，于105℃下干燥至恒重，取出，置于干燥器中冷却备用。准确称取1.0000g（或按纯度换算出质量 $m=1.0000g/w$；w——质量分数）经纯度分析的磷酸咯萘啶（$C_{29}H_{32}ClN_5O_2\cdot 4H_3PO_4$；$M_r=910.0304$）纯品（纯度≥99%），

置于100mL烧杯中，加适量水溶解后，移入1000mL容量瓶中，用水稀释到刻度，混匀。低温避光保存。

[磷酸咯萘啶纯度的测定] 电位滴定法：准确称取0.2g已干燥的样品，准确到0.0001g，置于200mL烧杯中，加40mL冰醋酸，加热振摇使其溶解，冷却至室温，置电磁搅拌器上，浸入电极（玻璃电极为指示电极，饱和甘汞电极为参比电极），搅拌，并自滴定管中分次加入高氯酸标准溶液 [$c(HClO_4)=0.100mol/L$]；开始时可每次加入较多的量，搅拌，记录电位；至将近终点前，则应每次加入少量，搅拌，记录电位；至突跃点已过，仍应继续滴加几次标准溶液，并记录电位。

滴定终点的确定：同苯巴比妥。同时做空白试验。

磷酸咯萘啶的质量分数（w）按下式计算：

$$w=\frac{c(V_1-V_2)\times 0.3033}{m}\times 100\%$$

式中 V_1——高氯酸标准溶液的体积，mL；

V_2——空白消耗高氯酸标准溶液的体积，mL；

c——高氯酸标准溶液的浓度，mol/L；

m——样品质量，g；

0.3033——与1.00mL高氯酸标准溶液 [$c(HClO_4)=1.000mol/L$] 相当的，以g为单位的磷酸咯萘啶的质量。

磷酸氯喹（$C_{18}H_{26}ClN_3\cdot 2H_3PO_4$）**标准溶液**（1000μg/mL）

[配制] 取适量磷酸氯喹于称量瓶中，于120℃下干燥至恒重，取出，置于干燥器中冷却备用。准确称取1.0000g（或按纯度换算出质量 $m=1.0000g/w$；w——质量分数）经纯度分析的磷酸氯喹（$C_{18}H_{26}ClN_3\cdot 2H_3PO_4$；$M_r=515.8625$）纯品（纯度≥99%），置于100mL烧杯中，加适量水溶解后，移入1000mL容量瓶中，用水稀释到刻度，混匀。低温避光保存。

[磷酸氯喹纯度的测定] 准确称取0.2g已干燥的样品，准确到0.0001g，置于150mL锥形瓶中，加20mL冰醋酸溶解后，加1滴结晶紫指示液（5g/L），用高氯酸标准溶液 [$c(HClO_4)=0.100mol/L$] 滴定，至溶液显绿色，同时做空白试验。磷酸氯喹的质量分数（w）按下式计算：

$$w=\frac{c(V_1-V_2)\times 0.2579}{m}\times 100\%$$

式中 V_1——高氯酸标准溶液的体积，mL；

V_2——空白消耗高氯酸标准溶液的体积，mL；

c——高氯酸标准溶液的浓度，mol/L；

m——样品质量，g；

0.2579——与1.00mL高氯酸标准溶液 [$c(HClO_4)=1.000mol/L$] 相当的，以g为单位的磷酸氯喹的质量。

磷酸哌喹（$C_{29}H_{32}Cl_2N_6\cdot 4H_3PO_4$）**标准溶液**（1000μg/mL）

[配制] 准确称取1.0777g（或按纯度换算出质量 $m=1.0777g/w$；w——质量分数）

经纯度分析的磷酸哌喹（$C_{29}H_{32}Cl_2N_6 \cdot 4H_3PO_4 \cdot 4H_2O$；$M_r=999.5524$）纯品（纯度≥99%），置于100mL烧杯中，加适量水加热溶解冷却后，移入1000mL容量瓶中，用水稀释到刻度，混匀。低温避光保存。

［磷酸哌喹纯度的测定］ 准确称取0.2g样品，准确到0.0001g，置小烧杯中，加0.5mL盐酸使其溶解，加10mL水，搅拌均匀，移入分液漏斗中，以少量水洗涤烧杯，洗液并入分液漏斗中，加10mL氢氧化钠溶液（200g/L），摇匀，用氯仿抽提4次，每次20mL，每次得到的氯仿液均用同一份10mL水洗涤，合并氯仿液，过滤，用氯仿洗涤滤纸与滤器，洗液与滤液合并，并在水浴上蒸发至5mL，加20mL乙酸酐，振摇使其充分溶解，加1滴结晶紫指示液（5g/L），用高氯酸标准溶液［$c(HClO_4)=0.100mol/L$］滴定，至溶液显翠绿色，同时做空白试验。磷酸哌喹的质量分数（w）按下式计算：

$$w=\frac{c(V_1-V_2)\times 0.2319}{m}\times 100\%$$

式中 V_1——高氯酸标准溶液的体积，mL；

V_2——空白消耗高氯酸标准溶液的体积，mL；

c——高氯酸标准溶液的浓度，mol/L；

m——样品质量，g；

0.2319——与1.00mL高氯酸标准溶液［$c(HClO_4)=1.000mol/L$］相当的，以g为单位的磷酸哌喹的质量。

磷酸哌嗪（$C_4H_{10}N_2 \cdot H_3PO_4$）**标准溶液**（1000μg/mL）

［配制］ 准确称取1.0978g（或按纯度换算出质量$m=1.0978g/w$；w——质量分数）经纯度分析的磷酸哌嗪（$C_4H_{10}N_2 \cdot H_3PO_4 \cdot H_2O$；$M_r=202.1461$）纯品（纯度≥99%），置于100mL烧杯中，加适量水加热溶解冷却后，移入1000mL容量瓶中，用水稀释到刻度，混匀。

［磷酸哌嗪纯度的测定］ 准确称取80mg样品，准确到0.0001g，置于250mL锥形瓶中，加4mL无水甲酸，微热使其溶解，加50mL冰醋酸与1滴结晶紫指示液（5g/L），用高氯酸标准溶液［$c(HClO_4)=0.100mol/L$］滴定，至溶液显绿色，同时做空白试验。磷酸哌嗪的质量分数（w）按下式计算：

$$w=\frac{c(V_1-V_2)\times 0.09207}{m}\times 100\%$$

式中 V_1——高氯酸标准溶液的体积，mL；

V_2——空白消耗高氯酸标准溶液的体积，mL；

c——高氯酸标准溶液的浓度，mol/L；

m——样品质量，g；

0.09207——与1.00mL高氯酸标准溶液［$c(HClO_4)=1.000mol/L$］相当的，以g为单位的磷酸哌嗪的质量。

磷酸三苯酯（$C_{18}H_{15}O_4P$）**标准溶液**（1000μg/mL）

［配制］ 准确称取1.0000g（或按纯度换算出质量$m=1.0000g/w$；w——质量分数）GBW（E）060004磷酸三苯酯标准物质或经纯度分析的磷酸三苯酯（$C_{18}H_{15}O_4P$；$M_r=$

326.2831）纯品（纯度≥99%），置于100mL烧杯中，加50mL无水乙醇，溶解后，移入1000mL容量瓶中，用无水乙醇稀释到刻度，混匀。

注：如果无法获得磷酸三苯酯标准物质，可采用如下方法提纯并测定纯度。

[磷酸三苯酯的纯化] 将磷酸三苯酯用氢氧化钠溶液（50g/L）及纯水洗涤，采用95%乙醇重结晶数次，经真空干燥制得纯品。

[磷酸三苯酯纯度测定] 采用质谱法、高压液相色谱法、红外吸收光谱法、紫外吸收光谱法、ICP发射光谱法等方法测定主含量和杂质，确定其纯度。

磷酸三甲苯酯（$C_{21}H_{21}O_4P$）**标准溶液**（1000μg/mL）

[配制] 准确称取1.0000g（或按纯度换算出质量 $m=1.0000g/w$；w——质量分数）磷酸三甲苯酯（$C_{21}H_{21}O_4P$；$M_r=363.3628$）纯品（纯度≥99%），置于100mL烧杯中，加乙醇溶解后，移入1000mL容量瓶中，用乙醇稀释到刻度，混匀。

磷酸组胺（$C_5H_9N_3 \cdot 2H_3PO_4$）**标准溶液**（1000μg/mL）

[配制] 取适量磷酸组胺于称量瓶中，于105℃下干燥至恒重，取出，置于干燥器中冷却备用。准确称取1.0000g（或按纯度换算出质量 $m=1.0000g/w$；w——质量分数）经纯度分析的磷酸组胺（$C_5H_9N_3 \cdot 2H_3PO_4$；$M_r=307.1354$）纯品（纯度≥99%），置于100mL烧杯中，加适量水溶解后，移入1000mL容量瓶中，用水稀释到刻度，混匀。低温避光保存。

[磷酸组胺纯度的测定] 准确称取0.1g已干燥的样品，准确到0.0001g，置于150mL锥形瓶中，加10mL水溶解后，加5mL氯仿、25mL乙醇，与10滴麝香草酚酞指示液（1g/L），用氢氧化钠标准溶液[c(NaOH)=0.100mol/L]滴定。磷酸组胺的质量分数（w）按下式计算：

$$w=\frac{cV\times 0.07678}{m}\times 100\%$$

式中 V——氢氧化钠标准溶液的体积，mL；

c——氢氧化钠标准溶液的浓度，mol/L；

m——样品质量，g；

0.07678——与1.00mL氢氧化钠标准溶液[c(NaOH)=1.000mol/L]相当的，以g为单位的磷酸组胺的质量。

硫醇标准溶液（1000μg/mL）

[配制] 用最小分度为0.01mg的天平，准确称取0.1566g甲基硫醇化铅晶体纯品，用乙酸汞溶液（50g/L）溶解，转移到100mL容量瓶中，并稀释到刻度，混匀。低温保存，使用前在（20±2)℃下平衡后，取适量稀释。

[甲基硫醇化铅的制备] 在通风橱中，将气罐中的甲基硫醇气体通入乙酸铅溶液（100g/L）中，用抽滤法收集黄色的甲基硫醇化铅晶体沉淀，用水洗涤，然后在45℃的真空干燥箱中干燥12h。将晶体储存在真空干燥器中，放置暗处备用。

硫代二丙酸二月桂酯（$C_{30}H_{58}O_4S$）**标准溶液**（1000μg/mL）

[配制] 准确称取1.0000g（或按纯度换算出质量 $m=1.0000g/w$；w——质量分数）

经纯度分析的硫代二丙酸二月桂酯（$C_{30}H_{58}O_4S$；M_r=514.844）纯品（纯度≥99%），于小烧杯中，用水溶解后，转移到1000mL容量瓶，并用水稀释到刻度，混匀。配制成浓度为1000μg/mL的标准储备溶液。

[硫代二丙酸二月桂酯纯度的测定]

（1）酸度的测定　准确称取2g样品，准确至0.0001g，移入250mL锥形瓶中。加入50mL甲醇-苯（1+3）混合溶液，加5滴酚酞指示液（10g/L）。用氢氧化钾乙醇标准溶液[c(KOH)=0.100mol/L]滴定至溶液呈粉红色，并保持30s。酸度以硫代二丙酸的质量分数（w_1）表示，按下式计算：

$$w_1=\frac{cV\times 0.0891}{m}\times 100\%$$

式中　V——氢氧化钾标准溶液的体积，mL；

c——氢氧化钾标准溶液的浓度，mol/L；

m——样品质量，g；

0.0891——与1.00mL氢氧化钾标准溶液[c(KOH)=1.000mol/L]相当的，以g为单位的硫代二丙酸的质量。

（2）硫代二丙酸和硫代二丙酸二月桂酯总量的测定：准确称取0.7g样品，准确至0.0001g，移入250mL锥形瓶，加100mL酯酸和50mL乙醇。40℃加热此混合物直到样品完全溶解，随之加3mL盐酸和4滴对乙氧基柯衣定指示液（2g/L），立即用溴标准溶液[$c(\frac{1}{2}Br_2)$=0.100mol/L]滴定。当接近终点（粉红色）时，加4滴或更多滴指示剂溶液，并继续逐渐滴定，使颜色从红色变成淡黄色为终点。同时做空白试验。硫代二丙酸和硫代二丙酸二月桂酯总量（w_2）按下式计算：

$$w_2=\frac{c(V_1-V_2)\times 0.2574}{m}\times 100\%$$

式中　V_1——溴标准溶液的体积，mL；

V_2——空白试验消耗溴标准溶液的体积，mL；

c——溴标准溶液的浓度，mol/L；

m——样品质量，g；

0.2574——与1.00mL溴标准溶液[$c(\frac{1}{2}Br_2)$=1.000mol/L]相当的，以g为单位的硫代二丙酸二月桂酯的质量。

（3）硫代二丙酸二月桂酯的质量分数（w）按下式计算：

$$w=w_2-2.89w_1$$

式中　w_1——硫代二丙酸的质量分数，%；

w_2——硫代二丙酸和硫代二丙酸二月桂酯总量，%；

2.89——硫代二丙酸换算成硫代二丙酸二月桂酯的系数。

硫丹（$C_9H_6Cl_6O_3S$）**标准溶液**（1000μg/mL）

[配制]　用最小分度为0.01mg的分析天平，准确称取0.1000g（或按纯度换算出质量m=0.1000g/w；w——质量分数）的硫丹（$C_9H_6Cl_6O_3S$；M_r=406.925）纯品（纯度≥99%），于小烧杯中，用重蒸馏石油醚溶解，转移到100mL容量瓶中，用重蒸馏石油醚定容，混匀。配制成浓度为1000μg/L的标准储备溶液。使用时，根据需要再配制成适用的标

准工作溶液。

硫鸟嘌呤（$C_5H_5N_5S$）**标准溶液**（1000μg/mL）

［配制］ 取适量硫鸟嘌呤于称量瓶中，于105℃下干燥至恒重，置于干燥器中冷却备用。准确称取1.0000g（或按纯度换算出质量 $m=1.0000g/w$；w——质量分数）经纯度分析的硫鸟嘌呤（$C_5H_5N_5S$；$M_r=167.192$）纯品（纯度≥99%），置于100mL烧杯中，加10mL氢氧化钠溶液（40g/L）溶解后，移入1000mL容量瓶中，用水稀释到刻度，混匀。低温避光保存。

［标定］ 分光光度法：移取取1.00mL上述溶液，移入250mL容量瓶中，用盐酸溶液（1%）稀释至刻度（4μg/mL），摇匀，按附录十，用分光光度法，在348nm的波长处测定溶液的吸光度，以 $C_5H_5N_5S$ 的吸光系数 $E_{1cm}^{1\%}$ 为1240计算，即得。

硫脲（CH_4N_2S）**标准溶液**（1000μg/mL）

［配制］ 准确称取1.0000g（或按纯度换算出质量 $m=1.0000g/w$；w——质量分数）经纯度分析的硫脲（CH_4N_2S；$M_r=76.121$）纯品（纯度≥99%），置于100mL烧杯中，加50mL水，溶解后，移入1000mL容量瓶中，用水稀释到刻度，混匀。

［标定］ 准确移取20.00mL上述硫脲溶液注入碘量瓶中，加50.00mL碘标准溶液［$c(\frac{1}{2}I_2)=0.100mol/L$］，20mL氢氧化钠溶液（40g/L），摇匀，于暗处放置10min。加100mL水及10mL盐酸溶液（20%），摇匀。用硫代硫酸钠标准溶液［$c(Na_2S_2O_3)=0.100mol/L$］滴定，近终点时，加3mL淀粉指示液（5g/L），继续滴定至溶液蓝色消失。同时做空白试验。硫脲溶液的质量浓度（ρ）按下式计算：

$$\rho=\frac{c(V_1-V_2)\times 76.12}{V}\times 1000$$

式中 V_1——空白试验硫代硫酸钠标准溶液的体积，mL；
V_2——硫代硫酸钠标准溶液的体积，mL；
c——硫代硫酸钠标准溶液的浓度，mol/L；
V——硫脲溶液的体积，mL；
76.12——硫脲（CH_4N_2S）的摩尔质量，g/mol。

硫喷妥钠（$NaC_{11}H_{17}N_2O_2S$）**标准溶液**（1000μg/mL）

［配制］ 取适量硫喷妥钠干燥纯品于称量瓶中，于80℃下减压干燥至恒重，置于干燥器中冷却备用。准确称取1.0000g（或按纯度换算出质量 $m=1.0000g/w$；w——质量分数）经纯度分析的硫喷妥钠（$NaC_{11}H_{17}N_2O_2S$；$M_r=264.320$）纯品（纯度≥99%），置于100mL烧杯中，加适量水溶解后，移入1000mL容量瓶中，用水稀释至刻度，混匀。

［标定］ 分光光度法：准确移取1.00mL上述溶液，移入200mL容量瓶中，用氢氧化钠溶液（4g/L）稀释到刻度（5μg/mL）。同时制备一份相同浓度的标准对照品溶液，按附录十，用分光光度法，在304nm的波长处测定待测溶液及标准对照品溶液的吸光度，计算，即得。

硫酸阿米卡星标准溶液［1000单位/mL(μg/mL)，以阿米卡星（$C_{22}H_{43}N_5O_{13}$）计］

［配制］ 取适量硫酸阿米卡星于称量瓶中，于105℃下干燥至恒重，置于干燥器中冷却

备用。准确称取适量（按纯度换算出质量 $m=1000g/X$；X——每 1mg 阿米卡星的效价单位）硫酸阿米卡星（$C_{22}H_{43}N_5O_{13} \cdot 1.8H_2SO_4$；$M_r=762.144$）纯品（1mg 的效价不低于 690 阿米卡星单位），置于 100mL 烧杯中，加适量灭菌水溶解后，移入 1000mL 容量瓶中，用灭菌水稀释到刻度。低温保存。1mL 溶液中含 1000 单位的阿米卡星，1000 阿米卡星单位相当于 1mg $C_{22}H_{43}N_5O_{13}$。采用抗生素微生物检定法测定。

硫酸阿托品 [$(C_{17}H_{23}NO_3)_2 \cdot H_2SO_4$] **标准溶液**（1000μg/mL）

[配制] 取适量硫酸阿托品 [$(C_{17}H_{23}NO_3)_2 \cdot H_2SO_4 \cdot H_2O$；$M_r=694.833$] 于称量瓶中，于 120℃下干燥至恒重，置于干燥器中冷却备用。准确称取 1.0000g（或按纯度换算出质量 $m=1.0000g/w$；w——质量分数）经纯度分析的硫酸阿托品 [$(C_{17}H_{23}NO_3)_2 \cdot H_2SO_4$；$M_r=676.817$] 纯品（纯度≥99%），置于 100mL 烧杯中，加适量水溶解后，移入 1000mL 容量瓶中，用水稀释到刻度，混匀。

[硫酸阿托品纯度的测定] 准确称取 0.5g 已干燥的样品，准确到 0.0001g，置于 250mL 锥形瓶中，各加 10mL 冰醋酸与乙酸酐溶解后，加 1 滴结晶紫指示液（5g/L），用高氯酸标准溶液 [$c(HClO_4)=0.100mol/L$] 滴定，至溶液显纯蓝色，同时做空白试验。硫酸阿托品的质量分数（w）按下式计算：

$$w=\frac{c(V_1-V_2)\times 0.6768}{m}\times 100\%$$

式中 V_1——高氯酸标准溶液的体积，mL；
V_2——空白消耗高氯酸标准溶液的体积，mL；
c——高氯酸标准溶液的浓度，mol/L；
m——样品质量，g；
0.6768——与 1.00mL 高氯酸标准溶液 [$c(HClO_4)=1.000mol/L$] 相当的，以 g 为单位的硫酸阿托品的质量。

硫酸巴龙霉素标准溶液 [1000 单位/mL（μg/mL），以巴龙霉素（$C_{23}H_{45}N_5O_{14}$）计]

[配制] 取适量硫酸巴龙霉素于称量瓶中，于 105℃下干燥 3h，置于干燥器中冷却备用。准确称取适量（按纯度换算出质量 $m=1000g/X$；X——每 1mg 巴龙霉素的效价单位）硫酸巴龙霉素（$C_{23}H_{45}N_5O_{14} \cdot nH_2SO_4$）纯品（1mg 的效价不低于 700 巴龙霉素单位），置于 100mL 烧杯中，加适量灭菌水溶解后，移入 1000mL 容量瓶中，用灭菌水稀释到刻度，混匀。低温避光保存。1mL 溶液中含 1000 单位的巴龙霉素，1000 巴龙霉素单位相当于 1mg 巴龙霉素。采用抗生素微生物检定法测定。

硫酸苯丙胺（$C_{18}H_{26}N_2 \cdot H_2SO_4$）**标准溶液**（1000μg/mL）

[配制] 取适量硫酸苯丙胺于称量瓶中，于 105℃下干燥至恒重，置于干燥器中冷却备用。准确称取 1.0000g（或按纯度换算出质量 $m=1.0000g/w$；w——质量分数）经纯度分析的硫酸苯丙胺（$C_{18}H_{26}N_2 \cdot H_2SO_4$；$M_r=368.491$）纯品（纯度≥99%），置于 100mL 烧杯中，加适量水溶解后，移入 1000mL 容量瓶中，用水稀释到刻度，混匀。

[硫酸苯丙胺纯度的测定] 准确称取 0.3g 已干燥的样品，准确到 0.0001g。置分液漏斗中，加 20mL 水溶解后，加 8mL 氢氧化钠溶液（43g/L），加氯化钠使其饱和，用乙醚振

摇提取 6 次，每次 15mL，合并乙醚液，用 10mL 水洗涤，洗液再用 10mL 乙醚振摇提取，合并二次得到的乙醚液，准确加 25mL 硫酸标准溶液 [$c(\frac{1}{2}H_2SO_4)=0.100mol/L$]，振摇后，在低温蒸去乙醚，冷却至室温，加 2 滴甲基红指示液（0.5g/L），用氢氧化钠标准溶液 [$c(NaOH)=0.100mol/L$] 滴定。硫酸苯丙胺的质量分数（w）按下式计算：

$$w=\frac{(c_1V_1-c_2V_2)\times 0.1842}{m}\times 100\%$$

式中 V_1——硫酸标准溶液的体积，mL；

c_1——硫酸标准溶液的浓度，mol/L；

V_2——氢氧化钠标准溶液的体积，mL；

c_2——氢氧化钠标准溶液的浓度，mol/L；

m——样品质量，g；

0.1842——与 1.00mL 硫酸标准溶液 [$c(\frac{1}{2}H_2SO_4)=1.000mol/L$] 相当的，以 g 为单位的硫酸苯丙胺的质量。

硫酸长春碱（$C_{46}H_{58}N_4O_9 \cdot H_2SO_4$）**标准溶液**（1000μg/mL）

[配制] 取适量硫酸长春碱于称量瓶中，以五氧化二磷为干燥剂，于 85℃下干燥至恒重，冷却备用。准确称取 1.0000g（或按纯度换算出质量 $m=1.0000g/w$；w——质量分数）经纯度分析的硫酸长春碱（$C_{46}H_{58}N_4O_9 \cdot H_2SO_4$；$M_r=909.053$）纯品（纯度≥99%），置于 100mL 烧杯中，加适量水溶解后，移入 1000mL 容量瓶中，用水稀释到刻度，混匀。低温避光保存。

[标定] 分光光度法：准确移取 2.00mL 上述溶液，移入 100mL 容量瓶中，用无水乙醇稀释至刻度（20μg/mL），摇匀，按附录十，用分光光度法，在 264nm 的波长处测定溶液的吸光度，$C_{46}H_{58}N_4O_9 \cdot H_2SO_4$ 的吸光系数 $E_{1cm}^{1\%}$ 为 179 计算，即得。

硫酸长春新碱（$C_{46}H_{56}N_4O_{10} \cdot H_2SO_4$）**标准溶液**（1000μg/mL）

[配制] 取适量硫酸长春新碱于称量瓶中，以五氧化二磷为干燥剂，于 85℃下干燥至恒重，准确称取 1.0000g（或按纯度换算出质量 $m=1.0000g/w$；w——质量分数）经纯度分析的硫酸长春新碱（$C_{46}H_{56}N_4O_{10} \cdot H_2SO_4$；$M_r=923.036$）纯品（纯度≥99%），置于 100mL 烧杯中，加适量水溶解后，移入 1000mL 容量瓶中，用水稀释到刻度，混匀。低温避光保存。

[标定] 分光光度法：准确移取 2.00mL 上述溶液，移入 100mL 容量瓶中，用甲醇稀释至刻度（20μg/mL），摇匀，按附录十，用分光光度法，在 297nm 的波长处测定溶液的吸光度，$C_{46}H_{56}N_4O_{10} \cdot H_2SO_4$ 的吸光系数 $E_{1cm}^{1\%}$ 为 177 计算，即得。

硫酸胍乙啶 [$(C_{10}H_{22}N_4)_2 \cdot H_2SO_4$] **标准溶液**（1000μg/mL）

[配制] 取适量硫酸胍乙啶于称量瓶中，于 60℃下减压干燥至恒重，置于干燥器中冷却备用。准确称取 1.0000g（或按纯度换算出质量 $m=1.0000g/w$；w——质量分数）经纯度分析的硫酸胍乙啶 [$(C_{10}H_{22}N_4)_2 \cdot H_2SO_4$；$M_r=494.695$] 纯品（纯度≥99%），置于 100mL 烧杯中，加适量水溶解后，移入 1000mL 容量瓶中，用水稀释到刻度，混匀。低温避光保存。

［硫酸胍乙啶纯度的测定］ 准确称取 0.1g 已干燥的样品，准确到 0.0002g，置于 250mL 锥形瓶中，加 10mL 冰醋酸溶解后，加 1 滴结晶紫指示液（5g/L），用高氯酸标准溶液［$c(HClO_4)=0.100mol/L$］滴定，至溶液显蓝绿色，同时做空白试验。硫酸胍乙啶的质量分数（w）按下式计算：

$$w=\frac{c(V_1-V_2)\times 0.1649}{m}\times 100\%$$

式中 V_1——高氯酸标准溶液的体积，mL；

V_2——空白消耗高氯酸标准溶液的体积，mL；

c——高氯酸标准溶液的浓度，mol/L；

m——样品质量，g；

0.1649——与 1.00mL 高氯酸标准溶液［$c(HClO_4)=1.000mol/L$］相当的，以 g 为单位的硫酸胍乙啶的质量。

硫酸核糖霉素标准溶液［1000 单位/mL(μg/mL)，以核糖霉素（$C_{17}H_{34}N_4O_{10}$）计］

［配制］ 取适量硫酸核糖霉素于称量瓶中，于 60℃下，以五氧化二磷为干燥剂，减压干燥至恒重，置于干燥器中冷却备用。准确称取适量（按纯度换算出质量 $m=1000g/X$；X——每 1mg 中核糖霉素的效价单位）硫酸核糖霉素［$(C_{17}H_{34}N_4O_{10})\cdot nH_2SO_4$（$n<2$）］纯品（1mg 的效价不低于 680 核糖霉素单位），置于 100mL 烧杯中，加适量灭菌水溶解后，移入 1000mL 容量瓶中，用灭菌水稀释到刻度，混匀。低温保存。1mL 溶液中含 1000 单位的核糖霉素，1000 核糖霉素单位相当于 1mg 核糖霉素（$C_{17}H_{34}N_4O_{10}$）。采用抗生素微生物检定法测定。

硫酸卷曲霉素（$C_{25}H_{46}N_{14}O_{11}S$）**标准溶液**［1000 单位/mL(μg/mL,以卷曲霉素计)］

［配制］ 取适量硫酸卷曲霉素于称量瓶中，于 105℃下干燥至恒重，置于干燥器中冷却备用。准确称取适量（按纯度换算出质量 $m=1000g/X$；X——每 1mg 卷曲霉素的效价单位）硫酸卷曲霉素（$C_{25}H_{46}N_{14}O_{11}S$；$M_r=750.785$）纯品（1mg 的效价不低于 830 卷曲霉素单位），置于 100mL 烧杯中，加适量灭菌水溶解后，移入 1000mL 容量瓶中，用水［或磷酸盐缓冲溶液（pH=7.8～8.0）］稀释到刻度，混匀。低温保存。1mL 溶液中含 1000 单位的卷曲霉素，1000 卷曲霉素单位相当于 1mg 卷曲霉素。采用抗生素微生物检定法测定。

硫酸奎宁［$(C_{20}H_{24}N_2O_2)_2\cdot H_2SO_4$］**标准溶液**（1000μg/mL）

［配制］ 取适量 GBW（E）130100 硫酸奎宁标准物质或优级纯硫酸奎宁［$(C_{20}H_{24}N_2O_2)_2\cdot H_2SO_4\cdot 2H_2O$；$M_r=782.943$］置于称量瓶中，于 110℃下干燥，脱水至恒重。准确称取 1.0000g（或按纯度换算出质量 $m=1.0000g/w$；w——质量分数）无水硫酸奎宁［$(C_{20}H_{24}N_2O_2)_2\cdot H_2SO_4$；$M_r=746.912$］标准物质或经纯度分析的硫酸奎宁纯品（纯度≥99%），置于 100mL 烧杯中，用高氯酸（或硫酸）溶液［$c(HClO_4)=0.05mol/L$］溶解后，转移到 1000mL 容量瓶中，用高氯酸（或硫酸）溶液［$c(HClO_4)=0.05mol/L$］稀释到刻度，混匀。储于棕色瓶中低温保存。若溶液混浊则需重新配制。

［硫酸奎宁纯度的测定］ 准确称取 0.2g 已经干燥的样品，准确到 0.0001g，置于 250mL 锥形瓶中，加 10mL 冰醋酸溶解后，加 5mL 乙酸酐与（1～2）滴结晶紫指示液

(5g/L)，用高氯酸标准溶液 [$c(HClO_4)$=0.100mol/L] 滴定，至溶液显蓝绿色，同时做空白试验。硫酸奎宁的质量分数（w）按下式计算：

$$w=\frac{c(V_1-V_2)\times 0.2490}{m}\times 100\%$$

式中 V_1——高氯酸标准溶液的体积，mL；

V_2——空白消耗高氯酸标准溶液的体积，mL；

c——高氯酸标准溶液的浓度，mol/L；

m——样品的质量，g；

0.2490——与1.00mL高氯酸标准溶液 [$c(HClO_4)$=1.000mol/L] 相当的，以g为单位的硫酸奎宁的质量。

硫酸奎尼丁 [$(C_{20}H_{24}N_2O_2)_2 \cdot H_2SO_4$] **标准溶液**（1000μg/mL）

[配制] 取适量优级纯硫酸奎尼丁 [$(C_{20}H_{24}N_2O_2)_2 \cdot H_2SO_4 \cdot 2H_2O$；$M_r$=782.943]，置于称量瓶中，于120℃下干燥，脱水至恒重。用最小分度为0.1mg的天平准确称取1.0000g经纯度分析的无水硫酸奎尼丁 [$(C_{20}H_{24}N_2O_2)_2 \cdot H_2SO_4$；$M_r$=746.912] 纯品（纯度≥99%），(或按纯度换算出质量 m=1.0000g/w；w——质量分数)，置于100mL烧杯中，加适量水溶解后，移入1000mL容量瓶中，用水稀释到刻度，混匀。

[硫酸奎尼丁纯度的测定] 准确称取0.2g已干燥的样品，准确到0.0001g，置于250mL锥形瓶中，加5mL冰醋酸溶解后，加20mL乙酸酐与1滴结晶紫指示液（5g/L），用高氯酸标准溶液 [$c(HClO_4)$=0.100mol/L] 滴定，至溶液显绿色，同时做空白试验。硫酸奎尼丁的质量分数（w）按下式计算：

$$w=\frac{c(V_1-V_2)\times 0.2490}{m}\times 100\%$$

式中 V_1——高氯酸标准溶液的体积，mL；

V_2——空白消耗高氯酸标准溶液的体积，mL；

c——高氯酸标准溶液的浓度，mol/L；

m——样品质量，g；

0.2490——与1.00mL高氯酸标准溶液 [$c(HClO_4)$=1.000mol/L] 相当的，以g为单位的硫酸奎尼丁的质量。

硫酸链霉素标准溶液 [1000单位/mL(μg/mL)，以链霉素（$C_{21}H_{39}N_7O_{12}$）计]

[配制] 取适量硫酸链霉素于称量瓶中，于60℃下，以五氧化二磷为干燥剂，减压干燥4h，置于干燥器中冷却备用。准确称取适量（按含量换算出质量 m=1000g/X；X——每1mg中的链霉素效价单位）硫酸链霉素 [$(C_{21}H_{39}N_7O_{12})_2 \cdot 3H_2SO_4$；$M_r$=1457.384] 纯品（1mg的效价不低于720链霉素单位），置于100mL烧杯中，加适量灭菌水溶解后，移入1000mL容量瓶中，用灭菌水稀释到刻度。低温保存。1mL溶液中含1000单位的链霉素，1000链霉素单位相当于1mg $C_{21}H_{39}N_7O_{12}$。采用抗生素微生物检定法测定。

硫酸吗啡 [$(C_{17}H_{19}NO_3)_2 \cdot H_2SO_4$] **标准溶液**（1000μg/mL）

[配制] 取适量硫酸吗啡 [$(C_{17}H_{19}NO_3)_2 \cdot H_2SO_4 \cdot 5H_2O$；$M_r$=758.830] 于称量瓶

中，于145℃下干燥至恒重，置于干燥器中冷却备用。准确称取1.0000g（或按纯度换算出质量$m=1.0000g/w$；w——质量分数）经纯度分析的硫酸吗啡[$(C_{17}H_{19}NO_3)_2 \cdot H_2SO_4$；$M_r=668.754$]纯品（纯度≥99%），置于100mL烧杯中，加适量水溶解后，移入1000mL容量瓶中，用水稀释到刻度，混匀。低温避光保存。

[硫酸吗啡纯度的测定] 准确称取0.25g已干燥的样品，准确到0.0001g，置于250mL锥形瓶中，加25mL冰醋酸溶解后，加1滴结晶紫指示液（5g/L），用高氯酸标准溶液[$c(HClO_4)=0.0500mol/L$]滴定，至溶液显绿色，同时做空白试验。硫酸吗啡的质量分数(w)按下式计算：

$$w=\frac{c(V_1-V_2)\times 0.6688}{m}\times 100\%$$

式中 V_1——高氯酸标准溶液的体积，mL；

V_2——空白消耗高氯酸标准溶液的体积，mL；

c——高氯酸标准溶液的浓度，mol/L；

m——样品质量，g；

0.6688——与1.00mL高氯酸标准溶液[$c(HClO_4)=1.000mol/L$]相当的，以g为单位的硫酸吗啡的质量。

硫酸奈替米星（$C_{21}H_{41}N_5O_7$）**标准溶液**[1000单位/mL(μg/mL)，以奈替米星（$C_{21}H_{41}N_5O_7$）计]

[配制] 准确称取适量（按纯度换算出质量$m=1000g/X$；X——每1mg中的奈替米星效价单位）硫酸奈替米星[$(C_{21}H_{41}N_5O_7)_2 \cdot 5H_2SO_4$；$M_r=1441.552$]纯品（1mg的效价不低于610奈替米星单位），置于100mL烧杯中，加适量灭菌水溶解后，移入1000mL容量瓶中，用水[或磷酸盐缓冲溶液（pH：7.8）]稀释到刻度。低温保存。1mL溶液中含1000单位的奈替米星，1000奈替米星单位相当于1mg $C_{21}H_{41}N_5O_7$。采用抗生素微生物检定法测定。

硫酸黏菌素标准溶液（10000单位/mL以黏菌素计）

[配制] 准确称取适量硫酸黏菌素纯品（1mg的效价不低于17000黏菌素单位），置于100mL烧杯中，加适量灭菌水溶解后，移入1000mL容量瓶中，用灭菌水稀释到刻度，混匀。低温避光保存。1mL溶液中含10000单位的黏菌素，采用抗生素微生物检定法测定。

硫酸普拉睾酮钠（$NaC_{19}H_{27}O_5S$）**标准溶液**（1000μg/mL）

[配制] 取适量硫酸普拉睾酮钠（$NaC_{19}H_{27}O_5S \cdot 2H_2O$；$M_r=426.500$）于称量瓶中，于60℃下，以五氧化二磷为干燥剂，减压干燥至恒重，准确称取1.0000g（或按纯度换算出质量$m=1.0000g/w$；w——质量分数）经纯度分析（高效液相色谱法）的硫酸普拉睾酮钠（$NaC_{19}H_{27}O_5S$；$M_r=390.469$）纯品（纯度≥99%），置于100mL烧杯中，加适量水溶解后，移入1000mL容量瓶中，用水稀释到刻度，混匀。避光低温保存。

硫酸庆大霉素标准溶液[1000单位/mL(μg/mL)以庆大霉素计]

[配制] 准确称取适量（按纯度换算出质量$m=1000g/X$；X——每1mg的庆大霉素效价单位）硫酸庆大霉素纯品（1mg的效价不低于590庆大霉素单位），置于100mL烧杯中，

加适量灭菌水溶解后，移入 1000mL 容量瓶中，用灭菌水稀释到刻度，混匀。低温保存。1mL 溶液中含 1000 单位的庆大霉素，1000 庆大霉素单位相当于 1mg 庆大霉素。采用抗生素微生物检定法测定。

硫酸沙丁胺醇 [$(C_{13}H_{21}NO_3)_2 \cdot H_2SO_4$] **标准溶液**（1000μg/mL）

[配制] 取适量硫酸沙丁胺醇于称量瓶中，于 60℃下减压干燥至恒重，置于干燥器中冷却备用。准确称取 1.0000g（或按纯度换算出质量 $m=1.0000g/w$；w——质量分数）经纯度分析的硫酸沙丁胺醇 [$(C_{13}H_{21}NO_3)_2 \cdot H_2SO_4$；$M_r=576.700$] 纯品（纯度≥99%），置于 100mL 烧杯中，加适量水溶解后，移入 1000mL 容量瓶中，用水稀释到刻度，混匀。低温避光保存。

[硫酸沙丁胺醇纯度的测定] 准确称取 0.4g 已干燥的样品，准确到 0.0001g，置于 250mL 锥形瓶中，加 10mL 冰醋酸，微热使其溶解，冷却，加 15mL 乙酸酐与 1 滴结晶紫指示液（5g/L），用高氯酸标准溶液 [$c(HClO_4)=0.100mol/L$] 滴定，至溶液显蓝绿色，同时做空白试验。硫酸沙丁胺醇的质量分数（w）按下式计算：

$$w=\frac{c(V_1-V_2)\times 0.5767}{m}\times 100\%$$

式中 V_1——高氯酸标准溶液的体积，mL；
V_2——空白消耗高氯酸标准溶液的体积，mL；
c——高氯酸标准溶液的浓度，mol/L；
m——样品质量，g；
0.5767——与 1.00mL 高氯酸标准溶液 [$c(HClO_4)=1.000mol/L$] 相当的，以 g 为单位的硫酸沙丁胺醇的质量。

硫酸双肼屈嗪（$C_8H_{10}N_6 \cdot H_2SO_4$）**标准溶液**（1000μg/mL）

[配制] 取适量硫酸双肼屈嗪($C_8H_{10}N_6 \cdot H_2SO_4 \cdot 2\frac{1}{2}H_2O$；$M_r=333.322$) 于称量瓶中，于 80℃下减压干燥至恒重，取出，置于干燥器中冷却备用。准确称取 1.0000g（或按纯度换算出质量 $m=1.0000g/w$；w——质量分数）经纯度分析的硫酸双肼屈嗪（$C_8H_{10}N_6 \cdot H_2SO_4$；$M_r=288.284$）纯品（纯度≥99%），置于 100mL 烧杯中，加适量盐酸溶液（1+1），加热溶解，冷却后，移入 1000mL 容量瓶中，用水稀释到刻度，混匀。低温避光保存。

[硫酸双肼屈嗪纯度的测定] 永停滴定法：准确称取 0.3g 已干燥的样品，准确到 0.0001g，置于 250mL 锥形瓶中，加 50mL 水与 10mL 盐酸溶液（50%），微热使其溶解，冷却至室温，置电磁搅拌器上，再加 2g 溴化钾，插入铂-铂电极后，将滴定管的尖端插入液面下约⅔处，用亚硝酸钠标准溶液 [$c(NaNO_2)=0.100mol/L$] 迅速滴定，随滴随搅拌，至近终点时，将滴定管的尖端提出液面，用少量水淋洗尖端，洗液并入溶液中，继续缓缓滴定，至电流计指针突然偏转，并不再回复，即为滴定终点。硫酸双肼屈嗪的质量分数（w）按下式计算：

$$w=\frac{cV\times 0.1441}{m}\times 100\%$$

式中 V——亚硝酸钠标准溶液的体积，mL；
c——亚硝酸钠标准溶液的浓度，mol/L；

m——样品质量，g；

0.1441——与1.00mL亚硝酸钠标准溶液［$c(NaNO_2)$=1.000mol/L］相当的，以g为单位的硫酸双肼屈嗪的质量。

硫酸特布他林［$(C_{12}H_{19}NO_3)_2 \cdot H_2SO_4$］**标准溶液**（1000μg/mL）

［配制］ 取适量硫酸特布他林于称量瓶中，于105℃下干燥至恒重，置于干燥器中冷却备用。准确称取1.0000g（或按纯度换算出质量m=1.0000g/w；w——质量分数）经纯度分析的硫酸特布他林［$(C_{12}H_{19}NO_3)_2 \cdot H_2SO_4$；$M_r$=548.647］纯品（纯度≥99%），置于100mL烧杯中，加适量水溶解后，移入1000mL容量瓶中，用水稀释到刻度，混匀。低温避光保存。

［硫酸特布他林纯度的测定］ 电位滴定法：准确称取0.3g已干燥的样品，准确到0.0001g，置于250mL锥形瓶中，加30mL冰醋酸，加热使其溶解，冷却，加30mL乙腈，置电磁搅拌器上，浸入电极（玻璃电极为指示电极，饱和甘汞电极为参比电极），搅拌，并自滴定管中分次加入高氯酸标准溶液［$c(HClO_4)$=0.1mol/L］；开始时可每次加入较多的量，搅拌，记录电位；至将近终点前，则应每次加入少量，搅拌，记录电位；至突跃点已过，仍应继续滴加几次标准溶液，并记录电位。

滴定终点的确定：同苯巴比妥。同时做空白试验。

硫酸特布他林的质量分数（w）按下式计算：

$$w=\frac{c(V_1-V_2)\times 0.5486}{m}\times 100\%$$

式中 V_1——高氯酸标准溶液的体积，mL；

V_2——空白消耗高氯酸标准溶液的体积，mL；

c——高氯酸标准溶液的浓度，mol/L；

m——样品质量，g；

0.5486——与1.00mL高氯酸标准溶液［$c(HClO_4)$=1.000mol/L］相当的，以g为单位的硫酸特布他林的质量。

硫酸西索米星标准溶液［1000单位/mL(μg/mL)，以西索米星（$C_{19}H_{37}N_5O_7$计)］

［配制］ 准确称取适量（按纯度换算出质量m=1000g/X；X——每1mg的西索米星效价单位）硫酸西索米星［$(C_{19}H_{37}N_5O_7)_2 \cdot 5H_2SO_4$；$M_r$=1385.445］纯品（1mg的效价不低于580西索米星单位），置于100mL烧杯中，加适量灭菌水溶解后，移入1000mL容量瓶中，用灭菌水稀释到刻度，混匀。低温保存。1mL溶液中含1000单位的西索米星，1000西索米星单位相当于1mg $C_{19}H_{37}N_5O_7$。采用抗生素微生物检定法测定。

硫酸腺嘌呤（$C_{10}H_{10}N_{10} \cdot H_2SO_4$）**标准溶液**（1000μg/mL）

［配制］ 准确称取0.1000g（或按纯度换算出质量m=0.1000g/w；w——质量分数）的经纯度分析的硫酸腺嘌呤（$C_{10}H_{10}N_{10} \cdot H_2SO_4$；$M_r$=368.332）纯品（纯度≥99%）于250mL烧杯中，加75mL水和2mL浓盐酸，加热使其完全溶解，冷却，若有沉淀产生，加盐酸数滴，再加热，如此反复，直至冷却后无沉淀产生为止，移入100mL容量瓶中，加少许甲苯，以水稀释至刻度，混匀。于冰箱中保存。

硫酸新霉素标准溶液 [1000单位/mL(μg/mL，以新霉素计)]

[配制] 取适量硫酸新霉素于称量瓶中，于60℃下，以五氧化二磷为干燥剂，减压干燥至恒重，置于干燥器中冷却备用。准确称取适量（按纯度换算出质量 $m=1000g/X$；X——每1mg的新霉素效价单位）硫酸新霉素（$C_{23}H_{46}N_6O_{13} \cdot 3H_2SO_4$；$M_r=908.879$）纯品（1mg的效价不低于650新霉素单位），置于100mL烧杯中，加适量灭菌水溶解后，移入1000mL容量瓶中，用灭菌水稀释到刻度，混匀。低温保存。1mL溶液中含1000单位的新霉素，1000新霉素单位相当于1mg新霉素。采用抗生素微生物检定法测定。

硫唑嘌呤（$C_9H_7N_7O_2S$）**标准溶液**（1000μg/mL）

[配制] 取适量硫唑嘌呤于称量瓶中，于105℃下干燥至恒重，置于干燥器中冷却备用。准确称取1.0000g（或按纯度换算出质量 $m=1.0000g/w$；w——质量分数）经纯度分析的硫唑嘌呤（$C_9H_7N_7O_2S$；$M_r=277.263$）纯品（纯度≥99%），置于100mL烧杯中，加适量稀氨水溶液溶解后，移入1000mL容量瓶中，用水稀释到刻度，混匀。低温避光保存。

[硫唑嘌呤纯度的测定] 准确称取0.6g已干燥的样品，准确到0.0001g，置于200mL容量瓶中，加20mL稀氨水溶液（40%），使其溶解，准确加入50mL硝酸银标准溶液[$c(AgNO_3)=0.100mol/L$]，加水稀释至刻度，摇匀，过滤，准确量取100mL滤液，加20mL硝酸溶液（50%），冷却后，加2mL硫酸铁铵指示液（80g/L），用硫氰酸铵标准溶液[$c(NH_4CNS)=0.100mol/L$]滴定，同时做空白试验。硫唑嘌呤的质量分数（w）按下式计算：

$$w=\frac{(c_1V_1-2c_2V_2)\times 0.2773}{m}\times 100\%$$

式中 V_1——硝酸银标准溶液的体积，mL；
c_1——硝酸银标准溶液的浓度，mol/L；
c_2——硫氰酸铵标准溶液的浓度，mol/L；
V_2——硫氰酸铵标准溶液的体积，mL；
m——样品质量，g；
2——所取滤液体积的2倍；
0.2773——与1.00mL硫氰酸铵标准溶液[$c(NH_4CNS)=1.000mol/L$]相当的，以g为单位的硫唑嘌呤的质量。

柳氮磺吡啶（$C_{18}H_{14}N_4O_5S$）**标准溶液**（1000μg/mL）

[配制] 取适量柳氮磺吡啶于称量瓶中，于105℃下干燥至恒重，置于干燥器中冷却备用。准确称取1.0000g（或按纯度换算出质量 $m=1.0000g/w$；w——质量分数）经纯度分析的柳氮磺吡啶（$C_{18}H_{14}N_4O_5S$；$M_r=398.393$）纯品（纯度≥99%），置于100mL烧杯中，加适量氢氧化钠溶液[$c(NaOH)=0.1mol/L$]溶解后，移入1000mL容量瓶中，用水稀释到刻度，混匀。避光低温保存。

[标定] 分光光度法：准确移取7.5mL上述溶液，移入1000mL容量瓶中，加900mL水，加乙酸-乙酸钠缓冲液（pH4.5）稀释至刻度（7.5μg/mL），以水作空白，按附录十，

用分光光度法，在359nm的波长处测定溶液的吸光度，$C_{18}H_{14}N_4O_5S$的吸光系数$E_{1cm}^{1\%}$为658计算，即得。

六甲蜜胺（$C_9H_{18}N_6$）**标准溶液**（1000μg/mL）

［配制］ 取适量六甲蜜胺于称量瓶中，于105℃下干燥至恒重取出，置于干燥器中冷却备用。准确称取1.0000g（或按纯度换算出质量$m=1.0000g/w$；w——质量分数）经纯度分析的六甲蜜胺（$C_9H_{18}N_6$；$M_r=210.2794$）纯品（纯度≥99%），置于100mL烧杯中，加适量氯仿溶解后，移入1000mL容量瓶中，用氯仿稀释到刻度，混匀。避光低温保存。

［六甲蜜胺纯度的测定］ 称取0.15g已干燥的样品，准确到0.0001g。置于锥形瓶中，加10mL冰醋酸，10mL乙酸酐，1滴结晶紫指示液（5g/L），用高氯酸标准溶液［$c(HClO_4)=0.100mol/L$］滴定至溶液呈蓝色，同时做空白试验。六甲蜜胺的质量分数（w）按下式计算：

$$w=\frac{c(V_1-V_2)\times 0.2103}{m}\times 100\%$$

式中 V_1——高氯酸标准溶液的体积，mL；
V_2——空白试验高氯酸标准溶液的体积，mL；
c——高氯酸标准溶液的浓度，mol/L；
m——样品质量，g；
0.2103——与1.00mL高氯酸标准溶液［$c(HClO_4)=1.000mol/L$］相当的，以g为单位的六甲蜜胺的质量。

六氯苯（C_6Cl_6）**标准溶液**（1000μg/mL）

［配制］ 用最小分度为0.01mg的分析天平，准确称取0.1000g（或按纯度换算出质量$m=0.1000g/w$；w——质量分数）的六氯苯（C_6Cl_6；$M_r=284.782$）纯品（纯度≥99%），于小烧杯中，用苯溶解后，转移到100mL容量瓶中，以苯准确定容，摇匀，配制成浓度为1000μg/mL的标准储备溶液，根据需要再用正己烷配成适当浓度的标准工作溶液。

路咪啉（$C_{22}H_{19}Br_4NO_3$）**标准溶液**（1000μg/mL）

［配制］ 用最小分度为0.01mg的分析天平，准确称取0.1000g（或按纯度换算出质量$m=0.1000g/w$；w——质量分数）的路咪啉（$C_{22}H_{19}Br_4NO_3$；$M_r=544.900$）纯品（纯度≥99.5%），置于烧杯中，用重蒸馏正己烷溶解，转移到100mL容量瓶中，用重蒸馏正己烷稀释到刻度，混匀。配制成浓度为1000μg/mL的标准储备溶液，根据需要再配制成适当浓度的标准工作溶液。

罗红霉素（$C_{41}H_{76}N_2O_{15}$）**标准溶液**［1000单位/mL(μg/mL)］

［配制］ 准确称取适量（按纯度换算出质量$m=1000g/X$；X——每1mg的效价单位）罗红霉素（$C_{41}H_{76}N_2O_{15}$；$M_r=837.0465$）纯品（1mg的效价不低于940罗红霉素单位），准确至0.0001g，置于100mL烧杯中，加乙醇溶解，移入1000mL容量瓶中，用乙醇稀释到刻度，混匀。配制成每1mL中含1000单位的罗红霉素溶液。1000罗红霉素单位相当于1mg的$C_{41}H_{76}N_2O_{15}$。按照抗生素微生物检定法测定。

罗通定（$C_{21}H_{25}NO_4$）**标准溶液**（1000μg/mL）

［配制］ 取适量罗通定于称量瓶中，于105℃下干燥至恒重，置于干燥器中冷却备用。准确称取1.0000g（或按纯度换算出质量$m=1.0000g/w$；w——质量分数）经纯度分析的罗通定（$C_{21}H_{25}NO_4$；$M_r=355.4275$）纯品（纯度≥99%），置于100mL烧杯中，加适量乙醇溶解后，移入1000mL容量瓶中，用乙醇稀释到刻度，混匀。避光低温保存。

［罗通定纯度的测定］ 准确称取0.3g已干燥的样品，准确到0.0001g，置于50mL容量瓶中，加2mL乙酸与15mL水，微热溶解后，摇匀，准确加25.00mL碘化钾溶液(170g/L)，并加水稀释至刻度，摇匀。用干燥滤纸过滤，准确量取25.00mL滤液，加(3～5)滴曙红钠指示液（5g/L），用硝酸银标准溶液［$c(AgNO_3)=0.0500mol/L$］滴定，至粉红色沉淀凝聚，同时做空白试验。罗通定的质量分数（w）按下式计算：

$$w=\frac{c(V_1-V_2)\times 0.3554}{m}\times 2\times 100\%$$

式中 V_1——空白消耗硝酸银标准溶液的体积，mL；

V_2——硝酸银标准溶液的体积，mL；

c——硝酸银标准溶液的浓度，mol/L；

m——样品质量，g；

0.3554——与1.00mL硝酸银标准溶液［$c(AgNO_3)=1.000mol/L$］相当的，以g为单位的罗通定的质量。

螺内酯（$C_{24}H_{32}O_4S$）**标准溶液**（1000μg/mL）

［配制］ 取适量螺内酯于称量瓶中，于105℃下干燥至恒重，取出，置于干燥器中冷却备用。准确称取1.0000g（或按纯度换算出质量$m=1.0000g/w$；w——质量分数）经纯度分析的螺内酯（$C_{24}H_{32}O_4S$；$M_r=416.573$）纯品（纯度≥99%），置于100mL烧杯中，加适量乙醇溶解后，移入1000mL容量瓶中，用乙醇稀释到刻度，混匀。

［标定］ 分光光度法：准确移取1.00mL上述溶液，移入100mL容量瓶中，用无水乙醇稀释到刻度（10μg/mL）。按附录十，用分光光度法，在238nm的波长处测定溶液的吸光度，$C_{24}H_{32}O_4S$的吸光系数$E_{1cm}^{1\%}$为471计算，即得。

螺旋霉素（$C_{43}H_{74}N_2O_{14}$）**标准溶液**（1000μg/mL）

［配制］ 用最小分度为0.1mg的分析天平，准确称取适量（按纯度换算出质量$m=1000g/X$；X——每1mg的效价单位）螺旋霉素（$C_{43}H_{74}N_2O_{14}$；$M_r=843.0527$）标准品（密封避光，防潮，冰箱中4℃保存），先用少量甲醇溶解后，再用甲醇与磷酸盐缓冲液［pH8.0：称取13.3g无水磷酸二氢钾，加900mL蒸馏水使溶解。另取6.2g氢氧化钾，用100mL蒸馏水溶解后，加入到磷酸二氢钾溶液中。115℃高压灭菌30min］的混合液（甲醇∶缓冲液=5∶95），配制成螺旋霉素浓度为1000μg/mL的标准储备溶液。置冰箱中4℃保存，可使用一周。

洛莫司汀（$C_9H_{16}ClN_3O_2$）**标准溶液**（1000μg/mL）

［配制］ 准确称取1.0000g（或按纯度换算出质量$m=1.0000g/w$；w——质量分数）

经纯度分析的洛莫司汀（$C_9H_{16}ClN_3O_2$；M_r=233.695）纯品（纯度≥99%），置于100mL烧杯中，加适量乙醇（或环己烷）溶解后，移入1000mL容量瓶中，用乙醇（或环己烷）稀释到刻度，混匀。避光低温保存。

［标定］ 分光光度法：避光操作。准确移取1.5mL上述溶液（以环己烷为溶剂），移入100mL容量瓶中，用环己烷稀释到刻度（15μg/mL）。按附录十，用分光光度法，在232nm的波长处测定溶液的吸光度，以$C_9H_{16}ClN_3O_2$的吸光系数$E_{1cm}^{1\%}$为263计算，即得。

氯贝丁酯（$C_{12}H_{15}ClO_3$）**标准溶液**（1000μg/mL）

［配制］ 准确称取1.0000g（或按纯度换算出质量m=1.0000g/w；w——质量分数）经纯度分析的氯贝丁酯（$C_{12}H_{15}ClO_3$；M_r=242.699）纯品（纯度≥99%），置于100mL烧杯中，加适量乙醇溶解后，移入1000mL容量瓶中，用乙醇稀释到刻度，混匀。避光低温保存。

［氯贝丁酯纯度的测定］ 准确称取0.2g样品，准确到0.0001g，置于250mL锥形瓶中，加10mL中性乙醇与数滴酚酞指示液（10g/L），滴加氢氧化钠标准溶液［c(NaOH)=0.01mol/L］至显粉红色，再准确加入20mL氢氧化钠标准溶液［c(NaOH)=0.0500mol/L］，加热回流1h至油珠完全消失，冷却，用新沸过的冷水洗涤冷凝管，洗液并入锥形瓶中，加数滴酚酞指示液，用盐酸标准溶液［c(HCl)=0.0500mol/L］滴定，同时做空白试验。氯贝丁酯的质量分数（w）按下式计算：

$$w=\frac{(c_1V_1-c_2V_2)\times 0.2427}{m}\times 100\%$$

式中 V_1——氢氧化钠标准溶液的体积，mL；

c_1——氢氧化钠标准溶液的浓度，mol/L；

V_2——盐酸标准溶液的体积，mL；

c_2——盐酸标准溶液的浓度，mol/L；

m——样品质量，g；

0.2427——与1.00mL氢氧化钠标准溶液［c(NaOH)=1.000mol/L］相当的，以g为单位的氯贝丁酯的质量。

氯苯（C_6H_5Cl）**标准溶液**（1000μg/mL）

［配制］ 准确称取1.0000g（或按纯度换算出质量m=1.0000g/w；w——质量分数）经纯度测定的（色谱法）氯苯（C_6H_5Cl；M_r=112.557）纯品（纯度≥99%），置于100mL烧杯中，加乙醇溶解后，移入1000mL容量瓶中，用乙醇稀释到刻度，混匀。避光保存。

氯苯胺灵（$C_{10}H_{12}ClNO_2$）**标准溶液**（1000μg/mL）

［配制］ 用最小分度为0.01mg的分析天平，准确称取0.1000g（或按纯度换算出质量m=0.1000g/w；w——质量分数）氯苯胺灵（$C_{10}H_{12}ClNO_2$；M_r=213.661）纯品（纯度≥99%），置于烧杯中，用少量丙酮溶解后，转移到100mL容量瓶中，用丙酮定容，混匀。配制成浓度为1000μg/mL的标准储备溶液。根据需要再用石油醚稀释成适用浓度的标准工作溶液。

4-氯苯氧乙酸钠（$C_8H_6O_3ClNa$）**标准溶液**（1000μg/mL）

［配制］ 取适量4-氯苯氧乙酸钠于称量瓶中，于(110±2)℃下干燥2h，取出置于干燥

器中备用，准确称取1.0000g（或按纯度换算出质量 $m=1.0000\mathrm{g}/w$；w——质量分数）经纯度测定的4-氯苯氧乙酸钠（$C_8H_6O_3ClNa$；$M_r=208.754$）纯品（纯度≥99%），置于200mL高型烧杯中，加适量水加热溶解，冷却后，移入1000mL容量瓶中，用水稀释到刻度，摇匀。

[4-氯苯氧乙酸钠纯度的测定] 称取0.3g已于（110±2）℃干燥2h并在干燥器中冷却的试样，准确至0.0001g，置于100mL烧杯中，加入15mL水，加热搅拌至完全溶解，冷却后移入250mL分液漏斗中，用少量氯化钠饱和溶液冲洗烧杯数次，洗液并入分液漏斗中，加1mL硫酸溶液（10%）于分液漏斗中，摇荡1min，冷却至室温，后再加入40mL乙醚，摇荡1min，摇荡中及时排除漏斗中的乙醚蒸汽，静置分层后将下面的水层细心放入第二个分液漏斗中。加25mL乙醚于第二个分液漏斗中，重复上述操作进行第二次萃取，水层放入第三个分液漏斗中，用25mL乙醚进行第三次萃取。将第二、第三次乙醚萃取液合并于第一个分液漏斗中；并用少量乙醚冲洗另两个分液漏斗，洗涤液并入第一个分液漏斗中，然后，每次用10mL氯化钠饱和溶液洗涤乙醚萃取液数次，直至洗涤液加两滴氢氧化钠标准溶液后，使酚酞指示剂显粉红色（一般洗涤四次）。将乙醚萃取液转移至250mL锥形瓶中，并用少量乙醚冲洗分液漏斗，乙醚洗液合并于250mL锥形瓶中，然后将锥形瓶置于（40～60）℃水浴上，待乙醚蒸完后，用30mL乙醇将锥瓶中的沉积物完全溶解，加（2～3）滴酚酞指示液（10g/L），以氢氧化钠标准溶液［$c(\mathrm{NaOH})=0.1\mathrm{mol/L}$］滴定至粉红色，15s不褪色为终点。4-氯苯氧乙酸钠的质量分数（w）按下式计算：

$$w=\frac{cV\times 0.2086}{m}\times 100\%$$

式中 c——氢氧化钠标准溶液的浓度，mol/L；

V——滴定试样消耗氢氧化钠标准溶液的体积，mL；

m——试样的质量，g；

0.2086——与1.00mL氢氧化钠标准溶液［$c(\mathrm{NaOH})=1.000\mathrm{mol/L}$］相当的，以g为单位的4-氯苯氧乙酸钠的质量。

氯丙醇（C_3H_7ClO）**标准溶液**（1000μg/mL）

［配制］ 取干净且干燥的100mL容量瓶中，用最小分度为0.1mg的分析天平准确称量后，滴加1-氯-2丙醇（C_3H_7ClO；$M_r=94.540$）纯品（纯度≥99%），称量，至两次称量之差为0.1000g（或按纯度换算出质量 $m=0.1000\mathrm{g}/w$；w——质量分数），即为1-氯-2丙醇质量，用乙醚稀至刻度，混匀。配制成浓度为1000μg/mL的标准储备溶液。

8-氯茶碱（$C_7H_7ClN_4O_2$）**标准溶液**（1000μg/mL）

［配制］ 准确称取1.0000g（或按纯度换算出质量 $m=1.0000\mathrm{g}/w$；w——质量分数）经纯度分析的8-氯茶碱（$C_7H_7ClN_4O_2$；$M_r=214.609$）纯品（纯度≥99%），置于100mL烧杯中，加适量乙醇溶解后，移入1000mL容量瓶中，用乙醇稀释到刻度，混匀。

[8-氯茶碱纯度的测定] 准确称取0.3g样品，准确到0.0001g，置于200mL容量瓶中，加50mL水，3mL氨溶液（40%）与6mL硝酸铵溶液（100g/L），置水浴中加热5min，准确加入25mL硝酸银标准溶液［$c(\mathrm{AgNO_3})=0.100\mathrm{mol/L}$］，摇匀，再置水浴中加热15min，并时时振摇，冷却，加水稀释至刻度，摇匀，放置15min，用干燥滤纸过滤，准确量取100mL

滤液，加硝酸使成酸性后，再加入 3mL 硝酸与 2mL 硫酸铁铵指示液（80g/L），用硫氰酸铵标准溶液[$c(NH_4CNS)=0.100mol/L$] 滴定。8-氯茶碱的质量分数（w）按下式计算：

$$w=\frac{(c_1V_1-c_2V_2)\times 0.2146}{m}\times 2\times 100\%$$

式中 V_1——硝酸银标准溶液的体积，mL；

c_1——硝酸银标准溶液的浓度，mol/L；

c_2——硫氰酸铵标准溶液的浓度，mol/L；

V_2——硫氰酸铵标准溶液的体积，mL；

2——样品总体积与试液体积之比；

m——样品质量，g；

0.2146——与 1.00mL 硫氰酸铵标准溶液［$c(NH_4CNS)=1.000mol/L$］相当的，以 g 为单位的 8-氯茶碱的质量。

氯氮平（$C_{18}H_{19}ClN_4$）**标准溶液**（1000μg/mL）

［配制］ 取适量氯氮平于称量瓶中，于 105℃下干燥至恒重，置于干燥器中冷却备用。准确称取 1.0000g（或按纯度换算出质量 $m=1.0000g/w$；w——质量分数）经纯度分析的氯氮平（$C_{18}H_{19}ClN_4$；$M_r=326.823$）纯品（纯度≥99%），置于 100mL 烧杯中，加适量乙醇溶解后，移入 1000mL 容量瓶中，用乙醇稀释到刻度，混匀。避光低温保存。

［氯氮平纯度的测定］ 准确称取 0.1g 已干燥的样品，准确到 0.0001g，置于 250mL 锥形瓶中，加 20mL 冰醋酸使其溶解，加 1 滴结晶紫指示液（5g/L），用高氯酸标准溶液[$c(HClO_4)=0.100mol/L$]滴定，至溶液显亮绿色，同时做空白试验。

氯氮平的质量分数（w）按下式计算：

$$w=\frac{c(V_1-V_2)\times 0.1634}{m}\times 100\%$$

式中 V_1——高氯酸标准溶液的体积，mL；

V_2——空白消耗高氯酸标准溶液的体积，mL；

c——高氯酸标准溶液的浓度，mol/L；

m——样品质量，g；

0.1634——与 1.00mL 高氯酸标准溶液［$c(HClO_4)=1.000mol/L$］相当的，以 g 为单位的氯氮平的质量。

氯氮䓬（$C_{16}H_{14}ClN_3O$）**标准溶液**（1000μg/mL）

［配制］ 取适量氯氮䓬于称量瓶中，于 105℃下干燥至恒重，置于干燥器中冷却备用。准确称取 1.0000g（或按纯度换算出质量 $m=1.0000g/w$；w——质量分数）经纯度分析的氯氮䓬（$C_{16}H_{14}ClN_3O$；$M_r=299.755$）纯品（纯度≥99%），置于 100mL 烧杯中，加适量氯仿溶解后，移入 1000mL 容量瓶中，用氯仿稀释到刻度，混匀。避光低温保存。

［氯氮䓬纯度的测定］ 准确称取 0.3g 已干燥的样品，准确到 0.0001g，置于 250mL 锥形瓶中，加 20mL 冰醋酸溶解后，加 1 滴结晶紫指示液（5g/L），用高氯酸标准溶液［$c(HClO_4)=0.100mol/L$］滴定，至溶液显蓝色，同时做空白试验。氯氮䓬的质量分数（w）按下式计算：

$$w=\frac{c(V_1-V_2)\times 0.2998}{m}\times 100\%$$

式中 V_1——高氯酸标准溶液的体积，mL；

V_2——空白消耗高氯酸标准溶液的体积，mL；

c——高氯酸标准溶液的浓度，mol/L；

m——样品质量，g；

0.2998——与1.00mL高氯酸标准溶液［$c(HClO_4)=1.000mol/L$］相当的，以g为单位的氯氮草的质量。

氯碘羟喹（C_9H_5ClINO）**标准溶液**（1000μg/mL）

［配制］ 准确称取1.0000g（或按纯度换算出质量$m=1.0000g/w$；w——质量分数）经纯度分析的氯碘羟喹（C_9H_5ClINO；$M_r=305.500$）纯品（纯度≥99%），置于100mL烧杯中，加适量乙二醇甲醚-水(4+1)混合溶液溶解后，移入1000mL容量瓶中，用乙二醇甲醚-水（4+1）混合溶液稀释到刻度，混匀。避光低温保存。

［氯碘羟喹纯度的测定］ 准确称取40mg，准确到0.00001g，用氧瓶燃烧法进行有机破坏，以100mL氢氧化钠溶液（10g/L）与2mL二氧化硫饱和溶液为吸收液，待生成的烟雾完全吸收后，转移至烧杯中，用缓冲液（取13.61g醋酸钠，加50mL水使其溶解，再加6mL冰醋酸，加水至100mL）分4次洗涤燃烧瓶，每次5mL，洗液并入烧杯中，加25mL丙酮与少许聚乙二醇4000，用电位滴定法，用银-玻璃电极，用硝酸银标准溶液［$c(AgNO_3)=0.100mol/L$］滴定，第一次突跃点为碘的消耗量（V_1），第二次突跃点为氯（V_2）的消耗量。V_1应与V_2相同。氯碘羟喹的质量分数（w）按下式计算：

$$w=\frac{cV_1\times 0.3055}{m}\times 100\%$$

或

$$w=\frac{cV_2\times 0.3055}{m}\times 100\%$$

式中 V_1——碘消耗硝酸银标准溶液的体积，mL；

V_2——氯消耗硝酸银标准溶液的体积，mL；

c——硝酸银标准溶液的浓度，mol/L；

m——样品质量，g；

0.3055——与1.00mL硝酸银标准溶液［$c(AgNO_3)=1.000mol/L$］相当的，以g为单位的氯碘羟喹的质量。

氯丁二烯（C_4H_5Cl）**标准溶液**（1000μg/mL）

［配制］ 取100mL干燥容量瓶，预先加入（10～15）mL四氯化碳（或无水乙醇），加盖，用最小分度为0.01mg的分析天平准确称量。之后滴加新蒸馏的氯丁二烯纯品（C_4H_5Cl；$M_r=88.536$）（色谱纯），称量，至两次称量之差为0.1000g，即为氯丁二烯质量（如果准确到0.1000g操作有困难，可通过记录氯丁二烯的质量，计算其浓度）。用四氯化碳（或无水乙醇）稀释到刻度，混匀。低温保存备用。临用时取适量稀释。

氯法齐明（$C_{27}H_{22}Cl_2N_4$）**标准溶液**（1000μg/mL）

［配制］ 取适量氯法齐明于称量瓶中，于105℃下干燥至恒重，置于干燥器中冷却备

用。准确称取1.0000g（或按纯度换算出质量 $m=1.0000g/w$；w——质量分数）经纯度分析的氯法齐明（$C_{27}H_{22}Cl_2N_4$；$M_r=473.396$）纯品（纯度≥99%），置于100mL烧杯中，加适量氯仿溶解后，移入1000mL容量瓶中，用氯仿稀释到刻度，混匀。低温避光保存。

［氯法齐明纯度的测定］　电位滴定法：准确称取0.3g已干燥的样品，准确到0.0001g，置于150mL锥形瓶中，加25mL冰醋酸，溶解后，置电磁搅拌器上，浸入电极（玻璃电极为指示电极，饱和甘汞电极为参比电极），搅拌，并自滴定管中分次加入高氯酸标准溶液［$c(HClO_4)=0.100mol/L$］；开始时可每次加入较多的量，搅拌，记录电位；至将近终点前，则应每次加入少量，搅拌，记录电位；至突跃点已过，仍应继续滴加几次标准溶液，并记录电位。

滴定终点的确定：同苯巴比妥。同时做空白试验。

氯法齐明的质量分数（w）按下式计算：

$$w=\frac{c(V_1-V_2)\times 0.4734}{m}\times 100\%$$

式中　V_1——高氯酸标准溶液的体积，mL；

V_2——空白消耗高氯酸标准溶液的体积，mL；

c——高氯酸标准溶液的浓度，mol/L；

m——样品质量，g；

0.4734——与1.00mL高氯酸标准溶液［$c(HClO_4)=1.000mol/L$］相当的，以g为单位的氯法齐明的质量。

氯仿（$CHCl_3$）**标准溶液**（1000μg/mL）

［配制］　取100mL容量瓶，预先加入少量乙醇，加盖，用最小分度为0.01mg的分析天平准确称量。之后滴加氯仿（$CHCl_3$；$M_r=119.378$）（色谱纯），称量，至两次称量之差为0.1000g，即为氯仿质量（如果准确到0.1000g操作有困难，可通过准确记录氯仿质量，计算其浓度）。用乙醇释到刻度，混匀。低温保存备用。临用时取适量稀释。

氯化苄（C_7H_7Cl）**标准溶液**（1000μg/mL）

［配制］　准确称取1.0000g（或按纯度换算出质量 $m=1.0000g/w$；w——质量分数）经纯度测定的（色谱法）氯化苄（C_7H_7Cl；$M_r=126.583$）纯品（纯度≥99%），置于100mL烧杯中，加乙醇溶解后，移入1000mL容量瓶中，用乙醇稀释到刻度，混匀。

氯化胆碱（$C_5H_{14}ClNO$）**标准溶液**（1000μg/mL）

［配制］　准确称取1.0000g（或按纯度换算出质量 $m=1.0000g/w$；w——质量分数）经纯度分析的氯化胆碱（$C_5H_{14}ClNO$；$M_r=139.624$）纯品（纯度≥99%），于烧杯中，溶于水，定量转移到1000mL容量瓶中，用水稀释至刻度，混匀。

［氯化胆碱的纯度测定］　准确称取0.3g样品，准确到0.0001g，置于250mL锥形瓶中，加50mL冰醋酸，微热溶解，冷却后，加10mL乙酸汞溶液（60g/L的冰醋酸溶液），加2滴结晶紫指示液（10g/L的冰醋酸溶液），用高氯酸冰醋酸标准溶液［$c(HClO_4)=0.100mol/L$］滴定至溶液呈绿色，同时做空白试验。氯化胆碱的质量分数（w）按下式计算：

$$w=\frac{c(V_1-V_2)\times 0.1396}{m}\times 100\%$$

式中 V_1——高氯酸标准溶液的体积，mL；

V_2——空白试验消耗高氯酸标准溶液的体积，mL；

c——高氯酸标准溶液的浓度，mol/L；

m——样品质量，g；

0.1396——与 1.00mL 高氯酸标准溶液 [$c(HClO_4)$=1.000mol/L] 相当的，以 g 为单位的氯化胆碱的质量。

氯化琥珀胆碱（$C_{14}H_{30}Cl_2N_2O_4$）**标准溶液**（1000μg/mL）

[配制] 准确称取 1.0997g（或按纯度换算出质量 m=1.0000g/w；w——质量分数）经纯度分析的氯化琥珀胆碱（$C_{14}H_{30}Cl_2N_2O_4\cdot 2H_2O$；$M_r$=397.336）纯品（纯度≥99%），置于 100mL 烧杯中，加适量水溶解后，移入 1000mL 容量瓶中，用水稀释到刻度，混匀。

[氯化琥珀胆碱纯度的测定] 准确称取 0.15g 样品，准确到 0.0001g，置于 250mL 锥形瓶中，加 20mL 冰醋酸溶解后，加 5mL 醋酸汞溶液（50g/L）与 1 滴结晶紫指示液（5g/L），用高氯酸标准溶液 [$c(HClO_4)$=0.100mol/L] 滴定，至溶液显蓝色，同时做空白试验。

氯化琥珀胆碱的质量分数（w）按下式计算：

$$w=\frac{c(V_1-V_2)\times 0.1807}{m}\times 100\%$$

式中 V_1——高氯酸标准溶液的体积，mL；

V_2——空白消耗高氯酸标准溶液的体积，mL；

c——高氯酸标准溶液的浓度，mol/L；

m——样品质量，g；

0.1807——与 1.00mL 高氯酸标准溶液 [$c(HClO_4)$=1.000mol/L] 相当的，以 g 为单位的氯化琥珀胆碱（$C_{14}H_{30}Cl_2N_2O_4$）的质量。

氯化苦（三氯硝基甲烷；CCl_3NO_2）**标准溶液**（1000μg/mL）

[配制] 取 100mL 容量瓶，预先加入 20mL 无水乙醇，加盖，用最小分度为 0.01mg 的分析天平准确称量。之后滴加氯化苦（三氯硝基甲烷）（CCl_3NO_2；M_r=141.8120）纯品（纯度≥99%），称量，至两次称量之差为 0.1000g，即为氯化苦质量（如果准确到 0.1000g 操作有困难，可通过准确记录氯化苦质量，计算其浓度），加无水乙醇至刻度，混匀。配制成浓度为 1000μg/mL 的标准储备溶液。

氯化筒箭毒碱（$C_{37}H_{41}ClN_2O_6\cdot 2HCl$）**标准溶液**（1000μg/mL）

[配制] 准确称取 1.1322g（或按纯度换算出质量 m=1.1322g/w；w——质量分数）经纯度分析的氯化筒箭毒碱（$C_{37}H_{41}ClN_2O_6\cdot 2HCl\cdot 5H_2O$；$M_r$=771.722）纯品（纯度≥99%），置于 100mL 烧杯中，加适量水溶解后，移入 1000mL 容量瓶中，用水稀释到刻度，混匀。避光低温保存。

［氯化筒箭毒碱纯度的测定］ 电位滴定法：准确称取0.3g样品，准确到0.0001g，置于250mL锥形瓶中，加20mL冰醋酸，微热使其溶解，冷却至室温，加60mL乙酸酐，置电磁搅拌器上，浸入电极（玻璃电极为指示电极，饱和甘汞电极为参比电极）搅拌，并自滴定管中分次加入高氯酸标准溶液［$c(HClO_4)=0.100mol/L$］；开始时可每次加入较多的量，搅拌，记录电位；至将近终点前，则应每次加入少量，搅拌，记录电位；至突跃点已过，仍应继续滴加几次标准溶液，并记录电位。

滴定终点的确定：同苯巴比妥。同时做空白试验。

氯化筒箭毒碱的质量分数（w）按下式计算：

$$w=\frac{c(V_1-V_2)\times 0.3408}{m}\times 100\%$$

式中 V_1——高氯酸标准溶液的体积，mL；

V_2——空白消耗高氯酸标准溶液的体积，mL；

c——高氯酸标准溶液的浓度，mol/L；

m——样品质量，g；

0.3408——与1.00mL高氯酸标准溶液［$c(HClO_4)=1.000mol/L$］相当的，以g为单位的氯化筒箭毒碱（$C_{37}H_{41}ClN_2O_6\cdot 2HCl$）的质量。

氯磺丙脲（$C_{10}H_{13}ClN_2O_3S$）**标准溶液**（1000μg/mL）

［配制］ 取适量氯磺丙脲于称量瓶中，于80℃下干燥至恒重，置于干燥器中冷却备用。准确称取1.0000g（或按纯度换算出质量$m=1.0000g/w$；w——质量分数）经纯度分析的氯磺丙脲（$C_{10}H_{13}ClN_2O_3S$；$M_r=276.740$）纯品（纯度≥99%），置于100mL烧杯中，加适量乙醇溶解后，移入1000mL容量瓶中，用乙醇稀释到刻度，混匀。低温避光保存。

［氯磺丙脲纯度的测定］ 准确称取0.6g已干燥的样品，准确到0.0001g，置于250mL锥形瓶中，加20mL中性乙醇（对酚酞指示液显中性）溶解后，加3滴酚酞指示液（10g/L），用氢氧化钠标准溶液［$c(NaOH)=0.100mol/L$］滴定。氯磺丙脲的质量分数（w）按下式计算：

$$w=\frac{cV\times 0.2767}{m}\times 100\%$$

式中 V——氢氧化钠标准溶液的体积，mL；

c——氢氧化钠标准溶液的浓度，mol/L；

m——样品质量，g；

0.2767——与1.00mL氢氧化钠标准溶液［$c(NaOH)=1.000mol/L$］相当的，以g为单位的氯磺丙脲的质量。

4-氯邻甲苯胺（C_7H_8ClN）**标准溶液**（1000μg/mL）

［配制］ 用最小分度为0.01mg的分析天平，准确称取0.1000g（或按纯度换算出质量$m=0.1000g/w$；w——质量分数）4-氯邻甲苯胺（C_7H_8ClN；$M_r=141.598$）纯品（纯度>99%），置于烧杯中，加5mL乙醇溶解，转移到100mL容量瓶中，用盐酸溶液［$c(HCl)=1mol/L$］稀释到刻度，混匀。配制成浓度为1000μg/mL的标准储备溶液，根据需要再配制成适当浓度的标准工作溶液。

氯霉素（$C_{11}H_{12}Cl_2N_2O_5$）**标准溶液**（1000μg/mL）

［配制］ 取适量氯霉素于称量瓶中，于105℃下干燥至恒重，置于干燥器中冷却备用。准确称取1.0000g（或按纯度换算出质量$m=1.0000g/w$；w——质量分数）经纯度分析的氯霉素（$C_{11}H_{12}Cl_2N_2O_5$；$M_r=323.130$）纯品（纯度≥99.5%），置于100mL烧杯中，用紫外光谱级甲醇（或丙酮）溶解后，移入1000mL容量瓶中，用甲醇（或丙酮）稀释到刻度，混匀。低温保存。

［标定］分光光度法：准确移取2.00mL上述溶液，移入100mL容量瓶中，用水稀释至刻度（20μg/mL），摇匀，按附录十，用分光光度法，在278nm的波长处测定溶液的吸光度，$C_{11}H_{12}Cl_2N_2O_5$的吸光系数$E_{1cm}^{1\%}$为298计算，即得。

氯普噻吨（$C_{18}H_{18}ClNS$）**标准溶液**（1000μg/mL）

［配制］ 准确称取1.0000g（或按纯度换算出质量$m=1.0000g/w$；w——质量分数）经纯度分析的氯普噻吨（$C_{18}H_{18}ClNS$；$M_r=315.860$）纯品（纯度≥99%），置于100mL烧杯中，加适量氯仿溶解后，移入1000mL容量瓶中，用氯仿稀释到刻度，混匀。避光低温保存。

［氯普噻吨纯度的测定］ 准确称取0.25g样品，准确到0.0001g，置于250mL锥形瓶中，加20mL冰醋酸溶解后，加1滴结晶紫指示液（5g/L），用高氯酸标准溶液［$c(HClO_4)=0.100mol/L$］滴定，至溶液显蓝色，同时做空白试验。氯普噻吨的质量分数（w）按下式计算：

$$w=\frac{c(V_1-V_2)\times 0.3159}{m}\times 100\%$$

式中 V_1——高氯酸标准溶液的体积，mL；

V_2——空白消耗高氯酸标准溶液的体积，mL；

c——高氯酸标准溶液的浓度，mol/L；

m——样品质量，g；

0.3159——与1.00mL高氯酸标准溶液［$c(HClO_4)=1.000mol/L$］相当的，以g为单位的氯普噻吨的质量。

氯氰菊酯（$C_{22}H_{19}Cl_2NO_3$）**标准溶液**（1000μg/mL）

［配制］ 用最小分度为0.01mg的分析天平，准确称取适量GBW（E）060139的氯氰菊酯（$C_{22}H_{19}Cl_2NO_3$；$M_r=416.297$）纯度分析标准物质（$m=0.1003g$，质量分数为99.7%）或经纯度分析（纯度≥99%）$m=0.1000g/w$；w——质量分数］的纯品，于小烧杯中，用少量重蒸馏苯溶解，转移到100mL容量瓶中，用重蒸馏正己烷定容，混匀。配制成浓度为1000μg/mL的标准储备溶液。使用时，根据需要再稀释配制成适用浓度的标准工作溶液。

注：如果无法获得氯氰菊酯标准物质，可采用如下方法提纯并测定纯度。

［提纯方法］ 称取100g氯氰菊酯，加入适量热氯仿（约50℃）溶解并饱和，然后在不断搅拌下，加入（100～150）mL异丙醇，冷却后置于冰箱中冷冻（－12℃），密封容器。完全冷冻析出晶体后，取出，抽滤，用冷冻的异丙醇洗涤结晶。重复结晶数次，所得晶体经自然干燥后，再于（40～50)℃真空干燥箱中

干燥。

［纯度分析］ 采用电位滴定法、气相色谱法测定其纯度。

氯噻酮（$C_{14}H_{11}ClN_2O_4S$）**标准溶液**（1000μg/mL）

［配制］ 取适量氯噻酮于称量瓶中，于105℃下干燥至恒重，置于干燥器中冷却备用。准确称取1.0000g（或按纯度换算出质量 $m=1.0000g/w$；w——质量分数）经纯度分析（高效液相色谱法）的氯噻酮（$C_{14}H_{11}ClN_2O_4S$；$M_r=338.766$）纯品（纯度≥99%），置于100mL烧杯中，加适量甲醇溶解后，移入1000mL容量瓶中，用甲醇稀释到刻度，混匀。低温避光保存。

氯烯雌醚（$C_{23}H_{21}ClO_3$）**标准溶液**（1000μg/mL）

［配制］ 取适量氯烯雌醚于称量瓶中，于80℃下干燥至恒重，置于干燥器中冷却备用。准确称取1.0000g（或按纯度换算出质量 $m=1.0000g/w$；w——质量分数）经纯度分析的氯烯雌醚（$C_{23}H_{21}ClO_3$；$M_r=380.864$）纯品（纯度≥99%），置于100mL烧杯中，加适量氯仿溶解后，移入1000mL容量瓶中，用氯仿稀释到刻度，混匀。

［氯烯雌醚纯度的测定］ 准确称取0.5g已干燥的样品，准确到0.0001g，置于250mL锥形瓶中，加15mL无水乙醇，缓缓加热回流，待溶解后从冷凝器上口分次加入2.0g切成小块的金属钠，继续回流1h，并时时振摇，加25mL无水乙醇，使过量的金属钠作用完全，继续加热15min后加70mL水，冷却，加15mL硝酸，准确加入25mL硝酸银标准溶液［$c(AgNO_3)=0.100mol/L$］，振摇，放置15min，过滤，用80mL水分次洗涤容器和沉淀，合并滤液和洗液，加3mL硫酸铁铵指示液（80g/L），用硫氰酸铵标准溶液［$c(NH_4CNS)=0.100mol/L$］滴定，同时做空白试验。氯烯雌醚的质量分数（w）按下式计算：

$$w=\frac{(c_1V_1-c_2V_2)\times 0.3809}{m}\times 100\%$$

式中 V_1——硝酸银标准溶液的体积，mL；

c_1——硝酸银标准溶液的浓度，mol/L；

V_2——硫氰酸铵标准溶液的体积，mL；

c_2——硫氰酸铵标准溶液的浓度，mol/L；

m——样品质量，g；

0.3809——与1.00mL硝酸银标准溶液［$c(AgNO_3)=1.000mol/L$］相当的，以g为单位的氯烯雌醚的质量。

氯硝胺（$C_6H_4Cl_2N_2O_2$）**标准溶液**（1000μg/mL）

［配制］ 用最小分度为0.01mg的分析天平，准确称取0.1000g（或按纯度换算出质量 $m=0.1000g/w$；w——质量分数）的氯硝胺（$C_6H_4Cl_2N_2O_2$；$M_r=207.014$）纯品（纯度≥99.5%），于小烧杯中，用重蒸馏丙酮溶解，转移到100mL容量瓶中，用重蒸馏丙酮定容，混匀。配制成浓度为1000μg/L的标准储备溶液。使用时，根据需要用无水乙醚-石油醚（15+85）混合溶剂配成适当浓度的标准工作溶液。

氯硝柳胺（$C_{13}H_8Cl_2N_2O_4$）**标准溶液**（1000μg/mL）

［配制］ 取适量氯硝柳胺于称量瓶中，于105℃下干燥至恒重，置于干燥器中冷却备

用。准确称取 1.0000g（或按纯度换算出质量 $m=1.0000g/w$；w——质量分数）经纯度分析的氯硝柳胺（$C_{13}H_8Cl_2N_2O_4$；$M_r=327.120$）纯品（纯度≥99%），置于100mL烧杯中，加适量乙醇溶解后，移入1000mL容量瓶中，用乙醇稀释到刻度，混匀。避光低温保存。

[氯硝柳胺纯度的测定] 电位滴定法：准确称取0.3g已干燥的样品，准确到0.0001g，置于250mL锥形瓶中，加60mL二甲基甲酰胺溶解后，置电磁搅拌器上，浸入电极，搅拌，并自滴定管中分次加入甲醇钠标准溶液 [$c(CH_3ONa)=0.100mol/L$] 滴定；开始时可每次加入较多的量，搅拌，记录电位；至将近终点前，则应每次加入少量，搅拌，记录电位；至突跃点已过，仍应继续滴加几次标准溶液，并记录电位。

滴定终点的确定：同苯巴比妥。同时做空白试验。

氯硝柳胺的质量分数（w）按下式计算：

$$w=\frac{c(V_1-V_2)\times 0.3271}{m}\times 100\%$$

式中 V_1——甲醇钠标准溶液的体积，mL；

V_2——空白消耗甲醇钠标准溶液的体积，mL；

c——甲醇钠标准溶液的浓度，mol/L；

m——样品质量，g；

0.3271——与1.00mL甲醇钠标准溶液 [$c(CH_3ONa)=1.000mol/L$] 相当的，以g为单位的氯硝柳胺的质量。

氯硝西泮（$C_{15}H_{10}ClN_3O_3$）**标准溶液**（1000μg/mL）

[配制] 取适量氯硝西泮于称量瓶中，于105℃下干燥至恒重，置于干燥器中冷却备用。准确称取 1.0000g（或按纯度换算出质量 $m=1.0000g/w$；w——质量分数）经纯度分析的氯硝西泮（$C_{15}H_{10}ClN_3O_3$；$M_r=315.711$）纯品（纯度≥99%），置于100mL烧杯中，加适量丙酮溶解后，移入1000mL容量瓶中，用丙酮稀释到刻度，混匀。

[氯硝西泮纯度的测定] 准确称取0.25g已干燥的样品，准确到0.0001g，置于250mL锥形瓶中，加35mL乙酸酐溶解后，加2滴盐酸耐尔蓝（10g/L）冰醋酸溶液，用高氯酸标准溶液 [$c(HClO_4)=0.100mol/L$] 滴定，至溶液显黄绿色，同时做空白试验。氯硝西泮的质量分数（w）按下式计算：

$$w=\frac{c(V_1-V_2)\times 0.3157}{m}\times 100\%$$

式中 V_1——高氯酸标准溶液的体积，mL；

V_2——空白消耗高氯酸标准溶液的体积，mL；

c——高氯酸标准溶液的浓度，mol/L；

m——样品质量，g；

0.3157——与1.00mL高氯酸标准溶液 [$c(HClO_4)=1.000mol/L$] 相当的，以g为单位的氯硝西泮的质量。

氯乙醇（C_2H_5ClO）**标准溶液**（1000μg/mL）

[配制] 准确称取 1.0000g（或按纯度换算出质量 $m=1.0000g/w$；w——质量分数）氯乙醇（C_2H_5ClO；$M_r=80.514$）纯品（纯度≥99%），移入1000mL容量瓶中，用乙醇稀

释到刻度，混匀。

[氯乙醇纯度的测定]

(1) 酸度的测定：于 150mL 锥形瓶中加入 30mL 水和（2～3）滴酚酞指示液（10g/L），用氢氧化钠标准溶液 [c(NaOH)=0.0100mol/L] 滴定至溶液呈微红色，然后加入 5g 氯乙醇样品（准确到 0.1g），再以氢氧化钠标准溶液滴定至溶液呈微红色，保持 30s 不褪色。氯乙醇的酸度（w_1）按下式计算：

$$w_1=\frac{cV\times 0.0365}{m}\times 100\%$$

式中 w_1——氯乙醇的酸度（以盐酸质量分数表示），%；

V——滴定试样消耗氢氧化钠标准溶液的体积，mL；

c——氢氧化钠标准溶液的浓度，mol/L；

m——样品质量，g；

0.0365——与 1.00mL 氢氧化钠标准溶液 [c(NaOH)=1.000mol/L] 相当的，以 g 为单位的盐酸质量。

(2) 氯乙醇纯度的测定：称取 0.4g 样品，准确到 0.0001g，置于带有磨口回流冷凝器的 250mL 锥形瓶中，加 10mL 水，摇匀后，加入 50mL 碳酸钠溶液（20g/L），置电炉上加热回流 20min，冷却后用约 10mL 水冲洗冷凝器，取下锥形瓶，加入（2～3）滴酚酞指示液（10g/L），用硝酸溶液（5%）中和至红色刚刚消失为止 [如酸过量可用氢氧化钠溶液（50g/L）返滴之] 再加入 2mL 铬酸钾溶液（50g/L），用硝酸银标准溶液 [$c(AgNO_3)$=0.100mol/L] 滴定至红棕色出现为终点。同时做空白试验。

氯乙醇的质量分数按下式计算：

$$w=\frac{c(V-V_1)\times 0.08051}{m}\times 100\%-w_1\frac{80.5}{36.5}$$

式中 w——氯乙醇的质量分数，%；

V——滴定试样消耗硝酸银标准溶液的体积，mL；

V_1——空白试验消耗硝酸银标准溶液的体积，mL；

c——硝酸银标准溶液的浓度，mol/L；

m——样品质量，g；

0.08051——与 1.00mL 硝酸银标准溶液 [$c(AgNO_3)$=1.000mol/L] 相当的，以 g 为单位的氯乙醇的质量；

w_1——氯乙醇的酸度，%；

80.5——氯乙醇的摩尔质量 [$M(C_2H_5C_{10})$]，g/mol；

36.5——盐酸的摩尔质量 [M(HCl)]，g/mol。

氯乙烯（C_2H_3Cl）标准溶液

[配制] 氯乙烯标准溶液（1000μg/mL）

方法 1 取一只平衡瓶，加 N,N-二甲基乙酰胺（DMA）（该溶剂不应检出与氯乙烯相同保留值的任何杂峰。否则，曝气法蒸馏除去干扰），带塞称量（准确至 0.0001g），在通风橱内，从氯乙烯钢瓶取液态氯乙烯 [纯度大于 99.5%，装在 50mL～100mL 耐压容器内，并把其放于干冰保温瓶中] 约 0.5mL，于平衡瓶中迅速盖塞混匀后，再称量，储于冰箱中。

氯乙烯标准溶液浓度按下式计算：

$$\rho_A=\frac{m_2-m_1}{V_1}\times 10^6$$

$$V_1=24.5+\frac{m_2-m_1}{\rho}$$

式中 ρ_A——氯乙烯单体浓度，μg/mL；

V_1——校正体积，mL；

m_1——平衡瓶加溶剂的质量，g；

m_2——m_1 加氯乙烯的质量，g；

ρ——氯乙烯密度，0.9121g/mL（20℃）。

注：为简化试验，可采用氯乙烯 20℃下的密度。

方法 2 用干燥、清洁的 5mL 注射器（经过校准）准确量取 2.00mL 纯氯乙烯（C_2H_3Cl；$M_r=62.498$）标准气（99.99%），将针尖插入装有 5mL 二硫化碳的 10mL 容量瓶中，慢慢抽动注射器芯吸入溶剂，氯乙烯溶于二硫化碳使注射器呈负压，溶剂仍继续充入注射器。待停止后，将溶液全部注入容量瓶中，并用二硫化碳清洗注射器数次，合并清洗液于容量瓶中，用二硫化碳稀释至刻度，混匀。记录配制时温度、大气压。氯乙烯标准溶液浓度（ρ）按下式计算：

$$\rho=\frac{V\varphi M}{V_1V_2}$$

式中 ρ——氯乙烯溶液的质量浓度，mg/mL；

V——所取氯乙烯纯气的体积，mL；

φ——氯乙烯气体的纯度，99.99%；

M——氯乙烯的摩尔质量，g/mol；

V_1——在配气状态下氯乙烯的摩尔体积，mL/mol；

V_2——容量瓶体积，mL。

氯唑西林（$C_{19}H_{18}ClN_3O_5S$）**标准溶液**（1000μg/mL）

［配制］ 准确称取 1.0504g（或按纯度换算出质量 $m=1.0504g/w$；w——质量分数）经纯度分析的氯唑西林钠（$C_{19}H_{17}ClN_3NaO_5S$；$M_r=457.863$）纯品（纯度≥99%），置于 100mL 烧杯中，加适量水溶解后，移入 1000mL 容量瓶中，用水稀释到刻度，混匀。

［氯唑西林含量的测定］

（1）氯唑西林钠中总氯唑西林含量的测定：准确称取 0.065g 样品，准确到 0.00001g，置于 250mL 锥形瓶中，加 5mL 水溶解后，加 5mL 氢氧化钠溶液［$c(NaOH)=1mol/L$］，混匀，放置 15min，加 5mL 硝酸溶液［$c(HNO_3)=1mol/L$］、20mL 乙酸缓冲液（pH4.6），20mL 水，摇匀，用电位滴定法，以铂电极为指示电极，汞-硫酸亚汞电极为参比电极，用硝酸汞标准溶液［$c(HgNO_3)_2=0.0200mol/L$］缓慢滴定（控制滴定过程为 15min）不记第一个终点，计算第二个终点时消耗硝酸汞标准溶液的体积（V_1）。

（2）降解物含量的测定：另准确称取 0.25g 样品，准确到 0.0001g，置于 250mL 锥形瓶中，加 25mL 水及 25mL 乙酸盐缓冲溶液（pH4.6），振摇使其完全溶解后，立即用硝酸汞标准溶液［$c(HgNO_3)_2=0.0200mol/L$］滴定，以铂电极为指示电极，汞-硫酸亚汞电极为参比电极，不记第一个终点，计算第二个终点时消耗标准溶液的体积（V_2）。氯唑西林的质量分数按下式计算：

$$w=\frac{cV_1\times 0.4359}{m_1}-\frac{cV_2\times 0.4359}{m_2}\times 100\%$$

式中 w——氯唑西林的质量分数，%；

V_1——从第一终点到第二终点总氯唑西林消耗的硝酸汞标准溶液的体积，mL；

V_2——从第一终点到第二终点降解物消耗的硝酸汞标准溶液的体积，mL；

c——硝酸汞标准溶液的浓度，mol/L；

m_1——测总氯唑西林的样品质量，g；

m_2——测降解物的样品质量，g；

0.4359——与 1.00mL 硝酸汞标准溶液［$c(HgNO_3)_2$=1.000mol/L］相当的，以 g 为单位的氯唑西林（$C_{19}H_{18}ClN_3O_5S$）的质量。

绿麦隆（$C_{10}H_{13}ClN_2O$）**标准溶液**（1000μg/mL）

［配制］ 用最小分度为 0.01mg 的分析天平，准确称取 0.1000g（或按纯度换算出质量 m=0.1000g/w；w——质量分数）的绿麦隆（$C_{10}H_{13}ClN_2O$；M_r=212.676）纯品（纯度≥99%），于小烧杯中，用重蒸馏丙酮溶解，转移到 100mL 容量瓶中，用重蒸馏丙酮定容，配制成浓度为 1000μg/mL 的标准储备溶液，于冰箱（4℃）中保存，临用时，用丙酮稀释成适当浓度的标准工作溶液。

吗啡（$C_{17}H_{19}NO_3$）**标准溶液**（1000μg/mL）

［配制］ 准确称取 0.1000g（或按纯度换算出质量 m=0.1000g/w；w——质量分数）吗啡（$C_{17}H_{19}NO_3$；M_r=285.3377）标准品（纯度≥99%），置于 100mL 烧杯中，加适量甲醇-三氯甲烷（9+1）混合溶剂溶解后，移入 100mL 容量瓶中，用甲醇-三氯甲烷（9+1）混合溶剂稀释到刻度，混匀。配制成浓度为 1000μg/mL 的标准储备溶液。

马拉硫磷（$C_{10}H_{19}O_6PS_2$）**标准溶液**（1000μg/mL）

［配制］ 准确称取 0.1000g（或按纯度换算出质量 m=0.1000g/w；w——质量分数）马拉硫磷（$C_{10}H_{19}O_6PS_2$；M_r=330.358）（纯度≥99%）纯品，于 100mL 容量瓶中，用三氯甲烷（或重蒸馏石油醚）溶解并定容，混匀。低温保存。配制成浓度为 1000μg/mL 的标准储备溶液。根据需要再配制成适宜浓度的标准工作溶液。

马来酸氯苯那敏（$C_{16}H_{19}ClN_2\cdot C_4H_4O_4$）**标准溶液**（1000μg/mL）

［配制］ 取适量马来酸氯苯那敏于称量瓶中，于 105℃下干燥至恒重，取出，置于干燥器中冷却备用。准确称取 1.0000g（或按纯度换算出质量 m=1.0000g/w；w——质量分数）经纯度分析的马来酸氯苯那敏（$C_{16}H_{19}ClN_2\cdot C_4H_4O_4$；$M_r$=390.861）纯品（纯度≥99%），置于 100mL 烧杯中，加适量水溶解后，移入 1000mL 容量瓶中，用水稀释到刻度，混匀。避光低温保存。

［马来酸氯苯那敏纯度的测定］ 准确称取 0.15g 已于 105℃ 干燥的样品，准确到 0.0001g。置于锥形瓶中，加 10mL 冰醋酸溶解后，加 1 滴结晶紫指示液（5g/L），用高氯酸标准溶液［$c(HClO_4)$=0.100mol/L］滴定至溶液呈蓝绿色，同时做空白试验。马来酸氯

苯那敏的质量分数（w）按下式计算：

$$w=\frac{c(V_1-V_2)\times 0.1954}{m}\times 100\%$$

式中 V_1——高氯酸标准溶液的体积，mL；

V_2——空白试验高氯酸标准溶液的体积，mL；

c——高氯酸标准溶液的浓度，mol/L；

m——样品质量，g；

0.1954——与1.00mL高氯酸标准溶液［$c(HClO_4)=1.000$mol/L］相当的，以g为单位的马来酸氯苯那敏的质量。

马来酸麦角新碱（$C_{19}H_{23}N_3O_2 \cdot C_4H_4O_4$）**标准溶液**（1000μg/mL）

［配制］ 准确称取1.0000g（或按纯度换算出质量 $m=1.0000g/w$；w——质量分数）经纯度分析的马来酸麦角新碱（$C_{19}H_{23}N_3O_2 \cdot C_4H_4O_4$；$M_r=441.4770$）纯品（纯度≥99%），置于200mL烧杯中，加适量水溶解后，移入1000mL容量瓶中，用水稀释到刻度，混匀。避光低温保存。

［马来酸麦角新碱纯度的测定］ 称取0.1g样品，准确到0.0001g。置于锥形瓶中，加20mL冰醋酸溶解后，加1滴结晶紫指示液（5g/L），用高氯酸标准溶液［$c(HClO_4)=0.0500$mol/L］滴定至溶液呈蓝绿色，同时做空白试验。马来酸麦角新碱的质量分数（w）按下式计算：

$$w=\frac{c(V_1-V_2)\times 0.4415}{m}\times 100\%$$

式中 V_1——高氯酸标准溶液的体积，mL；

V_2——空白试验高氯酸标准溶液的体积，mL；

c——高氯酸标准溶液的浓度，mol/L；

m——样品质量，g；

0.4415——与1.00mL高氯酸标准溶液［$c(HClO_4)=1.000$mol/L］相当的，以g为单位的马来酸麦角新碱的质量。

马来酸噻吗洛尔（$C_{13}H_{24}N_4O_3S \cdot C_4H_4O_4$）**标准溶液**（1000μg/mL）

［配制］ 取适量马来酸噻吗洛尔于称量瓶中，于105℃下干燥至恒重，取出，置于干燥器中冷却备用。准确称取1.0000g（或按纯度换算出质量 $m=1.0000g/w$；w——质量分数）经纯度分析的马来酸噻吗洛尔（$C_{13}H_{24}N_4O_3S \cdot C_4H_4O_4$；$M_r=432.492$）纯品（纯度≥99%），置于100mL烧杯中，加适量水溶解后，移入1000mL容量瓶中，用水稀释到刻度，混匀。避光低温保存。

［马来酸噻吗洛尔纯度的测定］ 称取0.3g已干燥的样品，准确到0.0001g。置于干燥的锥形瓶中，加10mL冰醋酸，加10mL乙酸酐，1滴结晶紫指示液（5g/L），用高氯酸标准溶液［$c(HClO_4)=0.100$mol/L］滴定至溶液呈蓝色，同时做空白试验。马来酸噻吗洛尔的质量分数（w）按下式计算：

$$w=\frac{c(V_1-V_2)\times 0.4325}{m}\times 100\%$$

式中 V_1——高氯酸标准溶液的体积，mL；

V_2——空白试验高氯酸标准溶液的体积，mL；

c——高氯酸标准溶液的浓度，mol/L；

m——样品质量，g；

0.4325——与 1.00mL 高氯酸标准溶液［$c(HClO_4)$ =1.000mol/L］相当的，以 g 为单位的马来酸噻吗洛尔的质量。

马铃薯直链淀粉标准溶液（1000μg/mL）

［配制］ 用最小分度为 0.01mg 的分析天平，准确称取 0.1000g 脱脂及平衡后的直链淀粉，于 100mL 烧杯中，加入 1.0mL 无水乙醇湿润样品，再加入 9.0mL 氢氧化钠溶液［c(NaOH)1mol/L］，于 85℃水浴中分散 10min，移入 100mL 容量瓶，用 70mL 水分数次洗涤烧杯，洗涤液一并移入容量瓶中，加水至刻度，剧烈摇匀。

［马铃薯直链淀粉的制备］ 称取 100g 新鲜马铃薯，洗净，削皮，切块，放入组织捣碎机中，加水 200mL，捣碎 1min。过 80 目筛（180μm），并用水洗涤筛上物，弃去筛上物。沉淀，弃去上清液。

取沉淀物，加 200mL 水，再加入 200mL 氢氧化钠溶液［c(NaOH)=1mol/L］，在 85℃水浴上加热搅拌 20min 至完全分散，冷却，以 4000r/min 离心 20min，取上清液用盐酸溶液［c（HCl)=1.5mol/L］调至 pH6.5，然后加入 80mL 丁醇-异戊醇（1+1），在 85℃水浴中加热 10min，冷却至室温，移入冰箱内（2～4)℃，静置 24h，去掉上层污物层，以 4000r/min 离心 20min，弃去上清液，沉淀物即粗直链淀粉。

用饱和正丁醇水溶液洗涤沉淀物（粗直链淀粉），4000r/min 离心 15min，将沉淀物转入 200mL 饱和正丁醇水溶液中，在 85℃水浴中加热溶解（10～15）min，冷却至室温，移入冰箱内（2～4)℃，静置 24h，弃去上层污物层，以 4000r/min 离心 10min，沉淀物再加 200mL 饱和正丁醇水溶液，在 85℃水浴中加热溶解，反复纯化 3 次。最后沉淀物用无水乙醇反复洗涤离心（3～4）次，分散于盘中 2d，使残余乙醇挥发及水分达到平衡，即得直链淀粉标准品。

［标准品质量测定］

（1）碘结合量测定 称取 0.1000g 标准品于 100mL 烧杯中，加入 1.0mL 无水乙醇湿润样品，再加入 10mL 氢氧化钠溶液［c(NaOH)=0.5mol/L］于 85℃水浴中完全分散，冷却后移入 100mL 容量瓶中，用水洗烧杯数次，洗涤液一并移入容量瓶中，加水至刻度，摇匀。吸取 5.0mL（含直链淀粉 5mg）分散液放入 200mL 烧杯中，加入 85mL 水，5.0mL 乙酸溶液［c（CH_3COOH)=1mol/L］及 5.0mL 碘化钾溶液［c(KI)=0.1mol/L］，按电位滴定要求，将烧杯置于电磁搅拌器上，把铂电极及甘汞插入液面下，在电磁搅拌下，用 2mL 微量滴定管滴加碘酸钾标准溶液［$c(KIO_3)$=0.0010mol/L］，每次滴加 0.1mL（或 0.05mL），1min 后读取毫伏数，滴定终点用二次微商法计算。直链淀粉碘结合量按下式计算：

$$直链淀粉碘结合量=\frac{0.7610}{m(1-w)}\times V\times 100\%$$

式中 m——直链淀粉质量，mg；

w——直链淀粉水分含量，%；

V——1.00×10^{-3}mol/L 碘酸钾标准溶液体积，mL；

0.7610——每毫升 1.00×10^{-3}mol/L 碘酸钾［$c(KIO_3)$］溶液相当于碘的质量 0.7610mg。

(2) 碘-淀粉复合物吸收光谱测定　称取 0.1000g 标准品，移入 100mL 烧杯中，加入 1.0mL 无水乙醇湿润样品，再加入 9.0mL 氢氧化钠溶液 [$c(NaOH)$=1.0mol/L]，在 85℃ 水浴中完全分散，冷却后移入 100mL 容量瓶中，用水洗涤烧杯数次，一并移入容量瓶中，加水至刻度，定容。取 2.0mL 溶液于 100mL 容量瓶中，移取 3.0mL 氢氧化钠溶液 [$c(NaOH)$=0.09mol/L]，加入 50mL 水稀释后，再加入 1.0mL 乙酸溶液 [$c(CH_3COOH)$=1mol/L] 和 1.0mL 碘试剂，加水定容至 100mL，静置 10min，用分光光度计测定 (500～800) nm 处的吸收光谱。

(3) 淀粉含量测定　称取 0.1000g 标准品加入 10mL 氢氧化钠溶液 [$c(NaOH)$=0.5mol/L]，在 85℃水浴中加热分散，再加入 21.5mL 盐酸溶液 [$c(HCl)$=2mol/L]，在沸水浴中回流水解 2h，用费林氏液法测定还原糖，乘以 0.9 系数，即得淀粉含量，计算标准品淀粉含量。

(4) 马铃薯直链淀粉标准品指标标准　马铃薯直链淀粉标准品必须具备：①碘结合量在 19%～20%之间；②λ_{max}为 (640～650)nm；③淀粉含量在 85%以上。

麻痹性贝类毒素（石房蛤毒素；$C_{10}H_{17}N_7O_4$）**标准溶液**（1000μg/mL）

[配制]　用最小分度为 0.01mg 的分析天平，准确称取 0.1000g（或按纯度换算出质量 m=0.1000g/w；w——质量分数）麻痹性贝类毒素（Saxitoxin）（石房蛤毒素）（$C_{10}H_{17}N_7O_4$；M_r=299.2865）纯品（纯度≥99%），于小烧杯中，加入已用 HCl 酸化至 pH3 的蒸馏水溶解后，转移到 100mL 容量瓶中，加含有 20%的乙醇作为保护剂，用蒸馏水稀释至刻度，混匀。配制成浓度为 1000μg/mL 的标准储备溶液。冷藏时，可长期稳定。

麦芽糖醇（$C_6H_6O_3$）**标准溶液**（1000μg/mL）

[配制]　准确称取 1.0000g（或按纯度换算出质量 m=1.0000g/w；w——质量分数）经纯度分析的麦芽糖醇（$C_6H_6O_3$；M_r=126.1100）纯品（纯度≥99%），置于 100mL 烧杯中，加水溶解后，移入 1000mL 容量瓶中，用水稀释到刻度，混匀。配制成浓度为 1000μg/mL 的标准储备溶液。

[标定] 分光光度法：准确移取 1.00mL 上述溶液，移入 100mL 容量瓶中，用盐酸溶液 [$c(HCl)$=0.1mol/L] 稀释到刻度（10μg/mL)，同法配制对照品标准溶液。用分光光度法，在 274nm 附近寻找最大的吸收峰，并在该波长处分别测定对照品标准溶液及待标定溶液的吸光度，计算，即得。

糜蛋白酶标准溶液 [1000 单位/mL（μg/mL)]

[配制]　准确称取适量糜蛋白酶纯品（按纯度换算出质量 m=1000g/X；X——每 1mg 的效价单位)，纯品（1mg 的效价不低于 800 糜蛋白酶单位）置于 100mL 烧杯中，加适量灭菌水溶解后，移入 1000mL 容量瓶中，用灭菌水稀释到刻度。避光低温保存。

[效价测定]

(1) 底物溶液的制备　称取 23.7mg N-乙酰-L-酪氨酸乙酯，置 100mL 容量瓶中，加 50mL 磷酸盐缓冲液 {取 38.9mL 磷酸二氢钾溶液 [$c(KH_2PO_4)$=0.067mol/L] 与 61.1mL 磷酸氢二钠溶液 [$c(Na_2HPO_4)_2$ 0.067mol/L]，混合，pH 值为 7.0}，温热使其溶解，冷却后再稀释至刻度，摇匀。冰冻保存，但不得反复冻融。

(2) 样品溶液的制备 准确称取本品适量，用［c(HCl)=0.0012mol/L］盐酸溶液制成每1mL中含(12～16)糜蛋白酶单位的溶液。

(3) 测定 取0.2mL盐酸溶液［c(HCl)=0.0012mol/L］与3.0mL底物溶液，用分光光度法，在25℃±0.5℃，于237nm的波长处测定并调节吸光度为0.200。再取0.2mL样品溶液与3.0mL底物溶液，立即记时并摇匀，每隔30s读取吸光度，共5min(重复一次)，吸光度的变化率应恒定，恒定时间不得少于3min。若变化率不能保持恒定，可用较低浓度另行测定。每30s的吸光度变化率应控制在0.008～0.012，以吸光度为纵坐标，时间为横坐标，作图，取在3min内成直线的部分。糜蛋白酶的效价按下式计算：

$$P=\frac{A_2-A_1}{0.0075tm}$$

式中 P——1mg糜蛋白酶的效价，单位；

A_2——直线上开始的吸光度；

A_1——直线上终止的吸光度；

t——A_2至A_1读数的时间，min；

m——测定液中含样品的量，mg；

0.0075——在上述条件下，吸光度每1min改变0.0075，即相当于1的糜蛋白酶单位。

米诺地尔（$C_9H_{15}N_5O$）**标准溶液**（1000μg/mL）

［配制］ 取适量米诺地尔于称量瓶中，于105℃下干燥至恒重，取出，置于干燥器中冷却备用。准确称取1.0000g（或按纯度换算出质量m=1.0000g/w；w——质量分数）经纯度分析的米诺地尔（$C_9H_{15}N_5O$；M_r=209.2483）纯品（纯度≥99%），置于100mL烧杯中，加适量乙醇溶解后，移入1000mL容量瓶中，用乙醇稀释到刻度，混匀。避光低温保存。

［米诺地尔纯度的测定］ 准确称取0.2g已干燥的样品，准确到0.0001g。置于250mL锥形瓶中，加10mL冰醋酸与1滴结晶紫指示液（5g/L），用高氯酸标准溶液［$c(HClO_4)$=0.100mol/L］滴定至溶液显蓝绿色，同时做空白试验。米诺地尔的质量分数（w）按下式计算：

$$w=\frac{c(V_1-V_2)\times 0.2092}{m}\times 100\%$$

式中 V_1——高氯酸标准溶液的体积，mL；

V_2——空白试验高氯酸标准溶液的体积，mL；

c——高氯酸标准溶液的浓度，mol/L；

m——样品质量，g；

0.2092——与1.00mL高氯酸标准溶液［$c(HClO_4)$=1.000mol/L］相当的，以g为单位的米诺地尔的质量。

棉（子）酚（$C_{30}H_{30}O_8$）**标准溶液**（1000μm/mL）

［配制］ 用最小分度为0.01mg的分析天平，准确称取0.1000g（或按纯度换算出质量m=0.1000g/w；w——质量分数）的棉酚（$C_{30}H_{30}O_8$；M_r=518.5544）纯品（纯度≥

99%）或（0.2790g 棉酚乙酸），于小烧杯中，溶于丙酮溶液中，转移到 100mL 棕色容量瓶中，并用丙酮稀释定容。保存于冰箱中，配制成浓度为 1000μg/L 的标准储备溶液。

灭草松（$C_{10}H_{12}N_2O_3S$）**标准溶液**（1000μg/mL）

［配制］ 用最小分度为 0.01mg 的分析天平，准确称取 0.1000g（必要时按纯度换算出质量 $m=0.1000g/w$；w——质量分数）的灭草松（$C_{10}H_{12}N_2O_3S$；$M_r=240.279$）纯品（纯度≥99.5%），置于烧杯中，用重蒸馏丙酮溶解，转移到 100mL 容量瓶中，用重蒸馏丙酮溶解并定容，混匀。配制成浓度为 1000μg/mL 的标准储备溶液。使用时根据需要再配成适用浓度的标准工作溶液。

灭虫威（$C_{11}H_{15}NO_2S$）**标准溶液**（1000μg/mL）

［配制］ 用最小分度为 0.01mg 的分析天平，准确称取 0.1000g（必要时按纯度换算出质量 $m=0.1000g/w$；w——质量分数）的灭虫威（$C_{11}H_{15}NO_2S$；$M_r=225.307$）纯品（纯度≥99%），置于烧杯中，用少量重蒸馏的丙酮溶解。转移到 100mL 容量瓶中，再用重蒸馏丙酮稀释至刻度，混匀。配制成浓度为 1000μg/mL 的标准储备溶液。

灭多威（$C_5H_{10}N_2O_2S$）**标准溶液**（1000μg/mL）

［配制］ 用最小分度为 0.01mg 的分析天平，准确称取 0.1000g（或按纯度换算出质量 $m=0.1000g/w$；w——质量分数）灭多威（$C_5H_{10}N_2O_2S$；$M_r=162.210$）纯品（纯度≥99%），置于烧杯中，用少量乙腈溶解，转移到 100mL 容量瓶中，并用乙腈定容，混匀。配制成浓度为 1000μg/mL 的标准储备溶液。使用时根据需要再用石油醚稀释成适用浓度的标准工作溶液。

灭菌丹（$C_9H_4Cl_3NO_2S$）**标准溶液**（1000μg/mL）

［配制］ 用最小分度为 0.01mg 的分析天平，准确称取 0.1000g（或按纯度换算出质量 $m=0.1000g/w$；w——质量分数）的灭菌丹（$C_9H_4Cl_3NO_2S$；$M_r=296.558$）纯品（纯度≥99%），于小烧杯中，用少量重蒸馏苯溶解，转移到 100mL 容量瓶中，用重蒸馏正己烷稀释到刻度，混匀。配制成浓度为 1000μg/L 的标准储备溶液。使用时，根据需要再稀释配制成适用浓度的标准工作溶液。

灭锈胺（$C_{17}H_{19}NO_2$）**标准溶液**（1000μg/mL）

［配制］ 用最小分度为 0.01mg 的分析天平，准确称取 0.1000g（或按纯度换算出质量 $m=0.1000g/w$；w——质量分数）的灭锈胺（$C_{17}H_{19}NO_2$；$M_r=269.3383$）纯品（纯度≥99%），置于烧杯中，用少量丙酮溶解，转移到 100mL 的容量瓶中，用重蒸馏正己烷稀释到刻度，混匀。配制成浓度为 1000μg/mL 的标准储备溶液。使用时根据需要用正己烷稀释成适用浓度的工作溶液。

灭蚁灵（$C_{10}Cl_{12}$）**标准溶液**（1000μg/mL）

［配制］ 用最小分度为 0.01mg 的分析天平，准确称取 0.1000g（或按纯度换算出质量 $m=0.1000g/w$；w——质量分数）的灭蚁灵（$C_{10}Cl_{12}$；$M_r=545.543$）纯品（纯度≥

99%），于小烧杯中，加少量全玻璃装置重蒸馏石油醚溶解后，转移到100mL容量瓶中，用石油醚稀释到刻度，混匀。配制成浓度为1000μg/mL的标准储备溶液。

灭幼脲（$C_{14}H_{10}O_2N_2Cl_2$）**标准溶液**（1000μg/mL）

［配制］ 用最小分度为0.01mg的分析天平，准确称取0.1000g（或按纯度换算出质量$m=0.1000g/w$；w——质量分数）的灭幼脲（$C_{14}H_{10}O_2N_2Cl_2$；$M_r=309.147$）纯品（纯度≥99%），于小烧杯中，用二氯甲烷溶解，转移到100mL容量瓶，用二氯甲烷定容，混匀。配制成浓度为1000μg/mL的标准储备溶液，使用时，用二氯甲烷稀释成适当浓度的标准工作溶液。

没食子酸丙酯（PG；$C_{10}H_{12}O_5$）**标准溶液**（1000μg/mL）

［配制］ 取适量没食子酸丙酯置于称量瓶中，于110℃干燥4h至恒重，取出，置干燥器中冷却，备用。用最小分度为0.01mg的分析天平，准确称取0.1000g（或按纯度换算出质量$m=0.1000g/w$；w——质量分数）没食子酸丙酯（PG）（$C_{10}H_{12}O_5$；$M_r=212.1993$）纯品（纯度≥99%），于小烧杯中，用水溶解，转移到100mL容量瓶中，用水稀释至刻度，混匀。配制成浓度为1000μg/mL的标准储备溶液。

［没食子酸丙酯纯度的测定］ 称取0.2g已干燥的样品，准确至0.0001g，于400mL烧杯中，加150mL蒸馏水溶解，加热至沸，用力振荡，加50mL硝酸铋溶液｛称5g硝酸铋置于锥形瓶中，加7.5mL硝酸，用力振荡使其溶解，再加水稀释至250mL，冷却过滤，取出10mL，用氢氧化钠溶液［c(NaOH)=1mol/L］滴定以甲基橙作指示剂，氢氧化钠耗用量应在（5～6.25）mL之间即可使用｝，继续加热至沸数分钟后，直至完全沉淀，并冷却过滤，滤出黄色沉淀物于恒重的玻璃砂芯坩埚中，用稀硝酸（1+300）洗涤，并在110℃干燥4h，直至恒重。没食子酸丙酯的质量分数（w）按下式计算：

$$w=\frac{m_1\times 0.4866}{m_2}\times 100\%$$

式中 m_1——干燥后沉淀质，g；

m_2——样品质量，g；

0.4866——没食子酸丙酯铋盐换算成没食子酸丙酯的系数。

没食子酸乙酯（$C_9H_{10}O_5$）**标准溶液**（1000μg/mL）

［配制］ 取适量没食子酸乙酯于称量瓶中，在100℃干燥1h，取出，置于干燥器中冷却备用。用最小分度为0.01mg的分析天平，准确称取0.1000g（或按纯度换算出质量$m=0.1000g/w$；w——质量分数）没食子酸乙酯（$C_9H_{10}O_5$；$M_r=198.1727$）纯品（纯度≥99%），于小烧杯中，用少量水溶解，转移到100mL容量瓶中，用水稀释到刻度，混匀。配制成浓度为1000μg/mL的标准储备溶液。

莫能菌素（$C_{36}H_{62}O_{11}$）**标准溶液**（500μg/mL）

［配制］ 准确称取适量（或按纯度换算出质量$m=500g/w$；w——质量分数）（准确到0.0001g）的莫能菌素（$C_{36}H_{62}O_{11}$；$M_r=670.8709$）标准品（960μg/mg），用甲醇溶解配制成浓度为500μg/mL的莫能菌素标准溶液。于冰箱中4℃保存，可使用一周。

木糖醇（$C_5H_{12}O_5$）**标准溶液**（1000μg/mL）

［配制］ 用最小分度为0.01mg的分析天平，准确称取0.1000g（或按纯度换算出质量$m=0.1000g/w$；w——质量分数）木糖醇（$C_5H_{12}O_5$；$M_r=152.1458$）纯品（纯度≥99%），于烧杯中，加入2mL吡啶，在蒸汽浴上加热溶解，冷却到室温，加入0.4mL六甲基二硅胺烷（HMDS）和0.2mL三甲基氯硅烷（TMCS），室温下放置30min，移入100mL容量瓶中，用庚烷稀释到刻度，混匀。配成浓度为1000μg/mL的标准储备溶液。

拿草特（戊炔草胺；$C_{12}H_{11}Cl_2NO$）**标准溶液**（1000μg/mL）

［配制］ 用最小分度为0.01mg的分析天平，准确称取0.1000g（或按纯度换算出质量$m=0.1000g/w$；w——质量分数）的拿草特（戊炔草胺；$C_{12}H_{11}Cl_2NO$；$M_r=256.128$）纯品（纯度≥99%），置于100mL烧杯中，用正己烷溶解，移入100mL容量瓶中，用正己烷稀释到刻度，混匀。配制成浓度为1000μg/L的标准储备溶液。

那可丁（$C_{22}H_{23}NO_7$）**标准溶液**（1000μg/mL）

［配制］ 取适量那可丁于称量瓶中，于105℃下干燥至恒重，取出，置于干燥器中冷却备用。准确称取1.0000g（或按纯度换算出质量$m=1.0000g/w$；w——质量分数）经纯度分析的那可丁（$C_{22}H_{23}NO_7$；$M_r=413.4205$）纯品（纯度≥99%），置于100mL烧杯中，加适量氯仿溶解后，移入1000mL容量瓶中，用氯仿稀释到刻度，混匀。避光低温保存。

［那可丁纯度的测定］ 准确称取0.3g已干燥的样品，准确到0.0001g。置于250mL锥形瓶中，加10mL冰醋酸溶解后，加1滴结晶紫指示液（5g/L），用高氯酸标准溶液[$c(HClO_4)=0.100mol/L$]滴定至溶液显纯蓝色，同时做空白试验。那可丁的质量分数（w）按下式计算：

$$w=\frac{c(V_1-V_2)\times 0.4134}{m}\times 100\%$$

式中 V_1——高氯酸标准溶液的体积，mL；

V_2——空白试验高氯酸标准溶液的体积，mL；

c——高氯酸标准溶液的浓度，mol/L；

m——样品质量，g；

0.4134——与1.00mL高氯酸标准溶液［$c(HClO_4)=1.000mol/L$］相当的，以g为单位的那可丁的质量。

萘（$C_{10}H_8$）**标准溶液**（1000μg/mL）

［配制］ 准确称取0.1000g（或按纯度换算出质量$m=0.1000g/w$；w——质量分数）经纯度分析的萘（$C_{10}H_8$；$M_r=128.1705$）纯品（纯度≥99%），置于100mL烧杯中，加适量优级纯甲醇溶解后，移入100mL容量瓶中，用优级纯甲醇稀释到刻度，混匀。低温保存，使用前在（20±2)℃下平衡后，取适量稀释。

萘普生（$C_{14}H_{14}O_3$）**标准溶液**（1000μg/mL）

［配制］ 取适量萘普生于称量瓶中，于105℃下干燥至恒重，置于干燥器中冷却备用。

准确称取1.0000g经纯度分析的萘普生（$C_{14}H_{14}O_3$；M_r=230.2592）纯品（纯度≥99%），（或按纯度换算出质量m=1.0000g/w；w——质量分数），置于100mL烧杯中，加适量乙醇溶解后，移入1000mL容量瓶中，用乙醇稀释到刻度，混匀。低温避光保存。

［萘普生纯度的测定］ 准确称取0.5g已干燥的样品，准确到0.0001g，置于250mL锥形瓶中，加45mL甲醇溶解后，再加15mL水与3滴酚酞指示液（10g/L），用氢氧化钠标准溶液［c(NaOH)=0.100mol/L］滴定，同时做空白试验。萘普生的质量分数（w）按下式计算：

$$w=\frac{c(V_1-V_2)\times 0.2303}{m}\times 100\%$$

式中 V_1——氢氧化钠标准溶液的体积，mL；

V_2——空白消耗氢氧化钠标准溶液的体积，mL；

c——氢氧化钠标准溶液的浓度，mol/L；

m——样品质量，g；

0.2303——与1.00mL氢氧化钠标准溶液［c(NaOH)=1.000mol/L］相当的，以g为单位的萘普生的质量。

萘普生钠（$NaC_{14}H_{13}O_3$）**标准溶液**（1000μg/mL）

［配制］ 取适量萘普生钠于称量瓶中，于105℃下干燥至恒重，置于干燥器中冷却备用。准确称取1.0000g（或按纯度换算出质量m=1.0000g/w；w——质量分数）经纯度分析的萘普生钠（$NaC_{14}H_{13}O_3$；M_r=252.2410）纯品（纯度≥99%），置于100mL烧杯中，加适量水溶解后，移入1000mL容量瓶中，用水稀释到刻度，混匀。低温避光保存。

［萘普生钠纯度的测定］ 准确称取0.2g已干燥的样品，准确到0.0001g，置于250mL锥形瓶中，加30mL冰醋酸溶解后，加1滴结晶紫指示液（5g/L），用高氯酸标准溶液［c($HClO_4$)=0.100mol/L］滴定，至溶液显蓝绿色，同时做空白试验。萘普生钠的质量分数（w）按下式计算：

$$w=\frac{c(V_1-V_2)\times 0.2522}{m}\times 100\%$$

式中 V_1——高氯酸标准溶液的体积，mL；

V_2——空白消耗高氯酸标准溶液的体积，mL；

c——高氯酸标准溶液的浓度，mol/L；

m——样品质量，g；

0.2522——与1.00mL高氯酸标准溶液［c($HClO_4$)=1.000mol/L］相当的，以g为单位的萘普生钠的质量。

α-萘乙酸（$C_{12}H_{10}O_2$）**标准溶液**（1000μg/mL）

［配制］ 用最小分度为0.01mg的分析天平，准确称取0.1000g（或按纯度换算出质量m=0.1000g/w；w——质量分数）的α-萘乙酸（$C_{12}H_{10}O_2$；M_r=186.2066）纯品（纯度≥99%），于小烧杯中，用乙醚-石油醚（4+1）溶解，转移到100mL容量瓶中，用乙醚-石油醚（4+1）稀释到刻度，混匀。配制成浓度为1000μg/mL的标准储备溶液。使用时，根据需要再配成适当浓度的标准工作溶液。

内吸磷（$C_8H_{19}O_3PS_2$）**标准溶液**（1000μg/mL）

［配制］ 用最小分度为0.01mg的分析天平，准确称取0.1000g（或按纯度换算出质量m=0.1000g/w；w——质量分数）的内吸磷（$C_8H_{19}O_3PS_2$；M_r=258.338）纯品（硫酮式，纯度≥99%），于小烧杯中，用少量重蒸馏苯溶解，转移到100mL容量瓶中，用重蒸馏石油醚稀释到刻度，混匀。配制成浓度为1000μg/L的标准储备溶液。使用时，根据需要再配制成适用浓度的标准工作溶液。

尼尔雌醇（$C_{25}H_{32}O_3$）**标准溶液**（1000μg/mL）

［配制］ 取适量尼尔雌醇于称量瓶中，于80℃下减压干燥至恒重，取出，置于干燥器中冷却备用。准确称取1.0000g（或按纯度换算出质量m=1.0000g/w；w——质量分数）经纯度分析（高效液相色谱法）的尼尔雌醇（$C_{25}H_{32}O_3$；M_r=380.5198）纯品（纯度≥99%），置于100mL烧杯中，加适量氯仿溶解后，移入1000mL容量瓶中，用氯仿稀释到刻度，混匀。避光低温保存。

尼卡巴嗪（$C_{13}H_{10}N_4O_5 \cdot C_6H_8N_2O$）**标准溶液**（1000μg/mL）

［配制］ 用最小分度为0.01mg的分析天平，准确称取0.1000g（或按纯度换算出质量m=0.1000g/w；w——质量分数）的尼卡巴嗪（$C_{13}H_{10}N_4O_5 \cdot C_6H_8N_2O$；$M_r$=426.3828）纯品（纯度≥99.9%），于小烧杯中，用紫外光谱级乙腈溶解后，转移到100mL容量瓶中，并用乙腈稀释到刻度，混匀。配制成浓度为1000μg/mL的标准储备溶液。根据需要再配成适当浓度的标准工作溶液。

尼可刹米（$C_{10}H_{14}N_2O_2$）**标准溶液**（1000μg/mL）

［配制］ 准确称取1.0000g（或按纯度换算出质量m=1.0000g/w；w——质量分数）经纯度分析的尼可刹米（$C_{10}H_{14}N_2O_2$；M_r=178.2310）纯品（纯度≥99%），置于100mL烧杯中，加适量水溶解后，移入1000mL容量瓶中，用水稀释到刻度，混匀。避光低温保存。

［尼可刹米纯度的测定］ 准确称取0.15g干燥样品，准确至0.0001g，置于250mL锥形瓶中，加10mL冰醋酸与1滴结晶紫指示液（5g/L），用高氯酸标准溶液［$c(HClO_4)$=0.100mol/L］滴定至溶液显蓝绿色。同时做空白试验。尼可刹米的质量分数（w）按下式计算：

$$w=\frac{c(V_1-V_2)\times 0.1782}{m}\times 100\%$$

式中 V_1——高氯酸标准溶液的体积，mL；

V_2——空白消耗高氯酸标准溶液的体积，mL；

c——高氯酸标准溶液的浓度，mol/L；

m——样品质量，g；

0.1782——与1.00mL高氯酸标准溶液［$c(HClO_4)$=1.000mol/L］相当的，以g为单位的尼可刹米的质量。

尼群地平（$C_{18}H_{20}N_2O_6$）**标准溶液**（1000μg/mL）

［配制］ 取适量尼群地平于称量瓶中，于105℃下干燥至恒重，取出，置于干燥器中冷却备用。准确称取1.0000g（或按纯度换算出质量 $m=1.0000g/w$；w——质量分数）经纯度分析的尼群地平（$C_{18}H_{20}N_2O_6$；$M_r=360.3612$）纯品（纯度≥99%），置于100mL烧杯中，加适量甲醇溶解后，移入1000mL容量瓶中，用甲醇稀释到刻度，混匀。避光低温保存。

［尼群地平纯度的测定］ 准确称取0.13g已干燥的样品，准确到0.0001g，置于250mL锥形瓶中，加20mL冰醋酸及10mL稀硫酸溶液（10%），微热使其溶解，冷却；加（2～3）滴邻二氮菲指示液（5g/L），用硫酸高铈标准溶液 $\{c[Ce(SO_4)_2]=0.100mol/L\}$ 缓缓滴定至红色消失，同时做空白试验。尼群地平的质量分数（w）按下式计算：

$$w=\frac{c(V_1-V_2)\times 0.1802}{m}\times 100\%$$

式中 V_1——硫酸高铈标准溶液的体积，mL；

V_2——空白消耗硫酸高铈标准溶液的体积，mL；

c——硫酸高铈标准溶液的浓度，mol/L；

m——样品质量，g；

0.1802——与1.00mL硫酸高铈标准溶液 $\{c[Ce(SO_4)_2]=1.000mol/L\}$ 相当的，以g为单位的尼群地平的质量。

黏菌素标准溶液（1000μg/mL）

［配制］

方法1 用最小分度为0.01mg的分析天平，准确称取一定量的黏菌素甲基磺酸钠标准品（已知效价的标准品，1mg相当于0.613mg黏菌素），用缓冲液（pH=6.0±0.1：称取80.0g无水磷酸二氢钾溶于700mL水中，另取20.0g无水磷酸氢二钾溶于300mL水中，混合后，于121℃高压灭菌15min）溶解，并制备成浓度为1000μg/mL的黏菌素标准储备溶液。于冰箱中4℃保存，可使用一周。

方法2 用最小分度为0.1mg的分析天平，准确称取一定量的黏菌素（黏菌素A：$C_{53}H_{100}N_{16}O_{13}$；黏菌素B：$C_{52}H_{98}N_{16}O_{13}$）纯品，用缓冲液（pH=6.0±0.1：称取80.0g无水磷酸二氢钾溶于700mL水中，另取20.0g无水磷酸氢二钾溶于300mL水中，混合后，于121℃高压灭菌15min）溶解，并配制成浓度为1000μg/mL的黏菌素标准储备溶液。于冰箱中4℃保存，可使用1周。

尿激酶标准溶液［1000单位/mL（μg/mL）］

［配制］ 取适量尿激酶于称量瓶中，置五氧化二磷干燥器中，于60℃下减压干燥至恒重，取出，置于干燥器中冷却备用。准确称取适量（按纯度换算出质量 $m=1.000g/X$；X——每1mg的效价单位）尿激酶标准品，置于100mL烧杯中，加适量灭菌水溶解后，移入1000mL容量瓶中，用灭菌水稀释到刻度。1mL溶液中含1000单位的尿激酶。

尿嘧啶（$C_4H_4N_2O_2$）**标准溶液**（1000μg/mL）

［配制］ 用最小分度为0.01mg的分析天平，准确称取0.1000g（或按纯度换算出质量$m=0.1000g/w$；w——质量分数）的经纯度分析的尿嘧啶（$C_4H_4N_2O_2$；$M_r=112.0868$）纯品（纯度≥99%），于250mL烧杯中，加75mL水和2mL浓盐酸，加热使其完全溶解，冷却，若有沉淀产生，加盐酸数滴，再加热，如此反复，直至冷却后无沉淀产生为止，移入100mL容量瓶中，加少许甲苯，以水稀释至刻度，混匀。于冰箱中保存。

脲（尿素；CH_4N_2O）**标准溶液**（1000μg/mL）

［配制］ 准确称取适量［m(g)］GBW 09201脲（尿素）（CH_4N_2O；$M_r=60.0553$）纯度分析标准物质［$m=1.0030g$，质量分数为99.9%］或已知纯度（纯度≥99.5%）［质量$m=1.0000g/w$；w——质量分数］的纯品，置于100mL烧杯中，加适量水，溶解后，移入1000mL容量瓶中，用水稀释到刻度，混匀。避光保存。

［脲（尿素）纯度测定］

方法1 称取0.5g样品，准确至0.0001g，置于300mL锥形瓶中，加5mL硫酸，溶解试样，瓶口置一个玻璃漏斗，然后将锥形瓶成45°角置于电炉上。在通风橱中，缓缓加热至无剧烈的二氧化碳气泡逸出，煮沸，使二氧化碳逸尽。当产生硫酸白烟时停止加热，冷却。用80mL水缓缓冲洗漏斗及瓶壁，摇匀，冷却至室温。加2滴甲基红指示液（1g/L），用氢氧化钠溶液（150g/L）中和，近终点时，用氢氧化钠标准溶液［$c(NaOH)=0.500mol/L$］滴定至溶液呈橙黄色，冷却。加40mL中性甲醛溶液，摇匀，放置5min，用氢氧化钠标准溶液［$c(NaOH)=0.500mol/L$］滴定至溶液呈橙黄色，加5滴酚酞指示液（10g/L），继续滴定稀释至溶液呈粉红色，并保持30s。同时做空白试验。脲（尿素）的质量分数（w）按下式计算：

$$w=\frac{c(V_1-V_2)\times 0.03003}{m}\times 100\%$$

式中 V_1——试样消耗氢氧化钠标准溶液的体积，mL；

V_2——空白试验消耗氢氧化钠标准溶液的体积，mL；

c——氢氧化钠标准溶液的浓度，mol/L；

m——样品质量，g；

0.03003——与1.00mL氢氧化钠标准溶液［$c(NaOH)=1.000mol/L$］相当的，以g为单位的脲（尿素）的质量。

方法2 称取0.15g样品，准确到0.0001g。置于凯氏烧瓶中，加30mL水，2mL硫酸铜溶液（30g/L）与8mL硫酸，缓缓地加热至溶液呈澄明的绿色后，继续加热30min，冷却，加100mL水，摇匀，沿瓶壁缓缓加75mL氢氧化钠溶液（200g/L），自成一液层，加0.2g锌粒，用氮气球将凯氏烧瓶与冷凝管连接，并将冷凝管的末端深入盛有50mL硼酸溶液（40g/L）的500mL锥形瓶的液面下，轻轻摆动凯氏烧瓶，使溶液混合均匀，加热蒸馏，待氨馏尽，停止蒸馏，馏出液中加数滴甲基红指示液（0.5g/L），用盐酸标准溶液［$c(HCl)=0.200mol/L$］滴定，同时做空白试验。尿素的质量分数（w）按下式计算：

$$w=\frac{c(V_1-V_2)\times 0.03003}{m}\times 100\%$$

式中 V_1——样品消耗盐酸标准溶液的体积，mL；

V_2——空白试验盐酸标准溶液的体积，mL；

c——盐酸标准溶液的浓度，mol/L；

m——样品质量，g；

0.03003——与1.00mL盐酸标准溶液［$c(HCl)=1.000mol/L$］相当的，以g表示的尿素的质量。

尿酸（$C_5H_4N_4O_2$）**标准溶液**（1000μg/mL）

［配制］ 取适量的GBW 09201尿酸（$C_5H_4N_4O_2$；$M_r=152.1109$）纯度标准物质（纯度为99.8%）于称量瓶中，110℃烘至恒重，置于干燥器中冷却备用，准确称取1.0020g上述尿酸（或按纯度换算出质量$m=1.0000g/w$；w——质量分数），置于100mL烧杯中，加适量乙酸钠溶液（50g/L），溶解后，移入1000mL容量瓶中，用水稀释到刻度，混匀。

注：如果无法获得尿酸（$C_5H_4N_4O_2$）标准物质，可采用如下方法提纯并测定纯度。

［尿酸的提纯］ 将市售尿酸溶于适量乙醇溶液（50%），过滤除去不溶物，加热蒸发近饱和，自然冷却，析出晶体，过滤，收集晶体。反复结晶（3～4）次。然后将晶体置于真空中干燥。

［尿酸的纯度测定］ 杂质扣除法：

（1）挥发物 准确称取1.5g尿酸置于称量瓶中，110℃烘干10h，冷却后称量，其损失的质量即为挥发物。

（2）有机物杂质 准确称量2g尿酸，分别加入10mL水、乙醇、丙酮，充分振荡，静置30min后，吸取上层清夜，用分光光度法在（190～350）nm范围内扫描，确认无杂质吸收峰。

（3）灰分 准确称取1.5g尿酸置于已恒重的瓷坩埚中，在电炉上缓慢加热使尿酸炭化，加入（1～2）mL优级纯硫酸溶解残渣，继续加热至无烟，移入马弗炉中，800℃灼烧20min，冷却后，取出置于干燥器中，称量，反复灼烧至恒重。

（4）无机杂质 将灰分用少量盐酸溶解（50%），并定容，用发射光谱法或原子吸收法测定。

柠檬黄（$Na_3C_{16}H_9N_4O_9S_2$）**标准溶液**（1000μg/mL）

［配制］ 准确称取适量GBW 10003柠檬黄（$Na_3C_{16}H_9N_4O_9S_2$；$M_r=534.363$）纯度分析标准物质［$m=1.0070g$，质量分数为99.3%］或已知纯度的纯品［质量$m=1.0000g/w$；w——质量分数］，置于烧杯中，加入水溶解后，转移到1000mL容量瓶中，用水清洗烧杯数次，将洗涤液一并转移到容量瓶中，用水稀释到刻度，混匀。

［柠檬黄纯度的测定］ 称取0.5g试样，准确至0.0001g，置于500mL锥形瓶中，加50mL新煮沸并冷却至室温的水溶解，加入15g柠檬酸三钠，150mL水，按苋菜红纯度测定中所示，装好仪器，在液面下通入二氧化碳气流的同时，加热至沸，并用三氯化钛标准溶液［$c(TiCl_3)=0.100mol/L$］滴定至无色为终点。柠檬黄的质量分数（w）按下式计算：

$$w=\frac{cV\times 0.1336}{m}\times 100\%$$

式中 V——滴定试样消耗的三氯化钛标准溶液的体积，mL；

c——三氯化钛标准溶液的浓度，mol/L；

m——样品的质量，g；

0.1336——与1.00mL三氯化钛标准溶液［$c(TiCl_3)=1.000$mol/L］相当的，以g为单位的柠檬黄的质量。

柠檬黄铝色淀（$C_{16}H_{12}N_4O_9S_2$）**标准溶液**（1000μg/mL）

［配制］ 准确称取适量（按纯度换算出质量$m=1.0000g/w$；w——质量分数）经纯度分析的柠檬黄铝色淀（$C_{16}H_{12}N_4O_9S_2$；$M_r=468.418$）纯品，置于100mL烧杯中，加入20mL水，4g酒石酸氢钠，缓缓加热至（80～90)℃，溶解冷却后，移入1000mL的容量瓶中，稀释至刻度，摇匀。

［柠檬黄铝色淀纯度的测定］ 称取1.4g样品，准确至0.0001g，置于500mL锥形瓶中，加20mL硫酸溶液（10%），在（40～50)℃下搅拌溶解，加30mL新煮沸并已冷却至室温的水，加入30g柠檬酸三钠，200mL水，按苋菜红纯度测定中所示，装好仪器，在液面下通入二氧化碳气流的同时加热至沸，并用三氯化钛标准溶液［$c(TiCl_3)=0.1$mol/L］滴定到无色为终点。柠檬黄铝色淀的质量分数（w）按下式计算：

$$w=\frac{cV\times 0.1171}{m}\times 100\%$$

式中 V——三氯化钛标准溶液的体积，mL；

c——三氯化钛标准溶液的浓度，mol/L；

m——样品的质量，g；

0.1171——与1.00mL三氯化钛标准溶液［$c(TiCl_3)=1.000$mol/L］相当的，以g为单位的柠檬黄铝色淀的质量。

柠檬醛（$C_{10}H_{16}O$）**标准溶液**（1000μg/mL）

［配制］ 取100mL容量瓶，加入10mL甲醇，加盖，用最小分度为0.01mg的分析天平准确称量。之后滴加柠檬醛（$C_{10}H_{16}O$；$M_r=152.2334$）纯品（纯度≥99%），至两次称量结果之差为0.1000g（或按纯度换算出质量$m=0.1000g/w$；w——质量分数），即为柠檬醛的质量（如果准确到0.1000g操作有困难，可通过准确记录柠檬醛质量，计算其浓度）。用甲醇稀释到刻度，混匀。

柠檬酸（$C_6H_8O_7$）**标准溶液**（1000μg/mL）

［配制］ 取适量柠檬酸（$C_6H_8O_7\cdot H_2O$；$M_r=210.1388$）于称量瓶中，于105℃下干燥至恒重，置于干燥器中冷却备用。准确称取1.0000g（或按纯度换算出质量$m=1.0000g/w$；w——质量分数）经纯度分析的柠檬酸（$C_6H_8O_7$；$M_r=192.1235$）纯品（纯度≥99%），置于100mL烧杯中，加适量水溶解后，移入1000mL容量瓶中，用水稀释到刻度，混匀。

［柠檬酸纯度的测定］ 准确称取0.15g样品，准确到0.0001g，置于250mL锥形瓶中，加40mL新煮沸过的冷水溶解后，加3滴酚酞指示液（10g/L），用氢氧化钠标准溶液［$c(NaOH)=0.100$mol/L］滴定至溶液呈粉红色，并保持30s。柠檬酸的质量分数（w）按下式计算：

$$w=\frac{cV\times 0.06404}{m}\times 100\%$$

式中 V——氢氧化钠标准溶液的体积，mL；
c——氢氧化钠标准溶液的浓度，mol/L；
m——样品质量，g；
0.06404——与 1.00mL 氢氧化钠标准溶液［c(NaOH)＝1.000mol/L］相当的，以 g 为单位的柠檬酸（$C_6H_8O_7$）的质量。

柠檬酸三乙酯（$C_{12}H_{20}O_7$）**标准溶液**（1000μg/mL）

［配制］ 准确称取 1.0000g（或按纯度换算出质量 m＝1.0000g/w；w——质量分数）经纯度分析的柠檬酸三乙酯（$C_{12}H_{20}O_7$；M_r＝276.2830）纯品（纯度≥99%），置于 100mL 烧杯中，加适量乙醇溶解后，移入 1000mL 容量瓶中，用乙醇稀释到刻度，混匀。

［柠檬酸三乙酯纯度的测定］ 准确称取 0.3g 样品，准确到 0.0001g，移入一个 500mL、配有标准锥形磨口接头的烧瓶内，同时加入 25mL 异丙醇和 25mL 水。移取 50mL 氢氧化钠溶液［c(NaOH)＝0.1mol/L］，使之成为混合物，添加一少量的煮沸木片，连接合适的冷凝器。回流加热 1.5h，冷却，用约 20mL 的水洗涤冷凝器，加 5 滴酚酞指示液（10g/L），用硫酸标准溶液［c(½H_2SO_4)＝0.100mol/L］滴定过量的碱。同时做空白试验。柠檬酸三乙酯的质量分数（w）按下式计算：

$$w=\frac{c(V_2-V_1)\times 0.09209}{m}\times 100\%$$

式中 V_1——硫酸标准溶液的体积，mL；
V_2——空白消耗硫酸标准溶液的体积，mL；
c——硫酸标准溶液的浓度，mol/L；
m——样品质量，g；
0.09209——与 1.00mL 硫酸标准溶液［c(½H_2SO_4)＝1.000mol/L］相当的，以 g 为单位的柠檬酸三乙酯的质量。

牛磺酸（$C_2H_7NO_3S$）**标准溶液**（1000μg/mL）

［配制］ 取适量牛磺酸于称量瓶中，于 105℃下干燥 4h，取出，置于干燥器中冷却备用。准确称取 1.0000g（或按纯度换算出质量 m＝1.0000g/w；w——质量分数）的牛磺酸（$C_2H_7NO_3S$；M_r＝125.147）纯品（纯度≥99%），置于 100mL 烧杯中，加适量水溶解后，移入 1000mL 容量瓶中，用水稀释到刻度，混匀。避光低温保存。

［牛磺酸纯度的测定］ 称取 0.2g 已于 105℃干燥的样品，准确到 0.0001g。置于锥形瓶中，加 25mL 新煮沸冷却的水，用氢氧化钠标准溶液［c(NaOH)＝0.100mol/L］调节 pH 值至 7.0，然后加入 15mL 预先调节 pH 值至 9.0 的甲醛溶液，摇匀，再用氢氧化钠标准溶液［c(NaOH)＝0.100mol/L］滴定至 pH 值至 9.0，（用酸度计测定）记录滴定用氢氧化钠标准溶液的体积（V），并保持 30s，以加入甲醛溶液后所消耗的氢氧化钠标准溶液［c(NaOH)＝0.100mol/L］的体积（mL）计算。牛磺酸的质量分数（w）按下式计算：

$$w=\frac{cV\times 0.1251}{m}\times 100\%$$

式中 V——氢氧化钠标准溶液的体积，mL；
c——氢氧化钠标准溶液的浓度，mol/L；

m——样品质量，g；

0.1251——与1.00mL氢氧化钠标准溶液［c(NaOH)＝1.000mol/L］相当的，以g为单位的牛磺酸的质量。

诺氟沙星（$C_{16}H_{18}FN_3O_3$）**标准溶液**（1000μg/mL）

［配制］取适量诺氟沙星于称量瓶中，于105℃下干燥至恒重，置于干燥器中冷却备用。准确称取1.0000g（或按纯度换算出质量m＝1.0000g/w；w——质量分数）经纯度分析（高效液相色谱法）的诺氟沙星（$C_{16}H_{18}FN_3O_3$；M_r＝319.3308）纯品（纯度≥99%），置于100mL烧杯中，加适量稀盐酸溶液［c(HCl)＝0.01mol/L］溶解后，移入1000mL容量瓶中，用稀盐酸溶液［c(HCl)＝0.01mol/L］稀释到刻度，混匀。低温避光保存。

***o*,*p*-DDT**（$C_{14}H_9Cl_5$）**农药标准溶液**（1000μg/mL）

［配制］准确称取适量［m(g)］GBW 06406 o,p-DDT($C_{14}H_9Cl_5$；M_r＝354.486）农药纯度分析标准物质［m＝0.1005g，质量分数为99.5%］或已知纯度（纯度≥99%）［质量m＝0.1000g/w；w——质量分数］的纯品，置于100mL容量瓶中，加入优级纯苯溶解后，稀释到刻度，混匀。低温保存，使用前在(20±2)℃下平衡后，取适量稀释。

***p*,*p*′-DDD**（$C_{14}H_{10}Cl_4$）**标准溶液**（1000μg/mL）

［配制］准确称取适量［m(g)］GBW 06408 p,p'-DDD（$C_{14}H_{10}Cl_4$；M_r＝320.041）农药纯度分析标准物质（m＝0.1003g，质量分数为99.7%）或已知纯度（纯度≥99%）（质量m＝0.1000g/w；w——质量分数）的纯品，置于100mL容量瓶中，加入优级纯苯溶解后，稀释到刻度，混匀。低温保存，使用前在(20±2)℃下平衡后，取适量稀释。

***p*,*p*′-DDE**（$C_{14}H_8Cl_4$）**农药标准溶液**（1000μg/mL）

［配制］准确称取适量［m(g)］GBW 06407 p,p'-DDE($C_{14}H_8Cl_4$；M_r＝318.025）农药纯度分析标准物质（m＝0.1001g，质量分数为99.9%）或已知纯度（纯度≥99%）（质量m＝0.1000g/w；w——质量分数）的纯品，置于100mL容量瓶中，加入优级纯苯溶解后，稀释到刻度，混匀。低温保存，使用前在(20±2)℃下平衡后，取适量稀释。

***p*,*p*′-DDT**（$C_{14}H_9Cl_5$）**标准溶液**（1000μg/mL）

［配制］准确称取适量［m(g)］GBW 06405 p,p'-DDT（$C_{14}H_9Cl_5$；M_r＝354.486）农药纯度分析标准物质（m＝0.1000g，质量分数为100%）或已知纯度（纯度≥99%）（质量m＝0.1000g/w；w——质量分数）的纯品，置于100mL容量瓶中，加入优级纯苯溶解后，稀释到刻度，混匀。低温保存，使用前在(20±2)℃下平衡后，取适量稀释。

哌拉西林（$C_{23}H_{27}N_5O_7S$）**标准溶液**（1000μg/mL）

［配制］准确称取1.0348g（或按纯度换算出质量m＝1.0348g /w；w——质量分数）经纯度分析（高效液相色谱法）的哌拉西林（$C_{23}H_{27}N_5O_7S \cdot H_2O$；$M_r$＝535.570）纯品（纯度≥99%），置于100mL烧杯中，加适量甲醇溶解后，移入1000mL容量瓶中，用甲醇稀释到刻度，混匀。

哌拉西林钠（$NaC_{23}H_{26}N_5O_7S$）**标准溶液**（1000μg/mL）

［配制］ 准确称取 1.0000g（或按纯度换算出质量 $m=1.0000g/w$；w——质量分数）经纯度分析（高效液相色谱法）的哌拉西林钠（$NaC_{23}H_{26}N_5O_7S$；$M_r=539.537$）纯品（纯度≥99%），置于 100mL 烧杯中，加适量水溶解后，移入 1000mL 容量瓶中，用水稀释到刻度，混匀。

喷替酸（$C_{14}H_{23}N_3O_{10}$）**标准溶液**（1000μg/mL）

［配制］ 准确称取 1.0000g［或按纯度换算出质量 $m=1.0000g/w$；w——质量分数］经纯度分析的喷替酸（$C_{14}H_{23}N_3O_{10}$；$M_r=393.3465$）纯品（纯度≥99%），纯品，置于 100mL 烧杯中，加适量水溶解后，移入 1000mL 容量瓶中，用水稀释到刻度，混匀。避光低温保存。

［标定］ 准确移取 40.00mL 上述溶液，置于 250mL 锥形瓶中，加 10mL 氨-氯化铵缓冲溶液（取 20g 氯化铵加 72mL 浓氨溶液，再加水稀释至 1000mL，摇匀，即得），摇匀，加适量铬黑 T 指示剂，用锌标准溶液［$c(Zn)=0.05mol/L$］滴定至溶液显紫红色。

喷替酸溶液的质量浓度按下式计算：

$$\rho(C_{14}H_{23}N_3O_{10})=\frac{cV_2\times393.346}{V_1}\times1000$$

式中 $\rho(C_{14}H_{23}N_3O_{10})$——喷替酸溶液的质量浓度，μg/mL；

V_2——锌标准溶液的体积，mL；

c——锌标准溶液的浓度，mol/L；

V_1——喷替酸溶液的体积，mL；

393.346——喷替酸的摩尔质量［$M(C_{14}H_{23}N_3O_{10})$］，g/mol。

匹克司（$C_{14}H_{12}Cl_2N_2O$）**标准溶液**（1000μg/mL）

［配制］ 用最小分度为 0.01mg 的分析天平，准确称取 0.1000g（或按纯度换算出质量 $m=0.1000g/w$；w——质量分数）匹克司（$C_{14}H_{12}Cl_2N_2O$；$M_r=295.164$）［纯度（$E+Z$）≥99%］纯品，置于烧杯中，用少量乙酸乙酯溶解，转移到 100mL 容量瓶中，用乙酸乙酯定容，混匀。配制成浓度为 1000μg/mL 的标准储备溶液，使用时根据需要再配制成适当浓度的标准工作溶液。

匹唑芬（$C_{20}H_{16}Cl_2N_2O_3$）**标准溶液**（1000μg/mL）

［配制］ 用最小分度为 0.01mg 的分析天平，准确称取 0.1000g（或按纯度换算出质量 $m=0.1000g/w$；w——质量分数）的匹唑芬（$C_{20}H_{16}Cl_2N_2O_3$；$M_r=403.259$）纯品（纯度≥99.9%），置于烧杯中，用色谱纯甲醇溶解，转移到 100mL 的容量瓶中，用色谱纯甲醇稀释至刻度，混匀。配制成浓度为 1000μg/mL 的标准储备溶液，使用时根据需要再用甲醇稀释成适当浓度的标准工作溶液。

辟哒酮（$C_{10}H_8ClN_3O$）**标准溶液**（1000μg/mL）

［配制］ 用最小分度为 0.01mg 的分析天平，准确称取 0.1000g（或按纯度换算出质量

$m=0.1000g/w$；w——质量分数）的辟哒酮（$C_{10}H_8ClN_3O$；$M_r=221.643$）纯品（纯度≥99%），于小烧杯中，用重蒸馏的正己烷溶解，并转移到100mL容量瓶中，用重蒸馏的正己烷准确定容，混匀。配制成浓度为1000μg/mL的标准储备溶液。使用时，根据需要再用正己烷稀释成适当浓度的标准工作溶液。

皮蝇磷（$C_8H_8Cl_3O_3PS$）**标准溶液**（1000μg/mL）

［配制］ 用最小分度为0.01mg的分析天平，准确称取0.1000g的皮蝇磷（$C_8H_8Cl_3O_3PS$；$M_r=321.545$）纯品（或按纯度换算出质量$m=0.1000g/w$；w——质量分数）（纯度≥99%），于小烧杯中，用重蒸馏的正己烷溶解，并转移到100mL容量瓶中，用重蒸馏的正己烷准确定容，混匀。配制成浓度为1000μg/mL的标准储备溶液。使用时，根据需要再配制成适当浓度的标准工作溶液。

苹果酸（羟基丁二酸；$C_4H_6O_5$）**标准溶液**（1000μg/mL）

［配制］ 准确称取1.0000g（或按纯度换算出质量$m=1.0000g/w$；w——质量分数）经纯度分析的苹果酸（$C_4H_6O_5$；$M_r=134.0874$）纯品（纯度≥99%），置于100mL烧杯中，加适量水溶解后，移入1000mL容量瓶中，用水稀释到刻度，混匀。配制成浓度为1000μg/mL的标准储备溶液。

［苹果酸纯度的测定］ 准确称取0.2g的样品，准确到0.0001g，置于250mL锥形瓶中，加50mL新煮沸冷却的水溶解后，加0.5mL酚酞指示液（5g/L），立即用氢氧化钠标准溶液［$c(NaOH)=0.100mol/L$］滴定，至溶液显粉红色，并保持30s。苹果酸的质量分数（w）按下式计算：

$$w=\frac{cV\times 0.06704}{m}\times 100\%$$

式中 V——氢氧化钠标准溶液的体积，mL；

c——氢氧化钠标准溶液的浓度，mol/L；

m——样品质量，g；

0.06704——与1.00mL氢氧化钠标准溶液［$c(NaOH)=1.000mol/L$］相当的，以g为单位的苹果酸的质量。

扑米酮（$C_{12}H_{14}N_2O_2$）**标准溶液**（1000μg/mL）

［配制］ 取适量扑米酮于称量瓶中，于105℃下干燥至恒重，取出，置于干燥器中冷却备用。准确称取1.0000g（或按纯度换算出质量$m=1.0000g/w$；w——质量分数）经纯度分析（凯氏定氮法）的扑米酮（$C_{12}H_{14}N_2O_2$；$M_r=218.2518$）纯品（纯度≥99%），置于100mL烧杯中，加适量乙醇溶解后，移入1000mL容量瓶中，用乙醇稀释到刻度，混匀。避光低温保存。

脯氨酸（$C_5H_9NO_2$）**标准溶液**（1000μg/mL）

［配制］ 取适量脯氨酸于称量瓶中，于105℃下干燥至恒重，置于干燥器中冷却备用。准确称取1.0000g（或按纯度换算出质量$m=1.0000g/w$；w——质量分数）经纯度分析的脯氨酸（$C_5H_9NO_2$；$M_r=115.1305$）纯品（纯度≥99%），置于100mL烧杯中，加适量水

溶解后，移入1000mL容量瓶中，用水稀释到刻度，混匀。避光低温保存。

［脯氨酸纯度的测定］（电位滴定法）

准确称取0.1g已干燥的样品，准确到0.0001g，置于250mL锥形瓶中，加50mL冰醋酸使其溶解，溶解后，置电磁搅拌器上，浸入电极玻璃电极为指示电极，饱和甘汞电极为参比电极，搅拌，并自滴定管中分次加入高氯酸标准溶液［$c(HClO_4)=0.100mol/L$］；开始时可每次加入较多的量，搅拌，记录电位；至将近终点前，则应每次加入少量，搅拌，记录电位；至突跃点已过，仍应继续滴加几次标准溶液，并记录电位。

滴定终点的确定：同苯巴比妥。同时做空白试验。

脯氨酸的质量分数（w）按下式计算：

$$w=\frac{c(V_1-V_2)\times 0.1151}{m}\times 100\%$$

式中 V_1——高氯酸标准溶液的体积，mL；

V_2——空白消耗高氯酸标准溶液的体积，mL；

c——高氯酸标准溶液的浓度，mol/L；

m——样品质量，g；

0.1151——与1.00mL高氯酸标准溶液［$c(HClO_4)=1.000mol/L$］相当的，以g为单位的脯氨酸的质量。

葡甲胺（$C_7H_{17}NO_5$）**标准溶液**（1000μg/mL）

［配制］ 取适量葡甲胺于称量瓶中，于105℃下干燥至恒重，置于干燥器中冷却备用。准确称取1.0000g（或按纯度换算出质量$m=1.0000g/w$；w——质量分数）经纯度分析的葡甲胺（$C_7H_{17}NO_5$；$M_r=195.2136$）纯品（纯度≥99%），置于100mL烧杯中，加适量水溶解后，移入1000mL容量瓶中，用水稀释到刻度，混匀。低温避光保存。

［葡甲胺纯度的测定］ 准确称取0.4g已干燥的样品，准确到0.0001g，置于250mL锥形瓶中，加20mL水溶解后，加2滴甲基红指示液（1g/L），用盐酸标准溶液［$c(HCl)=0.100mol/L$］滴定，同时做空白试验。葡甲胺的质量分数（w）按下式计算：

$$w=\frac{c(V_1-V_2)\times 0.1952}{m}\times 100\%$$

式中 V_1——盐酸标准溶液的体积，mL；

V_2——空白试验盐酸标准溶液的体积，mL；

c——盐酸标准溶液的浓度，mol/L；

m——样品质量，g；

0.1952——与1.00mL盐酸标准溶液［$c(HCl)=1.000mol/L$］相当的，以g为单位的葡甲胺的质量。

葡萄糖（$C_6H_{12}O_6$）**标准溶液**

［配制］

(1) $\rho(C_6H_{12}O_6)=1000\mu g/mL$

取适量葡萄糖（$C_6H_{12}O_6\cdot H_2O$）于称量瓶中，于105℃下干燥至恒重，置于干燥器中冷却备用。准确称取1.0000g（或按纯度换算出质量$m=1.0000g/w$；w——纯度）经纯度分析的葡萄糖（$C_6H_{12}O_6$；M_r=180.1559）纯品（纯度≥99%），置于100mL烧杯中，加适量水溶解后，移入1000mL容量瓶中，用水稀释到刻度，混匀。临用现配。

（2）$c(C_6H_{12}O_6)$=0.05mol/L

准确称取2.2520g上述干燥后葡萄糖，准确至0.0001g，加水溶解后，移入250mL的容量瓶中。然后加入5mL盐酸，并以水稀释至250mL，定容，摇匀，备用。

[葡萄糖纯度的测定] 准确称取3g葡萄糖纯品，准确到0.0001g，置于100mL烧杯中，用水溶解，移入500mL容量瓶中，用水稀释到刻度，混匀，吸移25.00mL经标定Fchling's溶液于200mL装有几颗玻璃珠的锥形瓶中，从滴定管滴加样品溶液到预期终点的0.5mL以内（由初步滴定确定预期终点）。加热溶液，使得溶液在大约2min时达到沸点，沸腾后再慢慢地沸腾2min。在继续沸腾时，滴加2滴亚甲基蓝水溶液（10g/L），并在1min内滴加或逐量添加样品溶液直到蓝色消失。记录消耗样品溶液体积（V）。葡萄糖质量分数（w）按下式计算：

$$w=\frac{500\times 0.1200}{Vm}$$

式中 w——葡萄糖质量分数，%；

V——消耗葡萄糖溶液的体积，mL；

m——样品质量，g；

500——样品配制体积，mL。

葡萄糖酸氯己啶（$C_{22}H_{30}Cl_2N_{10}\cdot 2C_6H_{12}O_7$）**标准溶液**（1000μg/mL）

[配制] 准确称取1.0000g（或按纯度换算出质量m=1.0000g/w；w——质量分数）经纯度分析的葡萄糖酸氯己啶（$C_{22}H_{30}Cl_2N_{10}\cdot 2C_6H_{12}O_7$；$M_r$=897.757）纯品（纯度≥99%），置于100mL烧杯中，加适量水溶解后，移入1000mL容量瓶中，用水稀释到刻度，混匀。避光低温保存。

[标定] 分光光度法：准确移取5.00mL上述溶液，移入100mL容量瓶中，用乙醇溶液稀释至刻度（50μg/mL），摇匀，按附录十，用分光光度法，在259nm的波长处测定溶液的吸光度，$C_{22}H_{30}Cl_2N_{10}\cdot 2C_6H_{12}O_7$的吸光系数$E_{1cm}^{1\%}$为413计算，即得。

葡萄糖酸内酯（$C_6H_{10}O_6$）**标准溶液**（1000μg/mL）

[配制] 准确称取1.0000g（或按纯度换算出质量m=1.0000g/w；w——质量分数）经纯度测定的高纯葡萄糖酸内酯（$C_6H_{10}O_6$；M_r=178.1400）纯品（纯度≥99%），于高型烧杯中，加水溶解后，转移到1000mL容量瓶中，用水稀释到刻度，混匀。配制成浓度为1000μg/mL的标准储备溶液。

[标定] 移取上述葡萄糖酸内酯溶液30.00mL于250mL锥形瓶中，加20mL水，准确加入20mL氢氧化钠标准溶液［c(NaOH)=0.0200mol/L］，静置15min，加酚酞指示液（10g/L），用盐酸标准溶液［c(HCl)=0.0200mol/L］滴定过量的碱。滴定至溶液粉红色消失。葡萄糖酸内酯溶液的质量浓度按下式计算：

$$\rho(C_6H_{10}O_6)=\frac{c_1V_1-c_2V_2}{V}\times 178.1400\times 1000$$

式中 $\rho(C_6H_{10}O_6)$——葡萄糖酸内酯溶液的质量浓度，μg/mL；

c_1——氢氧化钠标准溶液的浓度，mol/L；

V_1——氢氧化钠标准溶液的体积，mL；

c_2——盐酸标准溶液的浓度，mol/L；

V_2——盐酸标准溶液的体积，mL；

V——葡萄糖酸内酯溶液的体积，mL。

178.1400——葡萄糖酸内酯摩尔质量 [$M(C_6H_{10}O_6)$]，g/mol。

[葡萄糖酸内酯纯度的测定] 称取 0.5g 样品，准确至 0.0001g，置于 300mL 锥形瓶中，加 100mL 水溶解，加 50.00mL 氢氧化钠标准溶液 [$c(NaOH)=0.100mol/L$]，在室温放置 15min，加（2～3）滴酚酞指示液（10g/L），用盐酸标准液 [（HCl）=0.100mol/L] 滴定至溶液呈无色。葡萄糖酸内酯的质量分数（w）按下式计算：

$$w=\frac{(c_1V_1-c_2V_2)\times 0.1781}{m}\times 100\%$$

式中 c_1——氢氧化钠标准溶液的浓度，mol/L；

V_1——氢氧化钠标准溶液的体积，mL；

c_2——盐酸标准溶液的浓度，mol/L；

V_2——盐酸标准溶液的体积，mL；

m——样品质量，g；

0.1781——与 1.00mL 氢氧化钠标准溶液 [$c(NaOH)=1.000mol/L$] 相当的，以 g 为单位的葡萄糖酸内酯的质量。

普鲁卡因青霉素（$C_{13}H_{20}N_2O_2 \cdot C_{16}H_{18}N_2O_4S$）**标准溶液**（1000μg/mL）

[配制] 准确称取 1.0316g（或按纯度换算出质量 $m=1.0316g/w$；w——质量分数）经纯度分析的普鲁卡因青霉素（$C_{13}H_{20}N_2O_2 \cdot C_{16}H_{18}N_2O_4S \cdot H_2O$；$M_r=588.716$）纯品（纯度≥99%），置于 100mL 烧杯中，加适量甲醇溶解后，移入 1000mL 容量瓶中，用甲醇稀释到刻度，混匀。低温保存。

[普鲁卡因青霉素含量的测定] 测定普鲁卡因青霉素总含量，减去降解物含量即为普鲁卡因青霉素含量

（1）普鲁卡因青霉素总含量的测定 准确称取 70mg 普鲁卡因青霉素样品，准确到 0.00001g，置于 250mL 锥形瓶中，加 1mL 甲醇、5mL 水、5mL 氢氧化钠溶液 [$c(NaOH)=1mol/L$]，混合后放置 15min，再加入 5mL 硝酸溶液 [$c(HNO_3)=1mol/L$]、20mL 乙酸缓冲液（pH4.6）及 20mL 水，摇匀，用电位滴定法，以铂电极为指示电极，汞-硫酸亚汞电极为参比电极，在（35～45）℃，用硝酸汞标准溶液 [$c(HgNO_3)_2=0.0200mol/L$] 缓慢滴定（控制滴定过程为 15min）不记第一个终点，计算第二个终点时消耗标准溶液的量（V_1）。

（2）降解物含量的测定 另准确称取 0.25g 样品，准确到 0.0001g，置于 250mL 锥形瓶中，加 25mL 甲醇及 25mL 乙酸盐缓冲溶液（pH4.6），振摇使其完全溶解后，立即在室温用硝酸汞标准溶液 [$c(HgNO_3)_2=0.0200mol/L$] 滴定，用电位滴定法，以铂电极为指示电极，汞-硫酸亚汞电极为参比电极，用硝酸汞标准溶液 [$c(HgNO_3)_2=0.0200mol/L$] 缓慢滴定（控制滴定过程为 15min）不记第一个终点，计算第二个终点时消耗标准溶液的体积（V_2）。

（3）计算　普鲁卡因青霉素的质量分数（w）按下式计算：

$$w=\frac{cV_1\times 0.5707}{m_1}-\frac{cV_2\times 0.5707}{m_2}\times 100\%$$

式中　w——普鲁卡因青霉素的含量，%；

V_1——从第一终点到第二终点总普鲁卡因青霉素消耗的硝酸汞标准溶液的体积，mL；

V_2——从第一终点到第二终点降解物消耗的硝酸汞标准溶液的体积，mL；

c——硝酸汞标准溶液的浓度，mol/L；

m_1——测总普鲁卡因青霉素的样品质量，g；

m_2——测降解物的样品质量，g；

0.5707——与 1.00mL 硝酸汞标准溶液［$c(HgNO_3)_2=1.000mol/L$］相当的，以 g 为单位的普鲁卡因青霉素（$C_{13}H_{20}N_2O_2\cdot C_{16}H_{18}N_2O_4S$）的质量。

普罗碘胺（$C_9H_{24}I_2N_2O$）**标准溶液**（1000μg/mL）

［配制］　取适量普罗碘胺于称量瓶中，于 105℃下干燥至恒重，置于干燥器中冷却备用。准确称取 1.0000g（或按纯度换算出质量 $m=1.0000g/w$；w——质量分数）经纯度分析的普罗碘胺（$C_9H_{24}I_2N_2O$；$M_r=430.1086$）纯品（纯度≥99%），置于 100mL 烧杯中，加适量水溶解后，移入 1000mL 容量瓶中，用水稀释到刻度，混匀。低温避光保存。

［普罗碘胺纯度的测定］　准确称取 0.4g 已干燥的样品，准确到 0.0001g，置于 250mL 锥形瓶中，加 20mL 水溶解，加 1.0mL 铬酸钾指示液（100g/L），用硝酸银标准溶液［$c(AgNO_3)=0.100mol/L$］滴定，至橘红色沉淀。普罗碘胺的质量分数（w）按下式计算：

$$w=\frac{cV\times 0.2151}{m}\times 100\%$$

式中　V——硝酸银标准溶液的体积，mL；

c——硝酸银标准溶液的浓度，mol/L；

m——样品质量，g；

0.2151——与 1.00mL 硝酸银标准溶液［$c(AgNO_3)=1.000mol/L$］相当的，以 g 为单位的普罗碘胺的质量。

七氯（$C_{10}H_5Cl_7$）**标准溶液**（1000μg/mL）

［配制］　用最小分度为 0.01mg 的分析天平，准确称取 0.1000g（或按纯度换算出质量 $m=0.1000g/w$；w——质量分数）的七氯（$C_{10}H_5Cl_7$；$M_r=373.318$）纯品（纯度≥99.5%），于小烧杯中，用重蒸馏的苯溶解，并转移到 100mL 容量瓶中，用重蒸馏的苯准确定容，混匀。配制成浓度为 1000μg/mL 的标准储备溶液。使用时，根据需要再用正己烷稀释成适当浓度的标准工作溶液。

羟苯乙酯（$C_9H_{10}O_3$）**标准溶液**（1000μg/mL）

［配制］　准确称取 1.0000g（或按纯度换算出质量 $m=1.0000g/w$；w——质量分数）经纯度分析的羟苯乙酯（$C_9H_{10}O_3$；$M_r=166.1739$）纯品（纯度≥99%），置于 100mL 烧杯中，加适量乙醇溶解后，移入 1000mL 容量瓶中，用乙醇稀释到刻度，混匀。

［羟苯乙酯纯度的测定］　准确称取 0.2g 样品，准确到 0.0001g，置于 250mL 锥形瓶

中，准确加入 40mL 氢氧化钠标准溶液 [$c(NaOH)=0.100mol/L$]，缓缓加热回流 1h，冷却至室温，加 5 滴溴麝香草酚蓝指示液（0.5g/L），用硫酸标准溶液 [$c(\frac{1}{2}H_2SO_4)=0.100mol/L$] 滴定；另取 40mL 磷酸盐缓冲液（pH6.5），加 5 滴溴麝香草酚蓝指示液，作为终点颜色的对照液；同时做空白试验。羟苯乙酯的质量分数（w）按下式计算：

$$w=\frac{(c_1V_1-c_2V_2)\times 0.1662}{m}\times 100\%$$

式中 V_1——氢氧化钠标准溶液的体积，mL；

c_1——氢氧化钠标准溶液的浓度，mol/L；

V_2——硫酸标准溶液的体积，mL；

c_2——硫酸标准溶液的浓度，mol/L；

m——样品质量，g；

0.1662——与 1.00mL 氢氧化钠标准溶液 [$c(NaOH)=1.000mol/L$] 相当的，以 g 为单位的羟苯乙酯的质量。

2-羟丙基醚甲基纤维素（羟丙甲纤维素）**标准溶液** [1000μg/mL，以甲氧基($-OCH_3$) 计]

[配制] 取适量 2-羟丙基醚甲基纤维素干燥纯品于称量瓶中，于 105℃下干燥至恒重，置于干燥器中冷却备用。准确称取适量 3g 左右的 2-羟丙基醚甲基纤维素纯品（甲氧基含量：19.0%～30.0%），置于 100mL 烧杯中，加适量水溶解后，移入 1000mL 容量瓶中，用水稀释到刻度，混匀。标定，浓度以标定值为准。

[标定] 准确量取 10.00mL 溶液，甲氧基浓度按照甲氧基测定法（见甲基纤维素标准溶液）和羟丙氧基测定法（见 2-羟丙基醚纤维素标准溶液）测定。甲氧基的质量浓度按下式计算：

$$\rho(-OCH_3)=\frac{c_1(V_1-V_2)\times 5.172}{V}\times 1000-\rho(-O_2C_3H_7)\frac{31}{75}\times 0.93$$

式中 $\rho(-OCH_3)$——甲氧基的质量浓度，μg/mL；

$\rho(-O_2C_3H_7)$——羟丙氧基的质量浓度，μg/mL；

V_1——硫代硫酸钠标准溶液的体积，mL；

V_2——空白消耗硫代硫酸钠标准溶液的体积，mL；

c_1——硫代硫酸钠溶液的浓度，mol/L；

V——甲氧基溶液的体积，mol/L；

2-羟丙基醚纤维素（羟丙纤维素）**标准溶液** [1000μg/mL，以羟丙氧基计($-O_2C_3H_7$)]

[配制] 取适量 2-羟丙基醚纤维素干燥纯品于称量瓶中，于 105℃下干燥至恒重，置于干燥器中冷却备用。准确称取适量经含量测定的 2-羟丙基醚纤维素纯品 [羟丙氧基含量：7.0%～16.0%]，置于 100mL 烧杯中，加适量水溶解后，移入 1000mL 容量瓶中，用水稀释到刻度，混匀。

[2-羟丙基醚纤维素中羟丙氧基（$-O_2C_3H_7$）含量测定]

蒸馏装置 如图 2-3。图中 D 为 25mL 双颈蒸馏瓶，侧颈与外裹铝箔的长度为 95mm 的分馏柱 E 相连接；C 为接流管，末端内径为（0.25～1.25）mm，插入蒸馏瓶内；B 为蒸汽发生管（25mm×150mm），亦具末端内径为（0.25～1.05）mm 的气体导入管，并与 C 相通，F 为冷凝管，外管长 100mm 与 E 连接。G 为 125mL 具刻度的带玻塞锥形瓶，供收集馏液用。D与B均浸入可控温的电热油浴A中，维持温度为155℃。

测定：准确称取0.1g样品，准确到0.0001g，置蒸馏瓶D中，加10mL三氧化铬溶液30g/g。于蒸汽发生管B中装入水至近接头处，连接蒸馏装置。将B与D均浸入油浴中（可为甘油），使油浴液面与D瓶中三氧化铬溶液的液面相一致。开启冷却水，必要时通入氮气流并控制其流速为每秒钟约1个气泡。于30min内将油浴升温至155℃，并维持此温度至收集馏液约50mL，将冷凝管自分馏柱上取下，用水冲洗，洗液并入收集液中加2滴酚酞指示液，用氢氧化钠标准溶液［$c(NaOH)=0.0200mol/L$］滴定至pH值为6.9～7.1（用酸度计测定），记下消耗的体积V_1(mL)，而后加0.5g碳酸氢钠与10mL稀硫酸溶液（10%），静置至不再产生二氧化碳为止，加1.0g碘化钾，密塞，摇匀，置暗处放置5min，加1mL淀粉指示液（10g/L），用硫代硫酸钠标准溶液［$c(Na_2S_2O_3)=0.0200mol/L$］滴定至终点，记下消耗的体积$V_2$(mL)。另做空白试验，分别记下消耗的氢氧化钠标准溶液［$c(NaOH)=0.0200mol/L$］与硫代硫酸钠标准溶液［$c(Na_2S_2O_3)=0.0200mol/L$］的体积$V_a$与$V_b$（mL），按下式计算羟丙氧基质量分数：

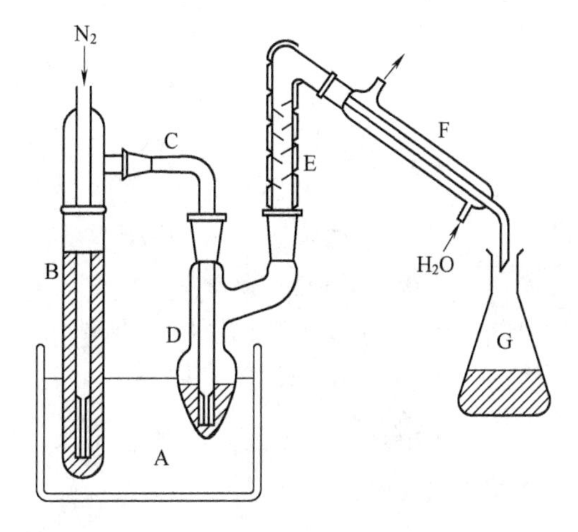

图2-3　羟丙氧基测定装置

$$w(-O_2C_3H_7)=(V_1c_1-KV_2c_2)\times(0.0751/m)\times100\%$$

$$K=\frac{c_1V_a}{c_2V_b}$$

式中　$w(-O_2C_3H_7)$——羟丙氧基质量分数，%；

K——空白校正系数；

V_1——样品消耗氢氧化钠标准溶液的体积，mL；

V_2——样品消耗硫代硫酸钠标准溶液的体积，mL；

V_a——空白试验消耗氢氧化钠标准溶液的体积，mL；

V_b——空白试验消耗硫代硫酸钠标准溶液的体积，mL；

c_1——氢氧化钠标准溶液的浓度，mol/L；

c_2——硫代硫酸钠标准溶液的浓度，mol/L；

m——样品的质量，g；

羟丁酸钠（$NaC_4H_7O_3$）**标准溶液**（1000μg/mL）

［配制］　取适量羟丁酸钠于称量瓶中，于105℃下干燥至恒重，置于干燥器中冷却备用。准确称取1.0000g（或按纯度换算出质量$m=1.0000g/w$；w——质量分数）经纯度分析的羟丁酸钠（$NaC_4H_7O_3$；$M_r=126.0864$）纯品（纯度≥99%），置于100mL烧杯中，加适量水溶解后，移入1000mL容量瓶中，用水稀释到刻度，混匀。避光低温保存。

［羟丁酸钠纯度的测定］　准确称取0.1g已干燥的样品，准确到0.0001g，置于250mL锥形瓶中，加10mL冰醋酸溶解后，加2mL乙酸酐，1滴结晶紫指示液（5g/L），用高氯酸标准溶液［$c(HClO_4)=0.100mol/L$］滴定，至溶液显蓝绿色，同时做空白试验。羟丁酸

钠的质量分数（w）按下式计算：

$$w=\frac{c(V_1-V_2)\times 0.1261}{m}\times 100\%$$

式中 V_1——高氯酸标准溶液的体积，mL；

V_2——空白消耗高氯酸标准溶液的体积，mL；

c——高氯酸标准溶液的浓度，mol/L；

m——样品质量，g；

0.1261——与1.00mL高氯酸标准溶液［$c(HClO_4)=1.000$mol/L］相当的，以g为单位的羟丁酸钠的质量。

6-羟基-5-[(2-甲氧基-5-甲基-4-磺基苯)偶氮]-8-(2-甲氧基-5-甲基-4-磺基苯氧基)-2-萘磺酸二钠标准溶液（1000μg/mL）

［配制］ 取适量6-羟基-5-[(2-甲氧基-5-甲基-4-磺基苯)偶氮]-8-(2-甲氧基-5-甲基-4-磺基苯氧基)-2-萘磺酸二钠盐于称量瓶中，置于真空干燥器中干燥24h，用最小分度为0.01mg的分析天平，准确称取0.1000g（或按纯度换算出质量$m=0.1000g/w$；w——质量分数）6-羟基-5-[(2-甲氧基-5-甲基-4-磺基苯)偶氮]-8-(2-甲氧基-5-甲基-4-磺基苯氧基)-2-萘磺酸二钠盐（纯度≥99%），置于100mL烧杯中，用乙酸铵溶液（1.5g/L）溶解，移入100mL容量瓶中，用水稀释到刻度，混匀。配制成浓度为1000μg/mL的储备标准溶液。

8-羟基喹啉（C_9H_7NO）**标准溶液**（1000μg/mL）

［配制］ 准确称取1.0000g（或按纯度换算出质量$m=1.0000g/w$；w——质量分数）经纯度分析的8-羟基喹啉（C_9H_7NO；$M_r=145.1580$）纯品（纯度≥99%）置于100mL烧杯中，加50mL乙醇，溶解后，移入1000mL容量瓶中，用水稀释到刻度，混匀。

［8-羟基喹啉纯度的测定］ 称取0.15g样品，准确至0.0001g。溶于15mL 95%乙醇中，加20mL盐酸溶液（20%）及30mL水，摇匀，在振摇下滴加所需理论量（约41mL）的溴标准溶液［$c(\frac{1}{2}Br_2)=0.100$mol/L］，并过量2mL，于溶液中加2g碘化钾，摇匀，立即用硫代硫酸钠标准溶液［$c(Na_2S_2O_3)=0.100$mol/L］滴定，近终点时加入3mL淀粉指示液（10g/L），继续滴定至溶液蓝色消失。8-羟基喹啉的质量分数按下式计算：

$$w=\frac{(c_1V_1-c_2V_2)\times 0.03629}{m}\times 100\%$$

式中 w——8-羟基喹啉的质量分数，%

V_1——溴标准溶液的体积，mL；

c_1——溴标准溶液的浓度，mol/L；

V_2——硫代硫酸钠标准溶液的体积，mL；

c_2——硫代硫酸钠标准溶液的浓度，mol/L；

m——样品质量，g；

0.03629——与1.00mL硫代硫酸钠标准溶液［$c(Na_2S_2O_3)=1.000$mol/L］相当的，以g为单位的8-羟基喹啉的质量。

6-羟基-2-萘磺酸钠（$C_{10}H_7NaO_4S$）**标准溶液**（1000μg/mL）

［配制］ 取适量6-羟基-2-萘磺酸钠于称量瓶中，置于真空干燥器中干燥24h，用最小分

度为0.01mg的分析天平，准确称取0.1000g（或按纯度换算出质量 $m=0.1000\text{g}/w$；w——质量分数）6-羟基-2-萘磺酸钠（$C_{10}H_7NaO_4S$；$M_r=246.215$）（纯度≥99%），置于100mL烧杯中，用乙酸铵溶液（1.5g/L）溶解，移入100mL容量瓶中，用水稀释到刻度，混匀。配制成浓度为1000μg/mL的储备标准溶液。

羟基脲（$CH_4N_2O_2$）**标准溶液**（1000μg/mL）

［配制］ 准确称取1.0000g（或按纯度换算出质量 $m=1.0000\text{g}/w$；w——质量分数）经纯度分析的羟基脲（$CH_4N_2O_2$；$M_r=76.0547$）纯品（纯度≥99%），置于100mL烧杯中，加适量水溶解后，移入1000mL容量瓶中，用水稀释到刻度，混匀。避光低温保存。

［羟基脲纯度的测定］永停滴定法：准确称取0.15g样品，准确到0.0001g，置于250mL锥形瓶中，加50mL水溶解后，加10mL盐酸溶液（30%），置电磁搅拌器上，再加2g溴化钾，插入铂-铂电极后，将滴定管的尖端插入液面下约⅔处，用亚硝酸钠标准溶液［$c(NaNO_2)=0.100\text{mol/L}$］迅速滴定，随滴随搅拌，至近终点时，将滴定管的尖端提出液面，用少量水淋洗尖端，洗液并入溶液中，继续缓缓滴定，至电流计指针突然偏转，并不再回复，即为滴定终点。羟基脲的质量分数（w）按下式计算：

$$w=\frac{cV\times 0.07606}{m}\times 100\%$$

式中 V——亚硝酸钠标准溶液的体积，mL；

c——亚硝酸钠标准溶液的浓度，mol/L；

m——样品质量，g；

0.07606——与1.00mL亚硝酸钠标准溶液［$c(NaNO_2)=1.000\text{mol/L}$］相当的，以g为单位的羟基脲的质量。

5-羟基噻苯达唑（5-OH-TBZ）**标准溶液**（1000μg/mL）

［配制］ 准确称取1.0000g（或按纯度换算出质量 $m=1.0000\text{g}/w$；w——质量分数）5-羟基噻苯达唑（5-OH-TBZ）纯品（纯度≥99%），置于100mL烧杯中，加适量甲醇溶解后，移入1000mL容量瓶中，用甲醇稀释到刻度，混匀。配制浓度为1000μg/mL的标准储备溶液。

羟基香茅醛（$C_{10}H_{20}O_2$）**标准溶液**（1000μg/mL）

［配制］ 取100mL容量瓶，加入10mL甲醇，加盖，用最小分度为0.01mg的分析天平准确称量。之后滴加羟基香茅醛（$C_{10}H_{20}O_2$；$M_r=172.2646$）纯品（纯度≥99%），至两次称量结果之差为0.1000g（或按纯度换算出质量 $m=0.1000\text{g}/w$；w——质量分数），即为羟基香茅醛的质量（如果准确到0.1000g操作有困难，可通过准确记录羟基香茅醛质量，计算其浓度）。用甲醇稀释到刻度，混匀。

羟甲香豆素（$C_{10}H_8O_3$）**标准溶液**（1000μg/mL）

［配制］ 取适量羟甲香豆素于称量瓶中，于105℃下干燥至恒重，置于干燥器中冷却备用。准确称取1.0000g（或按纯度换算出质量 $m=1.0000\text{g}/w$；w——质量分数）经纯度分析的羟甲香豆素（$C_{10}H_8O_3$；$M_r=176.1687$）纯品（纯度≥99%），置于100mL烧杯中，

加适量乙醇溶解后，移入1000mL棕色容量瓶中，用乙醇稀释到刻度，混匀。低温避光保存。

［标定］分光光度法：避光操作，准确移取1.00mL上述溶液，置200mL棕色容量瓶中加氢氧化钠溶液［$c(NaOH)$=0.002mol/L］稀释至刻度（5μg/mL），摇匀。同法配制对照品标准溶液。按附录十，用分光光度法，在360nm的波长处测定对照品标准溶液及待标定溶液的吸光度，计算，即得。

L-羟脯氨酸（$C_5H_9NO_3$）**标准溶液**（1000μg/mL）

［配制］ 用最小分度为0.01mg的分析天平，准确称取0.1000g（或按纯度换算出质量m=0.1000g/w；w——质量分数）L-羟脯氨酸（$C_5H_9NO_3$；M_r=131.1299）纯品（纯度≥99%），于小烧杯中，用少量水溶解，加1滴盐酸溶液［$c(HCl)$=6mol/L］，转移到100mL容量瓶中，用水定容，混匀。配制成浓度为1000μg/mL的标准储备溶液。

嗪氨灵（$C_{10}H_{14}Cl_6N_4O_2$）**标准溶液**（1000μg/mL）

［配制］ 用最小分度为0.01mg的分析天平，准确称取0.1000g（或按纯度换算出质量m=0.1000g/w；w——质量分数）的嗪氨灵（$C_{10}H_{14}Cl_6N_4O_2$；M_r=434.962）纯品（纯度≥99%），置于烧杯中，用重蒸馏的甲醇-乙酸乙酯（50+50）混合溶剂溶解，转移到100mL的容量瓶中，用甲醇-乙酸乙酯（50+50）混合溶剂稀释到刻度，混匀。配制成浓度为1000μg/mL的标准储备溶液，根据需要再用甲醇-乙酸乙酯（50+50）混合溶剂稀释成适当浓度的标准工作溶液。

嗪草酮（$C_8H_{14}N_4OS$）**标准溶液**（1000μg/mL）

［配制］ 用最小分度为0.01mg的分析天平，准确称取0.1000g（或按纯度换算出质量m=0.1000g/w；w——质量分数）的嗪草酮（$C_8H_{14}N_4OS$；M_r=214.2880）纯品（纯度≥99.5%），置于烧杯中，用重蒸馏苯溶解，转移到100mL的容量瓶中，用苯定容，混匀。配制成浓度为1000μg/mL的标准储备溶液，根据需要再用苯稀释成适用浓度的标准工作溶液。

氢化可的松（$C_{21}H_{30}O_5$）**标准溶液**（1000μg/mL）

［配制］ 取适量氢化可的松于称量瓶中，于105℃下干燥至恒重，置于干燥器中冷却备用。准确称取1.0000g（或按纯度换算出质量m=1.0000g/w；w——质量分数）经纯度分析（高效液相色谱法）的氢化可的松（$C_{21}H_{30}O_5$；M_r=362.4599）纯品（纯度≥99%），置于100mL烧杯中，加适量乙醇或［甲醇-水（45+55）混合溶剂］溶解后，移入1000mL容量瓶中，用乙醇或［甲醇-水（45+55）混合溶剂］稀释到刻度，混匀。避光低温保存。

氢氯噻嗪（$C_7H_8ClN_3O_4S_2$）**标准溶液**（1000μg/mL）

［配制］ 取适量氢氯噻嗪于称量瓶中，于105℃下干燥至恒重，置于干燥器中冷却备用。准确称取1.0000g（或按纯度换算出质量m=1.0000g/w；w——质量分数）经纯度分析的氢氯噻嗪（$C_7H_8ClN_3O_4S_2$；M_r=297.739）纯品（纯度≥99%），置于100mL烧杯中，加适量丙酮溶解后，移入1000mL容量瓶中，用丙酮稀释到刻度，混匀。避光低温保存。

［氢氯噻嗪纯度的测定］ 准确称取0.12g已干燥的样品，准确到0.0001g，置于250mL

锥形瓶中，加 40mL 二甲基甲酰胺溶解后，加 3 滴偶氮紫指示液（1g/L），在氮气流中，用甲醇钠标准溶液［$c(NaCH_3O)=0.100mol/L$］滴定至溶液恰显蓝色，同时做空白试验。氢氯噻嗪的质量分数（w）按下式计算：

$$w=\frac{c(V_1-V_2)\times 0.1489}{m}\times 100\%$$

式中 V_1——甲醇钠标准溶液的体积，mL；

V_2——空白试验甲醇钠标准溶液的体积，mL；

c——甲醇钠标准溶液的浓度，mol/L；

m——样品质量，g；

0.1489——与 1.00mL 甲醇钠标准溶液［$c(CH_3ONa)=1.000mol/L$］相当的，以 g 为单位的氢氯噻嗪的质量。

氢溴酸东莨菪碱（$C_{17}H_{21}NO_4\cdot HBr$）**标准溶液**（1000μg/mL）

［配制］ 取适量氢溴酸东莨菪碱（$C_{17}H_{21}NO_4\cdot HBr\cdot 3H_2O$；$M_r=438.311$）于称量瓶中，先于 60℃干燥 1h，再于 105℃下干燥至恒重，置于干燥器中冷却备用。准确称取 1.0000g（或按纯度换算出质量 $m=1.0000g/w$；w——质量分数）经纯度分析的氢溴酸东莨菪碱（$C_{17}H_{21}NO_4\cdot HBr$；$M_r=384.265$）纯品（纯度≥99%），置于 100mL 烧杯中，加适量水溶解后，移入 1000mL 容量瓶中，用水稀释到刻度，混匀。

［氢溴酸东莨菪碱纯度的测定］ 准确称取 0.3g 已干燥的样品，准确到 0.0001g，置于 250mL 锥形瓶中，加 20mL 冰醋酸溶解后（必要时温热使其溶解），加 5mL 乙酸汞溶液（50g/L），加 1 滴结晶紫指示液（5g/L），用高氯酸标准溶液［$c(HClO_4)=0.100mol/L$］滴定，至溶液显纯蓝色，同时做空白试验。氢溴酸东莨菪碱的质量分数（w）按下式计算：

$$w=\frac{c(V_1-V_2)\times 0.3843}{m}\times 100\%$$

式中 V_1——高氯酸标准溶液的体积，mL；

V_2——空白消耗高氯酸标准溶液的体积，mL；

c——高氯酸标准溶液的浓度，mol/L；

m——样品质量，g；

0.3843——与 1.00mL 高氯酸标准溶液［$c(HClO_4)=1.000mol/L$］相当的，以 g 为单位的氢溴酸东莨菪碱的质量。

氢溴酸加兰他敏（$C_{17}H_{21}NO_3\cdot HBr$）**标准溶液**（1000μg/mL）

［配制］ 取适量氢溴酸加兰他敏于称量瓶中，于 105℃下干燥至恒重，置于干燥器中冷却备用。准确称取 1.0000g（或按纯度换算出质量 $m=1.0000g/w$；w——质量分数）经纯度分析的氢溴酸加兰他敏（$C_{17}H_{21}NO_3\cdot HBr$；$M_r=368.265$）纯品（纯度≥99%），置于 100mL 烧杯中，加适量水溶解后，移入 1000mL 容量瓶中，用水稀释到刻度，混匀。避光低温保存。

［氢溴酸加兰他敏纯度的测定］ 准确称取 0.3g 已干燥的样品，准确到 0.0001g，置于 250mL 锥形瓶中，加 20mL 冰醋酸，加 5mL 乙酸汞溶液（50g/L）溶解后，加 1 滴结晶紫指示液（5g/L），用高氯酸标准溶液［$c(HClO_4)=0.100mol/L$］滴定，至溶液显纯蓝色，

同时做空白试验。氢溴酸加兰他敏的质量分数（w）按下式计算：

$$w=\frac{c(V_1-V_2)\times 0.3683}{m}\times 100\%$$

式中 V_1——高氯酸标准溶液的体积，mL；

V_2——空白消耗高氯酸标准溶液的体积，mL；

c——高氯酸标准溶液的浓度，mol/L；

m——样品质量，g；

0.3683——与1.00mL高氯酸标准溶液［$c(HClO_4)=1.000mol/L$］相当的，以g为单位的氢溴酸加兰他敏的质量。

氢溴酸山莨菪碱（$C_{17}H_{23}NO_4 \cdot HBr$）**标准溶液**（1000μg/mL）

［配制］ 取适量氢溴酸山莨菪碱于称量瓶中，于120℃下干燥至恒重，置于干燥器中冷却备用。准确称取1.0000g（或按纯度换算出质量$m=1.0000g/w$；w——质量分数）经纯度分析的氢溴酸山莨菪碱（$C_{17}H_{23}NO_4 \cdot HBr$；$M_r=386.281$）纯品（纯度≥99%），置于100mL烧杯中，加适量水溶解后，移入1000mL容量瓶中，用水稀释到刻度，混匀。避光低温保存。

［氢溴酸山莨菪碱纯度的测定］ 准确称取0.2g已干燥的样品，准确到0.0001g，置于250mL锥形瓶中，加20mL冰醋酸溶解后（必要时微热使其溶解），加5mL乙酸汞溶液（50g/L）与1滴结晶紫指示液（5g/L），用高氯酸标准溶液［$c(HClO_4)=0.100mol/L$］滴定，至溶液显纯蓝色，同时做空白试验。氢溴酸山莨菪碱的质量分数（w）按下式计算：

$$w=\frac{c(V_1-V_2)\times 0.3863}{m}\times 100\%$$

式中 V_1——高氯酸标准溶液的体积，mL；

V_2——空白消耗高氯酸标准溶液的体积，mL；

c——高氯酸标准溶液的浓度，mol/L；

m——样品质量，g；

0.3863——与1.00mL高氯酸标准溶液［$c(HClO_4)=1.000mol/L$］相当的，以g为单位的氢溴酸山莨菪碱的质量。

氢溴酸烯丙吗啡（$C_{19}H_{21}NO_3 \cdot HBr$）**标准溶液**（1000μg/mL）

［配制］ 取适量氢溴酸烯丙吗啡于称量瓶中，于105℃下干燥至恒重，置于干燥器中冷却备用。准确称取1.0000g（或按纯度换算出质量$m=1.0000g/w$；w——质量分数）经纯度分析的氢溴酸烯丙吗啡（$C_{19}H_{21}NO_3 \cdot HBr$；$M_r=392.287$）纯品（纯度≥99%），置于100mL烧杯中，加适量水溶解后，移入1000mL容量瓶中，用水稀释到刻度，混匀。避光低温保存。

［氢溴酸烯丙吗啡纯度的测定］ 准确称取0.3g已干燥的样品，准确到0.0001g，置于250mL锥形瓶中，加30mL冰醋酸，加10mL乙酸汞溶液（50g/L）溶解后，加1滴结晶紫指示液（5g/L），用高氯酸标准溶液［$c(HClO_4)=0.100mol/L$］滴定，至溶液显纯蓝色，同时做空白试验。氢溴酸烯丙吗啡的质量分数（w）按下式计算：

$$w=\frac{c(V_1-V_2)\times 0.3923}{m}\times 100\%$$

式中 V_1——高氯酸标准溶液的体积，mL；

V_2——空白消耗高氯酸标准溶液的体积，mL；

c——高氯酸标准溶液的浓度，mol/L；

m——样品质量，g；

0.3923——与 1.00mL 高氯酸标准溶液 [$c(HClO_4)=1.000mol/L$] 相当的，以 g 为单位的氢溴酸烯丙吗啡的质量。

青蒿素（$C_{15}H_{22}O_5$）**标准溶液**（1000μg/mL）

[配制] 取适量青蒿素于称量瓶中，于 80℃下干燥至恒重，置于干燥器中冷却备用。准确称取 1.0000g（或按纯度换算出质量 $m=1.0000g/w$；w——质量分数）经纯度分析的青蒿素（$C_{15}H_{22}O_5$；$M_r=282.3322$）纯品（纯度≥99%），置于 100mL 烧杯中，加适量乙醇溶解后，移入 1000mL 容量瓶中，用乙醇稀释到刻度，混匀。避光低温保存。

[标定] 准确量取 1.00mL 上述溶液，置 100mL 容量瓶中，准确加入 9mL 乙醇，用氢氧化钠溶液（2g/L）稀释至刻度（10μg/mL），摇匀，置（50±1）℃恒温水浴中微温 30min，取出，冷却至室温，待液面回复至刻度。另取 10mL 乙醇，同样处理后，作为空白。按附录十，用分光光度法，同样操作对照品标准溶液。在 292nm 的波长处分别测定吸光度。计算，即得。

青霉胺（$C_5H_{11}NO_2S$）**标准溶液**（1000μg/mL）

[配制] 取适量青霉胺于称量瓶中，以五氧化二磷为干燥剂，于 60℃下减压干燥至恒重，置于干燥器中冷却备用。准确称取 1.0000g（或按纯度换算出质量 $m=1.0000g/w$；w——质量分数）经纯度分析的青霉胺（$C_5H_{11}NO_2S$；$M_r=149.211$）纯品（纯度≥99%），置于 100mL 烧杯中，加适量水溶解后，移入 1000mL 容量瓶中，用水稀释到刻度，混匀。

[青霉胺纯度的测定] 准确称取 0.15g 已干燥的样品，准确到 0.0001g，置于 250mL 锥形瓶中，加 100mL 乙酸盐缓冲液（取乙酸钠 5.4g 置 250mL 烧杯中，加 50mL 水使其溶解，用冰醋酸调节 pH 值至 4.6，加水稀释至 100mL，混匀）使其溶解，用电位滴定法，以铂电极为指示电极，汞-硫酸亚汞电极为参比电极，用硝酸汞标准溶液 [$c(HgNO_3)_2=0.0500mol/L$] 缓慢滴定，用内插法计算滴定终点消耗标准溶液的量。青霉胺的质量分数（w）按下式计算：

$$w=\frac{cV\times 0.1492}{m}\times 100\%$$

式中 V——硝酸汞标准溶液的体积，mL；

c——硝酸汞标准溶液的浓度，mol/L；

m——样品质量，g；

0.1492——与 1.00mL 硝酸汞标准溶液 [$c(HgNO_3)_2=1.000mol/L$] 相当的，以 g 为单位的青霉胺的质量。

青霉素（$C_{16}H_{18}N_2O_4S$）**标准溶液**（1000 单位/mL）

[配制] 用最小分度为 0.1mg 的分析天平，准确称取适量的青霉素（$C_{16}H_{18}N_2O_4S$；$M_r=334.390$）标准品（纯度≥99%，效价一般为 1600 单位/mg，密封避光，防潮，冰箱

中 4℃保存)，用磷酸盐缓冲溶液［pH6.0：称取 8g 无水磷酸二氢钾和 2g 无水磷酸氢二钾，用 1000mL 水溶解，121℃高压灭菌 15min］溶解，配制成浓度为 1000 单位/mL 的标准储备溶液。置冰箱中 4℃保存，可使用 2d。

青霉素钾（$KC_{16}H_{17}N_2O_4S$）**标准溶液**［1000μg/mL（相当于青霉素：1598 单位/mL)］

［配制］ 准确称取 1.0000g（或按纯度换算出质量 $m=1.0000g/w$；w——质量分数）经纯度分析的青霉素钾（$KC_{16}H_{17}N_2O_4S$；$M_r=372.480$）纯品（纯度≥99%），置于 100mL 烧杯中，加适量水溶解后，移入 1000mL 容量瓶中，用水稀释到刻度，混匀。避光低温保存。临用现配。

［标定］ 总青霉素钾的浓度减去青霉素钾降解物的浓度即为青霉素钾的质量浓度。

(1) 总青霉素钾的标定　准确移取 50.00mL 上述溶液，置于 250mL 锥形瓶中，加 5mL 氢氧化钠溶液［$c(NaOH)=1mol/L$］，混匀，放置 15min，加 5mL 硝酸溶液［$c(HNO_3)=1mol/L$］、20mL 乙酸缓冲液（pH4.6），摇匀，用电位滴定法，以铂电极为指示电极，汞-硫酸亚汞电极为参比电极，在（30～40)℃，用硝酸汞标准溶液［$c(HgNO_3)_2=0.0200mol/L$］缓慢滴定（控制滴定过程为 15min）不记第一个终点，计算第二个终点时消耗标准溶液的量。

(2) 青霉素钾降解物的测定　准确移取 100.0mL 上述溶液，置于 250mL 锥形瓶中，2mL 乙酸缓冲液（pH4.6），摇匀，在室温下，立即用硝酸汞标准溶液［$c(HgNO_3)_2=0.0200mol/L$］滴定，终点判断方法同上。

总青霉素钾的浓度与降解物的浓度之差即为青霉素钾溶液的质量浓度（ρ），按下式计算：

$$\rho(KC_{16}H_{17}N_2O_4S)=\frac{c(V_1-½V_2)\times 372.480}{V}\times 1000$$

式中 V_1——从第一终点到第二终点总青霉素钾消耗的硝酸汞标准溶液的体积，mL；

V_2——从第一终点到第二终点降解物消耗的硝酸汞标准溶液的体积，mL；

c——硝酸汞标准溶液的浓度，mol/L；

V——青霉素钾溶液的体积，mL；

372.480——青霉素钾的摩尔质量［$M(KC_{16}H_{17}N_2O_4S)$］，g/mol。

青霉素钠（$NaC_{16}H_{17}N_2O_4S$）**标准溶液**（1000μg/mL)（相当于青霉素：1670 单位/mL)

［配制］ 准确称取 1.0000g（或按纯度换算出质量 $m=1.0000g/w$；w——质量分数）经纯度分析的青霉素钠（$NaC_{16}H_{17}N_2O_4S$；$M_r=356.372$）纯品（纯度≥99%），置于 100mL 烧杯中，加适量水溶解后，移入 1000mL 容量瓶中，用水稀释到刻度，混匀。避光低温保存。临用现配。

［标定］ 总青霉素钠的浓度减去青霉素钠降解物的浓度即为青霉素钠溶液的质量浓度。

(1) 总青霉素钠的标定　准确移取 50.00mL 上述溶液，置于 250mL 锥形瓶中，加 5mL 氢氧化钠溶液［$c(NaOH)=1mol/L$］，混匀，放置 15min，加 5mL 硝酸溶液［$c(HNO_3)=1mol/L$］、20mL 乙酸缓冲液（pH4.6），摇匀，用电位滴定法，以铂电极为指示电极，汞-硫酸亚汞电极为参比电极，在（30～40)℃，用硝酸汞标准溶液［$c(HgNO_3)_2=0.0200mol/L$］缓慢滴定（控制滴定过程为 15min）不记第一个终点，计算第二个终点时消耗标准溶液的量。

(2) 青霉素钠降解物的测定　准确移取 100.0mL 上述溶液，置于 250mL 锥形瓶中，2mL 乙酸缓冲液（pH4.6），摇匀，在室温下，立即用硝酸汞标准溶液 [$c(HgNO_3)_2$ = 0.0200mol/L] 滴定，终点判断方法同上。

总青霉素钠的浓度与降解物的浓度之差即为青霉素钠溶液的质量浓度 ρ，按下式计算：

$$\rho(NaC_{16}H_{17}N_2O_4S)=\frac{c(V_1-\frac{1}{2}V_2)\times 356.372}{V}\times 1000$$

式中　V_1——从第一终点到第二终点总青霉素钠消耗的硝酸汞标准溶液的体积，mL；

V_2——从第一终点到第二终点降解物消耗的硝酸汞标准溶液的体积，mL；

c——硝酸汞标准溶液的浓度，mol/L；

V——青霉素钠溶液的体积，mL；

356.372——青霉素钠的摩尔质量 [$M(NaC_{16}H_{17}N_2O_4S)$]，g/mol。

青霉素 V 钾（$KC_{16}H_{17}N_2O_5S$）**标准溶液**（1000μg/mL）

[配制]　准确称取 1.0000g（或按纯度换算出质量 $m=1.0000g/w$；w——质量分数）经纯度分析的青霉素 V 钾（$KC_{16}H_{17}N_2O_5S$；$M_r=388.480$）纯品（纯度≥99%），置于 100mL 烧杯中，加适量水溶解后，移入 1000mL 容量瓶中，用水稀释到刻度，混匀。避光低温保存。

[标定]　总青霉素 V 钾的浓度减去青霉素 V 钾降解物的浓度即为青霉素 V 钾溶液的质量浓度。

(1) 总青霉素 V 钾的标定　准确移取 50.00mL 上述溶液，置于 250mL 锥形瓶中，加 5mL 氢氧化钠溶液 [$c(NaOH)=1mol/L$]，混匀，放置 15min，加 5mL 硝酸溶液 [$c(HNO_3)=1mol/L$]、20mL 乙酸缓冲液（pH4.6），摇匀，采用电位滴定法，以铂电极为指示电极，汞-硫酸亚汞电极为参比电极，在(30～40)℃，用硝酸汞标准溶液 [$c(HgNO_3)_2$ = 0.0200mol/L] 缓慢滴定（控制滴定过程为 15min）不记第一个终点，计算第二个终点时消耗标准溶液的量。

(2) 青霉素 V 钾降解物的测定　准确移取 100.0mL 上述溶液，置于 250mL 锥形瓶中，20mL 乙酸缓冲液（pH4.6），摇匀，在室温下，立即用硝酸汞标准溶液 [$c(HgNO_3)_2$ = 0.0200mol/L] 滴定，终点判断方法同上。总青霉素 V 钾的浓度与降解物的浓度之差即为青霉素 V 钾溶液的质量浓度 ρ，按下式计算：

$$\rho(KC_{16}H_{17}N_2O_5S)=\frac{c(V_1-\frac{1}{2}V_2)\times 388.480}{V}\times 1000$$

式中　V_1——从第一终点到第二终点总青霉素 V 钾消耗的硝酸汞标准溶液的体积，mL；

V_2——从第一终点到第二终点降解物消耗的硝酸汞标准溶液的体积，mL；

c——硝酸汞标准溶液的浓度，mol/L；

V——青霉素 V 钾溶液的体积，mL；

388.480——青霉素 V 钾的摩尔质量 [$M(KC_{16}H_{17}N_2O_5S)$]，g/mol。

氰戊菊酯（$C_{25}H_{22}ClNO_3$）**标准溶液**（1000μg/mL）

[配制]　用最小分度为 0.01mg 的分析天平，准确称取适量 [m(g)] GBW (E)

060140 的氰戊菊酯（$C_{25}H_{22}ClNO_3$；M_r=419.900）纯度分析标准物质（m=0.1000g，质量分数为 100%）或经纯度分析（纯度≥99%）（质量 m=0.1000g/w；w——质量分数）的纯品，于小烧杯中，用少量重蒸馏苯溶解，转移到 100mL 容量瓶中，然后用重蒸馏正己烷定容，混匀。配制成浓度为 1000μg/mL 的标准储备溶液。使用时，根据需要再稀释配制成适用浓度的标准工作溶液。

注：如果无法获得氰戊菊酯标准物质，可采用如下方法提纯并测定纯度。

[氰戊菊酯的提纯] 称取 100g 氰戊菊酯，加入适量热乙酸乙酯（约 50℃），搅拌使之刚刚溶解，然后在不断搅拌下，加入 150mL～200mL 石油醚，搅拌均匀冷却后，置于冰箱中冷冻（－12℃），密封容器。完全冷冻析出晶体后，取出，抽滤，用冷冻的石油醚-乙酸乙酯混合溶剂（10＋1）洗涤结晶。重复结晶数次，所得晶体经自然干燥后，再于（40～50）℃真空干燥箱中干燥。

[氰戊菊酯的纯度分析] 采用电位滴定法、气相色谱法测定其纯度。

庆大霉素（$C_{21}H_{43}N_5O_7$）标准溶液（1000μg/mL）

[配制] 准确称取 0.1585g（准确到 0.0002g）的硫酸庆大霉素（$C_{21}H_{43}N_5O_7 \cdot H_2SO_4$；$M_r$=575.674）标准品（1μg 硫酸庆大霉素标准品相当于 0.631μg 庆大霉素），于小烧杯中，用磷酸盐缓冲液（pH8.0±0.1）溶解，并转移至 100mL 容量瓶中，定容，配制成浓度为 1000μg/mL 的标准储备溶液。于冰箱中 4℃保存，可使用 1 个月。

秋水仙碱（$C_{22}H_{25}NO_6$）标准溶液（1000μg/mL）

[配制] 准确称取 1.0000g（或按纯度换算出质量 m=1.0000g/w；w——质量分数）经纯度分析的秋水仙碱（$C_{22}H_{25}NO_6$；M_r=399.4370）纯品（纯度≥99%），置于 100mL 烧杯中，加适量水溶解后，移入 1000mL 容量瓶中，用水稀释到刻度，混匀。避光低温保存。

[标定] 分光光度法 准确移取 1.00mL 上述溶液，移入 100mL 容量瓶中，用水稀释到刻度（10μg/mL）。按附录十，用分光光度法，在 350nm 的波长处测定溶液的吸光度，以 $C_{22}H_{25}NO_6$ 的吸光系数 $E_{1cm}^{1\%}$ 为 425 计算，即得。

巯嘌呤（$C_5H_4N_4S$）标准溶液（1000μg/mL）

[配制] 取适量巯嘌呤（$C_5H_4N_4S \cdot H_2O$；M_r=170.192）于称量瓶中，于 140℃下干燥至恒重，置于干燥器中冷却备用。准确称取 1.0000g（或按纯度换算出质量 m=1.0000g/w；w——质量分数）经纯度分析的巯嘌呤（$C_5H_4N_4S$；M_r=152.177）纯品（纯度≥99%），置于 100mL 烧杯中，加适量盐酸溶液（1%）溶解后，移入 1000mL 容量瓶中，用盐酸（1%）稀释到刻度，混匀。低温避光保存。

[标定] 分光光度法：准确移取 1.00mL 上述溶液，移入 200mL 容量瓶中，用盐酸（1%）稀释到刻度（5μg/mL）。按附录十，用分光光度法，在 325nm 的波长处测定溶液的吸光度，以 $C_5H_4N_4S$ 的吸光系数 $E_{1cm}^{1\%}$ 为 1265 计算，即得。

曲安奈德（$C_{24}H_{31}FO_6$）标准溶液（1000μg/mL）

[配制] 取适量曲安奈德于称量瓶中，于 105℃下干燥至恒重，取出，置于干燥器中冷却备用。准确称取 1.0000g（或按纯度换算出质量 m=1.0000g/w；w——质量分数）经纯

度分析（高效液相色谱法）的曲安奈德（$C_{24}H_{31}FO_6$；$M_r=434.4977$）纯品（纯度≥99%），置于100mL烧杯中，加适量丙酮溶解后，移入1000mL容量瓶中，用丙酮稀释到刻度，混匀。避光低温保存。

曲安西龙（$C_{21}H_{27}FO_6$）**标准溶液**（1000μg/mL）

［配制］ 取适量曲安西龙于称量瓶中，于60℃下减压干燥至恒重，取出，置于干燥器中冷却备用。准确称取1.0000g（或按纯度换算出质量 $m=1.0000g/w$；w——质量分数）经纯度分析（高效液相色谱法）的曲安西龙（$C_{21}H_{27}FO_6$；$M_r=394.4339$）纯品（纯度≥99%），置于100mL烧杯中，加适量二甲基甲酰胺溶解后，移入1000mL容量瓶中，用二甲基甲酰胺稀释到刻度，混匀。避光低温保存。

去氢胆酸（$C_{24}H_{34}O_5$）**标准溶液**（1000μg/mL）

［配制］ 取适量去氢胆酸于称量瓶中，于105℃下干燥至恒重，取出，置于干燥器中冷却备用。准确称取1.0000g（或按纯度换算出质量 $m=1.0000g/w$；w——质量分数）的去氢胆酸（$C_{24}H_{34}O_5$；$M_r=402.5238$）纯品（纯度≥99%），置于100mL烧杯中，加适量氯仿溶解后，移入1000mL容量瓶中，用氯仿稀释到刻度，混匀。避光低温保存。

［去氢胆酸纯度的测定］ 准确称取0.5g已干燥的样品，准确到0.0001g，置于250mL锥形瓶中，加60mL中性乙醇（对酚酞指示液显中性），置沸水浴上加热溶解后，冷却，加3滴酚酞指示液（10g/L），及20mL新煮沸过的冷水，用氢氧化钠标准溶液［$c(NaOH)=0.100mol/L$］滴定，近终点时加100mL新煮沸过的冷水，继续滴定至溶液呈粉红色，保持30s。去氢胆酸的质量分数（w）按下式计算：

$$w=\frac{cV\times 0.4025}{m}\times 100\%$$

式中 V——氢氧化钠标准溶液的体积，mL；

c——氢氧化钠标准溶液的浓度，mol/L；

m——样品质量，g；

0.4025——与1.00mL氢氧化钠标准溶液［$c(NaOH)=1.000mol/L$］相当的，以g为单位的去氢胆酸的质量。

去乙酰毛花苷（$C_{47}H_{74}O_{19}$）**标准溶液**（1000μg/mL）

［配制］ 取适量去乙酰毛花苷于称量瓶中，于105℃下干燥至恒重，取出，置于干燥器中冷却备用。准确称取1.0000g（或按纯度换算出质量 $m=1.0000g/w$；w——质量分数）的去乙酰毛花苷（$C_{47}H_{74}O_{19}$；$M_r=943.0791$）纯品（纯度≥99%），置于100mL烧杯中，加适量氯仿-甲醇（1+1）混合溶剂溶解后，移入1000mL容量瓶中，用氯仿-甲醇（1+1）混合溶剂稀释到刻度，混匀。避光低温保存。

［标定］ 分光光度法 准确移取4.00mL上述溶液，移入100mL容量瓶中，用乙醇稀释到刻度（40μg/mL）。准确移取10.00mL去乙酰毛花苷溶液（40μg/mL）于干燥的容器中，准确加入6mL碱性三硝基苯酚饱和溶液，摇匀，在（20～25）℃下放置30min，按际录十，用分光光度法，在485nm的波长处分别测定标准溶液和待测溶液的吸收度，计算，即得。

炔雌醇（$C_{20}H_{24}O_2$）**标准溶液**（1000μg/mL）

［配制］ 取适量炔雌醇于称量瓶中，于105℃下干燥至恒重，置于干燥器中冷却备用。准确称取1.0000g（或按纯度换算出质量 $m=1.0000g/w$；w——质量分数）经纯度分析（高效液相色谱法）的炔雌醇（$C_{20}H_{24}O_2$；$M_r=296.4034$）纯品（纯度≥99%），置于100mL烧杯中，加适量乙醇溶解后，移入1000mL容量瓶中，用乙醇稀释到刻度，混匀。避光低温保存。

炔雌醚（$C_{25}H_{32}O_2$）**标准溶液**（1000μg/mL）

［配制］ 取适量炔雌醚于称量瓶中，于80℃下干燥至恒重，置于干燥器中冷却备用。准确称取1.0000g（或按纯度换算出质量 $m=1.0000g/w$；w——质量分数）的炔雌醚（$C_{25}H_{32}O_2$；$M_r=362.5204$）纯品（纯度≥99%），置于100mL烧杯中，加适量乙醇（或吡啶）溶解后，移入1000mL容量瓶中，用乙醇稀释至刻度，混匀。

［标定］ 分光光度法：称取5.00mL上述溶液，移入50mL容量瓶中，用乙醇稀释到刻度（100μg/mL）。同样配制对照品标准溶液。按附录十，用分光光度法，在280nm的波长处分别测定标准溶液和待测溶液的吸光度，计算，即得。

炔诺酮（$C_{20}H_{26}O_2$）**标准溶液**（1000μg/mL）

［配制］ 取适量炔诺酮于称量瓶中，于105℃下干燥至恒重，置于干燥器中冷却备用。准确称取1.0000g（或按纯度换算出质量 $m=1.0000g/w$；w——质量分数）经纯度分析（高效液相色谱法）的炔诺酮（$C_{20}H_{26}O_2$；$M_r=298.4192$）纯品（纯度≥99%），置于100mL烧杯中，加适量氯仿溶解后，移入1000mL容量瓶中，用氯仿稀释到刻度，混匀。避光低温保存。

炔诺孕酮（$C_{21}H_{28}O_2$）**标准溶液**（1000μg/mL）

［配制］ 准确称取1.0000g（或按纯度换算出质量 $m=1.0000g/w$；w——质量分数）经纯度分析（高效液相色谱法）的炔诺孕酮（$C_{21}H_{28}O_2$；$M_r=312.4458$）纯品（纯度≥99%），置于100mL烧杯中，加适量氯仿溶解后，移入1000mL容量瓶中，用氯仿稀释到刻度，混匀。避光低温保存。

炔孕酮（$C_{21}H_{28}O_2$）**标准溶液**（1000μg/mL）

［配制］ 取适量炔孕酮于称量瓶中，于105℃下干燥至恒重，置于干燥器中冷却备用。准确称取1.0000g（或按纯度换算出质量 $m=1.0000g/w$；w——质量分数）经纯度分析的炔孕酮（$C_{21}H_{28}O_2$；$M_r=312.4458$）纯品（纯度≥99%），置于100mL烧杯中，加适量乙醇溶解后，移入1000mL容量瓶中，用乙醇稀释到刻度，混匀。避光低温保存。

［标定］ 分光光度法：准确移取1.00mL上述溶液，移入100mL容量瓶中，用乙醇稀释到刻度（10μg/mL）。按附录十，用分光光度法，在240nm的波长处测定溶液的吸光度，以 $C_{21}H_{28}O_2$ 的吸光系数 $E_{1cm}^{1\%}$ 为520计算，即得。

壬苯醇醚（$C_{33}H_{60}O_{10}$）**标准溶液**（1000μg/mL）

［配制］ 准确称取1.0000g（或按纯度换算出质量 $m=1.0000g/w$；w——质量分数）

经纯度分析（高效液相色谱法）的壬苯醇醚（$C_{33}H_{60}O_{10}$；$M_r=616.8235$）纯品（纯度≥99%），置于100mL烧杯中，加适量水溶解后，移入1000mL容量瓶中，用水稀释到刻度，混匀。避光低温保存。

γ-壬内酯（$C_9H_{16}O_2$）**标准溶液**（1000μg/mL）

［配制］ 取100mL容量瓶，加入10mL乙醇，加盖，用最小分度为0.1mg的分析天平准确称量。之后滴加γ-壬内酯（$C_9H_{16}O_2$；$M_r=156.2221$）纯品（纯度≥99%），称量，至两次质量之差为0.1000g（或按纯度换算出质量$m=0.1000g/w$；w——质量分数），即为γ-壬内酯的质量（如果准确到0.1000g操作有困难，可通过准确记录γ-壬内酯质量，计算其浓度）。用乙醇稀释到刻度，混匀。低温保存备用。临用时取适量稀释。

日落黄（$Na_2C_{16}H_{10}N_2O_7S_2$）**标准溶液**（1000μg/mL）

［配制］ 准确称取适量［m(g)］GBW 10005日落黄（$Na_2C_{16}H_{10}N_2O_7S_2$；$M_r=452.369$）纯度分析标准物质（$m=1.0277g$，质量分数为97.3%）或已知纯度的纯品（或按纯度换算出质量$m=1.0000g/w$；w——质量分数），置于烧杯中，加入水溶解后，转移到1000mL容量瓶中，用三次水清洗烧杯数次，将洗涤液一并转移到容量瓶中，用水稀释到刻度，混匀。

［日落黄纯度的测定］ 称取0.5g试样，准确至0.0001g，置于500mL锥形瓶中，加50mL新煮沸并冷却至室温的水溶解，加入15g柠檬酸三钠，150mL水，按苋菜红纯度测定中所示，装好仪器，在液面下通入二氧化碳气流的同时，加热至沸，并用三氯化钛标准溶液［$c(TiCl_3)=0.100mol/L$］滴定至无色为终点。日落黄的质量百分数（w）按下式计算：

$$w=\frac{cV\times 0.1131}{m}\times 100\%$$

式中 V——滴定试样消耗的三氯化钛标准溶液的体积，mL；

c——三氯化钛标准溶液的浓度，mol/L；

m——样品的质量，g；

0.1131——与1.00mL三氯化钛标准溶液［$c(TiCl_3)=1.000mol/L$］相当的，以g为单位的日落黄的质量。

日落黄铝色淀（$C_{16}H_{12}N_2O_7S_2$）**标准溶液**（1000μg/mL）

［配制］ 准确称取1.0000g（或按纯度换算出质量$m=1.0000g/w$；w——质量分数）的日落黄铝色淀（$C_{16}H_{12}N_2O_7S_2$；$M_r=408.406$）纯品置于烧杯中，加入20mL水，4g酒石酸氢钠，缓缓加热至（80～90)℃，溶解冷却后，移入1000mL的容量瓶中，稀释至刻度，摇匀。

［日落黄铝色淀纯度的测定］ 称取1.4g样品，准确至0.0001g，置于500mL锥形瓶中，加20mL硫酸溶液（10%），在（40～50)℃下搅拌溶解，加30mL新煮沸并已冷却至室温的水，加入30g柠檬酸三钠，200mL水，按苋菜红纯度测定中所示，装好仪器，在液面下通入二氧化碳气流的同时加热至沸，并用三氯化钛标准溶液［$c(TiCl_3)=0.100mol/L$］滴定至无色为终点。日落黄铝色淀的质量分数（w）按下式计算：

$$w=\frac{cV\times 0.1021}{m}\times 100\%$$

式中 V——三氯化钛标准溶液的体积，mL；

c——三氯化钛标准溶液的浓度，mol/L；

m——样品的质量，g；

0.1021——与 1.00mL 三氯化钛标准溶液 [$c(TiCl_3)$=1.000mol/L] 相当的，以 g 为单位的日落黄铝色淀的质量。

绒促性素标准溶液（1000μg/mL）

［配制］ 准确称取适量（按纯度换算出质量 m=1000g/X：X——每 1mg 的效价单位）经效价测定的绒促性素纯品（1mg 的效价不低于 2500 单位），置于 100mL 烧杯中，加适量灭菌水溶解后，移入 1000mL 容量瓶中，用灭菌水稀释到刻度，混匀。照绒促性素生物检定法测定。

肉豆蔻酸十四烷酸（$C_{14}H_{28}O_2$）**标准溶液**（1000μg/mL）

［配制］ 准确称取 1.0000g（或按纯度换算出质量 m=1.0000g/w；w——质量分数）经纯度分析的肉豆蔻酸十四烷酸（$C_{14}H_{28}O_2$；M_r=228.7309）纯品（纯度≥99%），置于 100mL 烧杯中，加适量水溶解后，移入 1000mL 容量瓶中，用水稀释到刻度，混匀。

［肉豆蔻酸十四烷酸纯度的测定］ 称取 0.3g 的样品，准确到 0.0001g，置于 250mL 锥形瓶中，加 50mL 中性乙醇（对酚酞指示剂显中性）溶解后，加 0.1mL 酚酞指示液（10g/L），立即用氢氧化钠标准溶液 [$c(NaOH)$=0.100mol/L] 滴定，至溶液显粉红色，并保持 30s。肉豆蔻酸十四烷酸的质量分数（w）按下式计算：

$$w=\frac{cV\times 0.2287}{m}\times 100\%$$

式中 V——氢氧化钠标准溶液的体积，mL；

c——氢氧化钠标准溶液的浓度，mol/L；

m——样品质量，g；

0.2287——与 1.00mL 氢氧化钠标准溶液 [$c(NaOH)$=1.000mol/L] 相当的，以 g 为单位的肉豆蔻酸十四烷酸的质量。

乳果糖（$C_{12}H_{22}O_{11}$）**标准溶液**（1000μg/mL）

［配制］ 准确称取 1.0000g（或按纯度换算出质量 m=1.0000g/w；w——质量分数）经纯度分析（高效液相色谱法）的乳果糖（$C_{12}H_{22}O_{11}$；M_r=342.2965）纯品（纯度≥99%），置于 100mL 烧杯中，加适量水溶解后，移入 1000mL 容量瓶中，用水稀释到刻度，混匀。避光低温保存。

乳清蛋白（$C_{12}H_{22}O_{11}$）**标准溶液**（1000μg/mL）

［配制］ 称取适量（按纯度换算出质量 m=1.0000g/w；w——质量分数）精制的乳清蛋白 [($C_{12}H_{22}O_{11}$)；M_r=342.2965] 纯品，于小烧杯中，用 SDS 试样缓冲溶液溶解 [0.125mol/L Tris-盐酸（pH6.8），体积分数 20%的甘油，40g/L SDS（SDS——十二烷基硫酸钠），体积分数 10%巯基乙醇，质量分数 0.0025%的溴酚蓝]。在煮沸热水中静置 5min，冷却后，转移到 1000mL 容量瓶中，用水稀释刻度，混匀。配制成浓度为 1000μg/mL 的标准储备

溶液。

乳酸（$C_3H_6O_2$）**标准溶液**（1000μg/mL）

［配制］ 准确称取 1.0000g（或按纯度换算出质量 $m=1.0000g/w$；w——质量分数）经纯度分析的乳酸（$C_3H_6O_2$；$M_r=90.0779$）纯品（纯度≥99%）于 100mL 烧杯中，加水溶解，移入 1000mL 容量瓶中，以水稀释至刻度，混匀。

［乳酸纯度的测定］ 称取 0.1g 试样，准确至 0.0001g，置于 250mL 锥形瓶中，加 50mL 水，准确加入 40mL 氢氧化钠标准溶液［$c(NaOH)=0.100mol/L$］，煮沸 5min，加 2 滴酚酞指示液（10g/L），趁热用硫酸标准溶液［$c(\frac{1}{2}H_2SO_4)=0.100mol/L$］滴定，至溶液粉红色消失。同时做空白试验。乳酸的质量分数（w）按下式计算：

$$w=\frac{c(V_2-V_1)\times 0.09008}{m}\times 100\%$$

式中 V_2——空白试验硫酸标准溶液的体积，mL；

V_1——硫酸标准溶液的体积，mL；

c——硫酸标准溶液的浓度，0.1mol/L；

m——样品质量，g；

0.09008——与 1.00mL 硫酸标准溶液［$c(\frac{1}{2}H_2SO_4)=1.000mol/L$］相当的，以 g 为单位的乳酸的质量。

乳酸环丙沙星（$C_{17}H_{18}FN_3O_3 \cdot C_3H_6O_3$）**标准溶液**（1000μg/mL）

［配制］ 取适量乳酸环丙沙星于称量瓶中，以五氧化二磷为干燥剂，于 60℃下减压干燥至恒重，置于干燥器中冷却备用。准确称取 1.0000g（或按纯度换算出质量 $m=1.0000g/w$；w——质量分数）经纯度分析的乳酸环丙沙星（$C_{17}H_{18}FN_3O_3 \cdot C_3H_6O_3$；$M_r=421.4195$）纯品（纯度≥99%），置于 100mL 烧杯中，加适量水溶解后，移入 1000mL 容量瓶中，用水稀释到刻度，混匀。避光低温保存。

［乳酸环丙沙星纯度的测定］ 准确称取 0.3g 已干燥的样品，准确到 0.0001g，置于 250mL 锥形瓶中，加 20mL 冰醋酸使其溶解，加 10 滴橙黄Ⅳ指示液（5g/L），用高氯酸标准溶液［$c(HClO_4)=0.100mol/L$］滴定，至溶液显紫红色，同时做空白试验。乳酸环丙沙星的质量分数（w）按下式计算：

$$w=\frac{c(V_1-V_2)\times 0.4214}{m}\times 100\%$$

式中 V_1——高氯酸标准溶液的体积，mL；

V_2——空白消耗高氯酸标准溶液的体积，mL；

c——高氯酸标准溶液的浓度，mol/L；

m——样品质量，g；

0.4214——与 1.00mL 高氯酸标准溶液［$c(HClO_4)=1.000mol/L$］相当的，以 g 为单位的乳酸环丙沙星的质量。

乳酸链球菌素（$C_{143}H_{228}N_{42}O_{37}S_7$）**标准溶液**（1000μg/mL）

［配制］ 准确称取适量经效价测定的乳酸链球菌素（$C_{143}H_{228}N_{42}O_{37}S_7$；$M_r=$

3352.055）纯品（效价≥900 单位/mg），于烧杯中，悬浮于盐酸溶液 [c(HCl)=0.02mol/L] 中，摇匀。

乳酸钠（$NaC_3H_5O_3$）**标准溶液**（1000μg/mL）

[配制] 取适量乳酸钠于称量瓶中，于 105℃下干燥至恒重，置于干燥器中冷却备用。准确称取 1.0000g（或按纯度换算出质量 m=1.0000g/w；w——质量分数）经纯度分析的乳酸钠（$NaC_3H_5O_3$；M_r=112.0598）纯品（纯度≥99%），置于 100mL 烧杯中，加适量水溶解后，移入 1000mL 容量瓶中，用水稀释到刻度，混匀。避光低温保存。

[乳酸钠度的测定] 准确称取已干燥的样品 0.2g，准确到 0.0001g，置于 250mL 锥形瓶中，加 15mL 冰醋酸 2mL 乙酸酐使其溶解，冷却，加 1 滴结晶紫指示液（5g/L），用高氯酸标准溶液 [$c(HClO_4)$=0.100mol/L] 滴定，至溶液显蓝绿色，同时做空白试验。乳酸钠的质量分数（w）按下式计算：

$$w=\frac{c(V_1-V_2)\times 0.1121}{m}\times 100\%$$

式中 V_1——高氯酸标准溶液的体积，mL；

V_2——空白消耗高氯酸标准溶液的体积，mL；

c——高氯酸标准溶液的浓度，mol/L；

m——样品质量，g；

0.1121——与 1.00mL 高氯酸标准溶液 [$c(HClO_4)$=1.000mol/L] 相当的，以 g 为单位的乳酸钠的质量。

乳酸依沙吖啶（$C_{15}H_{15}N_3O \cdot C_3H_6FO_3$）**标准溶液**（1000μg/mL）

[配制] 取适量乳酸依沙吖啶（$C_{15}H_{15}N_3O \cdot C_3H_6FO_3 \cdot H_2O$；$M_r$=361.3923）于称量瓶中，于 105℃下干燥至恒重，置于干燥器中冷却备用。准确称取 1.0000g（或按纯度换算出质量 m=1.0000g/w；w——质量分数）经纯度分析的乳酸依沙吖啶（$C_{15}H_{15}N_3O \cdot C_3H_6FO_3$；$M_r$=343.3770）纯品（纯度≥99%），置于 100mL 烧杯中，加适量水，微热溶解冷却后，移入 1000mL 容量瓶中，用水稀释到刻度，混匀。

[乳酸依沙吖啶纯度的测定] 准确称取 0.3g 已干燥的样品，准确到 0.0001g，置于 100mL 容量瓶中，加 25mL 水，加 20mL 乙酸钠溶液（136g/L）及加 1.25mL 稀盐酸（10%）使其溶解，再准确加入 50mL 重铬酸钾标准溶液 [$c(\frac{1}{6}K_2Cr_2O_7)$=0.100mol/L]，加水至刻度，放置 1h，时时振摇，干过滤，弃去 20mL 初滤液，准确量取 50mL 续滤液，置碘瓶中，加 30mL 稀硫酸（10%）及 6mL 碘化钾（165g/L）溶液，立即盖紧瓶塞，摇匀，在暗处放置 5min，加 50mL 水，用硫代硫酸钠标准溶液 [$c(Na_2S_2O_3)$=0.100mol/L] 滴定，至近终点时，加 3mL 淀粉指示液（5g/L），继续滴定至蓝色消失而显亮绿色，同时做空白试验。乳酸依沙吖啶的质量分数（w）按下式计算：

$$w=\frac{c(V_1-V_2)\times 0.1145}{m}\times 2\times 100\%$$

式中 V_1——空白试验硫代硫酸钠标准溶液的体积，mL；

c_1——硫代硫酸钠标准溶液的浓度，mol/L；

V_2——硫代硫酸钠标准溶液的体积，mL；

m——样品质量，g；

0.1145——与1.00mL重铬酸钾标准溶液［$c(1/6K_2Cr_2O_7)$=1.000mol/L］相当的，以g为单位的乳酸依沙吖啶的质量。

乳酸乙酯（$C_5H_{10}O_3$）**标准溶液**（1000μg/mL）

［配制］ 取100mL容量瓶，加入10mL乙醇，加盖，用最小分度为0.1mg的分析天平准确称量。之后滴加乳酸乙酯（$C_5H_{10}O_3$；M_r=118.1311）纯品（纯度≥99%），至两次称量结果之差为0.1000g（或按纯度换算出质量m=0.1000g/w；w——质量分数），即为乳酸乙酯的质量（如果准确到0.1000g操作有困难，可通过准确记录乳酸乙酯质量，计算其浓度）。用乙醇稀释到刻度，混匀。低温保存备用。临用时取适量稀释。

乳糖（$C_{12}H_{22}O_{11}$）**标准溶液**（1000μg/mL）

［配制］ 准确称取1.0000g（或按纯度换算出质量m=1.0000g/w；w——质量分数）乳糖（$C_{12}H_{22}O_{11}$；M_r=342.2965）纯品（纯度≥99%），于小烧杯中，用水溶解后，转移到1000mL容量瓶中，用水稀释刻度，混匀。配制成浓度为1000μg/mL的标准储备溶液。

乳糖酸红霉素标准溶液［1000单位/mL，μg/mL，以红霉素（$C_{37}H_{67}NO_{13}$）计］

［配制］ 准确称取适量乳糖酸红霉素（$C_{37}H_{67}NO_{13}\cdot C_{12}H_{22}O_{12}$；$M_r$=1092.2227）纯品（按纯度换算出质量$m$=1000g/$X$：$X$——每1mg的效价单位，）纯品（1mg的效价不低于610红霉素单位），准确到0.0001g。置于100mL烧杯中，加灭菌水溶解，移入1000mL容量瓶中，再用灭菌水稀释至刻度，摇匀。配制成每1mL中含1000红霉素单位的溶液。1000红霉素单位相当于1mg的$C_{37}H_{67}NO_{13}$。采用抗生素微生物检定法中测定红霉素的方法标定。

乳酮糖（$C_{12}H_{22}O_{11}$）**标准溶液**（1000μg/mL）

［配制］ 用最小分度为0.01mg的分析天平，准确称取1.0000g（或按纯度换算出质量m=1.0000g/w；w——质量分数）乳酮糖（$C_{12}H_{22}O_{11}$；M_r=342.2965）纯品（纯度≥99%），于烧杯中，加水溶解后，转移到1000mL容量瓶中，加水至刻度，混匀。用0.2μm超滤膜过滤、储存。配制成浓度为1000μg/mL的储备标准溶液。

塞替派（$C_6H_{12}N_3PS$）**标准溶液**（1000μg/mL）

［配制］ 准确称取1.0000g（或按纯度换算出质量m=1.0000g/w；w——质量分数）经纯度分析的塞替派（$C_6H_{12}N_3PS$；M_r=189.218）纯品（纯度≥99%），置于100mL烧杯中，加适量水溶解后，移入1000mL容量瓶中，用水稀释到刻度，混匀。避光低温保存。

［塞替派纯度的测定］ 准确称取0.1g样品，准确到0.0001g已干燥的样品，置于250mL具塞锥形瓶中，加40mL硫氰酸钾溶液（150g/L）使其溶解，准确加入25mL硫酸标准溶液［$c(1/2H_2SO_4)$=0.100mol/L］，摇匀，放置20min，加3滴甲基红指示液（0.5g/L），用氢氧化钠标准溶液［c(NaOH)=0.100mol/L］滴定，同时做空白试验。塞替派的质量分数（w）按下式计算：

$$w=\frac{(c_1V_1-c_2V_2)\times 0.06307}{m}\times 100\%$$

式中 V_1——硫酸标准溶液的体积，mL；

c_1——硫酸标准溶液的浓度，mol/L；

V_2——氢氧化钠标准溶液的体积，mL；

c_2——氢氧化钠标准溶液的浓度，mol/L；

m——样品质量，g；

0.06307——与1.00mL硫酸标准溶液［$c(\frac{1}{2}H_2SO_4)$=1.000mol/L］相当的，以g为单位的塞替派的质量。

噻苯哒唑（$C_{10}H_7N_3S$）**标准溶液**（1000μg/mL）

［配制］ 用最小分度为0.01mg的分析天平，准确称取0.1000g（或按纯度换算出质量m=0.1000g/w；w——质量分数）的噻苯哒唑（$C_{10}H_7N_3S$；M_r=201.248）纯品（纯度≥99%），于小烧杯中，用乙腈溶解，转移到100mL容量瓶中，用乙腈准确定容，混匀。配制成浓度为1000μg/mL的标准储备溶液。使用时，根据需要稀释成适当浓度的标准工作溶液。

噻苯唑（$C_{10}H_7N_3S$）**标准溶液**（1000μg/mL）

［配制］ 取适量噻苯唑于称量瓶中，于105℃下干燥至恒重，取出，置于干燥器中冷却备用。准确称取1.0000g（或按纯度换算出质量m=1.0000g/w；w——质量分数）经纯度分析的噻苯唑（$C_{10}H_7N_3S$；M_r=201.248）纯品（纯度≥99%），置于100mL烧杯中，加适量甲醇溶解后，移入1000mL容量瓶中，用甲醇稀释到刻度，混匀。

［噻苯唑纯度的测定］ 准确称取0.15g已干燥的样品，准确到0.0001g，置于250mL锥形瓶中，加10mL冰醋酸、50mL乙酸酐与1mL乙酸汞溶液（50g/L）溶解后，加1滴结晶紫指示液（5g/L），用高氯酸标准溶液［$c(HClO_4)$=0.100mol/L］滴定，至溶液显蓝绿色，同时做空白试验。噻苯唑的质量分数（w）按下式计算：

$$w=\frac{c(V_1-V_2)\times 0.2012}{m}\times 100\%$$

式中 V_1——高氯酸标准溶液的体积，mL；

V_2——空白消耗高氯酸标准溶液的体积，mL；

c——高氯酸标准溶液的浓度，mol/L；

m——样品质量，g；

0.2012——与1.00mL高氯酸标准溶液［$c(HClO_4)$=1.000mol/L］相当的，以g为单位的噻苯唑的质量。

噻菌灵（$C_{10}H_7N_3S$）**标准溶液**（1000μg/mL）

［配制］ 用最小分度为0.01mg的分析天平，准确称取0.1000g（或按纯度换算出质量m=0.1000g/w；w——质量分数）的噻菌灵（$C_{10}H_7N_3S$；M_r=201.248）纯品（纯度≥99%），于小烧杯中，用盐酸溶液［$c(HCl)$=0.1mol/L］溶解，转移到100mL容量瓶中，用盐酸溶液［$c(HCl)$=0.1mol/L］稀释到刻度，混匀。配制成浓度为1000μg/mL的标准储备溶液。

三唑锡（三环甲锡；$C_{20}H_{35}N_3Sn$）**标准溶液**（1000μg/mL）

［配制］ 用最小分度为0.01mg的分析天平，准确称取0.1000g（或按纯度换算出质量 $m=0.1000g/w$；w——质量分数）的三唑锡（三环甲锡）（$C_{20}H_{35}N_3Sn$；$M_r=436.222$）纯品（纯度≥99%），于小烧杯中，用丙酮溶解，转移到100mL容量瓶中，用丙酮稀释至刻度，混匀。配制成浓度为1000μg/L的标准储备溶液。使用时，根据需要配成适当浓度的标准工作溶液。

三甲胺（C_3H_9N）**标准溶液**（1000μg/mL）

［配制］ 取适量三甲胺盐酸盐于称量瓶中，于105℃下干燥4h，取出置于干燥器中备用。准确称取0.1618g（或按纯度换算出质量 $m=0.1620g/w$；w——质量分数）三甲胺盐酸盐（$C_3H_9N \cdot HCl$；$M_r=95.571$）纯品（纯度≥99%），置于100mL高型烧杯中，加适量水溶解后，移入100mL容量瓶中，用水稀释到刻度，摇匀。

三甲胺-氮（C_3H_9N-N）**标准溶液**（1000μg/mL）

［配制］ 准确称取适量 m(g) 经含量分析的三甲胺盐酸盐（$C_3H_9N \cdot HCl$；$M_r=95.571$）纯品（按含量换算出的质量：$m=1.0000g/w$；w——三甲胺盐酸盐-氮含量），置于100mL烧杯中，加适量水溶解后，移入1000mL容量瓶中，用水稀释到刻度，混匀。配制浓度为1000μg/mL的标准储备溶液。

［三甲胺盐酸盐-氮含量测定］ 准确称取0.5000g三甲胺盐酸盐，置于100mL烧杯中，加适量水溶解后，移入100mL容量瓶中，用水稀释到刻度。移取5.0mL上述溶液于100mL容量瓶中，用水稀释到刻度。取最后稀释液5.0mL，用凯氏定氮法准确测定三甲胺盐酸盐-氮含量。

三聚氰胺（$C_3H_6N_6$）**标准溶液**（1000μg/mL）

［配制］ 准确称取1.0000g（或按纯度换算出质量 $m=1.0000g/w$；w——质量分数）三聚氰胺（$C_3H_6N_6$；$M_r=126.1199$）纯品（纯度≥99%），置于100mL烧杯中，加适量水加热溶解后，移入1000mL容量瓶中，用水稀释到刻度，混匀。

［三聚氰胺纯度的测定］ 称取0.2g样品，准确到0.0001g，置于600mL烧杯中，加200mL水，加热至近沸。在不断搅拌下加入160mL三聚氰酸溶液（0.18%），室温下静置1h，移入流水冷却槽内静置1h，用已经恒重的玻璃砂芯坩埚抽滤，用25mL三聚氰酸溶液（0.03%）分数次洗涤烧杯和玻璃砂芯坩埚，再用10mL水分两次洗涤。将玻璃坩埚置干燥箱中于(105±5)℃干燥，取出，放入干燥器中冷却至室温，称量。三聚氰胺的质量分数(w)按下式计算：

$$w=\frac{m_1 \times 0.4942}{m_0} \times 100\%$$

式中 m_1——沉淀的质量，g；

m_0——样品的质量，g；

0.4942——换算系数。

三硫磷（$C_{11}H_{16}ClO_2PS_3$）**标准溶液**（1000μg/mL）

［配制］ 用最小分度为0.01mg的分析天平，准确称取0.1000g（或按纯度换算出质量m=0.1000g/w；w——质量分数）的三硫磷（$C_{11}H_{16}ClO_2PS_3$；M_r=342.865）纯品（纯度≥99%），于小烧杯中，用重蒸馏的丙酮溶解，转移到100mL容量瓶中，用重蒸馏的丙酮定容，混匀。配制成浓度为1000μg/mL的标准储备溶液。使用时，根据需要用重蒸馏的乙酸乙酯配制成适当浓度的标准工作溶液。

2,4,6-三氯酚（$C_6H_3Cl_3O$）**标准溶液**（1000μg/mL）

［配制］ 用最小分度为0.01mg的分析天平，准确称取0.1000g（或按纯度换算出质量m=0.1000g/w；w——质量分数）经纯度测定的2,4,6-三氯酚（$C_6H_3Cl_3O$；M_r=197.441）纯品（≥99.5%），于小烧杯中，用甲醇溶解后，转移到100mL容量瓶中，用甲醇稀释至刻度，混匀。配制成浓度为1000μg/mL的储备标准溶液。采用气相色谱法、液相色谱法定值。

三氯甲烷（$CHCl_3$）**标准溶液**（1000μg/mL）

［配制］ 取100mL容量瓶，加入10mL 95%乙醇，加盖，用最小分度为0.01mg的分析天平准确称量。滴加重蒸馏纯化的三氯甲烷（$CHCl_3$；M_r=119.378）（色谱纯：99%），至两次质量之差为0.1000g（或按纯度换算出质量m=0.1000g/w；w——质量分数），即为三氯甲烷的质量（如果准确到0.1000g操作有困难，可通过准确记录三氯甲烷质量，计算其浓度）。用95%乙醇稀释到刻度，混匀。低温保存备用。采用气相色谱法定值。临用时取适量稀释。

三氯杀螨醇（$C_{14}H_9Cl_5O$）**标准溶液**（1000μg/mL）

［配制］ 用最小分度为0.01mg的分析天平，准确称取0.1000g（或按纯度换算出质量m=0.1000g/w；w——质量分数）的三氯杀螨醇（$C_{14}H_9Cl_5O$；M_r=370.486）纯品，置于烧杯中，用正己烷（或甲醇）溶解，移入100mL容量瓶中，用正己烷（或甲醇）稀释到刻度，混匀。配制成浓度为1000μg/mL的标准储备溶液，根据需要再配制成适当浓度的标准工作溶液。

三氯杀螨砜（$C_{12}H_6Cl_4O_2S$）**标准溶液**（1000μg/mL）

［配制］ 用最小分度为0.01mg的分析天平，准确称取0.1000g（或按纯度换算出质量m=0.1000g/w；w——质量分数）的三氯杀螨砜（$C_{12}H_6Cl_4O_2S$；M_r=356.052）纯品（纯度≥99%），于小烧杯中，用重蒸馏的正己烷溶解，转移到100mL容量瓶中，用重蒸馏的正己烷稀释到刻度，混匀。配制成浓度为1000μg/L的标准储备溶液。使用时，根据需要再用正己烷稀释成适当浓度的标准工作溶液。

三氯叔丁醇（$C_4H_7Cl_3O$）**标准溶液**（1000μg/mL）

［配制］ 准确称取1.0508g（或按纯度换算出质量m=1.0508g/w；w——质量分数）经纯度分析的三氯叔丁醇（$C_4H_7Cl_3O \cdot \frac{1}{2}H_2O$；$M_r$=186.464）纯品（纯度≥99%），置于

100mL 烧杯中，加适量甲醇溶解后，移入 1000mL 容量瓶中，用甲醇稀释到刻度，混匀。

[三氯叔丁醇纯度的测定] 准确称取 0.1g，准确到 0.0001g。置于 250mL 锥形瓶中，加 5mL 乙醇溶解后，加 5mL 氢氧化钠溶液（200g/L），加热回流 15min，冷却至室温，加 20mL 水和 5mL 硝酸，准确加入 30mL 硝酸银标准溶液 [$c(AgNO_3)=0.100mol/L$]，再加 5mL 邻苯二甲酸二丁酯，盖紧瓶盖，强力振摇后，加 2mL 硫酸铁铵指示液（80g/L），用硫氰酸铵标准溶液 [$c(NH_4CNS)=0.100mol/L$] 滴定，同时做空白试验。三氯叔丁醇的质量分数（w）按下式计算：

$$w=\frac{(c_1V_1-c_2V_2)\times 0.05915}{m}\times 100\%$$

式中 V_1——硝酸银标准溶液的体积，mL；

c_1——硝酸银溶液的浓度，mol/L；

V_2——硫氰酸铵标准溶液的体积，mL；

c_2——硫氰酸铵溶液的浓度，mol/L；

m——样品质量，g；

0.05915——与 1.00mL 硝酸银标准溶液 [$c(AgNO_3)=1.000mol/L$] 相当的，以 g 为单位的三氯叔丁醇（$C_4H_7Cl_3O$）的质量。

1,1,1-三氯乙烷（$C_2H_3Cl_3$）**标准溶液**（1000μg/mL）

[配制] 取 100mL 容量瓶，加入 10mL 甲醇，加盖，用最小分度为 0.01mg 的分析天平准确称量。之后滴加经气相色谱法测定纯度的 1,1,1-三氯乙烷（$C_2H_3Cl_3$；$M_r=133.404$）(≥99.5%)，至两次质量之差为 0.1000g（或按纯度换算出质量 $m=0.1000g/w$；w——质量分数），即为 1,1,1-三氯乙烷的质量（如果准确到 0.1000g 操作有困难，可通过准确记录 1,1,1-三氯乙烷质量，计算其浓度）。用甲醇稀释到刻度，混匀。低温保存备用。采用气相色谱法定值。临用时取适量稀释。

1,1,2-三氯乙烷（$C_2H_3Cl_3$）**标准溶液**（1000μg/mL）

[配制] 取 100mL 容量瓶，加入 10mL 甲醇，加盖，用最小分度为 0.01mg 的分析天平准确称量。之后滴加经气相色谱法测定纯度的 1,1,2-三氯乙烷（$C_2H_3Cl_3$；$M_r=133.404$）(≥99.5%)，称量，至两次质量之差为 0.1000g（或按纯度换算出质量 $m=0.1000g/w$；w——质量分数），即为 1,1,1,2—三氯乙烷的质量（如果准确到 0.1000g 操作有困难，可通过准确记录 1,1,2-三氯乙烷质量，计算其浓度）。用甲醇稀释到刻度，混匀。低温保存备用。采用气相色谱法定值。临用时取适量稀释。

三氯乙烯（C_2HCl_3）**标准溶液**（1000μg/mL）

[配制] 取 100mL 容量瓶，预先加入少量经处理并重蒸馏的二硫化碳，加盖，用最小分度为 0.01mg 的分析天平准确称量。之后滴加三氯乙烯（C_2HCl_3；$M_r=131.388$）（色谱纯），称量，至两次质量之差为 0.1000g，即为三氯乙烯质量（如果准确到 0.1000g 操作有困难，可通过记录三氯乙烯质量，计算其浓度）。用二硫化碳稀释到刻度，混匀。低温保存备用。临用时取适量稀释。

三氯异氰尿酸（$C_3Cl_3N_3O_3$）**标准溶液**（1000μg/mL）

［配制］ 准确称取1.0000g（或按纯度换算出质量 $m=1.0000g/w$；w——质量分数）经纯度分析的三氯异氰尿酸（$C_3Cl_3N_3O_3$；$M_r=232.409$）纯品（纯度≥99%），置于100mL烧杯中，加适量水溶解后，移入1000mL容量瓶中，用水稀释到刻度。

［三氯异氰尿酸纯度的测定］（通过测定有效氯换算成三氯异氰尿酸含量）：

称取0.15g样品，准确到0.0001g，置于干燥的250mL碘量瓶中，放入一根磁力搅棒，加100mL水，0.3g碘化钾，混合。再加入20mL硫酸溶液（1+5），盖好瓶塞，在磁力搅拌器上避光搅拌5min，用5mL水冲洗瓶塞和瓶内壁，用硫代硫酸钠标准溶液［$c(Na_2S_2O_3)=0.100mol/L$］滴定至溶液呈微黄色时，加入2mL淀粉指示液（10g/L），继续滴定至溶液蓝色消失为终点。三氯异氰尿酸的质量分数（w）按下式计算：

$$w=\frac{cV\times 0.07750}{m}\times 100\%$$

式中 V——亚硝酸钠标准溶液的体积，mL；

c——亚硝酸钠标准溶液的浓度，mol/L；

m——样品质量，g；

0.07750——与1.00mL硫代硫酸钠标准溶液［$c(Na_2S_2O_3)=1.000mol/L$］相当的，以g为单位的三氯异氰尿酸的质量。

三溴甲烷（$CHBr_3$）**标准溶液**（1000μg/mL）

［配制］ 取100mL容量瓶，加入10mL甲醇，加盖，用最小分度为0.01mg的分析天平准确称量。滴加经气相色谱法测定纯度的三溴甲烷（$CHBr_3$；$M_r=252.731$）纯品（≥99.5%），称量，至两次质量之差为0.1000g（或按纯度换算出质量 $m=1.0000g/w$；w——质量分数），即为三溴甲烷的质量（如果准确到0.1000g操作有困难，可通过准确记录三溴甲烷质量，计算其浓度）。用甲醇稀释到刻度，混匀。低温保存备用。采用气相色谱法定值。临用时取适量稀释。

三唑醇（羟锈宁；$C_{14}H_{18}ClN_3O_2$）**标准溶液**（1000μg/mL）

［配制］ 用最小分度为0.01mg的分析天平，准确称取0.1000g（或按纯度换算出质量 $m=0.1000g/w$；w——质量分数）的三唑醇（$C_{14}H_{18}ClN_3O_2$；$M_r=295.765$）纯品（纯度≥99%），置于烧杯中，用重蒸馏丙酮溶解，转移到100mL的容量瓶中，用重蒸馏丙酮稀释到刻度，混匀。配制成浓度为1000μg/mL的标准储备溶液，再根据需要用正己烷稀释成适当浓度的标准工作溶液。

三唑仑（$C_{17}H_{12}Cl_2N_4$）**标准溶液**（1000μg/mL）

［配制］ 取适量的三唑仑于60℃下减压干燥至恒重，取出，置于干燥器中冷却备用。准确称取1.0000g（或按纯度换算出质量 $m=1.0000g/w$；w——质量分数）经纯度分析（高效液相色谱法）的三唑仑（$C_{17}H_{12}Cl_2N_4$；$M_r=343.210$）纯品（纯度≥99%），置于100mL烧杯中，加适量甲醇溶解后，移入1000mL容量瓶中，用甲醇稀释到刻度，混匀。避光低温保存。

色氨酸（$C_{11}H_{12}N_2O_2$）**标准溶液**（1000μg/mL）

［配制］ 取适量色氨酸于称量瓶中，于105℃下干燥至恒重，取出，置于干燥器中冷却备用。准确称取1.0000g（或按纯度换算出质量 $m=1.0000g/w$；w——质量分数）经纯度分析的色氨酸（$C_{11}H_{12}N_2O_2$；$M_r=204.2252$）纯品（纯度≥99%），置于200mL烧杯中，加适量水溶解后，移入1000mL容量瓶中，用水稀释到刻度，混匀。避光低温保存。

［色氨酸纯度的测定］ 电位滴定法：准确称取0.15g已干燥的样品，准确到0.0001g。置于250mL锥形瓶中，加3mL无水甲酸后，加50mL冰醋酸，溶解后，置电磁搅拌器上，浸入电极（玻璃电极为指示电极，饱和甘汞电极为参比电极），搅拌，并自滴定管中分次加入高氯酸标准溶液［$c(HClO_4)=0.100mol/L$］；开始时可每次加入较多的量，搅拌，记录电位；至将近终点前，则应每次加入少量，搅拌，记录电位；至突跃点已过，仍应继续滴加几次标准溶液，并记录电位。

滴定终点的确定：同苯巴比妥。同时做空白试验。

色氨酸的质量分数（w）按下式计算：

$$w=\frac{c(V_1-V_2)\times 0.2042}{m}\times 100\%$$

式中 V_1——高氯酸标准溶液的体积，mL；

V_2——空白试验高氯酸标准溶液的体积，mL；

c——高氯酸标准溶液的浓度，mol/L；

m——样品质量，g；

0.2042——与1.00mL高氯酸标准溶液［$c(HClO_4)=1.000mol/L$］相当的，以g为单位的色氨酸的质量。

色甘酸钠（$Na_2C_{23}H_{14}O_{11}$）**标准溶液**（1000μg/mL）

［配制］ 取适量色甘酸钠于称量瓶中，于120℃下干燥至恒重，取出，置于干燥器中冷却备用。准确称取1.0000g（或按纯度换算出质量 $m=1.0000g/w$；w——质量分数）经纯度分析的色甘酸钠（$Na_2C_{23}H_{14}O_{11}$；$M_r=512.3302$）纯品（纯度≥99%），置于100mL烧杯中，加适量水溶解后，移入1000mL容量瓶中，用水稀释到刻度，混匀。避光低温保存。

［色甘酸钠纯度的测定］ 准确称取0.18g已干燥的样品，准确到0.0001g。置于250mL锥形瓶中，加20mL丙二醇与5mL异丙醇，加热溶解后，冷却，加20mL二氧六环与数滴甲基橙-二甲苯蓝FF混合指示液，用高氯酸标准溶液［$c(HClO_4)=0.100mol/L$］（用二氧六环配制）滴定至溶液显蓝灰色。色甘酸钠的质量分数（w）按下式计算：

$$w=\frac{cV\times 0.2562}{m}\times 100\%$$

式中 V——高氯酸标准溶液的体积，mL；

c——高氯酸标准溶液的浓度，mol/L；

m——样品质量，g；

0.2562——与1.00mL高氯酸标准溶液［$c(HClO_4)=1.000mol/L$］相当的，以g为单位的色甘酸钠的质量。

沙蚕毒素标准溶液（1000μg/mL）

［配制］ 用最小分度为0.01mg的分析天平，准确称取0.1600g（或按纯度换算出质量$m=0.1600\text{g}/w$；w——质量分数）沙蚕毒素草酸盐纯品（纯度≥99%），于小烧杯中，以甲醇溶解，定量转移到100mL容量瓶中，用甲醇稀释至刻度，混匀。配制成浓度为1000μg/mL的标准储备溶液。

沙丁胺醇（$C_{13}H_{21}NO_3$）**标准溶液**（1000μg/mL）

［配制］ 取适量沙丁胺醇于称量瓶中，于105℃下干燥至恒重，置于干燥器中冷却备用。准确称取1.0000g（或按纯度换算出质量$m=1.0000\text{g}/w$；w——质量分数）经纯度分析的沙丁胺醇（$C_{13}H_{21}NO_3$；$M_r=239.3107$）纯品（纯度≥99%），置于100mL烧杯中，加适量乙醇溶解后，移入1000mL容量瓶中，用乙醇稀释到刻度，混匀。避光低温保存。

［沙丁胺醇纯度的测定］ 准确称取0.2g干燥样品，准确到0.0001g，置于250mL锥形瓶中，加25mL冰醋酸与1滴结晶紫指示液（5g/L），用高氯酸标准溶液［$c(HClO_4)=0.100\text{mol/L}$］滴定至溶液显蓝色。同时做空白试验。沙丁胺醇的质量分数（w）按下式计算：

$$w=\frac{c(V_1-V_2)\times 0.2393}{m}\times 100\%$$

式中 V_1——高氯酸标准溶液的体积，mL；

V_2——空白消耗高氯酸标准溶液的体积，mL；

c——高氯酸标准溶液的浓度，mol/L；

m——样品质量，g；

0.2393——与1.00mL高氯酸标准溶液［$c(HClO_4)=1.000\text{mol/L}$］相当的，以g为单位的沙丁胺醇质量。

杀草强（$C_2H_4O_4$）**标准储备液**（1000μg/mL）

［配制］ 用最小分度为0.01mg的分析天平，准确称取0.1000g（或按纯度换算出质量$m=0.1000\text{g}/w$；w——质量分数）的杀草强（$C_2H_4O_4$；$M_r=84.0800$）纯品（纯度≥99%），置于烧杯中，加水溶解，转移到100mL的容量瓶中，用水定容，混匀。4℃保存。配制成浓度为1000μg/mL的标准储备溶液。使用时，再根据需要用正己烷稀释成适当浓度的标准工作溶液。

杀虫环（$C_7H_{13}NO_4S_3$）**标准溶液**（1000μg/mL）

［配制］ 用最小分度为0.01mg的分析天平，准确称取0.1000g（或按纯度换算出质量$m=0.1000\text{g}/w$；w——质量分数）杀虫环（$C_7H_{13}NO_4S_3$；$M_r=271.377$）纯品（纯度≥99%），于小烧杯中，用甲醇溶解后，转移到100mL容量瓶中，用甲醇定容，混匀。配制成浓度为1000μg/mL的标准储备溶液。

杀虫脒（$C_{10}H_{13}N_2Cl$）**标准溶液**（1000μg/mL）

［配制］ 用最小分度为0.01mg的分析天平，准确称取0.1000g（或按纯度换算出质量

$m=0.1000g/w$；w——质量分数）杀虫脒（$C_{10}H_{13}N_2Cl$；$M_r=196.677$）纯品（纯度≥99%），置于烧杯中，用正己烷溶解，转移到100mL容量瓶中，用正己烷定容，混匀。配制成浓度为1000μg/mL的标准储备溶液。

杀虫双（$C_5H_{11}NO_6S_4Na_2$）**标准溶液**（1000μg/mL）

［配制］

（1）用最小分度为0.01mg的分析天平，准确称取0.1000g（或按纯度换算出质量$m=0.1000g/w$；w——质量分数）的杀虫双（$C_5H_{11}NO_6S_4Na_2$；$M_r=355.384$）纯品（纯度≥99%），于小烧杯中，用蒸馏水溶解，转移到100mL容量瓶中，用蒸馏水定容，混匀。配制成浓度为1000μg/mL的标准储备溶液。使用时，再根据需要用蒸馏水稀释至适当浓度的标准工作溶液。

（2）杀虫双标准溶液（1000μg/mL，以沙蚕毒素计） 用最小分度为0.01mg的分析天平，准确称取0.2380g（或按纯度换算出质量$m=0.2380g/w$；w——质量分数）的杀虫双纯品（纯度≥99%），于小烧杯中，用甲醇溶解，转移到100mL容量瓶中，用甲醇定容，配制成浓度为1000μg/mL（以沙蚕毒素计）的标准储备溶液。

杀螟硫磷（杀螟松；$C_{19}H_{12}NO_5PS$）**标准溶液**（1000μg/mL）

［配制］ 用最小分度为0.01mg的分析天平，准确称取0.1000g（或按纯度换算出质量$m=0.1000g/w$；w——质量分数）杀螟硫磷（杀螟松）（$C_{19}H_{12}NO_5PS$；$M_r=277.234$）纯品（纯度≥99%），置于烧杯中，用少量苯溶解，转移到100mL容量瓶中，然后用石油醚稀释到刻度，混匀。配制成浓度为1000μg/mL的标准储备溶液。使用时，根据需要再配制成适用浓度的含内标物混合标准工作溶液。

杀扑磷（$C_6H_{11}N_2O_4PS_3$）**标准溶液**（1000μg/mL）

［配制］ 用最小分度为0.01mg的分析天平，准确称取0.1000g（或按纯度换算出质量$m=0.1000g/w$；w——质量分数）杀扑磷（$C_6H_{11}N_2O_4PS_3$；$M_r=302.331$）纯品（纯度≥99%），置于100mL烧杯中，用丙酮溶解，移入100mL容量瓶中，用丙酮定容，混匀。配制成浓度为1000μg/mL的储备标准溶液。在4℃下可存放（6～12）个月。

杀线威（$C_7H_{13}N_3O_3S$）**标准储备液**（1000μg/mL）

［配制］ 用最小分度为0.01mg的分析天平，准确称取0.1000g（必要时按纯度换算出质量$m=0.1000g/w$；w——质量分数）的杀线威（$C_7H_{13}N_3O_3S$；$M_r=219.261$）纯品（纯度≥99%），于小烧杯中，用重蒸馏甲醇溶解，并转移到100mL容量瓶中，用重蒸馏甲醇准确定容，混匀。配制成浓度为1000μg/mL的标准储备溶液，储于棕色容量瓶，保存于冰箱中。使用时，根据需要再用甲醇稀释成适当浓度的标准工作溶液。

山梨醇（$C_6H_{14}O_6$）**标准溶液**（1000μg/mL）

［配制］ 取适量的山梨醇于称量瓶中，于五氧化二磷的干燥器中，60℃下减压干燥至恒重，冷却备用。准确称取1.0000g（或按纯度换算出质量$m=1.0000g/w$；w——纯度）经纯度分析的山梨醇（$C_6H_{14}O_6$；$M_r=182.1718$）纯品（纯度≥99%），置于100mL烧杯中，

加适量水溶解后，移入1000mL容量瓶中，用水稀释到刻度，混匀。避光低温保存。

［标定］ 准确移取10.00mL上述溶液，置于碘量瓶中，准确加入50mL高碘酸钠溶液［取90mL硫酸溶液（0.05%）与110mL高碘酸钠溶液（2.3g/L），混合配制成］，置水浴上加热15min，冷却，加10mL碘化钾溶液（165g/L），盖紧瓶盖，放置5min，用硫代硫酸钠标准溶液［$c(Na_2S_2O_3)=0.0500mol/L$］滴定，近终点时，加1mL淀粉指示液（10g/L），继续滴定至蓝色消失。同时做空白试验。山梨醇溶液的质量浓度按下式计算：

$$\rho(C_6H_{14}O_6)=\frac{c_1(V_1-V_2)\times 182.1718}{V}\times 1000$$

式中 $\rho(C_6H_{14}O_6)$——山梨醇溶液的质量浓度，μg/mL；

V_1——空白试验硫代硫酸钠标准溶液的体积，mL；

V_2——硫代硫酸钠标准溶液的体积，mL；

c_1——硫代硫酸钠标准溶液的浓度，mol/L；

V——山梨醇溶液的体积，mL。

182.1718——山梨醇的摩尔质量［$M(C_6H_{14}O_6)$］，mol/g。

山梨酸（$C_6H_8O_2$）**标准溶液**（1000μg/mL）

［配制］ 准确称取1.0000g（或按纯度换算出质量$m=1.0000g/w$；w——质量分数）经纯度分析的山梨酸（$C_6H_8O_2$；$M_r=112.1265$）纯品，置于烧杯中，加适量乙醇溶解后，转移到1000mL容量瓶中，用乙醇清洗烧杯数次，将洗涤液一并转移到容量瓶中，用乙醇稀释到刻度，混匀。避光低温保存。

［山梨酸纯度的测定］ 准确称取0.25g样品，准确到0.0001g，置于250mL锥形瓶中，加25mL中性乙醇（对酚酞指示液显中性），3滴酚酞指示液（10g/L），用氢氧化钠标准溶液［$c(NaOH)=0.100mol/L$］滴定至溶液呈粉红色。山梨酸的质量分数（w）按下式计算：

$$w=\frac{cV\times 0.1121}{m}\times 100\%$$

式中 V——氢氧化钠标准溶液的体积，mL；

c——氢氧化钠标准溶液的浓度，mol/L；

m——样品质量，g；

0.1121——与1.00mL氢氧化钠标准溶液［$c(NaOH)=1.000mol/L$］相当的，以g为单位的山梨酸的质量。

山梨酸钾（$C_6H_7KO_2$）**标准溶液**（1000μg/mL）

［配制］ 准确称取1.0000g（或按纯度换算出质量$m=1.0000g/w$；w——质量分数）经纯度测定的山梨酸钾（$C_6H_7KO_2$；$M_r=150.2169$）纯品（纯度≥99%），置于200mL高型烧杯中，加适量水溶解后，移入1000mL容量瓶中，用水稀释到刻度，摇匀。

［山梨酸钾纯度的测定］ 准确称取0.3g样品，准确至0.0001g，于预先装有48mL冰醋酸和2mL乙酸酐的250mL碘量瓶中，加2滴结晶紫冰醋酸指示液（5g/L），用高氯酸标准溶液［$c(HClO_4)=0.100mol/L$］滴定，至溶液由紫色变蓝色为终点。同时做空白试验。山梨酸钾质量分数（w）按下式计算：

$$w=\frac{c(V_2-V_1)\times 0.1502}{m}\times 100\%$$

式中 V_2——试样消耗高氯酸标准滴定溶液的体积，mL；

V_1——空白消耗高氯酸标准滴定溶液的体积，mL；

c——高氯酸标准滴定溶液的实际浓度，mol/L；

m——样品质量，g；

0.1502——与 1.00mL 高氯酸标准溶液 [$c(HClO_4)$=1.000mol/L] 相当的，以 g 为单位的山梨酸钾的质量。

肾上腺素（$C_9H_{13}NO_3$）**标准溶液**（1000μg/mL）

［配制］ 准确称取 1.0000g（或按纯度换算出质量 m=1.0000g/w；w——质量分数）经纯度分析的肾上腺素（$C_9H_{13}NO_3$；M_r=183.2044）纯品（纯度≥99%），置于 100mL 烧杯中，加适量盐酸溶液（1%）溶解后，移入 1000mL 容量瓶中，用盐酸溶液（1%）稀释到刻度，混匀。避光低温保存。

［肾上腺素纯度的测定］ 准确称取 0.15g 样品，准确到 0.0001g，置于 250mL 锥形瓶中，加 10mL 冰醋酸，振摇溶解后，加 1 滴结晶紫指示液（5g/L），用高氯酸标准溶液 [$c(HClO_4)$=0.100mol/L]滴定，至溶液显蓝绿色，同时做空白试验。肾上腺素的质量分数（w）按下式计算：

$$w=\frac{c(V_1-V_2)\times 0.1832}{m}\times 100\%$$

式中 V_1——高氯酸标准溶液的体积，mL；

V_2——空白消耗高氯酸标准溶液的体积，mL；

c——高氯酸标准溶液的浓度，mol/L；

m——样品质量，g；

0.1832——与 1.00mL 高氯酸标准溶液 [$c(HClO_4)$=1.000mol/L] 相当的，以 g 为单位的肾上腺素的质量。

十八烷（$C_{18}H_{38}$）**标准溶液**（1000μg/mL）

［配制］ 准确称取 1.0000g（或按纯度换算出质量 m=1.0000g/w；w——质量分数）经纯度测定的十八烷（$C_{18}H_{38}$；M_r=254.4943）纯品（纯度≥99%），置于 200mL 高型烧杯中，加适量庚烷溶解，移入 1000mL 容量瓶中，用庚烷稀释到刻度，混匀。

十二烷基苯磺酸钠（$NaC_{18}H_{29}O_3S$）**标准溶液**（1000μg/mL）

［配制］ 取适量十二烷基苯磺酸钠于称量瓶中，于 105℃下干燥至恒重，准确称取 1.0000g（或按纯度换算出质量 m=1.0000g/w；w——质量分数）经纯度测定的十二烷基苯磺酸钠（$NaC_{18}H_{29}O_3S$；M_r=348.476）纯品（纯度≥99.0%），置于 200mL 高型烧杯中，加适量水溶解，移入 1000mL 容量瓶中，用水稀释到刻度，摇匀。

十六烷基三甲基溴化铵（$C_{19}H_{42}NBr$）**标准溶液** [$c(C_{19}H_{42}NBr)$=0.02mol/L]

［配制］ 称取 4.5g 十六烷基三甲基溴化铵（$C_{19}H_{42}NBr$；M_r=364.448）纯品，于 400mL 烧杯中，加 200mL 水，温热溶解，冷却后，转移到 500mL 容量瓶中，用水稀释到刻度，混匀。浓度以标定值为准。

［标定］ 准确移取 50.00mL 溶液于 250mL 锥形瓶中，水浴中加热蒸发至近干。冷却后，加 150mL 冰醋酸溶解，再加 10mL 乙酸汞乙醇溶液（100g/L），加 2 滴结晶紫指示液（5g/L），用高氯酸标准溶液［$c(HClO_4)=0.100mol/L$］滴定至溶液由蓝色变为蓝绿色。同时做空白试验。十六烷基三甲基溴化铵溶液的浓度［$c(C_{19}H_{42}NB_r)$］按下式计算：

$$c(C_{19}H_{42}NBr)=\frac{(V_1-V_0)c_1}{V}$$

式中 V_1——高氯酸标准溶液的体积，mL；

V_0——空白试验高氯酸标准溶液的体积，mL；

c_1——高氯酸标准溶液的浓度，mol/L；

V——样品溶液体积，mL。

十一酸睾酮（$C_{30}H_{48}O_3$）**标准溶液**（1000μg/mL）

［配制］ 准确称取 1.0000g（或按纯度换算出质量 $m=1.0000g/w$；w——质量分数）经纯度分析（分光光度法）的十一酸睾酮（$C_{30}H_{48}O_3$；$M_r=456.7003$）纯品（纯度≥99%），置于 100mL 烧杯中，加适量无水乙醇，溶解后，移入 1000mL 容量瓶中，用无水乙醇稀释到刻度，混匀。避光低温保存。

［标定］ 分光光度法 准确移取 1.00mL 上述溶液，移入 100mL 容量瓶中，用无水乙醇稀释到刻度（10μg/mL）。按附录十，用分光光度法，在 240nm 的波长处分别测定标准溶液及待测溶液的吸光度，计算，即得。

十一烯酸（$C_{11}H_{20}O_2$）**标准溶液**（1000μg/mL）

［配制］ 准确称取 1.0000g（或按纯度换算出质量 $m=1.0000g/w$；w——质量分数）经纯度分析的十一烯酸（$C_{11}H_{20}O_2$；$M_r=184.2753$）纯品（纯度≥99%），置于 100mL 烧杯中，加适量乙醇，溶解后，移入 1000mL 容量瓶中，用乙醇稀释到刻度，混匀。

［十一烯酸纯度的测定］ 准确称取 0.4g 样品，准确到 0.0001g，置于 250mL 锥形瓶中，加 10mL 中性乙醇（对酚酞指示液显中性），3 滴酚酞指示液（10g/L），用氢氧化钠标准溶液［$c(NaOH)=0.100mol/L$］滴定至溶液呈粉红色。十一烯酸的质量分数（w）按下式计算：

$$w=\frac{cV\times0.1843}{m}\times100\%$$

式中 V——氢氧化钠标准溶液的体积，mL；

c——氢氧化钠标准溶液的浓度，mol/L；

m——样品质量，g；

0.1843——与 1.00mL 氢氧化钠标准溶液［$c(NaOH)=1.000mol/L$］相当的，以 g 为单位的十一烯酸的质量。

十一烯酸锌［$Zn(C_{11}H_{20}O_2)_2$］**标准溶液**（1000μg/mL）

［配制］ 取适量的十一烯酸锌，于 105℃下干燥至恒重，取出，置于干燥器中冷却备用。准确称取 1.0000g（或按纯度换算出质量 $m=1.0000g/w$；w——质量分数）经纯度分析的十一烯酸锌［$Zn(C_{11}H_{20}O_2)_2$；$M_r=431.92$］纯品（纯度≥99%），置于 100mL 烧杯

中，加适量氨水溶液（50%），溶解后，移入1000mL容量瓶中，用稀氨水稀释到刻度，混匀。

[十一烯酸锌纯度的测定] 准确称取0.5g已干燥的样品，准确到0.0001g。置于250mL锥形瓶中，加10mL盐酸溶液[c(HCl)=1mol/L]，10mL水，煮沸10min，趁热过滤，滤渣用热水洗涤，合并滤液和洗液，冷却，加1滴甲基红的乙醇溶液（0.025%），加氨水溶液（40%）适量至溶液显微黄色，加水使溶液总体积为35mL，加10mL氨-氯化铵缓冲溶液（pH10.0），加5滴铬黑T指示液（5g/L），用乙二胺四乙酸二钠标准溶液[c(EDTA)=0.0500mol/L]滴定至溶液由紫红色变为纯蓝色。十一烯酸锌的质量分数（w）按下式计算：

$$w=\frac{cV\times 0.4319}{m}\times 100\%$$

式中 V——乙二胺四乙酸二钠标准溶液的体积，mL；

c——乙二胺四乙酸二钠标准溶液的浓度，mol/L；

m——样品质量，g；

0.4319——与1.00mL乙二胺四乙酸二钠标准溶液[c(EDTA)]=1.000mol/L]相当的，以g为单位的十一烯酸锌的质量。

叔丁基对苯二酚（$C_{10}H_{14}O_2$）**标准溶液**（1000μg/mL）

[配制] 用最小分度为0.01mg的分析天平，准确称取0.1000g（或按纯度换算出质量m=0.1000g/w；w——质量分数）叔丁基对苯二酚（$C_{10}H_{14}O_2$；M_r=166.2170）纯品（纯度≥99%），于小烧杯中，用少量乙醇溶解，转移到1000mL容量瓶中，用乙醇定容，混匀。配制成浓度为1000μg/mL的标准储备溶液。

叔丁基对苯醌标准溶液（1000μg/mL）

[配制] 用最小分度为0.01mg的分析天平，准确称取0.1000g（或按纯度换算出质量m=0.1000g/w；w——质量分数）叔丁基对苯醌纯品（纯度≥99%），于小烧杯中，用少量乙醇溶解，转移到100mL容量瓶中，用乙醇定容，混匀。配制成浓度为1000μg/mL的标准储备溶液。

叔丁基邻苯二酚（TBHQ；$C_{10}H_{14}O_2$）**标准溶液**（1000μg/mL）

[配制] 用最小分度为0.01mg的分析天平，准确称取0.1000g（或按纯度换算出质量m=0.1000g/w；w——质量分数）叔丁基邻苯二酚（$C_{10}H_{14}O_2$；M_r=166.2170）纯品（纯度≥99%），置于100mL烧杯中，用无阻二乙烯苯单体溶解，移入100mL容量瓶中，用无阻二乙烯苯稀释到刻度，混匀。配制成浓度为1000μg/mL的标准储备溶液。

叔丁基羟基茴香醚（BHA；$C_{11}H_{16}O_2$）**标准溶液**（1000μg/mL）

[配制] 准确称取1.0000g（或按纯度换算出质量m=1.0000g/w；w——质量分数）叔丁基羟基茴香醚（$C_{11}H_{16}O_2$；M_r=180.2435）纯品（纯度≥99%），置于100mL烧杯中，以正己烷溶解，转移到1000mL棕色容量瓶中，用正己烷定容，混匀。配制成浓度为1000μg/mL的标准储备溶液。置冰箱中4℃避光保存。使用时用正己烷稀释。

舒巴坦纳（$NaC_8H_{10}NO_5S$）**标准溶液**（1000μg/mL）

［配制］ 准确称取 1.0000g（或按纯度换算出质量 $m=1.0000g/w$；w——质量分数）经纯度分析（高效液相色谱法）的舒巴坦纳（$NaC_8H_{10}NO_5S$；$M_r=255.223$）纯品（纯度≥99%），置于100mL烧杯中，加适量水溶解后，移入1000mL容量瓶中，用水稀释到刻度。低温保存。

舒必利（$C_{15}H_{23}N_3O_4S$）**标准溶液**（1000μg/mL）

［配制］ 取适量舒必利于称量瓶中，于105℃下干燥至恒重，置于干燥器中冷却备用。准确称取 1.0000g（或按纯度换算出质量 $m=1.0000g/w$；w——质量分数）经纯度分析的舒必利（$C_{15}H_{23}N_3O_4S$；$M_r=341.426$）纯品（纯度≥99%），置于100mL烧杯中，加适量甲醇溶解后，移入1000mL容量瓶中，用甲醇稀释到刻度，混匀。低温避光保存。

［舒必利纯度的测定］ 准确称取0.25g已干燥的样品，准确到0.0001g，置于250mL锥形瓶中，加20mL冰醋酸振摇溶解后，加1滴结晶紫指示液（5g/L），用高氯酸标准溶液［$c(HClO_4)=0.100mol/L$］滴定，至溶液显蓝色，同时做空白试验。舒必利的质量分数（w）按下式计算：

$$w=\frac{c(V_1-V_2)\times 0.3414}{m}\times 100\%$$

式中 V_1——高氯酸标准溶液的体积，mL；

V_2——空白消耗高氯酸标准溶液的体积，mL；

c——高氯酸标准溶液的浓度，mol/L；

m——样品质量，g；

0.3414——与1.00mL高氯酸标准溶液［$c(HClO_4)=1.000mol/L$］相当的，以g为单位的舒必利的质量。

舒林酸（$C_{20}H_{17}FO_3S$）**标准溶液**（1000μg/mL）

［配制］ 取适量舒林酸于称量瓶中，于100℃下减压干燥至恒重，置于干燥器中冷却备用。准确称取 1.0000g（或按纯度换算出质量 $m=1.0000g/w$；w——质量分数）经纯度分析的舒林酸（$C_{20}H_{17}FO_3S$；$M_r=356.411$）纯品（纯度≥99%），置于100mL烧杯中，加适量甲醇溶解后，移入1000mL容量瓶中，用甲醇稀释到刻度，混匀。低温保存。

［舒林酸纯度的测定］ 电位滴定法：准确称取0.35g已干燥的样品，准确到0.0001g，置于250mL锥形瓶中，加50mL乙醇，置水浴上温热，并充分振摇使其溶解，冷却，置电磁搅拌器上，浸入电极（玻璃电极为指示电极，饱和甘汞电极为参比电极），搅拌，并自滴定管中分次加入氢氧化钠标准溶液［$c(NaOH)=0.100mol/L$］；开始时可每次加入较多的量，搅拌，记录电位；至将近终点前，则应每次加入少量，搅拌，记录电位；至突跃点已过，仍应继续滴加几次标准溶液，并记录电位。

滴定终点的确定：同苯巴比妥。同时做空白试验。

舒林酸的质量分数（w）按下式计算：

$$w=\frac{c(V_1-V_2)\times 0.3564}{m}\times 100\%$$

式中 V_1——氢氧化钠标准溶液的体积，mL；

V_2——空白试验氢氧化钠标准溶液的体积，mL；

c——氢氧化钠标准溶液的浓度，mol/L；

m——样品质量，g；

0.3564——与 1.00mL 氢氧化钠标准溶液［c(NaOH)=1.000mol/L］相当的，以 g 为单位的舒林酸的质量。

双苯唑菌醇（$C_{20}H_{23}N_3O_2$）**标准溶液**（1000μg/mL）

［配制］ 用最小分度为 0.01mg 的分析天平，准确称取 0.1000g（必要时按纯度换算出质量 m=0.1000g/w；w——质量分数）的双苯唑菌醇（$C_{20}H_{23}N_3O_2$；M_r=337.4155）纯品（纯度≥99%），置于烧杯中，用重蒸馏丙酮溶解，转移到 100mL 的容量瓶中，用重蒸馏丙酮稀释到刻度，混匀。配制成浓度为 1000μg/mL 的标准储备溶液。使用时，再根据需要用丙酮配成适当浓度的标准工作溶液。

双酚 A（$C_{15}H_{16}O_2$）**标准溶液**（1000μg/mL）

［配制］ 用最小分度为 0.01mg 的分析天平，准确称取 0.1000g（或按纯度换算出质量 m=0.1000g/w；w——质量分数）经纯度分析的双酚 A（$C_{15}H_{16}O_2$；M_r=228.2863）纯品（纯度≥99%），置于 100mL 烧杯中，加适量甲醇溶解后，移入 100mL 容量瓶中，用甲醇稀释到刻度，混匀。

双甲脒（$C_{19}H_{23}N_3$）**标准溶液**（1000μg/mL）

［配制］ 用最小分度为 0.01mg 的分析天平，准确称取 0.1000g（或按纯度换算出质量 m=0.1000g/w；w——质量分数）的双甲脒（$C_{19}H_{23}N_3$；M_r=293.4060）纯品（纯度≥99%），置于烧杯中，用异辛烷溶解，转移到 100mL 容量瓶中，用异辛烷稀释到刻度，混匀。配制成浓度为 1000μg/mL 的标准储备溶液。使用时，根据需要再配制成适当浓度的标准工作溶液。

双硫磷（$C_{16}H_{20}O_6P_2S_3$）**标准溶液**（1000μg/mL）

［配制］ 用最小分度为 0.01mg 的分析天平，准确称取 0.1000g（或按纯度换算出质量 m=0.1000g/w；w——质量分数）的双硫磷（$C_{16}H_{20}O_6P_2S_3$；M_r=466.469）纯品（纯度≥99%），于小烧杯中，用少量苯溶解，并转移到 100mL 容量瓶中，用重蒸馏正己烷稀释到刻度，混匀。配制成浓度为 1000μg/mL 的标准储备溶液。使用时，根据需要再用正己烷稀释成适当浓度的标准工作溶液。

双硫腙（$C_{13}H_{12}N_4S$）**标准溶液**（1000μg/mL）

［配制］ 准确称取 1.0000g 经纯度测定的双硫腙（$C_{13}H_{12}N_4S$；M_r=256.326）纯品（纯度≥99%）（或按纯度换算出质量 m=1.0000g/w；w——质量分数），置于 200mL 高型烧杯中，加适量三氯甲烷溶解后，移入 1000mL 容量瓶中，用三氯甲烷稀释到刻度，摇匀，避光保存于冰箱中。

双氯非那胺（$C_6H_6Cl_2N_2O_4S_2$）**标准溶液**（1000μg/mL）

［配制］ 取适量双氯非那胺于称量瓶中，于105℃下干燥至恒重取出，置于干燥器中冷却备用。准确称取1.0000g（或按纯度换算出质量 $m=1.0000g/w$；w——质量分数）经纯度分析（凯氏定氮法）的双氯非那胺（$C_6H_6Cl_2N_2O_4S_2$；$M_r=305.159$）纯品（纯度≥99%），置于100mL烧杯中，加适量乙醇溶解后，移入1000mL容量瓶中，用乙醇稀释到刻度，混匀。避光低温保存。

双氯芬酸钠（$NaC_{14}H_{10}Cl_2NO_2$）**标准溶液**（1000μg/mL）

［配制］ 取适量双氯芬酸钠于称量瓶中，于105℃下干燥至恒重，取出，置于干燥器中冷却备用。准确称取1.0000g（或按纯度换算出质量 $m=1.0000g/w$；w——质量分数）经纯度分析的双氯芬酸钠（$NaC_{14}H_{10}Cl_2NO_2$；$M_r=318.130$）纯品（纯度≥99%），置于100mL烧杯中，加适量乙醇溶解后，移入1000mL容量瓶中，用乙醇稀释到刻度，混匀。避光低温保存。

［双氯芬酸钠纯度的测定］ 准确称取0.5g已干燥的样品，准确到0.0001g。置于250mL锥形瓶中，加50mL水，微热使其溶解，冷却，加10滴甲基红-溴甲酚绿混合指示液，用硫酸标准溶液［$c(\frac{1}{2}H_2SO_4)=0.100mol/L$］滴定至显淡黄色，即得。双氯芬酸钠的质量分数（$w$）按下式计算：

$$w=\frac{cV\times 0.3181}{m}\times 100\%$$

式中 V——硫酸标准溶液的体积，mL；

c——硫酸标准溶液的浓度，mol/L；

m——样品质量，g；

0.3181——与1.00mL硫酸标准溶液［$c(\frac{1}{2}H_2SO_4)=1.000mol/L$］相当的，以g为单位的双氯芬酸钠的质量。

双（2-乙基己基）马来酸盐标准溶液（1000μg/mL）

［配制］ 准确称取1.0000g（或按纯度换算出质量 $m=1.0000g/w$；w——质量分数）经纯度分析的双（2-乙基己基）马来酸盐纯品（纯度≥99%），于小烧杯中，用异丙醇溶解后，转移到1000mL容量瓶，并用水稀释到刻度，混匀。配制成浓度为1000μg/mL的储备标准溶液。

双嘧达莫（$C_{24}H_{40}N_8O_4$）**标准溶液**（1000μg/mL）

［配制］ 取适量双嘧达莫于称量瓶中，于105℃下干燥至恒重取出，置于干燥器中冷却备用。准确称取1.0000g（或按纯度换算出质量 $m=1.0000g/w$；w——质量分数）经纯度分析的双嘧达莫（$C_{24}H_{40}N_8O_4$；$M_r=504.6256$）纯品（纯度≥99%），置于100mL烧杯中，加适量乙醇溶解后，移入1000mL容量瓶中，用乙醇稀释到刻度，混匀。避光低温保存。

［双嘧达莫纯度的测定］ 准确称取0.3g已干燥的样品，准确到0.0001g，置于250mL锥形瓶中，加50mL稀盐酸溶液（10%）溶解后，用溴酸钾标准溶液［$c(\frac{1}{6}KBrO_3)=$

0.100mol/L］缓缓滴定，临近终点时，时时振摇并逐滴加入，至不出现紫红色即为终点。双嘧达莫的质量分数（w）按下式计算：

$$w=\frac{cV\times 0.2523}{m}\times 100\%$$

式中 V——溴酸钾标准溶液的体积，mL；

c——溴酸钾标准溶液的浓度，mol/L；

m——样品质量，g；

0.2523——与 1.00mL 溴酸钾标准溶液［$c(\frac{1}{6}KBrO_3)$=1.000mol/L］相当的，以 g 为单位的双嘧达莫的质量。

双羟萘酸噻嘧啶（$C_{11}H_{14}N_2S\cdot C_{23}H_{16}O_6$）**标准溶液**（1000μg/mL）

［配制］ 取适量双羟萘酸噻嘧啶于称量瓶中，于 105℃下干燥至恒重取出，置于干燥器中冷却备用。准确称取 1.0000g（或按纯度换算出质量 m=1.0000g/w；w——质量分数）经纯度分析（高效液相色谱法）的双羟萘酸噻嘧啶（$C_{11}H_{14}N_2S\cdot C_{23}H_{16}O_6$；$M_r$=594.677）纯品（纯度≥99%），置于 100mL 烧杯中，加适量二甲基甲酰胺溶解后，移入 1000mL 容量瓶中，用二甲基甲酰胺稀释到刻度，混匀。避光低温保存。

双氢青蒿素（$C_{15}H_{24}O_5$）**标准溶液**（1000μg/mL）

［配制］ 准确称取 1.0000g（或按纯度换算出质量 m=1.0000g/w；w——质量分数）的双氢青蒿素（$C_{15}H_{24}O_5$；M_r=284.3481）纯品（纯度≥99%），置于 100mL 烧杯中，加适量乙醇溶解后，移入 1000mL 容量瓶中，用乙醇稀释到刻度，混匀。避光低温保存。

［标定］ 分光光度法：准确移取 10.00mL 上述溶液，移入 50mL 容量瓶中，用乙醇稀释到刻度（200μg/mL）。准确移取 1.00mL 双氢青蒿素溶液（200μg/mL），于 10mL 容量瓶中，准确加入乙醇 1mL，摇匀，加氢氧化钠溶液（20g/L）至刻度，摇匀，置 60℃恒温水浴中反应 30min，取出冷至室温，以氢氧化钠溶液（20g/L）-乙醇（4+1）为空白，按附录十，用分光光度法，在 238nm 的波长处分别测定标准溶液和待测溶液的吸收度，计算，即得。

双水杨酯（$C_{14}H_{10}O_5$）**标准溶液**（1000μg/mL）

［配制］ 准确称取 1.0000g（或按纯度换算出质量 m=1.0000g/w；w——质量分数）经纯度分析的双水杨酯（$C_{14}H_{10}O_5$；M_r=258.2262）纯品（纯度≥99%），置于 100mL 烧杯中，加适量乙醇溶解后，移入 1000mL 容量瓶中，用乙醇稀释到刻度，混匀。避光低温保存。

［双水杨酯纯度的测定］ 准确称取 0.5g 已干燥的样品，准确到 0.0001g，置于 250mL 锥形瓶中，加 40mL 乙醇溶解，0.2mL 酚酞指示液（10g/L），用氢氧化钠标准溶液［$c(NaOH)$=0.100mol/L］滴定至溶液呈粉红色。同时做空白试验。双水杨酯的质量分数（w）按下式计算：

$$w=\frac{c(V_1-V_2)\times 0.2582}{m}\times 100\%$$

式中 V_1——氢氧化钠标准溶液的体积，mL；

V_2——空白试验氢氧化钠标准溶液的体积，mL；

c——氢氧化钠标准溶液的浓度，mol/L；

m——样品质量，g；

0.2582——与1.00mL氢氧化钠标准溶液［$c(NaOH)=1.000mol/L$］相当的，以g为单位的双水杨酯的质量。

霜霉威（$C_9H_{20}N_2O_2$）**标准溶液**（1000μg/mL）

［配制］ 用最小分度为0.01mg的分析天平，准确称取0.1000g（或按纯度换算出质量$m=0.1000g/w$；w——质量分数）的霜霉威（$C_9H_{20}N_2O_2$；$M_r=188.2673$）纯品（纯度≥99%），置于烧杯中，用重蒸馏丙酮溶解，转移到100mL的容量瓶中，用丙酮稀释到刻度，混匀。配制成浓度为1000μg/mL的标准储备溶液，再根据需要用丙酮配成适当浓度的标准工作溶液。

水胺硫磷（$C_{11}H_{16}NO_4PS$）**标准溶液**（1000μg/mL）

［配制］ 用最小分度为0.01mg的分析天平，准确称取0.1000g（或按纯度换算出质量$m=0.1000g/w$；w——质量分数）的水胺硫磷（$C_{11}H_{16}NO_4PS$；$M_r=298.288$）纯品（纯度≥99%），于小烧杯中，用重蒸馏的二氯甲烷溶解，再转移到100mL容量瓶内，用重蒸馏的二氯甲烷定容，混匀。配制成浓度为1000μg/mL的标准储备溶液。使用时，根据需要用二氯甲烷再配成适当浓度的标准工作溶液。

水合氯醛（$C_2H_3Cl_3O_2$）**标准溶液**（1000μg/mL）

［配制］ 准确称取1.0000g（或按纯度换算出质量$m=1.0000g/w$；w——质量分数）经纯度分析的水合氯醛（$C_2H_3Cl_3O_2$；$M_r=165.403$）纯品（纯度≥99%），置于100mL烧杯中，加适量水溶解后，移入1000mL容量瓶中，用水稀释到刻度，混匀。

［水合氯醛纯度的测定］ 准确称取0.4g样品，准确到0.0001g，置于250mL锥形瓶中，加10mL水溶解后，准确加入30mL氢氧化钠标准溶液［$c(NaOH)=0.100mol/L$］，摇匀，静置2min，加酚酞指示液（10g/L）数滴，用硫酸标准溶液［$c(\frac{1}{2}H_2SO_4)=0.100mol/L$］滴定至红色消失，再加6滴铬酸钾指示液（10g/L），用硝酸银标准溶液［$c(AgNO_3)=0.0100mol/L$］滴定；自氢氧化钠标准溶液［$c(NaOH)=0.100mol/L$］的体积（V_1）中减去消耗硫酸标准溶液［$c(\frac{1}{2}H_2SO_4)=0.100mol/L$］的体积（$V_2$），再减去消耗硝酸银标准溶液［$c(AgNO_3)=0.0100mol/L$］的体积（$V_3$）的$\frac{2}{15}$。水合氯醛的质量分数（$w$）按下式计算：

$$w=\frac{\left(c_1V_1-c_2V_2-\frac{2}{15}c_3V_3\right)\times 0.1654}{m}\times 100\%$$

式中 V_1——氢氧化钠标准溶液的体积，mL；

c_1——氢氧化钠标准溶液的浓度，mol/L；

V_2——硫酸标准溶液的容积，mL；

c_2——硫酸标准溶液的浓度，mol/L；

V_3——硝酸银标准溶液的体积，mL；

c_3——硝酸银标准溶液的浓度，mol/L；

m——样品质量，g；

0.1654——与 1.00mL 氢氧化钠标准溶液 [c(NaOH)=1.000mol/L] 相当的，以 g 为单位的水合氯醛的质量。

水杨酸 ($C_7H_6O_3$) **标准溶液** (1000μg/mL)

[配制] 准确称取 1.0000g (或按纯度换算出质量 m=1.0000g/w；w——质量分数) 经纯度测定的水杨酸 ($C_7H_6O_3$；M_r=138.1207) 纯品 (纯度≥99%)，加少量乙醇溶解，移入 1000mL 容量瓶中，用乙醇稀释至刻度，混匀。

[水杨酸纯度的测定] 准确称取 0.3g 样品，准确至 0.0001g，置于 250mL 锥形瓶中，加 25mL 中性乙醇 (对酚酞指示液显中性) 溶解后，加 3 滴酚酞指示液 (10g/L)，用氢氧化钠标准溶液 [c(NaOH)=0.100mol/L] 滴定溶液呈粉红色，并保持 30s。水杨酸的质量分数 (w) 按下式计算：

$$w=\frac{cV\times 0.1381}{m}\times 100\%$$

式中 V——氢氧化钠标准溶液的体积，mL；

c——氢氧化钠标准溶液的浓度，mol/L；

m——样品质量，g；

0.1381——与 1.00mL 氢氧化钠标准溶液 [c(NaOH)=1.000mol/L] 相当的，以 g 为单位的水杨酸的质量。

水杨酸二乙胺 ($C_{11}H_{17}NO_3$) **标准溶液** (1000μg/mL)

[配制] 取适量水杨酸二乙胺于称量瓶中，于 80℃下干燥至恒重，取出，置于干燥器中冷却备用。准确称取 1.0000g (或按纯度换算出质量 m=1.0000g/w；w——质量分数) 经纯度分析的水杨酸二乙胺 ($C_{11}H_{17}NO_3$；M_r=211.2576) 纯品 (纯度≥99%)，置于 100mL 烧杯中，加适量水溶解后，移入 1000mL 容量瓶中，用水稀释到刻度，混匀。避光、低温保存。

[水杨酸二乙胺纯度的测定] 准确称取 0.2g 已干燥的样品，准确到 0.0001g。置于 250mL 锥形瓶中，加 10mL 冰醋酸溶解后，加 1 滴结晶紫指示剂 (5g/L)，用高氯酸标准溶液 [c($HClO_4$)=0.100mol/L] 滴定至溶液呈蓝绿色，同时做空白试验。水杨酸二乙胺的质量分数 (w) 按下式计算：

$$w=\frac{c(V_1-V_2)\times 0.2113}{m}\times 100\%$$

式中 V_1——高氯酸标准溶液的体积，mL；

V_2——空白试验高氯酸标准溶液的体积，mL；

c——高氯酸标准溶液的浓度，mol/L；

m——样品质量，g；

0.2113——与 1.00mL 高氯酸标准溶液 [c($HClO_4$)=1.000mol/L] 相当的，以 g 为单位的水杨酸二乙胺的质量。

水杨酸镁 [$Mg(C_7H_5O_3)_2$] **标准溶液**（1000μg/mL）

[配制] 取适量水杨酸镁 [$Mg(C_7H_5O_3)_2 \cdot 4H_2O$；$M_r$=370.5917] 于称量瓶中，于105℃下干燥至恒重取出，置于干燥器中冷却备用。准确称取1.0000g（或按纯度换算出质量 m=1.0000g/w；w——质量分数）的无水水杨酸镁 [$Mg(C_7H_5O_3)_2$；M_r=298.5306] 纯品（纯度≥99%），置于100mL烧杯中，加适量水溶解后，移入1000mL容量瓶中，用水稀释到刻度。

[标定] 分光光度法：

准确移取2.00mL上述溶液，移入100mL容量瓶中，用水稀释到刻度（20μg/mL）。按附录十，用分光光度法，在296nm的波长处分别测定标准溶液和待测溶液的吸收度，计算，即得。

顺铂 [$PtCl_2(NH_3)_2$] **标准溶液**（1000μg/mL）

[配制] 取适量顺铂于称量瓶中，于105℃下干燥至恒重，置于干燥器中冷却备用。准确称取1.0000g（或按纯度换算出质量 m=1.0000g/w；w——质量分数）经纯度分析的顺铂 [$PtCl_2(NH_3)_2$；M_r=300.045] 纯品（纯度≥99%），置于100mL烧杯中，加适量盐酸溶液（1%）溶解后，移入1000mL容量瓶中，用盐酸溶液（1%）稀释到刻度，混匀。避光低温保存。

[顺铂纯度的测定] 准确称取0.1g已干燥的样品，准确到0.0001g，置于灼烧至恒重的坩埚中，缓缓灼烧至完全炭化，在400℃灼烧至恒重。顺铂的质量分数（w）按下式计算：

$$w=\frac{m_1 \times 1.5381}{m} \times 100\%$$

式中 m_1——恒重后残渣质量，g；

m——样品质量，g；

1.5381——Pt与 $PtCl_2(NH_3)_2$ 的换算系数。

顺丁烯二酸酐（$C_4H_2O_3$）**标准溶液**（1000μg/mL）

[配制] 准确称取1.0000g（或按纯度换算出质量 m=1.0000g/w；w——质量分数）经纯度分析的顺丁烯二酸酐（$C_4H_2O_3$；M_r=98.0569）纯品（纯度≥99%），置于100mL烧杯中，加50mL水，溶解后，移入1000mL容量瓶中，用水稀释到刻度，混匀。

[顺丁烯二酸酐纯度的测定] 称取0.15g样品，准确至0.0001g。于250mL锥形瓶中，加50mL不含二氧化碳的水，2滴酚酞指示液（10g/L），用氢氧化钠标准溶液 [c(NaOH)=0.100mol/L] 滴定至溶液呈粉红色。同时做空白试验。顺丁烯二酸酐的质量分数（w）按下式计算：

$$w=\frac{c(V_1-V_2) \times 0.04903}{m} \times 100\%$$

式中 V_1——氢氧化钠标准溶液的体积，mL；

V_2——空白试验氢氧化钠标准溶液的体积，mL；

c——氢氧化钠标准溶液的浓度，mol/L；

m——样品质量，g；

0.04903——与 1.00mL 氢氧化钠标准溶液 [c(NaOH)=1.000mol/L] 相当的，以 g 为单位的顺丁烯二酸酐的质量。

丝氨酸（$C_3H_7NO_3$）**标准溶液**（1000μg/mL）

[配制] 取适量丝氨酸于称量瓶中，于 105℃下干燥至恒重，取出，置于干燥器中冷却备用。准确称取 1.0000g（或按纯度换算出质量 $m=1.0000g/w$；w——质量分数）经纯度分析的丝氨酸（$C_3H_7NO_3$；$M_r=105.0926$）纯品（纯度≥99%），置于 100mL 烧杯中，加适量水溶解后，移入 1000mL 容量瓶中，用水稀释到刻度，混匀。避光低温保存。

[丝氨酸纯度的测定] 电位滴定法：准确称取 0.1g 已干燥的样品，准确到 0.0001g，置于 250mL 锥形瓶中，加 1mL 无水甲酸溶解后，加 25mL 冰醋酸，溶解后，置电磁搅拌器上，浸入电极（玻璃电极为指示电极，饱和甘汞电极为参比电极），搅拌，并自滴定管中分次加入高氯酸标准溶液 [$c(HClO_4)=0.100mol/L$]；开始时可每次加入较多的量，搅拌，记录电位；至将近终点前，则应每次加入少量，搅拌，记录电位；至突跃点已过，仍应继续滴加几次标准溶液，并记录电位。

滴定终点的确定：同苯巴比妥。同时做空白试验。

丝氨酸的质量分数（w）按下式计算：

$$w=\frac{c(V_1-V_2)\times 0.1051}{m}\times 100\%$$

式中 V_1——高氯酸标准溶液的体积，mL；

V_2——空白消耗高氯酸标准溶液的体积，mL；

c——高氯酸标准溶液的浓度，mol/L；

m——样品质量，g；

0.1051——与 1.00mL 高氯酸标准溶液 [$c(HClO_4)=1.000mol/L$] 相当的，以 g 为单位的丝氨酸的质量。

丝裂霉素（$C_{15}H_{18}N_4O_5$）**标准溶液**（1000μg/mL）

[配制] 取适量丝裂霉素于称量瓶中，以五氧化二磷为干燥剂，于 60℃下减压干燥至恒重，取出，置于干燥器中冷却备用。准确称取 1.0000g（或按纯度换算出质量 $m=1.0000g/w$；w——质量分数）经纯度分析（高效液相色谱法）的丝裂霉素（$C_{15}H_{18}N_4O_5$；$M_r=334.3272$）纯品（纯度≥99%），置于 100mL 烧杯中，加适量水溶解后，移入 1000mL 容量瓶中，用水稀释到刻度，混匀。

司可巴比妥钠（$NaC_{12}H_{17}N_2O_3$）**标准溶液**（1000μg/mL）

[配制] 取适量司可巴比妥钠于称量瓶中，于 105℃下干燥至恒重，取出，置于干燥器中冷却备用。准确称取 1.0000g（或按纯度换算出质量 $m=1.0000g/w$；w——质量分数）经纯度分析的司可巴比妥钠（$NaC_{12}H_{17}N_2O_3$；$M_r=260.2648$）纯品（纯度≥99%），置于 100mL 烧杯中，加适量水溶解后，移入 1000mL 容量瓶中，用水稀释到刻度，混匀。

[司可巴比妥钠纯度的测定] 准确称取 0.1g 样品，准确至 0.0001g，置于 250mL 碘量瓶中，加 10mL 水，振摇使其溶解，准确加入 25mL 溴标准溶液 [$c(\frac{1}{2}Br_2)=0.100mol/L$]，再加 5mL 盐酸，立即盖紧瓶塞，并振摇 1min，暗处放置 15min，注意微开瓶塞，加入 10mL

碘化钾溶液（165g/L），立即盖紧瓶塞，摇匀后，用硫代硫酸钠标准溶液[$c(Na_2S_2O_3)$ = 0.0500mol/L] 滴定，近终点时，加 1mL 淀粉指示液（5g/L），继续滴定至溶液蓝色消失。同时做空白试验。司可巴比妥钠质量分数（w）按下式计算：

$$w=\frac{(c_1V_1-c_2V_2)\times 0.1301}{m}\times 100\%$$

式中 V_1——溴标准溶液的体积，mL；

c_1——溴标准溶液的浓度，mol/L；

V_2——硫代硫酸钠标准溶液的体积，mL；

c_2——硫代硫酸钠标准溶液的浓度，mol/L；

m——样品质量，g；

0.1301——与 1.00mL 溴标准溶液 [$c(\frac{1}{2}Br_2)$=1.000mol/L] 相当的，以 g 为单位的司可巴比妥钠的质量。

司莫司汀（$C_{10}H_{18}ClN_3O_2$）**标准溶液**（1000μg/mL）

［配制］ 准确称取 1.0000g（或按纯度换算出质量 m=1.0000g/w；w——质量分数）经纯度分析的司莫司汀（$C_{10}H_{18}ClN_3O_2$；M_r=247.722）纯品（纯度≥99%），置于 100mL 烧杯中，加适量乙醇溶解后，移入 1000mL 容量瓶中，用乙醇稀释到刻度，混匀。避光低温保存。

［标定］ 分光光度法：准确移取 2.00mL 上述溶液，移入 100mL 容量瓶中，用乙醇稀释到刻度（20μg/mL）。按附录十，用分光光度法，在 232nm 的波长处测定溶液的吸光度，以 $C_{10}H_{18}ClN_3O_2$ 的吸光系数 $E_{1cm}^{1\%}$ 为 254，计算，即得。

司坦唑醇（$C_{21}H_{32}N_2O$）**标准溶液**（1000μg/mL）

［配制］ 取适量司坦唑醇于称量瓶中，于 105℃下干燥至恒重，取出，置于干燥器中冷却备用。准确称取 1.0000g（或按纯度换算出质量 m=1.0000g/w；w——质量分数）经纯度分析的司坦唑醇（$C_{21}H_{32}N_2O$；M_r=328.4916）纯品（纯度≥99%），置于 100mL 烧杯中，加适量乙醇溶解后，移入 1000mL 容量瓶中，用乙醇稀释到刻度，混匀。避光低温保存。

［司坦唑醇纯度的测定］ 准确称取 0.5g 已干燥的样品，准确至 0.0001g，置于 250mL 锥形瓶中，加 25mL 冰醋酸温热使其溶解，冷却，加 1 滴结晶紫指示液（5g/L），用高氯酸标准溶液 [$c(HClO_4)$=0.100mol/L] 滴定至溶液显绿色。同时做空白试验。司坦唑醇的质量分数（w）按下式计算：

$$w=\frac{c(V_1-V_2)\times 0.3285}{m}\times 100\%$$

式中 V_1——高氯酸标准溶液的体积，mL；

V_2——空白消耗高氯酸标准溶液的体积，mL；

c——高氯酸标准溶液的浓度，mol/L；

m——样品质量，g；

0.3285——与 1.00mL 高氯酸标准溶液 [$c(HClO_4)$=1.000mol/L] 相当的，以 g 为单位的司坦唑醇的质量。

四环素（$C_{22}H_{24}N_2O_8$）**标准溶液**［1000μg/mL（1000单位/mg）］

［配制］ 用最小分度为0.01mg的分析天平，准确称取0.1000g（准确到0.0002g）四环素（$C_{22}H_{24}N_2O_8$；M_r=444.4346）［如四环素纯品的效价低于1000单位/mg（1单位=1μg），配制时，则换算为1000单位/mg］，用盐酸溶液［c(HCl)=0.01mol/L］溶解后，移入100mL容量瓶中，用盐酸溶液［c(HCl)=0.01mol/L］定容，混匀。四环素标准溶液浓度为1000μg/mL。于冰箱中4℃保存，可使用一周。

四环素标准工作溶液：吸取适量四环素标准储备溶液，用pH4.5磷酸盐缓冲液稀释后使用。

四氯化碳（CCl_4）**标准溶液**（1000μg/mL）

［配制］ 取100mL容量瓶，加入10mL 95%乙醇，加盖，用最小分度为0.01mg的分析天平准确称量。滴加重蒸馏纯化的四氯化碳（CCl_4；M_r=153.823）（色谱纯：99%），至两次称量结果之差为0.1000g（或按纯度换算出质量m=0.1000g/w；w——质量分数），即为四氯化碳的质量（如果准确到0.1000g，操作有困难，可通过准确记录四氯化碳质量，计算其浓度）。用95%乙醇稀释到刻度，混匀。低温保存备用。采用气相色谱法定值。临用时取适量稀释。

1,1,2,2-四氯乙烷（$C_2H_2Cl_4$）**标准溶液**（1000μg/mL）

［配制］ 取100mL容量瓶，加入10mL甲醇，加盖，用最小分度为0.01mg的分析天平准确称量。之后滴加经气相色谱法测定纯度的1,1,2,2-四氯乙烷（$C_2H_2Cl_4$；M_r=167.849）（≥99.5%），至两次称量结果之差为0.1000g（或按纯度换算出质量m=0.1000g/w；w——质量分数），即为1,1,2,2-四氯乙烷的质量（如果准确到0.1000g操作有困难，可通过准确记录1,1,2,2-四氯乙烷质量，计算其浓度）。用甲醇稀释到刻度，混匀。低温保存备用。采用气相色谱法定值。临用时取适量稀释。

松油醇（$C_{10}H_{18}O$）**标准溶液**（1000μg/mL）

［配制］ 取100mL容量瓶，加入10mL乙醇，加盖，用最小分度为0.01mg的分析天平准确称量。之后滴加松油醇（α-松油醇、β-松油醇、γ-松油醇）（$C_{10}H_{18}O$；M_r=202.2921）纯品（纯度≥99%），至两次称量结果之差为0.1000g（或按纯度换算出质量m=0.10000g/w；w——质量分数），即为松油醇的质量（如果准确到0.1000g操作有困难，可通过准确记录松油醇质量，计算其浓度）。用乙醇稀释到刻度，混匀。

苏氨酸（$C_4H_9NO_3$）**标准溶液**（1000μg/mL）

［配制］ 取适量苏氨酸于称量瓶中，于105℃下干燥至恒重，置于干燥器中冷却备用。准确称取1.0000g（或按纯度换算出质量m=1.0000g/w；w——质量分数），经纯度分析的苏氨酸（$C_4H_9NO_3$；M_r=119.1192）纯品（纯度≥99%），置于100mL烧杯中，加适量水溶解后，移入1000mL容量瓶中，用水稀释到刻度，混匀。

［苏氨酸纯度的测定］ 准确称取0.1g已干燥的样品，准确到0.0001g置于250mL锥形瓶中，加3mL无水甲酸与50mL冰醋酸使其溶解，置电磁搅拌器上，浸入电极（玻璃电

极为指示电极，饱和甘汞电极为参比电极），搅拌，并自滴定管中分次加入高氯酸标准溶液［$c(HClO_4)=0.100mol/L$］；开始时可每次加入较多的量，搅拌，记录电位；至将近终点前，则应每次加入少量，搅拌，记录电位；至突跃点已过，仍应继续滴加几次标准溶液，并记录电位。

滴定终点的确定：同苯巴比妥。同时做空白试验。

苏氨酸的质量分数（w）按下式计算：

$$w=\frac{c(V_1-V_2)\times 0.1191}{m}\times 100\%$$

式中 V_1——高氯酸标准溶液的体积，mL；

V_2——空白试验高氯酸标准溶液的体积，mL；

c——高氯酸标准溶液的浓度，mol/L；

m——样品质量，g；

0.1191——与1.00mL高氯酸标准溶液［$c(HClO_4)=1.000mol/L$］相当的，以g为单位的苏氨酸的质量。

速灭磷（$C_7H_{13}O_6$）**标准溶液**（1000μg/mL）

［配制］ 用最小分度为0.01mg的分析天平，准确称取0.1000g（或按纯度换算出质量$m=0.1000g/w$；w——质量分数）的速灭磷（$C_7H_{13}O_6$；$M_r=193.1745$）纯品（纯度≥99%），于小烧杯中，用二氯甲烷溶解，转移到100mL容量瓶中，用二氯甲烷稀释到刻度，混匀。配制成浓度为1000μg/L的标准储备溶液。使用时，根据需要再用二氯甲烷稀释成适当浓度的标准工作溶液。

速灭威（$C_9H_{11}NO_2$）**标准溶液**（1000μg/mL）

［配制］ 用最小分度为0.01mg的分析天平，准确称取0.1000g（或按纯度换算出质量$m=0.1000g/w$；w——质量分数）速灭威（$C_9H_{11}NO_2$；$M_r=165.1891$）（纯度≥99%），置于100mL烧杯中，用重蒸馏二氯甲烷溶解，移入100mL容量瓶中，用重蒸馏二氯甲烷定容，混匀。配制成浓度为1000μg/mL的储备标准溶液。

羧甲司坦（$C_5H_9NO_4S$）**标准溶液**（1000μg/mL）

［配制］ 取适量羧甲司坦于称量瓶中，于105℃下干燥至恒重，置于干燥器中冷却备用。准确称取1.0000g（或按纯度换算出质量$m=1.0000g/w$；w——质量分数）经纯度分析的羧甲司坦（$C_5H_9NO_4S$；$M_r=179.194$）纯品（纯度≥99%），置于100mL烧杯中，加适量盐酸溶液（1%）溶解后，移入1000mL容量瓶中，用盐酸溶液（1%）稀释到刻度，混匀。

［羧甲司坦纯度的测定］ 准确称取0.15g已干燥的样品，准确到0.0001g，置于250mL锥形瓶中，加10mL水与4mL盐酸使其溶解，再加20mL水，加1滴甲基橙指示液（0.5g/L），用溴酸钾标准溶液［$c(\frac{1}{6}KBrO_3)=0.100mol/L$］缓缓滴定［温度保持在（18～25）℃］至红色消失。羧甲司坦的质量分数（w）按下式计算：

$$w=\frac{cV\times 0.08960}{m}\times 100\%$$

式中 V——溴酸钾标准溶液的体积，mL；

c——溴酸钾标准溶液的浓度，mol/L；

m——样品质量，g；

0.08960——与1.00mL溴酸钾标准溶液［$c(\frac{1}{6}KBrO_3)$=1.000mol/L］相当的，以g为单位的羧甲司坦的质量。

缩二脲（$C_2H_5N_3O_2$）**标准溶液**（1000μg/mL）

［配制］ 准确称取0.1000g（或按纯度换算出质量 m=0.1000g/w；w——质量分数）缩二脲（$C_2H_5N_3O_2$；M_r=103.0800）纯品（纯度≥99%），置于100mL烧杯中，溶于水，移入100mL容量瓶中，稀释至刻度，混匀。此标准溶液使用前制备。

T-2毒素（镰刀菌属；$C_{24}H_{34}O_9$）**标准溶液**（1000μg/mL）

［配制］ 用最小分度为0.01mg的分析天平，准确称取0.1000g（或按纯度换算出质量 m=0.1000g/w；w——质量分数）的T-2毒素（$C_{24}H_{34}O_9$；M_r=466.5214）纯品（纯度≥99%），于小烧杯中，用甲醇溶解，转移到100mL容量瓶中，用甲醇定容，混匀。配制成浓度为1000μg/L的标准储备溶液。－20℃冰箱储存。于检测当天，用20%甲醇的PBS［pH7.4的磷酸盐缓冲液：称取0.2g磷酸二氢钾（KH_2PO_4），2.9g磷酸氢二钠（$Na_2HPO_4 \cdot 12H_2O$），8.0g氯化钠（NaCl），0.2g氯化钾（KCl），加水至1000mL］稀释成制备标准曲线的所需浓度。

酞丁安（$C_{14}H_{15}N_7O_2S_2$）**标准溶液**（1000μg/mL）

［配制］ 取适量酞丁安于称量瓶中，于105℃下干燥至恒重，置于干燥器中冷却备用。准确称取1.0000g（或按纯度换算出质量 m=1.0000g/w；w——质量分数）经纯度分析的酞丁安（$C_{14}H_{15}N_7O_2S_2$；M_r=379.460）纯品（纯度≥99%），置于100mL烧杯中，加适量二甲基甲酰胺溶解后，移入1000mL容量瓶中，用乙醇稀释到刻度，混匀。低温避光保存。

［标定］ 分光光度法：准确移取1.00mL上述溶液，移入100mL棕色容量瓶中，加乙醇稀释到刻度（10μg/mL），同法配制对照品标准溶液。按附录十，用分光光度法，在347nm±2nm的波长处测定对照品标准溶液及待标定溶液的吸光度，计算，即得。

泰乐菌素（$C_{46}H_{80}N_2O_{13}$）**标准溶液**（1000μg/mL）

［配制］ 称取适量的泰乐菌素（$C_{46}H_{80}N_2O_{13}$；M_r=869.1330）标准品（820μg/mg），准确到0.0001g，置于200mL烧杯中，先用少量甲醇溶解，转移到1000mL容量瓶中，用水稀释到刻度，配制成浓度为1000μg/mL的标准储备溶液。置冰箱中4℃保存，可使用8d。

羰基化合物（CO）**标准溶液**（1000μg/mL）

［配制］ 准确称取1.043g（或按纯度换算出质量 m=1.043g/w；w——质量分数）丙酮（相当于0.5000g CO）色谱纯置于含有50mL无羰基甲醇的500mL容量瓶中，用无羰基甲醇稀释至刻度，充分混匀。此标准溶液使用前制备。

糖精钠（$C_7H_4NNaSO_3$）**标准溶液**（1000μg/mL）

［配制］ 取适量糖精钠（$NaC_7H_4NSO_3 \cdot 2H_2O$；$M_r=241.197$）于称量瓶中，在120℃烘干6h，除去结晶水，置于干燥器中备用。准确称取1.0000g（或按纯度换算出质量$m=1.0000g/w$；w——质量分数）经纯度分析的糖精钠（$C_7H_4NNaSO_3$；$M_r=205.166$）纯品（纯度≥99%），置于烧杯中，加水溶解后，转移到1000mL容量瓶中，用水稀释到刻度，混匀。

［糖精钠纯度的测定］ 准确称取0.2g已干燥的样品，准确到0.0001g，置于250mL锥形瓶中，加20mL冰醋酸溶解后，加1滴结晶紫指示液（5g/L），用高氯酸标准溶液［$c(HClO_4)=0.100mol/L$］滴定，至溶液显蓝绿色，同时做空白试验。糖精钠的质量分数（w）按下式计算：

$$w=\frac{c(V_1-V_2)\times 0.2052}{m}\times 100\%$$

式中 V_1——高氯酸标准溶液的体积，mL；

V_2——空白消耗高氯酸标准溶液的体积，mL；

c——高氯酸标准溶液的浓度，mol/L；

m——样品质量，g；

0.2052——与1.00mL高氯酸标准溶液［$c(HClO_4)=1.000mol/L$］相当的，以g为单位的糖精钠的质量。

特丁磷（$C_9H_{21}O_2PS_3$）**标准溶液**（1000μg/mL）

［配制］ 用最小分度为0.01mg的分析天平，准确称取0.1000g（或按纯度换算出质量$m=0.1000g/w$；w——质量分数）的特丁磷（$C_9H_{21}O_2PS_3$；$M_r=288.431$）纯品（纯度≥99%），置于烧杯中，用少量乙酸乙酯溶解，转移到100mL的容量瓶中，用乙酸乙酯定容，混匀。配制成浓度为1000μg/mL的标准储备溶液。使用时，根据需要再配制成适用浓度的标准工作溶液。

特普（$C_8H_{20}O_7P_2$）**标准溶液**（1000μg/mL）

［配制］ 用最小分度为0.01mg的分析天平，准确称取0.1000g（或按纯度换算出质量$m=0.1000g/w$；w——质量分数）特普（$C_8H_{20}O_7P_2$；$M_r=290.1877$）纯品（纯度≥99%），置于烧杯中，用少量丙酮溶解后，转移到100mL容量瓶中，用丙酮定容，混匀。配制成浓度为1000μg/mL的标准储备溶液。使用时，根据需要再以丙酮稀释成适用浓度的标准工作溶液。

替加氟（$C_8H_9FN_2O_3$）**标准溶液**（1000μg/mL）

［配制］ 取适量替加氟于称量瓶中，于105℃下干燥至恒重，置于干燥器中冷却备用。准确称取1.0000g经纯度分析的替加氟（$C_8H_9FN_2O_3$；$M_r=200.1671$）纯品（纯度≥99%），（或按纯度换算出质量$m=1.0000g/w$；w——质量分数），置于100mL烧杯中，加适量乙醇溶解后，移入1000mL容量瓶中，用乙醇稀释到刻度，混匀。低温避光保存。

［标定］ 分光光度法：准确移取 1.00mL 上述溶液，置 100mL 容量瓶中，用水稀释至刻度（10μg/mL），摇匀。按附录十，用分光光度法，在 270nm 的波长处测定溶液的吸光度，以 $C_8H_9FN_2O_3$ 的吸光系数 $E_{1cm}^{1\%}$ 为 439，计算，即得。

替硝唑（$C_8H_{13}N_3O_4S$）**标准溶液**（1000μg/mL）

［配制］ 准确称取 1.0000g 经纯度分析的替硝唑（$C_8H_{13}N_3O_4S$；M_r=247.272）纯品（纯度≥99%），（或按纯度换算出质量 m=1.0000g/w；w——质量分数），置于 100mL 烧杯中，加适量丙酮溶解后，移入 1000mL 容量瓶中，用丙酮稀释到刻度，混匀。低温避光保存。

［替硝唑纯度的测定］ 准确称取 0.2g 样品，准确到 0.0001g，置于 250mL 锥形瓶中，加 10mL 乙酸酐，微热溶解后，冷却，加 1 滴孔雀绿指示液（3g/L），用高氯酸标准溶液［$c(HClO_4)$=0.100mol/L］滴定，至溶液显黄绿色，同时做空白试验。替硝唑的质量分数（w）按下式计算：

$$w=\frac{c(V_1-V_2)\times 0.2473}{m}\times 100\%$$

式中 V_1——高氯酸标准溶液的体积，mL；

V_2——空白消耗高氯酸标准溶液的体积，mL；

c——高氯酸标准溶液的浓度，mol/L；

m——样品质量，g；

0.2473——与 1.00mL 高氯酸标准溶液［$c(HClO_4)$=1.000mol/L］相当的，以 g 为单位的替硝唑的质量。

2,4,5-涕甲酯（$C_8H_5Cl_3O_3$）**标准溶液**（1000μg/mL）

［配制］ 用最小分度为 0.01mg 的分析天平，准确称取 0.1000g（或按纯度换算出质量 m=0.1000g/w；w——质量分数）2,4,5-涕甲酯（$C_8H_5Cl_3O_3$；M_r=255.482）纯品（纯度≥99%），置于烧杯中，用甲醇溶解后，转移到 100mL 容量瓶中，用甲醇定容，混匀。配制成浓度为 1000μg/mL 的标准储备溶液。使用时，根据需要用甲醇稀释成适当浓度的标准工作溶液。

涕灭威砜（$C_7H_{14}N_2O_2S$）**标准溶液**（1000μg/mL）

［配制］ 用最小分度为 0.01mg 的分析天平，准确称取 0.1000g（或按纯度换算出质量 m=0.1000g/w；w——质量分数）涕灭威砜（$C_7H_{14}N_2O_2S$；M_r=190.263）纯品（纯度≥99%），于小烧杯中，加少量二氯甲烷溶解，转移到 100mL 容量瓶中，用二氯甲烷稀释到刻度。混匀，配制成浓度为 1000μg/mL 的标准储备溶液。

天门冬氨酸（$C_4H_7NO_4$）**标准溶液**（1000μg/mL）

［配制］ 取适量天门冬氨酸（$C_4H_7NO_4$；M_r=133.1027）于称量瓶中，于 105℃下干燥至恒重，取出，置于干燥器中冷却备用。准确称取 1.0000g（或按纯度换算出质量 m=1.0000g/w；w——质量分数）的经纯度分析的天门冬氨酸纯品（纯度≥99%）于烧杯中，用盐酸溶液［$c(HCl)$=0.1mol/L］溶解后，转移到 1000mL 容量瓶中，用水稀释到刻度，混匀。配制成浓

度为 1000μg/mL 的标准储备溶液，避光低温保存。使用时用水稀释。

[天门冬氨酸纯度的测定] 电位滴定法：称取 0.1g 已于 105℃干燥的样品，准确到 0.0001g。置于 250mL 锥形瓶中，加 2mL 无水甲酸溶解，加 30mL 冰醋酸，溶解后，置电磁搅拌器上，浸入电极（玻璃电极为指示电极，饱和甘汞电极为参比电极），搅拌，并自滴定管中分次加入高氯酸标准溶液 [$c(HClO_4)$=0.100mol/L]；开始时可每次加入较多的量，搅拌，记录电位；至将近终点前，则应每次加入少量，搅拌，记录电位；至突跃点已过，仍应继续滴加几次标准溶液，并记录电位。

滴定终点的确定：终点的确定同苯巴比妥。同时做空白试验。

天门冬氨酸的质量分数（w）按下式计算：

$$w=\frac{c(V_1-V_2)\times 0.1331}{m}\times 100\%$$

式中 V_1——高氯酸标准溶液的体积，mL；

V_2——空白试验高氯酸标准溶液的体积，mL；

c——高氯酸标准溶液的浓度，mol/L；

m——样品质量，g；

0.1331——与 1.00mL 高氯酸标准溶液 [$c(HClO_4)$=1.000mol/L] 相当的，以 g 为单位的天门冬氨酸的质量。

L-天门冬氨酸（$C_4H_7NO_4$）**标准溶液**（1000μg/mL）

[配制] 取适量 L-天门冬氨酸于称量瓶中，于 105℃下干燥 3h，取出，置于干燥器中冷却备用。准确称取 1.0000g（或按纯度换算出质量 m=1.0000g/w；w——质量分数）并经纯度分析的 L-天门冬氨酸（$C_4H_7NO_4$；M_r=133.1027）纯品（纯度≥99%），置于 100mL 烧杯中，加适量新煮沸冷却的水，溶解后，移入 1000mL 容量瓶中，用水稀释到刻度，混匀。

[L-天门冬氨酸纯度的测定] 称取 0.25g 已于 105℃干燥的样品，准确至 0.0001g。置于锥形瓶中，加 100mL 新煮沸冷却的水，2 滴酚酞指示液（10g/L），用氢氧化钠标准溶液 [$c(NaOH)$=0.100mol/L] 滴定至溶液出现淡粉红色，并保持 30s。L-天门冬氨酸的质量分数（w）按下式计算：

$$w=\frac{cV\times 0.1331}{m}\times 100\%$$

式中 w——L-天门冬氨酸的质量分数，%；

V——氢氧化钠标准溶液的体积，mL；

c——氢氧化钠标准溶液的浓度，mol/L；

m——样品质量，g；

0.1331——与 1.00mL 氢氧化钠标准溶液 [$c(NaOH)$=1.000mol/L] 相当的，以 g 为单位的 L-天门冬氨酸的质量。

天门冬酰胺（$C_4H_8N_2O_3$）**标准溶液**（1000μg/mL）

[配制] 取适量一水合天门冬酰胺（$C_4H_8N_2O_3\cdot H_2O$）于称量瓶中，于 105℃下干燥至恒重（脱水完全）取出，置于干燥器中冷却备用。准确称取 1.0000g（或按纯度换算出质量 m=1.0000g/w；w——质量分数）并经纯度分析的天门冬酰胺（$C_4H_8N_2O_3$；M_r=

132.1179）纯品（纯度≥99%），置于 100mL 烧杯中，加适量水，溶解后，移入 1000mL 容量瓶中，用水稀释到刻度，混匀。

[天门冬酰胺的测定] 称取 0.15g 已于 105℃干燥的样品，准确至 0.0001g。置于干燥的锥形瓶中，加 3mL 甲酸，50mL 冰醋酸，2 滴结晶紫指示液（2g/L），用高氯酸标准溶液 [$c(HClO_4)$=0.100mol/L]滴定至溶液呈蓝绿色，同时做空白试验。天门冬酰胺的质量分数（w）按下式计算：

$$w=\frac{c(V_1-V_2)\times 0.1321}{m}\times 100\%$$

式中 w——天门冬酰胺的质量分数，%；

V_1——高氯酸标准溶液的体积，mL；

V_2——空白试验高氯酸标准溶液的体积，mL；

c——高氯酸标准溶液的浓度，mol/L；

m——样品质量，g；

0.1321——与 1.00mL 高氯酸标准溶液 [$c(HClO_4)$=1.000mol/L] 相当的，以 g 为单位的天门冬酰胺的质量。

天门冬酰苯丙氨酸甲酯（$C_{14}H_{18}N_2O_5$）**标准溶液**（1000μg/mL）

[配制] 准确称取 1.0000g（或按纯度换算出质量 m=1.0000g/w；w——质量分数）天门冬酰苯丙氨酸甲酯（$C_{14}H_{18}N_2O_5$；M_r=294.3937）纯品（纯度≥99%），置于 100mL 烧杯中，加适量甲醇溶解后，移入 1000mL 容量瓶中，用甲醇稀释到刻度，混匀。配制成浓度为 1000μg/mL 的标准储备溶液。

天门冬酰胺酶标准溶液（1000μg/mL）

[配制] 取适量天门冬酰胺酶于称量瓶中，于 105℃下干燥至恒重，取出，置于干燥器中冷却备用。准确称取适量天门冬酰胺酶纯品（按纯度换算出质量 m=10000g/w；w——每 mg 的效价单位）纯品（1mg 的效价不低于 250 单位），置于 100mL 烧杯中，加适量水溶解后，移入 1000mL 容量瓶中，用水稀释到刻度，混匀。避光低温保存。

[效价测定]

(1) 对照溶液的制备 取适量硫酸铵于 105℃干燥至恒重，准确称取 0.1321g 干燥的硫酸铵，置于 100mL 烧杯中，加适量水溶解后，移入 1000mL 容量瓶中，用水稀释到刻度，混匀，配制成浓度为 [$c(NH_4)_2SO_4$=0.001mol/L] 的溶液。

(2) 样品溶液的制备 取适量天门冬酰胺酶于 105℃干燥至恒重，准确称取 0.1g 干燥的样品，用磷酸盐缓冲溶液（pH8）溶解，转移到 2000mL，用磷酸缓冲溶液稀释到刻度，混匀，配制成浓度约为 50μg/mL 的溶液。

(3) 测定 取 3 支试管（14cm×1.2cm），各加入 1.9mL 天门冬酰胺溶液（0.33%）于 37℃水浴中预热 3min，分别于第 1 管（t_0）加入 0.1mL 磷酸盐缓冲液（pH8），第 2、3 管（t）各准确加入 0.1mL 样品溶液，置 37℃水浴中，准确反应 15min，立即加入 25%三氯乙酸溶液各 0.5mL，摇匀，分别为空白反应液（t_0）和反应液（t）。准确量取 t_0、t 和对照溶液各 0.5mL 置试管中，每份平行做 2 管，各加 7.0mL 水及 1.0mL 碘化汞钾溶液（取碘化汞 23g、碘化钾 16g，加水至 100mL，临用前与 20%氢氧化钠溶液等体积混合），混匀，另取试管 1 支，加 7.5mL 水及 1.0mL 碘化汞钾溶液，作空白对照管，室温放置 15min，在 450nm 的波长处，分别测定吸光度 A_0、A_t 和 A_s，计算平均值，天门冬酰胺酶的效价（单位/mg）按下式计算：

$$效价(单位/mg)=\frac{(A_t-A_0)\times 50bF}{A_s m_1\times 15}$$

式中 50——反应常数；

15——反应时间，min；

b——稀释倍数；

F——对照溶液浓度的校正值；

m_1——样品质量，g。

注：效价单位定义是：一个天门冬酰胺酶单位相当于在 37℃时每分钟分解天门冬酰胺产生 1μmol 氨（NH_3）所需的酶量。

甜菊素（$C_{38}H_{60}O_{18}$）**标准溶液**（1000μg/mL）

［配制］ 取适量甜菊素于称量瓶中，于 105℃下干燥至恒重，置于干燥器中冷却备用。准确称取 1.0000g（或按纯度换算出质量 $m=1.0000g/w$；w——质量分数）经纯度分析的甜菊素（$C_{38}H_{60}O_{18}$；$M_r=804.8722$）纯品（纯度≥99%），置于 100mL 烧杯中，加适量乙醇溶解后，移入 1000mL 容量瓶中，用乙醇稀释到刻度，混匀。

［甜菊素纯度的测定］ 准确称取 0.3g 已干燥的样品，准确到 0.0001g，置于 250mL 锥形瓶中，加 25mL 稀硫酸溶液（10%），25mL 水，振摇溶解后，加热至微沸，水解 30min，冷却，过滤，滤渣用水洗至中性后，加中性乙醇（对酚酞指示液呈中性）50mL，溶解后，再加 2 滴酚酞指示液（10g/L），用氢氧化钾乙醇标准溶液［$c(KOH)=0.0500mol/L$］滴定至溶液显红色，并保持 10s。甜菊素的质量分数（w）按下式计算：

$$w=\frac{cV\times 0.8049}{m}\times 100\%$$

式中 V——氢氧化钾标准溶液的体积，mL；

c——氢氧化钾标准溶液的浓度，mol/L；

m——样品质量，g；

0.8049——与 1.00mL 氢氧化钾标准溶液［$c(KOH)=1.000mol/L$］相当的，以 g 为单位的甜菊素的质量。

甜菊糖苷（$C_{38}H_{60}O_{18}$）**标准溶液**（1000μg/mL）

［配制］ 取适量甜菊糖苷于称量瓶中，于 105℃下干燥 2h，放置干燥器中冷却后，用最小分度为 0.1mg 的分析天平，准确称取 0.1000g（或按纯度换算出质量 $m=0.1000g/w$；w——质量分数）经纯度分析（高效液相色谱法）的甜菊糖苷（$C_{38}H_{60}O_{18}$；$M_r=804.8722$）纯品（纯度≥99%）于烧杯中，用乙腈-水（80+20）溶液溶解，转移到 100mL 棕色容量瓶中，用乙腈-水（80+20）溶液定容，摇匀。配制成浓度为 1000μg/mL 的储备标准溶液。

酮康唑（$C_{26}H_{28}Cl_2N_4O_4$）**标准溶液**（1000μg/mL）

［配制］ 取适量酮康唑于称量瓶中，于 80℃下减压干燥至恒重，冷却备用。准确称取

1.0000g（或按纯度换算出质量 $m=1.0000g/w$；w——质量分数）经纯度分析的酮康唑（$C_{26}H_{28}Cl_2N_4O_4$；$M_r=531.431$）纯品（纯度≥99%），置于 100mL 烧杯中，加适量甲醇溶解后，移入 1000mL 容量瓶中，用甲醇稀释到刻度，混匀。低温避光保存。

[酮康唑纯度的测定] 电位滴定法：准确称取 0.2g 已干燥的样品，准确到 0.0001g，置于 250mL 锥形瓶中，加 40mL 冰醋酸溶解后，置电磁搅拌器上，浸入电极（玻璃电极为指示电极，饱和甘汞电极为参比电极），搅拌，并自滴定管中分次加入高氯酸标准溶液 [$c(HClO_4)=0.100mol/L$]；开始时可每次加入较多的量，搅拌，记录电位；至将近终点前，则应每次加入少量，搅拌，记录电位；至突跃点已过，仍应继续滴加几次标准溶液，并记录电位。

滴定终点的确定：同苯巴比妥。同时做空白试验。酮康唑的质量分数（w）按下式计算：

$$w=\frac{c(V_1-V_2)\times 0.2657}{m}\times 100\%$$

式中 V_1——高氯酸标准溶液的体积，mL；

V_2——空白消耗高氯酸标准溶液的体积，mL；

c——高氯酸标准溶液的浓度，mol/L；

m——样品质量，g；

0.2657——与 1.00mL 高氯酸标准溶液 [$c(HClO_4)=1.000mol/L$] 相当的，以 g 为单位的酮康唑的质量。

酮洛芬（$C_{16}H_{14}O_3$）**标准溶液**（1000μg/mL）

[配制] 取适量酮洛芬于称量瓶中，于五氧化二磷干燥器中，60℃下的干燥至恒重，冷却备用。准确称取 1.0000g（或按纯度换算出质量 $m=1.0000g/w$；w——质量分数）经纯度分析的酮洛芬（$C_{16}H_{14}O_3$；$M_r=254.2806$）纯品（纯度≥99%），置于 100mL 烧杯中，加适量乙醇溶解后，移入 1000mL 容量瓶中，用乙醇稀释到刻度，混匀。低温避光保存。

[酮洛芬纯度的测定] 准确称取 0.5g 已干燥的样品，准确到 0.0001g，置于 250mL 锥形瓶中，加 25mL 中性乙醇（对酚酞指示液显中性）溶解，加 3 滴酚酞指示液（10g/L），用氢氧化钠标准溶液 [$c(NaOH)=0.100mol/L$] 滴定。酮洛芬的质量分数（w）按下式计算：

$$w=\frac{cV\times 0.2543}{m}\times 100\%$$

式中 V——氢氧化钠标准溶液的体积，mL；

c——氢氧化钠标准溶液的浓度，mol/L；

m——样品质量，g；

0.2543——与 1.00mL 氢氧化钠标准溶液 [$c(NaOH)=1.000mol/L$] 相当的，以 g 为单位的酮洛芬的质量。

头孢氨苄（$C_{16}H_{17}N_3O_4S$）**标准溶液**（1000μg/mL）

[配制] 准确称取 1.0519g（或按纯度换算出质量 $m=1.0519g/w$；w——质量分数）经纯度分析（高效液相色谱法）的头孢氨苄（$C_{16}H_{17}N_3O_4S \cdot H_2O$；$M_r=365.404$）纯品（纯度≥99%），置于 100mL 烧杯中，加适量水溶解后，移入 1000mL 容量瓶中，用水稀释

到刻度，混匀。避光低温保存。

头孢呋辛钠（$NaC_{16}H_{15}N_4O_8S$）**标准溶液**（1000μg/mL）

［配制］ 准确称取1.0000g（或按纯度换算出质量 $m=1.0000g/w$；w——质量分数）经纯度分析（高效液相色谱法）的头孢呋辛钠（$NaC_{16}H_{15}N_4O_8S$；$M_r=446.367$）纯品（纯度≥99%），置于100mL烧杯中，加适量水溶解后，移入1000mL容量瓶中，用水稀释到刻度，混匀。避光低温保存。

头孢呋辛酯（$C_{20}H_{22}N_4O_{10}S$）**标准溶液**（1000μg/mL）

［配制］ 准确称取1.0000g（或按纯度换算出质量 $m=1.0000g/w$；w——质量分数）经纯度分析（高效液相色谱法）的头孢呋辛酯（$C_{20}H_{22}N_4O_{10}S$；$M_r=510.474$）纯品（纯度≥99%），置于100mL烧杯中，加适量氯仿溶解后，移入1000mL容量瓶中，用氯仿稀释到刻度，混匀。避光低温保存。

头孢克洛（$C_{15}H_{14}ClN_3O_4S$）**标准溶液**（1000μg/mL）

［配制］ 准确称取1.0490g（或按纯度换算出质量 $m=1.0490g/w$；w——质量分数）经纯度分析（高效液相色谱法）的头孢克洛（$C_{15}H_{14}ClN_3O_4S \cdot H_2O$；$M_r=385.823$）纯品（纯度≥99%），置于200mL烧杯中，加适量水溶解后，移入1000mL容量瓶中，用水稀释到刻度，混匀。避光低温保存。

头孢拉定（$C_{16}H_{19}N_3O_4S$）**标准溶液**（1000μg/mL）

［配制］ 准确称取1.0000g（或按纯度换算出质量 $m=1.0000g/w$；w——质量分数）经纯度分析（高效液相色谱法）的头孢拉定（$C_{16}H_{19}N_3O_4S$；$M_r=349.405$）纯品（纯度≥99%），置于100mL烧杯中，加适量水溶解后，移入1000mL容量瓶中，用水稀释到刻度，混匀。避光低温保存。

头孢哌酮（$C_{25}H_{27}N_9O_8S_2$）**标准溶液**（1000μg/mL）

［配制］ 准确称取1.0000g（或按纯度换算出质量 $m=1.0000g/w$；w——质量分数）经纯度分析（高效液相色谱法）的头孢哌酮（$C_{25}H_{27}N_9O_8S_2$；$M_r=645.667$）纯品（纯度≥99%），置于100mL烧杯中，加适量丙酮溶解后，移入1000mL容量瓶中，用丙酮稀释到刻度，混匀。

头孢哌酮钠（$NaC_{25}H_{26}N_9O_8S_2$）**标准溶液**（1000μg/mL）

［配制］ 准确称取1.0000g（或按纯度换算出质量 $m=1.0000g/w$；w——质量分数）经纯度分析（高效液相色谱法）的头孢哌酮钠（$NaC_{25}H_{26}N_9O_8S_2$；$M_r=667.649$）纯品（纯度≥99%），置于100mL烧杯中，加适量水溶解后，移入1000mL容量瓶中，用水稀释到刻度，混匀。

头孢羟氨苄（$C_{16}H_{17}N_3O_5S$）**标准溶液**（1000μg/mL）

［配制］ 准确称取1.0496g（或按纯度换算出质量 $m=1.0496g/w$；w——质量分数）

经纯度分析（高效液相色谱法）的头孢氨羟苄（$C_{16}H_{17}N_3O_5S \cdot H_2O$；$M_r=381.404$）纯品（纯度≥99%），置于100mL烧杯中，加适量水溶解后，移入1000mL容量瓶中，用水稀释到刻度，混匀。

头孢曲松钠（$Na_2C_{18}H_{16}N_8O_7S_3$）**标准溶液**（1000μg/mL）

［配制］ 准确称取1.1053g（或按纯度换算出质量 $m=1.1053g/w$；w——质量分数）经纯度分析（高效液相色谱法）的头孢曲松钠（$Na_2C_{18}H_{16}N_8O_7S_3 \cdot 3.5H_2O$；$M_r=661.597$）纯品（纯度≥99%），置于100mL烧杯中，加适量水溶解后，移入1000mL容量瓶中，用水稀释到刻度，混匀。避光低温保存。

头孢噻肟钠（$NaC_{16}H_{16}N_5O_7S_2$）**标准溶液**（1000μg/mL）

［配制］ 准确称取1.0000g（或按纯度换算出质量 $m=1.0000g/w$；w——质量分数）经纯度分析（高效液相色谱法）的头孢噻肟钠（$NaC_{16}H_{16}N_5O_7S_2$；$M_r=477.447$）纯品（纯度≥99%），置于100mL烧杯中，加适量水溶解后，移入1000mL容量瓶中，用水稀释到刻度，混匀。

头孢噻吩钠（$NaC_{16}H_{15}N_2O_6S_2$）**标准溶液**（1000μg/mL）

［配制］ 准确称取1.0000g（或按纯度换算出质量 $m=1.0000g/w$；w——质量分数）经纯度分析（高效液相色谱法）的头孢噻吩钠（$NaC_{16}H_{15}N_2O_6S_2$；$M_r=418.420$）纯品（纯度≥99%），置于100mL烧杯中，加适量水溶解后，移入1000mL容量瓶中，用水稀释到刻度，混匀。

头孢他啶（$C_{22}H_{22}N_6O_7S_2$）**标准溶液**（1000μg/mL）

［配制］ 取适量头孢他啶（$C_{22}H_{22}N_6O_7S_2 \cdot 5H_2O$；$M_r=636.652$）于称量瓶中，于60℃下减压干燥至恒重，取出，置于干燥器中冷却备用。准确称取1.0000g（或按纯度换算出质量 $m=1.0000g/w$；w——质量分数）经纯度分析（高效液相色谱法）的头孢他啶（$C_{22}H_{22}N_6O_7S_2$；$M_r=546.576$）纯品（纯度≥99%），置于200mL烧杯中，加适量水溶解后，移入1000mL容量瓶中，用水稀释到刻度，混匀。

头孢唑林钠（$NaC_{14}H_{13}N_8O_4S_3$）**标准溶液**（1000μg/mL）

［配制］ 准确称取1.0000g（或按纯度换算出质量 $m=1.0000g/w$；w——质量分数）经纯度分析（高效液相色谱法）的头孢唑林钠（$NaC_{14}H_{13}N_8O_4S_3$；$M_r=476.489$）纯品（纯度≥99%），置于100mL烧杯中，加适量水溶解后，移入1000mL容量瓶中，用水稀释到刻度，混匀。

土霉素标准溶液（1000μg/mL，单位/mg）

［配制］ 用最小分度为0.01mg的分析天平，准确称取0.1000g（准确到0.0001g）土霉素［如土霉素纯品的效价低于1000单位/mg（1单位=1μg），配制时，则换算为1000单位/mg］，用盐酸溶液［c(HCl)=0.01mol/L］溶解后，移入100mL容量瓶中，用盐酸溶液［c(HCl)=0.01mol/L］定容，混匀。土霉素标准溶液浓度为1000μg/mL。于冰箱中4℃保

存，可使用1周。

土霉素标准工作溶液：吸取适量土霉素标准储备液，用pH4.5磷酸盐缓冲液稀释后使用。

托吡卡胺（$C_{17}H_{20}N_2O_2$）**标准溶液**（1000μg/mL）

［配制］ 准确称取1.0000g（或按纯度换算出质量 $m=1.0000g/w$；w——质量分数）经纯度分析的托吡卡胺（$C_{17}H_{20}N_2O_2$；$M_r=284.3529$）纯品（纯度≥99%），置于100mL烧杯中，加适量乙醇溶解后，移入1000mL容量瓶中，用乙醇稀释到刻度，混匀。避光低温保存。

［托吡卡胺纯度的测定］ 准确称取0.2g，准确到0.0001g。置于250mL锥形瓶中，加25mL冰醋酸溶解后，加1滴结晶紫指示液（5g/L），用高氯酸标准溶液［$c(HClO_4)=0.100mol/L$］滴定至溶液显蓝绿色，同时做空白试验。托吡卡胺的质量分数（w）按下式计算：

$$w=\frac{c(V_1-V_2)\times 0.2844}{m}\times 100\%$$

式中 V_1——高氯酸标准溶液的体积，mL；

V_2——空白试验高氯酸标准溶液的体积，mL；

c——高氯酸标准溶液的浓度，mol/L；

m——样品质量，g；

0.2844——与1.00mL高氯酸标准溶液［$c(HClO_4)=1.000mol/L$］相当的，以g为单位的托吡卡胺的质量。

托西酸舒他西林（$C_{25}H_{30}N_4O_9S_2 \cdot C_7H_8O_3S$）**标准溶液**（1000μg/mL）

［配制］ 准确称取1.0000g（或按纯度换算出质量 $m=1.0000g/w$；w——质量分数）经纯度分析（高效液相色谱法）的托西酸舒他西林（$C_{25}H_{30}N_4O_9S_2 \cdot C_7H_8O_3S$；$M_r=766.859$）纯品（纯度≥99%），置于100mL烧杯中，加适量甲醇溶解后，移入1000mL容量瓶中，用甲醇稀释到刻度，混匀。

脱氢乙酸（$C_6H_8O_4$）**标准溶液**（1000μg/mL）

［配制］ 用最小分度为0.01mg的分析天平，准确称取0.1000g（或按纯度换算出质量 $m=0.1000g/w$；w——质量分数）的脱氢乙酸（$C_6H_8O_4$；$M_r=168.1467$）（纯度≥99%）纯品，于小烧杯中，加重蒸馏丙酮溶解后，转移到100mL容量瓶中，用重蒸馏丙酮定容，混匀。配制成浓度为1000μg/mL的标准储备溶液。

［脱氢乙酸纯度测定］ 准确称取0.5g样品，准确到0.0001g，置于250mL锥形瓶中，加95%中性乙醇30mL溶解，加3滴酚酞指示液（10g/L），用氢氧化钠标准溶液［$c(NaOH)=0.100mol$］滴定至溶液呈粉红色。脱氢乙酸的质量分数（w）按下式计算：

$$w=\frac{cV\times 0.1682}{m}\times 100\%$$

式中 V——氢氧化钠标准溶液的体积，mL；

c——氢氧化钠标准溶液的浓度，mol/L；

m——样品质量，g；

0.1682——与1.00mL氢氧化钠标准溶液［c(NaOH)=1.000mol/L］相当的，以g为单位的脱氢乙酸的质量。

脱氧雪腐镰刀菌烯醇（DON、呕吐毒素；$C_{15}H_{20}O_6$）**标准溶液**（1000μg/mL）

［配制］

方法1　用最小分度为0.01mg的分析天平，准确称取0.1000g（或按纯度换算出质量$m=0.1000g/w$；w——质量分数）脱氧雪腐镰刀菌烯醇（$C_{15}H_{20}O_6$；$M_r=296.3157$）纯品于小烧杯中，加乙酸乙酯-甲醇（19∶1）溶解。移入100mL容量瓶中，用乙酸乙酯-甲醇（19∶1）稀释至刻度，混匀，配制成浓度为1000μg/mL的标准储备溶液。

方法2　用最小分度为0.01mg的分析天平，准确称取适量呕吐毒素纯品，于小烧杯中，用甲醇配成1000μg/mL的标准储备溶液。-20℃冰箱储存。于检测当天，准确吸取储备液，用20%甲醇的PBS｛pH7.4的磷酸盐缓冲溶液［称取0.2g磷酸二氢钾（KH_2PO_4），2.9g磷酸氢二钠（$Na_2HPO_4 \cdot 12H_2O$），8.0g氯化钠（NaCl），0.2g氯化钾（KCl），加水至1000mL｝稀释成制备标准曲线的所需浓度。

妥布霉素（$C_{18}H_{37}N_5O_9$）**标准溶液**（1000单位/mL，μg/mL）

［配制］　准确称取适量（按纯度换算出质量$m=1000g/X$；X——每1mg的效价单位）妥布霉素（$C_{18}H_{37}N_5O_9$；$M_r=467.5145$）纯品（1mg的效价不低于900妥布霉素单位），准确至0.0001g，置于100mL烧杯中，加灭菌水溶解，移入1000mL容量瓶中，用灭菌水稀释到刻度，混匀。配制成每1mL中含1000单位的妥布霉素溶液，1000妥布霉素单位相当于1mg的$C_{18}H_{37}N_5O_9$。照抗生素微生物检定法测定。

完灭硫磷（$C_8H_{18}NO_4PS_2$）**标准溶液**（1000μg/mL）

［配制］　用最小分度为0.01mg的分析天平，准确称取0.1000g（或按纯度换算出质量$m=0.1000g/w$；w——质量分数）的完灭硫磷（$C_8H_{18}NO_4PS_2$；$M_r=287.337$）纯品（纯度≥99%），置于烧杯中，用少量的重蒸馏丙酮溶解，转移到100mL的容量瓶中，用重蒸馏丙酮定容，混匀。配制成浓度为1000μg/mL的标准储备溶液。

维A酸（$C_{20}H_{28}O_2$）**标准溶液**（1000μg/mL）

［配制］　取适量维A酸于称量瓶中，于105℃下干燥至恒重，置于干燥器中冷却备用。准确称取1.0000g（或按纯度换算出质量$m=1.0000g/w$；w——质量分数）经纯度分析的维A酸（$C_{20}H_{28}O_2$；$M_r=300.4351$）纯品（纯度≥99%），置于100mL烧杯中，加适量乙醇溶解后，移入1000mL容量瓶中，用乙醇稀释到刻度，混匀。低温避光保存。

［维A酸纯度的测定］　准确称取0.24g已干燥的样品，准确到0.0001g，置于250mL锥形瓶中，加50mL二甲基甲酰胺，溶解后，加3滴麝香草酚蓝的二甲基甲酰胺溶液（1%），用甲醇钠标准溶液［$c(CH_3ONa)=0.100mol/L$］滴定至溶液呈绿色，同时做空白试验。维A酸的质量分数（w）按下式计算：

$$w=\frac{c(V_1-V_2)\times 0.3004}{m}\times 100\%$$

式中 V_1——甲醇钠标准溶液的体积，mL；

V_2——空白试验甲醇钠标准溶液的体积，mL；

c——甲醇钠标准溶液的浓度，mol/L；

m——样品质量，g；

0.3004——与 1.00mL 甲醇钠标准溶液 [$c(CH_3ONa)$=1.000mol/L] 相当的，以 g 为单位的维 A 酸的质量。

维生素 A（视黄醇；$C_{20}H_{30}O$）**标准溶液**（1000IU/mL）

[配制] 准确称取维生素 A 乙酸乙酯（$C_{22}H_{32}O_2$；M_r=328.4883）油剂（每 g 含 1.00×10^6IU）0.1000g 或结晶纯品 0.0344g 于皂化瓶中，按下列步骤皂化和提取，将乙醚提取液全部浓缩蒸发至干，用正已烷溶解残渣置入 100mL 棕色容量瓶中，并稀释至刻度，混匀，配制成浓度为 1000IU/mL 的维生素 A 储备液。置 4℃冰箱中保存。

(1) 皂化 将维生素 A 乙酸酯油剂置入 250mL 圆底烧瓶中，加 50mL 抗坏血酸乙醇溶液（5g/L），加 10mL 氢氧化钾溶液（500g/L），混匀。置于沸水浴上回流 30min，不时振荡防止试样黏附在瓶壁上，皂化结束，分别用 5mL 乙醇、5mL 水自冷凝管顶端冲洗其内部，取出烧瓶冷却至约 40℃。

(2) 提取 定量转移全部皂化液于盛有 100mL 无水乙醚（无过氧化物）的 500mL 分液漏斗中，用（30～50)mL 蒸馏水分（2～3）次冲洗圆底烧瓶并入分液漏斗，加盖、放气、随后混合，激烈振荡 2min，静置分层。转移水相于第二个分液漏斗中，分次用 100mL、60mL 乙醚重复提取 2 次，弃去水相，合并 3 次乙醚相。用蒸馏水每次 100mL 洗涤乙醚提取液至中性，初次水洗时轻轻旋摇，防止乳化。乙醚提取液通过无水硫酸钠脱水。

(3) 浓缩 将乙醚提取液置于旋转蒸发器烧瓶中，在水浴温度约 50℃，部分真空条件下蒸发至干或用氮气吹干。以上操作均在避光通风柜内进行。

维生素 B_1（硫胺素；$C_{12}H_{17}ClN_4OS\cdot HCl$）**标准溶液**（1000μg/mL）

[配制] 取适量维生素 B_1 于称量瓶中，置于五氧化二磷（或氯化钙）干燥器中干燥 24h。快速准确称取 1.0000g（或按纯度换算出质量 $m=1.0000g/w$；w——质量分数）经纯度分析的维生素 B_1（$C_{12}H_{17}ClN_4OS\cdot HCl$；$M_r$=337.268）纯品（纯度≥99%），置于 200mL 烧杯中，加 40mL 的酸性乙醇溶液（体积分数为 20%，用盐酸调节 pH=3.5～4.3），移入 1000mL 棕色容量瓶中，用酸性乙醇稀释到刻度，混匀，配制成浓度为 1000μg/mL 的标准储备溶液。低温避光保存。

[维生素 B_1 纯度的测定] 准确称取 0.15g 样品，准确到 0.0001g，置于 100mL 具塞锥形瓶中，加 20mL 冰醋酸，微热溶解后，盖紧瓶塞，冷却至室温，加 5mL 乙酸汞试液（50g/L）与 2 滴喹哪啶红-亚甲基蓝混合指示液（1g/L），用高氯酸标准溶液 [$c(HClO_4)$=0.100mol/L] 滴定，至溶液显天蓝色，振摇 30s 不褪色，同时做空白试验。维生素 B_1 的质量分数（w）按下式计算：

$$w=\frac{c(V_1-V_2)\times0.1686}{m}\times100\%$$

式中 V_1——高氯酸标准溶液的体积，mL；

V_2——空白消耗高氯酸标准溶液的体积，mL；

c——高氯酸标准溶液的浓度，mol/L；

m——样品质量，g；

0.1686——与1.00mL高氯酸标准溶液［$c(HClO_4)$=1.000mol/L］相当的，以g为单位的维生素B_1的质量。

维生素B_6（盐酸吡哆醇；$C_8H_{11}NO_3 \cdot HCl$）**标准溶液**（1000μg/mL）

［配制］

方法1　取适量维生素B_6（盐酸吡哆醇）于称量瓶中，于105℃下干燥至恒重，置于干燥器中冷却备用。准确称取1.0000g（或按纯度换算出质量m=1.0000g/w；w——质量分数）经纯度分析的维生素B_6（盐酸吡哆醇）（$C_8H_{11}NO_3 \cdot HCl$；M_r=205.639）纯品（纯度≥99%），置于100mL烧杯中，加适量乙醇溶解后，移入1000mL容量瓶中，用水稀释到刻度，混匀。避光低温保存。

方法2　用最小分度为0.01mg的分析天平，准确称取0.1000g（或按纯度换算出质量m=0.1000g/w；w——质量分数）的经纯度分析的维生素B_6（盐酸吡哆醇）纯品（纯度≥99%）于100mL烧杯中，加水溶解，移入100mL容量瓶中，加少许甲苯，以水稀释至刻度，混匀。转移到棕色试剂瓶中，于冰箱中保存。

［维生素B_6(盐酸吡哆醇）纯度的测定］　准确称取0.15g样品，准确到0.0001g，置于250mL锥形瓶中，加20mL冰醋酸与5mL乙酸汞溶液（5%），微热溶解后，冷却，加1滴结晶紫指示液（5g/L），用高氯酸标准溶液［$c(HClO_4)$=0.100mol/L］滴定，至溶液显蓝绿色，振摇30s不褪色，同时做空白试验。维生素B_6(盐酸吡哆醇）的质量分数（w）按下式计算：

$$w=\frac{c(V_1-V_2)\times 0.2056}{m}\times 100\%$$

式中　V_1——高氯酸标准溶液的体积，mL；

V_2——空白消耗高氯酸标准溶液的体积，mL；

c——高氯酸标准溶液的浓度，mol/L；

m——样品质量，g；

0.2056——与1.00mL高氯酸标准溶液［$c(HClO_4)$=1.000mol/L］相当的，以g为单位的维生素B_6（盐酸吡哆醇）的质量。

维生素B_{12}（$CoC_{63}H_{88}N_{14}O_{14}P$）**标准溶液**（1000μg/mL）

［配制］　取适量维生素B_{12}于称量瓶中，于105℃下干燥至恒重，置于干燥器中冷却备用（不宜久放，以免吸水）。快速准确称取1.0000g（或按纯度换算出质量m=1.0000g/w；w——质量分数）经纯度分析的维生素B_{12}（$CoC_{63}H_{88}N_{14}O_{14}P$；$M_r$=1355.365）纯品（纯度≥99%），置于100mL烧杯中，加适量水溶解后，移入1000mL容量瓶中，用水稀释到刻度，混匀。低温避光保存。

［标定］　分光光度法：避光操作，准确移取2.5mL上述溶液，置100mL棕色容量瓶中，用水稀释至刻度（25μg/mL），混匀。按附录十，用分光光度法，在361nm的波长处测定溶液的吸光度，以$C_{63}H_{88}Co_{11}N_{14}O_{14}P$的吸光系数$E_{1cm}^{1\%}$为207计算，即得。

维生素C钙［$Ca(C_6H_7O_6)_2$］**标准溶液**（1000μg/mL）

［配制］　取适量维生素C钙于称量瓶中，于105℃下干燥至恒重，置于干燥器中冷却备

用。准确称取 1.0000g（或按纯度换算出质量 $m=1.0000\text{g}/w$；w——质量分数）经纯度分析的维生素 C 钙 [$Ca(C_6H_7O_6)_2$；$M_r=198.1060$] 纯品（纯度≥99%），置于 100mL 烧杯中，加适量水溶解后，移入 1000mL 容量瓶中，用水稀释到刻度，混匀。低温避光保存。

[维生素 C 钙纯度的测定] 准确称取 0.2g 已干燥的样品，准确到 0.0001g。置于 250mL 锥形瓶中，加 100mL 新煮沸过的冷水与 15mL 硫酸溶液 [$c(H_2SO_4)=1\text{mol/L}$]，使其溶解，加 2mL 淀粉指示液（5g/L），立即用碘标准溶液 [$c(\frac{1}{2}I_2)=0.100\text{mol/L}$] 滴定至溶液所显的蓝色在 30s 内不褪。维生素 C 钙的质量分数（w）按下式计算：

$$w=\frac{cV\times 0.09905}{m}\times 100\%$$

式中 V——碘标准溶液的体积，mL；

c——碘标准溶液的浓度，mol/L；

m——样品质量，g；

0.09905——与 1.00mL 碘标准溶液 [$c(\frac{1}{2}I_2)=1.000\text{mol/L}$] 相当的，以 g 为单位的维生素 C 钙的质量。

维生素 C 钠（$C_6H_7NaO_6$）**标准溶液**（1000μg/mL）

[配制] 取适量维生素 C 钠于称量瓶中，于 60℃下减压干燥至恒重，置于干燥器中冷却备用。准确称取 1.0000g（或按纯度换算出质量 $m=1.0000\text{g}/w$；w——质量分数）经纯度分析的维生素 C 钠（$C_6H_7NaO_6$；$M_r=198.1060$）纯品（纯度≥99%），置于 100mL 烧杯中，加适量水溶解后，移入 1000mL 容量瓶中，用水稀释到刻度，混匀。低温避光保存。临用现配。

[维生素 C 钠纯度的测定] 准确称取 0.2g 已干燥的样品，准确到 0.0001g。置于 250mL 锥形瓶中，加 100mL 新煮沸过的冷水与 15mL 硫酸溶液 [$c(H_2SO_4)=1\text{mol/L}$]，使其溶解，加 2mL 淀粉指示液（5g/L），立即用碘标准溶液 [$c(\frac{1}{2}I_2)=0.1\text{mol/L}$] 滴定至溶液所显的蓝色在 30s 内不褪。维生素 C 钠的质量分数（w）按下式计算：

$$w=\frac{cV\times 0.09905}{m}\times 100\%$$

式中 V——碘标准溶液的体积，mL；

c——碘标准溶液的浓度，mol/L；

m——样品质量，g；

0.09905——与 1.00mL 碘标准溶液 [$c(\frac{1}{2}I_2)=1.000\text{mol/L}$] 相当的，以 g 为单位的维生素 C 钠的质量。

维生素 D_2（$C_{28}H_{44}O$）**标准溶液**（1000μg/mL）

[配制] 准确称取 1.0000g（或按纯度换算出质量 $m=1.0000\text{g}/w$；w——质量分数）经纯度分析（高效液相色谱法）的维生素 D_2（$C_{28}H_{44}O$；$M_r=396.6484$）纯品（纯度≥99%），置于 100mL 烧杯中，加适量甲醇溶解后，移入 1000mL 容量瓶中，用甲醇稀释到刻度，混匀，配制成浓度为 1000μg/mL 的标准储备溶液。低温避光保存。

维生素 D_3（$C_{27}H_{44}O$）**标准溶液**（1000μg/mL）

[配制] 准确称取 1.0000g（或按纯度换算出质量 $m=1.0000\text{g}/w$；w——质量分数）

经纯度分析的维生素 D_3（胆钙化醇）（$C_{27}H_{44}O$；M_r＝384.6377）结晶纯品（纯度≥99%），置于100mL烧杯中，加适量正己烷溶解后，移入1000mL棕色容量瓶中，用正已烷稀释到刻度，混匀。避光、4℃保存。

维生素E（α-生育酚；$C_{29}H_{50}O_2$）**标准溶液**（1000μg/mL）

［配制］ 最小分度为0.01mg的分析天平，准确称取0.1000g（或按纯度换算出质量 m＝0.1000g/w；w——质量分数）维生素E（α-生育酚）（$C_{29}H_{50}O_2$；M_r＝384.6377）纯品（纯度≥99%），于小烧杯中，用脱醛乙醇溶解，转移到100mL棕色容量瓶中，用脱醛乙醇稀释至刻度，混匀，4℃保存。临用前用紫外分光光度法标定维生素E溶液的准确浓度。

维生素 K_1（$C_{31}H_{46}O_2$）**标准溶液**（1000μg/mL）

［配制］ 准确称取1.0000g（或按纯度换算出质量 m＝1.0000g/w；w——质量分数）经纯度分析（液相色谱法）的维生素 K_1（$C_{31}H_{46}O_2$；M_r＝450.6957）纯品（纯度≥99%），于小烧杯中，用色谱纯正已烷溶解，转移到1000mL棕色容量瓶中，用色谱纯正己烷定容，混匀。配制成浓度为1000μg/mL的储备标准溶液。低温避光保存。

微晶纤维素标准溶液［1000μg/mL（以纤维素计）］

［配制］ 取适量微晶纤维素纯品于称量瓶中，于105℃下干燥至恒重，置于干燥器中冷却备用。准确称取适量（按纯度换算出质量 m＝1.0000g/w；w——质量分数）经含量分析的微晶纤维素纯品，置于100mL烧杯中，加适量甲苯溶解后，移入1000mL容量瓶中，用甲苯稀释到刻度，混匀。

［微晶纤维素含量测定］ 准确称取0.125g已干燥的样品，准确到0.0001g，置于250mL锥形瓶中，加25mL水，准确加入50mL重铬酸钾溶液（准确称取4.903g基准重铬酸钾，加水适量使其溶解，并稀释至200mL），混匀，小心加100mL硫酸，迅速加热至沸，冷却至室温，转移到250mL容量瓶中，加水稀释至刻度，摇匀，准确量取50.00mL溶液，加3滴邻二氮菲指示液，用硫酸亚铁铵标准溶液｛$c[Fe(NH_4)_2(SO_4)_2]$＝0.1000mol/L｝滴定。同时做空白试验。微晶纤维素中纤维素的质量分数（w）按下式计算：

$$w=\frac{c(V_1-V_2)\times 0.00675}{m}\times 5\times 100\%$$

式中 V_1——空白试验硫酸亚铁铵标准溶液的体积，mL；

V_2——硫酸亚铁铵标准溶液的体积，mL；

c——硫酸亚铁铵标准溶液的浓度，mol/L；

m——样品质量，g；

5——稀释比例；

0.00675——与1.00mL硫酸亚铁铵标准溶液｛$c[Fe(NH_4)_2(SO_4)_2]$＝1.000mol/L｝相当的，以g为单位的微晶纤维素中纤维素的质量。

胃蛋白酶标准溶液（1000μg/mL）

［配制］ 取适量胃蛋白酶于称量瓶中，于100℃下干燥至恒重，置于干燥器中冷却备

用。准确称取适量（$m=10000\text{g}/w$；w——胃蛋白酶的效价）经含量测定的胃蛋白酶纯品（1g的效价不低于3800胃蛋白酶单位），置于100mL烧杯中，加适量水溶解后，移入1000mL容量瓶中，用水稀释到刻度，混匀。

[胃蛋白酶效价测定]

（1）对照品溶液的制备　准确称取适量经105℃干燥至恒重的酪氨酸，加盐酸溶液{取65mL [$c(\text{HCl})=1\text{mol/L}$] 的盐酸溶液，加水至1000mL}制成每1mL含0.5mg的溶液。

（2）样品溶液的制备　准确称取样品适量，准确到0.0002g。用上述盐酸溶液制成每1mL含（0.2～0.4）单位的溶液。

（3）测定　取6支试管，其中3支各准确加入对照品溶液1mL，另3支各准确加入样品1mL，于（37±0.5)℃恒温水浴中放置5min，准确加入预热至（37±0.5)℃的5mL血红蛋白溶液{称取1g牛血红蛋白，加盐酸溶液 [取 $c(\text{HCl})=1\text{mol/L}$ 盐酸溶液65mL，加水至1000mL] 溶解，并稀释到100mL}，摇匀，并准确计时，在（37±0.5)℃水浴中反应10min，立即准确加入5mL三氯乙酸溶液（5%），摇匀，过滤，取滤液备用。另取2支试管，各准确加入5mL血红蛋白溶液，置（37±0.5)℃水浴中保温10min，再准确加入5mL三氯乙酸溶液（5%），其中1支加1mL样品溶液，另1支加1mL上述盐酸溶液，摇匀，过滤，取滤液，分别作为样品和对照品的空白对照，用分光光度法，在275nm的波长处测定吸光度，算出平均值$\overline{A}_s$和$\overline{A}$。按下式计算：

$$\text{每1g含蛋白酶活力(单位)}=\frac{\overline{A}m_s n}{\overline{A}_s m\times10\times181.19}$$

式中　$\overline{A}_s$——对照品的平均吸光度；

$\overline{A}$——样品的平均吸光度；

m_s——对照品溶液每1mL中含酪氨酸的量，μg；

m——样品取样量，g；

n——样品稀释倍数。

注：在上述条件下，每分钟能催化水解血红蛋白生成1μmol酪氨酸的酶量，为1个蛋白酶活力单位。

卫茅醇（$C_6H_{14}O_6$）**标准溶液**（1000μg/mL）

[配制]　用最小分度为0.01mg的分析天平，准确称取0.1000g（或按纯度换算出质量$m=0.1000\text{g}/w$；w——质量分数）卫茅醇（$C_6H_{14}O_6$；$M_r=182.1718$）纯品，于烧杯中，加入1mL无水吡啶和4mL乙酸酐，在电热板上加热30min（缓慢加热，以防内容物沸腾），冷却，移入100mL容量瓶中，用丙酮稀释到刻度，混匀。配制成浓度为1000μg/mL的储备标准溶液。

乌苷酸二钠（$Na_2C_{10}H_{12}N_5O_8P$）**标准溶液**（1000μg/mL）

[配制]　准确称取1.0000g（或按纯度换算出质量$m=1.0000\text{g}/w$；w——质量分数）经纯度分析（分光光度法）的乌苷酸二钠（$Na_2C_{10}H_{12}N_5O_8P$；$M_r=407.1843$）纯品（纯度≥99%），于高型烧杯中，加水溶解后，转移到1000mL容量瓶，并用水稀释到刻度，混匀。配制成浓度为1000μg/mL的标准储备溶液。

乌洛托品（六次甲基四胺，六亚甲基四胺；$C_6H_{12}N_4$）**标准溶液**（1000μg/mL）

［配制］ 准确称取1.0000g（或按纯度换算出质量 $m=1.0000g/w$；w——质量分数）经纯度分析的乌洛托品（$C_6H_{12}N_4$；$M_r=140.1863$）纯品（纯度≥99%）置于100mL烧杯中，加适量水，溶解后，移入1000mL容量瓶中，用水稀释到刻度，混匀。

［乌洛托品纯度的测定］ 准确称取0.5g样品，准确到0.0001g，置于250mL锥形瓶中，加10mL水溶解，准确加入50mL硫酸标准溶液［$c(\frac{1}{2}H_2SO_4)=0.5000mol/L$］，摇匀，加热煮沸至不再发生甲醛臭味，随时加近沸的水补足蒸发的水分，冷却至室温，加2滴甲基红指示液（0.5g/L），用氢氧化钠标准溶液［$c(NaOH)=0.5000mol/L$］滴定。乌洛托品的质量分数（w）按下式计算：

$$w=\frac{(c_1V_1-c_2V_2)\times 0.03504}{m}\times 100\%$$

式中 V_1——硫酸标准溶液的体积，mL；

c_1——硫酸标准溶液的浓度，mol/L；

c_2——氢氧化钠标准溶液的浓度，mol/L；

V_2——氢氧化钠标准溶液的体积，mL；

m——样品质量，g；

0.03504——与1.00mL硫酸标准溶液［$c(\frac{1}{2}H_2SO_4)=1.000mol/L$］相当的，以g为单位的乌洛托品的质量。

五氟利多（$C_{28}H_{27}ClF_5NO$）**标准溶液**（1000μg/mL）

［配制］ 取适量五氟利多于称量瓶中，于80℃下干燥至恒重取出，置于干燥器中冷却备用。准确称取1.0000g（或按纯度换算出质量 $m=1.0000g/w$；w——质量分数）经纯度分析的五氟利多（$C_{28}H_{27}ClF_5NO$；$M_r=523.965$）纯品（纯度≥99%），置于100mL烧杯中，加适量乙醇溶解后，移入1000L容量瓶中，用乙醇稀释到刻度，混匀。避光低温保存。

［五氟利多纯度的测定］ 电位滴定法：称取0.1g已干燥的样品，准确到0.0001g。置于250mL锥形瓶中，加30mL乙醇溶解后，溶解后，置电磁搅拌器上，浸入电极（玻璃电极为指示电极，饱和甘汞电极为参比电极），搅拌，并自滴定管中分次加入用盐酸标准溶液［$c(HCl)=0.0250mol/L$］滴定至溶液pH为5.1；开始时可每次加入较多的量，搅拌，记录电位；至将近终点前，则应每次加入少量，搅拌，记录电位；至突跃点已过，仍应继续滴加几次标准溶液，并记录电位。

滴定终点的确定：同苯巴比妥。同时做空白试验。

五氟利多的质量分数（w）按下式计算：

$$w=\frac{c(V_1-V_2)\times 0.5240}{m}\times 100\%$$

式中 V_1——盐酸标准溶液的体积，mL；

V_2——空白试验盐酸标准溶液的体积，mL；

c——盐酸标准溶液的浓度，mol/L；

m——样品质量，g；

0.5240——与1.00mL盐酸标准溶液 [c(HCl)=1.000mol/L] 相当的，以g为单位的五氟利多的质量。

五氯酚（C_6HCl_5O）**标准溶液**（1000μg/mL）

[配制] 用最小分度为0.01mg的分析天平，准确称取0.1000g（或按纯度换算出质量m=0.1000g/w；w——质量分数）五氯酚（C_6HCl_5O；M_r=266.337）纯品（纯度≥99%），于小烧杯中，用正己烷溶解后，转移到100mL容量瓶中，用正己烷稀释至刻度，混匀。配制成浓度为1000μg/mL的标准储备溶液。

五氯硝基苯（$C_6H_5NO_2$）**标准溶液**（1000μg/mL）

[配制] 用最小分度为0.01mg的分析天平，准确称取0.1000g（或按纯度换算出质量m=0.1000g/w；w——质量分数）的五氯硝基苯（$C_6H_5NO_2$；M_r=295.335）纯品（纯度≥99%），于小烧杯中，用重蒸馏正己烷溶解，转移到100mL容量瓶中，用重蒸馏正己烷定容，混匀。配制成浓度为1000μg/mL的标准储备溶液。

五肽胃泌素（$C_{37}H_{49}N_7O_9S$）**标准溶液**（1000μg/mL）

[配制] 准确称取1.0000g（或按纯度换算出质量m=1.0000g/w；w——质量分数）的五肽胃泌素（$C_{37}H_{49}N_7O_9S$；M_r=767.891）纯品（纯度≥99%），置于100mL烧杯中，加适量二甲基二甲酰胺溶解后，移入1000mL容量瓶中，用二甲基二甲酰胺稀释到刻度，混匀。避光低温保存。

[标定] 分光光度法：准确移取5.00mL上述溶液，移入100mL容量瓶中，用氨水溶液 [$c(NH_3 \cdot H_2O)$=0.01mol/L] 稀释到刻度（50μg/mL）。在280nm的波长处测定吸光度，按$C_{37}H_{49}N_7O_9S$的吸收系数$E_{1cm}^{1\%}$为70计算，即得。

戊草丹（$C_{15}H_{23}NOS$）**标准溶液**（1000μg/mL）

[配制] 用最小分度为0.01mg的分析天平，准确称取0.1000g（或按纯度换算出质量m=0.1000g/w；w——质量分数）的戊草丹（$C_{15}H_{23}NOS$；M_r=255.335）纯品（纯度≥99%），置于烧杯中，用少量丙酮溶解，转移到100mL的容量瓶中，用重蒸馏正已烷定容，混匀。配制成浓度为1000μg/mL的标准储备溶液。使用时，根据需要用正己烷稀释储备液配制成适用浓度的标准工作溶液。

戊二醛（$C_5H_8O_2$）**标准溶液**（1000μg/mL）

[配制] 用带盖的玻璃称量瓶，预先加入适量水，加盖，准确称量。之后滴加戊二醛（$C_5H_8O_2$；M_r=100.1158）纯品，再次称量，至两次称量结果之差为1.0000g，即为戊二醛质量（如果准确到1.0000g，操作有困难，可通过准确记录戊二醛质量，计算其浓度）。全部转移到1000mL容量瓶中，用水稀释到刻度，混匀。低温避光保存备用。临用时取适量稀释。

[戊二醛纯度的测定] 准确称取0.2g样品，准确到0.0001g，置于250mL锥形瓶中，准确加20mL三乙醇胺（6.5%），与25mL盐酸羟胺的中性溶液 [取盐酸羟胺17.5g，加75mL水溶解，加异丙醇稀释至500mL，摇匀，加15mL溴酚蓝乙醇溶液（0.04%），用三乙醇胺

(6.5%) 溶液滴定至溶液显蓝绿色]，摇匀，放置 1h，用硫酸标准溶液 [$c(\frac{1}{2}H_2SO_4)$ = 0.500mol/L] 滴定至溶液显蓝绿色，同时做空白试验。戊二醛的质量分数 (w) 按下式计算：

$$w=\frac{c(V_1-V_2)\times 0.1001}{m}\times 100\%$$

式中 V_1——硫酸标准溶液的体积，mL；
V_2——空白消耗硫酸标准溶液的体积，mL；
c——硫酸标准溶液的浓度，mol/L；
m——样品质量，g；
0.1001——与 1.00mL 硫酸标准溶液 [$c(\frac{1}{2}H_2SO_4)$=1.000mol/L] 相当的，以 g 为单位的戊二醛的质量。

α-戊基肉桂醛（甲位戊基桂醛；$C_{14}H_{18}O$）**标准溶液**（1000μg/mL）

[配制] 取 100mL 容量瓶，加入 10mL 乙醇，加盖，用最小分度为 0.01mg 的分析天平准确称量。之后滴加 α-戊基肉桂醛（$C_{14}H_{18}O$；M_r=202.2921）纯品（纯度≥99%），再次称量，至两次称量结果之差为 0.1000g（或按纯度换算出质量 m=0.1000g/w；w——质量分数），即为 α-戊基肉桂醛的质量（如果准确到 0.1000g 操作有困难，可通过准确记录 α-戊基肉桂醛质量，计算其浓度）。用乙醇稀释到刻度，混匀。

戊酸雌二醇（$C_{23}H_{32}O_3$）**标准溶液**（1000μg/mL）

[配制] 取适量戊酸雌二醇于称量瓶中，于 105℃下干燥至恒重，取出，置于干燥器中冷却备用。准确称取 1.0000g（或按纯度换算出质量 m=1.0000g/w；w——质量分数）经纯度分析（高效液相色谱法）的戊酸雌二醇（$C_{23}H_{32}O_3$；M_r=356.4984）纯品（纯度≥99%），置于 100mL 烧杯中，加适量乙醇溶解后，移入 1000mL 容量瓶中，用乙醇稀释到刻度，混匀。避光低温保存。

西玛津（$C_7H_{12}ClN_5$）**标准溶液**（1000μg/mL）

[配制] 用最小分度为 0.01mg 的分析天平，准确称取 0.1000g（或按纯度换算出质量 m=0.1000g/w；w——质量分数）的西玛津（$C_7H_{12}ClN_5$；M_r=201.657）纯品（纯度≥99%），于小烧杯中，用丙酮溶解，并转移到 100mL 容量瓶中，用丙酮准确定容，混匀。配制成浓度为 1000μg/mL 的标准储备溶液，使用时，根据需要再用正己烷稀释成适当浓度的标准工作溶液。

西咪替丁（$C_{10}H_{16}N_6S$）**标准溶液**（1000μg/mL）

[配制] 取适量西咪替丁于称量瓶中，于 105℃下干燥至恒重，取出，置于干燥器中冷却备用。准确称取 1.0000g（或按纯度换算出质量 m=1.0000g/w；w——质量分数）经纯度分析的西咪替丁（$C_{10}H_{16}N_6S$；M_r=252.339）纯品（纯度≥99%），置于 100mL 烧杯中，加适量乙醇（或甲醇）溶解后，移入 1000mL 容量瓶中，用乙醇（或甲醇）稀释到刻度，混匀。

[西咪替丁纯度的测定] 准确称取 0.2g 已干燥的样品，准确到 0.0001g，置于 250mL 锥形瓶中，加 20mL 冰醋酸溶解后，加 1 滴结晶紫指示液（5g/L），用高氯酸标准溶液

[$c(HClO_4)=0.100mol/L$] 滴定至溶液显蓝绿色，同时做空白试验。西咪替丁的质量分数(w)按下式计算：

$$w=\frac{c(V_1-V_2)\times 0.2523}{m}\times 100\%$$

式中 V_1——高氯酸标准溶液的体积，mL；

V_2——空白试验高氯酸标准溶液的体积，mL；

c——高氯酸标准溶液的浓度，mol/L；

m——样品质量，g；

0.2523——与 1.00mL 高氯酸标准溶液 [$c(HClO_4)=1.000mol/L$] 相当的，以 g 为单位的西咪替丁的质量。

西维因（甲萘威；$C_{12}H_{11}NO_2$）**标准溶液**（1000μg/mL）

[配制] 用最小分度为 0.01mg 的分析天平，准确称取适量（$m=0.1001g$，质量分数为 99.9%）GBW（E）060223 的西维因（$C_{12}H_{11}NO_2$；$M_r=201.2212$）纯度分析标准物质或经纯度分析 [质量 $m=0.1000g/w$；w——质量分数] 的纯品（纯度≥99.3%），于小烧杯中，用甲醇溶解并转移到 100mL 容量瓶中，配制成浓度为 1000μg/mL 的标准储备溶液。储于冰箱中，使用时用甲醇稀释成适当浓度的标准工作溶液。

注：如果无法获得西维因标准物质，可采用如下方法提纯并测定纯度。

[提纯方法] ①称取 100g 西维因，加入 60℃温水约 300mL，搅拌，抽滤，除去水溶物。收集晶体。②将晶体置于 500mL 烧杯中，加入 230mL 三氯甲烷，加热使晶体完全溶解，趁热快速抽滤，在滤液中加入 45mL 石油醚，置于冰箱中冷冻（-12℃）。完全冷冻后，取出，抽滤，用冷冻的三氯甲烷+石油醚洗涤晶体 2 次。③重复步骤②数次。经真空干燥制得纯品。

[纯度分析] 采用差示扫描量热法、液相色谱法测定其纯度。

烯虫酯（$C_{19}H_{34}O_3$）**标准溶液**（1000μg/mL）

[配制] 用最小分度为 0.01mg 的分析天平，准确称取 0.1000g（或按纯度换算出质量 $m=0.1000g/w$；w——质量分数）的烯虫酯（$C_{19}H_{34}O_3$；$M_r=310.4715$）纯品（纯度≥99%），置于烧杯中，用色谱纯甲醇溶解，转移到 100mL 的容量瓶中，用色谱纯甲醇稀释到刻度，混匀。配制成浓度为 1000μg/mL 的标准储备溶液。使用时，根据需要再用正己烷稀释成适当浓度的标准工作溶液。

稀禾啶（$C_{17}H_{29}NO_3S$）**标准溶液**（1000μg/mL）

[配制] 用最小分度为 0.01mg 的分析天平，准确称取 0.1000g（或按纯度换算出质量 $m=0.1000g/w$；w——质量分数）的稀禾啶（$C_{17}H_{29}NO_3S$；$M_r=317.403$）纯品（纯度≥99%），置于烧杯中，用甲醇溶解，转移到 100mL 的容量瓶中，用甲醇稀释到刻度，混匀。配制成浓度为 1000μg/mL 的标准储备溶液。

烯菌灵（$C_{14}H_{14}Cl_2N_2O$）**标准溶液**（1000μg/mL）

[配制] 用最小分度为 0.01mg 的分析天平，准确称取 0.1000g（或按纯度换算出质量 $m=0.1000g/w$；w——质量分数）的烯菌灵（$C_{14}H_{14}Cl_2N_2O$；$M_r=295.164$）纯品（纯度≥99%），置于烧杯中，用甲醇溶解，转移到 100mL 的容量瓶中，用甲醇稀释到刻度，混匀。

配制成浓度为 1000μg/mL 的标准储备溶液。

烯菌酮（$C_{12}H_9Cl_2NO_3$）**标准溶液**（1000μg/mL）

［配制］ 用最小分度为 0.01mg 的分析天平，准确称取 0.1000g（或按纯度换算出质量 $m=0.1000g/w$；w——质量分数）烯菌酮（$C_{12}H_9Cl_2NO_3$；$M_r=286.111$）纯品（纯度≥99%），置于烧杯中，用少量石油醚溶解后，转移到 100mL 容量瓶中，用石油醚定容，混匀。配制成浓度为 1000μg/mL 的标准储备溶液。根据需要再以石油醚稀释成适当浓度的标准工作溶液。

细胞色素 C 标准溶液（1000μg/mL）

［配制］ 准确称取适量（$m=1.0000g/w$；w——质量分数）经纯度分析的细胞色素 C 纯品，置于 100mL 烧杯中，加适量无菌水溶解后，移入 1000mL 容量瓶中，用无菌水稀释到刻度。

［标定］ 分光光度法：准确移取 2.0mL 上述溶液，移入 100mL 容量瓶中，用磷酸盐缓冲溶液（取 1.38g 磷酸二氢钠与 31.2g 磷酸氢二钠，加适量水使溶解成 1000mL，调节 pH 值至 7.3）稀释到刻度（20μg/mL），加约 15mg 连二硫酸钠。按附录十，用分光光度法，在约 550nm 的波长处，以间隔 0.5nm 找出最大吸收波长，测定溶液的吸光度，细胞色素 C 的吸光系数 $E_{1cm}^{1\%}$ 为 23.0 计算，即得。

苋菜红（$C_{20}H_{11}N_2Na_3O_{10}S_3$）**标准溶液**（1000μg/mL）

［配制］ 准确称取适量（$m=1.0309g$，质量分数为 97.2%）GBW10001 苋菜红（$C_{20}H_{11}N_2Na_3O_{10}S_3$；$M_r=604.473$）纯度分析标准物质或经纯度分析的纯品（质量 $m=1.0000g/w$；w——质量分数），置于烧杯中，加入水溶解后，转移到 1000mL 容量瓶中，用水清洗烧杯数次，将洗涤液一并转移到容量瓶中，用水稀释到刻度，混匀。

［苋菜红纯度的测定］ 称取 0.5g 试样，准确至 0.0001g，置于 500mL 锥形瓶中，加 50mL 新煮沸并冷却至室温的水溶解，加入 15g 柠檬酸三钠，150mL 水，按图 2-4 装好仪器，在液面下通入二氧化碳气流的同时，加热至沸，并用三氯化钛标准溶液［$c(TiCl_3)=0.1mol/L$］滴定至无色为终点。苋菜红的质量分数（w）按下式计算：

$$w=\frac{cV\times 0.1511}{m}\times 100\%$$

式中 V——滴定试样耗用的三氯化钛标准溶液的体积，mL；

c——三氯化钛标准溶液的浓度，mol/L；

m——样品的质量，g；

0.1511——与 1.00mL 三氯化钛标准溶液［$c(TiCl_3)=1.000mol/L$］相当的，以 g 为单位的苋菜红的质量。

苋菜红铝色淀（$C_{20}H_{14}N_2O_{10}S_3$）**标准溶液**（1000μg/mL）

［配制］ 准确称取适量（按纯度换算出质量 $m=1.0000g/w$；w——质量分数）经纯度分析的苋菜红铝色淀（$C_{20}H_{14}N_2O_{10}S_3$；$M_r=538.528$）纯品，置于 100mL 烧杯中，加入 20mL 水，4g 酒石酸氢钠，缓缓加热至（80～90）℃，溶解冷却后，移入 1000mL 的容量瓶

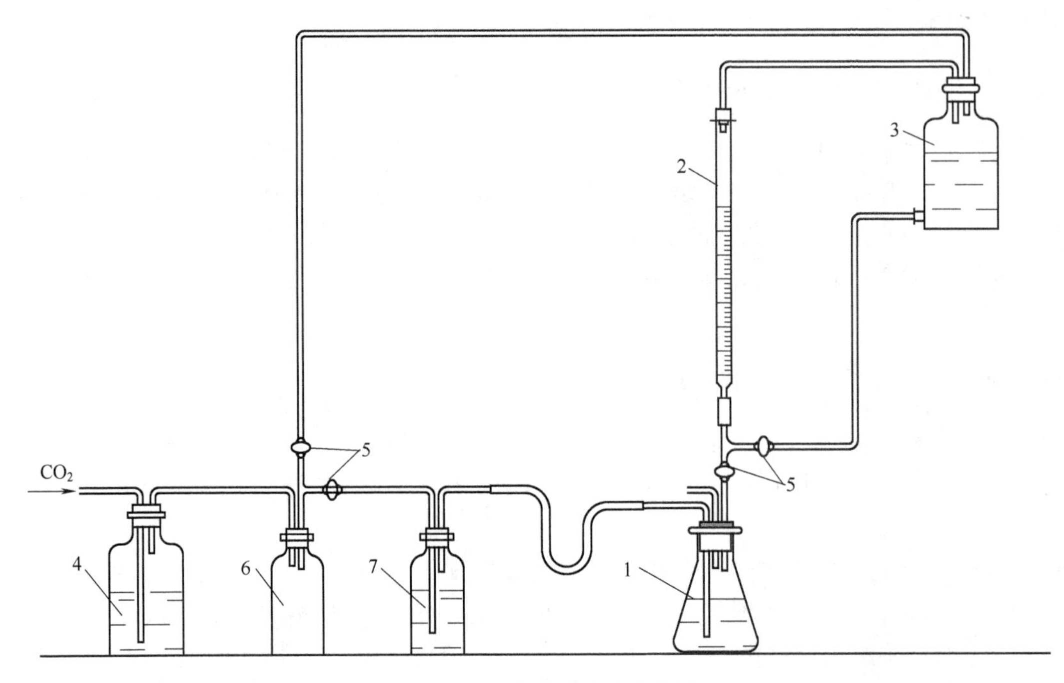

图 2-4 三氯化钛滴定法的装置

1—锥形瓶（500mL）；2—棕色滴定管（50mL）；3—包黑纸的下口玻璃瓶（2000mL）；
4—盛碳酸铵溶液（100g/L）和硫酸亚铁溶液（100g/L）等量混合液的容器（5000mL）；
5—活塞；6—空瓶；7—装有水的洗气瓶

中，用水稀释至刻度，摇匀。

[苋莱红铝色淀纯度的测定] 称取 1.4g 样品，准确至 0.0001g，置于 500mL 锥形瓶中，加 20mL 硫酸溶液（10%），在 40℃～50℃下搅拌溶解，加 30mL 新煮沸并已冷却至室温的水，加入 30g 柠檬酸三钠，200mL 水，按苋莱红纯度测定中所示，装好仪器，在液面下通入二氧化碳气流的同时加热至沸，并用三氯化钛标准溶液 [$c(TiCl_3)=0.100$mol/L] 滴定至无色为终点。苋莱红铝色淀的质量分数（w）按下式计算：

$$w=\frac{cV\times 0.1511}{m}\times 100\%$$

式中 V——三氯化钛标准溶液的体积，mL；

c——三氯化钛标准溶液的浓度，mol/L；

m——样品的质量，g；

0.1511——与 1.00mL 三氯化钛标准溶液 [$c(TiCl_3)=1.000$mol/L] 相当的，以 g 为单位的苋莱红铝色淀的质量。

腺苷钴胺（$CoC_{72}H_{100}N_{18}O_{17}P$）**标准溶液**（1000μg/mL）

[配制] 避光操作。取适量腺苷钴胺于称量瓶中，置五氧化二磷干燥器内，于 60℃下减压干燥至恒重。准确称取 1.0000g（或按纯度换算出质量 $m=1.0000\text{g}/w$；w——质量分数）经纯度分析的腺苷钴胺（$CoC_{72}H_{100}N_{18}O_{17}P$；$M_r=1579.582$）纯品（纯度≥99%），置于 100mL 烧杯中，加适量水溶解后，移入 1000mL 容量瓶中，用水稀释到刻度，混匀。临用现配。

[标定] 分光光度法：避光操作。分别准确移取 5.00mL 取上述溶液，分别置于两个 100mL 棕色容量瓶中，分别用氯化钾溶液｛取 250mL 氯化钾溶液 [c(KCl)=0.2mol/L]，53mL 盐酸溶液 [c(HCl)=0.2mol/L]，加水稀释配制成 1000mL｝和磷酸盐缓冲溶液（pH7.0）稀释到刻度（50μg/mL）。按附录十，用分光光度法，以各自的稀释剂为空白，在 304.5nm 的波长附近（每间隔 0.2nm）找出最大吸收波长，分别测定吸光度，计算吸光度的差值，$C_{72}H_{100}CoN_{18}O_{17}P$ 的吸光系数 $E_{1cm}^{1\%}$ 为 58.0 计算，即得。

香兰素（$C_8H_8O_3$）**标准溶液**（1000μg/mL）

[配制] 准确称取 1.0000g（或按纯度换算出质量 m=1.0000g/w；w——质量分数）经纯度分析的香兰素（$C_8H_8O_3$；M_r=152.1473）纯品（纯度≥99%），置于 100mL 烧杯中，加适量乙醇溶解后，移入 1000mL 容量瓶中，用乙醇稀释到刻度，混匀。

硝苯地平（$C_{17}H_{18}N_2O_6$）**标准溶液**（1000μg/mL）

[配制] 取适量硝苯地平于称量瓶中，于 105℃下干燥至恒重，置于干燥器中冷却备用。准确称取 1.0000g（或按纯度换算出质量 m=1.0000g/w；w——质量分数）经纯度分析的硝苯地平（$C_{17}H_{18}N_2O_6$；M_r=346.3346）纯品（纯度≥99%），置于 100mL 烧杯中，加适量乙醇溶解后，移入 1000mL 容量瓶中，用乙醇稀释到刻度，混匀。低温避光保存。

[硝苯地平纯度的测定] 准确称取 0.4g 已干燥的样品，准确到 0.0001g，置于 250mL 锥形瓶中，加 50mL 无水乙醇，微热使其溶解，加 50mL 高氯酸溶液 [取 8.5mL 高氯酸溶液（70%）加水至 100mL] 与 3 滴邻二氮菲指示液（5g/L），立即用硫酸铈标准溶液｛$c[Ce(SO_4)_2]$=0.100mol/L｝滴定，至近终点时，在水浴中加热至 50℃左右，继续缓缓滴定至橙红色消失，同时做空白试验。硝苯地平的质量分数（w）按下式计算：

$$w=\frac{c(V_1-V_2)\times 0.1732}{m}\times 100\%$$

式中 V_1——硫酸高铈标准溶液的体积，mL；

V_2——空白消耗硫酸高铈标准溶液的体积，mL；

c——硫酸高铈标准溶液的浓度，mol/L；

m——样品质量，g；

0.1732——与 1.00mL 硫酸高铈标准溶液｛$c[Ce(SO_4)_2]$=1.000mol/L｝相当的，以 g 为单位的硝苯地平的质量。

硝基苯（$C_6H_5NO_2$）**标准溶液**（1000μg/mL）

[配制] 取 100mL 容量瓶，预先加入 10mL 苯（或 95%乙醇），加盖，用最小分度为 0.01mg 的分析天平准确称量。之后滴加硝基苯（$C_6H_5NO_2$；M_r=123.1094）（色谱纯），称量，至两次称量结果之差为 0.1000g，即为硝基苯质量（如果准确到 0.1000g 操作有困难，可通过记录硝基苯质量，计算其浓度）。用四氯化碳（或 95%乙醇）稀释到刻度，混匀。低温保存备用。临用时，取适量稀释。

3-硝基丙酸（$C_3H_5NO_4$）**标准溶液**（1000μg/mL）

[配制] 用最小分度为 0.01mg 的分析天平，准确称取 0.1000g（或按纯度换算出质量

$m=0.1000g/w$；w——质量分数）3-硝基丙酸（$C_3H_5NO_4$；$M_r=119.0761$）纯品（纯度≥99%），置于100mL烧杯中，加适量乙酸乙酯溶解后，移入100mL容量瓶中，用乙酸乙酯稀释到刻度，混匀。配制成浓度为1000μg/mL的标准储备溶液。置冰箱中4℃保存。临用时吸取适量储备液用乙酸乙酯稀释。

4-硝基酚（$C_6H_5NO_3$）**标准溶液**（1000μg/mL）

［配制］ 用最小分度为0.01mg的分析天平，准确称取0.1000g（或按纯度换算出质量$m=0.1000g/w$；w——质量分数）经纯度测定的4-硝基酚（$C_6H_5NO_3$；$M_r=139.1088$）纯品（≥99.5%），于小烧杯中，用甲醇溶解后，转移到100mL容量瓶中，并稀释至刻度，混匀。配制成浓度为1000μg/mL的储备标准溶液。采用气相色谱法、液相色谱法定值。

硝基甲烷（CH_3NO_2）**标准溶液**（1000μg/mL）

［配制］ 准确称取1.0000g（或按纯度换算出质量$m=1.0000g/w$；w——质量分数）经测定纯度（色谱法）的硝基甲烷（CH_3NO_2；$M_r=61.0400$）纯品（纯度≥99%），置于100mL烧杯中，加乙醇溶解后，移入1000mL容量瓶中，用乙醇稀释到刻度，混匀。

5-硝基邻甲氧基苯酚钠（$C_7H_6NO_4Na$）**标准溶液**（1000μg/mL）

［配制］ 用最小分度为0.01mg的分析天平，准确称取0.1000g（或按纯度换算出质量$m=0.1000g/w$；w——质量分数）的5-硝基邻甲氧基苯酚钠（$C_7H_6NO_4Na$；$M_r=191.1166$）纯品（纯度≥99%），于小烧杯中，用蒸馏水溶解，转移到100mL容量瓶中，用蒸馏水定容，混匀。配制成浓度为1000μg/mL的标准储备溶液。

硝普钠［$Na_2Fe(CN)_5NO$］**标准溶液**（1000μg/mL）

［配制］ 取适量硝普钠［$Na_2Fe(CN)_5NO\cdot 2H_2O$；$M_r=297.948$］于称量瓶中，于120℃下干燥至恒重，置于干燥器中冷却备用。准确称取1.0000g（或按纯度换算出质量$m=1.0000g/w$；w——质量分数）经纯度分析的硝普钠［$Na_2Fe(CN)_5NO$；$M_r=261.918$］纯品（纯度≥99%），置于100mL烧杯中，加适量水溶解后，移入1000mL容量瓶中，用水稀释到刻度，混匀。低温避光保存。

［硝普钠纯度的测定］ 准确称取0.12g已干燥的样品，准确到0.0001g，置于250mL锥形瓶中，加50mL水溶解后，用电位滴定法，以具有硝酸钾盐桥的饱和甘汞电极为参比电极，银电极为指示电极，用硝酸银标准溶液［$c(AgNO_3)=0.100mol/L$］滴定。硝普钠的质量分数（w）按下式计算：

$$w=\frac{cV\times 0.1310}{m}\times 100\%$$

式中 V——硝酸银标准溶液的体积，mL；

c——硝酸银标准溶液的浓度，mol/L；

m——样品质量，g；

0.1310——与1.00mL硝酸银标准溶液［$c(AgNO_3)=1.000mol/L$］相当的，以g为单位的硝普钠的质量。

硝酸甘油（$C_3H_5N_3O_9$）**标准溶液**（1000μg/mL）

［配制］ 准确称取 1.0000g（或按纯度换算出质量 $m=1.0000\text{g}/w$；w——质量分数）经纯度分析（高效液相色谱法）的硝酸甘油（$C_3H_5N_3O_9$；$M_r=227.0865$）纯品（纯度≥99%），置于 100mL 烧杯中，加适量乙醇溶解后，移入 1000mL 容量瓶中，用乙醇稀释到刻度。低温避光保存。

硝酸胍（$CH_5N_3 \cdot HNO_3$）**标准溶液**（1000μg/mL）

［配制］ 准确称取 1.0000g（或按纯度换算出质量 $m=1.0000\text{g}/w$；w——质量分数）硝酸胍（$CH_5N_3 \cdot HNO_3$；$M_r=122.0833$）纯品（纯度≥99%），置于 100mL 烧杯中，加水加热溶解，冷却后，移入 1000mL 容量瓶中，用水稀释到刻度，混匀。

［硝酸胍纯度的测定］ 称取 0.25g 样品，准确到 0.0001g，置于 250mL 烧杯中，加 2mL 氨水溶液（10%），75mL 苦味酸溶液（12.0g/L～12.4g/L），当有黄色苦味酸胍沉淀形成时，应稍加搅拌，将烧杯置于（5～10)℃冷水浴中放置 1h，用已恒重的 4 号玻璃坩埚抽滤，用原滤液 30mL 分数次洗涤烧杯和沉淀，抽干后，将沉淀于 105℃烘干至恒重。硝酸胍的质量分数（w）按下式计算：

$$w=\frac{m_1\times 0.424}{m}\times 100\%$$

式中 w——硝酸胍的质量分数，%；

m_1——苦味酸胍质量，g；

m——样品质量，g；

0.424——硝酸胍与苦味酸胍换算系数。

硝酸硫胺（$C_{12}H_{17}N_5O_4S$）**标准溶液**（1000μg/mL）

［配制］ 取适量硝酸硫胺于称量瓶中，于 105℃下干燥至恒重，置于干燥器中冷却备用。准确称取 1.0000g（或按纯度换算出质量 $m=1.0000\text{g}/w$；w——质量分数）经纯度分析的硝酸硫胺（$C_{12}H_{17}N_5O_4S$；$M_r=327.359$）纯品（纯度≥99%），置于 100mL 烧杯中，加适量水溶解后，移入 1000mL 容量瓶中，用水稀释到刻度，混匀。低温避光保存。

［硝酸硫胺纯度的测定］ 电位滴定法：准确称取 0.14g 已干燥的样品，准确到 0.0001g，置于 250mL 锥形瓶中，加 5mL 无水甲酸，使其溶解，加 70mL 乙酸酐，置电磁搅拌器上，浸入电极，搅拌，并自滴定管中分次加入高氯酸标准溶液［$c(HClO_4)=0.100\text{mol/L}$］；开始时可每次加入较多的量，搅拌，记录电位；至将近终点前，则应每次加入少量，搅拌，记录电位；至突跃点已过，仍应继续滴加几次标准溶液，并记录电位。

滴定终点的确定：同苯巴比妥。同时做空白试验。

硝酸硫胺的质量分数（w）按下式计算：

$$w=\frac{c(V_1-V_2)\times 0.1637}{m}\times 100\%$$

式中 V_1——高氯酸标准溶液的体积，mL；

V_2——空白消耗高氯酸标准溶液的体积，mL；

c——高氯酸标准溶液的浓度，mol/L；

m——样品质量，g；

0.1637——与 1.00mL 高氯酸标准溶液 [$c(HClO_4)=1.000mol/L$] 相当的，以 g 为单位的硝酸硫胺的质量。

硝酸毛果芸香碱（$C_{11}H_{16}N_2O_2 \cdot HNO_3$）**标准溶液**（1000μg/mL）

[配制] 取适量硝酸毛果芸香碱于称量瓶中，于 105℃下干燥至恒重，置于干燥器中冷却备用。准确称取 1.0000g（或按纯度换算出质量 $m=1.0000g/w$；w——质量分数）经纯度分析的硝酸毛果芸香碱（$C_{11}H_{16}N_2O_2 \cdot HNO_3$；$M_r=271.2698$）纯品（纯度≥99%），置于 100mL 烧杯中，加适量水溶解后，移入 1000mL 容量瓶中，用水稀释到刻度，混匀。低温避光保存。

[硝酸毛果芸香碱纯度的测定] 电位滴定法：准确称取 0.2g 已干燥的样品，准确到 0.00021g，置于 250mL 锥形瓶中，加 30mL 冰醋酸，微热使其溶解，冷却后，置电磁搅拌器上，浸入电极，搅拌，并自滴定管中分次加入高氯酸标准溶液 [$c(HClO_4)=0.100mol/L$]；开始时可每次加入较多的量，搅拌，记录电位；至将近终点前，则应每次加入少量，搅拌，记录电位；至突跃点已过，仍应继续滴加几次标准溶液，并记录电位。

滴定终点的确定：同苯巴比妥。同时做空白试验。

硝酸毛果芸香碱的质量分数（w）按下式计算：

$$w=\frac{c(V_1-V_2)\times 0.2713}{m}\times 100\%$$

式中 V_1——高氯酸标准溶液的体积，mL；

V_2——空白消耗高氯酸标准溶液的体积，mL；

c——高氯酸标准溶液的浓度，mol/L；

m——样品质量，g；

0.2713——与 1.00mL 高氯酸标准溶液 [$c(HClO_4)=1.000mol/L$] 相当的，以 g 为单位的硝酸毛果芸香碱的质量。

硝酸咪康唑（$C_{18}H_{14}Cl_4N_2O \cdot HNO_3$）**标准溶液**（1000μg/mL）

[配制] 取适量硝酸咪康唑于称量瓶中，于 105℃下干燥至恒重，置于干燥器中冷却备用。准确称取 1.0000g（或按纯度换算出质量 $m=1.0000g/w$；w——质量分数）经纯度分析的硝酸咪康唑（$C_{18}H_{14}Cl_4N_2O \cdot HNO_3$；$M_r=479.141$）纯品（纯度≥99%），置于 100mL 烧杯中，加适量甲醇溶解后，移入 1000mL 容量瓶中，用甲醇稀释到刻度，混匀。低温避光保存。

[硝酸咪康唑纯度的测定] 电位滴定法：准确称取 0.25g 已干燥的样品，准确到 0.0001g，置于 250mL 锥形瓶中，加 35mL 冰醋酸-乙酸酐混合溶剂（1+1），使其溶解后，置电磁搅拌器上，浸入电极，搅拌，并自滴定管中分次加入高氯酸标准溶液 [$c(HClO_4)=0.100mol/L$]；开始时可每次加入较多的量，搅拌，记录电位；至将近终点前，则应每次加入少量，搅拌，记录电位；至突跃点已过，仍应继续滴加几次标准溶液，并记录电位。

滴定终点的确定：同苯巴比妥。同时做空白试验。

硝酸咪康唑的质量分数（w）按下式计算：

$$w=\frac{c(V_1-V_2)\times 0.4791}{m}\times 100\%$$

式中 V_1——高氯酸标准溶液的体积，mL；
V_2——空白消耗高氯酸标准溶液的体积，mL；
c——高氯酸标准溶液的浓度，mol/L；
m——样品质量，g；
0.4791——与 1.00mL 高氯酸标准溶液 [$c(HClO_4)=1.000mol/L$] 相当的，以 g 为单位的硝酸咪康唑的质量。

硝酸士的宁（$C_{21}H_{22}N_2O_2 \cdot HNO_3$）**标准溶液**（1000μg/mL）

[配制] 准确称取 1.0000g 经纯度分析的硝酸士的宁（$C_{21}H_{22}N_2O_2 \cdot HNO_3$；$M_r=397.4244$）纯品（纯度≥99%），（或按纯度换算出质量 $m=1.0000g/w$；w——质量分数），置于 100mL 烧杯中，加适量水溶解后，移入 1000mL 容量瓶中，用水稀释到刻度，混匀。低温避光保存。

[硝酸士的宁纯度的测定] 电位滴定法：准确称取 0.3g 样品，准确到 0.0001g，置于 250mL 锥形瓶中，加 20mL 冰醋酸，振摇使其溶解，置电磁搅拌器上，浸入电极，搅拌，并自滴定管中分次加入高氯酸标准溶液 [$c(HClO_4)=0.100mol/L$]；开始时可每次加入较多的量，搅拌，记录电位；至将近终点前，则应每次加入少量，搅拌，记录电位；至突跃点已过，仍应继续滴加几次标准溶液，并记录电位。

滴定终点的确定：同苯巴比妥。同时做空白试验。

硝酸士的宁的质量分数（w）按下式计算：

$$w=\frac{c(V_1-V_2)\times 0.3974}{m}\times 100\%$$

式中 V_1——高氯酸标准溶液的体积，mL；
V_2——空白消耗高氯酸标准溶液的体积，mL；
c——高氯酸标准溶液的浓度，mol/L；
m——样品质量，g；
0.3974——与 1.00mL 高氯酸标准溶液 [$c(HClO_4)=1.000mol/L$] 相当的，以 g 为单位的硝酸士的宁的质量。

硝酸益康唑（$C_{18}H_{15}Cl_3N_2O \cdot HNO_3$）**标准溶液**（1000μg/mL）

[配制] 取适量硝酸益康唑于称量瓶中，于 105℃下干燥至恒重，置于干燥器中冷却备用。准确称取 1.0000g（或按纯度换算出质量 $m=1.0000g/w$；w——质量分数）经纯度分析的硝酸益康唑（$C_{18}H_{15}Cl_3N_2O \cdot HNO_3$；$M_r=444.696$）纯品（纯度≥99%），置于 100mL 烧杯中，加适量甲醇溶解后，移入 1000mL 容量瓶中，用甲醇稀释到刻度，混匀。

[硝酸益康唑纯度的测定] 电位滴定法：准确称取 0.3g 已干燥的样品，准确到 0.0001g，置于 250mL 锥形瓶中，加 30mL 冰醋酸，使其溶解，置电磁搅拌器上，浸入电极，搅拌，并自滴定管中分次加入高氯酸标准溶液 [$c(HClO_4)=0.100mol/L$]；开始时可每次加入较多的量，搅拌，记录电位；至将近终点前，则应每次加入少量，搅拌，记录电位；至突跃点已过，仍应继续滴加几次标准溶液，并记录电位。

滴定终点的确定：同苯巴比妥。同时作空白试验。

硝酸益康唑的质量分数（w）按下式计算：

$$w=\frac{c(V_1-V_2)\times 0.4447}{m}\times 100\%$$

式中 V_1——高氯酸标准溶液的体积，mL；

V_2——空白消耗高氯酸标准溶液的体积，mL；

c——高氯酸标准溶液的浓度，mol/L；

m——样品质量，g；

0.4447——与1.00mL高氯酸标准溶液［$c(HClO_4)=1.000mol/L$］相当的，以g为单位的硝酸益康唑的质量。

硝酸异山梨酯（$C_6H_8N_2O_8$）**标准溶液**（1000μg/mL）

［配制］ 准确称取1.0000g（或按纯度换算出质量$m=1.0000g/w$；w——质量分数）经纯度分析（高效液相色谱法）的硝酸异山梨酯（$C_6H_8N_2O_8$；$M_r=236.1363$）纯品（纯度≥99%），置于100mL烧杯中，加适量氯仿溶解后，移入1000mL容量瓶中，用氯仿稀释到刻度，混匀。

硝西泮（$C_{15}H_{11}N_3O_3$）**标准溶液**（1000μg/mL）

［配制］ 取适量硝西泮于称量瓶中，于105℃下干燥至恒重，置于干燥器中冷却备用。准确称取1.0000g（或按纯度换算出质量$m=1.0000g/w$；w——质量分数）经纯度分析的硝西泮（$C_{15}H_{11}N_3O_3$；$M_r=281.2661$）纯品（纯度≥99%），置于100mL烧杯中，加适量氯仿溶解后，移入1000mL容量瓶中，用氯仿稀释到刻度，混匀。

［硝西泮纯度的测定］ 准确称取0.2g已干燥的样品，准确到0.0001g，置于250mL锥形瓶中，加15mL冰醋酸与5mL乙酐溶解后，加1滴结晶紫指示液（5g/L），用高氯酸标准溶液［$c(HClO_4)=0.100mol/L$］滴定，至溶液显黄绿色，同时做空白试验。硝西泮的质量分数（w）按下式计算：

$$w=\frac{c(V_1-V_2)\times 0.2813}{m}\times 100\%$$

式中 V_1——高氯酸标准溶液的体积，mL；

V_2——空白消耗高氯酸标准溶液的体积，mL；

c——高氯酸标准溶液的浓度，mol/L；

m——样品质量，g；

0.2813——与1.00mL高氯酸标准溶液［$c(HClO_4)=1.000mol/L$］相当的，以g为单位的硝西泮的质量。

消旋山莨菪碱（$C_{17}H_{23}NO$）**标准溶液**（1000μg/mL）

［配制］ 取适量消旋山莨菪碱于称量瓶中，于60℃下减压干燥至恒重，置于干燥器中冷却备用。称取1.0000g（或按纯度换算出质量$m=1.0000g/w$；w——质量分数）经纯度分析的消旋山莨菪碱（$C_{17}H_{23}NO_4$；$M_r=305.3688$）纯品（纯度≥99%），置于100mL烧杯中，加适量水溶解后，移入1000mL容量瓶中，用水稀释到刻度，混匀。

［消旋山莨菪碱纯度的测定］ 准确称取0.25g已干燥的样品，准确到0.0001g，置于250mL锥形瓶中，加5m乙醇（对甲基红呈中性）使其溶解，准确加入20mL盐酸标准溶

液 [$c(HCl)=0.100mol/L$]，加 1 滴甲基红指示液（0.5g/L），用氢氧化钠标准溶液 [$c(NaOH)=0.100mol/L$]滴定。消旋山莨菪碱的质量分数（w）按下式计算：

$$w=\frac{(c_1V_1-c_2V_2)\times 0.3054}{m}\times 100\%$$

式中 V_1——盐酸标准溶液的体积，mL；

c_1——盐酸标准溶液的浓度，mol/L；

V_2——氢氧化钠标准溶液的体积，mL；

c_2——氢氧化钠标准溶液的浓度，mol/L；

m——样品质量，g；

0.3054——与 1.00mL 氢氧化钠标准溶液 [$c(NaOH)=1.000mol/L$] 相当的，以 g 为单位的消旋山莨菪碱的质量。

缬氨酸（$C_5H_{11}NO_2$）**标准溶液**（1000μg/mL）

[配制] 取适量缬氨酸于称量瓶中，于 105℃下干燥至恒重，置于干燥器中冷却备用。准确称取 1.0000g（或按纯度换算出质量 $m=1.0000g/w$；w——质量分数）经纯度分析的缬氨酸（$C_5H_{11}NO_2$；$M_r=117.1463$）纯品（纯度≥99%），置于 100mL 烧杯中，加适量水溶解后，移入 1000mL 容量瓶中，用水稀释到刻度，混匀。避光低温保存。

[缬氨酸纯度的测定] 电位滴定法：准确称取 0.1g 已干燥的样品，准确到 0.0001g，置于 100mL 烧杯中，加 1mL 无水甲酸溶解后，加 25mL 冰醋酸，置电磁搅拌器上，浸入电极，搅拌，并自滴定管中分次加入高氯酸标准溶液 [$c(HClO_4)=0.100mol/L$]；开始时可每次加入较多的量，搅拌，记录电位；至将近终点前，则应每次加入少量，搅拌，记录电位；至突跃点已过，仍应继续滴加几次标准溶液，并记录电位。

滴定终点的确定同苯巴比妥。同时做空白试验。

缬氨酸的质量分数（w）按下式计算：

$$w=\frac{c(V_1-V_2)\times 0.1171}{m}\times 100\%$$

式中 V_1——高氯酸标准溶液的体积，mL；

V_2——空白消耗高氯酸标准溶液的体积，mL；

c——高氯酸标准溶液的浓度，mol/L；

m——样品质量，g；

0.1171——与 1.00mL 高氯酸标准溶液 [$c(HClO_4)=1.000mol/L$] 相当的，以 g 为单位的缬氨酸的质量。

辛硫磷（$C_{12}H_{15}N_2O_3PS$）**标准溶液**（1000μg/mL）

[配制] 用最小分度为 0.01mg 的分析天平，准确称取 0.1000g（或按纯度换算出质量 $m=0.1000g/w$；w——质量分数）的辛硫磷（$C_{12}H_{15}N_2O_3PS$；$M_r=298.298$）纯品（纯度≥99%），置于烧杯中，用二氯甲烷溶解，转移到 100mL 的容量瓶中，用二氯甲烷稀释到刻度，混匀。配制成浓度为 1000μg/mL 的标准储备溶液。使用时，根据需要再配成适当浓度的标准工作溶液。

辛酸（$C_8H_{16}O_2$）**标准溶液**（1000μg/mL）

［配制］ 取一带盖的称量瓶，加入少量乙醇，加盖，准确称量。之后滴加经纯度分析的辛酸（$C_8H_{16}O_2$；$M_r=144.2114$），至两次称量结果之差为 1.0000g（或按纯度换算出质量 $m=1.0000g/w$；w——质量分数），即为辛酸的质量（如果准确到 1.0000g 操作有困难，可通过准确记录辛酸质量，计算其浓度）。转移到 1000mL 容量瓶中，用乙醇稀释到刻度，混匀。低温保存备用。

［辛酸纯度的测定］ 称取 0.3g 的样品，准确到 0.0001g，置于 250mL 锥形瓶中，加 50mL 中性乙醇（对酚酞指示剂显中性）溶解后，加 0.1mL 酚酞指示液（10g/L），立即用氢氧化钠标准溶液［$c(NaOH)=0.100mol/L$］滴定，至溶液显粉红色，并保持 30s。辛酸的质量分数（w）按下式计算：

$$w=\frac{cV\times 0.1442}{m}\times 100\%$$

式中 V——氢氧化钠标准溶液的体积，mL；

c——氢氧化钠标准溶液的浓度，mol/L；

m——样品质量，g；

0.1442——与 1.00mL 氢氧化钠标准溶液［$c(NaOH)=1.000mol/L$］相当的，以 g 为单位的辛酸的质量。

新红（$C_{18}H_{12}N_3Na_3O_{11}S_3$）**标准溶液**（1000μg/mL）

［配制］ 准确称取 1.0000g（或按纯度换算出质量 $m=1.0000g/w$；w——质量分数）新红纯品（$C_{18}H_{12}N_3Na_3O_{11}S_3$；$M_r=611.466$）（纯度≥99%），于烧杯中，加入水溶解后，转移到 1000mL 容量瓶中，用水清洗烧杯数次，将洗涤液一并转移到容量瓶中，用水稀释到刻度，混匀。配制成浓度为 1000μg/mL 的标准储备溶液。

［新红纯度的测定］ 称取 0.5g 样品，准确至 0.0001g，置于 500mL 锥形瓶中，加新煮沸并已冷却至室温的水溶解，加入 15g 柠檬酸三钠，150mL 水，按苋莱红纯度测定中所示，装好仪器，在液面下通入二氧化碳气流的同时加热至沸，并用三氯化钛标准溶液［$c(TiCl_3)=0.100mol/L$］滴定到无色为终点。新红的质量分数（w）按下式计算：

$$w=\frac{cV\times 0.1529}{m}\times 100\%$$

式中 V——三氯化钛标准溶液的体积，mL；

c——三氯化钛标准溶液的浓度，mol/L；

m——样品质量，g；

0.1529——与 1.00mL 三氯化钛标准溶液［$c(TiCl_3)=1.000mol/L$］相当的，以 g 为单位的新红的质量。

新红铝色淀（$C_{18}H_{12}N_3Na_3O_{11}S_3$）**标准溶液**（1000μg/mL）

［配制］ 准确称取 1.0000g（或按纯度换算出质量 $m=1.0000g/w$；w——质量分数）的新红铝色淀（$C_{18}H_{12}N_3Na_3O_{11}S_3$；$M_r=611.466$）纯品置于烧杯中，加入 20mL 水，4g 酒石酸氢钠，缓缓加热至（80～90）℃，溶解冷却后，移入 1000mL 的容量瓶中，稀释至刻

度，摇匀。

[新红铝色淀纯度的测定] 称取 1.4g 样品，准确至 0.0001g，置于 500mL 锥形瓶中，加 20mL 硫酸溶液（1+9），在（40～50）℃下搅拌溶解，加 30mL 新煮沸并已冷却至室温的水，加入 30g 柠檬酸三钠，200mL 水，按苋菜红纯度测定中所示，装好仪器，在液面下通入二氧化碳气流的同时加热至沸，并用三氯化钛标准溶液 [$c(TiCl_3)=0.100mol/L$] 滴定到无色为终点。新红铝色淀的质量分数（w）按下式计算：

$$w=\frac{cV\times 0.1529}{m}\times 100\%$$

式中 V——三氯化钛标准溶液的体积，mL；

c——三氯化钛标准溶液的浓度，mol/L；

m——样品质量，g；

0.1529——与 1.00mL 三氯化钛标准溶液 [$c(TiCl_3)=1.000mol/L$] 相当的，以 g 为单位的新红铝色淀的质量。

新生霉素（$C_{31}H_{36}N_2O_{11}$）**标准溶液**（500μg/mL）

[配制] 用最小分度为 0.01mg 的分析天平，准确称取一定量（$m=0.5000g/w$；w——质量分数）的新生霉素（$C_{31}H_{36}N_2O_{11}$；$M_r=612.6243$）标准品，于 100mL 烧杯中，用磷酸盐缓冲溶液 [pH8.0±0.1：称取 13.3g 磷酸二氢钾，溶解于 900mL 水中，另取 6.2g 氢氧化钾溶解于 100mL 水中，二者混合均匀。于 121℃高压灭菌 15min] 溶解，转移到 100mL 容量瓶中，用磷酸盐缓冲溶液稀释到刻度，混匀。配制成浓度为 500μg/mL 的新生霉素标准储备溶液，于冰箱中 4℃保存，可使用 2 周。

新戊二醇（$C_5H_{12}O_2$）**标准溶液**（1000μg/mL）

[配制] 准确称取 1.0000g（或按纯度换算出质量 $m=1.0000g/w$；w——质量分数）新戊二醇（$C_5H_{12}O_2$；$M_r=104.1476$）纯品（纯度≥99%），置于 100mL 烧杯中，加水溶解后，移入 1000mL 容量瓶中，用水稀释到刻度，混匀。

熊去氧胆酸（$C_{24}H_{40}O_4$）标准溶液（1000μg/mL）

[配制] 取适量熊去氧胆酸于称量瓶中，于 105℃下干燥至恒重，置于干燥器中冷却备用。准确称取 1.0000g（或按纯度换算出质量 $m=1.0000g/w$；w——质量分数）经纯度分析的熊去氧胆酸（$C_{24}H_{40}O_4$；$M_r=392.5720$）纯品（纯度≥99%），置于 100mL 烧杯中，加适量乙醇溶解后，移入 1000mL 容量瓶中，用乙醇稀释到刻度，混匀。避光低温保存。

[熊去氧胆酸纯度的测定] 准确称取 0.5g 已干燥的样品，准确到 0.0001g，置于 250mL 锥形瓶中，加 40mL 中性乙醇（对酚酞指示液显中性）与 20mL 新煮沸过的冷水溶解后，加 2 滴酚酞指示液（10g/L），用氢氧化钠标准溶液 [$c(NaOH)=0.100mol/L$] 滴定，至近终点时，加 100mL 新沸过的冷水，继续滴定至终点。熊去氧胆酸的质量分数（w）按下式计算：

$$w=\frac{cV\times 0.3926}{m}\times 100\%$$

式中 V——氢氧化钠标准溶液的体积，mL；

c——氢氧化钠标准溶液的浓度，mol/L；

m——样品质量，g；

0.3926——与 1.00mL 氢氧化钠标准溶液 [$c(NaOH)=1.000mol/L$] 相当的，以 g 为单位的熊去氧胆酸的质量。

溴吡斯的明（$C_9H_{13}BrN_2O_2$）**标准溶液**（1000μg/mL）

[配制] 取适量溴吡斯的明于称量瓶中，于 105℃下干燥至恒重，置于干燥器中冷却备用。准确称取 1.0000g（或按纯度换算出质量 $m=1.0000g/w$；w——质量分数）经纯度分析的溴吡斯的明（$C_9H_{13}BrN_2O_2$；$M_r=261.116$）纯品（纯度≥99%），置于 100mL 烧杯中，加适量水溶解后，移入 1000mL 容量瓶中，用水稀释到刻度，混匀。避光低温保存。

[溴吡斯的明纯度的测定] 准确称取 0.25g 已干燥的样品，准确到 0.0001g，置于 250mL 锥形瓶中，加 20mL 冰醋酸溶解后，加 5mL 乙酸汞溶液（50g/L）与 3 滴喹哪啶指示液（5g/L），用高氯酸标准溶液 [$c(HClO_4)=0.100mol/L$] 滴定，至溶液无色，同时做空白试验。溴吡斯的明的质量分数（w）按下式计算：

$$w=\frac{c(V_1-V_2)\times 0.2611}{m}\times 100\%$$

式中 V_1——高氯酸标准溶液的体积，mL；

V_2——空白消耗高氯酸标准溶液的体积，mL；

c——高氯酸标准溶液的浓度，mol/L；

m——样品质量，g；

0.2611——与 1.00mL 高氯酸标准溶液 [$c(HClO_4)=1.000mol/L$] 相当的，以 g 为单位的溴吡斯的明的质量。

溴丙胺太林（$C_{23}H_{30}BrNO_3$）**标准溶液**（1000μg/mL）

[配制] 取适量溴丙胺太林于称量瓶中，于 105℃下干燥至恒重，置于干燥器中冷却备用。准确称取 1.0000g（或按纯度换算出质量 $m=1.0000g/w$；w——质量分数）经纯度分析的溴丙胺太林（$C_{23}H_{30}BrNO_3$；$M_r=448.393$）纯品（纯度≥99%），置于 100mL 烧杯中，加适量水溶解后，移入 1000mL 容量瓶中，用水稀释到刻度，混匀。

[溴丙胺太林纯度的测定] 准确称取 0.3g 已干燥的样品，准确到 0.0001g，置于 250mL 锥形瓶中，加 10mL 冰醋酸与 5mL 乙酸汞溶液（50g/L）溶解后，加 1 滴结晶紫指示液（50g/L），用高氯酸标准溶液 [$c(HClO_4)=0.100mol/L$] 滴定，至溶液显蓝绿色，同时做空白试验。溴丙胺太林的质量分数（w）按下式计算：

$$w=\frac{c(V_1-V_2)\times 0.4484}{m}\times 100\%$$

式中 V_1——高氯酸标准溶液的体积，mL；

V_2——空白消耗高氯酸标准溶液的体积，mL；

c——高氯酸标准溶液的浓度，mol/L；

m——样品质量，g；

0.4484——与 1.00mL 高氯酸标准溶液 [$c(HClO_4)=1.000mol/L$] 相当的，以 g 为单位的溴丙胺太林的质量。

溴甲烷（CH_3Br）**标准溶液**（1000μg/mL）

［配制］ 取100mL容量瓶，用最小分度为0.01mg的分析天平准确称量。之后滴加0.1000g的溴甲烷（CH_3Br；$M_r=94.939$）纯品（纯度≥99%），至两次称量结果之差为0.1000g（或按纯度换算出质量$m=0.1000g/w$；w——质量分数），即为溴甲烷的质量（如果准确到0.1000g操作有困难，可通过准确记录溴甲烷质量，计算其浓度），用异辛烷溶解，移入100mL容量瓶中，用异辛烷定容，混匀。配制成浓度为1000μg/mL的标准储备溶液。使用时，根据需要再用异辛烷稀释成适用浓度的标准工作溶液。

溴硫磷（$C_8H_8BrCl_2O_3PS$）**标准溶液**（1000μg/mL）

［配制］ 准确称取0.1000g（或按纯度换算出质量$m=0.1000g/w$；w——质量分数）溴硫磷（$C_8H_8BrCl_2O_3PS$；$M_r=365.996$）纯品（纯度≥99%），置于100mL烧杯中，用丙酮溶解，移入100mL容量瓶中，用丙酮定容，混匀。配制成浓度为1000μg/mL的标准储备溶液。在4℃下可存放6～12个月。

溴氯常山酮（$C_{16}H_{17}BrClN_3O_3$）**标准溶液**（1000μg/mL）

［配制］ 用最小分度为0.01mg的分析天平，准确称取0.1000g（或按纯度换算出质量$m=0.1000g/w$；w——质量分数）的溴氯常山酮（$C_{16}H_{17}BrClN_3O_3$；$M_r=414.682$）纯品（纯度≥99.9%），于小烧杯中，用乙酸铵缓冲溶液［$c(NH_4)Ac=0.25mol/L$］［pH4.3：称取19.27g乙酸铵和30mL乙酸，用水溶解，并定容至1L］溶解，并转移到100mL容量瓶中，用乙酸铵缓冲溶液稀释到刻度，混匀。配制成浓度为1000μg/mL的标准储备溶液。使用时，再根据需要用乙酸铵缓冲溶液稀释成适当浓度的标准工作溶液。

溴螨酯（$C_{17}H_{16}Br_2O_3$）**标准溶液**（1000μg/mL）

［配制］ 用最小分度为0.01mg的分析天平，准确称取0.1000g（或按纯度换算出质量$m=0.1000g/w$；w——质量分数）的溴螨酯（$C_{17}H_{16}Br_2O_3$；$M_r=258.115$）纯品（纯度≥99%），于小烧杯中，用少量重蒸馏苯溶解，转移到100mL容量瓶中，用重蒸馏正己烷稀释到刻度，混匀。配制成浓度为1000μg/L的标准储备溶液。使用时，根据需要再稀释配制成适当浓度的标准工作溶液。

溴氰菊酯（$C_{22}H_{19}Br_2NO_3$）**标准溶液**（1000μg/mL）

［配制］ 用最小分度为0.01mg的分析天平，准确称取适量（$m=0.1003g$，质量分数为99.7%）GBW（E）060138溴氰菊酯（$C_{22}H_{19}Br_2NO_3$；$M_r=505.199$）纯度分析标准物质或已知纯度（纯度≥99%）（质量$m=0.1000g/w$；w——质量分数）的纯品，置于烧杯中，用少量苯（或重蒸馏正己烷）溶解，转移到100mL容量瓶中，再用重蒸馏的石油醚（或重蒸馏正己烷）稀释到刻度，混匀。配制成浓度为1000μg/mL的标准储备溶液，根据需要再配成适当浓度的标准工作液。

注：如果无法获得溴氰菊酯标准物质，可采用如下方法提纯并测定纯度。

［提纯方法］ 称取100g溴氰菊酯，加入适量热氯仿（约50℃）溶解并饱和，然后在不断搅拌下，加

入（100～150)mL异丙醇，冷却后置于冰箱中冷冻（－12℃）。完全冷冻析出晶体后，取出，抽滤，用冷冻的异丙醇洗涤结晶。重复结晶数次，所得晶体经自然干燥后，再于（40～50)℃真空干燥箱中干燥。

［纯度分析］ 采用电位滴定法、差示扫描量热法、气相色谱法测定其纯度。

溴新斯的明（$C_{12}H_{19}BrN_2O_2$）**标准溶液**（1000μg/mL）

［配制］ 取适量溴新斯的明于称量瓶中，于105℃下干燥至恒重，置于干燥器中冷却备用。准确称取1.0000g（或按纯度换算出质量 $m=1.0000g/w$；w——质量分数）经纯度分析的溴新斯的明（$C_{12}H_{19}BrN_2O_2$；$M_r=303.195$）纯品（纯度≥99%），置于100mL烧杯中，加适量水溶解后，移入1000mL容量瓶中，用水稀释到刻度，混匀。

［溴新斯的明纯度的测定］ 准确称取0.2g已干燥的样品，准确到0.0001g，置于250mL锥形瓶中，加20mL冰醋酸与5mL乙酸汞溶液（50g/L）溶解后，加1滴结晶紫指示液（5g/L），用高氯酸标准溶液［$c(HClO_4)=0.100mol/L$］滴定，至溶液显蓝色，同时做空白试验。溴新斯的明的质量分数（w）按下式计算：

$$w=\frac{c(V_1-V_2)\times 0.3032}{m}\times 100\%$$

式中 V_1——高氯酸标准溶液的体积，mL；
V_2——空白消耗高氯酸标准溶液的体积，mL；
c——高氯酸标准溶液的浓度，mol/L；
m——样品质量，g；
0.3032——与1.00mL高氯酸标准溶液［$c(HClO_4)=1.000mol/L$］相当的，以g为单位的溴新斯的明的质量。

亚胺硫磷（$C_{11}H_{12}NO_4PS_2$）**标准溶液**（1000μg/mL）

［配制］ 用最小分度为0.1mg的分析天平，准确称取0.1000g（或按纯度换算出质量 $m=0.1000g/w$；w——质量分数）的亚胺硫磷（$C_{11}H_{12}NO_4PS_2$；$M_r=317.321$）纯品（纯度≥99%），于小烧杯中，用丙酮溶解，转移到100mL棕色容量瓶中，用丙酮稀释到刻度，混匀。配制成浓度为1000μg/mL的标准储备溶液，冰箱中低温保存。使用时，再根据需要用正己烷稀释成适当浓度的标准工作溶液。

亚甲基蓝（$C_{16}H_{18}ClN_3S$）**标准溶液**（1000μg/mL）

［配制］ 取适量亚甲基蓝（$C_{16}H_{18}ClN_3S\cdot 3H_2O$；$M_r=373.898$）于称量瓶中，于105℃下干燥至恒重，取出，置于干燥器中冷却备用。准确称取1.0000g（或按纯度换算出质量 $m=1.0000g/w$；w——质量分数）经纯度分析的亚甲基蓝（$C_{16}H_{18}ClN_3S$；$M_r=319.852$）纯品（纯度≥99%），置于100mL烧杯中，加适量水溶解后，移入1000mL容量瓶中，用水稀释到刻度，混匀。避光低温保存。

［亚甲基蓝纯度的测定］ 准确称取0.2g已干燥的样品，准确到0.0001g。置于烧杯中，加40mL水溶解后，置水浴上加热至75℃，准确加入25mL重铬酸钾标准溶液[$c(1/6K_2Cr_2O_7)=0.100mol/L$]，摇匀，在75℃保温20min，冷却至室温，用玻璃砂芯漏斗过滤，烧杯与漏斗用水洗涤4次，每次2.5mL，过滤，合并滤液和洗液，移至具塞锥形瓶中，用50mL水分次洗涤原装有滤液和洗液的抽滤瓶，洗涤液并入具塞锥形瓶，再加25mL硫酸溶液（20%）与

10mL 碘化钾溶液（165g/L），摇匀，用硫代硫酸钠标准溶液 [$c(Na_2S_2O_3)=0.100mol/L$] 滴定，至近终点时，加 2mL 淀粉指示液（5g/L），继续滴定至蓝色消失。同时做空白试验。亚甲基蓝的质量分数（w）按下式计算：

$$w=\frac{(c_1V_1-c_2V_2)\times 0.1066}{m}\times 100\%$$

式中 V_1——重铬酸钾标准溶液的体积，mL；

c_1——重铬酸钾溶液的浓度，mol/L；

V_2——硫代硫酸钠标准溶液的体积，mL；

c_2——硫代硫酸钠溶液的浓度，mol/L；

m——样品质量，g；

0.1066——与 1.00mL 重铬酸钾标准溶液 [$c(\frac{1}{6}K_2Cr_2O_7)=1.000mol/L$] 相当的，以 g 为单位的亚甲基蓝（$C_{16}H_{18}ClN_3S$）的质量。

亚硫酸氢钠甲萘醌（$NaC_{11}H_9O_5S$）**标准溶液**（1000μg/mL）

[配制] 准确称取 1.1956g（或按纯度换算出质量 $m=1.1956g/w$；w——质量分数）经纯度分析的亚硫酸氢钠甲萘醌（$NaC_{11}H_9O_5S\cdot 3H_2O$；$M_r=330.287$）或 1.0000g（或按纯度换算出质量 $m=1.0000/w$；w——质量分数）无水亚硫酸氢钠甲萘醌（$NaC_{11}H_9O_5S$；$M_r=276.241$）纯品（纯度≥99%），置于 100mL 烧杯中，加适量水溶解后，移入 1000mL 容量瓶中，用水稀释到刻度，混匀。避光低温保存。

[亚硫酸氢钠甲萘醌纯度测定]

(1) 对照品标准溶液 准确称取 0.1000g 甲萘醌对照品，置于 500mL 容量瓶中，加氯仿溶解并定容。准确移取 2mL 溶液，置于 100mL 容量瓶中，用无水乙醇稀释到刻度，混匀。

(2) 样品溶液制备 准确称取 1.0g 样品，准确到 0.0001g，置于 200mL 容量瓶中，加水溶解并稀释到刻度，摇匀。准确移取 2.0mL 溶液，置于分液漏斗中，加 40mL 氯仿和 5mL 碳酸钠溶液 [$c(Na_2CO_3)=0.1mol/mL$]，剧烈振摇 30s，静置，分取氯仿层，用氯仿润湿的棉花过滤，滤液置 200mL 容量瓶中，立即用 40mL 氯仿洗涤滤器，洗液并入容量瓶中，水层用氯仿振摇提取 2 次，每次 20mL，提取液过滤，并用 20mL 氯仿洗涤滤器，合并提取液和洗涤液置于容量瓶中，加氯仿稀释到刻度，摇匀。准确移取 2.0mL 溶液，置于 100mL 容量瓶中，用无水乙醇稀释到刻度。

(3) 测定 各取上述对照品标准溶液和样品溶液，用 2%氯仿的无水乙醇溶液作空白，用分光光度法，在 250nm 的波长处分别测定标准溶液和待测溶液的吸光度，计算，并将结果乘以 1.918，即得待测样品中 $NaC_{11}H_9O_5S\cdot 3H_2O$ 的量。

***N*-亚硝基吡咯烷**（$C_4H_8N_2O$）**标准溶液**（1000μg/mL）

[配制] 取 100mL 棕色容量瓶，加少量无水乙醇，用最小分度为 0.01mg 的分析天平，准确称量后，滴加 N-亚硝基吡咯烷（$C_4H_8N_2O$；$M_r=100.1191$）纯品（纯度≥99%），称量，至两次称量结果之差为 0.1000g（或按纯度换算出质量 $m=0.1000g/w$；w——质量分数），即为 N-亚硝基吡咯烷质量，用无水乙醇稀释到刻度，混匀。配制成浓度为 1000μg/mL 的标准储备溶液。用安瓿密封分装后避光冷藏（−30℃）保存，两年有效。

N-亚硝基二丙胺（$C_6H_{14}N_2O$）**标准溶液**（1000μg/mL）

［配制］ 取100mL棕色容量瓶，加少量无水乙醇，用最小分度为0.1mg的分析天平，准确称量后，滴加N-亚硝基二丙胺（$C_6H_{14}N_2O$；$M_r=130.1882$）纯品（纯度≥99%），称量，至两次称量结果之差为0.1000g（或按纯度换算出质量$m=0.1000g/w$；w——质量分数），即为N-亚硝基二丙胺质量，用无水乙醇稀释到刻度，混匀。配制成浓度为1000μg/mL的标准储备溶液。用安瓿密封分装后避光冷藏（－30℃）保存，两年有效。

N-亚硝基二甲胺（$C_2H_6N_2O$）**标准溶液**（1000μg/mL）

［配制］ 取100mL容量瓶，加少量无水乙醇，用最小分度为0.01mg的分析天平，准确称量后，滴加N-亚硝基二甲胺（$C_2H_6N_2O$；$M_r=74.0818$）纯品（纯度≥99%），称量，至两次称量结果之差为0.1000g（或按纯度换算出质量$m=0.1000g/w$；w——质量分数），即为N-亚硝基二甲胺质量，用无水乙醇稀释到刻度，混匀。配制成浓度为1000μg/mL的标准储备溶液。用安瓿密封分装后避光冷藏（－30℃）保存，2年有效。

N-亚硝基二乙胺（$C_4H_{10}N_2O$）**标准溶液**（1000μg/mL）

［配制］ 取100mL棕色容量瓶，加少量无水乙醇，用最小分度为0.01mg的分析天平，准确称量后，滴加N-亚硝基二乙胺（$C_4H_{10}N_2O$；$M_r=102.1350$）纯品（纯度≥99%），称量，至两次称量结果之差为0.1000g（或按纯度换算出质量$m=0.1000g/w$；w——质量分数），即为N-亚硝基二乙胺质量，用无水乙醇稀释到刻度，混匀。配制成浓度为1000μg/mL的标准储备溶液。用安瓿密封分装后避光冷藏（－30℃）保存，两年有效。

N-亚硝基吗啉（$C_4H_8N_2O_2$）**标准溶液**（1000μg/mL）

［配制］ 用最小分度为0.01mg的分析天平，准确称取0.1000g（或按纯度换算出质量$m=0.1000g/w$；w——质量分数）N-亚硝基吗啉（$C_4H_8N_2O_2$；$M_r=116.1185$）纯品（纯度≥99%），于小烧杯中，溶于无水乙醇，转移到100mL容量瓶中，用无水乙醇稀释到刻度，混匀。配制成浓度为1000μg/mL的标准储备溶液。用安瓿密封分装后避光冷藏（－30℃）保存，两年有效。

亚叶酸钙（$CaC_{20}H_{21}N_7O_7$）**标准溶液**（1000μg/mL）

［配制］ 准确称取1.1761g（或按纯度换算出质量$m=1.1761g/w$；w——质量分数）经纯度分析的亚叶酸钙（$CaC_{20}H_{21}N_7O_7 \cdot 5H_2O$；$M_r=601.578$）纯品（纯度≥99%），置于100mL烧杯中，加适量水溶解后，移入1000mL容量瓶中，用水稀释到刻度，混匀。避光低温保存。

［标定］ 分光光度法：准确移取1.00mL上述溶液，移入100mL容量瓶中，用氢氧化钠溶液［$c(NaOH)=0.1mol/L$］稀释到刻度（10μg/mL）。按附录十，用分光光度法，在282nm的波长处测定溶液的吸光度，$CaC_{20}H_{21}N_7O_7$的吸光系数$E_{1cm}^{1\%}$为575计算，即得。

2-亚乙基硫脲（$C_3H_6N_2S$）**标准溶液**（1000μg/mL）

［配制］ 用最小分度为0.1mg的分析天平，准确称取0.1000g（或按纯度换算出质量

$m=0.1000\text{g}/w$；w——质量分数）的2-亚乙基硫脲（$C_3H_6N_2S$；$M_r=102.158$）纯品（纯度≥99%），于小烧杯中，用乙醇溶解，转移到100mL容量瓶中，用乙醇稀释到刻度，混匀。配制成浓度为1000μg/L的标准储备溶液。使用时，根据需要再稀释配制成适当浓度的标准工作溶液。

亚油酸（$C_{18}H_{32}O_2$）**标准溶液**（1000μg/mL）

［配制］ 用最小分度为0.01mg的分析天平，准确称取1.0000g（或按纯度换算出质量$m=1.0000\text{g}/w$；w——质量分数）的亚油酸（$C_{18}H_{32}O_2$；$M_r=280.4455$）纯品（纯度≥99%），于小烧杯中，用色谱纯正己烷溶解，转移到1000mL容量瓶中，用色谱纯正己烷定容，混匀。配制成浓度为1000μg/mL的标准储备溶液。

胭脂红（$Na_3C_{20}H_{11}N_2O_{10}S_3 \cdot 1.5H_2O$）**标准溶液**（1000μg/mL）

［配制］ 准确称取适量［m(g)］GBW10002胭脂红（$Na_3C_{20}H_{11}N_2O_{10}S_3 \cdot 1.5H_2O$；$M_r=631.496$）纯度分析标准物质（$m=1.0718$g，质量分数为93.3%）或已知纯度的纯品（质量$m=1.0000\text{g}/w$；$w$——质量分数），置于烧杯中，加入水溶解后，转移到1000mL容量瓶中，用水清洗烧杯数次，将洗涤液一并转移到容量瓶中，用水稀释到刻度，混匀。

［胭脂红纯度的测定］ 称取0.5g样品，准确至0.0001g，置于500mL锥形瓶中，溶于新煮沸并冷却至室温的50mL水，加入15g柠檬酸三钠，150mL水，按苋菜红纯度测定中所示，装好仪器，在液面下通入二氧化碳气流的同时，加热至沸，并用三氯化钛标准溶液［$c(TiCl_3)=0.100$mol/L］滴定至无色为终点。胭脂红的质量分数（w），按下式计算：

$$w=\frac{cV\times 0.1579}{m}\times 100\%$$

式中 V——三氯化钛标准溶液的体积，mL；

c——三氯化钛标准溶液的浓度，mol/L；

m——样品质量，g；

0.1579——与1.00mL三氯化钛标准溶液［$c(TiCl_3)=1.000$mol/L］相当的，以g为单位的胭脂红的质量。

胭脂红铝色淀（$C_{20}H_{14}N_2O_{10}S_3$）**标准溶液**（1000μg/mL）

［配制］ 准确称取适量（按纯度换算出质量$m=1.0000\text{g}/w$；w——质量分数）经纯度分析的胭脂红铝色淀（$C_{20}H_{14}N_2O_{10}S_3$；$M_r=538.528$）纯品，置于100mL烧杯中，加入20mL水和2g柠檬酸三钠，缓缓加热至90℃溶解，冷却后，移入1000mL的容量瓶中，用水稀释至刻度，摇匀。

［胭脂红铝色淀纯度的测定］ 称取1.4g样品，准确至0.0001g，置于500mL锥形瓶中，加30mL新煮沸并已冷却至室温的水，2g柠檬酸三钠，在（40～50℃）下搅拌溶解，加入15g柠檬酸三钠，200mL水，按苋菜红纯度测定中所示，装好仪器，在液面下通入二氧化碳气流的同时加热至沸，并用三氯化钛标准溶液［$c(TiCl_3)=0.100$mol/L］滴定至无色为终点。胭脂红铝色淀的质量分数（w）按下式计算：

$$w=\frac{cV\times 0.1346}{m}\times 100\%$$

式中 V——三氯化钛标准溶液的体积，mL；

c——三氯化钛标准溶液的浓度，mol/L；

m——样品质量，g；

0.1346——与 1.00mL 三氯化钛标准溶液 [$c(TiCl_3)$=1.000mol/L] 相当的，以 g 为单位的胭脂红铝色淀的质量。

烟酸（$C_6H_5NO_2$）**标准溶液**（1000μg/mL）

［配制］ 取适量烟酸于称量瓶中，于 105℃下干燥至恒重，置于干燥器中冷却备用。准确称取 1.0000g（或按纯度换算出质量 m=1.0000g/w；w——质量分数）经纯度分析的烟酸（$C_6H_5NO_2$；M_r=123.1094）纯品（纯度≥99%），置于 100mL 烧杯中，以乙醇溶解后，移入 1000mL 容量瓶中，用乙醇稀释到刻度，混匀。于冰箱中保存。

［烟酸纯度的测定］ 准确称取 0.3g 样品，准确到 0.0001g，置于 250mL 锥形瓶中，加 50mL 新沸过的冷水溶解后，加 3 滴酚酞指示液（10g/L），用氢氧化钠标准溶液 [c(NaOH)=0.100mol/L] 滴定，至溶液显红色，同时做空白试验。烟酸的质量分数（w）按下式计算：

$$w=\frac{Vc\times 0.1231}{m}\times 100\%$$

式中 V——氢氧化钠标准溶液的体积，mL；

c——氢氧化钠标准溶液的浓度，mol/L；

m——样品质量，g；

0.1231——与 1.00mL 氢氧化钠标准溶液 [c(NaOH)=1.000mol/L] 相当的，以 g 为单位的烟酸的质量。

烟酰胺（维生素 PP、尼克酰胺；$C_6H_6N_2O$）**标准溶液**（1000μg/mL）

［配制］ 取适量烟酰胺于称量瓶中，于 105℃下干燥至恒重，置于干燥器中冷却备用。准确称取 1.0000g（或按纯度换算出质量 m=1.0000g/w；w——质量分数）经纯度分析的烟酰胺（$C_6H_6N_2O$；M_r=122.1246）纯品（纯度≥99%），置于 100mL 烧杯中，加适量水溶解后，移入 1000mL 容量瓶中，用水稀释到刻度，混匀。配制成浓度为 1000μg/mL 的标准储备溶液。低温避光保存。

［烟酰胺纯度的测定］ 准确称取 0.1g 样品，准确到 0.0001g，置于 250mL 锥形瓶中，加 20mL 冰醋酸溶解后，加 5mL 乙酸酐溶液与 1 滴结晶紫指示液（5g/L），用高氯酸标准溶液 [$c(HClO_4)$=0.100mol/L] 滴定，至溶液显蓝绿色，同时做空白试验。烟酰胺的质量分数（w）按下式计算：

$$w=\frac{c(V_1-V_2)\times 0.1221}{m}\times 100\%$$

式中 V_1——高氯酸标准溶液的体积，mL；

V_2——空白消耗高氯酸标准溶液的体积，mL；

c——高氯酸标准溶液的浓度，mol/L；

m——样品质量，g；

0.1221——与 1.00mL 高氯酸标准溶液 [$c(HClO_4)$=1.000mol/L] 相当的，以 g 为单位

的烟酰胺的质量。

盐霉素（$C_{42}H_{70}O_{11}$）**标准溶液**（500μg/mL）

［配制］ 用最小分度为 0.01mg 的分析天平，准确称取一定量（$m=0.5000g/w$；w——质量分数）的盐霉素（$C_{42}H_{70}O_{11}$；$M_r=750.9986$）标准品（纯度 979μg/mg，密封避光、防潮，冰箱中 4℃保存），于 100mL 烧杯中，用无水甲醇溶解，转移到 100mL 容量瓶中，用无水甲醇稀释到刻度，混匀。配制成浓度为 500μg/mL 的标准储备溶液。于 4℃冰箱中保存，可使用二周。

盐酸阿米洛利（$C_6H_8ClN_7O \cdot HCl$）**标准溶液**（1000μg/mL）

［配制］ 取适量盐酸阿米洛利（$C_6H_8ClN_7O \cdot HCl \cdot 2H_2O$；$M_r=302.119$）于称量瓶中，于 100℃下减压干燥至恒重，置于干燥器中冷却备用。准确称取 1.0000g（或按纯度换算出质量 $m=1.0000g/w$；w——质量分数）经纯度分析的盐酸阿米洛利（$C_6H_8ClN_7O \cdot HCl$；$M_r=266.088$）纯品（纯度≥99%），置于 100mL 烧杯中，加适量甲醇溶解后，移入 1000mL 容量瓶中，用甲醇稀释到刻度，混匀。避光保存。

［盐酸阿米洛利纯度的测定］ 准确称取 0.2g 已干燥的样品，准确到 0.0001g，置于 250mL 锥形瓶中，加 50mL 冰醋酸、5mL 乙酸汞溶液（50g/L）与 8mL 二氧六环溶解后，加 1 滴结晶紫指示液（5g/L），用高氯酸标准溶液［$c(HClO_4)=0.100mol/L$］滴定，至溶液显蓝色，同时做空白试验。盐酸阿米洛利的质量分数（w）按下式计算：

$$w=\frac{c(V_1-V_2)\times 0.2661}{m}\times 100\%$$

式中 V_1——高氯酸标准溶液的体积，mL；

V_2——空白消耗高氯酸标准溶液的体积，mL；

c——高氯酸标准溶液的浓度，mol/L；

m——样品质量，g；

0.2661——与 1.00mL 高氯酸标准溶液［$c(HClO_4)=1.000mol/L$］相当的，以 g 为单位的盐酸阿米洛利的质量。

盐酸阿米替林（$C_{20}H_{23}N \cdot HCl$）**标准溶液**（1000μg/mL）

［配制］ 准确称取 1.0000g（或按纯度换算出质量 $m=1.0000g/w$；w——质量分数）经纯度分析的盐酸阿米替林（$C_{20}H_{23}N \cdot HCl$；$M_r=313.864$）纯品（纯度≥99%），置于 100mL 烧杯中，加适量水溶解后，移入 1000mL 容量瓶中，用水稀释到刻度，混匀。避光保存。

［盐酸阿米替林纯度的测定］ 准确称取 0.3g 样品，准确到 0.0001g，置于 250mL 锥形瓶中，加 20mL 冰醋酸，必要时温热使其溶解，冷却，加 5mL 乙酸汞溶液（50g/L）与 1 滴结晶紫指示液（5g/L），用高氯酸标准溶液［$c(HClO_4)=0.100mol/L$］滴定，至溶液显亮蓝色，同时做空白试验。盐酸阿米替林的质量分数（w）按下式计算：

$$w=\frac{c(V_1-V_2)\times 0.3139}{m}\times 100\%$$

式中 V_1——高氯酸标准溶液的体积，mL；

V_2——空白消耗高氯酸标准溶液的体积，mL；

c——高氯酸标准溶液的浓度，mol/L；

m——样品质量，g；

0.3139——与1.00mL高氯酸标准溶液［$c(HClO_4)=1.000mol/L$］相当的，以g为单位的盐酸阿米替林的质量。

盐酸阿扑吗啡（$C_{17}H_{17}NO_2 \cdot HCl$）**标准溶液**（1000μg/mL）

［配制］ 取适量盐酸阿扑吗啡（$C_{17}H_{17}NO_2 \cdot HCl \cdot \frac{1}{2}H_2O$；$M_r=312.791$）于称量瓶中，于105℃下干燥至恒重，置于干燥器中冷却备用。准确称取1.0000g（或按纯度换算出质量$m=1.0000g/w$；w——质量分数）经纯度分析的盐酸阿扑吗啡（$C_{17}H_{17}NO_2 \cdot HCl$；$M_r=303.783$）纯品（纯度≥99%），置于100mL烧杯中，加适量水溶解后，移入1000mL容量瓶中，用水稀释到刻度，混匀。避光低温保存。

［盐酸阿扑吗啡纯度的测定］ 准确称取0.25g已干燥的样品，准确到0.0001g，置于250mL锥形瓶中，加20mL冰醋酸，6mL乙酸汞溶液（50g/L）溶解后，加1滴结晶紫指示液（5g/L），用高氯酸标准溶液［$c(HClO_4)=0.100mol/L$］滴定，至溶液显蓝绿色，同时做空白试验。盐酸阿扑吗啡的质量分数（w）按下式计算：

$$w=\frac{c(V_1-V_2)\times 0.3038}{m}\times 100\%$$

式中 V_1——高氯酸标准溶液的体积，mL；

V_2——空白消耗高氯酸标准溶液的体积，mL；

c——高氯酸标准溶液的浓度，mol/L；

m——样品质量，g；

0.3038——与1.00mL高氯酸标准溶液［$c(HClO_4)=1.000mol/L$］相当的，以g为单位的盐酸阿扑吗啡的质量。

盐酸阿糖胞苷（$C_9H_{13}N_3O_5 \cdot HCl$）**标准溶液**（1000μg/mL）

［配制］ 准确称取1.0000g（或按纯度换算出质量$m=1.0000g/w$；w——质量分数）经纯度分析的盐酸阿糖胞苷（$C_9H_{13}N_3O_5 \cdot HCl$；$M_r=279.678$）纯品（纯度≥99%），置于100mL烧杯中，加适量水溶解后，移入1000mL容量瓶中，用水稀释到刻度，混匀。避光保存。

［标定］ 分光光度法：准确移取1.00mL上述溶液，移入100mL容量瓶中，用盐酸溶液（1%）稀释至刻度（10μg/mL），摇匀，按附录十，用分光光度法，在280nm的波长处测定溶液的吸光度，$C_9H_{13}N_3O_5 \cdot HCl$的吸光系数$E_{1cm}^{1\%}$为484计算，即得。

盐酸胺碘酮（$C_{25}H_{29}I_2NO_3 \cdot HCl$）**标准溶液**（1000μg/mL）

［配制］ 准确称取1.0000g（或按纯度换算出质量$m=1.0000g/w$；w——质量分数）经纯度分析的盐酸胺碘酮（$C_{25}H_{29}I_2NO_3 \cdot HCl$；$M_r=681.773$）纯品（纯度≥99%），置于100mL烧杯中，加适量乙醇溶解后，移入1000mL容量瓶中，用乙醇稀释到刻度，混匀。避光保存。

［盐酸胺碘酮纯度的测定］ 准确称取0.5g样品，准确到0.0001g，置于250mL锥形瓶

中，加20mL冰醋酸，微热使其溶解后，加6mL乙酸汞溶液（50g/L）与1滴结晶紫指示液（5g/L），用高氯酸标准溶液［$c(HClO_4)=0.100mol/L$］滴定，至溶液显蓝色，同时做空白试验。盐酸胺碘酮的质量分数（w）按下式计算：

$$w=\frac{c(V_1-V_2)\times 0.6818}{m}\times 100\%$$

式中　V_1——高氯酸标准溶液的体积，mL；

V_2——空白消耗高氯酸标准溶液的体积，mL；

c——高氯酸标准溶液的浓度，mol/L；

m——样品质量，g；

0.6818——与1.00mL高氯酸标准溶液［$c(HClO_4)=1.000mol/L$］相当的，以g为单位的盐酸胺碘酮的质量。

盐酸安他唑啉（$C_{17}H_{19}N_3\cdot HCl$）**标准溶液**（1000μg/mL）

［配制］　取适量盐酸安他唑啉于称量瓶中，于105℃下干燥至恒重，置于干燥器中冷却备用。准确称取1.0000g（或按纯度换算出质量$m=1.0000g/w$；w——质量分数）经纯度分析的盐酸安他唑啉（$C_{17}H_{19}N_3\cdot HCl$；$M_r=301.814$）纯品（纯度≥99%），置于100mL烧杯中，加适量水溶解后，移入1000mL容量瓶中，用水稀释到刻度。避光低温保存。

［盐酸安他唑啉纯度的测定］　电位滴定法：准确称取0.2g已干燥的样品，准确到0.0001g，置于250mL锥形瓶中，加20mL冰醋酸，加5mL乙酸汞溶液（50g/L），溶解后，置电磁搅拌器上，浸入电极，搅拌，并自滴定管中分次加入高氯酸标准溶液［$c(HClO_4)=0.100mol/L$］；开始时可每次加入较多的量，搅拌，记录电位；至将近终点前，则应每次加入少量，搅拌，记录电位；至突跃点已过，仍应继续滴加几次标准溶液，并记录电位。

滴定终点的确定同苯巴比妥。同时做空白试验。

盐酸安他唑啉的质量分数（w）按下式计算：

$$w=\frac{c(V_1-V_2)\times 0.3018}{m}\times 100\%$$

式中　V_1——高氯酸标准溶液的体积，mL；

V_2——空白消耗高氯酸标准溶液的体积，mL；

c——高氯酸标准溶液的浓度，mol/L；

m——样品质量，g；

0.3018——与1.00mL高氯酸标准溶液［$c(HClO_4)=1.000mol/L$］相当的，以g为单位的盐酸安他唑啉的质量。

盐酸半胱氨酸（$C_3H_7NO_2S\cdot HCl$）**标准溶液**（1000μg/mL）

［配制］　准确称取1.1143g（或按纯度换算出质量$m=1.1143g/w$；w——质量分数）经纯度分析的盐酸半胱氨酸（$C_3H_7NO_2S\cdot HCl\cdot H_2O$；$M_r=175.634$）纯品（纯度≥99%），置于100mL烧杯中，加适量水溶解后，移入1000mL容量瓶中，用水稀释到刻度，混匀。避光低温保存。

［盐酸半胱氨酸纯度的测定］　准确称取0.25g，准确到0.0001g。置于250mL碘量瓶

中，加 20mL 水与 4g 碘化钾振摇溶解后，加 5mL 稀盐酸（10%），准确加入 25mL 碘标准溶液 [$c(\frac{1}{2}I_2)$=0.100mol/L]，于暗处放置 15min，再置冰浴中冷却 5min，用硫代硫酸钠标准溶液 [$c(Na_2S_2O_3)$=0.100mol/L] 滴定，至近终点时，加 2mL 淀粉指示液（5g/L），继续滴定至蓝色消失。同时做空白试验。盐酸半胱氨酸的质量分数（w）按下式计算：

$$w=\frac{(c_1V_1-c_2V_2)\times 0.1576}{m}\times 100\%$$

式中 V_1——碘标准溶液的体积，mL；

c_1——碘标准溶液的浓度，mol/L；

V_2——样品消耗硫代硫酸钠标准溶液的体积，mL；

c_2——硫代硫酸钠标准溶液的浓度，mol/L；

m——样品质量，g；

0.1576——与 1.00mL 碘标准溶液 [$c(\frac{1}{2}I_2)$=1.000mol/L] 相当的，以 g 为单位的盐酸半胱氨酸的质量。

盐酸倍他司汀（$C_8H_{12}N_2\cdot 2HCl$）**标准溶液**（1000μg/mL）

[配制] 准确称取 1.0000g（或按纯度换算出质量 m=1.0000g/w；w——质量分数）经纯度分析的盐酸倍他司汀（$C_8H_{12}N_2\cdot 2HCl$；M_r=209.116）纯品（纯度≥99%），置于 100mL 烧杯中，加适量水溶解后，移入 1000mL 容量瓶中，用水稀释到刻度，混匀。避光保存。

[盐酸倍他司汀纯度的测定] 准确称取 0.1g 样品，准确到 0.0001g，置于 250mL 锥形瓶中，加 2mL 冰醋酸溶解后，加 5mL 乙酸汞溶液（50g/L）与 1 滴结晶紫指示液（5g/L），用高氯酸标准溶液 [$c(HClO_4)$=0.100mol/L] 滴定，至溶液显蓝绿色，同时做空白试验。盐酸倍他司汀的质量分数（w）按下式计算：

$$w=\frac{c(V_1-V_2)\times 0.1046}{m}\times 100\%$$

式中 V_1——高氯酸标准溶液的体积，mL；

V_2——空白消耗高氯酸标准溶液的体积，mL；

c——高氯酸标准溶液的浓度，mol/L；

m——样品质量，g；

0.1046——与 1.00mL 高氯酸标准溶液 [$c(HClO_4)$=1.000mol/L] 相当的，以 g 为单位的盐酸倍他司汀的质量。

盐酸苯海拉明（$C_{17}H_{21}NO\cdot HCl$）**标准溶液**（1000μg/mL）

[配制] 取适量盐酸苯海拉明于称量瓶中，于 105℃下干燥至恒重，置于干燥器中冷却备用。准确称取 1.0000g（或按纯度换算出质量 m=1.0000g/w；w——质量分数）经纯度分析的盐酸苯海拉明（$C_{17}H_{21}NO\cdot HCl$；M_r=291.816）纯品（纯度≥99%），置于 100mL 烧杯中，加适量水溶解后，移入 1000mL 容量瓶中，用水稀释到刻度，混匀。

[盐酸苯海拉明纯度的测定] 准确称取 0.2g 已干燥的样品，准确到 0.0001g，置于 250mL 锥形瓶中，加 20mL 冰醋酸与 4mL 乙酐溶解后，加 4mL 乙酸汞溶液（50g/L）与 1 滴结晶紫指示液（5g/L），用高氯酸标准溶液 [$c(HClO_4)$=0.100mol/L] 滴定，至溶液显

蓝绿色，同时做空白试验。盐酸苯海拉明的质量分数（w）按下式计算：

$$w=\frac{c(V_1-V_2)\times 0.2918}{m}\times 100\%$$

式中 V_1——高氯酸标准溶液的体积，mL；

V_2——空白消耗高氯酸标准溶液的体积，mL；

c——高氯酸标准溶液的浓度，mol/L；

m——样品质量，g；

0.2918——与 1.00mL 高氯酸标准溶液 [$c(HClO_4)$=1.000mol/L] 相当的，以 g 为单位的盐酸苯海拉明的质量。

盐酸苯海索（$C_{20}H_{31}NO\cdot HCl$）**标准溶液**（1000μg/mL）

［配制］ 取适量盐酸苯海索于称量瓶中，于 105℃下干燥至恒重，置于干燥器中冷却备用。准确称取 1.0000g（或按纯度换算出质量 m=1.0000g/w；w——质量分数）经纯度分析的盐酸苯海索（$C_{20}H_{31}NO\cdot HCl$；M_r=337.927）纯品（纯度≥99%），置于 100mL 烧杯中，加适量甲醇溶解后，移入 1000mL 容量瓶中，用甲醇稀释到刻度，混匀。

［盐酸苯海索纯度的测定］ 准确称取 0.2g 已干燥的样品，准确到 0.0001g，置于 250mL 锥形瓶中，加 10mL 冰醋酸溶解后，加 4mL 乙酸汞溶液（50g/L）与 1 滴结晶紫指示液（5g/L），用高氯酸标准溶液 [$c(HClO_4)$=0.100mol/L] 滴定，至溶液显蓝绿色，同时做空白试验。盐酸苯海索的质量分数（w）按下式计算：

$$w=\frac{c(V_1-V_2)\times 0.3379}{m}\times 100\%$$

式中 V_1——高氯酸标准溶液的体积，mL；

V_2——空白消耗高氯酸标准溶液的体积，mL；

c——高氯酸标准溶液的浓度，mol/L；

m——样品质量，g；

0.3379——与 1.00mL 高氯酸标准溶液 [$c(HClO_4)$=1.000mol/L] 相当的，以 g 为单位的盐酸苯海索的质量。

盐酸苯乙双胍（$C_{10}H_{15}O_5\cdot HCl$）**标准溶液**（1000μg/mL）

［配制］ 准确称取 1.0000g（或按纯度换算出质量 m=1.0000g/w；w——质量分数）经纯度分析的盐酸苯乙双胍（$C_{10}H_{15}O_5\cdot HCl$；M_r=241.721）纯品（纯度≥99%），置于 100mL 烧杯中，加适量水溶解后，移入 1000mL 容量瓶中，用水稀释到刻度，混匀。

［盐酸苯乙双胍纯度的测定］ 电位滴定法：准确称取 0.1g 样品，准确到 0.0001g，置于 250mL 锥形瓶中，加 30mL 冰醋酸与 5mL 乙酸汞溶液（50g/L）溶解后，置电磁搅拌器上，浸入电极，搅拌，并自滴定管中分次加入高氯酸标准溶液 [$c(HClO_4)$=0.100mol/L]；开始时可每次加入较多的量，搅拌，记录电位；至将近终点前，则应每次加入少量，搅拌，记录电位；至突跃点已过，仍应继续滴加几次标准溶液，并记录电位。

滴定终点的确定同苯巴比妥。同时做空白试验。

盐酸苯乙双胍的质量分数（w）按下式计算：

$$w=\frac{c(V_1-V_2)\times 0.1209}{m}\times 100\%$$

式中 V_1——高氯酸标准溶液的体积，mL；

V_2——空白消耗高氯酸标准溶液的体积，mL；

c——高氯酸标准溶液的浓度，mol/L；

m——样品质量，g；

0.1209——与 1.00mL 高氯酸标准溶液 [$c(HClO_4)=1.000mol/L$] 相当的，以 g 为单位的盐酸苯乙双胍的质量。

盐酸吡哆醛（$C_8H_9NO_3 \cdot HCl$）**标准溶液**（1000μg/mL）

[配制] 用最小分度为 0.01mg 的分析天平，准确称取 0.1000g（或按纯度换算出质量 $m=0.1000g/w$；w——质量分数）盐酸吡哆醛（$C_8H_9NO_3 \cdot HCl$；$M_r=203.6229$）纯品（纯度≥99%），于小烧杯中，溶于水，转移到 100mL 容量瓶中，用水定容，混匀。配制成浓度为 1000μg/mL 的标准储备溶液。

盐酸吡硫醇（$C_{16}H_{20}N_2O_4S_2 \cdot 2HCl$）**标准溶液**（1000μg/mL）

[配制] 准确称取 1.0408g（或按纯度换算出质量 $m=1.0408g/w$；w——质量分数）经纯度分析的盐酸吡硫醇（$C_{16}H_{20}N_2O_4S_2 \cdot 2HCl \cdot H_2O$；$M_r=459.408$）纯品（纯度≥99%），置于 100mL 烧杯中，加适量水溶解后，移入 1000mL 容量瓶中，用水稀释到刻度，混匀。避光低温保存。

[标定] 分光光度法：准确移取 1.00mL 上述溶液，移入 100mL 容量瓶中，用盐酸溶液 [$c(HCl)=0.01mol/L$]，稀释至刻度（10μg/mL），摇匀，按附录十，用分光光度法，在 295nm 的波长处测定溶液的吸光度，$C_{16}H_{20}N_2O_4S_2 \cdot 2HCl$ 的吸光系数 $E_{1cm}^{1\%}$ 为 403 计算，即得。

盐酸卞丝肼（$C_{10}H_{15}N_3O_5 \cdot HCl$）**标准溶液**（1000μg/mL）

[配制] 准确称取 1.0000g（或按纯度换算出质量 $m=1.0000g/w$；w——质量分数）经纯度分析（高效液相色谱法）的盐酸卞丝肼（$C_{10}H_{15}N_3O_5 \cdot HCl$；$M_r=293.704$）纯品（纯度≥99%），置于 100mL 烧杯中，加适量水溶解后，移入 1000mL 容量瓶中，用水稀释到刻度，混匀。避光低温保存。

盐酸丙卡巴肼（$C_{12}H_{19}N_3O \cdot HCl$）**标准溶液**（1000μg/mL）

[配制] 取适量盐酸丙卡巴肼于称量瓶中，于 105℃下干燥至恒重，置于干燥器中冷却备用。准确称取 1.0000g（或按纯度换算出质量 $m=1.0000g/w$；w——质量分数）经纯度分析的盐酸丙卡巴肼（$C_{12}H_{19}N_3O \cdot HCl$；$M_r=257.760$）纯品（纯度≥99%），置于 100mL 烧杯中，加适量水溶解后，移入 1000mL 容量瓶中，用水稀释到刻度，混匀。避光低温保存。

[盐酸丙卡巴肼纯度的测定] 准确称取 0.25g 已干燥的样品，准确到 0.0001g，置于 250mL 锥形瓶中，加 50mL 水溶解后，加 3mL 硝酸，准确加入 20mL 硝酸银标准溶液 [$c(AgNO_3)=0.100mol/L$]，再加约 3mL 邻苯二甲酸二丁酯，强烈振摇后，加 2mL 硫酸铁铵指示液（80g/L），用硫氰酸铵标准溶液 [$c(NH_4CNS)=0.100mol/L$] 滴定。同时做空白试验。盐酸丙卡巴肼的质量分数（w）按下式计算：

$$w=\frac{(c_1V_1-c_2V_2)\times 0.2578}{m}\times 100\%$$

式中 V_1——硝酸银标准溶液的体积，mL；

c_1——硝酸银标准溶液的浓度，mol/L；

V_2——硫氰酸铵标准溶液的体积，mL；

c_2——硫氰酸铵标准溶液的浓度，mol/L；

m——样品质量，g；

0.2578——与1.00mL硝酸银标准溶液［$c(AgNO_3)$=1.000mol/L］相当的，以g为单位的盐酸丙卡巴肼的质量。

盐酸丙卡特罗（$C_{16}H_{22}N_2O_3 \cdot HCl$）**标准溶液**（1000μg/mL）

［配制］ 准确称取1.0276g（或按纯度换算出质量m=1.0276g/w；w——质量分数）经纯度分析的盐酸丙卡特罗（$C_{16}H_{22}N_2O_3 \cdot HCl \cdot \frac{1}{2}H_2O$；$M_r$=335.826）纯品（纯度≥99%），置于100mL烧杯中，加适量水溶解后，移入1000mL容量瓶中，用水稀释到刻度，混匀。避光低温保存。

［盐酸丙卡特罗纯度的测定］ 准确称取0.25g样品，准确到0.0001g，置于250mL锥形瓶中，加2mL甲酸，加热溶解，准确加入15mL高氯酸标准溶液［$c(HClO_4)$=0.100mol/L］，加1mL乙酸酐，置水浴上加热30min，冷却后，加60mL乙酸酐与0.5mL萘酚苯甲醇指示液（5g/L），用乙酸钠标准溶液［$c(NaCH_3COO)$=0.100mol/L］滴定，至溶液显黄色，同时做空白试验。盐酸丙卡特罗的质量分数（w）按下式计算：

$$w=\frac{(c_1V_1-c_2V_2)\times 0.3268}{m}\times 100\%$$

式中 V_1——高氯酸标准溶液的体积，mL；

c_1——高氯酸标准溶液的浓度，mol/L；

V_2——乙酸钠标准溶液的体积，mL；

c_2——乙酸钠标准溶液的浓度，mol/L；

m——样品质量，g；

0.3268——与1.00mL高氯酸标准溶液［$c(HClO_4)$=1.000mol/L］相当的，以g为单位的盐酸丙卡特罗的质量。

盐酸丙米嗪（$C_{19}H_{24}N_2 \cdot HCl$）**标准溶液**（1000μg/mL）

［配制］ 取适量盐酸丙米嗪于称量瓶中，于105℃下干燥至恒重，置于干燥器中冷却备用。准确称取1.0000g（或按纯度换算出质量m=1.0000g/w；w——质量分数）经纯度分析的盐酸丙米嗪（$C_{19}H_{24}N_2 \cdot HCl$；$M_r$=316.868）纯品（纯度≥99%），置于100mL烧杯中，加适量水溶解后，移入1000mL容量瓶中，用水稀释到刻度，混匀。避光低温保存。

［盐酸丙米嗪纯度的测定］ 电位滴定法：准确称取0.2g已干燥的样品，准确到0.0001g，置于250mL锥形瓶中，加20mL冰醋酸与10mL乙酸汞溶液（50g/L）溶解后，置电磁搅拌器上，浸入电极，搅拌，并自滴定管中分次加入高氯酸标准溶液［$c(HClO_4)$=0.100mol/L］；开始时可每次加入较多的量，搅拌，记录电位；至将近终点前，则应每次加

入少量，搅拌，记录电位；至突跃点已过，仍应继续滴加几次标准溶液，并记录电位。

滴定终点的确定同苯巴比妥。同时做空白试验。

盐酸丙米嗪的质量分数（w）按下式计算：

$$w=\frac{c(V_1-V_2)\times 0.3169}{m}\times 100\%$$

式中 V_1——高氯酸标准溶液的体积，mL；

V_2——空白消耗高氯酸标准溶液的体积，mL；

c——高氯酸标准溶液的浓度，mol/L；

m——样品质量，g；

0.3169——与 1.00mL 高氯酸标准溶液 [$c(HClO_4)=1.000$mol/L] 相当的，以 g 为单位的盐酸丙米嗪的质量。

盐酸布比卡因（$C_{18}H_{28}N_2O\cdot HCl$）**标准溶液**（1000μg/mL）

[配制] 取适量盐酸布比卡因（$C_{18}H_{28}N_2O\cdot HCl\cdot H_2O$；$M_r=342.904$）于称量瓶中，于 105℃下干燥至恒重，置于干燥器中冷却备用。准确称取 1.0000g（或按纯度换算出质量 $m=1.0000g/w$；w——质量分数）经纯度分析的盐酸布比卡因（$C_{18}H_{28}N_2O\cdot HCl$；$M_r=324.889$）纯品（纯度≥99%），置于 100mL 烧杯中，加适量水溶解后，移入 1000mL 容量瓶中，用水稀释到刻度，混匀。避光低温保存。

[盐酸布比卡因纯度的测定] 准确称取 0.2g 已干燥的样品，准确到 0.0001g，置于 250mL 锥形瓶中，加 20mL 冰醋酸与 5mL 醋酸汞溶液（50g/L）溶解后，加 5 滴萘酚苯甲醇指示液（5g/L），用高氯酸标准溶液 [$c(HClO_4)=0.100$mol/L] 滴定，至溶液显绿色，同时做空白试验。盐酸布比卡因的质量分数（w）按下式计算：

$$w=\frac{c(V_1-V_2)\times 0.3249}{m}\times 100\%$$

式中 V_1——高氯酸标准溶液的体积，mL；

V_2——空白消耗高氯酸标准溶液的体积，mL；

c——高氯酸标准溶液的浓度，mol/L；

m——样品质量，g；

0.3249——与 1.00mL 高氯酸标准溶液 [$c(HClO_4)=1.000$mol/L] 相当的，以 g 为单位的盐酸布比卡因的质量。

盐酸布桂嗪（$C_{17}H_{24}N_2O\cdot HCl$）**标准溶液**（1000μg/mL）

[配制] 取适量盐酸布桂嗪于称量瓶中，于 105℃下干燥至恒重，置于干燥器中冷却备用。准确称取 1.0000g（或按纯度换算出质量 $m=1.0000g/w$；w——质量分数）经纯度分析的盐酸布桂嗪（$C_{17}H_{24}N_2O\cdot HCl$；$M_r=308.846$）纯品（纯度≥99%），置于 100mL 烧杯中，加适量水溶解后，移入 1000mL 容量瓶中，用水稀释到刻度，混匀。避光低温保存。

[盐酸布桂嗪纯度的测定] 准确称取 0.2g 已干燥的样品，准确到 0.0001g，置于 250mL 锥形瓶中，加 10mL 冰醋酸与 5mL 乙酸汞溶液（50g/L）溶解后，加 2 滴结晶紫指示液（5g/L），用高氯酸标准溶液 [$c(HClO_4)=0.1$mol/L] 滴定，至溶液显蓝色，同时做空白试验。盐酸布桂嗪的质量分数（w）按下式计算：

$$w=\frac{c(V_1-V_2)\times 0.3088}{m}\times 100\%$$

式中 V_1——高氯酸标准溶液的体积，mL；

V_2——空白消耗高氯酸标准溶液的体积，mL；

c——高氯酸标准溶液的浓度，mol/L；

m——样品质量，g；

0.3088——与 1.00mL 高氯酸标准溶液［$c(HClO_4)=1.000$mol/L］相当的，以 g 为单位的盐酸布桂嗪的质量。

盐酸大观霉素标准溶液［1000 单位/mL（μg/mL，以大观霉素（$C_{14}H_{24}N_2O_7$）计］

［配制］ 准确称取适量（按纯度换算出质量 $m=1000\text{g}/X$；X——每 1mg 的效价单位）经效价测定的盐酸大观霉素（$C_{14}H_{24}N_2O_7 \cdot 2HCl \cdot 5H_2O$；$M_r=495.348$）纯品（1mg 的效价不低于 779 大观霉素单位），置于 100mL 烧杯中，加适量灭菌水溶解后，移入 1000mL 容量瓶中，用灭菌水稀释到刻度，混匀。配制成 1mL 溶液中含 1000 单位的溶液，1000 大观霉素单位相当于 1mg 的 $C_{14}H_{24}N_2O_7$，采用抗生素微生物检定法测定。

盐酸氮芥（$C_5H_{11}Cl_2N \cdot HCl$）**标准溶液**（1000μg/mL）

［配制］ 准确称取 1.0000g（或按纯度换算出质量 $m=1.0000\text{g}/w$；w——质量分数）经纯度分析的盐酸氮芥（$C_5H_{11}Cl_2N \cdot HCl$；$M_r=192.515$）纯品（纯度≥99%），置于 100mL 烧杯中，加适量水溶解后，移入 1000mL 容量瓶中，用水稀释到刻度，混匀。避光保存。

［盐酸氮芥纯度的测定］ 准确称取 0.15g 样品，准确到 0.0001g，置于 250mL 锥形瓶中，加 20mL 冰醋酸溶解后，加 5mL 乙酸汞溶液（50g/L）与 1 滴结晶紫指示液（5g/L），用高氯酸标准溶液［$c(HClO_4)=0.100$mol/L］滴定，至溶液显蓝色，同时做空白试验。盐酸氮芥的质量分数（w）按下式计算：

$$w=\frac{c(V_1-V_2)\times 0.1925}{m}\times 100\%$$

式中 V_1——高氯酸标准溶液的体积，mL；

V_2——空白消耗高氯酸标准溶液的体积，mL；

c——高氯酸标准溶液的浓度，mol/L；

m——样品质量，g；

0.1925——与 1.00mL 高氯酸标准溶液［$c(HClO_4)=1.000$mol/L］相当的，以 g 为单位的盐酸氮芥的质量。

盐酸地尔硫䓬（$C_{22}H_{26}N_2O_4S \cdot HCl$）**标准溶液**（1000μg/mL）

［配制］ 取适量盐酸地尔硫䓬于称量瓶中，于 105℃下干燥至恒重，置于干燥器中冷却备用。准确称取 1.0000g（或按纯度换算出质量 $m=1.0000\text{g}/w$；w——质量分数）经纯度分析的盐酸地尔硫䓬（$C_{22}H_{26}N_2O_4S \cdot HCl$；$M_r=450.979$）纯品（纯度≥99%），置于 100mL 烧杯中，加适量水溶解后，移入 1000mL 容量瓶中，用水稀释到刻度，混匀。避光低温保存。

［盐酸地尔硫䓬纯度的测定］ 准确称取 0.3g 已干燥的样品，准确到 0.0001g，置于 250mL 锥形瓶中，加 2mL 无水甲酸溶解后，加 30mL 乙酸酐，5mL 乙酸汞溶液（50g/L）与 2 滴萘酚苯甲指示液（5g/L），用高氯酸标准溶液［$c(HClO_4)=0.100mol/L$］滴定，至溶液显绿色，同时做空白试验。盐酸地尔硫䓬的质量分数（w）按下式计算：

$$w=\frac{c(V_1-V_2)\times 0.4510}{m}\times 100\%$$

式中 V_1——高氯酸标准溶液的体积，mL；

V_2——空白消耗高氯酸标准溶液的体积，mL；

c——高氯酸标准溶液的浓度，mol/L；

m——样品质量，g；

0.4510——与 1.00mL 高氯酸标准溶液［$c(HClO_4)=1.000mol/L$］相当的，以 g 为单位的盐酸地尔硫䓬的质量。

盐酸地芬尼多（$C_{21}H_{27}NO\cdot HCl$）**标准溶液**（1000μg/mL）

［配制］ 取适量盐酸地芬尼多于称量瓶中，于 105℃下干燥至恒重，置于干燥器中冷却备用。准确称取 1.0000g（或按纯度换算出质量 $m=1.0000g/w$；w——质量分数）经纯度分析的盐酸地芬尼多（$C_{21}H_{27}NO\cdot HCl$；$M_r=345.906$）纯品（纯度≥99%），置于 100mL 烧杯中，加适量乙醇溶解后，移入 1000mL 容量瓶中，用乙醇稀释到刻度，混匀。

［盐酸地芬尼多纯度的测定］ 准确称取 0.25g 已干燥的样品，准确到 0.0001g，置于 250mL 锥形瓶中，加 40mL 冰醋酸使其溶解，加 5mL 乙酸汞溶液（50g/L）与 1 滴结晶紫指示液（5g/L），用高氯酸标准溶液［$c(HClO_4)=0.100mol/L$］滴定，至溶液显蓝色，同时做空白试验。盐酸地芬尼多的质量分数（w）按下式计算：

$$w=\frac{c(V_1-V_2)\times 0.3459}{m}\times 100\%$$

式中 V_1——高氯酸标准溶液的体积，mL；

V_2——空白消耗高氯酸标准溶液的体积，mL；

c——高氯酸标准溶液的浓度，mol/L；

m——样品质量，g；

0.3459——与 1.00mL 高氯酸标准溶液［$c(HClO_4)=1.000mol/L$］相当的，以 g 为单位的盐酸地芬尼多的质量。

盐酸地芬诺酯（$C_{30}H_{32}N_2O_2\cdot HCl$）**标准溶液**（1000μg/mL）

［配制］ 取适量盐酸地芬诺酯于称量瓶中，于 105℃下干燥至恒重，置于干燥器中冷却备用。准确称取 1.0000g（或按纯度换算出质量 $m=1.0000g/w$；w——质量分数）经纯度分析的盐酸地芬诺酯（$C_{30}H_{32}N_2O_2\cdot HCl$；$M_r=489.048$）纯品（纯度≥99%），置于 100mL 烧杯中，加适量乙醇溶解后，移入 1000mL 容量瓶中，用乙醇稀释到刻度，混匀。

［盐酸地芬诺酯纯度的测定］ 准确称取 0.4g 已干燥的样品，准确到 0.0001g，置于 250mL 锥形瓶中，加 20mL 冰醋酸与 5mL 乙酸汞溶液（50g/L），振摇使其溶解，加 1 滴结晶紫指示液（5g/L），用高氯酸标准溶液［$c(HClO_4)=0.100mol/L$］滴定，至溶液显蓝色，同时做空白试验。盐酸地芬诺酯的质量分数（w）按下式计算：

$$w=\frac{c(V_1-V_2)\times 0.4890}{m}\times 100\%$$

式中　V_1——高氯酸标准溶液的体积，mL；

V_2——空白消耗高氯酸标准溶液的体积，mL；

c——高氯酸标准溶液的浓度，mol/L；

m——样品质量，g；

0.4890——与1.00mL高氯酸标准溶液［$c(HClO_4)=1.000mol/L$］相当的，以g为单位的盐酸地芬诺酯的质量。

盐酸丁丙诺啡（$C_{29}H_{41}NO_4 \cdot HCl$）**标准溶液**（1000μg/mL）

［配制］　准确称取1.0000g（或按纯度换算出质量$m=1.0000g/w$；w——质量分数）经纯度分析的盐酸丁丙诺啡（$C_{29}H_{41}NO_4 \cdot HCl$；$M_r=504.101$）纯品（纯度≥99%），置于100mL烧杯中，加适量乙醇溶解后，移入1000mL容量瓶中，用乙醇稀释到刻度，混匀。低温避光保存备用。

［盐酸丁丙诺啡纯度的测定］　准确称取0.12g样品，准确到0.0001g，置于250mL锥形瓶中，加30mL冰醋酸与2mL乙酸汞溶液（50g/L）溶解后，加1滴结晶紫指示液（5g/L），用高氯酸标准溶液［$c(HClO_4)=0.0200mol/L$］滴定，至溶液显蓝色，同时做空白试验。盐酸丁丙诺啡的质量分数（w）按下式计算：

$$w=\frac{c(V_1-V_2)\times 0.5041}{m}\times 100\%$$

式中　V_1——高氯酸标准溶液的体积，mL；

V_2——空白消耗高氯酸标准溶液的体积，mL；

c——高氯酸标准溶液的浓度，mol/L；

m——样品质量，g；

0.5041——与1.00mL高氯酸标准溶液［$c(HClO_4)=1.000mol/L$］相当的，以g为单位的盐酸丁丙诺啡的质量。

盐酸丁卡因（$C_{15}H_{24}N_2O_2 \cdot HCl$）**标准溶液**（1000μg/mL）

［配制］　取适量盐酸丁卡因于称量瓶中，于105℃下干燥至恒重，置于干燥器中冷却备用。准确称取1.0000g（或按纯度换算出质量$m=1.0000g/w$；w——质量分数）经纯度分析的盐酸丁卡因（$C_{15}H_{24}N_2O_2 \cdot HCl$；$M_r=300.824$）纯品（纯度≥99%），置于100mL烧杯中，加适量水溶解后，移入1000mL容量瓶中，用水稀释到刻度，混匀。低温避光保存。

［盐酸丁卡因纯度的测定］　准确称取0.2g已干燥的样品，准确到0.0001g，置于250mL锥形瓶中，加25mL冰醋酸与5mL乙酸酐溶解后，加热回流2min，冷却，加5mL乙酸汞溶液（50g/L）与1滴结晶紫指示液（5g/L），用高氯酸标准溶液［$c(HClO_4)=0.100mol/L$］滴定，至溶液显蓝色，同时做空白试验。盐酸丁卡因的质量分数（w）按下式计算：

$$w=\frac{c(V_1-V_2)\times 0.3008}{m}\times 100\%$$

式中　V_1——高氯酸标准溶液的体积，mL；

V_2——空白消耗高氯酸标准溶液的体积，mL；

c——高氯酸标准溶液的浓度，mol/L；

m——样品质量，g；

0.3008——与1.00mL高氯酸标准溶液［$c(HClO_4)$=1.000mol/L］相当的，以g为单位的盐酸丁卡因的质量。

盐酸多巴胺（$C_8H_{11}NO_2 \cdot HCl$）**标准溶液**（1000μg/mL）

［配制］ 取适量盐酸多巴胺于称量瓶中，于105℃下干燥至恒重，置于干燥器中冷却备用。准确称取1.0000g（或按纯度换算出质量m=1.0000g/w；w——质量分数）经纯度分析的盐酸多巴胺（$C_8H_{11}NO_2 \cdot HCl$；M_r=189.639）纯品（纯度≥99%），置于100mL烧杯中，加适量水溶解后，移入1000mL容量瓶中，用水稀释到刻度，混匀。避光低温保存。

［盐酸多巴胺纯度的测定］ 准确称取0.15g已干燥的样品，准确到0.0001g，置于250mL锥形瓶中，加25mL冰醋酸煮沸使其溶解，冷却至约40℃，加5mL乙酸汞溶液（50g/L），再冷却至室温，加1滴结晶紫指示液（5g/L），用高氯酸标准溶液［$c(HClO_4)$=0.100mol/L］滴定，至溶液显蓝绿色，同时做空白试验。盐酸多巴胺的质量分数（w）按下式计算：

$$w=\frac{c(V_1-V_2)\times 0.1896}{m}\times 100\%$$

式中 V_1——高氯酸标准溶液的体积，mL；

V_2——空白消耗高氯酸标准溶液的体积，mL；

c——高氯酸标准溶液的浓度，mol/L；

m——样品质量，g；

0.1896——与1.00mL高氯酸标准溶液［$c(HClO_4)$=1.000mol/L］相当的，以g为单位的盐酸多巴胺的质量。

盐酸多巴酚丁胺（$C_{18}H_{23}NO_3 \cdot HCl$）**标准溶液**（1000μg/mL）

［配制］ 取适量盐酸多巴酚丁胺于称量瓶中，于105℃下干燥至恒重，置于干燥器中冷却备用。准确称取1.0000g（或按纯度换算出质量m=1.0000g/w；w——质量分数）经纯度分析的盐酸多巴酚丁胺（$C_{18}H_{23}NO_3 \cdot HCl$；$M_r$=337.841）纯品（纯度≥99%），置于100mL烧杯中，加适量水溶解后，移入1000mL容量瓶中，用水稀释到刻度，混匀。避光低温保存。

［盐酸多巴酚丁胺纯度的测定］ 准确称取0.2g已干燥的样品，准确到0.0001g，置于250mL锥形瓶中，加20mL冰醋酸微热使其溶解，加5mL乙酸汞溶液（50g/L）与1滴结晶紫指示液（5g/L），用高氯酸标准溶液［$c(HClO_4)$=0.100mol/L］滴定，至溶液显蓝绿色，同时做空白试验。盐酸多巴酚丁胺的质量分数（w）按下式计算：

$$w=\frac{c(V_1-V_2)\times 0.3378}{m}\times 100\%$$

式中 V_1——高氯酸标准溶液的体积，mL；

V_2——空白消耗高氯酸标准溶液的体积，mL；

c——高氯酸标准溶液的浓度，mol/L；

m——样品质量，g；

0.3378——与 1.00mL 高氯酸标准溶液 [$c(HClO_4)=1.000$mol/L] 相当的，以 g 为单位的盐酸多巴酚丁胺的质量。

盐酸多沙普仑（$C_{24}H_{30}N_2O_2 \cdot HCl$）**标准溶液**（1000μg/mL）

[配制] 取适量盐酸多沙普仑（$C_{24}H_{30}N_2O_2 \cdot HCl \cdot H_2O$；$M_r=432.983$）于称量瓶中，于 105℃下干燥至恒重，置于干燥器中冷却备用。准确称取 1.0000g（或按纯度换算出质量 $m=1.0000g/w$；w——质量分数）经纯度分析的盐酸多沙普仑（$C_{24}H_{30}N_2O_2 \cdot HCl$；$M_r=414.968$）纯品（纯度≥99%），置于 100mL 烧杯中，加适量水溶解后，移入 1000mL 容量瓶中，用水稀释到刻度，混匀。避光低温保存。

[盐酸多沙普仑纯度的测定] 准确称取 0.4g 已干燥的样品，准确到 0.0001g，置于 250mL 锥形瓶中，加 20mL 冰醋酸溶解后，加 5mL 乙酸汞溶液（50g/L）与 1 滴结晶紫指示液（5g/L），用高氯酸标准溶液 [$c(HClO_4)=0.100$mol/L] 滴定，至溶液显蓝绿色，同时做空白试验。盐酸多沙普仑的质量分数（w）按下式计算：

$$w=\frac{c(V_1-V_2)\times 0.4150}{m}\times 100\%$$

式中 V_1——高氯酸标准溶液的体积，mL；

V_2——空白消耗高氯酸标准溶液的体积，mL；

c——高氯酸标准溶液的浓度，mol/L；

m——样品质量，g；

0.4150——与 1.00mL 高氯酸标准溶液 [$c(HClO_4)=1.000$mol/L] 相当的，以 g 为单位的盐酸多沙普仑的质量。

盐酸多塞平（$C_{19}H_{21}NO \cdot HCl$）**标准溶液**（1000μg/mL）

[配制] 取适量盐酸多塞平于称量瓶中，于 105℃下干燥至恒重，置于干燥器中冷却备用。准确称取 1.0000g（或按纯度换算出质量 $m=1.0000g/w$；w——质量分数）经纯度分析的盐酸多塞平（$C_{19}H_{21}NO \cdot HCl$；$M_r=315.837$）纯品（纯度≥99%），置于 100mL 烧杯中，加适量水溶解后，移入 1000mL 容量瓶中，用水稀释到刻度，混匀。避光低温保存。

[盐酸多塞平纯度的测定] 准确称取 0.2g 已干燥的样品，准确到 0.0001g，置于 250mL 锥形瓶中，加 20mL 冰醋酸溶解后，加 5mL 乙酸汞溶液（50g/L）与 1 滴结晶紫指示液（5g/L），用高氯酸标准溶液 [$c(HClO_4)=0.100$mol/L] 滴定，至溶液显蓝绿色，同时做空白试验。盐酸多塞平的质量分数（w）按下式计算：

$$w=\frac{c(V_1-V_2)\times 0.3158}{m}\times 100\%$$

式中 V_1——高氯酸标准溶液的体积，mL；

V_2——空白消耗高氯酸标准溶液的体积，mL；

c——高氯酸标准溶液的浓度，mol/L；

m——样品质量，g；

0.3158——与 1.00mL 高氯酸标准溶液 [$c(HClO_4)=1.0$mol/L] 相当的，以 g 为单位的盐酸多塞平的质量。

盐酸多西环素（$C_{22}H_{24}N_2O_8 \cdot HCl \cdot \frac{1}{2}C_2H_5OH$）**标准溶液**（1000μg/mL）

［配制］ 准确称取适量（m＝1.0000g/w；w——质量分数）经纯度分析（高效液相色谱法）的盐酸多西环素（$C_{22}H_{24}N_2O_8 \cdot HCl \cdot \frac{1}{2}C_2H_5OH \cdot \frac{1}{2}H_2O$；$M_r$＝512.937）纯品（纯度≥99%），置于100mL烧杯中，加适量水溶解后，移入1000mL容量瓶中，用水稀释到刻度，混匀。避光低温保存。

盐酸二甲胺（$C_2H_7N \cdot HCl$）**标准溶液**（1000μg/mL）

［配制］ 取适量盐酸二甲胺于称量瓶中，于五氧化二磷干燥器干燥24h以上，用最小分度为0.01mg的分析天平，准确称取1.0000g盐酸二甲胺（$C_2H_7N \cdot HCl$；M_r＝81.545）纯品（纯度≥99%），于小烧杯中，溶解于适量水中，移入1000mL容量瓶中，稀释至刻度，摇匀。配制成浓度为1000μg/mL的储备标准溶液。

盐酸二甲双胍（$C_4H_{11}N_5 \cdot HCl$）**标准溶液**（1000μg/mL）

［配制］ 取适量盐酸二甲双胍于称量瓶中，于105℃下干燥至恒重，置于干燥器中冷却备用。准确称取1.0000g（或按纯度换算出质量m＝1.0000g/w；w——质量分数）经纯度分析的盐酸二甲双胍（$C_4H_{11}N_5 \cdot HCl$；M_r＝165.625）纯品（纯度≥99%），置于100mL烧杯中，加适量水溶解后，移入1000mL容量瓶中，用水稀释到刻度，混匀。

［盐酸二甲双胍纯度的测定］ 准确称取0.1g已干燥的样品，准确到0.0001g，置于250mL锥形瓶中，加10mL冰醋酸与5mL乙酸汞溶液（50g/L）溶解后，加2滴萘酚苯甲醇指示液（5g/L），用高氯酸标准溶液［$c(HClO_4)$＝0.100mol/L］滴定，至溶液显黄绿色，同时做空白试验。盐酸二甲双胍的质量分数（w）按下式计算：

$$w=\frac{c(V_1-V_2)\times 0.08281}{m}\times 100\%$$

式中 V_1——高氯酸标准溶液的体积，mL；

V_2——空白消耗高氯酸标准溶液的体积，mL；

c——高氯酸标准溶液的浓度，mol/L；

m——样品质量，g；

0.08281——与1.00mL高氯酸标准溶液［$c(HClO_4)$＝1.000mol/L］相当的，以g为单位的盐酸二甲双胍的质量。

盐酸二氧丙嗪（$C_{17}H_{20}N_2O_2S \cdot HCl$）**标准溶液**（1000μg/mL）

［配制］ 取适量盐酸二氧丙嗪于称量瓶中，于105℃下干燥至恒重，置于干燥器中冷却备用。准确称取1.0000g（或按纯度换算出质量m＝1.0000g/w；w——质量分数）经纯度分析的盐酸二氧丙嗪（$C_{17}H_{20}N_2O_2S \cdot HCl$；$M_r$＝352.879）纯品（纯度≥99%），置于100mL烧杯中，加适量水溶解后，移入1000mL容量瓶中，用水稀释到刻度，混匀。低温避光保存。

［盐酸二氧丙嗪纯度的测定］ 准确称取0.3g已干燥的样品，准确到0.0001g，置于250mL锥形瓶中，加25mL冰醋酸与10mL乙酸汞溶液（50g/L），温热至完全溶解，冷却至室温，加2滴结晶紫指示液（5g/L），用高氯酸标准溶液［$c(HClO_4)$＝0.100mol/L］滴

定，至溶液显蓝色，同时做空白试验。盐酸二氧丙嗪的质量分数（w）按下式计算：

$$w=\frac{c(V_1-V_2)\times 0.3529}{m}\times 100\%$$

式中 V_1——高氯酸标准溶液的体积，mL；

V_2——空白消耗高氯酸标准溶液的体积，mL；

c——高氯酸标准溶液的浓度，mol/L；

m——样品质量，g；

0.3529——与1.00mL高氯酸标准溶液[$c(HClO_4)$=1.000mol/L]相当的，以g为单位的盐酸二氧丙嗪的质量。

盐酸酚苄明（$C_{18}H_{22}ClNO\cdot HCl$）**标准溶液**（1000μg/mL）

[配制] 准确称取1.0000g（或按纯度换算出质量 m=1.0000g/w；w——质量分数）经纯度分析的盐酸酚苄明（$C_{18}H_{22}ClNO\cdot HCl$；$M_r$=340.287）纯品（纯度≥99%），置于100mL烧杯中，加适量乙醇溶解后，移入1000mL容量瓶中，用乙醇稀释到刻度，混匀。避光保存。

[盐酸酚苄明纯度的测定] 准确称取0.2g样品，准确到0.0001g，置于250mL锥形瓶中，加15mL冰醋酸与5mL乙酸汞溶液（50g/L）溶解后，加1滴结晶紫指示液（5g/L），用高氯酸标准溶液[$c(HClO_4)$=0.100mol/L]滴定，至溶液显蓝绿色，同时做空白试验。盐酸酚苄明的质量分数（w）按下式计算：

$$w=\frac{c(V_1-V_2)\times 0.3403}{m}\times 100\%$$

式中 V_1——高氯酸标准溶液的体积，mL；

V_2——空白消耗高氯酸标准溶液的体积，mL；

c——高氯酸标准溶液的浓度，mol/L；

m——样品质量，g；

0.3403——与1.00mL高氯酸标准溶液[$c(HClO_4)$=1.000mol/L]相当的，以g为单位的盐酸酚苄明的质量。

盐酸氟奋乃静（$C_{22}H_{26}F_3N_3OS\cdot 2HCl$）**标准溶液**（1000μg/mL）

[配制] 取适量盐酸氟奋乃静于称量瓶中，于80℃下干燥至恒重，置于干燥器中冷却备用。准确称取1.0000g（或按纯度换算出质量 m=1.0000g/w；w——质量分数）经纯度分析的盐酸氟奋乃静（$C_{22}H_{26}F_3N_3OS\cdot 2HCl$；$M_r$=510.443）纯品（纯度≥99%），置于100mL烧杯中，加适量水溶解后，移入1000mL容量瓶中，用水稀释到刻度，混匀。避光保存。

[盐酸氟奋乃静纯度的测定] 准确称取0.3g已干燥的样品，准确到0.0001g，置于250mL锥形瓶中，加20mL冰醋酸与5mL乙酸汞溶液（50g/L）溶解后，加1滴结晶紫指示液（5g/L），用高氯酸标准溶液[$c(HClO_4)$=0.1mol/L]滴定，至溶液显蓝绿色，同时做空白试验。盐酸氟奋乃静的质量分数（w）按下式计算：

$$w=\frac{c(V_1-V_2)\times 0.2552}{m}\times 100\%$$

式中 V_1——高氯酸标准溶液的体积，mL；

V_2——空白消耗高氯酸标准溶液的体积，mL；

c——高氯酸标准溶液的浓度，mol/L；

m——样品质量，g；

0.2552——与 1.00mL 高氯酸标准溶液 [$c(HClO_4)=1.000mol/L$] 相当的，以 g 为单位的盐酸氟奋乃静的质量。

盐酸氟桂利嗪 ($C_{26}H_{26}F_2N_2 \cdot 2HCl$) **标准溶液** (1000μg/mL)

[配制] 取适量盐酸氟桂利嗪于称量瓶中，于 105℃下干燥至恒重，置于干燥器中，冷却备用。准确称取 1.0000g（或按纯度换算出质量 $m=1.0000g/w$；w——质量分数）经纯度分析的盐酸氟桂利嗪（$C_{26}H_{26}F_2N_2 \cdot 2HCl$；$M_r=477.417$）纯品（纯度≥99%），置于 100mL 烧杯中，加适量乙醇溶解后，移入 1000mL 容量瓶中，用乙醇稀释到刻度。避光保存。

[盐酸氟桂利嗪纯度的测定] 准确称取 0.2g 已干燥的样品，准确到 0.0001g，置于 250mL 锥形瓶中，加 5mL 乙酸酐，5mL 乙酸汞溶液（50g/L）使其溶解，用高氯酸标准溶液 [$c(HClO_4)=0.100mol/L$] 滴定，至溶液显绿黄色，同时做空白试验。盐酸氟桂利嗪的质量分数（w）按下式计算：

$$w=\frac{c(V_1-V_2)\times 0.2387}{m}\times 100\%$$

式中 V_1——高氯酸标准溶液的体积，mL；

V_2——空白消耗高氯酸标准溶液的体积，mL；

c——高氯酸标准溶液的浓度，mol/L；

m——样品质量，g；

0.2387——与 1.00mL 高氯酸标准溶液 [$c(HClO_4)=1.000mol/L$] 相当的，以 g 为单位的盐酸氟桂利嗪的质量。

盐酸氟西泮 ($C_{21}H_{23}ClFN_3O \cdot 2HCl$) **标准溶液** (1000μg/mL)

[配制] 取适量盐酸氟西泮于称量瓶中，于 105℃下干燥至恒重，置于干燥器中冷却备用。准确称取 1.0000g（或按纯度换算出质量 $m=1.0000g/w$；w——质量分数）经纯度分析的盐酸氟西泮（$C_{21}H_{23}ClFN_3O \cdot 2HCl$；$M_r=460.800$）纯品（纯度≥99%），置于 100mL 烧杯中，加适量水溶解后，移入 1000mL 容量瓶中，用水稀释到刻度，混匀。避光保存。

[盐酸氟西泮纯度的测定] 准确称取 0.2g 已干燥的样品，准确到 0.0001g，置于 250mL 锥形瓶中，加 20mL 乙酸酐，温热使其溶解，加 5mL 乙酸汞溶液（50g/L），用高氯酸标准溶液 [$c(HClO_4)=0.100mol/L$] 滴定，以玻璃-甘汞电极指示终点，同时做空白试验。盐酸氟西泮的质量分数（w）按下式计算：

$$w=\frac{c(V_1-V_2)\times 0.2304}{m}\times 100\%$$

式中 V_1——高氯酸标准溶液的体积，mL；

V_2——空白消耗高氯酸标准溶液的体积，mL；

c——高氯酸标准溶液的浓度，mol/L；

m——样品质量，g；

0.2304——与1.00mL高氯酸标准溶液［$c(HClO_4)=1.000mol/L$］相当的，以g为单位的盐酸氟西泮的质量。

盐酸环丙沙星（$C_{17}H_{18}FN_3O_3 \cdot HCl$）**标准溶液**（1000μg/mL）

［配制］ 准确称取1.0490g（或按纯度换算出质量$m=1.0490g/w$；w——质量分数）经纯度分析的盐酸环丙沙星（$C_{17}H_{18}FN_3O_3 \cdot HCl \cdot H_2O$；$M_r=385.818$）纯品（纯度≥99%），置于100mL烧杯中，加适量水溶解后，移入1000mL容量瓶中，用水稀释到刻度，混匀。避光保存。

［盐酸环丙沙星纯度的测定］ 准确称取0.2g样品，准确到0.0001g，置于250mL锥形瓶中，加25mL冰醋酸与5mL乙酸汞溶液（50g/L），振摇使其溶解，加10滴橙黄Ⅳ指示液（5g/L），用高氯酸标准溶液［$c(HClO_4)=0.100mol/L$］滴定，至溶液显粉红色，同时做空白试验。盐酸环丙沙星的质量分数（w）按下式计算：

$$w=\frac{c(V_1-V_2)\times 0.3678}{m}\times 100\%$$

式中 V_1——高氯酸标准溶液的体积，mL；

V_2——空白消耗高氯酸标准溶液的体积，mL；

c——高氯酸标准溶液的浓度，mol/L；

m——样品质量，g；

0.3678——与1.00mL高氯酸标准溶液［$c(HClO_4)=1.000mol/L$］相当的，以g为单位的盐酸环丙沙星的质量。

盐酸甲氯芬酯（$C_{12}H_{16}ClNO_3 \cdot HCl$）**标准溶液**（1000μg/mL）

［配制］ 取适量盐酸甲氯芬酯于称量瓶中，于105℃下干燥至恒重，置于干燥器中冷却备用。准确称取1.0000g（或按纯度换算出质量$m=1.0000g/w$；w——质量分数）经纯度分析的盐酸甲氯芬酯（$C_{12}H_{16}ClNO_3 \cdot HCl$；$M_r=294.174$）纯品（纯度≥99%），置于100mL烧杯中，加适量水溶解后，移入1000mL容量瓶中，用水稀释到刻度，混匀。避光低温保存。

［盐酸甲氯芬酯纯度的测定］ 准确称取0.2g已干燥的样品，准确到0.0001g，置于250mL锥形瓶中，加15mL冰醋酸溶解后，加5mL乙酸汞溶液（50g/L）与1滴结晶紫指示液（5g/L），用高氯酸标准溶液［$c(HClO_4)=0.100mol/L$］滴定，至溶液显绿色，同时做空白试验。盐酸甲氯芬酯的质量分数（w）按下式计算：

$$w=\frac{c(V_1-V_2)\times 0.2942}{m}\times 100\%$$

式中 V_1——高氯酸标准溶液的体积，mL；

V_2——空白消耗高氯酸标准溶液的体积，mL；

c——高氯酸标准溶液的浓度，mol/L；

m——样品质量，g；

0.2942——与1.00mL高氯酸标准溶液［$c(HClO_4)=1.000mol/L$］相当的，以g为单位的盐酸甲氯芬酯的质量。

盐酸甲氧明（$C_{11}H_{17}NO_3 \cdot HCl$）**标准溶液**（1000μg/mL）

［配制］ 取适量盐酸甲氧明于称量瓶中，于105℃下干燥至恒重，置于干燥器中冷却备用。准确称取1.0000g（或按纯度换算出质量 $m=1.0000g/w$；w——质量分数）经纯度分析的盐酸甲氧明（$C_{11}H_{17}NO_3 \cdot HCl$；$M_r=247.718$）纯品（纯度≥99%），置于100mL烧杯中，加适量水溶解后，移入1000mL容量瓶中，用水稀释到刻度，混匀。

［盐酸甲氧明纯度的测定］ 准确称取0.2g已干燥的样品，准确到0.0001g，置于250mL锥形瓶中，加10mL冰醋酸与5mL乙酸汞溶液（50g/L）（必要时可以微温使其溶解），加10滴萘酚苯甲醇指示液（5g/L），用高氯酸标准溶液［$c(HClO_4)=0.100mol/L$］滴定，至溶液显黄绿色，同时做空白试验。盐酸甲氧明的质量分数（w）按下式计算：

$$w=\frac{c(V_1-V_2)\times 0.2477}{m}\times 100\%$$

式中 V_1——高氯酸标准溶液的体积，mL；

V_2——空白消耗高氯酸标准溶液的体积，mL；

c——高氯酸标准溶液的浓度，mol/L；

m——样品质量，g；

0.2477——与1.00mL高氯酸标准溶液［$c(HClO_4)=1.000mol/L$］相当的，以g为单位的盐酸甲氧明的质量。

盐酸金刚烷胺（$C_{10}H_{17}N \cdot HCl$）**标准溶液**（1000μg/mL）

［配制］ 取适量盐酸金刚烷胺于称量瓶中，于105℃下干燥至恒重，置于干燥器中冷却备用。准确称取1.0000g（或按纯度换算出质量 $m=1.0000g/w$；w——质量分数）经纯度分析的盐酸金刚烷胺（$C_{10}H_{17}N \cdot HCl$；$M_r=187.710$）纯品（纯度≥99%），置于100mL烧杯中，加适量水溶解后，移入1000mL容量瓶中，用水稀释到刻度，混匀。避光保存。

［盐酸金刚烷胺纯度的测定］ 准确称取0.12g已干燥的样品，准确到0.0001g，置于250mL锥形瓶中，加30mL冰醋酸与5mL乙酸汞溶液（50g/L）溶解后，加2滴结晶紫指示液（5g/L），用高氯酸标准溶液［$c(HClO_4)=0.100mol/L$］滴定，至溶液显蓝色，同时做空白试验。盐酸金刚烷胺的质量分数（w）按下式计算：

$$w=\frac{c(V_1-V_2)\times 0.1877}{m}\times 100\%$$

式中 V_1——高氯酸标准溶液的体积，mL；

V_2——空白消耗高氯酸标准溶液的体积，mL；

c——高氯酸标准溶液的浓度，mol/L；

m——样品质量，g；

0.1877——与1.00mL高氯酸标准溶液［$c(HClO_4)=1.000mol/L$］相当的，以g为单位的盐酸金刚烷胺的质量。

盐酸金霉素（$C_{22}H_{23}ClN_2O_8 \cdot HCl$）**标准溶液**（1000μg/mL）

［配制］ 取适量盐酸金霉素于称量瓶中，于105℃下干燥至恒重，置于干燥器中冷却备

用。准确称取 1.0000g（或按纯度换算出质量 m＝1.0000g/w；w——质量分数）经纯度分析（高效液相色谱法）的盐酸金霉素（$C_{22}H_{23}ClN_2O_8 \cdot HCl$；$M_r$＝515.341）纯品（纯度≥99％），置于 100mL 烧杯中，加适量水溶解后，移入 1000mL 容量瓶中，用水稀释到刻度，混匀。避光保存。

盐酸精氨酸（$C_6H_{14}N_4O_2 \cdot HCl$）**标准溶液**（1000μg/mL）

［配制］ 取适量盐酸精氨酸于称量瓶中，于 105℃下干燥至恒重，置于干燥器中冷却备用。准确称取 1.0000g（或按纯度换算出质量 m＝1.0000g/w；w——质量分数）经纯度分析的盐酸精氨酸（$C_6H_{14}N_4O_2 \cdot HCl$；$M_r$＝210.662）纯品（纯度≥99％），置于 100mL 烧杯中，加适量水溶解后，移入 1000mL 容量瓶中，用水稀释到刻度，混匀。

［盐酸精氨酸纯度的测定］ 电位滴定法：准确称取 0.1g 已干燥的样品，准确到 0.0001g，置于 250mL 锥形瓶中，加 10mL 冰醋酸与 5mL 乙酸汞溶液（50g/L），缓缓加热使其溶解，冷却后，置电磁搅拌器上，浸入电极，搅拌，并自滴定管中分次加入高氯酸标准溶液［$c(HClO_4)$＝0.100mol/L］；开始时可每次加入较多的量，搅拌，记录电位；至将近终点前，则应每次加入少量，搅拌，记录电位；至突跃点已过，仍应继续滴加几次标准溶液，并记录电位。

滴定终点的确定同苯巴比妥。同时做空白试验。

盐酸精氨酸的质量分数（w）按下式计算：

$$w=\frac{c(V_1-V_2)\times 0.1053}{m}\times 100\%$$

式中 V_1——高氯酸标准溶液的体积，mL；

V_2——空白消耗高氯酸标准溶液的体积，mL；

c——高氯酸标准溶液的浓度，mol/L；

m——样品质量，g；

0.1053——与 1.00mL 高氯酸标准溶液［$c(HClO_4)$＝1.000mol/L］相当的，以 g 为单位的盐酸精氨酸的质量。

盐酸肼屈嗪（$C_8H_8N_4 \cdot HCl$）**标准溶液**（1000μg/mL）

［配制］ 取适量盐酸肼屈嗪于称量瓶中，于 105℃下干燥至恒重，置于干燥器中冷却备用。准确称取 1.0000g（或按纯度换算出质量 m＝1.0000g/w；w——质量分数）经纯度分析的盐酸肼屈嗪（$C_8H_8N_4 \cdot HCl$；M_r＝196.637）纯品（纯度≥99％），置于 100mL 烧杯中，加适量水溶解后，移入 1000mL 容量瓶中，用水稀释到刻度，混匀。避光保存。

［标定］ 准确量取 25.00mL 上述溶液，置于 250mL 碘量瓶中，准确加入 25mL 溴标准溶液［$c(\frac{1}{2}Br_2)$＝0.0500mol/L］，加 5mL 盐酸，立即盖紧瓶塞，摇匀，在暗处放置 15min，注意微开瓶塞，加 3.5mL 碘化钾溶液（165g/L），立即盖紧瓶塞，摇匀，用硫代硫酸钠标准溶液［$c(Na_2S_2O_3)$＝0.0500mol/L］滴定，至近终点时，加 2mL 淀粉指示液（5g/L），继续滴定至蓝色消失，同时做空白试验。盐酸肼屈嗪的质量浓度（ρ）按下式计算：

$$\rho=\frac{(c_1V_1-c_2V_2)\times 49.159}{V}\times 1000$$

式中 V_1——溴标准溶液的体积，mL；

c_1——溴标准溶液的浓度，mol/L；

V_2——硫代硫酸钠标准溶液的体积，mL；

c_2——硫代硫酸钠标准溶液的浓度，mol/L；

V——盐酸肼屈嗪的体积，mL；

49.159——盐酸肼屈嗪的摩尔质量 [$M(\frac{1}{4}C_8H_8N_4 \cdot HCl)$]，g/mol。

盐酸卡替洛尔（$C_{16}H_{24}N_2O_3 \cdot HCl$）**标准溶液**（1000μg/mL）

[配制] 取适量盐酸卡替洛尔于称量瓶中，于105℃下干燥至恒重，置于干燥器中冷却备用。准确称取1.0000g（或按纯度换算出质量 $m=1.0000g/w$；w——质量分数）经纯度分析的盐酸卡替洛尔（$C_{16}H_{24}N_2O_3 \cdot HCl$；$M_r=328.834$）纯品（纯度≥99%），置于100mL烧杯中，加适量水溶解后，移入1000mL容量瓶中，用水稀释到刻度，混匀。

[盐酸卡替洛尔纯度的测定] 电位滴定法：准确称取0.5g已干燥的样品，准确到0.0001g，置于250mL锥形瓶中，加30mL冰醋酸，在水浴上加热溶解，冷却，加70mL乙酸酐，置电磁搅拌器上，浸入电极，搅拌，并自滴定管中分次加入高氯酸标准溶液[$c(HClO_4)=0.1mol/L$]；开始时可每次加入较多的量，搅拌，记录电位；至将近终点前，则应每次加入少量，搅拌，记录电位；至突跃点已过，仍应继续滴加几次标准溶液，并记录电位。

滴定终点的确定同苯巴比妥。同时做空白试验。

盐酸卡替洛尔的质量分数（w）按下式计算：

$$w=\frac{c(V_1-V_2)\times 0.3288}{m}\times 100\%$$

式中 V_1——高氯酸标准溶液的体积，mL；

V_2——空白消耗高氯酸标准溶液的体积，mL；

c——高氯酸标准溶液的浓度，mol/L；

m——样品质量，g；

0.3288——与1.00mL高氯酸标准溶液[$c(HClO_4)=1.000mol/L$]相当的，以g为单位的盐酸卡替洛尔的质量。

盐酸可卡因（$C_{17}H_{21}NO_4 \cdot HCl$）**标准溶液**（1000μg/mL）

[配制] 取适量盐酸可卡因于称量瓶中，于105℃下干燥至恒重，置于干燥器中冷却备用。准确称取1.0000g（或按纯度换算出质量 $m=1.0000g/w$；w——质量分数）经纯度分析的盐酸可卡因（$C_{17}H_{21}NO_4 \cdot HCl$；$M_r=339.814$）纯品（纯度≥99%），置于100mL烧杯中，加适量水溶解后，移入1000mL容量瓶中，用水稀释到刻度，混匀。避光低温保存。

[盐酸可卡因纯度的测定] 准确称取0.3g已干燥的样品，准确到0.0001g，置于250mL锥形瓶中，加10mL冰醋酸溶解后，加5mL乙酸汞溶液（50g/L）与1滴结晶紫指示液（5g/L），用高氯酸标准溶液[$c(HClO_4)=0.100mol/L$]滴定，至溶液显纯蓝色，同时做空白试验。盐酸可卡因的质量分数（w）按下式计算：

$$w=\frac{c(V_1-V_2)\times 0.3398}{m}\times 100\%$$

式中 V_1——高氯酸标准溶液的体积，mL；

V_2——空白消耗高氯酸标准溶液的体积，mL；

c——高氯酸标准溶液的浓度，mol/L；

m——样品质量，g；

0.3398——与 1.00mL 高氯酸标准溶液［$c(HClO_4)$=1.000mol/L］相当的，以 g 为单位的盐酸可卡因的质量。

盐酸可乐定（$C_9H_9Cl_2N_3 \cdot HCl$）**标准溶液**（1000μg/mL）

［配制］ 取适量盐酸可乐定于称量瓶中，于 105℃下干燥至恒重，置于干燥器中冷却备用。准确称取 1.0000g（或按纯度换算出质量 m=1.0000g/w；w——质量分数）经纯度分析的盐酸可乐定（$C_9H_9Cl_2N_3 \cdot HCl$；M_r=266.555）纯品（纯度≥99%），置于 100mL 烧杯中，加适量水溶解后，移入 1000mL 容量瓶中，用水稀释到刻度，混匀。避光低温保存。

［盐酸可乐定纯度的测定］ 准确称取 0.15g 已干燥的样品，准确到 0.0001g，置于 250mL 锥形瓶中，加 10mL 冰醋酸 3mL 乙酸汞溶液（50g/L）温热溶解后，冷却，加 1 滴结晶紫指示液（5g/L），用高氯酸标准溶液［$c(HClO_4)$=0.100mol/L］滴定，至溶液显蓝绿色，同时做空白试验。盐酸可乐定的质量分数（w）按下式计算：

$$w=\frac{c(V_1-V_2)\times 0.2666}{m}\times 100\%$$

式中 V_1——高氯酸标准溶液的体积，mL；

V_2——空白消耗高氯酸标准溶液的体积，mL；

c——高氯酸标准溶液的浓度，mol/L；

m——样品质量，g；

0.2666——与 1.00mL 高氯酸标准溶液［$c(HClO_4)$=1.000mol/L］相当的，以 g 为单位的盐酸可乐定的质量。

盐酸克林霉素（$C_{18}H_{33}ClN_2O_5S \cdot HCl$）**标准溶液**（1000μg/mL）

［配制］ 准确称取 1.0000g（或按纯度换算出质量 m=1.0000g/w；w——质量分数）经纯度分析（高效液相色谱法）的盐酸克林霉素（$C_{18}H_{33}ClN_2O_5S \cdot HCl$；$M_r$=461.444）纯品（纯度≥99%），置于 100mL 烧杯中，加适量水溶解后，移入 1000mL 容量瓶中，用水稀释到刻度，混匀。

盐酸克仑特罗（$C_{12}H_{18}Cl_2N_2O \cdot HCl$）**标准溶液**（1000μg/mL）

［配制］ 取适量盐酸克仑特罗于称量瓶中，于 105℃下干燥至恒重，置于干燥器中冷却备用。准确称取 1.0000g（或按纯度换算出质量 m=1.0000g/w；w——质量分数）经纯度分析的盐酸克仑特罗（$C_{12}H_{18}Cl_2N_2O \cdot HCl$；$M_r$=313.651）纯品（纯度≥99%），置于 100mL 烧杯中，加适量水溶解后，移入 1000mL 容量瓶中，用水稀释到刻度，混匀。避光低温保存。

［盐酸克仑特罗纯度的测定］ 永停滴定法：准确称取 0.25g 已干燥的样品，准确到 0.0001g，置于 250mL 锥形瓶中，25mL 盐酸溶液（50%）使其溶解，再加 25mL 水，再加 2g 溴化钾，插入铂-铂电极后，将滴定管的尖端插入液面下约⅔处，用亚硝酸钠标准溶液

[$c(NaNO_2)=0.100mol/L$] 迅速滴定，随滴随搅拌，至近终点时，将滴定管的尖端提出液面，用少量水淋洗尖端，洗液并入溶液中，继续缓缓滴定，至电流计指针突然偏转，并不再回复，即为滴定终点。盐酸克仑特罗的质量分数（w）按下式计算：

$$w=\frac{cV\times 0.3137}{m}\times 100\%$$

式中 V——亚硝酸钠标准溶液的体积，mL；

c——亚硝酸钠标准溶液的浓度，mol/L；

m——样品质量，g；

0.3137——与 1.00mL 亚硝酸钠标准溶液 [$c(NaNO_2)=1.000mol/L$] 相当的，以 g 为单位的盐酸克仑特罗的质量。

盐酸赖氨酸（$C_6H_{14}N_2O_2\cdot HCl$）**标准溶液**（1000μg/mL）

[配制] 取适量盐酸赖氨酸于称量瓶中，于 105℃下干燥至恒重，置于干燥器中冷却备用。准确称取 1.0000g（或按纯度换算出质量 $m=1.0000g/w$；w——质量分数）经纯度分析的盐酸赖氨酸（$C_6H_{14}N_2O_2\cdot HCl$；$M_r=182.649$）纯品（纯度≥99%），置于 100mL 烧杯中，加适量水溶解后，移入 1000mL 容量瓶中，用水稀释到刻度，混匀。避光保存。

[盐酸赖氨酸纯度的测定] 电位滴定法：准确称取 0.1g 已干燥的样品，准确到 0.0001g，置于 250mL 锥形瓶中，加 5mL 乙酸汞溶液（50g/L）与 25mL 冰醋酸，加热（60～70)℃使其溶解，置电磁搅拌器上，浸入电极，搅拌，并自滴定管中分次加入高氯酸标准溶液 [$c(HClO_4)=0.100mol/L$]；开始时可每次加入较多的量，搅拌，记录电位；至将近终点前，则应每次加入少量，搅拌，记录电位；至突跃点已过，仍应继续滴加几次标准溶液，并记录电位。

滴定终点的确定同苯巴比妥。同时做空白试验。

盐酸赖氨酸的质量分数（w）按下式计算：

$$w=\frac{c(V_1-V_2)\times 0.09132}{m}\times 100\%$$

式中 V_1——高氯酸标准溶液的体积，mL；

V_2——空白消耗高氯酸标准溶液的体积，mL；

c——高氯酸标准溶液的浓度，mol/L；

m——样品质量，g；

0.09132——与 1.00mL 高氯酸标准溶液 [$c(HClO_4)=1.000mol/L$] 相当的，以 g 为单位的盐酸赖氨酸的质量。

盐酸雷尼替丁（$C_{13}H_{22}N_4O_3S\cdot HCl$）**标准溶液**（1000μg/mL）

[配制] 准确称取 1.0000g（或按纯度换算出质量 $m=1.0000g/w$；w——质量分数）经纯度分析（高效液相色谱法）的盐酸雷尼替丁（$C_{13}H_{22}N_4O_3S\cdot HCl$；$M_r=350.865$）纯品（纯度≥99%），置于 100mL 烧杯中，加适量水溶解后，移入 1000mL 容量瓶中，用水稀释到刻度，混匀。避光保存。

盐酸利多卡因（$C_{14}H_{22}N_2O\cdot HCl$）**标准溶液**（1000μg/mL）

[配制] 准确称取 1.0666g（或按纯度换算出质量 $m=1.0666g/w$；w——质量分数）经

纯度分析的盐酸利多卡因（$C_{14}H_{22}N_2O \cdot HCl \cdot H_2O$；$M_r=288.814$）纯品（纯度≥99%），置于100mL烧杯中，加适量水溶解后，移入1000mL容量瓶中，用水稀释到刻度，混匀。

［盐酸利多卡因纯度的测定］ 准确称取0.2g样品，准确到0.0001g，置于250mL锥形瓶中，加10mL冰醋酸溶解后，加5mL乙酸汞溶液（50g/L）与1滴结晶紫指示液（5g/L），用高氯酸标准溶液［$c(HClO_4)=0.100mol/L$］滴定，至溶液显绿色，同时做空白试验。盐酸利多卡因的质量分数（w）按下式计算：

$$w=\frac{c(V_1-V_2)\times 0.2708}{m}\times 100\%$$

式中 V_1——高氯酸标准溶液的体积，mL；

V_2——空白消耗高氯酸标准溶液的体积，mL；

c——高氯酸标准溶液的浓度，mol/L；

m——样品质量，g；

0.2708——与1.00mL高氯酸标准溶液［$c(HClO_4)=1.000mol/L$］相当的，以g为单位的盐酸利多卡因的质量。

盐酸林可霉素（$C_{18}H_{34}N_2O_6S \cdot HCl$）**标准溶液**（1000μg/mL）

［配制］ 准确称取1.0407g（或按纯度换算出质量$m=1.0407g/w$；w——质量分数）经纯度分析（高效液相色谱法）的盐酸林可霉素（$C_{18}H_{34}N_2O_6S \cdot HCl \cdot H_2O$；$M_r=461.014$）纯品（纯度≥99%），置于100mL烧杯中，用磷酸盐缓冲液溶解，并转移至1000mL容量瓶中，用磷酸盐缓冲液准确定容，配制成浓度为1000μg/mL的标准储备液，保存于4℃冰箱中，可使用1个月。

盐酸硫利达嗪（$C_{21}H_{26}N_2S_2 \cdot HCl$）**标准溶液**（1000μg/mL）

［配制］ 取适量盐酸硫利达嗪于称量瓶中，于105℃下干燥至恒重，置于干燥器中冷却备用。准确称取1.0000g（或按纯度换算出质量$m=1.0000g/w$；w——质量分数）经纯度分析的盐酸硫利达嗪（$C_{21}H_{26}N_2S_2 \cdot HCl$；$M_r=407.036$）纯品（纯度≥99%），置于100mL烧杯中，加适量水溶解后，移入1000mL容量瓶中，用水稀释到刻度，混匀。避光保存。

［盐酸硫利达嗪纯度的测定］ 电位滴定法：准确称取0.3g已干燥的样品，准确到0.0001g，置于250mL锥形瓶中，加100mL丙酮溶解后，加5mL乙酸汞溶液（50g/L），置电磁搅拌器上，浸入电极，搅拌，并自滴定管中分次加入高氯酸标准溶液［$c(HClO_4)=0.100mol/L$］；开始时可每次加入较多的量，搅拌，记录电位；至将近终点前，则应每次加入少量，搅拌，记录电位；至突跃点已过，仍应继续滴加几次标准溶液，并记录电位。

滴定终点的确定：同苯巴比妥。同时做空白试验。

盐酸硫利达嗪的质量分数（w）按下式计算：

$$w=\frac{c(V_1-V_2)\times 0.4070}{m}\times 100\%$$

式中 V_1——高氯酸标准溶液的体积，mL；

V_2——空白消耗高氯酸标准溶液的体积，mL；

c——高氯酸标准溶液的浓度，mol/L；

m——样品质量，g；

0.4070——与1.00mL高氯酸标准溶液［$c(HClO_4)=1.000mol/L$］相当的，以g为单位的盐酸硫利达嗪的质量。

盐酸罗通定（$C_{21}H_{25}NO_4 \cdot HCl$）**标准溶液**（1000μg/mL）

［配制］ 取适量盐酸罗通定于称量瓶中，于105℃下干燥至恒重，置于干燥器中冷却备用。准确称取1.0000g（或按纯度换算出质量 $m=1.0000g/w$；w——质量分数）经纯度分析的盐酸罗通定（$C_{21}H_{25}NO_4 \cdot HCl$；$M_r=391.888$）纯品（纯度≥99%），置于100mL烧杯中，加适量甲醇溶解后，移入1000mL容量瓶中，用甲醇稀释到刻度，混匀。避光保存。

［盐酸罗通定纯度的测定］ 准确称取0.35g已干燥的样品，准确到0.0001g，置于250mL锥形瓶中，加25mL冰醋酸、2mL乙酸酐与5mL乙酸汞溶液（50g/L），振摇溶解后，加1滴结晶紫指示液（5g/L），用高氯酸标准溶液［$c(HClO_4)=0.100mol/L$］滴定，至溶液显蓝色，同时做空白试验。盐酸罗通定的质量分数（w）按下式计算：

$$w=\frac{c(V_1-V_2)\times 0.3919}{m}\times 100\%$$

式中 V_1——高氯酸标准溶液的体积，mL；

V_2——空白消耗高氯酸标准溶液的体积，mL；

c——高氯酸标准溶液的浓度，mol/L；

m——样品质量，g；

0.3919——与1.00mL高氯酸标准溶液［$c(HClO_4)=1.000mol/L$］相当的，以g为单位的盐酸罗通定的质量。

盐酸洛贝林（$C_{22}H_{27}NO_2 \cdot HCl$）**标准溶液**（1000μg/mL）

［配制］ 准确称取1.0000g（或按纯度换算出质量 $m=1.0000g/w$；w——质量分数）经纯度分析的盐酸洛贝林（$C_{22}H_{27}NO_2 \cdot HCl$；$M_r=373.916$）纯品（纯度≥99%），置于100mL烧杯中，加适量水溶解后，移入1000mL容量瓶中，用水稀释到刻度，混匀。避光保存。

［盐酸洛贝林纯度的测定］ 准确称取0.2g样品，准确到0.0001g，置于250mL锥形瓶中，加10mL冰醋酸溶解后，加5mL乙酸汞溶液（50g/L）与1滴结晶紫指示液（5g/L），用高氯酸标准溶液［$c(HClO_4)=0.100mol/L$］滴定，至溶液显蓝绿色，同时做空白试验。盐酸洛贝林的质量分数（w）按下式计算：

$$w=\frac{c(V_1-V_2)\times 0.3739}{m}\times 100\%$$

式中 V_1——高氯酸标准溶液的体积，mL；

V_2——空白消耗高氯酸标准溶液的体积，mL；

c——高氯酸标准溶液的浓度，mol/L；

m——样品质量，g；

0.3739——与1.00mL高氯酸标准溶液［$c(HClO_4)=1.000mol/L$］相当的，以g为单位的盐酸洛贝林的质量。

盐酸洛哌丁胺（$C_{29}H_{33}ClN_2O_2 \cdot HCl$）**标准溶液**（1000μg/mL）

［配制］ 取适量盐酸洛哌丁胺于称量瓶中，于105℃下干燥至恒重，置于干燥器中冷却备用。准确称取1.0000g（或按纯度换算出质量 $m=1.0000g/w$；w——质量分数）经纯度分析的盐酸洛哌丁胺（$C_{29}H_{33}ClN_2O_2 \cdot HCl$；$M_r=513.498$）纯品（纯度≥99%），置于100mL烧杯中，加适量乙醇溶解后，移入1000mL容量瓶中，用乙醇稀释到刻度，混匀。避光保存。

［盐酸洛哌丁胺纯度的测定］ 准确称取0.3g已干燥的样品，准确到0.0001g，置于250mL锥形瓶中，加20mL冰醋酸、10mL乙酸汞溶液（50g/L）溶解后，加2滴萘酚苯甲醇指示液（5g/L），用高氯酸标准溶液［$c(HClO_4)=0.1mol/L$］滴定，至溶液显绿色，同时做空白试验。盐酸洛哌丁胺的质量分数（w）按下式计算：

$$w=\frac{c(V_1-V_2)\times 0.5135}{m}\times 100\%$$

式中 V_1——高氯酸标准溶液的体积，mL；

V_2——空白消耗高氯酸标准溶液的体积，mL；

c——高氯酸标准溶液的浓度，mol/L；

m——样品质量，g；

0.5135——与1.00mL高氯酸标准溶液［$c(HClO_4)=1.000mol/L$］相当的，以g为单位的盐酸洛哌丁胺的质量。

盐酸氯胺酮（$C_{13}H_{16}ClNO \cdot HCl$）**标准溶液**（1000μg/mL）

［配制］ 取适量盐酸氯胺酮于称量瓶中，于105℃下干燥至恒重，置于干燥器中冷却备用。准确称取1.0000g（或按纯度换算出质量 $m=1.0000g/w$；w——质量分数）经纯度分析的盐酸氯胺酮（$C_{13}H_{16}ClNO \cdot HCl$；$M_r=274.186$）纯品（纯度≥99%），置于100mL烧杯中，加适量水溶解后，移入1000mL容量瓶中，用水稀释到刻度，混匀。

［盐酸氯胺酮纯度的测定］ 准确称取0.2g已干燥的样品，准确到0.0001g，置于250mL锥形瓶中，加20mL冰醋酸，微热使其溶解，冷却至室温，加5mL乙酸汞溶液（50g/L）与1滴结晶紫指示液（5g/L），用高氯酸标准溶液［$c(HClO_4)=0.100mol/L$］滴定，至溶液显蓝色，同时做空白试验。盐酸氯胺酮的质量分数（w）按下式计算：

$$w=\frac{c(V_1-V_2)\times 0.2742}{m}\times 100\%$$

式中 V_1——高氯酸标准溶液的体积，mL；

V_2——空白消耗高氯酸标准溶液的体积，mL；

c——高氯酸标准溶液的浓度，mol/L；

m——样品质量，g；

0.2742——与1.00mL高氯酸标准溶液［$c(HClO_4)=1.000mol/L$］相当的，以g为单位的盐酸氯胺酮的质量。

盐酸氯丙那林（$C_{11}H_{16}ClNO \cdot HCl$）**标准溶液**（1000μg/mL）

［配制］ 取适量盐酸氯丙那林于称量瓶中，于105℃下干燥至恒重，置于干燥器中冷却

备用。准确称取 1.0000g（或按纯度换算出质量 $m=1.0000\text{g}/w$；w——质量分数）经纯度分析的盐酸氯丙那林（$C_{11}H_{16}ClNO \cdot HCl$；$M_r=250.165$）纯品（纯度≥99%），置于 100mL 烧杯中，加适量水溶解后，移入 1000mL 容量瓶中，用水稀释到刻度，混匀。避光保存。

[盐酸氯丙那林纯度的测定] 准确称取 0.15g 已干燥的样品，准确到 0.0001g，置于 250mL 锥形瓶中，加 20mL 冰醋酸，必要时微温使其溶解，加 3mL 乙酸汞溶液（50g/L）与 1 滴结晶紫指示液（5g/L），用高氯酸标准溶液 [$c(HClO_4)=0.100\text{mol/L}$] 滴定，至溶液显蓝绿色，同时做空白试验。盐酸氯丙那林的质量分数（w）按下式计算：

$$w=\frac{c(V_1-V_2)\times 0.2502}{m}\times 100\%$$

式中 V_1——高氯酸标准溶液的体积，mL；

V_2——空白消耗高氯酸标准溶液的体积，mL；

c——高氯酸标准溶液的浓度，mol/L；

m——样品质量，g；

0.2502——与 1.00mL 高氯酸标准溶液 [$c(HClO_4)=1.000\text{mol/L}$] 相当的，以 g 为单位的盐酸氯丙那林的质量。

盐酸氯丙嗪（$C_{17}H_{19}ClN_2S \cdot HCl$）**标准溶液**（1000μg/mL）

[配制] 取适量盐酸氯丙嗪于称量瓶中，于 105℃下干燥至恒重，置于干燥器中冷却备用。准确称取 1.0000g（或按纯度换算出质量 $m=1.0000\text{g}/w$；w——质量分数）经纯度分析的盐酸氯丙嗪（$C_{17}H_{19}ClN_2S \cdot HCl$；$M_r=355.325$）纯品（纯度≥99%），置于 100mL 烧杯中，加适量水溶解后，移入 1000mL 容量瓶中，用水稀释到刻度，混匀。避光保存。

[盐酸氯丙嗪纯度的测定] 准确称取 0.2g 已干燥的样品，准确到 0.0001g，置于 250mL 锥形瓶中，加 10mL 乙酸酐，振摇溶解后，加 5mL 乙酸汞溶液（50g/L）与 1 滴橙黄Ⅳ指示液（5g/L），用高氯酸标准溶液 [$c(HClO_4)=0.100\text{mol/L}$] 滴定，至溶液显玫瑰红色，同时做空白试验。盐酸氯丙嗪的质量分数（w）按下式计算：

$$w=\frac{c(V_1-V_2)\times 0.3553}{m}\times 100\%$$

式中 V_1——高氯酸标准溶液的体积，mL；

V_2——空白消耗高氯酸标准溶液的体积，mL；

c——高氯酸标准溶液的浓度，mol/L；

m——样品质量，g；

0.3553——与 1.00mL 高氯酸标准溶液 [$c(HClO_4)=1.000\text{mol/L}$] 相当的，以 g 为单位的盐酸氯丙嗪的质量。

盐酸氯米帕明（$C_{19}H_{23}ClN_2 \cdot HCl$）**标准溶液**（1000μg/mL）

[配制] 取适量盐酸氯米帕明于称量瓶中，于 105℃下干燥至恒重，置于干燥器中冷却备用。准确称取 1.0000g（或按纯度换算出质量 $m=1.0000\text{g}/w$；w——质量分数）经纯度分析的盐酸氯米帕明（$C_{19}H_{23}ClN_2 \cdot HCl$；$M_r=351.313$）纯品（纯度≥99%），置于 100mL 烧杯中，加适量水溶解后，移入 1000mL 容量瓶中，用水稀释到刻度，混匀。避光

保存。

[盐酸氯米帕明纯度的测定] 准确称取 0.4g 已干燥的样品，准确到 0.0001g，置于 250mL 锥形瓶中，加 30mL 冰醋酸与 5mL 乙酸汞溶液（50g/L）溶解后，加 1 滴结晶紫指示液（5g/L），用高氯酸标准溶液 [$c(HClO_4)=0.100mol/L$] 滴定，至溶液显蓝色，同时做空白试验。盐酸氯米帕明的质量分数（w）按下式计算：

$$w=\frac{c(V_1-V_2)\times 0.3513}{m}\times 100\%$$

式中 V_1——高氯酸标准溶液的体积，mL；

V_2——空白消耗高氯酸标准溶液的体积，mL；

c——高氯酸标准溶液的浓度，mol/L；

m——样品质量，g；

0.3513——与 1.00mL 高氯酸标准溶液 [$c(HClO_4)=1.000mol/L$] 相当的，以 g 为单位的盐酸氯米帕明的质量。

盐酸麻黄碱（$C_{10}H_{15}NO \cdot HCl$）**标准溶液**（1000μg/mL）

[配制] 取适量盐酸麻黄碱于称量瓶中，于 105℃下干燥至恒重，置于干燥器中冷却备用。准确称取 1.0000g（或按纯度换算出质量 $m=1.0000g/w$；w——质量分数）经纯度分析的盐酸麻黄碱（$C_{10}H_{15}NO \cdot HCl$；$M_r=201.693$）纯品（纯度≥99%），置于 100mL 烧杯中，加适量水溶解后，移入 1000mL 容量瓶中，用水稀释到刻度，混匀。

[盐酸麻黄碱纯度的测定] 准确称取 0.15g 已干燥的样品，准确到 0.0001g，置于 250mL 锥形瓶中，加 10mL 冰醋酸，加热溶解后，加 4mL 乙酸汞溶液（50g/L）与 1 滴结晶紫指示液（5g/L），用高氯酸标准溶液 [$c(HClO_4)=0.100mol/L$] 滴定，至溶液显翠绿色，同时做空白试验。盐酸麻黄碱的质量分数（w）按下式计算：

$$w=\frac{c(V_1-V_2)\times 0.2017}{m}\times 100\%$$

式中 V_1——高氯酸标准溶液的体积，mL；

V_2——空白消耗高氯酸标准溶液的体积，mL；

c——高氯酸标准溶液的浓度，mol/L；

m——样品质量，g；

0.2017——与 1.00mL 高氯酸标准溶液 [$c(HClO_4)=1.000mol/L$] 相当的，以 g 为单位的盐酸麻黄碱的质量。

盐酸吗啡（$C_{17}H_{19}NO_3 \cdot HCl$）**标准溶液**（1000μg/mL）

[配制] 取适量盐酸吗啡（$C_{17}H_{19}NO_3 \cdot HCl \cdot 3H_2O$；$M_r=375.844$）于称量瓶中，于 105℃下干燥至恒重，置于干燥器中冷却备用。准确称取 1.0000g（或按纯度换算出质量 $m=1.0000g/w$；w——质量分数）经纯度分析的盐酸吗啡（$C_{17}H_{19}NO_3 \cdot HCl$；$M_r=321.799$）纯品（纯度≥99%），置于 100mL 烧杯中，加适量水溶解后，移入 1000mL 容量瓶中，用水稀释到刻度，混匀。避光低温保存。

[盐酸吗啡纯度的测定] 准确称取 0.2g 已干燥的样品，准确到 0.0001g，置于 250mL 锥形瓶中，加 10mL 冰醋酸与 4mL 乙酸汞溶液（50g/L）溶解后，加 1 滴结晶紫指示液

(5g/L)，用高氯酸标准溶液［$c(HClO_4)=0.100mol/L$］滴定，至溶液显绿色，同时作空白试验。盐酸吗啡的质量分数（w）按下式计算：

$$w=\frac{c(V_1-V_2)\times 0.3218}{m}\times 100\%$$

式中 V_1——高氯酸标准溶液的体积，mL；

V_2——空白消耗高氯酸标准溶液的体积，mL；

c——高氯酸标准溶液的浓度，mol/L；

m——样品质量，g；

0.3218——与1.00mL高氯酸标准溶液［$c(HClO_4)=1.000mol/L$］相当的，以g为单位的盐酸吗啡的质量。

盐酸马普替林（$C_{20}H_{23}N\cdot HCl$）**标准溶液**（1000μg/mL）

［配制］ 取适量盐酸马普替林于称量瓶中，于105℃下干燥至恒重，置于干燥器中冷却备用。准确称取1.0000g（或按纯度换算出质量$m=1.0000g/w$；w——质量分数）经纯度分析的盐酸马普替林（$C_{20}H_{23}N\cdot HCl$；$M_r=313.864$）纯品（纯度≥99%），置于100mL烧杯中，加适量甲醇溶解，移入1000mL容量瓶中，用甲醇稀释到刻度，混匀。

［盐酸马普替林纯度的测定］ 准确称取0.25g已干燥的样品，准确到0.0001g，置于250mL锥形瓶中，加25mL冰醋酸与5mL乙酸汞溶液（50g/L）溶解后，加1滴结晶紫指示液（5g/L)，用高氯酸标准溶液［$c(HClO_4)=0.100mol/L$］滴定，至溶液显蓝色，同时做空白试验。盐酸马普替林的质量分数（w）按下式计算：

$$w=\frac{c(V_1-V_2)\times 0.3139}{m}\times 100\%$$

式中 V_1——高氯酸标准溶液的体积，mL；

V_2——空白消耗高氯酸标准溶液的体积，mL；

c——高氯酸标准溶液的浓度，mol/L；

m——样品质量，g；

0.3139——与1.00mL高氯酸标准溶液［$c(HClO_4)=1.000mol/L$］相当的，以g为单位的盐酸马普替林的质量。

盐酸美克洛嗪（$C_{25}H_{27}ClN_2\cdot 2HCl$）**标准溶液**（1000μg/mL）

［配制］ 准确称取1.0000g（或按纯度换算出质量$m=1.0000g/w$；w——质量分数）经纯度分析的盐酸美克洛嗪（$C_{25}H_{27}ClN_2\cdot 2HCl$；$M_r=463.870$）纯品（纯度≥99%），置于100mL烧杯中，加适量乙醇溶解后，移入1000mL容量瓶中，用乙醇稀释到刻度，混匀。避光保存。

［盐酸美克洛嗪纯度的测定］ 电位滴定法：准确称取0.2g样品，准确到0.0001g，置于250mL锥形瓶中，加50mL氯仿溶解，加50mL冰醋酸、5mL乙酸酐与10mL乙酸汞溶液（50g/L），溶解后，置电磁搅拌器上，浸入电极（玻璃电极为指示电极，饱和甘汞电极为参比电极），搅拌，并自滴定管中分次加入高氯酸标准溶液［$c(HClO_4)=0.100mol/L$］；开始时可每次加入较多的量，搅拌，记录电位；至将近终点前，则应每次加入少量，搅拌，记录电位；至突跃点已过，仍应继续滴加几次标准溶液，并记录电位。

滴定终点的确定：同苯巴比妥。同时做空白试验。

盐酸美克洛嗪的质量分数（w）按下式计算：

$$w=\frac{c(V_1-V_2)\times 0.2319}{m}\times 100\%$$

式中 V_1——高氯酸标准溶液的体积，mL；

V_2——空白消耗高氯酸标准溶液的体积，mL；

c——高氯酸标准溶液的浓度，mol/L；

m——样品质量，g；

0.2319——与 1.00mL 高氯酸标准溶液 [$c(HClO_4)=1.000$mol/L] 相当的，以 g 为单位的盐酸美克洛嗪的质量。

盐酸美沙酮（$C_{21}H_{27}NO\cdot HCl$）**标准溶液**（1000μg/mL）

［配制］ 取适量盐酸美沙酮于称量瓶中，于 105℃下干燥至恒重，置于干燥器中冷却备用。准确称取 1.0000g（或按纯度换算出质量 $m=1.0000\text{g}/w$；w——质量分数）经纯度分析的盐酸美沙酮（$C_{21}H_{27}NO\cdot HCl$；$M_r=345.906$）纯品（纯度≥99%），置于 100mL 烧杯中，加适量水溶解后，移入 1000mL 容量瓶中，用水稀释到刻度，混匀。

［盐酸美沙酮纯度的测定］ 准确称取 0.15g 已干燥的样品，准确到 0.0001g，置于分液漏斗中，加水 50mL，再加 5mL 氢氧化钠溶液（43g/L），用乙醚振摇提取四次（40mL，20mL，15mL，15mL）合并乙醚液，用水振摇洗涤 2 次，每次 50mL，合并洗液，用乙醚 10mL 振摇提取，合并前后两次得到的乙醚液，准确加入 30mL 硫酸标准溶液 [$c(\frac{1}{2}H_2SO_4)=0.0200$mol/L]，低温蒸发除去乙醚，冷却至室温，加 2 滴甲基红指示液（0.5g/L），用氢氧化钠标准溶液 [$c(NaOH)=0.0200$mol/L] 滴定。同时做空白试验。盐酸美沙酮的质量分数（w）按下式计算：

$$w=\frac{(c_1V_1-c_2V_2)\times 0.3459}{m}\times 100\%$$

式中 V_1——硫酸标准溶液的体积，mL；

c_1——硫酸标准溶液的浓度，mol/L；

V_2——氢氧化钠标准溶液的体积，mL；

c_2——氢氧化钠标准溶液的浓度，mol/L；

m——样品质量，g；

0.3459——与 1.00mL 硫酸标准溶液 [$c(\frac{1}{2}H_2SO_4)=1.000$mol/L] 相当的，以 g 为单位的盐酸美沙酮的质量。

盐酸美他环素（$C_{22}H_{22}N_2O_8\cdot 2HCl$）**标准溶液**（1000μg/mL）

［配制］ 取适量盐酸美他环素于称量瓶中，于 105℃下干燥至恒重，置于干燥器中冷却备用。准确称取 1.0000g（或按纯度换算出质量 $m=1.0000\text{g}/w$；w——质量分数）经纯度分析（高效液相色谱法）的盐酸美他环素（$C_{22}H_{22}N_2O_8\cdot 2HCl$；$M_r=478.880$）纯品（纯度≥99%），置于 100mL 烧杯中，加适量水溶解后，移入 1000mL 容量瓶中，用水稀释到刻度，混匀。避光保存。

盐酸美西律（$C_{11}H_{17}NO \cdot 2HCl$）**标准溶液**（1000μg/mL）

［配制］ 取适量盐酸美西律于称量瓶中，于105℃下干燥至恒重，置于干燥器中冷却备用。准确称取1.0000g（或按纯度换算出质量 $m=1.0000g/w$；w——质量分数）经纯度分析的盐酸美西律（$C_{11}H_{17}NO \cdot 2HCl$；$M_r=215.720$）纯品（纯度≥99%），置于100mL烧杯中，加适量水溶解后，移入1000mL容量瓶中，用水稀释到刻度，混匀。

［盐酸美西律纯度的测定］ 准确称取0.16g已干燥的样品，准确到0.0001g，置于250mL锥形瓶中，加20mL冰醋酸与5mL乙酸汞溶液（50g/L）溶解后，加1滴结晶紫指示液（5g/L），用高氯酸标准溶液［$c(HClO_4)=0.1mol/L$］滴定，至溶液显蓝色，同时做空白试验。盐酸美西律的质量分数（w）按下式计算：

$$w=\frac{c(V_1-V_2)\times 0.2157}{m}\times 100\%$$

式中 V_1——高氯酸标准溶液的体积，mL；

V_2——空白消耗高氯酸标准溶液的体积，mL；

c——高氯酸标准溶液的浓度，mol/L；

m——样品质量，g；

0.2157——与1.00mL高氯酸标准溶液［$c(HClO_4)=1.000mol/L$］相当的，以g为单位的盐酸美西律的质量。

盐酸米托蒽醌（$C_{22}H_{28}N_4O_6 \cdot 2HCl$）**标准溶液**（1000μg/mL）

［配制］ 取适量盐酸米托蒽醌于称量瓶中，于100℃下减压干燥4h，置于干燥器中冷却备用。准确称取1.0000g（或按纯度换算出质量 $m=1.0000g/w$；w——质量分数）经纯度分析的盐酸米托蒽醌（$C_{22}H_{28}N_4O_6 \cdot 2HCl$；$M_r=517.403$）纯品（纯度≥99%），置于100mL烧杯中，加适量水溶解后，移入1000mL容量瓶中，用水稀释到刻度，混匀。避光低温保存。

［标定］ 分光光度法：准确移取1.00mL上述溶液，移入100mL容量瓶中，加10mL盐酸溶液［$c(HCl)=0.1mol/L$］，加无水乙醇稀释至刻度（10μg/mL），摇匀，按附录十，用分光光度法，在663nm的波长处测定溶液的吸光度，$C_{22}H_{28}N_4O_6 \cdot 2HCl$ 的吸光系数 $E_{1cm}^{1\%}$ 为570计算，即得。

盐酸纳洛酮（$C_{19}H_{21}NO_4 \cdot HCl$）**标准溶液**（1000μg/mL）

［配制］ 取适量盐酸纳洛酮（$C_{19}H_{21}NO_4 \cdot HCl \cdot 2H_2O$；$M_r=399.866$）于称量瓶中，先于90℃下干燥4h，再在105℃下干燥至恒重，置于干燥器中冷却备用。准确称取1.0000g（或按纯度换算出质量 $m=1.0000g/w$；w——质量分数）经纯度分析的盐酸纳洛酮（$C_{19}H_{21}NO_4 \cdot HCl$；$M_r=363.835$）纯品（纯度≥99%），置于100mL烧杯中，加适量水溶解后，移入1000mL容量瓶中，用水稀释到刻度，混匀。避光保存。

［盐酸纳洛酮纯度的测定］ 准确称取0.3g已干燥的样品，准确到0.0001g，置于250mL锥形瓶中，加10mL乙酸汞溶液（50g/L）溶解后，加40mL冰醋酸、10mL乙酸酐与（1～2）滴结晶紫指示液（5g/L），用高氯酸标准溶液［$c(HClO_4)=0.100mol/L$］滴定，至溶液显蓝绿色，同时做空白试验。盐酸纳洛酮的质量分数（w）按下式计算：

$$w=\frac{c(V_1-V_2)\times 0.3638}{m}\times 100\%$$

式中 V_1——高氯酸标准溶液的体积，mL；

V_2——空白消耗高氯酸标准溶液的体积，mL；

c——高氯酸标准溶液的浓度，mol/L；

m——样品质量，g；

0.3638——与1.00mL高氯酸标准溶液［$c(HClO_4)=1.000$mol/L］相当的，以g为单位的盐酸纳洛酮的质量。

盐酸奈福泮（$C_{17}H_{19}NO\cdot HCl$）**标准溶液**（1000μg/mL）

［配制］ 取适量盐酸奈福泮于称量瓶中，于105℃下干燥至恒重，置于干燥器中冷却备用。准确称取1.0000g（或按纯度换算出质量 $m=1.0000g/w$；w——质量分数）经纯度分析的盐酸奈福泮（$C_{17}H_{19}NO\cdot HCl$；$M_r=289.800$）纯品（纯度≥99%），置于100mL烧杯中，加适量水溶解后，移入1000mL容量瓶中，用水稀释到刻度，混匀。

［盐酸奈福泮纯度的测定］ 准确称取0.15g已干燥的样品，准确到0.0001g，置于250mL锥形瓶中，加10mL冰醋酸，微热使其溶解，冷却，加5mL乙酸汞溶液（50g/L）与1滴结晶紫指示液（5g/L），用高氯酸标准溶液［$c(HClO_4)=0.100$mol/L］滴定，至溶液显蓝色，同时做空白试验。盐酸奈福泮的质量分数（w）按下式计算：

$$w=\frac{c(V_1-V_2)\times 0.2898}{m}\times 100\%$$

式中 V_1——高氯酸标准溶液的体积，mL；

V_2——空白消耗高氯酸标准溶液的体积，mL；

c——高氯酸标准溶液的浓度，mol/L；

m——样品质量，g；

0.2898——与1.00mL高氯酸标准溶液［$c(HClO_4)=1.000$mol/L］相当的，以g为单位的盐酸奈福泮的质量。

盐酸萘甲唑林（$C_{14}H_{14}N_2\cdot HCl$）**标准溶液**（1000μg/mL）

［配制］ 取适量盐酸萘甲唑林于称量瓶中，于105℃下干燥至恒重，置于干燥器中冷却备用。准确称取1.0000g（或按纯度换算出质量 $m=1.0000g/w$；w——质量分数）经纯度分析的盐酸萘甲唑林（$C_{14}H_{14}N_2\cdot HCl$；$M_r=246.735$）纯品（纯度≥99%），置于100mL烧杯中，加适量水溶解后，移入1000mL容量瓶中，用水稀释到刻度，混匀。避光保存。

［盐酸萘甲唑林纯度的测定］ 准确称取0.15g已干燥的样品，准确到0.0001g，置于250mL锥形瓶中，加10mL冰醋酸溶解后，加3mL乙酸汞溶液（50g/L）与1滴结晶紫指示液（5g/L），用高氯酸标准溶液［$c(HClO_4)=0.100$mol/L］滴定，至溶液显绿色，同时做空白试验。盐酸萘甲唑林的质量分数（w）按下式计算：

$$w=\frac{c(V_1-V_2)\times 0.2467}{m}\times 100\%$$

式中 V_1——高氯酸标准溶液的体积，mL；

V_2——空白消耗高氯酸标准溶液的体积，mL；

c——高氯酸标准溶液的浓度，mol/L；

m——样品质量，g；

0.2467——与1.00mL高氯酸标准溶液［$c(HClO_4)$=1.000mol/L］相当的，以g为单位的盐酸萘甲唑林的质量。

盐酸尼卡地平（$C_{26}H_{29}N_3O_6 \cdot HCl$）**标准溶液**（1000μg/mL）

［配制］ 取适量盐酸尼卡地平于称量瓶中，于105℃下干燥至恒重，置于干燥器中冷却备用。准确称取1.0000g（或按纯度换算出质量 m=1.0000g/w；w——质量分数）经纯度分析的盐酸尼卡地平（$C_{26}H_{29}N_3O_6 \cdot HCl$；$M_r$=515.986）纯品（纯度≥99%），置于100mL烧杯中，加适量乙醇溶解后，移入1000mL容量瓶中，用乙醇稀释到刻度，混匀。避光低温保存。

［盐酸尼卡地平纯度的测定］ 准确称取0.4g已干燥的样品，准确到0.0001g，置于250mL锥形瓶中，加20mL冰醋酸与6mL乙酸汞溶液（50g/L），温热使其溶解，冷却，加1滴结晶紫指示液（5g/L），用高氯酸标准溶液［$c(HClO_4)$=0.100mol/L］滴定，至溶液显蓝色，同时做空白试验。盐酸尼卡地平的质量分数（w）按下式计算：

$$w=\frac{c(V_1-V_2)\times 0.5160}{m}\times 100\%$$

式中 V_1——高氯酸标准溶液的体积，mL；

V_2——空白消耗高氯酸标准溶液的体积，mL；

c——高氯酸标准溶液的浓度，mol/L；

m——样品质量，g；

0.5160——与1.00mL高氯酸标准溶液［$c(HClO_4)$=1.000mol/L］相当的，以g为单位的盐酸尼卡地平的质量。

盐酸鸟嘌呤（$C_5H_5N_5O \cdot HCl$）**标准溶液**（1000μg/mL）

［配制］ 取适量盐酸鸟嘌呤（$C_5H_5N_5O \cdot HCl \cdot H_2O$；$M_r$=205.602）于称量瓶中，于100℃下干燥至恒重，置于干燥器中冷却备用。准确称取0.1000g（或按纯度换算出质量 m=0.1000g/w；w——质量分数）的经纯度分析的盐酸鸟嘌呤（$C_5H_5N_5O \cdot HCl$；M_r=187.587）纯品（纯度≥99%）于250mL烧杯中，加75mL水和2mL浓盐酸，加热使其完全溶解，冷却，若有沉淀产生，加盐酸数滴，再加热，如此反复，直至冷却后无沉淀产生为止，移入100mL容量瓶中，加少许甲苯，以水稀释至刻度，混匀。于冰箱中保存。

盐酸哌甲酯（$C_{14}H_{19}NO_2 \cdot HCl$）**标准溶液**（1000μg/mL）

［配制］ 取适量盐酸哌甲酯于称量瓶中，于60℃下减压干燥至恒重，置于干燥器中冷却备用。准确称取1.0000g（或按纯度换算出质量 m=1.0000g/w；w——质量分数）经纯度分析的盐酸哌甲酯（$C_{14}H_{19}NO_2 \cdot HCl$；$M_r$=269.767）纯品（纯度≥99%），置于100mL烧杯中，加适量水溶解后，移入1000mL容量瓶中，用水稀释到刻度，混匀。避光保存。

［盐酸哌甲酯纯度的测定］ 准确称取0.2g已干燥的样品，准确到0.0001g，置于250mL锥形瓶中，加15mL冰醋酸与5mL乙酸汞溶液（50g/L）溶解后，加4滴萘酚苯甲

醇指示液（5g/L），用高氯酸标准溶液［$c(HClO_4)=0.100mol/L$］滴定，至溶液显绿色，同时做空白试验。盐酸哌甲酯的质量分数（w）按下式计算：

$$w=\frac{c(V_1-V_2)\times 0.2698}{m}\times 100\%$$

式中 V_1——高氯酸标准溶液的体积，mL；

V_2——空白消耗高氯酸标准溶液的体积，mL；

c——高氯酸标准溶液的浓度，mol/L；

m——样品质量，g；

0.2698——与1.00mL高氯酸标准溶液［$c(HClO_4)=1.000mol/L$］相当的，以g为单位的盐酸哌甲酯的质量。

盐酸哌替啶（$C_{15}H_{21}NO_2\cdot HCl$）**标准溶液**（1000μg/mL）

［配制］ 取适量盐酸哌替啶于称量瓶中，于105℃下干燥至恒重，置于干燥器中冷却备用。准确称取1.0000g（或按纯度换算出质量$m=1.0000g/w$；w——质量分数）经纯度分析的盐酸哌替啶（$C_{15}H_{21}NO_2\cdot HCl$；$M_r=283.794$）纯品（纯度≥99%），置于100mL烧杯中，加适量水溶解后，移入1000mL容量瓶中，用水稀释到刻度，混匀。

［盐酸哌替啶纯度的测定］ 准确称取0.25g已干燥的样品，准确到0.0001g，置于250mL锥形瓶中，加10mL冰醋酸与5mL乙酸汞溶液（50g/L）溶解后，加1滴结晶紫指示液（5g/L），用高氯酸标准溶液［$c(HClO_4)=0.100mol/L$］滴定，至溶液显蓝绿色，同时做空白试验。盐酸哌替啶的质量分数（w）按下式计算：

$$w=\frac{c(V_1-V_2)\times 0.2838}{m}\times 100\%$$

式中 V_1——高氯酸标准溶液的体积，mL；

V_2——空白消耗高氯酸标准溶液的体积，mL；

c——高氯酸标准溶液的浓度，mol/L；

m——样品质量，g；

0.2838——与1.00mL高氯酸标准溶液［$c(HClO_4)=1.000mol/L$］相当的，以g为单位的盐酸哌替啶的质量。

盐酸哌唑嗪（$C_{19}H_{21}N_5O_4\cdot HCl$）**标准溶液**（1000μg/mL）

［配制］ 取适量盐酸哌唑嗪于称量瓶中，于105℃下干燥至恒重，置于干燥器中冷却备用。准确称取1.0000g（或按纯度换算出质量$m=1.0000g/w$；w——质量分数）经纯度分析的盐酸哌唑嗪（$C_{19}H_{21}N_5O_4\cdot HCl$；$M_r=419.862$）纯品（纯度≥99%），置于100mL烧杯中，加适量乙醇溶解后，移入1000mL容量瓶中，用乙醇稀释到刻度，混匀。避光保存。

［盐酸哌唑嗪纯度的测定］ 准确称取0.3g已干燥的样品，准确到0.0001g，置于250mL锥形瓶中，加20mL冰醋酸与6mL乙酸汞溶液（50g/L）溶解后，加1滴结晶紫指示液（5g/L），用高氯酸标准溶液［$c(HClO_4)=0.100mol/L$］滴定，至溶液显蓝色，同时做空白试验。盐酸哌唑嗪的质量分数（w）按下式计算：

$$w=\frac{c(V_1-V_2)\times 0.4199}{m}\times 100\%$$

式中 V_1——高氯酸标准溶液的体积，mL；

V_2——空白消耗高氯酸标准溶液的体积，mL；

c——高氯酸标准溶液的浓度，mol/L；

m——样品质量，g；

0.4199——与1.00mL高氯酸标准溶液［$c(HClO_4)=1.000mol/L$］相当的，以g为单位的盐酸哌唑嗪的质量。

盐酸平阳霉素（$C_{57}H_{89}N_{19}O_2S_2 \cdot nHCl$）**标准溶液**（1000μg/mL）

［配制］ 取适量盐酸平阳霉素于称量瓶中，以五氧化二磷为干燥剂，于60℃下减压干燥至恒重，置于干燥器中冷却备用。准确称取1.0000g（或按纯度换算出质量$m=1.0000g/w$；w——质量分数）经纯度分析（高效液相色谱法）的盐酸平阳霉素（$C_{57}H_{89}N_{19}O_2S_2 \cdot nHCl$）纯品（纯度≥99%），置于100mL烧杯中，加适量水溶解后，移入1000mL容量瓶中，用水稀释到刻度，混匀。

盐酸普罗帕酮（$C_{21}H_{27}NO_3 \cdot HCl$）**标准溶液**（1000μg/mL）

［配制］ 取适量盐酸普罗帕酮于称量瓶中，于105℃下干燥至恒重，置于干燥器中冷却备用。准确称取1.0000g（或按纯度换算出质量$m=1.0000g/w$；w——质量分数）经纯度分析的盐酸普罗帕酮（$C_{21}H_{27}NO_3 \cdot HCl$；$M_r=377.905$）纯品（纯度≥99%），置于100mL烧杯中，加适量乙醇溶解后，移入1000mL容量瓶中，用乙醇稀释到刻度，混匀。避光保存。

［盐酸普罗帕酮纯度的测定］ 准确称取0.3g已干燥的样品，准确到0.0001g，置于250mL锥形瓶中，加20mL冰醋酸，微热溶解后，加5mL乙酸汞溶液（50g/L）与1滴结晶紫指示液（5g/L），用高氯酸标准溶液［$c(HClO_4)=0.1mol/L$］滴定，至溶液显蓝色，同时做空白试验。盐酸普罗帕酮的质量分数（w）按下式计算：

$$w=\frac{c(V_1-V_2)\times 0.3779}{m}\times 100\%$$

式中 V_1——高氯酸标准溶液的体积，mL；

V_2——空白消耗高氯酸标准溶液的体积，mL；

c——高氯酸标准溶液的浓度，mol/L；

m——样品质量，g；

0.3779——与1.00mL高氯酸标准溶液［$c(HClO_4)=1.000mol/L$］相当的，以g为单位的盐酸普罗帕酮的质量。

盐酸普鲁卡因（$C_{13}H_{20}N_2O_2 \cdot HCl$）**标准溶液**（1000μg/mL）

［配制］ 取适量盐酸普鲁卡因于称量瓶中，于105℃下干燥至恒重，置于干燥器中冷却备用。准确称取1.0000g（或按纯度换算出质量$m=1.0000g/w$；w——质量分数）经纯度分析的盐酸普鲁卡因（$C_{13}H_{20}N_2O_2 \cdot HCl$；$M_r=272.771$）纯品（纯度≥99%），置于100mL烧杯中，加适量水溶解后，移入1000mL容量瓶中，用水稀释到刻度，混匀。避光保存。

［盐酸普鲁卡因纯度的测定］ 准确称取0.6g已干燥的样品，准确到0.0001g。置于250mL锥形瓶中，加40mL水与15mL盐酸溶液（50%），而后置电磁搅拌器上，搅拌使其

溶解，再加 2g 溴化钾，插入铂-铂电极后，将滴定管的尖端插入液面下约⅔处，在（15～25)℃，用亚硝酸钠标准溶液［$c(NaNO_2)=0.100mol/L$］迅速滴定，随滴随搅拌，至近终点时，将滴定管的尖端提出液面，用少量水淋洗尖端，洗液并入溶液中，继续缓缓滴定，至电流计指针突然偏转，并不再回复，即为滴定终点。盐酸普鲁卡因的质量分数（w）按下式计算：

$$w=\frac{cV\times 0.2728}{m}\times 100\%$$

式中 V——亚硝酸钠标准溶液的体积，mL；

c——亚硝酸钠标准溶液的浓度，mol/L；

m——样品质量，g；

0.2728——与 1.00mL 亚硝酸钠标准溶液［$c(NaNO_2)=1.000mol/L$］相当的，以 g 为单位的盐酸普鲁卡因的质量。

盐酸普鲁卡因胺（$C_{13}H_{21}N_3O \cdot HCl$）**标准溶液**（100μg/mL）

［配制］ 取适量盐酸普鲁卡因胺于称量瓶中，于 105℃下干燥至恒重，置于干燥器中冷却备用。准确称取 1.0000g（或按纯度换算出质量 $m=1.0000g/w$；w——质量分数）经纯度分析的盐酸普鲁卡因胺（$C_{13}H_{21}N_3O \cdot HCl$；$M_r=271.786$）纯品（纯度≥99%），置于 100mL 烧杯中，加适量水溶解后，移入 1000mL 容量瓶中，用水稀释到刻度，混匀。避光保存。

［盐酸普鲁卡因胺纯度的测定］ 准确称取 0.55g 已干燥的样品，准确到 0.0001g。置于 250mL 锥形瓶中，加 40mL 水与盐酸溶液（50%）15mL，而后置电磁搅拌器上，搅拌使溶解，再加 2g 溴化钾，插入铂-铂电极后，将滴定管的尖端插入液面下约⅔处，在（15～25)℃，用亚硝酸钠标准溶液［$c(NaNO_2)=0.100mol/L$］迅速滴定，随滴随搅拌，至近终点时，将滴定管的尖端提出液面，用少量水淋洗尖端，洗液并入溶液中，继续缓缓滴定，至电流计指针突然偏转，并不再回复，即为滴定终点。盐酸普鲁卡因胺的质量分数（w）按下式计算：

$$w=\frac{cV\times 0.2718}{m}\times 100\%$$

式中 V——亚硝酸钠标准溶液的体积，mL；

c——亚硝酸钠标准溶液的浓度，mol/L；

m——样品质量，g；

0.2718——与 1.00mL 亚硝酸钠标准溶液［$c(NaNO_2)=1.000mol/L$］相当的，以 g 为单位的盐酸普鲁卡因胺的质量。

盐酸普萘洛尔（$C_{16}H_{21}NO_2 \cdot HCl$）**标准溶液**（1000μg/mL）

［配制］ 取适量盐酸普萘洛尔于称量瓶中，于 105℃下干燥至恒重，置于干燥器中冷却备用。准确称取 1.0000g（或按纯度换算出质量 $m=1.0000g/w$；w——质量分数）经纯度分析的盐酸普萘洛尔（$C_{16}H_{21}NO_2 \cdot HCl$；$M_r=295.804$）纯品（纯度≥99%），置于 100mL 烧杯中，加适量水溶解后，移入 1000mL 容量瓶中，用水稀释到刻度，混匀。

［盐酸普萘洛尔纯度的测定］ 准确称取 0.2g 已干燥的样品，准确到 0.0001g，置于 250mL 锥形瓶中，加 20mL 冰醋酸溶解后，加 5mL 乙酸汞溶液（50g/L）与 1 滴结晶紫指

示液（5g/L），用高氯酸标准溶液［$c(HClO_4)=0.100mol/L$］滴定，至溶液显蓝绿色，同时做空白试验。盐酸普萘洛尔的质量分数（w）按下式计算：

$$w=\frac{c(V_1-V_2)\times 0.2958}{m}\times 100\%$$

式中 V_1——高氯酸标准溶液的体积，mL；

V_2——空白消耗高氯酸标准溶液的体积，mL；

c——高氯酸标准溶液的浓度，mol/L；

m——样品质量，g；

0.2958——与1.00mL高氯酸标准溶液［$c(HClO_4)=1.000mol/L$］相当的，以g为单位的盐酸普萘洛尔的质量。

盐酸羟胺（$HONH_3Cl$）**标准溶液**（1000μg/mL）

［配制］ 准确称取1.0000g（或按纯度换算出质量 $m=1.0000g/w$；w——质量分数）经纯度分析的盐酸羟胺（$HONH_3Cl$；$M_r=69.491$）纯品（纯度≥99%），置于100mL烧杯中，加适量水溶解后，移入200mL容量瓶中，用水稀释到刻度，混匀。临用现配。

［标定］ 准确移取20.00mL盐酸羟胺溶液，加10mL硫酸溶液［$c(\frac{1}{2}H_2SO_4)=6mol/L$］及20mL新制备的硫酸铁铵溶液（250g/L），摇匀，缓缓煮沸5min，加250mL无二氧化碳的水，加2mL磷酸，于60℃用高锰酸钾标准溶液［$c(\frac{1}{5}KMnO_4)=0.0500mol/L$］滴定至溶液呈粉红色，同时做空白试验。盐酸羟胺溶液浓度按下式计算：

$$\rho(HONH_3Cl)=\frac{(V_1-V_2)c_1}{V}\times 34.7455$$

式中 $\rho(HONH_3Cl)$——盐酸羟胺溶液的浓度，μg/mL；

c_1——高锰酸钾标准溶液的浓度，mol/L；

V_1——高锰酸钾标准溶液的体积，mL；

V_2——空白试验高锰酸钾标准溶液的体积，mL；

V——盐酸羟胺溶液的体积，mL。

34.7455——盐酸羟胺摩尔质量［$M(\frac{1}{2}HONCH_3Cl)$］，g/mol。

盐酸去甲万古霉素标准溶液（1000单位/mL，μg/mL以$C_{65}H_{73}Cl_2N_9O_{24}$计）

［配制］ 准确称取适量（按含量换算出质量 $m=1000g/X$；X——每1mg的效价单位）盐酸去甲万古霉素（$C_{65}H_{73}Cl_2N_9O_{24}\cdot HCl$；$M_r=1471.688$）纯品（1mg的效价不低于900去甲万古霉素单位），置于100mL烧杯中，加适量灭菌水溶解后，移入1000mL容量瓶中，用灭菌水稀释到刻度，混匀。配制成1mL中含1000单位的溶液，1000去甲万古霉素单位相当于1mg的$C_{65}H_{73}Cl_2N_9O_{24}$。采用抗生素微生物检定法测定。

盐酸去氯羟嗪（$C_{21}H_{28}N_2O_2\cdot 2HCl$）**标准溶液**（1000μg/mL）

［配制］ 取适量盐酸去氯羟嗪于称量瓶中，于105℃下干燥至恒重，置于干燥器中冷却备用。准确称取1.0000g（或按纯度换算出质量 $m=1.0000g/w$；w——质量分数）经纯度分析的盐酸去氯羟嗪（$C_{21}H_{28}N_2O_2\cdot 2HCl$；$M_r=413.381$）纯品（纯度≥99%），置于100mL烧杯中，加适量水溶解后，移入1000mL容量瓶中，用水稀释到刻度，混匀。避光低温保存。

［盐酸去氯羟嗪纯度的测定］ 准确称取 0.15g 已干燥的样品，准确到 0.0001g，置于 250mL 锥形瓶中，加 15mL 冰醋酸溶解后，加 5mL 乙酸汞溶液（50g/L）与 1 滴结晶紫指示液（5g/L），用高氯酸标准溶液［$c(HClO_4)=0.1mol/L$］滴定，至溶液显蓝色，同时做空白试验。盐酸去氯羟嗪的质量分数（w）按下式计算：

$$w=\frac{c(V_1-V_2)\times 0.2067}{m}\times 100\%$$

式中 V_1——高氯酸标准溶液的体积，mL；

V_2——空白消耗高氯酸标准溶液的体积，mL；

c——高氯酸标准溶液的浓度，mol/L；

m——样品质量，g；

0.2067——与 1.00mL 高氯酸标准溶液［$c(HClO_4)=1.000mol/L$］相当的，以 g 为单位的盐酸去氯羟嗪的质量。

盐酸去氧肾上腺素（$C_9H_{13}NO_2 \cdot HCl$）**标准溶液**（1000μg/mL）

［配制］ 取适量盐酸去氧肾上腺素于称量瓶中，于 105℃下干燥至恒重，置于干燥器中冷却备用。准确称取 1.0000g（或按纯度换算出质量 $m=1.0000g/w$；w——质量分数）经纯度分析的盐酸去氧肾上腺素（$C_9H_{13}NO_2 \cdot HCl$；$M_r=203.666$）纯品（纯度≥99%），置于 100mL 烧杯中，加适量水溶解后，移入 1000mL 容量瓶中，用水稀释到刻度，混匀。避光低温保存。

［盐酸去氧肾上腺素纯度的测定］ 准确称取 0.1g 已干燥的样品，准确到 0.0001g，置于 250mL 碘量瓶中，加 20mL 水使其溶解，准确加入 50mL 溴标准溶液［$c(\frac{1}{2}Br_2)=0.100mol/L$］，再加 5mL 盐酸，立即盖紧瓶塞，放置 15min 并时时振摇，注意微开瓶塞，加 10mL 碘化钾溶液（165g/L），立即盖紧瓶塞，振摇后，用硫代硫酸钠标准溶液［$c(Na_2S_2O_3)=0.100mol/L$］滴定，至近终点时，加淀粉指示液（5g/L），继续滴定至蓝色消失，同时做空白试验。盐酸去氧肾上腺素的质量分数（w）按下式计算：

$$w=\frac{(c_1V_1-c_2V_2)\times 0.03394}{m}\times 100\%$$

式中 V_1——溴标准溶液的体积，mL；

c_1——溴溶液标准的浓度，mol/L；

V_2——硫代硫酸钠标准溶液的体积，mL；

c_2——硫代硫酸钠标准溶液的浓度，mol/L；

m——样品质量，g；

0.03394——与 1.00mL 硫代硫酸钠标准溶液［$c(Na_2S_2O_3)=1.000mol/L$］相当的，以 g 为单位的盐酸去氧肾上腺素的质量。

盐酸曲马多（$C_{16}H_{25}NO_2 \cdot HCl$）**标准溶液**（1000μg/mL）

［配制］ 取适量盐酸曲马多于称量瓶中，于 105℃下干燥至恒重，置于干燥器中冷却备用。准确称取 1.0000g（或按纯度换算出质量 $m=1.0000g/w$；w——质量分数）经纯度分析的盐酸曲马多（$C_{16}H_{25}NO_2 \cdot HCl$；$M_r=299.836$）纯品（纯度≥99%），置于 100mL 烧杯中，加适量水溶解后，移入 1000mL 容量瓶中，用水稀释到刻度，混匀。避光低温保存。

[盐酸曲马多纯度的测定] 准确称取 0.25g 已干燥的样品，准确到 0.0001g，置于 250mL 锥形瓶中，加 20mL 冰醋酸与 6mL 乙酸汞溶液（50g/L），溶解后，加 1 滴结晶紫指示液（5g/L），用高氯酸标准溶液 [$c(HClO_4)$ =0.100mol/L] 滴定，至溶液显蓝色，同时做空白试验。盐酸曲马多的质量分数（w）按下式计算：

$$w=\frac{c(V_1-V_2)\times 0.2998}{m}\times 100\%$$

式中 V_1——高氯酸标准溶液的体积，mL；

V_2——空白消耗高氯酸标准溶液的体积，mL；

c——高氯酸标准溶液的浓度，mol/L；

m——样品质量，g；

0.2998——与 1.00mL 高氯酸标准溶液 [$c(HClO_4)$ =1.000mol/L] 相当的，以 g 为单位的盐酸曲马多的质量。

盐酸赛庚啶（$C_{21}H_{21}N \cdot HCl$）**标准溶液**（1000μg/mL）

[配制] 取适量盐酸赛庚啶（$C_{21}H_{21}N \cdot HCl \cdot 1\frac{1}{2}H_2O$；$M_r$=350.882）于称量瓶中，于 100℃下减压干燥至恒重，置于干燥器中冷却备用。准确称取 1.0000g（或按纯度换算出质量 m=1.0000g/w；w——质量分数）经纯度分析的盐酸赛庚啶（$C_{21}H_{21}N \cdot HCl$；M_r=323.859）纯品（纯度≥99%），置于 100mL 烧杯中，加适量甲醇溶解后，移入 1000mL 容量瓶中，用甲醇稀释到刻度，混匀。避光保存。

[盐酸赛庚啶纯度的测定] 准确称取 0.3g 干燥样品，准确到 0.0001g，置于 250mL 锥形瓶中，加 10mL 冰醋酸，微热使其溶解，冷却，加 5mL 乙酸汞溶液（50g/L）与 1 滴结晶紫指示液（5g/L），用高氯酸标准溶液 [$c(HClO_4)$=0.100mol/L] 滴定，至溶液显蓝色，同时做空白试验。盐酸赛庚啶的质量分数（w）按下式计算：

$$w=\frac{c(V_1-V_2)\times 0.3239}{m}\times 100\%$$

式中 V_1——高氯酸标准溶液的体积，mL；

V_2——空白消耗高氯酸标准溶液的体积，mL；

c——高氯酸标准溶液的浓度，mol/L；

m——样品质量，g；

0.3239——与 1.00mL 高氯酸标准溶液 [$c(HClO_4)$=1.000mol/L] 相当的，以 g 为单位的盐酸赛庚啶的质量。

盐酸三氟拉嗪（$C_{21}H_{24}F_3N_3S \cdot 2HCl$）**标准溶液**（1000μg/mL）

[配制] 取适量盐酸三氟拉嗪于称量瓶中，于 105℃下干燥至恒重，置于干燥器中冷却备用。准确称取 1.0000g（或按纯度换算出质量 m=1.0000g/w；w——质量分数）经纯度分析的盐酸三氟拉嗪（$C_{21}H_{24}F_3N_3S \cdot 2HCl$；$M_r$=480.417）纯品（纯度≥99%），置于 100mL 烧杯中，加适量水溶解后，移入 1000mL 容量瓶中，用水稀释到刻度，混匀。低温避光保存。

[盐酸三氟拉嗪纯度的测定] 准确称取 0.2g 已干燥的样品，准确到 0.0001g，置于 250mL 锥形瓶中，加 20mL 冰醋酸，加 5mL 乙酸汞溶液（50g/L）与 1 滴结晶紫指示液

(5g/L)，用高氯酸标准溶液［$c(HClO_4)=0.1mol/L$］滴定，至溶液显蓝色，同时做空白试验。盐酸三氟拉嗪的质量分数（w）按下式计算：

$$w=\frac{c(V_1-V_2)\times 0.2402}{m}\times 100\%$$

式中 V_1——高氯酸标准溶液的体积，mL；

V_2——空白消耗高氯酸标准溶液的体积，mL；

c——高氯酸标准溶液的浓度，mol/L；

m——样品质量，g；

0.2402——与1.00mL高氯酸标准溶液［$c(HClO_4)=1.000mol/L$］相当的，以g为单位的盐酸三氟拉嗪的质量。

盐酸四环素（$C_{22}H_{24}N_2O_8\cdot HCl$）**标准溶液**（1000μg/mL）

［配制］ 取适量盐酸四环素于称量瓶中，于105℃下干燥至恒重，置于干燥器中冷却备用。准确称取1.0000g（或按纯度换算出质量 $m=1.0000g/w$；w——质量分数）经纯度分析（高效液相色谱法）的盐酸四环素（$C_{22}H_{24}N_2O_8\cdot HCl$；$M_r=480.896$）纯品（纯度≥99%），置于100mL烧杯中，加适量水溶解后，移入1000mL容量瓶中，用水稀释到刻度，混匀。避光低温保存。

盐酸土霉素（$C_{22}H_{24}N_2O_9\cdot HCl$）**标准溶液**（1000μg/mL）

［配制］ 准确称取1.0000g（或按纯度换算出质量 $m=1.0000g/w$；w——质量分数）经纯度分析（高效液相色谱法）的盐酸土霉素（$C_{22}H_{24}N_2O_9\cdot HCl$；$M_r=496.895$）纯品（纯度≥99%），置于100mL烧杯中，加适量水溶解后，移入1000mL容量瓶中，用水稀释到刻度，混匀。低温避光保存。

盐酸妥卡尼（$C_{11}H_{16}N_2O\cdot HCl$）**标准溶液**（1000μg/mL）

［配制］ 取适量盐酸妥卡尼于称量瓶中，于105℃下干燥至恒重，置于干燥器中冷却备用。准确称取1.0000g（或按纯度换算出质量 $m=1.0000g/w$；w——质量分数）经纯度分析的盐酸妥卡尼（$C_{11}H_{16}N_2O\cdot HCl$；$M_r=228.718$）纯品（纯度≥99%），置于100mL烧杯中，加适量水溶解后，移入1000mL容量瓶中，用水稀释到刻度，混匀。

［盐酸妥卡尼纯度的测定］ 准确称取0.2g已干燥的样品，准确到0.0001g，置于250mL锥形瓶中，加10mL冰醋酸溶解后，加5mL乙酸汞溶液（50g/L）与1滴结晶紫指示液（5g/L），用高氯酸标准溶液［$c(HClO_4)=0.1mol/L$］滴定，至溶液显蓝绿色，同时做空白试验。盐酸妥卡尼的质量分数（w）按下式计算：

$$w=\frac{c(V_1-V_2)\times 0.2287}{m}\times 100\%$$

式中 V_1——高氯酸标准溶液的体积，mL；

V_2——空白消耗高氯酸标准溶液的体积，mL；

c——高氯酸标准溶液的浓度，mol/L；

m——样品质量，g；

0.2287——与1.00mL高氯酸标准溶液［$c(HClO_4)=1.000mol/L$］相当的，以g为单位

的盐酸妥卡尼的质量。

盐酸妥拉唑林（$C_{10}H_{12}N_2 \cdot HCl$）**标准溶液**（1000μg/mL）

［配制］ 取适量盐酸妥拉唑林于称量瓶中，于105℃下干燥至恒重，置于干燥器中冷却备用。准确称取1.0000g（或按纯度换算出质量 $m=1.0000g/w$；w——质量分数）经纯度分析的盐酸妥拉唑林（$C_{10}H_{12}N_2 \cdot HCl$；$M_r=196.677$）纯品（纯度≥99%），置于100mL烧杯中，加适量水溶解后，移入1000mL容量瓶中，用水稀释到刻度，混匀。避光低温保存。

［盐酸妥拉唑林纯度的测定］ 称取0.15g已干燥的样品，准确到0.0001g，置于250mL锥形瓶中，加20mL冰醋酸溶解后，加5mL乙酸汞溶液（50g/L）与1滴结晶紫指示液（5g/L），用高氯酸标准溶液［$c(HClO_4)=0.1mol/L$］滴定至溶液显蓝绿色，同时做空白试验。盐酸妥拉唑林的质量分数（w）按下式计算：

$$w=\frac{c(V_1-V_2)\times 0.1967}{m}\times 100\%$$

式中 V_1——高氯酸标准溶液的体积，mL；

V_2——空白消耗高氯酸标准溶液的体积，mL；

c——高氯酸标准溶液的浓度，mol/L；

m——样品质量，g；

0.1967——与1.00mL高氯酸标准溶液［$c(HClO_4)=1.000mol/L$］相当的，以g为单位的盐酸妥拉唑林的质量。

盐酸伪麻黄碱（$C_{10}H_{15}NO \cdot HCl$）**标准溶液**（1000μg/mL）

［配制］ 取适量盐酸伪麻黄碱于称量瓶中，于105℃下干燥至恒重，置于干燥器中冷却备用。准确称取1.0000g（或按纯度换算出质量 $m=1.0000g/w$；w——质量分数）经纯度分析的盐酸伪麻黄碱（$C_{10}H_{15}NO \cdot HCl$；$M_r=201.693$）纯品（纯度≥99%），置于100mL烧杯中，加适量水溶解后，移入1000mL容量瓶中，用水稀释到刻度，混匀。避光低温保存。

［盐酸伪麻黄碱纯度的测定］ 称取0.3g已干燥的样品，准确到0.0001g，置于250mL锥形瓶中，加10mL冰醋酸，微热溶解后，加5mL乙酸汞溶液（50g/L）与1滴结晶紫指示液（5g/L），用高氯酸标准溶液［$c(HClO_4)=0.100mol/L$］滴定，至溶液显绿色，同时做空白试验。盐酸伪麻黄碱的质量分数（w）按下式计算：

$$w=\frac{c(V_1-V_2)\times 0.2017}{m}\times 100\%$$

式中 V_1——高氯酸标准溶液的体积，mL；

V_2——空白消耗高氯酸标准溶液的体积，mL；

c——高氯酸标准溶液的浓度，mol/L；

m——样品质量，g；

0.2017——与1.00mL高氯酸标准溶液［$c(HClO_4)=1.000mol/L$］相当的，以g为单位的盐酸伪麻黄碱的质量。

盐酸维拉帕米（$C_{27}H_{38}N_2O_4 \cdot HCl$）**标准溶液**（1000μg/mL）

［配制］ 取适量盐酸维拉帕米于称量瓶中，于105℃下干燥至恒重，置于干燥器中冷却备用。准确称取1.0000g（或按纯度换算出质量 $m=1.0000\text{g}/w$；w——质量分数）经纯度分析（高效液相色谱法）的盐酸维拉帕米（$C_{27}H_{38}N_2O_4 \cdot HCl$；$M_r=491.063$）纯品（纯度≥99%），置于100mL烧杯中，加适量水溶解后，移入1000mL容量瓶中，用水稀释到刻度，混匀。

盐酸小檗碱（$C_{20}H_{18}ClNO_4$）**标准溶液**（1000μg/mL）

［配制］ 取适量盐酸小檗碱（$C_{20}H_{18}ClNO_4 \cdot 2H_2O$）于称量瓶中，于100℃下干燥至恒重，置于干燥器中冷却备用。准确称取1.0000g（或按纯度换算出质量 $m=1.0000\text{g}/w$；w——质量分数）经纯度分析的盐酸小檗碱（$C_{20}H_{18}ClNO_4$；$M_r=371.814$）纯品（纯度≥99%），置于100mL烧杯中，加适量水加热溶解，冷却后，移入1000mL容量瓶中，用水稀释到刻度，混匀。

［盐酸小檗碱纯度的测定］ 称取0.3g已干燥的样品，准确到0.0001g，置于烧杯中，加150mL沸水使其溶解，冷却，转移到250mL容量瓶中，准确加入50mL重铬酸钾标准溶液［$c(\frac{1}{6}K_2Cr_2O_7)=0.100\text{mol/L}$］，加水至刻度，振摇5min，用干燥滤纸过滤，准确量取100mL滤液，置250mL具塞锥形瓶中，加2g碘化钾，振摇使其溶解，加10mL盐酸溶液（50%），盖紧瓶塞，摇匀，在暗处放置10min，用硫代硫酸钠标准溶液［$c(Na_2S_2O_3)=0.100\text{mol/L}$］滴定至近终点时，加2mL淀粉指示液（5g/L），继续滴定至蓝色消失。同时做空白试验。盐酸小檗碱的质量分数（w）按下式计算：

$$w=\frac{(c_1V_1-2.5c_2V_2)\times 0.1239}{m}\times 100\%$$

式中 V_1——重铬酸钾标准溶液的体积，mL；

c_1——重铬酸钾标准溶液的浓度，mol/L；

V_2——$\frac{2}{5}$滤液所消耗的硫代硫酸钠标准溶液的体积，mL；

c_2——硫代硫酸钠标准溶液的浓度，mol/L；

m——样品质量，g；

0.1239——与1.00mL重铬酸钾标准溶液［$c(\frac{1}{6}K_2Cr_2O_7)=1.000\text{mol/L}$］相当的，以g为单位的盐酸小檗碱的质量。

盐酸溴己新（$C_{14}H_{20}Br_2N_2 \cdot HCl$）**标准溶液**（1000μg/mL）

［配制］ 取适量盐酸溴己新于称量瓶中，于105℃下干燥至恒重，置于干燥器中冷却备用。准确称取1.0000g（或按纯度换算出质量 $m=1.0000\text{g}/w$；w——质量分数）经纯度分析的盐酸溴己新（$C_{14}H_{20}Br_2N_2 \cdot HCl$；$M_r=412.591$）纯品（纯度≥99%），置于100mL烧杯中，加适量乙醇溶解后，移入1000mL容量瓶中，用乙醇稀释到刻度，混匀。

［盐酸溴己新纯度的测定］ 称取0.25g已干燥的样品，准确到0.0001g，置于250mL锥形瓶中，加20mL冰醋酸，微热溶解后，冷却，加5mL乙酸汞溶液（50g/L）与1滴结晶紫指示液（5g/L），用高氯酸标准溶液［$c(HClO_4)=0.100\text{mol/L}$］滴定，至溶液显蓝色，同时做空白试验。盐酸溴己新的质量分数（w）按下式计算：

$$w=\frac{c(V_1-V_2)\times 0.4126}{m}\times 100\%$$

式中 V_1——高氯酸标准溶液的体积，mL；
V_2——空白消耗高氯酸标准溶液的体积，mL；
c——高氯酸标准溶液的浓度，mol/L；
m——样品质量，g；
0.4126——与1.00mL高氯酸标准溶液［$c(HClO_4)$=1.000mol/L］相当的，以g为单位的盐酸溴己新的质量。

盐酸依米丁（$C_{29}H_{40}N_2O_4 \cdot 2HCl$）**标准溶液**（1000μg/mL）

［配制］ 取适量盐酸依米丁（$C_{29}H_{40}N_2O_4 \cdot 2HCl \cdot 7H_2O$；$M_r$=679.668）于称量瓶中，于105℃下干燥至恒重，置于干燥器中冷却备用。准确称取1.0000g（或按纯度换算出质量m=1.0000g/w；w——质量分数）经纯度分析的盐酸依米丁（$C_{29}H_{40}N_2O_4 \cdot 2HCl$；$M_r$=553.561）纯品（纯度≥99%），置于100mL烧杯中，加适量水溶解后，移入1000mL容量瓶中，用水稀释到刻度，混匀。避光保存。

［盐酸依米丁纯度的测定］ 称取0.2g已干燥的样品，准确到0.0001g，置于250mL锥形瓶中，加20mL乙酸酐溶解后，加4mL乙酸汞溶液（50g/L）与1滴结晶紫指示液（5g/L），用高氯酸标准溶液［$c(HClO_4)$=0.100mol/L］滴定至溶液显绿色，同时做空白试验。盐酸依米丁的质量分数（w）按下式计算：

$$w=\frac{c(V_1-V_2)\times 0.2768}{m}\times 100\%$$

式中 V_1——高氯酸标准溶液的体积，mL；
V_2——空白消耗高氯酸标准溶液的体积，mL；
c——高氯酸标准溶液的浓度，mol/L；
m——样品质量，g；
0.2768——与1.00mL高氯酸标准溶液［$c(HClO_4)$=1.000mol/L］相当的，以g为单位的盐酸依米丁的质量。

盐酸乙胺丁醇（$C_{10}H_{24}N_2O_2 \cdot 2HCl$）**标准溶液**（1000μg/mL）

［配制］ 取适量盐酸乙胺丁醇于称量瓶中，于105℃下干燥至恒重，置于干燥器中冷却备用。准确称取1.0000g（或按纯度换算出质量m=1.0000g/w；w——质量分数）经纯度分析的盐酸乙胺丁醇（$C_{10}H_{24}N_2O_2 \cdot 2HCl$；$M_r$=277.232）纯品（纯度≥99%），置于100mL烧杯中，加适量水溶解后，移入1000mL容量瓶中，用水稀释到刻度，混匀。

［盐酸乙胺丁醇纯度的测定］ 称取0.1g已干燥的样品，准确到0.0001g，置于250mL锥形瓶中，加20mL冰醋酸温热溶解后，加5mL乙酸汞溶液（50g/L）与1滴结晶紫指示液（5g/L），用高氯酸标准溶液［$c(HClO_4)$=0.100mol/L］滴定至溶液显蓝绿色，同时做空白试验。盐酸乙胺丁醇的质量分数（w）按下式计算：

$$w=\frac{c(V_1-V_2)\times 0.1386}{m}\times 100\%$$

式中 V_1——高氯酸标准溶液的体积，mL；
V_2——空白消耗高氯酸标准溶液的体积，mL；
c——高氯酸标准溶液的浓度，mol/L；

m——样品质量，g；

0.1386——与1.00mL高氯酸标准溶液［$c(HClO_4)=1.000mol/L$］相当的，以g为单位的盐酸乙胺丁醇的质量。

盐酸乙基吗啡（$C_{19}H_{23}NO_3 \cdot HCl$）**标准溶液**（1000μg/mL）

［配制］ 取适量盐酸乙基吗啡（$C_{19}H_{23}NO_3 \cdot HCl \cdot 2H_2O$；$M_r=385.882$）于称量瓶中，先在（50～60）℃干燥4h，再于105℃下干燥至恒重，置于干燥器中冷却备用。准确称取1.0000g（或按纯度换算出质量$m=1.0000g/w$；w——质量分数）经纯度分析的盐酸乙基吗啡（$C_{19}H_{23}NO_3 \cdot HCl$；$M_r=349.852$）纯品（纯度≥99%），置于100mL烧杯中，加适量水溶解后，移入1000mL容量瓶中，用水稀释到刻度，混匀。

［盐酸乙基吗啡纯度的测定］ 称取0.3g已干燥的样品，准确到0.0001g，置于250mL锥形瓶中，加10mL冰醋酸与6mL乙酸汞溶液（50g/L）溶解后，加1滴结晶紫指示液（5g/L），用高氯酸标准溶液［$c(HClO_4)=0.1mol/L$］滴定至溶液显绿色，同时做空白试验。盐酸乙基吗啡的质量分数（w）按下式计算：

$$w=\frac{c(V_1-V_2)\times 0.3499}{m}\times 100\%$$

式中 V_1——高氯酸标准溶液的体积，mL；

V_2——空白消耗高氯酸标准溶液的体积，mL；

c——高氯酸标准溶液的浓度，mol/L；

m——样品质量，g；

0.3499——与1.00mL高氯酸标准溶液［$c(HClO_4)=1.000mol/L$］相当的，以g为单位的盐酸乙基吗啡的质量。

盐酸异丙嗪（$C_{17}H_{20}N_2S \cdot HCl$）**标准溶液**（1000μg/mL）

［配制］ 取适量盐酸异丙嗪于称量瓶中，于105℃下干燥至恒重，置于干燥器中冷却备用。准确称取1.0000g（或按纯度换算出质量$m=1.0000g/w$；w——质量分数）经纯度分析的盐酸异丙嗪（$C_{17}H_{20}N_2S \cdot HCl$；$M_r=320.880$）纯品（纯度≥99%），置于100mL烧杯中，加适量水溶解后，移入1000mL容量瓶中，用水稀释到刻度，混匀。避光保存。

［盐酸异丙嗪纯度的测定］ 称取0.3g已干燥的样品，准确到0.0001g，置于250mL锥形瓶中，加10mL冰醋酸与4mL乙酸汞溶液（50g/L），微温至完全溶解，冷却至室温，加1滴结晶紫指示液（5g/L），用高氯酸标准溶液［$c(HClO_4)=0.100mol/L$］滴定，至溶液显蓝色，同时做空白试验。盐酸异丙嗪的质量分数（w）按下式计算：

$$w=\frac{c(V_1-V_2)\times 0.3209}{m}\times 100\%$$

式中 V_1——高氯酸标准溶液的体积，mL；

V_2——空白消耗高氯酸标准溶液的体积，mL；

c——高氯酸标准溶液的浓度，mol/L；

m——样品质量，g；

0.3209——与1.00mL高氯酸标准溶液［$c(HClO_4)=1.0mol/L$］相当的，以g为单位的盐酸异丙嗪的质量。

盐酸异丙肾上腺素（$C_{11}H_{17}NO_3 \cdot HCl$）**标准溶液**（1000μg/mL）

［配制］ 取适量盐酸异丙肾上腺素于称量瓶中，于105℃下干燥至恒重，置于干燥器中冷却备用。准确称取1.0000g（或按纯度换算出质量 $m=1.0000g/w$；w——质量分数）经纯度分析的盐酸异丙肾上腺素（$C_{11}H_{17}NO_3 \cdot HCl$；$M_r=247.718$）纯品（纯度≥99%），置于100mL烧杯中，加适量水溶解后，移入1000mL容量瓶中，用水稀释到刻度，混匀。避光保存。

［盐酸异丙肾上腺素纯度的测定］ 称取0.15g已干燥的样品，准确到0.0001g，置于250mL锥形瓶中，加30mL冰醋酸，微温使其溶解，冷却，加5mL乙酸汞溶液（50g/L）与1滴结晶紫指示液（5g/L），用高氯酸标准溶液［$c(HClO_4)=0.100mol/L$］滴定，至溶液显蓝色，同时做空白试验。盐酸异丙肾上腺素的质量分数（w）按下式计算：

$$w=\frac{c(V_1-V_2)\times 0.2477}{m}\times 100\%$$

式中 V_1——高氯酸标准溶液的体积，mL；

V_2——空白消耗高氯酸标准溶液的体积，mL；

c——高氯酸标准溶液的浓度，mol/L；

m——样品质量，g；

0.2477——与1.00mL高氯酸标准溶液［$c(HClO_4)=1.000mol/L$］相当的，以g为单位的盐酸异丙肾上腺素的质量。

盐酸罂粟碱（$C_{20}H_{21}NO_4 \cdot HCl$）**标准溶液**（1000μg/mL）

［配制］ 取适量盐酸罂粟碱于称量瓶中，于105℃下干燥至恒重，置于干燥器中冷却备用。准确称取1.0000g（或按纯度换算出质量 $m=1.0000g/w$；w——质量分数）经纯度分析的盐酸罂粟碱（$C_{20}H_{21}NO_4 \cdot HCl$；$M_r=375.846$）纯品（纯度≥99%），置于100mL烧杯中，加适量水溶解后，移入1000mL容量瓶中，用水稀释到刻度，混匀。避光保存。

［盐酸罂粟碱纯度的测定］ 称取0.3g已干燥的样品，准确到0.0001g，置于250mL锥形瓶中，加10mL冰醋酸与6mL乙酸汞溶液（50g/L）溶解后，加1滴结晶紫指示液（5g/L），用高氯酸标准溶液［$c(HClO_4)=0.100mol/L$］滴定，至溶液显绿色，同时做空白试验。盐酸罂粟碱的质量分数（w）按下式计算：

$$w=\frac{c(V_1-V_2)\times 0.3758}{m}\times 100\%$$

式中 V_1——高氯酸标准溶液的体积，mL；

V_2——空白消耗高氯酸标准溶液的体积，mL；

c——高氯酸标准溶液的浓度，mol/L；

m——样品质量，g；

0.3758——与1.00mL高氯酸标准溶液［$c(HClO_4)=1.000mol/L$］相当的，以g为单位的盐酸罂粟碱的质量。

盐酸左旋咪唑（$C_{11}H_{12}N_2S \cdot HCl$）**标准溶液**（1000μg/mL）

［配制］ 取适量盐酸左旋咪唑于称量瓶中，于105℃下干燥至恒重，置于干燥器中冷却

备用。准确称取 1.0000g（或按纯度换算出质量 $m=1.0000\text{g}/w$；w——质量分数）经纯度分析的盐酸左旋咪唑（$C_{11}H_{12}N_2S \cdot HCl$；$M_r=240.752$）纯品（纯度≥99%），置于 100mL 烧杯中，加适量水溶解后，移入 1000mL 容量瓶中，用水稀释到刻度，混匀。

[盐酸左旋咪唑纯度的测定] 称取 0.2g 已干燥的样品，准确到 0.0001g，置于 250mL 锥形瓶中，加 10mL 冰醋酸溶解后，加 5mL 乙酸汞溶液（50g/L）与 1 滴结晶紫指示液（5g/L），用高氯酸标准溶液 [$c(HClO_4)=0.1\text{mol/L}$] 滴定至溶液显蓝色，同时做空白试验。盐酸左旋咪唑的质量分数（w）按下式计算：

$$w=\frac{c(V_1-V_2)\times 0.2408}{m}\times 100\%$$

式中 V_1——高氯酸标准溶液的体积，mL；

V_2——空白消耗高氯酸标准溶液的体积，mL；

c——高氯酸标准溶液的浓度，mol/L；

m——样品质量，g；

0.2408——与 1.00mL 高氯酸标准溶液 [$c(HClO_4)=1.000\text{mol/L}$] 相当的，以 g 为单位的盐酸左旋咪唑的质量。

盐酸组氨酸（$C_6H_9N_3O_2 \cdot HCl$）**标准溶液**（1000μg/mL）

[配制] 取适量盐酸组氨酸（$C_6H_9N_3O_2 \cdot HCl \cdot H_2O$；$M_r=209.631$）于称量瓶中，于 105℃下干燥至恒重，置于干燥器中冷却备用。准确称取 1.0000g（或按纯度换算出质量 $m=1.0000\text{g}/w$；w——质量分数）经纯度分析的盐酸组氨酸（$C_6H_9N_3O_2 \cdot HCl$；$M_r=191.616$）纯品（纯度≥99%），置于 100mL 烧杯中，加适量水溶解后，移入 1000mL 容量瓶中，用水稀释到刻度，混匀。避光保存。

[盐酸组氨酸纯度的测定] 称取 0.2g 已干燥的样品，准确到 0.0001g，置于 250mL 锥形瓶中，加 5mL 水溶解后，加 1mL 甲醛溶液与 20mL 乙醇的中性混合溶液（对酚酞指示液显中性），再加数滴酚酞指示液，用氢氧化钠标准溶液 [$c(NaOH)=0.100\text{mol/L}$] 滴定至溶液显粉红色，并保持 30s。盐酸组氨酸的质量分数（w）按下式计算：

$$w=\frac{cV\times 0.09581}{m}\times 100\%$$

式中 V——氢氧化钠标准溶液的体积，mL；

c——氢氧化钠标准溶液的浓度，mol/L；

m——样品质量，g；

0.09581——与 1.00mL 氢氧化钠标准溶液 [$c(NaOH)=1.000\text{mol/L}$] 相当的，以 g 为单位的盐酸组氨酸的质量。

杨菌胺（$C_{13}H_{16}Cl_3NO_3$）**标准溶液**（1000μg/mL）

[配制] 用最小分度为 0.1mg 的分析天平，准确称取 0.1000g（或按纯度换算出质量 $m=0.1000\text{g}/w$；w——质量分数）的杨菌胺（$C_{13}H_{16}Cl_3NO_3$；$M_r=340.630$）纯品（≥99.8%）于小烧杯中，用重蒸馏苯溶解，再转移到 100mL 容量瓶中，用重蒸馏苯定容，混匀。配制成浓度为 1000μg/mL 的标准储备溶液。使用时，用苯稀释成适当浓度的标准工作溶液。

洋地黄毒苷（$C_{41}H_{64}O_{13}$）**标准溶液**（1000μg/mL）

［配制］ 取适量洋地黄毒苷于称量瓶中，于105℃下干燥至恒重，置于干燥器中冷却备用。准确称取1.0000g（或按纯度换算出质量$m=1.0000g/w$；w——质量分数）经纯度分析（高效液相色谱法）的洋地黄毒苷（$C_{41}H_{64}O_{13}$；$M_r=764.9391$）纯品（纯度≥99%），置于100mL烧杯中，加适量氯仿溶解后，移入1000mL容量瓶中，用氯仿稀释到刻度，混匀。

6,6′-氧代-双(2-萘磺酸)二钠盐标准溶液（1000μg/mL）

［配制］ 取适量6,6′-氧代-双（2-萘磺酸）二钠盐于称量瓶中，置于真空干燥器中干燥24h，用最小分度为0.1mg的分析天平，准确称取0.1000g（或按纯度换算出质量$m=0.1000g/w$；w——质量分数）6,6′-氧代-双（2-萘磺酸）二钠盐（纯度≥99%），置于100mL烧杯中，用乙酸铵溶液（1.5g/L）溶解，移入100mL容量瓶中，用水稀释到刻度，混匀，配制成浓度为1000μg/mL的储备标准溶液。

氧氟沙星（$C_{18}H_{20}FN_3O_4$）**标准溶液**（1000μg/mL）

［配制］ 取适量氧氟沙星于称量瓶中，于105℃下干燥至恒重，置于干燥器中冷却备用。准确称取1.0000g（或按纯度换算出质量$m=1.0000g/w$；w——质量分数）经纯度分析的（$C_{18}H_{20}FN_3O_4$；$M_r=361.3675$）纯品（纯度≥99%），置于100mL烧杯中，加适量氯仿溶解后，移入1000mL容量瓶中，用氯仿稀释到刻度，混匀。避光低温保存。

［氧氟沙星纯度的测定］电位滴定法 称取0.2g已干燥的样品，准确到0.0001g，置于250mL锥形瓶中，加50mL冰醋酸，使其溶解后，置电磁搅拌器上，浸入电极（玻璃电极为指示电极，饱和甘汞电极为参比电极），搅拌，并自滴定管中分次加入高氯酸标准溶液［$c(HClO_4)=0.100mol/L$］；开始时可每次加入较多的量，搅拌，记录电位；至将近终点前，则应每次加入少量，搅拌，记录电位；至突跃点已过，仍应继续滴加几次标准溶液，并记录电位。

滴定终点的确定：同苯巴比妥。同时做空白试验。

氧氟沙星的质量分数（w）按下式计算：

$$w=\frac{c(V_1-V_2)\times 0.3614}{m}\times 100\%$$

式中 V_1——高氯酸标准溶液的体积，mL；

V_2——空白消耗高氯酸标准溶液的体积，mL；

c——高氯酸标准溶液的浓度，mol/L；

m——样品质量，g；

0.3614——与1.00mL高氯酸标准溶液［$c(HClO_4)=1.000mol/L$］相当的，以g为单位的氧氟沙星的质量。

氧化喹硫磷标准溶液（1000μg/mL）

［配制］ 用最小分度为0.1mg的分析天平，准确称取0.1000g（或按纯度换算出质量$m=0.1000g/w$；w——质量分数）氧化喹硫磷（po-quinalphos）纯品（纯度≥99%）于小

烧杯中，用二氯甲烷溶解，转移到100mL容量瓶中，用二氯甲烷稀释至刻度。配制成浓度为1000μg/mL的标准储备溶液。储于冰箱中4℃保存。使用时，用二氯甲烷稀释成适当浓度的标准工作溶液。

氧化乐果（$C_5H_{12}NO_4PS$）**标准溶液**（1000μg/mL）

［配制］ 用最小分度为0.1mg的分析天平，准确称取0.1000g（或按纯度换算出质量$m=0.1000g/w$；w——质量分数）的氧化乐果（$C_5H_{12}NO_4PS$；$M_r=213.192$）纯品（纯度≥99%）于小烧杯中，用丙酮溶解，转移到100mL容量瓶中，用丙酮定容，混匀。配制成浓度为1000μg/mL的标准储备溶液。

氧烯洛尔（$C_{15}H_{23}NO_3$）**标准溶液**（1000μg/mL）

［配制］ 准确称取1.0000g（或按纯度换算出质量$m=1.0000g/w$；w——质量分数）经纯度分析的氧烯洛尔（$C_{15}H_{23}NO_3$；$M_r=265.3480$）纯品（纯度≥99%），置于100mL烧杯中，加适量乙醇溶解后，移入1000mL容量瓶中，用乙醇稀释到刻度，混匀。避光低温保存。

［氧烯洛尔纯度的测定］ 称取0.15g样品，准确到0.0001g，置于250mL锥形瓶中，加10mL冰醋酸，使其溶解，加1滴结晶紫指示液（5g/L），用高氯酸标准溶液［$c(HClO_4)=0.1mol/L$］滴定至溶液显蓝绿色，同时做空白试验。氧烯洛尔的质量分数（w）按下式计算：

$$w=\frac{c(V_1-V_2)\times 0.2653}{m}\times 100\%$$

式中 V_1——高氯酸标准溶液的体积，mL；
V_2——空白消耗高氯酸标准溶液的体积，mL；
c——高氯酸标准溶液的浓度，mol/L；
m——样品质量，g；
0.2653——与1.00mL高氯酸标准溶液［$c(HClO_4)=1.000mol/L$］相当的，以g为单位的氧烯洛尔的质量。

叶蝉散（异丙威；$C_{11}H_{15}NO_2$）**标准溶液**（1000μg/mL）

［配制］ 用最小分度为0.1mg的分析天平，准确称取适量（$m=0.1001g$，质量分数为99.9%）GBW（E）060224叶蝉散（异丙威）（$C_{11}H_{15}NO_2$；$M_r=193.2423$）纯度分析标准物质或适量（质量$m=0.1000g/w$；w——质量分数）经纯度分析的纯品（纯度≥99.3%），于小烧杯中，用乙醇溶解，转移到100mL容量瓶中，用乙醇稀释到刻度，混匀。配制成浓度为1000μg/mL的储备标准溶液。储于冰箱中，使用时用乙醇稀释成适当浓度的标准工作溶液。

注：如果无法获得叶蝉散标准物质，可采用如下方法提纯并测定纯度。

［提纯方法］

（1）称取10g叶蝉散，置于250mL烧杯中，加入无水乙醇，加热至沸腾，使晶体完全溶解，并呈饱和，趁热快速抽滤，然后，加入约总体积15%的水，置于冰箱中冷藏，结晶完全后，取出，抽滤，用冷无水乙醇洗涤晶体2遍。

（2）将晶体再次用热无水乙醇溶解，并呈饱和，放置冷却后，移入冰箱中结晶，抽滤，洗涤。再重复此过程1次。经真空干燥制得纯品。

[纯度分析] 采用差示扫描量热法、液相色谱法测定其纯度。

叶酸（维生素 BC，维生素 M；$C_{19}H_{19}N_7O_6$）**标准溶液**（1000μg/mL）

[配制]

方法 1 准确称取 1.0000g（或按纯度换算出质量 $m=1.0000g/w$；w——质量分数）经纯度分析（高效液相色谱法）和干燥的叶酸（$C_{19}H_{19}N_7O_6$；$M_r=441.3975$）标准品，置于 100mL 烧杯中，加适量碳酸钠溶液 [$c(Na_2CO_3)=0.1mol/L$] 溶解，调至 pH7.0，移入 1000mL 容量瓶中，用水定容至刻度，混匀。于冰箱中保存。

方法 2 准确称取 1.0000g（或按纯度换算出质量 $m=1.0000g/w$；w——质量分数）经纯度分析（高效液相色谱法）的叶酸（$C_{19}H_{19}N_7O_6$；$M_r=441.3975$）纯品，置于 100mL 烧杯中，加适量氨水溶液（50%），溶解后，移入 1000mL 容量瓶中，用水稀释到刻度，混匀。避光低温保存。

依地酸钙钠 [$CaNa_2(C_5H_6NO_4)_2$] **标准溶液**（1000μg/mL）

[配制] 准确称取 1.2888g（或按纯度换算出质量 $m=1.2888g/w$；w——质量分数）经纯度分析的依地酸钙钠（$CaNa_2(C_5H_6NO_4)_2 \cdot 6H_2O$；$M_r=482.360$）纯品（纯度≥99%），置于 100mL 烧杯中，加适量水溶解后，移入 1000mL 容量瓶中，用水稀释到刻度，混匀。

[依地酸钙钠纯度的测定] 称取 0.6g 样品，准确到 0.0001g，置于 250mL 锥形瓶中，加 75mL 水振摇使其溶解，加 25mL 稀乙酸（6%），1mL 二苯偕肼指示液（10g/L），用硝酸汞标准溶液 [$c(HgNO_3)_2=0.0500mol/L$] 缓缓滴定至溶液显紫色。同时做空白试验。依地酸钙钠的质量分数（w）按下式计算：

$$w=\frac{c(V_1-V_2)\times 0.3743}{m}\times 100\%$$

式中 V_1——硝酸汞标准溶液的体积，mL；

V_2——空白试验硝酸汞标准溶液的体积，mL；

c——硝酸汞标准溶液的浓度，mol/L；

m——样品质量，g；

0.3743——与 1.00mL 硝酸汞标准溶液 [$c(HgNO_3)_2=1.000mol/L$] 相当的，以 g 为单位的依地酸钙钠的质量。

依诺沙星（$C_{15}H_{17}FN_4O_3$）**标准溶液**（1000μg/mL）

[配制] 取适量依诺沙星（$C_{15}H_{17}FN_4O_3 \cdot 1\frac{1}{2}H_2O$；$M_r=347.3418$）称量瓶中，于 105℃下干燥至恒重，置于干燥器中冷却备用。准确称取 1.0000g（或按纯度换算出质量 $m=1.0000g/w$；w——质量分数）经纯度分析的依诺沙星（$C_{15}H_{17}FN_4O_3$；$M_r=320.3189$）纯品（纯度≥99%），置于 100mL 烧杯中，加适量乙酸溶液（5%）溶解后，移入 1000mL 容量瓶中，用水稀释到刻度，混匀。避光低温保存。

[依诺沙星纯度的测定] 称取 0.2g 已干燥的样品，准确到 0.0001g，置于 250mL 锥形瓶中，加 25mL 冰醋酸使其溶解，加 1 滴结晶紫指示液（5g/L），用高氯酸标准溶液 [$c(HClO_4)=0.100mol/L$] 滴定至溶液显纯蓝色，同时做空白试验。依诺沙星的质量分数

（w）按下式计算：

$$w=\frac{c(V_1-V_2)\times 0.3203}{m}\times 100\%$$

式中 V_1——高氯酸标准溶液的体积，mL；

V_2——空白消耗高氯酸标准溶液的体积，mL；

c——高氯酸标准溶液的浓度，mol/L；

m——样品质量，g；

0.3203——与1.00mL高氯酸标准溶液［$c(HClO_4)=1.000$mol/L］相当的，以g为单位的依诺沙星的质量。

依他尼酸（$C_{13}H_{12}Cl_2O_4$）**标准溶液**（1000μg/mL）

［配制］ 准确称取1.0000g经纯度分析的依他尼酸（$C_{13}H_{12}Cl_2O_4$；$M_r=303.138$）纯品（纯度≥99%），（或按纯度换算出质量$m=1.0000g/w$；w——质量分数），置于100mL烧杯中，加适量乙醇溶解后，移入1000mL容量瓶中，用乙醇稀释到刻度，混匀。避光低温保存。

［依他尼酸纯度的测定］ 称取0.15g样品，准确到0.0001g，置于250mL碘量瓶中，加40mL冰醋酸溶解后，准确加入25mL溴标准溶液［$c(\frac{1}{2}Br_2)=0.100$mol/L］，加3mL盐酸，立即盖紧瓶塞，摇匀，在暗处放置1h，注意微开瓶塞，加10mL碘化钾溶液（165g/L），立即盖紧瓶塞，摇匀，再加100mL水，用硫代硫酸钠标准溶液［$c(Na_2S_2O_3)=0.100$mol/L］滴定至近终点时，加2mL淀粉指示液（5g/L），继续滴定至蓝色消失，同时做空白试验。依他尼酸的质量分数（w）按下式计算：

$$w=\frac{(c_1V_1-c_2V_2)\times 0.1516}{m}\times 100\%$$

式中 V_1——溴标准溶液的体积，mL；

c_1——溴溶液的浓度，mol/L；

V_2——硫代硫酸钠标准溶液的体积，mL；

c_2——硫代硫酸钠溶液的浓度，mol/L；

m——样品质量，g；

0.1516——与1.00mL溴标准溶液［$c(\frac{1}{2}Br_2)=1.000$mol/L］相当的，以g为单位的依他尼酸的质量。

依他尼酸钠（$NaC_{13}H_{11}Cl_2O_4$）**标准溶液**（1000μg/mL）

［配制］ 取适量依他尼酸钠于称量瓶中，以五氧化二磷为干燥剂，于60℃下减压干燥至恒重，置于干燥器中冷却备用。准确称取1.0000g（或按纯度换算出质量$m=1.0000g/w$；w——质量分数）经纯度分析的依他尼酸钠（$NaC_{13}H_{11}Cl_2O_4$；$M_r=325.120$）纯品（纯度≥99%），置于100mL烧杯中，加适量水溶解后，移入1000mL容量瓶中，用水稀释到刻度，混匀。避光低温保存。

［依他尼酸钠纯度的测定］ 称取0.15g样品，准确到0.0001g，置于250mL碘量瓶中，加40mL冰醋酸溶解后，准确加入25mL溴标准溶液［$c(\frac{1}{2}Br_2)=0.100$mol/L］，加3mL盐酸，立即盖紧瓶塞，摇匀，在暗处放置1h，注意微开瓶塞，加10mL碘化钾溶液（165g/L），

立即盖紧瓶塞，摇匀，再加 100mL 水，用硫代硫酸钠标准溶液 [$c(Na_2S_2O_3)$=0.100mol/L] 滴定，至近终点时，加 2mL 淀粉指示液（5g/L），继续滴定至蓝色消失，同时做空白试验。依他尼酸钠的质量分数（w）按下式计算：

$$w=\frac{(c_1V_1-c_2V_2)\times 0.1626}{m}\times 100\%$$

式中 V_1——溴标准溶液的体积，mL；

c_1——溴标准溶液的浓度，mol/L；

V_2——硫代硫酸钠标准溶液的体积，mL；

c_2——硫代硫酸钠标准溶液的浓度，mol/L；

m——样品质量，g；

0.1626——与 1.00mL 溴标准溶液 [$c(\frac{1}{2}Br_2)$=1.000mol/L] 相当的，以 g 为单位的依他尼酸钠的质量。

依替非宁（$C_{16}H_{22}N_2O_5$）**标准溶液**（1000μg/mL）

[配制] 准确称取 1.0000g（或按纯度换算出质量 w=1.0000g/w；w——质量分数）经纯度分析的依替非宁（$C_{16}H_{22}N_2O_5$；M_r=322.3563）纯品（纯度≥99%），置于 100mL 烧杯中，加适量水溶解后，移入 1000mL 容量瓶中，用水稀释到刻度，混匀。

[标定] 蒸馏装置如图 2-5。图中 A 为 1000mL 圆底烧瓶，B 为安全瓶，C 为连有氮气球的蒸馏器，D 为漏斗，E 为直形冷凝管，F 为 100mL 锥形瓶，G、H 为橡皮管夹。

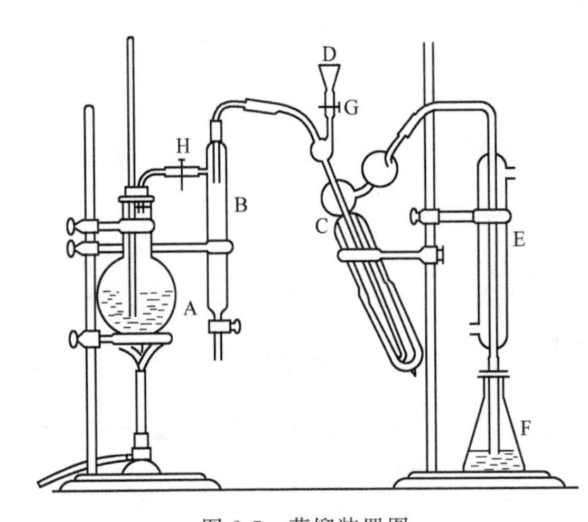

图 2-5 蒸馏装置图

连接蒸馏装置，A 瓶中加水适量与甲基红指示液数滴，加稀硫酸使成酸性，加玻璃珠或沸石数粒，从 D 漏斗加水约 50mL，关闭 G 夹，开放冷凝水，煮沸 A 瓶中的水，当蒸汽从冷凝管尖端冷凝而出时，移去火源，关 H 夹，使 C 瓶中的水反抽到 B 瓶，开 G 夹，放出 B 瓶中的水，关 B 瓶及 G 夹，将冷凝管尖端插入约 50mL 水中，使水自冷凝管尖端反抽至 C 瓶，再抽至 B 瓶，如上法放去。如此将仪器洗涤（2～3）次。

准确移取 40.0mL 上述溶液，置于 300mL 凯氏烧瓶中，加 0.3g 硫酸钾、5 滴硫酸铜溶液（300g/L），沿瓶壁缓缓加 2mL 硫酸，加（6～10）滴过氧化氢溶液（300g/L）在凯氏烧瓶口放一小漏斗，斜置烧瓶，用小火缓慢加热，使溶液的温度保持在沸点以下，待泡沸缓慢时，加大火力至溶液呈棕黑色且有大量白色烟雾持久出现，停止加热，稍冷，再逐滴加入过氧化氢溶液（300g/L），摇匀，小心加热，同时不断摇动，至溶液呈蓝绿色，再加热 30min，冷却，沿瓶壁缓缓加水 250mL，振摇使混合，放冷后，加 75mL 氢氧化钠溶液（400g/L），注意使沿瓶壁流至瓶底，自成一液层，加数粒锌粒，用氨气球将凯氏烧瓶与冷凝管连接；另取 50mL 硼酸溶液（20g/L），置 500mL 锥形瓶中，加 10 滴甲基红-溴甲酚绿混合指示液；将冷凝管的下端插入硼酸溶液的液面下，轻轻摆动凯氏烧瓶。使溶液混合均匀，加热蒸馏，至吸收液的总体积约为 250mL 时，将冷凝管尖端提出液面，使蒸气冲洗约 1min，用水淋洗尖端后停止蒸馏；馏出液用硫酸标准溶液 [$c(\frac{1}{2}H_2SO_4)=0.100mol/L$] 滴定至溶液由蓝绿色变为灰紫色，并将滴定的结果用空白试验校正。同时做空白试验。

依替非宁的质量浓度按下式计算：

$$\rho(C_{16}H_{22}N_2O_5)=\frac{c(V_1-V_2)\times 161.178}{V}\times 1000$$

式中 $\rho(C_{16}H_{22}N_2O_5)$——依替非宁溶液的质量浓度，μg/mL；

V_1——硫酸标准溶液的体积，mL；

V_2——空白消耗硫酸标准溶液的体积，mL；

c——硫酸标准溶液的浓度，mol/L；

V——依替非宁溶液的体积，mL。

161.178——依替非宁的摩尔质量 [$M(\frac{1}{2}C_{16}H_{22}N_2O_5)$]，g/mol。

依托红霉素（$C_{37}H_{67}NO_{13}$）**标准溶液**（1000 单位/mL，μg/mL）

[配制] 准确称取适量依托红霉素（$C_{40}H_{71}NO_{14}\cdot C_{12}H_{26}O_4S$；$M_r=1056.387$）纯品（按纯度换算出质量 $m=1000g/X$；X——每 1mg 红霉素的效价单位）纯品（1mg 的效价不低于 610 红霉素单位），准确至 0.0001g，置于 100mL 烧杯中，加乙醇溶解，移入 1000mL 容量瓶中，再加乙醇稀释至刻度，摇匀。1000 红霉素单位相当于 1mg 的 $C_{37}H_{67}NO_{13}$。避光低温保存。放置 2h 后，采用抗生素维生物检定法中测定红霉素的方法标定。

依托咪酯（$C_{14}H_{16}N_2O_2$）**标准溶液**（1000μg/mL）

[配制] 准确称取 1.0000g（或按纯度换算出质量 $m=1.0000g/w$；w——质量分数）经纯度分析的依托咪酯（$C_{14}H_{16}N_2O_2$；$M_r=244.2890$）纯品（纯度≥99%），置于 100mL 烧杯中，加适量乙醇溶解后，移入 1000mL 容量瓶中，用乙醇稀释到刻度，混匀。避光低温保存。

[依托咪酯纯度的测定] 称取 0.2g 样品，准确到 0.0001g，置于 250mL 锥形瓶中，加 20mL 冰醋酸使其溶解，加 2 滴萘酚苯甲醇指示液（5g/L），用高氯酸标准溶液 [$c(HClO_4)=0.1mol/L$] 滴定至溶液显绿色，同时做空白试验。依托咪酯的质量分数（w）按下式计算：

$$w=\frac{c(V_1-V_2)\times 0.2443}{m}\times 100\%$$

式中 V_1——高氯酸标准溶液的体积，mL；

V_2——空白消耗高氯酸标准溶液的体积，mL；

c——高氯酸标准溶液的浓度，mol/L；

m——样品质量，g；

0.2443——与 1.00mL 高氯酸标准溶液 [$c(HClO_4)=1.000mol/L$] 相当的，以 g 为单位的依托咪酯的质量。

伊维菌素标准溶液（1000μg/mL）

[配制] 用最小分度为 0.1mg 的分析天平，准确称取 0.1000g（必要时按纯度换算出质量 $m=0.1000g/w$；w——质量分数）的伊维菌素（$C_{48}H_{74}O_{14}+C_{47}H_{72}O_{14}$）纯品（纯度≥

99.9%）于小烧杯中，用少量的色谱纯甲醇溶解，并转移到100mL容量瓶中，再用甲醇稀释至刻度，混匀，配制成浓度为1000μg/mL的标准储备溶液。

胰蛋白酶标准溶液（1000μg/mL）

［配制］ 取适量胰蛋白酶于称量瓶中，于60℃下减压干燥至恒重，置于干燥器中冷却备用。准确称取适量（$m=1.0000\text{g}/w$；w——质量分数）经含量测定的胰蛋白酶纯品（1mg的效价不低于2500单位），置于100mL烧杯中，加适量水溶解后，移入1000mL容量瓶中，用水稀释到刻度，混匀。低温避光保存。

［胰蛋白酶效价测定］

（1）底物溶液的制备 准确称取85.7mg*N*-苯甲酰-L-精氨酸乙酯盐酸盐，准确到0.0001g，加水溶解配成1000mL溶液，作为底物原液。取10mL溶液，用磷酸盐缓冲溶液（pH 7.6）稀释成100mL，用分光光度法，恒温于（25.0±0.5）℃，以水作空白，在253nm的波长处测定吸光度，必要时可用上述底物原液或磷酸缓冲液调节，使吸光度在0.575～0.585之间，作为底物溶液。制成后应在2h内使用。

（2）样品溶液的制备 准确称取适量样品，准确到0.0001g。用盐酸溶液［0.001mL $c(\text{HCl})=1\text{mol/L}$］溶解并制成每1mL含（50～60）胰蛋白酶单位的溶液。

（3）测定 取3.00mL底物溶液，加200μL盐酸溶液［$c(\text{HCl})=1\text{mol/L}$］，混匀，作为空白，另取样品溶液200μL，加3mL底物溶液［恒温于（25.0±0.5）℃］，立即记时，混匀，使比色池内的温度保持在（25.0±0.5）℃，用分光光度法，在253nm的波长处，每隔30s读取吸光度，共5min，以吸光度为纵坐标，时间为横坐标，作图；每30s吸光度的改变应恒定在0.015～0.018之间，呈线性关系的时间不少于3min，若不符合上述要求，应调整样品溶液的浓度，再做测定。在上述吸光度对时间的关系图中，取在呈直线上的吸光度。胰蛋白酶的效价按下式计算：

$$P=\frac{A_1-A_2}{0.003tm}$$

式中 P——1mg样品中含胰蛋白酶的量，单位；

A_1——直线上终止的吸光度；

A_2——直线上开始的吸光度；

t——样品A_1至A_2读数的时间，min；

m——测定液中含样品的量，mg；

0.003——在上述条件下，吸光度每分钟改变0.003，即相当于1个胰蛋白酶单位。

胰岛素标准溶液（1000μg/mL）

［配制］ 取适量胰岛素于称量瓶中，于105℃下干燥至恒重，置于干燥器中冷却备用。准确称取适量经纯度分析的胰岛素纯品（或按纯度换算出质量$m=1.0000\text{g}/w$；w——质量分数），置于100mL烧杯中，加适量稀盐酸溶液溶解后，移入1000mL容量瓶中，用水稀释到刻度，混匀。低温避光保存。

胰淀粉酶标准溶液（1000μg/mL）

［配制］ 取适量胰淀粉酶于称量瓶中，于105℃下干燥至恒重，置于干燥器中冷却备

用。准确称取适量（$m=1.0000g/w$；w——质量分数）经含量测定的胰淀粉酶纯品，置于100mL烧杯中，加适量水溶解后，移入1000mL容量瓶中，用水稀释到刻度，混匀。低温避光保存。

[胰淀粉酶效价测定]

(1) 样品溶液的制备　准确称取0.3g已干燥的样品，准确到0.0001g，置研钵中，加少量冷却至5℃以下磷酸盐缓冲溶液（称取13.61g磷酸二氢钾与35.80g磷酸氢二钠，加水使溶解成1000mL，调节至pH6.8），研磨均匀，置200mL容量瓶中，加上述磷酸盐缓冲液至刻度，摇匀。每1mL中胰淀粉酶（10～20）活力单位。

(2) 测定　量取25mL马铃薯淀粉溶液（10g/L）（取1.0g经105℃干燥2h的马铃薯淀粉，加水10mL，上述磷酸盐缓冲溶液、1.00mL氯化钠溶液（12g/L）与20mL水，置250mL碘瓶中，在40℃水浴中保温10min，准确加入1mL样品溶液，摇匀，立即置40℃±0.5℃水浴中准确反应10min，加2mL盐酸溶液[$c(HCl)=1mol/L$]终止反应，摇匀，冷却至室温后，准确加入10.00mL碘标准溶液[$c(\frac{1}{2}I_2)=0.100mol/L$]，边振摇边滴加45mL氢氧化钠溶液（0.100mol/L），在暗处放置20min，加4mL硫酸溶液（25%），用硫代硫酸钠标准溶液[$c(Na_2S_2O_3)=0.100mol/L$]滴定至无色。

另量取25mL马铃薯淀粉溶液（10g/L）、10mL上述磷酸盐缓冲溶液、1mL氯化钠溶液（12g/L）与20mL水，置碘量瓶中，在40℃±0.5℃水浴中保温10min，冷却至室温后，加2mL盐酸溶液[$c(HCl)=1mol/L$]，摇匀，准确加入1.00mL样品溶液，准确加入10mL碘标准溶液[$c(\frac{1}{2}I_2)=0.100mol/L$]，边振摇边滴加45mL氢氧化钠溶液[$c(NaOH)=0.1mol/L$]，在暗处放置20min，加4mL硫酸溶液（25%），用硫代硫酸钠标准溶液[$c(Na_2S_2O_3)=0.100mol/L$]滴定至无色。作为空白对照，胰淀粉酶的效价按下式计算：

$$\text{每1g胰淀粉酶活力(单位)}=\frac{c(V_B-V_A)}{10}\times\frac{9.008\times1000}{180.16}\times\frac{n}{m}$$

式中　V_A——样品消耗硫代硫酸钠标准溶液的容积，mL；

V_B——空白消耗硫代硫酸钠标准溶液的容积，mL；

c——硫代硫酸钠标准溶液的浓度（mol/L）换算值；

m——样品取样量，g；

n——样品稀释倍数（200）。

注：①在上述条件下，每分钟水解淀粉生成1μmol/L葡萄糖的酶量，为1活力单位。

② (V_B-V_A) 应为2.0mL～4.0mL，否则应调整浓度，重新测定。

③ 每1mL碘标准溶液[$c(\frac{1}{2}I_2)=0.1mol/L$]相当于9.008mg无水葡萄糖。

胰脂肪酶标准溶液（1000μg/mL）

[配制]　取适量胰脂肪酶于称量瓶中，于105℃下干燥至恒重，置于干燥器中冷却备用。准确称取适量经含量（$m=1.0000g/w$；w——质量分数）测定的胰脂肪酶纯品，置于100mL烧杯中，加适量水溶解后，移入1000mL容量瓶中，用水稀释到刻度，混匀。低温避光保存。

[胰脂肪酶效价测定]

(1) 样品溶液的制备 准确称取0.1g已干燥的样品，准确到0.0001g，置研钵中，加少量冷却至5℃以下三羟甲基氨甲烷-盐酸缓冲液{称取606mg三羟甲基氨甲烷，加45.7mL盐酸溶液[c(HCl) =0.1mol/L]，加水至100mL，摇匀，调节pH值至7.1}，研磨均匀，置50mL容量瓶中，加上述缓冲液至刻度，摇匀。每1mL中胰脂肪酶(8～16)活力单位。

(2) 测定 量取25mL橄榄油乳液(10g/L)(取4mL橄榄油与7.5g阿拉伯胶，研磨均匀，缓缓加水研磨使其成100mL，用高速组织捣碎机以8000r/min搅拌两次，每次3min，取乳剂在显微镜下检查，90%乳粒的直径在3μm以下，并不得有超过10μm的乳粒)、2mL牛胆盐溶液(80g/L)，与10mL水，置100mL烧杯中，用氢氧化钠标准溶液[c(NaOH)=0.100mol/L]调节pH值至9.0，在37℃±0.1℃水浴中保温10min，再调节pH值至9.0，准确量取1mL样品溶液，在37℃±0.1℃水浴中准确反应10min，同时用氢氧化钠标准溶液[c(NaOH)=0.100mol/L]滴定，使反应液的pH值恒定在9.0，记录消耗氢氧化钠标准溶液[c(NaOH)=0.100mol/L]的体积(mL)。另取1.00mL在水浴中煮沸15min～30min的上述样品溶液，作为空白对照，按下式计算：

$$\text{每1g胰脂肪酶活力(单位)} = \frac{c(A-B)\times 1000}{10} \times \frac{n}{m}$$

式中 A——样品消耗氢氧化钠标准溶液的容积，mL；

B——空白消耗氢氧化钠标准溶液的容积，mL；

c——氢氧化钠标准溶液的浓度，mol/L；

m——样品取样量，g；

n——样品稀释倍数(50)。

在上述条件下，每分钟水解脂肪(橄榄油)生成1μmol/L脂肪酸的酶量，为1活力单位。平均每分钟消耗氢氧化钠标准溶液[c(NaOH)=0.100mol/L]的量应为0.08mL～0.16mL，否则应调整浓度，另行测定。

乙胺嘧啶($C_{12}H_{13}ClN_4$) **标准溶液**(1000μg/mL)

[配制] 准确称取1.0000g(或按纯度换算出质量m=1.0000g/w；w——质量分数)经纯度分析的乙胺嘧啶($C_{12}H_{13}ClN_4$；M_r=248.711)纯品(纯度≥99%)，置于100mL烧杯中，用甲醇溶解后，转移到1000mL容量瓶中，并用甲醇定容，混匀。配制成浓度为1000μg/mL的标准储备溶液。避光低温保存。使用时根据需要稀释成适当浓度的标准工作溶液。

[乙胺嘧啶纯度的测定] 准确称取0.15g样品，准确到0.0001g，置于250mL锥形瓶中，加20mL冰醋酸，加热溶解后，冷却至室温，加2滴喹哪啶红指示液(1g/L)，用高氯酸标准溶液[c($HClO_4$)=0.100mol/L]滴定至溶液几乎无色，同时做空白试验。乙胺嘧啶的质量分数(w)按下式计算：

$$w = \frac{c(V_1-V_2)\times 0.2487}{m} \times 100\%$$

式中 V_1——高氯酸标准溶液的体积，mL；

V_2——空白试验高氯酸标准溶液的体积，mL；

c——高氯酸标准溶液的浓度，mol/L；

m——样品质量，g；

0.2487——与 1.00mL 高氯酸标准溶液 [$c(HClO_4)$=1.000mol/L] 相当的，以 g 为单位的乙胺嘧啶的质量。

乙拌磷（$C_8H_{19}O_2PS_3$）**标准溶液**（1000μg/mL）

[配制] 用最小分度为 0.01mg 的分析天平，准确称取 0.1000g（或按纯度换算出质量 m=0.1000g/w；w——质量分数）的乙拌磷（$C_8H_{19}O_2PS_3$；M_r=274.404）纯品（纯度≥99%）于小烧杯中，用重蒸馏的丙酮溶解，转移到 100mL 容量瓶中，用重蒸馏的丙酮定容，混匀。配制成浓度为 1000μg/mL 的标准储备溶液。使用时，根据需要用重蒸馏的乙酸乙酯稀释成适当浓度的标准工作溶液。

乙二胺（$C_2H_8N_2$）**标准溶液**（1000μg/mL）

[配制] 取洁净称量瓶，注入 10mL 无二氧化碳的水，加盖，用最小分度为 0.01mg 的分析天平准确称量。之后滴加乙二胺（$C_2H_8N_2$；M_r=60.0983），称量，至两次称量结果之差为 1.0000g，即为乙二胺质量（如果准确到 1.0000g 操作有困难，可通过准确记录乙二胺重量，计算其浓度）。转移到 1000mL 容量瓶中，用水稀释到刻度，混匀。低温保存备用。临用时取适量稀释。

[标定] 准确移取 30.00mL 上述溶液，于 250mL 锥形瓶中，加 5 滴溴甲酚绿指示液（1g/L），用盐酸标准溶液 [c(HCl)=0.0500mol/L] 滴定至溶液呈黄色。乙二胺溶液的质量浓度按下式计算：

$$\rho(C_2H_8N_2)=\frac{c_1V_1}{V}\times 30.0492\times 1000$$

式中 $\rho(C_2H_8N_2)$——乙二胺溶液的质量，μg/mL；

V_1——盐酸标准溶液的体积，mL；

c_1——盐酸标准溶液的浓度，mol/L；

V——乙二胺溶液的体积，mL。

30.0492——乙二胺的摩尔质量 [$M(\frac{1}{2}C_2H_8N_2)$]，g/mol。

乙琥胺（$C_7H_{11}NO_2$）**标准溶液**（1000μg/mL）

[配制] 准确称取 1.0000g（或按纯度换算出质量 m=1.0000g/w；w——质量分数）经纯度分析的乙琥胺（$C_7H_{11}NO_2$；M_r=141.1677）纯品（纯度≥99%），置于 100mL 烧杯中，加适量水溶解，移入 1000mL 容量瓶中，用水稀释到刻度，混匀。

[乙琥胺纯度的测定] 称取 0.2g 样品，准确到 0.0001g，置于 250mL 锥形瓶中，加 30mL 二甲基甲酰胺，溶解后，加 2 滴偶氮紫指示液（1g/L），在氮气气氛下，用甲醇钠标准溶液 [$c(CH_3ONa)$=0.100mol/L] 滴定至溶液呈蓝色，同时做空白试验。乙琥胺的质量分数（w）按下式计算：

$$w=\frac{c(V_1-V_2)\times 0.1412}{m}\times 100\%$$

式中 V_1——甲醇钠标准溶液的体积，mL；

V_2——空白试验甲醇钠标准溶液的体积，mL；

c——甲醇钠标准溶液的浓度，mol/L；

m——样品质量，g；

0.1412——与1.00mL甲醇钠标准溶液［$c(CH_3ONa)=1.000$mol/L］相当的，以g为单位的乙琥胺的质量。

乙基苯（C_8H_{10}）**标准溶液**（1000μg/mL）

［配制］ 准确称取0.5000g经纯度分析的高纯乙基苯（C_8H_{10}；$M_r=106.1650$），置于500mL棕色容量瓶中，加入色谱纯甲醇溶解后，稀释到刻度，混匀。低温保存，使用前在(20±2)℃下平衡后，根据需要再稀释成适用浓度的标准工作溶液。

乙基谷硫磷（$C_{12}H_{16}N_3O_3PS_2$）**标准溶液**（1000μg/mL）

［配制］ 用最小分度为0.01mg的分析天平，准确称取0.1000g（或按纯度换算出质量$m=0.1000g/w$；w——质量分数）乙基谷硫磷（$C_{12}H_{16}N_3O_3PS_2$；$M_r=345.378$）纯品（纯度≥99.5%），置于烧杯中，用少量苯溶解后，转移到100mL容量瓶中，用重蒸馏正己烷稀释到刻度，混匀。配制成浓度为1000μg/mL的标准储备溶液。根据需要稀释成适当浓度标准工作溶液。

乙基麦芽酚（$C_7H_8O_3$）**标准溶液**（1000μg/mL）

［配制］ 用最小分度为0.01mg的分析天平，准确称取0.1000g（或按纯度换算出质量$m=0.1000g/w$；w——质量分数）乙基麦芽酚（$C_7H_8O_3$；$M_r=140.1366$）纯品（纯度≥99%）于小烧杯中，用盐酸溶液［$c(HCl)=0.1$mol/L］溶解后，转移到100mL容量瓶中，用盐酸溶液［$c(HCl)=0.1$mol/L］稀释至刻度混匀。配制成浓度为1000μg/mL的标准储备溶液。

乙基纤维素标准溶液［1000μg/mL，以乙氧基计（$—OC_2H_5$）］

［配制］ 取适量乙基纤维素干燥纯品于称量瓶中，于105℃下干燥至恒重，置于干燥器中冷却备用。准确称取适量（约2g）经乙氧基含量测定的乙基纤维素纯品（乙氧基含量：44.0%～51.0%），置于100mL烧杯中，加适量甲苯溶解后，移入1000mL容量瓶中，用甲苯稀释到刻度，混匀。

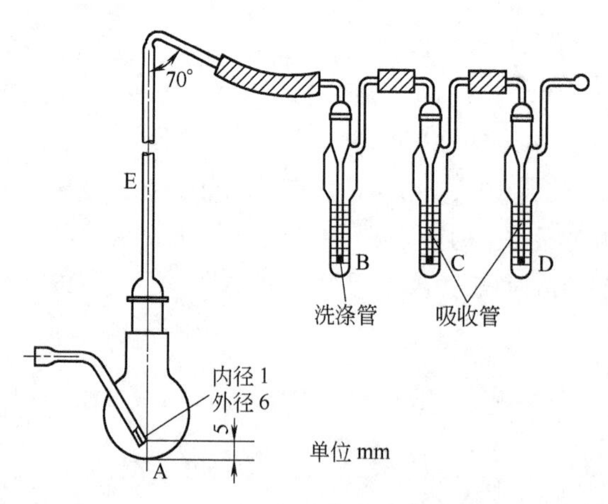

图2-6 乙氧基测定装置图

［乙基纤维素中乙氧基的含量测定］

(1) 仪器装置 如图2-6。A为50mL圆底烧瓶，侧部具一内径为1mm的支管供导入二氧化碳或氮气流用；瓶颈垂直装有长约25cm、内径为9mm的直形空气冷凝管E，其上端弯曲成出口向下、并缩为内径2mm的玻璃毛细管，浸入内盛水约2mL的洗气瓶B中；洗气瓶具出口为一内径约7mm的玻璃管，其末端为内径4mm可拆卸的玻璃管，可浸入两个相连接的接受容器C、D中的第一个容器C内液面之下。

(2) 测定　准确称取干燥的样品（相当于乙氧基 10mg），置烧瓶中，加熔融的苯酚 2.5mL 与氢碘酸 5mL，连接上述装置；另在两个接受容器内，分别加入 6mL 与 4mL 乙酸钾的冰醋酸溶液（100g/L），再各加 0.2mL 溴；通过支管将 CO_2 或 N_2 气流缓慢而均衡地[每秒钟（1～2）个气泡为宜] 通入烧瓶，缓缓加热使温度控制在恰使沸腾液体的蒸气上升至冷凝管的半高度（约至 30min 使油液温度上升至 150℃～160℃），加热时间为（1～2）h。而后拆除装置，将两只接受器的内容物倾入 250mL 碘量瓶 [内盛 5mL 乙酸钠溶液（250g/L）] 中，并用水淋洗使总体积约为 125mL，加入 0.3mL 甲酸，转动碘量瓶至溴的颜色消失，再加入 0.6mL 甲酸，密塞振摇，使过量的溴完全消失，放置（1～2）min，加入 1.0g 碘化钾与 5mL 稀硫酸，用硫代硫酸钠标准溶液 [$c(Na_2S_2O_3)=0.100mol/L$] 滴定，并将滴定的结果用空白试验校正。每 1mL 硫代硫酸钠标准溶液 [$c(Na_2S_2O_3)=0.1mol/L$] 相当于 7.510mg 的乙氧基。乙氧基的质量分数（w）按下式计算：

$$w(-OC_2H_5)=\frac{c(V_1-V_2)\times 0.07510}{m}\times 100\%$$

式中　$w(-OC_2H_5)$——乙氧基的质量分数，%；

V_1——空白消耗硫代硫酸钠标准溶液的体积，mL；

V_2——硫代硫酸钠标准溶液的体积，mL；

c——硫代硫酸钠标准溶液的浓度，mol/L；

m——样品质量，g；

0.07510——与 1.00mL 硫代硫酸钠标准溶液 [$c(Na_2S_2O_3)=1.000mol/L$] 相当的，以 g 为单位的乙氧基的质量。

乙硫磷（$C_9H_{22}O_4P_2S_4$）**标准溶液**（1000μg/mL）

[配制]　用最小分度为 0.01mg 的分析天平，准确称取 0.1000g（必要时按纯度换算出质量 $m=0.1000g/w$；w——质量分数）的乙硫磷（$C_9H_{22}O_4P_2S_4$；$M_r=384.476$）纯品（纯度≥99%）于小烧杯中，用重蒸馏的正己烷溶解，并转移到 100mL 容量瓶中，用重蒸馏的正己烷准确定容，混匀。配制成浓度为 1000μg/mL 的标准储备溶液。使用时，根据需要再配制成适当浓度的标准工作溶液。

乙霉威（$C_{14}H_{21}NO_4$）**标准溶液**（1000μg/mL）

[配制]　用最小分度为 0.01mg 的分析天平，准确称取 0.1000g（或按纯度换算出质量 $m=0.1000g/w$；w——质量分数）的乙霉威（$C_{14}H_{21}NO_4$；$M_r=267.3208$）纯品（纯度≥99%）于小烧杯中，用重蒸馏丙酮溶解，转移至 100mL 容量瓶中，用丙酮稀释到刻度，混匀。配制成浓度为 1000μg/mL 的标准储备溶液。使用时，再根据需要用重蒸馏正己烷稀释成适当浓度的标准工作溶液。

乙醚（$C_4H_{10}O$）**标准溶液**（1000μg/mL）

[配制]　用带盖的玻璃称量瓶，预先加入 10mL 水，加盖，用最小分度为 0.01mg 的分析天平准确称量。之后滴加经纯度测定的乙醚（$C_4H_{10}O$；$M_r=74.1216$），称量，至两次称

量结果之差为0.1000g，即为乙醚质量（如果准确到0.1000g有操作困难，可通过准确记录乙醚质量，计算其浓度）。全部转移到100mL容量瓶中，用水溶液稀释到刻度，混匀。低温保存备用。临用时取适量稀释。

乙嘧硫磷（$C_{10}H_{17}N_2O_4PS$）**标准溶液**（1000μg/mL）

［配制］ 用最小分度为0.01mg的分析天平，准确称取0.1000g（必要时按纯度换算出质量m=0.1000g/w；w——质量分数）的乙嘧硫磷（$C_{10}H_{17}N_2O_4PS$；M_r=292.292）纯品（纯度≥99%），置于烧杯中，用重蒸馏丙酮溶解，转移到100mL容量瓶中，用重蒸馏丙酮稀释到刻度，混匀。配制成浓度为1000μg/mL的标准储备溶液，根据需要用正己烷稀释成适当浓度的标准工作溶液。

乙醛（CH_3CHO）**标准溶液**（1000μg/mL）

［配制］ 准确称取m(g) 40%乙醛（CH_3CHO；M_r=44.0526）溶液，置于1000mL容量瓶中，用水稀释至刻度。临用现配。40%乙醛质量按下式计算：

$$m=\frac{1.000}{w}$$

式中 m——40%乙醛的质量，g；

w——40%乙醛的质量分数，%；

注：配制前应测定40%乙醛的含量，方法如下：将50.00mL氯化羟胺溶液［$c(NH_2OH \cdot HCl)$=2mol/L］注入具塞锥形瓶中，称量，加入1.5mL40%乙醛，放置30min，再称量，两次称量均称准至0.0002g，加10滴溴酚蓝指示液（10.4g/L），用氢氧化钠标堆溶液［$c(NaOH)$=1.000mol/L］滴定，同时做空白试验。

空白试验：移取50.00mL氯化羟胺溶液［$c(NH_2OH \cdot HCl)$ =2mol/L］，加30mL水，与样品同时同样操作。

40%乙醛含量按下式计算：

$$w=\frac{c(V_1-V_2)\times 0.04405}{m}\times 100\%$$

式中 w——40%乙醛的质量分数，%；

V_1——氢氧化钠标准溶液的体积，mL；

V_2——空白试验氢氧化钠标准溶液的体积，mL；

c——氢氧化钠标准溶液的浓度，mol/L；

m——40%乙醛的质量，g；

0.04405——与1.00mL氢氧化钠标准溶液［$c(NaOH)$=1.000mol/L］相当的，以g为单位的乙醛的质量。

乙酸苄酯（$C_9H_{10}O_2$）**标准溶液**（1000μg/mL）

［配制］ 取100mL容量瓶，加入10mL乙醇，加盖，用最小分度为0.01mg的分析天平准确称量。之后滴加乙酸苄酯（$C_9H_{10}O_2$；M_r=150.1745）纯品（纯度≥99%），至两次称量结果之差为0.1000g（或按纯度换算出质量m=0.1000g/w；w——质量分数），即为乙酸苄酯的质量（如果准确到0.1000g操作有困难，可通过准确记录乙酸苄酯质量，计算其浓度）。用乙醇稀释到刻度，混匀。

乙酸芳樟酯（$C_{12}H_{20}O_2$）**标准溶液**（1000μg/mL）

［配制］ 取100mL容量瓶，加入10mL乙醇，加盖，用最小分度为0.01mg的分析天平准确称量。之后滴加乙酸芳樟酯（$C_{12}H_{20}O_2$；$M_r=196.2860$）纯品（纯度≥99%），至两次称量结果之差为0.1000g（或按纯度换算出质量 $m=0.1000g/w$；w——质量分数），即为乙酸芳樟酯的质量（如果准确到0.1000g操作有困难，可通过准确记录乙酸芳樟酯质量，计算其浓度）。用乙醇稀释到刻度，混匀。低温保存备用。临用时取适量稀释。

乙酸酐［$(CH_3CO)_2O$］**标准溶液**（1000μg/mL）

［配制］ 准确称取0.1000g（或按纯度换算出质量 $m=1.0000g/w$；w——质量分数）经纯度测定的乙酸酐（$(CH_3CO)_2O$；$M_r=86.0892$）纯品（纯度≥99%），置于100mL容量瓶中，用无乙酸酐的冰醋酸溶解，用无乙酸酐的冰醋酸稀释至刻度，混匀。临用现配。

注：无乙酸酐的冰醋酸的制备方法是：将冰醋酸回流半小时蒸馏制得。

［乙酸酐纯度测定］ 称取1.8g乙酸酐，准确至0.0001g，置于盛有50.0mL吗啡甲醇标准溶液［$c(C_{17}H_{19}NO_3)=0.5mol/L$］具塞锥形瓶中，加0.25mL二甲基黄-亚甲基蓝混合指示溶液（称取1.0g二甲基黄，0.1g亚甲基蓝，溶于125mL甲醇中）。用盐酸甲醇标准溶液［$c(HCl)=0.500mol/L$］滴定至溶液绿色消失呈琥珀色。同时做空白试验。乙酸酐的质量分数（w）按下式计算：

$$w=\frac{c_1(V_1-V_2)\times 0.1021}{m}\times 100\%$$

式中 w——乙酸酐的质量分数，%；

c_1——盐酸甲醇标准溶液的浓度，mol/L；

V_1——空白消耗盐酸甲醇标准溶液的体积，mL；

V_2——试样消耗盐酸甲醇标准溶液的体积，mL。

m——样品质量，g；

0.1021——与1.00mL盐酸甲醇标准溶液［$c(HCl)=1.000mol/L$］相当的，以g为单位的乙酸酐的质量。

乙酸维生素E（$C_{31}H_{52}O_3$）**标准溶液**（1000μg/mL）

［配制］ 准确称取1.0000g（或按纯度换算出质量 $m=1.0000g/w$；w——质量分数）经纯度分析（气相色谱法）的乙酸维生素E（$C_{31}H_{52}O_3$；$M_r=472.7428$）纯品（纯度≥99%），置于100mL烧杯中，加适量乙醇溶解后，移入1000mL棕色容量瓶中，用乙醇稀释到刻度，混匀。低温避光保存。

乙酸乙酯（$C_4H_8O_2$）**标准溶液**（1000μg/mL）

［配制］ 取100mL容量瓶，加入10mL水，加盖，用最小分度为0.01mg的分析天平准确称量。之后滴加乙酸乙酯（$C_4H_8O_2$；$M_r=88.1051$）纯品（纯度≥99%），至两次称量结果之差为0.1000g，即为乙酸乙酯的质量（如果准确到0.1000g操作有困难，可通过准

确记录乙酸乙酯质量，计算其浓度)。用水稀释到刻度，混匀。低温保存备用。临用时取适量稀释。

乙酸异戊酯（$C_7H_{14}O_2$）**标准溶液**（1000μg/mL）

［配制］ 取100mL容量瓶，加入10mL乙醇，加盖，用最小分度为0.01mg的分析天平准确称量。之后滴加乙酸异戊酯（$C_7H_{14}O_2$；M_r=130.1849）纯品（纯度≥99%），至两次称量结果之差为0.1000g（或按纯度换算出质量m=0.1000g/w；w——质量分数)，即为乙酸异戊酯的质量（如果准确到0.1000g操作有困难，可通过准确记录乙酸异戊酯质量，计算其浓度)。用乙醇稀释到刻度，混匀。低温保存备用。临用时取适量稀释。

［乙酸异戊酯纯度的测定］ 称取0.17g样品，准确至0.0001g。于250mL锥形瓶中，溶于25mL乙醇中，加25mL氢氧化钾乙醇标准溶液［c(KOH)=0.100mol/L］，在水浴上回流1h，冷却，加2滴酚酞指示液（10g/L)，用盐酸标准溶液［c(HCl)=0.100mol/L］滴定至溶液呈无色。同时做空白试验。乙酸异戊酯的质量分数（w）按下式计算：

$$w=\frac{(c_1V_1-c_2V_2)\times 0.01302}{m}\times 100\%$$

式中 V_1——氢氧化钾标准溶液的体积，mL；

c_1——氢氧化钾标准溶液的浓度，mol/L；

V_2——盐酸标准溶液的体积，mL；

c_2——盐酸标准溶液的浓度，mol/L；

m——样品质量，g；

0.01302——与1.00mL氢氧化钾标准溶液［c(KOH)=1.000mol/L］相当的，以g为单位的乙酸异戊酯的质量。

乙体六六六（$C_6H_6Cl_6$）**标准溶液**（1000μg/mL）

［配制］ 准确称取适量（m=0.1008g，质量分数为99.2%）GBW 06402乙体六六六（$C_6H_6Cl_6$；M_r=290.830）纯度分析标准物质或已知纯度（纯度≥99%）（质量m=0.1000g/w；w——质量分数）的纯品，置于烧杯中，加入优级纯苯溶解，移入100mL容量瓶中，用优级纯苯稀释到刻度，混匀。低温保存，配制成浓度为1000μg/mL的标准储备溶液。低温保存，使用前在（20±2)℃下平衡后，根据需要再配制成适用浓度的标准工作溶液。

乙烯利（$C_2H_6ClO_3P$）**标准溶液**（1000μg/mL）

［配制］ 用最小分度为0.01mg的分析天平，准确称取0.1000g（必要时按纯度换算出质量m=0.1000g/w；w——质量分数）的乙烯利（$C_2H_6ClO_3P$；M_r=144.494）纯品（纯度≥99.9%)，于小聚乙烯烧杯中，用重蒸馏甲醇溶解，并转移到100mL容量瓶中，用重蒸馏甲醇稀释到刻度，混匀。配制成浓度为1000μg/mL的标准储备溶液。使用时，根据需要再用甲醇稀释成适当浓度的标准工作溶液。

注：配制标准溶液时，均应使用聚乙烯器皿。

N-乙酰-L-蛋氨酸（$C_7H_{13}NO_3S$）**标准溶液**（1000μg/mL）

［配制］ 用最小分度为0.01mg的分析天平，准确称取0.1000g（或按纯度换算出质量

$m=0.1000g/w$；w——质量分数）的 N-乙酰-L-蛋氨酸（$C_7H_{13}NO_3S$；$M_r=191.248$）（纯度≥99%）纯品，于小烧杯中，用乙醇溶解后，转移到100mL容量瓶，并用水稀释并定容，混匀。配制成浓度为1000μg/mL的标准储备溶液。

[N-乙酰-L-蛋氨酸纯度的测定] 称取0.1g样品，准确至0.0001g。置于碘量瓶中，加50mL水，2g碘化钾，充分搅拌使其溶解，加5mL稀盐酸（10%），加30mL碘标准溶液[$c(\frac{1}{2}I_2)=0.100mol/L$]，立即密封，暗处放置10min。用硫代硫酸钠标准溶液[$c(Na_2S_2O_3)=0.100mol/L$]滴定，近终点时，加3mL淀粉指示液（5g/L），继续滴定至溶液蓝色消失。同时做空白试验。N-乙酰-L-蛋氨酸的质量分数含量（w）按下式计算：

$$w=\frac{c(V_1-V_2)\times 0.09562}{m}\times 100\%$$

式中 w——N-乙酰-L-蛋氨酸的质量分数，%；

V_1——空白试验硫代硫酸钠标准溶液的体积，mL；

V_2——样品消耗硫代硫酸钠标准溶液的体积，mL；

c——硫代硫酸钠标准溶液的浓度，mol/L；

m——样品质量，g；

0.09562——与1.00mL硫代硫酸钠标准溶液[$c(Na_2S_2O_3)=1.000mol/L$]相当的，以g为单位的N-乙酰-L-蛋氨酸的质量。

乙酰磺胺酸钾（$C_4H_4NO_4SK$）**标准溶液**（1000μg/mL）

[配制] 取适量乙酰磺胺酸钾于称量瓶中，于105℃下干燥至恒重，准确称取1.0000g（或按纯度换算出质量 $m=1.0000g/w$；w——质量分数）经纯度测定的乙酰磺胺酸钾（$C_4H_4NO_4SK$；$M_r=201.242$）纯品（纯度≥99.0%），置于200mL高型烧杯中，加适量水溶解，移入1000mL容量瓶中，用水稀释到刻度，摇匀。

[乙酰磺胺酸钾纯度的测定] 称取0.15g已干燥的试样，准确至0.0001g，于250mL锥形瓶中，加入50mL无水乙酸，5.0mL乙酸酐，加热溶解后，冷却至室温。加入2滴结晶紫指示液（5g/L），用高氯酸标准溶液[$c(HClO_4)=0.100mol/L$]滴定至溶液呈蓝绿色为止。同时做空白试验。乙酰磺胺酸钾的质量分数（w）按下式计算：

$$w=\frac{c(V_1-V_2)\times 0.2012}{m}\times 100\%$$

式中 c——高氯酸标准溶液的浓度，mol/L；

V_1——高氯酸标准溶液的体积，mL；

V_2——空白试验高氯酸标准溶液的体积，mL；

m——试样质量，g；

0.2012——与1mL高氯酸标准溶液[$c(HClO_4)=1.000mol/L$]相当的，以g为单位的乙酰磺胺酸钾的质量。

乙酰甲胺磷（$C_4H_{10}NO_3PS$）**标准溶液**（1000μg/mL）

[配制] 用最小分度为0.01mg的分析天平，准确称取0.1000g（或按纯度换算出质量 $m=0.1000g/w$；w——质量分数）乙酰甲胺磷（$C_4H_{10}NO_3PS$；$M_r=183.166$）纯品（纯度≥99%），置于烧杯中，用少量丙酮溶解后，转移到100mL容量瓶中，用丙酮定容，混

匀。配制成浓度为1000μg/mL的标准储备溶液。储藏于冰箱中。根据需要再用丙酮稀释成适用浓度的标准工作溶液。

乙酰螺旋霉素标准溶液（1000单位/mL）

［配制］ 取适量乙酰螺旋霉素纯品于称量瓶中，于105℃下干燥至恒重，置于干燥器中冷却备用。准确称取适量（按含量换算出质量 $m=1000g/X$；X——每1mg的效价单位）乙酰螺旋霉素纯品（1mg的效价不低于1200乙酰螺旋霉素单位），置于100mL烧杯中，加适量乙醇溶解后，移入1000mL容量瓶中，用乙醇稀释到刻度，混匀。1mL溶液中含1000单位的乙酰螺旋霉素。按照抗生素微生物检定法测定。

乙酰唑胺（$C_4H_6N_4O_3S_2$）**标准溶液**（1000μg/mL）

［配制］ 取适量乙酰唑胺于称量瓶中，于105℃下干燥至恒重取出，置于干燥器中冷却备用。准确称取1.0000g（或按纯度换算出质量 $m=1.0000g/w$；w——质量分数）经纯度分析的乙酰唑胺（$C_4H_6N_4O_3S_2$；$M_r=222.245$）纯品（纯度≥99%），置于100mL烧杯中，加适量稀氨水溶液（1%）溶解，移入1000mL容量瓶中，用稀氨水溶液（1%）稀释到刻度，混匀。

［标定］ 准确移取1.00mL上述溶液于100mL容量瓶中，加10mL盐酸溶液［$c(HCl)=1mol/L$］，用水稀释到刻度。用分光光度法，在265nm波长处测定吸光度，以$C_4H_6N_4O_3S_2$的吸光系数 $E_{1cm}^{1\%}$ 为474计算，即得。

乙氧基喹啉（$C_{14}H_{19}NO$）**标准溶液**（1000μg/mL）

［配制］ 用最小分度为0.01mg的分析天平，准确称取0.1000g（必要时按纯度换算出质量 $m=0.1000g/w$；w——质量分数）经纯度分析的乙氧基喹啉（$C_{14}H_{19}NO$；$M_r=217.31$）纯品（纯度≥99%）于小烧杯中，用异辛烷溶解后，转移到100mL容量瓶中，并用异辛烷定容，混匀。配制成浓度为1000μg/mL的标准储备溶液。

［乙氧基喹啉纯度的测定］ 称取0.2g样品，准确至0.0001g，于250mL锥形瓶中，加入80mL冰醋酸，混合均匀，加2滴甲基紫指示液（10g/L），用高氯酸标准溶液［$c(HClO_4)=0.100mol/L$］滴定至溶液呈蓝绿色即为终点。乙氧基喹啉质量分数（w）按下式计算：

$$w=\frac{cV\times 0.2173}{m}\times 100\%$$

式中 c——高氯酸标准溶液的浓度，mol/L；

V——高氯酸标准溶液的体积，mL；

m——乙氧基喹的质量，g；

0.2173——与1.00mL高氯酸标准溶液［$c(HClO_4)=1.000mol/L$］相当的，以g为单位的乙氧基喹啉的质量。

乙酯杀螨醇（$C_{16}H_{14}Cl_2O_3$）**标准溶液**（1000μg/mL）

［配制］ 用最小分度为0.01mg的分析天平，准确称取0.1000g（或按纯度换算出质量 $m=0.1000g/w$；w——质量分数）乙酯杀螨醇（$C_{16}H_{14}Cl_2O_3$；$M_r=325.187$）纯品（纯度≥99.8%），置于烧杯中，用少许苯溶解后，转移到100mL容量瓶中，用正己烷定容，混

匀。配制成浓度为1000μg/mL的标准储备溶液。根据需要再用正己烷稀释成适当浓度的标准工作溶液。

异稻瘟净（$C_{13}H_{21}O_3PS$）**标准溶液**（1000μg/mL）

［配制］ 用最小分度为0.01mg的分析天平，准确称取0.1000g（或按纯度换算出质量$m=0.1000g/w$；w——质量分数）的异稻瘟净（$C_{13}H_{21}O_3PS$；$M_r=288.343$）纯品（纯度≥99%）于小烧杯中，用重蒸馏的丙酮溶解，转移到100mL容量瓶中，用重蒸馏的丙酮定容，混匀。配制成浓度为1000μg/mL的标准储备溶液。使用时，根据需要用重蒸馏的乙酸乙酯配制成适当浓度的标准工作溶液。

异狄氏剂（$C_{12}H_8Cl_6O$）**标准溶液**（1000μg/mL）

［配制］ 用最小分度为0.01mg的分析天平，准确称取0.1000g（或按纯度换算出质量$m=0.1000g/w$；w——质量分数）异狄氏剂（$C_{12}H_8Cl_6O$；$M_r=380.909$）纯品（纯度≥99%），置于烧杯中，用少量苯溶解，转移到100mL容量瓶中，然后用石油醚定容，配制成浓度为1000μg/mL的标准储备溶液。根据需要再配制成适用浓度的标准工作溶液。

异丁醇（$C_4H_{10}O$）**标准溶液**（1000μg/mL）

［配制］ 取100mL容量瓶，加入10mL水，加盖，用最小分度为0.01mg的分析天平准确称量。之后滴加异丁醇（$C_4H_{10}O$；$M_r=74.1216$）纯品（纯度≥99%），至两次称量结果之差为0.1000g，即为异丁醇的质量（如果准确到0.1000g有操作困难，可通过准确记录异丁醇质量，计算其浓度）。用水稀释到刻度，混匀。低温保存备用。临用时取适量稀释。

异噁唑磷标准溶液（1000μg/mL）

［配制］ 用最小分度为0.01mg的分析天平，准确称取0.1000g（或按纯度换算出质量$m=0.1000g/w$；w——质量分数）的异噁唑磷纯品（纯度≥99%），置于100mL烧杯中，用正己烷溶解，移入100mL容量瓶中，用正己烷稀释到刻度，混匀。配制成浓度为1000μg/L的标准储备溶液。

异黄樟素（$C_{10}H_{10}O_2$）**标准溶液**（1000μg/mL）

［配制］ 准确称取1.0000g（或按纯度换算出质量$m=1.0000g/w$；w——质量分数）新蒸馏的异黄樟素（$C_{10}H_{10}O_2$；$M_r=162.1852$）纯品（纯度≥99%），置于小烧杯中，用乙醇溶解，转移到1000mL容量瓶中，用乙醇稀释至刻度，混匀。配制成浓度为1000μg/mL的标准储备溶液。

异菌脲（$C_{13}H_{13}Cl_2N_3O_3$）**标准溶液**（1000μg/mL）

［配制］ 用最小分度为0.01mg的分析天平，准确称取0.1000g（必要时按纯度换算出质量$m=0.1000g/w$；w——质量分数）的异菌脲（$C_{13}H_{13}Cl_2N_3O_3$；$M_r=330.167$）纯品（纯度≥99%），置于烧杯中，用少量甲醇溶解，转移到100mL容量瓶中，并用重蒸馏石油醚稀释到刻度，混匀。配制成浓度为1000μg/mL的标准储备溶液。根据需要再用石油醚稀释成适用浓度的标准工作溶液。

异卡波肼（$C_{12}H_{13}N_3O_2$）**标准溶液**（1000μg/mL）

［配制］ 取适量异卡波肼于称量瓶中，于60℃下减压干燥至恒重，取出，置于干燥器中冷却备用。准确称取1.0000g（或按纯度换算出质量 $m=1.0000g/w$；w——质量分数）经纯度分析的异卡波肼（$C_{12}H_{13}N_3O_2$；$M_r=231.2505$）纯品（纯度≥99%），置于100mL烧杯中，加适量乙醇溶解后，移入1000mL容量瓶中，用乙醇稀释到刻度，混匀。避光低温保存。

［异卡波肼纯度的测定］永停滴定法：称取0.5g已干燥的样品，准确到0.0001g。置于250mL锥形瓶中，加20mL冰醋酸溶解，加10mL盐酸，40mL水，置电磁搅拌器上，搅拌使溶解，再加2g溴化钾，插入铂-铂电极后，将滴定管的尖端插入液面下约⅔处，用亚硝酸钠标准溶液［$c(NaNO_2)=0.100mol/L$］迅速滴定，随滴随搅拌，至近终点时，将滴定管的尖端提出液面，用少量水淋洗尖端，洗液并入溶液中，继续缓缓滴定，至电流计指针突然偏转，并不再回复，即为滴定终点。异卡波肼的质量分数（w）按下式计算：

$$w=\frac{cV\times 0.2313}{m}\times 100\%$$

式中 V——亚硝酸钠标准溶液的体积，mL；

c——亚硝酸钠标准溶液的浓度，mol/L；

m——样品质量，g；

0.2313——与1.00mL亚硝酸钠标准溶液［$c(NaNO_2)=1.000mol/L$］相当的，以g为单位的异卡波肼的质量。

异抗坏血酸（$C_6H_8O_6$）**标准溶液**（1000μg/mL）

［配制］ 准确称取1.0000g（或按纯度换算出质量 $m=1.0000g/w$；w——质量分数）经纯度分析的异抗坏血酸（$C_6H_8O_6$；$M_r=176.1241$）纯品（纯度≥99%）于高型烧杯中，加水溶解后，转移到1000mL容量瓶，并用水稀释到刻度，混匀。配制成浓度为1000μg/mL的标准储备溶液。临用现配。

［异抗坏血酸纯度的测定］ 称取0.4g样品，准确至0.0001g，置于300mL锥形瓶中，溶于100mL新煮沸并冷却的水和25mL稀硫酸溶液的混合液中，立即用碘标准溶液［$c(\frac{1}{2}I_2)=0.100mol/L$］滴定，近终点时加3mL淀粉溶液（10g/L）。至溶液显蓝色为终点。异抗坏血酸质量分数（w）按下式计算：

$$w=\frac{cV\times 0.08806}{m}\times 100\%$$

式中 c——碘标准溶液的浓度，mol/L；

V——碘标准溶液的体积，mL；

m——异抗坏血酸质量，g。

0.08806——与1.00mL碘标准溶液［$c(\frac{1}{2}I_2)=1.000mol/L$］相当的，以g为单位的异抗坏血酸的质量。

异亮氨酸（$C_6H_{13}NO_2$）**标准溶液**（1000μg/mL）

［配制］ 取适量异亮氨酸于称量瓶中，于105℃下干燥至恒重取出，置于干燥器中冷却

备用。准确称取 1.0000g（或按纯度换算出质量 $m=1.0000\text{g}/w$；w——质量分数）经纯度分析的异亮氨酸（$C_6H_{13}NO_2$；$M_r=131.1729$）纯品（纯度≥99%），置于 100mL 烧杯中，加适量水溶解后，移入 1000mL 容量瓶中，用水稀释到刻度，混匀。避光低温保存。

[异亮氨酸纯度的测定] 称取 0.10g 已干燥的样品，准确到 0.0001g。置于 250mL 锥形瓶中，加 1mL 无水甲酸溶解后，加 25mL 冰醋酸，溶解后，置电磁搅拌器上，浸入电极(玻璃电极为指示电极，饱和甘汞电极为参比电极)，搅拌，并自滴定管中分次加入高氯酸标准溶液 [$c(HClO_4)=0.100\text{mol/L}$]；开始时可每次加入较多的量，搅拌，记录电位；至将近终点前，则应每次加入少量，搅拌，记录电位；至突跃点已过，仍应继续滴加几次标准溶液，并记录电位。

滴定终点的确定：同苯巴比妥。同时做空白试验。

异亮氨酸的质量分数（w）按下式计算：

$$w=\frac{c(V_1-V_2)\times 0.1312}{m}\times 100\%$$

式中 V_1——高氯酸标准溶液的体积，mL；

V_2——空白试验高氯酸标准溶液的体积，mL；

c——高氯酸标准溶液的浓度，mol/L；

m——样品质量，g；

0.1312——与 1.00mL 高氯酸标准溶液 [$c(HClO_4)=1.000\text{mol/L}$] 相当的，以 g 为单位的异亮氨酸的质量。

异麦芽酮糖（$C_{12}H_{22}O_{11}\cdot H_2O$）**标准溶液**（5000μg/mL）

[配制] 取适量的异麦芽酮糖于称量瓶中，20℃真空干燥 30min 以上。准确称取 0.5000g 经纯度分析（高效液相色谱法）的异麦芽酮糖（6-*O*-α-D-吡喃葡萄糖基-D-呋喃果糖；$C_{12}H_{22}O_{11}\cdot H_2O$；$M_r=360.3118$）（或按纯度换算出质量 $m=0.5000\text{g}/w$；w——质量分数），置于 100mL 烧杯中，用少量 80%的乙醇溶液溶解后，移入 100mL 容量瓶中，用 80%乙醇溶液稀释至刻度，混匀。配制成浓度为 5000μg/mL 的储备标准溶液。

异维 A 酸（$C_{20}H_{28}O_2$）**标准溶液**（1000μg/mL）

[配制] 取适量异维 A 酸于称量瓶中，于 105℃下干燥至恒重，置于干燥器中冷却备用。准确称取 1.0000g（或按纯度换算出质量 $m=1.0000\text{g}/w$；w——质量分数）经纯度分析的异维 A 酸（$C_{20}H_{28}O_2$；$M_r=300.4351$）纯品（纯度≥99%），置于 100mL 烧杯中，加适量乙醇溶解后，移入 1000mL 容量瓶中，用乙醇稀释到刻度，混匀。避光低温保存。

[异维 A 酸纯度的测定] 称取 0.24g 已干燥的样品，准确至 0.0001g。置于 250mL 锥形瓶中，加 30mL 二甲基甲酰胺溶解后，加 3 滴麝香草酚蓝的二甲基甲酰胺溶液（10g/L），用甲醇钠标准溶液 [$c(CH_3ONa)=0.100\text{mol/L}$] 滴定至溶液呈绿色，同时做空白试验。异维 A 酸的质量分数（w）按下式计算：

$$w=\frac{c(V_1-V_2)\times 0.3004}{m}\times 100\%$$

式中 V_1——甲醇钠标准溶液的体积，mL；

V_2——空白试验甲醇钠标准溶液的体积，mL；

c——甲醇钠标准溶液的浓度，mol/L；

m——样品质量，g；

0.3004——与 1.00mL 甲醇钠标准溶液 [$c(CH_3ONa)=1.000mol/L$] 相当的，以 g 为单位的异维 A 酸的质量。

异戊巴比妥（$C_{11}H_{18}N_2O_3$）**标准溶液**（1000μg/mL）

[配制] 取适量异戊巴比妥于称量瓶中，于 105℃下干燥至恒重，取出，置于干燥器中冷却备用。准确称取 1.0000g（或按纯度换算出质量 $m=1.0000g/w$；w——质量分数）经纯度分析的异戊巴比妥（$C_{11}H_{18}N_2O_3$；$M_r=226.2722$）纯品（纯度≥99%），置于 100mL 烧杯中，加适量乙醇溶解后，移入 1000mL 容量瓶中，用乙醇稀释到刻度，混匀。

[异戊巴比妥纯度的测定] 电位滴定法 称取 0.2g 已干燥的样品，准确到 0.0001g。置于 250mL 锥形瓶中，加 40mL 甲醇使其溶解，再加新配制的 15mL 无水碳酸钠溶液（30g/L），溶解后，置电磁搅拌器上，浸入电极，搅拌，并自滴定管中分次加入硝酸银标准溶液 [$c(AgNO_3)=0.100mol/L$]；开始时可每次加入较多的量，搅拌，记录电位；至将近终点前，则应每次加入少量，搅拌，记录电位；至突跃点已过，仍应继续滴加几次标准溶液，并记录电位。

滴定终点的确定：同苯巴比妥。

异戊巴比妥的质量分数（w）按下式计算：

$$w=\frac{cV\times 0.2263}{m}\times 100\%$$

式中 V——硝酸银标准溶液的体积，mL；

c——硝酸银标准溶液的浓度，mol/L；

m——样品质量，g；

0.2263——与 1.00mL 硝酸银标准溶液 [$c(AgNO_3)=1.000mol/L$] 相当的，以 g 为单位的异戊巴比妥的质量。

异戊巴比妥钠（$NaC_{11}H_{17}N_2O_3$）**标准溶液**（1000μg/mL）

[配制] 取适量戊巴比妥钠于称量瓶中，于 130℃下干燥至恒重，取出，置于干燥器中冷却备用。准确称取 1.0000g（或按纯度换算出质量 $m=1.0000g/w$；w——质量分数）经纯度分析的异戊巴比妥钠（$NaC_{11}H_{17}N_2O_3$；$M_r=248.2540$）纯品（纯度≥99%），置于 100mL 烧杯中，加适量水溶解后，移入 1000mL 容量瓶中，用水稀释到刻度，混匀。

[异戊巴比妥钠纯度的测定] 称取 0.2g 已干燥的样品，准确到 0.0001g。置于 250mL 锥形瓶中，加 40mL 甲醇使其溶解，再加新制的 15mL 无水碳酸钠溶液（30g/L），溶解后，置电磁搅拌器上，浸入电极，搅拌，并自滴定管中分次加入硝酸银标准溶液 [$c(AgNO_3)=0.100mol/L$]；开始时可每次加入较多的量，搅拌，记录电位；至将近终点前，则应每次加入少量，搅拌，记录电位；至突跃点已过，仍应继续滴加几次标准溶液，并记录电位。

滴定终点的确定：同苯巴比妥。

异戊巴比妥钠的质量分数（w）按下式计算：

$$w=\frac{cV\times 0.2483}{m}\times 100\%$$

式中 V——硝酸银标准溶液的体积，mL；

c——硝酸银标准溶液的浓度，mol/L；

m——样品质量，g；

0.2483——与1.00mL硝酸银标准溶液［$c(AgNO_3)=1.000mol/L$］相当的，以g为单位的异戊巴比妥钠的质量。

异戊醇（$C_5H_{12}O$）**标准溶液**（1000μg/mL）

［配制］ 取100mL容量瓶，加入10mL水，加盖，用最小分度为0.01mg的分析天平准确称量。之后滴加异戊醇（$C_5H_{12}O$；$M_r=88.1482$）纯品（纯度≥99%），至两次称量结果之差为0.1000g，即为异戊醇的质量（如果准确到0.1000g操作有困难，可通过准确记录异戊醇质量，计算其浓度）。用水稀释到刻度，混匀。低温保存备用。临用时取适量稀释。

异戊酸异戊酯（$C_{10}H_{20}O_2$）**标准溶液**（1000μg/mL）

［配制］ 取100mL容量瓶，加入10mL乙醇，加盖，用最小分度为0.01mg的分析天平准确称量。之后滴加异戊酸异戊酯（$C_{10}H_{20}O_2$；$M_r=158.2380$）纯品（纯度≥99%），至两次称量结果之差为0.1000g（或按纯度换算出质量$m=0.1000g/w$；w——质量分数），即为异戊酸异戊酯的质量（如果准确到0.1000g操作有困难，可通过准确记录异戊酸异戊酯质量，计算其浓度）。用乙醇稀释到刻度，混匀。

异烟肼（$C_6H_7N_3O$）**标准溶液**（1000μg/mL）

［配制］ 取适量异烟肼于称量瓶中，于105℃下干燥至恒重，置于干燥器中冷却备用。准确称取1.0000g（或按纯度换算出质量$m=1.0000g/w$；w——质量分数）经纯度分析的异烟肼（$C_6H_7N_3O$；$M_r=137.1393$）纯品（纯度≥99%），置于100mL烧杯中，加适量水溶解后，移入1000mL容量瓶中，用水稀释到刻度，混匀。避光低温保存。

［标定］ 准确量取30.00mL上述溶液，加20mL水，20mL盐酸与1滴甲基橙指示液（1g/L），用溴酸钾标准溶液［$c(\frac{1}{6}KBrO_3)=0.100mol/L$］缓缓滴定（温度保持在18℃～25℃）至粉红色消失。异烟肼溶液的质量浓度按下式计算：

$$\rho(C_6H_{13}NO_2)=\frac{cV\times 34.2848}{V_0}\times 1000$$

式中 $\rho(C_6H_{13}NO_2)$——异烟肼溶液的浓度，μg/mL；

V——溴酸钾标准溶液的体积，mL；

c——溴酸钾标准溶液的浓度，mol/L；

V_0——异烟肼溶液的体积，mL；

34.2848——异烟肼的摩尔质量［$M(\frac{1}{4}C_6H_{13}NO_2)$］，g/mol。

异烟腙（$C_{14}H_{13}N_3O_3\cdot H_2O$）**标准溶液**（1000μg/mL）

［配制］ 准确称取1.0000g（或按纯度换算出质量$m=1.0000g/w$；w——质量分数）经纯度分析的异烟腙（$C_{14}H_{13}N_3O_3\cdot H_2O$；$M_r=289.2866$）纯品（纯度≥99%），置于100mL烧杯中，加适量乙醇溶解后，移入1000mL容量瓶中，用乙醇稀释到刻度，混匀。

避光低温保存。

［异烟腙纯度的测定］ 称取0.15g的样品，准确至0.0001g，置于250mL锥形瓶中，加10mL冰醋酸，10mL乙酐，微热使其溶解，冷却后，以玻璃-甘汞电极指示终点，用高氯酸标准溶液［$c(HClO_4)=0.100mol/L$］滴定。同时做空白试验。异烟腙的质量分数（w）按下式计算：

$$w=\frac{c(V_1-V_2)\times 0.2893}{m}\times 100\%$$

式中 V_1——高氯酸标准溶液的体积，mL；

V_2——空白试验高氯酸标准溶液的体积，mL；

c——高氯酸标准溶液的浓度，mol/L；

m——样品质量，g；

0.2893——与1.00mL高氯酸标准溶液［$c(HClO_4)=1.000mol/L$］相当的，以g为单位的异亮氨酸异烟腙（$C_{14}H_{13}N_3O_3 \cdot H_2O$）的质量。

抑菌灵（$C_9H_{11}Cl_2FN_2O_2S_2$）**标准溶液**（1000μg/mL）

［配制］ 用最小分度为0.01mg的分析天平，准确称取0.1000g（必要时按纯度换算出质量$m=0.1000g/w$；w——质量分数）的抑菌灵（$C_9H_{11}Cl_2FN_2O_2S_2$；$M_r=333.230$）纯品（纯度≥99.5%），置于烧杯中，用重蒸馏石油醚溶解，转移到100mL容量瓶中，用重蒸馏石油醚稀释到刻度，混匀。配制成浓度为1000μg/mL的标准储备溶液，根据需要再配成适当浓度的标准工作溶液。

抑肽酶标准溶液（1000单位/mL）

［配制］ 准确称取适量（按纯度换算出质量$m=1000g/X$；X——每1mg的效价单位）经效价测定的抑肽酶纯品，置于100mL烧杯中，加适量灭菌水溶解后，移入1000mL容量瓶中，用灭菌水稀释到刻度，混匀。1mL溶液中含1000单位的抑肽酶。

［抑肽酶效价测定］

（1）底物溶液的制备 称取171.3mg*N*-苯甲酰-L-精氨酸乙酯盐酸盐，加水溶解并稀释至25mL。临用时配制。

（2）胰蛋白酶溶液的制备 准确称取适量胰蛋白酶对照品，准确到0.0001g。用盐酸标准溶液［$c(HCl)=0.001mol/L$］制成每1mL含0.8单位溶液（每1mL含1mg）的溶液，临用时配制，并置于冰浴中。

（3）胰蛋白酶稀释溶液的制备 准确量取上述胰蛋白酶溶液1.00mL，用硼砂-氯化钙缓冲液｛pH8.0：将0.572g硼砂与2.94g氯化钙，加800mL水溶解后，用2.5mL盐酸溶液［$c(HCl)=1mol/L$］调节至pH8.0，加水稀释至1000mL，即得｝稀释成20mL，室温放置10min，置冰浴中。

（4）样品溶液的制备 准确称取适量样品，准确到0.0001g。加硼砂-氯化钙缓冲溶液（pH8.0）制成每1mL含1.67单位溶液（每1mL含0.6mg）的溶液，准确量取0.5mL溶液，2.00mL胰蛋白酶溶液，再用硼砂-氯化钙缓冲溶液（pH8.0）稀释成20mL，反应10min，置冰浴中（2h内使用）。

（5）测定 取9.0mL硼砂-氯化钙缓冲溶液与1.0mL底物溶液，置25mL烧杯中，于

(25±0.5)℃恒温水浴中放置（3～5）min，在搅拌下滴加氢氧化钠标准溶液［c(NaOH)＝0.100mol/L］调节 pH 值为 8.0，准确加入 1mL 样品溶液［经 25℃保温（3～5）min］，并立即计时。用 1mL 微量滴定管以氢氧化钠标准溶液［c(NaOH)＝0.100mol/L］滴定释放出的酸，使溶液的 pH 值始终维持在 7.9～8.1，每隔 60s 读取 pH 值恰为 8.0 时所消耗的氢氧化钠标准溶液［c(NaOH)＝0.1mol/L］的体积（mL），共 6min。另准确量取 1mL 胰蛋白酶稀释溶液，按上法操作，作为对照（重复测定一次）。以时间为横坐标，消耗的氢氧化钠标准溶液［c(NaOH)＝0.100mol/L］为纵坐标作图，应为一条直线，二条直线应基本重合，求出每秒钟消耗氢氧化钠标准溶液［c(NaOH)＝0.1mol/L］的体积（mL）。抑肽酶的效价按下式计算：

$$\text{每 1mg 抑肽酶的效价(单位)}=\frac{(2V_1-V_2)4000f}{m}$$

式中　4000——系数；

m——抑肽酶制成 1mL 中含 1.67 单位时的酶量，mg；

V_1——对照测定时每秒钟消耗的氢氧化钠标准溶液［c(NaOH)＝0.1mol/L］的体积，mL；

V_2——样品溶液测定时每秒钟消耗氢氧化钠标准溶液［c(NaOH)＝0.1mol/L］的体积，mL；

2——样品溶液中所加入胰蛋白酶的量为对照测定时的 2 倍；

f——氢氧化钠标准溶液［c(NaOH)＝0.100mol/L］的校正因子。

抑芽丹（$C_4H_4N_2O_2$）**标准溶液**（1000μg/mL）

［配制］ 用最小分度为 0.01mg 的分析天平，准确称取 0.1000g（或按纯度换算出质量 m＝0.1000g/w；w——质量分数）抑芽丹（$C_4H_4N_2O_2$；M_r＝112.0868）纯品（纯度≥98%）置于烧杯中，用氢氧化钠溶液［c(NaOH)＝0.1mol/L］溶解后，转移到 100mL 容量瓶中，并用氢氧化钠溶液［c(NaOH)＝0.1mol/L］稀释到刻度，混匀。配制成浓度为 1000μg/mL 的标准储备溶液。根据需要再用正己烷稀释成适当浓度的标准工作溶液。

吲达帕胺（$C_{16}H_{16}ClN_3O_3S$）**标准溶液**（1000μg/mL）

［配制］ 取适量吲达帕胺于称量瓶中，于 105℃下干燥至恒重，取出，置于干燥器中冷却备用。准确称取 1.0000g（或按纯度换算出质量 m＝1.0000g/w；w——质量分数）经纯度分析（高效液相色谱法）的吲达帕胺（$C_{16}H_{16}ClN_3O_3S$；M_r＝365.835）纯品（纯度≥99%），置于 100mL 烧杯中，加适量乙醇溶解后，移入 1000mL 容量瓶中，用乙醇稀释到刻度，混匀。避光低温保存。

吲哚洛尔（$C_{14}H_{20}N_2O_2$）**标准溶液**（1000μg/mL）

［配制］ 取适量吲哚洛尔于称量瓶中，于 105℃下干燥至恒重，置于干燥器中冷却备用。准确称取 1.0000g（或按纯度换算出质量 m＝1.0000g/w；w——质量分数）经纯度分析的吲哚洛尔（$C_{14}H_{20}N_2O_2$；M_r＝248.3208）纯品（纯度≥99%），置于 100mL 烧杯中，加适量乙醇溶解后，移入 1000mL 容量瓶中，用乙醇稀释到刻度，混匀。避光低温保存。

［吲哚洛尔纯度的测定］ 称取 0.1g 已干燥的样品，准确到 0.0001g，置于 250mL 锥形

瓶中，加 10mL 冰醋酸溶解后，加 1 滴结晶紫指示液（5g/L），用高氯酸标准溶液［$c(HClO_4)=0.100mol/L$］滴定至溶液显蓝色，同时做空白试验。吲哚洛尔的质量分数（w）按下式计算：

$$w=\frac{c(V_1-V_2)\times 0.2483}{m}\times 100\%$$

式中 V_1——高氯酸标准溶液的体积，mL；

V_2——空白消耗高氯酸标准溶液的体积，mL；

c——高氯酸标准溶液的浓度，mol/L；

m——样品质量，g；

0.2483——与 1.00mL 高氯酸标准溶液［$c(HClO_4)=1.000mol/L$］相当的，以 g 为单位的吲哚洛尔的质量。

吲哚美辛（$C_{19}H_{16}ClNO_4$）**标准溶液**（1000μg/mL）

［配制］ 取适量吲哚美辛于称量瓶中，于 105℃下干燥至恒重，置于干燥器中冷却备用。准确称取 1.0000g（或按纯度换算出质量 $m=1.0000g/w$；w——质量分数）经纯度分析的吲哚美辛（$C_{19}H_{16}ClNO_4$；$M_r=357.788$）纯品（纯度≥99%），置于 100mL 烧杯中，加适量甲醇溶解后，移入 1000mL 容量瓶中，用甲醇稀释到刻度，混匀。避光低温保存。

［吲哚美辛纯度的测定］ 称取 0.5g 已干燥的样品，准确到 0.0001g，置于 250mL 锥形瓶中，加 30mL 乙醇微热使其溶解，冷却，加 20mL 水，加（7～8）滴酚酞指示液（10g/L），迅速用氢氧化钠标准溶液［$c(NaOH)=0.100mol/L$］滴定。同时做空白试验。吲哚美辛的质量分数（w）按下式计算：

$$w=\frac{c(V_1-V_2)\times 0.3578}{m}\times 100\%$$

式中 V_1——氢氧化钠标准溶液的体积，mL；

V_2——空白试验氢氧化钠标准溶液的体积，mL；

c——氢氧化钠标准溶液的浓度，mol/L；

m——样品质量，g；

0.3578——与 1.00mL 氢氧化钠标准溶液［$c(NaOH)=1.000mol/L$］相当的，以 g 为单位的吲哚美辛的质量。

茚并［1，2，3，*cd*］**芘**（$C_{22}H_{12}$）**标准溶液**（1000μg/mL）

［配制］ 用最小分度为 0.01mg 的分析天平，准确称取 0.1000g（或按纯度换算出质量 $m=0.1000g/w$；w——质量分数）茚并［1，2，3，*cd*］芘（$C_{22}H_{12}$；$M_r=276.3307$）纯品（≥99.5%）于小烧杯中，用甲醇溶解后，转移到 100mL 容量瓶中，用甲醇稀释至刻度，混匀。配制成浓度为 1000μg/mL 的储备标准溶液。采用液相色谱法定值。

罂粟碱（$C_{20}H_{21}NO_4$）**标准溶液**（1000μg/mL）

［配制］ 准确称取 0.1000g（或按纯度换算出质量 $m=0.1000g/w$；w——质量分数）罂粟碱（$C_{20}H_{21}NO_4$；$M_r=339.3850$）标准品（纯度≥99%），置于 100mL 烧杯中，加适量甲醇-三氯甲烷（9+1）混合溶剂溶解后，移入 100mL 容量瓶中，用甲醇-三氯甲烷（9+

1）混合溶剂稀释到刻度，混匀。配制成浓度为1000μg/mL的标准储备溶液。避光保存。

荧蒽（$C_{16}H_{10}$）**标准溶液**（1000μg/mL）

［配制］ 用最小分度为0.01mg的分析天平，准确称取0.1000g（或按纯度换算出质量$m=0.1000g/w$；w——质量分数）荧蒽（$C_{16}H_{10}$；$M_r=202.2506$）纯品（≥99.5%）于小烧杯中，用甲醇溶解后，转移到100mL容量瓶中，用甲醇稀释至刻度，混匀。配制成浓度为1000μg/mL的储备标准溶液。采用液相色谱法定值。

荧光素（$C_{20}H_{12}O_5$）**标准溶液**（1000μg/mL）

［配制］ 用最小分度为0.01mg的分析天平，准确称取0.1000g（或按纯度换算出质量$m=0.1000g/w$；w——质量分数）的荧光素（$C_{20}H_{12}O_5$；$M_r=332.3063$）纯品（纯度≥99%）于小烧杯中，用水溶解，转移到100mL棕色容量瓶中，用水定容，混匀。盛入棕色瓶中，低温（4℃）避光保存。

荧光素钠（$Na_2C_{20}H_{10}O_5$）**标准溶液**（1000μg/mL）

［配制］ 取适量荧光素钠于称量瓶中，于105℃下干燥至恒重，置于干燥器中冷却备用。准确称取1.0000g（或按纯度换算出质量$m=1.0000g/w$；w——质量分数）经纯度分析的荧光素钠（$Na_2C_{20}H_{10}O_5$；$M_r=376.2699$）纯品（纯度≥99%），置于100mL烧杯中，加适量水溶解后，移入1000mL容量瓶中，用水稀释到刻度，混匀。

［荧光素钠纯度的测定］ 称取0.5g已干燥的样品，准确到0.0001g，置于250mL锥形瓶中，加20mL水溶解后，加5mL稀盐酸溶液（10%）使荧光素析出，用丁醇-氯仿(1+1)提取4次，每次20mL，合并提取液，用10mL水洗涤，洗液再用5mL异丁醇-氯仿（1+1）振摇提取，合并提取液，置105℃恒重的容器中，在水浴上通风蒸发至干，残渣用10mL乙醇溶解后，再置水浴上蒸干，并在105℃干燥至恒重，准确称量。荧光素钠的质量分数（w）按下式计算：

$$w=\frac{m_1\times 1.132}{m}\times 100\%$$

式中 m_1——恒重后残渣质量，g；

m——样品质量，g；

1.132——换算系数。

蝇毒磷（$C_{14}H_{16}ClO_5PS$）**标准溶液**（1000μg/mL）

［配制］ 用最小分度为0.01mg的分析天平，准确称取0.1000g（必要时按纯度换算出质量$m=0.1000g/w$；w——质量分数）的蝇毒磷（$C_{14}H_{16}ClO_5PS$；$M_r=362.766$）纯品（纯度≥99%）于小烧杯中，用重蒸馏的正己烷溶解，并转移到100mL容量瓶中，用重蒸馏的正己烷准确定容，混匀。配制成浓度为1000μg/mL的标准储备溶液。使用时，根据需要稀释成适当浓度的标准工作溶液。

硬脂酸红霉素标准溶液［1000单位/mL（μg/mL以$C_{37}H_{67}NO_{13}$计）］

［配制］ 准确称取适量（按纯度换算出质量$m=1000g/X$；X——每mg的效价单位）硬

脂酸红霉素（$C_{37}H_{67}NO_{13}\cdot C_{18}H_{36}O_2$；$M_r=1018.4040$）纯品（1mg 的效价不低于 550 红霉素单位），置于 100mL 烧杯中，加适量甲醇溶解后，移入 1000mL 容量瓶中，用甲醇稀释到刻度，混匀。1mL 溶液中含 1000 单位的红霉素，1000 红霉素单位相当于 1mg $C_{37}H_{67}NO_{13}$。放置 2h 后，采用抗生素微生物检定法测定。

油酸（$C_{18}H_{34}O_2$）**标准溶液**（1000μg/mL）

［配制］ 取一带盖的称量瓶，加入少量乙醇，加盖，准确称量。之后滴加经纯度分析的油酸（$C_{18}H_{34}O_2$；$M_r=286.4614$），至两次称量结果之差为 1.0000g（或按纯度换算出质量 $m=1.0000g/w$；w——质量分数），即为油酸的质量（如果准确到 1.0000g 操作有困难，可通过准确记录油酸质量，计算其浓度）。转移到 1000mL 容量瓶中，用乙醇稀释到刻度，混匀。低温避光保存备用。

［油酸纯度的测定］ 称取 0.3g 的样品，准确到 0.0001g，置于 250mL 锥形瓶中，加 50mL 中性乙醇（对酚酞指示剂显中性）溶解后，加 0.1mL 酚酞指示液（10g/L），立即用氢氧化钠标准溶液［$c(NaOH)=0.100mol/L$］滴定，至溶液显粉红色，并保持 30s。油酸的质量分数（w）按下式计算：

$$w=\frac{cV\times 0.2865}{m}\times 100\%$$

式中 V——氢氧化钠标准溶液的体积，mL；

c——氢氧化钠标准溶液的浓度，mol/L；

m——样品质量，g；

0.2865——与 1.00mL 氢氧化钠标准溶液［$c(NaOH)=1.000mol/L$］相当的，以 g 为单位的油酸的质量。

有机氮（N）**标准溶液**（1000μg/mL）

［配制］ 用最小分度为 0.01mg 的分析天平，准确称取 10.2915g（或按纯度换算出质量 $m=10.2915g/w$；w——质量分数）经纯度分析的 8-羟基喹啉（C_9H_7ON）纯品（纯度≥99%），置于 100mL 烧杯中，加 50mL 乙醇，溶解后，移入 1000mL 容量瓶中，用乙醇稀释到刻度，混匀。

有机硫（S）**标准溶液**（1000μg/mL）

［配制］ 准确称取 3.8498g（或按纯度换算出质量 $m=3.8498g/w$；w——质量分数）经纯度分析的二苄基二硫醚纯品（纯度≥99%），置于 1000mL 容量瓶中，用优级纯异辛烷溶解后，稀释到刻度，混匀。储于棕色瓶中低温保存。

右旋泛酸醇（$C_9H_{19}NO_4$）**标准溶液**（1000μg/mL）

［配制］ 准确称取 1.0000g（或按纯度换算出质量 $m=1.0000g/w$；w——质量分数）经纯度分析的右旋泛酸醇（$C_9H_{19}NO_4$；$M_r=205.2515$）（纯度≥99%）纯品于小烧杯中，用水溶解后，转移到 1000mL 容量瓶，用水定容，混匀。配制成浓度为 1000μg/mL 的标准储备溶液。

［右旋泛酸醇纯度的测定］ 称取 0.4g 样品，准确至 0.0001g，置于 300mL 锥形瓶中，

加 50mL 高氯酸冰醋酸标准溶液 [$c(HClO_4)=0.100mol/L$]，连接回流冷凝器，回流加热 5h，用薄片盖住冷凝器防止沾湿，用冰醋酸洗涤冷凝器，加 5 滴结晶紫指示液（10g/L 冰醋酸溶液），用邻苯二甲酸氢钾冰醋酸标准溶液 [$c(KHC_8H_4O_4)=0.1mol/L$] 滴定至溶液呈蓝绿色，同时做空白试验。右旋泛酸醇的质量分数（w）按下式计算：

$$w=\frac{(c_1V_1-c_2V_2)\times 0.2053}{m}\times 100\%$$

式中 V_1——高氯酸标准溶液的体积，mL；

c_1——高氯酸标准溶液的浓度，mol/L；

V_2——邻苯二甲酸氢钾标准溶液的体积，mL；

c_2——邻苯二甲酸氢钾标准溶液的浓度，mol/L；

m——样品质量，g；

0.2053——与 1.00mL 高氯酸标准溶液 [$c(HClO_4)=1.000mol/L$] 相当的，以 g 为单位的右旋泛酸醇的质量。

诱惑红（$C_{18}H_{14}N_2Na_2O_8S_2$）**标准溶液**（1000μg/mL）

[配制] 用最小分度为 0.01mg 的分析天平，准确称取 0.1000g（或按纯度换算出质量 $m=0.1000g/w$；w——质量分数）的诱惑红（$C_{18}H_{14}N_2Na_2O_8S_2$；$M_r=496.422$）纯品（纯度≥99%）于小烧杯中，加水 [或乙酸铵溶液（1.5g/L）] 溶解，转移到 100mL 容量瓶中，用水 [或乙酸铵溶液（1.5g/L）] 定容，混匀。配制成浓度为 1000μg/mL 的标准储备溶液。

[诱惑红纯度的测定] 称取 0.5g 样品，准确至 0.0001g，置于 500mL 锥形瓶中，加 50mL 新煮沸并冷却至室温的水溶解，加入 15g 柠檬酸三钠，150mL 水，按苋菜红纯度测定中所示，装好仪器，在液面下通入二氧化碳气流的同时，加热至沸，并用三氯化钛标准溶液 [$c(TiCl_3)=0.100mol/L$] 滴定到无色为终点。诱惑红的质量百分数（w）按下式：

$$w=\frac{cV\times 0.1241}{m}\times 100\%$$

式中 V——三氯化钛标准滴定溶液的体积，mL；

c——三氯化钛标准溶液的浓度，mol/L；

m——样品质量，g；

0.1241——与 1.00mL 三氯化钛标准溶液 [$c(TiCl_3)=1.000mol/L$] 相当的以 g 为单位的诱惑红的质量。

诱惑红铝色淀（$C_{18}H_{16}N_2O_8S_2$）**标准溶液**（1000μg/mL）

[配制] 准确称取 1.0000g（或按纯度换算出质量 $m=1.0000g/w$；w——质量分数）经纯度分析的诱惑红铝色淀（$C_{18}H_{16}N_2O_8S_2$；$M_r=452.46$）纯品置于烧杯中，加入 25mL 硫酸溶液（10%）溶解后，移入 1000mL 容量瓶中，用乙酸铵溶液（1.5g/L）稀释至刻度，混匀。

[诱惑红铝色淀纯度测定] 称取 1.4g 样品，准确至 0.0001g，置于 500mL 锥形瓶中，加 20mL 硫酸溶液（10%），在（40～50）℃下搅拌溶解，加 30mL 新煮沸并已冷却至室温的水，加入 30g 柠檬酸三钠，200mL 水，按苋菜红纯度测定中所示，装好仪器，在液面下通

入二氧化碳气流的同时加热至沸，并用三氯化钛标准溶液 [$c(TiCl_3)=0.100$mol/L] 滴定至无色为终点。诱惑红铝色淀的质量分数（w）按下式计算：

$$w=\frac{cV\times 0.1131}{m}\times 100\%$$

式中 V——三氯化钛标准溶液的体积，mL；

c——三氯化钛标准溶液的浓度，mol/L；

m——样品质量，g；

0.1131——与 1.00mL 三氯化钛标准溶液 [$c(TiCl_3)=1.000$mol/L] 相当的，以 g 为单位的诱惑红铝色淀的质量。

愈创木酚（$C_7H_8O_2$）**标准溶液**（1000μg/mL）

[配制] 用最小分度为 0.01mg 的分析天平，准确称取 0.1000g（或按纯度换算出质量 $m=0.1000\text{g}/w$；w——质量分数）愈创木酚（$C_7H_8O_2$；$M_r=124.1372$）纯品（纯度≥99%）于小烧杯中，用蒸馏水溶解后，转移到 100mL 容量瓶中，用水稀释至刻度，混匀。配制成浓度为 1000μg/mL 的标准储备溶液。

鱼油标准溶液（EPA：0.32678mg/mL、DHA：0.27060mg/mL）

[配制] 准确称取 1.0000g 标准鱼油（EPA 163.9mg/g，DHA135.30mg/g），置于 100mL 烧杯中，用正己烷溶解，转移到 500mL 容量瓶，用正己烷定容，混匀。冷冻保存。

育畜磷（$C_{12}H_{19}ClNO_3P$）标准溶液（1000μg/mL）

[配制] 用最小分度为 0.01mg 的分析天平，准确称取 0.1000g（或按纯度换算出质量 $m=0.1000\text{g}/w$；w——质量分数）的育畜磷（$C_{12}H_{19}ClNO_3P$；$M_r=291.711$）纯品（纯度≥99%）于小烧杯中，用重蒸馏正己烷溶解，并转移到 100mL 容量瓶中，用重蒸馏正己烷准确定容，摇匀。配制成浓度为 1000μg/mL 的标准储备溶液，4℃保存。使用时，根据需要再用正己烷稀释成适当浓度的标准工作溶液。

月桂氮䓬酮（$C_{13}H_{15}NO$）**标准溶液**（1000μg/mL）

[配制] 准确称取 1.0000g（或按纯度换算出质量 $m=1.0000\text{g}/w$；w——质量分数），经纯度分析（气相色谱-内标法）的月桂氮䓬酮（$C_{13}H_{15}NO$；$M_r=201.2643$）纯品（纯度≥99%），置于 100mL 烧杯中，加适量乙醇溶解后，移入 1000mL 容量瓶中，用乙醇稀释到刻度，混匀。避光低温保存。

月桂酸（$C_{12}H_{24}O_2$）**标准溶液**（1000μg/mL）

[配制] 准确称取 1.0000g（或按纯度换算出质量 $m=1.0000\text{g}/w$；w——质量分数）经纯度分析的月桂酸（$C_{12}H_{24}O_2$；$M_r=200.3178$）纯品（纯度≥99%），置于 100mL 烧杯中，加适量乙醇溶解后，移入 1000mL 容量瓶中，用乙醇稀释到刻度，混匀。配制成浓度为 1000μg/mL 的储备标准溶液。

[月桂酸纯度的测定] 准确称取 0.3g 的样品，准确到 0.0001g，置于 250mL 锥形瓶中，加 50mL 中性乙醇（对酚酞指示剂显中性）溶解后，加 0.5mL 酚酞指示液（5g/L），立

即用氢氧化钠标准溶液［c(NaOH)＝0.100mol/L］滴定，至溶液显粉红色，并保持30s。月桂酸的质量分数（w）按下式计算：

$$w=\frac{cV\times 0.2003}{m}\times 100\%$$

式中　V——氢氧化钠标准溶液的体积，mL；

c——氢氧化钠标准溶液的浓度，mol/L；

m——样品质量，g；

0.2003——与1.00mL氢氧化钠标准溶液［c(NaOH)＝1.000mol/L］相当的，以g为单位的月桂酸的质量。

杂醇油标准溶液（1000μg/mL）

［配制］

方法1　准确称取0.8000g异戊醇和0.2000g异丁醇于1000mL容量瓶中，加500mL无杂醇油乙醇，再用水稀释至刻度，配制成浓度为1000μg/mL的标准储备溶液。低温保存。

方法2　分别准确称取经过纯度分析的色谱纯异丁醇和异戊醇各1.0000g，于预先放入100mL乙醇-水（1＋1）溶剂的1000mL容量瓶中，用乙醇-水（1＋1）溶剂稀释到刻度，混匀。得到异丁醇和异戊醇均为1000μg/mL的标准储备溶液。

杂色曲霉素（$C_{18}H_{12}O_6$）**标准溶液**（1000μg/mL）

［配制］　用最小分度为0.01mg的分析天平，准确称取0.1000g（或按纯度换算出质量m＝0.1000g/w；w——质量分数）的杂色曲霉素（$C_{18}H_{12}O_6$；M_r＝324.2843）纯品（纯度≥99%），置于小烧杯中，用苯溶解，转移到100mL容量瓶中，用苯稀释至刻度，混匀。配制成浓度为1000μg/mL的标准储备溶液。避光，放置于4℃冰箱中保存。用紫外分光光度法标定其浓度（最大吸收峰的波长325nm，分子量324，摩尔消光系数15200）。

增效醚（$C_{19}H_{30}O_5$）**标准溶液**（1000μg/mL）

［配制］　用最小分度为0.01mg的分析天平，准确称取0.1000g（必要时按纯度换算出质量m＝0.1000g/w；w——质量分数）的增效醚（$C_{19}H_{30}O_5$；M_r＝338.4385）纯品（纯度≥99%），置于烧杯中，用少量苯溶解，转移到100mL容量瓶中，然后用苯稀释到刻度，混匀。配制成浓度为1000μg/mL的标准储备溶液，根据需要，再用苯配成适当浓度的标准工作溶液。

赭曲霉毒素A（OA；$C_{20}H_{18}ClNO_6$）**标准溶液**（1000μg/mL）

［配制］　用最小分度为0.01mg的分析天平，准确称取0.1000g（或按纯度换算出质量m＝0.1000g/w；w——质量分数）赭曲霉毒素A（$C_{20}H_{18}ClNO_6$；M_r＝403.813）纯品（纯度≥99%）于小烧杯中，用苯-冰醋酸（99＋1）混合溶剂溶解，转移到100mL容量瓶中，用苯-冰醋酸（99＋1）混合溶剂定容，混匀。配制成浓度为1000μg/mL的标准储备溶液。置冰箱中避光保存。

樟脑（$C_{10}H_{16}O$）**标准溶液**（1000μg/mL）

［配制］　准确称取1.0000g（或按纯度换算出质量m＝1.0000g/w；w——质量分数）

经纯度分析的樟脑（$C_{10}H_{16}O$；M_r＝152.2334）纯品（纯度≥99%），置于100mL烧杯中，加适量氯仿溶解后，移入1000mL容量瓶中，用氯仿稀释到刻度，混匀。

蔗糖（$C_{12}H_{22}O_{11}$）**标准溶液**（1000μg/mL）

［配制］ 取适量蔗糖于称量瓶中，于100℃下干燥至恒重，置于干燥器中冷却备用。准确称取1.0000g（或按纯度换算出质量 $m=1.0000g/w$；w——质量分数）经纯度分析的蔗糖（$C_{12}H_{22}O_{11}$；M_r＝342.2965）纯品（纯度≥99%），置于100mL烧杯中，加适量水溶解后，移入1000mL容量瓶中，用水稀释到刻度，混匀。配制成浓度为1000μg/mL的标准储备溶液。

正丙醇（C_3H_8O）**标准溶液**（1000μg/mL）

［配制］ 取100mL容量瓶，加入10mL水，加盖，用最小分度为0.01mg的分析天平准确称量。之后滴加正丙醇（C_3H_8O；M_r＝60.0950）（纯度≥99%），至两次称量结果之差为0.1000g，即为正丙醇的质量（如果准确到0.1000g操作有困难，可通过准确记录正丙醇质量，计算其浓度）。用水稀释到刻度，混匀。低温保存备用。临用时取适量稀释。

正丁醇（$C_4H_{10}O$）**标准溶液**（1000μg/mL）

［配制］ 取100mL容量瓶，加入10mL乙醇，加盖，用最小分度为0.01mg的分析天平准确称量。之后滴加正丁醇（$C_4H_{10}O$；M_r＝74.1216）纯品（纯度≥99%），至两次称量结果之差为0.1000g（或按纯度换算出质量 $m=0.1000g/w$；w——质量分数），即为正丁醇的质量（如果准确到0.1000g操作有困难，可通过准确记录正丁醇质量，计算其浓度）。用乙醇稀释到刻度，混匀。低温保存备用。临用时取适量稀释。

正己烷（C_6H_{14}）**标准溶液**（1000μg/mL）

［配制］ 取100mL容量瓶，预先加入少量经处理并重蒸馏的二硫化碳[1]，用经过校准的微量注射器准确移取0.151mL正己烷（C_6H_{14}；M_r＝86.1754）（色谱纯，20℃为0.1000g）注入容量瓶中，用二硫化碳稀释到刻度。冷藏，备用。

正十六烷（$C_{16}H_{34}$）**标准溶液**（1000μg/mL）

［配制］ 准确称取0.5000g GBW（E）0640122正十六烷（$C_{16}H_{34}$；M_r＝226.4412）标准物质或经纯度分析的正十六烷纯品（纯度≥99%）（或按纯度换算出质量 $m=0.5000g/w$；w——质量分数），于500mL容量瓶中，加入优级纯异辛烷溶解后，稀释到刻度，混匀。低温保存，使用前在（20±2)℃下平衡后，根据需要稀释成适用浓度的标准工作溶液。

支链淀粉标准溶液（1000μg/mL）

［配制］ 用最小分度为0.01mg的分析天平，准确称取0.1000g经除去蛋白质、脱脂及平衡后的蜡质大米支链淀粉标准品于100mL烧杯中，加入1.0mL无水乙醇湿润样品，再加

[1] 二硫化碳的处理：取二硫化碳用甲醛浓硫酸溶液（5%）反复提取，每次（7～8）mL，直至硫酸溶液无色为止，用水洗涤二硫化碳至中性，再用无水硫酸钠干燥，重蒸馏，储于冰箱中密封备用。

入 9.0mL 氢氧化钠溶液 [$c(NaOH)$=1mol/L]，于 85℃水浴中分散，移入 100mL 容量瓶中，用 70mL 水分数次洗涤烧杯，洗涤液一并移入容量瓶中，加水至刻度，剧烈摇匀。

[支链淀粉标准品的制备] 由已知至少含支链淀粉 99%（w）的蜡质大米制备。浸泡蜡质大米在组织捣碎机中捣碎至通过（80～100）目筛，用试剂 [十二烷基硫酸钠溶液(20g/L)，用前加亚硫酸钠溶液（2g/L）] 或碱 [氢氧化钠溶液（3g/L）] 彻底萃取蛋白质，洗涤，然后用甲醇在索氏抽提器中抽提 4h，脱脂，将除去蛋白质和脂肪的支链淀粉分散于盘中静置 2d，使残余甲醇挥发及水分含量达到平衡。

[标准品质量鉴定]

(1) 碘-淀粉复合物吸收光谱测定　取 5.0mL 淀粉溶液（1mg/mL 支链淀粉），加 50mL 水稀释后，再加入 1.0mL 乙酸溶液 [$c(CH_3COOH)$=1mol/L]，1mL 碘试剂，加水至 100mL，静置 10min，用分光光度法测定（400～640）nm 的吸收光谱。

(2) 蜡质大米支链淀粉标准品质量　蜡质大米支链淀粉标准品必须具备 λ_{max} 520nm～530nm，$A_{1cm}^{0.05\%}$ 620nm 在 20℃时为 17 以下。

栀子苷（$C_{44}H_{64}O_4$）**标准溶液**（1000μg/mL）

[配制] 用最小分度为 0.01mg 的分析天平，准确称取 0.1000g（或按纯度换算出质量 m=0.1000g/w；w——质量分数）的栀子苷（$C_{44}H_{64}O_4$；M_r=656.9766）纯品（纯度≥99%），于小烧杯中，用甲醇溶解，转移到 100mL 容量瓶中，用甲醇稀释至刻度，混匀。配制成浓度为 1000μg/mL 的标准储备溶液。

植酸（肌醇六磷酸；$C_6H_{18}O_{24}P_6$）**标准溶液**（1000μg/mL）

[配制] 用最小分度为 0.01mg 的分析天平，准确称取适量（或按纯度换算出质量 m=0.1000g/w；w——质量分数）经纯度测定的植酸（$C_6H_{18}O_{24}P_6$；M_r=660.0353）纯品（纯度≥99%）于小烧杯中，加水溶解后，转移到 100mL 容量瓶中，用水定容，混匀。配制成浓度为 1000μg/mL 的标准储备溶液。

[植酸纯度的测定] 称取 0.3g 样品，准确至 0.0001g，置于 300mL 锥形瓶中，加 10mL 硝酸，5mL 高氯酸，在通风橱内置于电炉上加热，逐渐升温使白烟逸出直至溶液透明近干，冷却。用少量水冲洗瓶壁，将其定量转移至 100mL 容量瓶中，用水稀释至刻度，混匀。

准确移取 20.0mL 上述溶液于 300mL 锥形瓶中，加 80mL 水，10mL 硝酸溶液（1+1），50mL 喹钼柠酮溶液（称取 70g 钼酸钠，加 150mL 水溶解，为溶液Ⅰ；称取 60g 柠檬酸加 150mL 水和 85mL 硝酸溶解，在搅拌下将溶液Ⅰ倒入其中，为溶液Ⅱ；量取 100mL 水，加 35mL 硝酸和 5mL 喹啉，将该混合液缓缓倒入溶液Ⅱ中，放置 24h，过滤于 1000mL 容量瓶中，加 280mL 丙酮，用水稀释至刻度，混匀后贮存于塑料瓶中，有效期半年），于沸水浴中加热陈化至溶液澄清，冷却至室温。在抽滤装置上以倾泻法过滤，将沉淀定量转移至已恒重的玻璃砂芯漏斗中，用少量水多次洗涤沉淀和瓶壁。将该漏斗置于（180±2)℃烘箱内干燥 1h，于干燥器内冷却至室温，称量，直至恒重。植酸的质量分数（w）按下式计算：

$$w=\frac{m_1\times 0.01400\times 3.552}{m_2}\times 5\times 100\%$$

式中　m_1——沉淀质量，g；

m_2——样品质量，g；
0.01400——磷钼酸喹啉与磷的换算系数；
3.552——磷与植酸的换算系数；
5——溶液总体积与试验溶液的比例。

治螟磷（$C_8H_{20}O_5P_2S_2$）**标准溶液**（1000μg/mL）

［配制］ 用最小分度为 0.01mg 的分析天平，准确称取 0.1000g（或按纯度换算出质量 $m=0.1000g/w$；w——质量分数）的治螟磷（$C_8H_{20}O_5P_2S_2$；$M_r=322.319$）纯品（纯度≥99%）于小烧杯中，用重蒸馏的丙酮溶解，转移到 100mL 容量瓶中，用重蒸馏的丙酮定容，混匀。配制成浓度为 1000μg/mL 的标准储备溶液。使用时，根据需要用重蒸馏的乙酸乙酯配制成适当浓度的标准工作溶液。

仲丁醇（$C_4H_{10}O$）**标准溶液**（1000μg/mL）

［配制］ 取 100mL 容量瓶，加入 10mL 水，加盖，用最小分度为 0.01mg 的分析天平准确称量。之后滴加仲丁醇（纯度≥99%），至两次称量结果之差为 0.1000g，即为仲丁醇（$C_4H_{10}O$；$M_r=74.1216$）的质量（如果准确到 0.1000g 操作有困难，可通过准确记录仲丁醇质量，计算其浓度）。用水稀释到刻度，混匀。低温保存备用。临用时取适量稀释。

竹桃霉素（$C_{35}H_{61}NO_{12} \cdot H_3PO_4$）**标准溶液**（1000μg/mL）

［配制］ 用最小分度为 0.01mg 的分析天平，准确称取一定量的竹桃霉素（$C_{35}H_{61}NO_{12} \cdot H_3PO_4$；$M_r=785.8535$）标准品或等效品（纯度≥95%，密封、防潮、避光，冰箱中 4℃保存），溶于约 2mL 甲醇中，再用磷酸盐缓冲溶液［pH=7.9±0.1：准确称取 0.523g 无水磷酸二氢钾和 16.73g 无水磷酸氢二钾，溶解于 1000mL 水中，于 121℃高压灭菌 15min］稀释，配制成浓度为 1000μg/mL 的标准储备溶液。于冰箱中 4℃保存，可使用 5d。

柱晶白霉素标准溶液（1000 单位/mL）

［配制］ 用最小分度为 0.1mg 的分析天平，准确称取柱晶白霉素标准品 640mg（标准品：1562 单位/mg，密封避光，防潮，在冰箱中 4℃保存），用水溶解并定容至 1000mL，配制成 1000 单位/mL 的标准储备溶液，于 4℃冰箱保存，可使用 4d。

转化糖标准溶液（1000μg/mL）

［配制］ 称取 9.500g 蔗糖纯品用水溶解后转入 1000mL 容量瓶中，加入 10mL HCl 溶液［$c(HCl)=6mol/L$］，加水至 100mL。在 20℃～25℃下放置 3d 或在 25℃保温 24h，然后用水定容［此为酸化的 1%转化糖液，可保存（3～4）个月］。测定时，取 1%转化糖液 25.00mL 放入 250mL 容量瓶中，加 1 滴甲基红指示液，用 NaOH 溶液［$c(NaOH)=1mol/L$］中和后，用水定容，即为 1000μg/mL 转化糖标准溶液。

壮观霉素（$C_{14}H_{24}N_2O_7$）**标准溶液**（1000μg/mL）

［配制］ 用最小分度为 0.01mg 的分析天平，准确称取适量的壮观霉素（$C_{14}H_{24}N_2O_7$；

M_r=332.3496）纯品，用水配制成浓度为1000μg/mL的标准储备溶液。储于棕色容量瓶中，于冰箱中4℃保存。根据需要用水稀释成适当浓度的标准工作溶液。

棕榈氯霉素（$C_{27}H_{42}Cl_2N_2O_6$）**标准溶液**（1000μg/mL）

［配制］ 取适量棕榈氯霉素于称量瓶中，于60℃下减压干燥至恒重，置于干燥器中冷却备用。准确称取1.0000g（或按纯度换算出质量 $m=1.0000g/w$；w——质量分数）经纯度分析的棕榈氯霉素（$C_{27}H_{42}Cl_2N_2O_6$；M_r=561.538）纯品（纯度≥99%），置于100mL烧杯中，加适量乙醇溶解后，移入1000mL容量瓶中，用乙醇稀释到刻度，混匀。

［标定］分光光度法 准确移取2.5mL上述溶液，移入100mL容量瓶中，用乙醇溶液稀释至刻度（25μg/mL），摇匀，用分光光度法，在271nm的波长处测定溶液的吸光度，以 $C_{27}H_{42}Cl_2N_2O_6$ 的吸光系数 $E_{1cm}^{1\%}$ 为178，计算，即得。

总有机碳（TOC）**标准溶液**（1000μg/mL）

［配制］ 选取GBW 06106国家一级标准物质邻苯二甲酸氢钾（$KHC_8H_4O_4$；M_r=204.2212），准确称取2.1274g（或按纯度换算出质量 $m=2.1274g/w$；w——质量分数）于烧杯中，加入无二氧化碳的蒸馏水溶解，移入1000mL容量瓶中，用水稀释到刻度，混匀。

组氨酸（$C_6H_9N_3O_2$）**标准溶液**（1000μg/mL）

［配制］ 取适量组氨酸于称量瓶中，于105℃下干燥至恒重，置于干燥器中冷却备用。准确称取1.0000g（或按纯度换算出质量 $m=1.0000g/w$；w——质量分数）经纯度分析的组氨酸（$C_6H_9N_3O_2$；M_r=155.1546）纯品（纯度≥99%），置于100mL烧杯中，加适量水溶解后，移入1000mL容量瓶中，用水稀释到刻度，混匀。避光低温保存。

［组氨酸纯度的测定］ 称取0.15g已干燥的样品，准确到0.0001g，置于250mL锥形瓶中，加2mL无水甲酸使其溶解，加50mL冰醋酸，置电磁搅拌器上，浸入电极（玻璃电极为指示电极，饱和甘汞电极为参比电极），搅拌，并自滴定管中分次加入高氯酸标准溶液［$c(HClO_4)$=0.100mol/L］；开始时可每次加入较多的量，搅拌，记录电位；至将近终点前，则应每次加入少量，搅拌，记录电位；至突跃点已过，仍应继续滴加几次标准溶液，并记录电位。

滴定终点的确定：同苯巴比妥。同时作空白试验。

组氨酸的质量分数（w）按下式计算：

$$w=\frac{c(V_1-V_2)\times 0.1552}{m}\times 100\%$$

式中 V_1——高氯酸标准溶液的体积，mL；

V_2——空白消耗高氯酸标准溶液的体积，mL；

c——高氯酸标准溶液的浓度，mol/L；

m——样品质量，g；

0.1552——与1.00mL高氯酸标准溶液［$c(HClO_4)$=1.000mol/L］相当的，以g为单位的组氨酸的质量。

组织胺（$C_5H_9N_3$）**标准溶液**（1000μg/mL）

［配制］ 取适量磷酸组织胺于称量瓶中，于105℃干燥2h，置于干燥器中冷却备用。准

确称取0.2764g（或按纯度换算出质量 $m=0.2764g/w$；w——质量分数）的磷酸组织胺（$C_5H_{15}N_3O_8P_2$；$M_r=307.1354$）纯品（纯度≥99%），置于小烧杯中，加水溶解，移入100mL容量瓶中，再用水稀释至刻度，混匀。配制成组织胺浓度为1000μg/mL的标准储备溶液。

左炔诺孕酮（$C_{21}H_{28}O_2$）**标准溶液**（1000μg/mL）

［配制］ 准确称取1.0000g（或按纯度换算出质量 $m=1.0000g/w$；w——质量分数）经纯度分析（高效液相色谱法）的左炔诺孕酮（$C_{21}H_{28}O_2$；$M_r=312.4458$）纯品（纯度≥99%），置于100mL烧杯中，加适量氯仿溶解后，移入1000mL容量瓶中，用氯仿稀释到刻度，混匀。避光低温保存。

左旋多巴（$C_9H_{11}NO_4$）**标准溶液**（1000μg/mL）

［配制］ 取适量左旋多巴于称量瓶中，于105℃下干燥至恒重，取出置于干燥器中冷却备用。准确称取1.0000g（或按纯度换算出质量 $m=1.0000g/w$；w——质量分数）经纯度分析的左旋多巴（$C_9H_{11}NO_4$；$M_r=197.1879$）纯品（纯度≥99%），置于100mL烧杯中，加适量盐酸溶液（1%）溶解后，移入1000mL容量瓶中，用盐酸溶液（1%）稀释到刻度，混匀。避光低温保存。

［左旋多巴纯度的测定］ 称取0.1g已干燥的样品，准确到0.0001g，置于250mL锥形瓶中，加2mL无水甲酸溶解，加20mL冰醋酸，摇匀，加2滴结晶紫指示液（5g/L），用高氯酸标准溶液［$c(HClO_4)=0.100mol/L$］滴定至溶液显绿色。同时做空白试验。左旋多巴的质量分数（w）按下式计算：

$$w=\frac{c(V_1-V_2)\times 0.1972}{m}\times 100\%$$

式中 V_1——高氯酸标准溶液的体积，mL；

V_2——空白消耗高氯酸标准溶液的体积，mL；

c——高氯酸标准溶液的浓度，mol/L；

m——样品质量，g；

0.1972——与1.00mL高氯酸标准溶液［$c(HClO_4)=1.000mol/L$］相当的，以g为单位的左旋多巴的质量。

左旋咪唑（$C_{11}H_{12}N_2S$）**标准溶液**（1000μg/mL）

［配制］ 用最小分度为0.01mg的分析天平，准确称取适量的盐酸左旋咪唑（$C_{11}H_{12}N_2S \cdot HCl$；$M_r=240.752$）纯品（纯度≥99%）于小烧杯中，用水溶解，转移到100mL容量瓶中，配制成左旋咪唑浓度为1000μg/mL的标准储备溶液，根据需要稀释成适当浓度的标准工作溶液。

左旋肉碱（$C_7H_{15}NO_3$）**标准溶液**（1000μg/mL）

［配制］ 准确称取1.0000g（或按纯度换算出质量 $m=1.0000g/w$；w——质量分数）左旋肉碱（$C_7H_{15}NO_3$；$M_r=161.1989$）纯品（纯度≥99%）置于烧杯中，加适量水溶解，移入1000mL容量瓶中，用水稀释到刻度，混匀。

[左旋肉碱纯度的测定] 称取 0.1g 样品，准确至 0.0001g，置于 250mL 锥形瓶中，加 20mL 冰醋酸溶解后，加 1 滴结晶紫指示液（5g/L），用高氯酸标准溶液 [$c(HClO_4)$=0.100mol/L] 滴定至溶液显纯蓝色，同时做空白试验。左旋肉碱的质量分数（w）按下式计算：

$$w=\frac{c(V_1-V_2)\times 0.01612}{m}\times 100\%$$

式中 V_1——高氯酸标准溶液的体积，mL；

V_2——空白试验高氯酸标准溶液的体积，mL；

c——高氯酸标准溶液的浓度，mol/L；

m——样品质量，g；

0.1612——与 1.00mL 高氯酸标准溶液 [$c(HClO_4)$=1.000mol/L] 相当的，以 g 为单位的诱左旋肉碱的质量。

三、酸碱滴定分析用标准溶液

氨水标准溶液 [$c(NH_4OH)$=0.5mol/L]

[配制] 吸取 6.7mL 优级纯氨水，溶于 1000mL 水中，混匀。标定后使用。

[标定] 准确吸取 10.00mL 上述氨水溶液，于 150mL 锥形瓶中，加 40mL 水，2 滴甲基红-亚甲基蓝混合指示液，用盐酸标准溶液 [$c(HCl)$=0.500mol/L] 滴定至溶液呈红色。氨水标准溶液的浓度按下式计算：

$$c=\frac{V_1c_1}{V_2}$$

式中 c——氨水标准溶液的浓度，mol/L；

c_1——盐酸标准溶液的浓度，mol/L；

V_1——盐酸标准溶液的体积，mL；

V_2——氨水溶液的体积，mL。

苯甲酸标准溶液 [$c(C_6H_5COOH)$=0.10mol/L]

[配制] 取适量经纯度分析的优级纯苯甲酸置于称量瓶中，于五氧化二磷干燥器中干燥至恒重，准确称取 12.212g（或按纯度换算出相应的质量）苯甲酸，于 200mL 烧杯中，溶于 50mL95%乙醇，移入 1000mL 容量瓶中，用水稀释到刻度，混匀。

[苯甲酸纯度的测定] 称取 0.3g 于五氧化二磷干燥器中干燥至恒重的优级纯苯甲酸，准确到 0.0001g，置于反应瓶中，溶于 4mL95%乙醇，加 30mL 无二氧化碳的水，在搅拌下，从支管向溶液中通入高纯氮气 10min，调节氮气流量维持 1h，用玻璃电极为指示电极，饱和甘汞电极为参比电极，用氢氧化钠标准溶液 [$c(NaOH)$=1.000mol/L] 滴定至终点。同时做空白试验。苯甲酸的质量分数按下式计算：

$$w=\frac{c_1(V_1-V_2)\times 0.12212}{m}\times 100\%$$

式中 w——苯甲酸的质量分数；%

c_1——氢氧化钠标准溶液的浓度，mol/L；

V_1——氢氧化钠标准溶液的体积，mL；

V_2——空白试验氢氧化钠标准溶液的体积，mL；

m——苯甲酸的质量，g；

0.12212——与1.000g氢氧化钠标准溶液［c(NaOH)＝1.000mol/L］相当的，以g为单位的苯甲酸的质量。

高氯酸标准溶液［$c(HClO_4)$＝0.10mol/L］

［配制］ 吸取8.3mL优级纯高氯酸溶于1000mL水中，混匀，标定后使用。

［标定］ 准确移取20.00mL上述高氯酸溶液，于250mL锥形瓶中，加50mL无二氧化碳的水，及2滴甲基红指示液（1g/L），用氢氧化钠标准溶液［c(NaOH)＝0.100mol/L］滴定至溶液呈黄色。高氯酸标准溶液的浓度按下式计算：

$$c=\frac{V_1c_1}{V}$$

式中 c——高氯酸标准溶液的浓度，mol/L；

c_1——氢氧化钠标准溶液的浓度，mol/L；

V_1——氢氧化钠标准溶液的体积，mL；

V——高氯酸溶液的体积，mL。

甲酸标准溶液［c(HCOOH)＝0.1mol/L］

［配制］ 量取5.6mL甲酸（HCOOH；M_r＝46.0253）于1000mL的容量瓶中，用水稀释到刻度，混匀，标定。

［标定］ 移取20.00mL上述甲酸溶液，于150mL锥形瓶中，加10mL无二氧化碳的水，2滴酚酞指示液（10g/L），用氢氧化钠标准滴定溶液［c(NaOH)＝0.100mol/L］滴定至溶液呈粉红色。并保持30s。甲酸标准溶液的浓度按下式计算：

$$c(HCOOH)=\frac{V_1c_1}{V}$$

式中 c(HCOOH)——甲酸标准溶液的浓度，mol/L；

c_1——氢氧化钠标准溶液的浓度，mol/L；

V_1——氢氧化钠标准溶液的体积，mL；

V——甲酸溶液的体积，mL。

酒石酸标准溶液［$c(\frac{1}{2}C_4H_6O_6)$＝0.1mol/L］

［配制］ 准确称取7.5044g经纯度分析的酒石酸（$C_4H_6O_6$；M_r＝150.0868），于200mL烧杯中，溶于适量水，转移到1000mL容量瓶中，用水稀释到刻度，摇匀。

［酒石酸纯度的测定］ 称取0.2g样品，准确至0.0001g，于250mL锥形瓶中，加100mL水溶解，加2滴酚酞指示液（10g/L），用氢氧化钠标准溶液［c(NaOH)＝0.100mol/L］滴定至溶液呈粉红色。并保持30s。酒石酸的质量分数（w）按下式计算：

$$w=\frac{cV\times 0.07504}{m}\times 100\%$$

式中　V——氢氧化钠标准溶液的体积，mL；

c——氢氧化钠标准溶液的浓度，mol/L；

m——样品质量，g；

0.07504——与1.00mL氢氧化钠标准溶液［c(NaOH)＝1.000mol/L］相当的，以g为单位的酒石酸的质量。

磷酸标准溶液［$c(\frac{1}{3}H_3PO_4)$＝0.1mol/L］

［配制］　移取2.3mL磷酸，溶于1000mL水中，混匀。标定后使用。

［标定］　移取20.00mL磷酸溶液，于250mL锥形瓶中，加50mL水，5滴百里香酚酞指示液（1g/L），用氢氧化钠标准溶液［c(NaOH)＝0.100mol/L］滴定至溶液呈蓝色。磷酸标准溶液的浓度按下式计算：

$$c\left(\frac{1}{3}H_3PO_4\right)=\frac{V_1c_1}{V}$$

式中　$c(\frac{1}{3}H_3PO_4)$——磷酸标准溶液的浓度，mol/L；

c_1——氢氧化钠标准溶液的浓度，mol/L；

V_1——氢氧化钠标准溶液的体积，mL；

V——磷酸溶液的体积，mL。

硫酸标准溶液［$c(\frac{1}{2}H_2SO_4)$＝1.0mol/L；$c(\frac{1}{2}H_2SO_4)$＝0.5mol/L；$c(\frac{1}{2}H_2SO_4)$＝0.1mol/L］

［配制］　量取下述规定体积的优级纯硫酸，缓缓注入1000mL水中，冷却，摇匀。标定后使用。

$c(\frac{1}{2}H_2SO_4)$/(mol/L)	$V_{硫酸}$/mL
1.0	30
0.5	15
0.1	3

［标定］

方法1　称取下述规定量的于(270～300)℃灼烧至恒重的GBW 06101无水碳酸钠纯度标准物质，准确至0.0001g，于250mL锥形瓶中，溶于50mL水中，加10滴溴甲酚绿-甲基红混合指示液，用配制好的硫酸溶液滴定至溶液由绿色变为暗红色，煮沸2min，冷却后继续滴定至溶液再呈暗红色。同时做空白试验。

$c(\frac{1}{2}H_2SO_4)$/(mol/L)	m(无水碳酸钠)/g
1.0	1.9
0.5	0.95
0.1	0.2

硫酸标准溶液的浓度按下式计算：

$$c\left(\frac{1}{2}H_2SO_4\right)=\frac{m}{(V_1-V_2)\times 0.05299}$$

式中　$c(\frac{1}{2}H_2SO_4)$——硫酸标准溶液的浓度，mol/L；

m——无水碳酸钠的质量，g；

V_1——硫酸溶液的体积，mL；

V_2——空白试验硫酸溶液的体积，mL；

0.05299——与1.00mL硫酸标准溶液 [$c(\frac{1}{2}H_2SO_4)=1.00mol/L$] 相当的，以g为单位的无水碳酸钠的质量。

方法2 准确移取30.00mL上述硫酸溶液，于250mL锥形瓶中，加50mL无二氧化碳的水，2滴酚酞指示液（10g/L），用下述规定浓度的氢氧化钠标准溶液滴定，近终点时加热至80℃，继续滴定至溶液呈粉红色，并保持30s。

$c(\frac{1}{2}H_2SO_4)/(mol/L)$	$c(NaOH)/(mol/L)$
1.0	1.0
0.5	0.5
0.1	0.1

硫酸标准溶液的浓度按下式计算：

$$c\left(\frac{1}{2}H_2SO_4\right)=\frac{V_1c_1}{V}$$

式中 $c(\frac{1}{2}H_2SO_4)$ ——硫酸标准溶液的浓度，mol/L；

V_1——氢氧化钠标准溶液的体积，mL；

c_1——氢氧化钠标准溶液的浓度，mol/L；

V——硫酸溶液的体积，mL。

邻苯二甲酸氢钾标准溶液 [$c(KHC_8H_4O_4)=0.1mol/L$]

[配制] 取适量GBW 06106或GBW（E）060019邻苯二甲酸氢钾（$KHC_8H_4O_4$；$M_r=204.2212$）纯度标准物质，于称量瓶中在115℃干燥3h，冷却后，置于干燥器中备用。准确称取20.4221g上述邻苯二甲酸氢钾（纯度：99.998%），置于烧杯中，加入水溶解后，转移到1000mL容量瓶中，用水清洗烧杯数次，将洗涤液一并转移到容量瓶中，用水稀释到刻度（不需要加防腐剂），混匀。即可使用。溶液保存在有磨口玻璃塞的玻璃瓶中。

注：如果无法获得邻苯二甲酸氢钾标准物质，可采用基准试剂代替，但当此标准溶液用于准确测量时，试剂应在测定其纯度后使用。邻苯二甲酸氢钾纯度的测定方法如下。

方法1 恒电流库仑滴定法：仪器预热稳定后，将100mL氯化钾溶液 [$c(KCl)=1mol/L$] 加入到已清洗的电解池阳极室中，在阴极室加入7.5g氯化钾，100mL已煮沸并放冷的水，洗涤电解池内壁及出气管若干次，将电解池放置在冰水浴中，调至pH5，在搅拌下，通入高纯氮除去溶解的二氧化碳后，插入玻璃电极和甘汞电极。降低氮气流量，维持液面的氮气氛，用10mA电流预电解使阴极室电解液pH7.00左右，洗涤中间室、电解池内壁，直至阴极室电解液pH维持在7.00左右不变，提高电极，向侧管中充入少许阴极电解液。

用最小分度为0.1mg的天平，减量法准确称取3g待标定的邻苯二甲酸氢钾溶液，加入到电解池阴极室中，接通两个电解电极，在假负载时调节电流到10mA档电解，直到标准溶液反应100%，停止电解，插入电极，洗涤中间室、电解池内壁若干次，再次将中间室充入少许阴极电解液。用10mA电流电解到pH7.00左右，再洗涤中间室、电解池内壁若干次，停止通氮，液面上用氮气保护，待pH值稳定后，记录pH值和电解时间（t），电解时间（t）用预滴定的t-pH曲线修正。计算邻苯二甲酸氢钾的纯度。

方法 2 称取 0.5g 于 115℃下干燥至恒重的邻苯二甲酸氢钾，准确至 0.0001g，置于反应瓶中，加 50mL 无二氧化碳的水溶解，用玻璃电极为指示电极，饱和甘汞电极为参比电极，用氢氧化钠标准溶液 [c(NaOH)=0.100mol/L] 滴定至终点。邻苯二甲酸氢钾的质量分数（w）按下式计算：

$$w=\frac{cV\times 0.2042}{m_2}\times 100\%$$

式中 w——邻苯二甲酸氢钾的质量分数；%；

c——氢氧化钠标准溶液的浓度，mol/L；

V——氢氧化钠标准溶液的体积，mL；

m_2——邻苯二甲酸氢钾的质量，g

0.2042——与 1.0000g 氢氧化钠标准溶液 [c(NaOH)=1.000mol/L] 相当的，以 g 为单位的邻苯二甲酸氢钾的质量。

硼酸标准溶液 [$c(H_3BO_3)$=0.1mol/L]

[配制] 称取 6.1g 优级纯硼酸，置于 100mL 烧杯中，加水溶解后，转移到 1000mL 容量瓶中，用水稀释到刻度，混匀。浓度以标定值为准。

[标定]

方法 1 移取 100mL 丙三醇于 300mL 烧杯中，加 100mL 水，用校准过的酸度计，以玻璃电极为指示电极，饱和甘汞电极为参比电极，用氢氧化钠标准溶液 [c(NaOH)=0.0100mol/L] 滴定至 pH9.0。准确移取 20.00mL 上述硼酸溶液，加入到该溶液中，用氢氧化钠标准溶液 [c(NaOH)=0.100mol/L] 滴定至溶液 pH9.0 为终点。硼酸标准溶液的浓度按下式计算：

$$c=\frac{V_1c_1}{V}$$

式中 c——硼酸标准溶液的浓度，mol/L；

c_1——氢氧化钠标准溶液的浓度，mol/L；

V_1——氢氧化钠标准溶液的体积，mL；

V——硼酸标准溶液的体积，mL。

方法 2 准确移取 20.00mL 上述硼酸溶液，于 250mL 锥形瓶中，加 5g 甘露醇，3 滴酚酞指示液（10g/L），用氢氧化钠标准溶液 [c(NaOH)=0.100mol/L]] 滴定至溶液显粉红色。并保持 30s。硼酸标准溶液的浓度按下式计算：

$$c=\frac{V_1c_1}{V_2}$$

式中 c——硼酸标准溶液的浓度，mol/L；

c_1——氢氧化钠标准溶液的浓度，mol/L；

V_1——氢氧化钠标准溶液的体积，mL；

V_2——硼酸标准溶液的体积，mL。

氢氟酸标准溶液 [c(HF)=0.1mol/kg]

[配制] 用塑料吸管吸取约 4.5mL 优级纯氢氟酸，溶于 1000mL 水中。保存在塑料瓶中，混匀。标定后使用。

［标定］ 用塑料容器移取约20mL上述氢氟酸溶液，准确称量，准确到0.0001g，于250mL塑料烧杯中，加50mL无二氧化碳水，2滴酚酞指示液（10g/L），用氢氧化钠标准溶液［$c(NaOH)=0.100mol/kg$］滴定至溶液呈粉红色，并保持30s。滴定过程中，应避免氢氟酸与玻璃器皿接触。氢氟酸溶液的浓度按下式计算：

$$c=\frac{m_1c_1}{m}$$

式中 c——氢氟酸标准溶液的浓度，mol/kg；

c_1——氢氧化钠标准溶液的浓度，mol/kg；

m_1——氢氧化钠标准溶液的质量，g；

m——氢氟酸标准溶液的质量，g。

注：

① 用塑料器皿配制和移取氢氟酸溶液，避免玻璃或石英容器与氢氟酸溶液接触。

② 避免皮肤与氢氟酸溶液接触。

氢溴酸标准溶液 ［$c(HBr)=0.10mol/L$］

［配制］ 吸取11mL优级纯氢溴酸，溶于1000mL水中，混匀。标定后使用。

［标定］ 准确移取20.00mL上述氢溴酸溶液，于250mL锥形瓶中，加50mL无二氧化碳水，2滴甲基红指示液（1g/L），用氢氧化钠标准溶液［$c(NaOH)=0.1000mol/L$］滴定至溶液呈黄色。氢溴酸标准溶液的浓度按下式计算：

$$c=\frac{V_1c_1}{V}$$

式中：c——氢溴酸标准溶液的浓度，mol/L

c_1——氢氧化钠标准溶液的浓度，mol/L；

V_1——氢氧化钠标准溶液的体积，mL；

V——氢溴酸标准溶液的体积，mL。

注：避免皮肤与氢溴酸溶液接触。

氢氧化钾标准溶液 ［$c(KOH)=0.1mol/L$］

［配制］ 称取6g优级纯氢氧化钾于塑料烧杯中，加入新煮沸过的冷水溶解，并稀释至1000mL，混匀。标定后使用。

［标定］ 准确称取0.60g于115℃烘干至恒重的GBW 06106或GBW（E）060019邻苯二甲酸氢钾纯度标准物质，准确至0.0001g，于250mL锥形瓶中，加80mL新煮沸过的冷水，使之溶解，加2滴酚酞指示液（10g/L），用配制的氢氧化钾溶液滴定至溶液呈粉红色，并保持30s。同时做空白试验。氢氧化钾标准溶液的浓度按下式计算：

$$c(KOH)=\frac{m}{(V_1-V_2)\times 0.2042}$$

式中 $c(KOH)$ ——氢氧化钾标准溶液的浓度，mol/L；

m——邻苯二甲酸氢钾的质量，g；

V_1——氢氧化钾标准溶液的体积，mL；

V_2——空白试验氢氧化钾标准溶液的体积，mL；

0.2042——与1.00mL氢氧化钾标准溶液[c(KOH)=1.000mol/L]相当的，以g为单位的邻苯二甲酸氢钾的质量。

氢氧化钠标准溶液[c(NaOH)=1.0mol/L；c(NaOH)=0.5mol/L；c(NaOH)=0.1mol/L]

[配制] 称取110g优级纯氢氧化钠于塑料烧杯中，加100mL水振摇，使之溶解成饱和溶液，混匀，冷却后置于聚乙烯塑料瓶中，密塞，放置数日，澄清后备用。用塑料管虹吸取下述体积的上层清液，用无二氧化碳的水稀释到1000mL，摇匀。

c(NaOH)/(mol/L)	氢氧化钠饱和溶液 V/mL
1.0	54
0.5	27
0.1	5.4

方法1 称取下述规定量的于115℃烘干至恒重的GBW 06106或GBW（E）060019邻苯二甲酸氢钾纯度标准物质，准确至0.0001g，于250mL锥形瓶中，加下述规定体积的无二氧化碳的水溶解，加2滴酚酞指示液（10g/L），用配制好的氢氧化钠溶液滴定至溶液呈粉红色，并保持30s。同时做空白试验。

c(NaOH)/(mol/L)	m(邻苯二甲酸氢钾)/g	无二氧化碳的水 V/mL
1.0	7.5	80
0.5	3.6	80
0.1	0.75	50

氢氧化钠标准溶液的浓度按下式计算：

$$c(\mathrm{NaOH})=\frac{m}{(V_1-V_2)\times 0.2042}$$

式中 c(NaOH)——氢氧化钠标准溶液的浓度，mol/L；

m——邻苯二甲酸氢钾的质量，g；

V_1——氢氧化钠溶液的体积，mL；

V_2——空白试验氢氧化钠溶液的体积，mL；

0.2042——与1.00mL氢氧化钠标准溶液[c(NaOH)=1.000mol/L]相当的，以g为单位的邻苯二甲酸氢钾的质量。

方法2 准确移取30.00mL下述规定浓度的盐酸标准溶液，于250mL锥形瓶中，加50mL无二氧化碳的水及2滴酚酞指示液（10g/L），用配制好的氢氧化钠标准溶液滴定，至溶液呈粉红色，并保持30s。同时做空白试验。

c(NaOH)/(mol/L)	c(HCl)/(mol/L)
1.0	1.0
0.5	0.5
0.1	0.1

氢氧化钠标准溶液浓度按下式计算：

$$c(\mathrm{NaOH})=\frac{V_1c_1}{(V-V_2)}$$

式中 c(NaOH)——氢氧化钠标准溶液的浓度，mol/L；

V_1——盐酸标准溶液的体积，mL；

c_1——盐酸标准溶液的浓度，mol/L；

V——氢氧化钠标准溶液的体积，mL；

V_2——空白试验氢氧化钠标准溶液的体积，mL。

四苯硼钠标准溶液

（1）四苯硼钠标准溶液 {$c[NaB(C_6H_5)_4]$ =0.02mol/L}

[配制] 称取7.0g优级纯四苯硼钠 [$NaB(C_6H_5)_4$；M_r=342.216]，于200mL烧杯中，加50mL水溶解，加入新配制的氢氧化铝凝胶（称取1.0g三氯化铝，溶于25mL水中，在不断搅拌下缓缓滴加氢氧化钠溶液至pH8～9），加16.6g氯化钠，充分搅匀，加250mL水，振摇15min，静置10min，过滤，滤液中滴加氢氧化钠溶液至pH8～9，再加水稀释至1000mL，摇匀。临用前标定，浓度以标定值为准。

[标定] 准确移取10.00mL上述溶液，置于250mL锥形瓶中，加10mL乙酸-乙酸钠缓冲溶液（pH3.7）与0.5mL溴酚蓝指示液，用烃铵盐标准溶液（0.0100mol/L）滴定至蓝色，同时做空白试验。根据烃铵盐滴定溶液（0.01mol/L）消耗量，算出本溶液的浓度，即得。

如需配制 $c[NaB(C_6H_5)_4]$ =0.01mol/L四苯硼钠标准溶液时，可取四苯硼钠标准溶液（0.02mol/L）在临用前加水稀释。必要时标定浓度。

（2）四苯硼钠标准溶液 {$c[NaB(C_6H_5)_4]$=1000μg/mL}

[配制] 用最小分度为0.01mg的分析天平，准确称取经纯度分析的四苯硼钠 [$NaB(C_6H_5)_4$]（纯度≥99%）0.10000g（或按纯度换算出质量 m=0.10000g/w；w——质量分数），置100mL容量瓶中，用水溶解后稀释至刻度，摇匀。配制成浓度为1000μg/mL的标准储备溶液。

[四苯硼钠含量的测定] 称取0.2g样品，准确至0.0001g。于300mL烧杯中，溶于100mL水，加1mL冰醋酸，在搅拌下迅速加入10mL硝酸钾溶液（30g/L），于（50～55)℃在水浴中保温30min。冷却，再于冰浴中放置30min。用已于（105～110)℃干燥至恒重的4号玻璃砂芯坩埚过滤，用20mL澄清的四苯硼钾饱和溶液分四次洗涤沉淀，再用20mL水分四次洗涤沉淀，于（105～110)℃烘干至恒重。四苯硼钠的质量分数（w）按下式计算：

$$w=\frac{m_1\times 0.9550}{m}\times 100\%$$

式中 m_1——沉淀的质量，g；

m——样品质量，g；

0.9550——四苯硼钾换算为四苯硼钠的系数。

（3）四苯硼钠标准溶液 {$c[NaB(C_6H_5)_4]$=0.02mol/L}[1]

[配制] 称取7.0g优级纯四苯硼钠 [$NaB(C_6H_5)_4$；M_r=342.216]，于200mL烧杯中，加50mL水溶解，再加入0.5g硝酸铅，振摇5min，加250mL水，16.6g氯化钠，溶

[1] 测定十二烷基二甲基苄基季铵溴化物用。

解后，静置 30min，过滤，再加 600mL 水，用氢氧化钠溶液 [c(NaOH)=0.1mol/L] 缓缓滴加至 pH8～9，用水稀释到 1000mL，混匀，过滤于棕色瓶中。浓度以标定值为准。

[标定] 称取 0.5g 于 115℃烘干至恒重的 GBW 06106 或 GBW (E) 060019 邻苯二甲酸氢钾纯度标准物质，准确至 0.0001g，于 300mL 烧杯中，加 100mL 水溶解，加 2mL 冰醋酸，在水浴中加热 (50～55)℃，从滴定管中徐徐加入 50mL 配制的四苯硼钠溶液，急速冷却，在常温下放置 1h，生成的沉淀用已于 105℃干燥至恒重的 4 号玻璃砂芯坩埚过滤，用 20mL 澄清的四苯硼钾饱和溶液分四次洗涤沉淀，再用 20mL 水分四次洗涤沉淀，于 105℃烘干至恒重。四苯硼钠标准溶液的浓度 (c) 按下式计算：

$$c=\frac{m_1}{V\times 0.35834}$$

式中 m_1——沉淀的质量，g；

V——四苯硼钠标准溶液的体积，mL；

0.35834——与 1.00mL 四苯硼钠标准溶液 {$c[NaB(C_6H_5)_4]$ =1.000mol/L} 相当的，以 g 为单位的四苯硼钾的质量。

碳酸钾标准溶液 [$c(\frac{1}{2}K_2CO_3)$=1.0mol/L；$c(\frac{1}{2}K_2CO_3)$=0.1mol/L

[配制] 取适量基准试剂碳酸钾于称量瓶中，在 300℃下于马弗炉中灼烧至恒重。冷却后，置于干燥器中备用。准确称取下述规定量的无水碳酸钾，溶于 1000mL 水中，摇匀。

$c(\frac{1}{2}K_2CO_3)$/(mol/L)	m(无水碳酸钾)/g
1.0	69.11
0.1	6.911

[标定] 准确移取 20.00mL 上述配制好的碳酸钾溶液，于 250mL 锥形瓶中，加下述规定量的水，加 10 滴溴甲酚绿-甲基红混合指示液，用下述规定浓度的盐酸标准溶液滴定，至溶液由绿色变为暗红色，煮沸 2min，冷却后，继续滴定至溶液再呈暗红色。

$c(\frac{1}{2}K_2CO_3)$/mol/L	水/mL	c(HCl)/(mol/L)
1.0	50	1.0
0.1	20	0.1

碳酸钾标准溶液的浓度按下式计算：

$$c\left(\frac{1}{2}K_2CO_3\right)=\frac{V_1c_1}{V}$$

式中 $c(\frac{1}{2}K_2CO_3)$——碳酸钾标准溶液的浓度，mol/L；

V_1——盐酸标准溶液的体积，mL；

c_1——盐酸标准溶液的浓度，mol/L；

V——碳酸钾溶液的体积，mL。

碳酸锂标准溶液 [$c(\frac{1}{2}Li_2CO_3)$=0.1mol/L]

[配制] 选用优级纯碳酸锂 (Li_2CO_3；M_r=73.891) (纯度≥99%)，取适量于 280℃下于马弗炉中灼烧 4h，取出置于干燥器中备用，准确称取 3.6946g 碳酸锂 (或按纯度换算

出质量 $m=3.6946\mathrm{g}/w$；w——质量分数)，置于200mL高型烧杯中，加适量水加热溶解，冷却后，移入1000mL容量瓶中，用水稀释到刻度，摇匀。

［标定］ 准确移取20.00mL上述碳酸锂溶液于250mL锥形瓶中，加30mL水，准确加入50.00mL硫酸标准溶液［$c(\frac{1}{2}H_2SO_4)=0.100\mathrm{mol/L}$］缓缓煮沸以除尽二氧化碳，冷却，加酚酞指示液（10g/L）用氢氧化钠标准溶液［$c(NaOH)=0.100\mathrm{mol/L}$］滴定，同时做空白试验。碳酸锂标准溶液的浓度（$c$）按下式计算：

$$c\left(\frac{1}{2}Li_2CO_3\right)=\frac{c_1V_1-c_2V_2}{V}$$

式中 V_1——硫酸标准溶液的体积，mL；

c_1——硫酸标准溶液的浓度，mol/L；

V_2——氢氧化钠标准溶液的体积，mL；

c_2——氢氧化钠标准溶液的浓度，mol/L；

V——碳酸锂溶液的体积，mL。

碳酸钠标准溶液 ［$c(\frac{1}{2}Na_2CO_3)=1.000\mathrm{mol/L}$；$c(\frac{1}{2}Na_2CO_3)=0.1000\mathrm{mol/L}$］

［配制］ 选用GBW 06101或GBW（E）060023碳酸钠纯度标准物质，取适量于280℃下于马弗炉中灼烧4h，取出置于干燥器中备用，准确称取下述规定量的无水碳酸钠，于300mL烧杯中，溶于适量水，转移到1000mL容量瓶中，用水稀释到刻度，摇匀，即可使用。于塑料瓶中保存。

$c(\frac{1}{2}Na_2CO_3)/(\mathrm{mol/L})$	m(无水碳酸钠)/g
1.000	52.9942
0.1000	5.2994

注：如果无法获得碳酸钠标准物质，可采用基准试剂代替，但当此标准溶液用于准确测量时应标定后使用。

［标定］ 准确移取35.00mL～40.00mL上述配制好的碳酸钠溶液，于150mL锥形瓶中，加下述规定量的水，加10滴溴甲酚绿-甲基红混合指示液，用下述规定浓度的盐酸标准溶液滴定至溶液由绿色变为暗红色，煮沸2min，冷却后继续滴定至溶液再呈暗红色。

$c(\frac{1}{2}Na_2CO_3)/(\mathrm{mol/L})$	$V_{水}/\mathrm{mL}$	$c(HCl)/(\mathrm{mol/L})$
1.0	50	1.0
0.1	20	0.1

碳酸钠标准溶液的浓度按下式计算：

$$c\left(\frac{1}{2}Na_2CO_3\right)=\frac{V_1c_1}{V}$$

式中 $c(\frac{1}{2}Na_2CO_3)$——碳酸钠标准溶液的浓度，mol/L；

V_1——盐酸标准溶液的体积，mL；

c_1——盐酸标准溶液的浓度，mol/L；

V——碳酸钠标准溶液的体积，mL。

碳酸氢钠标准溶液 ［$c(NaHCO_3)=0.1\mathrm{mol/L}$］

［配制］ 准确称取8.4007g优级纯碳酸氢钠（纯度≥99%）（或按纯度换算出质量 $m=$

8.4007g/w；w——质量分数），置于200mL高型烧杯中，加适量水溶解后，移入1000mL容量瓶中，用水稀释到刻度，摇匀。

［标定］ 移取20.00mL上述碳酸氢钠溶液，于250mL锥形瓶中，加30mL水，加10滴甲基红-溴甲酚绿混合指示液，用盐酸标准溶液［c(HCl)=0.100mol/L］滴定至溶液由绿色转变为紫红色，煮沸2min，冷却至室温，继续滴定至溶液由绿色转变为紫红色。碳酸氢钠标准溶液的浓度（c）按下式计算：

$$c(NaHCO_3)=\frac{V_1c_1}{V}$$

式中 V_1——盐酸标准溶液的体积，mL；

c_1——盐酸标准溶液的浓度，mol/L；

V——碳酸氢钠溶液的体积，mL。

烃铵盐标准溶液（0.01mol/L）

［配制］ 称取3.8g氯化二甲基苄基烃铵，于200mL烧杯中，加水溶解后，加10mL乙酸-乙酸钠缓冲液（pH3.7），再加水稀释成1000mL，摇匀，浓度以标定值为准。

［标定］ 称取0.18g于550℃灼烧1h的GBW 06109氯化钾纯度标准物质，准确至0.0001g，于250mL容量瓶中，加乙酸-乙酸钠缓冲溶液（pH3.7）溶解，并稀释至刻度，摇匀，准确移取20.00mL上述烃铵溶液，置于50mL容量瓶中，准确加入25mL四苯硼钠标准溶液｛$c[NaB(C_6H_5)_4]$ 0.0200mol/L｝，用水稀释至刻度，摇匀，经干燥滤纸过滤，准确量取25.00mL续滤液，置150mL锥形瓶中，加0.5mL溴酚蓝指示液（0.5g/L），用待标定的氯化二甲基苄基烃铵溶液滴定至蓝色，同时做空白试验。每1mL烃铵盐溶液（0.01mol/L）相当于0.7455mg的氯化钾。

脱氢乙酸标准溶液［$c(C_8H_8O_4)$=0.1mol/L］

［配制］ 准确称取16.815g经纯度分析的脱氢乙酸（$C_8H_8O_4$；M_r=168.1467）于300mL烧杯中，溶于适量乙醇，转移到1000mL容量瓶中，用乙醇稀释到刻度，摇匀。浓度以标定值为准。

［标定］ 准确移取20.00mL上述脱氢乙酸溶液，于250mL锥形瓶中，加50mL中性乙醇，2滴酚酞指示液（10g/L），用氢氧化钠标准溶液［c(NaOH)=0.100mol/L］滴定至溶液呈粉红色。并保持30s。脱氢乙酸标准溶液的浓度按下式计算：

$$c(C_8H_8O_4)=\frac{V_1c_1}{V}$$

式中 $c(C_8H_8O_4)$——脱氢乙酸标准溶液的浓度，mol/L；

c_1——氢氧化钠标准溶液的浓度，mol/L；

V_1——氢氧化钠标准溶液的体积，mL；

V——脱氢乙酸标准溶液的体积，mL。

脱氧胆酸标准溶液［$c(C_{24}H_{40}O_4)$=0.1mol/L］

［配制］ 准确称取39.257g经过纯度分析的脱氧胆酸（$C_{24}H_{40}O_4$；M_r=392.5720）于300mL烧杯中，溶于适量乙醇，转移到1000mL容量瓶中，用乙醇稀释到刻度，摇匀，浓

度以标定值为准。

[标定] 准确移取20.00mL上述脱氧胆酸标准溶液，于250mL锥形瓶中，加50mL中性乙醇，2滴酚酞指示液（10g/L），用氢氧化钠标准溶液[c(NaOH)＝0.100mol/L]滴定至溶液呈粉红色。并保持30s。脱氧胆酸标准溶液的浓度按下式计算：

$$c(C_{24}H_{40}O_4)=\frac{V_1c_1}{V}$$

式中 $c(C_{24}H_{40}O_4)$——脱氧胆酸标准溶液的浓度，mol/L；

c_1——氢氧化钠标准溶液的浓度，mol/L；

V_1——氢氧化钠标准溶液的体积，mL；

V——脱氧胆酸标准溶液的体积，mL。

硝酸标准溶液 [$c(HNO_3)$＝0.1mol/L]

[配制] 吸取6.4mL优级纯硝酸，溶于1000mL水中，混匀。标定后使用。

[标定] 准确移取20.00mL上述硝酸溶液，于250mL锥形瓶中，加50mL无二氧化碳水，10滴溴甲酚绿-甲基红指示液，用氢氧化钠标准溶液[c(NaOH)＝0.1000mol/L]滴定至溶液呈绿色。硝酸标准溶液的浓度按下式计算：

$$c=\frac{V_1c_1}{V}$$

式中 c——硝酸标准溶液的浓度，mol/L；

c_1——氢氧化钠标准溶液的浓度，mol/L；

V_1——氢氧化钠标准溶液的体积，mL；

V——硝酸标准溶液的体积，mL。

盐酸标准溶液 [c(HCl)＝1.0mol/L；c(HCl)＝0.5mol/L；c(HCl)＝0.1mol/L]

[配制] 移取下述规定体积的盐酸，注入1000mL水中，摇匀，标定后使用。

c(HCl)/(mol/L)	$V_{盐酸}$/mL
1.0	90
0.5	45
0.1	9

[标定]

方法1 称取下述规定量的并于（270～300)℃灼烧至恒重的GBW 06101碳酸钠纯度标准物质，准确至0.0001g，于250mL锥形瓶中，溶于50mL水，加10滴溴甲酚绿-甲基红混合指示液[量取30mL溴甲酚绿乙醇溶液（2g/L），加入20mL甲基红乙醇溶液（1g/L），混匀]，用配制好的盐酸溶液滴定至溶液由绿色变为暗红色，煮沸2min，冷却后继续滴定至溶液再呈暗红色。同时做空白试验。

c(HCl)/(mol/L)	m(碳酸钠)/g
1	1.6
0.5	0.8
0.1	0.2

盐酸标准溶液的浓度按下式计算：

$$c(\mathrm{HCl})=\frac{m}{(V_1-V_2)\times 0.05299}$$

式中　$c(\mathrm{HCl})$——盐酸标准溶液的浓度，mol/L；

m——碳酸钠的质量，g；

V_1——盐酸溶液的体积，mL；

V_2——空白试验盐酸溶液的体积，mL；

0.05299——与1.00mL盐酸标准溶液［$c(\mathrm{HCl})=1.000\mathrm{mol/L}$］相当的，以g为单位的无水碳酸钠的质量。

方法2　准确移取20.00mL盐酸溶液，于250mL锥形瓶中，加50mL无二氧化碳的水及2滴酚酞指示液（10g/L），用下述规定浓度的氢氧化钠标准溶液滴定，近终点时加热至80℃，继续滴定至溶液呈粉红色，并保持30s。

$c(\mathrm{HCl})/(\mathrm{mol/L})$	$c(\mathrm{NaOH})/(\mathrm{mol/L})$
1	1
0.5	0.5
0.1	0.1

盐酸标准溶液的浓度按下式计算：

$$c(\mathrm{HCl})=\frac{V_1c_1}{V}$$

式中　$c(\mathrm{HCl})$——盐酸标准溶液的浓度，mol/L；

V_1——氢氧化钠标准溶液的体积，mL；

c_1——氢氧化钠标准溶液的浓度，mol/L；

V——盐酸溶液的体积，mL。

方法3　精密库仑法

［实验条件］　阴极室为工作室，铂网电极为阴极，仪器预热稳定后，在阳极室中加入100mL氯化钾溶液［$c(\mathrm{KCl})=1\mathrm{mol/L}$］，在阴极室中加入7.5g氯化钾，用水洗涤电解池内壁及出气管多次，至阴极室溶液体积为100mL，在搅拌的情况下，向阴极室通入高纯氮除二氧化碳后，插入玻璃和甘汞电极，用10mA电流预电解使阴极室电解液在pH 7.00左右，洗涤中间室、电解池内壁，直至阴极室电解液pH维持在7.00左右不变，提高电极，向侧管中充入少许阴极电解液。

用最小分度为0.0001g的天平，减量法准确称取下述规定量的待测盐酸溶液，加入到电解池阴极室中，接通两个电解电极，在假负载时调节电流到10mA档电解，直到标准溶液反应约100%，停止电解，插入电极，洗涤中间室、电解池内壁若干次，再次将中间室充入少许阴极电解液。用10mA电流电解到pH7.00左右，再洗涤中间室、电解池内壁若干次，停止通氮，液面上用氮气保护，待pH值稳定后，记录pH值和电解时间（t），电解时间（t）用预滴定的t-pH曲线修正。

$c(\mathrm{HCl})/(\mathrm{mol/L})$	m(HCl溶液)/g
1	1
0.5	2
0.1	10

盐酸标准溶液的浓度按下式计算：

$$c(\mathrm{HCl})=b(\mathrm{HCl})\times\rho\times1000$$

$$b(\mathrm{HCl})=\frac{Q\times1000}{mF}$$

式中 $c(\mathrm{HCl})$——盐酸溶液的浓度，mol/L；

$b(\mathrm{HCl})$——盐酸溶液的质量摩尔浓度，mol/kg；

Q——盐酸溶液消耗的电量，C；

F——法拉第常数，C/mol；

m——盐酸溶液的质量，g；

ρ——20℃时该溶液的密度，g/mL。

乙酸标准溶液 [$c(\mathrm{CH_3COOH})=0.1\mathrm{mol/L}$]

［配制］ 移取6mL优级纯冰醋酸加入到无二氧化碳的水中，用水稀释至1000mL，混匀。标定后使用。

［标定］ 准确吸取25.00mL配制的乙酸溶液，于150mL锥形瓶中，加25mL无二氧化碳的水，2滴酚酞指示液（10g/L），用氢氧化钠标准溶液［$c(\mathrm{NaOH})=0.100\mathrm{mol/L}$］滴定至溶液呈粉红色，并保持30s。乙酸标准溶液的浓度按下式计算：

$$c(\mathrm{CH_3COOH})=\frac{V_1c_1}{V}$$

式中 $c(\mathrm{CH_3COOH})$——乙酸标准溶液的浓度，mol/L；

V_1——氢氧化钠标准溶液的体积，mL；

c_1——氢氧化钠标准溶液的浓度，mol/L；

V——乙酸溶液的体积，mL。

四、络合滴定分析用标准溶液

钙标准溶液 [$c(\mathrm{Ca})=0.05\mathrm{mol/L}$]

［配制］ 称取5.005g基准试剂碳酸钙，于200mL烧杯中，加20mL水，滴加盐酸溶液［$c(\mathrm{HCl})=6\mathrm{mol/L}$］至完全溶解，再加入10mL盐酸溶液［$c(\mathrm{HCl})=6\mathrm{mol/L}$］，煮沸除去二氧化碳，冷却，移入1000mL容量瓶中，用水稀释至刻度，混匀。转移到塑料瓶中保存。

硫酸镁标准溶液 [$c(\mathrm{MgSO_4})=0.1\mathrm{mol/L}$]

［配制］ 称取24.6475g优级纯硫酸镁（$\mathrm{MgSO_4\cdot7H_2O}$；$M_r=246.475$），溶于1000mL硫酸溶液（1+2000）中，放置1个月后，用3号玻璃砂芯坩埚过滤，混匀。浓度以标定值为准。

［标定］ 准确移取30.00mL～35.00mL配制好的硫酸镁溶液于250mL锥形瓶中，加70mL水及10mL氨-氯化铵缓冲溶液（pH=10），加5滴铬黑T指示液（5g/L），用乙二胺四乙酸二钠标准溶液［$c(\mathrm{EDTA})=0.100\mathrm{mol/L}$］滴定至溶液由紫色变为纯蓝色。同时做空白试验。硫酸镁标准溶液的浓度按下式计算：

$$c(\mathrm{MgSO_4})=\frac{(V_1-V_2)c_1}{V}$$

式中 $c(MgSO_4)$——硫酸镁标准溶液的浓度，mol/L；
V_1——乙二胺四乙酸二钠标准溶液的体积，mL；
V_2——空白试验乙二胺四乙酸二钠标准溶液的体积，mL；
c_1——乙二胺四乙酸二钠标准溶液的浓度，mol/L；
V——硫酸镁溶液的体积，mL。

硫酸锌标准溶液 [$c(ZnSO_4)=0.1mol/L$]

[配制] 称取28.756g优级纯七水合硫酸锌（$ZnSO_4 \cdot 7H_2O$），溶于1000mL水中，混匀，浓度以标定值为准。

[标定] 移取30.00mL～35.00mL硫酸锌溶液，于250mL锥形瓶中，加70mL水和10mL氨-氯化铵缓冲溶液，加5滴铬黑T指示液（5g/L），用EDTA标准溶液[$c(EDTA)=0.100mol/L$]滴定至溶液由紫色变为纯蓝色。同时做空白试验。硫酸锌标准溶液的浓度按下式计算：

$$c(ZnSO_4)=\frac{(V_1-V_2)c}{V}$$

式中 V_1——EDTA标准溶液的体积，mL；
V_2——空白试验EDTA标准溶液的体积，mL；
c——EDTA标准溶液的浓度，mol/L；
V——硫酸锌溶液的体积，mL。

氯化镁标准溶液 [$c(MgCl_2)=0.1mol/L$]

[配制] 称取20.3303g氯化镁（$MgCl_2 \cdot 6H_2O$；$M_r=203.303$）溶于1000mL盐酸溶液（1+2000）中，放置1个月后，用3号玻璃砂芯坩埚过滤。浓度以标定值为准。

[标定] 准确移取30.00mL～35.00mL配制好的氯化镁溶液于250mL锥形瓶中，加70mL水及10mL氨-氯化铵缓冲溶液（pH=10），加5滴铬黑T指示液（5g/L），用EDTA标准溶液[$c(EDTA)=0.100mol/L$]滴定至溶液由紫色变为纯蓝色。同时做空白试验。氯化镁标准溶液的浓度按下式计算：

$$c(MgCl_2)=\frac{(V_1-V_2)c_1}{V}$$

式中 $c(MgCl_2)$——氯化镁标准溶液的浓度，mol/L；
V_1——乙二胺四乙酸二钠标准溶液的体积，mL；
V_2——空白试验乙二胺四乙酸二钠标准溶液的体积，mL；
c_1——乙二胺四乙酸二钠标准溶液的浓度，mol/L；
V——氯化镁溶液的体积，mL。

氯化锌标准溶液 [$c(ZnCl_2)=0.1mol/L$]

[配制]

方法1 选用氧化锌GBW 06108（ZnO；$M_r=81.39$）纯度（络合量：12.280mmol/g）标准物质，取适量置于瓷坩埚中，于马弗炉中800℃，灼烧6h，冷却后，取出坩埚，置于干燥器中保存备用。准确称取4.0717g氧化锌，置于150mL烧杯中，用少量水润湿，滴加盐酸溶液[$c(HCl)=4mol/L$]至全部溶解，移入500mL容量瓶，加水稀释至刻度，摇匀，直接使用。

如果无法获得氧化锌标准物质，可采用基准试剂代替，但当此标准溶液用于准确测量时应标定后使用。

方法 2 称取 14g 氯化锌，溶于 1000mL 盐酸溶液［0.05%］中，混匀，浓度以标定值为准。

［标定］ 吸取 30.00mL 上述氯化锌溶液，置于 250mL 锥形瓶中，加 40mL 水，用氨水溶液（10%）调节溶液 pH8，加 10mL 氨-氯化铵缓冲溶液（pH10），加 0.05g 铬黑 T 指示剂，摇匀，用 EDTA 标准溶液［$c(\mathrm{EDTA})=0.0500\mathrm{mol/L}$］滴定至溶液呈蓝色。氯化锌标准溶液的浓度按下式计算：

$$c(\mathrm{ZnCl_2})=\frac{c_1(V_1-V_2)}{V}$$

式中 $c(\mathrm{ZnCl_2})$——氯化锌标准溶液的浓度，mol/L；

V_1——EDTA 标准溶液的体积，mL；

c_1——EDTA 标准溶液的浓度，mol/L；

V_2——空白试验 EDTA 标准溶液的体积，mL；

V——氯化锌溶液的体积，mL。

硝酸铅标准溶液 $\{c[\mathrm{Pb(NO_3)_2}]=0.05\mathrm{mol/L}\}$

［配制］ 称取 16.56g 优级纯硝酸铅［$\mathrm{Pb(NO_3)_2}$；$M_r=331.2$］，于 200mL 烧杯中，溶于少量硝酸溶液（1+2000）中，转移到 1000mL 容量瓶中，用硝酸溶液（1+2000）稀释到刻度，摇匀，浓度以标定值为准。

［标定］ 准确移取（30.00～35.00）mL 配制好的硝酸铅溶液于 250mL 锥形瓶中，加 3mL 乙酸及 5g 六次甲基四胺，70mL 水及 2 滴二甲酚橙指示液（2g/L），用 EDTA 标准溶液［$c(\mathrm{EDTA})=0.0500\mathrm{mol/L}$］滴定至溶液呈亮黄色。硝酸铅标准溶液的浓度按下式计算：

$$c[\mathrm{Pb(NO_3)_2}]=\frac{c_1V_1}{V}$$

式中 $c[\mathrm{Pb(NO_3)_2}]$——硝酸铅标准溶液的浓度，mol/L；

V_1——乙二胺四乙酸二钠标准溶液的体积，mL；

c_1——乙二胺四乙酸二钠标准溶液的浓度，mol/L；

V——硝酸铅溶液的体积，mL。

硝酸锌标准溶液 $\{c[\mathrm{Zn(NO_3)_2}]=0.05\mathrm{mol/L}\}$

［配制］ 称取 14.8745g 硝酸锌［$\mathrm{Zn(NO_3)_2\cdot 6H_2O}$；$M_r=297.49$］，于 200mL 烧杯中，溶于硝酸溶液（1+2000）中，转移到 1000mL 容量瓶中，并用硝酸溶液（1+2000）稀释到刻度，混匀。

［标定］ 准确移取 20.00mL 配制的硝酸锌溶液，置于 300mL 锥形瓶中，加 50mL 水，10mL 氨-氯化铵缓冲溶液（pH10），0.050g 铬黑 T 指示剂，用 EDTA 标准溶液［$c(\mathrm{EDTA})=0.0500\mathrm{mol/L}$］滴定至溶液由紫色变为纯蓝色，并保持 30s 不褪色即为终点。硝酸锌标准溶液的浓度按下式计算：

$$c[\mathrm{Zn(NO_3)_2}]=\frac{c_1V_1}{V}$$

式中 $c[Zn(NO_3)_2]$ ——硝酸锌标准溶液的浓度，mol/L；

V_1——乙二胺四乙酸二钠标准溶液的体积，mL；

c_1——乙二胺四乙酸二钠标准溶液的浓度，mol/L；

V——硝酸锌溶液的体积，mL。

锌标准溶液 [$c(Zn)=0.05$mol/L]

[配制] 准确称取 3.269g 高纯锌，于 200mL 烧杯中，加 25mL 水，10mL 盐酸，溶解后，移入 1000mL 容量瓶，用水稀释到刻度，混匀。

[标定] 移取 30.00mL～35.00mL 锌溶液，于 250mL 锥形瓶中，加 70mL 水和 10mL 氨-氯化铵缓冲溶液（pH10），加 5 滴铬黑 T 指示液（5g/L），用 EDTA 标准溶液 [$c(EDTA)=0.0500$mol/L] 滴定至溶液由紫色变为纯蓝色。同时做空白试验。锌标准溶液的浓度 [$c(Zn)$] 按下式计算：

$$c(Zn)=\frac{c(V_1-V_2)}{V}$$

式中 V_1——EDTA 标准溶液的体积，mL；

V_2——空白试验 EDTA 标准溶液的体积，mL；

c——EDTA 标准溶液的浓度，mol/L；

V——锌溶液的体积，mL。

乙二胺四乙酸二钠（EDTA）标准溶液 [$c(EDTA)=0.1000$mol/L；$c(EDTA)=0.0500$mol/L；$c(EDTA)=0.0200$mol/L]

[配制] 选用 GBW 06102 或 GBW（E）060025 乙二胺四乙酸二钠（$C_{10}H_{14}N_2O_8Na_2 \cdot 2H_2O$）标准物质，准确称取下述规定量的乙二胺四乙酸二钠，加热溶于适量水中，冷却，转移到 1000mL 容量瓶中，用水稀释到刻度，摇匀。即可使用。转移到塑料瓶中保存。

$c(EDTA)/(mol/L)$	$m(EDTA)/g$
0.1000	37.2237
0.0500	18.6118
0.0200	7.4447

注：如果无法获得乙二胺四乙酸二钠标准物质，可采用基准试剂代替，但当此标准溶液用于准确测量时应标定后使用。

[标定]

(1) 乙二胺四乙酸二钠标准溶液 [$c(EDTA)=0.1$mol/L]、[$c(EDTA)=0.05$mol/L] 称取 0.3g 于 800℃ 灼烧至恒重的 GBW 06108 氧化锌纯度（络合量）标准物质，准确至 0.0001g；于 250mL 锥形瓶中，用少量水湿润，加 2mL 盐酸溶液（20%）溶解，加 100mL 水，用氨水溶液（10%）中和至 pH=7～8，加 10mL 氨-氯化铵缓冲溶液（pH≈10）及 5 滴铬黑 T 指示液（5g/L），用配制好的乙二胺四乙酸二钠溶液滴定至溶液由紫色变为纯蓝色。同时做空白试验。乙二胺四乙酸二钠标准溶液的浓度按下式计算：

$$c(EDTA)=\frac{m}{(V_1-V_2)\times 0.08139}$$

式中 c(EDTA)——乙二胺四乙酸二钠标准溶液的浓度，mol/L；

m——氧化锌的质量，g；

V_1——乙二胺四乙酸二钠溶液的体积，mL；

V_2——空白试验乙二胺四乙酸二钠溶液的体积，mL；

0.08139——与1.00mL乙二胺四乙酸二钠标准溶液［c(EDTA)=1.000mol/L］相当的，以g为单位的氧化锌的质量。

（2）乙二胺四乙酸二钠标准溶液［c(EDTA)=0.02mol/L］

方法1 称取0.42g于800℃灼烧至恒重的GBW 06108氧化锌纯度（络合量）标准物质，准确至0.0001g；于250mL烧杯中，用少量水湿润，加3mL盐酸溶液（1+5）溶解，移入250mL容量瓶中，用水稀释到刻度，混匀。准确移取35.00mL～40.00mL氧化锌标准溶液于250mL锥形瓶中，加70mL水，用氨水溶液（10%）中和至pH=7～8，加10mL氨-氯化铵缓冲溶液（pH≈10）及5滴铬黑T指示液（5g/L），用配制好的乙二胺四乙酸二钠溶液滴定至溶液由紫色变为纯蓝色。同时做空白试验。乙二胺四乙酸二钠标准溶液的浓度按下式计算：

$$c(\mathrm{EDTA})=\frac{m\times\frac{V}{250}}{(V_1-V_2)\times 0.08139}$$

式中 c(EDTA)——乙二胺四乙酸二钠标准溶液的浓度，mol/L；

V——所取氧化锌溶液的体积，mL；

m——氧化锌的质量，g；

V_1——乙二胺四乙酸二钠溶液的体积，mL；

V_2——空白试验乙二胺四乙酸二钠溶液的体积，mL；

250——氧化锌标准溶液总体积，mL；

0.08139——与1.00mL乙二胺四乙酸二钠标准溶液［c(EDTA)=1.000mol/L］相当的，以g为单位的氧化锌的质量。

方法2 取适量GBW 06108氧化锌标准物质，置于马弗炉中，在800℃下灼烧6h，冷却后，取出于干燥器中冷却备用。称取（0.10～0.12)g，准确到0.0001g，于300mL锥形瓶中，加水润湿，滴加（1～2)mL盐酸溶解（1+5)氧化锌，待氧化锌完全溶解后，加75mL水，5mL氨-氯化铵缓冲溶液（pH10），4滴铬黑T指示液（5g/L），然后用配制的EDTA溶液（0.02mol/L）滴定至溶液由酒红色变为亮蓝色为止。同时做空白试验。

$$c(\mathrm{EDTA})=\frac{m}{(V_1-V_2)\times 0.08139}$$

式中 c(EDTA)——乙二胺四乙酸二钠标准溶液的浓度，mol/L；

m——氧化锌的质量，g；

V_1——乙二胺四乙酸二钠溶液的体积，mL；

V_2——空白试验乙二胺四乙酸二钠溶液的体积，mL；

0.08139——与1.00mL乙二胺四乙酸二钠标准溶液［c(EDTA)=1.000mol/L］相当以g为单位的氧化锌的质量。

乙酸锌标准溶液 {$c[Zn(CH_3COO)_2 \cdot H_2O]$=0.02mol/L}

［配制］ 称取4.43g乙酸锌，加20mL水及2mL乙酸溶液（1+19），溶解并加水至

1000mL，摇匀。

［标定］ 用移液管移取25.00mL配制的乙酸锌溶液，置于250mL容量瓶中，加2mL氨-氯化铵缓冲溶液及75mL水，加0.025g铬黑T-氯化钠指示剂，用EDTA标准溶液［c(EDTA)=0.0200mol/L］滴定至溶液呈蓝色，并保持30s不褪色即为终点。乙酸锌标准溶液的浓度按下式计算：

$$c=\frac{V_1c_1}{V}$$

式中 c——乙酸锌标准溶液的浓度，mol/L；

V_1——乙二胺四乙酸二钠标准溶液的体积，mL；

c_1——乙二胺四乙酸二钠标准溶液的浓度，mol/L；

V——乙酸锌溶液的体积，mL。

五、氧化还原滴定分析用标准溶液

草酸标准溶液 ［$c(\frac{1}{2}H_2C_2O_4)$=0.1mol/L］

［配制］ 称取约6.3033g优级纯草酸（$H_2C_2O_4 \cdot 2H_2O$；M_r=126.0654），加适量的水溶解，并转移到1000mL容量瓶中，用水稀释至刻度，混匀。

［标定］ 准确吸取25.00mL草酸溶液，于250mL锥形瓶中，加入100mL硫酸溶液（8+92），用高锰酸钾标准溶液［$c(\frac{1}{5}KMnO_4)$=0.100mol/L］滴定，近终点时，加热至65℃，继续用高锰酸钾标准溶液滴定至溶液呈微红色，保持30s。同时做空白试验。草酸标准溶液的浓度按下式计算：

$$c\left(\frac{1}{2}H_2C_2O_4\right)=\frac{(V_1-V_2)c_1}{V}$$

式中 $c(\frac{1}{2}H_2C_2O_4)$——草酸标准溶液的浓度，mol/L；

V_1——高锰酸钾标准溶液的体积，mL；

V_2——空白试验高锰酸钾标准溶液的体积，mL；

c_1——高锰酸钾标准溶液的浓度，mol/L；

V——草酸溶液的体积，mL。

草酸铵标准溶液 ｛$c[\frac{1}{2}(NH_4)_2C_2O_4]$=0.1mol/L｝

［配制］ 准确称取7.1056g经纯度分析的优级纯草酸铵［$(NH_4)_2C_2O_4 \cdot H_2O$；$M_r$=142.1112］，溶于300mL硫酸溶液（1+29：加热至70℃左右，滴加高锰酸钾标准溶液至溶液呈微红色，冷却，备用）中，用水稀释至1000mL，摇匀。

［草酸铵含量的测定］ 称取0.2g草酸铵［$(NH_4)_2C_2O_4 \cdot H_2O$］，准确至0.0001g，置于250mL锥形瓶中，溶于100mL硫酸溶液（8%）。用高锰酸钾标准溶液［$c(\frac{1}{5}KMnO_4)$=0.100mol/L］滴定，近终点时加热至65℃，继续滴定至溶液呈粉红色，并保持30s。同时做空白试验。草酸铵质量分数（w）按下式计算：

$$w=\frac{c(V_1-V_2)\times 0.07106}{m}\times 100\%$$

式中 w——草酸铵$[(NH_4)_2C_2O_4 \cdot H_2O]$ 的质量分数，%；

c——高锰酸钾标准溶液的浓度，mol/L；

V_1——试样消耗高锰酸钾标准溶液的体积，mL；

V_2——空白试验消耗高锰酸钾标准溶液的体积，mL；

m——草酸铵的质量，g；

0.07106——与 1.000mL 高锰酸钾标准溶液 $[c(1/5 KMnO_4)=1.000mol/L]$ 相当的，以 g 为单位的草酸铵的质量。

草酸钾标准溶液 $[c(1/2 K_2C_2O_4)=0.1mol/L]$

［配制］ 准确称取 9.2116g 经纯度测定的优级纯草酸钾（$K_2C_2O_4 \cdot H_2O$；$M_r=184.2309$），溶于 300mL 硫酸溶液中（1+29：加热至 70℃左右，滴加高锰酸钾标准溶液至溶液呈微红色为止。冷却，备用），用水稀释至 1000mL，摇匀。

［草酸钾纯度的测定］ 称取 0.3g 草酸钾（$K_2C_2O_4 \cdot H_2O$），准确至 0.0001g，置于 250mL 锥形瓶中，溶于 100mL 硫酸溶液（8%）。用高锰酸钾标准溶液 $[c(1/5 KMnO_4)=0.100mol/L]$ 滴定，近终点时加热至 65℃，继续滴定至溶液呈粉红色，并保持 30s。同时做空白试验。草酸钾质量分数按下式计算：

$$w=\frac{c_1(V_1-V_2)\times 0.09211}{m}\times 100\%$$

式中 w——草酸钾（$K_2C_2O_4 \cdot H_2O$）的质量分数；%

c_1——高锰酸钾标准溶液的浓度，mol/L；

V_1——高锰酸钾标准溶液的体积，mL；

V_2——空白试验高锰酸钾标准溶液的体积，mL；

m——草酸钾的质量，g；

0.09211——与 1.000mL 高锰酸钾标准溶液 $[c(1/5 KMnO_4)=1.000mol/L]$ 相当的，以 g 为单位的草酸钾的质量。

草酸钠标准溶液 $\{c[1/2 Na_2C_2O_4]=0.1mol/L\}$

［配制］ 选用 GBW 06107 或 GBW（E）060021 草酸钠（$Na_2C_2O_4$；$M_r=133.9985$）纯度标准物质，取适量草酸钠置于称量瓶中，在 105℃下干燥 3h，取出于干燥器中冷却备用。准确称取 6.6999g 草酸钠（纯度：99.960%），于 500mL 烧杯中，溶于 300mL 硫酸溶液［(1+29)：硫酸溶液加热至 70℃左右，滴加高锰酸钾标准溶液至溶液呈微红色为止。冷却，备用］中，用水稀释至 1000mL，摇匀即可使用。

注：如果无法获得草酸钠标准物质，可采用基准试剂代替，但当此标准溶液用于准确测量时应对试剂测定其纯度后使用。

［草酸钠纯度的测定］ 称取 0.2g 于 105℃下干燥至恒重的基准试剂草酸钠，准确至 0.0001g，置于反应瓶中，溶于 100mL 硫酸溶液（8%）。用高锰酸钾标准溶液 $[c(1/5 KMnO_4)=0.100mol/kg]$ 进行称量滴定，近终点时加热至 65℃，继续滴定至溶液呈粉红色，并保持 30s。草

酸钠的质量分数按下式计算：

$$w=\frac{m_1c_1\times0.067000}{m_2}\times100\%$$

式中 w——草酸钠的质量分数；%

c_1——高锰酸钾标准溶液的浓度，mol/kg；

m_1——高锰酸钾标准溶液的质量，g；

m_2——草酸钠的质量，g；

0.067000——与 1.0000g 高锰酸钾标准溶液 [$c(\frac{1}{5}KMnO_4)$=1.000mol/kg] 相当的，以 g 为单位的草酸钠的质量。

次磷酸钠标准溶液 [$c(NaH_2PO_2)$=0.05mol/L]

[配制] 准确称取 5.2997g 次磷酸钠（$NaH_2PO_2\cdot2H_2O$；M_r=105.9935）溶于水中，移入 1000mL 容量瓶中，用水稀释到刻度，混匀。

[标定] 准确移取 20.00mL 上述溶液，置于 250mL 锥形瓶中，加入 40.0mL 硫酸高铈标准溶液 {$c[Ce(SO_4)_2]$=0.100mol/L}，混匀，加入 2mL 硫酸银溶液（5gAg_2SO_4 溶于 95mL 浓硫酸中）。加盖，加热几乎沸腾，继续加热 30min。冷却至室温，用硫酸亚铁标准溶液 [$c(FeSO_4)$=0.100mol/L] 滴定至淡黄色，加入 2 滴邻菲罗啉指示液，继续滴定至赭色为终点。同时做空白试验。次磷酸钠标准溶液的浓度按下式计算：

$$c(NaH_2PO_2)=\frac{(V_1-V_2)c_1}{V}$$

式中 $c(NaH_2PO_2)$——次磷酸钠标准溶液的浓度，mol/L；

V_1——空白试验硫酸亚铁标准溶液的体积，mL；

V_2——硫酸亚铁标准溶液的体积，mL；

c_1——硫酸亚铁标准溶液的浓度，mol/L；

V——次磷酸钠溶液的体积，mL；

次氯酸钙标准溶液 {$c[\frac{1}{2}Ca(ClO)_2]$ =0.1mol/L}

[配制] 称取 10g 优级纯次氯酸钙 [$Ca(ClO)_2\cdot4H_2O$；M_r=215.044] 溶于 250mL 水中，振摇，用 4 号玻璃砂芯坩埚过滤，滤液用水稀释至 1000mL，混匀，储存于棕色瓶中。

[标定]

方法 1 吸取 25.00mL 配制好的次氯酸钙溶液，于 250mL 锥形瓶中，加入 1.5g 碘化钾和 5mL 硫酸溶液 [$c(H_2SO_4)$=3mol/L]，于暗处放置 5min。加 150mL 水（15℃～20℃），用硫代硫酸钠标准溶液 [$c(Na_2S_2O_3)$=0.100mol/L] 滴定，近终点时加 2mL 淀粉指示液（10g/L），继续滴定至溶液蓝色消失。同时做空白试验。次氯酸钙标准溶液的浓度按下式计算：

$$c\left[\frac{1}{2}Ca(ClO)_2\right]=\frac{(V_1-V_2)c_1}{V}$$

式中 $c[\frac{1}{2}Ca(ClO)_2]$ ——次氯酸钙标准溶液的浓度，mol/L；

V_1——硫代硫酸钠标准溶液的体积，mL；

V_2——空白试验硫代硫酸钠标准溶液的体积，mL；

c_1——硫代硫酸钠标准溶液的浓度，mol/L；

V——次氯酸钙溶液的体积，mL。

方法 2 吸取 25.00mL 亚砷酸钠标准溶液［$c(NaAsO_2)=0.100mol/L$］于 250mL 锥形瓶中，加 1g 溴化钾，0.5g 碳酸氢钠，用配制的次氯酸钙溶液滴定至近终点，加 1 滴酸性枣红指示液（2g/L），继续逐滴滴至粉红色消失，再加 1 滴指示液，如颜色不褪去，小心滴至由粉红色变为无色或浅黄绿色。同时做空白试验。次氯酸钙标准溶液的浓度按下式计算：

$$c\left[\frac{1}{2}Ca(ClO)_2\right]=\frac{(V_1-V_2)c_1}{V}$$

式中 $c[\frac{1}{2}Ca(ClO)_2]$——次氯酸钙溶液的浓度，mol/L；

V_1——亚砷酸钠标准溶液的体积，mL；

V_2——空白试验亚砷酸钠标准溶液的体积，mL；

c_1——亚砷酸钠标准溶液的浓度，mol/L；

V——次氯酸钙溶液的体积，mL。

注：因次氯酸钙不稳定，应每天标定一次。

次氯酸钠标准溶液［$c(NaClO)=0.05mol/L$］

［配制］ 取适量体积（mL）并经标定的次氯酸钠（NaClO；$M_r=74.442$）试剂（有效氯≥5.2%），用氢氧化钠溶液［$c(NaOH)=2mol/L$］稀释到 1000mL，混匀，储存于冰箱中。可使用 2 个月。所取次氯酸钠试剂的体积按下式计算：

$$V=\frac{0.05\times1000}{c(NaClO)}$$

式中 V——所取次氯酸钠浓溶液的体积，mL；

$c(NaClO)$——次氯酸钠溶液的浓度，mol/L。

［次氯酸钠试剂含量的标定］ 氧化还原滴定法：称取 2g 碘化钾于 250mL 碘量瓶中，加入 50mL 新煮沸冷却的水溶解，再准确加入 1.00mL 次氯酸钠溶液，加 0.5mL 盐酸溶液（1+1），摇匀。暗处放置 3min，用硫代硫酸钠标准溶液［$c(Na_2S_2O_3)=0.100mol/L$］滴定析出的碘，滴定至溶液呈淡黄色时，加入 1mL 新配制的淀粉溶液（5g/L），溶液呈蓝色，继续滴定至蓝色刚刚消失，即为终点。次氯酸钠浓溶液的浓度按下式计算：

$$c(NaClO)=\frac{c_1V_1}{2V}$$

式中 $c(NaClO)$——次氯酸钠浓溶液的浓度，mol/L；

V_1——滴定消耗硫代硫酸钠标准溶液的体积，mL；

c_1——硫代硫酸钠标准溶液的浓度，mol/L；

V——标定时，所取次氯酸钠浓溶液的体积，mL。

次溴酸钠标准溶液［$c(NaBrO)=0.1mol/L$］

［配制］ 称取 24g 氢氧化钠溶于 1000mL 水中，用冰盐水冷却剂冷至−4℃，加 8g 纯溴，充分摇匀，在冷却剂中放置 12h，标定。

[标定]

方法1　吸取25.00mL配制好的次溴酸钠溶液，于250mL锥形瓶中，加入1.5g碘化钾和5mL硫酸溶液[$c(H_2SO_4)=3mol/L$]，于暗处放置5min。加150mL水（15℃～20℃），用硫代硫酸钠标准溶液[$c(Na_2S_2O_3)=0.100mol/L$]滴定，近终点时加2mL淀粉指示液（10g/L），继续滴定至溶液蓝色消失。同时做空白试验。次溴酸钠标准溶液的浓度按下式计算：

$$c(NaBrO)=\frac{(V_1-V_2)c_1}{V}$$

式中　$c(NaBrO)$——次溴酸钠标准溶液的浓度，mol/L；

V_1——硫代硫酸钠标准溶液的体积，mL；

V_2——空白试验硫代硫酸钠标准溶液的体积，mL；

c_1——硫代硫酸钠标准溶液的浓度，mol/L；

V——次溴酸钠标准溶液的体积，mL。

方法2　吸取25.00mL亚砷酸钠标准溶液[$c(NaAsO_2)=0.100mol/L$]于250mL锥形瓶中，加1g溴化钾，0.5g碳酸氢钠，用配制的次溴酸钠溶液滴定至近终点，加1滴酸性枣红指示液（2g/L），继续逐滴滴至粉红色消失，再加1滴指示液，如颜色不褪去，小心滴至由粉红色变为无色或浅黄绿色。同时做空白试验。次溴酸钠标准溶液浓度按下式计算：

$$c(NaBrO)=\frac{(V_1-V_2)c_1}{V}$$

式中　$c(NaBrO)$——次溴酸钠标准溶液的浓度，mol/L；

V_1——亚砷酸钠标准溶液的体积，mL；

V_2——空白试验亚砷酸钠标准溶液的体积，mL；

c_1——亚砷酸钠标准溶液的浓度，mol/L；

V——次溴酸钠标准溶液的体积，mL。

注：次溴酸钠溶液应每天标定一次。

重铬酸钾标准溶液[$c(\frac{1}{6}K_2Cr_2O_7)=0.100mol/L$]

[配制]　取适量GBW 06105或GBW（E）060018重铬酸钾标准物质于称量瓶中，于120℃下干燥至恒重。准确称取4.9039g重铬酸钾（$K_2Cr_2O_7$；$M_r=294.1846$），于300mL烧杯中，溶于适量水中，转移到1000mL容量瓶中，用水稀释到刻度，摇匀。即可使用。

注：如果无法获得重铬酸钾标准物质，可采用基准试剂代替，但当此标准溶液用于准确测量时应标定后使用。

[标定]　准确移取（35.00～40.00）mL配制好的重铬酸钾溶液[$c(\frac{1}{6}K_2Cr_2O_7)=0.100mol/L$]，置于碘量瓶中，加2g碘化钾及20mL硫酸溶液（20%），摇匀，于暗处放置10min。加150mL水（15℃～20℃），用硫代硫酸钠标准溶液[$c(Na_2S_2O_3)=0.100mol/L$]滴定，近终点时加2mL淀粉指示液（10g/L），继续滴定至溶液由蓝色变为亮绿色。同时做空白试验。重铬酸钾标准溶液的浓度按下式计算：

$$c\left(\frac{1}{6}K_2Cr_2O_7\right)=\frac{(V_1-V_2)c_1}{V}$$

式中　$c(\frac{1}{6}K_2Cr_2O_7)$——重铬酸钾标准溶液的浓度，mol/L；

V_1——硫代硫酸钠标准溶液的体积，mL；

V_2——空白试验硫代硫酸钠标准溶液的体积，mL；

c_1——硫代硫酸钠标准溶液的浓度，mol/L；

V——重铬酸钾标准溶液的体积，mL。

碘标准溶液 [$c(\frac{1}{2}I_2)=0.1mol/L$]

［配制］ 准确称取 12.6904g 升华碘（I_2；$M_r=253.80894$）及 35g 碘化钾，于 300mL 烧杯中，溶于 100mL 水，移入 1000mL 容量瓶中，用水稀释至刻度，摇匀，保存于棕色具塞瓶中。暗处保存。

［标定］

方法 1 称取 0.18g 预先在硫酸干燥器中干燥至恒重的 GBW 060022 三氧化二砷纯度标准物质，准确至 0.0001g，置于碘量瓶中，加 6mL 氢氧化钠溶液 [$c(NaOH)=1mol/L$] 溶解，加 50mL 水，2 滴酚酞指示液（10g/L），用硫酸溶液 [$c(\frac{1}{2}H_2SO_4)=1.0mol/L$] 滴定至溶液呈无色，加 3g 碳酸氢钠及 2mL 淀粉指示液（10g/L），用配制的碘溶液 [$c(\frac{1}{2}I_2)=0.100mol/L$] 滴定至溶液呈浅蓝色。同时做空白试验。碘标准溶液的浓度按下式计算：

$$c\left(\frac{1}{2}I_2\right)=\frac{m}{(V_1-V_2)\times 0.04946}$$

式中 $c(\frac{1}{2}I_2)$ ——碘标准溶液的浓度，mol/L；

m——三氧化二砷的质量，g；

V_1——碘溶液的体积，mL；

V_2——空白试验碘溶液的体积，mL；

0.04946——与 1.00mL 碘标准溶液 [$c(\frac{1}{2}I_2)=1.000mol/L$] 相当的，以 g 为单位的三氧化二砷的质量。

方法 2 准确量取（30.00～35.00）mL 配制好的碘溶液置于碘量瓶中，加 150mL 水（15℃～20℃），用硫代硫酸钠标准溶液 [$c(Na_2S_2O_3)=0.100mol/L$] 滴定，近终点时加 2mL 淀粉指示液（10g/L），继续滴定至溶液蓝色消失。同时做空白试验：取 250mL 水（15℃～20℃），加 0.05mL～0.20mL 配制好的碘溶液及 2mL 淀粉指示液（10g/L），用硫代硫酸钠标准溶液 [$c(Na_2S_2O_3)=0.1mol/L$] 滴定至溶液蓝色消失。碘标准溶液的浓度按下式计算：

$$c\left(\frac{1}{2}I_2\right)=\frac{(V_1-V_2)c_1}{(V_3-V_4)}$$

式中 $c(\frac{1}{2}I_2)$ ——碘标准溶液的浓度，mol/L。

V_1——硫代硫酸钠标准溶液的体积，mL；

V_2——空白试验硫代硫酸钠标准溶液的体积，mL；

c_1——硫代硫酸钠标准溶液的浓度，mol/L；

V_3——碘溶液的体积，mL；

V_4——空白试验中加入碘溶液的体积，mL。

碘酸钙标准溶液 {$c(\frac{1}{12}Ca(IO_3)_2]=0.10mol/L$}

［配制］ 选取优级纯碘酸钙，取适量于称量瓶中于 105℃下干燥 2h，置于干燥器中备用。准确称取 3.2490g 上述碘酸钙 [$Ca(IO_3)_2$；$M_r=389.883$] 于 200mL 高型烧杯中，用

少量硝酸溶液（1+99）溶解后，移入1000mL容量瓶中，用水洗涤烧杯数次，合并洗涤液到容量瓶中，用水稀释至刻度，摇匀。

［标定］ 准确移取（30.00～35.00）mL配制好的碘酸钙溶液 {$c[\frac{1}{12}Ca(IO_3)_2]$=0.1mol/L}，置于碘量瓶中，加2g碘化钾及5mL盐酸溶液（20%），摇匀，于暗处放置5min。加150mL水（15℃～20℃），用硫代硫酸钠标准溶液［$c(Na_2S_2O_3)$=0.100mol/L］滴定，近终点时加2mL淀粉指示液（10g/L），继续滴定至溶液蓝色消失。同时做空白试验。碘酸钙标准溶液的浓度按下式计算：

$$c\left[\frac{1}{12}Ca(IO_3)_2\right]=\frac{(V_1-V_2)c_1}{V}$$

式中 $c[\frac{1}{12}Ca(IO_3)_2]$——碘酸钙标准溶液的浓度，mol/L；

V_1——硫代硫酸钠标准溶液的体积，mL；

V_2——空白试验硫代硫酸钠标准溶液的体积，mL；

c_1——硫代硫酸钠标准溶液的浓度，mol/L；

V——碘酸钙标准溶液的体积，mL。

碘酸钾标准溶液

［配制］ 选用GBW 06110碘酸钾（KIO_3；M_r=214.0010）标准物质，取适量于称量瓶中105℃下干燥烘2h，置于干燥器中备用。准确称取下述规定量的碘酸钾于200mL高型烧杯中，用少量水溶解后，移入1000mL容量瓶中，用水洗涤烧杯数次，合并洗涤液到容量瓶中，用水稀释至刻度，摇匀。即可使用。

$c(\frac{1}{6}KIO_3)$/(mol/L)	m(碘酸钾)/g
0.3	10.7000
0.1	3.5667

注：如果无法获得碘酸钾标准物质，可采用基准试剂代替，但当此标准溶液用于准确测量时应标定后使用。

标定

方法1 按下述规定体积量取配制好的碘酸钾溶液，置于碘量瓶中，加规定体积的水和碘化钾，加5mL盐酸溶液（1+5），摇匀，于暗处放置5min。加150mL水（15℃～20℃），用硫代硫酸钠标准溶液［$c(Na_2S_2O_3)$=0.100mol/L］滴定，近终点时加2mL淀粉指示液（10g/L），继续滴定至溶液蓝色消失。同时做空白试验。

$c(\frac{1}{6}KIO_3)$/(mol/L)	V(碘酸钾溶液)/mL	V(水)/mL	m(碘化钾)/g
0.3	11.00～13.00	20	3
0.1	30.00～35.00	0	2

碘酸钾标准溶液的浓度按下式计算：

$$c\left(\frac{1}{6}KIO_3\right)=\frac{(V_1-V_2)c_1}{V}$$

式中 $c(\frac{1}{6}KIO_3)$——碘酸钾标准溶液的浓度，mol/L；

V_1——硫代硫酸钠标准溶液的体积，mL；

V_2——空白试验硫代硫酸钠标准溶液的体积，mL；

c_1——硫代硫酸钠标准溶液的浓度，mol/L；

V——碘酸钾标准溶液的体积，mL。

方法 2 精密库仑法：阳极室为工作室，铂电极为工作电极，仪器预热稳定后，加入 80mL 乙酸 [$c(CH_3COOH)$=0.5mol/L]-乙酸钠溶液 [$c(CH_3COONa)$=0.5mol/L] 混合支持电解质溶液及 4g 碘化钾，于已清洗的电解池中，在搅拌的情况下，通入高纯氮除氧后，用 10.186mA 电流预电解至某一定指示电流（I_0）（指示电极为双铂电极，两极间加 150mV 电压），除去试剂空白，然后，用最小分度为 0.0001g 的天平，减量法准确称取 1g 待测碘酸钾溶液，加入到电解池阳极室中，待碘酸钾与碘化钾反应生成碘溶液变黄后，采用同样的方法加入过量的三氧化二砷标准溶液，用电解产生的碘与其反应，最后使指示电流达到最初预电解时的（I_0）值，记录所用的时间，计算出过量的三氧化二砷标准溶液所消耗的电量（q），从加入的三氧化二砷标准溶液所应消耗的电量（Q）中减去过量部分三氧化二砷标准溶液所消耗的电量（q），剩余电量即为待测碘酸钾标准溶液所消耗的电量。计算碘酸钾标准溶液的浓度：

$$c\left(\frac{1}{6}KIO_3\right)=b\left(\frac{1}{6}KIO_3\right)\rho\times1000$$

$$b\left(\frac{1}{6}KIO_3\right)=\frac{(Q-q)\times1000}{mF}$$

式中 $c(\frac{1}{6}KIO_3)$——碘酸钾标准溶液的浓度，mol/L；

$b(\frac{1}{6}KIO_3)$——碘酸钾标准溶液的质量摩尔浓度，mol/kg；

Q——碘酸钾溶液消耗的电量，C；

F——法拉第常数，C/mol；

m——碘酸钾溶液的质量，g。

ρ——20℃时该溶液的密度，g/mL。

对氨基苯磺酸标准溶液 {$c[C_6H_4(NH_2)(SO_3H)]$=0.1mol/L}

［配制］ 取适量基准无水对氨基苯磺酸于称量瓶中，于 120℃下干燥至恒重，放置于干燥器中冷却，备用。准确称取 17.319g 对氨基苯磺酸，准确至 0.0001g，用适量水溶解后，转移到 1000mL 容量瓶中，用水稀释到刻度，混匀。

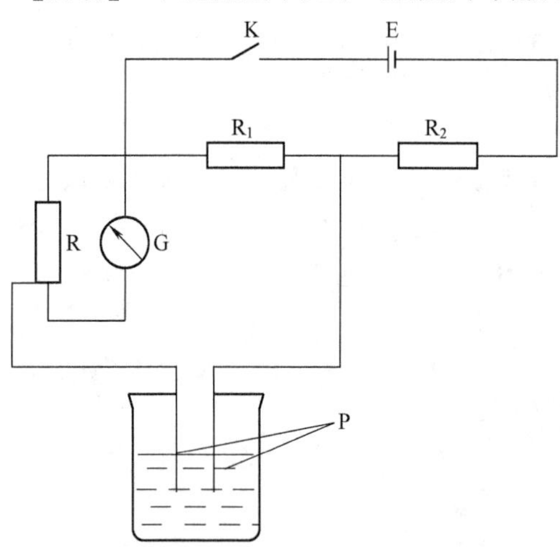

图 2-7 测量装置安装示意图

R—电阻，其阻值与检流计临界阻尼电阻值近似；R_1—电阻，(60～70) Ω（或用可变电阻），使加于二电极上的电压约为 500mV；R_2—电阻，2000Ω；E—1.5V 干电池；K—开关；G—检流计，灵敏度为 10^{-9}A/格；P—铂电极

［标定］ 吸取 20.00mL 对氨基苯磺酸溶液，于 250mL 烧杯中，加入 130mL 水，20mL 盐酸，按图 2-7 安装好滴定指示装置，用亚硝酸钠标准溶液 [$c(NaNO_2)$=0.100mol/L]，在 (15～20)℃进行滴定。近终点时，放慢滴定速度，观察检流计读数和指针偏转情况，直到加入标准溶液搅拌后，电流突变，并不再回复时为滴定终点。对氨基苯磺酸标准溶液的浓度按下式计算：

$$c[C_6H_4(NH_2)(SO_3H)]=\frac{V_1c_1}{V}$$

式中 c——对氨基苯磺酸标准溶液的浓度，mol/L；

c_1——亚硝酸钠标准溶液的浓度，mol/L；

V_1——亚硝酸钠标准溶液的体积，mL；

V——对氨基苯磺酸溶液的体积，mL。

钒酸铵标准溶液 [$c(NH_4VO_3)=0.1mol/L$]

[配制] 称取 11.69g 优级纯偏钒酸铵（NH_4VO_3；$M_r=116.9782$），于 300mL 烧杯中，溶于 100mL 水，用硫酸溶液（1+1）中和至呈酸性，用水稀释至 1000mL，混匀。

[标定]

方法 1 准确移取 10.00mL 配制的钒酸铵溶液，于 250mL 锥形瓶中，加入（30～40）mL 硫酸溶液（1+1）[酸度应在 $c(H_2SO_4)=5mol/L$ 左右，溶液浓度大时，应该增加酸度] 用水稀释至 100mL，加入（3～5）滴苯代邻氨基苯甲酸指示液（2g/L），以硫酸亚铁标准溶液 [$c(FeSO_4)=0.100mol/L$] 滴定，溶液由紫红色滴定至无色或浅黄绿色为终点。钒酸铵标准溶液的浓度按下式计算：

$$c(NH_4VO_3)=\frac{c_1V_1}{V}$$

式中 $c(NH_4VO_3)$——钒酸铵标准溶液的浓度，mol/L；

V_1——硫酸亚铁铵标准溶液的体积，mL；

c_1——硫酸亚铁铵标准溶液的浓度，mol/L；

V——钒酸铵溶液的体积，mL。

方法 2 吸取 30.00mL 配制的钒酸铵溶液，于 250mL 锥形瓶中，加 20mL 热水，加入 1mL 硫酸，30mL 亚硫酸，加热煮沸至二氧化硫气体冒尽（并加水保持原体积）继续煮沸 5min，冷却，稀释到 100mL，用高锰酸钾标准溶液 [$c(\frac{1}{5}KMnO_4)=0.100mol/L$] 滴定至溶液呈粉红色。钒酸铵标准溶液的浓度按下式计算：

$$c(NH_4VO_3)=\frac{c_1V_1}{V}$$

式中 $c(NH_4VO_3)$——钒酸铵标准溶液的浓度，mol/L；

V_1——高锰酸钾标准溶液的体积，mL；

c_1——高锰酸钾标准溶液的浓度，mol/L；

V——钒酸铵标准溶液的体积，mL。

富马酸亚铁标准溶液 [$c(FeC_4H_2O_4)=0.05mol/L$]

[配制] 取适量富马酸亚铁于称量瓶中，于 120℃下干燥至恒重，置于干燥器中冷却备用。准确称取 8.4951g 经纯度测定的富马酸亚铁（$FeC_4H_2O_4$；$M_r=169.901$），用盐酸溶液 [$c(HCl)=0.1mol/L$] 溶解后，移入 1000mL 容量瓶中，用水稀释到刻度，混匀。避光保存。

[富马酸亚铁纯度的测定] 准确称取 0.3g 样品，准确到 0.0001g，于 250mL 锥形瓶中，加 15mL 稀硫酸（10%），加热煮沸溶解后，冷却，加 50mL 新煮沸过的冷水，加 2 滴邻二氮菲指示液，立即用硫酸高铈标准溶液 {$c[Ce(SO_4)_2]=0.100mol/L$} 滴定，同时做空白试验。富马酸亚铁质量分数按下式计算：

$$w=\frac{c_1(V_1-V_2)\times 0.1699}{m}\times 100\%$$

式中 w——富马酸亚铁的质量分数，%；

V_1——硫酸高铈标准溶液的体积，mL；

V_2——空白试验消耗硫酸高铈标准溶液的体积，mL；

c_1——硫酸高铈标准溶液的浓度，mol/L；

m——富马酸亚铁的质量，g；

0.1699——与1.00mL硫酸高铈标准溶液 $\{c[Ce(SO_4)_2]=1.000mol/L\}$ 相当的，以g为单位的富马酸亚铁的质量。

铬酸钾标准溶液 $[c(1/3K_2CrO_4)=0.10mol/L]$

［配制］ 准确称取6.4731g优级纯铬酸钾（K_2CrO_4；$M_r=194.1920$），于200mL烧杯中，加适量水溶解，转移到1000mL容量瓶中，用水稀释到刻度，摇匀。

［标定］ 准确移取30.00mL配制好的铬酸钾溶液 $[c(1/3K_2CrO_4)]=0.1mol/L]$，置于碘量瓶中，加2g碘化钾及10mL硫酸溶液（20%），摇匀，于暗处放置10min。加150mL水（15℃～20℃），用硫代硫酸钠标准溶液 $[c(Na_2S_2O_3)=0.100mol/L]$ 滴定，近终点时加2mL淀粉指示液（10g/L），继续滴定至溶液由蓝色变为亮绿色。同时做空白试验。铬酸钾标准溶液的浓度按下式计算：

$$c\left(\frac{1}{3}K_2CrO_4\right)=\frac{(V_1-V_2)c_1}{V}$$

式中 $c(1/3K_2CrO_4)$——铬酸钾标准溶液的浓度，mol/L；

V_1——硫代硫酸钠标准溶液的体积，mL；

V_2——空白试验硫代硫酸钠标准溶液的体积，mL；

c_1——硫代硫酸钠标准溶液的浓度，mol/L；

V——铬酸钾溶液的体积，mL。

高氯酸标准溶液 $[c(HClO_4)=0.1mol/L]$

［配制］ 量取8.5mL高氯酸，在搅拌下注入500mL冰醋酸中，混匀。在室温下滴加20mL乙酸酐，搅拌至溶液均匀。冷却后用冰醋酸稀释至1000mL，摇匀。

［标定］ 称取0.75g 115℃干燥至恒重的GBW 06106或GBW（E）060019邻苯二甲酸氢钾纯度标准物质，准确至0.0001g，置于干燥的锥形瓶中，加入50mL冰醋酸，温热溶解。加3滴结晶紫指示液（5g/L），用配制好的高氯酸溶液 $[c(HClO_4)=0.1mol/L]$ 滴定至溶液由紫色变为蓝色（微带紫色）。高氯酸标准溶液的浓度按下式计算：

$$c(HClO_4)=\frac{m}{V\times 0.2042}$$

式中 $c(HClO_4)$——高氯酸标准溶液的浓度，mol/L；

m——邻苯二甲酸氢钾的质量，g；

V——高氯酸溶液的体积，mL；

0.2042——与1.00mL高氯酸标准溶液 $[c(HClO_4)=1.000mol/L]$ 相当的，以g为单位的邻苯二甲酸氢钾的质量。

注：本溶液使用前标定。标定高氯酸标准溶液时的温度应与使用该标准溶液滴定时的温度相同。

高锰酸钾标准溶液 [$c(\frac{1}{5}KMnO_4)$ ＝0.1mol/L]

[配制] 称取 3.3g 重结晶高锰酸钾，溶于 1050mL 水中，缓缓煮沸 15min，冷却后，置于暗处放置两周。用已处理过的 4 号玻璃砂芯坩埚过滤于棕色瓶中，用下述方法标定后使用。

注：过滤高锰酸钾溶液所使用的 4 号玻璃砂芯坩埚应先以同样的高锰酸钾溶液缓缓煮沸 5min，收集瓶也要用此高锰酸钾溶液洗涤（2～3）次。

[标定]

方法 1 称取 0.25g 于（105～110)℃烘干至恒重的 GBW 06107 草酸钠纯度标准物质，准确至 0.0001g。于 250mL 锥形瓶中，溶于 100mL 硫酸溶液（8＋92），用配制好的高锰酸钾溶液 [$c(\frac{1}{5}KMnO_4)$＝0.100mol/L] 滴定，近终点时加热至 65℃，继续滴定至溶液呈粉红色保持 30s。同时做空白试验。高锰酸钾标准溶液的浓度按下式计算：

$$c\left(\frac{1}{5}KMnO_4\right)=\frac{m}{(V_1-V_2)\times 0.06700}$$

式中 $c(\frac{1}{5}KMnO_4)$——高锰酸钾标准溶液的浓度，mol/L；

m——草酸钠的质量，g；

V_1——高锰酸钾溶液的体积，mL；

V_2——空白试验高锰酸钾溶液的体积，mL；

0.06700——与 1.00mL 高锰酸钾溶液 [$c(\frac{1}{5}KMnO_4)$＝1.000mol/L] 相当的，以 g 为单位的草酸钠的质量。

方法 2 准确移取（30.00～35.00)mL 配制好的高锰酸钾溶液，置于 300mL 碘量瓶中，加 2g 碘化钾及 20mL 硫酸溶液（20%），摇匀，于暗处放置 5min。加 150mL 水（15℃～20℃），用硫代硫酸钠标准溶液 [$c(Na_2S_2O_3)$＝0.100mol/L] 滴定，近终点时加 3mL 淀粉指示液（5g/L），继续滴定至溶液蓝色消失。同时做空白试验。高锰酸钾标准溶液的浓度按下式计算：

$$c\left(\frac{1}{5}KMnO_4\right)=\frac{(V_1-V_2)c_1}{V}$$

式中 $c(\frac{1}{5}KMnO_4)$——高锰酸钾标准溶液的浓度，mol/L；

V_1——硫代硫酸钠标准溶液的体积，mL；

V_2——空白试验硫代硫酸钠标准溶液的体积，mL；

c_1——硫代硫酸钠标准溶液的浓度，mol/L；

V——高锰酸钾溶液的体积，mL。

过二硫酸钾标准溶液 [$c(\frac{1}{2}K_2S_2O_8)$＝0.1mol/L]

[配制] 准确称取 13.516g 经纯度分析的过二硫酸钾（$K_2S_2O_8$；M_r＝270.322）（或根据纯度计算出相应的质量），溶于适量水中，转移到 1000mL 容量瓶中，用水稀释到刻度，混匀。

[过二硫酸钾纯度测定] 称取 0.3g 过二硫酸钾（必要时预先研细），准确至 0.0001g，置于干燥的碘量瓶中，加入 30mL 水，迅速溶解，加 4g 碘化钾，摇匀，在暗处放置 30min，

加 2mL 乙酸（36%），用硫代硫酸钠标准溶液 [$c(Na_2S_2O_3)$=0.100mol/L] 滴定，近终点时加 2mL 淀粉指示液（10g/L），继续滴定至溶液蓝色消失。同时做空白试验。过二硫酸钾的质量分数（w）按下式计算：

$$w=\frac{c(V_1-V_2)\times 0.1352}{m}\times 100\%$$

式中 w——过二硫酸钾的质量分数，%；

c——硫代硫酸钠标准溶液的浓度，mol/L；

V_1——过二硫酸钾消耗硫代硫酸钠标准溶液的体积，mL；

V_2——空白试验消耗硫代硫酸钠溶液的体积，mL；

m——过二硫酸钾的质量，g；

0.1352——与 1.00mL 硫代硫酸钠标准溶液 [$c(Na_2S_2O_3)$=1.000mol/L] 相当的，以 g 为单位的过二硫酸钾的质量。

过硫酸铵标准溶液 {$c[\frac{1}{2}(NH_4)_2S_2O_8]$=0.1mol/L}

[配制] 准确称取 11.410g 经纯度分析的过二硫酸铵 [$(NH_4)_2S_2O_8$；M_r=228.202]，溶于适量水中，转移到 1000mL 容量瓶中，用水稀释到刻度，混匀。

[过硫酸铵纯度测定] 称取 0.3g 过硫酸铵，准确至 0.0001g，置于干燥的碘量瓶中，加入 30mL 水溶解，加 4g 碘化钾，摇匀，在暗处放置 30min，加 2mL 乙酸（36%），用硫代硫酸钠标准溶液 [$c(Na_2S_2O_3)$=0.100mol/L] 滴定，近终点时加 2mL 淀粉指示液（10g/L），继续滴定至溶液蓝色消失。同时做空白试验。过二硫酸铵的质量分数（w）按下式计算：

$$w=\frac{c(V_1-V_2)\times 0.1141}{m}\times 100\%$$

式中 w——过硫酸铵的质量分数，%；

c——硫代硫酸钠标准溶液的浓度，mol/L；

V_1——过硫酸铵消耗硫代硫酸钠标准溶液的体积，mL；

V_2——空白试验消耗硫代硫酸钠溶液的体积，mL；

m——过硫酸铵的质量，g；

0.1141——与 1.00mL 硫代硫酸钠标准溶液 [$c(Na_2S_2O_3)$=1.000mol/L] 相当的，以 g 为单位的过硫酸铵的质量。

抗坏血酸标准溶液 [$c(\frac{1}{2}C_6H_8O_6)$=0.1mol/L]

[配制] 将优级纯抗坏血酸预先置于 P_2O_5 干燥器中，干燥 5h 以上。准确称取 8.8062g 抗坏血酸（$C_6H_8O_6$；M_r=176.1241）置于 200mL 烧杯中，加 50mL 水，溶解后，加入 0.5g 乙二胺四乙酸二钠作稳定剂，移入 1000mL 容量瓶中，用水稀释到刻度。保存在二氧化碳气氛中，置冰箱中暗处储存。抗坏血酸溶液不稳定，应每天标定一次。

[标定]

方法 1 准确移取 20.00mL 碘酸钾标准溶液 [$c(\frac{1}{6}KIO_3)$=0.100mol/L]，于 150mL 锥形瓶中，加 5mL 盐酸溶液 [$c(HCl)$=2mol/L]，立即用配制的抗坏血酸溶液滴定至碘色消失为终点（不宜用淀粉作指示剂）。抗坏血酸标准溶液的浓度按下式计算：

$$c\left[\frac{1}{2}(C_6H_8O_6)\right]=\frac{V_1c_1}{V_2}$$

式中　$c[\frac{1}{2}(C_6H_8O_6)]$——抗坏血酸标准溶液的浓度，mol/L；

V_1——碘酸钾标准溶液的体积，mL；

c_1——碘酸钾标准溶液的浓度，mol/L；

V_2——抗坏血酸溶液的体积，mL。

方法 2　准确移取 30.00mL 上述抗坏血酸溶液，于 250mL 锥形瓶中，加 50mL 水，加 2mL 硫酸溶液（20%），摇匀，立即用碘标准溶液［$c(\frac{1}{2}I_2)$=0.100mol/L］滴定，近终点时，加 2mL 淀粉指示液（10g/L）继续滴定至溶液呈蓝色。抗坏血酸标准溶液的浓度按下式计算：

$$c\left(\frac{1}{2}C_6H_8O_6\right)=\frac{V_1c_1}{V}$$

式中　$c(\frac{1}{2}C_6H_8O_6)$——抗坏血酸标准溶液的浓度，mol/L；

V_1——碘标准溶液的体积，mL；

c_1——碘标准溶液的浓度，mol/L；

V——抗坏血酸溶液的体积，mL。

抗坏血酸钙标准溶液

(1) $c[\frac{1}{4}Ca(C_6H_7O_6)_2]$=0.100mol/L 抗坏血酸钙标准溶液

［配制］　称取 10.6586g 优级纯抗坏血酸钙［$Ca(C_6H_7O_6)_2\cdot 2H_2O$；$M_r$=426.341］置于 100mL 烧杯中，加 50mL 水，溶解后，移入 1000mL 容量瓶中，用水稀释到刻度，混匀。

［标定］　准确移取 30.00mL 上述抗坏血酸钙溶液，于 250mL 锥形瓶中，加 20mL 水，立即用碘标准溶液［$c(\frac{1}{2}I_2)$=0.100mol/L］滴定，近终点时，加 2mL 淀粉指示液（10g/L）继续滴定至溶液呈蓝色。坏血酸钙标准溶液的浓度按下式计算：

$$c\left[\frac{1}{4}Ca(C_6H_7O_6)_2\right]=\frac{V_1c_1}{V}$$

式中　$c[\frac{1}{4}Ca(C_6H_7O_6)_2]$——抗坏血酸钙标准溶液的浓度，mol/L；

V_1——碘标准溶液的体积，mL；

c_1——碘标准溶液的浓度，mol/L；

V——抗坏血酸钙溶液的体积，mL。

(2) $\rho[Ca(C_6H_7O_6)_2\cdot 2H_2O]$=1000μg/mL 抗坏血酸钙标准溶液

［配制］　准确称取 1.0000g（或按纯度换算出质量 m=1.0000g/w；w——质量分数）经纯度分析的抗坏血酸钙［$Ca(C_6H_7O_6)_2\cdot 2H_2O$；$M_r$=426.341］纯品（纯度≥99%），置于 100mL 烧杯中，加适量水溶解后，移入 1000mL 容量瓶中，用水稀释到刻度，混匀。低温避光保存。

［抗坏血酸钙纯度的测定］　准确称取 0.2g 已干燥的样品，准确到 0.0001g。置于 250mL 锥形瓶中，加 50mL 水使其溶解，加 2mL 淀粉指示液（10g/L），立即用碘标准溶液［$c(\frac{1}{2}I_2)$=0.100mol/L］滴定至溶液呈蓝色，并保持 30s。抗坏血酸钙的质量分数（w）按

下式计算：

$$w=\frac{cV\times 0.1066}{m}\times 100\%$$

式中 V——碘标准溶液的体积，mL；

c——碘标准溶液的浓度，mol/L；

m——样品质量，g；

0.1066——与1.00mL碘标准溶液［$c(\frac{1}{2}I_2)=1.000$mol/L］相当的，以g为单位的抗坏血酸钙［$Ca(C_6H_7O_6)_2\cdot 2H_2O$］的质量。

焦硫酸钾标准溶液［$c(\frac{1}{5}K_2S_2O_7)=0.1$mol/L］

［配制］ 准确称取12.7161g经纯度分析的焦硫酸钾（$K_2S_2O_7$；$M_r=254.322$），于200mL烧杯中，加适量水溶解，转移到1000mL容量瓶中，用水稀释到刻度，摇匀。

［标定］ 准确移取20.00mL上述焦硫酸钾溶液，置于碘量瓶中，加30mL无二氧化碳水，2滴甲基红指示液（1g/L），用氢氧化钠标准溶液［$c(NaOH)=0.100$mol/L］滴定至溶液呈粉黄色。焦硫酸钾标准溶液的浓度按下式计算：

$$c=\frac{V_1c_1}{V}$$

式中 c——焦硫酸钾标准溶液的浓度，mol/L；

c_1——氢氧化钠标准溶液的浓度，mol/L；

V_1——氢氧化钠标准溶液的体积，mL；

V——焦硫酸钾溶液的体积，mL。

连二亚硫酸钠标准溶液［$c(\frac{1}{4}Na_2S_2O_4)=0.1$mol/L］

［配制］ 称取4.353g连二亚硫酸钠（$Na_2S_2O_4$；$M_r=174.107$），溶于适量水后，移入1000mL棕色瓶中，用水稀释到刻度，混匀。

［标定］ 准确移取25.00mL上述溶液，置于预先盛有2mL中性甲醛溶液［取100mL甲醛溶液和100mL水，置于400mL烧杯中，搅拌均匀，加数滴酚酞指示液（10g/L），用氢氧化钠溶液（100g/L）中和至溶液呈微红色，再用盐酸溶液调节至微红色刚好褪色］的250mL锥形瓶中，加4mL盐酸溶液［$c(HCl)=1$mol/L］，用碘标准溶液［$c(1/2I_2)=0.100$mol/L］滴定，近终点时加入2mL淀粉溶液（10g/L），继续滴定至溶液呈浅蓝色，保持30s即为终点。同时做空白试验。连二亚硫酸钠标准溶液的浓度（$c\frac{1}{4}Na_2S_2O_4$）按下式计算：

$$c\left(\frac{1}{4}Na_2S_2O_4\right)=\frac{(V_1-V_0)c}{V}$$

式中 V_1——碘标准溶液的体积，mL；

V_0——空白消耗碘标准溶液的体积，mL；

c——碘标准溶液的浓度，mol/L；

V——连二亚硫酸钠溶液的体积，mL。

六氰合铁（Ⅲ）酸钾（铁氰化钾）标准溶液｛$c[K_3Fe(CN)_6]=0.1$mol/L｝

［配制］ 准确称取32.925g（或根据纯度计算出相应的质量）经纯度分析的六氰合铁

（Ⅲ）酸钾 [$K_3Fe(CN)_6$；$M_r=329.244$]，于300mL烧杯中，溶于适量水中，转移到1000mL容量瓶中，用水稀释到刻度，混匀。

[六氰合铁（Ⅲ）酸钾纯度测定] 称取1g六氰合铁（Ⅲ）酸钾，准确至0.0001g，置于干燥的碘量瓶中，加50mL水溶解，加2g碘化钾，3g七水合硫酸锌及1mL盐酸，摇匀，用硫代硫酸钠标准溶液 [$c(Na_2S_2O_3)=0.100mol/L$] 滴定，近终点时加2mL淀粉指示液(10g/L)，继续滴定至溶液蓝色消失。同时做空白试验。六氰合铁（Ⅲ）酸钾的质量分数(w) 按下式计算：

$$w=\frac{c(V_1-V_2)\times 0.3292}{m}\times 100\%$$

式中 w——六氰合铁（Ⅲ）酸钾的质量分数，%；

c——硫代硫酸钠标准溶液的浓度，mol/L；

V_1——硫代硫酸钠标准溶液的体积，mL；

V_2——空白试验硫代硫酸钠溶液的体积，mL；

m——六氰合铁（Ⅲ）酸钾的质量，g；

0.3292——与1.00mL硫代硫酸钠标准溶液 [$c(Na_2S_2O_3)=1.000mol/L$] 相当的，以g为单位的六氰合铁（Ⅲ）酸钾的质量。

[标定] 准确移取20.00mL上述溶液，置于300mL锥形瓶中，加30mL水，3g碘化钾，2mL冰醋酸和20mL硫酸锌溶液 [$c(ZnSO_4)=1mol/L$]。盖上瓶塞，充分混匀，立即用硫代硫酸钠标准溶液 [$c(Na_2S_2O_3)=0.100mol/L$] 滴定，近终点时加入2mL淀粉指示液（10g/L)，继续滴定至溶液的蓝色刚刚消失即为终点。铁氰化钾标准溶液的浓度$c[K_3Fe(CN)_6]$ 按下式计算：

$$c[K_3Fe(CN)_6]=\frac{V_1c_1}{V}$$

式中 V_1——硫代硫酸钠标准溶液的体积，mL；

c_1——硫代硫酸钠标准溶液的浓度，mol/L；

V——样品溶液的体积，mL；

六氰合铁（Ⅱ）酸钾（亚铁氰化钾）标准溶液 {$c[K_4Fe(CN)_6]=0.1mol/L$}

[配制] 称取42.239g六氰合铁（Ⅱ）酸钾 [$K_4Fe(CN)_6\cdot 3H_2O$；$M_r=422.388$]，溶于100mL水中，用水稀释至1000mL，混匀。

[标定] 准确吸取20.00mL六氰合铁（Ⅱ）酸钾溶液，置于碘量瓶中，加入150mL水、10mL硫酸和3mL磷酸，摇匀，用高锰酸钾标准溶液 [$c(\frac{1}{5}KMnO_4)=0.100mol/L$] 滴定至溶液呈微棕色。六氰合铁（Ⅱ）酸钾标准溶液的浓度按下式计算：

$$c[K_4Fe(CN)_6]=\frac{V_1c_1}{V}$$

式中 $c[K_4Fe(CN)_6]$——六氰合铁（Ⅱ）酸钾标准溶液的浓度，mol/L；

c_1——高锰酸钾标准溶液的浓度，mol/L；

V_1——高锰酸钾溶液的体积，mL；

V——六氰合铁（Ⅱ）酸钾溶液的体积，mL。

硫代硫酸钠标准溶液

(1) $c(Na_2S_2O_3)=0.1mol/L$ 硫代硫酸钠标准溶液

[配制] 称取26g优级纯硫代硫酸钠($Na_2S_2O_3 \cdot 5H_2O$;$M_r=248.184$),于300mL烧杯中,加入0.2g无水碳酸钠,加入适量水溶解后,稀释到1000mL,加热微沸10min。冷却后,转移到棕色容量瓶中,放置2周。用G-3玻璃砂芯漏斗过滤,标定(为获得稳定的标准溶液,可采取将溶液分装在安瓿中,并将安瓿于高压锅中灭菌1h。放置两周后取部分安瓿装溶液标定。其余溶液可稳定数月,随用随开启)。

[标定]

方法1 称取0.18g于120℃干燥至恒重的GBW 06105或GBW(E)060018重铬酸钾纯度标准物质,准确至0.0001g,置于250mL碘量瓶中,溶于25mL水,加2g碘化钾及20mL硫酸溶液(20%),摇匀,于暗处放置10min。加150mL水(15℃~20℃),用配制好的硫代硫酸钠溶液[$c(Na_2S_2O_3)=0.100mol/L$]滴定。近终点时加2mL淀粉指示液(10g/L),继续滴定至溶液由蓝色变为亮绿色。同时做空白试验。硫代硫酸钠标准溶液的浓度按下式计算:

$$c(Na_2S_2O_3)=\frac{m}{(V_1-V_2)\times 0.04903}$$

式中 $c(Na_2S_2O_3)$——硫代硫酸钠标准溶液的浓度,mol/L;

m——重铬酸钾的质量,g;

V_1——硫代硫酸钠溶液的体积,mL;

V_2——空白试验硫代硫酸钠溶液的体积,mL;

0.04903——与1.00mL硫代硫酸钠标准溶液[$c(Na_2S_2O_3)=1.00mol/L$]相当的,以g为单位的重铬酸钾的质量。

方法2 准确移取(30.00~35.00)mL碘标准溶液[$c(\frac{1}{2}I_2)=0.100mol/L$],置于300mL碘量瓶中,加150mL水,用配制好的硫代硫酸钠溶液[$c(Na_2S_2O_3)=0.100mol/L$]滴定,近终点时加2mL淀粉指示液(10g/L),继续滴定至溶液蓝色消失。

同时做空白试验:取250mL水,加0.05mL碘标准溶液[$c(\frac{1}{2}I_2)=0.100mol/L$]及2mL淀粉指示液(10g/L),用配制好的硫代硫酸钠溶液[$c(Na_2S_2O_3)=0.100mol/L$]确定至溶液蓝色消失。硫代硫酸钠标准溶液的浓度按下式计算:

$$c(Na_2S_2O_3)=\frac{(V_1-0.05)c_1}{(V-V_2)}$$

式中 $c(Na_2S_2O_3)$——硫代硫酸钠标准溶液的浓度,mol/L;

V_1——碘标准溶液的体积,mL;

c_1——碘标准溶液的浓度,mol/L;

V——硫代硫酸钠溶液的体积,mL;

V_2——空白试验硫代硫酸钠溶液的体积,mL;

0.05——空白试验中加入碘标准溶液的体积,mL。

方法3 称取1.0g固体碘化钾于250mL碘量瓶中,加入50mL水,再加入10.0mL重铬酸钾[$c(\frac{1}{6}K_2Cr_2O_7)=0.100mol/L$]标准溶液和5mL硫酸溶液(20%),加盖后于暗处静置5min后,用待标定的硫代硫酸钠溶液滴定。至溶液呈淡黄色时,加入2mL新配制的淀粉溶液（10g/L），呈蓝色，继续滴定至蓝色刚刚消失，即为终点。同时，移取10.00mL 水代替重铬酸钾标准溶液，做空白试验。硫代硫酸钠标准溶液的浓度按下式计算：

$$c=\frac{Vc_0}{(V_1-V_2)}$$

式中　c——硫代硫酸钠标准溶液的浓度，mol/L；

V——重铬酸钾标准溶液的体积，mL；

c_0——重铬酸钾标准溶液的浓度，mol/L；

V_1——样品消耗硫代硫酸钠溶液的体积，mL；

V_2——空白消耗硫代硫酸钠溶液的体积，mL。

注：此方法为一般实验室常用标定方法。

方法 4　准确吸取 10.00mL 碘酸钾标准溶液［$c(\frac{1}{6}KIO_3)$=0.1000mol/L］，于 250mL 碘量瓶中，加入 50mL 新煮沸冷却的水，1.0g 固体碘化钾及 10mL 冰醋酸溶液，加盖摇匀后，于暗处静置 5min，用待标定的硫代硫酸钠溶液滴定。至溶液呈淡黄色时，加入 1mL 新配制的淀粉溶液（5g/L），呈蓝色，继续滴定至蓝色刚刚消失，即为终点。硫代硫酸钠标准溶液的浓度按下式计算：

$$c=\frac{c_0V}{V_1}$$

式中　c——硫代硫酸钠标准溶液的浓度，mol/L；

V_1——硫代硫酸钠标准溶液的体积，mL；

V——碘酸钾标准溶液的体积，mL；

c_0——碘酸钾标准溶液的浓度，mol/L。

方法 5　恒电流库仑法

阳极室：pH 为 4.5 左右的 0.5mol/L 乙酸 $c(CH_3COOH)$-乙酸钠 $c(CH_3COONa)$ 缓冲溶液，2gKI。阴极室：乙酸溶液［$c(CH_3COOH)$=1mol/L］。

通高纯氮气，除氧和二氧化碳。加入适量稀硫代硫酸钠溶液，进行预电解。然后在避光、低温条件下，以 100mA 电流电解生成 I_2。约 30min 后，准确加入 5mL 硫代硫酸钠溶液于阳极室中，继续电解，当反应接近终点时，用 10mA 电解，绘制滴定时间-电流终点曲线，求出滴定终点。硫代硫酸钠标准溶液浓度按下式计算：

$$c=\frac{Q}{VF}$$

式中　c——硫代硫酸钠标准溶液的浓度，mol/L；

Q——电解消耗电量，C；

F——法拉第常数，C/mol；

V——硫代硫酸钠标准溶液的体积，L。

(2) $c(Na_2S_2O_3)$=0.002mol/L 硫代硫酸钠标准溶液

［配制］　称取 25g 优级纯硫代硫酸钠、1.0g 氢氧化钠，溶于 1000mL 水中，储于棕色瓶，取上层清液，稀释 50 倍，储于棕色瓶内，放置 2 周。备用。

［标定］　准确吸取 10.00mL 碘酸钾标准溶液［$c(\frac{1}{6}KIO_3)$=0.00200mol/L］，于 250mL 碘量瓶中，加入 50mL 新煮沸冷却的水，5mL 碘化钾溶液（50g/L），10mL 冰醋酸溶液，立即用待标定的硫代硫酸钠溶液滴定至溶液呈淡黄色时，加入 1mL 新配制的淀粉溶液（5g/

L)，溶液呈蓝色，继续滴定至蓝色刚刚消失，即为终点。硫代硫酸钠标准溶液的浓度按下式计算：

$$c=\frac{c_0V}{V_1}$$

式中 c——硫代硫酸钠标准溶液的浓度，mol/L；

V——碘酸钾标准溶液的体积，mL；

c_0——碘酸钾标准溶液的浓度，mol/L；

V_1——硫代硫酸钠溶液的体积，mL。

硫酸高铁铵标准溶液 {$c[FeNH_4(SO_4)_2]=0.1mol/L$}

［配制］ 称取 48g 硫酸高铁铵［$FeNH_4(SO_4)_2\cdot 12H_2O$；$M_r=482.192$］，加水 500mL，慢慢加入 50mL 浓硫酸，加热使其溶解，冷却，用水稀至 1000mL，混匀。

［标定］ 准确移取 25.00mL 配制的硫酸高铁铵溶液，于 250mL 锥形瓶中，加 10mL 盐酸溶液［$c(HCl=6mol/L)$］，加热至近沸，滴加氯化亚锡溶液（400g/L）至原溶液无色，再多加（1～2）滴，然后在流水中冷却，加入 10mL 氯化汞饱和溶液，摇匀，放置（2～3）min，再加入 10mL 硫磷混合酸（每升含浓硫酸 150mL，浓磷酸 150mL），用水稀释至 100mL，加 4 滴二苯胺磺酸钠指示液（5g/L），用重铬酸钾标准溶液滴定［$c(\frac{1}{6}K_2Cr_2O_7)=0.100mol/L$］至紫色不消失为终点。硫酸高铁铵标准溶液的浓度按下式计算：

$$c[FeNH_4(SO_4)_2]=\frac{c_1V_1}{V}$$

式中 $c[FeNH_4(SO_4)_2]$——硫酸高铁铵标准溶液的浓度，mol/L；

V_1——重铬酸钾标准溶液体积，mL；

c_1——重铬酸钾标准溶液的浓度，mol/L；

V——硫酸高铁铵溶液体积，mL。

硫酸亚铁标准溶液 ［$c(FeSO_4)=0.1mol/L$］

［配制］ 称取 27.803g 优级纯硫酸亚铁（$FeSO_4\cdot 7H_2O$；$M_r=278.015$）溶于 300mL 硫酸溶液［$c(H_2SO_4)=4mol/L$］中，移入 1000mL 容量瓶中，用水稀释到刻度，混匀。

［标定］ 吸取 25.00mL 上述硫酸亚铁溶液，于 250mL 锥形瓶中，加 25mL 煮沸并冷却的水，用高锰酸钾标准溶液［$c(\frac{1}{5}KMnO_4)=0.100mol/L$］滴定至溶液呈粉红色，保持 30s。硫酸亚铁标准溶液的浓度按下式计算：

$$c(FeSO_4)=\frac{c_1V_1}{V}$$

式中 $c(FeSO_4)$——硫酸亚铁标准溶液的浓度，mol/L；

V_1——高锰酸钾标准溶液的体积，mL；

c_1——高锰酸钾标准溶液的浓度，mol/L；

V——硫酸亚铁溶液的体积，mL。

硫酸亚铁铵标准溶液 {$c[(NH_4)_2Fe(SO_4)_2]=0.1mol/L$}

［配制］ 称取 40g 优级纯硫酸亚铁铵［$(NH_4)_2Fe(SO_4)_2\cdot 6H_2O$；$M_r=392.139$］溶

于300mL硫酸溶液（20%）中，加700mL水，摇匀，标定。

［标定］ 准确移取（30.00～35.00)mL上述硫酸亚铁铵溶液｛$c[(NH_4)_2Fe(SO_4)_2]=$ 0.1mol/L｝，于250mL锥形瓶中，加25mL无氧的水，用高锰酸钾标准溶液[$c(\frac{1}{5}KMnO_4)=$ 0.100mol/L］滴定至溶液呈粉红色，保持30s。硫酸亚铁铵标准溶液浓度按下式计算：

$$c[(NH_4)_2Fe(SO_4)_2]=\frac{c_0V}{V_1}$$

式中 $c[(NH_4)_2Fe(SO_4)_2]$——硫酸亚铁铵标准溶液的浓度，mol/L；

V_1——高锰酸钾标准溶液的体积，mL，

c_0——高锰酸钾标准溶液的浓度，mol/L；

V——硫酸亚铁铵溶液的体积，mL。

注：本标准溶液使用前标定。

硫酸铈（或硫酸铈铵）标准溶液 ｛$c[Ce(SO_4)_2]=0.1$mol/L｝

［配制］ 称取40g优级纯硫酸铈［$Ce(SO_4)_2\cdot 4H_2O$；$M_r=404.302$］｛或67g硫酸铈铵［$2(NH_4)_2SO_4\cdot Ce(SO_4)_2\cdot 4H_2O$］｝，于400mL烧杯中，加30mL水及28mL硫酸，再加300mL水，加热溶解，再加入650mL水，使总体积为1000mL。摇匀。

［标定］

方法1 称取0.25g于（105～110)℃烘干至恒重的GBW 06107或GBW（E）060021草酸钠（$Na_2C_2O_4$；$M_r=133.9985$）纯度标准物质，准确至00001g。于250mL锥形瓶中，溶于75mL水，加4mL硫酸溶液（20%）及10mL盐酸，加热至（65～70)℃，用配制好的硫酸铈（或硫酸铈铵）溶液滴定至溶液呈浅黄色。加入3滴亚铁-邻菲啰啉指示液使溶液变为橘红色，继续滴定至溶液呈浅蓝色。同时做空白试验。

硫酸铈（或硫酸铈铵）标准溶液的浓度按下式计算：

$$c[Ce(SO_4)_2]=\frac{m}{(V_1-V_2)\times 0.06700}$$

式中 $c[Ce(SO_4)_2]$——硫酸铈标准溶液的浓度，mol/L；

m——草酸钠的质量，g；

V_1——硫酸铈溶液的体积，mL；

V_2——空白试验硫酸铈溶液的体积，mL；

0.06700——与1.00mL硫酸铈标准溶液｛$c[Ce(SO_4)_2]=1.000$mol/L｝相当的，以g为单位的草酸钠的质量。

方法2 准确移取（30.00～35.00)mL配制好的硫酸铈（或硫酸铈铵）溶液置于碘量瓶中，加2g碘化钾及20mL硫酸溶液（1＋5），摇匀，于暗处放置5min。加150mL水（15℃～20℃），用硫代硫酸钠标准溶液［$c(Na_2S_2O_3)=0.100$mol/L］滴定，近终点时加2mL淀粉指示液（10g/L），继续滴定至溶液蓝色消失。同时做空白试验。硫酸铈（或硫酸铈铵）标准溶液的浓度按下式计算：

$$c[Ce(SO_4)_2]=\frac{(V_1-V_2)c_1}{V}$$

式中 $c[Ce(SO_4)_2]$——硫酸铈标准溶液的浓度，mol/L；

V_1——硫代硫酸钠标准溶液的体积，mol/L；

V_2——空白试验硫代硫酸钠标准溶液的体积，mL；

c_1——硫代硫酸钠标准溶液的浓度，mol/L；

V——硫酸铈溶液的体积，mL。

氯化亚锡标准溶液 [$c(SnCl_2)$=0.1mol/L]

［配制］ 量取80mL浓盐酸于1000mL试剂瓶中，加入（4～5）g碳酸钙，使生成的二氧化碳把空气逐出，加入22.5g氯化亚锡（$SnCl_2 \cdot 2H_2O$；M_r=225.647），用煮沸后冷却的水稀释至1000mL，混匀。

［标定］

方法1 吸取20.00mL碘酸钾标准溶液［$c(\frac{1}{6}KIO_3)$=0.100mol/L］，于250mL锥形瓶中，加入2mL浓盐酸，立即用配制的氯化亚锡溶液滴定，近终点时加入2mL淀粉指示液（10g/L），滴定至溶液呈蓝色刚消失为终点。滴定过程应在二氧化碳气氛中进行（通入二氧化碳气体）。氯化亚锡标准溶液的浓度按下式计算：

$$c(SnCl_2)=\frac{V_1c_1}{2V}$$

式中 $c(SnCl_2)$——氯化亚锡标准溶液的浓度，mol/L；

V_1——碘酸钾标准溶液的体积，mL；

c_1——碘酸钾标准溶液的浓度，mol/L；

2——$c(\frac{1}{6}KIO_3)$与$c(SnCl_2)$换算系数；

V——氯化亚锡溶液的体积，mL。

方法2 吸取10.00mL氯化亚锡溶液，置于预先盛有25mL硫酸铁铵的锥形瓶中，煮沸，用无氧的水稀释至300mL，加8mL硫酸锰溶液，用高锰酸钾标准溶液［$c(\frac{1}{5}KMnO_4)$=0.100mol/L］滴定至溶液呈粉红色。同时做空白实验。氯化亚锡标准溶液的浓度按下式计算：

$$c(SnCl_2)=\frac{(V_1-V_2)c_1}{2V}$$

式中 $c(SnCl_2)$——氯化亚锡标准溶液的浓度，mol/L；

c_1——高锰酸钾标准溶液的浓度，mol/L；

V_1——高锰酸钾标准溶液的体积，mL；

V_2——空白试验高锰酸钾标准溶液的体积，mL；

V——氯化亚锡溶液的体积，mL。

氯酸钾标准溶液 [$c(\frac{1}{6}KClO_3)$=0.1mol/L]

［配制］ 准确称取2.0425g优级纯氯酸钾（$KClO_3$；M_r=122.550），溶于适量水中，转移到1000mL容量瓶中，用水稀释到刻度。摇匀。

［标定］ 准确移取20.00mL上述氯酸钾溶液，置于碘量瓶中，加50.00mL硫酸亚铁铵标准溶液｛$c[(NH_4)_2Fe(SO_4)_2]$=0.100mol/L｝，缓缓加入20mL硫酸和5mL磷酸，冷却。

在室温下静置 10min，稀释至 300mL，加 5 滴二苯胺磺酸钠指示液（5g/L），用重铬酸钾标准溶液 [$c(\frac{1}{6}K_2Cr_2O_7)=0.100mol/L$] 滴定至溶液呈紫红色。同时做空白试验。氯酸钾标准溶液的浓度按下式计算：

$$c(\frac{1}{6}KClO_3)=\frac{(V_1-V_2)c_1}{V}$$

式中 $c(\frac{1}{6}KClO_3)$——氯酸钾标准溶液的浓度，mol/L；

V_1——空白试验重铬酸钾标准溶液的体积，mL；

V_2——重铬酸钾标准溶液的体积，mL；

c_1——重铬酸钾标准溶液的浓度，mol/L；

V——氯酸钾标准溶液的体积，mL。

氯酸钠标准溶液 [$c(\frac{1}{6}NaClO_3)=0.1mol/L$]

[配制] 准确称取 1.7740g 优级纯氯酸钠（$NaClO_3$；$M_r=106.441$），溶于适量水中，转移到 1000mL 容量瓶中，用水稀释到刻度。摇匀。

[标定] 准确移取 20.00mL 上述氯酸钠溶液，置于 500mL 碘量瓶中，加 50.00mL 硫酸亚铁铵标准溶液 {$c(NH_4)_2Fe(SO_4)_2=0.100mol/L$}，缓缓加入 20mL 硫酸和 5mL 磷酸，冷却。在室温下静置 10min，稀释至 300mL，加 5 滴二苯胺磺酸钠指示液（5g/L），用重铬酸钾标准溶液 [$c(\frac{1}{6}K_2Cr_2O_7)=0.100mol/L$] 滴定至溶液呈紫红色。同时做空白试验。氯酸钠标准溶液的浓度按下式计算：

$$c(\frac{1}{6}NaClO_3)=\frac{(V_1-V_2)c_1}{V}$$

式中 $c(\frac{1}{6}NaClO_3)$——氯酸钠标准溶液的浓度，mol/L；

V_1——空白试验重铬酸钾标准溶液的体积，mL；

V_2——重铬酸钾标准溶液的体积，mL；

c_1——重铬酸钾标准溶液的浓度，mol/L；

V——氯酸钠溶液的体积，mL。

氯化亚铜标准溶液 [$c(CuCl)=0.1mol/L$]

[配制] 称取 9.8999g 氯化亚铜（CuCl；$M_r=98.999$）溶于 300mL 硫酸溶液 [$c(H_2SO_4)=4mol/L$] 中，移入 1000mL 容量瓶中，用水稀释到刻度，混匀。

[标定] 吸取 25.00mL 上述氯化亚铜溶液，于 200mL 锥形瓶中，加 25mL 硫酸铁铵溶液（100g/L），0.3mL 邻菲啰林指示液（5g/L），用硫酸铈铵标准溶液 {$c[(NH_4)_2Ce(SO_4)_3]=0.100mol/L$} 滴定至呈亮绿色，同时做空白试验。氯化亚铜标准溶液的浓度按下式计算：

$$c(CuCl)=\frac{(V_1-V_2)c_1}{V}$$

式中 $c(CuCl)$——氯化亚铜标准溶液的浓度，mol/L；

V_1——硫酸铈铵标准溶液的体积，mL；

V_2——空白试验硫酸铈铵标准溶液的体积，mL；

c_1——硫酸铈铵标准溶液的浓度，mol/L；

V——氯化亚铜溶液的体积，mL。

偏重亚硫酸钠标准溶液 [$c(\frac{1}{4}Na_2S_2O_5)$=0.1mol/L]

[配制] 准确称取4.7527g经纯度分析的偏重亚硫酸钠（$Na_2S_2O_5$；M_r=190.107），溶于适量水中，转移到1000mL容量瓶中，用水稀释到刻度，混匀。

[偏重亚硫酸钠纯度测定] 称取0.2g偏重亚硫酸钠，准确至0.0001g。置于预先盛有50.00mL碘标准溶液[$c(\frac{1}{2}I_2)$=0.100mol/L]的碘量瓶中，摇匀，放置5min，加2mL盐酸溶液（20%），用硫代硫酸钠标准溶液[$c(Na_2S_2O_3)$=0.100mol/L]滴定，近终点时加2mL淀粉指示液（10g/L），继续滴定至溶液蓝色消失。同时做空白试验。偏重亚硫酸钠的质量分数（w）按下式计算：

$$w=\frac{c(V_1-V_2)\times 0.04753}{m}\times 100\%$$

式中 w——偏重亚硫酸钠的质量分数，%；

c——硫代硫酸钠标准溶液的浓度，mol/L；

V_1——空白试验硫代硫酸钠溶液的体积，mL；

V_2——硫代硫酸钠标准溶液的体积，mL；

m——偏重亚硫酸钠的质量，g；

0.04753——与1.00mL硫代硫酸钠标准溶液[$c(Na_2S_2O_3)$=1.000mol/L]相当的，以g为单位的偏重亚硫酸钠的质量。

葡萄糖酸亚铁标准溶液 {$c[Fe(C_6H_{11}O_7)_2]$=0.05mol/L}

[配制] 准确称取24.109g葡萄糖酸亚铁[$Fe(C_6H_{11}O_7)_2\cdot 2H_2O$；$M_r$=482.170]溶于盐酸溶液[$c(HCl)$=0.1mol/L]中，移入1000mL容量瓶中，用盐酸溶液[$c(HCl)$=0.1mol/L]稀释到刻度，混匀。

[标定] 吸取20.00mL上述葡萄糖酸亚铁溶液，置于250mL锥形瓶中，加25mL稀硫酸溶液[$c(H_2SO_4$=1mol/L]，加0.2mL邻二氮菲指示液，用硫酸高铈标准溶液[$c(Ce(SO_4)_2)$=0.100mol/L]滴定，至溶液由橘黄色转变为绿色。同时做空白试验。葡萄糖酸亚铁标准溶液的浓度按下式计算：

$$c[Fe(C_6H_{11}O_7)_2]=\frac{(V_1-V_2)c_1}{V}$$

式中 $c[Fe(C_6H_{11}O_7)_2]$——葡萄糖酸亚铁标准溶液的浓度，mol/L；

V_1——硫酸高铈标准溶液的体积，mL；

V_2——空白试验消耗硫酸高铈标准溶液的体积，mL；

c_1——硫酸高铈标准溶液的浓度，mol/L；

V——葡萄糖酸亚铁溶液的体积，mL。

三氯化钛标准溶液 [$c(TiCl_3)$=0.1mol/L]

[配制] 移取100mL三氯化钛溶液和75mL盐酸置于1000mL棕色容量瓶中，用新煮沸并已冷却至室温的水稀释至刻度，摇匀，立即移入包黑纸的下口玻璃瓶（见图2-4）中，在二氧化碳气体保护下，避光储存。

[标定] 称取3g硫酸亚铁铵，准确至0.0001g，置于500mL锥形瓶中，在二氧化碳气

流保护作用下，加入 50mL 新煮沸并已冷却的水，使其溶解，再加入 25mL 硫酸溶液（1+1），继续在液面下通入二氧化碳气流做保护（见图 2-4），迅速准确加入 45mL 重铬酸钾标准溶液 [$c(\frac{1}{6}K_2Cr_2O_7)$=0.100mol/L]，然后用待标定的三氯化钛标准溶液滴定至接近计算量终点，立即加入 25mL 硫氰酸铵溶液（200g/L），并继续用三氯化钛标准溶液滴定，至溶液由红色转变为绿色，即为终点。整个滴定过程应在二氧化碳气流保护下操作，同时以 45mL 水代替重铬酸钾溶液，做空白试验。三氯化钛标准溶液的浓度按下式计算：

$$c=\frac{V_1c_1}{V_2-V_3}$$

式中 V_1——重铬酸钾标准溶液的体积，mL；

V_2——滴定被重铬酸钾标准溶液氧化成高铁所耗用的三氯化钛溶液的体积，mL；

V_3——空白试验三氯化钛标准溶液的体积，mL；

c_1——重铬酸钾标准溶液的浓度，mol/L。

注：临用前标定。

十二烷基二甲基苄基溴化铵标准溶液 [$c(C_{21}H_{38}NBr)$=0.003mol/L]

[配制] 称取 1.2g 十二烷基二甲基苄基溴化铵（$C_{21}H_{38}NBr$；M_r=384.437）纯品于烧杯中，加水溶解，转移到 1000mL 容量瓶中，用水稀释到刻度，混匀。浓度以标定值为准。

[标定] 准确移取 50.00mL 十二烷基二甲基苄基溴化铵溶液于 250mL 碘量瓶中，加 0.5mL 氢氧化钠溶液（100g/L），0.1mL 溴酚蓝指示液（1g/L），10mL 三氯甲烷，用四苯硼钠标准溶液 [$c(C_{24}H_{20}Na)$=0.0200mol/L] 滴定，近终点时，剧烈振摇，继续滴定至三氯甲烷层蓝色消失。十二烷基二甲基苄基溴化铵标准溶液的浓度 $c(C_{21}H_{38}NBr)$ 按下式计算：

$$c(C_{21}H_{38}NBr)=\frac{V_1c_1}{V}$$

式中 V_1——四苯硼钠标准溶液的体积，mL；

c_1——四苯硼钠标准溶液的浓度，mol/L；

V——样品溶液体积，mL。

铁氰化钾标准溶液 [$c(K_3Fe(CN)_6)$=0.1mol/L]

配制与标定见第 527 页“六氰合铁（Ⅱ）酸钾标准溶液”。

韦氏溶液

[配制]

方法 1 称取 13g 升华碘，于 1000mL 冰醋酸（99.5%以上）中，置电热板上微热，使碘完全溶解（温度不超过 100℃）。冷却，倾出 200mL，在其余部分中通入干燥的氯气（氯气应先通过水洗气瓶和硫酸洗气瓶），至溶液的颜色转变为橘红色为止。如通入氯气过多，颜色过淡，可倾入事先取出的碘溶液，使其浓度在用硫代硫酸钠标准溶液滴定时，所耗硫代硫酸钠标准溶液的量为不加氯时的 2 倍，或仅微略少于此数。这样，可使反应完全，但又保证没有游离氯。

方法 2　称取 16.6g 一氯化碘，溶解于 1000mL 冰醋酸（99.5%以上）中，混匀。溶液的碘-氯比，必须在 1.0～1.1 之间，否则应予以调整，碘-氯比的测定和调整可按以下步骤进行。

［标定］

方法 1　用移液管吸取 25.00mL 上述一氯化碘冰醋酸溶液（韦氏溶液），置于预先盛有 50mL 盐酸溶液（1+1）和 50mL 四氯化碳的碘量瓶中，猛烈振摇使其混合，然后用碘酸钾标准溶液［$c(\frac{1}{6}KIO_3)=0.0400mol/L$］滴定四氯化碳层中的游离态碘，直到紫红色变为无色。

如果加入 25mL 韦氏液后，四氯化碳层无色，说明配制的韦氏溶液未含游离态碘，即碘对氯的比率小于 1，此情况下需要加定量的升华碘至四氯化碳层呈紫红色。据此推算全部韦氏溶液所需的碘量，加入已配制的韦氏溶液中。

用移液管吸取 25.00mL 同样的韦氏液在另一碘量瓶中，加入 15mL 碘化钾溶液（50g/L），100mL 水，用硫代硫酸钠标准溶液［$c(Na_2S_2O_3)=0.100mol/L$］滴定至终点。韦氏溶液的碘氯比按下式计算：

$$碘氯比=\frac{V_1c_1+V_2c_2}{V_1c_1-V_2c_2}$$

式中　V_1——测定一氯化碘时硫代硫酸钠标准溶液的体积，mL；

V_2——测定游离态碘时碘酸钾标准溶液的体积，mL；

c_1——硫代硫酸钠标准溶液的浓度，mol/L；

c_2——碘酸钾标准溶液的浓度，mol/L。

以所得结果与碘-氯比的规定数相对照，调整到符合规定数。

配制好的韦氏溶液应储于棕色瓶内密闭保存，此溶液在 1 个月内使用。

方法 2　准确移取 5.00mL 韦氏溶液，置于盛有 150mL 氯饱和水溶液和数颗玻璃珠的 500mL 锥形瓶中，振摇，加热至沸并保持剧烈沸腾 10min。冷却，加入 30mL 硫酸（1+49）和 15mL 碘化钾溶液（150g/L），用硫代硫酸钠标准溶液［$c(Na_2S_2O_3)=0.100mol/L$］滴定至淀粉指示液的终点。读记所耗标准溶液的体积为 V_3，再另量取 25.00mL 韦氏液，加入碘化钾溶液和蒸馏水，并用硫代硫酸钠标准溶液滴定，读记所耗标准溶液的体积为 V_4。按下式计算碘氯比：

$$碘氯比=\frac{2V_3}{3V_4-2V_3}$$

溴标准溶液［$c(\frac{1}{2}Br_2)=0.1mol/L$］

（1）方法 1

［配制］　选取优级纯溴酸钾（$KBrO_3$；$M_r=167.000$），取适量于称量瓶中于 105℃下干燥 2h，置于干燥器中备用。准确称取 2.7833g 溴酸钾及 25g 溴化钾，溶于 1000mL 水中，摇匀。

［标定］　准确移取（30.00～35.00)mL 配制好的溴溶液［$c(\frac{1}{2}Br_2)=0.100mol/L$］，置于碘量瓶中，加 2g 碘化钾及 5mL 盐酸溶液（20%），摇匀。于暗处放置 5min。加 150mL 水（15℃～20℃），用硫代硫酸钠标准溶液［$c(Na_2S_2O_3)=0.100mol/L$］滴定，近终点时加 2mL 淀粉指示液（10g/L），继续滴定至溶液蓝色消失。同时做空白试验。溴标准溶液的浓

度按下式计算：

$$c\left(\frac{1}{2}Br_2\right)=\frac{(V_1-V_2)c_1}{V}$$

式中　$c(\frac{1}{2}Br_2)$——溴标准溶液的浓度，mol/L；
　　V_1——硫代硫酸钠标准溶液的体积，mL；
　　V_2——空白试验硫代硫酸钠标准溶液的体积，mL；
　　c_1——硫代硫酸钠标准溶液的浓度，mol/L；
　　V——溴溶液的体积，mL。

注：因溴易挥发，浓度不稳定，应每天标定 1 次。

(2) 方法 2

[配制]　将 8g 纯溴溶于 1000mL 盐酸溶液（20%）中，充分振摇，放置 12h 后标定。

[标定]

方法 1　吸取 25.00mL 配制好的溴溶液，于 250mL 锥形瓶中，加入 1.5g 碘化钾，5mL 硫酸 [$c(H_2SO_4)$=3mol/L]，摇匀。于暗处放置 5min。加 150mL 水（15℃～20℃），用硫代硫酸钠标准溶液 [$c(Na_2S_2O_3)$=0.100mol/L] 滴定，近终点时加 2mL 淀粉指示液(10g/L)，继续滴定至溶液蓝色消失。同时做空白试验。溴标准溶液的浓度按下式计算：

$$c\left(\frac{1}{2}Br_2\right)=\frac{(V_1-V_2)c_1}{V}$$

式中　$c(\frac{1}{2}Br_2)$——溴标准溶液的浓度，mol/L；
　　V_1——硫代硫酸钠标准溶液的体积，mL；
　　V_2——空白试验硫代硫酸钠标准溶液的体积，mL；
　　c_1——硫代硫酸钠标准溶液的浓度，mol/L；
　　V——溴溶液的体积，mL。

方法 2　吸取 25.00mL 亚砷酸钠标准溶液 [$c(\frac{1}{2}NaAsO_2)$=0.100mol/L] 于 250mL 锥形瓶中，加 1g 溴化钾，0.5g 碳酸氢钠，用配制的溴溶液滴定至近终点，加 1 滴酸性枣红指示液（2g/L），继续逐滴滴至溶液粉红色消失，再加 1 滴指示剂，如颜色不褪去，小心滴至由粉红色变为无色或浅黄绿色。同时做空白试验。溴标准溶液的浓度按下式计算：

$$c\left(\frac{1}{2}Br_2\right)=\frac{(V_1-V_2)c_1}{V}$$

式中　$c(\frac{1}{2}Br_2)$——溴标准溶液的浓度，mol/L；
　　V_1——亚砷酸钠标准溶液的体积，mL；
　　V_2——空白试验亚砷酸钠标准溶液的体积，mL；
　　c_1——亚砷酸钠标准溶液的浓度，mol/L；
　　V——溴溶液的体积，mL。

注：因溴易挥发，不稳定，应每天标定 1 次。

溴酸钙标准溶液 {$c[\frac{1}{12}Ca(BrO_3)_2]$=0.1000mol/L}

[配制]　选取优级纯溴酸钙，取适量于称量瓶中于 105℃下干燥 2h，置于干燥器中备用。准确称取 2.4657g 上述溴酸钙 [$Ca(BrO_3)_2$；M_r=295.880] 于 200mL 高型烧杯中，用少量水溶解后，移入 1000mL 容量瓶中，用水洗涤烧杯数次，合并洗涤液到容量瓶中，用水稀释至刻度，摇匀。

［标定］ 准确移取（30.00～35.00）mL配制好的溴酸钙溶液 $\{c[\frac{1}{12}Ca(BrO_3)_2]=0.1mol/L\}$，置于碘量瓶中，加2g碘化钾及5mL盐酸溶液（20%），摇匀，于暗处放置5min。加150mL水（15℃～20℃），用硫代硫酸钠标准溶液 $[c(Na_2S_2O_3)=0.100mol/L]$ 滴定，近终点时加2mL淀粉指示液（10g/L），继续滴定至溶液蓝色消失。同时做空白试验。溴酸钙标准溶液的浓度按下式计算：

$$c\left[\frac{1}{12}Ca(BrO_3)_2\right]=\frac{(V_1-V_2)c_1}{V}$$

式中 $c[\frac{1}{12}Ca(BrO_3)_2]$——溴酸钙标准溶液的浓度，mol/L；
V_1——硫代硫酸钠标准溶液的体积，mL；
V_2——空白试验硫代硫酸钠标准溶液的体积，mL；
c_1——硫代硫酸钠标准溶液的浓度，mol/L；
V——溴酸钙溶液的体积，mL。

溴酸钾标准溶液 $[c(\frac{1}{6}KBrO_3)=0.100mol/L]$

［配制］ 选取优级纯溴酸钾（$KBrO_3$；$M_r=167.000$），取适量于称量瓶中，在105℃下干燥2h，置于干燥器中备用。准确称取2.7833g上述溴酸钾于200mL高型烧杯中，用少量水溶解后，移入1000mL容量瓶中，用水洗涤烧杯数次，合并洗涤液到容量瓶中，用水稀释至刻度，摇匀。

［标定］ 准确移取（30.00～35.00）mL上述溴酸钾溶液，置于碘量瓶中，加2g碘化钾及5mL盐酸溶液（20%），摇匀，于暗处放置5min。加150mL水（15℃～20℃），用硫代硫酸钠标准溶液 $[c(Na_2S_2O_3)=0.100mol/L]$ 滴定，近终点时加2mL淀粉指示液（10g/L），继续滴定至溶液蓝色消失。同时做空白试验。溴酸钾标准溶液的浓度按下式计算：

$$c\left(\frac{1}{6}KBrO_3\right)=\frac{(V_1-V_2)c_1}{V}$$

式中 $c(\frac{1}{6}KBrO_3)$——溴酸钾标准溶液的浓度，mol/L；
V_1——硫代硫酸钠标准溶液的体积，mL；
V_2——空白试验硫代硫酸钠标准溶液的体积，mL；
c_1——硫代硫酸钠标准溶液的浓度，mol/L；
V——溴酸钾溶液的体积，mL。

亚硫酸钠标准溶液 $\{c[\frac{1}{2}(Na_2SO_3)]=0.1mol/L\}$

［配制］ 准确称取6.3022g（或按纯度换算出质量 $m=1.0000g/w$；w——质量分数）经纯度分析的优级纯亚硫酸钠（Na_2SO_3；$M_r=126.043$），于200mL烧杯中，加适量水溶解，转移到1000mL容量瓶中，用水稀释到刻度，摇匀。

［亚硫酸钠纯度测定］ 称取0.25g亚硫酸钠，准确至0.0001g。置于预先盛有50.00mL碘标准溶液 $[c(\frac{1}{2}I_2)=0.100mol/L]$ 的碘量瓶中，摇匀，暗处放置5min，加2mL盐酸溶液（1+1），用硫代硫酸钠标准溶液 $[c(Na_2S_2O_3)=0.100mol/L]$ 滴定，近终点时加2mL淀粉指示液（10g/L），继续滴定至溶液蓝色消失。同时做空白试验。亚硫酸钠的质量分数（w）按下式计算：

$$w=\frac{c(V_1-V_2)\times 0.06302}{m}\times 100\%$$

式中 w——亚硫酸钠的质量分数，%；

c——硫代硫酸钠标准溶液的浓度，mol/L；

V_1——空白试验消耗硫代硫酸钠溶液的体积，mL；

V_2——亚硫酸钠消耗硫代硫酸钠标准溶液的体积，mL；

m——亚硫酸钠的质量，g；

0.06302——与1.00mL硫代硫酸钠标准溶液 $[c(Na_2S_2O_3)=1.000mol/L]$ 相当的，以g为单位的亚硫酸钠的质量。

亚硫酸氢钠标准溶液 $[c(\frac{1}{2}NaHSO_3)=0.1mol/L]$

[配制] 准确称取10.4061g优级纯亚硫酸氢钠（$NaHSO_3$；$M_r=104.061$），于300mL烧杯中，溶于适量水，转移到1000mL容量瓶中，用水稀释到刻度，混匀。

[标定] 准确吸取20.0mL亚硫酸氢钠溶液，置于预先盛有50.00mL碘标准溶液 $[c(\frac{1}{2}I_2)=0.100mol/L]$ 的碘量瓶中，摇匀，暗处放置5min，加2mL盐酸溶液（1+1），用硫代硫酸钠标准溶液 $[c(Na_2S_2O_3)=0.100mol/L]$ 滴定，近终点时加2mL淀粉指示液（10g/L），继续滴定至溶液蓝色消失。同时做空白试验。亚硫酸氢钠标准溶液的浓度按下式计算：

$$c\left(\frac{1}{2}NaHSO_3\right)=\frac{(V_1-V_2)c_1}{V}$$

式中 $c(\frac{1}{2}NaHSO_3)$——亚硫酸氢钠标准溶液的浓度，mol/L；

c_1——硫代硫酸钠标准溶液的浓度，mol/L；

V_1——空白试验硫代硫酸钠标准溶液的体积，mL；

V_2——硫代硫酸钠标准溶液的体积，mL；

V——亚硫酸氢钠溶液的体积，mL。

亚砷酸钠标准溶液 $[c(\frac{1}{2}NaAsO_2)=0.1mol/L]$

[配制] 准确称取4.9460g GBW（E）060022三氧化二砷（As_2O_3；$M_r=197.8414$）纯度标准物质，于300mL烧杯中，加15g碳酸钠，用150mL水温热溶解后，加25mL硫酸溶液 $[c(H_2SO_4)=1mol/L]$，移入1000mL容量瓶中，用水稀释至刻度，混匀。可直接使用。

注：如果无法获得三氧化二砷纯度标准物质，可采用基准试剂，并采用下述方法测定纯度。

[三氧化二砷纯度的测定] 称取0.15g于硫酸干燥器中干燥至恒重的基准试剂三氧化二砷，准确至0.0001g，置于反应瓶中，加4mL氢氧化钠溶液（40g/L）溶解，50mL水及2滴酚酞指示液（10g/L），用硫酸溶液（5%）中和，加3g碳酸钠及2mL淀粉指示液（10g/L），采用称量滴定法，用碘标准溶液 $[c(\frac{1}{2}I_2)=0.100mol/kg]$ 滴定至溶液呈浅蓝色。三氧化二砷的质量分数（w）按下式计算：

$$w=\frac{m_1c_1\times 0.049460}{m_2}\times 100\%$$

式中 w——三氧化二砷的质量分数；%

c_1——碘标准溶液的浓度，mol/kg；

m_1——碘标准溶液的质量，g；

m_2——三氧化二砷的质量，g；

0.049460——与1.0000g碘标准溶液 [$c(\frac{1}{2}I_2)=1.0$mol/kg] 相当的，以g为单位的三氧化二砷的质量。

亚硝酸钠标准溶液

(1) $c(NaNO_2)=0.5$mol/L、$c(NaNO_2)=0.1$mol/L 亚硫酸钠标准溶液

[配制] 称取下述规定量的优级纯亚硝酸钠、氢氧化钠及无水碳酸钠，溶于1000mL水中，摇匀。

$c(NaNO_2)$/(mol/L)	m(亚硝酸钠)/g	m(氢氧化钠)/g	m(无水碳酸钠)/g
0.5	36	0.5	1
0.1	7.2	0.1	0.2

[标定]

方法1 称取下述规定量的于120℃干燥至恒重的基准无水对氨基苯磺酸，准确至0.0001g，于250mL锥形瓶中，加下述规定体积的氨水溶解，加200mL水及20mL盐酸，按永停滴定法安装好电极和测量仪表（见图2-7）。将装有配制好的亚硝酸钠溶液的滴管下口插入溶液内约10mm处，在搅拌下于（15～20)℃进行滴定，近终点时，将滴管的尖端提出液面，用少量水淋洗尖端，洗液并入溶液中，继续慢慢滴定，并观察检流计读数和指针偏转情况，直至加入滴定液搅拌后电流突增，并不再回复时为滴定终点。

$c(NaNO_2)$/(mol/L)	m(基准无水对氨基苯磺酸)/g	V(氨水)/mL
0.5	3.0	3
0.1	0.6	2

亚硝酸钠标准溶液的浓度按下式计算：

$$c(NaNO_2)=\frac{m}{V\times 0.1732}$$

式中 $c(NaNO_2)$——亚硝酸钠标准溶液的浓度，mol/L；

m——无水对氨基苯磺酸的质量，g；

V——亚硝酸钠溶液的体积，mL；

0.1732——1.00mL亚硝酸钠标准溶液 [$c(NaNO_2)=1.000$mol/L] 相当的，以g为单位的无水对氨基苯磺酸的质量。

注：本标准溶液使用前标定。

方法2 准确移取20.00mL上述亚硝酸钠溶液，缓缓加入到混合液中 {量取50.00mL高锰酸钾标准溶液 [$c(KMnO_4)=0.100$mol/L]，50mL水及20mL硫酸溶液（20%），摇匀}，注入时移液管尖端须接触溶液表面，摇匀，放置10min，加3g碘化钾，摇匀，于暗处放置5min。用硫代硫酸钠标准溶液 [$c(Na_2S_2O_3)=0.100$mol/L] 滴定，近终点时，加2mL淀粉指示液（10g/L），继续滴定至溶液蓝色消失。同时做空白试验。亚硝酸钠标准溶液的浓度按下式计算：

$$c(NaNO_2)=\frac{(V_1-V_2)c_1}{V}$$

式中 $c(NaNO_2)$——亚硝酸钠标准溶液的浓度，mol/L；

V_1——空白试验消耗硫代硫酸钠标准溶液的体积，mL；

V_2——亚硝酸钠消耗硫代硫酸钠标准溶液的体积，mL；

c_1——硫代硫酸钠标准溶液的浓度，mol/L；

V——亚硝酸钠溶液的体积，mL。

方法3　称取于（0.55～0.56）g 120℃下干燥至恒重的基准试剂对氨基苯磺酸，准确到0.0001g，于400mL烧杯中，溶于200mL水及3mL氨水中，加20mL盐酸及1g溴化钾，将溶液冷却并保持在（0～5）℃，在摇动下，慢慢滴加亚硝酸钠溶液，近终点时取出一小滴溶液，以淀粉-碘化钾试纸试之，至产生明显蓝色，放置5min，再以试纸试之，如仍产生明显蓝色，即为终点。亚硝酸钠标准溶液的浓度按下式计算：

$$c(NaNO_2)=\frac{m\times 1000}{V\times 173.19}$$

式中　$c(NaNO_2)$——亚硝酸钠标准溶液的浓度，mol/L；

m——对氨基苯磺酸的质量，g；

V——滴定消耗亚硝酸钠溶液的体积，mL；

173.19——对氨基苯磺酸的摩尔质量［$M(C_6H_4NH_2SO_3H)$］，g/mol。

（2）$c(NaNO_2)=1000\mu g/mL$ 亚硝酸钠标准溶液

［配制］　取光谱纯亚硝酸钠于称量瓶中，于110℃烘至恒重，置于干燥器中冷却备用。准确称取0.5000g于上述亚硝酸钠，加水溶解移入500mL容量瓶中，加100mL氯化铵缓冲溶液（1000mL中加入500mL水，准确加入20.0mL盐酸，振荡混匀，准确加入50mL氢氧化铵，用水稀释至刻度。必要时用稀盐酸和稀氢氧化铵调试至pH9.6～9.7），加水稀释至刻度，混匀，在4℃避光保存。

亚铁氰化钾标准溶液 $\{c[K_4Fe(CN)_6]=0.1mol/L\}$

［配制］　称取42.239g亚铁氰化钾 $\{K_4[Fe(CN)_6]\cdot 3H_2O;\ M_r=422.388\}$ 于适量水后，移入1000mL棕色容量瓶中，用水稀释到刻度，混匀。临用现配。

［标定］　准确移取20.00mL上述溶液，置于250mL碘量瓶中，加60mL水，20mL硫酸溶液（1+1），充分混匀，用高锰酸钾标准溶液［$c(\frac{1}{5}KMnO_4)=0.100mol/L$］滴定，至溶液显橙色即为终点。同时做空白试验。亚铁氰化钾标准溶液浓度按下式计算：

$$c[K_4Fe(CN)_6]=\frac{(V_1-V_2)c}{V}$$

式中　V_1——高锰酸钾标准溶液的体积，mL；

V_2——空白消耗高锰酸钾标准溶液的体积，mL；

c——高锰酸钾标准溶液的浓度，mol/L；

V——亚铁氰化钾溶液的体积，mL；

一氯化碘乙酸标准溶液

［配制］

方法1　称取9g三氯化碘溶解在700mL冰醋酸和300mL环己烷的混合液中。取5mL上述溶液加5mL碘化钾溶液［100g/L：不含碘酸盐或游离碘］和30mL水，用几滴淀粉溶液（5g/L）作指示剂，用硫代硫酸钠标准溶液［$c(Na_2S_2O_3)=0.100mol/L$］滴定析出的碘，滴定体积V_1。加10g碘于上述溶液中，使其完全溶解。如上法滴定，得V_2。V_2/V_1应大于 1.5，否则可稍加一点纯碘直至 V_2/V_1 略超过 1.5。

将溶液静置后将上层清液倒入具塞棕色试剂瓶中，避光保存，此溶液在室温下可保存几个月。

方法 2 一氯化碘溶液（三氯化碘、冰醋酸及四氯化碳混合试剂）（测定碘价用）：称取 9.0g 三氯化碘，溶于 1000mL 的由 300mL 四氯化碳及 700mL 的冰醋酸混合的溶剂中，按下法测定其卤素的含量：由滴定管放出 5mL 三氯化碘溶液至碘量瓶中，加 5mL 碘化钾溶液（100g/L，无游离碘及碘酸盐）及 30mL 蒸馏水，以淀粉溶液为指示剂，以硫代硫酸钠标准溶液进行滴定，加入 10.0g 粉碎过的碘到上述三氯化碘溶液中，并振摇使其溶解，以 0.1mol/L 硫代硫酸钠标准溶液进行滴定（如上面同样操作）来测定其卤素含量，此含量必须是第一次测定数的 1.5 倍，如太低，则再加入少量碘，直至卤素含量比 1.5 倍这最低限略高，以保证溶液中没有三氯化碘存留。过滤或倾泻取其清液，以冰醋酸与四氯化碳混合溶剂进行稀释，直至 5mL 溶液相当于（或略小于）0.1mol/L 硫代硫酸钠标准溶液 10mL。储于密封的棕色瓶中，放于暗处。

有效氯（次氯酸钠）**标准溶液** [0.05mol/L]

[配制] 将浓盐酸溶液逐滴加入到高锰酸钾溶液中，将逸出的氯气导入氢氧化钠溶液 [$c(NaOH)=2mol/L$] 中。形成次氯酸钠溶液。

[有效氯的标定方法] 准确吸取 1.00mL 次氯酸钠溶液于 250mL 碘量瓶中，加入 50mL 水、2g 碘化钾，混匀。然后加入 5mL 硫酸溶液 [$c(H_2SO_4)=6mol/L$]，盖上瓶盖，摇匀。暗处放置 5min，用硫代硫酸钠标准溶液 [$c(Na_2S_2O_3)=0.100mol/L$] 滴定析出的碘，滴定至溶液呈淡黄色时，加入 1mL 新配制的淀粉溶液（5g/L），呈蓝色，继续滴定至蓝色刚刚消失，即为终点。有效氯的浓度按下式计算：

$$c=\frac{c_1V_1}{V}$$

式中 c——有效氯的浓度，mol/L；

V_1——硫代硫酸钠标准溶液的体积，mL；

V——所取有效氯溶液的体积，mL；

c_1——硫代硫酸钠标准溶液的浓度，mol/L。

[游离碱的标定] 准确吸取 1.00mL 次氯酸钠溶液于 150mL 锥形瓶中，加入适量水，以酚酞作指示液（10g/L），用盐酸溶液 [$c(HCl)=0.100mol/L$] 滴定至红色消失即为终点。取适量（V）上述溶液用稀氢氧化钠溶液稀释至溶液中含氯为 3.5g/L、游离碱为 0.75mol/L（以氢氧化钠计）的次氯酸钠溶液，储于棕色滴瓶中，可稳定 1 周。配制 1000mL 0.05mol/L 有效氯溶液所取次氯酸钠溶液的体积按下式计算：

$$V=\frac{0.05\times 1000}{c}$$

六、沉淀滴定分析用标准溶液

碘化钾标准溶液 [$c(KI)=0.1mol/L$]

[配制] 称取 16.6003g 优级纯碘化钾（KI；$M_r=166.0028$），于 200mL 高型烧杯中，

加水溶解，移入1000mL容量瓶中，用水稀释到刻度，摇匀。冷藏保存。使用前在20℃下平衡后使用。

[标定] 准确移取20.00mL上述碘化钾溶液[$c(KI)=0.1mol/L$]，于250mL锥形瓶中，加40mL水，10mL乙酸溶液（5%）及3滴曙红钠盐指示溶液（5g/L），用硝酸银标准溶液[$c(AgNO_3)=0.100mol/L$]避光滴定至沉淀呈红色。碘化钾标准溶液浓度按下式计算：

$$c(KI)=\frac{V_1c_1}{V}$$

式中 $c(KI)$——碘化钾标准溶液的浓度，mol/L；

V_1——硝酸银标准溶液的体积，mL；

c_1——硝酸银标准溶液的浓度，mol/L；

V——碘化钾溶液的体积，mL。

丁二酮肟标准溶液 [$c(C_4H_8N_2O_2)=0.1mol/L$]

[配制] 称取11.6g优级纯丁二酮肟（$C_4H_8N_2O_2$；$M_r=116.1185$），于300高型烧杯中，用100mL氢氧化钠溶液[$c(NaOH)=2mol/L$]溶解，移入1000mL容量瓶中，用水稀释至刻度，混匀。

[标定] 准确吸取25.00mL镍标准溶液[$c(Ni)=0.100mol/L$]，于300mL锥形瓶中，用氨水中和后过量5mL，加水至200mL，用配好的丁二酮肟溶液滴定。用镍试纸[用滤纸浸取丁二酮肟乙醇溶液（10g/L），晾干]作为指示剂，取一滴溶液于试纸上（镍试纸上放一片滤纸），若镍试纸变为红色，则尚未达终点，应继续滴定，直至不变红色为终点，在滴定过程中应不断用玻棒搅拌，以免丁二酮肟夹在沉淀中引起误差。丁二酮肟标准溶液的浓度按下式计算：

$$c(C_4H_8N_2O_2)=\frac{2V_1c_1}{V}$$

式中 $c(C_4H_8N_2O_2)$——丁二酮肟标准溶液的浓度，mol/L；

c_1——镍标准溶液的浓度，mol/L；

V_1——滴定消耗镍标准溶液的体积，mL；

V——丁二酮肟溶液的体积，mL；

高氯酸钡标准溶液 {$c[Ba(ClO_4)_2]=0.05mol/L$}

[配制] 称取15.8g氢氧化钡于300mL烧杯中，加75mL水和7.5mL高氯酸，用高氯酸调节至pH3.0，必要时过滤。加150mL乙醇，加水稀释至250mL，用乙酸-乙酸钠缓冲溶液（称取10g无水乙酸钠，加300mL水溶解，用冰醋酸调解至pH3.7，用水稀释至1000mL）稀释至1000mL，混匀。

[标定] 准确移取5.00mL硫酸标准溶液[$c(H_2SO_4)=0.0500mol/L$]，于250mL锥形瓶中，加5mL水与50mL上述乙酸-乙酸钠缓冲溶液、60mL乙醇，0.5mL茜素红指示液（1g/L），用高氯酸钡溶液滴定至溶液呈橙红色。高氯酸钡标准溶液浓度按下式计算：

$$c[Ba(ClO_4)_2]=\frac{V_1c_1}{V}$$

式中 $c[Ba(ClO_4)_2]$——高氯酸钡标准溶液的浓度，mol/L；

V_1——硫酸标准溶液的体积，mL；

c_1——硫酸标准溶液的浓度，mol/L；

V——高氯酸钡溶液的体积，mL。

硫氰酸铵标准溶液 $[c(NH_4CNS)=0.1mol/L]$

［配制］ 准确称取7.6121g优级纯硫氰酸铵（NH_4SCN；$M_r=76.121$），于200mL高型烧杯中，加水溶解，移入1000mL容量瓶中，用水稀释到刻度，摇匀。

［标定］

方法1 准确称取0.6g于硫酸干燥器中干燥至恒量的工作基准试剂硝酸银，准确到0.0001g｛或移取35.00mL～40.00mL硝酸银标准溶液［$c(AgNO_3)=0.100mol/L$］｝，于250mL烧杯中，加90mL水、10mL淀粉溶液（10g/L）、10mL硝酸溶液（25%），用216型银电极作指示电极，217型双盐桥饱和甘汞电极作参比电极。用配制好的硫氰酸铵溶液［$c(NH_4CNS)=0.100mol/L$］滴定。用二级微商法确定滴定终点（见附录十一）。硫氰酸铵标准溶液的浓度按下式计算：

$$c(NH_4CNS)=\frac{m\times 1000}{V_0\times 169.8731}$$

$$V_0=V+\left(\frac{a}{a-b}\Delta V\right)$$

式中 $c(NH_4CNS)$——硫氰酸铵标准溶液的浓度，mol/L；

V_0——滴定终点时硫氰酸铵溶液的体积，mL；

a——二级微商为零前的二级微商值；

b——二级微商为零后的二级微商值；

V——二级微商为 a 时硫氰酸铵溶液的体积，mL；

ΔV——由二级微商为 a 至二级微商为 b，所加硫氰酸铵溶液的体积，mL；

m——硝酸银的质量，g；

169.8731——硝酸银的摩尔质量［$M(AgNO_3)$］，g/mol。

方法2 准确移取35.00mL～40.00mL硝酸银标准溶液［$c(AgNO_3)=0.100mol/L$］，于250mL烧杯中，加60mL水、10mL淀粉溶液（10g/L）、10mL硝酸溶液（25%），用216型银电极作指示电极，217型双盐桥饱和甘汞电极作参比电极。用配制好的硫氰酸铵溶液［$c(NH_4CNS)=0.1mol/L$］滴定。用二级微商法确定滴定终点（见附录十一）。硫氰酸铵标准溶液的浓度按下式计算：

$$c(NH_4CNS)=\frac{V_1 c_1}{V_0}$$

$$V_0=V+\left(\frac{a}{a-b}\Delta V\right)$$

式中 $c(NH_4CNS)$——硫氰酸铵溶液的浓度，mol/L；

V_0——滴定终点时硫氰酸铵溶液的体积，mL；

a——二级微商为零前的二级微商值；

b——二级微商为零后的二级微商值；

V——二级微商为 a 时硫氰酸铵溶液的体积，mL；

ΔV——由二级微商为 a 至二级微商为 b，所加硫氰酸铵溶液的体积，mL；

V_1——硝酸银溶液的体积，mL；

c_1——硝酸银标准溶液的浓度，mol/L；

方法 3　准确量取 20.00mL 上述硫氰酸铵溶液 [$c(NH_4CNS)=0.100$mol/L] 于 250mL 锥形瓶中，加 40mL 水，5mL 硝酸溶液（1+3），在摇动下滴加 50.00mL 硝酸银标准溶液 [$c(AgNO_3)=0.100$mol/L]，及 1mL 硫酸铁铵指示液（80g/L），用硫氰酸钠标准溶液[$c(NaCNS)=0.100$mol/L] 返滴定，终点前摇动溶液至完全清亮后，继续滴定至溶液呈浅棕红色。保持 30s，同时做空白试验。硫氰酸铵标准溶液浓度按下式计算：

$$c(NH_4CNS)=\frac{(V_1-V_2)c_1}{V}$$

式中　$c(NH_4CNS)$——硫氰酸铵标准溶液的浓度，mol/L；

V_1——空白消耗的硫氰酸钠标准溶液的体积，mL；

V_2——硫氰酸铵溶液消耗的硫氰酸钠标准溶液的体积，mL；

c_1——硫氰酸钠标准溶液的浓度，mol/L；

V——硫氰酸铵溶液的体积，mL。

硫氰酸钾标准溶液 [$c(KCNS)=0.1$mol/L]

[配制]　准确称取 9.7181g 优级纯硫氰酸钾（KCNS；$M_r=97.181$）于 200mL 高型烧杯中，溶于少量新煮沸后冷却水中，移入 1000mL 容量瓶中，用煮沸后冷却水稀释到刻度，摇匀。

[标定]

方法 1　准确称取 0.6g 于硫酸干燥器中干燥至恒量的工作基准试剂硝酸银，准确到 0.0001g，于 250mL 烧杯中，加 90mL 水、10mL 淀粉溶液（10g/L）、10mL 硝酸溶液（25%），用 216 型银电极作指示电极，217 型双盐桥饱和甘汞电极作参比电极。用配制好的硫氰酸钾溶液 [$c(KCNS)=0.1$mol/L] 滴定。用二级微商法确定滴定终点（见附录十一）。硫氰酸钾标准溶液的浓度（c）按下式计算：

$$c(KCNS)=\frac{m\times 1000}{V_0\times 169.8731}$$

$$V_0=V+\left(\frac{a}{a-b}\Delta V\right)$$

式中　V_0——滴定终点时硫氰酸钾溶液的体积，mL；

a——二级微商为零前的二级微商值；

b——二级微商为零后的二级微商值；

V——二级微商为 a 时硫氰酸钾溶液的体积，mL；

ΔV——由二级微商为 a 至二级微商为 b，所加硫氰酸钾溶液的体积，mL；

m——硝酸银的质量，g；

169.8731——硝酸银的摩尔质量 [$M(AgNO_3)$]，g/mol。

方法 2　准确移取 35.00mL～40.00mL 硝酸银标准溶液 [$c(AgNO_3)=0.100$mol/L]，于 250mL 烧杯中，加 60mL 水、10mL 淀粉溶液（10g/L）、10mL 硝酸溶液（25%），用 216 型银电极作指示电极，217 型双盐桥饱和甘汞电极作参比电极。用配制好的硫氰酸钾溶液［c(KCNS)＝0.1mol/L］滴定。用二级微商法确定滴定终点。见附录十一。硫氰酸钾标准溶液的浓度按下式计算：

$$c(\mathrm{KCNS})=\frac{V_1c_1}{V_0}$$

$$V_0=V+\left(\frac{a}{a-b}\Delta V\right)$$

式中 c(KCNS)——硫氰酸钾标准溶液的浓度，mol/L；

V_0——滴定终点时硫氰酸钾溶液的体积，mL；

a——二级微商为零前的二级微商值；

b——二级微商为零后的二级微商值；

V——二级微商为 a 时硫氰酸钾溶液的体积，mL；

ΔV——由二级微商为 a 至二级微商为 b，所加硫氰酸钾溶液的体积，mL。

V_1——硝酸银标准溶液的体积，mL；

c_1——硝酸银标准溶液的浓度，mol/L。

方法 3 称取 0.5g 于硫酸干燥器中干燥至恒重的基准硝酸银，准确至 0.0001g，于 250mL 锥形瓶中，溶于 40mL 水中，加 2mL 硫酸铁铵指示液（80g/L）及 10mL 硝酸溶液（1＋3），在摇动下用配制好的硫氰酸钾溶液［c(KCNS)＝0.1mol/L］滴定。终点前摇动溶液至完全清亮后，继续滴定至溶液所呈浅棕红色，保持 30s。滴定时避免直射光。硫氰酸钾标准溶液浓度按下式计算：

$$c(\mathrm{KCNS})=\frac{m\times1000}{V\times169.8731}$$

式中 c(KCNS)——硫氰酸钾标准溶液的浓度，mol/L；

m——硝酸银的质量，g；

V——硫氰酸钾溶液的体积，mL；

169.8731——硝酸银的摩尔质量［$M(AgNO_3)$］，g/mol。

方法 4 准确移取（30.00～35.00）mL 硝酸银标准溶液［$c(AgNO_3)$＝0.100mol/L］，于 250mL 锥形瓶中，加 1mL 硫酸铁铵指示液（80g/L）及 10mL 硝酸溶液（1＋3），在摇动下用配制好的硫氰酸钾溶液［c(KCNS)＝0.1mol/L］滴定。终点前摇动溶液至完全清亮后，继续滴定至溶液所呈浅棕红色，保持 30s。硫氰酸钾标准溶液浓度按下式计算：

$$c(\mathrm{KCNS})=\frac{V_1c_1}{V}$$

式中 c(KCNS)——硫氰酸钾标准溶液的浓度，mol/L；

V_1——硝酸银标准溶液的体积，mL；

c_1——硝酸银标准溶液的浓度，mol/L；

V——硫氰酸钾溶液的体积，mL。

硫氰酸钠标准溶液［c(NaCNS)＝0.1mol/L］

［配制］ 准确称取 8.1072g 优级纯硫氰酸钠（NaCNS；M_r＝81.072）于 200mL 高型烧杯中，溶于少量新煮沸后冷却水中，转移到 1000mL 容量瓶中，用煮沸后冷却水稀释到刻度，摇匀。

［标定］

方法1　准确称取0.6g于硫酸干燥器中干燥至恒量的工作基准试剂硝酸银，准确到0.0001g，于250mL烧杯中，加90mL水、10mL淀粉溶液（10g/L）、10mL硝酸溶液（25%），用216型银电极作指示电极，217型双盐桥饱和甘汞电极作参比电极。用配制好的硫氰酸钠溶液［$c(NaCNS)=0.1mol/L$］滴定。用二级微商法确定滴定终点（见附录十一）。硫氰酸钠标准溶液的浓度（c）按下式计算：

$$c(NaCNS)=\frac{m\times1000}{V_0\times169.8731}$$

$$V_0=V+\left(\frac{a}{a-b}\Delta V\right)$$

式中　V_0——滴定终点时硫氰酸钠溶液的体积，mL；

a——二级微商为零前的二级微商值；

b——二级微商为零后的二级微商值；

V——二级微商为a时硫氰酸钠溶液的体积，mL；

ΔV——由二级微商为a至二级微商为b，所加硫氰酸钠溶液的体积，mL。

m——硝酸银的质量，g；

169.8731——硝酸银的摩尔质量［$M(AgNO_3)$］，g/mol。

方法2　准确移取35.00mL～40.00mL硝酸银标准溶液［$c(AgNO_3)=0.1mol/L$］，于250mL烧杯中，加60mL水、10mL淀粉溶液（10g/L）、10mL硝酸溶液（25%），用216型银电极作指示电极，217型双盐桥饱和甘汞电极作参比电极。用配制好的硫氰酸钠溶液［$c(NaCNS)=0.100mol/L$］滴定。用二级微商法确定滴定终点（见附录十一）。硫氰酸钠溶液的浓度按下式计算：

$$c(NaCNS)=\frac{V_1c_1}{V_0}$$

$$V_0=V+\left(\frac{a}{a-b}\Delta V\right)$$

式中　$c(NaCNS)$——硫氰酸钠溶液的浓度，mol/L；

V_0——滴定终点时硫氰酸钠溶液的体积，mL；

a——二级微商为零前的二级微商值；

b——二级微商为零后的二级微商值；

V——二级微商为a时硫氰酸钠溶液的体积，mL；

ΔV——由二级微商为a至二级微商为b，所加硫氰酸钠溶液的体积，mL；

V_1——硝酸银溶液的体积，mL；

c_1——硝酸银标准溶液的浓度，mol/L。

方法3　准确移取20.00mL硝酸银标准溶液［$c(AgNO_3)=0.100mol/L$］。置于150mL锥形瓶中，加10mL水、2mL硫酸铁铵指示液（80g/L）及10mL硝酸溶液（25%），在摇动下用配制好的硫氰酸钠溶液［$c(NaCNS)=0.1mol/L$］滴定。终点前摇动溶液至完全清亮后，继续滴定至溶液所呈浅棕红色保持30s。滴定时避免直射光。硫氰酸钠标准溶液的浓度按下式计算：

$$c(NaCNS)=\frac{V_1c_1}{V}$$

式中　$c(NaCNS)$——硫氰酸钠标准溶液的浓度，mol/L；

V_1——硝酸银溶液的体积，mL；

c_1——硝酸银标准溶液的浓度，mol/L；

V——硫氰酸钠溶液的体积，mL。

氯化铵标准溶液 [$c(NH_4Cl)=0.1mol/L$]

［配制］ 取适量优级纯氯化铵（NH_4Cl；$M_r=53.491$）于称量瓶中，于105℃干燥至恒重，置于干燥器中冷却备用。称取5.3491g优级纯氯化铵，于200mL高型烧杯中，加水溶解，移入1000mL容量瓶中，用水稀释到刻度，摇匀。

［标定］ 准确移取20.00mL上述氯化铵溶液，于250mL锥形瓶中，加40mL水及10mL淀粉溶液（10g/L），用硝酸银标准溶液［$c(AgNO_3)=0.100mol/L$］避光滴定。近终点时，加3滴荧光素指示液（5g/L），继续滴定至乳液呈粉红色。氯化铵标准溶液浓度按下式计算：

$$c(NH_4Cl)=\frac{V_1c_1}{V}$$

式中 $c(NH_4Cl)$——氯化铵标准溶液的浓度，mol/L；

V_1——硝酸银标准溶液的体积，mL；

c_1——硝酸银标准溶液的浓度，mol/L；

V——氯化铵溶液的体积，mL。

氯化钡标准溶液

(1) $c(BaCl_2)=0.1mol/L$ 氯化钡标准溶液

［配制］ 选取优级纯或高纯$BaCl_2\cdot 2H_2O$，取适量置于称量瓶中于115℃下干燥2h，除去结晶水，置于干燥器中备用。准确称取20.823g氯化钡（$BaCl_2$；$M_r=208.233$），于300mL烧杯中，加盐酸溶液（0.5+999.5）溶解，移入1000mL容量瓶中，稀释至刻度，摇匀。

［标定］

方法1 准确吸取20.00mL硫酸标准溶液［$c(H_2SO_4)=0.100mol/L$］于250mL锥形瓶中，加50mL水，并用氨水中和到亮黄试纸呈碱性反应，用氯化钡溶液滴定，以玫瑰红酸钠指示液［称取0.1g玫瑰红酸钠，溶于10mL水（现配现用）］作液外指示，在滤纸上呈现玫瑰红色斑点保持2min不褪为终点。氯化钡标准溶液的浓度按下式计算：

$$c(BaCl_2)=\frac{c_1V_1}{V}$$

式中 $c(BaCl_2)$——氯化钡标准溶液的浓度，mol/L；

c_1——硫酸标准溶液的浓度，mol/L；

V_1——硫酸标准溶液的体积，mL；

V——氯化钡溶液的体积，mL。

方法2 移取30.00mL～35.00mL配制好的氯化钡溶液于250mL锥形瓶中，加25mL 95%乙醇，用乙二胺四乙酸二钠标准溶液［$c(EDTA)$］=0.100mol/L］滴定，近终点时，加15mL氨水，及(0.1～0.2)g邻甲苯酚酞络合指示剂-萘酚绿B混合指示剂，继续滴定至溶液由蓝紫色变为绿色。氯化钡标准溶液浓度按下式计算：

$$c(BaCl_2)=\frac{c_1V_1}{V}$$

式中　$c(BaCl_2)$——氯化钡标准溶液的浓度，mol/L；

V_1——乙二胺四乙酸二钠标准溶液的体积，mL；

c_1——乙二胺四乙酸二钠标准溶液的浓度，mol/L；

V——氯化钡溶液的体积，mL。

(2) $c(BaCl_2)$=0.02mol/L 氯化钡标准溶液

[配制]　选取优级纯或高纯 $BaCl_2\cdot2H_2O$，取适量置于称量瓶中于115℃下干燥2h，除去结晶水，置于干燥器中备用。准确称取2.0823g 氯化钡（$BaCl_2$；M_r=208.233）于200mL 烧杯中，加水溶解，移入500mL 容量瓶中，稀释至刻度，摇匀。

[标定]　准确吸取5.00mL 氯化钡溶液于150mL 锥形瓶中，加入5mL Mg-EDTA 溶液、10mL 无水乙醇、5mL 氨-氯化铵缓冲溶液、4 滴铬黑 T 指示液（5g/L），用 EDTA 标准溶液［c(EDTA)=0.0200mol/L］滴定至溶液由酒红色变为亮蓝色。氯化钡标准溶液的浓度按下式计算：

$$c(BaCl_2)=\frac{c_1V_1}{V_2}$$

式中　$c(BaCl_2)$——氯化钡标准溶液的浓度，mol/L；

c_1——EDTA 标准溶液的浓度，mol/L；

V_1——EDTA 标准溶液的体积，mL；

V_2——氯化钡溶液的体积，mL。

氯化钾标准溶液

(1)［$c(KCl)$=0.1mol/L］氯化钾标准溶液

[配制]　选取GBW（E）060020 氯化钾（KCl；M_r=74.551）纯度标准物质，取适量置于瓷坩埚中，于马弗炉中550℃，灼烧6h，冷却后，取出坩埚，置于干燥器中保存备用。准确称取7.4551g 氯化钾，于200mL 高型烧杯中，加水溶解，移入1000mL 容量瓶中，用水稀释到刻度，摇匀。可直接使用，不用标定。

注：如果无法获得氯化钾纯度标准物质，可采用基准试剂代替，但当此标准溶液用于准确测量时应标定后使用。

[标定]

方法1　量取20.00mL 上述氯化钾溶液，于250mL 锥形瓶中，加40mL 水及10mL 淀粉溶液（10g/L），在摇动下，用硝酸银标准溶液［$c(AgNO_3)$=0.100mol/L］避光滴定。近终点时，加3 滴荧光素指示液（5g/L），继续滴定至乳液呈粉红色。氯化钾标准溶液的浓度按下式计算：

$$c(KCl)=\frac{V_1c_1}{V}$$

式中　$c(KCl)$——氯化钾溶液的浓度，mol/L；

V_1——硝酸银标准溶液的体积，mL；

c_1——硝酸银标准溶液的浓度，mol/L；

V——氯化钾溶液的体积，mL。

方法2　准确移取20.00mL 上述溶液，置250mL 锥形瓶中，加30mL 水，5mL 淀粉溶液（20g/L），（5～8）滴荧光黄指示液（1g/L），用硝酸银标准溶液 [$c(AgNO_3)=0.100mol/L$] 滴定。氯化钾标准溶液的浓度（c）按下式计算：

$$c(KCl)=\frac{c_1V_1}{V}$$

式中 V_1——硝酸银标准溶液的体积，mL；

c_1——硝酸银标准溶液的浓度，mol/L；

V——氯化钾溶液的体积，mL。

（2）$c(KCl)=0.4mol/L$ 氯化钾标准溶液

[配制] 选取 GBW（E）060020 氯化钾（KCl；$M_r=74.551$）纯度标准物质，取适量置于瓷坩埚中，于马弗炉中550℃灼烧6h，冷却后，取出坩埚，置于干燥器中保存备用。准确称取14.910g氯化钾，溶于水，移入500mL容量瓶中，稀释至刻度，混匀。

氯化钠标准溶液 [$c(NaCl)=0.1mol/L$]

[配制] 选用 GBW 06103 或 GBW（E）060024 氯化钠（NaCl；$M_r=58.443$）纯度标准物质，取适量置于瓷坩埚中，于马弗炉中550℃，灼烧6h，冷却后，取出坩埚，置于干燥器中保存备用。准确称取5.8443g氯化钠，置于200mL烧杯中，溶于少量水，转移到1000mL容量瓶中，用水稀释到刻度，摇匀，可直接使用。

注：如果无法获得氯化钠纯度标准物质，可采用基准试剂代替，但当此标准溶液用于准确测量时应标定后使用。

[标定]

方法1 准确移取35.00mL～40.00mL氯化钠溶液 [$c(NaCl)=0.1mol/L$]，于250mL烧杯中，加40mL水及10mL淀粉溶液（10g/L），用216型银电极作指示电极，217型双盐桥饱和甘汞电极作参比电极。用硝酸银标准溶液滴定。用二级微商法确定滴定终点（见附录十一）。氯化钠标准溶液浓度（c）按下式计算：

$$c(NaCl)=\frac{c_1V_0}{V_2}$$

$$V_0=V+\left(\frac{a}{a-b}\Delta V\right)$$

式中 V_0——滴定终点时硝酸银标准溶液的体积，mL；

a——二级微商为零前的二级微商值；

b——二级微商为零后的二级微商值；

V——二级微商为 a 时硝酸银标准溶液的体积，mL；

ΔV——由二级微商为 a 至二级微商为 b，所加硝酸银标准溶液的体积，mL；

c_1——硝酸银标准溶液的浓度，mol/L；

V_2——氯化钠溶液的体积，mL。

方法2 准确移取20.00mL氯化钠溶液 [$c(NaCl)=0.1mol/L$]，于250mL锥形瓶中，加40mL水及10mL淀粉溶液（10g/L），用硝酸银标准溶液 [$c(AgNO_3)=0.100mol/L$] 避光滴定。近终点时，加3滴荧光素指示液（5g/L），继续滴定至乳液呈粉红色。氯化钠标准溶液浓度按下式计算：

$$c(NaCl)=\frac{c_1V_1}{V}$$

式中　$c(NaCl)$——氯化钠标准溶液的浓度，mol/L；

V_1——硝酸银标准溶液的体积，mL；

c_1——硝酸银标准溶液的浓度，mol/L；

V——氯化钠溶液的体积，mL。

方法 3　准确移取 20.00mL 待标定的氯化钠溶液，置 250mL 锥形瓶中，加 30mL 水，5mL 淀粉溶液（20g/L），(5～8) 滴荧光黄指示液（1g/L），用硝酸银标准溶液［$c(AgNO_3)=0.100mol/L$］滴定。氯化钠标准溶液的浓度按下式计算：

$$c(NaCl)=\frac{c_1V_1}{V}$$

式中　V_1——硝酸银标准溶液的体积，mL；

c_1——硝酸银标准溶液的浓度，mol/L；

V——氯化钠溶液的体积，mL。

方法 4　恒电流库仑滴定法。阳极：纯银电极；支持电解质：硝酸钠-冰醋酸-乙醇溶液。仪器预热稳定后，在阳极室中加入 100mL 硝酸钠-冰醋酸-乙醇支持电解质溶液，在阴极室加入 50mL 硝酸钠硝酸饱和溶液，在搅拌下，在阳极室通入高纯氮约 1h，除去氧后，加入数滴稀氯化钠溶液，使电解质处于终点之前，为防止硝酸银分解，将阳极室和中间室避光，在 10.186mA 电流下预电解，以增量法求出预滴定时间（t）—电位变化（$\Delta E/\Delta t$）终点曲线。

用最小分度为 0.0001g 的天平，减量法准确称取 2g 待测氯化钠标准溶液，在搅拌下分次缓缓加入到阳极室。在氮气、冰水浴和避光的条件下，以 10.186mA 电流下电解，求出滴定的终点曲线、滴定终点和实际消耗的电量。电解池中进行测定，读取所消耗的电量。氯化钠标准溶液的浓度按下式计算：

$$b(NaCl)=\frac{Q\times 1000}{mF}$$

式中　$b(NaCl)$——氯化钠标准溶液的质量摩尔浓度，mol/kg；

Q——氯化钠标准溶液消耗的电量，C；

F——法拉第常数，C/mol；

m——氯化钠标准溶液的质量，g。

氯化钠标准溶液的浓度按下式计算：

$$c(NaCl)=b(NaCl)\times\rho$$

式中　$c(NaCl)$——氯化钠标准溶液的浓度，mol/L；

ρ——20℃时该溶液的密度，g/mL；

$b(NaCl)$——氯化钠标准溶液的质量摩尔浓度，mol/kg。

硝酸汞标准溶液

(1) $c[Hg(NO_3)_2]=0.1mol/L$ 硝酸汞标准溶液

［配制］　称取 34.262g 优级纯硝酸汞［$Hg(NO_3)_2\cdot H_2O$；$M_r=342.62$］，置于烧杯中，加 35mL 硝酸溶液（1+1）溶解，移入 1000mL 棕色容量瓶中，用水稀释至刻度，混匀，储于棕色瓶中。

［标定］　准确移取 25.00mL 氯化钠标准溶液［$c(NaCl)=0.100mol/L$］，于 250mL 锥形瓶中，加 8 滴混合指示液（称取 0.02g 溴酚蓝和 0.5g 二苯偶氮碳酰肼，溶于 100mL 乙

醇），滴加硝酸溶液［$c(HNO_3)=1mol/L$］至溶液恰呈黄色，再过量2滴，均匀搅拌下，用硝酸汞溶液滴定至溶液由黄色变为紫红，同时做空白试验。硝酸汞标准溶液的浓度按下式计算：

$$c[Hg(NO_3)_2]=\frac{c_1V_1}{2(V-V_0)}$$

式中 $c[Hg(NO_3)_2]$——硝酸汞标准溶液的浓度，mol/L；

c_1——氯化钠标准溶液的浓度，mol/L；

V_1——氯化钠标准溶液的体积，mL；

V——硝酸汞溶液的体积，mL；

2——$c[Hg(NO_3)_2]$与$c(NaCl)$的换算关系；

V_0——空白试验硝酸汞标准溶液的体积，mL。

（2）$c[Hg(NO_3)_2]=0.05mol/L$硝酸汞标准溶液

［配制］ 称取17.131g优级纯硝酸汞［$Hg(NO_3)_2\cdot H_2O$］置于烧杯中，加入100mL水，2mL浓硝酸，溶解后，移入1000mL棕色容量瓶中，用水稀释至刻度，混匀。

［标定］

方法1 吸取20.00mL氯化钠标准溶液［$c(NaCl)=0.0500mol/L$］于250mL锥形瓶中，加入5mL硝酸溶液（1+1），加10滴亚硝酰铁氰化钠指示液（100g/L），用硝酸汞溶液滴定至白色混浊摇动也不消失为终点。硝酸汞标准溶液的浓度按下式计算：

$$c[Hg(NO_3)_2]=\frac{c_1V_1}{2V}$$

式中 $c[Hg(NO_3)_2]$——硝酸汞标准溶液的浓度，mol/L；

c_1——氯化钠标准溶液的浓度，mol/L；

V_1——氯化钠标准溶液的体积，mL；

V——硝酸汞溶液的体积，mL；

2——$c[Hg(NO_3)_2]$与$c(NaCl)$的换算系数。

方法2 称取在550℃下干燥至恒重的0.15g的GBW 06103或GBW（E）060024氯化钠纯度标准物质，准确到0.0001g，于250mL锥形瓶中，溶于100mL水中，加1mL二苯偕肼指示液（10g/L），在剧烈振摇下，用待标定硝酸汞溶液滴定至溶液呈淡玫瑰紫红。硝酸汞标准溶液的浓度按下式计算：

$$c[Hg(NO_3)_2]=\frac{m\times1000}{2V\times58.443}$$

式中 $c[Hg(NO_3)_2]$——硝酸汞标准溶液的浓度，mol/L；

V——滴定消耗硝酸汞溶液的体积，mL；

m——氯化钠的质量，g；

58.443——氯化钠的摩尔质量［$M(NaCl)$］，g/mol。

硝酸亚汞标准溶液 $c[Hg_2(NO_3)_2=0.05mol/L]$

［配制］ 准确称取13.130g优级纯硝酸亚汞［$Hg_2(NO_3)_2$；$M_r=525.19$］，于300高型烧杯中，溶于120mL经氧化处理的硝酸［滴加高锰酸钾溶液（50g/L）至粉红色，再加3%过氧化氢至粉红色消失］溶液1+1），移入500mL容量瓶中，并加入少量金属汞以增加溶液稳定性，用水稀释至刻度，混匀。

［标定］ 称取 0.1g 在 550℃干燥至恒量的 GBW 06103 或 GBW（E）060024 氯化钠纯度标准物质，准确到 0.0001g，于 250mL 锥形瓶中，溶于 50mL 水及 5mL 经氧化处理的硝酸，用配制的硝酸亚汞溶液滴定，近终点时加入 0.02mL 二苯基偶氮碳酰肼乙醇指示液（10g/L），继续滴定至溶液呈蓝紫色为终点。硝酸亚汞标准溶液的浓度按下式计算：

$$c[Hg_2(NO_3)_2]=\frac{m\times 1000}{2V\times 58.443}$$

式中 $c[Hg_2(NO_3)_2]$——硝酸亚汞标准溶液的浓度，mol/L；

m——氯化钠的质量，g；

V——滴定消耗硝酸亚汞溶液的体积，mL；

2——$c[Hg_2(NO_3)_2]$ 与 $c(NaCl)$ 的换算系数；

58.443——氯化钠的摩尔质量［$M(NaCl)$］，g/mol。

硝酸银标准溶液

（1）$c(AgNO_3)=0.100$mol/L 硝酸银标准溶液

［配制］ 取适量优级纯硝酸银（$AgNO_3$；$M_r=169.8731$）于称量瓶中，于 150℃干燥 2h，置于干燥器中冷却备用。准确称取 16.9883g 硝酸银，于 300mL 烧杯中，用水溶解后，转移到 1000mL 容量瓶中，用水稀释到刻度，混匀。储于棕色瓶内，避光保存。

［标定］

方法 1 准确称取 0.22g 在 550℃干燥至恒量的 GBW 06103 或 GBW（E）060024 氯化钠纯度标准物质，准确到 0.0001g，于 250mL 烧杯中，加入 70mL 水溶解。加入 10mL 淀粉指示液（10g/L），用 216 型银电极作指示电极，217 型双盐桥饱和甘汞电极作参比电极。用配制好的硝酸银溶液滴定。用二级微商法确定滴定终点（见附录十一）。硝酸银标准溶液的浓度（c）按下式计算：

$$c(AgNO_3)=\frac{m\times 1000}{V_0\times 58.443}$$

$$V_0=V+\left(\frac{a}{a-b}\Delta V\right)$$

式中 $c(AgNO_3)$——硝酸银溶液的浓度，mol/L；

V_0——滴定终点时硝酸银标准溶液的体积，mL；

a——二级微商为零前的二级微商值；

b——二级微商为零后的二级微商值；

V——二级微商为 a 时硝酸银标准溶液的体积，mL；

ΔV——由二级微商为 a 至二级微商为 b，所加硝酸银标准溶液的体积，mL；

m——氯化钠的质量，g；

58.443——氯化钠的摩尔质量［$M(NaCl)$］，g/mol。

方法 2 准确吸取 25.00mL 氯化钠标准溶液［$c(NaCl)=0.1000$mol/L］，置于 150mL 锥形瓶中，加 4 滴铬酸钾指示液（150g/L），均匀搅拌下，用硝酸银标准溶液滴定，直至呈现稳定的淡橘红色悬浊液，同时做空白试验。硝酸银标准溶液的浓度按下式计算：

$$c(AgNO_3)=\frac{c_1V_1}{V-V_0}$$

式中 $c(AgNO_3)$——硝酸银溶液的浓度，mol/L；

c_1——氯化钠标准溶液的浓度，mol/L；

V_1——氯化钠标准溶液的体积，mL；

V——硝酸银溶液的体积，mL。

V_0——空白试验硝酸银溶液的体积，mL。

方法 3　准确称取 0.22g 在 550℃干燥至恒量的 GBW 06103 或 GBW（E）060024 氯化钠纯度标准物质，准确到 0.0001g，于 250mL 锥形瓶中，加入 50mL 水溶解。加入 5mL 淀粉指示液（10g/L），边摇动边用硝酸银标准溶液避光滴定，近终点时，加入 3 滴荧光黄指示液（5g/L），继续滴定混浊液由黄色变为粉红色。硝酸银标准溶液的浓度按下式计算：

$$c(AgNO_3)=\frac{m\times 1000}{V\times 58.443}$$

式中　$c(AgNO_3)$——硝酸银溶液的浓度，mol/L；

m——氯化钠的质量，g；

V——滴定消耗硝酸银溶液的体积，mL；

58.443——氯化钠的摩尔质量 [$M(NaCl)$]，g/mol。

方法 4　准确称取 0.22g 于 550℃灼烧至恒重的 GBW 06103 或 GBW（E）060024 氯化钠纯度标准物质，于 250mL 锥形瓶中，加 50mL 水溶解，加入 1mL 铬酸钾溶液（150g/L），边猛烈摇动边用硝酸银标准溶液滴定至出现淡橘红色悬浊液，保持 1min 不褪色。硝酸银标准溶液的浓度按下式计算：

$$c(AgNO_3)=\frac{m\times 1000}{V\times 58.443}$$

式中　$c(AgNO_3)$——硝酸银标准溶液的浓度，mol/L；

m——氯化钠的质量，g；

V——滴定消耗硝酸银溶液的体积，mL；

58.443——氯化钠的摩尔质量 [$M(NaCl)$]，g/mol。

方法 5　准确移取（30.00～35.00)mL 配制好的硝酸银溶液 [$c(AgNO_3)=0.100$mol/L] 于 250mL 锥形瓶中，加 40mL 水、1mL 硝酸，用硫氰酸钾标准溶液 [$c(KCNS)=0.100$mol/L] 滴定。用 216 型银电极作指示电极，217 型双盐桥饱和甘汞电极作参比电极。用二级微商法确定滴定终点（见附录十一）。硝酸银标准溶液的浓度按下式计算：

$$c(AgNO_3)=\frac{c_1V_1}{V}$$

式中　$c(AgNO_3)$——硝酸银标准溶液的浓度，mol/L；

c_1——硫氰酸钾标准溶液的浓度，mol/L；

V_1——硫氰酸钾标准溶液的体积，mL；

V——硝酸银溶液的体积，mL。

方法 6　恒电位库仑滴定法。采用恒电位库仑仪。工作电极为铂网；参比电极为饱和甘汞电极；对电极为铂网；电流范围 100mA 挡；支持电解质为硫酸溶液 [$c(H_2SO_4)=0.15$mol/L]；控制电位+200mV。

仪器预热稳定后，将硫酸溶液 [$c(H_2SO_4)=0.15$mol/L] 加入到已清洗的电解池中，加入少量固体氨基磺酸粉末，在搅拌的情况下，通入高纯氮除氧后，预电解，除去试剂空白，再加入少许硝酸银溶液预先在铂电极上镀上一层银。然后，用最小度为 0.0001g 的天平，减量法准确称取（0.5～2)g 待测硝酸银标准溶液，加入到电解池中进行电解，读取所消耗的电量。硝酸银标准溶液的浓度按下式计算：

$$c(AgNO_3)=\frac{Q\times 1000}{mF}\times\rho$$

式中 $c(AgNO_3)$——硝酸银标准的浓度，mol/L；

Q——硝酸银标准溶液消耗的电量，C；

F——法拉第常数，C/mol；

m——硝酸银标准溶液的质量，g。

ρ——20℃时该溶液的密度，g/mL。

注：也可以采用测定试剂纯度，直接配制的方法。

［硝酸银纯度的测定］ 称取 0.5g 硝酸银，准确到 0.0001g，置于 250mL 锥形瓶中，溶于 100mL 水，加 5mL 硝酸及 1mL 硫酸铁铵溶液（80g/L），在摇动下用硫氰酸钠标准溶液［c(NaCNS)＝0.100mol/L］滴定至溶液呈浅棕红色，保持 30s。硝酸银质量分数按下式计算：

$$w=\frac{cV\times 0.1699}{m}\times 100\%$$

式中 w——硝酸银的质量分数，%；

V——硫氰酸钠标准溶液的体积，mL；

c——硫氰酸钠标准溶液的浓度，mol/L；

m——硝酸银的质量，g

0.1699——与 1.00mL 硫氰酸钠标准溶液［c(NaCNS)＝1.000mol/L］相当的，以 g 为单位的硝酸银的质量。

(2) $c(AgNO_3)$＝0.01mol/L 硝酸银标准溶液

［配制］ 取适量优级纯硝酸银（$AgNO_3$；M_r＝169.8731）于称量瓶中，于 150℃干燥 2h，置于干燥器中冷却备用。准确称取 1.6988g 硝酸银于 300mL 烧杯中，用水溶解后，转移到 1000mL 容量瓶中，用水稀释到刻度，混匀。储于棕色瓶内，避光保存。

［标定］ 准确移取 5.00mL 和 10.00mL 氯化钾标准溶液［c(KCl)＝0.0100mol/L］，分别置于两个 250mL 的低型烧杯中，分别加入 50mL 水，100mL 丙酮，1mL 硝酸溶液后，进行滴定：

将磁力搅棒放入烧杯中，将烧杯置于容积合适并盛有水和碎冰的容器里，把该容器和烧杯放在磁力搅拌器上开始搅拌，维持溶液温度低于 20℃。

将银电极和甘汞电极外盐桥［甘汞电极内装饱和氯化钾溶液，盐桥内装硝酸钾溶液（在室温下的饱和溶液）］的末端浸入溶液中，把电极导线接到电位计上，校对仪器的零点后，记下起始电位值。

由滴定管加入 4mL 硝酸银溶液，至盛有 5.00mL 氯化钾标准溶液的烧杯中；加入 9mL 硝酸银溶液至盛有 10.00mL 氯化钾标准溶液的烧杯中。然后，以每次 0.10mL 向每个烧杯中连续滴加硝酸银溶液，每次加入应待电位稳定。记录所加硝酸银溶液的体积和相应的电位值；记录电位 E 逐次的增量（ΔE_1）；记录两电位增量（ΔE_1）间的差值（ΔE_2）（正或负）。当加入某一份 0.10mL（V_1）硝酸银溶液（0.01mol/L），使 ΔE_1 值达最大值时，即为滴定终点。相当于滴定终点时所消耗硝酸银溶液的准确体积（V_{EQ}）按下式计算：

$$V_{EQ}=V_0+V_1\times\frac{b}{B}$$

式中 V_0——获得最大 ΔE_1 增量所需硝酸银溶液体积的前一体积，mL；
V_1——所加最后一份硝酸银溶液的体积，mL；
b——ΔE_2 为正值的最后值；
B——ΔE_2 的最后一个正值和第一个负值的绝对值之和。

硝酸银溶液的浓度按下式计算：

$$c = c_0 \times \frac{\Delta V}{V_2 - V_3}$$

式中 c_0——氯化钾标准溶液的浓度，mol/L；
V_2——滴定 10mL 氯化钾标准溶液所用硝酸银溶液的体积（V_{EQ}），mL；
V_3——滴定 5mL 氯化钾标准溶液所用硝酸银溶液的体积（V_{EQ}），mL；
ΔV——所取的两份氯化钾标准溶液体积之差，mL。

溴化铵标准溶液 [$c(NH_4Br)=0.1mol/L$]

[配制] 准确称取 9.7942g 优级纯溴化铵（NH_4Br；$M_r=97.942$），于 200mL 高型烧杯中，加水溶解，移入 1000mL 容量瓶中，用水稀释到刻度，摇匀。

[标定] 准确移取 20.00mL 上述溴化铵溶液 [$c(NH_4Br)=0.1mol/L$]，于 250mL 锥形瓶中，加 40mL 水，10mL 乙酸溶液（5%），及 3 滴曙红钠盐（5g/L），用硝酸银标准溶液 [$c(AgNO_3)=0.100mol/L$] 避光滴定至沉淀呈红色。溴化铵标准溶液浓度按下式计算：

$$c(NH_4Br) = \frac{V_1 c_1}{V}$$

式中 $c(NH_4Br)$——溴化铵标准溶液的浓度，mol/L；
V_1——硝酸银标准溶液的体积，mL；
c_1——硝酸银标准溶液的浓度，mol/L；
V——溴化铵溶液的体积，mL。

溴化钾标准溶液 [$c(KBr)=0.1mol/L$]

[配制] 准确称取 11.9002g 优级纯溴化钾（KBr；$M_r=119.002$），于 200mL 高型烧杯中，加水溶解，移入 1000mL 容量瓶中，用水稀释到刻度，摇匀。

[标定] 量取 20.00mL 上述溴化钾溶液，于 250mL 锥形瓶中，加 40mL 水，10mL 乙酸溶液（5%），及 3 滴曙红钠（5g/L），用硝酸银标准溶液 [$c(AgNO_3)=0.100mol/L$] 避光滴定至沉淀表面呈红色。溴化钾标准溶液浓度按下式计算：

$$c(KBr) = \frac{V_1 c_1}{V}$$

式中 $c(KBr)$——溴化钾标准溶液的浓度，mol/L；
V_1——硝酸银标准溶液的体积，mL；
c_1——硝酸银标准溶液的浓度，mol/L；
V——溴化钾溶液的体积，mL。

溴化钠标准溶液 [$c(NaBr)=0.1mol/L$]

[配制] 准确称取 10.289g 优级纯溴化钠（NaBr；$M_r=102.894$），于 200mL 高型烧杯

中，加水溶解，移入 1000mL 容量瓶中，用水稀释到刻度，摇匀。

［标定］ 准确移取 20.00mL 上述溴化钠溶液 [c(NaBr)=0.1mol/L]，于 250mL 锥形瓶中，加 40mL 水，10mL 乙酸溶液（5%），及 3 滴曙红钠盐（5g/L），用硝酸银标准溶液 [$c(AgNO_3)$=0.100mol/L] 避光滴定至沉淀呈红色。溴化钠标准溶液浓度按下式计算：

$$c(\mathrm{NaBr})=\frac{V_1c_1}{V}$$

式中 c(NaBr)——溴化钠溶液的浓度，mol/L；

V_1——硝酸银标准溶液的体积，mL；

c_1——硝酸银标准溶液的浓度，mol/L；

V——溴化钠溶液的体积，mL。

乙酸汞标准溶液 {$c[Hg(CH_3COO)_2]$=0.01mol/L}

［配制］ 称取 3.1868g 乙酸汞 [$Hg(CH_3COO)_2$；M_r=318.68] 于 200mL 烧杯中，加 100mL 水，35mL 硝酸溶液（1+1），转移到 1000mL 容量瓶中，用水稀释至刻度，混匀。

［标定］ 准确移取 25.00mL 氯化钠标准溶液 [c(NaCl)=0.0100mol/L]，于 250mL 锥形瓶中，加 8 滴混合指示液（称取 0.02g 溴酚蓝和 0.5g 二苯偶氮碳酰肼，溶于 100mL 乙醇），滴加硝酸溶液（1mol/L）至溶液恰呈黄色，再过量 2 滴，均匀搅拌下，用乙酸汞溶液滴定至溶液由黄色变为紫红，同时做空白试验。乙酸汞标准溶液的浓度按下式计算：

$$c[\mathrm{Hg(CH_3COO)_2}]=\frac{c_1V_1}{2(V-V_0)}$$

式中 $c[Hg(CH_3COO)_2]$——乙酸汞标准溶液的浓度，mol/L；

c_1——氯化钠标准溶液的浓度，mol/L；

V_1——氯化钠标准溶液的体积，mL；

V——乙酸汞溶液的体积，mL；

V_0——空白试验乙酸汞标准溶液的体积，mL；

2——$c[Hg(NO_3)_2]$与 c(NaCl) 的换算系数。

七、非水滴定分析用标准溶液

氨基乙醇钠标准溶液 [$c(C_2H_6NONa)$=0.1mol/L]

［配制］ 取 5.0g 新切高纯金属钠，溶于 200mL 新精制的氨基乙醇中，注意冷却，溶解后，用氨基乙醇稀释至 1000mL，混匀。

［标定］ 称取 0.25g 工作基准试剂苯甲酸，准确至 0.0001g，于 250mL 干燥的锥形瓶中，溶于 30mL 苯-甲醇混合溶液中，加 4 滴麝香草酚蓝指示液（1g/L 甲醇溶液），盖上中间具有一小孔的纸板，将滴定管尖嘴伸入孔中，用氨基乙醇钠溶液滴定，至溶液由黄色变为蓝色为终点。氨基乙醇钠标准溶液的浓度按下式计算：

$$c(\mathrm{C_2H_6NONa})=\frac{m\times1000}{V\times122.1213}$$

式中 c——氨基乙醇钠标准溶液的浓度，mol/L；

m——苯甲酸的质量，g；

V——氨基乙醇钠溶液的体积，mL；

122.1213——苯甲酸的摩尔质量［$M(C_6H_5COOH)$］，g/mol。

对甲苯磺酸-冰醋酸标准溶液［$c(C_7H_8O_3S)=0.1mol/L$］

［配制］ 取一定量的优级纯对甲苯磺酸无水试剂溶于900mL的冰醋酸中，再加入计算量的乙酸酐，用冰醋酸稀至1000mL放置24h，备用。

［标定］ 准确称取0.2g于115℃下干燥至恒重的GBW 06106邻苯二甲酸氢钾纯度标准物质，准确至0.0001g，于250mL干燥的锥形瓶中，溶于25mL冰醋酸。加2滴结晶紫的冰醋酸指示液（2g/L），用对甲苯磺酸溶液滴定到溶液呈稳定蓝色。对甲苯磺酸标准溶液的浓度按下式计算：

$$c=\frac{m\times1000}{V\times204.2212}$$

式中 c——对甲苯磺酸标准溶液的浓度，mol/L；

m——邻苯二甲酸氢钾的质量，g；

V——对甲苯磺酸溶液的体积，mL；

204.2212——邻苯二甲酸氢钾的摩尔质量［$M(KHC_8H_4O_4)$］，g/mol。

注：还可配制［$c(C_7H_8O_3S)=0.005mol/L$］的对甲苯磺酸的氯仿，乙二醇-异丙醇标准溶液。

高氯酸-冰醋酸标准溶液［$c(HClO_4)=0.1mol/L$］

［配制］

方法1 移取900mL冰醋酸，冷却到25℃以下，缓缓加入8.5mL的浓$HClO_4$（72%），摇匀，再滴加9.5g（约8.8mL）乙酸酐，摇匀，冷却到室温，用冰醋酸稀至1000mL，放置24h。浓度以标定值为准。

方法2 移取8.5mL优级纯高氯酸，在搅拌下注入500mL冰醋酸中，混匀。滴加20mL乙酸酐，搅拌至溶液均匀。冷却后用冰醋酸稀释至1000mL，摇匀。

［标定］

方法1 准确称取0.2g于115℃下干燥至恒重的GBW 06106邻苯二甲酸氢钾纯度标准物质，准确至0.0001g，于250mL锥形瓶中，加热溶于25mL冰醋酸中，加5滴甲基紫指示液（10g/L），用配制的高氯酸溶液滴定至蓝绿色为终点。高氯酸标准溶液的浓度按下式计算：

$$c(HClO_4)=\frac{m\times1000}{V\times204.2212}$$

式中 $c(HClO_4)$——高氯酸标准溶液的浓度，mol/L；

m——邻苯二甲酸氢钾的质量，g；

V——高氯酸溶液的体积，mL；

204.2212——邻苯二甲酸氢钾的摩尔质量［$M(KHC_8H_4O_4)$］，g/mol。

方法2 称取0.2g于115℃烘至恒重的GBW 06106或GBW（E）060019邻苯二甲酸氢钾纯度标准物质，准确至0.0001g。置于干燥的锥形瓶中，加入50mL冰醋酸，温热溶解。加（2～3）滴结晶紫指示液（5g/L），用配制好的高氯酸溶液［$c(HClO_4)=0.1mol/L$］滴定至溶液由紫色变为蓝色（微带紫色）。高氯酸标准溶液的浓度按下式计算：

$$c(HClO_4)=\frac{m\times 1000}{V\times 204.22}$$

式中 $c(HClO_4)$——高氯酸标准溶液的浓度，mol/L；

m——邻苯二甲酸氢钾的质量，g；

V——高氯酸溶液的体积，mL；

204.22——邻苯二甲酸氢钾的摩尔质量 [$M(KHC_8H_4O_4)$]，g/mol。

注：① 本溶液使用前标定。标定高氯酸标准溶液时的温度应与使用该标准溶液滴定时的温度相同；

② 也可配制高氯酸的冰醋酸-四氯化碳，二氧六环，乙二醇-异丙醇，甲基溶纤剂等标准溶液。

氟磺酸-冰醋酸标准溶液 [$c(FSO_3H)=0.1$mol/L]

［配制］ 称取 14.8g 精制的无水氟磺酸，用冰醋酸溶解后，稀释至 1000mL，混匀。浓度以标定值为准。

［标定］ 准确称取 0.2g 于 115℃下干燥至恒重的 GBW 06106 邻苯二甲酸氢钾纯度标准物质，准确至 0.0001g，于 250mL 干燥的锥形瓶中，溶于 25mL 冰醋酸。加 2 滴结晶紫的冰醋酸指示液（2g/L）[或以孔雀绿为指示液（2g/L），终点为黄色]，用氟磺酸标准溶液滴定到溶液呈稳定蓝色。氟磺酸标准溶液的浓度按下式计算：

$$c=\frac{m\times 1000}{V\times 204.2212}$$

式中 c——氟磺酸标准溶液的浓度，mol/L；

m——邻苯二甲酸氢钾的质量，g；

V——氟磺酸溶液的体积，mL；

204.2212——邻苯二甲酸氢钾的摩尔质量 [$M(KHC_8H_4O_4)$]，g/mol。

注：还可配制氟磺酸的醇标准溶液。

甲醇钾标准溶液 [$c(CH_3OK)=0.1$mol/L]

［配制］ 称取 4g 新切成小片的高纯金属钾。将 20mL 甲醇与 50mL 苯混匀，并在冰浴中冷却。分多次逐步将金属钾加入到甲醇苯混合溶液中。金属钾与甲醇反应非常剧烈，会放出大量热而燃烧，配制时要充分冷却降温。待反应完全后，用优级纯干燥苯稀释至 1000mL。溶液如有混浊或沉淀，可加入适量甲醇使其澄清，但甲醇应保持最低浓度。储存于优质密闭玻璃容器中，避免与二氧化碳和水蒸气接触。浓度以标定值为准。

［标定］ 称取 0.25g 工作基准试剂苯甲酸，准确至 0.0001g，于 250mL 干燥的锥形瓶中，溶于 30mL 苯-甲醇混合液中，加 4 滴麝香草酚蓝指示液（1g/L 甲醇溶液），盖上中间具有一小孔的纸板，将滴定管尖嘴伸入孔中，用甲醇钾溶液滴定，至溶液由黄色变为蓝色为终点。甲醇钾标准溶液的浓度按下式计算：

$$c=\frac{m\times 1000}{V\times 122.1213}$$

式中 c——甲醇钾标准溶液的浓度，mol/L；

m——苯甲酸的质量，g；

V——甲醇钾溶液的体积，mL；

122.1213——苯甲酸的摩尔质量 [$M(C_6H_5COOH)$]，g/mol。

注：还可配制 0.02mol/L 甲醇钾的苯-甲醇及 0.1mol/L 甲醇钾的吡啶标准溶液。

甲醇锂标准溶液 [$c(CH_3OLi)=0.1mol/L$]

[配制] 称取0.7g新切的高纯金属锂于300mL高型烧杯中，溶于150mL已冷却的无水甲醇中，置于冰浴上冷却，使其缓缓反应，溶解后，加入850mL优级纯干燥苯并不断搅拌，如出现混浊，可适当再加甲醇使其澄清，储存于优质密闭玻璃容器中，避免与二氧化碳和水蒸气接触。浓度以标定值为准。

[标定] 称取0.25g工作基准试剂苯甲酸，准确至0.0001g，于250mL干燥的锥形瓶中，溶于30mL苯-甲醇混合溶液中，加4滴麝香草酚蓝指示液（1g/L甲醇溶液），盖上中间具有一小孔的纸板，将滴定管尖嘴伸入孔中，用甲醇锂溶液滴定，至溶液由黄色变为蓝色为终点。甲醇锂标准溶液的浓度按下式计算：

$$c=\frac{m\times1000}{V\times122.1213}$$

式中 c——甲醇锂标准溶液的浓度，mol/L；

m——苯甲酸的质量，g；

V——甲醇锂溶液的体积，mL；

122.1213——苯甲酸的摩尔质量[$M(C_6H_5COOH)$]，g/mol。

甲醇钠标准溶液 [$c(NaCH_3O)=0.1mol/L$]

[配制] 称取2.3g新切的纯洁的高纯金属钠，于干燥的洁净烧杯中，分多次加入经冷却的150mL无水甲醇中，使反应缓缓进行，待溶解后，用苯稀释至1000mL。储存于优质密闭玻璃容器中，避免与二氧化碳和水蒸气接触。浓度以标定值为准。

[标定] 称取0.25g工作基准试剂苯甲酸，准确至0.0001g，于250mL干燥的锥形瓶中，溶于30mL苯-甲醇混合溶液中，加4滴麝香草酚蓝指示液（1g/L甲醇溶液），盖上中间具有一小孔的纸板，将滴定管尖嘴伸入孔中，用甲醇钠溶液滴定，至溶液由黄色变为蓝色为终点。甲醇钠标准溶液的浓度按下式计算：

$$c=\frac{m\times1000}{V\times122.1213}$$

式中 c——甲醇钠标准溶液的浓度，mol/L；

m——苯甲酸的质量，g；

V——甲醇钠溶液的体积，mL；

122.1213——苯甲酸的摩尔质量[$M(C_6H_5COOH)$]，g/mol。

注：还可配制[$c(NaCH_3O)=0.02mol/L$]甲醇钠的苯-甲醇及0.1mol/L甲醇钠的吡啶标准溶液。

甲烷磺酸-冰醋酸标准溶液（甲烷磺酸，甲磺酸）[$c(CH_4O_3S)=0.1mol/L$]

[配制] 取一定量的优级纯甲烷磺酸无水试剂溶于900mL的冰醋酸中，再加入计算量的乙酸酐，用冰醋酸稀至1000mL放置24h，备用。

[标定] 准确称取0.2g于115℃下干燥至恒重的GBW 06106邻苯二甲酸氢钾纯度标准物质，准确至0.0001g，于150mL干燥的锥形瓶中，溶于25mL冰醋酸。加2滴结晶紫的冰醋酸指示液（2g/L），用甲烷磺酸溶液滴定到溶液呈稳定蓝色。甲烷磺酸标准溶液的浓度按下式计算：

$$c=\frac{m\times1000}{V\times204.2212}$$

式中　c——甲烷磺酸标准溶液的浓度，mol/L；

m——邻苯二甲酸氢钾的质量，g；

V——甲烷磺酸溶液的体积，mL；

204.2212——邻苯二甲酸氢钾的摩尔质量［$M(KHC_8H_4O_4)$］，g/mol。

卡尔·费休（Karl Fischer）**试剂**

［配制］ 移取670mL无水甲醇（水含量≤0.05%）于1000mL干燥的棕色磨口瓶中，加入85g碘（已于硫酸干燥器中干燥48h以上），盖紧瓶塞，振摇至碘全部溶解，加入270mL无水吡啶（水含量≤0.05%），摇匀，于冰水浴中冷却，缓慢通入经硫酸干燥的二氧化硫，使增重达65g左右，盖紧瓶塞，摇匀，于暗处放置24h以上。

用乙二醇甲醚代替甲醇配制的卡尔·费休试剂，可用于含活泼羰基的化合物中水分的测定，试剂的稳定性也更好。

［标定］ 在反应瓶中加一定体积（浸没铂电极）的无水甲醇（水含量≤0.05%），在搅拌下用卡尔·费休试剂滴定至终点，加5mL无水甲醇，滴定至终点并记录卡尔·费休试剂的用量（V_1），此为试剂空白。加5mL水标准溶液（0.002g/mL），滴定至终点并记录卡尔·费休试剂的用量（V_2）。卡尔·费休试剂的滴定度（T）按下式计算：

$$T=\frac{m}{V_2-V_1}$$

式中　T——卡尔·费休试剂的滴定度，g/mL；

m——加入水标准溶液中水的质量，g；

V_1——滴定试剂空白卡尔·费休试剂的体积，mL；

V_2——滴定水标准溶液消耗卡尔·费休试剂的体积，mL。

氯磺酸-冰醋酸-丁酮标准溶液［$c(HSO_3Cl)=0.1mol/L$］

［配制］ 移取7mL氯磺酸于250mL冰醋酸中，用丁酮稀释成0.1mol/L，混匀。

［标定］ 准确称取0.15g已于100℃干燥的无水乙酸钠，准确至0.0001g，于250mL干燥的锥形瓶中，溶于25mL冰醋酸-丁酮混合溶剂。加5滴甲基橙冰醋酸-丁酮指示液（1g/L），用氯磺酸溶液滴定。氯磺酸标准溶液的浓度按下式计算：

$$c=\frac{m\times1000}{V\times82.0338}$$

式中　c——氯磺酸溶液的浓度，mol/L；

m——乙酸钠的质量，g；

V——氯磺酸溶液的体积，mL；

82.0338——乙酸钠的摩尔质量［$M(NaC_2H_3O_2)$］，g/mol。

氢溴酸-冰醋酸标准溶液［$c(HBr)=0.1mol/L$ 或 $c(HBr)=0.5mol/L$］

［配制］ 将溴通入四氢化萘中，产生的溴化氢通入冰醋酸中，使其氢溴酸浓度达到0.1mol/L或0.5mol/L，浓度以标定值为准。

［标定］ 准确称取0.2g于115℃下干燥至恒重的GBW 06106邻苯二甲酸氢钾纯度标准物质，准确到0.0001g，于150mL锥形瓶中，溶于25mL冰醋酸。加2滴结晶紫的冰醋酸指示液（2g/L），用氢溴酸溶液滴定到溶液呈稳定蓝色。氢溴酸标准溶液的浓度按下式计算：

$$c=\frac{m\times 1000}{V\times 204.2212}$$

式中 c——氢溴酸标准溶液的浓度，mol/L；

m——邻苯二甲酸氢钾的质量，g；

V——氢溴酸溶液的体积，mL；

204.2212——邻苯二甲酸氢钾的摩尔质量［$M(KHC_8H_4O_4)$］，g/mol。

注：也可直接用溴化氢试剂配制。

氢氧化钾-无水甲醇标准溶液 ［$c(KOH)=0.1mol/L$］

［配制］ 称取3.5g优级纯氢氧化钾于300mL烧杯中，溶于200mL无水甲醇中，用甲醇稀释至500mL，在隔绝CO_2和湿气条件下过滤保存。浓度以标定值为准。

［标定］ 称取0.2g工作基准试剂苯甲酸，准确至0.0001g，于100mL锥形瓶中，加10mL苯或氯仿，再加1mL甲醇，加3滴百里酚蓝无水甲醇指示液（5g/L），在隔绝空气条件下，用氢氧化钾溶液滴定至溶液呈纯蓝色。氢氧化钾标准溶液的浓度按下式计算：

$$c=\frac{m\times 1000}{V\times 122.1213}$$

式中 c——氢氧化钾标准溶液的浓度，mol/L；

m——苯甲酸的质量，g；

V——氢氧化钾溶液的体积，mL；

122.1213——苯甲酸的摩尔质量［$M(C_6H_5COOH)$］，g/mol。

注：还可以配成0.1mol/L氢氧化钾的异丙醇，正丙醇-苯的标准溶液。

氢氧化钾-乙醇标准溶液

（1）$c(KOH)=0.5mol/L$氢氧化钾-乙醇标准溶液

［配制］ 称取35g优级纯氢氧化钾，置于锥形瓶中，加适量无醛乙醇溶解并稀释成1000mL，用橡皮塞密塞，静置24h后，迅速倾取上清液，置具橡皮塞的棕色玻璃瓶中，密闭保存。临用前标定，浓度以标定值为准。

［标定］ 准确移取25.00mL盐酸标准溶液［$c(HCl)=0.500mol/L$］，于250mL锥形瓶中，加50mL水稀释后，加3滴酚酞指示液（10g/L），用氢氧化钾溶液滴定至溶液出现粉红色，并保持30s。氢氧化钾标准溶液的浓度按下式计算：

$$c(KOH)=\frac{V_1c_1}{V}$$

式中 $c(KOH)$——氢氧化钾标准溶液的浓度，mol/L。

V_1——盐酸标准溶液的体积，mL；

c_1——盐酸标准溶液的浓度，mol/L；

V——氢氧化钾标准溶液的体积，mL。

（2）$c(KOH)=0.1mol/L$氢氧化钾乙醇标准溶液

［配制］ 称取约8g优级纯氢氧化钾于塑料烧杯中，溶于5mL水，用95%乙醇稀释到

1000mL。密闭放置 24h。用塑料管虹吸上层清液至聚乙烯瓶中，保存并标定。浓度以标定值为准。

[标定] 准确称取 0.75g 于 115℃下烘干至恒重的 GBW 06106 或 GBW（E）060019 邻苯二甲酸氢钾纯度标准物质，准确至 0.0001g，于 150mL 锥形瓶中，加 50mL 无二氧化碳的水溶解，加 2 滴酚酞指示液（10g/L），用配制好的氢氧化钾乙醇溶液滴定至溶液呈粉红色，并保持 30s。同时做空白试验。氢氧化钾乙醇溶液的浓度按下式计算：

$$c(\mathrm{KOH})=\frac{m}{(V_1-V_0)\times 0.2042}$$

式中 $c(\mathrm{KOH})$——氢氧化钾-乙醇溶液的浓度，mol/L；

m——邻苯二甲酸氢钾的质量，g；

V_1——氢氧化钾溶液的体积，mL；

V_0——空白氢氧化钾溶液的体积，mL；

0.2042——与 1.00mL 氢氧化钾标准溶液 [$c(\mathrm{KOH})=1.000$mol/L] 相当的，以 g 为单位的邻苯二甲酸氢钾的质量。

氢氧化钠-异丙醇标准溶液 [$c(\mathrm{NaOH})=0.01$mol/L]

[配制] 取适量的氢氧化钠，配制成饱和异丙醇溶液，放置（3～4）d，以沉淀碳酸钠。然后吸取上层清液，以百里酚蓝异丙醇溶液（1g/L）为指示液，用硫酸标准溶液 [$c(\frac{1}{2}H_2SO_4)=0.0100$mol/L] 标定。计算饱和氢氧化钠溶液浓度：

$$c(\mathrm{NaOH})=\frac{c_1V_1}{V}$$

式中 $c(\mathrm{NaOH})$——饱和氢氧化钠溶液的浓度，mol/L；

V_1——硫酸标准溶液的体积，mL；

c_1——硫酸标准溶液的浓度，mol/L；

V——饱和氢氧化钠溶液的体积，mL。

再取适量（V_0）的上述氢氧化钠溶液用异丙醇稀释到浓度为 $c(\mathrm{NaOH})=0.0100$mol/L 的溶液。该溶液储存在用橡皮塞盖紧的玻璃瓶中。所取氢氧化钠饱和溶液的体积（V_0）按下式计算：

$$V_0=\frac{V_2\times 0.01}{c}$$

式中 V_0——所取饱和氢氧化钠溶液的体积，mL；

c——饱和氢氧化钠溶液的浓度，mol/L；

V_2——欲配制氢氧化钠溶液（0.01mol/L）的体积，mL；

0.01——欲配制氢氧化钠溶液的浓度，mol/L。

氢氧化四丁基铵-苯-甲醇标准溶液 [$c(C_4H_9NOH)=0.1$mol/L]

[配制] 取 40g 经重结晶纯化的碘化四丁基铵，溶于 90mL 无水甲醇中，加入 20g 氧化银，塞紧瓶盖振摇 1h，离心分离，取上层清液并检验溶液中无 I^-（如有 I^-，再加氧化银处理至无 I^-）。最后用玻璃漏斗过滤，隔绝 CO_2 和水汽，收集滤液，用苯-甲醇混合溶剂稀释至 1000mL [苯-甲醇（10+1）] 通氮气后密封保存。浓度以标定值为准。

[标定]

方法 1 取 10mL 二甲基甲酰胺于 100mL 锥形瓶中，滴 3 滴百里酚蓝的甲醇指示液（3g/L），加入准确称量的 60mg 工作基准试剂苯甲酸，溶解后，用氢氧化四丁基铵溶液（0.1mol/L）滴定至溶液呈纯蓝色为终点。

方法 2 称取 0.1g 工作基准试剂苯甲酸，准确至 0.0001g，于 100mL 烧杯中，溶于 10mL 吡啶，在氮气氛中用氢氧化四丁基铵溶液进行电位滴定。

计算两种滴定方法的计算公式相同。氢氧化四丁基铵标准溶液的浓度按下式计算：

$$c=\frac{m\times 1000}{V\times 122.1213}$$

式中 c——氢氧化四丁基铵标准溶液的浓度，mol/L；

m——苯甲酸的质量，g；

V——氢氧化四丁基铵溶液的体积，mL；

122.1213——苯甲酸的摩尔质量 $[M(C_6H_5COOH)]$，g/mol。

注：还可配制氢氧化季铵的吡啶标准溶液或直接通过强碱阴离子交换树脂制备氢氧化季铵碱的标准溶液。

碳酸钠标准溶液 $[c(\frac{1}{2}Na_2CO_3)=0.1mol/L]$

［配制］ 称取 5.2995g GBW 06101 碳酸钠纯度标准物质，于 300mL 烧杯中，加 100mL 无水冰醋酸（按含水量计算，每 1g 水加 5.22mL 乙酸酐），加无水冰醋酸至 1000mL，摇匀。即可使用。

注：如果无法获得碳酸钠纯度标准物质，可以使用碳酸钠基准试剂，但当对标准物质的准确度要求较高时，应对试剂纯度进行测定。

［标定］ 准确移取 15.00mL 高氯酸标准溶液 $[c(HClO_4)=0.100mol/L]$，于 150mL 锥形瓶中，加数滴结晶紫指示液（5g/L），用待标定的碳酸钠溶液滴定至溶液呈绿色。碳酸钠标准溶液的浓度按下式计算：

$$c\left(\frac{1}{2}Na_2CO_3\right)=\frac{c_1V_1}{V}$$

式中 $c(\frac{1}{2}Na_2CO_3)$——碳酸钠标准溶液的浓度，mol/L；

V_1——高氯酸标准溶液的体积，mL；

c_1——高氯酸标准溶液的浓度，mol/L；

V——碳酸钠溶液的体积，mL。

硝酸高铈-冰醋酸标准溶液 $\{c[Ce(NO_3)_4]=0.05mol/L\}$

［配制］ 取含水为 $[c(H_2O)=1mol/L]$ 的冰醋酸 950mL 加热至 60℃，加入 26g 硝酸高铈铵 $[(NH_4)_2Ce(NO_3)_6]$，冷却至室温，储存在棕色瓶中。

［标定］ 移取 50.00mL 硝酸高铈溶液，于 250mL 锥形瓶中，加入 4mL $HClO_4$ 溶液（70%），用草酸钠标准溶液 $[c(Na_2C_2O_4)=0.0400mol/L]$ 滴定至溶液黄色消失。硝酸高铈标准溶液的浓度按下式计算：

$$c[Ce(NO_3)_4]=\frac{c_1V_1}{V}$$

式中 $c[Ce(NO_3)_4]$——硝酸高铈标准溶液的浓度，mol/L；

c_1——草酸钠标准溶液的浓度，mol/L；

V_1——草酸钠标准溶液的体积，mL；

V——硝酸高铈溶液的体积，mL。

注：还可配成 0.05mol/L 硝酸高铈铵的乙腈标准溶液。以硫酸亚铁铵为基准物，邻菲啰啉为指示剂进行标定。

溴-冰醋酸标准溶液 [$c(\frac{1}{2}Br_2)$=0.1mol/L]

［配制］ 取 8.0g 溴，用冰醋酸溶解，稀释至 1000mL，储于棕色瓶中。浓度以标定值为准。

［标定］ 准确移取 10.00mL 溴冰醋酸溶液，于 150mL 锥形瓶中，加 5mL 碘化钾溶液（100g/L），充分摇匀，用硫代硫酸钠标准溶液 [$c(Na_2S_2O_3)$=0.100mol/L] 滴定，近终点时加 3mL 淀粉指示液（5g/L），继续滴定至溶液蓝色消失。同时做空白试验。溴标准溶液浓度按下式计算：

$$c\left(\frac{1}{2}Br_2\right)=\frac{c_1(V_1-V_2)}{V}$$

式中 $c(\frac{1}{2}Br_2)$——溴标准溶液的浓度，mol/L；

V_1——硫代硫酸钠标准溶液的体积，mL；

V_2——空白试验硫代硫酸钠标准溶液的体积，mL；

c_1——硫代硫酸钠标准溶液的浓度，mol/L；

V——溴标准溶液的体积，mL。

注：也可配制成 0.05mol/L 溴的碳酸丙烯酯标准溶液。

盐酸-甲醇标准溶液 [$c(HCl)$=0.5mol/L]

［配制］ 取 84mL HCl 溶液 [$c(HCl)$=6mol/L]，于 1000mL 容量瓶中，用甲醇稀释并定容，摇匀。标定后使用。

［标定］ 准确移取 20.00mL 盐酸-甲醇溶液，于 150mL 锥形瓶中，3 滴酚酞指示液（10g/L），用氢氧化钠标准溶液 [$c(NaOH)$=0.500mol/L] 滴定至溶液呈现粉红色，并保持 30s。盐酸-甲醇标准溶液的浓度按下式计算：

$$c(HCl)=\frac{c_1V_1}{V}$$

式中 $c(HCl)$——盐酸-甲醇标准溶液的浓度，mol/L；

c_1——氢氧化钠标准溶液的浓度，mol/L；

V_1——氢氧化钠标准溶液的体积，mL；

V——盐酸-甲醇溶液的体积，mL。

注：① 也可配制 0.1mol/L HCl 的冰醋酸，乙二醇-异丙醇标准溶液；② 溶液标定应在密闭装置中进行。

乙醇钠标准溶液 [$c(CH_3CH_2ONa)$=0.05mol/L]

［配制］ 量取 800mL 无水乙醇，置于锥形瓶中，将 1g 金属钠切成碎片，分次加入无水乙醇中，待作用完毕后，摇匀，密塞，静置过夜，将澄清液倾入棕色瓶中。浓度以标定值为准。

［标定］ 准确称取 0.20g 在 115℃烘干至恒重的 GBW 06106 或 GBW（E）060019 邻苯二甲酸氢钾纯度标准物质，准确至 0.0001g，于 250mL 锥形瓶中，加 50mL 新煮沸过的冷

水，振摇使溶解，加3滴酚酞指示液（10g/L），用配制的乙醇钠溶液滴定至初现粉红色，并保持30s，同时做空白试验。乙醇钠标准溶液浓度按下式计算：

$$c_1=\frac{m}{(V_1-V_2)\times 0.2042}$$

式中 c_1——乙醇钠标准溶液的浓度，mol/L；

m——邻苯二甲酸氢钾的质量，g；

V_1——邻苯二甲酸氢钾消耗乙醇钠溶液的体积，mL；

V_2——空白消耗乙醇钠溶液的体积，mL；

0.2042——与1.00mL乙醇钠标准溶液［$c(CH_3CH_2ONa)=1.000mol/L$］相当的，以g为单位的邻苯二甲酸氢钾的质量，g。

乙酸钠-乙酸标准溶液 ［$c(CH_3COONa)=0.1mol/L$］

［配制］ 准确称取8.2033g优级纯乙酸钠（$NaC_2H_3O_2$；$M_r=82.0338$）于200mL烧杯中，溶于冰醋酸，转移到1000mL容量瓶中，用冰醋酸稀释至刻度，混匀。

乙烷磺酸-冰醋酸标准溶液 ［$c(C_2H_6O_3S)=0.1mol/L$］

［配制］ 取一定量的优级纯乙烷磺酸无水试剂溶于900mL的冰醋酸中，再加入计算量的乙酸酐，用冰醋酸稀至1000mL放置24h，备用。

［标定］ 准确称取0.2g于115℃下干燥至恒重的GBW 06106邻苯二甲酸氢钾纯度标准物质，准确至0.0001g，于250mL干燥的锥形瓶中，溶于25mL冰醋酸。加2滴结晶紫的冰醋酸指示液（2g/L），用乙烷磺酸溶液滴定到溶液呈稳定蓝色。乙烷磺酸标准溶液的浓度按下式计算：

$$c=\frac{m\times 1000}{V\times 204.2212}$$

式中 c——乙烷磺酸溶液的浓度，mol/L；

m——邻苯二甲酸氢钾的质量，g；

V——乙烷磺酸溶液的体积，mL；

204.2212——邻苯二甲酸氢钾的摩尔质量［$M(KHC_8H_4O_4)$］，g/mol。

八、pH标准缓冲溶液

饱和氢氧化钙pH标准缓冲溶液 c ［$\frac{1}{2}Ca(OH)_2=0.0400mol/L\sim 0.0412mol/L$］［pH12.45(25℃)］

［配制］ 取研细的优级纯氢氧化钙，置于1000mL聚乙烯瓶中，加入无二氧化碳的超纯水，盖紧瓶塞。在(25±1)℃恒温槽中摇动3h，迅速减压过滤，清液倒入聚乙烯瓶（装瓶）中，盖紧瓶塞。放置时应防止空气中二氧化碳进入。测量时再开启瓶塞倒出清液，如发现溶液出现混浊时，应重新配制。

不同温度下饱和氢氧化钙标准缓冲溶液的pH值见表2-1。

表 2-1　不同温度下饱和氢氧化钙标准缓冲溶液的 pH 值

温度/℃	0	5	10	15	20	25	30	35	40
pH 值	13.42	13.21	13.00	12.81	12.63	12.45	12.30	12.14	11.98

注：氢氧化钙溶液的浓度可以酚红为指示剂，用盐酸标准溶液 [c(HCl)=0.1mol/L] 滴定，进行测定。

饱和酒石酸氢钾 pH 标准缓冲溶液 [pH3.57(20℃)]

[配制]　称取（8～10）g 研细的优级纯外消旋酒石酸氢钾 [$(KHC_4H_4O_6)_2$；M_r=188.1772]，于 1000mL 容量瓶中，加入无二氧化碳的超纯水，在 25℃时振摇并恒温 2h 以上，配制成饱和水溶液。不同温度下酒石酸氢钾标准缓冲溶液的 pH 值见表 2-2。

表 2-2　不同温度下酒石酸氢钾标准缓冲溶液的 pH 值

温度/℃	25	30	35	40
pH 值	3.56	3.55	3.55	3.55

邻苯二甲酸氢钾标准缓冲溶液 [$c(KHC_8H_4O_4)$=0.05mol/L] [pH4.01(25℃)]

[配制]　取适量 GBW 13103 邻苯二甲酸氢钾（$KHC_8H_4O_4$；M_r=204.2212）标准物质于称量瓶中，在 115℃烘干 3h，冷却后，置于干燥器中备用。准确称取 10.2111g 上述邻苯二甲酸氢钾，置于烧杯中，加入无二氧化碳的水溶解后，转移到 1000mL 容量瓶中，用无二氧化碳的水清洗烧杯数次，将洗涤液一并转移到容量瓶中，用水稀释到刻度（不需要防腐剂），混匀。溶液保存在有磨口玻璃塞的玻璃瓶中。不同温度下邻苯二甲酸氢钾标准缓冲溶液的 pH 值见表 2-3。

表 2-3　不同温度下邻苯二甲酸氢钾标准缓冲溶液的 pH 值

温度/℃	0	5	10	15	20	25	30	35	40
pH 值	4.00	4.00	4.00	4.00	4.00	4.01	4.01	4.02	4.04

注：如果无法获得邻苯二甲酸氢钾标准物质，可以采取下列方法纯化并测定试剂纯度。

[邻苯二甲酸氢钾提纯]　将分析纯邻苯二甲酸用比理论计算量略多的无水碳酸钾处理，用水重结晶三次，然后于 125℃干燥。干燥后苯二甲酸氢钾的含水量不超过 0.003%。此盐不吸湿（水分）。结晶过程中，控制温度在 35℃以上，以确保产品中过量邻苯二甲酸钾和过量游离苯二甲酸均在重结晶过程中纯化。

[邻苯二甲酸氢钾纯度测定]　称取 0.5g 于 115℃下干燥至恒重的已纯化试剂邻苯二甲酸氢钾，准确至 0.0001g，置于反应瓶中，加 50mL 无二氧化碳的水溶解，用玻璃电极为指示电极，饱和甘汞电极为参比电极，用氢氧化钠标准溶液 [c(NaOH)=0.100mol/L] 滴定至终点。邻苯二甲酸氢钾的质量分数（w）按下式计算：

$$w=\frac{c_1V_1\times 0.20442}{m_2}\times 100\%$$

式中　w——邻苯二甲酸氢钾的质量分数；%；

c_1——氢氧化钠标准溶液的浓度，mol/L；

V_1——氢氧化钠标准溶液的体积，mL；

m_2——邻苯二甲酸氢钾的质量，g；

0.20422——与1.00mL氢氧化钠标准溶液［c(NaOH)=1.000mol/L］相当的，以g为单位的邻苯二甲酸氢钾的质量。

磷酸盐标准缓冲溶液

（1）磷酸盐标准缓冲溶液［$c(KH_2PO_4)$=0.025mol/L，$c(Na_2HPO_4)$=0.025mol/L］［pH6.86(25℃)］

［配制］ 分别取适量GBW 13104磷酸二氢钾（KH_2PO_4；M_r=136.0855）和GBW 13105磷酸氢二钠（Na_2HPO_4；M_r=141.9588）标准物质于称量瓶中，在115℃烘干3h，冷却后，置于干燥器中备用。准确称取3.4021g上述磷酸二氢钾，3.5490g磷酸氢二钠，置于两个烧杯中，加入水溶解后，转移到同一1000mL容量瓶中，用水清洗烧杯数次，将洗涤液一并转移到容量瓶中，用水稀释到刻度，混匀。配制溶液用的蒸馏水应预先煮沸（15～30)min或通入惰性气体，以除去溶解的二氧化碳。不同温度下磷酸盐标准缓冲溶液的pH值见表2-4。

表2-4 不同温度下磷酸盐标准缓冲溶液的pH值

温度/℃	0	5	10	15	20	25	30	35	40
pH值	6.98	6.95	6.92	6.90	6.88	6.86	6.85	6.84	6.84

（2）磷酸盐标准缓冲溶液［pH7.41(25℃)］

［配制］ 分别取适量GBW 13104磷酸二氢钾和GBW 13105磷酸氢二钠于称量瓶中于115℃烘干3h，冷却后，置于干燥器中备用。准确称取0.08695g上述磷酸二氢钾，0.3043g磷酸氢二钠，置于两个烧杯中，加入水溶解后，转移到1000mL容量瓶中，用水清洗烧杯数次，将洗涤液一并转移到容量瓶中，用水稀释到刻度，混匀。配制溶液用的蒸馏水应预先煮沸（15～30)min或通入惰性气体，以除去溶解的二氧化碳。

注：当无法得到固体标准物质时，可以采取下列方法纯化并测定试剂纯度。

［试剂纯化］

（1）磷酸二氢钾的提纯 选取分析纯磷酸二氢钾，重结晶三次，第一次和第三次用蒸馏水进行重结晶。第二次在乙醇中重结晶以除去痕量的溴化钾。在115℃干燥。

（2）磷酸氢二钠提纯 选取分析纯磷酸氢二钠（含12个结晶水）在（80～100)℃脱水，然后在重蒸馏水中重结晶3次。再在室温中干燥3d，然后于干燥箱中（110～130)℃干燥，干燥温度避免超过130℃。

［试剂纯度测定］

（1）磷酸二氢钾纯度测定 称取0.4g磷酸二氢钾，准确至0.0001g，置于250mL锥形瓶，溶于100mL无二氧化碳水，用氢氧化钠标准溶液［c(NaOH)=0.100mol/L］采用电位滴定法，滴定至pH9.1为终点。磷酸二氢钾的质量分数（w）按下式计算：

$$w=\frac{cV\times 0.1361}{m}\times 100\%$$

式中 w——磷酸二氢钾的质量分数，%；

c——氢氧化钠标准溶液的浓度，mol/L；

V——氢氧化钠标准溶液的体积，mL；

m——磷酸二氢钾溶液的体积，mL；

0.1361——与 1.00mL 氢氧化钠标准溶液 [$c(NaOH)=1.000mol/L$] 相当的，以 g 为单位的磷酸二氢钾的质量。

(2) 磷酸氢二钠纯度测定　称取 0.4g 磷酸氢二钠，准确至 0.0001g，置于 250mL 锥形瓶，溶于 100mL 无二氧化碳水中，用盐酸标准溶液 [$c(HCl)=0.100mol/L$] 采用电位滴定法，滴定至 pH4.2 为终点。磷酸氢二钠的质量分数 (w) 按下式计算：

$$w=\frac{cV\times 0.1420}{2m}\times 100\%$$

式中　w——磷酸氢二钠的质量分数，%；

c——盐酸标准溶液的浓度，mol/L；

V——盐酸标准溶液的体积，L；

m——磷酸氢二钠溶液的质量，g；

0.1420——与 1.00mL 氢氧化钠标准溶液 [$c(NaOH)=1.000mol/L$] 相当的，以 g 为单位的磷酸氢二钠的质量。

柠檬酸标准缓冲溶液 [pH 5.45(20℃)]

[配制]　准确移取 500mL 柠檬酸溶液 [$c(C_6H_8O_7)=0.200mol/L$] 与 375mL 氢氧化钠溶液 [$c(NaOH)=0.200mol/L$] 混匀。此溶液的 pH 在 10℃ 时为 5.42，在 30℃ 时为 5.48。

柠檬酸氢二钠标准缓冲溶液 [$c(Na_2HC_6H_5O_7)=0.100mol/L$] [pH 5.00(20℃)]

[配制]　准确称取 23.6087g 优级纯柠檬酸氢二钠 ($Na_2HC_6H_5O_7$；$M_r=236.0872$) 于 300mL 烧杯中，用水溶解，转移到 1000mL 容量瓶中，混匀。配制溶液用的蒸馏水应预先煮沸 (15～30)min 或通入惰性气体，以除去溶解的二氧化碳。

硼酸盐标准缓冲溶液 [$c(Na_2B_4O_7)=0.01mol/L$] [pH9.18(25℃)]

[配制]　取适量 GBW 13106 硼砂标准物质，置于以蔗糖和氯化钠饱和溶液为干燥剂的干燥器中干燥备用。准确称取 3.8138g 上述硼砂 ($Na_2B_4O_7\cdot 10H_2O$；$M_r=381.372$)，置于烧杯中，加入无二氧化碳的水溶解后，转移到 1000mL 容量瓶中，用无二氧化碳的水清洗烧杯数次，将洗涤液一并转移到容量瓶中，用水稀释到刻度，混匀。并保存在耐碱蚀的玻璃瓶中。在瓶口装一苏打石灰的玻璃管以防止空气中二氧化碳进入溶液中。配制溶液用的蒸馏水应预先煮沸 (15～30)min 或通入惰性气体，以除去溶解的二氧化碳。不同温度下硼酸盐标准缓冲溶液的 pH 值见表 2-5。

表 2-5　不同温度下硼酸盐标准缓冲溶液的 pH 值

温度/℃	0	5	10	15	20	25	30	35	40
pH 值	9.46	9.40	9.33	9.27	9.22	9.18	9.14	9.10	9.06

注：当无法得到硼砂标准物质时，可以采取下列方法纯化试剂和测定纯度。

[提纯方法]　将 (140～150)g 分析纯硼砂于 300mL 温度低于 60℃ 的水中，加热溶解后，溶液经多层滤纸过滤，将得到的溶液滤入用冰冷却的瓷皿内，用玻璃棒不停地搅拌，即可制得四硼酸钠的结晶粉末。吸滤并用少量冷水洗涤，然后进行再次结晶，最后在 70% 相对湿度的气氛中干燥至恒重。(70% 相对湿度可以在置有氯化钠和蔗糖的饱和溶液的干燥器中获得) 最后在 55℃ 以下进行硼砂的重结晶 (保证形成十分

子结晶水）以水、酒精、乙醚各洗二次，所剩乙醚在空气中挥发除去。至重量恒定后将产品放密闭瓶（恒湿器）中，若瓶塞不紧，产品会风化。

［硼砂纯度测定］ 称取0.28g四硼酸钠，准确至0.0001g，于250mL锥形瓶，溶于100mL热水中，加20.00mL盐酸标准溶液［$c(HCl)=0.100mol/L$］，加1滴甲基红指示液（1g/L），用氢氧化钠标准溶液［$c(NaOH)=0.100mol/L$］滴定至溶液呈黄色，此时氢氧化钠标准溶液用量不计。加1g甘露醇，溶解后，加2滴酚酞指示液（10g/L），用氢氧化钠标准溶液［$c(NaOH)=0.100mol/L$］滴定至溶液呈粉红色，并保持30s。四硼酸钠的质量分数（w）按下式计算：

$$w=\frac{cV\times 0.09534}{m}\times 100\%$$

式中 w——四硼酸钠的质量分数，%；

c——氢氧化钠标准溶液的浓度，mol/L；

V——氢氧化钠标准溶液的体积，mL；

m——四硼酸钠的质量，g；

0.09534——与1.00mL氢氧化钠标准溶液$c(NaOH)=1.0mol/L$）相当的，以g为单位的四硼酸钠的质量。

四草酸钾溶液 {$c[KH_3(C_2O_4)_2]=0.05mol/L$} ［pH1.68(25℃)］

［配制］ 取适量优级纯四草酸钾于称量瓶中，在（57±2)℃烘干至恒重，置于干燥器中备用。准确称取12.7095g四草酸钾［$KH_3(C_2O_4)_2\cdot 2H_2O$；$M_r=254.1907$］，于200mL烧杯中，溶于无二氧化碳的超纯水，在（25±2)℃的温度下，用水稀释到1000mL。不同温度下四草酸钾标准缓冲溶液的pH值见表2-6。

表2-6 不同温度下四草酸钾标准缓冲溶液的pH值

温度/℃	0	5	10	15	20	25	30	35	40
pH值	1.67	1.67	1.67	1.67	1.68	1.68	1.69	1.69	1.69

九、其他标准溶液

丙酸钙标准溶液 {$c[Ca(C_3H_5O_2)_2]=0.05mol/L$}

［配制］ 准确称取9.311g丙酸钙［$Ca(C_3H_5O_2)_2$；$M_r=186.219$］于300mL烧杯中，溶于适量盐酸溶液（1+2000)，移入1000mL容量瓶中，用水稀释到刻度，混匀。

［标定］ 吸取30.00mL上述丙酸钙溶液，置于250mL锥形瓶中，加20mL水，5mL三乙醇胺（30%）溶液，用EDTA标准溶液［$c(EDTA)=0.0500mol/L$］滴定，标准溶液消耗至25mL时，加5mL氢氧化钠（100g/L）和10mg钙指示剂（称取10g于105℃干燥至恒重的氯化钠，加入0.1g钙指示剂，研细，混匀），继续用EDTA标准溶液［$c(EDTA)=0.0500mol/L$］滴定至溶液由红色变成纯蓝色。丙酸钙标准溶液浓度按下式计算：

$$c[Ca(C_3H_5O_2)_2]=\frac{V_1c_1}{V}$$

式中 $c[Ca(C_3H_5O_2)_2]$——丙酸钙标准溶液的浓度，mol/L；

V_1——EDTA 标准溶液体积，mL；

c_1——EDTA 标准溶液的浓度，mol/L；

V——丙酸钙溶液的体积，mL。

玻璃乳浊液标准溶液（透射率：87.5%～88.5%）

［配制］ 将 B40 玻璃［片长（2～3)cm，宽（1～1.5)cm，厚（0.3～0.4)cm］置于用 B40 玻璃制成的研磨瓶中，加适量最新制备的蒸馏水，在振荡器上以（275±5）次/min 的速度研磨至玻璃片光滑无锋锐表面，弃去水层，重复操作两次。

取 150g 处理好的玻璃片置于研磨瓶中，加 250mL 新制备的蒸馏水，间歇振荡约 40h，静置 4h，距液面⅓处，小心吸取溶液，于显微镜下，用 10×100 或 15×100 倍放大镜测定颗粒度，(1～2)μm 的颗粒应约 80%。再于距液面⅓处吸取 25mL，用新制备的蒸馏水稀释至透射率在 87.5%～88.5%范围内，立即用安瓿封装。

泛酸钙标准溶液 $\{c[Ca(C_9H_{16}NO_5)_2]=0.05mol/L\}$

［配制］ 选取分析纯泛酸钙，取适量于称量瓶中于 105℃下干燥 4h，置于干燥器中备用。称取 23.827g 经纯度分析的泛酸钙［$Ca(C_9H_{16}NO_5)_2$；$M_r=476.532$］于 300mL 烧杯中，溶于适量盐酸溶液（1+2000），移入 1000mL 容量瓶中，用水稀释到刻度，混匀。

［标定］ 吸取 30.00mL 上述泛酸钙溶液，置于 250mL 锥形瓶中，加 20mL 水，5mL 三乙醇胺（30%）溶液，用 EDTA 标准溶液［c(EDTA)=0.0500mol/L］滴定，标准溶液消耗至 25mL 时，加 5mL 氢氧化钠（100g/L）和 10mg 钙指示剂（称取 10g 于 105℃干燥至恒重的氯化钠，加入 0.1g 钙指示剂，研细，混匀），继续用 EDTA 标准溶液［c(EDTA)=0.0500mol/L］滴定至溶液由红色变成纯蓝色。泛酸钙标准溶液的浓度按下式计算：

$$c[Ca(C_9H_{16}NO_5)_2]=\frac{V_1c_1}{V}$$

式中 $c[Ca(C_9H_{16}NO_5)_2]$——泛酸钙标准溶液的浓度，mol/L；

V_1——EDTA 标准溶液体积，mL；

c_1——EDTA 标准溶液的浓度，mol/L；

V——泛酸钙溶液的体积，mL。

［泛酸钙纯度的测定］ 准确称取 0.5g 已干燥的样品，准确到 0.0001g，置于 250mL 锥形瓶中，加 100mL 水溶解后，加 15mL 氢氧化钠液（43g/L）与 0.1g 钙紫红素指示剂，用 EDTA 标准溶液［c(EDTA)=0.0500mol/L］滴定，至溶液自紫红色变为纯蓝色。泛酸钙的质量分数（w）按下式计算：

$$w=\frac{cV\times0.4765}{m}\times100\%$$

式中 V——EDTA 标准溶液的体积，mL；

c——EDTA 标准溶液的浓度，mol/L；

m——样品的质量，g；

0.4765——与 1.00mL EDTA 标准溶液［c(EDTA)=1.000mol/L］相当的，以 g 为单位的泛酸钙的质量。

斐林标准溶液（测定总糖用）

［配制］

（1）斐林甲液　称取15g分析纯硫酸铜及0.05g亚甲基蓝于烧杯中，加适量水溶解，移入1000mL容量瓶中，加蒸馏水稀释至刻度，摇匀，过滤备用。

（2）斐林乙液　称取50g分析纯酒石酸钾钠，75g分析纯氢氧化钠及4g亚铁氰化钾分别置于烧杯中，加适量水溶解，移入1000mL容量瓶中，加蒸馏水至刻度，摇匀，过滤备用。

［斐林标准溶液的标定］　准确吸取斐林甲液和乙液各5.00mL于150mL锥形瓶中，加10mL水，玻璃珠数粒，从滴定管滴加约10mL葡萄糖标准溶液［$c(C_6H_{12}O_6)=0.0500mol/L$］，控制在2min内加热至沸，趁沸以1滴/2s的速度滴加葡萄糖标准溶液。滴定至蓝色退尽为终点。记录消耗葡萄糖标准溶液的总体积。按下式计算每10.00mL（甲、乙液各5.00mL）斐林混合液相当于葡萄糖的质量：

$$m=cV\times 180.1599$$

式中　m——相当于10mL斐林甲及乙混合液的葡萄糖的质量，g；

c——葡萄糖溶液的浓度，mol/L；

V——葡萄糖溶液的体积，mL；

180.1559——葡萄糖的摩尔质量［$M(C_6H_{12}O_6)$］，g/mol。

氟化钾标准溶液［$c(KF)=0.1mol/L$］

［配制］　准确称取经过纯度分析的5.8097g氟化钾（KF；$M_r=58.0967$），溶于适量水中，转移到1000mL容量瓶中，用水稀释到刻度，混匀。

［氟化钾纯度的测定］　称取1g氟化钾，准确到0.0001g，置于塑料烧杯中，加50mL水溶解，注入到强酸性阳离子交换树脂柱中，以约5mL/min的流量进行交换，交换液收集于塑料杯中，用水分数次洗涤树脂至滴下溶液呈中性。收集交换液和洗涤液，加2滴酚酞指示液（100g/L），用氢氧化钠标准溶液［$c(NaOH)=0.500mol/L$］滴定至溶液呈粉红色，并保持30s。同时做空白试验。氟化钾的质量分数（w）按下式计算：

$$w=\frac{c(V_1-V_2)\times 0.05810}{m}\times 100\%$$

式中　w——氟化钾的质量分数，%；

V_1——氟化钾消耗氢氧化钠标准溶液的体积，mL；

V_2——空白试验消耗氢氧化钠标准溶液的体积，mL；

c——氢氧化钠标准溶液的浓度，mol/L；

m——氟化钾的质量，g；

0.05810——与1.00mL氢氧化钠标准溶液［$c(NaOH)=1.000mol/L$］相当的，以g为单位的氟化钾的质量。

氟化钠标准溶液［$c(NaF)=0.5mol/L$］

［配制］　准确称取20.995g经过纯度分析的优级纯氟化钠（NaF；$M_r=41.988173$），溶于适量水中，转移到1000mL容量瓶中，用水稀释到刻度，混匀。

[氟化钠纯度的标定] 称取0.7g氟化钠，准确到0.0001g，置于塑料烧杯中，加25mL水溶解，注入到强酸性阳离子交换树脂柱中，以约5mL/min的流量进行交换，交换液收集于塑料杯中，用水分数次洗涤树脂至滴下溶液呈中性。收集交换液和洗涤液，加2滴酚酞指示液（100g/L），用氢氧化钠标准溶液[c(NaOH)=0.500mol/L]滴定至溶液呈粉红色，并保持30s。同时做空白试验。氟化钠的质量分数（w）按下式计算：

$$w=\frac{c(V_1-V_2)\times 0.04199}{m}\times 100\%$$

式中 w——氟化钠的质量分数，%；

V_1——氟化钠消耗氢氧化钠标准溶液的体积，mL；

V_2——空白试验消耗氢氧化钠标准溶液的体积，mL；

c——氢氧化钠标准溶液的浓度，mol/L；

m——氟化钠的质量，g

0.04199——与1.00mL氢氧化钠标准溶液[c(NaOH)=1.000mol/L]相当的，以g为单位的氟化钠的质量。

福尔马津（FORMAZINE）**浊度标准溶液**（400NTU）

[配制]

(1) 无浊度水制备 用0.2μm的微孔滤膜过滤去离子水两次，并保存在洁净的经零浊度水洗涤的容器中。

(2) 硫酸肼溶液 准确称取1.0000g优级纯硫酸肼于烧杯中，加入无浊度水，溶解后移入100mL容量瓶中，用无浊度水稀释到刻度，混匀备用。

(3) 六次甲基四胺溶液 准确称取10.000g六次甲基四胺于烧杯中，加入无浊度水，溶解后移入100mL容量瓶中，用无浊度水稀释到刻度，混匀备用。

(4) 福尔马津（FORMAZINE）浊度标准溶液 分别移取5.0mL上述硫酸肼溶液和六次甲基四胺溶液于100mL容量瓶中，混匀，在恒温箱中于(25±1)℃静置24h。用无浊度水稀释至刻度，混匀。暗处低温保存。

[纯度测定]

(1) 硫酸联氨（硫酸肼）纯度测定 准确称取0.1g硫酸肼，准确至0.0001g于150mL锥形瓶中，溶于50mL热水，冷却，加1g碳酸氢钠，用碘标准溶液[$c(\frac{1}{2}I_2)$=0.100mol/L]滴定至溶液呈黄色，并保持30s。硫酸肼的质量分数（w）按下式计算：

$$w=\frac{cV\times 0.03253}{m}\times 100\%$$

式中 w——硫酸肼的质量分数，%；

V——碘标准溶液的体积，mL；

c——碘标准溶液的浓度，mol/L；

m——样品质量，g；

0.03253——与1.00mL碘标准溶液[$c(\frac{1}{2}I_2)$=1.000mol/L]相当的，以g为单位的硫酸肼的质量。

(2) 六次甲基四胺纯度的测定 称取0.1g样品，准确至0.0001g于150mL锥形瓶中，加50.00mL硫酸标准溶液[$c(\frac{1}{2}H_2SO_4)$=1.000mol/L]，在水浴上蒸至近干，加50mL水，再蒸至近干，重复用20mL水处理，直至无甲醛气味。冷却，加100mL水，2滴甲基红指示液（1g/L），用氢氧化钠标准溶液［$c(NaOH)=0.100mol/L$］滴定至溶液由红色变为黄色。六次甲基四胺的质量分数（w）按下式计算：

$$w=\frac{cV-c_1V_1\times 0.03505}{m}\times 100\%$$

式中 w——六次甲基四胺的质量分数，%；

V——硫酸标准溶液的体积，mL；

c——硫酸标准溶液的浓度，mol/L；

V_1——氢氧化钠标准溶液的体积，mL；

c_1——氢氧化钠标准溶液的浓度，mol/L；

m——样品质量，g；

0.03505——与1.00mL氢氧化钠标准溶液［$c(NaOH)=1.000mol/L$］相当的，以g为单位的六次甲基四胺的质量。

氟化氢铵标准溶液 ［$c(NH_4HF_2)=0.1mol/L$］

［配制］ 吸取5.704g氟化氢铵，溶于1000mL水中，混匀。

［标定］ 移取20.00mL上述氟化氢铵溶液，于150mL锥形瓶中，加40mL甲醛溶液（1＋1），摇匀，放置30min，加2滴酚酞指示液（10g/L），用氢氧化钠标准溶液［$c(NaOH)=0.100mol/L$］滴定至溶液呈粉红色，并保持30s。同时做空白试验。氟化氢铵标准溶液的浓度按下式计算：

$$c=\frac{(V_1-V_2)c_1}{V}$$

式中 c——氟化氢铵标准溶液的浓度，mol/L；

c_1——氢氧化钠标准溶液的浓度，mol/L；

V_1——氢氧化钠标准溶液的体积，mL；

V_2——空白试验氢氧化钠标准溶液的体积，mL；

V——氟化氢铵溶液的体积，mL。

甘油磷酸钙标准溶液 ｛$c[Ca(C_3H_7O_3)PO_3]=0.05mol/L$｝

［配制］ 选取分析纯水合甘油磷酸钙，取适量于称量瓶中于150℃下干燥4h，置于干燥器中备用。称取10.5068g甘油磷酸钙［$Ca(C_3H_7O_3)PO_3$；$M_r=210.136$］于300mL烧杯中，溶于适量盐酸溶液（1+2000）中，移入1000mL容量瓶中，用水稀释到刻度，混匀。

［标定］ 吸取30.00mL上述甘油磷酸钙溶液，置于250mL锥形瓶中，加20mL水，5mL三乙醇胺（30%）溶液，用EDTA标准溶液［$c(EDTA)=0.0500mol/L$］滴定，标准溶液消耗至25mL时，加5mL氢氧化钠溶液（100g/L）和10mg钙指示剂（称取10g于105℃干燥至恒重的氯化钠，加入0.1g钙指示剂，研细，混匀），继续用EDTA标准溶液［$c(EDTA)=0.0500mol/L$］滴定至溶液由红色变成纯蓝色。甘油磷酸钙标准溶液浓度按下式计算：

$$c[Ca(C_3H_7O_3)PO_3]=\frac{V_1c_1}{V}$$

式中 $c[Ca(C_3H_7O_3)PO_3]$——甘油磷酸钙标准溶液的浓度，mol/L；

V_1——EDTA 标准溶液的体积，mL；

c_1——EDTA 标准溶液的浓度，mol/L；

V——甘油磷酸钙溶液的体积，mL。

铬法测定化学需氧量（COD_{Cr}）**用标准溶液**（100μg/mL）

［配制］ 分别准确称取 12.5g 优级纯葡萄糖和 L-谷氨酸，分别置于 250mL 高型烧杯中，加水溶解，移入 1000mL 容量瓶中，用水稀释到刻度，混匀。

过氧化氢标准溶液 ［$c(H_2O_2)$=1000μg/mL］

［配制］ 称取适量过氧化氢（30%），置于 1000mL 容量瓶中，稀释至刻度，混匀。此标准溶液使用前制备。所需的 30%过氧化氢质量按下式计算：

$$m=\frac{1.000}{w}$$

式中 m——30%过氧化氢的质量，g；

w——30%过氧化氢的质量分数，%；

1.000——配制 1000mL 过氧化氢标准溶液所需过氧化氢的质量，g；

注：制备前应按下列方法测定 30%过氧化氢的含量。

［30%过氧化氢含量测定］ 准确移取 1.80mL（2g）30%过氧化氢，注入具塞锥形瓶中，称准至 0.0001g。移入 250mL 容量瓶中，洗涤锥形瓶，合并洗液到容量瓶中，用水稀释至刻度，混匀。量取 25.00mL 上述过氧化氢溶液，于 250mL 锥形瓶中，加 10mL 硫酸溶液（20%），用高锰酸钾标准溶液 ［$c(\frac{1}{5}KMnO_4)$=0.100mol/L］ 滴定至溶液呈粉红色，保持 30s。30%过氧化氢的质量分数按下式计算：

$$w=\frac{cV\times 0.01701}{m}\times 100\%$$

式中 w——30%过氧化氢的质量分数，%；

V——高锰酸钾标准溶液的体积，mL；

c——高锰酸钾标准溶液的浓度，mol/L；

m——30%过氧化氢的质量，g；

0.01701——与 1.00mL 高锰酸钾标准溶液 ［$c(\frac{1}{5}KMnO_4)$=1.000mol/L］ 相当的，以 g 为单位的过氧化氢的质量。

化学需氧量（COD）**测定用标准溶液**（1000μg/mL）

［配制］ 取适量 BGW 06106 或 GBW（E） 060019 邻苯二甲酸氢钾纯度标准物质，与 115℃下干燥 2h，置于干燥器中冷却备用。准确称取 0.8511g 上述邻苯二甲酸氢钾，于 200mL 高型烧杯中，用水溶解后，移入 1000mL 容量瓶中。另取适量 GBW 06103 或 GBW（E） 060024 氯化钠纯度标准物质，置于瓷坩埚中，于马弗炉中 550℃。灼烧 6h，冷却后，取出坩埚，置于干燥器中保存备用。准确称取 5.2553g 上述氯化钠于 200mL 高型烧杯中，用水溶解后，移入同一容量瓶中，用水稀释至刻度，混匀。

注：所用水需确保不含有机物，可直接用自来水蒸馏，而避免使用离子交换水进行蒸馏。

碱性酒石酸铜标准溶液

［配制］

（1）碱性酒石酸铜甲液　称取 34.639g 硫酸铜，加适量水溶解，再加 0.5mL 硫酸，然后加水稀释至 500mL，用精制石棉过滤。

（2）碱性酒石酸铜乙液　称取 173g 酒石酸钾钠与 50g 氢氧化钠，加适量水溶解，并稀释至 500mL，用精制石棉过滤。储存于橡胶塞玻璃瓶内。

［碱性酒石酸铜溶液标定］　准确吸取碱性酒石酸铜甲、乙液各 5.00mL，于 250mL 锥形瓶中，加 10mL 水，从滴定管中滴加约 9.5mL 葡萄糖标准溶液（5mg/mL），煮沸 2min，加 2 滴亚甲基蓝指示液，继续滴加葡萄糖标准溶液至蓝色完全消失为终点。根据葡萄糖溶液消耗量计算碱性酒石酸铜溶液 10mL 相当的葡萄糖质量。

焦磷酸钙标准溶液［$c(\frac{1}{2}Ca_2P_2O_7)=0.05mol/L$］

［配制］　准确称取 12.7050g 焦磷酸钙（$Ca_2P_2O_7$；$M_r=254.099$），溶于盐酸溶液（5%）中，转移到 1000mL 容量瓶中，用盐酸溶液（5%）稀释到刻度，摇匀。

［焦磷酸钙纯度的测定］　准确称取 0.2g 样品，准确至 0.0001g。于 250mL 锥形瓶中，溶于 10mL 盐酸溶液（5%）中，加入 120mL 水和 5 滴甲基橙指示液（1g/L），煮沸 30min，煮沸时，如有必要可加稀盐酸或水以保持溶液的 pH 值和体积不变，加 2 滴甲基红指示液（1g/L）和 30mL 草酸铵溶液。在不断搅拌下，滴加等体积氨水溶液（50%），直到溶液粉红色刚好消失。在汽浴中蒸煮 30min，冷却到室温。使沉淀沉降，通过古氏坩埚的石棉垫缓慢吸滤上层清液。用 30mL 冷（低于 20℃）洗涤溶液（用水稀释 10mL 草酸铵溶液至 1000mL）洗涤烧杯中的沉淀。使沉淀沉降，过滤上层清液。用倾析法清洗沉淀多次。用洗涤溶液将沉淀尽可能全部地转移到过滤器中。最后用两份 10mL 冷（低于 20℃）水清洗烧杯和过滤器。把古氏坩埚放在烧杯中，加 100mL 水和 50mL 冷稀硫酸（1+6），从滴定管加 35mL 高锰酸钾标准溶液［$c(\frac{1}{5}KMnO_4)=0.100mol/L$］，搅拌到颜色消失，加热到约 70℃，继续用高锰酸钾标准溶液滴定。焦磷酸钙质量分数（w）按下式计算：

$$w=\frac{cV\times 0.1270}{m}\times 100\%$$

式中　w——焦磷酸钙的质量分数，%；

c——高锰酸钾标准溶液的浓度，mol/L；

V——高锰酸钾溶液的体积，mL；

m——焦磷酸钙的质量，g；

0.1270——与 1.00mL 高锰酸钾标准溶液［$c(\frac{1}{5}KMnO_4)=1.000mol/L$］相当的，以 g 为单位的焦磷酸钙的质量。

酒石酸钾标准溶液［$c(\frac{1}{2}C_4H_4O_6K_2)=0.1mol/L$］

［配制］　准确称取 11.7638g 酒石酸钾（$K_2C_4H_4O_6\cdot\frac{1}{2}H_2O$；$M_r=235.2752$），溶于水，移入 1000mL 容量瓶中，稀释至刻度，混匀。

［标定］　量取（30.00～35.00）mL 配制好的酒石酸钾溶液［$c(C_4H_4O_6K_2)=0.1mol/L$］，注入到强酸性阳离子交换树脂中，以约（3～4）mL/min 流量进行交换，交换液收集于锥形瓶中，用水分次洗涤树脂至滴下溶液呈中性。收集交换液和洗涤液，加 2 滴酚酞指示液

(10g/L)，用氢氧化钠标准溶液［c(NaOH)=0.100mol/L］滴定至溶液呈粉红色，并保持30s。同时做空白试验。酒石酸钾标准溶液浓度按下式计算：

$$c\left(\frac{1}{2}K_2C_4H_4O_6\right)=\frac{(V_1-V_2)c}{V}$$

式中　$c(\frac{1}{2}K_2C_4H_4O_6)$——酒石酸钾溶液的浓度，mol/L；

V_1——氢氧化钠标准溶液的体积，mL；

V_2——空白试验氢氧化钠标准溶液的体积，mL；

c——氢氧化钠标准溶液的浓度，mol/L；

V——酒石酸钾溶液的体积，mL。

酒石酸钾钠标准溶液［$c(C_4H_4O_6KNa)=0.1mol/L$］

［配制］　准确称取28.222g酒石酸钾钠（$C_4H_4O_6KNa\cdot4H_2O$；$M_r=282.2202$），溶于水，移入1000mL容量瓶中，稀释至刻度，混匀。

［标定］　准确移取（30.00～35.00)mL配制好的酒石酸钾钠溶液［$c(C_4H_4O_6KNa)=0.1mol/L$］，注入到强酸性阳离子交换树脂中，以约（3～4)mL/min流量进行交换，交换液收集于锥形瓶中，用水分次洗涤树脂至滴下溶液呈中性。收集交换液和洗涤液，加2滴酚酞指示液（10g/L)，用氢氧化钠标准溶液［c(NaOH)=0.100mol/L］滴定至溶液呈粉红色，并保持30s。同时做空白试验。酒石酸钾钠标准溶液浓度按下式计算：

$$c(C_4H_4O_6KNa)=\frac{(V_1-V_2)c}{V}$$

式中　$c(C_4H_4O_6KNa)$——酒石酸钾钠标准溶液的浓度，mol/L；

V_1——氢氧化钠标准溶液的体积，mL；

V_2——空白试验氢氧化钠标准溶液的体积，mL；

c——氢氧化钠标准溶液的浓度，mol/L；

V——酒石酸钾钠溶液的体积，mL。

酒石酸钠标准溶液［$c(\frac{1}{2}Na_2C_4H_4O_6)=0.1mol/L$］

［配制］　准确称取11.504g酒石酸钠（$C_4H_4O_6Na_2\cdot2H_2O$；$M_r=230.0811$），溶于水，移入1000mL容量瓶中，稀释至刻度，混匀。

［标定］　准确移取（30.00～35.00)mL配制好的酒石酸钠溶液［$c(C_4H_4O_6Na_2)=0.1mol/L$］，注入到强酸性阳离子交换树脂中，以约（3～4)mL/min流量进行交换，交换液收集于锥形瓶中，用水分次洗涤树脂至滴下溶液呈中性。收集交换液和洗涤液，加2滴酚酞指示液（10g/L)，用氢氧化钠标准溶液［c(NaOH)=0.100mol/L］滴定至溶液呈粉红色，并保持30s。同时做空白试验。酒石酸钾钠标准溶液浓度按下式计算：

$$c\left(\frac{1}{2}C_4H_4O_6Na_2\right)=\frac{(V_1-V_2)c}{V}$$

式中　$c(\frac{1}{2}C_4H_4O_6Na_2)$——酒石酸钠标准溶液的浓度，mol/L；

V_1——氢氧化钠标准溶液的体积，mL；

V_2——空白试验氢氧化钠标准溶液的体积，mL；

c——氢氧化钠标准溶液的浓度，mol/L；

V——酒石酸钠溶液的体积，mL。

蓝-艾农法测定还原糖用标准溶液（以葡萄糖计）

［配制］

（1）蓝-艾农法A液　称取15.6g硫酸铜（$CuSO_4 \cdot 5H_2O$）及0.05g亚甲基蓝溶于水中，转移到1000mL容量瓶中，用水稀释到刻度，混匀。储存于磨砂棕色瓶内。

（2）蓝-艾农法B液　称取50g酒石酸钾钠及75g氢氧化钠溶于水中，再加入4g亚铁氰化钾，完全溶解后，转移到1000mL容量瓶中，用水稀释到刻度，混匀。储存于橡胶塞玻璃瓶中。

［标定］

（1）葡萄糖标准溶液（2000mg/L）　取适量优级纯葡萄糖于称量瓶中，在（105±1)℃干燥箱中干燥至恒重。冷却，备用。准确称取2g葡萄糖纯品（纯度≥99%），准确至0.0001g，置于100mL烧杯中，用蒸馏水溶解，移入1000mL容量瓶中，用水稀释到刻度，混匀。

（2）预滴定　吸取蓝-艾农法A、B液各5.00mL，放入100mL锥形瓶中，加入20mL水，混匀，加入玻璃珠2粒，加热至沸腾后从滴定管迅速以每秒1滴的速度滴入葡萄糖标准溶液，滴定时，保持沸腾状态，直到蓝色消失为终点，记录消耗葡萄糖溶液的体积。

（3）滴定　吸取蓝-艾农法A、B液各5.00mL，放入100mL锥形瓶中，加水20mL，混匀，加入玻璃珠2粒，放入比预滴定少1mL的葡萄糖标准溶液，加热至沸腾，沸腾1min，保持沸腾，以（3～4)s 1滴的速度滴入葡萄糖标准溶液至蓝色消失为终点，记录消耗葡萄糖溶液的体积。按下式计算：

$$m=\frac{\rho_0 V}{1000}$$

式中　m——蓝-艾农法A、B液各5mL相当于葡萄糖的质量，g；

V——葡萄糖标准溶液的体积，mL；

ρ_0——葡萄糖标准溶液的质量浓度，mg/mL。

磷酸二氢钾标准溶液［$c(KH_2PO_4)=0.2mol/L$］

［配制］　选取基准级试剂磷酸二氢钾（KH_2PO_4；$M_r=136.0855$），取适量置于称量瓶中，于105℃烘干至恒重，冷却后，取出坩埚，置于干燥器中保存备用。准确称取13.609g磷酸二氢钾，溶于水，移入500mL容量瓶中，用水稀释至刻度，混匀。

磷酸二氢钠标准溶液［$c(NaH_2PO_4)=0.1mol/L$］

［配制］　取适量磷酸二氢钠（NaH_2PO_4；$M_r=119.9770$）于称量瓶中，先于60℃下干燥2h，再于105℃下干燥至恒重，取出置于干燥器中冷却备用。准确称取11.9977g（或按纯度换算出质量$m=11.9977g/w$；w——质量分数）经纯度分析的磷酸二氢钠纯品（纯度≥99%），置于300mL烧杯中，加适量水溶解后，移入1000mL容量瓶中，用水稀释到刻度。混匀。

［标定］　准确移取20.00mL上述溶液，置于250mL锥形瓶中，加10mL水，加20mL氯化钠饱和溶液与2滴酚酞指示液（10g/L），用氢氧化钠标准溶液［$c(NaOH)=0.100mol/L$］

滴定，至溶液呈粉红色，并保持30s。磷酸二氢钠标准溶液的浓度［$c(NaH_2PO_4)$］按下式计算：

$$c(NaH_2PO_4)=\frac{c_1V_1}{V}$$

式中 V_1——氢氧化钠标准溶液的体积，mL；

c_1——氢氧化钠标准溶液的浓度，mol/L；

V——磷酸二氢钠溶液的体积，mL。

磷酸氢二钾标准溶液 ［$c(K_2HPO_4)=0.1mol/L$］

［配制］ 准确称取22.822g磷酸氢二钾（$K_2HPO_4\cdot3H_2O$；$M_r=174.1759$），溶于水，移入1000mL容量瓶中，用水稀释至刻度，混匀。

［标定］ 准确移取（30.00～35.00）mL配制好的磷酸氢二钾溶液［$c(K_2HPO_4)=0.1mol/L$］，于250mL锥形瓶中，加40mL不含二氧化碳的水，以玻璃电极为指示电极，饱和甘汞电极为参比电极，用盐酸标准溶液［$c(HCl)=0.100mol/L$］滴定至pH值4.3为终点。磷酸氢二钾标准溶液浓度按下式计算：

$$c(K_2HPO_4)=\frac{c_1V_1}{V}$$

式中 $c(K_2HPO_4)$——磷酸氢二钾标准溶液的浓度，mol/L；

V_1——盐酸标准溶液的体积，mL；

c_1——盐酸标准溶液的浓度，mol/L；

V——磷酸氢二钾溶液的体积，mL。

磷酸氢钙标准溶液 ［$c(CaHPO_4)=0.1mol/L$］

［配制］ 取适量磷酸氢钙（$CaHPO_4\cdot2H_2O$；$M_r=172.088$）于称量瓶中，于105℃下干燥至恒重，取出，置于干燥器中冷却备用。准确称取13.6057g（或按纯度换算出质量$m=13.6057g/w$；w——质量分数）经纯度分析的磷酸氢钙（$CaHPO_4$；$M_r=136.057$）纯品（纯度≥99%），置于100mL烧杯中，加适量盐酸溶液［$c(HCl)=1mol/L$］溶解后，移入1000mL容量瓶中，用盐酸溶液［$c(HCl)=1mol/L$］稀释到刻度，混匀。

［标定］ 准确量取10.00mL上述溶液，置于250mL锥形瓶中，加50mL水，准确加入25mL乙二胺四乙酸二钠标准溶液［$c(EDTA)=0.0500mol/L$］，加热数分钟，冷却，加10mL氨-氯化铵缓冲溶液（pH10.0），加5滴铬黑T指示液（5g/L），用锌标准溶液［$c(Zn)=0.0500mol/L$］滴定至溶液显紫红色。磷酸氢钙标准溶液浓度按下式计算：

$$c(CaHPO_4)=\frac{c_1V_1-c_2V_2}{V}$$

式中 V_1——EDTA标准溶液的体积，mL；

c_1——EDTA标准溶液的浓度，mol/L；

V_2——锌标准溶液的体积，mL；

c_2——锌标准溶液的浓度，mol/L；

V——磷酸氢钙溶液的体积，mL。

硫酸钴标准溶液 [$c(CoSO_4)=0.05mol/L$]

［配制］ 称取 14.055g 硫酸钴（$CoSO_4 \cdot 7H_2O$；$M_r=281.103$）于 300mL 烧杯中，溶于适量盐酸溶液（1+2000），移入 1000mL 容量瓶中，用盐酸溶液（1+2000）稀释到刻度，混匀。

［标定］ 吸取 30.00mL 上述硫酸钴溶液，置于 250mL 锥形瓶中，加 70mL 水，加 2g 氯化羟胺和 15mL 氨水，加热至 80℃，加入 0.05g 甲基百里香酚蓝指示剂，摇匀，用 EDTA 标准溶液 [$c(EDTA)=0.0500mol/L$] 滴定由蓝色变为红紫色。硫酸钴标准溶液的浓度按下式计算：

$$c(CoSO_4)=\frac{c_1V_1}{V}$$

式中 $c(CoSO_4)$ ——硫酸钴标准溶液的浓度，mol/L；

V_1——EDTA 标准溶液的体积，mL；

c_1——EDTA 标准溶液的浓度，mol/L；

V——硫酸钴溶液的体积，mL。

硫酸钾（K_2SO_4）**标准溶液**（1000μg/mL）

［配制］ 准确称取 1.0000g 经 550℃干燥至恒重的 GBW 06503 硫酸钾标准物质（K_2SO_4；$M_r=174.259$）。溶于水，移入 1000mL 容量瓶中，用水稀释至刻度，摇匀。

硫酸铝标准溶液 {$c[\frac{1}{2}Al_2(SO_4)_3]=0.05mol/L$}

［配制］ 准确称取 15.59g 硫酸铝 [$Al_2(SO_4)_3 \cdot 18H_2O$；$M_r=311.799$] 于 300mL 烧杯中，溶于适量盐酸溶液（1+2000），移入 1000mL 容量瓶中，用盐酸溶液（1+2000）稀释到刻度，混匀。

［标定］ 吸取 30.00mL 上述硫酸铝溶液，置于 250mL 锥形瓶中，加 50.00mL EDTA 标准溶液 [$c(EDTA)=0.0500mol/L$]，煮沸，冷却，稀释至 100mL，加 4g 六次甲基四胺及 3 滴二甲基酚橙指示液（2g/L），摇匀，用硝酸铅标准溶液 {$c[Pb(NO_3)_2]=0.0500mol/L$) 滴定由黄色变为橙红色。硫酸铝标准溶液的浓度按下式计算：

$$c\left[\frac{1}{2}Al_2(SO_4)_3\right]=\frac{(c_1V_1-c_2V_2)}{V}$$

式中 $c[\frac{1}{2}Al_2(SO_4)_3]$ ——硫酸铝标准溶液的浓度，mol/L；

V_1——EDTA 标准溶液的体积，mL；

c_1——EDTA 标准溶液的浓度，mol/L；

c_2——硝酸铅标准溶液的浓度，mol/L；

V_2——硝酸铅标准溶液体积，mL；

V——硫酸铝溶液的体积，mL。

硫酸铝钾标准溶液 {$c[KAl(SO_4)_2]=0.05mol/L$}

［配制］ 准确称取经过纯度分析的 23.719g 硫酸铝钾 [$KAl(SO_4)_2 \cdot 12H_2O$；$M_r=474.388$] 于 300mL 烧杯中，于硫酸溶液（1+2000）适量中，移入 1000mL 容量瓶中，用

硫酸溶液（1+2000）稀释到刻度，混匀。

［硫酸铝钾纯度分析］ 称取0.8g硫酸铝钾［$KAl(SO_4)_2 \cdot 12H_2O$］，准确至0.0001g，置于250mL锥形瓶中，溶于70mL水，加50mL EDTA标准溶液［c(EDTA)=0.0500mol/L］，煮沸，冷却，加5g六次甲基四胺，摇匀（此时溶液的pH值应为5～6），加5滴二甲酚橙指示液（2g/L），用硝酸铅标准溶液｛$c[Pb(NO_3)_2]$=0.0500mol/L｝滴定至溶液由黄色明显变为红色。硫酸铝钾的质量分数（w）按下式计算：

$$w=\frac{c_1V_1-c_2V_2}{m}\times 0.4744\times 100\%$$

式中 w——硫酸铝钾的质量分数，%；

c_1——EDTA标准溶液的浓度，mol/L；

V_1——EDTA标准溶液的体积，mL；

c_2——硝酸铅标准溶液的浓度，mol/L；

V_2——消耗硝酸铅标准溶液的体积，mL；

m——硫酸铝钾的质量，g；

0.4744——与1.00mL EDTA标准溶液［c(EDTA)=1.000mol/L］相当的，以g为单位的硫酸铝钾［$KAl(SO_4)_2 \cdot 12H_2O$］的质量。

硫酸锰标准溶液 ［$c(MnSO_4)$=0.05mol/L］

［配制］ 称取8.4508g硫酸锰（$MnSO_4 \cdot H_2O$；M_r=169.016）于300mL烧杯中，溶于适量盐酸溶液（1+2000），移入1000mL容量瓶中，用盐酸溶液（1+2000）稀释到刻度，混匀。

［标定］ 吸取25.00mL上述硫酸锰溶液，置于250mL锥形瓶中，加70mL水，0.1g抗坏血酸，摇匀，用EDTA标准溶液［c(EDTA)=0.0500mol/L］滴定至终点前约1mL时，加10mL氨-氯化铵缓冲溶液（pH10），5滴铬黑T指示溶液（5g/L），摇匀，继续用EDTA标准溶液［c(EDTA)=0.0500mol/L］滴定至溶液由紫红色变为纯蓝色。硫酸锰标准溶液的浓度按下式计算：

$$c(MnSO_4)=\frac{c_1V_1}{V}$$

式中 $c(MnSO_4)$——硫酸锰标准溶液的浓度，mol/L；

V_1——EDTA标准溶液的体积，mL；

c_1——EDTA标准溶液的浓度，mol/L；

V——硫酸锰溶液的体积，mL。

硫酸镍标准溶液 ［$c(NiSO_4)$=0.05mol/L］

［配制］ 称取13.1425g硫酸镍（$NiSO_4 \cdot 6H_2O$；M_r=262.848）于300mL烧杯中，溶于适量硝酸溶液（1+2000），移入1000mL容量瓶中，用硝酸溶液（1+2000）稀释到刻度，混匀。

［标定］ 吸取40.00mL上述硫酸镍溶液，置于250mL锥形瓶中，加30mL水，10mL氨-氯化铵缓冲溶液（pH10），0.2g紫尿酸铵混合指示剂，摇匀，用EDTA标准溶液［c(EDTA)=0.0500mol/L］滴定至溶液呈蓝紫色。硫酸镍标准溶液浓度按下式计算：

$$c(NiSO_4)=\frac{V_1c_1}{V}$$

式中 $c(NiSO_4)$——硫酸镍标准溶液的浓度，mol/L；
V_1——EDTA 标准溶液的体积，mL；
c_1——EDTA 标准溶液的浓度，mol/L；
V——硫酸镍溶液的体积，mL。

硫酸铜标准溶液

(1) $c(CuSO_4)=0.1$mol/L 硫酸铜标准溶液

［配制］ 准确称取 24.968g 优级纯硫酸铜（$CuSO_4 \cdot 5H_2O$；$M_r=249.685$）于 200mL 烧杯中，溶于适量硫酸溶液（1＋2000），移入 1000mL 容量瓶中，用硫酸溶液（1＋2000）稀释到刻度，混匀。

［标定］ 吸取 30.00mL 上述硫酸铜溶液，置于 250mL 碘量瓶中，加 30mL 水，5mL 硫酸溶液［$c(H_2SO_4)=4$mol/L］，3g 碘化钾，摇匀。用硫代硫酸钠标准溶液［$c(Na_2S_2O_3)=0.100$mol/L］滴定，近终点时，加 3mL 淀粉指示液（10g/L），继续滴定至溶液蓝色消失。硫酸铜标准溶液浓度按下式计算：

$$c(CuSO_4)=\frac{V_1c_1}{V}$$

式中 $c(CuSO_4)$——硫酸铜标准溶液的浓度，mol/L；
V_1——硫代硫酸钠标准溶液的体积，mL；
c_1——硫代硫酸钠标准溶液的浓度，mol/L；
V——硫酸铜溶液的体积，mL。

(2) $c(CuSO_4)=0.25$mol/L 硫酸铜标准溶液

［配制］ 称取 63g 硫酸铜（$CuSO_4 \cdot 5H_2O$），于 400mL 烧杯中，加入 900mL 盐酸溶液（1＋39）溶解，并用盐酸溶液（1＋39）稀释到 1000mL，混匀。

［标定］ 准确吸取 10.0mL 硫酸铜溶液，置于 200mL 磨口锥形瓶中，加 50mL 水，12mL 乙酸溶液（12%）和 3g 碘化钾，盖好瓶塞，静置 5min。用硫代硫酸钠标准溶液［$c(Na_2S_2O_3)=0.100$mol/L］滴定释放出来的碘，近终点时，加入 3mL 淀粉指示液（10g/L），继续滴定至溶液蓝色消失。硫酸铜标准溶液的浓度按下式计算：

$$c=\frac{V_1c_1}{V}$$

式中 c——硫酸铜标准溶液的浓度，mol/L；
c_1——硫代硫酸钠标准溶液的浓度，mol/L；
V_1——硫代硫酸钠标准溶液的体积，mL；
V——硫酸铜溶液的体积，mL。

六氰合铁酸四钾标准溶液 {$c[K_4Fe(CN)_6]=0.05$mol/L}

［配制］ 准确称取 21.12g 六氰合铁酸四钾［$K_4Fe(CN)_6$；$M_r=368.343$］，准确至 0.0001g，置于烧杯中，加水溶解，转移到 1000mL 容量瓶中，用水稀释至刻度，摇匀。

［标定］ 准确移取 25.00mL 上述溶液于 250mL 锥形瓶中，加 20mL 硫酸溶液（1＋8），

（3～5）滴二苯胺指示液（10g/L），（3～5）滴六氰合铁酸三钾溶液（10g/L），在剧烈的搅拌下，用硫酸锌标准溶液［$c(ZnSO_2)=0.0500mol/L$］缓慢滴定，至溶液由黄绿色变为紫蓝色为终点。六氰合铁酸四钾标准溶液的浓度｛$c[K_4Fe(CN)_6$｝按下式计算：

$$c[K_4Fe(CN)_6]=\frac{c_1V_1}{V_2}$$

式中　c_1——硫酸锌标准溶液的浓度，mol/L；

V_1——硫酸锌标准溶液的体积，mL；

V_2——六氰合铁酸四钾标准溶液的体积，mL。

氯化钙标准溶液 ［$c(CaCl_2)=0.05mol/L$］

［配制］ 选取优级纯氯化钙，取适量于称量瓶中于150℃下干燥2h，置于干燥器中备用。称取5.549g氯化钙（$CaCl_2$；$M_r=110.984$）于300mL烧杯中，溶于适量盐酸溶液（1＋2000），移入1000mL容量瓶中，用盐酸溶液（1＋2000）稀释到刻度，混匀。

［标定］ 吸取30.00mL上述氯化钙溶液，置于250mL锥形瓶中，加20mL水，5mL三乙醇胺（30%）溶液，用EDTA标准溶液［$c(EDTA)=0.0500mol/L$］滴定，标准溶液消耗至25mL时，加5mL氢氧化钠溶液（100g/L）和10mg钙指示剂（称取10g于105℃干燥至恒重的氯化钠，加入0.1g钙指示剂，研细，混匀），继续用EDTA标准溶液［$c(EDTA)=0.0500mol/L$］滴定至溶液由红色变成纯蓝色。氯化钙标准溶液的浓度按下式计算：

$$c[CaCl_2]=\frac{V_1c_1}{V}$$

式中　$c[CaCl_2]$——氯化钙标准溶液的浓度，mol/L；

V_1——乙二胺四乙酸二钠标准溶液的体积，mL；

c_1——乙二胺四乙酸二钠标准溶液的浓度，mol/L；

V——氯化钙溶液的体积，mL。

氯化镉标准溶液 ［$c(CdCl_2)=0.05mol/L$］

［配制］ 称取11.4175g氯化镉（$CdCl_2\cdot2.5H_2O$；$M_r=228.355$）于300mL烧杯中，溶于适量盐酸溶液（1＋2000），移入1000mL容量瓶中，用盐酸溶液（1＋2000）稀释到刻度，混匀。

［标定］ 准确吸取20.00mL上述氯化镉溶液，置于250mL锥形瓶中，加30mL水，4g六次甲基四胺，2mL抗坏血酸溶液（50g/L）及3滴二甲酚橙指示液（2g/L），用EDTA标准溶液［$c(EDTA)=0.0500mol/L$］滴定至溶液由紫红色变为纯黄色。氯化镉标准溶液浓度按下式计算：

$$c(CdCl_2)=\frac{V_1c_1}{V}$$

式中　$c[CdCl_2]$——氯化镉标准溶液的浓度，mol/L；

V_1——EDTA标准溶液的体积，mL；

c_1——EDTA标准溶液的浓度，mol/L；

V——氯化镉溶液的体积，mL。

氯化汞标准溶液 [$c(HgCl_2)$=0.02mol/L]

[配制] 称取5.43g氯化汞（$HgCl_2$；M_r=271.50）于200mL烧杯中，溶于适量硝酸溶液（1+2000），移入1000mL容量瓶中，用硝酸溶液（1+2000）稀释到刻度，混匀。

[标定] 吸取30.00mL上述氯化汞溶液，置于250mL锥形瓶中，加40mL水，10mL氨-氯化铵缓冲溶液（pH10），25mL乙二胺四乙酸镁溶液{量取25mL氯化镁溶液[$c(Mg)$=0.02mol/L]，加100mL水，10mL氨-氯化氨缓冲溶液（pH10）。用EDTA标准溶液[$c(EDTA)$=0.002mol/L]滴定，近终点时加5滴铬黑T指示液（5g/L），继续滴定至溶液由紫色变为纯蓝色}，摇匀，放置2min，加5滴铬黑T指示液（5g/L），用EDTA标准溶液[$c(EDTA)$=0.0200mol/L]滴定，近终点时，用力振摇，继续滴定至溶液由紫红色变为纯蓝色。氯化汞标准溶液的浓度按下式计算：

$$c[HgCl_2]=\frac{c_1V_1}{V}$$

式中 $c[HgCl_2]$——氯化汞标准溶液的浓度，mol/L；

V_1——EDTA标准溶液的体积，mL；

c_1——EDTA标准溶液的浓度，mol/L；

V——氯化汞溶液的体积，mL。

氯化钴标准溶液

（1）$c(CoCl_2)$=0.25mol/L

[配制] 称取60g氯化钴（$CoCl_2 \cdot 6H_2O$；M_r=237.931）溶于900mL盐酸溶液（移取100mL盐酸溶于3900mL水中）中，并用盐酸溶液稀释到1000mL，混匀。

[标定] 准确吸取5.00mL氯化钴溶液，置于200mL磨口锥形瓶中，加5mL过氧化氢溶液（3%），10mL氢氧化钠溶液（270g/L），缓缓煮沸10min，静置冷却，加入60mL硫酸溶液（10%）和2g碘化钾，盖好瓶塞并缓缓摇动，使沉淀溶解，静置10min。用硫代硫酸钠标准溶液[$c(Na_2S_2O_3)$=0.100mol/L]滴定释放出来的碘，近终点时加入3mL淀粉指示液（10g/L），继续滴定至溶液蓝色消失。氯化钴标准溶液的浓度按下式计算：

$$c=\frac{c_1V_1\times 0.1298}{V}$$

式中 c——氯化钴标准溶液的浓度，mol/mL；

c_1——硫代硫酸钠标准溶液的浓度，mol/L；

V_1——硫代硫酸钠标准溶液的体积量，mL；

V——氯化钴溶液的体积，mL；

0.1298——与1.00mL硫代硫酸钠标准溶液[$c(Na_2S_2O_3)$=1.000mol/L]相当的，以g为单位的氯化钴（$CoCl_2$）的质量。

（2）$c(CoCl_2)$=0.05mol/L

[配制] 称取11.8965g氯化钴（$CoCl_2 \cdot 6H_2O$），于300mL烧杯中，溶于适量盐酸溶液（1+2000），移入1000mL容量瓶中，用盐酸溶液（1+2000）稀释到刻度，混匀。

[标定] 准确移取20.00mL氯化钴溶液，置于300mL锥形瓶中，加50mL水，用EDTA标准溶液[$c(EDTA)$=0.0500mol/L]滴定至终点前约1mL时，加10mL氨-氯化铵缓

冲溶液（pH10），加 0.2g 紫尿酸铵指示剂，继续滴定至溶液呈紫红色。氯化钴标准溶液的浓度按下式计算：

$$c[CoCl_2]=\frac{c_1V_1}{V}$$

式中 $c[CoCl_2]$ ——氯化钴标准溶液的浓度，mol/L；

V_1——EDTA 标准溶液的体积，mL；

c_1——EDTA 标准溶液的浓度，mol/L；

V——氯化钴溶液体积，mL。

氯化钾电导率标准溶液 [$c(KCl)=0.0100$mol/L][25℃，电导率：1413μS/cm]

[配制] 选取基准级试剂氯化钾（KCl；$M_r=74.551$），取适量置于瓷坩埚中，于马弗炉中 550℃，灼烧 6h，冷却后，取出坩埚，置于干燥器中保存备用。准确称取 0.7456g 上述氯化钾于 200mL 高型烧杯中，用少量新煮沸冷却的蒸馏水（电导率<1μS/cm，用 0.5μm 滤膜过滤）溶解后，移入 1000mL 容量瓶中，用水准确的稀释刻度（25℃下定容），混匀。储于硬质玻璃瓶中。

氯化锂标准溶液 [$c(LiCl)=0.1$mol/L]

[配制] 准确称取 4.2394g 磨细并在（500～600)℃灼烧至恒重的优级纯氯化锂（LiCl；$M_r=42.394$），溶于不含氯离子的水中，移入 1000mL 容量瓶中，用水稀释至刻度，摇匀。

[标定] 准确取（30.00～35.00)mL 配制好的氯化锂溶液 [$c(LiCl)=0.1$mol/L]，于 250mL 锥形瓶中，加 40mL 水及 2mL 淀粉溶液（10g/L），在摇动下，用硝酸银标准溶液 [$c(AgNO_3)=0.100$mol/L] 避光滴定。近终点时，加 3 滴荧光素指示液（5g/L），继续滴定至乳液呈粉红色。氯化锂标准溶液的浓度按下式计算：

$$c(LiCl)=\frac{c_1V_1}{V}$$

式中 $c(LiCl)$——氯化锂标准溶液的浓度，mol/L；

V_1——硝酸银标准溶液的体积，mL；

c_1——硝酸银标准溶液的浓度，mol/L；

V——氯化锂溶液的体积，mL。

氯化镍标准溶液 [$c(NiCl_2)=0.05$mol/L]

[配制] 称取 11.8835g 氯化镍（$NiCl_2\cdot6H_2O$；$M_r=237.691$）于 300mL 烧杯中，溶于适量盐酸溶液（1+2000），移入 1000mL 容量瓶中，用盐酸溶液（1+2000）稀释到刻度，混匀。

[标定] 准确吸取 30.00mL 上述氯化镍溶液，置于 250mL 锥形瓶中，加 40mL 水，10mL 氨-氯化铵缓冲溶液（pH10），0.2g 紫尿酸铵混合指示剂，摇匀，用 EDTA 标准溶液 [$c(EDTA)=0.0500$mol/L] 滴定至溶液呈蓝紫色。氯化镍标准溶液的浓度按下式计算：

$$c(NiCl_2)=\frac{c_1V_1}{V}$$

式中 $c(NiCl_2)$ ——氯化镍标准溶液的浓度，mol/L；

V_1——EDTA 标准溶液的体积，mL；

c_1——EDTA 标准溶液的浓度，mol/L；

V——氯化镍溶液的体积，mL。

氯化铜标准溶液 $[c(CuCl_2)=0.1mol/L]$

［配制］ 称取 17.048g 氯化铜（$CuCl_2 \cdot 2H_2O$；$M_r=170.483$）溶于适量水中，移入 1000mL 容量瓶中，用水稀释到刻度，混匀。

［标定］ 吸取 30.00mL 上述氯化铜溶液，置于碘量瓶中，加入 20mL 水，5mL 硫酸溶液（20%），3g 碘化钾，摇匀，用硫代硫酸钠标准溶液 $[c(Na_2S_2O_3)=0.100mol/L]$ 滴定，近终点时加 2mL 淀粉指示液（10g/L），继续滴定至溶液蓝色消失。同时做空白试验。氯化铜标准溶液的浓度按下式计算：

$$c[CuCl_2]=\frac{(V_1-V_2)c_1}{2V}$$

式中 $c[CuCl_2]$——氯化铜标准溶液的浓度，mol/L；

c_1——硫代硫酸钠标准溶液的浓度，mol/L；

V_1——硫代硫酸钠标准溶液的体积，mL；

V_2——空白试验硫代硫酸钠溶液的体积，mL；

V——氯化铜溶液的体积，mL。

钼酸铵标准溶液 $\{c[(1/7(NH_4)_6Mo_7O_{24} \cdot 4H_2O]=0.1mol/L\}$

［配制］ 准确称取 17.6552g（或根据纯度计算出相应的质量：$m=17.6552g/w$；w——质量分数）经纯度分析的钼酸铵 $[(NH_4)_6Mo_7O_{24} \cdot 4H_2O$；$M_r=1235.86]$，置于 200mL 烧杯中，溶于适量水中，转移到 1000mL 容量瓶中，用水稀释到刻度，混匀。

［钼酸铵纯度的测定］ 称取 0.3g 钼酸铵，准确至 0.0001g，置于 250mL 锥形瓶中，加 50mL 水溶解，加 6g 六次甲基四胺，加热至 60℃，加 2 滴 4-(2-吡啶偶氮）间苯二酚钠盐指示液（1g/L），用硝酸铅标准溶液 $\{c[Pb(NO_3)_2]=0.0500mol/L\}$ 滴定至溶液由橙色明显变为粉红色。钼酸铵的质量分数（w）按下式计算：

$$w=\frac{cV\times 0.1766}{m}\times 100\%$$

式中 w——钼酸铵的质量分数，%；

c——硝酸铅标准溶液的浓度，mol/L；

V——消耗硝酸铅标准溶液的体积，mL；

m——钼酸铵的质量，g；

0.1766——与 1.00mL 硝酸铅标准溶液 $\{c[Pb(NO_3)_2]=1.00mol/L\}$ 相当的，以 g 为单位的钼酸铵的质量。

柠檬酸钙标准溶液 $\{c[1/3Ca_3(C_6H_5O_7)_2]=0.05mol/L\}$

［配制］ 选取优级纯柠檬酸钙，取适量于称量瓶中 150℃下干燥 2h，置于干燥器中备用。称取 8.307g 柠檬酸钙（$Ca_3(C_6H_5O_7)_2$；$M_r=498.433$）于 300mL 烧杯中，溶于适量 HNO_3 溶液（1%），移入 1000mL 容量瓶中，用水稀释到刻度，混匀。

［标定］ 吸取30.00mL上述柠檬酸钙溶液，置于250mL锥形瓶中，加20mL水，5mL三乙醇胺（30%）溶液，用EDTA标准溶液［c(EDTA)=0.0500mol/L］滴定，标准溶液消耗至25mL时，加5mL氢氧化钠溶液（100g/L）和10mg钙指示剂（称取10g于105℃干燥至恒重的氯化钠，加入0.1g钙指示剂，研细，混匀），继续用EDTA标准溶液［c(EDTA)=0.0500mol/L］滴定至溶液由红色变成纯蓝色。柠檬酸钙标准溶液的浓度按下式计算：

$$c\left[\frac{1}{3}Ca_3(C_6H_5O_7)_2\right]=\frac{c_1V_1}{V}$$

式中 $c[\frac{1}{3}Ca_3(C_6H_5O_7)_2]$——柠檬酸钙标准溶液的浓度，mol/L；
V_1——乙二胺四乙酸二钠标准溶液体积，mL；
c_1——乙二胺四乙酸二钠标准溶液的浓度，mol/L；
V——柠檬酸钙溶液的体积，mL。

柠檬酸氢二铵标准溶液（1000μg/mL）

［配制］ 准确称取1.0000g（或按其纯度折算出相应的质量）经纯度分析的柠檬酸氢二铵［$(NH_4)_2HC_6H_5O_7$；M_r=226.1846］（纯度≥99%），置1000mL容量瓶中，用水溶解后稀释至刻度，摇匀。

［柠檬酸氢二铵纯度的测定］ 称取0.2g样品，准确至0.00021g。置于250mL锥形瓶中，溶于40mL不含二氧化碳的水中，加10mL中性甲醛，2滴酚酞指示液（10g/L），用氢氧化钠标准溶液［c(NaOH)=0.100mol/L］滴定至溶液呈粉红色，并保持3min。柠檬酸氢二铵的质量分数按下式计算：

$$w=\frac{cV\times 0.07539}{m}\times 100\%$$

式中 w——柠檬酸的质量分数，%；
V——氢氧化钠标准溶液的体积，mL；
c——氢氧化钠标准溶液的浓度，mol/L；
m——样品质量，g；
0.07539——与1.00mL氢氧化钠标准溶液［c(NaOH)=1.000mol/L］相当的，以g为单位的柠檬酸氢二铵的质量。

柠檬酸三钠标准溶液（1000μg/mL）

［配制］ 取适量柠檬酸钠（$Na_3C_6H_5O_7\cdot 2H_2O$；M_r=294.0996）于称量瓶中，于180℃下干燥至恒重，置于干燥器中冷却备用。准确称取1.0000g（或按纯度换算出质量m=1.0000g/w；w——质量分数）经纯度分析的柠檬酸钠（$Na_3C_6H_5O_7$；M_r=258.0690）纯品（纯度≥99%），置于100mL烧杯中，加适量水溶解后，移入1000mL容量瓶中，用水稀释到刻度，混匀。

［柠檬酸钠纯度的测定］ 称取0.1g样品，准确到0.0001g，置于250mL锥形瓶中，加5mL冰醋酸，加热溶解后，冷却，加10mL乙酸酐与1滴结晶紫指示液（5g/L），用高氯酸标准溶液［$c(HClO_4)$=0.100mol/L］滴定至溶液显蓝绿色，同时做空白试验。柠檬酸钠的质量分数（w）按下式计算：

$$w=\frac{c(V_1-V_2)\times 0.08602}{m}\times 100\%$$

式中 V_1——高氯酸标准溶液的体积，mL；

V_2——空白消耗高氯酸标准溶液的体积，mL；

c——高氯酸标准溶液的浓度，mol/L；

m——样品质量，g；

0.08602——与 1.00mL 高氯酸标准溶液 [$c(HClO_4)$=1.000mol/L] 相当的，以 g 为单位的柠檬酸钠的质量。

葡萄糖酸钙标准溶液 {$c[Ca(C_6H_{11}O_7)_2]$=0.05mol/L}

[配制] 选取优级纯葡萄糖酸钙，取适量于称量瓶中，在 105℃下干燥至恒重，置于干燥器中备用。称取 21.5187g 葡萄糖酸钙 [$Ca(C_6H_{11}O_7)_2$；M_r=430.373] 于 300mL 烧杯中，溶于适量盐酸溶液（1+2000），移入 1000mL 容量瓶中，用水稀释到刻度，混匀。

[标定] 吸取 30.00mL 上述葡萄糖酸钙溶液，置于 250mL 锥形瓶中，加 20mL 水，5mL 三乙醇胺溶液（30%），用 EDTA 标准溶液 [c(EDTA)=0.0500mol/L] 滴定，标准溶液消耗至 25mL 时，加 5mL 氢氧化钠溶液（100g/L）和 10mg 钙指示剂（称取 10g 于 105℃干燥至恒重的氯化钠，加入 0.1g 钙指示剂，研细，混匀），继续用 EDTA 标准溶液 [c(EDTA)=0.0500mol/L] 滴定至溶液由红色变成纯蓝色。葡萄糖酸钙标准溶液的浓度按下式计算：

$$c[Ca(C_6H_{11}O_7)_2]=\frac{c_1V_1}{V}$$

式中 $c[Ca(C_6H_{11}O_7)_2]$——葡萄糖酸钙标准溶液的浓度，mol/L；

V_1——EDTA 标准溶液的体积，mL；

c_1——EDTA 标准溶液的浓度，mol/L；

V——葡萄糖酸钙溶液的体积，mL。

葡萄糖酸锰标准溶液 {$c[Mn(C_6H_{11}O_7)_2]$=0.05mol/L}

[配制] 准确称取 24.0632g 葡萄糖酸锰 [$Mn(C_6H_{11}O_7)_2\cdot 2H_2O$；$M_r$=481.2633] 溶于适量水中，移入 1000mL 容量瓶中，用水稀释到刻度，混匀。

[标定] 准确移取 20.00mL 上述溶液，置于 250mL 锥形瓶中，加 30mL 水，加 1g 盐酸羟胺，10mL 氨-氯化铵缓冲溶液（pH10.0），5 滴羊毛铬黑溶液，用 EDTA 标准溶液 [c(EDTA)=0.0500mol/L] 滴定至溶液呈深蓝色。葡萄糖酸锰标准溶液的浓度按下式计算：

$$c[Mn(C_6H_{11}O_7)_2]=\frac{c_1V_1}{V}$$

式中 $c(Mn(C_6H_{11}O_7)_2)$——葡萄糖酸锰标准溶液的浓度，mol/L；

V——葡萄糖酸锰标准溶液的体积，mL；

V_1——EDTA 标准溶液的体积，mL；

c_1——EDTA 标准溶液的体积，mL。

葡萄糖酸铜标准溶液 {$c[Cu(C_6H_{11}O_7)_2]$=0.05mol/L}

[配制] 准确称取 22.6921g 葡萄糖酸铜 [$Cu(C_6H_{11}O_7)_2$；M_r=453.841] 溶于适量水

中，移入1000mL容量瓶中，用水稀释到刻度，混匀。

[葡萄糖酸铜纯度的测定] 称取0.5g样品，准确至0.0001g，置于250mL锥形瓶中，加100mL水，加2mL冰醋酸，2g碘化钾，摇匀溶解，用硫代硫酸钠标准溶液[$c(Na_2S_2O_3)=0.100mol/L$]滴定至淡黄色。加1g硫氰酸铵，摇匀，溶解，加2mL淀粉指示液（10g/L），继续滴定至溶液蓝色消失。同时做空白试验。葡萄糖酸铜的质量分数（w）按下式计算：

$$w=\frac{c(V_1-V_2)\times 0.4538}{m}\times 100\%$$

式中 V_1——硫代硫酸钠标准溶液的体积，mL；

V_2——空白试验消耗硫代硫酸钠标准溶液的体积，mL；

c——硫代硫酸钠标准溶液的浓度，mol/L；

m——样品质量，g；

0.4538——与1.00mL硫代硫酸钠标准溶液[$c(Na_2S_2O_3)=1.000mol/L$]相当的，以g为单位的葡萄糖酸铜的质量。

葡萄糖酸锌标准溶液 {$c[Zn(C_6H_{11}O_7)_2]=0.05mol/L$}

[配制] 选取优级纯葡萄糖酸锌，取适量于称量瓶中于85℃下减压干燥至恒重，置于干燥器中备用。称取22.784g葡萄糖酸锌[$Zn(C_6H_{11}O_7)_2$；$M_r=455.68$]溶于适量水中，移入1000mL容量瓶中，用水稀释到刻度，混匀。

[标定] 吸取20.00mL上述葡萄糖酸锌溶液，置于250mL锥形瓶中，加20mL水，加10mL氨-氯化铵缓冲溶液（pH10），5滴铬黑T指示液（2g/L），用EDTA标准溶液[$c(EDTA)=0.0500mol/L$]滴定至溶液由红色变成纯蓝色。葡萄糖酸锌标准溶液的浓度按下式计算：

$$c[Zn(C_6H_{11}O_7)_2]=\frac{c_1V_1}{V}$$

式中 $c[Zn(C_6H_{11}O_7)_2]$——葡萄糖酸锌标准溶液的浓度，mol/L；

V_1——EDTA标准溶液的体积，mL；

c_1——EDTA标准溶液的浓度，mol/L；

V——葡萄糖酸锌溶液的体积，mL。

乳色测定用标准溶液

[配制] 将0.50mL硝酸银（用优级纯试剂配制）溶液[$c(AgNO_3)=0.1mol/L$]加到5mL的氯化钠溶液（用基准试剂配制）[$c(NaCl)=0.0002mol/L$]中，然后再加入一滴浓硝酸（$\rho_{20}=1.38g/mL$），搅拌溶液后静置5min，避免直接光照。

乳酸钙标准溶液 {$c[Ca(C_3H_5O_3)_2]=0.05mol/L$}

[配制] 选取分析纯乳酸钙，取适量于称量瓶中，150℃下干燥4h，置于干燥器中备用。称取10.9109g乳酸钙[$Ca(C_3H_5O_3)_2$；$M_r=218.218$]于300mL烧杯中，溶于适量盐酸溶液（1+2000），移入1000mL容量瓶中，用水稀释到刻度，混匀。临用现配。

[标定] 吸取30.00mL上述乳酸钙溶液，置于250mL锥形瓶中，加20mL水，5mL三

乙醇胺溶液（30%），用 EDTA 标准溶液［c(EDTA)=0.0500mol/L］滴定，标准溶液消耗至 25mL 时，加 5mL 氢氧化钠溶液（100g/L）和 10mg 钙指示剂（称取 10g 于 105℃干燥至恒重的氯化钠，加入 0.1g 钙指示剂，研细，混匀），继续用 EDTA 标准溶液［c(EDTA)=0.0500mol/L］滴定至溶液由红色变成纯蓝色。乳酸钙标准溶液浓度按下式计算：

$$c[Ca(C_3H_5O_3)_2]=\frac{c_1V_1}{V}$$

式中　$c[Ca(C_3H_5O_3)_2]$——乳酸钙标准溶液的浓度，mol/L；
　　V_1——EDTA 标准溶液体积，mL；
　　c_1——EDTA 标准溶液的浓度，mol/L；
　　V——乳酸钙溶液的体积，mL。

［乳酸钙纯度的测定］ 称取 0.3g 样品，准确到 0.0001g。置于 250mL 锥形瓶中，加 100mL 水，加热使其溶解，冷却，加 15mL 氢氧化钠溶液（43g/L）与 0.1g 钙紫红指示剂，用 EDTA 标准溶液［c(EDTA)=0.0500mol/L］滴定至溶液由紫红色变为纯蓝色。乳酸钙的质量分数（w）按下式计算：

$$w=\frac{c_1V_1\times 0.2182}{m}\times 100\%$$

式中　V_1——EDTA 标准溶液的体积，mL；
　　c_1——EDTA 标准溶液的浓度，mol/L；
　　m——样品质量，g；
　　0.2182——与 1.00mL EDTA 标准溶液［c(EDTA)=1.000mol/L］相当的，以 g 为单位的乳酸钙（$C_5H_{10}CaO_6$）的质量。

乳糖醛酸钙标准溶液 ｛$c[Ca(C_{12}H_{24}O_{12})_2]$=0.05mol/L｝

［配制］ 准确称取 37.733g 乳糖醛酸钙［$Ca(C_{12}H_{24}O_{12})_2$；M_r=754.654］于 300mL 烧杯中，溶于适量盐酸溶液（1+2000），移入 1000mL 容量瓶中，用水稀释到刻度，混匀。

［标定］ 吸取 30.00mL 上述乳糖醛酸钙溶液，置于 250mL 锥形瓶中，加 20mL 水，5mL 三乙醇胺溶液（30%），用 EDTA 标准溶液［c(EDTA)=0.0500mol/L］滴定，标准溶液消耗至 25mL 时，加 5mL 氢氧化钠溶液（100g/L）和 10mg 钙指示剂（称取 10g 于 105℃干燥至恒重的氯化钠，加入 0.1g 钙指示剂，研细，混匀），继续用 EDTA 标准溶液［c(EDTA)=0.0500mol/L］滴定至溶液由红色变成纯蓝色。乳糖醛酸钙标准溶液浓度按下式计算：

$$c[Ca(C_{12}H_{24}O_{12})_2]=\frac{c_1V_1}{V}$$

式中　$c[Ca(C_{12}H_{24}O_{12})_2]$——乳糖醛酸钙标准溶液的浓度，mol/L；
　　V_1——EDTA 标准溶液的体积，mL；
　　c_1——EDTA 标准溶液的浓度，mol/L；
　　V——乳糖醛酸钙溶液的体积，mL。

色度测定用标准溶液（500 度）

［配制］ 准确称取经纯度分析并已在 105℃下干燥至恒重的氯铂酸钾（纯度 99.84%）

2.4918g 溶于适量盐酸溶液（10%）中，转移到 1000mL 容量瓶中。

另准确称取经纯度分析的 2.0000g 氯化钴（$CoCl_2 \cdot 6H_2O$）溶于适量盐酸溶液（10%）中，转移到上述 1000mL 容量瓶中，用盐酸溶液（10%）稀释，在室温为 (20±2)℃的洁净实验室中定容。

［氯铂酸钾纯度测定］ 取适量氯铂酸钾于称量瓶中，在 105℃下干燥至恒重，置于干燥器中备用。称取 0.5g 样品，准确到 0.0001g，于 400mL 烧杯中，加入 130mL 硫酸（50%），加热溶解，加入 2g 甲酸钠，煮沸至反应完全，上层溶液澄清，冷却后，加入 130mL 水，搅拌，用慢速定量滤纸过滤，用热盐酸溶液［c(HCl)＝0.1mol/L］洗至滤液无硫酸盐反应，将沉淀置于已恒重的坩埚中，于 800℃灼烧至恒重。氯铂酸钾的质量分数（w）按下式计算：

$$w=\frac{m_1\times 2.491}{m}\times 100\%$$

式中 w——氯铂酸钾的质量分数，%；

m_1——沉淀质量，g；

m——样品质量，g；

2.491——换算系数。

［氯化钴（$CoCl_2 \cdot 6H_2O$）纯度的测定］ 准确称取 0.4g 样品，准确到 0.0001g，溶于 50mL 水中，加入 0.2g 盐酸羟胺，0.5g 硫氰酸铵，2mL 饱和乙酸铵溶液，50mL 丙酮，用 EDTA 标准溶液［c(EDTA)＝0.0500mol/L］滴定到溶液蓝色消失即为终点。氯化钴的质量分数（w）按下式计算：

$$w=\frac{cV\times 0.2910}{m}\times 100\%$$

式中 V——EDTA 标准溶液的体积，mL；

c——EDTA 标准溶液的浓度，mol/L；

m——样品质量；

0.2910——与 1.00mL EDTA 标准溶液［c(EDTA)＝1.0mol/L］相当的，以 g 为单位的氯化钴的质量。

四氯化锡标准溶液［$c(\frac{1}{4}SnCl_4)$＝0.1mol/L］

［配制］ 称取 6.5131g 氯化锡（$SnCl_4$；M_r＝260.522），溶于水中，移入 1000mL 容量瓶中，加水稀释至刻度，摇匀。

［标定］ 准确移取 20.00mL 配制好的氯化锡溶液［$c(\frac{1}{4}SnCl_4)$＝0.1mol/L］，于 250mL 锥形瓶中，加 40mL 水加 2 滴 1g/L 甲基橙指示液，用氢氧化钠标准溶液［c(NaOH)＝0.1mol/L］滴定至溶液呈黄色。四氯化锡标准溶液浓度按下式计算：

$$c\left(\frac{1}{4}SnCl_4\right)=\frac{c_1V_1}{V}$$

式中 $c(\frac{1}{4}SnCl_4)$——四氯化锡标准溶液的浓度，mol/L；

V_1——盐酸标准溶液的体积，mL；

c_1——盐酸标准溶液的浓度，mol/L；

V——四氯化锡溶液的体积，mL。

注：四氯化锡与水反应剧烈，应注意安全。

水标准溶液（2000μg/mL）

［配制］ 准确称取0.2000g高纯水，置于100mL干燥的容量瓶中，用无水甲醇稀释到刻度。无水甲醇的制备：按每1mL甲醇0.1g4A分子筛的比例加入，放置24h以上。

水中碱度测定用标准溶液［1000μg/mL(以Na_2CO_3)计］

［配制］ 取适量GBW 06101或GBW（E）060023碳酸钠纯度标准物质于瓷坩埚中，在270℃灼烧4h。置于干燥器中冷却备用。准确称取1.0000g上述碳酸钠于200mL烧杯中，加煮沸并冷却的水溶解，转移到1000mL容量瓶中，加煮沸并冷却的水稀释到刻度，混匀。置于塑料瓶中保存。

水中硬度测定用标准溶液［0.045mol/L(以钙镁总量计)］

［配制］ 取适量基准试剂碳酸钙，于称量瓶中于120℃下烘4h，置于干燥器中冷却备用。选取基准级试剂（或光谱纯）氧化镁，取适量置于铂坩埚中，于马弗炉中逐步升温到800℃，灼烧2h，以除去氧化物吸收的水分和二氧化碳，冷却后，取出坩埚，置于干燥器中保存备用。准确称取1.2076g上述氧化镁，于200mL高型烧杯中，用水溶解后，移入2000mL容量瓶中。另准确称取6.0000g上述碳酸钙于另一200mL高型烧杯中，用水溶解后，移入同一容量瓶中，用水稀释至刻度，混匀。

［标定］ 准确量取5.00mL待测水中硬度标准溶液，置于250mL锥形瓶中，加40mL水，加盐酸溶液（50%）酸化，使刚果红试纸刚好变蓝，煮沸数分钟，以除去二氧化碳，冷却到室温，加入10mL氨-氯化铵缓冲溶液（pH10），加5滴铬黑T指示液（5g/L），用EDTA标准溶液［c(EDTA)=0.0200mol/L］滴定至溶液由紫红色变为纯蓝色。

$$c=\frac{c_1V_1}{V}$$

式中 c——水中硬度标准溶液的浓度，mol/L；

c_1——EDTA标准溶液的浓度，mol/L；

V_1——EDTA标准溶液的体积，mL；

V——水中硬度标准溶液的体积，mL。

碳酸钙标准溶液［$c(CaCO_3)$=0.05mol/L］

［配制］ 称取5.0045g碳酸钙（$CaCO_3$；M_r=100.087）于200mL高型烧杯中，用2mL水润湿，盖上表面皿，缓慢滴加盐酸溶液（20%），溶解完全，移入1000mL容量瓶中，用水稀释到刻度，混匀。

［标定］ 准确吸取30.00mL上述碳酸钙溶液，置于250mL锥形瓶中，加20mL水，5mL三乙醇胺溶液（30%），用EDTA标准溶液［c(EDTA)=0.0500mol/L］滴定，标准溶液消耗至25mL时，加5mL氢氧化钠溶液（100g/L）和10mg钙指示剂（称取10g于105℃干燥至恒重的氯化钠，加入0.1g钙指示剂，研细，混匀），继续用EDTA标准溶液［c(EDTA)=0.0500mol/L］滴定至溶液由红色变成纯蓝色。碳酸钙标准溶液的浓度按下式计算：

$$c(CaCO_3)=\frac{c_1V_1}{V}$$

式中 $c(CaCO_3)$——碳酸钙标准溶液的浓度，mol/L；
V_1——EDTA 标准溶液的体积，mL；
c_1——EDTA 标准溶液的浓度，mol/L；
V——碳酸钙溶液的体积，mL。

糖精钙标准溶液 $\{c[Ca(C_7H_4NO_3S)_2]=0.05mol/L\}$

［配制］ 准确称取 20.222g 经纯度分析的糖精钙 $[Ca(C_7H_4NO_3S)_2$；$M_r=404.431]$，溶于水中，转移到 1000mL 容量瓶中，用水稀释到刻度，摇匀。

［糖精钙的纯度测定］ 称取 0.5g 样品，准确至 0.0001g。借助 10mL 水将样品定量地转移到一个分离器中。加 2mL 稀盐酸溶液，用 30mL 氯仿-乙醇混合萃取剂（9+1）萃取沉淀的糖精，再用 5 份 20mL 萃取剂萃取沉淀的糖精。用混合溶剂湿润过的小滤纸过滤每次萃取液，通风中水浴蒸干混合滤液。将残留物溶解 75mL 热水中，冷却，加 2 滴酚酞指示液（10g/L），用氢氧化钠标准溶液 $[c(NaOH)=0.100mol/L]$ 滴定至溶液呈粉红色，并保持 30s。糖精钙的质量分数（w）按下式计算：

$$w=\frac{cV\times 0.2022}{m}\times 100\%$$

式中 w——糖精钙的质量分数，%；
V——氢氧化钠标准溶液的体积，mL；
c——氢氧化钠标准溶液的浓度，mol/L；
m——糖精钙的质量，g；
0.2022——与 1.00mL 氢氧化钠标准溶液 $[c(NaOH)=1.000mol/L]$ 相当的，以 g 为单位的糖精钙 $[Ca(C_7H_4NO_3S)_2]$ 的质量。

五日生化需氧量（BOD_5）**测定用标准溶液**（1000μg/mL）

［配制］ 分别各准确称取 19.6g 优级纯葡萄糖和 L-谷氨酸，分别置于 250mL 高型烧杯中，加水溶解，移入 1000mL 容量瓶中，用水稀释到刻度，混匀。

硝酸铵标准溶液 $[c(NH_4NO_3)=0.1mol/L]$

［配制］ 称取 8.0g 优级纯硝酸铵，溶于 1000mL 水中，摇匀。

［标定］准确移取 20.00mL 上述硝酸铵溶液，于 150mL 锥形瓶中，加 40mL 中性甲醛溶液｛移取 20mL 甲醛溶液，加 20mL 水，2 滴酚酞指示液（10g/L），用氢氧化钠标准溶液 $[c(NaOH)=0.1mol/L]$ 滴定至溶液呈粉红色。使用前制备｝，摇匀，放置 30min，用氢氧化钠标准溶液 $[c(NaOH)=0.100mol/L]$ 滴定至溶液呈粉红色，微微加热至 50℃。继续滴定至溶液呈粉红色，并保持 30s。硝酸铵标准溶液的浓度按下式计算：

$$c(NH_4NO_3)=\frac{c_1V_1}{V}$$

式中 $c(NH_4NO_3)$——硝酸铵标准溶液的浓度，mol/L；
V_1——氢氧化钠标准溶液的体积，mL；
c_1——氢氧化钠标准溶液的浓度，mol/L；
V——硝酸铵溶液的体积，mL。

硝酸铋标准溶液 $\{c[Bi(NO_3)_3]=0.01mol/L\}$

［配制］ 称取4.851g硝酸铋［$Bi(NO_3)_3 \cdot 5H_2O$；$M_r=485.0715$］于300mL烧杯中，溶于适量硝酸溶液（1+2000），移入1000mL容量瓶中，用硝酸溶液（1+2000）稀释到刻度，混匀。

［标定］ 移取5.00mL EDTA标准溶液［$c(EDTA)=0.0100mol/L$］于250mL锥形瓶中，加15mL缓冲溶液，50mL水，2滴二甲酚橙指示液，用配制的硝酸铋标准溶液滴定至溶液呈橙红色。硝酸铋标准溶液的浓度按下式计算：

$$c[Bi(NO_3)_3]=\frac{c_1V_1}{V}$$

式中 $c[Bi(NO_3)_3]$——硝酸铋标准溶液的浓度，mol/L；

c——EDTA标准溶液的浓度，mol/L；

V_1——EDTA标准溶液的体积，mL；

V——硝酸铋溶液的体积，mL。

硝酸钴标准溶液 $\{c[Co(NO_3)_2]=0.05mol/L\}$

［配制］ 称取14.5517g硝酸钴［$Co(NO_3)_2 \cdot 6H_2O$；$M_r=291.0347$］于300mL烧杯中，溶于适量硝酸溶液（1+2000），移入1000mL容量瓶中，用硝酸溶液（1+2000）稀释到刻度，混匀。

［标定］ 吸取30.00mL上述硝酸钴溶液，置于250mL锥形瓶中，加20mL水，用EDTA标准溶液［$c(EDTA)=0.0500mol/L$］滴定至终点前约1mL时，加10mL氨-氯化铵缓冲溶液（pH10），0.2g紫尿酸铵混合指示剂，摇匀，继续用EDTA标准溶液［$c(EDTA)=0.0500mol/L$］滴定至溶液呈蓝紫色。硝酸钴标准溶液的浓度按下式计算：

$$c[Co(NO_3)_2]=\frac{c_1V_1}{V}$$

式中 $c[Co(NO_3)_2]$——硝酸钴标准溶液的浓度，mol/L；

V_1——EDTA标准溶液体积，mL；

c_1——EDTA标准溶液的浓度，mol/L；

V——硝酸钴溶液的体积，mL。

硝酸锰标准溶液 $\{c[Mn(NO_3)_2]=0.05mol/L\}$

［配制］ 称取8.947g硝酸锰［$Mn(NO_3)_2$；$M_r=178.9478$］于300mL烧杯中，溶于适量硝酸溶液（1+2000），移入1000mL容量瓶中，用硝酸溶液（1+2000）稀释到刻度，混匀。

［标定］ 吸取40.00mL上述硝酸锰溶液，置于250mL锥形瓶中，加60mL水，2mL盐酸羟胺溶液（100g/L），用EDTA标准溶液［$c(EDTA)=0.0500mol/L$］滴定，近终点时加10mL氨-氯化铵缓冲溶液（pH10），5滴铬黑T指示液（5g/L），摇匀，继续滴定至溶液从紫红色变为纯蓝色。硝酸锰标准溶液的浓度按下式计算：

$$c[Mn(NO_3)_2]=\frac{c_1V}{V}$$

式中　$c[Mn(NO_3)_2]$——硝酸锰标准溶液的浓度，mol/L；
　　V_1——EDTA标准溶液的体积，mL；
　　c_1——EDTA标准溶液的浓度，mol/L；
　　V——硝酸锰溶液的体积，mL。

硝酸钾标准溶液 $[c(KNO_3)=0.1mol/L]$

［配制］ 取适量优级纯硝酸钾（KNO_3；$M_r=101.0132$）于称量瓶中，于（110～120)℃干燥恒重，置于干燥器中保存备用。准确称取10.1013g硝酸钾，加水溶解，移入1000mL容量瓶中，用水稀释到刻度，混匀。

［标定］ 准确移取30.00上述溶液，注入到强酸性阳离子交换树脂中，以（4～5)mL/min流量进行交换，交换液收集于锥形瓶中，用水分次洗涤树脂至滴下溶液呈中性。收集交换液和洗涤液，加2滴甲基红指示液（1g/L)，用氢氧化钠标准溶液［$c(NaOH)=0.100mol/L$］滴定至溶液呈黄色，同时做空白试验。硝酸钾标准溶液的浓度按下式计算：

$$c(KNO_3)=\frac{c_1(V_1-V_2)}{V}$$

式中　$c(KNO_3)$——硝酸钾标准溶液的浓度，mol/L；
　　V_1——空白试验氢氧化钠标准溶液的体积，mL；
　　V_2——氢氧化钠标准溶液的体积，mL；
　　c_1——氢氧化钠标准溶液的浓度，mol/L；
　　V——硝酸钾标准溶液的体积，mL。

硝酸钠标准溶液 ［1000μg/mL］

［配制］ 准确称取0.5000g于（110～120)℃干燥恒重的优级纯硝酸钠，加水溶解，移于500mL容量瓶中，加50mL氯化铵缓冲液（向1000mL容量瓶中加入500mL水，准确加入20.0mL盐酸，振荡混匀，准确加入50mL氢氧化铵，用水稀释至刻度。必要时用稀盐酸和稀氢氧化铵调试至pH=9.6～9.7)，用水稀释至刻度，混匀，在4℃冰箱中，避光保存。

［标定］ 准确移取30.00mL上述溶液，注入到强酸性阳离子交换树脂中，以（4～5)mL/min流量进行交换，交换液收集于锥形瓶中，用水分次洗涤树脂至滴下溶液呈中性。收集交换液和洗涤液，加2滴甲基红指示液（1g/L)，用氢氧化钠标准溶液［$c(NaOH)=0.0500mol/L$］滴定至溶液呈黄色，同时做空白试验。硝酸钠标准溶液的浓度按下式计算：

$$\rho(NaNO_3)=\frac{c_1(V_1-V_2)\times 84.9947}{V}\times 1000$$

式中　$\rho(NaNO_3)$——硝酸钠标准溶液的浓度，μg/mL；
　　V_1——空白试验消耗氢氧化钠标准溶液的体积，mL；
　　V_2——硝酸钠消耗氢氧化钠标准溶液的体积，mL；
　　c_1——氢氧化钠标准溶液的浓度，mol/L；
　　V——硝酸钠标准溶液的体积，mL；
　　84.9947——硝酸钠的摩尔质量［$M(NaNO_3)$］，g/mol。

硝酸镍标准溶液 $\{c[Ni(NO_3)_2]=0.05mol/L\}$

［配制］ 称取14.540g硝酸镍［$Ni(NO_3)_2\cdot 6H_2O$；$M_r=290.7949$］于300mL烧杯中，溶于适量硝酸溶液（1+2000)，移入1000mL容量瓶中，用硝酸溶液（1+2000）稀释

到刻度，混匀。

［标定］ 吸取30.00mL上述硝酸镍溶液，置于250mL锥形瓶中，加40mL水、10mL氨-氯化铵缓冲溶液（pH10），0.2红紫酸铵混合指示剂，摇匀，用EDTA标准溶液［c(EDTA)=0.0500mol/L］滴定至溶液呈蓝紫色。硝酸镍标准溶液的浓度按下式计算：

$$c[Ni(NO_3)_2]=\frac{c_1V_1}{V}$$

式中 $c[Ni(NO_3)_2]$——硝酸镍标准溶液的浓度，mol/L；
V_1——EDTA标准溶液的体积，mL；
c_1——EDTA标准溶液的浓度，mol/L；
V——硝酸镍溶液的体积，mL。

硝酸铅标准溶液 ｛$c[Pb(NO_3)_2]$=0.05mol/L｝

［配制］ 称取16.560g硝酸铅（$Pb(NO_3)_2$；M_r=331.2）于300mL烧杯中，溶于适量硝酸溶液（1+2000），移入1000mL容量瓶中，用硝酸溶液（1+2000）稀释到刻度，混匀。

［标定］ 吸取30.00mL上述硝酸铅溶液，置于250mL锥形瓶中，加70mL水，加3mL冰醋酸及4g六次甲基四胺，盐酸羟胺溶液（100g/L），3滴二甲基酚橙指示液（2g/L），用EDTA标准溶液［c(EDTA)=0.0500mol/L］滴定至溶液呈亮黄色。硝酸铅标准溶液的浓度按下式计算：

$$c[Pb(NO_3)_2]=\frac{c_1V_1}{V}$$

式中 $c[Pb(NO_3)_2]$——硝酸铅标准溶液的浓度，mol/L；
V_1——EDTA标准溶液的体积，mL；
c_1——EDTA标准溶液的浓度，mol/L；
V——硝酸铅溶液的体积，mL。

硝酸锶标准溶液 ｛$c[Sr(NO_3)_2]$=0.05mol/L｝

［配制］ 称取10.5815g硝酸锶［$Sr(NO_3)_2$；M_r=211.63］，于200mL烧杯中，加硝酸溶液（1+2000）溶解，转移到1000mL容量瓶中，并用硝酸溶液（1+2000）稀释到刻度，混匀。

［标定］ 准确移取20.00mL上述硝酸锶溶液，置于300mL锥形瓶中，加50mL水，2mL乙二胺，约加10mg甲基百里香酚蓝指示剂，立即用EDTA标准溶液［c(EDTA)=0.0500mol/L］滴定至溶液由蓝色变为灰白色。硝酸锶标准溶液的浓度按下式计算：

$$c[Sr(NO_3)_2]=\frac{c_1V_1}{V}$$

式中 $c[Sr(NO_3)_2]$——硝酸锶标准溶液的浓度，mol/L；
V_1——EDTA标准溶液的体积，mL；
c_1——EDTA标准溶液的浓度，mol/L；
V——硝酸锶溶液的体积，mL。

硝酸铜标准溶液 ｛$c[Cu(NO_3)_2]$=0.05mol/L｝

［配制］ 称取12.08g硝酸铜［$Cu(NO_3)_2\cdot 2H_2O$;M_r=241.602］于300mL烧杯中，

溶于适量硝酸溶液（1＋2000），移入1000mL容量瓶中，用硝酸溶液（1＋2000）稀释到刻度，混匀。

［标定］ 吸取30.00mL上述硝酸铜溶液，置于250mL锥形瓶中，加20mL水，15mL氨-氯化铵缓冲溶液（pH10），加0.2红紫酸铵混合指示剂，摇匀，用EDTA标准溶液［$c(EDTA)=0.0500mol/L$］滴定至溶液呈紫蓝色。硝酸铜标准溶液浓度按下式计算：

$$c[Cu(NO_3)_2]=\frac{c_1V_1}{V}$$

式中 $c[Cu(NO_3)_2]$——硝酸铜标准溶液的浓度，mol/L；

V_1——乙二胺四乙酸二钠标准溶液的体积，mL；

c_1——乙二胺四乙酸二钠标准溶液的浓度，mol/L；

V——硝酸铜溶液的体积，mL。

硝酸钍标准溶液 ｛$c[Th(NO_3)_4]=0.01mol/L$｝

［配制］ 称取5.52g硝酸钍［$Th(NO_3)_4\cdot 4H_2O$；$M_r=552.1188$］于200mL烧杯中，溶于适量硝酸溶液（1＋2000），移入1000mL容量瓶中，用硝酸溶液（1＋2000）稀释到刻度，混匀。

［标定］ 移取5.00mL上述硝酸钍标准溶液于250mL锥形瓶中，加35mL水和一片刚果红试纸，滴加盐酸溶液（1＋3）至溶液为蓝紫色，加入10mL HCl-KCl缓冲溶液（称取3.7g KCl，1mL HCl溶于1000mL水中，调至pH2），2滴二甲酚橙指示液（5g/L），用EDTA标准溶液［$c(EDTA)=0.0100mol/L$］滴定至溶液呈亮黄色为终点。硝酸钍标准溶液浓度按下式计算：

$$c[Th(NO_3)_4]=\frac{c_1V_1}{V}$$

式中 $c[Th(NO_3)_4]$——硝酸钍标准溶液的浓度，mol/L；

c_1——EDTA标准溶液的浓度，mol/L；

V_1——EDTA标准溶液的体积，mL；

V——硝酸钍溶液的体积，mL。

乙酸铵标准溶液 ［$c(CH_3COONH_4)=0.1mol/L$］

［配制］ 准确称取经过纯度分析的7.708g乙酸铵（CH_3COONH_4；$M_r=77.0825$），溶于水，移入1000mL容量瓶中，稀释至刻度，混匀。

［乙酸铵纯度的测定］ 称取0.2g样品，准确至0.0001g，于250mL锥形瓶中，加20mL水溶解，40mL中性甲醛溶液摇匀，放置30min。用氢氧化钠标准溶液［$c(NaOH)=0.100mol/L$］滴定至溶液呈粉红色，并保持30s。乙酸铵的质量分数（w）按下式计算：

$$w=\frac{cV\times 0.07708}{m}\times 100\%$$

式中 w——乙酸铵的质量分数，%；

V——试样消耗氢氧化钠标准溶液的体积，mL；

c——氢氧化钠标准溶液的浓度，mol/L；

m——样品质量，g；

0.07708——与 1.00mL 氢氧化钠标准溶液 [c(NaOH)=1.000mol/L] 相当的，以 g 为单位的乙酸铵的质量。

乙酸钠标准溶液 [$c(CH_3COONa)$=10mg/mL]

[配制] 准确称取 13.6080g 经纯度测定的乙酸钠（$CH_3COONa \cdot 3H_2O$；M_r=136.0796)，溶于水，移入 1000mL 容量瓶中，用水稀释至刻度。

[乙酸钠纯度的测定]

方法 1 称取 0.4g 样品，准确至 0.0001g，于 250mL 锥形瓶中，溶于 25mL 水，注入到强酸性阳离子交换树脂中，以约 5mL/min 流量进行交换，交换液收集于锥形瓶中，用水分次洗涤树脂至滴下溶液呈中性。收集交换液和洗涤液，加 2 滴酚酞指示液（10g/L)，用氢氧化钠标准溶液 [c(NaOH)=0.100mol/L] 滴定至溶液呈粉红色，并保持 30s。同时做空白试验。乙酸钠的质量分数（w）按下式计算：

$$w=\frac{c(V_1-V_2)\times 0.1361}{m}\times 100\%$$

式中 V_1——氢氧化钠标准溶液的体积，mL；

V_2——空白试验氢氧化钠标准溶液的体积，mL；

c——氢氧化钠标准溶液的浓度，mol/L；

m——样品质量，g；

0.1361——与 1.00mL 氢氧化钠标准溶液 [c(NaOH)=1.0mol/L] 相当的，以 g 为单位的三水合乙酸钠（$CH_3COONa \cdot 3H_2O$）的质量。

方法 2 称取 1.5g 样品，准确至 0.0001g，置于黄金皿（或铂皿）中，缓缓加热炭化，灼烧至白，冷却，溶于 100mL 热水中，加 10 滴溴甲酚绿-甲基红指示液，用盐酸标准溶液 [c(HCl)=0.500mol/L] 滴定至溶液由绿色变为暗红色，煮沸 2min，冷却，继续滴定至溶液呈暗红色。乙酸钠的质量分数（w）按下式计算：

$$w=\frac{cV\times 0.1361}{m}\times 100\%$$

式中 V——试样消耗盐酸标准溶液的体积，mL；

c——盐酸标准溶液的浓度，mol/L；

m——样品质量，g；

0.1361——与 1.00mL 盐酸标准溶液 [c(HCl)=1.000mol/L] 相当的，以 g 为单位的乙酸钠（$CH_3COONa \cdot 3H_2O$）的质量。

乙酸铅标准溶液 {$c[Pb(CH_3COO)_2]$=0.05mol/L}

[配制] 称取 18.97g 乙酸铅 [$Pb(CH_3COO)_2 \cdot 3H_2O$；$M_r$=379.3]，于 300mL 烧杯中，溶于适量硝酸溶液（1+2000)，移入 1000mL 容量瓶中，用硝酸溶液（1+2000）稀释到刻度，混匀。

[标定] 吸取 30.00mL 上述乙酸铅溶液，置于 250mL 锥形瓶中，加 40mL 水，加 3mL 冰醋酸及 5g 六次甲基四胺，3 滴二甲酚橙指示液（1g/L)，用 EDTA 标准溶液 [c(EDTA)=0.0500mol/L] 滴定至溶液呈亮黄色。乙酸铅标准溶液的浓度按下式计算：

$$c[Pb(CH_3COO)_2]=\frac{V_1c_1}{V}$$

式中　$c[Pb(CH_3COO)_2]$——乙酸铅标准溶液的浓度，mol/L；

V_1——EDTA 标准溶液的体积，mL；

c_1——EDTA 标准溶液的浓度，mol/L；

V——乙酸铅溶液体积，mL。

III　非标准溶液

一、常用酸碱溶液

氨水溶液

（1）氨水溶液［$c(NH_4OH)$＝0.01mol/L］　量取0.67mL浓氨水于1000mL容量瓶中，用水稀释到刻度，混匀。

（2）氨水溶液［$c(NH_4OH)$＝0.5mol/L］　量取3.5mL浓氨水，用水稀释至100mL，混匀。

（3）氨水溶液［$c(NH_4OH)$＝1mol/L］　量取6.7mL浓氨水，用水稀释至100mL，混匀。

（4）氨水溶液［$c(NH_4OH)$＝6mol/L］　量取40mL浓氨水，用水稀释至100mL，混匀。

（5）氨水溶液（1＋4）　量取10mL浓氨水，于40mL水中，混匀。

（6）氨水溶液［1＋2；$c(NH_4OH)$＝4mol/L］　量取40mL浓氨水，于80mL水中，混匀。

（7）氨水溶液［1＋1；$c(NH_4OH)$＝7.5mol/L］　量取50mL氨水，于50mL水中，混匀。

（8）氨水溶液［25.5g/L；（1＋9）］　量取100mL氨水，用水稀释至1000mL，混匀。

（9）氨水溶液［100g/L；（4＋6）］　量取400mL氨水，用水稀释至1000mL，混匀。

氨水-乙醇溶液（10g/L）

取无水乙醇，加40mL浓氨水，继续用无水乙醇稀释至100mL，混匀，即得。本溶液应置聚乙烯瓶中保存。

饱和硫化氢水溶液

将硫化氢气体通入不含二氧化碳的水中，至饱和为止（此溶液临用前制备）。

草酸溶液

（1）草酸溶液（20g/L）　称取20g草酸（$H_2C_2O_4$）溶解于700mL水中，用水稀释至1000mL，混匀。储于聚乙烯瓶中。

（2）草酸溶液（50g/L）　称取5.0g草酸，溶于水，并稀释至100mL，混匀。储于聚乙烯瓶中。

（3）草酸溶液（200g/L）　称取20g草酸，溶于水，并稀释至100mL，混匀。储于聚乙烯瓶中。

草酸-磷酸混合溶液

称取15g草酸，加水溶解，加入34mL磷酸（85%），加水稀释至500mL，混匀。

草酸-硫酸溶液

称取5g无水草酸（$H_2C_2O_4$）或7g含2分子结晶水草酸（$H_2C_2O_4 \cdot 2H_2O$），溶于硫酸溶液（1+1）中，用水稀释至100mL，混匀。

高氯酸溶液

（1）高氯酸溶液［$c(HClO_4)$=0.1mol/L］ 吸取8.3mL浓高氯酸于适量水中，用水稀释到1000mL，混匀。

（2）高氯酸溶液［$c(HClO_4)$=0.5mol/L］ 吸取42.5mL浓高氯酸于适量水中，用水稀释到1000mL，混匀。

（3）高氯酸溶液［$c(HClO_4)$=1mol/L］ 吸取83.5mL浓高氯酸于适量水中，用水稀释到1000mL，混匀。

（4）高氯酸溶液［$c(HClO_4)$=4mol/L(1+2)］ 吸取167mL浓高氯酸于适量水中，用水稀释到500mL，混匀。

（5）高氯酸溶液［$c(HClO_4)$=6mol/L(1+1)］ 吸取250mL浓高氯酸于适量水中，用水稀释到500mL，混匀。

铬酸溶液（100g/L）

称取100.0g三氧化铬，溶于硫酸溶液（35%）中，用硫酸溶液（35%）稀释至1000mL，混匀。

硅钨酸溶液（100g/L）

称取10g硅钨酸，加100mL水溶解，混匀，即得。

磷酸溶液

（1）磷酸溶液［$c(H_3PO_4)$=0.5mol/L］ 将33.5mL磷酸（85%）于适量水中，用水稀释至1000mL，混匀。

（2）磷酸溶液［$c(H_3PO_4)$=1mol/L］ 将67mL磷酸（85%）于适量水中，用水稀释至1000mL，混匀。

（3）磷酸溶液［$c(H_3PO_4)$=3mol/L］ 吸取200mL磷酸于适量水中，用水稀释到1000mL，混匀。

（4）磷酸溶液［$c(H_3PO_4)$=4.5mol/L］ 吸取305mL磷酸于适量水中，用水稀释到1000mL，混匀。

（5）磷酸溶液［$c(H_3PO_4)$=5mol/L；1+2］ 吸取333mL磷酸于适量水中，用水稀释到1000mL，混匀。

（6）磷酸溶液［1+9；$c(H_3PO_4)$=1.5mol/L］ 吸取10mL磷酸于适量水中，用水稀释到100mL，混匀。

（7）磷酸溶液［1+4；［$c(H_3PO_4)$=3mol/L］ 吸取10mL磷酸溶于40mL水中，混匀。

（8）磷酸溶液［1+1；$c(H_3PO_4)$=7.5mol/L］ 吸取50mL磷酸溶于100mL水中，混匀。

硫酸溶液

（1）硫酸溶液［$c(H_2SO_4)$＝0.025mol/L］ 吸取 1.4mL 硫酸慢慢加入到适量水中，用水稀释到 1000mL，混匀。

（2）硫酸溶液［$c(H_2SO_4)$＝0.05mol/L］ 吸取 2.8mL 浓硫酸慢慢加入适量水中，用水稀释至 1000mL，混匀。

（3）硫酸溶液［$c(H_2SO_4)$＝0.1mol/L］ 吸取 5.6mL 浓硫酸慢慢加入适量水中，用水稀释至 1000mL，混匀。

（4）硫酸溶液［$c(H_2SO_4)$＝1mol/L］ 将 56mL 浓硫酸缓慢加入到 600mL 水中，边加边搅拌，冷却，用水稀释到 1000mL，混匀。

（5）硫酸溶液［$c(H_2SO_4)$＝5mol/L］ 将 28mL 浓硫酸缓慢加入到 60mL 水中，边加边搅拌，冷却，用水稀释到 100mL，混匀。

（6）硫酸溶液（1＋4） 将 20mL 浓硫酸缓慢加入到 80mL 水中，边加边搅拌，冷却。

（7）硫酸溶液（1＋2） 将 50mL 浓硫酸缓慢加入到 100mL 水中，边加边搅拌，冷却。

（8）硫酸溶液（1＋1） 将 50mL 浓硫酸缓慢加入到 50mL 水中，边加边搅拌，冷却。

（9）硫酸溶液［0.5%（体积分数）］ 量取 5mL 硫酸，缓缓加入到约 700mL 水中，冷却，用水稀释至 1000mL，混匀。

（10）硫酸溶液［5%（体积分数）］ 量取 50mL 硫酸，缓缓加入到约 700mL 水中，冷却，用水稀释至 1000mL，混匀。

（11）硫酸溶液［10%（体积分数）］ 量取 100mL 硫酸，缓缓加入到约 700mL 水中，冷却，用水稀释至 1000mL，混匀。

（12）硫酸溶液［20%（体积分数）］ 量取 200mL 硫酸，缓缓加入到约 700mL 水中，冷却，用水稀释至 1000mL，混匀。

（13）硫酸溶液［35%（体积分数）］ 量取 35mL 硫酸，缓缓加入到约 700mL 水中，冷却，用水稀释至 1000mL，混匀。

（14）硫酸溶液［40%（体积分数）］ 量取 400mL 硫酸，缓缓加入到约 700mL 水中，冷却，用水稀释至 1000mL，混匀。

无氯硫酸溶液

将硫酸加热至冒白烟赶走 Cl^- 后使用。

浓硫酸-过氧化氢-水混合溶液（2＋3＋1）

在 100mL 水中缓慢加入 200mL 浓硫酸，混匀，冷却后，再加入 300mL 过氧化氢（30%），混匀，备用。此液存放阴凉处，可保存一个月。

偏磷酸溶液（50g/L）

将 50g 偏磷酸溶解于 1000mL 水中，混匀，在 4℃下冷藏。

偏磷酸-乙酸溶液

称取 15g 偏磷酸，加入 40mL 冰醋酸及 250mL 水，加热，搅拌，使之逐渐溶解，冷却后加水至500mL，混匀。于4℃冰箱可保存（7～10)d。

偏磷酸-乙酸-硫酸溶液

称取15g偏磷酸，加入40mL冰醋酸，以硫酸溶液［$c(H_2SO_4)=0.15mol/L$］为稀释液，加热，搅拌，使之逐渐溶解，冷却后加水至500mL，混匀。于4℃冰箱可保存（7～10)d。

硼酸溶液（40g/L）

称取4g硼酸溶于蒸馏水中稀释至100mL，混匀。

硼酸-乙酸钠溶液

称取3g硼酸，溶于100mL乙酸钠溶液（500g/L）中，混匀。临用前配制。

氢氟酸溶液［$c(HF)=1mol/L$］

吸取35mL浓氢氟酸于盛有适量水塑料烧杯中，用水稀释到1000mL，混匀。用塑料瓶储存。

注：在配制过程中避免使用玻璃或石英器皿。

氢氧化钙溶液

(1) 氢氧化钙溶液（3g/L） 称取3g氢氧化钙，置于试剂瓶中，加1000mL水，混匀，盖上瓶塞，用力振摇后，放置1h。用时取上层清液。

(2) 氢氧化钙饱和溶液 称取20g氢氧化钙固体，加100mL水，振荡，使之溶解成饱和溶液，混匀，冷却后置于聚乙烯塑料瓶中，密塞，放置数日，澄清后备用。

氢氧化钾溶液

(1) 氢氧化钾溶液［$c(KOH)=0.1mol/L$］ 称取5.6g氢氧化钾，分几次加入适量水中，不断搅拌使其溶解，冷却至室温后，用水稀释至1000mL，混匀，保存在塑料容器中。

(2) 氢氧化钾溶液［$c(KOH)=0.5mol/L$］ 称取28g氢氧化钾，分几次加入适量水中，不断搅拌使其溶解，冷却至室温后，用水稀释至1000mL，混匀，保存在塑料容器中。

(3) 氢氧化钾溶液［$c(KOH)=1mol/L$］ 称取56g氢氧化钾，分几次加入适量水中，不断搅拌使其溶解，冷却至室温后，用水稀释至1000mL，混匀，保存在塑料容器中。

(4) 氢氧化钾溶液［$c(KOH)=5mol/L$］ 称取28g氢氧化钾，分几次加入适量水中，不断搅拌使其溶解，冷却至室温后，用水稀释至100mL，混匀，保存在塑料容器中。

(5) 氢氧化钾无菌溶液（400g/L） 称取40g氢氧化钾，溶于经121℃高压灭菌30min的5g/L氯化钠溶液中，配成400g/L氢氧化钾标准溶液，混匀，于4℃保存备用。

(6) 氢氧化钾溶液（500g/L） 称取50g氢氧化钾，用蒸馏水溶解，并稀释至100mL。

(7) 饱和氢氧化钾溶液 称取100g氢氧化钾于塑料烧杯中，加适量水振摇，使之溶解成饱和溶液，混匀，冷却后置于聚乙烯塑料瓶中，密塞，放置数日，澄清后备用。

氢氧化钾-甲醇溶液

(1) 氢氧化钾-甲醇溶液（14g/L） 溶解1.4g氢氧化钾于5mL水和95mL甲醇中，

混匀。

（2）氢氧化钾-甲醇溶液（76g/L） 取 15mL 氢氧化钾溶液（330g/L），用 50mL 无羰基的甲醇，混匀，使用期为 2 周。

氢氧化钾-乙醇溶液

（1）氢氧化钾-乙醇溶液（30g/L） 称取 30g 氢氧化钾，溶于 100mL 水中，用无醛的乙醇稀释至 1000mL，混匀。放置 24h，取清液使用。

（2）氢氧化钾-乙醇溶液（40g/L） 称取 4g 氢氧化钾，加 100mL 精制乙醇使其溶解，置冷暗处过夜，取上部澄清液使用。溶液变黄褐色则应重新配制。

氢氧化锂溶液

（1）氢氧化锂溶液 [c(LiOH)＝1mol/L] 称取 4.2g 一水氢氧化锂，于塑料或聚四氟乙烯烧杯中，溶于 100mL 水中，冷却后，转移到塑料瓶中，混匀，待用。

（2）氢氧化锂溶液（10g/L） 称取 1.75g 一水氢氧化锂，于塑料或聚四氟乙烯烧杯中，溶于 100mL 水中，冷却后，转移到塑料瓶中，混匀，待用。

氢氧化钠溶液

（1）氢氧化钠溶液 [c(NaOH)＝0.05mol/L] 称取 2.0g 优级纯氢氧化钠（NaOH）于塑料或聚四氟乙烯烧杯中，溶于适量水，加水稀释到 1000mL，混匀。冷却后，转移到塑料瓶中，混匀，待用。

（2）氢氧化钠溶液 [c(NaOH)＝0.1mol/L] 称取 1.0g 优级纯氢氧化钠（NaOH）于塑料或聚四氟乙烯烧杯中，用水溶解，并稀释到 250mL。

（3）氢氧化钠溶液 [c(NaOH)＝0.6mol/L] 称取 24g 优级纯氢氧化钠（NaOH）于塑料或聚四氟乙烯烧杯中，分多次加入 1000mL 水，溶解冷却后，转移到塑料瓶中，混匀，待用。

（4）氢氧化钠溶液 [c(NaOH)＝2mol/L] 称取 40.0g 优级纯氢氧化钠（NaOH）于塑料或聚四氟乙烯烧杯中，分多次加入 500mL 水，溶解冷却后，转移到塑料瓶中，混匀，待用。

（5）氢氧化钠溶液（50g/L） 称取 50g 优级纯氢氧化钠，于塑料或聚四氟乙烯烧杯中，溶于水，用水稀释至 1000mL，混匀。

（6）氢氧化钠溶液（150g/L） 称取 15g 氢氧化钠于塑料或聚四氟乙烯烧杯中，溶于水，用水稀释至 100mL，混匀。

（7）饱和氢氧化钠溶液 称取 110g 氢氧化钠于塑料烧杯中，加 100mL 水振摇，使之溶解成饱和溶液，混匀，冷却后置于聚乙烯塑料瓶中，密塞，放置数日，澄清后备用。

氢氧化钠-无水碳酸钠混合碱溶液

将氢氧化钠溶液（100g/L）与无水碳酸钠溶液（100g/L）按 2＋1 体积比混合。

氢氧化钠-乙醇溶液 [c(NaOH)＝1mol/L]

称取 10.0g 优级纯氢氧化钠（NaOH）于塑料或聚四氟乙烯烧杯中，分次加入 10％乙醇溶液，稀释到250mL。

氢溴酸溶液 [c(HBr)=1mol/L]

吸取110mL浓氢溴酸于适量水，用水稀释到1000mL，混匀。

王水

(1) 王水浓溶液 移取50mL浓硝酸与150mL盐酸混合，即得。

(2) 王水溶液 (1+1) 移取50mL浓硝酸、150mL盐酸于200mL水中，混匀，即得。

硝酸溶液

(1) 硝酸溶液 [$c(HNO_3)$=0.1mol/L] 量取6.4mL浓硝酸于适量水中，加水稀释至1000mL，混匀。

(2) 硝酸溶液 [$c(HNO_3)$=0.5mol/L] 量取32mL浓硝酸于适量水中，加水稀释至1000mL，混匀。

(3) 硝酸溶液 [$c(HNO_3)$=1mol/L] 量取64mL浓硝酸于适量水中，用水稀释到1000mL，混匀。用棕色玻璃瓶储存。

(4) 硝酸溶液 [$c(HNO_3)$=5mol/L] 量取62.5mL浓硝酸于适量水中，用水稀释到200mL，混匀。用棕色玻璃瓶储存。

(5) 硝酸溶液 [$c(HNO_3)$=6mol/L] 量取375mL浓硝酸于适量水中，用水稀释到1000mL，混匀。用棕色玻璃瓶储存。

(6) 硝酸溶液 [$c(HNO_3)$=8mol/L(1+1)] 量取100mL浓硝酸于适量水中，用水稀释到200mL，混匀。

(7) 硝酸溶液 [1+99；$c(HNO_3)$=0.16mol/L] 量取1mL浓硝酸于适量水中，用水稀释到100mL，混匀。

(8) 硝酸溶液 [1+4；$c(HNO_3)$=2.4mol/L] 量取50mL浓硝酸于200mL水中，混匀。

(9) 硝酸溶液 [1+2；$c(HNO_3)$=5.3mol/L] 吸取50mL浓硝酸于100mL水中，混匀。

(10) 硝酸溶液 [5%(体积分数)] 量取50mL浓硝酸于适量水中，加水稀释至1000mL，混匀。

(11) 硝酸溶液 [15%(体积分数)] 量取150mL浓硝酸于适量水中，加水稀释至1000mL，混匀。

(12) 硝酸溶液 [20%(体积分数)] 量取200mL硝酸于适量水中，加水稀释至1000mL，混匀。

(13) 硝酸溶液 [25%(体积分数)] 量取250mL硝酸于适量水中，加水稀释至1000mL，混匀。

亚砷酸溶液 (10g/L)

称取1g亚砷酸（三氧化二砷），加入30mL氢氧化钠溶液，加热溶解，冷却后，缓慢加入乙酸到100mL，混匀。

盐酸溶液

(1) 盐酸溶液 [c(HCl)=0.05mol/L] 吸取 4.2mL 浓盐酸于预先盛有适量水的 1000mL 容量瓶中，用水稀释到刻度，混匀。

(2) 盐酸溶液 [c(HCl)=0.1mol/L] 吸取 8.3mL 浓盐酸于预先盛有适量水的 1000mL 容量瓶中，用水稀释到刻度，混匀。

(3) 盐酸溶液 [c(HCl)=0.3mol/L] 吸取 25mL 浓盐酸于适量水中，用水稀释至 1000mL，混匀。

(4) 盐酸溶液 [c(HCl)=0.5mol/L] 吸取 42mL 浓盐酸于适量水中，用水稀释至 1000mL，混匀。

(5) 盐酸溶液 [c(HCl)=1mol/L] 吸取 83mL 浓盐酸于预先盛有适量水 1000mL 容量瓶中，混匀，用水稀释到刻度。

(6) 盐酸溶液 [c(HCl)=3mol/L(1+3)] 吸取 25mL 浓盐酸预先盛有适量水的 100mL 容量瓶中，用水稀释到刻度。混匀。常称为 1+3 盐酸溶液。

(7) 盐酸溶液 [c(HCl)=4mol/L(1+2)] 吸取 33.3mL 浓盐酸预先盛有适量水的 100mL 容量瓶中，用水稀释到刻度。混匀。常称为 1+2 盐酸溶液。

(8) 盐酸溶液 [c(HCl)=6mol/L(1+1)] 吸取 100mL 浓盐酸于适量水中，用水稀释到 200mL，混匀。常称为 1+1 盐酸溶液。

(9) 盐酸溶液 [1+99；c(HCl)=0.12mol/L] 吸取 1mL 浓盐酸于适量水中，用水稀释到 100mL，混匀。

(10) 盐酸溶液 [5%(体积分数)] 量取 50mL 浓盐酸于适量水中，用水稀释至 1000mL，混匀。

(11) 盐酸溶液 [10%(体积分数)] 量取 100mL 浓盐酸于适量水中，用水稀释至 1000mL，混匀。

(12) 盐酸溶液 [15%(体积分数)] 量取 150mL 浓盐酸于适量水中，用水稀释至 1000mL，混匀。

(13) 盐酸溶液 [20%(体积分数)] 量取 400mL 浓盐酸于适量水中，用水稀释至 1000mL，混匀。

乙酸溶液

(1) 乙酸溶液 [5%(体积分数)] 量取 50mL 冰醋酸，用水稀释至 1000mL，混匀。

(2) 乙酸溶液 [6%(体积分数)] 量取 60mL 冰醋酸，用水稀释至 1000mL，混匀。

(3) 乙酸溶液 [30%(体积分数)] 量取 300mL 冰醋酸，用水稀释至 1000mL，混匀。

二、常用盐溶液

氨合五氰基亚铁酸三钠 [$Fe(CN)_5NH_3 \cdot xH_2O$] 溶液 (1g/L)

称取 0.1g 氨合五氰基亚铁酸三钠，加水溶解并稀释至 100mL，混匀。转移至棕色瓶中，储于冰箱中。

氨磺酸钠溶液（3g/L）

称取0.3g氨磺酸钠，加入3.0mL氢氧化钠溶液［c(NaOH)=2mol/L］，用水稀释到100mL，混匀。

用途：用于盐酸副玫瑰苯胺比色法测定二氧化硫。

饱和二氧化硫溶液

将二氧化硫气体在常温下（15～25)℃下通入水中，至饱和为止。临用前制备。

饱和碘化钾溶液

称取10g碘化钾，加5mL水，混匀，储于棕色瓶中。

饱和硫化钠溶液

称取5g硫化钠，溶于10mL水和30mL丙三醇的混合溶液中，混匀。

饱和硼砂溶液

称取5.0g硼酸钠（$Na_2B_4O_7 \cdot 10H_2O$），溶于100mL热水中，混匀，冷却后备用。

饱和碳酸钾溶液

称取50g碳酸钾，加50mL水，微热助溶，使用上清液。

饱和亚硫酸钠溶液

称取28.5g无水亚硫酸钠，加约70mL水，微热溶解后，放冷，稀释至100mL，混匀。

饱和氧化钙溶液

称取3g氧化钙加入到1000mL水中，经剧烈搅拌或振摇后，放置澄清，取澄清液备用。

苯酚-亚硝基铁氰化钠溶液

称取5g苯酚，0.025g亚硝基铁氰化钠溶于水中，稀释到500mL，混匀。保存于阴凉暗处。可使用1个月。

草酸铵溶液

（1）草酸铵溶液（50g/L） 称取25g草酸铵，溶解于水，定容到500mL，混匀。

（2）草酸铵溶液｛$c[(NH_4)_2C_2O_4]$=1mol/L｝ 称取142.11g草酸铵［$(NH_4)_2C_2O_4 \cdot H_2O$］，溶于适量水中，稀释至1000mL，混匀。

（3）草酸铵溶液（35g/L） 称取3.5g草酸铵，加水溶解并稀释到100mL，混匀。

草酸钾-磷酸氢二钠溶液

称取3g草酸钾，7g磷酸氢二钠，溶解于100mL水中，混匀。

草酸钠溶液 [$c(Na_2C_2O_4)$=0.1mol/L]

称取1.34g $Na_2C_2O_4$，溶于适量水中，稀释至100mL，混匀。

重铬酸钾溶液

(1) 重铬酸钾溶液（6g/L） 称取0.6g重铬酸钾（$K_2Cr_2O_7$）溶于水中，稀释到100mL，混匀。

(2) 重铬酸钾溶液 [$c(K_2Cr_2O_7)$=0.1mol/L] 称取29.418g重铬酸钾（$K_2Cr_2O_7$）溶于适量水中，稀释至1000mL，混匀。

连二亚硫酸钠溶液（20g/L）

称取1.0g连二亚硫酸钠（$Na_2S_2O_4$）于烧杯中，加入25mL氢氧化钠溶液（43g/L），用水稀释至50mL，混匀。1h内使用。

次氯酸钠溶液

(1) 次氯酸钠溶液（25g/L） 取100g漂白粉，加入500mL水，搅拌均匀。另将80g碳酸钠（$Na_2CO_3 \cdot 10H_2O$）溶于500mL温水中，再将两溶液混合、搅拌，澄清后过滤。此滤液含次氯酸浓度约为25g/L。若用漂粉精制备，则碳酸钠的量可以加倍，所得溶液的浓度约为50g/L。

注：污染的玻璃仪器用10g/L次氯酸钠溶液浸泡半天或用50g/L次氯酸钠溶液浸泡片刻后，即可达到去毒效果。用于消毒。

(2) 次氯酸钠溶液（50g/L） 取适量分析纯次氯酸钠溶液（有效氯不低于10%），加蒸馏水，稀释到1000mL，配制成有效氯为50g/L的次氯酸钠溶液。为防止有效氯挥发，使用时现配。

$$V=\frac{1000\times 50}{\rho}$$

式中 V——所取次氯酸钠浓溶液体积，mL；

1000——配制的次氯酸钠溶液体积，mL；

50——配制的次氯酸钠溶液浓度，g/L；

ρ——浓次氯酸钠溶液浓度，g/L。

次溴酸钠溶液

称取20g氢氧化钠，加75mL水溶解后，加5mL溴，用水稀释到100mL，混匀。临用现配。

蛋白沉淀剂

溶液Ⅰ 称取106g铁氰化钾，用水溶解，定容到1000mL，混匀。

溶液Ⅱ 称取220g乙酸锌用水溶解，加入30mL冰醋酸，用水定容到1000mL，混匀。

淀粉-碘化锌溶液

溶液Ⅰ 称取2.0g可溶性淀粉与20mL水混合，注入200mL沸水中，加10.0g氯化锌，溶解。

溶液Ⅱ　称取0.50g金属锌粉和1.0g碘，加10mL水，搅拌至黄色消失，过滤。将滤液煮沸，冷却。

将溶液Ⅱ注入冷却后的溶液Ⅰ中，混匀，稀释至500mL。储存于棕色瓶中，使用期为一周。

按以上方法制备的淀粉-碘化锌溶液应符合下述要求：量取1mL淀粉-碘化锌溶液，加50mL水、3mL硫酸溶液（1+5），混匀，溶液不得呈现蓝色。溶液中加1滴碘酸钾溶液[$c(\frac{1}{6}KIO_3)$=0.01mol/L)]，混匀，应立即产生蓝色。

碘溶液[$c(\frac{1}{2}I_2)$=0.1mol/L]

称取6.4g升华碘和15g碘化钾，加水溶解，用水稀释到500mL，混匀。储于棕色瓶中。

碘铂酸钾溶液

称取20mg氯化铂，加2mL水溶解后，加25mL碘化钾溶液（40g/L），如发生沉淀，可振摇使其溶解。加水稀释到50mL，摇匀，即得。

碘-碘化钾溶液

（1）碘-碘化钾溶液　取0.1g碘和1.0g碘化钾，用水溶解后，再加水至250mL，混匀。

（2）碘-碘化钾溶液　取碘0.5g与碘化钾1.5g，加水25mL溶解，即得，混匀。

碘-碘化钾-氯化锌溶液

称取100g氯化锌于具玻璃塞的瓶中，加60mL水溶解，加入20g碘化钾和0.5g碘，瓶内要保留少量碘晶体以保证溶液饱和，使用前溶液需静置几小时。溶液可以保存数月。

碘化铋钾溶液

称取0.85g次硝酸铋，加10mL冰醋酸与40mL水溶解后，加20mL碘化钾溶液(250g/L)，摇匀，即得。

碘化镉溶液（50g/L）

称取5g碘化镉，加水溶解并稀释100mL，混匀，即得。

碘化汞钾溶液

称取1.36g二氯化汞，加水60mL溶解，另称取5g碘化钾，加10mL水溶解，将两种溶液混合，加水稀释至100mL，混匀，即得。

碘化钾溶液

（1）碘化钾溶液（50g/L）　称取25.0g碘化钾，用水溶解并稀释至500mL，混匀，储于棕色瓶中，用时新配。

（2）碘化钾溶液［c(KI)=1mol/L］　称取166.00g碘化钾溶于适量水中，用水稀释至

1000mL，混匀。于棕色瓶中保存。

碘化钾-硫脲还原溶液

称取 2.0g 碘化钾和 0.20g 硫脲于 50mL 烧杯中，加 10mL 水，微热，使之溶解，混匀，用时现配。

碘化物-草酸盐溶液

溶解 2.5g 碘化钾和 2.5g 草酸钾于适量水中，稀释至 100mL。可使用一周。

多硫化铵溶液

取多硫化铵溶液，加硫黄使饱和，混匀，即得。

EDTA 溶液（100g/L）

称取 10g EDTA 二钠盐，微热溶于 100mL 水中，混匀。

二氯化汞溶液（6.50g/L）

称取 6.5g 二氯化汞溶，于 100mL 水中，混匀。

二氯化汞-乙醇溶液（30g/L）

称取 3g 二氯化汞，溶于 100mL 95%乙醇中，混匀。

二氯亚硫酸汞钠溶液

称取 0.25g 亚硫酸钠，溶于 24mL 四氯汞钠溶液（0.05mol/L），混匀，试剂不稳定，需现用现配。

二水钼酸钠溶液（140g/L）

称取 35g 二水钼酸钠于聚乙烯烧杯中，加入 200mL 50℃水，使其溶解，冷却至室温后移入 250mL 容量瓶中，用水稀释到刻度，混匀，立即移入聚乙烯瓶中。可使用一周。

二乙基二硫代氨基甲酸钠溶液（1g/L）

称取 0.10g 二乙基二硫代氨基甲酸钠（铜试剂），溶于水，稀释至 100mL，混匀。使用期为一个月。

二乙基二硫代氨基甲酸银溶液［Ag(DDTC)］

(1) 二乙基二硫代氨基甲酸银［Ag(DDTC)］-吡啶溶液（5g/L） 称取 1g 二乙基二硫代氨基甲酸银溶解于吡啶中，用吡啶稀释至 200mL，混匀。储于深色玻璃瓶中，密封，避光保存。此溶液约稳定两周。

(2) 二乙基二硫代氨基甲酸银-三乙基胺三氯甲烷溶液（2.5g/L） 称取 0.25g 二乙基二硫代氨基甲酸银，用少量三氯甲烷溶解，加入 1.8mL 三乙基胺，用三氯甲烷稀至 100mL，混匀。静置过夜，过滤，储存于棕色瓶中。避光保存，一周内有效。

钒（Ⅳ）溶液（117g/L）

称取 11.7g 偏钒酸铵（NH_4VO_3）于 250mL 烧杯中，加入 100mL 硫酸溶液（1+9），溶解后加 5g 抗坏血酸，微热并搅拌至溶液成透明的深蓝色，储于滴瓶中，并稀释到 100mL，混匀。于冰箱内保存。

钒钼酸铵试剂

A 液：称取 25g 钼酸铵［$(NH_4)_6Mo_7O_{24}\cdot 4H_2O$］，溶于 400mL 水中，混匀。

B 液：称取 1.25g 偏钒酸铵（NH_4VO_3）溶于 300mL 沸水中，冷却后加 250mL 浓硝酸。然后将 A 液缓缓倾入 B 液中，不断搅匀，并用水稀释至 1000mL，混匀，储于棕色瓶中。

钒酸铵溶液

（1）钒酸铵溶液［$c(NH_4VO_3)=0.0030mol/L$］ 称取 0.2949g 钒酸铵于烧杯中，加入少量水，加入 250mL 硫酸（1+1），使其全部溶解，稀释至 1000mL，混匀。

（2）钒酸铵溶液（2.5g/L） 称取 0.25g 钒酸铵，加水溶解，并稀释到 100mL，混匀，即得。

费林试液

溶液 A：称取 34.7g 硫酸铜五水合物（$CuSO_4\cdot 5H_2O$）溶于水，移入 500mL 容量瓶中用水稀释至刻度，混匀。

溶液 B：称取 173.0g 酒石酸钠四水合物（$KNaC_4H_4O_6\cdot 4H_2O$）和 50.0g 氢氧化钠（NaOH），溶于水，移入 500mL 容量瓶中用水稀释至刻度，混匀。使用前，若有沉淀，滤出清液。

混合费林溶液：将溶液 A 和溶液 B 按同体积混合。此液仅在使用前配制。

氟化钠溶液［$c(NaF)=0.5mol/L$］

称取 2.1g 氟化钠，溶于适量水中，并稀释至 100mL，混匀。

氟化钠饱和溶液

称取 10g 氟化钠溶于 200mL 水中，混匀，搅拌至饱和，过滤备用。

福林溶液

称取 10g 钨酸钠与 2.5g 钼酸钠，加 70mL 水、5mL 磷酸（85%）与 10mL 盐酸，置 200mL 烧杯中，缓缓加热回流 10h，冷却，再加 15g 硫酸锂、5mL 水与 1 滴溴滴定液煮沸约 15min，至溴除尽，冷却至室温，加水稀释到 100mL。过滤，滤液作为储备液。置棕色瓶中，于冰箱中保存，临用前，移取 2.5mL 储备液，加水稀释至 10mL，摇匀，即得。

改良碘化铋钾溶液

A 液：称取 0.85g 次硝酸铋，加 10mL 冰醋酸与 40mL 水溶解，混匀。

B液：称取8.0g碘化钾，加20mL水溶解，混匀。

分别各取5.0mL A、B溶液，加60mL水，20mL冰醋酸摇匀，混合，即得。

高碘酸钾溶液（7.5g/L）

称取0.75g高碘酸钾于100mL氢氧化钠溶液［$c(NaOH)=0.2mol/L$］中，置于水浴上加热使其溶解，混匀。

高碘酸钠溶液（60g/L）

称取60g高碘酸钠（$NaIO_4$），置于烧杯中，溶于适量水中，溶解时不能加热，如溶液不澄清，用砂芯漏斗过滤（勿用滤纸过滤），将溶液转移到1000mL容量瓶中，用水稀释到刻度。将溶液装在带玻璃塞的避光容器中。

按以下方法检验溶液的适用性：吸移10mL上述溶液于250mL容量瓶中，用水稀释到刻度，混匀。将0.550g甘油溶解在50mL水中，用移液管加入50mL稀高碘酸溶液。另吸移50mL上述溶液到盛有50mL水的烧杯中，作为空白。静置30min，随之各加5mL盐酸和10mL碘酸钾溶液，转动使之混匀。静置5min后加100mL水，在不断搅动下用硫代硫酸钠［$c(Na_2S_2O_3)=0.1mol/L$］溶液滴定，接近终点时加淀粉溶液。用于甘油-高碘酸盐混合物与空白试验的硫代硫酸钠溶液的体积比应在0.750～0.765之间。

高氯酸镧溶液

称取0.04g氧化镧，加高氯酸0.25mL，温热溶解，用水稀释至50mL，混匀。

高氯酸铁溶液

（1）高氯酸铁溶液（60g/L）　称取6g高氯酸铁溶于100mL的高氯酸溶液［$c(HClO_4)=4mol/L$］中，混匀。

（2）高氯酸铁-乙醇溶液　量取10mL高氯酸（70%），缓缓分次加入0.8g铁粉，微热溶解，冷却，加无水乙醇稀释至100mL，即得。用时取20mL上述溶液，加6mL高氯酸（70%），用无水乙醇稀释至500mL，混匀。

高锰酸钾溶液

（1）高锰酸钾溶液（40g/L）　称取40g高锰酸钾（$KMnO_4$）溶于水中，稀释至1000mL，混匀。储于棕色瓶中，置于暗处。该溶液可保存一周。

（2）高锰酸钾溶液［$c(KMnO_4)=0.1mol/L$］　称取15.803g高锰酸钾（$KMnO_4$），溶于适量水中，稀释至1000mL，混匀。

高锰酸钾-磷酸溶液（30g/L）

称取3g高锰酸钾，加入15mL磷酸与70mL水的混合溶液中，溶解后加水至100mL。储于棕色瓶内。保存时间不宜过长。

铬酸钡悬浮液

方法1　称取1g精制后的铬酸钡，溶于100mL乙酸（1+35）和100mL盐酸（1+50）

混合液中，充分摇匀，放置过夜。

方法2 称取1.944g铬酸钾与2.444g氯化钡（$BaCl_2 \cdot 2H_2O$），分别溶于100mL水中，加热至沸腾。将两液共同倾入300mL烧杯中，生成黄色铬酸钡沉淀。待沉淀沉降后，倾出上层液体，然后每次用100mL水冲洗沉淀5次左右。最后加水至100mL成混悬液，每次使用前混匀。

注：铬酸钡的精制 称取6g铬酸钡，溶解于50mL盐酸（1+5）中，稀释至400mL，加热至（70～80)℃，静置，加数滴溴百里酚蓝指示液，然后加入氨水（1+7）使之重新沉淀，直至溴百里酚蓝变色。沉淀用500mL温水分数次洗涤，过滤，再以少量水洗涤数次。沉淀于（110±2)℃干燥1h，磨细，储存备用。

铬酸钾溶液

（1）铬酸钾溶液［$\rho(K_2CrO_4)=100g/L$］ 称取100g铬酸钾于烧杯中，加水溶解后，加热煮沸，冷却后用无二氧化碳水稀释至1000mL，混匀，用前过滤。

（2）铬酸钾溶液［$c(K_2CrO_4)=1mol/L$］ 称取194.19g铬酸钾（K_2CrO_4）溶于适量水中，并稀释至1000mL，混匀。

硅酸钠溶液（250g/L）

称取25g硅酸钠，溶于适量水中，用水稀释到100mL，混匀。

硅钨酸溶液（100g/L）

称取10g硅钨酸，加水溶解并稀释到100mL，混匀，即得。

过硫酸铵溶液｛$c[(NH_4)_2S_2O_8]=0.1mol/L$｝

称取2.2820g过硫酸铵$(NH_4)_2S_2O_8$溶于适量水中，稀释至100mL，混匀。用时新配。

过氧化氢溶液

（1）过氧化氢溶液（0.0021%） 在200mL水中加0.7mL 30%或7mL 3%过氧化氢溶液，置于500mL容量瓶中，用水稀释至刻度，混匀。

（2）过氧化氢溶液（3%） 移取3mL过氧化氢溶液（30%）加水稀释至30mL，混匀。

含碘酒石酸铜溶液

称取7.5g硫酸铜，25g酒石酸钾钠，25g无水碳酸钠，20g碳酸氢钠与5g碘化钾，依次溶于800mL水中；另取0.535g碘酸钾，加适量水溶解后，缓缓加入上述溶液中，再加水稀释到1000mL，混匀，即得。

环己二胺四乙酸二钠（CDTA-2Na）溶液［$c(CDTA\text{-}2Na)=0.05mol/L$］

称取18.2g CDTA-2Na，溶于65mL氢氧化钠溶液［$c(NaOH)=1.5mol/L$］中，用水稀释到1000mL，混匀。

甲基碘化镁溶液

将28g镁屑［金属镁屑：使用前于60℃～80℃干燥30min］置于干燥的锥形瓶中，加入用金属钠脱水过的无水石油醚至没过镁屑，加约800mL无水乙醚（用钠脱水）和142g碘甲烷（分析纯，使用前用蒸馏水洗涤三次，用无水硫酸钠脱水，重新蒸馏）混合液从分液漏斗中加入锥形瓶内。开始加入90mL混合液，然后用1h滴加完其余混合液，使反应保持在回流状态。加毕，再加热回流1.5h。将甲基碘化镁溶液转移到干燥的棕色试剂瓶中，干燥器内保存备用。

碱性碘化汞钾溶液

（1）碱性碘化汞钾溶液（135g/L）　称取10g碘化钾与13.5g碘化汞，加水溶解并稀释至100mL，临用前与等体积的氢氧化钠溶液（250g/L）混合。

（2）碱性碘化汞钾溶液　称取10g碘化钾，加10mL水溶解后，缓缓加入二氯化汞的饱和水溶液，随加随搅拌，至生成的红色沉淀不再溶解，加30g氢氧化钾，溶解后，再加1mL以二氯化汞饱和的水溶液，并用适量的水稀释成200mL，静置，使沉淀，即得。用时取上层的清液。

[检查]　取2mL本溶液，加入50mL含氮0.05mg的水中，应即时显黄棕色。

碱性枸橼酸铜溶液

（1）溶液1　称取17.3g结晶硫酸铜与115.0g枸橼酸，加温热的水溶解并稀释到200mL，混匀。

（2）溶液2　称取185.3g在180℃干燥2h的无水碳酸钠，加水溶解并稀释到500mL，混匀。

临用前取50mL溶液2，在不断振摇下，缓缓加入到20mL溶液1中，冷却后，加水稀释至100mL，混匀，即得。

碱性酒石酸铜溶液

（1）溶液1　称取34.639g硫酸铜（$CuSO_4 \cdot 5H_2O$），加适量水溶解，加0.5mL硫酸，再加水稀释至500mL，混匀。用精制石棉过滤。

（2）溶液2　称取173g酒石酸钾钠与50g氢氧化钠，加适量水溶解，并稀释至500mL，混匀，用精制石棉过滤，储存于橡胶塞玻璃瓶内。

用时将两溶液等体积混合，即得。

碱性连二亚硫酸钠溶液

称取50g连二亚硫酸钠，加250mL水溶解，加40mL含28.57g氢氧化钠的水溶液，混合，即得。临用新制。

碱性铁氰化钾溶液

将铁氰化钾溶液（10g/L）与氢氧化钠溶液（150g/L）按1＋14体积比配制。现用现配。

碱性铜试剂

（1）溶液1　称取25g硫酸铜（$CuSO_4 \cdot 5H_2O$）溶于100mL水中。

(2) 溶液 2　称取 144g 碳酸钠溶于 (300～400)mL 50℃的水中。

(3) 溶液 3　称取 50g 柠檬酸 ($C_6H_8O_7 \cdot H_2O$) 溶于 50mL 水中。

将溶液 3 缓慢加入溶液 2 中，边加边搅拌直到停止产生气泡。将溶液 1 加到此混合液中并连续搅拌，冷却至室温后，转移到 1000mL 容量瓶中，稀释到刻度，混匀。放置 24h 后使用，若出现沉淀，过滤后使用。

碱性溴化钠溶液 (8g/L)

称取 160g 氢氧化钠和 8g 溴化钠溶于 1000mL 水中，加热浓缩至 600mL，以除去试剂中所含的氨，冷却后加水稀释到 1000mL，混匀，储于塑料瓶中备用。

碱性亚硝基铁氰化钠溶液

分别称取 1g 亚硝基铁氰化钠与碳酸钠，加水溶解并稀释到 100mL，混匀，即得。

碱性乙酸铅溶液 (500g/L)

(1) 碱性乙酸铅溶液　称取 50g 碱性乙酸铅，加 100mL 水溶解，混匀，静置过夜。

(2) 碱式乙酸铅溶液　称取 14g 氧化铅，加 10mL 水，研磨成糊状，用 10mL 水洗入玻璃瓶中，加 70mL 含乙酸铅 22g 的水溶液，用力振摇 5min 后，时时振摇，放置 7 日，过滤，加新煮沸过的冷水稀释到 100mL，混匀，即得。

焦磷酸钠溶液 (5g/L)

称取 0.5g 焦磷酸钠，加水溶解，并稀释至 100mL，混匀，储存于试剂瓶中。

焦锑酸钾溶液

称取 2g 焦锑酸钾，准确至 0.01g，加 100mL 水，煮沸约 5min 后，迅速冷却，加 10mL 氢氧化钠溶液 (150g/L)，放置 24h 后，过滤。

焦亚硫酸钾-乙二胺四乙酸二氢钠溶液

将 0.87g 焦亚硫酸钾 ($K_2S_2O_5$) 和 0.20g 乙二胺四乙酸二氢钠 (Na_2H_2EDTA) 溶于水中，并移入 1000mL 容量瓶，加水至刻度，充分混合。

酒石酸钾钠溶液 (500g/L)

称取 50g 酒石酸钾钠 [$KNaC_4H_4O_6 \cdot 4H_2O$] 于烧杯中，加 100mL 水，加热煮沸，使约减少 20mL 或到不含氨为止。冷却后用水稀释到 100mL，混匀。

如酒石酸钾钠不纯，可按下述方法纯化后配制，纯化方法：称取 25g 酒石酸钾钠于烧杯中，加 80mL 水，加 5 滴百里酚蓝指示液，用浓氨水调至蓝色。移入分液漏斗中，每次用 5mL 双硫腙-三氯甲烷溶液 (0.001%) 萃取，至有机相仅呈双硫腙的绿色为止。弃去有机相，再每次用 10mL 三氯甲烷萃取除去残留的双硫腙，至三氯甲烷相为无色为止。弃去有机相，将水相用脱脂棉过滤后用水稀释到 100mL，混匀。

酒石酸氢钠溶液 (100g/L)

称取 1g 酒石酸氢钠，加 10mL 水溶解，混匀，即得。临用新制。

酒石酸锑钾溶液（3.0g/L）

称取1.5g酒石酸锑钾，溶于水，稀释至500mL，混匀。

酒石酸铁溶液（1g/L）

称取1.0g硫酸亚铁，5.0g酒石酸钾钠，加水溶解，并定容至1000mL，混匀，此液可稳定10d。

库仑原电池法测臭氧用电解液

称取178g溴化钾，16.6g碘化钾，12g磷酸氢二钠（$Na_2HPO_4 \cdot 12H_2O$），4.5g磷酸二氢钾溶于1000mL水中，混匀（pH6）。

雷氏盐（二氨基四硫代氰酸铬铵）**甲醇溶液** $\{\rho\{[NH_4Cr(NH_3)]_2(SCN)_4\}=40g/L\}$

称取4g雷氏盐溶于甲醇，加甲醇稀释至100mL，混匀，置冰箱内保存。

连二亚硫酸钠溶液（2g/L）

称取0.20g连二亚硫酸钠于烧杯中，溶解于少量氢氧化钠溶液［$c(NaOH)=0.3mol/L$］中，转移到100mL棕色容量瓶中，以氢氧化钠溶液［$c(NaOH)=0.3mol/L$］定容，混匀。此溶液必须在临使用前新配制，超过1.5h后不宜使用。

邻苯二甲酸氢钾溶液［$c(KHC_8H_4O_4)=0.1mol/L$］

取适量邻苯二甲酸氢钾115℃干燥至恒重，称取10g邻苯二甲酸氢钾溶于适量水中，移入500mL容量瓶，用水稀释至刻度，混匀。

邻二氮菲亚铁溶液

称取0.695g七水合硫酸亚铁（$FeSO_4 \cdot 7H_2O$），溶解于100mL水中，加1.485g一水合邻二氮菲并加热以助溶解。

磷钼酸溶液（50g/L）

称取5g磷钼酸，加无水乙醇溶解，稀释到100mL，混匀，即得。

磷试液

称取0.2g对甲氨基苯酚硫酸盐，加100mL水使溶解后，加20g焦亚硫酸钠，溶解，混匀，即得。本溶液应置棕色具塞玻璃瓶中保存，配制两周后即不适用。

磷酸二氢钾溶液［$c(KH_2PO_4)=1mol/L$］

称取136g磷酸二氢钾（优级纯），溶于蒸馏水，用水定容至1000mL，混匀。

磷酸二氢钠溶液

（1）磷酸二氢钠溶液［$c(NaH_2PO_4)=0.01mol/L$］ 称取1.56g磷酸二氢钠（$NaH_2PH_4 \cdot$

$2H_2O$)，准确到 0.01g 溶于蒸馏水中，定容到 100mL，混匀，经微孔滤膜（0.45μm）过滤，备用。

（2）磷酸二氢钠溶液（200g/L） 称取 20.0g 磷酸二氢钠（$NaH_2PO_4 \cdot 2H_2O$）溶于水，加 1mL 硫酸溶液（20%），稀释至 100mL，混匀。

磷酸钠溶液 [$c(Na_3PO_4)=0.1mol/L$]

称取 1.6394g 磷酸钠（Na_3PO_4），溶于适量水中，并稀释至 100mL，混匀。

磷酸氢二铵溶液

（1）磷酸氢二铵溶液（400g/L） 称取 40g 磷酸氢二铵 [$(NH_4)_2HPO_4$]，溶于水中，稀释到 100mL，混匀。

（2）磷酸氢二铵溶液 {$c[(NH_4)_2HPO_4]=1mol/L$} 称取 132.06g 磷酸氢二铵 [$(NH_4)_2HPO_4$]，溶于适量水中，并稀释至 1000mL，混匀。

磷酸氢二钠溶液 [$c(Na_2HPO_4)=0.1mol/L$]

称取 3.5814g 磷酸氢二钠 [$(Na_2HPO_4 \cdot 12H_2O)$]，溶于适量水中，并稀释至 100mL，混匀。

磷钨酸溶液（10g/L）

称取 1g 磷钨酸，加水溶解并稀释到 100mL，混匀，即得。

磷钨酸钼溶液

称取 10g 钨酸钠与 2.4g 磷钼酸，加 70mL 水与 5mL 磷酸，回流煮沸 2h，冷却，加水稀释至 100mL，混匀，即得。本溶液应置玻璃瓶中，在暗处保存。

硫代硫酸钠溶液 [$c(Na_2S_2O_3)=1mol/L$]

称取 24.818g 硫代硫酸钠（$Na_2S_2O_3 \cdot 5H_2O$），溶于适量水中，稀释至 100mL，混匀。

硫化铵溶液

（1）硫化铵饱和溶液 取 60mL 氨溶液（2+3），通硫化氢气体饱和后，再加 40mL 氨溶液，混匀。

（2）硫化铵溶液 移取 100mL 无二氧化碳的氨水，通入硫化氢气体至溶液变为黄色。

（3）硫化铵溶液 [$c(NH_4)_2S=6mol/L$] 通硫化氢气体于 200mL 浓氨水中直至饱和，然后加浓氨水 200mL，并用中水稀释至 1000mL，混匀。

硫化钠溶液

（1）硫化钠溶液 称取 5g 硫化钠，溶于 10mL 水和 30mL 甘油的混合液中，或将 30mL 水和 90mL 甘油混合后分成二等份，一份加 5g 氢氧化钠溶解后通入硫化氢气体（用硫化铁加稀盐酸产生）使溶液饱和后，将另一份水和甘油混合液倒入，混合均匀后装入瓶中，置于棕色瓶中。3 个月内有效。

(2) 硫化钠溶液 [$c(Na_2S)$=1mol/L] 称取240.18g硫化钠($Na_2S\cdot 9H_2O$),40g氢氧化钠,溶于适量水中,稀释至1000mL,混匀。

硫化氢饱和水溶液

将硫化氢气体通入无二氧化碳的水中,到饱和为止。

本溶液应置棕色瓶内,在暗处保存。本溶液如无明显的硫化氢臭,或与等体积的三氯化铁溶液混合时不能生成大量的硫沉淀,即不适用。

硫氰酸铵溶液 [$c(NH_4SCN)$=1mol/L]

称取7.612g硫氰酸铵(NH_4SCN),溶于适量水中,并稀释至100mL,混匀。

硫氰酸铬铵溶液 (25g/L)

称取0.5g硫氰酸铬铵,加20mL水,振摇1h后,过滤,即得。临用新制。配成后48h即不适用。

硫氰酸汞-乙醇溶液 (4g/L)

称取0.4g硫氰酸汞用无水乙醇溶解,用无水乙醇稀释到100mL,混匀。

硫氰酸钾溶液 [$c(KSCN)$=1mol/L]

称取9.718g硫氰酸钾(KSCN),溶于适量水中,并稀释至100mL,混匀。

硫酸铵溶液 (300g/L)

称取30g硫酸铵[$(NH_4)_2SO_4$],用水溶解并加水至100mL,混匀。

硫酸铬溶液 {$c[Cr_2(SO_4)_3]$=0.1mol/L}

称取7.164g硫酸铬[$Cr_2(SO_4)_3\cdot 18H_2O$]溶于适量水中,并稀释至100mL,混匀。

硫酸镉溶液 [$c(CdSO_4)$=0.14mol/L]

称取37g硫酸镉($CdSO_4\cdot 8H_2O$),用水溶解,定容至1000mL,混匀。

硫酸汞溶液 [$c(HgSO_4)$=0.23mol/L]

称取5g黄氧化汞,加40mL水后,缓缓加入20mL硫酸,随加随搅拌,再加40mL水,搅拌,使其溶解,混匀,即得。

硫酸钴溶液

(1) 硫酸钴溶液 [$c(CoSO_4)$=0.003mol/L] 称取0.0843g分析纯硫酸钴($CoSO_4\cdot 7H_2O$),加蒸馏水溶解,并定容至100mL,混匀。

(2) 硫酸钴溶液 [$c(CoSO_4)$=1mol/L] 称取281.10g硫酸钴($CoSO_4\cdot 7H_2O$)溶于适量水中,并稀释至1000mL,混匀。

硫酸钾溶液 [$c(K_2SO_4)$=0.1mol/L]

称取1.7425g硫酸钾（K_2SO_4），溶于适量水中，并稀释至100mL，混匀。

硫酸钾乙醇溶液（0.2g/L）

称取0.20g硫酸钾，溶于700mL水中，用乙醇（95%）稀释至1000mL，混匀。

硫酸铝溶液 {$c[Al_2(SO_4)_3]$=1mol/L}

称取66.641g硫酸铝［$Al_2(SO_4)_3 \cdot 18H_2O$］溶于适量水中，稀释至100mL，混匀。

硫酸镁溶液 [$c(MgSO_4)$=1mol/L]

称取24.647g硫酸镁（$MgSO_4 \cdot 7H_2O$），溶于适量水中，稀释至100mL，混匀。

硫酸锰溶液 [$c(MnSO_4)$=1mol/L]

称取223.06g硫酸锰（$MnSO_4 \cdot 4H_2O$），溶于适量水中，稀释至1000mL，混匀。

硫酸锰-磷酸-硫酸溶液

称取67.0g硫酸锰（$MnSO_4 \cdot H_2O$），溶于500mL水中，加138mL磷酸及130mL硫酸，稀释至1000mL，混匀。

硫酸钠溶液

（1）硫酸钠溶液（20g/L） 取适量无水硫酸钠于600℃灼烧4h后，保存于干燥器中备用。称取2g无水硫酸钠溶于100mL蒸馏水中，混匀。

（2）硫酸钠溶液［$c(Na_2SO_4)$=1mol/L］ 称取322.17g硫酸钠$Na_2SO_4 \cdot 10H_2O$，溶于适量水中，稀释至1000mL，混匀。

硫酸镍溶液 [$c(NiSO_4)$=1mol/L]

称取28.086g硫酸镍（$NiSO_4 \cdot 7H_2O$），溶于适量水中，并稀释至100mL，混匀。

硫酸钛溶液（1g/L）

称取0.1g硫酸钛，加100mL硫酸，加热溶解，冷却，混匀，即得。

硫酸铁溶液（50g/L）

称取50g硫酸铁，加200mL水溶解后，慢慢加入100mL硫酸，冷却后加水至1000mL，混匀。

硫酸铁铵溶液

（1）硫酸铁铵溶液（1g/L） 称取0.1g硫酸铁铵，加2mL稀硫酸（10%），加水稀释到100mL，混匀。

（2）硫酸铁铵溶液（10g/L） 称取1g硫酸铁铵［优级纯，$NH_4Fe(SO_4)_2 \cdot 12H_2O$］溶

于盐酸溶液 [$c(HCl)=0.1mol/L$] 中，并稀释到100mL，混匀。

(3) 饱和硫酸铁铵溶液　称取50g硫酸铁铵溶于100mL水中，混匀，如有沉淀需过滤。

硫酸铜溶液

(1) 硫酸铜溶液 (100g/L)　称取10g硫酸铜 ($CuSO_4 \cdot 5H_2O$) 溶于水，稀释到100mL，混匀。

(2) 硫酸铜溶液 [$c(CuSO_4)=0.25mol/L$]　称取62.42g硫酸铜 ($CuSO_4 \cdot 5H_2O$) 溶于水，稀释到1000mL，混匀。

(3) 硫酸铜溶液 (20g/L)　称取2g硫酸铜 ($CuSO_4 \cdot 5H_2O$)，溶于水，加两滴硫酸，稀释至100mL，混匀。

(4) 硫酸铜溶液 [$c(CuSO_4)=1mol/L$]　称取249.68g硫酸铜 ($CuSO_4 \cdot 5H_2O$) 溶于适量水中，并稀释至1000mL，混匀。

硫酸铜铵溶液

取硫酸铜溶液适量，缓缓滴加氨溶液，至初生的沉淀将近完全溶解，静置，倾取上层的清液，混匀，即得。临用新制。

硫酸锌溶液

(1) 硫酸锌溶液　将53.5g的七水硫酸锌 ($ZnSO_4 \cdot 7H_2O$) 溶于水中，并稀释至100mL，混匀。

(2) 硫酸锌溶液 [$c(ZnSO_4)=1mol/L$]　称取287.55g硫酸锌 ($ZnSO_4 \cdot 7H_2O$)，溶于适量水中，并稀释至1000mL，混匀。

硫酸亚铁溶液

(1) 硫酸亚铁溶液 (40g/L)　称取4.0g硫酸亚铁 ($FeSO_4 \cdot 7H_2O$)，溶于100mL硫酸溶液 (1+20)，摇匀，过滤。

(2) 硫酸亚铁溶液 (50g/L)　称取5.0g硫酸亚铁 ($FeSO_4 \cdot 7H_2O$)，溶于适量水中，加10mL硫酸，稀释至100mL，混匀。

硫酸亚铁铵溶液 [$(NH_4)_2Fe(SO_4)_2 \cdot 6H_2O$]

(1) 硫酸亚铁溶液 (170g/L)　称取170.2g六水合硫酸亚铁铵溶于水，加入20mL硫酸溶液 (50%) 溶解，用水定容至1000mL。加入2片铝片稳定。

(2) 硫酸亚铁铵溶液 (100g/L)　称取10.0g硫酸亚铁铵 [$(NH_4)_2Fe(SO_4)_2 \cdot 6H_2O$]，溶于适量水中，加10mL硫酸，稀释至100mL，混匀。

(3) 硫酸亚铁铵溶液 {$c[(NH_4)_2Fe(SO_4)_2]=0.1mol/L$}　称取39.213g硫酸亚铁铵 [$(NH_4)_2Fe(SO_4)_2 \cdot 6H_2O$]，溶于适量水中，加10mL浓硫酸，再用水稀释至1000mL，混匀。用时新配。

硫酸银溶液 (10g/L)

称取1.0g硫酸银，溶于50mL硫酸溶液 (40%) 中，稀释至100mL，混匀。

氯饱和溶液

将氯气通入水中，直到饱和，制成氯的饱和水溶液，混匀。临用新制。

氯化铵溶液

(1) 氯化铵溶液 [$c(NH_4Cl)=1mol/L$] 称取 5.349g 氯化铵 (NH_4Cl)，溶于适量水中，稀释至 100mL，混匀。

(2) 氯化铵溶液 (105g/L) 称取 10.5g 氯化铵，加水溶解并稀释到 100mL，混匀，即得。

(3) 氯化铵溶液 (200g/L) 称取 20g 氯化铵溶于水中，并稀释到 100mL，混匀。

(4) 饱和氯化铵溶液 溶解 370g 氯化铵于 1000mL 水中，搅拌溶解，过滤备用。

氯化铵-氨饱和溶液

取浓氨水，加等量的水稀释后，加氯化铵使其饱和，混匀，即得。

氯化铵镁溶液

称取 5.5g 氯化镁与 7g 氯化铵，加 65mL 水溶解后，加 35mL 氨溶液，置玻璃瓶内，放置数日后，混匀，过滤，即得。本溶液如显浑浊，应过滤后使用。

氯化钯溶液

称取 1.00g 氯化钯 ($PdCl_2$) 于 100mL 烧杯中，加入 20mL 硝酸，5mL 盐酸，加热溶解后加入 45mL 硝酸，冷却后，加水至 600mL，混匀。

氯化钡溶液

(1) 氯化钡溶液 (100g/L) 称取 100g 氯化钡 ($BaCl_2 \cdot 2H_2O$)，溶于水中，并稀释到 1000mL，混匀。

(2) 氯化钡溶液 [$c(BaCl_2)=0.02mol/L$] 称取 2.40g 氯化钡，溶于 500mL 水中，混匀，室温放置 24h，使用前过滤。

氯化铋溶液 [$c(BiCl_3)=1mol/L$]

称取 31.534g 氯化铋 ($BiCl_3$) 溶于适量盐酸溶液 (1+5) 中，并稀释至 100mL，混匀。

氯化铂溶液 (130g/L)

称取 2.6g 氯化铂，加 20mL 水溶解，混匀，即得。

氯化碘-冰醋酸溶液 (韦氏溶液) (16.2g/L)

称取 16.2g 氯化碘于烧杯中，用 1000mL 冰醋酸溶解。或称取 13g 碘用 1000mL 冰醋酸溶解，通入干燥氯气至溶液由棕色变为橘红色为止，混匀。

氯化钙溶液

(1) 氯化钙溶液 [$c(CaCl_2)=1mol/L$] 称取 21.98g 氯化钙 ($CaCl_2 \cdot 6H_2O$) 溶于适

量水中，并稀释至100mL，混匀。

（2）氯化钙溶液（400g/L） 称取40g无水氯化钙，溶于100mL水中，加3滴酚酞指示液，用盐酸溶液[c(HCl)=0.1mol/L]中和后过滤备用。

氯化钙-氨溶液

称取1.1g氯化钙，用少量盐酸溶液[c(HCl)=1mol/L]溶解，加氢氧化铵溶液[c(NH_4OH)=6.0mol/L]至400mL，混匀。

氯化铬溶液[c($CrCl_3$)=0.1mol/L]

称取2.6645g氯化铬（$CrCl_3 \cdot 6H_2O$）溶于适量水中，并稀释至100mL，混匀。

氯化镉溶液[c($CdCl_2$)=0.1mol/L]

称取1.8321g氯化镉（$CdCl_2 \cdot 2.5H_2O$）溶于适量水中，并稀释至100mL，混匀。

氯化汞溶液[c($HgCl_2$)=0.1mol/L]

称取2.7150g氯化汞（$HgCl_2$）溶于适量水中，并稀释至100mL，混匀。毒性极强，使用中要注意。

氯化钴（$CoCl_2 \cdot 6H_2O$）**溶液**

（1）氯化钴（$CoCl_2 \cdot 6H_2O$）溶液（59.5g/L） 称取5.95g氯化钴，用1份盐酸溶液（32%）及39份水混合溶解，稀释至100mL，混匀。

（2）氯化钴溶液[c($CoCl_2$)=1mol/L] 称取237.93g氯化钴[$CoCl_2 \cdot 6H_2O$]溶于适量水中，并稀释至1000mL，混匀。

氯化钾溶液

（1）氯化钾溶液（3.24g/L） 称取3.24g氯化钾，溶于水中，用水稀释到1000mL，混匀。

（2）氯化钾溶液（250g/L） 称取250g氯化钾溶于水中，用水稀释至1000mL，混匀。

（3）酸性氯化钾溶液 加8.5mL浓盐酸，用250g/L氯化钾溶液稀释至1000mL，混匀。

（4）氯化钾溶液[c(KCl)=1mol/L] 称取74.55g氯化钾溶于适量水中，并稀释至1000mL，混匀。

氯化金溶液（28g/L）

称取1g氯化金，加35mL水溶解，混匀，即得。储存在玻璃瓶中。

氯化镧溶液[c($LaCl_3$)=0.03mol/L]

称取5g氧化镧（La_2O_3），用水润湿，缓慢加50mL盐酸溶液[c(HCl)=6mol/L]溶解，并用水稀释成100mL，混匀，静置过夜，即得。

氯化铝溶液 [$c(AlCl_3)$=1mol/L]

称取13.334g氯化铝（$AlCl_3$）溶于适量水中，稀释至100mL，混匀。

氯化铝乙醇溶液（200g/L）

称取20g氯化铝（$AlCl_3\cdot6H_2O$）溶于100mL乙醇中，混匀，过滤，室温保存。

氯化镁溶液 [$c(MgCl_2)$=1mol/L]

称取20.330g氯化镁（$MgCl_2\cdot6H_2O$），溶于适量水中，稀释至100mL，混匀。

氯化锰溶液 [$c(MnCl_2)$=1mol/L]

称取19.791g氯化锰（$MnCl_2\cdot4H_2O$），溶于适量水中，稀释至100mL，混匀。

氯化钠溶液

（1）无菌氯化钠溶液（9.0g/L） 称取9.0g氯化钠加水溶解，稀释至1000mL，混匀，121℃灭菌20min。

（2）氯化钠溶液 [$c(NaCl)$=1mol/L] 称取5.844g氯化钠（NaCl），溶于适量水中，稀释至100mL，混匀。

（3）氯化钠溶液（40g/L） 称40.0g氯化钠溶于1000mL水中，混匀。

（4）氯化钠溶液（200g/L） 称取20.0g氯化钠，溶于水中，加2滴酚红指示液，加氨水溶液（1+1），调pH=8.5～9.0，用双硫腙-四氯化碳溶液（0.1g/L）萃取数次，每次10mL，至四氯化碳层绿色不变，弃去四氯化碳层，再用四氯化碳洗（2～3)次，每次5mL，过滤，加5mL浓硝酸，稀释至100mL，混匀（用于分光光度法测定铅）。

（5）饱和氯化钠溶液 溶解360g氯化钠于1000mL水中，搅拌溶解，澄清备用。

氯化钠饱和的碳酸钠溶液（50g/L）

用近1000mL水溶解50g碳酸钠，加氯化钠至饱和，定容至1000mL，混匀。

氯化钠明胶溶液

称取1g白明胶与10g氯化钠，加100mL水，置不超过60℃的水浴上微热使溶解，混匀。本液应临用现配。

氯化镍溶液 [$c(NiCl_2)$=1mol/L]

称取23.770g氯化镍（$NiCl_2\cdot6H_2O$），溶于适量水中，并用水稀释至100mL，混匀。

氯化锶溶液（45g/L）

称取76.1g氯化锶（$SrCl_2\cdot6H_2O$），溶于水中，稀释到1000mL，混匀，即得。

氯化铁溶液（100g/L）

称取10.0g三氯化铁（$FeCl_3\cdot6H_2O$），溶于盐酸溶液（1+9）中，用盐酸溶液（1+9）

稀释至 100mL，混匀。

氯化铜溶液 [$c(CuCl_2)$=1mol/L]

称取 17.048g 氯化铜（$CuCl_2 \cdot 2H_2O$），溶于适量水中，缓缓加入 5mL 浓硫酸，用水稀释至 100mL，混匀。

氯化铜-氨溶液（75g/L）

称取 22.5g 氯化铜，加 200mL 水溶解后，加 100mL 浓氨水，摇匀，即得。

氯化锌碘溶液

称取 20g 氯化锌，加 10mL 水溶解，加 2g 碘化钾溶解后，再加碘使其饱和，即得。置棕色玻璃瓶内保存。

氯化亚锡溶液

（1）氯化亚锡盐酸溶液（4g/L） 称取 0.4g 氯化亚锡（$SnCl_2 \cdot 2H_2O$），置于干燥的烧杯中，溶于 50mL 盐酸，用稀盐酸溶液 [$c(HCl)$=3mol/L] 稀释至 100mL，混匀。

（2）氯化亚锡溶液（5g/L） 称取 0.50g 氯化亚锡（$SnCl_2 \cdot 2H_2O$），置于干燥的烧杯中，溶于 1mL 盐酸（必要时加热），用水稀释至 100mL，混匀。

（3）氯化亚锡-抗坏血酸溶液 称取 0.50g 氯化亚锡（$SnCl_2 \cdot 2H_2O$），置于干燥的烧杯中，溶于 8mL 盐酸，稀释至 50mL，加 0.7g 抗坏血酸，摇匀。此溶液应当天配制。

（4）氯化亚锡溶液（15g/L） 称取 15g 氯化亚锡（$SnCl_2 \cdot 2H_2O$）溶于 333mL 浓盐酸中，用水稀释至 1000mL，混匀。

（5）氯化亚锡溶液（20g/L） 称取 2.0g 氯化亚锡（$SnCl_2 \cdot 2H_2O$），置于干燥的烧杯中，用少量盐酸溶解（必要时加热），用稀盐酸溶液 [$c(HCl)$=3mol/L] 稀释至 100mL，混匀。

（6）氯化亚锡溶液（200g/L） 称取 10g 氯化亚锡（$SnCl_2 \cdot 2H_2O$）置于烧杯中，加入 10mL 盐酸溶液，加热至完全溶解，冷却后，加几粒金属锡，用水稀释至 50mL，混匀。

（7）氯化亚锡溶液（300g/L） 称取 30g 氯化亚锡（$SnCl_2 \cdot 2H_2O$）溶于 25mL 盐酸中（若氯化亚锡在盐酸中难溶时，可加入少量锡粒助溶），加水稀释到 100mL，混匀，保存在玻璃瓶内。

（8）氯化亚锡溶液（400g/L） 称取 40.0g 氯化亚锡（$SnCl_2 \cdot 2H_2O$），置于干燥的烧杯中，溶于 40mL 盐酸，用水稀释至 100mL，混匀。

（9）氯化亚锡溶液 [$c(SnCl_2)$=1mol/L] 称取 225.63g 氯化亚锡（$SnCl_2 \cdot 2H_2O$），溶于 170mL 浓盐酸中，用水稀释至 1000mL，加入纯锡数粒，以防氧化，用前新配。

氯化亚锡丙三醇溶液（25g/L）

称取 2.5g 氯化亚锡（$SnCl_2 \cdot 2H_2O$）于 100mL 丙三醇（甘油）中，在水浴中加热，搅拌溶解。混匀，储于玻璃瓶中，可长期使用。

氯化亚锡-硫酸肼溶液

称取 0.1g 氯化亚锡（$SnCl_2 \cdot 2H_2O$），0.2g 硫酸肼（$NH_2NH_2 \cdot H_2SO_4$），加硫酸溶液

（3%）溶解，并用硫酸溶液（3%）稀释至100mL。此溶液置棕色瓶中，储于冰箱至少可保存一个月。

氯酸钾溶液 [$c(KClO_3)=0.1mol/L$]

称取1.2255g氯酸钾（$KClO_3$），溶于适量水中，用水稀释至100mL，混匀。

酶联免疫吸附测定T-2毒素用洗脱液 [含0.05%吐温-20的pH7.4磷酸盐缓冲溶液（简称为PBS-T）]

称取0.2g磷酸二氢钾（KH_2PO_4），2.9g磷酸氢二钠（$Na_2HPO_4 \cdot 12H_2O$），8.0g氯化钠（NaCl），0.2g氯化钾（KCl），0.5mL吐温-20，加水至1000mL，混匀。

对甲氨基酚硫酸盐(米吐尔)-亚硫酸钠溶液

（1）对甲氨基酚硫酸盐（米吐尔）-亚硫酸钠溶液（还原剂）（20g/L） 称取5.0g分析纯米吐尔溶于240mL水中，加入3.0g分析纯无水亚硫酸钠溶解后，稀释至250mL，混匀。过滤，滤液储存于棕色试剂瓶中。

（2）对甲氨基酚硫酸盐（米吐尔）溶液（2g/L） 称取0.20g对甲氨基酚硫酸盐，溶于水，加20.0g焦亚硫酸钠。溶解并稀释至100mL，摇匀。储于聚乙烯瓶中。避光保存，有效期两周。

钼酸铵溶液

（1）钼酸铵硫酸溶液（10g/L） 称取0.1g钼酸铵，加10mL硫酸溶解，混匀，即得。

（2）钼酸铵溶液（10g/L） 在一个1000mL烧瓶中，将10g钼酸铵四水化合物[$(NH_4)_6 \cdot Mo_7O_4 \cdot 4H_2O$]溶于500mL水中，再加入500mL的硫酸溶液[$c(H_2SO_4)=10mol/L$]使之混合并冷却至室温，混匀。

（3）钼酸铵溶液（20g/L） 称取1g钼酸铵，溶于10mL水中，再加40mL硫酸溶液（1+4）中，混匀。

（4）钼酸铵溶液（25g/L） 称取2.5g钼酸铵，加15mL硫酸，加水溶解并稀释到100mL，混匀，即得。本溶液配制后两周即不适用。

（5）钼酸铵溶液（30.0g/L） 在一个1000mL烧瓶中，将15g钼酸铵溶于500mL水中，混匀。

（6）钼酸铵溶液（50.0g/L） 称取5.0g钼酸铵[$(NH_4)_6Mo_7O_{24} \cdot 4H_2O$]，加水溶解，加入20.0mL硫酸溶液（20%），稀释至100mL，摇匀，储于聚乙烯瓶中。发现有沉淀时应弃去。

（7）钼酸铵溶液（100g/L） 称取10g钼酸铵，溶于100mL水中，混匀。

钼酸钠溶液（25g/L）

量取140mL硫酸注入300mL水中，摇匀，冷却至室温，加入12.5g钼酸钠，溶解后加水至500mL，摇匀，静置24h备用。

纳氏试剂

方法1 称取17g二氯化汞（$HgCl_2$）溶于300mL水中，另称取35g碘化钾溶解于

100mL 水，然后将二氯化汞溶液缓慢加入到碘化钾溶液中，直到形成红色沉淀不溶为止。再加入 600mL 氢氧化钠溶液（200g/L）及剩余的二氯化汞溶液。将此溶液静置（1～2)d，使红色混浊物下沉，将上层清液移到棕色瓶中（或以 5 号玻璃砂芯漏斗过滤），用橡皮塞塞紧保存备用，此溶液几乎无色。

按上述方法制备的纳氏试剂，应符合以下要求：取含 0.005mg 氮的标准溶液，稀释至 100mL，加 2mL 纳氏试剂，所呈黄色应深于空白。

方法 2　称取 5.0g 氯化汞（$HgCl_2$）溶于 20mL 热水中，搅拌使氯化汞溶解（必要时微热）。另称取 10.0g 碘化钾（KI）溶于 10mL 水中，将氯化汞溶液分次缓慢加入到碘化钾溶液中，不断搅拌，至有朱红色沉淀出现为止。待冷却后，加入氢氧化钾溶液（将 30g 氢氧化钾溶解于 60mL 水中），充分冷却后，用水稀释至 200mL。再加入 0.5mL 氯化汞溶液，此溶液放置 24h 后，储于棕色瓶中备用。

萘醌-4-磺酸钠溶液（3g/L）

称取 0.3g 萘醌-4-磺酸钠（$C_{10}H_5NaO_5S$）于烧杯中，加入适量水溶解，用水稀释至 100mL，混匀。

柠檬酸铵溶液（200g/L）

称取 50.0g 柠檬酸铵，溶于 100mL 水中，加 2 滴酚红指示液，加氨水溶液（1+1），调 pH=8.5～9.0，用双硫腙-四氯化碳溶液（0.1g/L）萃取数次，每次 10mL，至四氯化碳层绿色不变，弃去四氯化碳层，再用四氯化碳洗（2～3）次，每次 5mL，弃去四氯化碳层，稀释至 250mL，混匀。

柠檬酸铵-乙二胺四乙酸钠盐溶液

溶解 20g 柠檬酸铵和 5g 乙二胺四乙酸钠盐于水中，并稀释至 100mL，混匀。

柠檬酸钠溶液［$c(Na_3C_6H_5O_7)=0.75mol/L$］

称取 110g 柠檬酸钠（$Na_3C_6H_5O_7\cdot 2H_2O$）溶于 300mL 水中，加 14mL 高氯酸，再加水稀释至 500mL，混匀。

柠檬酸氢二铵溶液（500g/L）

称取 100g 柠檬酸氢二铵，溶于 100mL 水中，加 2 滴酚红指示液（1g/L 乙醇溶液），加氨水（1+1）调节 pH 至 8.5～9.0（由黄变红，再多加 2 滴），用双硫腙三氯甲烷溶液提取数次，每次（10～20)mL，至三氯甲烷层显绿色不变为止，弃去三氯甲烷层，再用三氯甲烷洗涤二次，每次 5mL，弃去三氯甲烷层，加水稀释至 200mL，混匀。

柠檬酸铁铵溶液（3.5g/L）

称取 3.5g 柠檬酸铁铵溶于 1000mL 水中，混匀；使用前 24h 配制。

硼氢化钾溶液（8g/L）

称取 8.0g 硼氢化钾，溶于 1000mL 氢氧化钾溶液（2g/L）中，混匀，临用现配。

硼氢化钠溶液（30g/L）

称取 3g 硼氢化钠（优级纯，$NaBH_4$）和 0.5g 氢氧化钠（优级纯）溶于水中，并稀释到 100mL，混匀，过滤后使用。

硼酸-乙酸钠溶液（30g/L）

称取 3g 硼酸，溶于 100mL 乙酸钠溶液中。临用前配制。

硼酸钾溶液 [$c(KBO_3)=0.5mol/L$]

称取 123.6g 硼酸，105g 氢氧化钾，加水溶解后，定容至 4000mL，混匀。

偏钒酸铵溶液（2.5g/L）

称取 2.5g 偏钒酸铵，溶于 500mL 沸水中，加 20mL 硝酸，冷却，稀释至 1000mL，混匀。储存于聚乙烯瓶中。

偏磷酸溶液（20g/L）

称取 2g 偏磷酸加水溶解，并稀释至 100mL，混匀。

七合水硫酸锌（卡瑞 *Carrez* Ⅱ）**溶液**

称取 300g 七合水硫酸锌（$ZnSO_4 \cdot 7H_2O$）溶于水中并稀释至 1000mL，混匀。

氢氧化钡饱和溶液

取氢氧化钡，加新沸过的冷水使成饱和溶液，即得。本液应临用新配。

氢氧化钙饱和溶液

称取 3g 氢氧化钙，置玻璃瓶内，加水 1000mL，密塞。时时猛力振摇，放置 1h，即得。用时倾取上层的清液。

氢氧化镁混悬液

称取 15.6g 硫酸镁（$MgSO_4 \cdot 7H_2O$），置于 2000mL 锥形瓶内，加 100mL 水，溶解，在不断搅拌下缓缓加入 135mL 氢氧化钠溶液（4g/L），加热混悬液并在（60～70）℃保持（10～15）min，冷却至室温，待混悬物沉降后，用虹吸法吸弃上层溶液。如此反复用水洗涤混悬物，直至洗液滴加稀盐酸与氯化钡溶液不再发生混浊。将此混悬物移入 500mL 容量瓶中，加水稀释至刻度，使用前充分混匀，混悬液保持两个月吸附性能不变。

氰化钾-氢氧化钾溶液

称取 280g 氢氧化钾（KOH）溶于 500mL 水中冷却，加 66g 氰化钾（KCN）溶解后，加水稀释至 1000mL，混匀，储于聚乙烯瓶中。

注：使用 KCN 要小心，遇酸或湿气时放出 HCN 气体。

氰化钾-氢氧化钠溶液

(1) 氰化钾-氢氧化钠溶液(10g/L) 称取1g氰化钾和40g氢氧化钠溶于水中,并稀释到100mL,混匀,储存于聚乙烯瓶中,可稳定(1~2)个月。

(2) 氰化钾溶液[$c(KCN)=1mol/L$] 称取65.12g氰化钾(KCN),溶于适量水中,并稀释至1000mL,混匀。毒性极强,使用中要注意。

氰化钠溶液(50g/L)

称取2.5g氰化钠于烧杯中,加入25mL氢氧化钠溶液(43g/L),用水稀释至50mL,混匀。当天使用。

三氟化硼甲醇溶液[125g/L溶液(以三氟化硼计)]

称取1.25g三氟化硼或2.6g三氟化硼乙醚络盐,于小烧杯中,用10mL甲醇溶解。三氟化硼有毒,操作应在通风橱里进行,玻璃仪器用后,应立即用水冲洗

三水亚铁氰化钾(卡瑞 Ⅰ)**溶液**

称取150g三合水亚铁氰化钾[$K_4Fe(CN)_6 \cdot 3H_2O$]溶解于水中,并稀释至1000mL,混匀。

三氯化锑氯仿饱和溶液

将三氯化锑加入到氯仿中,振摇,配制成饱和溶液。

三氯化铁溶液(1000g/L)

称取100g三氯化铁($FeCl_3 \cdot 6H_2O$),溶于水中,稀释到100mL,混匀。若有沉淀[水解产生的$Fe(OH)_3$],需要过滤后使用。

三氯化铁-磺基水杨酸溶液

称取1.5g三氯化铁和15g磺基水杨酸,加水溶解,并定容至500mL,混匀。使用前以水稀释10倍。

三氯化铁-硝酸溶液

(1) 三氯化铁-硝酸溶液(67.6g/L) 称取67.6g三氯化铁($FeCl_3 \cdot 6H_2O$)溶于水中,用水稀释到500mL。另取72mL浓硝酸于水中,稀释到500mL,混匀。合并两种溶液并混匀。

(2) 三氯化铁溶液[$c(FeCl_3)=1mol/L$] 称取270.30g三氯化铁($FeCl_3 \cdot 6H_2O$)溶于适量加了20mL浓盐酸的水中,再用水稀释至1000mL,混匀。

四苯硼钾乙醇饱和溶液

将按下述方法制得的四苯硼钾,加入50mL乙醇(95%),950mL水,充分振荡使之饱和。使用前干过滤。

［四苯硼钾制备］ 称取0.2g碳酸钾，准确至0.0001g。溶于300mL水中，加入5滴甲基红指示液，用乙酸溶液调至红色，于水浴上加热到40℃，在搅拌下加入45mL四苯硼钠乙醇溶液；放置10min取下。冷却至室温，用清洁的玻璃砂芯坩埚过滤，用乙醇溶液（5%）洗涤、转移沉淀，抽干；取下坩埚式，用10mL无水乙醇，分5次沿坩埚壁洗涤，抽干。

四苯硼钠乙醇溶液（34g/L）

称取3.4g四苯硼钠，溶于100mL无水乙醇中，混匀，必要时过滤后备用。

四甲基氢氧化铵溶液（3g/L）

量取30mL四甲基氢氧化铵［$(CH_3)_4NOH$］，溶于水中，并稀释到1000mL，混匀。

四氯汞钠溶液（0.05mol/L）

称取13.6g二氯化汞和5.8g氯化钠溶于1000mL水中，混匀，放置过夜，过滤后使用。

四氯合汞酸钠溶液

溶解2.35g氯化钠和5.0g氯化亚汞（HgCl），于约950mL水中，用水稀释至1000mL，混匀。

四氯化锡溶液［$c(SnCl_4)=0.1mol/L$］

称取2.6050g四氯化锡（$SnCl_4$），溶于盐酸溶液［$c(HCl)=6mol/L$］中，并用盐酸溶液［$c(HCl)=6mol/L$］稀释至100mL，混匀。

四硼酸钠溶液［$c(Na_2B_4O_7)=0.1mol/L$］

取38.0g四硼酸钠，溶于1000mL蒸馏水中，混匀。

四水乙酸镁溶液（80g/L）

称取8g四水乙酸镁溶于100mL水中，混匀。

酸性硫酸铁铵溶液（200g/L）

称取20g硫酸铁铵加水溶解，取9.4mL硫酸加入到上述溶液中，用水稀释至100mL，混匀，即得。

酸性氯化亚锡溶液（400g/L）

称取20g氯化亚锡，加盐酸使溶解成50mL，混匀，过滤，即得。本溶液可稳定3个月。

酸性茜素锆溶液

称取70mg茜素磺酸钠，加50mL水溶解后，缓缓加入50mL二氯化氧锆（$ZrOCl_2 \cdot 8H_2O$）溶液（6g/L）溶解中，用混合酸溶液（每1000mL中含123mL盐酸与40mL硫酸）

稀释至 1000mL，放置 1h，混匀，即得。

水杨酸-酒石酸钾钠溶液

称取 10.0g 水杨酸 [$C_6H_4(OH)COOH$] 于 150mL 烧杯中，加适量水，再加入 15mL 氢氧化钠溶液 [c(NaOH) = 5.0mol/L]，搅拌使之溶解。另称取 10.0g 酒石酸钾钠 [$KNaC_4H_4O_6 \cdot 4H_2O$] 溶解于水中，加热煮沸以除去氨。冷却后，将两种溶液合并移入 200mL 容量瓶中，用水稀释到刻度，混匀。

水杨酸铁溶液

① 称取 0.1g 硫酸铁铵，加 2mL 稀硫酸（10%），加水稀释到 100mL，混匀。

② 称取 1.15g 水杨酸钠，加水溶解并稀释到 100mL，混匀。

③ 称取 13.6g 乙酸钠，加水溶解并稀释到 100mL，混匀。

④ 取 1mL 上述硫酸铁铵溶液，0.5mL 水杨酸钠溶液，0.8mL 乙酸钠溶液与 0.2mL 稀乙酸，临用前混合，加水使成 5mL，摇匀，即得。

碳酸铵溶液（200g/L）

称取 200.0g 碳酸铵，溶于水，加 80mL 氨水，稀释至 1000mL，混匀。

碳酸钾溶液

（1）碳酸钾溶液（300g/L） 称取 75g 无水碳酸钾，溶于水中，加入 7mL 甘油，并用水稀释到 250mL，混匀。储于具橡皮塞的试剂瓶中。

（2）碳酸钾溶液 [$c(K_2CO_3)$=1mol/L] 称取 174.24g 碳酸钾（$K_2CO_3 \cdot 2H_2O$），溶于适量水中，稀释至 1000mL，混匀。

（3）碳酸钾溶液 [$c(K_2CO_3)$=4mol/L] 称取 552.84g 无水碳酸钾溶于 1000mL 水中，混匀。

碳酸钠溶液

（1）碳酸钠溶液（50g/L） 称取 50g 无水碳酸钠，溶于水中，并稀释到 1000mL，混匀。

（2）碳酸钠溶液 [$c(Na_2CO_3)$=1mol/L] 称取 105.99g Na_2CO_3（或 286.14g $Na_2CO_3 \cdot 10H_2O$），溶于适量水中，稀释至 1000mL，混匀。

碳酸氢钠-乙醇溶液（60g/L）

称取 6.0g 碳酸氢钠溶于 80mL 水中，加入 20mL 无水乙醇，混匀。

碳酸铁溶液（200g/L）

称取 20.0g 碳酸铁，加适量水，加 8mL 氨水溶解，稀释至 100mL，混匀。

铁铵矾溶液 {$c[FeNH_4(SO_4)_2]$=0.1mol/L}

称取 4.8218g 铁铵矾 [$FeNH_4(SO_4)_2 \cdot 12H_2O$]，溶于适量水中，加 1mL 浓硫酸，再

用水稀释至100mL，混匀。短期保存。

铁铵氰化钠溶液（10g/L）

称取1g铁铵氰化钠，加水溶解并稀释到100mL，混匀，即得。

铁氰化钾溶液

（1）铁氰化钾溶液（10g/L） 称取1g铁氰化钾溶于水中，用水稀释至100mL，混匀。于棕色瓶内冰箱中保存。

（2）碱性铁氰化钾溶液 取4mL铁氰化钾溶液（10g/L），用氢氧化钠溶液（150g/L）稀释至60mL。用时现配，避光使用。

（3）铁氰化钾溶液｛$c[K_3Fe(CN)_6]=0.1mol/L$｝ 称取32.925g铁氰化钾［$K_3Fe(CN)_6$］溶于适量水中，并稀释至1000mL，混匀。

铁-亚铁混合溶液

称取10.0g硫酸亚铁铵［$(NH_4)_2Fe(SO_4)_2 \cdot 6H_2O$］和1.0g硫酸铁铵［$NH_4Fe(SO_4)_2 \cdot 12H_2O$］，溶于水，加5mL硫酸溶液（20%），稀释至100mL，混匀。

铜吡啶溶液（33g/L）

称取4g硫酸铜，加90mL水溶解后，加30mL吡啶，混匀，即得。临用新配。

铜催化剂溶液

称取0.5g碳酸氢钠和0.001g硫酸铜（$CuSO_4 \cdot 5H_2O$）用蒸馏水溶解，并稀释至1000mL，混匀。

钨酸钠溶液（120g/L）

称取12g钨酸钠（$Na_2WO_4 \cdot 2H_2O$）溶于100mL水中，混匀。

无菌枸橼酸钠-氯化钠溶液

称取0.5g枸橼酸钠，加10mL氯化钠溶液（9g/L），121℃灭菌20min。

五氧化二钒饱和溶液

取适量五氧化二钒，加磷酸激烈振摇2h后得其饱和溶液，用玻璃漏斗过滤，取滤液1份加水3份，混匀，即得。

硝酸铵溶液

（1）硝酸铵溶液（300g/L） 称取30g硝酸铵，溶于100mL水中，混匀。

（2）硝酸铵溶液［$c(NH_4NO_3)=0.1mol/L$］ 称取80.04g硝酸铵（NH_4NO_3），溶于适量水中，并稀释至1000mL，混匀。

硝酸钡溶液｛$c[Ba(NO_3)_2]=0.1mol/L$｝

称取2.613g硝酸钡［$Ba(NO_3)_2$］溶于适量水中，稀释至100mL，混匀。

硝酸铋溶液 (20g/L)

称取 5g 硝酸铋 [$Bi(NO_3)_3 \cdot 5H_2O$] 于烧杯中，加 7.5mL 硝酸和 10mL 水，加热溶解，冷却，过滤，用水稀释到 50mL，混匀。

硝酸钙溶液 {$c[Ca(NO_3)_2]=1mol/L$}

称取 23.615g 硝酸钙 [$Ca(NO_3)_2 \cdot 4H_2O$] 溶于适量水中，并稀释至 100mL，混匀。

硝酸锆溶液 (0.44g/L)

称取 0.44g 硝酸锆 [$Zr(NO_3)_2 \cdot 5H_2O$]，溶于适量水中，加入 140mL 盐酸，用水稀释到 1000mL，混匀。

硝酸铬溶液

(1) 硝酸铬溶液 {$c[Cr(NO_3)_3]=0.1mol/L$} 称取 23.81g 硝酸铬 [$Cr(NO_3)_3$] 溶于适量水中，并稀释至 100mL，混匀。

(2) 硝酸铬溶液 (160g/L) ①移取 10mL 硝酸，加入 100mL 水中，混匀。②移取 10g 三氧化铬，加 100mL 水使溶解。用时将两种溶液等体积混合，即得。

硝酸镉溶液 {$c[Cd(NO_3)_2]=0.1mol/L$}

称取 3.0849g 硝酸镉[$Cd(NO_3)_2 \cdot 4H_2O$] 溶于适量水中，并稀释至 100mL，混匀。

硝酸钴溶液 {$c[Co(NO_3)_2]=1mol/L$}

称取 29.103g 硝酸钴 [$Co(NO_3)_2 \cdot 6H_2O$] 溶于适量水中，并稀释至 100mL，混匀。

硝酸汞溶液 {$c[Hg(NO_3)_2]=0.1mol/L$}

称取 3.2460g 硝酸汞 [$Hg(NO_3)_2$] 溶于适量水中，并稀释至 100mL，混匀。

硝酸钾溶液

(1) 硝酸钾溶液 [$c(KNO_3)=2.5mol/L$] 称取 252.75g 硝酸钾于烧杯中，加水加热溶解，用水稀释至 1000mL，混匀。

(2) 硝酸钾溶液 [$c(KNO_3)=1mol/L$] 称取 101.10g 硝酸钾 (KNO_3) 溶于适量水中，并稀释至 1000mL，混匀。

(3) 硝酸钾-乙醇溶液 (50g/L) 称取 5g 硝酸钾置于烧杯中，加 40mL 水溶解，再加入 50mL95%的乙醇，混匀，用水稀释到 100mL，混匀。

硝酸镧溶液 {$c[La(NO_3)]=0.001mol/L$}

准确称取 0.433g 硝酸镧 [$La(NO_3)_3 \cdot 6H_2O$] 溶于水中，移入 1000mL 容量瓶中，加水稀释到刻度，混匀。

硝酸铝溶液 {$c[Al(NO_3)_3]=1mol/L$}

称取 37.513g 硝酸铝 [$Al(NO_3)_3 \cdot 9H_2O$] 溶于适量水中，稀释至 100mL，混匀。

硝酸镁溶液

(1) 硝酸镁溶液(150g/L) 称取30g硝酸镁[$Mg(NO_3)_2 \cdot 6H_2O$]溶于水中,并稀释至200mL,混匀。

(2) 硝酸镁溶液{$c[Mg(NO_3)_2]=1mol/L$} 称取256.41g硝酸镁[$Mg(NO_3)_2 \cdot 6H_2O$],溶于适量水中,稀释至1000mL,混匀。

硝酸锰溶液 {$c[Mn(NO_3)_2]=0.1mol/L$}

称取28.704g硝酸锰[$Mn(NO_3)_2 \cdot 6H_2O$],溶于适量水中,并稀释至100mL,混匀。

硝酸钠溶液 [$c(NaNO_3)=1mol/L$]

称取8.500g硝酸钠($NaNO_3$),溶于适量水中,稀释至100mL,混匀。

硝酸镍溶液 {$c[Ni(NO_3)_2]=1mol/L$}

称取29.080g硝酸镍[$Ni(NO_3)_2 \cdot 6H_2O$],溶于适量水中,并稀释至100mL,混匀。

硝酸镍-氨溶液 (20g/L)

称取2.9g硝酸镍,加100mL水溶解后,再加40mL氨溶液(取40mL浓氨水加水稀释到100mL),振摇,过滤,即得。

硝酸铯溶液 (50g/L)

称取7.332g硝酸铯于烧杯中,加入50mL水溶解,移入100mL容量瓶中,用水稀释到刻度,混匀。

硝酸铯-乙醇水溶液 (6.25g/L)

称取0.917g硝酸铯于烧杯中,加入50mL水溶解,移入100mL容量瓶中,加入40mL乙醇摇匀,用水稀释到刻度,混匀。

硝酸铈铵溶液 (250g/L)

称取25g硝酸铈铵,加稀硝酸溶液(10%)溶解并稀释到100mL,混匀,即得。

硝酸铁溶液 {$c[Fe(NO_3)_3]=1mol/L$}

称取40.400g硝酸铁[$Fe(NO_3)_3 \cdot 9H_2O$]溶于加了2.0mL浓盐酸的水中,再用水稀释至100mL,混匀。

硝酸铜溶液 {$c[Cu(NO_3)_2]=1mol/L$}

称取24.160g硝酸铜[$Cu(NO_3)_2 \cdot 3H_2O$],5mL浓硫酸,溶于适量水中,并稀释至100mL,混匀。

硝酸锌溶液 {$c[Zn(NO_3)_2]=1mol/L$}

称取29.748g硝酸锌[$Zn(NO_3)_2 \cdot 6H_2O$],溶于适量水中,并稀释至100mL,混匀。

硝酸银溶液

(1) 硝酸银溶液(10g/L) 称取10g硝酸银,溶于水中,并稀释到1000mL,混匀。储于棕色瓶中,避光保存。

(2) 硝酸银溶液(17g/L) 称取1.70g硝酸银溶于水,稀释至100mL,混匀。储于棕色瓶中,避光保存。

(3) 硝酸银溶液[$c(AgNO_3)=0.1mol/L$] 称取8.5g硝酸银溶解于水,转移至500mL容量瓶中,用水稀释至刻度,混匀。将此溶液储存于棕色瓶中,避光保存。

(4) 硝酸银溶液[$c(AgNO_3)=1mol/L$] 称取169.87g硝酸银溶于水,用水稀释至1000mL,混匀。用棕色瓶储存。

硝酸银-氨溶液(10g/L)

称取1g硝酸银,加20mL水溶解后,滴加氨溶液,随加随搅拌,至起初的沉淀将近全溶,混匀,过滤,即得。置棕色瓶内,在暗处保存。

硝酸银乙醇溶液(40g/L)

称取4g硝酸银,加10mL水溶解后,用乙醇(95%)稀释成100mL,混匀,即得。

硝酸亚汞溶液(150g/L)

称取15g硝酸亚汞,加90mL水、10mL硝酸溶液(10%)溶解后,加一滴汞,置棕色瓶内,避光密塞保存。

硝酸亚铈溶液(0.22g/L)

称取0.22g硝酸亚铈[$Ce(NO_3)_3$],加50mL水溶解,加0.1mL硝酸与50mg盐酸羟胺,加水稀释至1000mL,摇匀,即得。

锌-铜蛋白质沉淀剂

称取3.0g硫酸锌($ZnSO_4 \cdot 7H_2O$)和0.6g硫酸铜($CuSO_4 \cdot 5H_2O$)溶于水,并用水稀释到100mL,混匀。

溴溶液(0.1%~0.15%)

移取(2~3)mL溴水(3%),置用凡士林涂塞的玻璃瓶中,加水稀释到60mL,混匀,即得。

溴化汞乙醇溶液(50g/L)

称取2.5g溴化汞,加50mL乙醇,微热溶解,混匀,即得。本溶液应置橡皮塞瓶内,在暗处保存。

溴化钾溶液[$c(KBr)=1mol/L$]

称取11.900g溴化钾(KBr),溶于适量水中,并稀释至100mL,混匀。

溴化钾溴溶液

称取 30g 溴与 30g 溴化钾，加水稀释到 100mL，混匀，即得。

溴化氰溶液

取适量溴溶液，滴加硫氰酸铵溶液 [$c(NH_4CNS)$=0.1mol/L] 至溶液变为无色，混匀，即得。临用新配，有毒。

溴剂

量取 4mL 溴逐滴加入到 100mL 己烷中，并冷却到 0℃，混匀，保存在冰浴槽中。

溴酸钾溶液 (40.0g/L)

在 1000mL 蒸馏水中溶解 40.0g 溴酸钾 ($KBrO_3$)，混匀。

亚硫酸钠溶液 (50g/L)

称取 5g 无水亚硫酸钠溶于水中，加水至 100mL，混匀，冷藏，可稳定一周。

亚硫酸氢钠溶液 (330g/L)

称取 10g 亚硫酸氢钠，加水溶解，并稀释到 30mL，混匀，即得。本液应临用新配。

亚铅酸钠溶液 (博士试剂)

称取 25g 乙酸铅于烧杯中，加入 200mL 水，使其溶解，过滤，并将滤液加入到溶有 60g 氢氧化钠的 100mL 水中，再在沸水浴上加热此混合液 30min，冷却后用蒸馏水稀释到 1000mL，混匀。将此溶液储存在密闭的容器中。使用前，如不清澈应过滤。

亚砷酸钠溶液 [$c(NaAsO_2)$=0.2mol/L]

称取 13g 亚砷酸钠 ($NaAsO_2$) 溶于热水中，并稀释到 500mL，如有沉淀物，再用定量滤纸过滤。所用滤纸事先用水洗涤至无 NH_4^+ 和无 NO_2^- 反应。

亚碲酸钠（钾）溶液 (10g/L)

称取 0.1g 亚碲酸钠（钾），加 10mL 新鲜煮沸后冷却至 50℃的水使溶解，混匀。

亚铁氰化钾溶液 [$K_4Fe(CN)_6 \cdot 3H_2O$]

(1) 亚铁氰化钾溶液 [$K_4Fe(CN)_6 \cdot 3H_2O$] (109g/L) 称取 109g 亚铁氰化钾，溶于水中，移入 1000mL 容量瓶中，用水稀释到刻度，混匀。

(2) 亚铁氰化钾溶液 {$c[K_4Fe(CN)_6]$=0.1mol/L} 称取 36.835g 亚铁氰化钾 [$K_4Fe(CN)_6$] 溶于适量水中，并稀释至 1000mL，混匀。

亚硝基铁氰化钠溶液 (10g/L)

称取 1.0g 亚硝基铁氰化钠 [$Na_2Fe(CN)_5 \cdot NO \cdot 2H_2O$] 溶于水中，稀释到 100mL，

混匀。冰箱中保存，可稳定1个月

亚硝基铁氰化钠乙醛溶液

取10mL硝基铁氰化钠溶液（10g/L），加1mL乙醛，混匀，即得。

亚硝酸钴钠溶液（200g/L）

称取10g亚硝酸钴钠，加水溶解并稀释到50mL，混匀，过滤，即得。

亚硝酸钾溶液［$c(KNO_2)=1mol/L$］

称取8.510g亚硝酸钾（KNO_2）溶于适量水中，并稀释至100mL，混匀。

亚硝酸钠溶液

（1）亚硝酸钠溶液［$c(NaNO_2)=6mol/L$］ 称取41.4g亚硝酸钠（AR）溶于水中，加水稀释至100mL，混匀，冰箱中保存。

（2）亚硝酸钠溶液［$c(NaNO_2)=1mol/L$］ 称取69.00g亚硝酸钠（$NaNO_2$），溶于适量水中，稀释至1000mL，混匀。

亚硝酸钠乙醇溶液（5g/L）

称取5g亚硝酸钠，加乙醇（60%）溶解并稀释到1000mL，混匀，即得。

氧化镧溶液（20g/L）

称取20g氧化镧（纯度大于99.99%），于烧杯中，用水润湿，加20mL盐酸溶液［$c(HCl)=6mol/L$］溶解，移入1000mL容量瓶中，加65mL浓盐酸，用水稀释至刻度，混匀。

氧化镁混悬液（10g/L）

称取1.0g氧化镁，加100mL水，振摇成混悬液。

乙醇钠溶液［$c(NaC_2H_3O)=0.22mol/L$］

取金属钠，先用滤纸将表面煤油吸干，并用小刀切去表面被氧化部分（切下表面部分，务必放回煤油中，切勿与水接触），然后取5g切成碎片，量取1000mL无水乙醇，置于大烧杯中，将切好的金属钠立即分次加入，待作用完毕，杯中不再有气体发生时，移入棕色瓶中备用。

乙二胺四乙酸二钠镁溶液

（1）乙二胺四乙酸二钠镁溶液［$c(Mg\text{-}EDTA)=0.01mol/L$］ 称取0.43g乙二胺四乙酸二钠镁，溶于水中，稀释至100mL，混匀。

（2）乙二胺四乙酸二钠镁溶液［$c(Mg\text{-}EDTA)=0.04mol/L$］ 称取17.2g乙二胺四乙酸二钠镁（四水盐），溶于1000mL无二氧化碳水中，混匀。

乙二醇双（2-氨基乙基醚）四乙酸（EGTA）**-铅溶液**

称取1.90g乙二醇双（2-氨基乙基醚）四乙酸，加40mL水，加热，滴加氢氧化钠溶液

[$c(NaOH)=2mol/L$] 溶解，加入1.82g硝酸铅搅拌溶解后调至中性，稀释至50mL，混匀，储于滴瓶备用。

乙酸铵溶液

(1) 乙酸铵溶液 [$c(NH_4CH_3COO)=1mol/L$] 称取7.708g乙酸铵(NH_4CH_3COO)，溶于适量水中，稀释至100mL，混匀。

(2) 乙酸铵溶液(100g/L) 称取10g乙酸铵，加水溶解，并稀释成100mL，混匀，即得。

乙酸钴-双氧铀溶液

溶液A：称取40g乙酸双氧铀，加28.6mL冰醋酸及适量水，温热溶解并用水稀释至500mL，混匀。

溶液B：另称取200g乙酸钴溶于28.6mL冰醋酸及适量水中，并用水稀释至500mL，混匀。

在保持温热的情况下，将溶液A与溶液B混合，冷却至室温，静置2h，过滤，备用。

乙酸汞-乙酸溶液

(1) 乙酸汞-乙酸溶液(60g/L) 称取6g乙酸汞，加100mL乙酸溶解，混匀。

(2) 乙醋酸汞溶液(50g/L) 称取5g乙酸汞，研细，加温热的冰醋酸溶解并稀释到100mL，混匀，即得。本溶液应置棕色瓶中，密闭保存。

乙酸钴溶液(1g/L)

称取0.1g乙酸钴，加甲醇溶解并稀释到100mL，混匀，即得。

乙酸钾溶液(10g/L)

称取10g乙酸钾，加水溶解并稀释到100mL，混匀，即得。

乙酸镁溶液 {$c[Mg(C_2H_5O_2)_2]=0.020$}

将4.289g乙酸镁 [$Mg(CH_3COO)_2 \cdot 4H_2O$] 溶于50mL水中，用乙醇稀释至1000mL。

乙酸钠溶液

(1) 乙酸钠溶液 [$c(NaCH_3COO)=2.5mol/L$] 称取205g无水乙酸钠或340g结晶乙酸钠溶于水，用水稀释至1000mL，混匀。

(2) 乙酸钠溶液 [$c(NaCH_3COO)=2mol/L$] 称取164g无水乙酸钠或272g含水乙酸钠溶于水中，用水稀释至1000mL，混匀。

(3) 乙酸钠溶液 [$c(NaCH_3COO)=1mol/L$ 136g/L] 称取136.08g乙酸钠($NaCH_3COO \cdot 3H_2O$)，溶于适量水中，用水稀释至1000mL，混匀。

(4) 乙酸钠溶液(500g/L) 称取500g乙酸钠($CH_3COONa \cdot 3H_2O$)，加水至1000mL，混匀。

乙酸铅溶液

（1）乙酸铅溶液（200g/L） 称取20g乙酸铅，溶解于100mL水中，混匀。

（2）乙酸铅碱性溶液（50g/L） 称取5.0g乙酸铅［$Pb(CH_3COO)_2 \cdot 3H_2O$］和15.0g氢氧化钠，溶于80mL水中，稀释至100mL，混匀。

（3）乙酸铅溶液｛$c[Pb(CH_3COO)_2]$=1mol/L｝ 称取379.33g乙酸铅［$Pb(CH_3COO)_2 \cdot 3H_2O$］，溶于适量水中，稀释至1000mL，混匀。

（4）乙酸铅溶液（100g/L） 称取10g乙酸铅，加新沸过的冷水溶解后，滴加乙酸使溶液澄清，再加新沸过的冷水稀释成100mL，混匀，即得。

乙酸铜-乙酸溶液

（1）乙酸铜-乙酸溶液（10g/L） 称取2g乙酸铜，加100mL冰醋酸，稍加热溶解，用水稀释至200mL，混匀。

（2）乙酸铜溶液（1g/L） 称取0.1g乙酸铜，加5mL水与数滴乙酸溶解后，加水稀释至100mL，混匀，过滤，即得。

乙酸锌溶液（50g/L）

称取5g乙酸锌，溶解于100mL水中，混匀。

乙酸氧铀锌溶液

称取10g乙酸氧铀，加5mL冰醋酸与50mL水，微热溶解，另取30g乙酸锌，加3mL冰醋酸与30mL水，微热溶解，将两溶液混合，冷却，过滤，即得。

银氨溶液

加氨水至硝酸银溶液（50g/L）中，直至生成的沉淀重新溶解为止，再加数滴氢氧化钠溶液（100g/L），如发生沉淀，再加氨水直至沉淀溶解。

荧光法测癸氧喹酯洗脱液

称取10g无水氯化钙溶解于1000mL重蒸馏甲醇中，放置24h。取澄清液备用。

油酸钠溶液（100g/L）

称取9.278g油酸钠于200mL高型烧杯中，加32.9mL氢氧化钠溶液［$c(NaOH)$=1mol/L］溶解，冷却后，移入100mL容量瓶中，用水稀释到刻度，混匀。

三、有机溶液

氨基磺酸溶液（6g/L）

称取0.6g氨基磺酸溶于100mL水中，混匀。临用现配。

1-氨基-2-萘酚-4-磺酸溶液

称取5g无水亚硫酸钠，94.3g亚硫酸氢钠与0.7g 1-氨基-2-萘酚-4-磺酸，充分混匀；临用时取1.5g混合物，加10mL水溶解，混匀，必要时过滤，即得。

氨性乙二醇溶液

称取500g溴甲酚绿于500mL亚乙基二醇中，在蒸汽浴上加热溶解。冷却，滴加氢氧化铵直到溶液为深蓝色（1～3滴），然后过量1滴。

胺基黑10B（10g/L）

称取2g胺基黑10B染料溶于200mL水-甲醇-乙酸混合溶剂（5+5+1）中，混匀。

巴比妥酸溶液（12.5g/L）

称取1.25g巴比妥酸溶于100mL丙酮-水溶液（1+1）中，混匀。

半胱氨酸盐酸盐溶液（15g/L）

称取0.375g生化试剂纯半胱氨酸盐酸盐，用蒸馏水溶解，并稀释定容至25mL，混匀。

苯胺油-亚甲基蓝染色液

将3.0mL苯胺油与10.0mL乙醇混合，持续搅拌下缓慢加入15mL三氯甲烷，加30.0mL亚甲基蓝的饱和醇溶液，用水稀释至100.0mL，混匀，过滤。

苯基邻氨基苯甲酸乙醇溶液（1g/L）

称取0.10g苯基邻氨基苯甲酸，溶于100mL乙醇（95%）中，混匀。

苯基荧光酮溶液

（1）苯基荧光酮溶液（0.1g/L） 称取0.010g苯基荧光酮（苯芴酮），溶于适量温热的乙醇（95%）中，加1mL盐酸溶液（20%），用乙醇（95%）稀释至100mL。

（2）苯基荧光酮溶液（0.6g/L） 称取60mg苯基荧光酮用8mL盐酸（$\rho_{20}=1.18g/mL$）及乙醇溶解，用乙醇稀释至100mL，混匀。

苯甲酰苯胲（钽试剂）（1g/L）

称取0.1g苯甲酰苯胲溶于100mL三氯甲烷中，混匀。

苯甲酰苯基羟胺溶液（20g/L）

称取2.0g苯甲酰苯基羟胺（钽试剂），溶于100mL乙醇（95%）中，混匀。

苯肼溶液（100g/L）

称取10.0g苯肼（真空蒸馏提纯，弃去最初的馏出部分）溶于100mL无水乙醇中，混匀。

苯三酚溶液（20g/L）

称取0.5g间苯三酚，溶于25mL乙醇中，混匀，即得。置玻璃瓶内，暗处保存。

苯芴酮溶液（0.1g/L）

称取0.010g苯芴酮（1,3,7-三羟基-9-苯基蒽醌），加少量甲醇及数滴硫酸溶液（1+9）溶解，以甲醇稀释至100mL，混匀。

吡啶溶液（33%）

移取33mL吡啶于100mL容量瓶中，用蒸馏水定容，混匀。

吡咯烷二硫代甲酸铵（APDC）**溶液**（5g/L）

称取0.5g吡咯烷二硫代甲酸铵置于250mL有盖锥形瓶中，加100mL水，振摇1min，过滤，滤液备用。

变色酸二钠溶液

（1）变色酸二钠溶液（1g/L）　称取50mg变色酸二钠，加2.5mL水溶解，加浓硫酸至50mL，混匀（用于变色酸法测定硝酸盐）。

（2）变色酸溶液（5g/L）　称取0.5g变色酸二钠盐｛1,8-二羟萘3,6-二磺酸钠[$C_{10}H_4(SO_3Na)_2(OH)_2$]｝溶于100mL水中，混匀。冷藏备用。

（3）变色酸溶液（100g/L）　称取10g变色酸二钠盐置于100mL烧杯中，加水溶解后，稀释到100mL。避光过滤。使用当天配制。

不含维生素的酪蛋白溶液

（1）乙醇处理法

① 称取100g酪蛋白细粉于烧瓶中，加入300mL 95%乙醇，在水浴中加热回流1h，减压抽滤，弃去滤液，再加入乙醇回流，如此反复（3～4)次，至滤液呈微黄色或无色，取出在干燥箱内（70～80)℃干燥即可。

② 称取250g酪蛋白，置于5L容器中，慢慢加入3.6L水以防止成块，加入2.77mL浓盐酸，搅拌浸泡3min。用虹吸管除去上层清液。加入3.6L水，再加入2.77mL浓盐酸，如此反复8次后，再加水3.6L，加入55.5mL氨水[$c(NH_4OH)=12mol/L$]，放置过夜，使酪蛋白溶解成浆状。用布过滤，于滤液中慢慢加入约50mL盐酸溶液[$c(HCl)=3mol/L$]，调至pH4.5，使酪蛋白全部沉淀，过滤。弃去滤液，用（50～60)℃热水冲洗数次，挤压去水，放入干燥箱内于100℃干燥即可。

（2）酸解酪蛋白　称取50g不含维生素的酪蛋白于500mL烧杯中，加200mL盐酸溶液[$c(HCl)=3mol/L$]，于压力蒸汽消毒器内10.3×10^4Pa（151b/in^2）压力下水解6h。将水解物转移至蒸发皿内，在沸水浴上蒸发至膏状。加200mL水使之溶解后再蒸发至膏状，如此反复3次，以除去盐酸。注意每次蒸发时不可蒸干或使之焦煳，以防破坏水解液所含的营养物。用氢氧化钠溶液（400g/L）调节pH至3.5，以溴酚蓝作外指示剂。加20g活性炭，振摇，过滤。如果滤液不呈淡黄色或无色，可用活性炭重复处理。滤液加水稀释至500mL，加少许甲苯于冰箱中保存。

茜素锆-茜素磺酸钠混合溶液

称取 50mg 硝酸锆，加 50mL 水与 10mL 盐酸溶解；另取 10mg 茜素磺酸钠，加 50mL 水溶解，将两溶液混合，即得。

重氮苯磺酸溶液

方法 1　称取 1.57g 对氨基苯磺酸，加 80mL 水与 10mL 稀盐酸溶液（10%），在水浴上加热溶解后，冷却至 15℃，缓缓加入 6.5mL 亚硝酸钠溶液（100g/L），随加随搅拌，再加水稀释至 100mL，混匀，即得。临用新制。

方法 2　称取 0.1g 对氨基苯磺酸，加 2mL 氢氧化钠溶液（100g/L）溶解，加 20mL 稀盐酸与 6mL 亚硝酸钠溶液 [$c(NaNO_2)=0.1mol/L$]，搅拌 1min，加 50mg 脲，继续搅拌 5min，混匀，即得。临用新配。

重氮对硝基苯胺溶液

称取 0.4g 对硝基苯胺，加 20mL 稀盐酸（10%）与 40mL 水使其溶解，冷却至 15℃，缓缓加入亚硝酸钠溶液（100g/L），至取 1 滴溶液能使碘化钾淀粉试纸变为蓝色，混匀，即得。临用新配。

重氮二硝基苯胺溶液

称取 50mg 2,4-二硝基苯胺，加 1.5mL 盐酸溶解后，加 1.5mL 水，置冰浴中冷却，滴加 5mL 亚硝酸钠溶液（100g/L），随加随振摇，即得。

重氮化试剂

称取 0.1g 在热水中重结晶的对硝基苯胺，溶于盐酸溶液 [$c(HCl)=0.1mol/L$] 溶解，并稀释到 100mL，于冰箱中贮存。称取 4g 硝酸钠溶于 100mL 水中，冰箱中储存。临用前，置 10mL 对硝基苯胺溶液于冰浴内 5min，再加 1mL 硝酸钠溶液，混匀。用前在冰浴里静置时间在 5min 以上。

重氮甲烷溶液

将装有 10mL 氢氧化钾水溶液（0.6g/mL）、35mL 乙醇及 10mL 乙醚的混合溶液的双口蒸馏瓶，置于有磁力搅拌器加热板上的水浴中，水温 70℃。将搅拌子放入瓶中，接上滴液漏斗和高效冷凝器，冷凝器后串连两个 125mL 的烧瓶。在二个烧瓶中各放 10mL 乙醚，出口管均应插到乙醚液面以下。在冰水浴中冷却这两个接收瓶。边用磁力搅拌器搅拌，边通过滴液漏斗滴加盛有 21.5g *N*-甲基-*N*-亚硝基-*p*-甲苯磺酰胺溶解于 140mL 乙醚的溶液。滴完全部溶液的时间控制在 20min 以上。当蒸馏液近于无色时，停止蒸馏。将两个接收瓶中的液体合并，在 70℃水浴上再蒸馏，其蒸馏液作为重氮甲烷溶液，此溶液应密闭置于冰箱中保存，保存期为一个月。

达旦黄溶液（0.5g/L）

称取 0.050g 达旦黄，溶于水，稀释至 100mL，混匀。

单宁溶液（50g/L）

称取 5g 单宁溶于 100mL 冷水中，混匀。

靛基质溶液

称取 5.0g 对二甲氨基苯甲醛加入 75mL 戊醇（或丁醇），充分振摇，完全溶解后，再取 25mL 浓盐酸徐徐滴入，边加边振摇，以免骤热导致溶液色泽变深；或称取 1.0g 对二甲氨基苯甲醛，加入 95mL 95%乙醇，充分振摇，完全溶解后，取浓盐酸 20mL 徐徐滴入。

靛蓝二磺酸钠溶液（6g/L）

称取 6g 靛蓝二磺酸钠于 500mL 水中，加热溶解，冷却，加入 50mL 硫酸。稀至 1000mL，混匀，过滤。

靛胭脂溶液

称取适量靛胭脂，加 12mL 硫酸与 80mL 水的混合液溶解，使每 100mL 溶液中含（0.09～0.11）g $C_{16}H_8N_2O_2(SO_3Na)_2$，混匀，即得。

淀粉酶（可选用高峰淀粉酶或接近其活性的其他磷酸酯酶）**悬浮液**（60g/L）

用乙酸钠溶液［$c(NaCH_3COO)$＝2.5mol/L 乙酸钠水溶液］悬浮 6g 淀粉酶制剂，稀释至 100mL。

α-淀粉酶溶液（0.05g/L）

用磷酸氢二钠溶液［$c(Na_2HPO_4)$＝0.1mol/L］和磷酸二氢钠溶液溶液［$c(NaH_2PO_4)$＝0.1mol/L］各 500mL，混匀，配成磷酸盐缓冲溶液。称取 12.5mg α-淀粉酶，用磷酸盐缓冲溶液溶解，定容至 250mL。

丁醇氯仿溶液

（1）丁醇氯仿溶液（1%） 取紫外色谱纯三氯甲烷（$CHCl_3$），用½三氯甲烷体积的水洗三遍，除去其中的乙醇。加 10mL 正丁醇到 1000mL 经水洗的、于分离器内的氯仿中，剧烈振摇；再加 25mL 水、振摇。静置，至下层清晰，排出。弃去上层水层。清液中放入颗粒状无水硫酸钠储存。

（2）丁醇氯仿溶液（10%） 向分液漏斗中的 900mL 紫外色谱纯三氯甲烷（预先不用水洗）中，加入 100mL 正丁醇，剧烈振摇；加 25mL 水，再振摇。静置，至氯仿层澄清、排出；弃水层，清液中放入颗粒状无水硫酸钠储存。

丁二酮肟乙醇溶液（10g/L）

称取 1.0g 丁二酮肟溶于 100mL 用 95%乙醇中，混匀。

丁酯化溶液

将正丁醇和 47%三氟化硼乙醚溶液，冰浴冷却至 0℃，迅速量取 30mL 三氟化硼乙醚溶液和 120mL 正丁醇，在冰浴中混合均匀，冷却后，密闭保存于冰箱中。

对氨二甲基苯胺溶液（5g/L）

称取 0.5g 对氨二甲基苯胺溶于 100mL 浓盐酸中，避光冷藏保存，可稳定 6 个月。

对氨基苯磺酸溶液（4g/L）

称取 0.4g 对氨基苯磺酸溶于 100mL 盐酸溶液［c(HCl)=6mol/L］中，混匀。储存于棕色瓶中。

对氨基苯磺酸-α-萘胺溶液

称取 0.5g 无水对氨基苯磺酸，加 150mL 乙酸溶解后，另取 0.1g 盐酸-α-萘胺，加 150mL 乙酸使其溶解，将两溶液混合，即得。本溶液久置显粉红色，用时可加锌粉脱色。

对氨基苯磺酰胺溶液（10g/L）

称取 1.0g 对氨基苯磺酰胺，溶于 100mL 盐酸溶液（1+1）中，混匀。储于棕色瓶中。

对氨基苯乙酮溶液（20g/L）

称取 2g 对氨基苯乙酮，用少量盐酸溶解，用水稀释至 100mL，混匀。

对苯二酚溶液（5g/L）

称取 0.5g 对苯二酚于 100mL 水中，使其溶解，并加入一滴浓硫酸（减缓氧化作用）。

对二甲氨基苯甲醛溶液

（1）对二甲氨基苯甲醛溶液（1.25g/L） 称取 0.125g 对二甲氨基苯甲醛，加 100mL 稀硫酸（65mL 硫酸缓缓倒入 35mL 水中，混匀，冷却）溶解，然后加 0.1mL 三氯化铁溶液（50g/L），混匀。

（2）对二甲氨基苯甲醛溶液（20g/L） 将 2.0g 对二甲胺基苯甲醛溶于 100mL 硫酸溶液中。

试银灵（对二甲氨基亚苄基罗丹宁）**溶液**（0.2g/L）

称取 0.02g 试银灵，溶于 100mL 丙酮中，混匀。

对甲苯磺酰-L-精氨酸甲酯盐酸盐溶液（4.0g/L）

称取 98.5mg 对甲苯磺酰-L-精氨酸甲酯盐酸盐，加 5mL 三羟甲基氨基甲烷缓冲溶液（pH8.1）使其溶解，加 0.25mL 指示液（取等量的 0.1%甲基红乙醇溶液与 0.05%亚甲基蓝的乙醇溶液，混匀），用水稀释至 25mL，混匀。

对品红酸性溶液

将 100mg 对品红氯化物溶于 200mL 水中，移入 1000mL 容量瓶中。加入 160mL 盐酸溶液（1+1）用水稀至刻度，混匀。在使用前放置 12h。

对羟基苯甲醚（MEHQ）**溶液**（0.04g/L）

称取0.04g对羟基苯甲醚置于100mL烧杯中，加适量水溶解后，稀释到1000mL，混匀。

对羟基联苯溶液（15g/L）

称取1.5g对羟基联苯，加10mL氢氧化钠溶液（50g/L）与少量水溶解后，再加水稀释至100mL，混匀。本溶液储存于棕色瓶中，可保存数月。

蒽酮溶液（1.4g/L）

称取0.7g蒽酮，加50mL硫酸溶解，再用硫酸溶液（70%）稀释至500mL，混匀。

4,4′-二氨基二苯胺饱和溶液

加少量乙醇于4,4′-二氨基二苯胺硫酸盐中，充分研磨混合，再加乙醇，经回流冷凝器，在水浴上加热回流制成饱和溶液。

2,3-二氨基萘溶液

（1）2,3-二氨基萘溶液（1g/L）（在暗室中配制）称取0.1g 2,3-二氨基萘［简称DAN，$C_{10}H_6(NH_2)_2$］置于带磨口塞的锥形瓶中，加入100mL盐酸溶液［$c(HCl)=0.1mol/L$］，振摇15min至完全溶解。加入20mL环己烷，振摇5min，移入底部塞有玻璃棉的分液漏斗中，静置分层后，将水相放回原锥形瓶中，再用环己烷萃取（3～4)次，直到环己烷相中的荧光杂质降至最低为止。弃去环己烷相，最后将此纯化的水溶液储于棕色瓶中，加入一层环己烷（约0.5cm）以隔绝空气，保存于冰箱中。使用前需再以环己烷萃取一次。如经常使用，以每月配制一次为宜。

（2）2,3-二氨基萘溶液（1g/L） 称取0.1g 2,3-二氨基萘，0.5g盐酸羟胺，加100mL盐酸溶液［$c(HCl)=0.1mol/L$］，必要时加热使其溶解，冷却过滤。临用现配，避光保存。

二苯胺溶液（10g/L）

称取1g二苯胺，加100mL硫酸使其溶解，混匀。即得。

二苯胺磺酸钠溶液（2g/L）

称取0.2g二苯胺磺酸钠，0.2g碳酸钠以少量水调成糊状，用水溶解并稀释到100mL，混匀。

二苯胍乙醇溶液（150g/L）

称取15g二苯胍，用5mL水湿润，加15mL盐酸溶液（1+1），不断搅拌下加入60mL乙醇，溶解后用氨水溶液（1+1）或盐酸调节pH3.3左右，并用乙醇补足至100mL，最后溶液应透明，不得有沉淀或乳浊状物。

4,7-二苯基-1,10-菲啰啉溶液｛$c[(C_6H_5)_2C_{12}H_6N_2]=0.001mol/L$｝

称取0.3324g 4,7-二苯基-1,10-菲啰啉，溶于乙醇（95%），用乙醇（95%）稀释至1000mL，混匀。

二苯碳酰二肼溶液（0.4g/L）

称取 0.1g 二苯碳酰二肼 [$CO(NH·NH·C_6H_5)_2$] 溶于 50mL 乙醇溶液（95%）中，再加入 200mL 硫酸溶液（1+9），储于棕色瓶中，冰箱中冷藏保存，试剂应无色，变色后不能再使用。

***p*-二甲氨基肉桂醛无水乙醇溶液**（2g/L）

称取 0.2g *p*-二甲氨基肉桂醛溶于无水乙醇，用无水乙醇稀释至 100mL，混匀。

2,4-二甲苯酚冰醋酸溶液（10g/L）

吸取 0.5mL 2,4 二甲苯酚（相对密度 1.018）置于盛有冰醋酸的 50mL 容量瓶中，用冰醋酸稀释到刻度。临用现配。

3,4-二甲苯酚冰醋酸溶液（50g/L）

称取 5g 3,4 二甲苯酚溶解于 100mL 冰醋酸中，混匀。低温保存。

二甲基甲酰胺溶液（体积分数=75%）

移取 75mL 二甲基甲酰胺，加水约 20mL，混匀，冷却至室温，然后定容至 100mL。

注意：二甲基甲酰胺对肺、皮肤和眼睛有伤害，操作时应小心。

二甲基乙二醛肟溶液

（1）二甲基乙二醛肟溶液（10g/L） 称取 1g 二甲基乙二醛肟，溶于100mL无水乙醇，混匀。

（2）二甲基乙二醛肟氢氧化钠溶液（10g/L） 称取 1.0g 二甲基乙二醛肟（镍试剂），溶于氢氧化钠溶液（50g/L）中，用氢氧化钠溶液（50g/L）稀释至 100mL，混匀。

二硫腙-乙酸丁酯溶液（1g/L）

称取 0.1g 二硫腙置于 100mL 烧杯中，加 10mL 三氯甲烷溶解后，再用乙酸丁酯稀释到 100mL。临用现配。

二氯变色酸溶液（0.2g/L）

称取 10mg 二氯变色酸，加 0.5mL 水溶解，加浓硫酸至 50mL（用于二氯变色酸法测定硝酸盐）。

二氯靛酚钠溶液（1g/L）

称取 0.1g 二氯靛酚钠，加 100mL 水溶解后，混匀，过滤。

二氯二甲基硅烷溶液（体积分数=5%）

移取 5mL 二氯二甲基硅烷，用甲苯稀释到 100mL，混匀。

二氯乙酸（DCA）溶液 [$c(C_2H_2Cl_2O_2)=0.5mol/L$]

称取 0.645g 精制 DCA 于 10mL 容量瓶，用丙酮溶解并稀释到刻度，临用现配。

二硝基苯溶液（20g/L）

称取 2g 间二硝基苯，加乙醇溶解并稀释到 100mL，混匀，即得。

3,5-二硝基苯甲酸溶液（10g/L）

称取 1g 3,5-二硝基苯甲酸，加乙醇使其溶解，并稀释到 100mL，混匀，即得。

2,4-二硝基苯肼溶液

（1）2,4-二硝基苯肼（2,4-DNPH）饱和溶液（0.5g/L） 取适量 2,4-DNPH 用无羰基的甲醇溶解，并稀释，使含量达 0.5g/L，摇动 1h 或提前一天制备。应有不溶解的 2,4-DNPH析出，过滤后使用，保存期为一周。

（2）2,4-二硝基苯肼溶液（1g/L） 称取 0.10g 2,4-二硝基苯肼，溶于 50mL 无碳基的甲醇和 4mL 盐酸中，稀释至 100mL。使用期为两周。

（3）二硝基苯肼溶液（1.5g/L） 称取 0.15g 2,4-二硝基苯肼，加含硫酸 0.15mL 的无醛乙醇 100mL 使其溶解，即得。

（4）2,4-二硝基苯肼溶液（2g/L） 称取 0.5g 2,4-二硝基苯肼于 250mL 容量瓶中，用二氯甲烷溶解，并稀释到刻度，混匀。

（5）二硝基苯肼溶液（15g/L） 称取 1.5g 2,4-二硝基苯肼，加 20mL 硫酸溶液（50%），溶解后，加水稀释到 100mL，过滤，即得。

3,5-二硝基水杨酸溶液

称取 12.6g 3,5-二硝基水杨酸、364g 酒石酸钾钠、10g 重蒸馏苯酚、41.92g 氢氧化钠、10g 亚硫酸氢钠，用水加热溶解后，定容为 2000mL；暗处保存一星期，滤纸过滤备用。此溶液简称 DNS 溶液。

二盐酸二甲基对苯二胺溶液（10g/L）

称取 0.1g 二盐酸二甲基对苯二胺，加 10mL 水，混匀，即得。需新鲜少量配置，于冷处避光保存，如溶液变成褐色，不可使用。

二乙胺溶液（40g/L）

取 4mL 二乙胺［$(C_2H_5)_2NH$］溶于 100mL 水中摇匀，即得。

二乙基苯胺异戊醇溶液（5＋100）

量取 25mL 二乙基苯胺，溶于 500mL 异戊醇中，混匀。

二乙基二硫代氨基甲酸钠溶液（1g/L）

称取 0.10g 二乙基二硫代氨基甲酸钠（铜试剂），溶于适量水，用水稀释至 100mL。在冰箱中保存。使用期为一个月。

二乙基二硫代氨基甲酸银吡啶溶液（5g/L）

称取 1.0g 二乙基二硫代氨基甲酸银，溶于吡啶，稀释至 200mL。保存在密闭棕色玻璃瓶中，密封，避光保存。使用期为两周。

二乙氨基二硫代甲酸银-三乙基胺三氯甲烷溶液（2.5g/L）

称取0.25g二乙氨基二硫代甲酸银溶于少量三氯甲烷中，加入1mL三乙基胺（或三乙基醇胺），用三氯甲烷稀释到100mL，放置过夜。若有沉淀物应过滤除去。移入棕色瓶中冰箱保存。一周内有效。

D-泛酸钙-对氨基苯甲酸-盐酸吡哆醇溶液

分别称取10mg D-泛酸钙、对氨基苯甲酸、盐酸吡哆醇于烧杯中，以水溶解并稀释至1000mL，将此溶液置于棕色试剂瓶中，加少许甲苯于冰箱中保存。

1,10-菲啰啉溶液

（1）1,10-菲啰啉溶液（2g/L） 称取0.20g 1,10-菲啰啉（$C_{12}H_8N_2 \cdot H_2O$）[或1,10-菲啰啉盐酸盐（$C_{12}H_8N_2 \cdot HCl \cdot H_2O$）]，加少量水振摇至溶解（必要时加热），稀释至100mL。

（2）1,10-菲啰啉溶液（5g/L） 称取0.50g 1,10-菲啰啉（$C_{12}H_8N_2 \cdot H_2O$）[或1,10-菲啰啉盐酸盐（$C_{12}H_8N_2 \cdot HCl \cdot H_2O$）]溶于乙酸-乙酸钠缓冲溶液（pH≈3）中，用乙酸-乙酸钠缓冲溶液（pH≈3）稀释至100mL，混匀。

酚酞（0.1g/L）**-酒石黄**（0.4g/L）**溶液**

将10mg酚酞，40mg酒石黄以及73.2g 2-氨基-2-甲基-1-丙醇溶于21.9mL盐酸，混匀。（25℃，pH10.15）在冷藏下溶液长期稳定。

氟试剂溶液[$c(C_{19}H_{15}NO_8)=0.0005mol/L$]

准确称取0.1925g氟试剂（茜素-3-二甲基-*N*,*N*-二乙酸又称茜素氨羧络合剂），加5mL水、1mL氢氧化钠溶液溶解[$c(NaOH)=1mol/L$]。然后用盐酸溶液[$c(HCl)=0.1mol/L$]调节溶液pH=4.6～5.0，移入1000mL容量瓶中，用水稀释到刻度。储于棕色瓶中，保存于冰箱中。

甘露醇溶液（中性）（100g/L）

称取5.0g甘露醇，用50mL水溶解，加0.2mL酚酞指示液，用氢氧化钠溶液[$c(NaOH)=0.2mol/L$]中和，其用量应不大于0.3mL。

甘油乙酸溶液

取甘油、50%乙酸与水各1份，混合，即得。

高氯酸六甲基二硅醚饱和溶液

将100mL（1+3.3）高氯酸溶液加入到175mL分液漏斗中，加入50mL六甲基二硅醚经剧烈摇动后，放置分层，下层即为高氯酸六甲基二硅醚饱和溶液。

葛利斯试剂

溶液Ⅰ：称取1.0g甲萘胺，加100mL水，煮沸使其溶解，冷却，加3mL冰醋酸，摇匀。储存于棕色瓶。

溶液Ⅱ：称取1.0g无水对氨基苯磺酸，溶于水，稀释至100mL，混匀。

使用时将溶液Ⅰ与溶液Ⅱ按同体积混合。

铬变酸（$C_{10}H_6Na_2S_2O_8 \cdot 2H_2O$）**溶液**（10g/L）

称取0.5g铬变酸，加50mL硫酸振摇，混合，离心分离，使用上层澄清液，临用时配制。

铬天青S混合溶液

溶液Ⅰ：称取0.50g十六烷基三甲基溴化铵，溶于水，稀释至100mL，混匀。

溶液Ⅱ：称取0.040g铬天青S，加5mL乙醇（95%）溶解，稀释至100mL，混匀。

量取10mL溶液Ⅰ及50mL溶液Ⅱ，用水稀释至100mL。

枸橼酸乙酐溶液（20g/L）

称取2g枸橼酸，加100mL乙酐溶解，混匀，即得。

胱氨酸溶液（1g/L）

称取1g L-胱氨酸于小烧杯中，加20mL水，缓慢加入约（5～10）mL盐酸，直至其完全溶解，加水稀释至1000mL，加少许甲苯盖于溶液表面。

胱氨酸-色氨酸溶液

称取4g L-胱氨酸和1g L-色氨酸（或2g DL-色氨酸）于800mL水中，加热至（70～80）℃，逐滴加入盐酸溶液（1+5），不断搅拌，直至完全溶解为止。冷至室温，加水稀释至1000mL，混匀。加少许甲苯于冰箱中保存。

果胶水溶液（10g/L）

称取1.000g果胶粉，准确至0.001g，加水溶解，煮沸，冷却。如有不溶物则需进行过滤。调至pH3.5，用水定容至100mL，在冰箱中储存备用。使用时间不超过3d。

核黄素-盐酸硫胺素-生物素溶液

溶解1mg生物素结晶于100mL乙酸溶液［$c(CH_3COOH)=0.02mol/L$］中，取此液4mL（相当于40μg生物素）于2000mL烧杯中，加入20mg核黄素和10mg盐酸硫胺素，以乙酸溶液［$c(CH_3COOH)=0.02mol/L$］溶解并稀释至1000mL。加少许甲苯于冰箱中保存，此试剂需保存于棕色瓶中，以防止核黄素被光破坏。

磺胺溶液（2g/L）

称取1g磺胺溶于500mL盐酸溶液（50%），混匀。

磺基丁二酸钠二辛酯溶液（4.5g/L）

称取 0.9g 磺基丁二酸钠二辛酯，加 50mL 水，微温溶解，冷却至室温后，加水稀释至 200mL，混匀，即得。

磺基水杨酸溶液 [$c(GH_6S)$=0.2mol/L]

称取 50.84g 磺基水杨酸（$C_7H_6O_6S \cdot 2H_2O$）溶于 1000mL 水中，混匀。

黄蓍胶乙醇溶液（10g/L）

称取 2g 黄蓍胶（优级纯粉末）溶于 10mL 95%乙醇中，搅拌成均匀浆状后，并在不断搅拌下加入 190mL 水（配制中在加乙醇溶解时，一定要充分搅拌，使其成均匀浆状后，再加水混匀）。

煌绿水溶液（5g/L）

称取 0.5g 煌绿，溶于 100.0mL 蒸馏水中，存放暗处，不少于 1d，使其自然灭菌。

茴香醛溶液（体积分数为 1%）

移取 0.5mL 茴香醛，加 50mL 乙酸溶解，加 1mL 硫酸，摇匀，即得。临用新制。

鸡胰腺溶液（5g/L）

称取 100mg 干燥的鸡胰腺，加 20mL 蒸馏水，搅拌 15min，离心 10min（3000r/min），取上清液用。现用现配。

4-己基间苯二酚溶液（500g/L）

称取 5g 4-己基间苯二酚溶于 10mL 乙醇中，混匀。

甲醇-甲酸（6+4）**溶液**

量取 60mL 甲醇，40mL 甲酸，混匀。

甲醇-甲酰胺溶液

由 700mL 无水甲醇和 300mL 无水甲酰胺混合而成。

甲醇-三氯甲烷混合溶液（10+1）

量取 900mL 甲醇和 90mL 三氯甲烷，混匀。

3-甲基-2-苯并噻唑酮腙（MBTH）**溶液**（0.08g/L）

称取 0.08g MBTH 试剂，用适量水溶解，移入 1000mL 容量瓶中，然后用水稀释至刻度，混匀。储存于棕色瓶中。该溶液使用期不超过一周。

甲基橙硼酸溶液

称取 0.2g 甲基橙和 3.5g 硼酸，加 100mL 水，置于水浴上加热溶解，静置 24h 以上，用前过滤。

N-甲基-N-亚硝基-p-甲苯磺酰胺溶液（150g/L）

称取 21.5g *N*-甲基-*N*-亚硝基-*p*-甲苯磺酰胺（$C_8H_{10}N_2O_3S$），溶于 140mL 无水乙醚中，混匀。

甲醛溶液

（1）甲醛溶液（2g/L） 移取 1mL 含量为 36%～38%的甲醛，溶于 200mL 水中。临用现配。

（2）甲醛硫酸溶液 移取 1mL 硫酸，滴加 1 滴甲醛溶液，摇匀，即得。本液应临用新配。

甲醛碳酸镁溶液（体积分数 10%）

移取 200mL 甲醛（36%～38%），加（20～30）g 碳酸镁，振摇 3min，过滤，然后用水稀释成 10%的溶液。

甲酯化溶液

将三氟化硼-乙醚试剂和甲醇置于－15℃下预冷，将 30mL 冷三氟化硼-乙醚试剂和 120mL 冷甲醇混合，置（0～4)℃下储存备用。

间苯二酚溶液（10g/L）

称取 1g 间苯二酚，加盐酸溶液（10%）溶解，并稀释到 100mL，混匀，即得。

间苯三酚盐酸溶液（10g/L）

称取 0.1g 间苯三酚，加 1mL 乙醇，再加 9mL 盐酸，混匀。临用新配。

间二硝基苯溶液（20g/L）

称取 2g 间二硝基苯，加 100mL 乙醇使其溶解，混匀，即得。

碱性复红染色液（5g/L）

称取 0.5g 碱性复红溶解于 20mL 乙醇中，再用蒸馏水稀释至 100mL，滤纸过滤后储存备用。

碱性焦性没食子酸溶液（50g/L）

称取 0.5g 焦性没食子酸，加 2mL 水溶解后，加 8mL 氢氧化钾溶液（12g/L），摇匀，即得。临用新配。

碱性β-萘酚溶液（25g/L）

称取 0.25g β-萘酚，加 10mL 氢氧化钠溶液（100g/L）溶解，混匀，即得。应临用新配。

碱性品红-亚硫酸溶液

称取 0.20g 碱性品红，溶于 120mL 热水中，冷却，加 20mL 亚硫酸钠溶液［2.0g 亚硫酸钠（$Na_2SO_3 \cdot 7H_2O$），加 20mL 水溶解］，加 2mL 盐酸，稀释至 200mL，混匀，放置 1h。

按以上方法制备的碱性品红-亚硫酸溶液，应符合下述要求：取 0.005mg 醛标准溶液，稀释至 20mL，加 2mL 碱性品红-亚硫酸溶液，摇匀，在（15～20）℃放置 10min，所呈红色应深于空白颜色。

碱性三硝基苯酚溶液（4g/L）

移取 20mL 三硝基苯酚溶液（10g/L），加 10mL 氢氧化钠溶液（50g/L），加水稀释至 100mL，混匀，即得。临用新配。

碱性四氮唑蓝溶液（0.5g/L）

移取 10mL 四氮唑蓝的甲醇溶液（2.0g/L）与 30mL 氢氧化钠的甲醇溶液（120g/L），临用时混合，即得。

碱性盐酸羟胺溶液（125g/L）

（1）称取 12.5g 氢氧化钠，加无水甲醇溶解，并稀释到 100mL；

（2）称取 12.5g 盐酸轻胺，加 100mL 无水甲醇，加热回流使溶解。

用时将两溶液等体积混合，过滤，即得。

本溶液应临用新配，配成后 4h 即不适用。

精制乙醇（95%）

于每 1000mL 工业用 95%乙醇中，加入 5mL 含 1g 硝酸银（$AgNO_3$）的溶液溶解，充分混合。另溶解 5g 氢氧化钾于 25mL 温热乙醇中，冷却后，缓缓加于上述溶液中，回流 4h，蒸馏后备用。

酒石酸溶液（200g/L）

称取 100g 酒石酸加适量水，稍加热溶解，冷却后定容 500mL，混匀。

聚丙烯酰胺混合溶液

溶解 20g 丙烯酰胺和 0.8g N,N'-亚甲基双丙烯酰胺于水中，并稀释到 100mL，冰箱中储存。

聚环氧乙烷（PEO）**溶液**（1g/L）

称取 0.1g 聚环氧乙烷，用水浸泡半小时，搅拌溶解，过滤，并稀释到 100mL，混匀。

聚乙烯醇溶液（4g/L）

称取 0.4g 聚乙烯醇（聚合度 1500～1800）于小烧杯中，加入 100mL 水，沸水浴中加热，搅拌至溶解，保温 10min，取出放冷备用。

咖啡因甲酸溶液（150g/L）

称取 15g 咖啡因（医用或试剂用），溶于适量甲酸中，再用甲酸稀释至 100mL，混匀。

咔唑乙醇溶液（1.2g/L）

称取 0.12g 咔唑，用无水乙醇溶解并定容至 100mL，放置在棕色瓶中，24h 后使用。

糠醛溶液（1%）

量取 1mL 糠醛，用水稀释到 100mL，混匀。

抗坏血酸溶液

（1）抗坏血酸溶液（20g/L） 称取 2g 抗坏血酸溶于 100mL 盐酸溶液（1+1）中。现用现配。

（2）抗坏血酸溶液（50g/L） 称取 25g 抗坏血酸溶于 500mL 水中。盛于棕色瓶中，现用现配。

孔雀绿溶液（2g/L）

称取 0.20g 孔雀绿，溶于水，稀释至 100mL，混匀。

苦味酸甲苯溶液（20g/L）

称取 2g 干燥的苦味酸于烧杯中，加 100mL 无水甲苯溶解，混匀。

喹钼柠酮沉淀剂

溶液 a. 将 70g 分析纯钼酸钠溶解于 150mL 水中；

溶液 b. 将 60g 分析纯柠檬酸溶解在 150mL 水中，再加 85mL 硝酸；

溶液 c. 在不断地搅拌下，将溶液 a 慢慢加到溶液 b 中；

溶液 d. 在 100mL 水中慢慢地加入 35mL 硝酸和 5mL 分析纯喹啉；

溶液 e. 在不断地搅拌下，将溶液 d 慢慢地加到溶液 c 中，混匀后在室温下放置 24h，过滤后加 280mL 丙酮，用水稀至 1000mL，混匀，储于聚乙烯瓶中，备用。

雷纳克酸铵溶液（25g/L）

将 2.5g 雷纳克酸铵溶于 75mL 水中，振摇 30min。滤纸过滤，稀释至 100.0mL。用盐酸溶液调至 pH1.0 并用细密玻璃砂芯漏斗过滤。临用新配。

丽春红染色剂（2g/L）

溶解 200mg 丽春红染料于 100mL 的三氯乙酸溶液（15%）中，混匀。

联苯胺溶液（0.5g/L）

称取 0.1g 联苯胺置于 250mL 烧杯中，加 20mL 冰醋酸，溶解后，用水稀释到 200mL，混匀。

α,α'-联吡啶溶液

（1）α,α'-联吡啶溶液［$c(C_{10}H_8N_2)=0.001mol/L$］ 称取 31.24mg α,α'-联吡啶（$C_{10}H_8N_2$）溶于少量水中，移入 200mL 容量瓶中，用水稀释至刻度，混匀，置于冰箱中保存。

（2）α,α'-联吡啶溶液（2g/L） 称取 0.2g 2,2′-联吡啶，1g 乙酸钠结晶，加适量水溶解，加 5.5mL 冰醋酸，用水稀释成 100mL，混匀，即得。

联二茴香胺溶液（2g/L）

将 0.250g 联二茴香胺（3,3′-二甲氧基联苯胺）溶解于 50mL 无水甲醇中。加入 100mg 活性炭，振摇 5min，然后过滤。将 40mL 澄清滤液与 60mL 盐酸溶液［$c(HCl)=1mol/L$］混合。使用当天配制，避光保存。

注：联二茴香胺溶液可能对人体造成伤害，使用时，应注意安全。

2,2′-联喹啉溶液（0.5g/L）

称取 0.25g 2,2′-联喹啉，溶于 250mL 异戊醇中，混匀即可。

钌红溶液

移取（1～2)mL 乙酸钠溶液（100g/L)，加适量钌红使呈酒红色，混匀，即得。本液应临用新配。

邻苯氨基苯甲酸溶液（1g/L）

称取 0.1g 邻苯氨基苯甲酸，溶于 100mL 碳酸钠溶液（2g/L）中，混匀即可。

邻苯二胺溶液（0.2g/L）

称取 20mg 邻苯二胺，于临用前用水溶解，并稀释至 100mL，混匀。

邻苯二酚紫溶液（0.12g/L）

称取 12mg 邻苯二酚紫，置于 100mL 烧杯中，加水溶解后，稀释到 100mL，混匀。

邻苯二甲醛溶液（10g/L）

将 100mg 邻苯二甲醛溶于 1mL 甲醇中，加入 200μL 2-巯基乙醇和 9mL 硼酸钾缓冲溶液，用棕色瓶（有盖）储存于冰箱中，一周内有效。

邻苯二甲酸二碳基乙醛（OPT）**溶液**（1g/L）

称取 100mg OPT 溶于 100mL、经玻璃容器蒸馏过的甲醇中，于棕色瓶中，冰箱内储存，每周新配。

邻苯二甲酸酐吡啶（酰化试剂）**溶液**（140g/L）

称取 70g 邻苯二甲酸酐（≥99.5%）于 1000mL 棕色容量瓶中，加入 500mL 吡啶，用力振摇，直到完全溶解。若其色度超过 200 黑曾（Pt-Co）则此溶液不能用。

［浓度验证］ 移取 25.0mL 上述邻苯二甲酸酐溶液于 250mL 锥形瓶中，加 5 滴酚酞指示液（10g/L），用氢氧化钠标准溶液［c(NaOH)=0.5mol/L］滴定，消耗的氢氧化钠标准溶液应在（83～87)mL 之间。

邻苯二醛溶液（10g/L）

称取 1.0g 邻苯二醛，加 5mL 甲醇与 95mL 硼酸溶液［$c(H_3BO_3)$=0.4mol/L，用氢氧化钠溶液（450g/L）调节 pH 值至 10.4］，振摇使邻苯二醛溶解，加 2mL 硫乙醇酸，用氢氧化钠溶液（450g/L）调节 pH 值至 10.4。

邻苯二醛-巯基乙醇溶液

称取 500mg 邻苯二甲醛，置于 1000mL 容量瓶中，加 10mL 甲醇，轻摇使其溶解。加 500mL 四硼酸钠［$c(Na_2B_4O_7)$=0.05mol/L］缓冲溶液和 1.0mL 巯基乙醇，用四硼酸钠缓冲溶液稀至刻度，混匀。

邻甲酚肤肽溶液（0.4g/L）

称取 0.1g 邻甲酚肤肽，溶于 250mL 乙醇（95%）中。混匀。

邻联二茴香胺溶液（1g/L）

称取 125mg 邻联二茴香胺于 50mL 棕色容量瓶中，加 25mL 甲醇，振摇使其全部溶解，加 50mg 活性炭，振摇 5min，过滤，取 20mL 滤液，置于另一 50mL 棕色容量瓶中，加盐酸溶液（1+11）至刻度，混匀。临用时现配并避光保存。

邻联甲苯胺溶液（1g/L）

称取 0.100g 邻联甲苯胺，加 3mL 盐酸及少量水溶解，稀释到 100mL，混匀。

磷酸三丁酯-二甲苯萃取剂溶液（8%）

将 40mL 磷酸三丁酯（TBP）与 460mL 二甲苯混合于分液漏斗中，加入 500mL 碳酸钠溶液（50g/L），振荡洗涤 2 次，用 500mL 水振荡洗涤 1 次，最后用 500mL 盐酸溶液（1+5），振荡洗涤 1 次（测钍用）。

磷脂（磷脂酰胆碱；$C_{40}H_{82}NO_9P$）**饱和丙酮溶液**

称取经丙酮洗除油脂等丙酮可溶物的磷脂约 2g，在 50mL 烧杯中用 10mL 石油醚溶解，加 25mL 丙酮使磷脂析出。用 G3 玻璃砂芯坩埚抽滤，用 80mL 丙酮分四次洗涤磷脂，最后尽量抽除残留丙酮。立即将约 1g 的粉状磷脂移入 1000mL 玻璃磨口瓶中，加 1000mL 丙酮，在（0～5)℃下浸泡 2h，每隔 15min 剧烈摇动一次。用快速滤纸过滤上部清液，滤液于(0～5)℃冷藏备用。

磷试剂甲

称取 5.0g 钼酸铵［$(NH_4)_6Mo_7O_{24}\cdot 4H_2O$］，溶于水，稀释至 100mL，混匀。

磷试剂乙

称取 0.20g 对甲氨基苯酚硫酸盐，溶于 100mL 水中，加 20.0g 偏重亚硫酸钠，溶解，储存于棕色具塞瓶中，使用期为两周。

硫代巴比妥酸溶液（5g/L）

称取 0.500g 硫代巴比妥酸溶于 50mL 水中，加入 10mL 氢氧化钠溶液［c(NaOH)＝1mol/L］，移至 100mL 容量瓶中，加入 11mL 盐酸溶液［c(HCl)＝1mol/L］，用蒸馏水稀释至刻度。该溶液不稳定，必须在配制后 5h 内使用。

硫代乙酰胺溶液

由下述三种溶液混合而成：

（1）pH5 的水合肼溶液 100mL　称取 5.76g 水合肼（85%），溶于 80mL 水中，用浓盐酸溶液中和（约用 8.5mL），用 pH 计检测为 pH＝5，再用水稀释至 100mL，混匀。

（2）7.5%硫代乙酰胺水溶液 100mL。

（3）pH4.5 缓冲溶液 200mL　称取 1.14g 乙酸钠和 1.56g 乙酸，加 200mL 水，混匀。

上述三种溶液混合后透明度良好，放置 5h 后才能使用。

硫脲溶液

（1）硫脲溶液（20g/L）　溶解 10g 硫脲于 500mL 草酸溶液（10g/L）中。

（2）硫脲（30g/L）　将 3g 硫脲溶于乙醇溶液（50%）中，并稀释到 100mL，混匀，临用前配制。

硫脲［$(NH_2)_2CS$］（20g/L）**-碘化钾**（KI）（100g/L）**混合溶液**

分别称取 2g 硫脲，10g 碘化钾，溶于 100mL 水中，混匀。

硫酸苯肼溶液（0.6g/L）

称取 60mg 盐酸苯肼，加 100mL 硫酸溶液（50%）溶解，即得。

硫酸联氨

（1）硫酸联氨溶液（20g/L）　称取 2g 硫酸联氨用水溶解，并稀释到 100mL，混匀。

（2）硫酸联氨溶液（10g/L）　称取 1.0g 预先于硅胶干燥器中干燥 24h 的硫酸联氨，准确至 0.1g，置于烧杯中，加少量水溶解，移入 100mL 容量瓶中，用水稀释至刻度，摇匀。

硫酸铜和考马斯亮蓝 R-250 乙酸混合染色剂

将硫酸铜溶液（1g/L）和考马斯亮蓝 R-250 乙酸（5g/L）-乙醇-水（10＋30＋60）溶液混合。

六次甲基四胺溶液（100g/L）

称取 10.0g 预先于硅胶干燥器中干燥 24h 的六次甲基四胺，准确至 0.1g。置于烧杯中，加少量水溶解，移入100mL容量瓶中，用水稀释至刻度，摇匀。

氯胺T溶液（10g/L）

称取1g氯胺T（有效氯含量应在11%以上），溶于100mL水中，临用时现配。

氯化三苯四氮唑溶液（5g/L）

称取1g氯化三苯四氮唑，加无水乙醇溶解，并稀释到200mL，混匀，即得。

氯化乙酰胆碱溶液（0.1g/L）

称取0.100g氯化乙酰胆碱溶于缓冲溶液（称取16.72g $Na_2HPO_4 \cdot 12H_2O$ 及2.72g KH_2PO_4 溶于1000mL水）中，混匀。

氯亚氨基-2,6-二氯醌溶液（5g/L）

称取1g氯亚氨基-2,6-二氯醌，加200mL乙醇溶解，混匀，即得。

氯乙酸酐溶液（体积分数5%）

移取5mL氯乙酸酐，用苯稀释至100mL，混匀。

氯乙酰氯溶液（20%）

移取20mL氯乙酰氯溶于80mL石油醚中，混匀后，避光低温保存。

马来酸酐溶液（100g/L）

将10g马来酸酐（重蒸馏，沸点196℃）溶解于100mL甲苯中，得到马来酸酐浓度为100g/L的溶液。溶液应澄清，稳定约1个月。临用前取部分储备液用甲苯稀释得到10g/L的溶液（稀释10倍）。

马钱子碱溶液（50g/L）

称取5.0g马钱子碱，溶于冰醋酸中，用冰醋酸稀释至100mL，混匀。

吗啡啉甲醇溶液［$c(C_4H_9NO)=0.5mol/L$］

量取44mL吗啡啉[1]，用甲醇稀释至1000mL，混匀。

玫红三羰酸铵溶液（0.5g/L）

称取0.25g玫红三羰酸铵（铝试剂）和5.0g阿拉伯胶，加250mL水，温热至溶解，加87.0g乙酸铵，溶解后，加145mL盐酸溶液（15%），稀释至500mL，混匀。必要时过滤，使用期为1个月。

N-1-萘基乙二胺溶液（1g/L）

称取0.1g *N*-1-萘基乙二胺，加乙酸溶液（60%）溶解并稀释至100mL，混匀后，置棕

[1] 吗啡啉的水分含量超过1.5%，需要重新蒸馏后使用。

色瓶中，在冰箱中保存，一周内稳定。

α-萘酚乙醇溶液（60g/L）

称取 6.0g α-萘酚，加 100mL 无水乙醇溶解，混匀。

1-萘酚溶液（10g/L）

称取 1.0g 1-萘酚，溶于 5mL 氢氧化钠溶液（250g/L），用水稀释到 100mL，混匀。临用现配。

萘间苯二酚溶液（10g/L）

称取 1g 萘间苯二酚，溶于 100mL 乙醇中，混匀。

N-1-萘替乙二胺盐酸盐溶液（10g/L）

称取 1g *N*-1-萘替乙二胺盐酸盐，溶于 100mL 盐酸溶液 [*c*(HCl)=2mol/L] 中，混匀。现用现配。

尿素缓冲溶液

将 15g 尿素（NH_2CONH_2）溶于 500mL 磷酸缓冲溶液（称取 3.403g KH_2PO_4 和 4.335g K_2HPO_4，加水溶解，并稀释到 1000mL。临用前，用强酸或弱碱调节至 pH7）中。加入 5mL 甲苯，用于防腐和防止霉菌生长。调节其 pH 值至 7.0。

柠檬酸溶液（200g/L）

称取 20g 柠檬酸（$C_6H_8O_7 \cdot H_2O$），加水 100mL 溶解，混匀。

品红焦性没食子酸溶液

称取 0.1g 碱式品红，加 50mL 新煮沸的热水溶解后，冷却，加 2mL 亚硫酸氢钠的饱和溶液，放置 3h，加 0.9mL 盐酸，放置过夜，加 0.1g 焦性没食子酸，振摇使其溶解，混匀，加水稀释至 100mL，即得。

品红亚硫酸溶液

称取 0.2g 碱式品红，加 100mL 热水溶解后，冷却，加 20mL 亚硫酸钠溶液（100g/L），2mL 盐酸，用水稀释至 200mL，加 0.1g 活性炭，搅拌并迅速过滤，放置 1h 以上，即得。临用新配。

葡萄糖溶液（700g/L）

称取 70g 分析纯葡萄糖加入煮沸的蒸馏水中，再加热使其完全溶解，冷却用水定容至 100mL，混匀。

茜素氨羧络合剂溶液

(1) 茜素氨羧络合液（0.385g/L） 称取 0.1925g 茜素氨羧络合剂，加少量水，再加氢

氧化钠溶液 [c(NaOH)=0.05mol/L] 使之溶解，加 0.125g 乙酸钠，用乙酸溶液 (1+16) 调节 pH 为 5.0 (此时溶液呈红色)，用水稀释至 500mL，摇匀，于冰箱中保存，出现沉淀时应重新配制。

(2) 茜素氨羧络合液 (0.2g/L) 称取 0.04g 茜素氨羧络合剂，加入少许氢氧化钠溶液 (4g/L) 溶解，以高氯酸溶液中和至橙红色 (但不能生成乳浊)，用水稀释至 200mL。

茜素氟蓝溶液 (0.20g/L)

称取 0.20g 茜素氟蓝，加 12.5mL 氢氧化钠溶液 (12g/L)，加 800mL 水与 0.25g 乙酸钠晶体，用稀盐酸 (10%) 调节 pH≈5.4，加水稀释至 1000mL，摇匀，即得。

茜素锆-茜素磺酸钠混合溶液

称取 50mg 硝酸锆，加 50mL 水与 10mL 盐酸；另取 10mg 茜素磺酸钠，加水 50mL，将两溶液混合，即得。

8-羟基喹啉溶液 (1g/L)

称取 0.250g 8-羟基喹啉，加 4mL 盐酸溶液 [c(HCl)=0.1mol/L] 和少量水溶解，移至 250mL 容量瓶，用水稀释至刻度，混匀。

8-羟基喹啉铝氯仿溶液 (0.5g/L)

称取 0.1g 8-羟基喹啉铝溶解于 20mL 氯仿中，混匀。当天配制。

[8-羟基喹啉铝的制备] 将 250mL 铝溶液 [称取 2.22g$AlNH_4(SO_4)_2 \cdot 12H_2O$ 溶于水中，加 3 滴盐酸，用水稀释到 250mL] 加热到 (50～60)℃，加入过量的 8-羟基喹啉试剂。慢慢加入乙酸铵溶液直到沉淀完全。再多加 (20～25)mL 以确保沉淀完全。陈化沉淀然后用玻璃砂芯坩埚过滤。至少用 8 份 30mL 的冷水洗涤沉淀，沉淀在 (120～140)℃ 干燥。存放在干燥器里。

氢氧化四甲基铵溶液 (10g/L)

取 1mL 氢氧化四甲基铵溶液 (100g/L)，用无水乙醇稀释到 10mL，混匀，即得。

2-巯基乙醇溶液 (体积分数 50%)

将 10mL 2-巯基乙醇与 10mL 乙腈混合，置于玻璃瓶中，储存在冰箱中。

鞣酸溶液 (10g/L)

称取 1g 鞣酸，加 1mL 乙醇，加水溶解并稀释至 100mL，混匀，即得。临用新配。

乳糖溶液 (20.0g/L)

称取 (2.105±0.001)g 一水乳糖 (相当于 2.000g 无水乳糖)，置于 100mL 烧杯中，加水溶解，移入 100mL 容量瓶中，用水稀释至刻度，混匀，于 0℃保存。

三苯膦溶液 (0.5g/L)

称取 100mg 三苯膦用苯溶解后，转入 200mL 容量瓶中，用苯定容至刻度，混匀。

三聚氰酸溶液（18g/L）

称取18g三聚氰酸置于100mL烧杯中，加适量水加热溶解后，移入1000mL容量瓶中，用水稀释到刻度，混匀。在保存过程中不得出现三聚氰酸结晶。

三氯甲烷-乙酸酐溶液

将5份三氯甲烷与1份乙酸酐混合（5+1）。临用现配。配制时用新开瓶乙酸酐。

三氯乙酸溶液

（1）三氯乙酸饱和溶液　称取100g三氯乙酸溶于10mL水中，在沸水浴加热溶解，混匀。

（2）三氯乙酸溶液（50g/L）　称取5g三氯乙酸，溶于100mL水中，混匀。

（3）三氯乙酸溶液（235g/L）　称取6g三氯乙酸，加25mL氯仿溶解后，加0.5mL过氧化氢溶液（30%），摇匀。

三硝基苯酚饱和溶液

取适量三硝基苯酚，加水配制成饱和水溶液，混匀。

三硝基苯酚锂溶液（5g/L）

称取0.25g碳酸锂与0.5g三硝基苯酚，加80mL沸水使其溶解，冷却，加水稀释到100mL，混匀。

三辛基氧化膦（TOPO）环己烷溶液（19.3g/L）

称取19.3g三辛基氧化膦（TOPO），溶于1000mL环己烷中，混匀。

三乙醇胺溶液（体积分数30%）

取38mL三乙醇胺加水稀释至100mL，混匀。

三正辛胺正丁醇溶液（体积分数5%）

量取5mL三正辛胺，加正丁醇至100mL，混匀。

桑色素-乙醇溶液（0.5g/L）

称取50mg桑色素（若不纯需提纯）用95%乙醇溶解，移入100mL棕色容量瓶中，并95%乙醇稀释到刻度，混匀。冰箱保存，可稳定1个月。

[桑色素提纯]　称取2.0g桑色素，置于100mL烧杯中，加入25mL无水乙醇，搅拌使其全部溶解，加25mL水，沉淀析出，过滤。重复上述操作一次，用25mL乙酸（90%）将沉淀洗入小烧杯中，加热至沸，趁热加入15mL氢溴酸，沉淀为黄色，用G3玻璃砂芯漏斗抽滤，再用乙酸（90%）洗涤（2～3）次，最后用热水将沉淀洗涤至滤液呈中性。沉淀于105℃烘干，储于棕色瓶中，于干燥器中保存备用。

闪烁液

取4g 2,5-二苯基噁唑和0.2g 1,4-双［2′-(4′-甲基-5′-苯基噁唑)]-苯，溶于1000mL二

甲苯中，充分混匀，置于棕色瓶内，静置3日后使用。

十二烷基硫酸钠（SDS）**-乳酸混合液**

称取20g SDS，用水溶解，转入1000mL容量瓶中，加入20mL乳酸储备液（将85%乳酸与水以1∶8比例，充分振荡混合后，备用）并用水稀释至1000mL，充分混合均匀，备用。

十六烷基三甲基溴化铵溶液（55g/L）

称取5.5g十六烷基三甲基溴化铵置于250mL烧杯中，加水溶解后，稀释到100mL，混匀。

双环己酮草酰二腙溶液（1g/L）

称取0.5g双环己酮草酰二腙，置于烧杯中，加入50mL乙醇（95%）和50mL温水，在水浴上加热，搅拌至溶解，有不溶物时过滤，移至500mL容量瓶中。用水稀释到刻度，混匀。

双甲酮（醛试剂）**溶液**（50g/L）

称取5.0g双甲酮（醛试剂），溶于乙醇（95%），用乙醇（95%）稀释至100mL，混匀。

双硫腙三氯甲烷溶液（2.5g/L）

称取25mg双硫腙溶于10mL三氯甲烷中，储于棕色瓶中，冰箱中冷藏保存。

[双硫腙的提纯]　称取0.05g双硫腙溶于50mL三氯甲烷中，过滤不溶物，然后移入250mL分液漏斗中，用100mL（1+99）稀氨水分数次将双硫腙提取到氨溶液中，然后将氨提取液经棉花过滤到另一分液漏斗中，用（1+1）盐酸酸化，此时双硫腙析出。将沉淀出的双硫腙用三氯甲烷提取（2～3)次，每次20mL，将三氯甲烷合并后用水洗涤2次，此双硫腙三氯甲烷溶液作为储备液，储于棕色瓶中，冰箱中冷藏保存。

[三氯甲烷的提纯]　当三氯甲烷有氧化物存在时可用200g/L的亚硫酸钠（$Na_2SO_3 \cdot 7H_2O$）萃洗两次，重蒸馏后方可使用。或加入200g/L的盐酸羟胺溶液萃洗一次，再用水洗去残留盐酸羟胺，分去水相后即可使用。

双硫腙四氯化碳溶液（1.0g/L）

称取0.50g磨细的双硫腙，溶于50mL四氯化碳中，移入250mL分液漏斗，用氨水溶液（1+99）萃取三次，每次100mL，萃取液过滤到500mL分液漏斗，加盐酸溶液[c(HCl)=6mol/L]调至酸性，沉淀出的双硫腙用四氯化碳萃取3次，每次200mL、200mL、100mL，合并四氯化碳，储于玻璃瓶中，混匀。保存冰箱中。

水合氯醛溶液（2000g/L）

称取50g水合氯醛，加15mL水与10mL甘油使其溶解，混匀。

水溶性胶溶液

称取10g阿拉伯胶，加10mL水，再加5mL甘油及5g无水碳酸钾（或无水碳酸钠），研匀。

水杨醛溶液（233g/L）

将 10mL 水杨醛（20℃，e＝1.16781mL）溶于 50mL 乙醇中，混匀。

水杨酸-柠檬酸溶液（50g/L）

称取 10.0g 水杨酸［$C_6H_4(OH)COOH$］和 10.0g 柠檬酸钠［$Na_3C_6H_5O_7 \cdot 2H_2O$］，加 50mL 水、55mL 氢氧化钠溶液［$c(NaOH)$＝2mol/L］溶解，然后用水稀释到 200mL。此试剂稍呈黄色，室温下可稳定 1 个月。

四丁基碘化铵溶液（20g/L）

称取 2g 四丁基碘化铵用 15mL 无水乙醇溶解，移入 100mL 容量瓶中，加水稀释到刻度，混匀。

苏丹Ⅲ溶液（1g/L）

称取 0.01g 苏丹Ⅲ（$C_{22}H_{16}N_4O$），加 5mL 90%乙醇溶解后，加 5mL 甘油，摇匀，即得。本溶液应置棕色的玻璃瓶内保存，在 2 个月内使用。

酸性乙醇（pH＝3.4～4.3）

20%乙醇溶液用盐酸溶液［$c(HCl)$＝0.1mol/L］调节 pH 为 3.4～4.3。

糖溶液（10g/L）

称取 10g 糖溶于适量水中，用水稀释到 1000mL。

V-P 试剂

a. α-萘酚溶液（50g/L）：称取 5.0g α-萘酚溶解于 100mL 无水乙醇中。
b. 氢氧化钾溶液（400g/L）：将 40g 氢氧化钾于蒸馏水中溶解并稀释至 100mL。
c. 肌氨酸结晶。

胃酶-盐酸溶液（10g/L）

称取 5.0g 胃酶粉，溶于 25mL 水中，加 15mL 盐酸，加水稀释至 500mL，混匀。

无对羟基苯甲醚（MEHQ）丙烯腈

在 500mL 分液漏斗中，加入 100mL 丙烯腈和 200mL 氢氧化钠溶液（40g/L）进行振摇，放去水层，保留丙烯腈液层。另取丙烯腈，重复上述抽提过程，直至累积有 500mL 经过处理的丙烯腈为止，然后将此经过处理的丙烯腈蒸馏，收集沸点为（75.5～79.5）℃的中间馏分。

无过氧化物丙烯腈

取 500mL 丙烯腈和 1000mL 氢氧化钠溶液置于同一分液漏斗中，振摇 5min，静置分层后放出丙烯腈，加入 50g 无水氯化钙，放置（8～10)h 后，在全玻璃系统中进行蒸馏，收集沸程为（75.5～79.5)℃的中间馏分，临用前制备。

无菌对氨基苯甲酸溶液（10g/L）

称取0.1g对氨基甲酸，加入含10mL水的带塞试管中，121℃灭菌20min。

无菌聚山梨酯80-氯化钠溶液

称取1mL聚山梨酯80，加氯化钠溶液（9g/L）至100mL，121℃灭菌20min。

无醛丙烯腈

方法1　取1000mL丙烯腈置于分液漏斗中，加入90mL水，10mL氢氧化钠溶液并振荡1min，分层后放出下层溶液，再在分液漏斗中加入10g无水硫酸钠，振荡后将丙烯腈层滤出并进行蒸馏，收集沸程为（75.5～79.5)℃的中间馏分。

方法2　取1000mL丙烯腈，加入1g 2,4-二硝基苯肼，再加入经浓硫酸浸泡过的10g 732树脂，加热回流4h后，蒸馏并收集（75.5～79.5)℃的中间馏分。

无水丙烯腈

取优级纯的丙烯腈，加入适量的经450℃灼烧4h并在干燥器中冷却的4A分子筛，脱水(2～3)d，取上层清液，密封保存待用。该溶液在标准规定条件下，用色谱法检查应无水峰。

腺嘌呤-鸟嘌呤-尿嘧啶溶液

分别称取0.1g硫酸腺嘌呤（纯度为98%）、盐酸鸟嘌呤（生化试剂）以及尿嘧啶于250mL烧杯中，加75mL水和2mL浓盐酸，然后加热使其完全溶解，冷却，若有沉淀产生，加盐酸数滴，再加热，如此反复，直至冷却后无沉淀产生为止，以水稀释至100mL。加少许甲苯于冰箱中保存。

腺嘌呤核苷三磷酸（ATP）**溶液**

称取250mg腺嘌呤核苷三磷酸钠盐和250mg碳酸氢钠于带盖的小瓶中，加入5mL水溶解。在4℃下可保存四周。

香草醛溶液（10g/L）

称取0.1g香草醛，加10mL盐酸溶液溶解，混匀，即得。

香草醛硫酸溶液（20g/L）

称取0.2g香草醛，加10mL硫酸溶液溶解，混匀，即得。

2-硝基-1-萘酚溶液（10g/L）

称取1.0g 2-硝基-1-萘酚，溶于适量冰醋酸中，移入100mL容量瓶中，加入1g活性炭，并用冰醋酸稀释到刻度，混匀。低温保存，可使用（2～3)周。用前需震荡，过滤。

溴代十六烷基三甲胺溶液（6g/L）

称取0.6g溴代十六烷基三甲胺溶于100mL乙醇-水（1+4）溶液中，混匀。

亚硝酸盐检测（硝酸盐还原）**试剂**

溶液 A：将 0.02g *N*-(1 萘) 乙二胺盐酸盐于 100mL 盐酸溶液 [c(HCl)=1.5mol/L] 中，在通风柜中微热溶解。

溶液 B：将 1.0g 对氨基苯磺酸于 100mL 盐酸溶液 [c(HCl)=1.5mol/L] 中，在通风柜中微热溶解。

烟酰胺腺嘌呤二核苷酸钠盐溶液（10g/L）

称取 500mg 烟酰胺腺嘌呤二核苷酸磷酸钠盐，于小烧杯中，用 50mL 水溶解，混匀。保存在试剂瓶中。可在 4℃下保存 1 个月。

盐酸氨基脲溶液（25g/L）

称取 2.5g 盐酸氨基脲与 3.3g 乙酸钠，研磨均匀，用 30mL 甲醇转移至锥形瓶中，在 4℃以下放置 30min，过滤，滤液用甲醇稀释到 100mL，混匀，即得。

盐酸苯肼溶液

(1) 盐酸苯肼溶液（10g/L） 称取 1g 盐酸苯肼，加 80mL 水溶解，再加 2mL 盐酸溶液 (10+2)，加水稀释至 100mL，过滤，储存于棕色瓶中。

(2) 盐酸苯肼溶液（10g/L） 称取 1g 盐酸苯肼，溶于水，稀释至 100mL，混匀。使用前制备。

盐酸副玫瑰苯胺溶液

(1) 盐酸副玫瑰苯胺溶液（2g/L） 准确称取 0.200g 盐酸副玫瑰苯胺盐酸盐（PRA，纯度≥95%）溶于 100mL 盐酸溶液 [c(HCl)=1mol/L] 中，混匀。

(2) 盐酸副玫瑰苯胺溶液（1.6g/L） 称取 0.16g 盐酸副玫瑰苯胺于 24mL 浓盐酸中，用水稀释到 100mL，混匀。

盐酸甲醛肟溶液（50g/L）

移取 8.3g 甲醛，7.0g 盐酸羟胺混合，溶于水中并稀释到 100mL。混匀。

盐酸萘乙二胺溶液（5g/L）

称取 0.5g 盐酸萘乙二胺溶于水中，加水至 100mL，混匀。棕色瓶中冷藏，可稳定 1 周。

盐酸羟胺溶液

(1) 盐酸羟胺溶液（约为 200g/L） 如盐酸羟胺不纯，按下述方法纯化后配制：称取 20g 盐酸羟胺，加 80mL 水，加 5 滴百里酚蓝指示液，用浓氨水调至蓝色。移入分液漏斗中，每次用 5mL 双硫腙-三氯甲烷溶液（0.01g/L）萃取，至有机相仅呈双硫腙的绿色为止。弃去有机相，再每次用 10mL 三氯甲烷萃取除去残留的双硫腙，至三氯甲烷相为无色为止。弃去有机相，将水相用脱脂棉过滤后用水稀释到 100mL。

（2）盐酸羟胺溶液（200g/L） 称取20.0g盐酸羟胺，加30mL水溶解，加2滴酚红指示液，加氨水溶液（1+1），调pH 8.5～9.0（由黄变红，再多加2滴），用双硫腙-四氯化碳溶液（0.1g/L）萃取数次，每次10mL，至四氯化碳层绿色不变，弃去四氯化碳层，再用四氯化碳洗（2～3）次，每次5mL，弃去四氯化碳层，水层加盐酸溶液［$c(HCl)=6mol/L$］调至酸性，稀释至100mL。也可用三氯甲烷代替四氯化碳。

盐酸羟胺乙酸钠溶液

称取0.2g盐酸羟胺与0.2g无水乙酸钠，加100mL甲醇，混匀，即得。

洋地黄皂苷溶液（10g/L）

称取100mg洋地黄皂苷（生化试剂），加10mL 90%乙醇，加热溶解，混匀。

一氯乙酸溶液［$c(C_2H_3ClO_2)=2.5mol/L$］

称取23.6g一氯乙酸溶解于100mL水中，混匀。

乙醇溶液（80%）

量取80mL 95%乙醇与15mL水混匀。

乙二醛缩双邻氨基酚乙醇溶液（2g/L）

称取0.2g乙二醛缩双邻氨基酚（钙试剂），溶于100mL乙醇（95%），混匀。

乙酐吡啶溶液（1+3）

将1体积乙酐和3体积吡啶置于棕色试剂瓶中，混匀，此溶液必须现用现配。

乙腈-0.02mol/L磷酸二氢钾溶液（1+9）

向1体积乙腈中加入9体积的磷酸二氢钾溶液［$c(KH_2PO_4)=0.02mol/L$］，用盐酸溶液调节pH3。

***N*-乙酰-L-酪氨酸乙酯溶液**（2.4g/L）

称取0.24g *N*-乙酰-L-酪氨酸乙酯，加2mL乙醇使其溶解，加20mL磷酸盐缓冲液（pH7.0）加10mL甲基红-亚甲基蓝混合指示液，用水稀释至100mL，混匀。

异烟肼溶液（0.5g/L）

称取0.25g异烟肼，加0.31mL盐酸，加甲醇或无水乙醇溶解并稀释到500mL，混匀，即得。

异烟酸-吡唑酮溶液

称取1.5g异烟酸溶于24mL氢氧化钠溶液（20g/L）中，加水至100mL，另称取0.25g吡唑酮，溶于20mL *N*-二甲基甲酰胺中，合并上述两种溶液，混匀。

茚三酮溶液

（1）茚三酮溶液（20g/L） 称取 2g 茚三酮，加乙醇溶解，并稀释到 100mL，混匀，即得。

（2）茚三酮溶液 取 150mL 二甲基亚砜（C_2H_6OS）和 50mL 乙酸锂溶液［称取 168g 氢氧化锂（$LiOH \cdot H_2O$），加入 279mL 冰醋酸（优级纯），加水稀释到 1000mL，用浓盐酸或氢氧化钠溶液（500g/L）调节 pH 至 5.2］，加入 4g 水合茚三酮（$C_9H_4O_3 \cdot H_2O$）和 0.12g 还原茚三酮（$C_{18}H_{10}O_6 \cdot 2H_2O$）搅拌至完全溶解，混匀。

吲哚醌溶液（10g/L）

称取 0.1g α,β-吲哚醌，加 10mL 丙酮溶解后，加 1mL 冰醋酸，摇匀，即得。

荧光胺溶液（0.12g/L）

将 30mg 荧光胺溶于 250mL 丙酮中，混匀。

荧光红钠溶液（0.05g/L）

称取 0.05g 荧光红钠于烧杯中，用水溶解，移入 1000mL 容量瓶中，用水稀释到刻度，混匀。

呫吨氢醇甲醇溶液（10g/L）

称取 1g 呫吨氢醇用 100mL 甲醇溶解，混匀。

中性苯乙醇溶液

将分析纯苯与 95%分析纯乙醇按 2+1（体积比）混合，以酚酞为指示剂（每 100mL 加两滴）。用氢氧化钾乙醇溶液［c(KOH)=0.05mol/L］滴定至微红色 30s 不褪为止。

中性丙三醇

量取 80mL 丙三醇，加入 20mL 水，混匀，加 2 滴酚酞指示液（10g/L），用氢氧化钠标准溶液［c(NaOH)=0.1mol/L］滴至溶液呈浅粉红色。

中性甲醛溶液（1+1）

取 100mL 甲醛溶液和 100mL 水，置于 400mL 烧杯中，搅拌均匀，加 3 滴酚酞指示液（10g/L），用氢氧化钠溶液（100g/L）中和至溶液呈微红色，再用盐酸溶液调节至微红色刚好褪色。

中性乙醇

取适量乙醇，加入数滴酚酞指示剂，用氢氧化钾溶液［c(KOH)=0.1mol/L］中和至中性。

中性乙二醇溶液

量取 50mL 乙二醇（分析纯）与 50mL 水混合，加 5 滴溴百里香酚蓝指示液（1g/L），用氢氧化钠溶液［c(NaOH)=0.05mol/L］滴定至溶液呈蓝色，使用前配制，混匀。

中性乙醚-乙醇（2+1）**混合溶剂**

将乙醚与乙醇以2+1比例混合，临用前加入3滴酚酞指示液（10g/L），用氢氧化钾溶液［c(KOH)=0.1mol/L］中和至中性。

紫草溶液（100g/L）

称取10g紫草粗粉，加100mL 90%乙醇，浸渍24h后，过滤，滤液中加入等量的甘油，混合，放置2h，过滤，即得。本溶液应置棕色玻璃瓶内，在2个月内使用。

四、生化溶液

Baird-Parker 培养基

［成分］

胰蛋白胨	10.0g	甘氨酸	12.0g
牛肉膏	5.0g	氯化锂（$LiCl \cdot 6H_2O$）	5.0g
酵母膏	1.0g	琼脂	20.0g
丙酮酸钠	10.0g	蒸馏水	950mL

［配制］ 将各成分加于蒸馏水中，加热煮沸使其完全溶解，冷却至25℃，调至pH=7.0±0.2，分装每瓶95mL，121℃高压灭菌15min，临用时加热溶化培养基，冷却至50℃左右，于每95mL加入5mL预热至50℃的卵黄亚碲酸钾增菌剂，摇匀后倾注平皿培养基，应是致密不透明的，使用前在冰箱储存不得超过48h。

［用途］ 用于食品中金黄色葡萄球菌的检验。

Baird-Parker 培养基（蛋-亚碲酸-甘氨酸-丙酮酸-琼脂，ETGPA）

（1）基本培养基

［成分］

胰化胨	10.0g	甘氨酸	12.0g
牛肉浸膏	5.0g	$LiCl \cdot 6H_2O$	5.0g
酵母浸汁	1.0g	琼脂	20g
丙酮酸钠	10g	水	950mL

［配制］ 将各成分悬浮于950mL水中，加热并不时搅拌直至完全溶解。分装到带螺旋盖子的瓶中，每瓶950mL。121℃高压灭菌15min，最终的pH=7.0±0.2（25℃）。在（4±1)℃可保存1个月。

（2）增菌培养基——Bacto EY亚碲酸盐增菌培养基，亦可按以下方法制备：新鲜蛋在稀释的饱和$HgCl_2$溶液（1+1000）中浸1min，无菌操作打开蛋，从蛋白中分离出蛋黄，将蛋黄与生理盐水［8.5g NaCl加到1000mL水中溶解后，在121℃高压灭菌15min，冷却至室温］（按体积3+7）混合，在高速匀浆器中匀浆约5s。将50mL蛋黄乳液加10mL过滤除菌的丙酮酸钾溶液（10g/L）混合后，在（4±1)℃保存。

（3）完整培养基 将5mL温热的增菌培养基加到95mL融化并冷却至（45～50)℃基本

培养基中，混合均匀，不要有气泡，避免产生气泡，将（15～18)mL倒入无菌100mm×15mm陪氏培养皿中。在室温下（≤25℃）保存5d。培养基要稠得不透明，不要用透明培养皿。选用以下方法之一在用前干燥培养皿：(a）移开盖子，培养基表面朝下，用对流干燥箱或恒温箱，在50℃下干燥30min；(b）盖子盖着，培养基面向上，在强制通风烘箱或培养箱中50℃干燥2h。(c）盖子盖着，培养基面朝上在恒温箱中35℃干燥4h；(d）盖子盖上，培养基面向上，在实验台上室温下干燥（16～18)h。

白色念珠菌（Candida abicans）**菌液**

［配制］ 取白色念珠菌［CMCC(F)98001］真菌琼脂培养基斜面新鲜培养基1白金耳，接种至真菌培养基内，在（20～25)℃培养24h后，用无菌氯化钠溶液（9g/L）稀释至每1mL中含（10～100)个菌。

半纤维素酶溶液

［配制］ 称取10g半纤维素酶，用100mL乙酸缓冲液（pH5.5）稀释到100mL，如果有必要，温热至35℃。用Whatman 1号滤纸过滤除去不溶性物质，然后再用0.45μm膜滤器无菌过滤，在（4～6)℃最多能保存一周，在－18℃能保存3个月。

吡哆醇Y培养基（Pyridoxine Y medium Difco 0951-15-2）

［配制］ 称取5.3g吡哆醇Y培养基，用水稀释至100mL。用时现配。

［用途］ 用于食品中维生素B_6的检验。

丙二酸钠培养基（M）

［成分］

酵母膏	1.0g	丙二酸钠	3.0g
硫酸铵	2.0g	葡萄糖	0.25g
磷酸氢二钾	0.6g	溴麝香草酚蓝	
磷酸二氢钾	0.4g		0.025g或5g/L溶液5mL
氯化钠	2.0g	蒸馏水	1000.0mL

［配制］ 除溴麝香草酚蓝外，将其他成分加入蒸馏水中搅拌均匀，静置约10min，加热煮沸至完全溶解，调至pH＝6.9±0.1，加入溴麝香草酚蓝，再混匀，分装于试管（12mm×100mm）中，每管（1～1.5)mL，高压灭菌115℃，10min。

［用途］ 用于沙门氏菌属（包括亚利桑那菌）的检验。

布氏琼脂

［成分］ 基础液（布氏肉汤）

胰蛋白胨	10.0g	氯化钠	5.0g
蛋白胨	10.0g	亚硫酸氢钠（$NaHSO_3$）	0.1g
葡萄糖	1.0g	蒸馏水	1000mL
酵母浸膏	2.0g		

［配制］ 将以上各成分溶解于1000mL水中，将15g琼脂加于1000mL布氏肉汤基

础液，加热并搅动使琼脂溶化，煮沸 1min。121℃高压灭菌 15min，最终 pH＝7.0±0.2。

［用途］ 用于弯曲杆菌的检验。

Butterfield 氏磷酸盐缓冲稀释液

储存液

［成分］

磷酸二氢钾（KH_2PO_4）	34.0g
蒸馏水	500mL

［配制］ 将磷酸二氢钾溶于蒸馏水中，用约 175mL 氢氧化钠溶液［c(NaOH)＝1mol/L］调至 pH7.2。用蒸馏水加至 1000mL 储存于冰箱。

稀释液：取 1.25mL 储存液，用蒸馏水稀释至 1000mL，分装于合适容器后，121℃高压灭菌 15min。

［用途］ 用于检验食品中大肠菌群、粪大肠菌群和大肠杆菌、平板菌落计数。

产芽孢肉汤

［成分］

多价胨（polypeptone）	15.0g	硫酸镁	0.1g
酵母膏	3.0g	硫乙醇酸钠	1.0g
可溶性淀粉	3.0g	磷酸氢二钠（Na_2HPO_4）	11.0g

［配制］ 将上述试剂用蒸馏水溶解，调至 pH 7.8±0.1，稀释到 1000mL，分装试管，每管 15mL。121℃高压灭菌 15min。

［用途］ 用于产气荚膜梭状芽孢杆菌的检验。

Columbia-甲基伞形酮葡萄糖苷酸（MUG）琼脂培养基

［成分］

胰酪胨	13.0g	可溶性淀粉	1.0g
水解蛋白	6.0g	氯化钠	5.0g
酵母浸膏	3.0g	琼脂	13.0g
牛肉浸膏	3.0g	蒸馏水	1000mL

［配制］ 将各成分溶于水中，无需调 pH 值，稀释到 1000mL。121℃高压灭菌 15min。冷却至（55～60)℃，倾注平板。

［用途］ 用于大肠杆菌（葡萄糖苷酶荧光）的检验。

大肠杆菌悬液

［配制］ 取大肠杆菌［CMMCC(B)44103］的营养琼脂斜面培养物，接种于营养琼脂斜面上，在（35～37)℃培养（20～22)h，临用时，用灭菌水将菌苔洗下，备用。

胆硫乳琼脂（胆盐、硫化氢、乳糖琼脂、DHL）

［成分］

蛋白胨	20.0g	柠檬酸钠	1.0g
牛肉膏	3.0g	柠檬酸铁铵	1.0g
乳糖	10.0g	中性红	0.03g或5g/L水溶液6mL
蔗糖	10.0g	琼脂	16.0g
牛胆盐	2.0g	蒸馏水	1000mL
硫代硫酸钠	2.2g		

［配制］ 除中性红和琼脂外，将其他成分加入400mL蒸馏水中，搅拌均匀，静置约10min，加热煮沸至完全溶解，调至pH 7.3±0.1。另将琼脂加入600mL蒸馏水中，搅拌均匀，静置约10min，加热煮沸至完全溶解。将两种溶液混合后，再加入5g/L中性红水溶液6mL，搅拌均匀，冷至(50～55)℃，倾注平皿，每皿约20mL。

本培养基不需高压灭菌，也不再进行任何加热。制成的平板为橙黄色。

［用途］ 用于沙门氏菌属（包括亚利桑那菌）的检验。

胆盐硫乳琼脂培养基（DHL）

［成分］

胨	20g	枸橼酸钠	1g
牛肉浸出粉	3g	枸橼酸铁铵	1g
乳糖	10g	中性指示液	3mL
蔗糖	10g	琼脂	(18～20)g
去氧胆酸钠	1g	水	1000mL
硫代硫酸钠	2.3g		

［配制］ 将上述各成分（除糖、指示液及琼脂外）混合，用水加热溶解，调节pH值使灭菌后为7.2±0.1，加入琼脂，加热溶解后，再加入其余成分，摇匀，冷至60℃，倾注平皿。

胆盐乳糖培养基（BL）

［成分］

胨	20g	磷酸二氢钾	1.3g
乳糖	5g	牛胆盐	2g
氯化钠	5g	水	1000mL
磷酸氢二钾	4.0g		

［配制］ 将上述各成分（除乳糖、牛胆盐外）混合，用水加热溶解，调节pH值使灭菌后为7.4±0.2，煮沸，滤清，加入乳糖、牛胆盐，分装，121℃灭菌20min。

蛋白胨水

［配制］ 在2000mL蒸馏水中溶解2.0g蛋白胨，调至pH=7.0±0.1。在200mL瓶中分装90mL，或在500mL锥形瓶中分装225mL。121℃高压灭菌15min。

［用途］ 用于产气荚膜梭状芽孢杆菌的检验。

蛋白胨水培养基

［成分］

胰蛋白胨　　10g

氯化钠　　5g

水　　1000mL

[配制]　取上述成分，混合，加热溶化，调节 pH 值使灭菌后 pH=7.3±0.1，分装于小试管，灭菌。

蛋白胨/吐温 80（PT）**稀释液**

[配制]　将 1.0g 蛋白胨，10.0g 吐温（Tween）80 溶于 1000mL 水中，分装足够体积到稀释瓶中，在 121℃高压灭菌 15min 后体积为（90±1)mL 或（99±1)mL。

蛋黄乳剂（500g/L）

[配制]　用硬刷清洗新鲜鸡蛋并将表面擦干，浸于 70%乙醇中 1h，无菌移出蛋黄与灭菌氯化钠溶液（8.5g/L）以体积比（1+1）混合。

靛基质试验用培养基（Ⅰ）（副溶血性弧菌检验用）

(1) 培养基为 30g/L 氯化钠胰胨水

[成分]

胰胨　　40.0g

酵母浸膏　　12.0g

蒸馏水　　1000mL

[配制]　将上述各成分加水溶解后，加入 30g 氯化钠，配成 30g/L 的氯化钠胰胨水。调至 pH7.5。分装 15mm×150mm 试管，每管 7mL。121℃高压灭菌 15min。培养基为 30g/L 氯化钠胰胨水。

(2) 靛基质试剂〔柯凡克（KOVAS）氏试剂〕

[成分]

对二甲氨基苯甲醛　　10.0g

纯戊醇　　150.0mL

浓盐酸　　60.0mL

[配制]　将试剂溶于戊醇中，然后慢慢加盐酸。加热至 60℃后，呈深黄色，静置（6～7)h，变成黄色即可使用。试液宜小量配制，冰箱保存。久存后，试液变为黄褐色，不可继续使用。

(3) 完整培养基

[配制]　在 30g/L 氯化钠胰胨水（18～24)h 培养液中，滴加 0.1mL 柯凡克试液（出现红色环者为阳性，出现黄棕色环者为阴性）。

[用途]　用于副溶血性弧菌的检验。

淀粉酶（100g/L）

[配制]　称取 10g 淀粉酶，用乙酸钠溶液 [$c(NaCH_3COO)=2.5mol/L$] 配制成 100mL 溶液。使用时现配制。

淀粉酶和木瓜酶混合酶溶液（36g/L）

[配制]　称取淀粉酶和木瓜酶各 3.6g，溶于 100mL 乙酸钠溶液 [$c(NaCH_3COO)=$

2mol/L] 中，混匀。

淀粉酶溶液

[配制] 称取 10g α-淀粉酶，用 Tris 缓冲液稀释到 100mL，pH7.0。如有必要则在 35℃温热。用 Whatman 1 号滤纸或同类产品过滤除去不溶物质，然后用 0.45μm 膜滤器进行过滤除菌。在 (4～6)℃最多能保存一个星期，在－18℃则能保存 3 个月。

叠氮化钠葡萄糖肉汤

[成分]

牛肉浸膏	4.5g	氯化钠	7.5g
胰蛋白胨或多胨	15.0g	叠氮化钠 (NaN_3)	0.2g
葡萄糖	7.5g	蒸馏水	1000mL

[配制] 将以上各成分混匀，加水，不断搅拌加热溶解。用适当大小的试管分装，每管 10mL，121℃高压灭菌 15min，灭菌后的培养基 pH 约为 7.2。若制备双倍浓度的叠氮化钠葡萄糖肉汤，可将上述配方中蒸馏水改为 500mL。

[用途] 用于粪链球菌群的检验。

动力培养基

[成分]

胰酪胨	10.0g	磷酸氢二钠	2.5g
酵母膏	2.5g	琼脂	3.0g
葡萄糖	5.0g	蒸馏水	1000mL

[配制] 将上述各成分于蒸馏水，加热溶解并稀释至 1000mL。调节 pH＝7.4±0.2 后，分装试管，每管 2mL。121℃高压灭菌 10min 备用。

[用途] 用于蜡样芽孢杆菌的检验。

动力试验培养基（半固体培养基）

[配制] 溶解 3g 牛肉浸汁，10g 蛋白胨，5.0g 氯化钠和 4g 琼脂在 1000mL 水中，加热，偶尔轻轻搅动，煮沸 (1～2)min 至溶解。如果培养基准备储存，分装至螺旋盖容器中，每管 20mL，旋松盖子，121℃高压灭菌 15min。冷至 45℃，拧紧盖子放在 (5～8)℃冰箱保存。

用于试验时先用水浴或流动蒸气使培养基重新溶化，冷却至 45℃无菌分装至 15mm×100mm 培养皿，每皿 20mL，盖紧盖子使其凝固，当天使用。最终 pH＝7.4±0.2。

短小芽孢杆菌悬液

[配制] 取短小芽孢杆菌 [CMMCC(B)63202] 的营养琼脂斜面培养物，接种于盛有营养琼脂培养基内的培养瓶中，在 (35～37)℃培养 7d 后，用革兰氏染色法涂片镜检，应有芽孢 85%以上，用灭菌水将芽孢洗下，在 65℃加热 30min。备用。

多价蛋白胨-酵母膏 (PY) 培养基

[成分]

多价胨	20.0g
酵母膏	5.0g
氯化钠	5.0g

[配制] 用蒸馏水溶解上述成分并稀释到1000mL中，调至pH=6.9±0.1，分装到带螺帽的试管内，每管9mL。121℃高压灭菌15min。

[用途] 用于产气荚膜梭状芽孢杆菌的检验。

EC肉汤

[成分]

胰蛋白胨或胰酪胨	20.0g	磷酸二氢钾（KH_2PO_4）	1.5g
3号胆盐或混合胆盐	1.5g	氯化钠	5.0g
乳糖	5.0g	蒸馏水	1000.0mL
磷酸氢二钾（K_2HPO_4）	4.0g		

[配制] 将以上成分溶解于蒸馏水中，分装于16mm×150mm试管（管内有倒立的小发酵管）中，每管8mL。121℃高压灭菌15min，最终pH=6.9±0.1。

[用途] 用于大肠菌群、粪大肠菌群和大肠杆菌的检验。

Endo培养基

[配制] 称取3.5g磷酸氢二钾（K_2HPO_4），10.0g蛋白胨，20.0g琼脂和10g乳糖加入1000mL水制成悬液，煮沸溶解，加水到1000mL，如果有必要可澄清，分装成每瓶10.0mL，121℃高压灭菌15min，最后pH=7.4±0.1，使用前溶化，加0.25g硫酸钠（Na_2SO_4）和1.0mL过滤了的碱性品红乙醇溶液（5%）。

[用途] 用于蛋和蛋制品的测定。

泛酸测定用培养基

[成分]

葡萄糖	40g	硫酸腺嘌呤	20mg
乙酸钠	20g	盐酸鸟嘌呤	20mg
无维生素酸水解酪蛋白	10g	尿嘧啶	20mg
磷酸氢二钾	1g	胡萝卜素	400μg
磷酸二氢钾	1g	盐酸硫胺素	200μg
L-胱氨酸	0.4g	生物素	0.8μg
L-色氨酸	0.1g	ρ-氨基苯甲酸	200μg
硫酸镁	0.4g	烟酸	1mg
氯化钠	20mg	盐酸吡哆醇	800μg
硫酸亚铁	20mg	聚山梨糖单油酸酯	0.1g
硫酸锰	20mg		

[配制] 用蒸馏水溶解上述各成分，加蒸馏水至1000mL，pH=6.7±0.1（25℃）。

肺炎克雷伯氏菌悬液

[配制] 取肺炎克雷伯氏菌[CMMCC(B)46117]的营养琼脂斜面培养物，接种于营养

琼脂斜面上，在（35～37）℃培养（20～22）h，临用时，用灭菌水将菌苔洗下，备用。

分离凝胶（小孔、化学聚合的）

［配制］

溶液1：将91.5g三烃甲基氨基甲烷、0.575mLTEMED（N,N,N',N'-四亚甲基二胺）和约116mL盐酸溶液［c(HCl)＝1mol/L］混合，调节到pH9.0，用水稀释到250mL。

溶液2：用水溶解70g丙烯酰胺和1.8375g N,N'-亚甲基双丙烯酰胺（BIS）于水中并稀释到250mL。

溶液3：由溶液1、2等体积混合制成。

溶液4：过硫酸铁水溶液（1.4g/L）。

溶液1和2用棕色瓶储存在冰箱里，可稳定约6个月。溶液3和4，在冰箱中只能保存1周。只能在使用前，再用等体积的溶液3和溶液4配制，制备分离凝胶体。

注：丙烯酰胺单体属神经性毒物，操作时须戴防渗透手套，不可用嘴吸移液管。当干燥、触摸试剂时，必须在有效的通风橱内进行，与该物质接触过的人，要严格体检（电泳分析用）。

酚红葡萄糖肉汤

［成分］

蛋白胨	10.0g	葡萄糖	5.0g
牛肉膏	1.0g	酚红	0.018g（配成溶液加入）
氯化钠	5.0g	蒸馏水	稀释至1000mL

［配制］ 将除酚红外的各成分溶解于蒸馏水并稀释至1000mL。调节pH＝7.4±0.1，加入酚红溶液，混匀，分装试管，每管3mL。121℃高压灭菌10min，备用。

［用途］ 用于蜡样芽孢杆菌的检验。

覆盖琼脂

［成分］

琼脂	20g
蒸馏水	1000mL

［配制］ 将琼脂混悬于蒸馏水中，静置5min，加热煮沸使溶解，分装于试管或三角烧瓶内，121℃高压灭菌20min。

［用途］ 用于计数方法检验嗜热菌芽孢（需氧芽孢总数、平酸芽孢和厌氧芽孢）。

改良缓冲蛋白胨水（MBP）

（1）B1缓冲蛋白胨水

［成分］

蛋白胨	10.0g	磷酸二氢钾	1.5g
氯化钠	5.0g	蒸馏水	1000mL
磷酸氢二钠	9.0g		

［配制］ 将各成分加热煮沸溶解，冷却后调整至pH7.0，分装225mL于广口瓶或三角瓶内，于121℃高压灭菌15min。

B2 盐酸吖啶黄溶液

［成分］

盐酸吖啶黄素	15mg
灭菌蒸馏水	10mL

［配制］ 振摇混匀，充分溶解后过滤除菌。

B3 萘啶酮酸溶液

［成分］

萘啶酮酸	40mg
c(NaOH)=0.05mol/L 氢氧化钠溶液	10mL

［配制］ 振摇混匀，充分溶解后过滤除菌。

（2）改良缓冲蛋白胨水（MBP）

［成分］

缓冲蛋白胨水（B1）	225mL
盐酸吖啶黄溶液（B2）	1.8mL
萘啶酮酸溶液（B3）	1.1mL

［配制］ 使用前加入盐酸吖啶黄溶液和萘啶酮酸溶液于缓冲蛋白胨水中，充分振摇，混合均匀。

［用途］ 用于单核细胞增生李斯特氏菌的检验。

改良的酵母浸汁-孟加拉红肉汤（modified yeast extract-rose bengal broth）

（1）基础液

［成分］

磷酸二氢钾	0.508g	氯化钠	1.00g
磷酸氢二钠	11.21g	硫酸镁（含 7 个结晶水）	0.01g
酵母浸汁	5.00g	蒸馏水	770mL

［配制］ 将上述各成分溶于蒸馏水中，加热使之完全溶解，调至 pH8.0，121℃高压灭菌 15min。

（2）山梨糖水溶液（40g/L） 称取 4g 山梨糖溶于 100mL 水中，混匀。

（3）丙酮酸钠水溶液（10g/L） 称取 4g 丙酮酸钠 1g 溶于 100mL 水中，混匀。

（4）孟加拉红水溶液（4g/L） 称取 0.4g 孟加拉红溶于 100mL 水中，混匀。

将溶液（2），溶液（3）流通蒸汽加热 0.5h 灭菌，溶液（4）过滤除菌，将灭菌过的此三种溶液加到灭菌并冷却的基础液中，调至最终 pH 值为 8.0。以无菌操作分装于 18mm×180mm 灭菌的试管中，每管 8mL，4℃冰箱保存备用。

［用途］ 用于小肠结肠炎耶尔森氏菌的检验。

改良的酵母悬液（麦芽糖存在与否均适用）

［配制］

① 取面包酵母饼 2 块（每块 17g）浸泡后用水洗涤 3 次，每次 50mL，每次洗涤后均离心。

② 制备含下列成分的培养基：无水 $MgSO_4$ 1.0g，无水 K_2HPO_4 1.0g，KCl 0.5g，$FeSO_4 \cdot 7H_2O$ 0.02g，蛋白胨 0.7g，工业用麦芽糖 20.0g。将上述各种成分依次用小量水溶解，一一加入有水 500mL 的烧杯中，最后稀释至 1000mL。加热过滤，滤液加热至沸，冷却至室温。

③ 将洗过的酵母加入1000mL培养基中，在30℃培养24h，前几小时要经常搅拌。用倾倒和离心法分离酵母，用水洗涤2次，加入1000mL新鲜培养基中，再培养24h，前几小时也要搅拌。分离酵母，用水洗涤不少于4次，稀释至100mL并冷藏。酵母可存活（2～3）周（冷冻后存活时间更长）。

改良的克氏双糖铁琼脂

［成分］

牛肉膏	3.00g	硫酸亚铁	0.20g
酵母膏	3.00g	氯化钠	5.00g
蛋白胨	15.0g	硫代硫酸钠	0.30g
胰胨蛋白胨	5.00g	酚红	0.024g
山梨醇	20.0g	琼脂	15.0g
葡萄糖	1.00g	蒸馏水	1000mL

［配制］ 以800mL蒸馏水将琼脂加热溶化，再用200mL蒸馏水将其他成分（酚红除外）加热溶解，再将以上两种溶液混匀，调至pH＝7.4±0.2，然后加入酚红，分装于13mm×130mm试管，121℃高压灭菌15min，待冷至50℃左右，斜置成深高层斜面。制成的培养基为淡橙红色。培养基采用高层穿刺、斜面密布划线接种法。25℃培养（24±2)h。观察结果：小肠结肠炎耶尔森氏菌的反应为底层斜面均产酸、变黄色、无硫化氢、不产气（偶有少量小气泡）。

［用途］ 用于小肠结肠炎耶尔森菌的检验。

改良的磷酸盐缓冲溶液

［成分］

磷酸氢二钠	8.23g	山梨醇	10.00g
磷酸二氢钠（$NaH_2PO_4 \cdot H_2O$）	1.20g	胆盐（3号）	1.50g
氯化钠	5.00g	蒸馏水	1000mL

［配制］ 将上述前3种成分溶于水中，再加入后2种成分，溶解后调至pH7.6，分装于500mL广口玻璃瓶内，每瓶225mL，高压灭菌121℃ 15min。

［用途］ 用于小肠结肠炎耶尔森氏菌的检验。

改良的硫化物琼脂

［配制］ 将10.0g胰蛋白胨，1.0g硫酸钠和20.0g琼脂，加入1000mL水中，并彻底混合制成悬浮物。在琼脂倒入试管时，在各管中加入干净铁条或铁钉。无需调节反应。121℃高压灭菌20min，冷却至55℃。

［用途］ 用以检测硫化物腐败菌。

改进的PE-2培养基（厌氧培养基）

［配制］ 溶解20.0g蛋白胨，3.0g酵母浸汁和2.0mL溴甲酚紫醇溶液（20g/L）于1000mL水中，如果有必要可轻微加热。分装到20mm×150mm螺旋帽管中，每管10mL，

试管中已加了 10mL 左右没有处理的豌豆，在 121℃高压灭菌 30min，如果不是新制备的，在使用前加热至 100℃再冷却至 55℃。

改进 V-P 培养基

［成分］

胰蛋白胨	7.0g
葡萄糖	5.0g
氯化钠	5.0g

［配制］ 将上述各成分溶解于蒸馏水并稀释至 1000mL。调节 pH=6.5±0.1，分装试管，每管 5mL。121℃高压灭菌 10min 备用。

［用途］ 用于蜡样芽孢杆菌的检验。

改良亚硫酸盐琼脂

［成分］

蛋白胨	10g	琼脂	20g
无水亚硫酸钠	1g	蒸馏水	1000mL

［配制］ 将蛋白胨、亚硫酸钠和琼脂混悬于蒸馏水中，充分混合，加热使溶解。分装试管，每管 (10～15)mL，再于各试管内加入适量清洁的混铁粉或铁屑。不调 pH。121℃高压灭菌 20min。

甘露醇氯化钠琼脂培养基

［成分］

胨	10g	酚磺酞指示液	2.5mL
牛肉浸出粉	1g	琼脂	(15～20)g
甘露醇	10g	水	1000mL
氯化钠	75g		

［配制］ 除甘露醇、指示液、琼脂外，取上述成分混合，微温溶解，调节 pH 值使灭菌后为 7.4±0.2，加入琼脂，加热溶化后，再加入甘露醇、指示液，过滤，分装，121℃灭菌 20min，冷至 60℃，倾注平皿。

甘露醇卵黄多黏菌素琼脂培养基（MYP）

(1) 基础琼脂

［成分］

牛肉膏	1.0g	琼脂	15.0g
蛋白胨	10.0g	酚红	0.025g（配成溶液加入）
D-甘露醇	10.0g	蒸馏水	稀释至 900mL
氯化钠	10.0g		

(2) 5%卵黄液（50mL） 取鲜鸡蛋，用硬刷将蛋壳彻底洗净，沥干，放于 70%酒精溶液中浸泡 1h。以无菌操作取出卵黄，加入等量灭菌生理盐水，混匀后备用。

(3) 多黏菌素 B 溶液（100IU/mL） 在 50mL 灭菌蒸馏水中溶解 500000IU 的无菌硫酸

盐多黏菌素 B。

(4) 完整培养基　将 (1) 中的前 5 种成分加入蒸馏水中加热溶解，调节 pH 值至 7.2±0.1，加入酚红溶液，混匀后分装烧瓶中，每瓶 225mL。121℃高压灭菌 15min。用时加热溶化，冷至 50℃后每瓶加入 50%卵黄液 12.5mL 和 2.5mL 多黏菌素 B 溶液，混匀后倾注灭菌平皿，每皿 (15～18)mL。用前应将平板置室温约 24h。

[用途]　用于蜡样芽孢杆菌的检验。

肝汤

[配制]　将 500g 碎牛肝加入 1000mL 蒸馏水中，振摇，微火煮沸 1h。调至 pH7.0，再煮沸 10min。用纱布过滤，挤压出液体部分，并稀释至 1000mL。加入蛋白胨 10g，磷酸氢二钾 1g，再调至 pH7.0。将煮沸过的碎牛肝 (1cm～2cm 厚) 和肝汤 10mL～12mL 加入 18mm×150mm 试管内，121℃高压灭菌 20min。除新鲜配制以外，使用前以流动蒸汽加热培养基 20min 以上，以排除培养基内的空气。接种后用灭菌琼脂 (50℃) 覆盖，厚度 (5～6)cm。

[用途]　用于计数方法检验嗜热菌芽孢 (需氧芽孢总数、平酸芽孢和厌氧芽孢)。

革兰染色液

(1) 结晶紫染色液

[成分]

结晶紫	1.0g
95%乙醇	20mL
1%草酸铵水溶液	80mL

[配制]　将结晶紫完全溶解于乙醇中，然后与草酸铵溶液混合。

(2) 革兰碘液

[成分]

碘	1.0g
碘化钾	2.0g
蒸馏水	300mL

[配制]　将碘与碘化钾先混合，加入蒸馏水少许充分振摇，待完全溶解后，再加蒸馏水至 300mL。

(3) 沙黄复染液

[成分]

沙黄	0.25g
95%乙醇	10mL
蒸馏水	90mL

[配制]　将沙黄溶解于乙醇中，然后用蒸馏水稀释。

[用途]　用于大肠菌群、粪大肠菌群和大肠杆菌的检验。

染色法：①将涂片在火焰上固定，滴加结晶紫染液，染 1min，水洗。②滴加革兰碘液，作用 1min，水洗。③滴加 95%乙醇脱色约 (15～30)s，直至染色液被洗掉，不要过分脱色，水洗。④滴加复染液，复染 1min，水洗、待干、镜检。

结果：革兰阳性菌呈紫色，革兰阴性菌呈红色。

枸橼酸盐培养基

［成分］

氯化钠	5g	枸橼酸钠（无水）	2g
硫酸镁	0.2g	溴麝香草酚蓝指示液	20mL
磷酸氢二钾	1.0g	琼脂	(15～20)g
磷酸二氢铵	1g	水	1000mL

［配制］ 将除指示液和琼脂外的上述各成分混合，微温溶解，调节pH值使灭菌后pH=6.9±0.1，加入琼脂，加热溶解后，加入指示液，混匀，分装于小试管，121℃灭菌20min，置成斜面。

注：所用琼脂应不含游离糖，用前用水浸泡冲洗。

固定液

［成分］

无水乙醇	600mL
三氯甲烷	300mL
甲醛溶液（36%～38%）	100mL

［配制］ 将上述三种成分混合，储存于磨砂口带盖试剂瓶内。

［用途］ 用于炭疽杆菌的检验。

观察细菌运动培养基

［配制］ 将10.0g胰酪胨，2.5g酵母浸汁，5.0g葡萄糖，2.5g磷酸氢二钠和3.0g琼脂。溶于适量水中，加热溶解用水稀释至1000mL。无菌分装于13mm×100mm试管中，每管2mL，121℃高压菌10min。最终pH=7.4±0.2。或分装每100mL在150mL瓶中，121℃高压灭菌15min，冷至50℃，为了得到好的结果，使用前室温存放（9～4)d，观察培养基面上是否长菌污染。

果胶酶溶液

［配制］ 用从黑曲霉中提出的果胶酶液［其中蛋白含量为（3～6)IU/mg］，溶于40%甘油中。用0.45μm膜滤器无菌过滤。在（4～6)℃最多能保存1周，在-18℃可保存3个月。

含10% NaCl的胰蛋白酶（酪蛋白降解物）大豆肉汤培养基

［配制］ 将95g NaCl加到1000mL含17.0g胰蛋白酶或胰蛋白（酪蛋白胰酶降解物）及3.0g葡萄糖的溶液中，温和加热溶解。分装在（16～20)mm直径的管中深达（5～8)cm。121℃高压灭菌15min，最终pH值为7.3±0.2。

含10% NaCl和1%丙酮酸钠的胰蛋白酶大豆肉汤培养

［配制］ 将17.0g胰蛋白酶或胰胨（酪蛋白胰酶降解物），3.0g植物蛋白胨（大豆木瓜蛋白酶消化物），5.0g氯化钠，2.5g磷酸氢二钾，2.5g葡萄糖（或脱水胰蛋白酶、或胰大豆肉汤培养基），10g丙酮酸钠溶于1000mL水中，再加入95g NaCl，微热溶解，调至

pH7.3。分装到16mm×150mm的管中，每管10mL。121℃高压灭菌15min。最终pH值为7.3±0.2。在(4±1)℃保存，保质期为1个月。

含4-甲基伞形酮葡萄糖苷酸(MUG)的十二烷基硫酸盐蛋白胨肉汤培养基

[配制] 在十二烷基(月桂基)硫酸盐蛋白胨肉汤中，加入50mg 4-甲基-伞形基-B-D葡萄糖醛酸(MUG)，溶解时可稍加热。分装到20mm×150mm试管中，每管10mL。121℃高压灭菌15min，最终pH值为6.8±0.1。

含吐温80的麦康凯琼脂

[成分]

蛋白胨	12.0g	氯化钙(无水)	0.20g
胰蛋白胨(proteose peptone)	3.00g	中性红	0.03g
乳糖	10.0g	结晶紫	0.001g
胆盐(3号)	1.50g	琼脂	18.0g
氯化钠	5.00g	蒸馏水	1000mL
吐温80(Tween 80)	10.0g		

[配制] 将琼脂于800mL蒸馏水中加热溶化，以50mL蒸馏水将吐温80稀释，再将其他各成分(指示剂除外)加入150mL蒸馏水中，加热使之完全溶解。将后两种溶液加至已溶化的琼脂液中，充分混匀，调至pH=7.1±0.2，再加入指示剂，混匀后于121℃高压灭菌15min，待冷至(50～55)℃时，立即倾注于灭菌平皿内，每皿约15mL，制成的琼脂平板呈淡橙色。

[用途] 用于小肠结肠炎耶尔森菌的检验。

含0.18%琼脂的半固体布氏肉汤

(1) 基础液(布氏肉汤)

[成分]

胰蛋白胨	10.0g	氯化钠	5.0g
蛋白胨	10.0g	亚硫酸氢钠($NaHSO_3$)	0.1g
葡萄糖	1.0g	蒸馏水	1000mL
酵母浸膏	2.0g		

[配制] 将各成分溶于蒸馏水中并混匀。

(2) 完整培养基 将1.8g琼脂加于1000mL布氏肉汤基础液，加热并搅拌使琼脂溶化，分装于16mm×125mm试管中，每管7mL。121℃高压灭菌15min。最终pH=7.0±0.2。

[用途] 用于弯曲杆菌的检验。

含吐温80的亚硫酸铋琼脂

(1) 基础液

[成分]

牛肉膏	5.00g	吐温80(Tween 80)	10.0g
蛋白胨	10.0g	氯化钙(无水)	0.20g
葡萄糖	5.00g	琼脂	20.0g
氯化钠	5.00g	蒸馏水	1000mL

［配制］ 将上述各成分溶于1000mL水中，混匀。

（2）亚硫酸铋混合液 先分别配制：200g/L亚硫酸钠水溶液（溶解200g无水亚硫酸钠于1000mL蒸馏水中，混匀）和100g/L柠檬酸铋铵水溶液（溶解50g柠檬酸铋铵于500mL蒸馏水中，加1mL浓的氢氧化铵，放置至澄清，可能还需再加数毫升氢氧化铵），再将这两种溶液混合，然后加入100g无水磷酸氢二钠溶解。加入预先配制的100g/L柠檬酸铁铵水溶液（加10g柠檬酸铁铵于100mL蒸馏水中，混匀）。将混合液于100℃加热2min或3min，用橡皮塞塞瓶，储存于室温暗处，不可放于冰箱内。

（3）完整培养基 加70mL亚硫酸铋混合液于1000mL经121℃灭菌15min，并冷至70℃左右的基础液中，彻底摇匀，再加4mL煌渌水溶液（10g/L），混匀，待冷至50℃左右时倾注平皿。制成的平板应为淡乳黄色、不透明，存放于室温暗处或冰箱内，以临用前1d制备为宜。

（4）［用途］ 用于小肠结肠炎耶尔森菌的检验。

HE琼脂培养基

［成分］

胰蛋白胨	12.0g	氯化钠	5.0g
酵母浸出物	3.0g	硫代硫酸钠	5.0g
乳糖	12.0g	柠檬酸铁铵	1.5g
蔗糖	12.0g	溴麝香草酚蓝	0.065g
蒸馏水	1000mL	酸性复红	0.1g
水杨素	2.0g	琼脂	14.0g
混合胆盐	9.0g		

［配制］ 将各成分溶于水，混匀。煮沸（4～5)min。最终pH＝7.5±0.2。冷至（55～60)℃，倾注平板。

［用途］ 用于沙门菌（辛酯酶荧光）的检验。

D-环丝氨酸溶液

［配制］ 溶解1g D-环丝氨酸于200mL磷酸盐缓冲液（pH＝8.0±0.1）中（不加热），经0.45μm滤膜过滤除菌。

［用途］ 用于产气荚膜梭状芽孢杆菌的检验。

缓冲的胨葡萄糖肉汤培养基（MR-VP培养基）

［配制］ 称取7.0g蛋白胨，5.0g葡萄糖，5.0g磷酸氢二钾（K_2HPO_4）溶于约800mL水中，微热，不时搅拌，过滤，冷却至20℃，用水稀释至1000mL，分装于试管中(每管10mL)，121℃高压灭菌（12～15)min，常态加热勿超过30min，最后的pH值为6.9±0.2。

［用途］ 用于蛋和蛋制品的测定［甲基红-(MR-VP）试验用］。

缓冲胨水增菌液（BP）

［成分］

蛋白胨	10.0g	磷酸二氢钾	1.5g
氯化钠	5.0g	蒸馏水	1000mL
磷酸氢二钠（含12个结晶水）	9.0g		

[配制] 将各成分加入蒸馏水中，搅匀，静置约10min，加热煮沸至完全溶解，调至pH=7.2±0.1，高压灭菌121℃，15min，临用时，以无菌操作分装灭菌玻璃瓶，每瓶200mL或225mL。

[用途] 用于沙门菌属（包括亚利桑那菌）的检验。

缓冲动力-硝酸盐培养基

[成分]

牛肉膏	3.0g	半乳糖	5.0g
蛋白胨	5.0g	甘油	5.0g
硝酸钾	5.0g	琼脂	3.0g
磷酸氢二钠（Na_2HPO_4）	2.5g		

[配制] 用蒸馏水溶解上述成分并稀释到1000mL。调至pH=7.3±0.1，分装试管中，每管11mL。121℃高压灭菌15min。

[用途] 用于产气荚膜梭状芽孢杆菌的检验。

缓冲甘油-氯化钠溶液

[配制] 在900mL蒸馏水中溶解4.2g氯化钠，加12.4g无水磷酸氢二钾，4.0g无水磷酸二氢钾和100mL甘油，混合，充分溶解。调至pH7.2。121℃高压灭菌15min。

配制双倍浓度缓冲甘油溶液（20%）时，用甘油200mL和蒸馏水800mL

[用途] 用于产气荚膜梭状芽孢杆菌的检验。

缓冲生理盐水

[成分]

无水磷酸氢二钠	1.42g
蒸馏水	1000mL
氯化钠	8.50g

[配制] 将各成分加于蒸馏水中，加热搅拌使完全溶解。如欲长期保存，可加0.1g硫柳汞（硫汞柳酸钠；$C_9H_9HgNaO_2S$）。

[用途] 用于炭疽杆菌的检验。

煌绿乳糖胆盐（BGAB）肉汤

[成分]

蛋白胨	10.0g	0.1%煌绿水溶液	13.3mL
乳糖	10.0g	蒸馏水	1000mL
牛胆粉（oxgall或oxbile）溶液	200mL		

[配制] 将蛋白胨乳糖溶于约500mL蒸馏水中，加入200mL牛胆粉溶液（将20.0g脱

水牛胆粉溶于200mL蒸馏水中，pH=7.0～7.5）用蒸馏水稀释到975mL，调pH7.4。再加入13.3mL煌绿水溶液（0.1%），用蒸馏水补足到1000mL，用棉花过滤后，分装到20mm×150mm试管（管内有倒立的小发酵管）中，每管10mL。121℃高压灭菌15min。最终pH=7.2±0.1。

［用途］ 用于大肠菌群、粪大肠菌群和大肠杆菌的检验。

基本培养储备液

［配制］

(1) 甲盐溶液　称取25g磷酸氢二钾和25g磷酸二氢钾，加水溶解，并稀释至500mL。加入少许甲苯以保存之。

(2) 乙盐溶液　称取10g硫酸镁（$MgSO_4 \cdot 7H_2O$），0.5g硫酸亚铁（$FeSO_4 \cdot 7H_2O$）和0.5g硫酸锰（$MnSO_4 \cdot 4H_2O$），加水溶解，并稀释至500mL，加少许甲苯以保存之。

(3) 基本培养储备液　将下列试剂混合于500mL烧杯中，加水至450mL，用c(NaOH)=1mol/L氢氧化钠溶液调节pH值至6.8，用水稀释至500mL。

［成分］

碱处理蛋白胨	100mL	甲盐溶液	10mL
0.1%胱氨酸溶液	100mL	乙盐溶液	10mL
酵母补充液	20mL	无水葡萄糖	10g

［用途］ 用于核黄素的测定。

基本培养基储备液

［成分］

酸水解酪蛋白溶液	25mL	核黄素-盐酸硫胺-生物素溶液	5mL
胱氨酸-色氨酸溶液	25mL	对氨基苯甲酸-盐碱酸-盐酸吡哆素溶液	5mL
Polgs or ba te80溶液	0.25mL		
无水葡萄糖	10mL	盐溶液A	5mL
无水乙酸钙	5mL	盐溶液B	5mL
腺嘌呤-鸟嘌呤-尿嘧啶溶液	5mL		

(1) 酸水解酪蛋白溶液

［配制］ 100g不含维生素的酪蛋白与500mL稀盐酸（1+2）混合后回流（8～12)h。减压蒸馏去盐酸，得稠糊状物。稠糊溶于水后用氢氧化钠调节至pH=3.5±0.1。加水1000mL，加20g活性炭，搅拌1h，过滤。母液再用活性炭处理。加入少量甲苯溶液存放在不低于10℃的冰箱里，储存中若有沉淀，应过滤之。

(2) 胱氨酸-色氨酸溶液

［配制］ 4.0g L-胱氨酸和1.0g L-色氨酸悬浮于（100～800)mL水中，加热到70℃～80℃，搅拌下滴加稀盐酸（1+2）至固体完全溶解。冷却，加入少量甲苯，加水到1000mL，混匀。溶液储存在不低于10℃的冰箱里。

(3) 腺嘌呤-鸟嘌呤-尿嘧啶溶液

［配制］ 加热下将硫酸腺嘌呤、盐酸鸟嘌呤和尿嘧啶各200mg溶解在10mL稀盐酸（1+3）

里，冷却。加水至250mL在甲苯蒸气中和冰箱内存放溶液。

（4）盐溶液A

［配制］ 用磷酸氢二钾和磷酸二氢钾各25g配得500mL冰溶液，加5滴盐酸。溶液存放在甲苯蒸气中。

（5）盐溶液B

［配制］ 将10g硫酸镁、500mg氢氧化钠、500mg硫酸亚铁和500mg硫酸锰溶于水，得500mL水溶液，加5滴盐酸。溶液存放在甲苯蒸气中。

（6）核黄素-盐酸硫胺-生物素溶液

［配制］ 将此三种化合物溶于$c(CH_3COOH)=0.02mol/L$乙酸，所得溶液每mL含核黄素20μg、盐酸硫胺10μg、生物素0.04μg。溶液存放在甲苯蒸气中避光保存在冰箱内。

（7）对氨基苯甲酸-盐碱酸-盐酸吡哆素溶液。

［配制］ 用25%中性乙醇液配制成每1mL溶液中含对氨基苯甲酸10μg、盐碱酸50μg、盐酸吡哆素40μg，存放在冰箱内。

（8）植质乳酸酐菌的原培养物

［配制］ 2.0g水溶性酵母提取物溶于100mL水里，加500mg无水葡萄糖、500mg无水乙酸钠和1.5g琼脂。搅拌下用蒸汽浴加热混合物至琼脂完全溶解。溶液趁热倒入试管，121℃下灭菌。直立试管，冷却之。用植质乳酸酐菌纯菌种，在3只或3只以上试管内穿刺培养。保温培养（16～24)h，温度可在（30～37)℃间，但必须恒定在0.5℃内。最后保存在冰箱里，每星期更新穿刺培养物，不要用1周以上的原配养物制菌种。

肌醇测定用培养基

［成分］

葡萄糖	100g	L-天门冬酰胺	0.8g
柠檬酸钾	10g	DL-天门冬氨酸	0.2g
柠檬酸	2g	DL-丝氨酸	0.1g
磷酸二氢钾	1.1g	甘氨酸	0.2g
氯化钾	0.85g	DL-苏氨酸	0.4g
硫酸镁	0.25g	L-缬氨酸	0.5g
氯化钙	0.25g	L-组氨酸	0.124g
硫酸锰	50mg	L-脯氨酸	0.2g
氯化亚铁	50mg	DL-丙氨酸	0.4g
DL-色氨酸	80mg	L-谷氨酸	0.6g
L-胱氨酸	0.1g	L-精氨酸	0.48g
L-异亮氨酸	0.5g	盐酸硫胺素	500μg
L-赖氨酸	0.5g	生物素	16μg
L-蛋氨酸	0.2g	泛酸钙	5mg
DL-苯基丙氨酸	0.2g	盐酸吡哆醇	1mg
L-酪氨酸	0.2g		

［配制］ 加蒸馏水溶解，上述各成分，混匀，用水稀释至1000mL，pH＝5.2±0.2（25℃）。

甲苯胺蓝-DNA 琼脂

［成分］

脱氧核糖核酸（DNA）	0.3g	甲苯胺蓝（O）	0.083g
琼脂	10.0g	三羟甲基氨基甲烷	6.1g
氯化钙（$CaCl_2$ 无水）	1.1mg	蒸馏水	1000mL
氯化钠	10.0g		

［配制］ 将三羟甲基氨基甲烷溶解于蒸馏水中，调至 pH9.0，除甲苯胺蓝（O）外将其余各成分加热溶解。再将甲苯胺蓝（O）溶于培养基中。分装于塞有橡皮塞的烧瓶中。如立即使用可不需灭菌。已灭菌的培养基在室温可存放 4 个月无变化，并经数次熔化后仍可使用。

［用途］ 用于金黄色葡萄球菌的检验。

4-甲基伞形酮葡萄糖苷酸培养基

［成分］

胨	10g	磷酸二氢钾	0.9g
硫酸铵	5g	磷酸氢二钠（无水）	6.2g
硫酸锰	0.5mg	亚硫酸钠	40mg
硫酸锌	0.5mg	去氧胆酸钠	1g
硫酸镁	0.1g	4-甲基伞形酮葡萄糖苷酸（MUG）	75mg
氯化钠	10g		
氯化钙	50mg	水	1000mL

［配制］ 除（MUG）外，各成分溶解于 1000mL 水中，加入 4-甲基伞形酮葡萄糖苷酸（MUG），溶解后，每管分装 5mL，115℃灭菌 20min。

碱处理蛋白胨

［配制］ 分别称取 40g 蛋白胨和 20g 氢氧化钠于 250mL 水中。混合后，放于（37±0.5）℃恒温箱内，(24～48)h 后取出，用冰醋酸调节 pH 值至 6.8，加 14g 无水乙酸钠（或 23.2g 含有 3 分子结晶水的乙酸钠），用水稀释至 800mL，加少许甲苯盖于溶液表面，于冰箱中保存。

检定用培养基

［成分］

胰蛋白胨	6.0g	琼脂	(14～16)g
牛肉膏	1.5g	蒸馏水	1000mL
酵母膏	3.0g		

［配制］ 将各成分加热溶解于蒸馏水中，最终 pH＝5.8±0.1，高压灭菌 121℃，15min。

［用途］ 用于四环素族抗生素残留量的检验。

酵母补充液

［配制］ 称取 100g 酵母提取物干粉于 500mL 水中，称取 150g 乙酸铅于 500mL 水中，将两溶液混合，以氢氧化铵调节 pH 至酚酞呈红色（取少许溶液检验）。离心或用布氏漏斗

过滤，滤液用冰醋酸调节 pH 至 6.5。通入硫化氢直至不生沉淀，过滤，通空气于滤液中，以排除多余的硫化氢。加少许甲苯盖于溶液表面，于冰箱中保存。

酵母浸出粉胨葡萄糖琼脂培养基（YPD）

［成分］

胨	10g	琼脂	(15～20)g
酵母浸出粉	5g	水	1000mL
葡萄糖	20g		

［配制］ 将上述各成分（除葡萄糖外）混合，加热溶解后，过滤，加入葡萄糖溶解后，分装，121℃灭菌 20min。

酵母悬浮液

［配制］ 将 10g 鲜酵母或 2g 干酵母悬浮于 100mL、(30±1)℃的蒸馏水中，置于（30±1)℃的恒温水浴锅中，临用时配制。

结晶紫中性红胆盐琼脂（VRBA）

［成分］

蛋白胨	7.0g	中性红	0.03g
酵母膏	3.0g	结晶紫	0.002g
乳糖	10.0g	琼脂	(15～18)g
氯化钠	5.0g	蒸馏水	1000mL
胆盐或 3 号胆盐	1.5g		

［配制］ 将上述成分溶于蒸馏水中，静置几分钟，充分搅拌，调至 pH=7.4±0.1。煮沸 2min，将培养基冷至（45～50)℃倾注平板。临用时制备，配制后 3h 内使用。

［用途］ 用于大肠菌群、粪大肠菌群和大肠杆菌的检验。

金黄色葡萄球菌（Staphylococcus aureus）**菌液**

［配制］ 取金黄色葡萄球菌［CMMCC(B)26003］的营养琼脂新鲜培养物 1 白金耳，接种至营养肉汤培养基内，在 30℃～35℃培养 16h～18h 后，用 0.9%无菌氯化钠溶液稀释至每 1mL 中含（10～100）个菌。

金黄色葡萄球菌悬液

［配制］ 取金黄色葡萄球菌［CMMCC(B)26003］的营养琼脂斜面培养物，接种于盛有营养琼脂培养基内的培养瓶中，在（35～37)℃培养（20～22)h，临用时，用灭菌水或 0.9%的灭菌氯化钠溶液将菌苔洗下，备用。

精氨酸双水解酶试验用培养基（AD）

［成分］

酵母浸膏	3.0g	精氨酸	5.0g
葡萄糖	1.0g	溴甲酚紫	0.016g
氯化钠	30.0g	蒸馏水	1000mL

[配制] 除溴甲酚紫外，将各成分加入蒸馏水中，搅拌均匀，静置约10min，加热至完全溶解，调至pH=6.7±0.1。再加入溴甲酚紫，溶解分装于10mm×100mm试管，每管1mL。121℃高压灭菌10min。灭菌后应立即取出放凉，接种培养后，培养基颜色变为深紫色的为阳性反应，变为黄色的，为阴性反应。

[用途] 用于副溶血性弧菌的检验。

菌种培养基

[成分]

胰蛋白胨	10.0g	琼脂	(14～16)g
牛肉膏	5.0g	蒸馏水	1000mL
氯化钠	2.5g		

[配制] 将各成分加热溶解于蒸馏水中，最终pH=6.5±1，121℃高压灭菌15min。

[用途] 用于四环素族抗生素残留量的测定。

KF 链球菌琼脂

[成分]

3号胨或多胨	10.0g	乳糖	1.0g
酵母浸膏	10.0g	叠氮化钠	0.4g
氯化钠	5.0g	琼脂	20.0g
甘油磷酸钠	10.0g	蒸馏水	1000mL
麦芽糖	20.0g		

[配制] 将各成分加水加热溶解，用碳酸钠溶液（100g/L）调整至pH7.2，121℃灭菌15min，冷却至（50～60）℃时加入无菌10mL氯化三苯四氮唑（2,3,5-triphenyltetrazolium chloride）水溶液（10g/L）。培养基于（45～50）℃保温不要超过4h。倾注或移取（4～5）mL KF链球菌琼脂至（60mm×15mm）的皿中，若出现气泡可用火焰灼除。若使用盖合紧密的塑料皿（50mm×12mm），可预先制成平板，置（4～10）℃储存，可使用4周。

[用途] 用于粪链球菌群的检验。

Koser 氏枸橼酸盐肉汤

[成分]

磷酸氢铵钠($NaNH_4HPO_4 \cdot 4H_2O$)	1.5g	硫酸镁($MgSO_4 \cdot 7H_2O$)	0.2g
		枸橼酸钠(含$2H_2O$)	3.0g
磷酸氢二钾(K_2HPO_4)	1.0g	蒸馏水	1000mL

[配制] 将各成分溶解于蒸馏水中，分装于试管中，每管10mL，121℃高压灭菌15min。最终pH=6.7±0.2。

[用途] 用于大肠菌群、粪大肠菌群和大肠杆菌的检验。

Kovacs 氏靛基质试剂

[成分]

对二甲氨基苯甲醛	5.0g
戊醇	75mL
盐酸（浓）	25mL

[配制] 将对二甲氨基苯甲醛溶于戊醇中，然后慢慢加入浓盐酸即可。

[用途] 用于大肠菌群、粪大肠菌群和大肠杆菌的检验。

枯草芽孢杆菌悬液

[配制] 取枯草芽孢杆菌［CMMCC(B)63501］的营养琼脂斜面培养物，接种于盛有营养琼脂培养基的培养瓶中，在（35～37)℃培养7d后，用革兰氏染色法涂片镜检，应有芽孢85%以上，用灭菌水将芽孢洗下，在65℃加热30min。备用。

赖氨酸铁琼脂

[配制] 溶解5g蛋白胨，3g酵母浸汁，1g葡萄糖，10g L-赖氨酸，0.5g柠檬酸铁铵，0.04g无水$Na_2S_2O_3$，0.02g溴甲酚紫和15.0g琼脂于1000mL水中，加热至溶解。分装至(13×100) mm试管中，每管4mL，盖紧盖子或塞子，保证使用时在有氧条件下。121℃高压灭菌12min。培养基凝固前，将试管置斜面位置，这样在培养基凝固时形成4cm底部和2.5cm斜面。最终pH=6.7±0.2。

赖氨酸脱羧酶肉汤

[配制] 溶解5g蛋白胨，3g酵母浸汁，1g葡萄糖，5g L-赖氨酸和0.02g溴甲酚紫在1000mL水中，加热至溶解。分装至（16×125)mm螺旋盖试管中，每管10mL，拧紧盖子。121℃高压灭菌15min。储存时和接种后都要拧紧盖子。最终pH=6.5～6.8。

赖氨酸脱羧酶培养基（LD）

[成分]

酵母浸膏	3.0g	L-赖氨酸	5.0g
葡萄糖	1.0g	溴甲酚紫	0.016g
氯化钠	30.0g	蒸馏水	1000mL

[配制] 除溴甲酚紫外，将各成分加入蒸馏水中，搅拌均匀，静置约10min，加热至完全溶解，调至pH=6.7±0.1。加入溴甲酚紫溶解，混匀。分装于10mm×100mm试管，每管1mL。121℃高压灭菌10min。灭菌后应立即取出放凉，接种培养后，培养基颜色变为深紫色的为阳性反应，变为黄色的，为阴性反应。

[用途] 用于副溶血性弧菌的检验（氨基酸试验用）。

赖氨酸脱羧酶培养基（LD）

[成分]

酵母膏	3.0g	溴甲酚紫	0.016g或8g/L溶液2mL
葡萄糖	1.0g	蒸馏水	1000.0mL
L-赖氨酸	5.0g		

[配制] 除溴甲酚紫外，将其他成分加入蒸馏水中，搅拌均匀，静置约10min，加热煮沸至完全溶解，调至pH=6.7±0.1，加入溴甲酚紫，混匀，分装于12mm×100mm试管

中，每管（1～1.5)mL，121℃高压灭菌 15min。

［用途］ 用于沙门菌属（包括亚利桑那菌）的检验。

赖氨酸脱羧酶试验培养基

［成分］

胨	5g	1.6%溴甲酚紫指示液	1mL
酵母浸出粉	3g	L-赖氨酸（DL-赖氨酸）	0.5(1)g
葡萄糖	1g	蒸馏水	1000mL

［配制］ 除赖氨酸外，取上述成分混合，加水加热溶解后，加入 L-赖氨酸（DL-赖氨酸），调节 pH 值使灭菌后为 6.8，同时以不加赖氨酸培养基作为对照。分装于灭菌的小试管内，每管 2.5mL 并滴加一层液体石蜡，121℃灭菌 10min。

L-酪氨酸营养琼脂

［成分］

营养琼脂	100mL
5%灭菌 L-酪氨酸悬液	10mL

［配制］ 将 100mL 营养琼脂溶化，冷却至 45℃，加入 10mL 灭菌 L-酪氨酸悬液（5%），充分混匀后，分装试管，每管 3.5mL。制成的斜面应迅速冷却防止 L-酪氨酸分层。

注：L-酪氨酸悬液：将 0.5g 酪氨酸加 10mL 蒸馏水混匀，121℃高压灭菌 15min。

［用途］ 用于蜡样芽孢杆菌的检验。

L-酪氨酸营养琼脂

［配制］ 将 3.0g 牛肉浸汁，5.0g 蛋白胨和 15g 琼脂，用水稀释至 1000mL，加热溶解，分装 100mL 到瓶中，121℃高压灭菌 15min。水浴冷却至 40℃，加 0.5g（称取 0.5g L-酪氨酸至 20mm×150mm 试管中，加 10mL 水在涡旋器混合，121℃高压灭菌 15min）无菌 L-酪氨酸悬浮液于 100mL 营养琼脂中，摇动或倒置瓶子使充分混合。无菌分装完整培养基至无菌 100mm×13mm 试管，每管 3.5mL。斜面试管快速冷却防止酪氨酸分层。

连四硫酸盐肉汤（含吲哚和亮绿）

［配制］ 基础培养基：悬浮 5.0g 多聚蛋白胨，1.0g 胆汁盐，10g 碳酸钙（$CaCO_3$）和 30g 硫代硫酸钠（$Na_2S_2O_3 \cdot 5H_2O$）至 1000mL 水中，充分混合，加热至煮沸。（蛋白胨不能完全溶解）冷却至 45℃以下，储存于（5～8)℃。

碘-碘化钾溶液：溶解 5.0g 碘化钾于 5mL 无菌水中，加 6g 升华碘，溶解并用无菌水稀释至 20mL。

亮绿溶液：用无菌水溶解 0.1g 亮绿染料，稀释至 100mL。

使用培养基：每升基础培养基加 20mL 碘-碘化钾溶液和 10mL 亮绿溶液。轻轻摇动，使蛋白胨重新悬浮，无菌分装至 16mm×150mm 无菌试管，每管 10mL。加入碘-碘化钾和染料溶液后不要加热培养基。应于使用当天配制。

链孢霉菌琼脂培养基

［配制］ 将 5g 3 号蛋白胨，5g 酵母浸膏，40g 麦芽糖，15g 琼脂用蒸馏水溶解，稀释

至 1000mL。

亮绿乳糖胆汁 (BGLB) 肉汤培养基

[配制] 将 10.0g 蛋白胨，10g 乳糖溶于约 500mL 水，加 pH=7.0～7.5 的 20g 牛胆汁溶于 200mL 水的溶液，稀释至 975mL，调至 pH7.4，加 13.3mL 亮绿溶液 (1g/L)。用水稀释至 1000mL。用棉花过滤，分装在 (20×150)mm 试管中，每管 10mL，加倒置的 (10×75)mm 发酵管。121℃高压灭菌 15min。最终 pH=7.2±0.1。

林格-罗克 (Ringer-Locke) 溶液

[成分]

NaCl	9mg/L	$NaHCO_3$	0.15mg/L
KCl	0.42mg/L	葡萄糖	1mg/L
$CaCl_2$	0.24mg/L	硫酸阿托品	0.01mg/L

[配制] 加 100mL 氯化钠溶液 (180g/L)，10mL 氯化钾溶液 (84mg/L)、10mL 碳酸氢钠溶液 (30mg/L) 和 10mL 硫酸阿托品溶液 (2mg/L) 到 2000mL 容量瓶中，加水到约 1800mL，再加 10mL 氯化钙溶液 (48mg/L)，边加边搅拌，在使用前加 2g 无水葡萄糖，用水稀释定容，混匀。不用时，将含有葡萄糖的溶液存于冰箱内，溶液发霉时弃去。

磷酸盐葡萄糖胨水培养基

[成分]

胨	7g	磷酸氢二钾	3.8g
葡萄糖	5g	水	1000mL

[配制] 将上述成分混合，微温溶解，调节 pH 值使灭菌后为 7.3±0.1，分装于小试管，121℃灭菌 15min。

硫代硫酸钠、柠檬酸钠、胆盐、蔗糖琼脂 (TCBS)

[成分]

酵母浸膏	5.0g	蔗糖	20.0g
蛋白胨	10.0g	柠檬酸铁	1.0g
氯化钠	10.0g	琼脂	18.0g
柠檬酸钠	10.0g	溴麝香草酚蓝	0.04g
硫代硫酸钠	10.0g	麝香草酚蓝	0.04g
胆酸钠 (以牛胆酸钠代替)	3.0g	蒸馏水	1000mL
牛胆汁粉 (以混合胆盐代替)	5.0g		

[配制] 除指示剂外 (溴麝香草酚蓝、麝香草酚蓝)，将各种成分加热溶解，调至 pH8.6，加入指示剂。此培养基不必高压灭菌，煮沸 (1～2)min，待培养基稍凉后倾注平板。

[用途] 用于副溶血性弧菌的检验。

硫乙醇酸盐液体培养基

[成分]

胰酪胨	15.0g	硫乙醇酸钠（或硫乙醇酸）	0.5g
L-胱氨酸	0.5g	刃天青钠溶液（1+1000）（新鲜配制）	1mL
氯化钠	2.5g	琼脂	0.75g
葡萄糖	5.0g		
酵母膏	5.0g		

［配制］ 将胱氨酸、氯化钠、葡萄糖、酵母膏和胰胨溶于1000mL蒸馏水中，并在阿诺氏消毒器或蒸气浴中加热，直至完全溶解，并加入硫乙醇酸钠或硫乙醇酸溶液和琼脂，使溶解。如必要可用氢氧化钠溶液［c(NaOH)=1mol/L］调整pH，使消毒后pH=7.1±0.2，加刃天青钠溶液，将培养基分装到150mm×16mm螺旋盖试管内，每管10mL，121℃高压灭菌20min。

［用途］ 用于产气荚膜梭状芽孢杆菌的检验。

卵黄氯化钠琼脂培养基

［成分］

胨	6g	10%氯化钠卵黄液	100mL
牛肉浸出粉	1.8g	琼脂	23g
氯化钠	30g	水	650mL

［配制］ 取上述除10%氯化钠卵黄液外的成分，混合，加热溶解，调节pH值使灭菌后pH=7.6±0.1，121℃灭菌20min，待冷至约60℃，以无菌操作加入氯化钠卵黄液，充分振摇，倾注平皿。

卵黄乳液

［配制］ 用硬刷刷洗鲜蛋，沥干，放入70%乙醇中浸泡1h。以无菌操作取出蛋黄，加等体积无菌氯化钠溶液（8.5g/L），混合，置4℃储存。

［用途］ 用于产气荚膜梭状芽孢杆菌的检验。

卵黄亚碲酸盐增菌剂

［配制］ 将新鲜鸡蛋浸泡在适当的$HgCl_2$溶液（1+1000）中约1min，以无菌操作打开鸡蛋，使蛋黄与蛋白分开，将蛋黄加于生理盐水中（3+7）充分摇匀，于50mL蛋黄乳液中加入10mL过滤除菌的亚碲酸钾溶液（10g/L），混匀，(4±1)℃储存。

［用途］ 用于金黄色葡萄球菌的检验。

卵磷脂酶溶液（磷脂酶A_2）

［配制］ 将市售酶溶液，用Tris缓冲液稀释到25个单位/mL，pH8.0；用0.45μm膜滤器无菌过滤，在(4～6)℃储存最多可达1周，如在−18℃可保存3个月。

60g/L氯化钠蛋白胨水（PW）

［成分］

蛋白胨	10.0g	蒸馏水	1000mL
氯化钠	60.0g		

［配制］ 将各成分分别加热溶解，混匀，调至 pH7.2，分装于 17mm×170mm 试管，每管 10mL。120℃高压灭菌 15min。

［用途］ 用于副溶血性弧菌的检验。

30g/L 氯化钠稀释液

［配制］ 称取 30.0g 氯化钠，加水，加热溶解，调至 pH7.0，用蒸馏水稀释到 1000mL。121℃高压灭菌 15min，以无菌操作分装于 500mL 广口瓶或 500mL 三角瓶中，每瓶 450mL，还可分装于 17mm×170mm 试管，每管 9mL，做稀释样品用。

［用途］ 用于副溶血性弧菌的检验。

氯化钠多黏菌素 B 肉汤（SPB）

［成分］

酵母浸膏	3.0g	多黏菌素 B	250 单位/mL 培养基
蛋白胨	10.0g	蒸馏水	1000mL
氯化钠	20.0g		

［配制］ 将各成分分别（除多黏菌素 B 外）加热溶解，混匀，稍冷后加入多黏菌素 B，调至 pH7.4。分装于 17mm×170mm 试管，每管 10mL。121℃高压灭菌 15min。灭菌后，立即将培养基取出放凉。

［用途］ 用于副溶血性弧菌的检验。

10g/L 氯化钠卵黄液

［配制］ 取新鲜鸡蛋 1 个，以无菌操作取出卵黄，放入 100mL 灭菌氯化钠溶液（10g/L）中，充分振摇，即得。

氯化钠三糖铁琼脂（TSI）

［成分］

牛肉浸膏	3.0g	硫酸亚铁	0.5g
蛋白胨	20.0g	硫代硫酸钠	0.5g
乳糖	10.0g	氯化钠	30.0g
蔗糖	10.0g	琼脂	12.0g
葡萄糖	1.0g	酚红	0.024g

［配制］ 除琼脂和酚红外，将其他成分用 400mL 蒸馏水微热溶解，同时将琼脂置于 600mL 蒸馏水中，浸泡数分钟后，加热煮沸使其完全溶解。然后将以上两溶液混合均匀。调至 pH7.4，加入指示剂混匀，分装于 15mm×150mm 试管，每管（3～4)mL，115℃高压灭菌 15min。灭菌后摆成斜面，使高层和斜面各约 3cm。

［用途］ 用于副溶血性弧菌的检验。

绿脓菌素测定用培养基（PDP 琼脂）

［成分］

胨	20g	甘油	10mL
氯化镁（无水）	1.4g	琼脂	(18～20)g
硫酸钾	10g	水	1000mL

［配制］ 取胨、氯化镁和硫酸钾加入水中，微温溶解，调节 pH 值使灭菌后为 7.3±0.1，加入甘油和琼脂，加热溶解后，混匀，分装于试管，121℃灭菌 20min，制成斜面。

LST-MUG 肉汤

［成分］

胰蛋白胨或胰酪胨	20.0g	月桂基硫酸钠	0.1g
氯化钠	5.0g	MUG（4-甲基伞形酮葡萄糖苷酸）	
乳糖	5.0g		0.1g
磷酸氢二钾	2.75g	蒸馏水	1000mL
磷酸二氢钾	2.75g		

［配制］ 将各成分溶于蒸馏水中，分装试管（内装倒立小发酵管）。每管 10mL。121℃高压灭菌 15min。最终 pH=6.8±0.2。

［用途］ 用于大肠杆菌（葡萄糖苷酶荧光）的检验。

M-FC 琼脂

［配制］ 将 10.0g 胰蛋白胨，5.0g 3 号胰蛋白胨，3.0g 酵母浸出物，5.0g 氯化钠（NaCl），12.5g 乳糖，15.0g 3 号胆盐，0.1g 苯胺蓝和 15.0g 琼脂，用水溶解，混匀并稀释到 1000mL。加热至沸，降温至（50～55)℃，调节至 pH=7.4±0.1。大约每个 100mm×15mm 陪氏培养皿分装 18mL，用前将平皿培养基表面干燥。

麦康凯琼脂培养基（MacC）

［成分］

胨	20g	1%中性红指示液	3mL
乳糖	10g	琼脂	(15～20)g
牛胆盐	5g	水	1000mL
氯化钠	5g		

［配制］ 取上述除乳糖、指示剂、牛胆盐及琼脂外的成分，混合，加热溶解，调节 pH 值使灭菌后 pH=7.2±0.2，加入琼脂，加热溶解后，再加入其余各成分，摇匀，分装，121℃灭菌 20min。冷却至约 60℃，倾注平皿。

麦芽浸膏汤

［成分］

麦芽浸膏	15g
蒸馏水	1000mL

［配制］ 将麦芽浸膏在蒸馏水中充分溶解，滤纸过滤，调至 pH=4.7±0.2，分装，121℃灭菌 15min。

注：如无麦芽浸膏，可按下述方法制备：用饱满健壮大麦粒在温水中浸透，置温暖处发芽，幼芽长达

到 2cm 时，沥干余水，干透，磨细使成麦芽粉。制备培养基时，取 30g 麦芽粉加 300mL 水、混匀，在(60～70)℃浸渍 1h，吸出上层水。再同样加水浸渍一次，取上层水，合并两次上层水，并补加水至 1000mL，滤纸过滤。调至 pH=4.7±0.2，分装，121℃灭菌 15min。

麦芽琼脂

[配制] 在 1000mL 水中煮沸并溶解 30g 麦芽浸出物，15.0g 琼脂，121℃高压灭菌 15min，在使用前融化麦芽琼脂，并用乳酸溶液（850g/L）酸化调至 pH3.5，加酸后不要加热。

玫瑰红钠琼脂培养基

[成分]

胨	5g	玫瑰红钠	0.0113g
葡萄糖	10g	琼脂	(15～20)g
磷酸二氢钾	1g	水	1000mL
硫酸镁	0.5		

[配制] 取上述除葡萄糖、玫瑰红钠外的成分，混合，用水加热溶解后，过滤，加入葡萄糖、玫瑰红钠溶解后，分装，121℃灭菌 20min。

酶试剂溶液

[组合试剂盒]

1 号瓶：内含 β-果糖苷酶（fructosidase）400IU（活力单位）、柠檬酸、柠檬酸三钠；

2 号瓶：内含 0.2mol/L 磷酸盐缓冲溶液（pH7.6）200mL，其中含 4-氨基安替比林 0.00154mol/L；

3 号瓶：内含 [$c(C_6H_5OH)=0.022mol/L$] 苯酚溶液 200mL；

4 号瓶：内含葡萄糖氧化酶（glucose oxidase）800IU（活力单位）、过氧化物酶（辣根，peroxidase）2000IU（活力单位）。

1、2、3、4 号瓶需在 4℃左右保存。

[配制]

(1) 将 1 号瓶中的物质用蒸馏水溶解，使其体积为 66mL，轻轻摇动（勿剧烈摇动），使酶完全溶解。此溶液即为 β-果糖苷酶试剂，其中柠檬酸（缓冲溶液）浓度为 0.1mol/L，pH4.6。在 4℃左右保存，有效期 1 个月。

(2) 将 2 号瓶与 3 号瓶中的溶液充分混合。

(3) 将 4 号瓶中的酶溶解在 (2) 混合液中，轻轻摇动（勿剧烈摇动），使酶完全溶解，即为葡萄糖氧化酶-过氧化物酶试剂溶液。在 4℃左右保存，有效期 1 个月。

[用途] 用于酶-比色法测定食品中蔗糖。

绵羊血琼脂

(1) 牛心汤琼脂

[成分]

牛心浸液（可以用 5g 牛肉膏，1000mL 蒸馏水代替）1000mL

蛋白胨	20g	NaCl	2g
葡萄糖	3g	$Na_2HPO_4 \cdot 12H_2O$	2g
$NaHCO_3$	2g	琼脂粉	12g

[配制] 将各成分混匀溶解后，加入氢氧化钠（NaOH）溶液 [c(NaOH)=1mol/L]，调节至 pH7.4，加入 12g 琼脂粉，于 115℃下高压灭菌 20min。

(2) 完整培养基 将上述牛心汤琼脂加热溶化后，待冷却到 50℃时，加经洗过的绵羊血球 5%，旋转混合均匀。

[用途] 用于 B 群链球菌的检验。

绵羊血球

[配制] 将无菌新采绵羊血，用三倍灭菌生理盐水以 2500r/min 离心 15min，弃去上清液，洗两次，最后用生理盐水将血球悬浮到原体积。

明胶培养基

[成分]

胨	5g	明胶	120g
牛肉浸出粉	3g	水	1000mL

[配制] 取上述成分加入水中，浸泡约 20min，随时搅拌，加热溶解，调节 pH 值使灭菌后 pH=7.3±0.1，分装于小试管，121℃灭菌 20min。

MR-VP 培养基

[成分]

蛋白胨	7.0g	磷酸氢二钾（K_2HPO_4）	5.0g
葡萄糖	5.0g	蒸馏水	1000mL

[配制] 将各成分溶于蒸馏水中，分装于试管中，121℃高压灭菌 15min，最终 pH=6.9±0.2。

[用途] 用于大肠菌群、粪大肠菌群和大肠杆菌的检验。

木瓜蛋白酶（100g/L）

[配制] 称取 10.0g 木瓜蛋白酶置于 100mL 烧杯中，加适量乙酸钠溶液 [c($NaCH_3COO$)=2.5mol/L] 溶解后，用乙酸钠溶液 [c($NaCH_3COO$)=2.5mol/L] 稀释到 100mL，混匀。使用时现配制。

木糖脱氨酸脱氧胆酸琼脂（XLD）

[成分]

(1) 3.5g 木糖、5g L-赖氨酸、7.5g 乳糖、7.5g 蔗糖、5g NaCl、3g 酵母浸汁、0.08g 酚红、2.5g 脱氧胆酸钠、6.8g 硫代硫酸钠、0.8g 柠檬酸铁铵和 13.5g 琼脂。

(2) 3.75g 木糖、5g L-赖氨酸、7.5g 乳糖、7.5g 蔗糖、5.0g 氯化钠（NaCl）、3g 酵母浸汁、0.08g 酚红、2.5g 脱氧胆酸钠、6.8g 硫代硫酸钠、0.8g 柠檬酸铁铵和 15g 琼脂。

[配制] 分别取成分（1）或成分（2）（不同配方成分不同）到 1000mL 水中，充分混

合，微热、不时搅动至刚刚煮沸，不要过分加热，在水浴上冷却后，分装到（15×100）mm培养皿中，每皿20mL，培养皿部分盖上盖干燥约2h，然后完全盖上。最终pH=7.4±0.2，不要高压灭菌。

脑心浸液

［成分］

小牛脑浸液（固体）	12.5g	氯化钠	5.0g
牛心浸液（固体）	5.0g	磷酸氢二钠	2.5g
胨	10.0g	蒸馏水	1000mL
葡萄糖	2.0g		

［配制］ 将各成分溶于水中，稀释到1000mL，121℃灭菌15min，灭菌后的pH值为7.4。

［用途］ 用于粪链球菌群的检验。

脑心浸液琼脂

［成分］

小牛脑浸液（固体）	12.5g	氯化钠	5.0g
牛心浸液（固体）	5.0g	磷酸氢二钠	2.5g
胨	10.0g	琼脂	15.0g
葡萄糖	2.0g	蒸馏水	1000mL

［配制］ 将各成分用水加热溶解，121℃灭菌15min，灭菌后的pH为7.4。制成试管斜面备用。

［用途］ 用于粪链球菌群的检验。

鸟氨酸脱羧酶、赖氨酸脱羧酶试验培养基

（1）基础液

［成分］

蛋白胨	5.00g	葡萄糖	0.50g
牛肉膏	5.00g	盐酸吡哆素（维生素B_6，pyridoxine）	0.005g
溴甲酚紫（16g/L）	0.625mL		
甲基红	2.50mL	蒸馏水	1000mL

［配制］ 将上述各成分溶于蒸馏水中，使之完全溶解，调至pH=6～6.5。

（2）完整培养基　基础液分成3等分，第一部分不加任何氨基酸，分装试管作对照用；第二部分按10g/L加入L-赖氨酸双盐酸盐；第三部分按10g/L加入L-鸟氨酸双盐酸盐。若使用DL氨基酸，应相应地于培养基中按2%浓度加入。加入氨基酸后应再调pH，然后分别分装于10mm×100mm试管中，121℃高压灭菌10min。

［用途］ 用于小肠结肠炎耶尔森氏菌的检验。

尿素酶琼脂（U）

［成分］

蛋白胨	1.0g	磷酸二氢钾	2.0g
葡萄糖	1.0g	酚红	0.012g或5g/L溶液2.5mL
尿素	20.0g	琼脂	15.0g
氯化钠	5.0g	蒸馏水	1000mL

[配制] 除酚红和尿素外，将其他成分加入蒸馏水中，搅拌均匀，静置约10min，加热煮沸至完全溶解，调至pH=7.0±0.1，121℃高压灭菌15min，冷至50℃～55℃，以无菌操作加入20g尿素[成50mL已经除菌过滤的尿素溶液（400g/L）]和2.5mL酚红溶液(5g/L)，混匀，分装灭菌试管（12mm×100mm）中，每管（2～3)mL，制成斜面。

[用途] 用于沙门氏菌属（包括亚利桑那菌）的检验。

尿素肉汤

[配制] 溶解20g尿素，0.1g酵母浸汁，9.1g磷酸二氢钾（KH_2PO_4），9.5g磷酸氢二钠（Na_2HPO_4）和4.0mL 0.25%酚红（10mg）溶液至1000mL水中。不要加热，过滤除菌。无菌分装至（100×13)mm无菌试管中，每管（1.5～3)mL。最终pH=6.8±0.2。

凝固酶试验兔血浆

[配制] 临用时取1份柠檬酸钠溶液（38g/L)（取柠檬酸钠3.8g加蒸馏水100mL，待溶解后过滤，121℃高压灭菌15min)，加入4份新鲜兔血，混匀后放冰箱中使血球沉降（或以3000r/min离心30min）后取上清液进行试验。

[用途] 用于金黄色葡萄球菌的检验。

牛津琼脂（Oxford Agar，OXA）

[成分]

哥伦比亚琼脂	30.0g	多黏菌素E	0.02g
七叶苷	1.0g	盐酸吖啶黄素	0.005g
柠檬酸铁铵	0.5g	头孢双硫唑甲氧	0.002g
氯化锂	15.0g	磷霉素	0.01g
放线菌酮	0.4g	蒸馏水	1000mL

[配制] 除头孢双硫唑甲氧和磷霉素外，将其他所有成分加热溶解，冷却后调整至pH=7.0±0.2，于121℃高压灭菌15min，冷却至50℃，无菌操作，加入用适量水溶解的头孢双硫唑甲氧和磷霉素，摇匀，倾注平板。4℃可保存14d。

[用途] 用于单核细胞增生李斯特氏菌的检验。

牛心汤培养基

[成分]

牛心浸液（可以用5g牛肉膏，1000mL蒸馏水代替）1000mL

蛋白胨	20g	NaCl	2g
葡萄糖	3g	$Na_2HPO_4 \cdot 12H_2O$	2g
$NaHCO_3$	2g		

[配制] 将各成分溶解后，加入氢氧化钠溶液（NaOH）溶液[c(NaOH)=1mol/L]，

调节 pH 值为 7.4，分装试管中，每管 10mL，于 115℃下高压灭菌 20min。

［用途］ 用于 B 群链球菌的检验。

牛心汤琼脂

［成分］

牛心浸液（可以用 5g 牛肉膏，1000mL 蒸馏水代替）1000mL

蛋白胨	20g	NaCl	2g
葡萄糖	3g	$Na_2HPO_4 \cdot 12H_2O$	2g
$NaHCO_3$	2g	琼脂粉	12g

［配制］ 将各成分溶解后，加入氢氧化钠溶液［c(NaOH)＝1mol/L］，调节 pH7.4，加入 12g 琼脂粉，于 115℃下高压灭菌 20min。

［用途］ 用于 B 群链球菌的检验。

浓缩和样品胶

［配制］ 溶液 A-1：混合 14.95g 三烃甲基氨基甲烷、1.15mL N,N,N',N'-四甲基乙二胺（TEMED）溶液和约 120mL 盐酸溶液［c(HCl)＝1.0mol/L］至 pH5.1，再用水稀释到 250mL。

溶液 A-2：以水溶解 50.0g 丙烯酰胺和 12.5g N,N'-亚甲基双丙烯酰胺，(BIS) 并稀释至 500mL。

溶液 A-3：称取 4.0mg 维生素 B_2 溶于 100mL 水中。

溶液 A：溶液 A-1、A-2 和 A-3 按（1＋2＋1）混合配制。

溶液 B：蔗糖水溶液（400g/L)。

所有溶液均用棕色瓶储存在冰箱里，可稳定约 6 个月。

浓缩胶：用前 1h 内，以等体积混合溶液 A 和 B 制得，室温，避光保存。

样品胶：用 0.04mL 离心分离得到待测的组织液与 1mL 浓缩胶在使用前混合制得。

O/F 试验用培养基（HLGB）

［成分］

蛋白胨	2.0g	溴甲酚紫	0.015g
酵母浸膏	0.5g	琼脂	3.0g
氯化钠	30.0g	蒸馏水	1000mL
葡萄糖	10.0g		

［配制］ 将各成分（除溴甲酚紫外）加于蒸馏水中加热溶解，调至 pH7.4，加入溴甲酚紫，混匀，分装于 15mm×150mm 试管，每管 3mL，121℃高压灭菌 15min。

［用途］ 本培养基用于鉴别革兰阴性细菌对于葡萄糖的发酵型和氧化型代谢作用。将同一菌株接种于 2 支该培养基中，其中一支管的培养基上面加灭菌矿物油脂来隔离氧气，而另一支管不加。这样发酵型细菌在两管培养基中均产生酸性反应，氧化型细菌则在未加矿物油脂的管中产生酸性反应，而在加油脂的培养管中只有轻度或者不生长也无反应变化。

Pfizer 肠球菌选择性琼脂（PSE 琼脂）

［成分］

蛋白胨	20.0g	七叶苷（Esculin）	1.0g
酵母浸膏	5.0g	柠檬酸铁铵	0.5g
细菌学用胆汁	10.0g	叠氮化钠（NaN_3）	0.25g
氯化钠	5.0g	琼脂	15.0g
柠檬酸钠	1.0g	蒸馏水	1000mL

［配制］ 将以上各成分混匀，加水，不断搅拌加热溶解。121℃高压灭菌15min，灭菌后的pH值为7.1。于（45～50）℃保温培养基，从保温开始至倾注平板的时间不要超过4h。

［用途］ 用于粪链球菌群的检验。

啤酒酵母菌悬液

［配制］ 取啤酒酵母菌［9763］的营养琼脂斜面培养物，接种于盛有营养琼脂斜面上，在（32～35）℃培养24h，用灭菌水将菌苔洗下置含有灭菌玻璃珠的试管中振摇均匀，备用。

平板计数琼脂

［成分］

胰蛋白胨	5.0g	琼脂	15.0g
酵母浸膏	2.5g	蒸馏水	1000mL
葡萄糖	1.0g		

［配制］ 将各成分加于蒸馏水中，煮沸溶解。分装于试管或烧瓶中，121℃高压灭菌15min。最终pH=7.0±0.1。

葡萄糖淀粉酶溶液

［配制］ 配制根霉葡萄糖淀粉酶（实验室用）溶液酶活力为4单位/mL，可放冰箱4℃保存，保存期不超过3d。

葡萄糖淀粉琼脂（需氧培养基）

［配制］ 将15.0g胰蛋白胨N0.3，2.0g葡萄糖，10.0g可溶性淀粉，50g氯化钠，3.0g磷酸氢二钠，20.0g明胶，10.0g琼脂溶于1000mL水中，加热至沸。在锥形瓶中以121℃高压灭菌15min。无菌操作倒入陪氏平皿，任其固化。

葡萄糖肉汤培养基（5g/L）

［成分］

胨	10g	葡萄糖	5g
氯化钠	5g	肉浸液	1000mL

［配制］ 取胨和氯化钠加入肉浸液中，微温溶解后，调节pH值约为弱碱性，加葡萄糖溶解后，摇匀，滤清，调节pH值使灭菌后为pH=7.2±0.2，分装，灭菌。

葡萄糖氧化酶-过氧化物酶溶液（GOP）

［配制］ 将120mg葡萄糖氧化酶和32mg过氧化物酶加到400mL tris缓冲溶液｛pH7.6，称量48.44g三烃甲基甲胺，加500mL水和384mL盐酸溶液［c(HCl)=0.8mol/L］，必要时将

pH 调到 7.6，然后再稀释至 1000mL｝中。将含 270mg 联甲苯胺的盐酸溶液加入到 520mL 水中。然后装入棕色瓶中保存于冰箱中。若有必要，使用前可过滤一下。稳定期为 6 周。

葡萄糖胰蛋白胨琼脂

［成分］

胰蛋白胨	10g	琼脂	15g
葡萄糖	5g	蒸馏水	1000mL
2g/L 溴甲酚紫乙醇溶液	2mL		

［配制］ 将各成分混悬于蒸馏水中，静置 5min，混合均匀，加热，不时搅拌煮沸 1min，调至 pH＝6.7±0.1，分装于玻璃瓶内，121℃高压灭菌 20min。

［用途］ 用于计数方法检验嗜热菌芽孢（需氧芽孢总数、平酸芽孢和厌氧芽孢）。

普通肉汤培养基

［成分］

牛肉膏	5.0g	蛋白胨	20.0g
氯化钠	5.0g	蒸馏水	1000mL

［配制］ 将以上成分混合加水加热溶解，调至 pH＝7.4～7.6，分装于试管中，121℃高压灭菌 30min。

［用途］ 用于测定金黄色葡萄球菌。

氰化钾培养基

［成分］

蛋白胨	10.0g	硝酸钾（无亚硝酸盐）	1.0g
氯化钠	5.0g	5g/L 氰化钾溶液	10.0mL
磷酸二氢钾	0.225g	蒸馏水	1000.0mL
磷酸氢二钠	5.64g		

［配制］ 将蛋白胨、氯化钠和硝酸钾加入 900mL 蒸馏水中，搅拌均匀，静置约 10min，加热煮沸至完全溶解，调至 pH＝7.6±0.1，高压灭菌 121℃，15min，取出置于 4℃冰箱内进行冷却。将磷酸二氢钾、磷酸氢二钠溶于 100mL 蒸馏水，高压灭菌 121℃，15min，取出进行冷却。在 900mL 冷却后的上述基本培养基中，以无菌操作加入 100mL 磷酸盐缓冲溶液和 10mL 氰化钾溶液（5g/L）（必须用冷却的灭菌蒸馏水配制），摇混均匀（氰化钾的最终浓度为 0.05g/L）。并立即分装于灭菌试管（12mm×100mm）中，每管约（1～1.5）mL，同时加入约 0.3mL 灭菌石蜡油封盖。在 4℃冰箱中可保存 7d。

［用途］ 用于测定沙门菌属（包括亚利桑那菌）。

氰化钾培养基

［成分］

胨	3g	磷酸二氢钠	5.64g
氯化钠	5g	氰化钾溶液（5g/L）	15mL
磷酸二氢铵	0.225g	水	1000mL

［配制］ 将上述各成分混合（除氰化钾外），微温溶解，调节 pH 值使灭菌后为 pH=7.5±0.1，121℃灭菌 20min，冷却后，加入氰化钾溶液，分装于 12mm×100mm 灭菌试管中，每管 4mL，立即用灭菌橡胶塞塞紧，置 4℃保存。同时，以不加氰化钾溶液的培养基作为对照培养基，分装于灭菌试管中。

青霉素酶溶液

［成分］

胨	15g	枸橼酸钠	5.88g
甘油	50g	200g/L 硫酸镁溶液	1mL
氯化钠	4g	磷酸氢二钾	4g
1g/L 硫酸亚铁溶液	0.5mL	肉浸液	1000mL

［配制］ 取蜡样芽孢杆菌［CMCC(B)63301］的斜面培养物，接种至上述一瓶培养基内，在 25℃摇床培养 18h，再加无菌青霉素 2 万单位，继续培养 24h，再加无菌青霉素 2 万单位，继续培养 24h，离心沉淀菌体，调节 pH 值至约 8.5，用滤柱过滤除菌，滤液用无菌操作调 pH 值至近中性后，分装至适宜容器内，在 10℃以下存储，备用。

琼脂培养基

［配制］ 称取 5.3g 吡哆醇 Y 培养基、1.2g 琼脂于烧杯中，加入 2mL 维生素 B_6 标准中间液（1.0μg/mL），加水至 100mL，于水浴中加热溶解，趁热尽快分装入试管中，每管(3～5)mL，塞上棉塞，于 121℃高压灭菌 5min。制成的斜面培养基，于 4℃冰箱内保存。

［用途］ 用于测定维生素 B_6。

琼脂培养基

［成分］

无水葡萄糖	1g	甲盐溶液	0.2mL
乙酸钠（$NaAc \cdot 3H_2O$）	1.7g	乙盐溶液	0.2mL
蛋白胨	0.8g	琼脂	1.2g
酵母提取物干粉	0.2g		

甲盐溶液：称取 25g 磷酸氢二钾和 25g 磷酸二氢钾，加水溶解，并稀释至 500mL。加入少许甲苯以保存之。

乙盐溶液：称取 10g 硫酸镁（$MgSO_4 \cdot 7H_2O$），0.5g 硫酸亚铁（$FeSO_4 \cdot 7H_2O$）和 0.5g 硫酸锰（$MnSO_4 \cdot 4H_2O$），加水溶解，并稀释至 500mL，加少许甲苯以保存之。

［配制］ 将上述试剂混合于 250mL 三角瓶中，加水至 100mL，于水浴上煮至琼脂完全溶化，用盐酸溶液［c(HCl)=1mol/L］趁热调节 pH 值至 6.8。尽快倒入试管中，每管(3～5)mL，塞上棉塞，于高压锅内在 6.9×10^4 Pa 压力下灭菌 15min，取出后直立试管，冷至室温，于冰箱中保存。

［用途］ 用于核黄素的测定。

染色液（1g/L）

［配制］ 称取 0.1g 考马斯蓝 R-250（Coomassie brilliant blue R-250），于烧杯中，加

10mL 甲醇，7.5%乙酸溶解，加水至 100mL。

［用途］ 用于测定乳清蛋白。

染色液

［配制］ 称取 0.3g 美蓝溶于 30.0mL 95%乙醇中，此为 A 液；B 液为 100mL 氢氧化钾溶液（0.1g/L）。

将 A、B 两液混合而成染色液。

［用途］ 用于炭疽杆菌的检验。

人红血细胞悬液（1%）

［配制］ 新鲜人红血细胞（O 型）用 20 倍量生理盐水洗涤 3 次，最后以 2000r/min 离心 15min，吸取压积细胞用生理盐水配成 1%悬液。

［用途］ 用于兔出血病毒的检测。

溶菌酶多黏菌素琼脂（Knisely）

（1）营养琼脂

［成分］

牛肉膏	3.0g	氯化钠	5.0g
蛋白胨	20.0g	琼脂	20.0g
蒸馏水	1000mL		

［配制］ 将各成分加于蒸馏水中，煮沸至完全溶解，补足失去的水分，调整 pH 值至 7.2，过滤，121℃高压灭菌 20min。待冷却至 50℃左右时，倾注于平皿，制成平板。

（2）溶菌酶多黏菌素琼脂

［成分］

营养琼脂	1000mL	乙酸亚铊（4mg/mL）	10mL
多黏菌素	3000IU	EDTA（20mg/mL）	10mL
溶菌酶（4mg/mL）	10mL		

［配制］ 除营养琼脂外，将其他成分用灭菌蒸馏水配成适当储备液，按以上量加于冷至(50～55)℃的灭菌营养琼脂内，充分摇匀，倾注平板。

［用途］ 用于炭疽杆菌的检验。

溶菌酶营养肉汤

［成分］

牛肉膏	3.0g	蒸馏水	稀释至 1000mL
蛋白胨	5.0g	1g/L 溶菌酶溶液	10.0mL

［配制］ 将上述成分（溶菌酶溶液除外）溶解于蒸馏水并稀释至 1000mL。调节 pH=6.8±0.1，分装于烧瓶中，每瓶 99mL。121℃高压灭菌 15min。于每瓶中加入 1mL 溶菌酶溶液（1g/L），混匀后分装灭菌试管，每管 2.5mL。

注：溶菌酶溶液：在 65mL 灭菌的盐酸溶液［c(HCl)=0.1mol/L］中加 0.1g 溶菌酶，煮沸 20mm 溶解后，再用灭菌的盐酸溶液［c(HCl)=0.1mol/L］稀释至 100mL。

［用途］ 用于蜡样芽孢杆菌的检验。

β-溶血素

［配制］ 将金黄色葡萄球菌 ATCC-25923 菌株接种在 Todd-Hewitt 肉汤里，于（35±1)℃生长 48h，培养液以 3500r/min 离心 10min。取其上清液，用装有微孔滤膜的蔡氏滤器作真空抽滤除菌，滤液则为 β-溶血素。分装在灭菌带盖小瓶内，每瓶 5mL，冰冻保存，备用。

［用途］ 用于 B 群链球菌的检验。

肉浸液

［配制］ 取新鲜牛肉，除去肌腱及脂肪，切细，绞碎后，每 1000g 加 3000mL 水，充分拌匀，在（2～10)℃浸泡（20～24)h，煮沸 1h，过滤，压干肉渣，补足液量，分装，灭菌，置冷暗处备用。也可用牛肉浸出粉 3g 加 1000mL 水，配成溶液代替。

Rustigian 氏尿素酶试验培养基（改良法）

（1）基础成分

酵母浸汁	0.10g	酚红	0.01g
磷酸二氢钾	0.091g	蒸馏水	900mL
磷酸氢二钠（无水）	0.095g		

将上述各成分溶于蒸馏水中，使之完全溶解，121℃高压灭菌 15min。

（2）浓尿素液

尿素	20.0g
蒸馏水（过滤除菌）	100.0g

（3）将上述两液混合，分装于 10mm×100mm 的灭菌试管中，每管约 1mL。制成的培养基为淡橙黄色，尿素酶反应阳性者培养基由淡橙黄色变为桃红色，阴性者颜色不变。

［用途］ 用于小肠结肠炎耶尔森氏菌的检验。

乳蛋白水解产物葡萄糖琼脂

［配制］ 将 9g 乳蛋白水解物，1g 葡萄糖，15g 琼脂，溶于 1000mL 水中，调节 pH 值至 7.0。

乳酸杆菌琼脂培养基

［成分］

光解胨	15g	磷酸二氢钾	2g
酵母浸膏	5g	聚山梨糖单油酸酯	1g
葡萄糖	10g	琼脂	10g
番茄汁	100mL		

［配制］ 加蒸馏水溶解，稀释至 1000mL，调节至 pH=6.8±0.2（25℃）。

乳酸杆菌肉汤培养基

［成分］

光解胨	15g	番茄汁	100mL
酵母浸膏	5g	磷酸二氢钾	2g
葡萄糖	10g	聚山梨糖单油酸酯	1g

［配制］ 加蒸馏水溶解，稀释至1000mL，调节至pH=6.8±0.2（25℃）。

乳糖-明胶培养基

［成分］

胰胨	15.0g	磷酸氢二钠（Na_2HPO_4）	5.0g
酵母膏	10.0g	酚红	0.05g
乳糖	10.0g	明胶	120.0g

［配制］ 用蒸馏水溶解并稀释到1000mL，调至pH=7.5±0.1，加入乳糖和酚红。分装试管，每管10mL。121℃高压灭菌15min。

［用途］ 用于检验产气荚膜梭状芽孢杆菌的检验。

乳糖培养基

［配制］ 将3.0g牛肉浸出物和5.0g聚蛋白胨或蛋白胨溶于1000mL水中，在水浴上加热并搅拌，再加5.0g乳糖，分装在发酵管中，121℃高压灭菌15min，常态加热不能超过3min，最后pH=6.7±0.1。

［用途］ 用于蛋和蛋制品的测定。

乳糖肉汤培养基

［配制］ 在水浴上加热并搅拌，将3g牛肉浸膏和5.0g聚蛋白胨或蛋白胨溶解于1000mL水中。再加5.0g乳糖。分装到750mL瓶中，每瓶450mL。121℃高压灭菌15min，常态加热勿超过30min，最终pH=6.7±0.2。

三糖铁琼脂（TSI）

［成分］

蛋白胨	20.0g	酚红	0.025g或5g/L溶液5mL
牛肉膏	3.0g	氯化钠	5.0g
乳糖	10.0g	硫代硫酸钠	0.5g
蔗糖	10.0g	琼脂	12.0g
葡萄糖	1.0g	蒸馏水	1000.0mL
硫酸亚铁铵（含6个结晶水）	0.5g		

［配制］ 除酚红和琼脂外，将其他成分加入400mL蒸馏水中，搅拌均匀，静置约10min，加热煮沸至完全溶解，调至pH=7.4±0.1。另将琼脂加入600mL蒸馏水中，搅拌均匀，静置约10min，加热煮沸至完全溶解。

将上述两溶液混合均匀后，再加入酚红指示剂，混匀，分装于（12mm×100mm）试管中，每管约（2～4)mL，121℃高压灭菌10min或115℃ 15min，灭菌后置成高层斜面，呈橘红色。

［用途］ 用于沙门氏菌属（包括亚利桑那菌）的检验。

Simmon 氏柠檬酸琼脂

［配制］ 溶解 2.0g 柠檬酸钠，5.0g 氯化钠（NaCl），1.0g 磷酸二氢钾（K_2HPO_4），1.0g 磷酸二氢铵（$NH_4H_2PO_4$），0.2g 硫酸镁（$MgSO_4$），0.08g 溴麝香草酚蓝和 15.0g 琼脂至 1000mL 水中，加热，偶尔轻轻搅动。煮沸（1～2）min 直至各成分溶解。最终 pH＝6.9±0.2。注入培养基至（13×100）mm 或（16×150）mm 试管的⅓部分，盖上塞子，保证使用时在有氧条件。121℃高压灭菌 15min。培养基凝固前，将试管置倾斜位置，形成凝固约（2～3）cm 底部和（4～5）cm 充足的斜面。

［用途］ 沙门氏菌的检验。

SS 琼脂培养基（含 1％蔗糖）

［成分］

牛肉浸膏	5.0g	硫代硫酸钠	1.0g
蛋白胨	5.0g	柠檬酸铁	1.0g
乳糖	10.0g	煌绿	1.0g
蔗糖	10.0g	中性红	0.025g
3 号胆盐	8.5g	琼脂	13.5g
柠檬酸钠	8.5g	蒸馏水	1000mL

［配制］ 将各成分溶于水，混匀，煮沸（4～5）min。最终 pH＝7.0±0.2。冷至（55～66）℃，倾注平板。

［用途］ 用于沙门氏菌（辛酯酶荧光）的检验。

色氨酸肉汤

［成分］

胰胨或胰酪胨	10.0g
蒸馏水	1000mL

［配制］ 加热搅拌溶解胰胨或胰酪胨于蒸馏水中。分装试管，每管 5mL。121℃高压灭菌 15min。最终 pH6.9±0.2。

［用途］ 用于大肠菌群、粪大肠菌群和大肠杆菌的检验。

沙门、志贺菌属琼脂培养基（SS）

［成分］

胨	5g	硫代硫酸钠	8.5g
牛肉浸出粉	5g	中性指示液	2.5mL
乳糖	10g	亮绿溶液	0.33mL
牛胆盐	8.5g	琼脂	20g
枸橼酸钠	8.5g	水	1000mL
枸橼酸铁铵	1g		

［配制］ 除乳糖、指示液、琼脂外，取上述其他成分，混合，加热溶解，调节 pH 使灭菌后 pH＝7.2±0.1，过滤，加入琼脂，加热溶解后，再加入乳糖和指示液，溶解，摇匀，

121℃灭菌 20min，冷至 60℃，倾注平皿。

神奈川现象试验用我妻氏琼脂[1]（WA）

［成分］

酵母浸膏	3.0g	甘露醇	10.0g
蛋白胨	10.0g	结晶紫	0.001g
氯化钠	70.0g	琼脂	15.0g
磷酸氢二钾	5.0g	蒸馏水	1000mL

［配制］ 将各成分加蒸馏水溶解，用水稀释至 1000mL，调至 pH8.0，加热 30min 不必高压，待冷却至 50℃，按 5%的体积轻轻加入事先准备好的以生理盐水洗 3 次的新鲜人或兔血球。混合均匀倾注平皿，充分干燥后使用。

注：新制备的培养基均应用已知阳性及阴性菌进行测试，以保证培养基质量。

［用途］ 用于副溶血性弧菌的检验。

生孢梭菌（Clostridium sporogenes）**菌液**

［配制］ 取生孢梭菌［CMCC(B)64941］的需气菌、厌气菌培养基新鲜培养物 1 白金耳，接种至相同培养基内，在（30～35)℃培养（18～24)h 后，用无菌氯化钠溶液（9g/L）稀释至每 1mL 中含（10～100)个菌。

生理盐水

［配制］ 称取 8.5g 分析纯氯化钠，溶解于 1000mL 水中，分装后，于 121℃高压灭菌 15min。

生物素测定用培养基

［成分］

维生素测定用酪蛋白氨基酸	12g	烟酸	2mg
葡萄糖	49g	泛酸钙	2mg
乙酸钠	20g	盐酸吡哆醇	2mg
L-胱氨酸	0.2g	*p*-氨基苯甲酸	200μg
DL-色氨酸	0.2g	磷酸氢二钾	1g
硫酸腺嘌呤	20mg	磷酸二氢钾	1g
盐酸鸟嘌呤	20mg	硫酸镁	0.4g
尿嘧啶	20mg	氯化钠	20mg
盐酸硫胺素	2mg	硫酸亚铁	20mg
核黄素	2mg	硫酸锰	20mg

［配制］ 将各成分加蒸馏水溶解，用水稀释至 1000mL，调节 pH=6.7±0.1（25℃）。

［用途］ 用于游离生物素的测定。

42℃生长试验用培养基

［成分］

[1] 来自日文文献。

胰胨	17.0g	磷酸氢二钾	2.5g
大豆胨	3.0g	葡萄糖	2.5g
氯化钠	30.0g	蒸馏水	1000mL

［配制］ 除葡萄糖外，将各种成分混合溶解，煮沸（1～2)min，加入葡萄糖。调至pH=7.3±0.2。分装于15mm×150mm试管，每管7mL，121℃高压灭菌15min。

［用途］ 用于副溶血性弧菌的检验。

曙红亚甲基蓝琼脂

［配制］ 溶解10.0g蛋白胨，2.0g磷酸氢二钾（K_2HPO_4），15.0g琼脂于1000mL水中。煮沸，完全溶解后加水到1000mL，分装成每瓶100mL或200mL，121℃高压灭菌15min，最后pH=7.1±0.1，在用前融化，每100mL加5mL无菌乳糖溶液（200g/L），2.0mL曙红水溶液（20g/L），1.3mL亚甲基蓝水溶液（5g/L）。

［用途］ 用于蛋和蛋制品的测定。

曙红亚甲基蓝琼脂培养基（EMB）

［成分］

营养琼脂培养基	100mL	亚甲基蓝指示液（10g/L）	(1.3～1.6)mL
20%乳糖溶液	5mL		
曙红钠指示液（5g/L）	2mL		

［配制］ 取营养琼脂培养基，加热溶解后，冷却至60℃，按无菌操作加入灭菌的上述其他3种溶液，摇匀，倾注平皿。

四硫磺酸钠亮绿培养基（TTB）

［成分］

胨	5g	硫代硫酸钠	30g
牛胆盐	1g	水	1000mL
硫酸钙	10g		

［配制］ 取上述成分，混合，用水微温溶解，121℃灭菌20min。

临用前，取上述培养基，每10mL加入0.2mL碘溶液（取6g碘与5g碘化钾，溶于20mL水中）和0.1mL亮绿溶液（1g/L），混匀。

四硫磺酸盐煌绿增菌液（TTB）

（1）基础液

［成分］

蛋白胨	10.0g	碳酸钙	45.0g
牛肉膏	5.0g	蒸馏水	1000.0mL
氯化钠	3.0g		

［配制］ 除碳酸钙外，将各成分加入蒸馏水中，搅拌均匀，静置约10min，加热煮沸至完全溶解，再加入碳酸钙，调至pH=7.0±0.1，121℃高压灭菌20min。

（2）硫代硫酸钠溶液

[配制] 溶解50.0g硫代硫酸钠（含5个结晶水）于蒸馏水中，用水稀释到100mL。121℃高压灭菌20min。

(3) 碘溶液

[成分]

碘片	20.0g
碘化钾	25.0g
蒸馏水	加至100.0mL

[配制] 将碘化钾充分溶解于少量的蒸馏水中，再投入碘片，振摇玻瓶至碘片全部溶解为止，然后加蒸馏水至规定的总量，储存于棕色瓶内，塞紧瓶盖备用。

(4) 煌绿水溶液

[配制] 溶解0.5g煌绿于100mL蒸馏水中，存放暗处，不少于1d，使其自然灭菌。

(5) 牛胆盐溶液

[配制] 将10.0g牛胆盐加到100mL蒸馏水中，加热煮沸至完全溶解，121℃高压灭菌20min。

(6) 完整培养基

基础液	900.0mL	煌绿水溶液	2.0mL
硫代硫酸钠溶液	100.0mL	牛胆盐溶液	50.0mL
碘溶液	20.0mL		

临用前，按上列顺序，以无菌操作依次加入到基础液中，每加入一种成分，均应摇匀后再加入另一种成分。最后分装于灭菌玻璃瓶内，每瓶100mL或225mL。

[用途] 用于沙门氏菌属（包括亚利桑那菌）的检验。

酸性肉汤

[成分]

多价蛋白胨	5g	磷酸氢二钾	4g
酵母浸膏	5g	蒸馏水	1000mL
葡萄糖	5g		

[配制] 将以上各成分用蒸馏水加热搅拌溶解，调至pH＝5.0±0.2，121℃灭菌15min，勿过分加热。

糖、醇发酵培养基

[基础液]

胨	10g	0.5%酸性品红指示液（或溴麝香草酚蓝指示液）	10mL
糖、醇	0.5%		
氯化钠	5g	水	1000mL

[配制] 取胨和氯化钠加入水中，微温溶解，调节pH使灭菌后为pH7.4，加入指示液，混匀，分装每瓶100mL，121℃，灭菌15min。

配制葡萄糖发酵培养基时，于100mL基础液加入0.5g葡萄糖，分装于含杜氏管（Durham）的小试管中，121℃，灭菌15min。配制其他糖、醇发酵培养基时，将各种糖、醇分别配成10%溶液，与基础液同时于121℃，灭菌15min。以无菌操作将5mL糖、醇溶液加入 100mL 基础液内，分装于灭菌小试管中。

注：糖、醇溶液亦可采用薄膜过滤法除菌。

糖发酵肉汤基础液

（1）糖发酵肉汤基础液

[成分]

蛋白胨	10.0g	Andrade 指示剂	10.0mL
牛肉膏	3.00g	蒸馏水	1000mL
氯化钠	5.00g		

[配制] 将上述各成分溶于蒸馏水中，调至 pH=7.1～7.2。121℃高压灭菌 15min。

（2）蔗糖或山梨醇最终使用浓度为 10g/L，可于灭菌前加入基础液中，分装试管，121℃高压灭菌 10min。L-阿拉伯糖和鼠李糖最终使用浓度为 10g/L，应先配成 100g/L 水溶液，L-阿拉伯糖水溶液通蒸汽流灭菌 30min，鼠李糖水溶液 121℃高压灭菌 10min，然后分别以无菌操作加入先经 121℃高压灭菌 15min 的基础液中，无菌操作分装于已灭菌的 13mm×130mm 试管中，每管 3mL。此培养基制成后近于无色，接种后于 25℃培养（25±2)h，阴性反应应继续培养观察 4d。阳性反应为红色，阴性反应则颜色不变。

注：Andrade 氏指示剂，成分：蒸馏水 100mL；酸性复红 0.50g；氢氧化钠（1.0mol/L）16mL。配制：将酸性复红溶于蒸馏水中，并加入氢氧化钠溶液，数小时后，如复红褪色不够，再加 1mL 或 2mL 氢氧化钠溶液，此试剂如保存时间较长则效果更好。

[用途] 用于食品中小肠结肠炎耶尔森菌的检验。

糖发酵培养基

（1）糖发酵基础液

[成分]

胰蛋白胨	10.0g	牛肉浸膏	3.0g
氯化钠	5.0g	溴甲酚紫	0.04g
蒸馏水	1000mL		

[配制] 将各成分加热溶解，冷却后调整至 pH7.0，加入溴甲酚紫，充分溶解、混合。

（2）0.5%糖发酵液

[成分]

葡萄糖	0.5g	鼠李糖	0.5g
麦芽糖	0.5g	木糖	0.5g
甘露醇	0.5g		

[配制] 将上述糖类分别加入 100mL 糖发酵基础液中，分装试管，每管 1mL，于 112℃高压灭菌 15min。

（3）七叶苷培养基

[成分]

胰蛋白胨	0.5g	七叶苷	0.1g
牛肉浸膏	0.3g	柠檬酸铁铵	0.05g
蒸馏水	100mL		

［配制］ 将各成分加热溶解，冷却后调整至pH7.0，分装试管，每管1mL，于112℃高压灭菌15min。

［用途］ 用于单核细胞增生李斯特菌的检验中糖发酵试验。

糖类分解试验用培养基

［成分］

蛋白胨	10.g	溴甲酚紫	0.04g
牛肉浸膏	3.0g	蒸馏水	1000mL
氯化钠	30.0g		

［配制］ 除溴甲酚紫外，将其他各成分加热溶解，按1%量加入糖类。调至pH=7.0±0.2，加入溴甲酚紫。分装于10mm×100mm试管，每管1mL，112℃高压灭菌15min。

［用途］ 用于副溶血性弧菌的检验。

藤黄微球菌悬液

［配制］ 取藤黄微球菌［CMMCC(B)28001］的营养琼脂斜面培养物，接种于盛有营养琼脂培养基内的培养瓶中，在(26～27)℃培养24h，或采用适当方法制备的菌斜面，用无菌氯化钠溶液(9g/L)将菌苔洗下，备用。

Todd-Hewitt 肉汤

［成分］

牛肉浸液	1000mL	$NaHCO_3$	2g
蛋白胨	20g	NaCl	2g
NaOH溶液［$c(NaOH)=10mol/L$］	2.7mL	$Na_2HPO_4 \cdot 12H_2O$	1g
		葡萄糖	2g

［配制］ 将各成分溶解后，调节pH7.8。分装在150mL烧瓶中，每瓶100mL，在115℃下灭菌20min。

［用途］ 用于B群链球菌的检验。

Tris 缓冲溶液

［配制］ 将121.1g三烃甲基氨基甲烷溶于大约500mL水中，用浓盐酸调至所需的pH值，用水稀释到1000mL。在室温或(4～6)℃保存。

V-P 半固体琼脂（VP）

［成分］

酵母浸膏	1.0g	氯化钠	30.0g
蛋白胨	12.0g	琼脂	3.0g
葡萄糖	10.0g	蒸馏水	1000mL

［配制］ 将各成分加入蒸馏水中，静置约10min，搅拌、加热至溶解。调节pH=7.3±0.1，分装于10mm×100mm试管，每管1mL，121℃高压灭菌10min。灭菌后，立即取出放凉。

［V-P试剂］（试验判断用试剂）

甲液：α-萘酚 6.0g、纯乙醇 100.0mL。

乙液：氢氧化钾 40.0g、肌酸 0.3g、蒸馏水 100.0mL。

［配制］ 先将氢氧化钾溶于水中，再加入肌酸。

甲液和乙液保存于 4℃冰箱中，可使用 2 个月。试验时，分别加 0.2mL 甲液（约 6 滴）和 0.1mL（约 3 滴）乙液。加入试剂后呈现红色者为阳性，铜色为阴性。对阴性结果 1h 后再做一次检查。

［用途］ 用于副溶血性弧菌、沙门菌属（包括亚利桑那菌）的检验。

Voges-Pros kauer（V-P）**试剂**

［配制］ 甲液：将 5.0g α-萘酚溶于 100mL 无水乙醇中。乙液：将 40.0g 氢氧化钾用蒸馏水溶解，并加水至 100mL。

［用途］ 大肠菌群、类大肠菌和大肠杆菌的检验。

弯曲杆菌分离琼脂（改良 Skirrow 氏培养基）

（1）基础液

［成分］

蛋白胨	15.0g	氯化钠	5.0g
胰蛋白胨	2.5g	琼脂	15.0g
酵母浸膏	5.0g	蒸馏水	1000mL

［配制］ 将上述各成分（除琼脂外）溶于水中，再加入琼脂，加热并搅拌使琼脂溶化，121℃高压灭菌 15min。冷至（50～55)℃，最终 pH=7.4±0.2。

（2）FBP 浓原液

［成分］

硫酸亚铁（$FeSO_4$）	2.5g
焦亚硫酸钠（$Na_2S_2O_5$）	2.5g
丙酮酸钠（sodium pyruvate）	2.5g

［配制］ 将各成分溶于 100mL 蒸馏水中，经 0.20μm 滤膜过滤除菌，于 4℃下储存。

每 100mL 经灭菌的基础液中加 1mLFBP 浓原液，混匀。

（3）抗生素溶液

［成分］

万古霉素	0.5g	多黏菌素 B	125000IU
三甲氧苄氨嘧啶乳酸盐	0.25g	蒸馏水	500mL

［配制］ 将各成分溶于 500mL 蒸馏水中，经 0.20μm 滤膜过滤除菌。每 100mL 经高压灭菌的基础液中加 1mL 抗生素溶液。

（4）冻溶脱纤维羊（或马）血　将羊（或马）血反复冻融 3 次，使血球完全溶解。每 100mL 基础液中加入 5mL。混匀后倒入平皿，每皿 20mL。

［用途］ 用于弯曲杆菌的检验。

弯曲杆菌增菌肉汤

（1）基础液（布氏肉汤）

[成分]

胰蛋白胨	10.0g	氯化钠	5.0g
蛋白胨	10.0g	亚硫酸氢钠（$NaHSO_3$）	0.1g
葡萄糖	1.0g	蒸馏水	1000mL
酵母浸膏	2.0g		

[配制] 将各成分溶于蒸馏水中。121℃高压灭菌15min。最终pH=7.0±0.2，分装于规格适宜的烧瓶中。

(2) FBP浓原液

[成分]

硫酸亚铁（$FeSO_4$）	2.5g
焦亚硫酸钠（$Na_2S_2O_5$）	2.5g
丙酮酸钠（sodium pyruvate）	2.5g

[配制] 将各成分溶于100mL蒸馏水中，经0.20μm滤膜过滤除菌，于4℃下储存。每100mL经灭菌的基础液中加1mL，混匀。

(3) 1号抗生素溶液

[成分]

万古霉素	0.75g
三甲氧苄氨嘧啶乳酸盐（trimethoprim lactate）	0.38g
多黏菌素B	250000IU

[配制] 将各成分溶于500mL蒸馏水中，经0.20μm滤膜过滤除菌。每100mL经灭菌的基础液中加1mL。

(4) 2号抗生素溶液

[成分]

利福平（rifampicin）	0.2g	多黏菌素B	200000IU
三甲氧苄氨嘧啶乳酸盐	0.2g	放线菌酮（actidione）	2.0g

[配制] 将各成分置200mL容量瓶中，加入95%乙醇50mL，振摇使溶解，加入蒸馏水至200mL。过滤除菌。每100mL经高压灭菌的基础液中加1mL。

[用途] 用于弯曲杆菌的检验。

卫矛醇半固体琼脂（D）

[成分]

蛋白胨	2.0g	溴麝香草酚蓝	0.08g或8g/L溶液10mL
酵母膏	1.0g		
卫矛醇	10.0g	琼脂	2.5g
氯化钠	5.0g	蒸馏水	1000.0mL
磷酸氢二钾	0.3g		

[配制] 除溴麝香草酚蓝外，将其他成分加入蒸馏水中，搅拌均匀，静置约10min，加热煮沸至完全溶解，调至pH=7.1±0.1，加入溴麝香草酚蓝，呈绿色，分装试管(12mm×100mm)中，每管约1mL～1.5mL，121℃高压灭菌15min，灭菌后立即取出，冷却备用。

注：新制备的培养基均应用已知阳性及阴性菌进行测试，以保证培养基质量。

［用途］ 用于测定沙门氏菌属（包括亚利桑那菌）。

维生素 B_{12} 测定用培养基

［成分］

无维生素酸水解酪蛋白	15g	烟酸	2mg
葡萄糖	40g	*p*-氨基苯甲酸	2mg
天门冬酰胺	0.2g	泛酸钙	1mg
柠檬酸钠	20g	盐酸吡哆醇	4mg
抗坏血酸	4g	盐酸吡哆醛	4mg
L-胱氨酸	0.4g	盐酸吡哆胺	800μg
DL-色氨酸	0.4g	叶酸	200μg
硫酸腺嘌呤	20mg	磷酸二氢钾	1g
盐酸鸟嘌呤	20mg	磷酸氢二钾	1g
尿嘧啶	20mg	硫酸镁	0.4mg
黄嘌呤	20mg	氯化钠	20mg
核黄素	1mg	硫酸亚铁	20mg
盐酸硫胺素	1mg	硫酸锰	20mg
生物素	10μg	聚山梨糖单油酸酯	2g

［配制］ 将各成分用蒸馏水溶解，并稀释到 1000mL，调至 pH=6.0±0.2（25℃）。

胃蛋白酶溶液（2g/L）

［配制］ 将 6.1mL 浓盐酸加入到适量水中，再加水至 1000mL（溶液 pH=1～2），加热至（42～45）℃，加入 2g 活性为 1∶10000 生化级胃蛋白酶［若活性不是 1∶10000，可使用活性 1∶3000 生化级胃蛋白酶（不可使用非生化级胃蛋白酶），应注意胃蛋白酶溶液中胃蛋白酶浓度应为 20IU/mol］，并缓慢搅拌直至溶解。勿在加热板上加热胃蛋白酶溶液或配制时过热。临用前配制。

［用途］ 用于蛋白酶法测定饲料的消化率。

文齐氏液

［成分］

高铁氰化钾	0.200g	氰化钾	0.050g
磷酸二氢钾	0.140g	Triton X-100	1mL

［配制］ 将各成分加无菌蒸馏水溶解，并稀释到 1000mL。

戊烷脒多黏菌素琼脂

（1）基础培养基

［成分］

牛肉膏	3.0g	氯化钠	5.0g
蛋白胨	20.0g	琼脂	20.0g
蒸馏水	1000mL		

［配制］ 将各成分加于蒸馏水中，煮沸至完全溶解，调整 pH 值至 7.4，过滤，分装于三角烧瓶中，每瓶 400mL，121℃高压灭菌 20min。临用时加热融化，放于（45～50)℃恒温水浴内保温。

(2) 戊烷脒稀释液

称取 0.1g 戊烷脒，溶于 4mL 灭菌蒸馏水中。储存在（0～4)℃冰箱，备用。

(3) 多黏菌素稀释液

取多黏菌素 B 一瓶，加灭菌蒸馏水使其溶解，再用灭菌蒸馏水将其稀释为 3000IU/mL。储存于（0～4)℃冰箱，备用。

(4) 脱纤维羊血

以无菌操作采羊血（50～100)mL，注入含小珠的灭菌三角烧瓶中，立即转摇数分钟。储存于（0～4)℃冰箱，备用。

(5) 完整培养基

［成分］

基础培养基［（45～50)℃］	400mL	多黏菌素稀释液	0.4mL
戊烷脒稀释液	0.4mL	脱纤维羊血	8.0mL

［配制］ 以无菌操作将以上后三种成分加入基础培养基内，充分摇匀，倾注于灭菌皿内，每皿 15mL 左右。

［用途］ 用于炭疽杆菌的检验。

西蒙氏枸橼酸盐琼脂

［成分］

硫酸镁	0.20g	枸橼酸钠	2.00g
氯化钠	5.00g	琼脂	20.0g
磷酸二氢铵	1.00g	蒸馏水	1000mL
磷酸氢二钾	1.00g		

［配制］ 将上述各成分用蒸馏水溶解并稀释至 1000mL 后，加 1＋500 溴麝香草酚蓝指示剂溶液 40mL，混匀，分装于 13mm×130mm 试管中，每管约 4mL。121℃高压灭菌 15min。斜置试管使成 2.5cm 高层和 4cm 长的斜面。

制成的培养基为透明、草绿色，接种后于 25℃培养（24±2)h，阴性反应者观察 4d。阳性反应者斜面变为蓝色，阴性反应则颜色不变。

［用途］ 用于小肠结肠炎耶尔森氏菌的检验。

洗过的酵母悬液

［配制］ 取 2 块面包酵母饼，用约 150mL 水调成均匀的混悬液，离心 5min，弃去水层。重复加水混合并离心 4 次，或至水层澄清为止，再将酵母悬浮于水中，并用水稀释至 100mL，在 4℃的冰箱中保存。使用前充分振摇，可使用 2 周。

［用途］ 用于肉中的乳糖测定（无麦芽糖时使用）。

洗样液

［配制］ 将 2.5mL 吐温-20 加于 1000mL 蒸馏水中，充分搅匀，分装于三角烧瓶或试剂

瓶内，121℃高压灭菌。储存于（0～4）℃冰箱，备用。

［用途］ 用于炭疽杆菌的检验。

纤维素酶溶液

［配制］ 称取10g纤维素酶，用Tris缓冲溶液稀释到100mL，pH7.0，如有必要可加热至35℃，用Whatman 1号滤纸或同类产品过滤除去不溶物，滤液再用0.45μm膜滤器过滤除菌。在（4～6）℃最多能保存一周，在－18℃能保存3个月。

硝酸盐胨水培养基

［成分］

胨	10g	亚硝酸钠	0.5g
酵母浸出粉	3g	水	1000mL
硝酸钾	2g		

［配制］ 取胨和酵母浸出粉加入水中，微温溶解，调节pH值使灭菌后为pH＝7.3±0.1，加入硝酸钾和亚硝酸钠溶解，混匀，分装于含杜氏管的小试管，121℃灭菌20min。

硝酸盐肉汤

［成分］

牛肉膏	3.0g	硝酸钾	1.0g
蛋白胨	5.0g	蒸馏水	稀释至1000mL

［配制］ 将上述各成分溶解于蒸馏水并稀释至1000mL。调节pH＝7.0±0.1，分装试管，每管5mL，121℃高压灭菌15min。

［用途］ 用于蜡样芽孢杆菌的检验。

硝酸盐试验试剂

（1）试剂A：溶解8g对氨基苯磺酸于1000mL乙酸溶液［$c(CH_3COOH)=5mol/L$］中，混匀。

（2）试剂B：溶解2.5g α-萘酚于1000mL乙酸溶液［$c(CH_3COOH)=5mol/L$］中，混匀。

小牛肉浸汁琼脂

［配制］ 将500g磨碎的瘦肉和1000mL水混合，在冰箱中浸渍过夜。不加压，用干酪布过滤，用水稀释到初始体积。撇去脂肪，在Arnold消毒器中蒸煮灭菌30min，滤纸过滤。加10.0g蛋白胨，5.00g NaCl，15.0g琼脂，混匀。

在Arnold消毒器中蒸煮溶解配料，调至pH7.6，蒸煮15min，用垫有纸浆的布氏漏斗抽滤。如果有必要，用蛋白澄清，加一个蛋的新鲜蛋白到50mL培养基或1.5g蛋白粉于未调pH值，但已冷却至50℃的1000mL培养基中，彻底振荡以确保蛋白溶解。静置20min，用Arnold消毒器加热15min使蛋白凝结。充分振荡，再加热，过滤，调节至pH7.6，在Arnnld消毒器中蒸煮15min，过滤。

分装于试管中，每管10mL，或分装于瓶中，每瓶80mL，121℃高压灭菌20min，最终pH值为7.4。

［用途］ 用于蛋和蛋制品的测定。

需气菌、厌气菌培养基（硫乙醇酸盐流体培养基）

［成分］

酪胨（胰酶水解）	15g	新配制的0.1%刃天青溶液（或新配制的0.2%亚甲基蓝溶液0.5mL）	1.0mL
葡萄糖	5g	琼脂	(0.5～0.7)g
L-胱氨酸	0.5g	水	1000mL
硫乙醇酸钠	0.5g		
酵母浸出粉	5g		
氯化钠	2.5g		

［配制］ 取上述除葡萄糖和刃天青溶液外各成分加入水中，微温溶解后，调节pH为弱酸性，煮沸，滤清，加入葡萄糖和刃天青溶液，摇匀，调节pH值使灭菌后pH=7.1±0.2，分装，灭菌。

在样品接种前，培养基指示剂氧化层的颜色不得超过培养基深度约⅕，否则，须经水浴煮沸加热，只限加热一次。

选择性培养基（MMA）

［成分］

胰蛋白胨	10.g	甘氨酸酐	10.0g
牛肉浸膏	3.0g	氯化锂	5.0g
氯化钠	5.0g	琼脂	15.0g
苯乙醇	2.5g	蒸馏水	1000mL

［配制］ 除琼脂外，将其他各成分加热煮沸溶解，冷却后调整至pH=7.3±0.2，再加入琼脂，于121℃高压灭菌15min。冷却至50℃，加入10mL复达新水溶液［3mg/mL：0.03g头孢他啶（$C_{22}H_{22}N_6O_7S_2 \cdot 5H_2O$）复达新］中加入10mL灭菌蒸馏水，过滤除菌摇匀，倾注平板。

［用途］ 用于单核细胞增生李斯特氏菌的检验。

选择性牛心汤增菌培养基

［成分］

牛心汤培养基	1000mL	结晶紫	0.002g
三氮化钠	0.075g		

［配制］ 除结晶紫外，将其他成分混合，加热溶解，调节pH7.4，再加入结晶紫，充分混合溶解后，分装于试管内，每管10mL，于115℃下高压灭菌20min。

［用途］ 用于B群链球菌的检验。

血红蛋白溶液

［配制］ 称取1g牛血红蛋白，加盐酸溶液｛取65mL盐酸溶液［c(HCl)=1mol/L］，加水至1000mL｝溶解，并稀释到100mL。

溴化十六烷基三甲铵琼脂培养基

［成分］

胨	10g	溴化十六烷基三甲铵	0.3g
牛肉浸出粉	3g	琼脂	(15～20)g
氯化钠	5g	水	1000mL

［配制］ 除琼脂外，取上述成分，混合，加热溶解，调节 pH 值使灭菌后 pH＝7.5±0.1，加入琼脂，加热溶解后，分装，121℃灭菌 20min，冷却至 60℃，倾注平皿。

溴甲酚紫葡萄糖肉汤

［成分］

蛋白胨	10g	溴甲酚紫	0.04g（或 1.6%乙醇溶液 2mL）
牛肉浸膏	3g	蒸馏水	1000mL
葡萄糖	10g		
氯化钠	5g		

［配制］ 将上述各成分（溴甲酚紫除外）加热搅拌溶解，调至 pH＝7.0±0.2，加入溴甲酚紫，分装于带有小倒置管的中号试管中，每管 10mL，121℃灭菌 10min。

芽孢悬浮液

［配制］

(1) 试验菌种：取蜡样芽孢杆菌（Bacillus Cereus Varmycoides），菌种号 63301。

(2) 菌种培养：将菌种安瓿瓶管的上部敲碎后，加入少量肉汤培养基，使其溶解并移至肉汤管中混匀。置于（30±1)℃培养 24h。取菌种单个菌落接种于菌种培养基中。采用试管斜面或克氏瓶内培养，置于（30±1)℃培养 1 周。镜检芽孢菌数达到 85%以上，便可制备芽孢悬浮液。

(3) 芽孢悬浮液制备：用适量灭菌的生理盐水洗下菌苔，于 65℃恒温水浴中加热 30min，再以 2000r/min 离心 20min，弃去上清液，重复（2～3)次。最终用适量的灭菌生理盐水稀释，即为芽孢悬浮液，置于冰箱中保存使用。有效期为 1 个月。

［用途］ 用于氟胺氰菊酯残留量的检验。

亚碲酸盐肉汤培养基

［配制］ 临用前，取灭菌的营养肉汤培养基，每 100mL 中加入新配制的 0.2mL 亚碲酸钠（钾）溶液（10g/L），混匀，即得。

亚利桑那菌琼脂（SA）

［成分］

蛋白胨	12.0g	氯化钠	5.0g
酵母膏	3.0g	硫代硫酸钠	5.0g
牛胆盐	9.0g	柠檬酸铁铵	1.5g
蔗糖	12.0g	酚红	0.04g 或 5g/L 溶液 8mL
丙二酸钠	6.0g	琼脂	14.0g
卫矛醇	20.0g	蒸馏水	1000.0mL
葡萄糖	1.0g		

［配制］ 除酚红和琼脂外，将其他成分加入 400mL 蒸馏水中，搅拌均匀，加热煮沸至

完全溶解，调至 pH＝7.1±0.1。

将琼脂加入 600mL 蒸馏水中，搅拌均匀，静置约 10min，加热煮沸至完全溶解，冷至约 90℃，将上述溶液加入琼脂中，摇匀，再加入酚红指示剂，混匀，冷至（50～55)℃，倾注平皿，每皿约 20mL。

本培养基不需高压灭菌，制成的平板为透明橘红色。

［用途］ 用于沙门菌属（包括亚利桑那菌）的检验。

亚硫酸铋琼脂（BS）

［成分］

蛋白胨	10.0g	煌绿	0.025g 或 5g/L 水溶液 5mL
牛肉膏	5.0g	柠檬酸铋铵	2.0g
葡萄糖	5.0g	亚硫酸钠	6.0g
硫酸亚铁	0.3g	琼脂	18.0g
磷酸氢二钠	4.0	蒸馏水	1000.0mL

［配制］ 将上述前三种成分加入 300mL 蒸馏水中，此为基础液；硫酸亚铁和磷酸氢二钠分别加入 20mL 和 30mL 蒸馏水中；柠檬酸铋铵和亚硫酸钠分别加入另一 20mL 和 30mL 蒸馏水中；琼脂加入 600mL 蒸馏水中。然后分别搅拌均匀，静置约 10min，加热煮沸至完全溶解。冷却至 80℃左右时，先将硫酸亚铁和磷酸氢二钠混匀，倒入基础液中，混匀。将柠檬酸铋铵和亚硫酸钠混匀，倒入基础液中，再混匀。调至 pH＝7.5±0.1，随即倾入琼脂液中，混合均匀，冷至（50～55)℃。加入煌绿溶液，充分混匀后立即倾注平皿，每皿约 20mL。

本培养基不需要高压灭菌，在制备过程中不宜过分加热，避免降低其选择性，新配制的培养基呈玉白色不透明，储于室温暗处，超过 48h 会降低其选择性，本培养基宜于前天制备，第二天使用。

［用途］ 用于沙门菌属（包括亚利桑那菌）的检验。

亚硒酸盐胱氨酸增菌液（SC）

［成分］

蛋白胨	5.0g	亚硒酸氢钠	4.0g
乳糖	4.0g	L-胱氨酸	0.01g
磷酸氢二钠（含 12 个结晶水）	10.0g	蒸馏水	1000.0mL

［配制］ 除亚硒酸氢钠和 L-胱氨酸外，将其他各成分加入蒸馏水中，搅混均匀，静置约 10min，加热煮沸 5min 至完全溶解，冷却至 55℃以下，以无菌操作加入亚硒酸氢钠和 10mL L-胱氨酸溶液（1g/L）{称取 0.1g L-胱氨酸，加 15mL 氢氧化钠溶液［c(NaOH)＝1mol/L］，使其溶解，再加灭菌蒸馏水至 100mL 即成，如为 DL-胱氨酸，用量应加倍}。摇匀，调至 pH＝7.0±0.1，以无菌操作分装于灭菌玻璃瓶内，每瓶 100mL 或 200mL。

［用途］ 用于沙门菌属（包括亚利桑那菌）的检验。

烟酸测定用培养基

［成分］

维生素测定用酪蛋氨基酸	12g	盐酸吡哆醇	400μg
葡萄糖	40g	核黄素	400μg
乙酸钠	20g	β-氨基苯甲酸	100μg
L-胱氨酸	0.4g	生物素	0.8μg
DL-色氨酸	0.2g	磷酸氢二钾	1g
盐酸腺嘌呤	20mg	磷酸二氢钾	1g
盐酸鸟嘌呤	20mg	硫酸镁	0.4g
尿嘧啶	20mg	氯化钠	20mg
盐酸硫胺素	200μg	硫酸亚铁	20mg
泛酸钙	200μg	硫酸锰	20mg

[配制] 将各成分加蒸馏水溶解，并稀释至1000mL，调至pH=6.7±0.2（25℃）。

[用途] 用于烟酸和烟酰胺的测定。

氧化酶溶液1

[配制] 将1.0g *N*,*N*,*N'*,*N'*-四甲基对苯二胺盐酸盐溶于100mL蒸馏水，混匀。

[用途] 用于弯曲杆菌的检验。

氧化酶溶液2

[配制] 将α萘酚乙醇溶液（1%）与二甲基对苯二胺草酸盐水溶液（1%）等量混合。

[用途] 用于制备氧化酶试纸以测定沙门菌（辛酯酶荧光法）。试纸制备：取定性滤纸，浸透混合液后，于（70～80）℃烘箱烘干。剪成适当大小的纸条，密封于塑料袋或瓶中，储于4℃冰箱备用。

7%羊血琼脂

（1）完整培养基

[成分] 胰酪胨大豆酵母浸膏琼脂1000mL；脱纤维绵羊血70mL。

[配制] 将1000mL高压灭菌后的胰酪胨大豆酵母浸膏琼脂于室温冷却至50℃左右，加入70mL脱纤维绵羊血，边加边摇，使其均匀混合后即可倾注平板。

（2）胰酪胨大豆酵母浸膏琼脂（TSA-YE）

[成分]

胰酪蛋白胨（或胰蛋白胨）	15.5g	酵母浸膏	6.5g
植物蛋白胨	5.0g	琼脂	15.0g
氯化钠	5.0g		

[配制] 除琼脂外，将其他各成分加热煮沸溶解，冷却后调整至pH=7.3±0.2，再加入琼脂，于121℃高压灭菌15min，供制备平板和斜面使用。

[用途] 用于单核细胞增生李斯特菌的检验。

叶酸测定用培养基

[成分]

酪蛋白胨	10g	谷胱甘肽	5mg
葡萄糖	40g	硫酸镁	0.4g
乙酸钠	40g	氯化钠	20mg
磷酸氢二钾	1g	硫酸亚铁	20mg
磷酸二氢钾	1g	硫酸锰	15mg
DL-色氨酸	0.2g	核黄素	1mg
L-天门冬氨酸	0.6g	p-氨基苯甲酸	2mg
L-半胱氨酸盐酸盐	0.5g	维生素 B_6	4mg
硫酸腺嘌呤	10mg	盐酸硫胺素	400μg
盐酸鸟嘌呤	10mg	泛酸钙	800μg
尿嘧啶	10mg	烟酸	800μg
黄嘌呤	20mg	生物素	20μg
聚山梨糖	0.1g		

[配制] 将各成分加蒸馏水溶解，并稀释至1000mL，调至pH=6.7±0.1（25℃）。

[用途] 用于叶酸（叶酸盐活性）的测定。

伊红美蓝琼脂（EMB）

[成分]

蛋白胨	10.0g	伊红 γ（水溶性）	0.4g或2%水溶液20mL
乳糖	10.0g		
磷酸氢二钾（K_2HPO_4）	2.0g	美蓝	0.065g或0.5%水溶液13mL
琼脂	15.0g	蒸馏水	1000.0mL

[配制] 在1000mL蒸馏水中煮沸溶解蛋白胨、磷酸盐和琼脂，加水补足至原体积。分装于三角烧瓶中。每瓶100mL或200mL，高压灭菌15min。最终pH=7.1±0.2。使用前将培养基溶化，于每100mL培养基中加5mL灭菌的20%乳糖水溶液，2mL的2%伊红 γ 水溶液和1.3mL 0.5%的美蓝水溶液，摇匀，冷至（45～50）℃倾注平皿。

[用途] 用于大肠菌群、粪大肠菌群和大肠杆菌的检验。

胰蛋白胨大豆肉汤

[成分]

胰蛋白胨	17.0g	磷酸氢二钾（K_2HPO_4）	2.5g
植物蛋白胨	3.0g	葡萄糖	2.5g
氯化钠	5.0g	蒸馏水	1000mL

[配制] 将各成分溶于蒸馏水中，必要时加热使完全溶解，分装于试管或玻瓶中，121℃高压灭菌15min，最终pH=7.3±0.2。

注：制备双倍浓度的胰蛋白胨大豆肉汤时，除蒸馏水外，其他成分加倍。

[用途] 用于测定金黄色葡萄球菌。

胰蛋白胨胆盐琼脂（TBA）

[配制] 将20.0g胰蛋白胨，1.5g 3号胆盐和15.0g琼脂，用水稀释至1000mL。加热

至沸。121℃高压灭菌15min，冷却到（50～55）℃，调整至pH＝7.2±0.1，分装到100mm×15mm陪氏平皿中，每份约18mL。用前将平皿培养基表面干燥。

胰蛋白胨肉汤（需氧培养基）

［配制］ 溶解10.0g胰蛋白胨或胰蛋白酶，5g葡萄糖，1.25g磷酸氢二钾（K_2HPO_4），1.0g酵母浸汁，2.0mL溴甲酚紫（20g/L）的醇溶液到1000mL水中，必要时微热溶解；分装到（20×150）mm带盖试管中，每管10mL，121℃高压灭菌20min。用前不排气。

胰蛋白酶溶液

［配制］ 称取10g胰蛋白酶，用Tris缓冲溶液稀释至100mL，pH7.6，如果需要则温热至35℃，用Whatman 1号滤纸过滤去除不溶物，再用0.45μm膜滤器过滤除菌。在（4～6）℃最多能保存1周，在－18℃能保存3个月。

胰蛋白酶大豆-坚牢绿琼脂培养基（TSFA）

［配制］ 将15.0g胰化胨，5.0g（大豆胨）植物蛋白胨，5.0g氯化钠（NaCl），0.25g坚牢绿FCF（CIN042035），15.0g琼脂加到1000mL水中，加热至沸，121℃高压灭菌15min，冷却至（50～55）℃，无菌调至pH＝7.3±0.1，分装到100mm×15mm陪氏平皿中，每份约18mL。用前将平皿培养基表面干燥。

胰蛋白酶大豆硫酸镁琼脂（TSAM）

［配制］ 将15.0g胰蛋白胨，5.0g植物蛋白胨（或大豆蛋白脯），5.0g氯化钠（NaCl），1.5g $MgSO_4 \cdot 7H_2O$和15.0g琼脂，用水稀释至1000mL，加热至沸。121℃高压灭菌15min，冷却到（50～55）℃，调节至pH＝7.3±0.1。分装到（100×15）mm陪氏平皿中，每份约18mL。用前将平皿培养表面干燥。

胰胨大豆琼脂斜面（TSA）

［成分］

胰胨	15.0g	琼脂	15.0g
植物蛋白胨	5.0g	蒸馏水	1000mL
氯化钠	30.0g		

［配制］ 将各成分加入水中，不断搅拌，加热至煮沸1min。分装于15mm×150mm试管，每管3mL。121℃高压灭菌15min后制成斜面，最终pH＝7.3±0.2。

试剂：10g/L盐酸四甲基对苯二胺水溶液；10g/L α-萘酚乙醇溶液。

将配好后的10g/L盐酸四甲基对苯二胺溶液置于密塞棕色玻璃瓶中，于（5～10）℃存放（此试剂极易氧化，宜现用现配）。试验时，取37℃下放置（18～24）h的胰胨大豆琼脂斜培养物1支。将两种试剂各（2～3）滴从斜面上端流下，2min内呈现蓝色者为细胞色素氧化酶试验阳性。

［用途］ 用于副溶血性弧菌的检验。

胰胨-亚硫酸盐-环丝氨酸（TSC）琼脂

［成分］

胰胨	15.0g	偏亚硫酸氢钠	1.0g
大豆胨	5.0g	柠檬酸铁铵	1.0g
酵母膏	5.0g	琼脂	20.0g

［配制］ 将上述成分加蒸馏水溶解并稀释到1000mL，调至pH＝7.6±0.1，分装到500mL烧瓶中，每瓶250mL。121℃高压灭菌15min，倾平皿前，每250mL培养基（50℃）中，加过滤除菌的20.0mL D-环丝氨酸溶液（5g/L）。

［用途］ 用于产气荚膜梭状芽孢杆菌的检验。

胰酪胨大豆多黏菌素肉汤

［成分］

胰酪胨	17.0g	磷酸氢二钾	2.5g
植物胨	3.0g	葡萄糖	2.5g
氯化钠	5.0g	蒸馏水	稀释至1000mL

［配制］ 将上述各成分溶解在蒸馏水中，煮沸2min，调节pH＝7.3±0.1，分装于大试管中，每管15mL，121℃高压灭菌15min。临用时每管加入0.1mL多黏菌素B溶液（5g/L），混匀，即可。

注：多黏菌素B溶液：在33.3mL灭菌蒸馏水中溶解500000国际单位无菌硫酸盐多黏菌素B。

［用途］ 用于蜡样芽孢杆菌的检验。

胰酪胨大豆酵母浸膏肉汤（TSB-YE）

［成分］

胰酪蛋白胨（或胰蛋白胨）	17.0g	葡萄糖	2.5g
植物（大豆）蛋白胨	3.0g	酵母浸膏	6.0g
氯化钠	5.0g	蒸馏水	1000mL
磷酸氢二钾	2.5g		

［配制］ 将各成分加热煮沸溶解冷却后，调整至pH＝7.3±0.2，分装于三角瓶中，每瓶225mL，于121℃高压灭菌15min。

［用途］ 用于单核细胞增生李斯特菌的检验。

胰酪胨大豆酵母浸膏琼脂（TSA-YE）

［成分］

胰酪蛋白胨（或胰蛋白胨）	15.5g	酵母浸膏	6.5g
植物蛋白胨	5.0g	琼脂	15.0g
氯化钠	5.0g		

［配制］ 除琼脂外，将其他各成分加热煮沸溶解，冷却后调整至pH＝7.3±0.2，再加入琼脂，于121℃高压灭菌15min，供制备平板和斜面使用。

［用途］ 用于单核细胞增生李斯特菌的检验。

胰酪胨大豆羊血琼脂（TSSB）

[成分]

胰酪胨	15.0g	琼脂	15.0g
植物胨	5.0g	蒸馏水	1000mL
氯化钠	5.0g		

[配制] 将上述各成分于蒸馏水中加热溶解，并稀释到1000mL。调节pH=7.0±0.2，分装烧瓶，每瓶100mL。121℃高压灭菌15min。水浴中冷至（45～50）℃加入5mL无菌脱纤维羊血，混匀后倾注平板，每皿（18～20）mL。

[用途] 用于产气荚膜梭状芽孢杆菌的检验。

吲哚培养基

[成分]

蛋白胨	10.0g	DL-色氨酸	1.0g
氯化钠	5.0g	蒸馏水	1000mL

[配制] 除DL-色氨酸外，将其他成分加入蒸馏水中，搅拌均匀，静置约10min。另将DL-色氨酸加入约4mL氢氧化钠溶液[c(NaOH)=1mol/L]中，待溶解后，再将两液进行混合并加热煮沸至完全溶解，调至pH=7.4±0.1，分装于（12mm×100mm）试管中，每管（1～1.5)mL，121℃高压灭菌15min。

注：试验判断试剂——柯凡克试剂配制方法如下：

[成分]

对二甲氨基苯甲醛	10.0g	浓盐酸	50.0mL
戊醇	150.0mL		

[配制] 将色泽鲜明干燥的对二甲氨基苯甲醛溶于戊醇中，缓慢搅拌加入盐酸，加热至60℃，呈深黄色，静置（6～7)h，变成黄色即可使用。试液宜小量配制，不用时保存于4℃冰箱内。久存后试液变成黄褐色不可使用。

[用途] 用于测定沙门菌属（包括亚利桑那菌）。

吲哚试剂

① 溶液A：将2.5g p-二甲氨基苯甲醛和10mL HCl溶于90mL乙醇中。

② 溶液B：将2.0g过硫酸钾溶于200mL水中。

在使用前将溶液A与溶液B等体积混合。

营养肉汤（NB）

[成分]

蛋白胨	10.0g	葡萄糖	1.0g
酵母膏	3.0g	蒸馏水	1000mL
氯化钠	5.0g		

[配制] 将各成分加入蒸馏水中，混匀，静置约10min，加热煮沸至完全溶解，调至pH=7.5±0.1，分装于（12mm×100mm）试管中，每管约3mL，121℃高压灭菌15min。

[用途] 用于沙门菌属（包括亚利桑那菌）的检验。

营养肉汤（1）

［成分］ 牛肉膏 3.0g；蛋白胨 5.0g；蒸馏水 1000mL。

［配制］ 将各成分加于蒸馏水中，并加热溶解。分装试管时，每管 10mL；分装 500mL 三角烧瓶时，每瓶 225mL。121℃高压灭菌 15min。最终 pH＝6.8±0.2。

［用途］ 用于弯曲杆菌的检验。

营养肉汤（2）

［成分］

牛肉膏	3.0g	蛋白胨	20.0g
蒸馏水	1000mL	氯化钠	5.0g

［配制］ 将各成分溶于蒸馏水中，调至 pH7.4，分装于试管内，每管 1.0mL，121℃高压灭菌 15min。

［用途］ 用于炭疽杆菌的检验。

营养肉汤培养基

［成分］

胨	10g
氯化钠	5g
肉浸液	1000mL

［配制］ 取胨和氯化钠加入肉浸液内，微温溶解后，调节 pH 约为弱碱性，煮沸，过滤，调节 pH 值使灭菌后 pH＝7.2±0.2，分装，灭菌。

营养琼脂（NA）

［成分］

蛋白胨	10.0g	葡萄糖	1.0g
酵母膏	3.0g	琼脂	12.0g
氯化钠	5.0g	蒸馏水	1000mL

［配制］ 将各成分加入蒸馏水中，混匀，静置约 10min，加热煮沸至完全溶解，调至 pH＝7.5±0.1，分装于试管（12mm×100mm）中，每管约 3mL，121℃高压灭菌 15min。

［用途］ 用于沙门菌属（包括亚利桑那菌）的检验。

营养琼脂（1）

［成分］ 牛肉膏 3.0g；蛋白胨 5.0g；琼脂 1000mL。

［配制］ 将各成分于蒸馏水中加热溶解，稀释至 1000mL，调节 pH＝7.2±0.1，分装于试管中，每管（5～7)mL；或分装烧瓶，每瓶（100～150)mL。121℃高压灭菌 15min。将试管取出，制成斜面；如制平板，可将灭菌的琼脂冷至（45～50)℃倾注灭菌平皿，每皿(18～21)mL。

［用途］ 用于蜡样芽孢杆菌的检验。

营养琼脂（2）

［成分］

牛肉膏	3.0g	氯化钠	5.0g
蛋白胨	20.0g	琼脂	20.0g
蒸馏水	1000mL		

［配制］ 将各成分加于蒸馏水中，煮沸至完全溶解，补足失去的水分，调整 pH 至 7.2，过滤，121℃高压灭菌 20min。待冷至 50℃左右时，倾注于平皿，制成平板。

［用途］ 用于炭疽杆菌的检验。

营养琼脂培养基

［成分］ 胨 10g；氯化钠 5g；肉浸液 1000mL。

［配制］ 取胨和氯化钠加入肉浸液内，微温溶解后，加入（15～20)g 琼脂，调节 pH 值使灭菌后 pH＝7.2±0.2，分装，灭菌。

营养琼脂斜面

［成分］

牛肉膏	3.0g	琼脂	15.0g
蛋白胨	5.0g	蒸馏水	1000.0mL

［配制］ 将各成分加于蒸馏水中，煮沸溶解。分装合适的试管中。121℃高压灭菌 15min。最终 pH7.3±0.1。灭菌后摆成斜面备用。

［用途］ 用于大肠菌群、粪大肠菌群和大肠杆菌的检验。

月桂基硫酸盐胰蛋白胨（LST）肉汤

［成分］

胰蛋白胨或胰酪胨（Trypticase）	20g	磷酸氢二钾（K_2HPO_4）	2.75g
		磷酸二氢钾（KH_2PO_4）	2.75g
氯化钠	5.0g	月桂基硫酸钠	0.1g
乳糖	5.0g	蒸馏水	1000mL

［配制］ 将各成分溶解于蒸馏水中。分装到有倒立发酵管的 20mm×150mm 试管中，每管 10mL。121℃高压灭菌 15min。最终 pH＝6.8±0.2。

［用途］ 用于大肠菌群、粪大肠菌群和大肠杆菌的检验。

运动培养基

［配制］ 将 10.0g 胰酪胨，2.5g 酵母浸汁，5.0g 葡萄糖，2.5g Na_2HPO_4 和 3.0g 琼脂，用水加热溶解，稀释至 1000mL。最终 pH＝7.4±0.2。分装至（13×100)mm 试管中，每管 2mL，121℃高压灭菌 10min，或分装 100mL 于 150mL 瓶中，121℃高压灭菌 15min，冷至 50℃，再无菌分装至（13×100)mm 试管中，每管 2mL。为了得到满意结果，使用前室温存放（2～4)d，检查培养基内有无微生物生长。

增菌培养液（EB）

（1）盐酸吖啶黄溶液

［配制］ 溶解15mg盐酸吖啶黄于10mL灭菌蒸馏水，振摇混匀，充分溶解后过滤除菌。

（2）萘啶酮酸溶液

［配制］ 溶解40mg萘啶酮酸于10mL氢氧化钠溶液［c(NaOH)＝0.05mol/L］，振摇混匀，充分溶解后过滤除菌。

（3）氢氧化钠溶液［c(NaOH)＝0.05mol/L］

［配制］ 溶解0.1g氢氧化钠于50mL灭菌蒸馏水，振摇混匀，充分溶解。

（4）胰酪胨大豆酵母浸膏肉汤（TSB-YE）

［成分］

胰酪蛋白胨（或胰蛋白胨）	17.0g	葡萄糖	2.5g
植物（大豆）蛋白胨	3.0g	酵母浸膏	6.0g
氯化钠	5.0g	蒸馏水	1000mL
磷酸氢二钾	2.5g		

［配制］ 将各成分加热煮沸溶解冷却后，调至pH＝7.3±0.2，分装于三角瓶中，每瓶225mL，于121℃高压灭菌15min。

（5）增菌培养液（EB）

胰酪胨大豆酵母浸膏肉汤	225mL
盐酸吖啶黄溶液	2.5mL
萘啶酮酸溶液	2.5mL

［配制］ 使用前向胰酪胨大豆酵母浸膏肉汤中加入盐酸吖啶黄溶液和萘啶酮酸溶液，充分振摇，混合均匀。

［用途］ 用于单核细胞增生李斯特菌的检验。

真菌培养基

［成分］

胨	5g	磷酸氢二钾	1g
酵母浸出粉	2g	硫酸镁	0.5g
葡萄糖	20g	水	1000mL

［配制］ 取上述除葡萄糖外的各成分加入水中，微温溶解后，调节pH约为6.8，煮沸，加葡萄糖溶解后，摇匀，过滤，调节pH值使灭菌后pH＝6.4±0.2，分装，灭菌。

真菌琼脂培养基

［成分］

胨	5g	磷酸氢二钾	1g
酵母浸出粉	2g	硫酸镁	0.5g
葡萄糖	20g	水	1000mL

［配制］ 取上述除葡萄糖外的各成分加入水中，微温溶解后，加入（15～20)g琼脂，调节pH值使灭菌后pH＝6.4±0.2，分装，灭菌。趁热斜放使凝固成斜面。

五、缓冲溶液

（一）pH缓冲溶液

氨-氯化铵缓冲溶液

（1）氨-氯化铵缓冲溶液（pH8.0） 称取1.07g氯化铵，加水溶解，稀释到100mL，再加稀氨溶液（30%）调节至pH8.0，即得。

（2）氨-氯化铵缓冲溶液（pH=9.6～9.7） 于1000mL容量瓶中，加入500mL水，准确加入20.0mL盐酸，振荡混匀，准确加入50mL浓氨水，用水稀释至刻度。必要时用稀盐酸和稀氢氧化铵调试至pH=9.6～9.7。

（3）氨-氯化铵缓冲溶液（pH9.8） 称取20g氯化铵，溶于100mL浓氨水中，混匀。

（4）氨-氯化铵缓冲溶液（pH≈10） 称取20g氯化铵，以无二氧化碳水溶解，加入100mL氨水溶液（25%），用水稀释至1000mL，混匀。

（5）氨-氯化铵缓冲溶液［$c(NH_4Cl)$=0.5mol/L，$c(NH_4OH)$=0.5mol/L］（pH≈10） 称取26.7g氯化铵，溶于水，加36mL浓氨水，稀释至1000mL，混匀。

（6）氨-氯化铵缓冲溶液［$c(NH_4Cl)$=1mol/L，$c(NH_4OH)$=1mol/L］（pH≈10） 称取54.0g氯化铵，溶于水，加350mL氨水，稀释至1000mL，混匀。

硼酸-氯化钾-碳酸钠（Atkins-Pantin）缓冲溶液（pH=7.4～11.0）

（1）硼酸-氯化钾溶液［$c(H_3BO_3)$=0.2mol/L，$c(KCl)$=0.2mol/L］：分别称取24.6g硼酸，14.9g氯化钾，加水溶解，稀释到1000mL，混匀，即得。

（2）碳酸钠溶液［$c(Na_2CO_3)$=0.2mol/L］：称取21.1g碳酸钠，加水溶解，稀释到1000mL，混匀，即得。

（3）配制 按表3-1比例混合硼酸-氯化钾溶液和碳酸钠溶液，即可得到不同pH缓冲溶液。

表3-1 硼酸-氯化钾-碳酸钠缓冲溶液的配制

硼酸-氯化钾溶液(mL)	碳酸钠溶液(mL)	水(mL)	pH(16℃)	硼酸-氯化钾溶液(mL)	碳酸钠溶液(mL)	水(mL)	pH(16℃)
95.0	5.0	100	7.44	49.7	50.3	100	9.40
93.8	6.2	100	7.6	45.0	55.0	100	9.53
91.7	8.3	100	7.8	42.9	57.1	100	9.6
90.0	10.0	100	7.93	40.0	60.0	100	9.69
88.8	11.2	100	8.0	36.0	64.0	100	9.8
85.0	15.0	100	8.2	30.0	70.0	100	9.98
80.7	19.3	100	8.4	29.1	70.9	100	10.0
80.0	20.0	100	8.43	22.1	77.9	100	10.2
75.7	24.3	100	8.6	20.0	80.0	100	10.25
70.0	30.0	100	8.78	15.4	84.6	100	10.40
69.5	30.5	100	8.8	10.0	90.0	100	10.59
63.0	37.0	100	9.0	9.8	90.2	100	10.6
60.0	40.0	100	9.09	5.7	94.3	100	10.8
56.4	43.6	100	9.2	5.0	95.0	100	10.85
50.0	50.0	100	9.39	3.5	96.5	100	11.0

巴比妥缓冲溶液

(1) 巴比妥缓冲溶液 (pH7.4) 称取 4.42g 巴比妥钠，加水溶解并稀释至 400mL，用盐酸溶液 [$c(HCl)=2mol/L$] 调节至 pH7.4，即得。

(2) 巴比妥-氯化钠缓冲溶液 (pH7.8) 称取 5.05g 巴比妥，3.7g 氯化钠，加水使其溶解，另取 0.5g 明胶，加适量水，加热溶解后并入上述溶液中，然后用盐酸溶液 [$c(HCl)=0.2mol/L$] 调节至 pH7.8，再用水稀释至 500mL，混匀，即得。

(3) 巴比妥缓冲溶液 (pH8.6) 称取 5.52g 巴比妥与 30.9g 巴比妥钠，加水溶解，并稀释到 2000mL，混匀，即得。

测定酸碱指示剂 pH 变色域用缓冲溶液 (pH=0.1～13)

(1) 邻苯二甲酸氢钾溶液 [$c(KHC_8H_4O_4)=0.2mol/L$] 配制参考邻苯二甲酸氢钾标准溶液的配制方法进行。

(2) 氢氧化钠标准溶液 [$c(NaOH)=0.1mol/L$] 配制和标定方法参照氢氧化钠标准溶液进行。

(3) 氨基乙酸 (甘氨酸) 溶液 [$c(C_2H_5NO_2)=0.20mol/L$]

[配制] 选取基准级试剂氨基乙酸，取适量置于称量瓶中，于 105℃，烘干至恒重，冷却后，取出坩埚，置于干燥器中保存备用。准确称取 7.506g 氨基乙酸，置于烧杯中，加入水溶解后，转移到 500mL 容量瓶中，用水稀释到刻度。

[标定] 准确移取 30.00mL 配制好的甘氨酸溶液于 250mL 锥形瓶中，加 20mL 冰醋酸，加 1 滴结晶紫指示液 (5g/L)，用高氯酸标准溶液 [$c(HClO_4)=0.2mol/L$] 滴定至溶液由紫色变为蓝绿色。同时做空白试验。甘氨酸标准溶液的浓度按下式计算

$$c(C_2H_5NO_2)=\frac{c(V_1-V_2)}{V}$$

式中 $c(C_2H_5NO_2)$——甘氨酸标准溶液的浓度，mol/L；

V_1——高氯酸标准溶液的体积，mL；

V_2——空白试验高氯酸标准溶液的体积，mL；

c——高氯酸标准溶液的浓度，mol/L；

V——甘氨酸溶液的体积，mL。

(4) 氯化钠标准溶液 [$c(NaCl)=0.2mol/L$] 配制可参照氯化钠标准溶液的配制方法。

(5) 盐酸标准溶液

$$c(HCl)=1.0mol/L$$

$$c(HCl)=0.5mol/L$$

$$c(HCl)=0.1mol/L$$

配制和标定参照盐酸标准溶液的相应方法。

(6) 硼酸标准溶液 [$c(H_3BO_3)=0.4mol/L$] 选取优级纯试剂硼酸，取适量置于称量瓶中，于 80℃，烘干至恒重，冷却后，置于干燥器中保存备用。称取 12.276g 硼酸，溶于水中，移入 500mL 容量瓶中，稀释到刻度，混匀。

(7) 氯化钾标准溶液 [$c(KCl)=0.4mol/L$] 参见氯化钾标准溶液的配制方法。

(8) 氯化钾标准溶液 [$c(KCl)=0.2mol/L$] 参见氯化钾标准溶液的配制方法。

配制可参考氯化钾标准溶液的配制。

(9) 磷酸二氢钾标准溶液 [$c(KH_2PO_4)$=0.2mol/L] 选取基准级试剂磷酸二氢钾，取适量置于称量瓶中，于105℃，烘干至恒重，冷却后，取出坩埚，置于干燥器中保存备用。准确称取13.609g磷酸二氢钾，溶于水，移入500mL容量瓶中，稀释至刻度，混匀。

(10) 不同pH值缓冲溶液的制备

按表3-2～表3-7中规定的体积量取，注入100mL容量瓶中，稀释至刻度，即可得到不同pH值的缓冲溶液。

表3-2 pH=0.1～2.2缓冲溶液的制备 单位：mL

pH	盐酸溶液 $c(HCl)$=1mol/L	盐酸溶液 $c(HCl)$=0.2mol/L	氯化钾溶液 $c(KCl)$=0.2mol/L
0.1	100		
0.28	60		
0.74	20		
1.0		67.0	25.0
1.1		52.8	25.0
1.2		42.5	25.0
1.3		33.6	25.0
1.4		26.6	25.0
1.5		20.7	25.0
1.6		16.2	25.0
1.7		13.0	25.0
1.8		10.2	25.0
1.9		8.1	25.0
2.0		6.5	25.0
2.1		5.1	25.0
2.2		3.9	25.0

表3-3 pH=2.2～4.0缓冲溶液的制备 单位：mL

pH	盐酸溶液 $c(HCl)$=0.1mol/L	邻苯二甲酸氢钾溶液 $c(KHC_8H_4O_4)$=0.2mol/L	pH	盐酸溶液 $c(HCl)$=0.1mol/L	邻苯二甲酸氢钾溶液 $c(KHC_8H_4O_4)$=0.2mol/L
2.2	49.5	25.0	3.2	15.7	25.0
2.3	45.8	25.0	3.3	12.9	25.0
2.4	42.2	25.0	3.4	10.4	25.0
2.5	38.8	25.0	3.5	8.2	25.0
2.6	35.4	25.0	3.6	6.3	25.0
2.7	32.1	25.0	3.7	4.5	25.0
2.8	28.9	25.0	3.8	2.9	25.0
2.9	25.7	25.0	3.9	1.4	25.0
3.0	22.3	25.0	4.0	0.1	25.0
3.1	18.8	25.0			

表 3-4 pH＝4.1～5.9 缓冲溶液的制备 单位：mL

pH	氢氧化钠标准溶液 $c(NaOH)=0.1mol/L$	邻苯二甲酸氢钾溶液 $c(KHC_8H_4O_4)=0.2mol/L$	pH	氢氧化钠标准溶液 $c(NaOH)=0.1mol/L$	邻苯二甲酸氢钾溶液 $c(KHC_8H_4O_4)=0.2mol/L$
4.1	1.3	25.0	5.1	25.5	25.0
4.2	3.0	25.0	5.2	28.8	25.0
4.3	4.7	25.0	5.3	31.6	25.0
4.4	6.6	25.0	5.4	34.1	25.0
4.5	8.7	25.0	5.5	36.6	25.0
4.6	11.1	25.0	5.6	38.8	25.0
4.7	13.6	25.0	5.7	40.6	25.0
4.8	16.5	25.0	5.8	42.3	25.0
4.9	19.4	25.0	5.9	43.7	25.0
5.0	22.6	25.0			

表 3-5 pH＝5.8～8.0 缓冲溶液的制备 单位：mL

pH	氢氧化钠标准溶液 $c(NaOH)=0.1mol/L$	磷酸二氢钾溶液 $c(KH_2PO_4)=0.2mol/L$	pH	氢氧化钠标准溶液 $c(NaOH)=0.1mol/L$	磷酸二氢钾溶液 $c(KH_2PO_4)=0.2mol/L$
5.8	3.6	25.0	7.0	29.1	25.0
5.9	4.6	25.0	7.1	32.1	25.0
6.0	5.6	25.0	7.2	34.7	25.0
6.1	6.8	25.0	7.3	37.0	25.0
6.2	8.1	25.0	7.4	39.1	25.0
6.3	9.7	25.0	7.5	40.9	25.0
6.4	11.6	25.0	7.6	42.4	25.0
6.5	13.9	25.0	7.7	43.5	25.0
6.6	16.4	25.0	7.8	44.5	25.0
6.7	19.3	25.0	7.9	45.3	25.0
6.8	22.4	25.0	8.0	46.1	
6.9	25.9	25.0			

表 3-6 pH＝8.0～10.2 缓冲溶液的制备 单位：mL

pH	氢氧化钠标准溶液 $c(NaOH)=0.1mol/L$	硼酸标准溶液 $c(H_3BO_3)=0.4mol/L$	氯化钾溶液 $c(KCl)=0.4mol/L$
8.0	3.9	12.5	12.5
8.1	4.9	12.5	12.5
8.2	6.0	12.5	12.5
8.3	7.2	12.5	12.5
8.4	8.6	12.5	12.5
8.5	10.1	12.5	12.5
8.6	11.8	12.5	12.5
8.7	13.7	12.5	12.5

续表

pH	氢氧化钠标准溶液 $c(NaOH)=0.1mol/L$	硼酸标准溶液 $c(H_3BO_3)=0.4mol/L$	氯化钾溶液 $c(KCl)=0.4mol/L$
8.8	15.8	12.5	12.5
8.9	18.1	12.5	12.5
9.0	20.8	12.5	12.5
9.1	23.6	12.5	12.5
9.2	26.4	12.5	12.5
9.3	29.3	12.5	12.5
9.4	32.1	12.5	12.5
9.5	34.6	12.5	12.5
9.6	36.9	12.5	12.5
9.7	38.9	12.5	12.5
9.8	40.6	12.5	12.5
9.9	42.2	12.5	12.5
10.0	43.7	12.5	12.5
10.1	45.0	12.5	12.5
10.2	46.2	12.5	12.5

表 3-7　pH＝10.0～13.0 缓冲溶液的制备　　单位：mL

pH	氢氧化钠标准溶液 $c(NaOH)=0.1mol/L$	氨基乙酸溶液 $c(NH_2CH_2COOH)=0.20mol/L$	氯化钠 $c(NaCl)=0.20mol/L$
10.0	37.5	31.3	31.3
10.2	41.0	29.5	29.5
10.4	44.0	28.0	28.0
10.6	46.0	27.0	27.0
10.8	47.5	26.2	26.2
11.0	48.8	25.6	25.6
11.2	49.8	25.1	25.1
11.4	50.2	24.9	24.9
11.6	51.0	24.5	24.5
11.8	52.1	24.0	24.0
12.0	54.0	23.0	23.0
12.2	56.0	22.0	22.0
12.4	60.3	19.8	19.8
12.6	67.5	16.2	16.2
12.8	77.5	11.2	11.2
13.0	92.5	3.8	3.8

Clark-Lubs 缓冲溶液（pH＝1.0～10.0）

（1）氯化钾-盐酸缓冲溶液（pH＝1.0～2.2）

氯化钾溶液［c(KCl)＝0.2mol/L］：称取 14.9g 氯化钾，加水溶解，稀释到 1000mL，混匀，即得。

盐酸溶液［c(HCl)＝0.2mol/L］：移取 16.7mL 盐酸于适量水中，加水稀释到 1000mL，混匀，即得。

［配制］ 按表 3-8 比例混合氯化钾溶液和盐酸溶液，即可得到不同 pH 缓冲溶液。

表 3-8 氯化钾-盐酸缓冲溶液的配制

氯化钾溶液/mL	50	50	50	50	50	50	50
盐酸溶液/mL	97.0	64.5	41.5	26.3	16.6	10.6	6.7
水/mL	53.0	85.5	108.5	123.7	133.4	139.4	143.3
pH(20℃)	1.0	1.2	1.4	1.6	1.8	2.0	2.2

(2) 邻苯二甲酸氢钾-盐酸缓冲溶液（pH＝2.2～3.8）

邻苯二甲酸氢钾溶液［$c(KHC_8H_4O_4)$＝0.2mol/L］：称取 40.8g 邻苯二甲酸氢钾，加水溶解，稀释到 1000mL，混匀，即得。

盐酸溶液［c(HCl)＝0.2mol/L］：移取 16.7mL 盐酸于适量水中，加水稀释到 1000mL，混匀，即得。

［配制］ 按表 3-9 比例混合邻苯二甲酸氢钾溶液和盐酸溶液，即可得到不同 pH 缓冲溶液。

表 3-9 邻苯二甲酸氢钾-盐酸缓冲溶液的配制

邻苯二甲酸氢钾溶液/mL	50	50	50	50	50	50	50	50	50
盐酸溶液/mL	46.70	39.60	32.95	26.42	20.32	14.70	9.90	5.97	2.63
水/mL	103.30	110.40	117.05	123.58	129.68	135.30	110.10	144.03	147.37
pH(20℃)	2.2	2.4	2.6	2.8	3.0	3.2	3.4	3.6	3.8

(3) 邻苯二甲酸氢钾-氢氧化钠缓冲溶液（pH＝4.0～6.2）

邻苯二甲酸氢钾溶液［$c(KHC_8H_4O_4)$＝0.2mol/L］：称取 40.8g 邻苯二甲酸氢钾，加水溶解，稀释到 1000mL，混匀，即得。

氢氧化钠溶液［c(NaOH)＝0.2mol/L］：称取 8.0g 氢氧化钠溶于 1000mL 水中，混匀。

［配制］ 按表 3-10 比例混合邻苯二甲酸氢钾溶液和氢氧化钠溶液，即可得到不同 pH 缓冲溶液。

表 3-10 邻苯二甲酸氢钾-氢氧化钠缓冲溶液的配制

邻苯二甲酸氢钾溶液/mL	50	50	50	50	50	50	50	50	50	50	50	50
氢氧化钠溶液/mL	0.40	3.70	7.50	12.15	17.70	23.85	29.95	35.45	39.85	43.00	45.45	47.00
水/mL	149.60	146.30	142.50	137.85	132.20	126.15	120.05	114.55	110.15	107.00	104.55	103.00
pH(20℃)	4.0	4.2	4.4	4.6	4.8	5.0	5.2	5.4	5.6	5.8	6.0	6.2

(4) 磷酸二氢钾-氢氧化钠缓冲溶液（pH＝5.8～8.0）

磷酸二氢钾溶液［$c(KH_2PO_4)$＝0.2mol/L］：称取 27.2g 磷酸二氢钾，加水溶解，稀释到 1000mL，混匀，即得。

氢氧化钠溶液［c(NaOH)＝0.2mol/L］：称取 8.0g 氢氧化钠溶于 1000mL 水中，混匀。

［配制］ 按表3-11比例混合邻磷酸二氢钾溶液和氢氧化钠溶液，即可得到不同pH缓冲溶液。

表3-11 磷酸二氢钾-氢氧化钠缓冲溶液的配制

磷酸二氢钾溶液/mL	50	50	50	50	50	50	50	50	50	50	50	50
氢氧化钠溶液/mL	3.72	5.70	8.60	12.60	17.80	23.65	29.63	35.00	39.50	42.80	45.20	46.80
水/mL	146.28	144.30	141.40	137.40	132.20	126.35	120.37	115.00	110.50	107.20	104.80	103.20
pH(20℃)	5.8	6.0	6.2	6.4	6.6	6.8	7.0	7.2	7.4	7.6	7.8	8.0

(5) 硼酸-氯化钾-氢氧化钠缓冲溶液（pH＝7.8～10.0）

硼酸-氯化钾溶液［$c(H_3BO_3)=0.2mol/L$,$c(KCl)=0.2mol/L$］：分别称取14.9g氯化钾，12.4g硼酸，加水溶解，稀释到1000mL，混匀，即得。

氢氧化钠溶液［$c(NaOH)=0.2mol/L$］：称取8.0g氢氧化钠溶于1000mL水中，混匀。

［配制］ 按表3-12比例混合硼酸-氯化钾溶液和氢氧化钠溶液，即可得到不同pH缓冲溶液。

表3-12 硼酸-氯化钾-氢氧化钠缓冲溶液的配制

硼酸-氯化钾溶液/mL	50	50	50	50	50	50	50	50	50	50	50	50
氢氧化钠溶液/mL	2.61	3.97	5.90	8.50	12.00	16.30	21.30	26.70	32.00	36.85	40.80	43.90
水/mL	107.39	106.03	104.10	101.50	138.00	133.70	128.70	123.30	118.00	113.15	109.20	106.10
pH(20℃)	7.8	8.0	8.2	8.4	8.6	8.8	9.0	9.2	9.4	9.6	9.8	10.0

等渗缓冲溶液（pH＝2.0～7.6）

(1) 磷酸二氢钾-碳酸氢钠缓冲溶液（温血动物）

磷酸二氢钾溶液（23.3g/L）：称取23.3g磷酸二氢钾，加水溶解，稀释到1000mL，混匀，即得。

磷酸氢钠溶液（14.4g/L）：称取14.4g碳酸氢钠，加水溶解，稀释到1000mL，混匀，即得。

［配制］ 按表3-13比例混合磷酸二氢钾溶液和碳酸氢钠溶液，即可得到不同pH缓冲溶液。

表3-13 磷酸二氢钾-碳酸氢钠缓冲溶液的配制

磷酸二氢钾溶液/mL	8.0	6.0	4.0	2.0
碳酸氢钠溶液/mL	2.0	4.0	6.0	8.0
pH	6.06	6.91	7.10	7.59

(2) 柠檬酸-磷酸氢二钠缓冲溶液（温血动物）

柠檬酸溶液［$c(C_6H_8O_7)=0.263mol/L$］：称取55.3g一水柠檬酸（$C_6H_8O_7 \cdot H_2O$），加水溶解，稀释到1000mL，混匀，即得。

磷酸氢二钠溶液［$c(NaH_2PO_4)=0.123mol/L$］：称取17.5g无水磷酸氢二钠，加水溶解，稀释到1000mL，混匀，即得。

［配制］ 按表3-14比例混合柠檬酸溶液和磷酸氢二钠溶液，即可得到不同pH缓冲溶液。

表 3-14 柠檬酸-磷酸氢二钠缓冲溶液的配制

柠檬酸溶液/mL	9.0	8.0	7.0	6.0	5.0	4.0	3.0	2.0	1.0
磷酸氢二钠溶液/mL	1.0	2.0	3.0	4.0	5.0	6.0	7.0	8.0	9.0
pH	2.06	2.27	2.50	2.69	2.94	3.28	3.81	4.79	6.33

(3) 磷酸二氢钾-磷酸氢二钠缓冲溶液(温血动物)

磷酸二氢钾溶液(17.7g/L):称取17.7g磷酸二氢钾,加水溶解,稀释到1000mL,混匀,即得。

磷酸氢二钠溶液(17.7g/L):称取17.7g无水磷酸氢二钠,加水溶解,稀释到1000mL,混匀,即得。

[配制] 按表3-15比例混合磷酸二氢钾溶液和磷酸氢二钠溶液,即可得到不同pH缓冲溶液。

表 3-15 磷酸二氢钾-磷酸氢二钠缓冲溶液的配制

磷酸二氢钾溶液/mL	8.2	7.2	5.9	4.7	3.5	2.4	1.6	1.0	0.2
磷酸氢二钠溶液/mL	1.8	2.8	4.1	5.3	6.5	7.6	84	9.0	9.8
pH	6.0	6.2	6.4	6.6	6.8	7.0	7.2	7.4	7.6

丁二酸钠缓冲溶液 [$c(C_3H_3NaO_3)$=0.04mol/L;pH=4.6~5.0]

准确称取4.724g丁二酸,于35mL氢氧化钠溶液[$c(NaOH)$=1mol/L]中溶解,加入800mL水,用盐酸溶液[$c(HCl)$=1mol/L]或氢氧化钠溶液[$c(NaOH)$=1mol/L]调节至溶液pH=4.6~5.0,移入1000mL容量瓶中,用水稀释到刻度。储于塑料瓶中,置于冰箱中保存,可稳定一周。

二苷氨酞-氯化镁缓冲溶液(pH8.0)

称取2.64g二苷氨酞和0.284g氯化镁溶于150mL水中,用氢氧化钾溶液调至pH8.0,定容到200mL,可在4℃下保存四周。

高氯酸-氢氧化铵缓冲溶液(pH9.0)

准确量取25mL高氯酸,加入54.8mL氨水溶液(1+1),调至pH9.0用水稀释至250mL。

Gomori 缓冲溶液(pH=6.4~9.7)

(1) 2,4,6-三甲基吡啶-盐酸缓冲溶液(pH=6.4~8.3)

2,4,6-三甲基吡啶溶液[$c(C_8H_{11}N)$=0.2mol/L]:称取24.2g 2,4,6-三甲基吡啶($C_8H_{11}N$),加水溶解,稀释到1000mL,混匀,即得。

盐酸溶液[$c(HCl)$=0.1mol/L]:吸取8.3mL浓盐酸于预先盛有适量水的1000mL容量瓶中,用水稀释到刻度,混匀。

[配制] 按表3-16比例混合2,4,6-三甲基吡啶溶液和盐酸溶液,即可得到不同pH缓冲溶液。

表 3-16　2,4,6-三甲基吡啶-盐酸缓冲溶液的配制

2,4,6 三甲基吡啶溶液/mL	盐酸溶液/mL	水/mL	pH	
			23℃	37℃
25.0	45.0	30.0	6.45	6.37
	42.5	32.5	6.62	6.54
	40.0	35.0	6.80	6.72
	37.5	37.5	6.92	6.84
	35.0	40.0	7.03	6.95
	32.5	42.5	7.13	7.05
	30.0	45.0	7.22	7.14
	27.5	47.5	7.33	7.23
	25.0	50.0	7.40	7.32
25.0	22.5	52.5	7.50	7.40
	20.0	55.0	7.57	7.50
	17.5	57.5	7.67	7.60
	15.0	60.0	7.77	7.70
	12.5	62.5	7.88	7.80
	10.0	65.0	8.00	7.94
	7.5	67.5	8.18	8.10
	5.0	70.0	8.35	8.28

(2) 2-氨基-2-羟甲基-(1,3) 丙二醇-盐酸缓冲溶液（pH＝7.2～9.1）

2-氨基-2-羟甲基-(1,3) 丙二醇溶液［$c(C_4H_{11}NO_3)=0.2mol/L$］：称取 24.2g 2-氨基-2-羟甲基-(1,3)丙二醇（$C_4H_{11}NO_3$），加水溶解，稀释到 1000mL，混匀，即得。

盐酸溶液［$c(HCl)=0.1mol/L$］：吸取 8.3mL 浓盐酸于预先盛有适量水的 1000mL 容量瓶中，用水稀释到刻度，混匀。

［配制］　按表 3-17 比例混合 2-氨基-2-羟甲基-(1,3)丙二醇溶液和盐酸溶液，即可得到不同 pH 缓冲溶液。

表 3-17　2-氨基-2-羟甲基-(1,3)丙二醇-盐酸缓冲溶液的配制

2-氨基-2-羟甲基-(1,3)丙二醇溶液/mL	盐酸溶液/mL	水/mL	pH	
			23℃	37℃
25.0	45.0	30.0	7.20	7.05
	42.5	32.5	7.36	7.22
	40.0	35.0	7.54	7.40
	37.5	37.5	7.66	7.52
	35.0	40.5	7.77	7.63
	32.5	42.5	7.87	7.73
	30.0	45.0	7.96	7.82
	27.5	47.5	8.05	7.90
	25.0	50.0	8.14	8.00

续表

2-氨基-2-羟甲基-(1,3)丙二醇溶液/mL	盐酸溶液/mL	水/mL	pH	
			23℃	37℃
25.0	22.5	52.5	8.23	8.10
	20.0	55.0	8.32	8.18
	17.5	57.5	8.40	8.27
	15.0	60.0	8.50	8.37
	12.5	62.5	8.62	8.48
	10.0	65.0	8.74	8.60
	7.5	67.5	8.92	8.78
	5.0	70.0	9.10	8.95

（3）2-氨基-2-甲基-1,3-丙二醇-盐酸缓冲溶液（pH＝7.8～9.7）

2-氨基-2-甲基-1,3-丙二醇溶液［$c(C_4H_{11}NO_2)$＝0.2mol/L］：称取 21.0g 2-氨基-2-甲基-1,3-丙二醇（$C_4H_{11}NO_2$），加水溶解，稀释到 1000mL，混匀，即得。

盐酸溶液［c(HCl)＝0.1mol/L］：吸取 8.3mL 浓盐酸于预先盛有适量水的 1000mL 容量瓶中，用水稀释到刻度，混匀。

［配制］ 按表 3-18 比例混合 2-氨基-2-甲基-(1,3)丙二醇溶液和盐酸溶液，即可得到不同 pH 缓冲溶液。

表 3-18 2-氨基-2-甲基-(1,3)丙二醇-盐酸缓冲溶液的配制

2-氨基-2-甲基-(1,3)丙二醇溶液/mL	盐酸溶液/mL	水/mL	pH	
			23℃	37℃
25.0	45.0	30.0	7.83	7.72
	42.5	32.5	8.00	7.90
	40.0	35.0	8.18	8.07
	37.5	37.5	8.30	8.20
	35.0	40.0	8.40	8.30
	32.5	42.5	8.50	8.40
	30.0	45.0	8.60	8.50
	27.5	47.5	8.70	8.58
	25.0	50.0	8.78	8.67
25.0	22.5	52.5	8.87	8.76
	20.0	55.0	8.96	8.85
	17.5	57.5	9.05	8.94
	15.0	60.0	9.15	9.03
	12.5	62.5	9.26	9.15
	10.0	65.0	9.38	9.27
	7.5	67.5	9.56	9.45
	5.0	70.0	9.72	9.62

磷酸氢二钠-磷酸二氢钾（Hasting-Sendroy）**缓冲溶液**（pH＝6.8～7.9）

磷酸二氢钾溶液［$c(KH_2PO_4)$＝0.0667mol/L］：称取 9.08g 磷酸二氢钾，加水溶解，稀释到 1000mL，混匀，即得。

磷酸氢二钠溶液［$c(Na_2HPO_4)$＝0.0667mol/L］：称取 9.47g 无水磷酸氢二钠，加水溶解，稀释到 1000mL，混匀，即得。

［配制］ 按表 3-19 比例混合磷酸二氢钾溶液和磷酸氢二钠溶液，即可得到不同 pH 缓冲溶液。

表 3-19 磷酸氢二钠-磷酸二氢钾缓冲溶液的配制

磷酸氢二钠溶液/mL	磷酸二氢钾溶液/mL	pH	
		20℃	30℃
49.6	50.4	6.809	6.781
52.5	47.5	6.862	6.829
55.4	44.6	6.909	6.885
58.2	41.8	6.958	6.924
61.1	38.9	7.005	6.979
63.9	36.1	7.057	7.028
66.6	33.4	7.103	7.076
69.2	30.8	7.154	7.128
72.0	28.0	7.212	7.181
74.4	25.6	7.261	7.230
76.8	23.2	7.313	7.288
78.9	21.1	7.364	7.338
80.8	19.2	7.412	7.384
82.5	17.5	7.462	7.439
84.1	15.9	7.504	7.481
85.7	14.3	7.561	7.530
87.0	13.0	7.610	7.576
88.2	11.8	7.655	7.626
89.4	10.6	7.705	7.672
90.5	9.5	7.754	7.726
91.5	8.5	7.806	7.776
92.3	7.7	7.848	7.825
93.2	6.8	7.909	7.877
93.8	6.2	7.948	7.819
94.7	5.3	8.018	7.977

挥发性缓冲溶液（pH＝1.9～9.3）

［配制］ 挥发性缓冲溶液的配制方法见表 3-20。

表 3-20 挥发性缓冲溶液的配制

序号	缓冲溶液名称	配制方法	pH	主要用途
1	乙酸-甲酸缓冲溶液	移取87mL乙酸，25mL甲酸(88%)，加水稀释成1000mL，混匀	1.9	一般用途
2	甲酸缓冲溶液	移取25mL甲酸(88%)，加水稀释成1000mL，混匀	2.1	一般用途
3	吡啶-乙酸缓冲溶液	移取5mL吡啶，100mL乙酸，加水稀释成1000mL，混匀	3.1	一般用途
4	吡啶-甲酸缓冲溶液	移取16.1mL吡啶，30mL甲酸，加水稀释成1000mL，混匀	3.1	柱色谱
5	吡啶-乙酸缓冲溶液	移取16.1mL吡啶，260mL乙酸，加水稀释成1000mL，混匀	3.1	柱色谱
6	吡啶-乙酸缓冲溶液	移取5mL吡啶，50mL乙酸，加水稀释成1000mL，混匀	3.5	一般用途
7	吡啶-乙酸缓冲溶液	按吡啶-乙酸-水体积比＝1＋10＋89混合混合配制	3.6	高压纸上电泳
8	吡啶-乙酸缓冲溶液	按吡啶-乙酸-水体积比＝1＋10＋289混合配制	3.7	高压纸上电泳
9	吡啶-乙酸缓冲溶液	移取44.2mL吡啶，138mL乙酸，加水稀释成1000mL，混匀	4.1	柱色谱
10	吡啶-乙酸缓冲溶液	移取25mL吡啶，25mL乙酸加水稀释成1000mL，混匀	4.7	一般用途
11	吡啶-乙酸缓冲溶液	移取161mL吡啶，145mL乙酸加水稀释成1000mL，混匀	5.1	柱色谱
12	吡啶-乙酸缓冲溶液	移取8mL吡啶，2mL乙酸加水稀释成1000mL，混匀	5.4	一般用途
13	吡啶-乙酸缓冲溶液	移取100mL吡啶，4mL乙酸，加水稀释成1000mL，混匀	6.5	一般用途
14	吡啶-乙酸缓冲溶液	按吡啶-乙酸-水体积比＝10＋0.4＋90配制	6.5	高压纸上电泳
15	碳酸氢铵缓冲溶液[$c(NH_4HCO_3)=0.03$ mol/L]	称取2.37g碳酸氢铵，溶于适量水中，并用水稀释到1000mL，混匀	7.9	一般用途
16	*N*-乙基吗啉-乙酸缓冲溶液	移取23mL *N*-乙基吗啉，3mL乙酸，加水稀释成1000mL，混匀	8.0	一般用途
17	吡啶-*α*-甲基吡啶-乙酸缓冲溶液	移取47mL吡啶，17mL *α*-甲基吡啶，0.5mL乙酸，加水稀释成1000mL，混匀	8.0	柱色谱
18	吡啶-2,4,6-三甲基吡啶-乙酸缓冲溶液	移取40mL吡啶，40mL 2,4,6-三甲基吡啶，115mL乙酸，加水稀释到4000mL，混匀	8.3	柱色谱
19	碳酸铵缓冲溶液(20g/L)	称取20.0g碳酸铵[$(NH_4)_2CO_3$]，溶于适量水中，并用水稀释到1000mL，混匀	8.9	一般用途
20	吡啶-*N*-乙基吗啉-乙酸缓冲溶液	移取30mL吡啶，50mL *N*-乙基吗啉，(0.4～2.0)mL乙酸，加水稀释到4000mL，混匀	9.3	柱色谱

甲酸缓冲溶液

(1) 甲酸缓冲溶液（pH3.3） 取25mL甲酸溶液［$c(HCOOH)=2$mol/L］，加1滴酚酞指示液，用氢氧化钠溶液［$c(NaOH)=2$mol/L］中和，再加入75mL甲酸溶液［$c(HCOOH)=2$mol/L］，用水稀释至200mL，调节至pH＝3.25～3.30，即得。

（2）甲酸缓冲溶液（pH＝3.7～3.8） 将100g氯化铵溶于300mL水，加180mL甲酸，250mL氨水，混匀后稀释至1000mL。

（3）甲酸-甲酸钠缓冲溶液（pH＝2.6～4.8）

甲酸溶液［c（HCOOH）＝0.1mol/L］：移取5.3mL无水甲酸（88%），用水稀释到1000mL，混匀，即得。

氢氧化钠溶液［c（NaOH）＝0.1mol/L］：称取4.0g氢氧化钠，加水溶解，稀释到1000mL，混匀，即得。

［配制］ 按表3-21比例混合甲酸溶液和氢氧化钠溶液，即可得到不同pH缓冲溶液。

表3-21 甲酸-甲酸钠缓冲溶液的配制

氢氧化钠溶液/mL	50.0											
甲酸溶液/mL	684	442	294	203	146	110	87.9	73.9	65.1	59.5	56.0	53.8
水	加至1000mL											
pH(25℃)	2.6	2.8	3.0	3.2	3.4	3.6	3.8	4.0	4.2	4.4	4.6	4.8

Kolthoff缓冲溶液（pH＝2.2～12.0）

（1）柠檬酸二氢钾-柠檬酸缓冲溶液（pH＝2.2～3.6）

柠檬酸二氢钾溶液［$c(KC_6H_7O_7)$＝0.1mol/L］：称取23.0g柠檬酸二氢钾，加水溶解，稀释到1000mL，混匀，即得。

柠檬酸溶液［$c(C_6H_8O_7)$＝0.1mol/L］：称取21.0g柠檬酸（$C_6H_8O_7 \cdot H_2O$），加水溶解，稀释到1000mL，混匀，即得。

［配制］ 按表3-22比例混合柠檬酸二氢钾溶液和柠檬酸溶液，即可得到不同pH缓冲溶液。

表3-22 柠檬酸二氢钾-柠檬酸缓冲溶液的配制

柠檬酸二氢钾溶液/mL	0.95	1.97	3.00	4.22	5.55	7.0	8.30	9.59
柠檬酸溶液/mL	9.05	8.03	7.00	5.78	5.45	3.0	1.70	0.41
pH(18℃)	2.2	2.4	2.6	2.8	3.0	3.2	3.4	3.6

（2）柠檬酸二氢钾-盐酸缓冲溶液（pH＝2.2～3.6）

柠檬酸二氢钾溶液［$c(KC_6H_7O_7)$＝0.1mol/L］：称取23.0g柠檬酸二氢钾，加水溶解，稀释到1000mL，混匀，即得。

盐酸溶液［c(HCl)＝0.1mol/L］：吸取8.3mL浓盐酸于预先盛有适量水的1000mL容量瓶中，用水稀释到刻度，混匀。

［配制］ 按表3-23比例混合柠檬酸二氢钾溶液和盐酸溶液，即可得到不同pH缓冲溶液。

表3-23 柠檬酸二氢钾-盐酸缓冲溶液的配制

柠檬酸二氢钾溶液/mL	25.0	25.0	25.0	25.0	25.0	25.0	25.0	25.0
盐酸溶液/mL	24.85	21.70	18.40	15.10	11.80	8.60	5.35	2.10
水/mL	0.15	3.30	6.60	9.90	13.20	16.40	19.65	22.90
pH(18℃)	2.2	2.4	2.6	2.8	3.0	3.2	3.4	3.6

(3) 柠檬酸二氢钾-氢氧化钠缓冲溶液（pH=3.8～6.0）

柠檬酸二氢钾溶液［$c(KC_6H_7O_7)=0.1mol/L$］：称取23.0g柠檬酸二氢钾，加水溶解，稀释到1000mL，混匀，即得。

氢氧化钠溶液［$c(NaOH)=0.1mol/L$］：称取4.00g氢氧化钠，加水溶解，稀释到1000mL，混匀，即得。

［配制］ 按表3-24比例混合柠檬酸二氢钾溶液和氢氧化钠溶液，即可得到不同pH缓冲溶液。

表3-24 柠檬酸二氢钾-氢氧化钠缓冲溶液的配制

柠檬酸二氢钾溶液/mL	25.0	25.0	25.0	25.0	25.0	25.0	25.0	25.0	25.0	25.0	25.0	25.0
氢氧化钠溶液/mL	1.0	4.50	8.15	11.85	15.75	19.60	23.35	27.10	30.50	34.00	37.2	40.6
水/mL	24.0	20.50	16.85	13.15	9.25	5.40	1.65	0	0	0	0	0
pH(18℃)	3.8	4.0	4.2	4.4	4.6	4.8	5.0	5.2	5.4	5.6	5.8	6.0

(4) 丁二酸-硼砂缓冲溶液（pH=3.0～5.8）

丁二酸溶液［$c(C_4H_6O_4)=0.05mol/L$］：称取5.90g丁二酸（$C_4H_6O_4$），加水溶解，稀释到1000mL，混匀，即得。

硼砂溶液［$c(Na_2B_4O_7 \cdot 10H_2O)=0.05mol/L$］：称取19.1g硼砂（$Na_2B_4O_7 \cdot 10H_2O$），加水溶解，稀释到1000mL，混匀，即得。

［配制］ 按表3-25比例混合丁二酸溶液和硼砂溶液，即可得到不同pH缓冲溶液。

表3-25 丁二酸-硼砂缓冲溶液的配制

丁二酸溶液/mL	9.86	9.65	9.40	9.05	8.63	8.22	7.78	7.38	7.00	6.65	6.32	6.05	5.79	5.57	5.40
硼砂溶液/mL	0.14	0.35	0.60	0.95	1.37	1.78	2.22	2.62	3.00	3.35	3.68	3.95	4.21	4.43	4.60
pH(18℃)	3.0	3.2	3.4	3.6	3.8	4.0	4.2	4.4	4.6	4.8	5.0	5.2	5.4	5.6	5.8

(5) 柠檬酸二氢钾-硼砂缓冲溶液（pH=3.8～6.0）

柠檬酸二氢钾溶液［$c(KC_6H_7O_7)=0.1mol/L$］：称取23.0g柠檬酸二氢钾，加水溶解，稀释到1000mL，混匀，即得。

硼砂溶液［$c(Na_2B_4O_7 \cdot 10H_2O)=0.05mol/L$］：称取19.1g硼砂（$Na_2B_4O_7 \cdot 10H_2O$），加水溶解，稀释到1000mL，混匀，即得。

［配制］ 按表3-26比例混合柠檬酸二氢钾溶液和硼砂溶液，即可得到不同pH缓冲溶液。

表3-26 柠檬酸二氢钾-硼砂缓冲溶液的配制

柠檬酸二氢钾溶液/mL	25.0	25.0	25.0	25.0	25.0	25.0	25.0	25.0	25.0	25.0	25.0	25.0
硼砂溶液/mL	0.65	4.4	8.6	13.5	18.0	22.8	27.4	31.2	34.9	38.3	41.7	44.1
水/mL	24.35	20.6	16.4	11.5	7.0	2.2	0	0	0	0	0	0
pH(18℃)	3.8	4.0	4.2	4.4	4.6	4.8	5.0	5.2	5.4	5.6	5.8	6.0

(6) 磷酸二氢钾-硼砂缓冲溶液（pH=5.8～9.2）

磷酸二氢钾溶液［$c(KH_2PO_4)=0.1mol/L$］：称取13.6g磷酸二氢钾，加水溶解，稀释到1000mL，混匀，即得。

硼砂溶液 [$c(Na_2B_4O_7 \cdot 10H_2O)$ = 0.05mol/L]：称取 19.1g 硼砂（$Na_2B_4O_7 \cdot 10H_2O$），加水溶解，稀释到 1000mL，混匀，即得。

[配制] 按表 3-27 比例混合柠檬酸二氢钾溶液和硼砂溶液，即可得到不同 pH 缓冲溶液。

表 3-27 磷酸二氢钾-硼砂缓冲溶液的配制

磷酸二氢钾溶液/mL	9.21	8.77	8.30	7.78	7.22	6.67	6.23	5.81	5.50	5.17	4.92	4.65	4.30	3.87	3.40	2.76	1.76	0.50
硼砂溶液/mL	0.79	1.23	1.70	2.22	2.78	3.33	3.77	4.19	4.50	4.83	5.08	5.35	5.70	6.13	6.60	7.24	8.25	9.50
pH(18℃)	5.8	6.0	6.2	6.4	6.6	6.8	7.0	7.2	7.4	7.6	7.8	8.0	8.2	8.4	8.6	8.8	9.0	9.2

(7) 硼砂-碳酸钠缓冲溶液（pH=10.1～11.2）

硼砂溶液 [$c(Na_2B_4O_7 \cdot 10H_2O)$ = 0.05mol/L]：称取 19.1g 硼砂（$Na_2B_4O_7 \cdot 10H_2O$），加水溶解，稀释到 1000mL，混匀，即得。

碳酸钠溶液 [$c(Na_2CO_3)$ = 0.05mol/L]：称取 5.5g 碳酸钠，加水溶解，稀释到 1000mL，混匀，即得。

[配制] 按表 3-28 比例混合硼砂溶液和碳酸钠溶液，即可得到不同 pH 缓冲溶液。

表 3-28 硼砂-碳酸钠缓冲溶液的配制

硼砂溶液/mL	20.0	15.0	10.0	5.0	0.0
碳酸钠溶液/mL	50.0	50.0	50.0	50.0	50.0
pH(18℃)	10.17	10.32	10.51	10.86	11.24

(8) 盐酸-碳酸钠缓冲溶液（pH=11.0～12.0）

盐酸溶液 [$c(HCl)$=0.1mol/L]：吸取 8.3mL 浓盐酸于预先盛有适量水的 1000mL 容量瓶中，用水稀释到刻度，混匀。

碳酸钠溶液 [$c(Na_2CO_3)$ = 0.1mol/L]：称取 10.6g 碳酸钠，加水溶解，稀释到 1000mL，混匀，即得。

[配制] 按表 3-29 比例混合盐酸溶液和碳酸钠溶液，即可得到不同 pH 缓冲溶液。

表 3-29 盐酸-碳酸钠缓冲溶液的配制

盐酸溶液/mL	50.0	50.0	50.0	50.0	50.0	50.0
碳酸钠溶液/mL	8.26	12.00	17.34	24.50	33.3	43.2
水/mL	41.74	38.00	32.66	25.50	16.7	6.8
pH(18℃)	11.0	11.2	11.4	11.6	11.8	12.0

邻苯二甲酸氢钾-氢氧化钠缓冲溶液（pH5.6）

称取 10g 邻苯二甲酸氢钾，加水 900mL，搅拌使其溶解，用氢氧化钠溶液（必要时用稀盐酸）调节至 pH5.6，加水稀释至 1000mL，混匀，即得。

邻苯二甲酸氢钾缓冲溶液（pH3.0）

取 50mL 邻苯二甲酸氢钾溶液 [$c(KHC_8H_4O_4)$=0.1mol/L] 于 100mL 容量瓶中，加

入 22.3mL 盐酸溶液 [c(HCl)=0.1mol/L]，用水稀释至刻度、摇匀。

磷酸盐缓冲溶液

（1）磷酸盐缓冲溶液（pH2.0）

甲液：称取 16.6mL 磷酸，加水至 1000mL，摇匀。

乙液：称取 71.63g 磷酸氢二钠，加水溶解并稀释至 1000mL，摇匀。

取上述 72.5mL 甲液与 27.5mL 乙液，混匀，即得。

（2）磷酸盐缓冲溶液（pH2.5） 称取 100g 磷酸二氢钾，加 800mL 水，用盐酸调节至 pH2.5，用水稀释至 1000mL，即得。

（3）磷酸盐缓冲溶液 [$c(KH_2PO_4)$=0.1mol/L](pH4.5) 准确称取 13.6g 磷酸二氢钾溶解于蒸馏水，并定容至 1000mL。置 4℃冰箱中保存。

（4）磷酸盐缓冲溶液（pH5.0） 移取一定量磷酸二氢钠溶液 [$c(NaH_2PO_4)$=0.2mol/L]，用氢氧化钠溶液调节至 pH5.0，即得。

（5）磷酸盐缓冲溶液（pH5.25） 将磷酸二氢钾溶液 [$c(KH_2PO_4)$=2mol/L] 与磷酸氢二钾溶液 [$c(K_2HPO_4)$=2mol/L] 等体积混合。得到 pH5.25 的缓冲溶液。

（6）磷酸盐缓冲溶液（pH5.5） 将 83.65g 二水合磷酸二氢钠和 8.05g 磷酸氢二钠溶于不含二氧化碳的水中，并稀释至 1000mL。

（7）磷酸盐缓冲溶液（pH5.8） 称取 8.34g 磷酸二氢钾与 0.87g 磷酸氢二钠，加水使溶解，稀释到 1000mL，混匀，即得。

（8）磷酸盐缓冲溶液（pH5.8） 称取 68g 磷酸二氢钾及 7.6g 磷酸氢二钠（$Na_2HPO_4 \cdot 12H_2O$）溶于水中，稀释到 1000mL，混匀，置于冰箱中保存。

（9）磷酸盐缓冲溶液（pH6.0） 取 5.6mL 氢氧化钠溶液 [c(NaOH)=0.1mol/L] 和 50mL 磷酸二氢钾溶液 [$c(KH_2PO_4)$=0.1mol/L] 混合。

（10）磷酸盐缓冲溶液（pH 6.0±0.1） 称取 3.5g 无水磷酸二氢钾及 16.73g 无水磷酸氢二钾溶于水中，定容 1000mL，混匀。

（11）磷酸盐缓冲溶液（pH6.5） 称取 4.84g 的磷酸氢二钾（K_2HPO_4），9.82g 磷酸二氢钾（KH_2PO_4），溶于水中，加 20mL 乙腈，用水定容至 1000mL，混匀，用氢氧化钾溶液（200g/L）调节至 pH6.5。

（12）磷酸盐缓冲溶液（pH6.5） 称取 0.68g 磷酸二氢钾，加 15.2mL 氢氧化钠溶液 [c(NaOH)=0.1mol/L]，用水稀释至 100mL，即得。

（13）磷酸盐缓冲溶液（pH6.6） 称取 1.74g 磷酸二氢钠、2.7g 磷酸氢二钠与 1.7g 氯化钠，加水溶解，稀释到 400mL，即得。

（14）磷酸盐缓冲溶液（pH6.8） 取 250mL 磷酸二氢钾溶液 [$c(KH_2PO_4)$=0.2mol/L]，加 118mL 氢氧化钠溶液 [c(NaOH)=0.2mol/L]，用水稀释至 1000mL，摇匀，即得。

（15）磷酸盐缓冲溶液（含胰酶）(pH6.8) 称取 6.8g 磷酸二氢钾，加 500mL 水溶解，用氢氧化钠溶液 [c(NaOH)=0.1mol/L] 调节至 pH6.8，另取 10g 胰酶，加水适量使溶解，将两溶液混合后，用水稀释至 1000mL，即得。

（16）磷酸铵缓冲溶液 [$c(NH_4H_2PO_4)$=0.01mol/L)(pH7.0) 溶解 1.15g 磷酸二氢铵（$NH_4H_2PO_4$）于约 950mL 水中，用稀氨水调节至 pH7.0，并用水稀释到 1000mL，临用时现配。

(17) 磷酸盐缓冲溶液 (pH7.0)　取 13.62g 磷酸二氢钾和 2.36g 氢氧化钠，用水溶解并定容至 1000mL，混匀。

(18) 磷酸盐缓冲溶液 (pH7.0)　称取 0.68g 磷酸二氢钠，加 29.1mL 氢氧化钠溶液 [$c(NaOH)$=0.1mol/L]，用水稀释至 100mL，即得。

(19) 磷酸盐缓冲溶液 (pH=7.1±0.1)

磷酸氢二钠溶液：称取 35.81g 磷酸氢二钠 ($Na_2HPO_4 \cdot 12H_2O$)，溶解于水中，并稀释至 500mL。

磷酸二氢钠溶液：称取 5.52g 磷酸二氢钠 ($NaH_2PO_4 \cdot 2H_2O$)，溶解于水中并稀释至 200mL。

磷酸盐缓冲溶液：取 400mL 磷酸氢二钠溶液、100mL 磷酸二氢钠溶液及 9g 氯化钠，充分溶解并加水至 1000mL。

(20) 磷酸盐缓冲溶液 (pH7.2)　称取 1.45g 磷酸氢二钠 (含 12 个结晶水)、0.1g 磷酸二氢钾 (无水)，8.0g 氯化钠，溶于水中，并定容至 1000mL。

(21) 磷酸盐缓冲溶液 (pH7.2)　取 50mL 磷酸二氢钾溶液 [$c(KH_2PO_4)$=0.2mol/L] 与 35mL 氢氧化钠溶液 [$c(NaOH)$=0.2mol/L]，加新沸过的冷水稀释至 200mL，摇匀，即得。

(22) 磷酸盐缓冲溶液 (pH7.2)　称取 1.45g 磷酸氢二钠 (含 12 个结晶水)、0.1g 磷酸二氢钾 (无水)，8.0g 氯化钠，溶于水中，并定容至 1000mL。

(23) 磷酸盐缓冲溶液 (Butterfield 氏) 磷酸盐缓冲稀释液 (pH7.2)　称取 34.0g 磷酸二氢钾溶于 500mL 蒸馏水中，用 175mL 氢氧化钠溶液 [$c(NaOH)$=1mol/L] 约调至 pH7.2。用蒸馏水加至 1000mL 储存于冰箱。

稀释液：取 1.25mL 储存液，用蒸馏水稀释至 1000mL。

(24) 无菌磷酸盐缓冲溶液 (pH7.2)　称取 25.8g 磷酸氢二钠与 4.4g 磷酸二氢钠，加水稀释至 1000mL，121℃灭菌 20min。

(25) 磷酸盐缓冲溶液 (pH7.3)　称取 1.9734g 磷酸氢二钠与 0.2245g 磷酸二氢钾，加水溶解，稀释到 1000mL，调节 pH 值至 7.3，即得。

(26) 磷酸盐缓冲溶液 (pH7.4)　称取 1.36g 磷酸二氢钾，加 79mL 氢氧化钠溶液 [$c(NaOH)$=0.1mol/L]，用水稀释至 200mL，即得。

(27) 磷酸盐缓冲溶液 (pH7.4)　称取 0.2g 磷酸二氢钾 (KH_2PO_4)，2.9g 磷酸氢二钠 ($Na_2HPO_4 \cdot 12H_2O$)，8.0g 氯化钠 (NaCl)，0.2g 绿化钾 (KCl)，加蒸馏水溶解并稀释至 1000mL。

(28) 磷酸盐缓冲溶液 (pH7.4)　取 81mL 磷酸氢二钠溶液 [$c(Na_2HPO_4)$=0.02mol/L] 与 19mL 磷酸二氢钠溶液 [$c(NaH_2PO_4)$=0.02mol/L] 混合。

(29) 磷酸盐缓冲溶液 (pH7.5)　分别移取 68mL 磷酸二氢钾溶液 [$c(KH_2PO_4)$=0.2mol/L]、32mL 磷酸氢二钠溶液 [$c(Na_2HPO_4)$=0.2mol/L]，混匀，调至 pH7.5。移取 10mL 上述溶液置于 1000mL 容量瓶中，加入 2mL 氯化钠溶液 [$c(NaOH)$=1mol/L]，用水定容至刻度，混匀。

(30) 磷酸盐缓冲溶液 (pH7.6)　称取 27.22g 磷酸二氢钾，加水溶解，稀释到 1000mL，取 50mL，加 42.4mL 氢氧化钠溶液 [$c(NaOH)$=0.2mol/L]，用水稀释至 200mL，即得。

(31) 磷酸盐缓冲溶液（pH7.6）

溶液1：称取45.646g磷酸氢二钾（$K_2HPO_4 \cdot 3H_2O$），溶于1000mL水中。

溶液2：称取27.218g磷酸二氢钾，溶于1000mL水中。

用溶液2调节溶液1至pH=7.55±0.05（约80mL溶液1加20mL溶液2，混合成约100mL pH7.6的溶液）。

(32) 索伦逊磷酸盐缓冲溶液（pH7.7）

甲液：称取11.876g磷酸氢二钠溶于1000mL水中。

乙液：称取9.078g磷酸二氢钾溶于1000mL水中。

临用时，甲、乙液按9∶1混合。

(33) 磷酸盐缓冲溶液（pH7.8） 将2.78g磷酸二氢钠和25.6g磷酸氢二钠溶于水中，稀释到1000mL，混匀。

(34) 磷酸盐缓冲溶液（pH7.8）

甲液：称取35.9g磷酸氢二钠，加水溶解，并稀释至500mL。

乙液：称取2.76g磷酸二氢钠，加水溶解，并稀释至100mL。

移取91.5mL上述甲液与8.5mL乙液混合，摇匀，即得。

(35) 磷酸盐缓冲溶液（pH=7.8～8.0） 称取5.59g磷酸氢二钾与0.41g磷酸二氢钾，加水溶解，并稀释到1000mL，即得。

(36) 磷酸盐缓冲溶液（pH=7.9±0.1） 准确称取0.523g无水磷酸二氢钾和16.73g无水磷酸氢二钾，溶解于1000mL水中，混匀。

(37) 磷酸二氢钾-氢氧化钾缓冲溶液（pH=8.0±0.1） 称取13.3g无水磷酸二氢钾，加入900mL水溶解，再加入100mL氢氧化钾溶液（62g/L），混匀。若需要制备成无菌溶液，则于121℃高压灭菌15min。

(38) 磷酸盐缓冲溶液（pH8.0） 称取33.46g无水磷酸氢二钾，1.046g无水磷酸二氢钾，溶于水中，并定容至1000mL。

(39) 磷酸盐缓冲溶液（pH8.0） 称取16.73g无水磷酸氢二钾及0.53g无水磷酸二氢钾，溶于水，定容至1000mL，混匀。

(40) 磷酸盐混合缓冲溶液（pH9.2）

① 取2.29mL冰醋酸、2.33g磷酸（含量85%）、2.48g硼酸，用蒸馏水溶解后定容至1000mL；

② 将一定量的①与等量的氢氧化钠溶液［$c(NaOH)=0.2mol/L$］混合；

③ 取30mL溶液②，加入70mL甲醇，混合即成。

磷酸氢二钠-柠檬酸缓冲溶液

(1) 磷酸氢二钠-柠檬酸缓冲溶液（pH3.0） 将158.9mL柠檬酸溶液［$c(C_6H_8O_7)=0.1mol/L$］和41.1mL磷酸氢二钠溶液［$c(Na_2HPO_4)=0.2mol/L$］混合配制。

(2) 磷酸氢二钠-柠檬酸缓冲溶液（pH4.0）

甲液：称取21g柠檬酸或19.2g无水柠檬酸，加水溶解，稀释成1000mL，置冰箱内保存。

乙液：称取71.63g磷酸氢二钠，加水溶解，稀释成1000mL。

取61.45mL上述甲液与38.55mL乙液混合，摇匀，即得。

磷酸-三乙胺缓冲溶液（pH3.2）

取4mL乙酸，7mL三乙胺，加甲醇溶液（50%）稀释至1000mL，用磷酸调节至pH3.2，即得。

磷酸盐-生理盐水缓冲溶液（PBS；pH9.0）

称取1.42g无水磷酸氢二钠，8.5g氯化钠溶于1000mL蒸馏水中，用酸度计测定其pH值至9.0以上即可，必要时可用氢氧化钠溶液［c(NaOH)=1mol/L］调整至pH9.1。

六次甲基四胺-盐酸缓冲溶液（pH5.5）

称取30.0g六次甲基四胺，置于烧杯中，加50mL水溶解；加12mL盐酸溶液，用水稀释到100mL，混匀，用盐酸溶液调节至pH为5.5，即得。

氯化钠缓冲溶液（20g/L；pH=5.9～6.2）

称取20.0g氯化钠溶于水中，加入0.754g磷酸二氢钾（KH_2PO_4）和0.246g磷酸氢二钠（$Na_2HPO_4 \cdot 2H_2O$），用水稀释至1000mL，pH=5.9～6.2。

Mcllvaine缓冲液（pH4）

称取27.6g磷酸氢二钠（$Na_2HPO_4 \cdot 12H_2O$）、12.9g柠檬酸（$C_6H_8O_7 \cdot H_2O$）、37.2g乙二胺四乙酸二钠盐，用水溶解后稀释，并定容至1000mL。

磷酸氢二钠-柠檬酸（Mcllvaine）**缓冲溶液**（pH=2.2～8.0）

（1）磷酸氢二钠溶液［c(Na_2HPO_4)=0.2mol/L］：称取28.4g磷酸氢二钠（Na_2HPO_4），加水溶解，稀释至1000mL，混匀。

（2）柠檬酸溶液［c($C_6H_8O_7$)=0.1mol/L］：称取21.0g柠檬酸（$C_6H_8O_7 \cdot H_2O$），加水溶解，稀释至1000mL，混匀。

［配制］按表3-30比例混合磷酸氢二钠溶液和柠檬酸溶液，即可得到不同pH缓冲溶液。

表3-30　磷酸氢二钠-柠檬酸缓冲溶液的配制

磷酸氢二钠溶液/mL	柠檬酸溶液/mL	pH	磷酸氢二钠溶液/mL	柠檬酸溶液/mL	pH
0.4	19.60	2.2	8.28	12.72	4.2
1.24	18.76	2.4	8.82	11.18	4.4
2.18	17.82	2.6	9.35	10.65	4.6
3.17	16.83	2.8	9.86	10.14	4.8
4.11	15.89	3.0	10.30	9.70	5.0
4.94	15.06	3.2	10.72	9.28	5.2
5.70	14.30	3.4	11.15	8.85	5.4
6.44	13.56	3.6	11.60	8.40	5.6
7.10	12.90	3.8	12.09	7.91	5.8
7.71	12.29	4.0	12.63	7.37	6.0

续表

磷酸氢二钠溶液/mL	柠檬酸溶液/mL	pH	磷酸氢二钠溶液/mL	柠檬酸溶液/mL	pH
13.22	6.78	6.2	17.39	2.61	7.2
13.85	6.15	6.4	18.17	1.83	7.4
14.55	5.45	6.6	18.73	1.27	7.6
15.45	4.55	6.8	19.15	0.85	7.8
16.47	3.53	7.0	19.45	0.55	8.0

碳酸钠-碳酸氢钠（Menzel）**缓冲溶液**（pH＝8.9～11.5）

（1）碳酸钠-碳酸氢钠缓冲溶液（pH＝9.47～11.54）

碳酸钠溶液［$c(Na_2CO_3)=0.2mol/L$］：称取21.2g无水碳酸钠，溶于蒸馏水中，加至1000mL，混匀。

碳酸氢钠溶液［$c(NaHCO_3)=0.2mol/L$］：称取16.8g碳酸氢钠，溶于蒸馏水中，加至1000mL，混匀。

［配制］ 按表3-31比例混合碳酸钠溶液和碳酸氢钠溶液，即可得到不同pH缓冲溶液。

表3-31 碳酸钠-碳酸氢钠缓冲溶液的配制

碳酸钠溶液[$c(Na_2CO_3)=0.2mol/L$]/mL	2.5	4.0	5.0	6.0	7.5	9.0	10.0
碳酸氢钠溶液[$c(NaHCO_3)=0.2mol/L$]/mL	7.5	6.0	5.0	4.0	2.5	1.0	0
pH(18℃)	9.47	9.73	9.90	10.08	10.35	10.77	11.54

（2）碳酸钠-碳酸氢钠缓冲溶液（pH＝9.83～10.16）

碳酸钠溶液［$c(Na_2CO_3)=0.1mol/L$］：称取10.6g无水碳酸钠，溶于蒸馏水中，加至1000mL，混匀。

碳酸氢钠溶液［$c(NaHCO_3)=0.1mol/L$］：称取8.4g碳酸氢钠，溶于蒸馏水中，加至1000mL，混匀。

［配制］ 按表3-32比例混合碳酸钠溶液和碳酸氢钠溶液，即可得到不同pH缓冲溶液。

表3-32 碳酸钠-碳酸氢钠缓冲溶液的配制

碳酸钠溶液[$c(Na_2CO_3)=0.1mol/L$]/mL	4.0	5.0	6.25
碳酸氢钠溶液[$c(NaHCO_3)=0.1mol/L$]/mL	6.0	5.0	3.75
pH(18℃)	9.83	9.97	10.16

（3）碳酸钠-碳酸氢钠缓冲溶液（pH＝9.50～11.23）

碳酸钠溶液［$c(Na_2CO_3)=0.05mol/L$］：称取5.3g无水碳酸钠，溶于蒸馏水中，加至1000mL，混匀。

碳酸钠氢溶液［$c(NaHCO_3)=0.05mol/L$］：称取4.2g碳酸氢钠，溶于蒸馏水中，加至1000mL，混匀。

［配制］ 按表3-33比例混合碳酸钠溶液和碳酸氢钠溶液，即可得到不同pH缓冲溶液。

表 3-33 碳酸钠-碳酸氢钠缓冲溶液的配制

碳酸钠溶液[$c(Na_2CO_3)$=0.05mol/L]/mL	2.0	3.3	4.0	5.0	6.7	8.0	10.0
碳酸氢钠溶液[$c(NaHCO_3)$=0.05mol/L]/mL	8.0	6.7	6.0	5.0	3.3	2.0	0
pH(18℃)	9.50	9.79	9.94	10.10	10.33	10.54	11.23

(4) 碳酸钠-碳酸氢钠缓冲溶液（pH=8.94～11.37）

碳酸钠溶液 [$c(Na_2CO_3)$=0.02mol/L]：称取 2.12g 无水碳酸钠，溶于蒸馏水中，加至 1000mL，混匀。

碳酸氢钠溶液 [$c(NaHCO_3)$=0.02mol/L]：称取 1.68g 碳酸氢钠，溶于蒸馏水中，加至 1000mL，混匀。

[配制] 按表 3-34 比例混合碳酸钠溶液和碳酸氢钠溶液，即可得到不同 pH 缓冲溶液。

表 3-34 碳酸钠-碳酸氢钠缓冲溶液的配制

碳酸钠溶液[$c(Na_2CO_3)$=0.02mol/L]/mL	1.0	2.5	4.0	5.0	6.0	7.5	9.0	10.0
碳酸氢钠溶液[$c(NaHCO_3)$=0.02mol/L]/mL	9.0	7.5	6.0	5.0	4.0	2.5	1.0	0
pH(18℃)	8.94	9.37	9.62	9.80	9.95	10.18	10.58	11.37

Michaelis 缓冲溶液（pH=1.4～11.0）

(1) 酒石酸-酒石酸钠缓冲溶液（pH=1.4～4.5）

酒石酸溶液 [$c(C_4H_6O_6)$=0.1mol/L]：称取 16.8g 酒石酸（$C_4H_6O_6 \cdot H_2O$），加水溶解，稀释到 1000mL，混匀，即得。

酒石酸钠溶液 [$c(Na_2C_4H_4O_6)$=0.1mol/L]：称取 23.0g 酒石酸钠（$Na_2C_4H_4O_6 \cdot 2H_2O$），加水溶解，稀释到 1000mL，混匀，即得。

[配制] 按表 3-35 比例混合酒石酸溶液和酒石酸钠溶液，即可得到不同 pH 缓冲溶液。

表 3-35 酒石酸-酒石酸钠缓冲溶液的配制

酒石酸溶液/mL	32	16	8	4	2	1	1	1	1	1	1
酒石酸钠溶液/mL	1	1	1	1	1	1	2	4	8	16	32
pH	1.4	1.7	2.0	2.4	2.7	3.0	3.3	3.6	3.8	4.2	4.5

(2) 乳酸-乳酸钠缓冲溶液（pH=2.3～5.3）

乳酸溶液 [$c(C_3H_6O_3)$=0.1mol/L]：称取 9.01g 乳酸（$C_3H_6O_3$），加水溶解，稀释到 1000mL，混匀，即得。

乳酸钠溶液 [$c(NaC_3H_5O_3)$=0.1mol/L]：称取 11.2g 乳酸钠（$NaC_3H_5O_3$），加水溶解，稀释到 1000mL，混匀，即得。

[配制] 按表 3-36 比例混合乳酸溶液和乳酸钠溶液，即可得到不同 pH 缓冲溶液。

表 3-36 乳酸-乳酸钠缓冲溶液的配制

乳酸溶液/mL	32	16	8	4	2	1	1	1	1	1	1
乳酸钠溶液/mL	1	1	1	1	1	1	2	4	8	16	32
pH	2.3	2.61	2.9	3.2	3.5	3.8	4.17	4.45	4.7	5.0	5.3

(3) 乙酸-乙酸钠缓冲溶液(pH=3.2～6.2)

乙酸溶液[$c(C_2H_4O_2)$=0.1mol/L]:移取5.89mL冰醋酸于1000mL水中,混匀,即得。

乙酸钠溶液[$c(NaC_2H_3O_2)$=0.1mol/L]:称取8.21g无水乙酸钠,加水溶解,稀释到1000mL,混匀,即得。

[配制] 按表3-37比例混合乙酸溶液和乙酸钠溶液,即可得到不同pH缓冲溶液。

表3-37 乙酸-乙酸钠缓冲溶液的配制

乙酸溶液/mL	32	16	8	4	2	1	1	1	1	1	1
乙酸钠溶液/mL	1	1	1	1	1	1	2	4	8	16	32
pH	3.19	3.5	3.8	4.1	4.4	4.7	5.0	5.3	5.6	5.9	6.22

(4) 磷酸二氢钾-磷酸氢二钠缓冲溶液(pH=5.2～8.3)

磷酸二氢钾溶液[$c(KH_2PO_4)$=0.0334mol/L]:称取4.54g磷酸二氢钾,加水溶解,稀释到1000mL,混匀,即得。

磷酸氢二钠溶液[$c(Na_2HPO_4)$=0.0334mol/L]:称取4.74g无水磷酸氢二钠,加水溶解,稀释到1000mL,混匀,即得。

[配制] 按表3-38比例混合磷酸二氢钾溶液和磷酸氢二钠溶液,即可得到不同pH缓冲溶液。

表3-38 磷酸二氢钾-磷酸氢二钠缓冲溶液的配制

磷酸二氢钾溶液/mL	32	16	8	4	2	1	1	1	1	1	1
磷酸氢二钠溶液/mL	1	1	1	1	1	1	2	4	8	16	32
pH	5.2	5.5	5.8	6.1	6.4	6.7	7.0	7.3	7.7	8.0	8.3

(5) 氯化铵-氨水缓冲溶液(pH=8.0～11.0)

氯化铵溶液[$c(NH_4Cl)$=0.1mol/L]:称取5.35g氯化铵,加水溶解,稀释到1000mL,混匀,即得。

氨溶液[$c(NH_4OH)$=0.1mol/L]:移取6.67mL氨水于1000mL水中,混匀,即得。

[配制] 按表3-39比例混合氯化铵溶液和氨溶液,即可得到不同pH缓冲溶液。

表3-39 氯化铵-氨缓冲溶液的配制

氯化铵溶液/mL	32	16	8	4	2	1	1	1	1	1	1
氨水溶液/mL	1	1	1	1	1	1	2	4	8	16	32
pH	8.0	8.3	8.58	8.89	9.1	9.5	9.8	10.1	10.4	10.7	11.0

(6) 二乙基巴比妥酸钠-乙酸钠-盐酸缓冲溶液(pH=7.0～2.6)

二乙基巴比妥酸钠-乙酸钠溶液[$c(C_8H_{11}N_2NaO_3)$=0.143mol/L]:分别称取29.4g二乙基巴比妥酸钠,11.7g无水乙酸钠,加水溶解,稀释到1000mL,混匀,即得。

氯化钠溶液(85g/L):称取85g氯化钠加水溶解,稀释到1000mL,混匀,即得。

盐酸溶液[$c(HCl)$=0.1mol/L]:吸取8.3mL浓盐酸于预先盛有适量水的1000mL容量瓶中,用水稀释到刻度,混匀。

[配制] 按表3-40比例混合二乙基巴比妥酸钠-乙酸钠溶液和盐酸溶液,即可得到不同pH缓冲溶液。

表 3-40　二乙基巴比妥酸钠-乙酸钠-盐酸缓冲溶液的配制

二乙基巴比妥酸钠-乙酸钠溶液/mL	氯化钠溶液/mL	盐酸溶液/mL	水/mL	pH(25℃)
5	2	0	18.0	(9.64)
5	2	0.25	17.75	9.16
5	2	0.5	17.50	8.90
5	2	0.75	17.25	8.68
5	2	1.0	17.0	8.55
5	2	2.0	16.0	8.18
5	2	3.0	15.0	7.90
5	2	4.0	14.0	7.66
5	2	5.0	13.0	7.42
5	2	5.5	12.5	7.25
5	2	6.0	12.0	7.00
5	2	6.5	11.5	6.75
5	2	7	11.1	6.12
5	2	8	10	5.32
5	2	9	9	4.93
5	2	10	8	4.66
5	2	11	7	4.33
5	2	12	6	4.13
5	2	13	5	3.88
5	2	14	4	3.62
5	2	15	3	3.20
5	2	16	2	2.62

(7) 二乙基巴比妥酸钠-盐酸缓冲溶液（pH＝6.4～9.8）

① 二乙基巴比妥酸钠溶液［$c(C_8H_{11}N_2NaO_3)$＝0.1mol/L］：称取 20.6g 二乙基巴比妥酸钠，加水溶解，稀释到 1000mL，混匀，即得。

② 盐酸溶液［$c(HCl)$＝0.1mol/L］：吸取 8.3mL 浓盐酸于预先盛有适量水的 1000mL 容量瓶中，用水稀释到刻度，混匀。

［配制］ 按表 3-41 比例混合二乙基巴比妥酸钠溶液和盐酸溶液，即可得到不同 pH 缓冲溶液。

(8) 二甲基氨基乙酸钠-盐酸缓冲溶液（pH＝8.6～10.5）

① 二甲基氨基乙酸钠溶液［$c(C_4H_8NO_2Na)$＝0.2mol/L］：称取 26.0g 二甲基氨基乙酸钠（$C_4H_8NO_2Na$），加水溶解，稀释到 1000mL，混匀，即得。

② 盐酸溶液［$c(HCl)$＝0.1mol/L］：吸取 8.3mL 浓盐酸于预先盛有适量水的 1000mL 容量瓶中，用水稀释到刻度，混匀。

表 3-41 二乙基巴比妥酸钠-盐酸缓冲溶液的配制

二乙基巴比妥酸钠溶液/mL	盐酸溶液/mL	pH(25℃)
5.10	4.90	(6.40)
5.14	4.86	(6.60)
5.22	4.78	6.80
5.36	4.64	7.00
5.54	4.46	7.20
5.81	4.19	7.40
6.15	3.85	7.60
6.22	3.38	7.80
7.16	2.84	8.00
7.69	2.31	8.20
8.23	1.77	8.40
8.71	1.29	8.60
9.08	0.92	8.80
9.36	0.64	9.00
9.52	0.48	9.20
9.74	0.26	9.40
9.85	0.15	9.60
9.93	0.07	(9.80)

[配制] 按表 3-42 比例混合二甲基氨基乙酸钠溶液和盐酸溶液，即可得到不同 pH 缓冲溶液。

表 3-42 二甲基氨基乙酸钠-盐酸缓冲溶液的配制

二甲基氨基乙酸钠溶液/mL	盐酸溶液/mL	水/mL	pH(25℃)
10	0.2	9.8	10.58
10	0.3	9.7	10.42
10	0.4	9.6	10.28
10	0.5	9.5	10.16
10	0.6	9.4	10.05
10	0.7	9.3	9.96
10	0.8	9.2	9.87
10	0.9	9.1	9.79
10	1.0	9.0	9.70
10	1.1	8.9	9.60
10	1.2	8.8	9.50
10	1.3	8.7	9.39
10	1.4	8.6	9.28

续表

二甲基氨基乙酸钠溶液/mL	盐酸溶液/mL	水/mL	pH(25℃)
10	1.5	8.5	9.17
10	1.6	8.4	9.05
10	1.7	8.3	8.85
10	1.8	8.2	8.60

尿素缓冲溶液（pH6.9～7.0）

称取4.45g磷酸氢二钠和3.40g磷酸二氢钾溶于水，并稀释至1000mL，再将30g尿素溶在此缓冲溶液中，可保存1个月。

柠檬酸-柠檬酸三钠缓冲溶液（pH＝5.5～6）

称取270g柠檬酸三钠（$Na_3C_6H_5O_7 \cdot 2H_2O$）和24g柠檬酸（$C_6H_8O_7 \cdot H_2O$）用水溶解，稀释至1000mL，混匀。

柠檬酸盐-氢氧化钠缓冲溶液（pH6.2）

移取柠檬酸水溶液（21g/L），用氢氧化钠溶液（500g/L）调节至pH6.2，即得。

柠檬酸钠-盐酸缓冲溶液（pH＝2.2～6.4）

（1）柠檬酸钠-盐酸缓冲溶液（pH2.2） 称取19.6g柠檬酸钠（$Na_3C_6H_5O_7 \cdot 2H_2O$）溶于适量水中，加16.5mL浓盐酸，用水稀释到1000mL，用浓盐酸或氢氧化钠溶液（500g/L）调节至pH2.2。

（2）柠檬酸钠-盐酸缓冲液（pH3.3） 称取19.6g柠檬酸钠（$Na_3C_6H_5O_7 \cdot 2H_2O$）溶于适量水中，加12mL浓盐酸，用水稀释到1000mL，用浓盐酸或氢氧化钠溶液（500g/L）调节至pH3.3。

（3）柠檬酸钠-盐酸缓冲溶液（pH4.0） 称取19.6g柠檬酸钠（$Na_3C_6H_5O_7 \cdot 2H_2O$）溶于适量水中，加9mL浓盐酸用水稀释到1000mL，用浓盐酸或氢氧化钠溶液（500g/L）调节至pH4.0。

（4）柠檬酸钠-盐酸缓冲溶液（pH5.5） 称取59g柠檬酸钠（$Na_3C_9H_3O_7 \cdot 2H_2O$）及20g硝酸钾于1000mL容量瓶中，加入800mL水溶解，加入3mL溴甲酚氯指示液，用盐酸溶液[c(HCl)＝0.1mol/L]中和至指示剂刚变为蓝绿色，用水稀释到刻度。

（5）柠檬酸钠-盐酸缓冲溶液（pH6.4） 称取19.6g柠檬酸钠（$Na_3C_6H_5O_7 \cdot 2H_2O$）和46.8g氯化钠（优级纯），溶于适量水中，用水稀释到1000mL，用浓盐酸或氢氧化钠溶液（500g/L）调节至pH6.4。

硼酸-氯化钠-硼砂（Palitzsch）**缓冲溶液**（pH＝6.7～9.2）

硼砂溶液[$c(Na_2B_4O_7)$＝0.05mol/L]：称取19.1g硼砂，加水溶解，稀释到1000mL，混匀，即得。

硼酸[$c(H_3BO_3)$＝0.2mol/L]-氯化钠[c(NaCl)＝0.05mol/L]溶液：分别称取24.6g硼酸，2.92g氯化钠，加水溶解，稀释到1000mL，混匀，即得。

[配制] 按表3-43比例混合硼砂溶液和硼酸（0.2mol/L）-氯化钠（0.05mol/L）溶液，即可得到不同pH缓冲溶液。

表3-43 硼酸-氯化钠-硼砂缓冲溶液的配制

硼砂溶液/mL	硼酸-氯化钠溶液/mL	pH(18℃)	硼砂溶液/mL	硼酸-氯化钠溶液/mL	pH(18℃)
0.3	9.7	6.77	4.0	6.5	8.31
0.6	9.4	7.09	4.5	5.5	8.41
1.0	9.0	7.36	5.0	5.0	8.51
1.5	8.5	7.60	5.5	4.5	8.60
2.0	8.0	7.78	6.0	4.0	8.69
2.3	7.7	7.88	7.0	3.0	8.84
2.5	7.5	7.94	8.0	2.0	8.98
3.0	7.0	8.08	9.0	1.0	9.11
3.5	6.5	8.20	10.0	0	9.24

硼酸盐缓冲溶液

（1）硼酸缓冲溶液（pH10.0） 称取6.183g硼酸溶于约600mL水中，用氢氧化钠溶液[c(NaOH)=1mol/L]调整pH10.0后，加水定容至1000mL，混匀。

（2）硼酸钾缓冲溶液（pH10.5） 将2.5g硼酸溶于80mL水中，用氢氧化钾溶液(500g/L)调至pH10.5，用水定容至100mL，混匀。

（3）硼酸盐碱性缓冲溶液（pH11.0） 将76g四硼酸钾溶于400mL水中，用氢氧化钾溶液（500g/L）调至pH11.0，用水定容至500mL，混匀。

硼砂-氯化钙缓冲溶液（pH8.0）

将0.572g硼砂与2.94g氯化钙，加800mL水溶解后，用2.5mL盐酸溶液[c(HCl)=1mol/L]调节至pH8.0，加水稀释至1000mL，即得。

硼酸-氯化钾-氢氧化钠缓冲溶液

（1）硼酸-氯化钾-氢氧化钠缓冲溶液（pH8.3） 将125mL硼酸溶液[$c(H_3BO_3)$=0.4mol/L]；125mL氯化钾溶液[c(KCl)=0.4mol/L]；40mL氢氧化钠溶液[c(NaOH)=0.2mol/L]混合，并用蒸馏水稀释到1000mL。

（2）硼酸-氯化钾-氢氧化钠缓冲溶液（pH9.0） 称取3.09g硼酸，加500mL氯化钾溶液[c(KCl)=0.1mol/L]溶解，再加210mL氢氧化钠溶液[c(NaOH)=0.1mol/L]，即得。

硼酸钡-氢氧化钡缓冲溶液（95℃，pH=10.6±0.15）

将25.0g $Ba(OH)_2 \cdot 8H_2O$（新制备的）溶于水中，稀释到500mL。单独溶解11.0g硼酸（H_3BO_3），并稀释到500mL。将两种溶液加热到50℃，混合，搅拌，过滤并把滤液保存在塞紧的容器中。

硼砂-碳酸钠缓冲溶液（pH＝10.8～11.2）

称取5.30g无水碳酸钠，加水溶解，稀释到1000mL；另取1.91g硼砂，加水溶解成100mL。临用前取973mL碳酸钠溶液与27mL硼砂溶液，混匀，即得。

普通缓冲溶液（pH＝0～13）

普通缓冲溶液配制方法见表3-44。

表3-44 普通缓冲溶液的配制

pH	缓冲溶液名称	配制方法
0	盐酸缓冲溶液[c(HCl)＝1mol/L]	移取83.3mL盐酸于适量水中,加水稀释到1000mL,混匀
1	盐酸缓冲溶液[c(HCl)＝0.1mol/L]	移取8.3mL盐酸于适量水中,加水稀释到1000mL
2	盐酸缓冲溶液[c(HCl)＝0.01mol/L]	移取10mL盐酸溶液(1.0mol/L)于适量水中,加水稀释到1000mL,混匀
3.6	乙酸-乙酸钠缓冲溶液	称取8g乙酸钠($NaCH_3COO \cdot 3H_2O$),溶于适量水中,加134mL乙酸溶液(6mol/L),加水稀至500mL,混匀
4.0	乙酸-乙酸钠缓冲溶液	称取20g乙酸钠($NaCH_3COO \cdot 3H_2O$)溶于适量水中,加134mL乙酸溶液(6mol/L),加水稀至500mL,混匀
4.5	乙酸-乙酸钠缓冲溶液	称取32g乙酸钠($NaCH_3COO \cdot 3H_2O$)溶于适量水中,加68mL乙酸溶液(6mol/L),加水稀至500mL,混匀
5.0	乙酸-乙酸钠缓冲溶液	称取50g乙酸钠($NaCH_3COO \cdot 3H_2O$)溶于适量水中,加34mL乙酸溶液(6mol/L),加水稀至500mL,混匀
5.7	乙酸-乙酸钠缓冲溶液	称取100g乙酸钠($NaCH_3COO \cdot 3H_2O$)溶于适量水中,加13mL乙酸溶液(6mol/L),加水稀至500mL,混匀
7	乙酸铵缓冲溶液	称取77g乙酸铵($NH_4CH_3COO \cdot 3H_2O$),用水溶解后,稀释至500mL,混匀
7.5	氨-氯化铵缓冲溶液	称取60g氯化铵(NH_4Cl),溶于适量水中,加1.4mL氨水(15mol/L),稀释至500mL,混匀
8.0	氨-氯化铵缓冲溶液	称取50g氯化铵(NH_4Cl),溶于适量水中,加3.5mL氨水(15mol/L),稀释至500mL,混匀
8.5	氨-氯化铵缓冲溶液	称取40g氯化铵(NH_4Cl),溶于适量水中,加8.8mL氨水(15mol/L),稀释至500mL,混匀
9.0	氨-氯化铵缓冲溶液	称取35g氯化铵(NH_4Cl),溶于适量水中,加24mL氨水(15mol/L),稀释至500mL,混匀
9.5	氨-氯化铵缓冲溶液	称取30g氯化铵(NH_4Cl),溶于适量水中,加65mL氨水(15mol/L),稀释至500mL,混匀
10.0	氨-氯化铵缓冲溶液	称取27g氯化铵(NH_4Cl),溶于适量水中,加197mL氨水(15mol/L),稀释至500mL,混匀
10.5	氨-氯化铵缓冲溶液	称取9g氯化铵(NH_4Cl),溶于适量水中,加175mL氨水(15mol/L),稀释至500mL,混匀
11	氨-氯化铵缓冲溶液	称取3g氯化铵(NH_4Cl),溶于适量水中,加207mL氨水(15mol/L),稀释至500mL,混匀
12	氢氧化钠缓冲溶液[c(NaOH)＝0.01mol/L]	称取0.4g氢氧化钠,溶于适量水中,用水稀释至1000mL,混匀
13	氢氧化钠缓冲溶液[c(NaOH)＝0.1mol/L]	称取4.0g氢氧化钠,溶于适量水中,用水稀释至1000mL,混匀

三羟甲基氨基甲烷缓冲溶液

(1) 三羟甲基氨基甲烷缓冲溶液(pH8.0) 称取12.14g三羟甲基氨基甲烷，加800mL

水，搅拌溶解，并稀释至1000mL，用盐酸溶液［c(HCl)=6mol/L］调节至pH8.0，即得。

(2) 三羟甲基氨基甲烷缓冲溶液（pH8.1） 称取0.249g氯化钙，加40mL三羟甲基氨基甲烷溶液［$c(C_4H_{11}NO_3)$=0.2mol/L］溶解，用盐酸溶液［c(HCl)=1mol/L］调节至pH8.1，加水稀释至1000mL，即得。

(3) 三羟甲基氨基甲烷缓冲溶液（pH9.0） 称取6.06g三羟甲基氨基甲烷，加3.65g盐酸赖氨酸、5.8g氯化钠、0.37g乙二胺四乙酸二钠，再加水溶解并稀释成1000mL，调节pH值至9.0，即得。

SΦrensen 缓冲溶液（pH=1.0～12.9）

(1) 甘氨酸-氯化钠-盐酸缓冲溶液（pH=1.0～4.6）

甘氨酸-氯化钠溶液［$c(C_2H_5NO_2)$=0.1mol/L］，［c(NaCl)=0.1mol/L］：分别称取5.85g氯化钠，7.51g甘氨酸，加水溶解，稀释到1000mL，混匀，即得。

盐酸溶液［c(HCl)=0.2mol/L］：移取16.7mL盐酸于适量水中，加水稀释到1000mL，混匀，即得。

［配制］ 按表3-45比例混合甘氨酸-氯化钠溶液和盐酸溶液，即可得到不同pH缓冲溶液。

表3-45 甘氨酸-氯化钠-盐酸缓冲溶液的配制

甘氨酸-氯化钠溶液/mL	0.0	1.0	2.0	3.0	4.0	5.0	6.0	7.0	8.0	9.0	9.5
盐酸溶液/mL	10.0	9.0	8.0	7.0	6.0	5.0	4.0	3.0	2.0	1.0	0.5
pH(18℃)	1.04	1.15	1.25	1.42	1.65	1.93	2.28	2.61	2.92	2.34	4.68

(2) 甘氨酸-氯化钠-氢氧化钠缓冲溶液（pH8.5～12.9）

甘氨酸-氯化钠溶液［$c(C_2H_5NO_2)$=0.1mol/L］，［c(NaCl)=0.1mol/L］：分别称取5.85g氯化钠，7.51g甘氨酸，加水溶解，稀释到1000mL，混匀，即得。

氢氧化钠溶液［c(NaOH)=0.1mol/L］：称取4.0g氢氧化钠溶于1000mL水中，混匀。

［配制］ 按表3-46比例混合甘氨酸-氯化钠溶液和氢氧化钠溶液，即可得到不同pH缓冲溶液。

表3-46 甘氨酸-氯化钠-氢氧化钠缓冲溶液的配制

甘氨酸-氯化钠溶液/mL		9.5	9.0	8.0	7.0	6.0	5.5	5.1	5.0	4.9	4.5	4.0	3.0	2.0	1.0
氢氧化钠溶液/mL		0.5	1.0	2.0	3.0	4.0	4.5	4.9	5.0	5.1	5.5	6.0	7.0	8.0	9.0
pH	10℃	8.75	9.10	9.45	9.90	10.34	10.68	11.29	11.35	11.80	12.34	12.65	12.92	13.12	13.23
	20℃	8.53	8.88	9.31	9.66	10.09	10.42	11.01	11.25	11.51	12.04	12.33	12.60	12.79	12.90
	30℃	8.32	8.67	9.08	9.42	9.83	10.17	10.74	10.97	11.22	11.74	12.03	12.29	12.47	12.57
	40℃	8.12	8.45	8.85	9.18	9.58	9.91	10.46	10.70	10.93	11.44	12.72	11.98	12.15	12.25

(3) 柠檬酸钠-盐酸缓冲溶液（pH=1.0～5.0）

柠檬酸钠溶液［$c(Na_3C_6H_5O_7)$=0.1mol/L］：称取35.8g柠檬酸钠（$Na_3C_6H_5O_7 \cdot 5\frac{1}{2}H_2O$），加水溶解，稀释到1000mL，混匀，即得。

盐酸溶液［c(HCl)=0.1mol/L］：吸取8.3mL浓盐酸于预先盛有适量水的1000mL容量瓶中，用水稀释到刻度，混匀。

［配制］ 按表 3-47 比例混合柠檬酸钠溶液和盐酸溶液，即可得到不同 pH 缓冲溶液。

表 3-47　柠檬酸钠-盐酸缓冲溶液的配制

柠檬酸钠溶液/mL	0.0	1.0	2.0	3.0	3.33	4.0	4.5	4.75	5.0	5.5	6.0	7.0	8.0	9.0	9.5	10.0
盐酸溶液/mL	10.0	9.0	8.0	7.0	6.67	6.0	5.5	5.25	5.0	4.5	4.0	3.0	2.0	1.0	0.5	0.0
pH(18℃)	1.04	1.17	1.42	1.93	2.27	2.97	3.36	3.53	3.69	3.95	4.16	4.45	4.65	4.83	4.89	4.96

（4）柠檬酸钠-氢氧化钠缓冲溶液（pH＝4.9～6.7）

柠檬酸钠溶液［$c(Na_3C_6H_5O_7)$＝0.1mol/L］：称取 35.8g 柠檬酸钠（$Na_3C_6H_5O_7 \cdot 5\frac{1}{2}H_2O$），加水溶解，稀释到 1000mL，混匀，即得。

氢氧化钠溶液［$c(NaOH)$＝0.1mol/L］：称取 4.00g 氢氧化钠，加水溶解，稀释到 1000mL，混匀，即得。

［配制］ 按表 3-48 比例混合柠檬酸钠溶液和氢氧化钠溶液，即可得到不同 pH 缓冲溶液。

表 3-48　柠檬酸钠-氢氧化钠缓冲溶液的配制

柠檬酸钠溶液/mL		10.0	9.5	9.0	8.0	7.0	6.0	5.5	5.25
氢氧化钠溶液/mL		0.0	0.5	1.0	2.0	3.0	4.0	4.5	4.75
pH	10℃	4.93	4.99	5.08	5.27	5.53	5.94	6.30	6.65
	20℃	4.96	5.02	5.11	5.31	5.57	5.98	6.34	6.69
	30℃	5.00	5.06	5.15	5.35	5.60	6.01	6.37	6.72
	40℃	5.04	5.10	5.19	5.39	5.64	6.04	6.41	6.76

（5）硼砂-盐酸缓冲溶液（pH＝7.6～9.2）

硼砂溶液［$c(Na_2B_4O_7)$＝0.2mol/L］：称取 76.2g 硼砂，加水溶解，稀释到 1000mL，混匀，即得。

盐酸溶液［$c(HCl)$＝0.1mol/L］：吸取 8.3mL 浓盐酸于预先盛有适量水的 1000mL 容量瓶中，用水稀释到刻度，混匀。

［配制］ 按表 3-49 比例混合硼砂溶液和盐酸溶液，即可得到不同 pH 缓冲溶液。

表 3-49　硼砂-盐酸缓冲溶液的配制

硼砂溶液/mL		10.0	9.5	9.0	8.5	8.0	7.5	7.0	6.5	6.0	5.75	5.5	5.25
盐酸溶液/mL		0.0	0.5	1.0	1.5	2.0	2.5	3.0	3.5	4.0	4.25	4.5	4.75
pH	10℃	9.30	9.22	9.14	9.06	8.96	8.84	8.72	8.54	8.32	8.17	7.96	7.64
	20℃	9.23	9.15	9.07	8.99	8.89	8.79	8.67	8.49	8.27	8.13	7.93	7.61
	30℃	9.15	9.08	9.01	8.92	8.83	8.72	8.61	8.44	8.23	8.09	7.89	7.58
	40℃	9.08	9.01	8.94	8.86	8.77	8.76	8.56	8.40	8.29	8.06	7.86	7.55

（6）硼砂-氢氧化钠缓冲溶液（pH＝9.2～12.3）

硼砂溶液［$c(Na_2B_4O_7)$＝0.2mol/L］：称取 76.2g 硼砂，加水溶解，稀释到 1000mL，混匀，即得。

氢氧化钠溶液［$c(NaOH)$＝0.1mol/L］：称取 4.00g 氢氧化钠，加水溶解，稀释到

1000mL，混匀，即得。

［配制］ 按表 3-50 比例混合硼砂溶液和氢氧化钠溶液，即可得到不同 pH 缓冲溶液。

表 3-50 硼砂-氢氧化钠缓冲溶液的配制

硼砂溶液/mL		10	9	8	7	6	5	4
氢氧化钠溶液/mL		0	1	2	3	4	5	6
pH	10℃	9.30	9.42	9.57	9.76	10.06	11.24	12.64
	20℃	9.23	9.35	9.48	9.66	9.94	11.04	12.32
	30℃	9.15	9.26	9.39	9.55	9.80	10.83	12.00
	40℃	9.08	9.18	9.30	9.44	9.67	10.61	11.68

(7) 磷酸二氢钾-磷酸氢二钠缓冲溶液（pH＝4.5～9.1）

磷酸二氢钾溶液 [$c(KH_2PO_4)$＝0.0667mol/L)：称取 9.08g 磷酸二氢钾，加水溶解，稀释到 1000mL，混匀，即得。

磷酸氢二钠溶液 [$c(Na_2HPO_4)$＝0.0667mol/L]：称取 9.47g 无水磷酸氢二钠，加水溶解，稀释到 1000mL，混匀，即得。

［配制］ 按表 3-51 比例混合磷酸二氢钾溶液和磷酸氢二钠溶液，即可得到不同 pH 缓冲溶液。

表 3-51 磷酸二氢钾-磷酸氢二钠缓冲溶液的配制

磷酸二氢钾溶液/mL	10.0	9.75	9.5	9.0	8.0	7.0	6.0	5.0	4.0	3.0	2.0	1.0	0.5	0.0
磷酸氢二钠溶液/mL	0.0	0.25	0.5	1.0	2.0	3.0	4.0	5.0	6.0	7.0	8.0	9.0	9.5	10.0
pH(18℃)	(4.49)	5.29	5.59	5.91	6.24	6.47	6.64	6.81	6.98	7.17	7.38	7.73	8.04	(9.18)

碳酸盐缓冲溶液

(1) 碳酸盐-甘油缓冲溶液（pH9.0） 称取 6g 无水碳酸钠，37g 无水碳酸氢钠溶于蒸馏水中，加至 1000mL，混匀，即成 pH9.2 碳酸盐缓冲液。取 1 份上述缓冲溶液加 9 份甘油混匀即成。碳酸盐-甘油缓冲溶液。

注：①所用甘油应选用优级纯或分析纯试剂。②配成后置 4℃储存，在储存期间其 pH 值逐渐下降，应以每 2 周左右重新配制一次为宜。

(2) 碳酸盐缓冲溶液（pH9.23） 取 4mL 碳酸钠溶液 [$c(Na_2CO_3)$＝0.2mol/L] 及 46mL 碳酸氢钠溶液 [$c(NaHCO_3)$＝0.2mol/L]，加水定容至 1000mL。

(3) 碳酸盐（ELISA）缓冲溶液（pH9.6） 称取 1.59g 无水碳酸钠，2.93g 碳酸氢钠，加水溶解，定容到 1000mL，混匀。

Walpole 缓冲溶液（pH＝0.65～5.6）

(1) 盐酸-乙酸钠缓冲溶液（pH＝0.65～5.2）

乙酸钠溶液 [$c(NaCH_3COO)$＝1.0mol/L]：称取 82.1g 无水乙酸钠，加水溶解，稀释到 1000mL，混匀，即得。

盐酸溶液 [$c(HCl)$＝1.0mol/L]：吸取 83mL 浓盐酸于预先盛有适量水的 1000mL 容量

瓶中，用水稀释到刻度，混匀。

［配制］ 按表 3-52 比例混合盐酸溶液和乙酸钠溶液，即可得到不同 pH 缓冲溶液。

表 3-52 盐酸-乙酸钠缓冲溶液的配制

乙酸钠溶液/mL	盐酸溶液/mL	水/mL	pH
50	100	100	0.65
50	90.0	110.0	0.75
50	80.0	120.0	0.91
50	70.0	130.0	1.09
50	65.0	135.0	1.24
50	60.0	140.0	1.42
50	55.0	145.0	1.71
50	53.5	146.5	1.85
50	52.5	147.5	1.99
50	51.0	149.0	2.32
50	50.0	150.0	2.64
50	49.75	150.25	2.72
50	48.5	151.5	3.09
50	47.5	152.5	3.29
50	46.25	153.75	3.49
50	45.0	155.0	3.61
50	42.5	157.5	3.79
50	40.0	160.0	3.95
50	35.0	165.0	4.19
50	30.0	170.0	4.39
50	25.0	175.0	4.58
50	20.0	180.0	4.76
50	15.0	185.0	4.95
50	10.0	190.0	5.20

（2）乙酸-乙酸钠缓冲溶液（pH=3.6～5.6）

乙酸钠溶液［$c(NaC_2H_3O_2)$=0.2mol/L］：称取 16.4g 无水乙酸钠，加水溶解，稀释到 1000mL，混匀，即得。

乙酸溶液［$c(C_2H_4O_2)$=0.2mol/L］：移取 11.8mL 冰醋酸于 1000mL 水中，混匀，即得。

［配制］ 按表 3-53 比例混合乙酸溶液和乙酸钠溶液，即可得到不同 pH 缓冲溶液。

有 3-53 乙酸-乙酸钠缓冲溶液的配制

乙酸钠溶液/mL	18.5	17.6	16.4	14.7	12.6	10.2	8.0	5.9	4.2	2.9	1.9
乙酸溶液/mL	1.5	2.4	3.6	5.3	7.4	9.8	2.0	14.1	15.8	17.1	18.1
pH(18℃)	3.6	3.8	4.0	4.2	4.4	4.6	4.8	5.0	5.2	5.4	5.6

Tris 缓冲溶液（苯酚质量分数为 0.05%；pH8.0）

在注入约 500mL 蒸馏水的 1000mL 容量瓶中，溶入 6.057g 三羟甲基氨基甲烷和 0.5g 苯酚，再用蒸馏水稀释至刻度。如需要可用的盐酸溶液（6mol/L）调至 pH8.0。

盐酸-氨水缓冲溶液（pH=9.6～9.7）

将 75mL 浓盐酸加入到 600mL 水，再加入 135mL 浓氨水。用水稀释至 1000mL，混匀。用精密 pH 计调为 pH=9.60～9.70。

一氯乙酸-氨缓冲溶液（pH3.3）

将 36mL 浓氨水于 900mL 水中，缓缓加入 50g 一氯乙酸，溶解后放置 15min，调节至 pH3.3，加水至 1000mL。

乙醇-乙酸铵缓冲溶液（pH3.7）

称取 15.0mL 乙酸溶液 [$c(CH_3COOH)=5mol/L$]，加 60mL 乙醇和 20mL 水，用氢氧化铵溶液 [$c(NH_4OH)=10mol/L$] 调节至 pH3.7，用水稀释至 1000mL，即得。

***N*-乙基吗啉-盐酸缓冲溶液**（pH=7.0～8.2）

N-乙基吗啉溶液 [$c(C_6H_{13}NO)=0.2mol/L$]：称取 23.0g [或移取 25.5mL（$\rho=0.905g/mL$）] *N*-乙基吗啉（$C_6H_{13}NO$），用水稀释到 1000mL，混匀，即得。

盐酸溶液（0.1mol/L）：移取 8.3mL 盐酸溶于 1000mL 水中，混匀。

[配制] 按表 3-54 比例混合 *N*-乙基吗啉溶液和盐酸溶液，即可得到不同 pH 缓冲溶液。

表 3-54 *N*-乙基吗啉-盐酸缓冲溶液的配制

N-乙基吗啉溶液/mL	50.0						
盐酸溶液/mL	8.0	7.1	6.1	5.0	4.0	2.9	2.0
水	加至 1000mL						
pH(25℃)	7.0	7.2	7.4	7.6	7.8	8.0	8.2

乙酸-锂盐缓冲溶液（pH3.0）

取 50mL 冰醋酸，加 800mL 水混合后，用氢氧化锂调节至 pH3.0，再加水稀释至 1000mL，即得。

乙酸铵缓冲溶液

(1) 乙酸铵缓冲溶液（pH3.5） 称取 25.0g 乙酸铵溶于 25mL 水中，加 45mL 盐酸 [$c(HCl)=6mol/L$] 溶液，用稀盐酸或稀氨水调节至 pH3.5，用水稀释至 100mL。

(2) 乙酸-乙酸铵缓冲溶液（pH4.3） 称取 19.27g 乙酸铵，移取 30mL 乙酸，用水溶解，并定容至 1000mL，混匀。

(3) 乙酸-乙酸铵缓冲液（pH4.5） 称取 7.7g 乙酸铵，加 50mL 水溶解后，加 6mL 冰醋酸与适量的水稀释成 100mL，混匀，即得。

(4) 乙酸-乙酸铵缓冲溶液（pH＝4～5） 称取 38.5g 乙酸铵，溶于水，加 28.6mL 冰醋酸，稀释至 1000mL，混匀。

(5) 乙酸-乙酸铵缓冲液（pH6.0） 称取 100g 乙酸铵，加 300mL 水溶解后，加 7mL 冰醋酸，摇匀，即得。

(6) 乙酸-乙酸铵缓冲溶液（pH≈6.5） 称取 59.8g 乙酸铵，溶于水，加 1.4mL 冰醋酸，稀释至 200mL，混匀，即得。

乙酸-乙酸钾缓冲溶液（pH4.3）

称取 14g 乙酸钾，加 20.5mL 冰醋酸，再加水稀释至 1000mL，即得。

乙酸-乙酸钠缓冲溶液

(1) 乙酸-乙酸钠缓冲溶液（pH≈3） 称取 0.8g 乙酸钠（$CH_3COONa \cdot 3H_2O$），溶于水，加 5.4mL 冰醋酸，稀释至 1000mL，混匀。

(2) 乙酸-乙酸钠缓冲液（pH3.6） 称取 5.1g 乙酸钠，加 20mL 冰醋酸，再加水稀释至 250mL，即得。

(3) 乙酸-乙酸钠缓冲溶液（pH3.7） 称取 20g 无水乙酸钠，加 300mL 水溶解后，加 1mL 溴酚蓝指示液及（60～80）mL 冰醋酸，至溶液从蓝色转变微为纯绿色，再加水稀释至 1000mL，混匀，即得。

(4) 乙酸-乙酸钠缓冲溶液（pH3.8） 移取 13mL 乙酸钠溶液［$c(CH_3COONa)=$ 2mol/L］与 87mL 乙酸溶液［$c(CH_3COOH)=$2mol/L］，再加水稀释至 1000mL，即得。

(5) 乙酸-乙酸钠缓冲液（pH4） 按 16.4mL 稀乙酸溶液［$c(CH_3COOH)=$0.2mol/L］与 3.6mL 乙酸钠溶液［$c(CH_3COONa)=$0.2mol/L］比例混合配制。

(6) 乙酸-乙酸钠缓冲溶液（pH≈4） 称取 54.4g 乙酸钠（$CH_3COONa \cdot 3H_2O$），溶于水，加 92mL 冰醋酸，稀释至 1000mL，混匀。

(7) 乙酸-乙酸钠缓冲溶液（pH4.1） 称取 35g 无水乙酸钠溶于水中，加入 755mL 冰醋酸，稀释到 1000mL，混匀，置于冰箱中保存。

(8) 乙酸-乙酸钠缓冲溶液（pH≈4.5） 称取 164g 乙酸钠（$CH_3COONa \cdot 3H_2O$），溶于水，加 84mL 冰醋酸，稀释至 1000mL。

(9) 乙酸-乙酸钠缓冲液（pH4.5） 称取 18g 乙酸钠，加 9.8mL 冰醋酸，再加水稀释至 1000mL，即得。

(10) 乙酸-乙酸钠缓冲溶液（pH＝4～5） 称取 68.0g 乙酸钠（$CH_3COONa \cdot 3H_2O$），溶于水，加 28.6mL 冰醋酸，稀释至 1000mL，混匀。

(11) 乙酸-乙酸钠缓冲溶液（pH4.6） 称取 5.4g 乙酸钠，加水 50mL 使溶解，用冰醋酸调节至 pH4.6，再加水稀释至 100mL，混匀，即得。

(12) 乙酸-乙酸钠缓冲溶液（pH＝4.7±0.1） 溶解 4.1g 无水乙酸钠于水中，加入 3mL 冰醋酸，再用水稀释至 1000mL，混匀。

(13) 乙酸-乙酸钠缓冲液（pH4.7） 称取 30g 无水乙酸钠，溶于 400mL 水中，加 22mL 冰醋酸，再缓缓加冰醋酸调节至 pH4.7，加水稀释至 500mL，混匀。

(14) 乙酸-乙酸钠缓冲溶液（pH4.75） 称取 82g 无水乙酸钠溶于水中，加入 62.5mL 冰醋酸，稀释到 1000mL，混匀，置于冰箱中保存。

（15）乙酸-乙酸钠缓冲溶液（pH5.0） 称取16g无水乙酸钠溶于水中，加入6mL冰醋酸，稀释到100mL，混匀，置于冰箱中保存。

（16）乙酸-乙酸钠缓冲溶液（pH≈6） 称取100g乙酸钠（$CH_3COONa \cdot 3H_2O$），溶于水，加7mL冰醋酸，稀释至1000mL，混匀。

（17）乙酸-乙酸钠缓冲液（pH6.0） 称取54.6g乙酸钠，加20mL乙酸溶液（1mol/L）溶解后，再加水稀释至500mL，即得。

指示剂pH变色域测定用缓冲溶液（pH=1.1～13）

（1）盐酸-氯化钾缓冲溶液（pH=1.1～2.2）

盐酸溶液［c(HCl)=0.1mol/L］：移取8.3mL盐酸溶于1000mL水中，混匀。

氯化钾溶液［c(KCl)=0.2mol/L］：称取14.9g氯化钾，溶于适量水中，稀释到1000mL，混匀，即得。

［配制］ 按3-55表比例混合氯化钾溶液和盐酸溶液，即可得到不同pH缓冲溶液。

表3-55 盐酸-氯化钾缓冲溶液的配制

盐酸溶液/mL	94.56	75.10	59.68	47.40	37.64	29.90	23.76	18.86	14.98	11.90	9.46	7.52
氯化钾溶液/mL	2.70	12.45	20.15	26.30	31.20	35.00	38.10	40.60	42.50	44.05	45.30	46.25
水	加至100mL											
pH	1.1	1.2	1.3	1.4	1.5	1.6	1.7	1.8	1.9	2.0	2.1	2.2

（2）邻苯二甲酸氢钾-盐酸缓冲溶液（pH=2.2～3.8）

盐酸溶液［c(HCl)=0.1mol/L］：移取8.3mL盐酸，加水溶解，稀释到1000mL，混匀，即得。

邻苯二甲酸氢钾溶液［$c(KHC_8H_4O_4)$=0.2mol/L］：称取40.8g邻苯二甲酸氢钾，加水溶解，稀释到1000mL，混匀，即得。

［配制］ 按表3-56比例混合邻苯二甲酸氢钾溶液和盐酸溶液，即可得到不同pH缓冲溶液。

表3-56 邻苯二甲酸氢钾-盐酸缓冲溶液的配制

盐酸溶液/mL	46.60	37.60	33.00	26.50	20.40	14.80	9.95	6.00	2.65
邻苯二甲酸氢钾溶液/mL	25								
水	加至100mL								
pH	2.2	2.4	2.6	2.8	3.0	3.2	3.4	3.6	3.8

（3）邻苯二甲酸氢钾-氢氧化钠缓冲溶液（pH=4.0～6.2）

氢氧化钠溶液［c(NaOH)=0.1mol/L］：称取4.00g氢氧化钠溶于1000mL水中，混匀。

邻苯二甲酸氢钾溶液［$c(KHC_8H_4O_4)$=0.2mol/L］：称取40.8g邻苯二甲酸氢钾，溶于适量水中，稀释到1000mL，混匀，即得。

［配制］ 按表3-57比例混合邻苯二甲酸氢钾溶液和氢氧化钠溶液，即可得到不同pH缓冲溶液。

表 3-57　邻苯二甲酸氢钾-氢氧化钠缓冲溶液的配制

氢氧化钠溶液/mL	0.40	3.65	7.35	12.00	17.50	23.65	29.75	35.25	39.70	43.10	45.40	47.00
邻苯二甲酸氢钾溶液/mL	25											
水	加至 100mL											
pH	4.0	4.2	4.4	4.6	4.8	5.0	5.2	5.4	5.6	5.8	6.0	6.2

(4) 磷酸二氢钾-氢氧化钠缓冲溶液（pH＝5.8～8.0）

氢氧化钠溶液［c(NaOH)＝0.1mol/L］：称取 4.00g 氢氧化钠，加水溶解，稀释到 1000mL，混匀，即得。

磷酸二氢钾溶液［$c(KH_2PO_4)$＝0.2mol/L］：称取 27.2g 磷酸二氢钾，加水溶解，稀释到 1000mL，混匀，即得。

［配制］ 按表 3-58 比例混合磷酸二氢钾溶液和氢氧化钠溶液，即可得到不同 pH 缓冲溶液。

表 3-58　磷酸二氢钾-氢氧化钠缓冲溶液的配制

氢氧化钠溶液/mL	3.66	5.64	8.55	12.60	17.74	23.60	29.54	34.90	39.34	42.74	45.17	46.85
磷酸二氢钾溶液/mL	25											
水	加至 100mL											
pH	5.8	6.0	6.2	6.4	6.6	6.8	7.0	7.2	7.4	7.6	7.8	8.0

(5) 硼酸-氯化钾-氢氧化钠缓冲溶液（pH＝7.8～10.0）

氢氧化钠溶液（0.1mol/L）：称取 4.0g 氢氧化钠溶于 1000mL 水中，混匀。

硼酸-氯化钾溶液［$c(H_3BO_3)$＝0.2mol/L，c(KCl)＝0.2mol/L］：分别称取 12.4g 硼酸，14.92g 氯化钾，溶于适量水中，稀释到 1000mL，混匀，即得。

［配制］ 按表 3-59 比例混合硼酸-氯化钾溶液和氢氧化钠溶液，即可得到不同 pH 缓冲溶液。

表 3-59　硼酸-氯化钾-氢氧化钠缓冲溶液的配制

氢氧化钠溶液/mL	2.65	4.00	5.90	8.55	12.00	16.40	21.40	26.70	32.00	36.85	40.80	43.90
硼酸-氯化钾溶液/mL	25											
水	加至 100mL											
pH	7.8	8.0	8.2	8.4	8.6	8.8	9.0	9.2	9.4	9.6	9.8	10.0

(6) 甘氨酸-氯化钠-氢氧化钠缓冲溶液（pH＝10.0～13.0）

氢氧化钠溶液［c(NaOH)＝0.1mol/L］：称取 4.0g 氢氧化钠，加水溶解，稀释到 1000mL，混匀，即得。

甘氨酸-氯化钠溶液［$c(C_2H_5NO)$＝0.1mol/L］：分别称取 5.85g 氯化钠，7.51g 甘氨酸，加水溶解，稀释到 1000mL，混匀，即得。

［配制］ 按表 3-60 比例混合甘氨酸-氯化钠溶液和氢氧化钠溶液，即可得到不同 pH 缓冲溶液。

表 3-60 甘氨酸-氯化钠-氢氧化钠缓冲溶液的配制

氢氧化钠溶液/mL	甘氨酸-氯化钠溶液/mL	pH	氢氧化钠溶液/mL	甘氨酸-氯化钠溶液/mL	pH
37.50	62.50	10.0	51.00	49.00	11.6
41.00	59.00	10.2	52.10	47.90	11.8
44.00	56.00	10.4	54.00	46.00	12.0
46.00	54.00	10.6	56.00	44.00	12.2
47.50	52.50	10.8	60.30	39.70	12.4
48.80	51.20	11.0	67.50	32.50	12.6
49.80	50.20	11.2	77.50	22.50	12.8
50.20	49.80	11.4	92.50	7.50	13.0

（二）其他缓冲溶液

底物缓冲液

（1）柠檬酸溶液 [$c(C_6H_8O_7)$=0.1mol/L] 称取21.01g柠檬酸（$C_6H_8O_7 \cdot H_2O$），加水溶解，用水稀释至1000mL，混匀。

（2）磷酸氢二钠溶液 [$c(Na_2HPO_4)$=0.2mol/L] 称取71.6g磷酸氢二钠（$Na_2HPO_4 \cdot 12H_2O$），加水溶解，用水稀释至1000mL，混匀。

（3）用前按柠檬酸溶液、磷酸氢二钠溶液和蒸馏水以24.3+25.7+50的比例（体积比）混合配制。

[用途] 用于酶标法测定食品中黄曲霉毒素。

电泳缓冲溶液

将7.5g三（羟甲基）氨基甲烷、36g甘氨酸、2.5g聚苯烯酰胺（SDS）溶于蒸馏水中，定容至500mL。使用前以蒸馏水稀释5倍后使用。

磷酸二氢钠离子强度缓冲溶液

称取15.6g磷酸二氢钠（$NaH_2PO_4 \cdot 2H_2O$）溶于水中，加1g硫酸银，溶解后加水至1000mL，混匀。用于离子选择电极法测定硝酸盐。

柠檬酸二钠离子强度缓冲溶液

（1）柠檬酸二钠-盐酸强度缓冲溶液 称取348.2g柠檬酸二钠（$Na_2C_6H_5O_7 \cdot 5H_2O$），移取57mL冰醋酸，溶于水中，用盐酸溶液 [$c(HCl)$=6mol/L] 调节至pH6，加水至1000mL，混匀。用于离子选择电极法测定氟。

（2）柠檬酸二钠离子-氢氧化钠离子强度缓冲溶液 称取58g氯化钠，3.48g柠檬酸二钠（$Na_2C_6H_5O_7 \cdot 5H_2O$），移取57mL冰醋酸，溶于水中，用氢氧化钠溶液 [$c(NaOH)$=10mol/L] 调节至pH=5.0～5.5，加水至1000mL，混匀。用于离子选择电极法测定氟。

柠檬酸 [$c(C_6H_8O_7)$] 和辛烷基磺酸 [$c(C_8H_{17}NaO_3S)$] 离子对缓冲溶液（pH6.10）

准确称取4.203g柠檬酸，溶于适量水中，加入20mL辛烷基磺酸水溶液 [$c(C_8H_{17}NaO_3S)$=0.1mol/L]，加水至近1000mL，用氢氧化钠溶液（500g/L）调节至pH6.10。用水定容至

1000mL [$c(C_6H_8O_7)$=0.02mol/L，$c(C_8H_{17}NaO_3S)$=0.002mol/L]，用0.45μm膜过滤，在冰箱中保存，有效期为3个月。

溴化四丁基铵-三乙胺离子对缓冲溶液

将10mmol溴化四丁基铵（以$C_{10}H_{36}BrN$计）溶于1000mL三乙胺水溶液[0.5%（体积分数）]中，再用乙酸调节pH3.50。

乙酸钠-柠檬酸钠总离子强度缓冲溶液

将乙酸钠溶液[$c(NaCH_3COO)$=3mol/L]与柠檬酸钠溶液[$c(Na_2C_6H_5O_7)$=0.75mol/L]等体积混合，临用时现配制。

六、指示剂溶液

（一）一般指示剂溶液

安福洋红指示液（2g/L）

称取0.20g安福洋红溶于100mL水溶液中，混匀。

巴西木素（巴西苏木素 Braziline）**指示液**（1g/L）

称取0.1g巴西木素（巴西苏木素 Braziline），溶于100mL乙醇（95%），混匀。

百里草酚蓝溶液（1g/L）

取0.1g百里草酚蓝，溶于50mL乙醇（95%）中，再加6mL氢氧化钠溶液（4g/L），加水至100mL，混匀。

百里酚蓝指示液

（1）百里酚蓝指示液（1g/L） 称取0.1g百里酚蓝，溶于20mL温热乙醇（95%）中，并用乙醇（95%）稀释到100mL，混匀，冷藏保存。

（2）百里酚蓝（百里酚磺酞）指示液（1g/L） 称取0.1g百里酚蓝溶于100mL水中，混匀，每100mL指示剂溶液加4.3mL氢氧化钠溶液[$c(NaOH)$=0.05mol/L]。

百里酚酞（2′,2″-二甲基-5′,5″-二异丙基酚酞）**指示液**（1g/L）

称取0.1g百里酚酞（2′,2″-二甲基-5′,5″-二异丙基酚酞）溶于100mL乙醇（90%），混匀。

百里香酚蓝（麝香草酚蓝）**指示液**

（1）麝香草酚蓝指示液（1g/L） 称取0.1g麝香草酚蓝，溶于100mL乙醇（95%）中，混匀，过滤即得。

（2）麝香草酚蓝指示液（1g/L） 称取0.1g麝香草酚蓝，加4.3mL氢氧化钠溶液

[c(NaOH)=0.05mol/L] 溶解，再加水稀释至200mL，混匀，即得。变色范围 pH=1.2～2.8（红→黄）；pH=8.0～9.6（黄→紫蓝）。

百里香酚酞指示液（1g/L）

称取0.10g百里香酚酞，溶于乙醇（95%），用乙醇（95%）稀释至100mL，混匀。

饱和2,4-二硝基酚指示液

在适量水中加入2,4-二硝基酚，直到饱和的固体不再溶解，生成水溶液。

饱和玫棕酸指示液

称取适量的玫棕酸溶于100mL水中，配制成饱和溶液，混匀。

饱和双（2,4-二硝基苯基）乙酸乙酯指示液

将适量的双（2,4-二硝基苯基）乙酸乙酯溶于丙酮-乙醇混合溶剂（1+1），配制成饱和溶液，混匀。

饱和乙基双（2,4-二甲基苯）乙酸酯指示液

称取适量的乙基双（2,4-二甲基苯）乙酸酯溶于50%丙酮醇中，配制成饱和溶液，混匀。

N-苯代邻氨基苯甲酸指示液（2g/L）

称取0.2g *N*-苯代邻氨基苯甲酸，加少量水溶解，加0.2g无水碳酸钠，低温加热溶解，用水稀释到100mL，摇匀。

苯酚红指示液（0.4g/L）

称取0.10g苯酚红溶于14.20mL氢氧化钠标准溶液 [c(NaOH)=0.02mol/L] 中，用水稀释至250mL，混匀。

苯红紫4B（联甲苯二偶氮双-1-萘胺-4-磺酸钠）**指示液**（1g/L）

称取0.10g苯红紫4B，溶于100mL水中，混匀。

苯基邻氨基苯甲酸指示液（2g/L）

称取0.20g苯基邻氨基苯甲酸，0.2g碳酸钠以少量水调成糊状，用水溶解并稀释到100mL，混匀。

苯偶氮二苯胺指示液（0.1g/L）

称取0.01g苯偶氮二苯胺溶于99mL乙醇（50%），再加入1mL盐酸溶液 [c(HCl)=1mol/L]，混匀。

苯酰瑰红酸G（苯甲酰槐黄G）**指示液**（2.5g/L）

称取0.25g苯酰瑰红酸G（苯甲酰槐黄G）溶于100mL甲醇中，混匀。

苄橙指示液（0.5g/L）

称取 0.05g 苄橙溶于 100mL 水中，混匀。

4-(2-吡啶偶氮)-间苯二酚指示液（1g/L）

称取 0.10g 4-(2-吡啶偶氮)-间苯二酚（PAR），溶于乙醇（95%），用乙醇（95%）稀释至 100mL，混匀。

1-(2-吡啶偶氮)-2-萘酚［PAN］**指示液**（1g/L）

称取 0.10g1-(2-吡啶偶氮)-2-萘酚溶于 100mL 甲醇中，混匀。

吡啶-2-甲醛-2′-吡啶腙的亚铁络合物指示液（1g/L）

称取 0.1g 吡啶-2-甲醛-2′吡啶腙的亚铁络合物，溶于 100mL 水，混匀。

吡啶-2-醛-2′-吡啶腙铬指示液（1g/L）

吡啶-2-醛-2′-吡啶腙铬溶于 100mL 水，混匀。

吡啶-2-醛-2′-吡啶腙镍指示液（1g/L）

称取 0.1g 吡啶-2-醛-2′-吡啶腙镍，溶于 100mL 水，混匀。

吡啶-2-醛-2′-吡啶腙的锌络合物指示液（1g/L）

称取 0.1g 吡啶-2-醛-2′-吡啶腙的锌，溶于 100mL 水，混匀。

3-［1-(2-丙基醇)-2-哌啶基］吡啶指示液（1g/L）

称取 0.1g 3-［1-(2-丙基醇)-2-哌啶基］吡啶溶于 100mL 乙醇（95%），混匀。

丙基红指示液（1g/L）

称取 0.10g 丙基红溶于 100mL 乙醇（95%），混匀。

亚甲基蓝指示液（1.25g/L）

称取 0.1g 亚甲基蓝溶于 80mL 乙醇（95%）中，混匀。

橙黄Ⅳ指示液（5g/L）

称取 0.5g 橙黄Ⅳ，加 100mL 冰醋酸溶解，混匀，即得。［变色范围：pH1.4～3.2（红—黄）］。

达旦黄指示液（1g/L）

称取 0.1g 达旦黄，溶于 100mL 水，混匀。

大黄苷（1,6,8-三羟基-3-甲基蒽醌）指示液（1g/L）

称取 0.1g 大黄苷（1,6,8-三羟基-3-甲基蒽醌），溶于 100mL 水，混匀。

淀粉指示液

（1）淀粉指示液（5g/L） 称取 0.5g 可溶性淀粉，用少量水调成糊状后，再加入刚煮沸的水至 100mL，冷却后，加入 0.1g 水杨酸保存。

（2）淀粉指示液（10g/L） 称取 1.0g 淀粉，加 5mL 水使成糊状，在搅拌下将糊状物加到 90mL 沸腾的水中，煮沸（1～2）min 冷却，稀释至 100mL，混匀。使用期为两周。

碘化钾淀粉指示液

称取 0.2g 碘化钾，加 100mL 新制的淀粉指示液溶解，混匀，即得。

靛喔喤（醌喹亚胺）**指示液**（0.5g/L）

称取 0.05g 靛喔喤（醌喹亚胺）溶于 100mL 乙醇（95%），混匀。

对氨基苯偶氮对苯磺酸指示液（1g/L）

称取 0.10g 对氨基苯偶氮对苯磺酸，溶于 100mL 水中，混匀。

对二甲氨基偶氮苯（二甲基黄）**指示液**

（1）对二甲氨基偶氮苯（二甲基黄、甲基黄）指示液（0.5g/L） 称取 0.10g 对二甲氨基偶氮苯（二甲基黄）溶于 200mL 乙醇，混匀。

（2）对二甲氨基偶氮苯（二甲基黄、甲基黄）指示液（2g/L） 称取 0.05g 二甲基黄，溶于 25mL 甲醇（90%）中，混匀。

2-(对二甲氨基苯偶氮)-吡啶指示液（1g/L）

称取 0.10g 2-(对二甲氨基苯偶氮)-吡啶溶于 100mL 乙醇中，混匀。

对二甲氨基亚苄基罗丹宁指示液（0.2g/L）

称取 0.020g 对二甲氨基亚苄基罗丹宁溶于 100mL 丙酮中，混匀。

二甲苯酚蓝（对二甲苯酚蓝，二甲苯酚磺酞）（第一变色范围）**指示液**

（1）二甲苯酚蓝，(对二甲苯酚蓝，二甲苯酚磺酞）指示液（0.5g/L） 称取 0.05g 二甲苯酚蓝，(对二甲苯酚蓝，二甲苯酚磺酞）溶于 100mL 乙醇（20%）中，混匀。

（2）二甲苯酚蓝（对二甲苯酚蓝，二甲苯酚磺酞）指示液（0.5g/L） 称取 0.05g 二甲苯酚蓝（对二甲苯酚蓝，二甲苯酚磺酞）溶于 97.4mL 水中，再加入 2.6mL 氢氧化钠溶液[$c(NaOH)=0.05mol/L$]，混匀。

（3）对二甲苯酚蓝指示液（0.4g/L） 称取 0.10g 对二甲苯酚蓝，溶于乙醇，用乙醇稀释至 250mL，混匀。

对二甲苯酚酞指示液（1g/L）

称取 0.1g 对二甲苯酚酞溶于 100mL 乙醇（40%），混匀。

对磺基邻甲氧基-苯偶氮-*N*,*N′*-二甲基-*α*-萘胺指示液（1g/L）

称取0.10g对磺基邻甲氧基-苯偶氮-*N*,*N′*-二甲基-*α*-萘胺溶于100mL乙醇（60%），混匀。

对甲基氨基苯甲基罗丹宁指示液（2g/L）

称取0.20g对甲基氨基苯甲基罗丹宁，溶于丙酮，用丙酮稀释至100mL，混匀。

对甲基红［对（对二甲氨基偶氮苯）-苯甲酸］**指示液**（1g/L）

称取0.10g对甲基红［对（对二甲氨基偶氮苯）-苯甲酸］溶于100mL乙醇，混匀。

对萘酚苯指示液（10g/L）

称取1.0g对萘酚苯溶于100mL稀氢氯化钠溶液（10g/L）中，混匀。

对硝基酚指示液

（1）对硝基酚指示液（1g/L） 称取0.10g对硝基酚，溶于乙醇（95%），用乙醇（95%）稀释至100mL，混匀。

（2）对硝基酚溶液（2.5g/L） 称取0.25g对硝基酚溶于100mL水，混匀。

对乙氧基菊橙（对乙氧基偶氮苯-2,4-二氨基苯盐酸盐）**指示液**（1g/L）

称取0.10g对乙氧基菊橙溶于100mL乙醇（90%），混匀。

对乙氧基-*α*-萘红指示液（2.5g/L）

称取0.25g对乙氧基-*α*-萘红溶于100mL乙醇中，混匀。

儿茶酚紫指示液（1g/L）

称取0.1g儿茶酚紫，加100mL水溶解，混匀，即得。

二苯胺指示液（10g/L）

称取1g二苯胺溶于100mL浓硫酸中，混匀。

二苯胺橙（橘黄Ⅳ、金莲花橙OO、苯胺黄、二苯胺偶氮对苯磺酸钠）**溶液**（0.50g/L）

称取0.10g二苯胺橙（橘黄Ⅳ）溶于100mL水，混匀。

二苯胺磺酸钠指示液（5g/L）

称取0.50g二苯胺磺酸钠，溶于水，稀释至100mL，混匀。

二苯氨基脲指示液（10g/L）

称取1.0g二苯胺基脲溶于50mL乙醇（95%）中，混匀。

二苯基联苯胺指示液（10g/L）

称取 0.50g 二苯基联苯胺溶于 50mL 稀硫酸中，混匀。

二苯基缩二脲指示液（2g/L）

称取 0.20g 二苯基缩二脲溶于 100mL 乙醇（95%）中，混匀。

二苯偶氮碳酰肼指示液

（1）二苯偶氮碳酰肼指示液（5g/L） 称取 0.5g 二苯偶氮碳酰肼，加 100mL 乙醇溶解，混匀，即得。低温保存。变色不灵敏时需重新配制。

（2）二苯基偶氮碳指示液（0.25g/L） 称取 0.025g 二苯基偶氮碳酰肼，溶于乙醇（95%），用乙醇（95%）稀释至 100mL，混匀。

二苯偕肼指示液（10g/mL）

称取 1g 二苯偕肼，加 100mL 乙醇溶解，混匀，即得。

二甲酚橙指示液（2g/L）

称取 0.20g 二甲酚橙，溶于水，稀释至 100mL，混匀。

***N*,*N*′-二甲基对**（间甲苯偶氮）**苯胺指示液**（1g/L）

称取 0.10g *N*,*N*′-二甲基对（间甲苯偶氮）苯胺，溶于 100mL 水，混匀。

二甲基黄-溶剂蓝 19 混合指示液

分别称取 15mg 二甲基黄与溶剂蓝 19，加 100mL 氯仿溶解，混匀，即得。

二甲基黄-亚甲基蓝混合指示液

称取 1.0g 二甲基黄，0.1g 亚甲基蓝，溶于 125mL 甲醇中，混匀。

二氯（P）荧光黄指示液（1g/L）

称取 0.1g 二氯（P）荧光黄，溶于加有少量酸或钠盐的 100mL 乙醇（60%～70%）中，混匀。

二氯（R）荧光黄指示液（1g/L）

称取 0.1g 二氯（R）荧光黄，溶于加有少量酸或钠盐的 100mL 乙醇（60%～70%）中，混匀。

二（1-萘酚）苄醇指示液（0.5g/L）

称取 0.05g 二（1-萘酚）苄醇溶于 100mL 乙醇（70%），混匀。

3-(2′,4′-二羟基苯）苯酞指示液（1g/L）

称取 0.10g 3-(2′,4′-二羟基苯）苯酞溶于 100mL 水中，混匀。

2,4-二羟基苯偶氮间苯二酚指示液（0.2g/L）

称取0.020g 2,4-二羟基苯偶氮间苯二酚溶于100mL水中，混匀。

2,2′-二羟基苯乙烯酮指示液（5g/L）

称取0.5g 2,2′-二羟基苯乙烯酮溶于100mL乙醇（95%），混匀。

二硝基酚指示液（2g/L）

称取0.2g 2,6-二硝基酚或2,4-二硝基酚［$C_6H_3OH(NO_2)_2$］溶于100mL水中，混匀。

ε-二硝基酚（2,3-二硝基酚）**指示液**（1g/L）

称取0.10g ε-二硝基酚（2,3-二硝基酚）溶于100mL水中，混匀。

2,6-二硝基酚（β-二硝基酚）**指示液**

（1）2,6-二硝基酚溶液（1g/L）
称取0.10g 2,6-二硝基酚溶于20mL乙醇中，稀释至100mL，混匀。
（2）2,6-二硝基酚指示液（1g/L，或0.5g/L，0.4g/L）
称取0.1g（或0.05g，0.04g）2,6-二硝基酚（β-二硝基酚）溶于100mL水，混匀。

2,4-二硝基酚指示液（1g/L）

称取0.10g 2,4-二硝基酚溶于20mL乙醇中，稀释至100mL，混匀。

2,5-二硝基酚（γ-二硝基酚）**指示液**

（1）2,5-二硝基酚指示液（1g/L）
称取0.10g 2,5-二硝基酚溶于20mL乙醇中，用水稀释至100mL，混匀。
（2）2,5-二硝基酚指示液（1g/L或0.25g/L）
称取0.10g或0.025g 2,5-二硝基酚（γ-二硝基酚）溶于100mL水，混匀。

2,4-二硝基萘酚（马休黄）**指示液**（1g/L）

称取0.10g 2,4-二硝基萘酚（马休黄），溶于100mL乙醇（95%），混匀。

二溴四氯苯酞指示液（2g/L）

称取0.20g二溴四氯苯酞溶于100mL水中，混匀。

1,10-菲啰啉-亚铁指示液

称取0.70g硫酸亚铁（$FeSO_4 \cdot 7H_2O$），溶于70mL水中，加2滴硫酸，加1.5g 1,10-菲啰啉（$C_{12}H_8N_2 \cdot H_2O$）［或1.76g 1,10-菲啰啉盐酸盐（$C_{12}H_8N_2 \cdot HCl \cdot H_2O$）］，溶解后，稀释至100mL，混匀。使用前制备。

酚红指示液

（1）酚红指示液（1g/L） 称取0.1g酚红，用乙醇（95%）溶解后，再加乙醇（95%）

稀释至 100mL，混匀。

（2）酚红指示液（1g/L） 称取 0.1g 酚红溶于 5.7mL 氢氧化钠溶液 [c(NaOH)=0.05mol/L] 及少量水中，用水稀释到 100mL，混匀。

酚磺酞指示液（5g/L）

称取 0.5g 酚磺酞，加 2.82mL 氢氧化钠溶液 [c(NaOH)=1mol/L] 溶解，再加水至 100mL，混匀。变色范围：pH=6.8～8.4（黄→红）。

酚酞溶液

（1）酚酞指示液（5g/L） 称取 0.5g 酚酞，溶于乙醇（95%）中，并用乙醇（95%）稀释到 100mL，混匀，冷藏保存。

（2）酚酞指示液（10g/L） 称取 1.0g 酚酞，溶于乙醇（95%），用乙醇（95%）稀释至 100mL，混匀。

酚藏花红指示液（1g/L）

称取 0.10g 酚藏花红溶于 100mL 水中，混匀。

4-(3*H*-吩噻嗪-3-氨基）苯磺酸指示液（1g/L）

称取 0.1g 4-(3*H*-吩噻嗪-3-氨基）苯磺酸溶于 100mL 水，混匀。

钙黄氯素指示液（2g/L）

称取 0.2g 钙黄氯素溶于 100mL 水中，混匀。

刚果红溶液（10g/L）

称取 1g 刚果红溶于水中，用水稀释至 100mL，混匀。

铬黑 T 溶液

（1）铬黑 T 溶液（2g/L） 称取 0.2g 铬黑 T 和 2g 盐酸羟胺，溶于乙醇（95%）中，用乙醇（95%）稀释至 100mL，混匀，贮于棕色瓶内。

（2）铬黑 T 指示液（5g/L） 称取 0.50g 铬黑 T 和 2.0g 盐酸羟胺，溶于乙醇（95%），用乙醇（95%）稀释至 100mL，混匀。此溶液使用前制备。

铬酸钾指示液（50g/L）

称取 5g 铬酸钾，溶于 100mL 水中，混匀。

注：① 使用时每 20mL 被滴定溶液加入 0.5mL 指示液为宜。

② 该指示液适用于测定氯化物和溴化物，不适用于测定 I^- 和 SCN^- 等离子。

③ 溶液需呈中性或弱碱性（pH=6.6～10.5），如溶液呈酸性应预先用硼砂、碳酸氢钠、碳酸钙或氧化镁中和。

含锌碘化钾淀粉指示液

取 100mL 水，加 5mL 碘化钾溶液（150g/L）与 10mL 氯化锌溶液（200g/L），煮沸，

加淀粉混悬液（取5g可溶性淀粉，加30mL水搅匀制成），随加随搅拌，继续煮沸2min，冷却，混匀，即得。凉处密闭保存。

5-磺基-2,4-二羟基苯甲酸指示液（1g/L）

称取0.1g 5-磺基-2,4-二羟基苯甲酸溶于100mL水，混匀。

红紫精（1,2,4-三羟基蒽醌，红紫素，紫茜素）**指示液**（0.2g/L）

称取0.02g红紫精（1,2,4-三羟基蒽醌，红紫素，紫茜素）溶于100mL乙醇（95%）溶液，混匀。

红紫酸胺指示液（2g/L）

称取0.20g红紫酸胺溶于100mL水中，混匀。

甲酚红（邻甲酚磺酞）**指示液**

（1）甲酚红（邻甲酚磺酞）指示液（0.2g/L） 称取0.02g甲酚红，加入1mL氢氧化钠溶液［c(NaOH)=0.05mol/L］、2mL乙醇（95%），温热溶解，用乙醇溶液（200mL/L）稀释到100mL，混匀。

（2）甲酚红（邻甲酚磺酞）指示液（0.4g/L） 称取0.04g甲酚红溶于100mL乙醇（50%）中，混匀。

（3）甲酚红溶液（1g/L） 称取0.10g甲酚红溶于100mL水中，混匀。

甲酚红-麝香草酚蓝混合指示液

取1份甲酚红指示液与3份麝香草酚蓝溶液（1g/L），混合，即得。

甲酚红紫（间甲酚磺酞，间甲酚红紫）**指示液**

（1）甲酚红紫（间甲酚磺酞，间甲酚红紫）指示液（0.5g/L） 称取0.05g甲酚红紫（间甲酚磺酞，间甲酚红紫）溶于100mL乙醇（20%）中，混匀。

（2）甲酚红紫（间甲酚磺酞，间甲酚红紫）指示液（0.5g/L） 称取0.05g甲酚红紫（间甲酚磺酞，间甲酚红紫）溶于97.4mL水中，再加入2.6mL氢氧化钠溶液［c(NaOH)=0.05mol/L］，混匀。

甲基橙指示液

（1）甲基橙指示液（0.5g/L） 称取0.05g甲基橙，溶于乙醇（95%）中，并用乙醇（95%）稀释到100mL，混匀，冷藏保存。

（2）甲基橙指示液（1g/L） 称取0.10g甲基橙，溶于70℃的水中，冷却，用水稀释至100mL，混匀。

甲基橙-二甲苯蓝FF混合指示液

分别称取0.1g甲基橙与二甲苯蓝FF，加100mL乙醇溶解，混匀，即得。

甲基氮萘红（喹哪啶红）**指示液**

（1）甲基氮萘红（喹哪啶红）指示液（10g/L） 称取1.0g（喹哪啶红）甲基氮萘红溶于100mL乙醇，混匀。

（2）甲基氮萘红（喹哪啶红）指示液（10g/L） 称取0.1g喹哪啶红，加100mL甲醇溶解，混匀，即得。变色范围pH=1.4～3.2（无色→红）。

N-甲基二苯胺-4-磺酸指示液［$c(C_{13}H_{13}NSO_3)=0.1mol/L$］

称取适量的N-甲基二苯胺-4-磺酸溶于100mL硫酸溶液（1+1）中，混匀。

甲基红（对二氨基苯偶氮邻苯甲酸）**指示液**

（1）甲基红指示液（1g/L） 称取0.1g甲基红溶于4mL氢氧化钠溶液［$c(NaOH)=0.1mol/L$］中，加水至100mL，混匀。

（2）甲基红指示液（1g/L） 称取0.10g甲基红，溶于乙醇（95%），用乙醇（95%）稀释至100mL，混匀。

甲基红-溴百里香酚蓝混合指示液

（1）甲基红溶液（0.2g/L） 称取0.01g甲基红，溶于25mL乙醇中，加入3.7mL氢氧化钠溶液［$c(NaOH)=0.01mol/L$］，移入50mL容量瓶中，稀释至刻度，摇匀。

（2）溴百里香酚蓝溶液（0.4g/L） 称取0.04g溴百里香酚蓝，溶于25mL乙醇中，加入6.4mL氢氧化钠溶液［$c(NaOH)=0.01mol/L$］，移入100mL容量瓶中，加水稀释至刻度，摇匀。

将（1）、（2）两溶液混合，即为混合指示液。

甲基红-溴甲酚绿混合溶液

取50mL溴甲酚绿溶液（2g/L）的乙醇（95%）溶液和10mL的甲基红（2g/L）乙醇溶液（95%）混合。

甲基红-亚甲基蓝混合指示液

溶液1 称取0.1g亚甲基蓝溶于乙醇（95%），用乙醇（95%）稀释到100mL，混匀。

溶液2 称取0.1g甲基红溶于乙醇（95%），用乙醇（95%）稀释到100mL，混匀。

取50mL溶液1和100mL溶液2，混匀。

甲基蓝-甲基橙指示液

加4mL甲基蓝溶液（10g/L）于100mL甲基橙溶液（1g/L）中，混匀。

甲基绿（七甲基对品红盐酸盐）**指示液**（0.5g/L）

称取0.05g甲基绿（七甲基对品红盐酸盐）溶于100mL水中，混匀。

甲基紫（甲基青莲，五甲基对玫瑰苯胺化盐酸盐）**指示液**

（1）甲基紫指示液（1g/L） 称取0.1g甲基紫，溶于100mL水中，混匀。

（2）甲基紫指示液（0.5g/L） 称取0.050g甲基紫，溶于水，稀释至100mL，混匀。

间胺黄指示液（1g/L）

称取0.10g间胺黄溶于100mL水中，混匀。

间苯二酚蓝指示液（2g/L或5g/L）

称取0.2g（或0.5g）间苯二酚蓝溶于100mL乙醇（90%），混匀。

间甲酚紫指示液（0.40g/L）

称取0.10g间甲酚紫溶于13.6mL氢氧化钠标准溶液［c(NaOH)=0.02mol/L］中，用水稀释至250mL，混匀。

间硝基酚指示液（3g/L）

称取0.3g间硝基酚溶于100mL水，混匀。

碱性菊橙（苯偶氮间苯二胺盐酸盐）**指示液**（1g/L）

称取0.10g碱性菊橙（苯偶氮间苯二胺盐酸盐）溶于100mL水中，混匀。

碱蓝6B指示液（20g/L）

称取2g碱蓝6B，溶于100mL乙醇（95%）中，混匀。

碱性品红（盐基品红）**指示液**（1g/L）

称取0.10g碱性品红（盐基品红）溶于100mL乙醇溶液，混匀。

碱性藏花红指示液（0.5g/L）

称取0.05g碱性藏花红溶于100mL水中，混匀。

姜黄指示液

配制成饱和水溶液。

焦性没食子酚酞（茜素紫）**指示液**（1g/L）

称取0.10g焦性没食子酚酞（茜素紫）溶于100mL乙醇（95%）溶液，混匀。

结晶紫（六甲基对玫瑰苯胺化盐酸盐）**指示液**

（1）结晶紫（六甲基对玫瑰苯胺化盐酸盐）指示液（5g/L） 称取0.5g结晶紫，溶于冰醋酸中，用冰醋酸稀释至100mL，混匀。

（2）结晶紫指示液（0.2g/L） 称取0.02g结晶紫，溶于100mL水中，混匀。

金莲橙O（2,4-二羟基苯偶氮-4-苯磺酸钠）**指示液**（1g/L）

称取0.1g金莲橙O（2,4-二羟基苯偶氮-4-苯磺酸钠），溶于100mL水，混匀。

金莲橙 OOO 指示液（1g/L 或 10g/L）

称取 0.1g 或 1g 金莲橙 OOO 溶于 100mL 水，混匀。

橘黄Ⅰ指示液（1g/L）

称取 0.10g 橘黄Ⅰ溶于 100mL 水，混匀。

橘黄Ⅱ指示液（1g/L）

称取 0.1g 橘黄Ⅱ溶于 100mL 水溶液，混匀。

橘黄 G［黄光（酸性）橙］**指示液**（1g/L）

称取 0.1g 橘黄 G［黄光（酸性）橙]，溶于 100mL 水，混匀。

孔雀绿指示液（1g/L）

称取 0.10g 孔雀绿溶于 100mL 水中，混匀。

苦味酸（三硝基苯酚）**指示液**（1g/L）

称取 0.10g 苦味酸（三硝基苯酚）溶于 100mL 水中，混匀。

喹啉蓝（氮萘蓝）**指示液**（1g/L）

称取 0.10g 喹啉蓝溶于 100mL 乙醇，混匀。

喹哪啶红-亚甲基蓝混合指示液

称取 0.3g 喹哪啶红，0.1g 亚甲基蓝，加甲醇至 100mL，混匀。

连苯三酚红指示液（2g/L）

称取 0.2g 连苯三酚红溶于 100mL 水，混匀。

亮黄指示液（1g/L）

称取 0.1g 亮黄溶于 100mL 水，混匀。

亮绿（碱性亮绿）**指示液**（1g/L）

称取 0.1g 亮绿（碱性亮绿）溶于 100mL 水，混匀。

邻苯二酚磺酞（邻苯二酚紫）**指示液**（1g/L）

称取 0.10g 邻苯二酚磺酞（邻苯二酚紫）溶于 100mL 水中，混匀。

邻二氮菲指示液

称取 0.5g 硫酸亚铁，加 100mL 水溶解，加 2 滴硫酸与 0.5g 邻二氮菲，摇匀，即得。本液应临用新制。

邻甲苯酚酞指示液（4g/L）

称取0.40g邻甲苯酚酞，溶于（95%），用乙醇（95%）稀释至100mL，混匀。

邻甲苯偶氮邻甲氨基苯指示液（1g/L）

称取0.10g邻甲苯偶氮邻甲氨基苯，溶于100mL乙醇（70%），混匀。

邻甲酚酞指示液（2g/L或0.2g/L）

称取0.2g或0.02g邻甲酚酞指示剂溶于100mL乙醇（90%），混匀。

邻联甲苯胺指示液（1g/L）

称取0.10g邻联甲苯胺，加10mL盐酸及少量水溶解，稀释至100mL，混匀。

邻氯酚红（邻二氯磺酞）指示液

（1）邻氯酚红（邻二氯磺酞）指示液（1g/L） 称取0.1g邻氯酚红溶于100mL乙醇（20%），混匀。

（2）邻氯酚红（邻二氯磺酞）指示液（1g/L） 称取0.1g邻氯酚红溶于95.30mL水，再加入4.7mL氢氧化钠溶液[$c(NaOH)=0.05mol/L$]，混匀。

邻羟基苯偶氮对丙基氨基指示液（1g/L）

称取0.10g邻羟基苯偶氮对丙基氨基溶于100mL乙醇（95%），混匀。

邻羧基苯偶氮-α-萘胺指示液（0.1g/L）

称取0.01g邻羧基苯偶氮-α-萘胺溶于100mL乙醇（60%），混匀。

邻硝基酚指示液（10g/L）

取1.0g邻硝基酚，溶于100mL乙醇水溶液（1+1）中，混匀。

硫酸铁铵指示液（80g/L）

称取8.0g硫酸铁铵[$NH_4Fe(SO_4)_2 \cdot 12H_2O$]，溶于含几滴硫酸的水中，稀释至100mL，混匀。

六甲氧基红指示液（1g/L）

称取0.10g六甲氧基红溶于100mL乙醇（70%），混匀。

氯酚红指示液（0.4g/L）

称取0.10g氯酚红溶于11.8mL氢氧化钠标准溶液[$c(NaOH)=0.02mol/L$]中，稀释至250mL，混匀。

罗丹明B指示液（1g/L）

称取0.10g罗丹明B溶于100mL水中，混匀。

罗丹明6G指示液（1g/L）

称取0.1g罗丹明6G溶于100mL水中，混匀。

玫红酸（珊瑚黄，珊瑚酚酞，甲基金精，甲苯醌基二对酚基甲烷）**指示液**（5g/L）

称取0.5g玫红酸，溶于100mL乙醇（50%），混匀。

玫瑰红酸钠指示液（10g/L）

称取0.1g玫瑰红酸钠，溶于水10mL，混匀，现配现用。

萘胺偶氮苯磺酸指示液（1g/L）

称取0.10g萘胺偶氮苯磺酸溶于60mL乙醇，加40mL水，混匀。

α-萘酚苯基甲醇-乙酸指示液（2g/L）

称取0.1g α-萘酚苯基甲醇，用乙酸溶解，并稀释至50mL，混匀。

α-萘酚红指示液（1g/L）

称取0.10g α-萘酚红溶于100mL乙醇（70%），混匀。

萘酚醌烷（α-萘酚基苯；第一变色范围）**指示液**（0.5g/L）

称取0.05g萘酚醌烷（α-萘酚基苯）溶于100mL乙醇（70%）中，混匀。

1-萘酚酞（α-萘酚酞）**指示液**（1g/L）

称取0.10g 1-萘酚酞溶于100mL乙醇溶液［50%（体积分数）］，混匀。

β-萘酚紫指示液（0.4g/L）

称取0.04g β-萘酚紫，溶于100mL水，混匀。

萘红指示液（2g/L）

称取0.20g萘红溶于100mL乙醇（95%）中，混匀。

耐尔蓝指示液（10g/L）

称取1g耐尔蓝，加100mL冰醋酸溶解，混匀，即得。变色范围：pH＝10.1～11.1（蓝→红）。

尼罗蓝指示液（1g/L）

称取0.1g尼罗蓝，溶于100mL水，混匀。

偶氮蓝（二甲苯二偶氮二-α-萘酚-4-磺酸）**指示液**（1g/L）

称取0.1g偶氮蓝（二甲苯二偶氮二-α-萘酚-4-磺酸），溶于100mL水，混匀。

偶氮紫指示液（1g/L）

称取0.1g偶氮紫，加100mL二甲基甲酰胺溶解，混匀，即得。

帕拉醇（Lapachol）**指示液**（1g/L）

称取0.10g帕拉醇溶于100mL乙醇（95%），混匀。

泡依蓝C_4B指示液（2g/L）

称取0.20g泡依蓝C_4B溶于100mL水，混匀。

品红（洋红）**指示液**（1g/L）

称取0.10g品红（洋红）溶于100mL乙醇（95%）中，混匀。

七甲氧基红指示液（1g/L）

称取0.1g七甲氧基红溶于100mL乙醇（70%），混匀。

茜素（α,β-二羟基蒽醌）**指示液**（0.2g/L）

称取0.02g茜素（α,β-二羟基蒽醌）溶于100mL乙醇（90%），混匀。

茜素红S（茜素磺酸钠）**指示液**

（1）茜素红S（茜素磺酸钠）指示液（1g/L） 称取0.10g茜素红S溶于100mL水中，混匀。

（2）茜素红S（茜素磺酸钠）指示液（10g/L） 称取1.0g茜素磺酸钠溶于100mL水，混匀。

茜素黄GG指示液（1g/L）

称取0.10g茜素黄GG溶于100mL乙醇溶液（95%），混匀。

茜素黄R（对硝基苯偶氮水杨酸钠）**指示液**（1g/L）

称取0.10g茜素黄R溶于100mL温水中，混匀。

茜素RS指示液（1g/L）

称取0.1g茜素RS，溶于100mL水，混匀。

茜素蓝SA指示液（0.5g/L）

称取0.05g茜素蓝SA，溶于100mL水，混匀。

2-氰基-3,3-双（4-硝基苯氨基）**丙烯腈指示液**（5g/L）

称取0.5g 2-氰基-3,3-双(4-硝基苯氨基）丙烯腈溶于100mL乙醇（95%），混匀。

刃天青指示液（1g/L）

称取 0.10g 刃天青溶于 100mL 水中，混匀。

溶剂蓝 19 指示液（5g/L）

称取 0.5g 溶剂蓝 19，加冰醋酸 100mL 溶解，混匀，即得。

4-(2-噻唑偶氮）百里酚溶液（1g/L 或 0.4g/L 或 0.5g/L）

称取 0.1g（或 0.04g 或 0.05g）4（2-噻唑偶氮）百里酚溶于 100mL 水中，混匀。

2-(2-噻唑偶氮）对甲苯酚指示液（0.5g/L）

称取 0.05g 2-(2-噻唑偶氮）对甲苯酚溶于 100mL 乙醇中，混匀。

1-(2-噻唑偶氮)-2-萘酚-3,6-二磺酸（TAN-3,6-S）**指示液**（0.1g/L）

称取 0.01g 1-(2-噻唑偶氮)-2-萘酚-3,6-二磺酸溶于 100mL 水中，混匀。

3-(2′,4′,6′-三羟基苯）苯酞指示液（1g/L）

称取 0.10g 3-(2′,4′,6′-三羟基苯）苯酞溶于 100mL 水中，混匀。

1,3,5-三硝基苯指示液（1g/L）

称取 0.10g 1,3,5-三硝基苯溶于 100mL 乙醇（95%），混匀。

2,4,6-三硝基甲苯指示液（1g/L 或 5g/L）

称取 0.1g 或 0.5g 2,4,6-三硝基甲苯溶于 100mL 乙醇（90%），混匀。

三硝基苯甲酸指示液（1g/L）

称取 0.1g 三硝基苯甲酸，溶于 100mL 水，混匀。

麝香草酚酞指示液（1g/L）

称取 0.1g 麝香草酚酞，加 100mL 乙醇溶解，混匀，即得。变色范围 pH＝9.3～10.5（无色→蓝）。

试银灵指示液（0.2g/L）

称取 0.02g 试银灵，溶于 100mL 丙酮中，混匀。

石蕊指示液

称取 10g 石蕊粉末，加 40mL 乙醇，回流煮沸 1h，静置，倾去上层清液，再用同一方法处理二次，每次用 30mL 乙醇，残渣用 10mL 水洗涤，倾去洗液，再加 50mL 水煮沸，冷却，混匀，过滤，即得。变色范围 pH＝4.5～8.0（红→蓝）。

石蕊精指示液（10g/L）

称取 1.0g 石蕊精溶于 100mL 水中，混匀。

曙红钠指示液（5g/L）

称取 0.5g 曙红钠，溶于水，用水稀释至 100mL，混匀，即得。

4-4′-双（2-氨基-1-萘基偶氮）2,2′-芪二磺酸指示液（1g/L）

称取 0.10g 4-4′-双（2-氨基-1-萘基偶氮）2,2′-芪二磺酸，溶于 5.9mL 氢氧化钠溶液 [c(NaOH)=0.05mol/L]，加 94.1mL 水，混匀。

双硫腙指示液

称取 50mg 双硫腙，加 100mL 乙醇溶解，混匀，即得。

四碘酚酞钠指示液（1g/L）

称取 0.1g 四碘酚酞钠溶于 100mL 水，混匀。

四碘磺酚酞指示液（1g/L）

（1）四碘磺酚酞指示液（1g/L） 称取 0.1g 四碘磺酚酞溶于 100mL 乙醇（20%），混匀。

（2）四碘磺酚酞指示液（1g/L） 称取 0.1g 四碘磺酚酞溶于 97.7mL 水中，再加入 2.3mL 氢氧化钠溶液 [c(NaOH)=0.05mol/L]，混匀。

四碘荧光黄指示液（1g/L）

称取 0.10g 四碘荧光黄（酸式）溶于 100mL 水，混匀。

四氯酚磺酞指示液（1g/L）

称取 0.10g 四氯酚磺酞溶于 100mL 乙醇（20%），混匀。

四溴苯酚磺酞（溴酚蓝）**指示液**

（1）溴酚蓝（四溴苯酚磺酞）指示液（1g/L） 称取 0.1g 溴酚蓝，用乙醇（95%）溶解后，再加乙醇（95%）稀释至 100mL，混匀。

（2）溴酚蓝指示液（0.4g/L） 称取 0.040g 溴酚蓝，溶于乙醇（95%），用乙醇（95%）稀释至 100mL，混匀。变色范围：pH=3.0～4.6（黄→蓝）。

（3）溴酚蓝指示液（0.4g/L） 称取 0.1g 溴酚蓝与 3mL 氢氧化钠溶液 [c(NaOH)=0.05mol/L] 在玛瑙乳钵中研磨溶解，用水稀释至 250mL，混匀。

四溴苯酚蓝（四溴酚蓝，四溴苯酚四溴磺酞）**指示液**

（1）四溴苯酚蓝（四溴酚蓝，四溴苯酚四溴磺酞）指示液（1g/L） 称取 0.1g 四溴苯酚蓝，溶于 100mL 乙醇中（20%），混匀。

（2）四溴苯酚蓝（四溴酚蓝，四溴苯酚四溴磺酞）指示液（1g/L） 称取0.1g四溴苯酚蓝，溶于98mL水中，再加入2mL氢氧化钠溶液［c(NaOH)=0.05mol/L］，混匀。

四溴酚酞指示液（1g/L）

称取0.1g四溴酚酞溶于100mL乙醇（20%），混匀。

四溴酚酞乙酯指示液（1g/L）

称取0.1g四溴酚酞乙酯溶于100mL乙醇（95%），混匀。

四溴荧光黄（酸性曙红）**指示液**（10g/L）

称取1.0g四溴荧光黄溶于100mL乙醇（70%），混匀。

苏丹Ⅳ指示液（5g/L）

称取0.5g苏丹Ⅳ，加100mL氯仿溶解，混匀，即得。

苏木精指示液（5g/L）

称取0.5g苏木精溶于100mL乙醇（90%），混匀。

酸性靛蓝（靛二磺酸钠，靛胭脂红）**指示液**（2.5g/L）

称取0.25g酸性靛蓝（靛二磺酸钠，靛胭脂红）溶于100mL乙醇（50%），混匀。

酸性铬蓝K-萘酚绿B混合指示液（KB指示液）

称取0.3g酸性铬蓝K和0.1g萘酚绿B，溶解于水中，稀释至100mL，混匀。

酸性玫瑰红（孟加拉玫瑰红）**指示液**（5g/L）

称取0.5g酸性玫瑰红溶于100mL水中，混匀。

酸性品红指示液

称取0.5g酸性品红，加水100mL使溶解，再逐渐加16mL氢氧化钠溶液［c(NaOH)=1mol/L］，每加1滴均应将溶液充分摇匀后再加第二滴，直至溶液呈草黄色；于沸水内保持15min，再静置2h，混匀过滤，即得。变色范围：pH=6.0～7.4（黄→红）。

五甲氧基红（2,4,2′,4′,2″-五甲氧基三苯甲醇）**指示液**（1g/L）

称取0.10g五甲氧基红溶于100mL乙醇（70%），混匀。

硝胺（2,4,6-三硝基-*N*-甲基硝基苯胺）**指示液**（1g/L）

称取0.10g硝胺溶于100mL乙醇溶液（70%），混匀。

硝氮黄（硝嗪黄）**指示液**（1g/L）

称取0.1g硝氮黄（硝嗪黄）溶于100mL水，混匀。

4-硝基-6-氨基邻甲氧基苯酚指示液（1g/L）

称取0.10g 4-硝基-6-氨基邻甲氧基苯酚溶于100mL乙醇（95%），混匀。

2-(4′-硝基苯偶氮)-1-萘酚-4,8-二磺酸指示液（1g/L）

称取0.1g 2-(4′-硝基苯偶氮)-1-萘酚-4,8-二磺酸溶于100mL水，混匀。

硝基酚酞指示液（1g/L）

称取0.1g硝基酚酞溶于100mL乙醇（60%），混匀。

硝酸铁指示液（300g/L）

称取150g硝酸铁溶于100mL硝酸溶液［$c(HNO_3)=6mol/L$］中，微热煮沸10min，以除去氮的氧化物，用水稀释到500mL。

注：① 使用时每50mL被滴定溶液加入（1～2）mL指示液为宜。

② 该指示液适用于测定Ag^+、Cl^-、Br^-、I^-和SCN^-等离子。

③ 测定应在强酸性溶液中进行｛对于硝酸而言，浓度［$c(HNO_3)=(0.2\sim0.5)mol/L$］｝，不能在中性或碱性溶液中进行。

溴百里酚蓝（二溴百里酚磺酞）**指示液**（0.5g/L或1g/L）

方法1：称取0.05g或0.1g溴百里酚蓝溶于100mL乙醇（20%），混匀。

方法2：称取0.05g或0.1g溴百里酚蓝溶于96.80mL水，再加入3.2mL氢氧化钠溶液［$c(NaOH)=0.05mol/L$］，混匀。

溴百里香酚蓝指示液

（1）溴百里香酚蓝指示液（1g/L） 称取0.10溴百里香酚蓝，溶于50mL乙醇（95%），用乙醇（95%）稀释至100mL，混匀。

（2）溴百里香酚蓝（溴麝香草酚蓝）指示液（0.4g/L） 称取0.10溴百里香酚蓝溶于8.0mL氢氧化钠标准溶液［$c(NaOH)=0.02mol/L$］中，稀释至250mL，混匀。

溴酚红指示液

（1）溴酚红指示液（0.4g/L） 称取0.10g溴酚红溶于9.75mL氢氧化钠标准溶液［$c(NaOH)=0.02mol/L$］中，用水稀释至250mL，混匀。

（2）溴酚红指示液（1g/L或0.4g/L） 称取0.1g或0.04g溴酚红溶于100mL乙醇（20%），混匀。

溴酚蓝-二苯偶氮碳酰肼混合指示溶液

称取0.02g溴酚蓝和0.5g二苯偶氮碳酰肼，溶于100mL乙醇，混匀。

溴甲酚红紫（二溴邻甲酚磺酞）**指示液**（1g/L）

（1）溴甲酚红紫（二溴邻甲酚磺酞）指示液（1g/L） 称取0.1g溴甲酚红紫（二溴邻

甲酚磺酞)，溶于100mL乙醇(20%)，混匀。

(2) 溴甲酚红紫(二溴邻甲酚磺酞)指示液(1g/L) 称取0.1g溴甲酚红紫(二溴邻甲酚磺酞)溶于96.3mL水，再加入3.7mL氢氧化钠溶液[c(NaOH)=0.05mol/L]，混匀。

溴甲酚绿指示液(1g/L)

称取0.10g溴甲酚绿，溶于乙醇(95%)，用乙醇(95%)稀释至100mL，混匀。

溴甲酚绿-甲基红混合指示液

溶液1：称取0.10g溴甲酚绿，溶于乙醇(95%)，用乙醇(95%)稀释至100mL，混匀。

溶液2：称取0.20g甲基红，溶于乙醇(95%)，用乙醇(95%)稀释至100mL，混匀。

取30mL溶液1、10mL溶液2，混合。

溴甲酚紫指示液

(1) 溴甲酚紫指示液(0.4g/L) 称取0.10g溶于9.25mL氢氧化钠标准溶液[c(NaOH)=0.02mol/L]中，用水稀释至250mL，混匀。

(2) 溴甲酚紫指示液(0.8g/L) 称取0.4g重结晶指示剂级的溴甲酚紫溶于75mL氢氧化钠溶液[c(NaOH)=0.01mol/L]中，必要时滴加氢氧化钠溶液[c(NaOH)=0.01mol/L]，使其pH=6.0～6.1。过滤，用不含二氧化碳的水稀释至500mL，混匀，存于棕色瓶中。

(3) 溴甲酚紫指示液(1g/L) 称取0.10g溴甲酚紫溶于乙醇(95%)，用乙醇(95%)稀释至100mL，混匀。

溴氯酚蓝(二溴二氯酚磺酞)**指示液**

(1) 溴氯酚蓝(二溴二氯酚磺酞)指示液(0.40g/L) 称取0.10g溴氯酚蓝(二溴二氯酚磺酞)溶于8.6mL氢氧化钠标准溶液[c(NaOH)=0.02mol/L]中，用水稀释至250mL，混匀。

(2) 溴绿酚蓝溶液(0.40g/L) 称取0.04g溴绿酚蓝(二溴二氯酚磺酞)溶于100mL乙醇(20%)，混匀。

溴麝香草酚蓝指示液(0.4g/L)

称取0.1g溴麝香草酚蓝于小研钵中，加1.6mL氢氧化钠溶液[c(NaOH)=0.1mol/L]研磨。加少许水，继续研磨，直至完全溶解，用水稀释至250mL，混匀。变色范围：pH=6.0～7.6(黄→蓝)。

亚甲基蓝指示液(10g/L)

称取1g亚甲基蓝溶于100mL蒸馏水中，混匀。

亚甲基紫指示液(1g/L)

称取0.10g亚甲紫溶于100mL水中，混匀。

胭脂红（胭脂红酸，洋红酸，虫红）**指示液**（1g/L）

称取 0.10g 胭脂红（胭脂红酸，洋红酸，虫红）溶于 100mL 水，混匀。

乙二醛缩双（2-羟基苯胺）（GBHA）**指示液**（2.5g/L）

称取 0.25g 乙二醛缩双（2-羟基苯胺）于暗色具塞磨口瓶中，加 100mL 乙醇（95%）溶解，混匀，即得。可使用一周。

4-(2′-乙基苯偶氮)-1-萘胺指示液（1g/L）

称取 0.10g 4-(2′-乙基苯偶氮)-1-萘胺溶于 100mL 乙醇与乙酸（1∶1）的混合溶液中，混匀。

乙基橙指示液（1g/L）

称取 0.1g 乙基橙溶于 100mL 水中，混匀。

3-[1-(2-乙基醇)-2-哌啶基] 吡啶指示液（1g/L）

称取 0.1g 3-[1-(2-乙基醇)-2-哌啶基] 吡啶溶于 100mL 乙醇（95%），混匀。

乙基红指示液（1g/L）

称取 0.10g 乙基红溶于 100mL 乙醇（95%），混匀。

乙基紫指示液（1g/L）

称取 0.10g 乙基紫溶于 50mL 甲醇及 50mL 水中，混匀（第一变色范围）。

2-乙酰基-1,2,5,6,-四氢-6-氧-5-(对二甲氨基亚苄基) 3-(2,4-二氯代苯基)-1,2,4-三嗪指示液（2g/L）

称取 0.20g 2-乙酰基-1,2,5,6,-四氢-6-氧-5-(对二甲氨基亚苄基) 3-(2,4-二氯代苯基)-1,2,4-三嗪溶于 100mL 乙醇中，混匀。

乙氧基黄叱精指示液（1g/L）

称取 0.1g 乙氧基黄叱精，加 100mL 乙醇溶解，混匀，即得。变色范围 pH3.5～5.5（红→黄）。

异胺酸（2,6-二硝基-4-氨基酚）**指示液**（1g/L）

称取 0.10g 异胺酸（2,6-二硝基-4-氨基酚）溶于 100mL 水中，混匀。

吲哚醌指示液（2g/L）

溶液 1：称取 0.20g 吲哚醌，溶于硫酸，用硫酸稀释至 100mL，混匀。

溶液 2：称取 0.25g 三氯化铁（$FeCl_3 \cdot 6H_2O$），溶于 1mL 水中，用硫酸稀释至 50mL，搅拌直到不再产生气泡。

使用前将 5.0mL 溶液 2 加入到 2.5mL 溶液 1 中，用硫酸稀释至 100mL，混匀。

荧光黄指示液（5g/L）

称取 0.5g 荧光黄，用乙醇（95%）溶解，并用乙醇（95%）稀释至 100mL，混匀。

荧光黄钠指示液（2g/L）

称取 0.20g 荧光黄钠，溶于 100mL 水，用水稀释至刻度，混匀。

荧光素指示液（5g/L）

称取 0.50g 荧光素（荧光黄或荧光红），溶于 100mL（95%）乙醇（95%），混匀。

中性红（甲苯红）**指示液**（1g/L）

称取 0.10g 中性红溶于 70mL 乙醇中，加水稀释至 100mL，混匀。

中性蓝指示液（1g/L）

称取 0.1g 中性蓝溶于 100mL 乙醇（95%），混匀。

专利蓝Ⅴ指示液（1g/L）

称取 0.1g 专利蓝Ⅴ溶于 100mL 水，混匀。

锥虫红指示液（1g/L）

称取 0.10g 锥虫红溶于 100mL 水中，混匀。

紫脲酸铵溶液（5g/L）

称取 0.50g 紫脲酸铵，溶于 100mL 水，混匀。此溶液使用前制备。

（二）氧化还原滴定指示剂溶液

2-氨基吩噁嗪酮指示液（0.1g/L）

称取 0.010g 2-氨基吩噁嗪酮溶于 100mL 水中，混匀。

7-氨基吩噁嗪酮指示液（0.1g/L）

称取 0.01g 7-氨基吩噁嗪酮溶于 100mL 水中，混匀。

棓花青指示液（1g/L）

称取 0.1g 棓花青溶于 100mL 稀碱溶液中，混匀。

棓花青甲酯类及其取代衍生物指示液（0.05mol/L）

称取适量棓花青甲酯类及其取代衍生物溶于 100mL 乙醇（96%）中，混匀。

百里靛酚指示液

（1）百里靛酚指示液（1g/L） 称取 0.1g 百里靛酚溶于 100mL 乙醇（95%），混匀。

（2）百里靛酚指示液（1g/L） 称取 0.1g 百里靛酚溶于 100mL 水，混匀。

***N*-苯基邻氨基苯甲酸指示液**

称取 0.107g *N*-苯基邻氨基苯甲酸溶于 20mL 碳酸钠溶液（50g/L）中，用水稀释到 100mL，混匀。

碘化四甲基酚藏花红指示液（1g/L）

称取 0.1g 碘化四甲基酚藏花红溶于 100mL 水中，混匀。

靛酚指示液

（1）靛酚指示液（1g/L） 称取 0.1g 靛酚溶于 100mL 乙醇（95%），混匀。

（2）靛酚指示液（1g/L） 称取 0.1g 靛酚溶于 100mL 水，混匀。

靛蓝二磺酸钠（酸性靛蓝）**指示液**（1g/L）

称取 0.1g 靛蓝二磺酸钠（酸性靛蓝）溶于 100mL 水中，混匀。

靛蓝磺酸指示液（1g/L）

称取 0.1g 靛蓝磺酸溶于 100mL 水中，混匀。

靛蓝三磺酸指示液（1g/L）

称取 0.1g 靛蓝三磺酸溶于 100mL 水中，混匀。

靛蓝四磺酸指示液（1g/L）

称取 0.1g 靛蓝四磺酸溶于 100mL 水中，混匀。

丁二肟指示液（1g/L）

称取 0.10g 丁二肟溶于 100mL 乙醇中，混匀。

丁二肟亚铁络合物指示液（1g/L）

称取 0.1g 丁二肟亚铁络合物溶于 100mL 乙醇中，混匀。

对氨基二苯胺指示液（1g/L）

称取 0.1g 对氨基二苯胺溶于 100mL 水中，混匀。

对二甲氨基苯胺盐酸盐指示液（1g/L）

称取 0.1g 对二甲氨基苯胺盐酸盐溶于 100mL 稀盐酸溶液中，混匀。

对硝基二苯胺指示液 [$c(C_{12}H_{10}N_2O_2)$=0.05mol/L]

称取适量对硝基二苯胺溶于浓硫酸中。使用时，用浓硫酸稀释到 $c(C_{12}H_{10}N_2O_2)$=0.05mol/L，混匀。

2,4-二氨基二苯胺指示液 (1g/L)

称取 0.1g 2,4-二氨基二苯胺溶于 100mL 水中，混匀。

二苯胺磺酸钡指示液 (2g/L)

称取 0.2g 二苯胺磺酸钡溶于 100mL 水中，混匀。

二苯胺磺酸钠指示液 (2g/L)

称取 0.2g 二苯胺磺酸钠溶于 100mL 水中，混匀。

二苯胺硫酸盐指示液 (1g/L)

称取 0.1g 二苯胺硫酸盐溶于 100mL 稀硫酸溶液中，混匀。

二苯基联苯胺硫酸盐指示液 (1g/L)

称取 0.1g 二苯基联苯胺硫酸盐溶于 100mL 稀硫酸溶液中，混匀。

1,10-二氮菲亚铁（6-硝基-1,10-二氮菲亚铁）**络合物指示液**

称取 1.485g 6-硝基-1,10-二氮菲与 0.695g 硫酸亚铁溶于 100mL 水中，混匀。

10-二甲氨丙基吩噻嗪指示液 (1g/L)

称取 0.1g 10-二甲氨丙基吩噻嗪溶于 100mL 盐酸溶液 [c(HCl)=0.005mol/L] 中，混匀。

10-(2-二甲氨基丙基) 酚噻嗪盐酸盐指示液 (1g/L)

称取 0.1g 10-(2-二甲氨基丙基) 酚噻嗪盐酸盐溶于 100mL 水中，滴加 1 滴柠檬酸，保存于棕色瓶中，混匀。

二甲苯花黄 FF 指示液 (1g/L)

称取 0.1g 二甲苯花黄 FF 溶于 100mL 水中，混匀。

二甲苯蓝 As 指示液 (1g/L)

称取 0.1g 二甲苯蓝 As 溶于 100mL 水中，混匀。

二甲基二氨基联苯指示液 (10g/L)

称取 0.5g 二甲基二氨基联苯溶于 50mL 浓硫酸中，混匀。

4,7-二甲基-1,10-二氮菲亚铁络合物指示液（0.01mol/L）

称取 0.3g 4,7-二甲基-1,10-二氮菲，加入硫酸亚铁溶液 [$c(FeSO_4)$=0.01mol/L]，混匀。

5,6-二甲基-1,10-二氮菲亚铁络合物指示液

称取 1.485g 6-硝基-1,10-二氮菲与 0.695g 硫酸亚铁溶于 100mL 水中，混匀。

2′,6′-二氯靛酚指示液

（1）2′,6′-二氯靛酚指示液（1g/L） 称取 0.1g 2′,6′-二氯靛酚溶于 100mL 乙醇（95%），混匀。

（2）2′,6′-二氯靛酚指示液（1g/L） 称取 0.1g 2′,6′-二氯靛酚溶于 100mL 水，混匀。

2′,6′-二溴靛酚指示液

（1）2′,6′-二溴靛酚指示液（1g/L） 称取 0.1g 2′,6′-二溴靛酚溶于 100mL 乙醇（95%），混匀。

（2）2′,6′-二溴靛酚指示液（1g/L） 称取 0.1g 2′,6′-二溴靛酚溶于 100mL 水，混匀。

酚藏花红指示液（1g/L）

称取 0.1g 酚藏花红溶于 100mL 水中，混匀。

黄玫瑰引杜林 2G 指示液（1g/L）

称取 0.1g 黄玫瑰引杜林 2G 溶于 100mL 水中，混匀。

2-(4-磺基苯胺)苯甲酸指示液（10g/L）

称取 0.5g 2-(4-磺基苯胺) 苯甲酸溶于 50mL 浓硫酸中，混匀。

2-磺酸钠-5,6-苯并靛酚钠指示液

（1）2-磺酸钠-5,6-苯并靛酚钠乙醇指示液（1g/L） 称取 0.1g 2-磺酸钠-5,6-苯并靛酚钠溶于 100mL 乙醇（95%），混匀。

（2）2-磺酸钠-5,6-苯并靛酚钠指示液（1g/L） 称取 0.1g 2-磺酸钠-5,6-苯并靛酚钠溶于 100mL 水，混匀。

2-磺酸钠-5,6-苯并-2′,6′-二氯靛酚钠指示液

（1）2-磺酸钠-5,6-苯并-2′,6′-二氯靛酚钠乙醇指示液（1g/L） 称取 0.1g 2-磺酸钠-5,6-苯并-2′,6′-二氯靛酚钠溶于 100mL 乙醇（95%），混匀。

（2）2-磺酸钠-5,6-苯并-2′,6′-二氯靛酚钠指示液（1g/L） 称取 0.1g2-磺酸钠-5,6-苯并-2′,6′-二氯靛酚钠溶于 100mL 水，混匀。

1-甲基-7-氨基吩噁嗪酮指示液（0.1g/L）

称取 0.01g 1-甲基-7-氨基吩噁嗪酮溶于 100mL 水中，混匀。

N-甲基二苯胺对磺酸指示液（1g/L）

称取 0.10g N-甲基二苯胺对磺酸，溶于 500mL 碳酸钠溶液［$c(Na_2CO_3)=0.05mol/L$］中，混匀。

1-甲基-7-二甲氨基吩噁嗪酮指示液

称取 0.0127g 1-甲基-7-二甲氨基吩噁嗪酮溶于 50mL 盐酸溶液［$c(HCl)=4mol/L$］，混匀。放置过夜，取上层透明溶液。

4-甲氧基菊橙盐酸盐指示液（1g/L）

称取 0.1g 4-甲氧基菊橙盐酸盐溶于 100mL 水中，混匀。

甲基羊脂蓝指示液（1g/L）

称取 0.1g 甲基羊脂蓝溶于 100mL 水中，混匀。

间磺酸-2′,6′-二溴靛酚指示液

（1）间磺酸-2′,6′-二溴靛酚乙醇指示液（1g/L） 称取 0.1g 间磺酸-2′,6′-二溴靛酚溶于 100mL 乙醇（95%），混匀。

（2）间磺酸-2′,6′-二溴靛酚指示液（1g/L） 称取 0.1g 间磺酸-2′,6′-二溴靛酚溶于 100mL 水，混匀。

间甲亚苯基二氨靛酚指示液

（1）间甲亚苯基二氨靛酚乙醇指示液（1g/L） 称取 0.1g 间甲苯撑二氨靛酚溶于 100mL 乙醇（95%），混匀。

（2）间甲亚苯基二氨靛酚指示液（1g/L） 称取 0.1g 间甲苯撑二氨靛酚溶于 100mL 水，混匀。

间甲靛酚指示液

（1）间甲靛酚乙醇指示液（1g/L） 称取 0.1g 间甲靛酚溶于 100mL 乙醇（95%），混匀。

（2）间甲靛酚指示液（1g/L） 称取 0.1g 间甲靛酚溶于 100mL 水，混匀。

间溴靛酚指示液

（1）间溴靛酚乙醇指示液（1g/L） 称取 0.1g 间溴靛酚溶于 100mL 乙醇（95%），混匀。

（2）间溴靛酚指示液（1g/L） 称取 0.1g 间溴靛酚溶于 100mL 水，混匀。

间溴-2′,6′-二氯靛酚指示液

（1）间溴-2′,6′-二氯靛酚乙醇指示液（1g/L） 称取 0.1g 间溴-2′,6′-二氯靛酚溶于 100mL 乙醇（95%），混匀。

(2) 间溴-2′,6′-二氯靛酚指示液　称取 0.1g 间溴-2′,6′-二氯靛酚溶于 100mL 水中，混匀。

坚劳棉蓝指示液 (1g/L)

称取 0.1g 坚劳棉蓝溶于 100mL 水中，混匀。

碱性藏花红 T 指示液 (0.5g/L)

称取 0.05g 碱性藏花红 T 溶于 100mL 水中，混匀。

酒石黄指示液 (1g/L)

称取 0.1g 酒石黄溶于 100mL 水中，混匀。

可来通耐蓝 FR 指示液 (1g/L)

称取 0.1g 可来通耐蓝 FR 溶于 100mL 水中，混匀。

可来通耐蓝-绿 B 指示液 (1g/L)

称取 0.1g 可来通耐蓝-绿 B 溶于 100mL 水中，混匀。

喹啉黄指示液 (1g/L)

称取 0.1g 喹啉黄溶于 100mL 水中，混匀。

喹啉蓝指示液 (1g/L)

称取 0.1g 喹啉蓝溶于 100mL 水中，混匀。

蓝光酸性红指示液 (1g/L)

称取 0.1g 蓝光酸性红溶于 100mL 水中，混匀。

劳氏紫（二氨基苯噻嗪）**指示液** (1g/L)

称取 0.1g 劳氏紫溶于 100mL 水中，混匀。

联苯胺指示液 (10g/L)

称取 0.5g 联苯胺溶于 50mL 浓硫酸中，混匀。

2,2′-联吡啶铁络合物指示液

称取 0.585g 2,2′-联吡啶，0.345g 铁盐溶于 50mL 水中，混匀。

2′2′-联吡啶钌络合物指示液

称取 0.585g 2′2′-联吡啶，0.345g 钌盐溶于 50mL 水中，混匀。

联邻甲氧苯胺指示液 (10g/L)

称取 0.5g 联邻甲氧苯胺溶于 50mL 浓硫酸中，混匀。

亮甲苯蓝指示液（1g/L）

称取 0.1g 亮甲苯蓝溶于 100mL 水中，混匀。

亮丽春红 5R（艳猩红 5R）**指示液**（1g/L）

称取 0.1g 亮丽春红 5R（艳猩红 5R）溶于 100mL 水中，混匀。

亮茜蓝（媒染茜素亮蓝）**指示液**（1g/L）

称取 0.1g 亮茜蓝（媒染茜素亮蓝）溶于 100mL 水中，混匀。

邻磺酸-2′,6′-二溴靛酚指示液

（1）邻磺酸-2′,6′-二溴靛酚乙醇指示液（1g/L） 称取 0.1g 邻磺酸-2′,6′-二溴靛酚溶于 100mL 乙醇（95%），混匀。

（2）邻磺酸-2′,6′-二溴靛酚指示液（1g/L） 称取 0.1g 邻磺酸-2′,6′-二溴靛酚溶于 100mL 水，混匀。

邻甲靛酚指示液

（1）邻甲靛酚乙醇指示液（1g/L） 称取 0.1g 邻甲靛酚溶于 100mL 乙醇（95%），混匀。

（2）邻甲靛酚指示液（1g/L） 称取 0.1g 邻甲靛酚溶于 100mL 水，混匀。

邻甲基-2′,6′-二氯靛酚指示液

（1）邻甲基-2′,6′-二氯靛酚乙醇指示液（1g/L） 称取 0.1g 邻甲基-2′,6′-二氯靛酚溶于 100mL 乙醇（95%），混匀。

（2）邻甲基-2′,6′-二氯靛酚指示液（1g/L） 称取 0.1g 邻甲基-2′,6′-二氯靛酚溶于 100mL 水，混匀。

邻甲氧基-2′,6′-二溴靛酚指示液

（1）邻甲氧基-2′,6′-二溴靛酚乙醇指示液（1g/L） 称取 0.1g 邻甲氧基-2′,6′-二溴靛酚溶于 100mL 乙醇（95%），混匀。

（2）邻甲氧基-2′,6′-二溴靛酚指示液（1g/L） 称取 0.1g 邻甲氧基-2′,6′-二溴靛酚溶于 100mL 水，混匀。

邻，间二苯胺二甲酸指示液（1g/L）

称取 0.1g 邻，间二苯胺二甲酸溶于 20mL 碳酸钠溶液（50g/L）中，用水稀释到 100mL，混匀。

邻，邻二苯胺二甲酸指示液（1g/L）

称取 0.1g 邻，邻二苯胺二甲酸溶于 20mL 碳酸钠溶液（50g/L）中，用水稀释到 100mL，混匀。

邻氯靛酚指示液

(1) 邻氯靛酚乙醇指示液(1g/L) 称取0.1g邻氯靛酚溶于100mL乙醇(95%),混匀。

(2) 邻氯靛酚指示液(1g/L) 称取0.1g邻氯靛酚溶于100mL水,混匀。

邻氯-2′,6′-二氯靛酚指示液

(1) 邻氯-2′,6′-二氯靛酚乙醇指示液(1g/L) 称取0.1g邻氯-2′,6′-二氯靛酚溶于100mL乙醇(95%),混匀。

(2) 邻氯-2′,6′-二氯靛酚指示液(1g/L) 称取0.1g邻氯-2′,6′-二氯靛酚溶于100mL水,混匀。

邻溴靛酚指示液

(1) 邻溴靛酚乙醇指示液(1g/L) 称取0.1g邻溴靛酚溶于100mL乙醇(95%),混匀。

(2) 邻溴靛酚指示液(1g/L) 称取0.1g邻溴靛酚溶于100mL水,混匀。

2-氯-10-二甲氨丙基酚噻嗪盐酸盐指示液(1g/L)

称取0.1g 2-氯-10-二甲氨丙基酚噻嗪盐酸盐溶于100mL盐酸溶液[c(HCl)=0.005mol/L]中,混匀。

氯化四乙基酚藏花红(紫水晶紫)**指示液**(1g/L)

称取0.1g氯化四乙基酚藏花红(紫水晶紫)溶于100mL水中,混匀。

2-氯-10[3-(1-羟乙基-4-哌嗪)丙基]吩噻嗪指示液(1g/L)

称取0.1g 2-氯-10[3-(1-羟乙基-4-哌嗪)丙基]吩噻嗪溶于100mL盐酸溶液[c(HCl)=0.005mol/L]中,混匀。

毛罂蓝指示液(1g/L)

称取0.1g毛罂蓝溶于100mL水中,混匀。

萘酚蓝黑BCS指示液(1g/L)

称取0.1g萘酚蓝黑BCS溶于100mL水中,混匀。

***α*-萘黄酮指示液**(50g/L)

称取0.50g α-萘黄酮溶于100mL乙醇(96%)中,混匀。

耐绿FCF指示液(1g/L)

称取0.1g耐绿FCF溶于100mL水中,混匀。

尼罗蓝（氨基萘基二乙氨基苯噁嗪硫酸盐）**指示液**（1g/L）

称取 0.1g 尼罗蓝（氨基萘基二乙氨基苯噁嗪硫酸盐）溶于 100mL 水中，混匀。

1-羟基-7-氨基吩噁嗪酮指示液（0.11g/L）

称取 0.011g 1-羟基-7-氨基吩噁嗪酮溶于 100mL 水中，混匀。

1-羟基-7-二甲氨基吩噁嗪酮指示液

称取 0.0128g 1-羟基-7-二甲氨基吩噁嗪酮溶于 50mL 盐酸溶液 [$c(HCl)=4mol/L$]，混匀，放置过夜，取上层透明溶液。

4-羟基菊橙盐酸盐指示液（1g/L）

称取 0.1g 4-羟基菊橙盐酸盐溶于 100mL 水中，混匀。

10-[3-(1-羟基哌啶)丙基]-2-氰基吩噻嗪指示液（1g/L）

称取 0.1g 10-[3-(1-羟基哌啶)-丙基]-2-氰基吩噻嗪溶于 100mL 盐酸溶液 [$c(HCl)=0.005mol/L$] 中，混匀。

10-[3-(1-羟乙基-4-哌嗪)丙基]-2-三氟甲基吩噻嗪指示液（1g/L）

称取 0.1g 10-[3-(1-羟乙基-4-哌嗪)-丙基]-2-三氟甲基吩噻嗪溶于 100mL 盐酸溶液 [$c(HCl)=0.005mol/L$] 中，混匀。

试卤灵指示液

称取 3.198g 试卤灵溶于 100mL 乙醇（96%）中，加热温度不超过 40℃，使溶液体积保持 100mL，混匀。

3,4,7,8-四甲基-1,10-二氮菲亚铁络合物指示液（0.01mol/L）

称取 0.3g 3,4,7,8-四甲基-1,10-二氮菲，加入硫酸亚铁溶液 [$c(FeSO_4)=0.01mol/L$]，配成浓度为 0.01mol/L 的指示液，混匀。

酸性黑指示液（1g/L）

称取 0.1g 酸性黑溶于 100mL 水中，混匀。

酸性绿指示液（1g/L）

称取 0.1g 酸性绿溶于 100mL 水中，混匀。

酸性枣红 17 指示液（1g/L）

称取 0.1g 酸性枣红 17 溶于 100mL 水中，混匀。

特等羊毛罂粟蓝指示液（1g/L）

称取 0.1g 特等羊毛罂粟蓝溶于 100mL 水中，混匀。

五棓子非林（媒染棓酸天蓝）**指示液**（1g/L）

称取 0.1g 五棓子非林（媒染棓酸天蓝）溶于 100mL 水中，混匀。

2-(2-硝基苯胺）苯甲酸指示液（10g/L）

称取 0.5g 2-(2-硝基苯胺）苯甲酸溶于 50mL 浓硫酸中，混匀。

2-硝基二苯胺指示液 [$c(C_{12}H_9N_3O_4)=0.05mol/L$]

称取 0.13g 2-硝基二苯胺溶于 10.0mL 浓硫酸中。使用时，用浓硫酸稀释 10 倍，配成浓度为 [$c(C_{12}H_9N_3O_4)=0.005mol/L$] 的溶液，混匀。

羊毛罂红 A 指示液（1g/L）

称取 0.1g 羊毛罂红 A 溶于 100mL 水中，混匀。

夜蓝指示液（1g/L）

称取 0.1g 夜蓝溶于 100mL 水中，混匀。

乙基氧脂蓝（3,9-双二乙氨基苯噁嗪硝酸盐）**指示液**（1g/L）

称取 0.1g 乙基氧脂蓝（3,9-双二乙氨基苯噁嗪硝酸盐）溶于 100mL 水中，混匀。

2-乙酰氨基吩噁嗪酮指示液（0.13g/L）

称取 0.013g 2-乙酰氨基吩噁嗪酮溶于 100mL 水中，混匀。

乙酰氧基试卤灵指示液

称取 3.228g 乙酰氧基试卤灵溶于 100mL 乙醇（96%）中，混匀。

1-(乙酰氧乙基)-4-[γ-2-(氯吩噻嗪)-10-丙基] 吩噻嗪指示液（1g/L）

称取 0.1g 1-(乙酰氧乙基)-4-[γ-2-(氯吩噻嗪)-10-丙基] 吩噻嗪溶于 100mL 盐酸溶液 [$c(HCl)=0.005mol/L$] 中，混匀。

4-乙氧基菊橙盐酸盐指示液（1g/L）

称取 0.1g 4-乙氧基菊橙盐酸盐溶于 100mL 乙醇中，混匀。

乙氧基试卤灵指示液

称取 3.618g 乙氧基试卤灵溶于 100mL 乙醇（96%）中，混匀。

异玫瑰引杜林Ⅰ指示液（1g/L）

称取 0.1g 异玫瑰引杜林Ⅰ溶于 100mL 水中，混匀。

异玫瑰引杜林Ⅱ指示液（1g/L）

称取 0.1g 异玫瑰引杜林Ⅱ溶于 100mL 水中，混匀。

异玫瑰引杜林Ⅲ指示液（1g/L）

称取0.1g异玫瑰引杜林Ⅲ溶于100mL水中，混匀。

蝇菌素（木斯卡林）**指示液**（1g/L）

称取0.1g蝇菌素（木斯卡林）溶于100mL水中，混匀。

（三）非水滴定用指示液

百里酚蓝指示液（1g/L）

称取0.10g百里酚蓝溶于100mL甲醇（或二甲基甲酰胺、或乙二醇）中，混匀。用于铵盐、阿司匹林，生物碱类，尼龙测定。

百里酚蓝-二甲苯花黄FF指示液

分别称取0.30g百里酚蓝，0.08g二甲苯花黄FF溶于100mL二甲基甲酰胺中，混匀。

百里酚蓝-孑种绿指示液

分别称取0.10g百里酚蓝，0.025g孑种绿，溶于100mL甲醇中，混匀。

百里酚酞指示液（1g/L）

称取0.10g百里酚酞溶于100mL吡啶中，混匀。用于胺类，乙炔测定。

苯酰金胺指示液（1g/L）

称取0.10g苯酰金胺溶于100mL乙酸中，混匀。用于氨基酸测定。

变胺蓝B指示液（1g/L）

称取0.10g二苯胺变胺蓝B，溶于100mL吡啶中，混匀。

对氨基偶氮苯指示液（1g/L）

称取0.10g对氨基偶氮苯溶于100mL氯仿中，混匀。用于间苯二酚测定。

对羟基偶氮苯指示液（1g/L）

称取0.10g对羟基偶氮苯溶于100mL丙酮中，混匀。用于羧酸测定。

二苯胺指示液（2.5g/L）

称取0.25g二苯胺，溶于100mL冰醋酸中，混匀。

酚红-甲酚红-溴百里酚蓝指示液

溶液1：酚红溶液（4g/L） 称取0.40g酚红溶于100mL甲醇中，混匀。

溶液2：甲酚红溶液（4g/L） 称取0.40g甲酚红溶于100mL甲醇中，混匀。

溶液 3：溴百里酚蓝溶液（4g/L） 称取 0.40g 溴百里酚蓝溶于 100mL 甲醇中，混匀。

将酚红溶液（4g/L），甲酚红溶液（4g/L），溴百里酚蓝溶液（4g/L），按 3∶1∶1 的比例混合。

酚酞指示液（1g/L）

称取 0.10g 酚酞溶于 100mL 乙醇＋苯或吡啶的混合溶剂中，混匀。用于脂肪酸，磺酰胺，巴比士酸测定。

刚果红指示液（1g/L）

称取 0.10g 刚果红溶于 100mL 1,4-二氧六环中，混匀。用于胺类测定。

甲酚红-百里酚蓝指示液

方法 1 ① 甲酚红溶液（1g/L）：称取 0.10g 甲酚红溶于 100mL 无水乙醇中，混匀。

② 百里酚蓝溶液（1g/L）：称取 0.10g 百里酚蓝溶于 100mL 无水乙醇中，混匀。

③ 按 1∶3 的比例将以上两种溶液混合，并用氢氧化钠溶液中和。

方法 2 分别称取 25mg 甲酚红，150mg 百里酚蓝，用甲醇溶解成 100mL，混匀。

甲基橙指示液（1g/L）

称取 0.10g 甲基橙溶于 100mL 乙二醇中，混匀。用于胺替比林类衍生物测定。

甲基橙-百里酚酞指示液

溶液 1：甲基橙溶液（2g/L） 称取 0.20g 甲基橙溶于 100mL 水中，混匀。

溶液 2：百里酚酞溶液（5g/L） 称取 0.50g 百里酚酞溶于 100mL 乙醇中，混匀。

将甲基橙水溶液（2g/L）与百里酚酞乙醇溶液（5g/L）以 5∶3 比例混合。

甲基橙-二甲苯花黄 FF 指示液

分别称取 0.15g 甲基橙，0.08g 二甲苯花黄，溶于 100mL 水，混匀。

甲基红指示液

甲基红指示液（1g/L）：称取 0.10g 甲基红溶于 100mL 氯仿中，混匀。用于咖啡因，咖啡因磷酸酯测定。

甲基红指示液（1g/L）：称取 0.10g 甲基红，溶于 100mL 冰醋酸中，混匀。

甲基黄指示液（1g/L）

称取 0.10g 甲基黄溶于 100mL 氯仿中，混匀。用于胺类，烟碱测定。

甲基紫指示液（1g/L）

称取 0.10g 甲基紫溶于 100mL 乙酸中，混匀。用于胺替比林类衍生物测定。

甲基紫-溴甲酚绿指示液

分别称取 0.075g 甲基紫，0.300g 溴甲酚绿溶于 2mL 乙醇，用丙酮稀释成 100mL，混匀。

甲基紫-溴酚蓝指示液

溶液1：甲基紫溶液（1g/L） 称取0.10g甲基紫溶于100mL氯苯中，混匀。
溶液2：溴酚蓝溶液（4g/L） 称取0.40g溴酚蓝溶于100mL冰醋酸中，混匀。
将甲基紫的氯苯溶液（1g/L）与溴酚蓝的冰醋酸液（4g/L）按1∶1的比例混合。

结晶紫指示液（1g/L）

称取0.10g结晶紫溶于100mL乙酸中，混匀。用于生物碱类，氨基酸测定。

孔雀绿指示液（1g/L）

称取0.10g孔雀绿溶于100mL乙酸中，混匀。用于生物碱测定。

苦味酸指示液（1g/L）

称取0.10g苦味酸溶于100mL乙二胺中，混匀。用于酚类测定。

亮甲酚蓝（碱性亮甲酚蓝）**指示液**（1g/L）

称取0.10g亮甲酚蓝（碱性亮甲酚蓝）溶于100mL乙酸中，混匀。用于氨基酸测定。

马休黄-甲基紫指示液

分别称取66.7mg马休黄，4mg甲基紫，用100mL甲醇、或乙醇、或异丙醇溶解，混匀。

α-萘酚基苯甲醇指示液（1g/L）

称取0.10g α-萘酚基苯甲醇溶于100mL乙酸中，混匀。
注：用于氨基酸，奎宁测定。

尼罗蓝指示液（1g/L）

称取0.10g尼罗蓝溶于100mL苯或甲醇中，混匀。用于二苯基磷酸盐测定。

偶氮紫指示液（1g/L）

称取0.10g偶氮紫溶于100mL二甲基甲酰胺或吡啶中，混匀。用于酚类，烯醇类，酰亚胺类化合物测定。

茜素黄R-二甲苯花黄FF指示液

分别称取0.10g茜素黄R，0.08g二甲苯花黄FF溶于100mL水中，混匀。

酸性四号橙指示液（1g/L）

称取0.10g酸性四号橙溶于100mL乙醇中，混匀。用于生物碱类，咖啡因，水杨酸酯测定。

硝基苯酚指示液（1g/L）

称取 0.10g 硝基苯酚溶于 100mL 甲氧基苯或氯代苯中，混匀。用于碱类测定。

溴百里酚蓝（溴麝香草酚蓝）**指示液**（1g/L）

称取 0.10g 溴百里酚蓝（溴麝香草酚蓝）溶于 100mL 吡啶或乙酸或丙烯腈中，混匀。用于有机酸测定。

溴酚蓝指示液（1g/L）

称取 0.10g 溴酚蓝溶于 100mL 氯苯（或氯仿或乙醇或乙酸）中，混匀。用于胺类，生物碱类，磺酰胺类测定。

溴酚蓝-间胺黄指示液

分别称取 0.1g 溴酚蓝，0.01g 间胺黄溶于 100mL 无水乙醇中，混匀。

溴酚酞指示液（1g/L）

称取 0.10g 溴酚酞溶于 100mL 苯中，混匀。用于胺类测定。

溴甲酚绿指示液（5g/L）

称取 0.50g 溴甲酚绿溶于 100mL 氯仿中，混匀。用于伯胺，仲胺测定。

亚甲基蓝-二甲黄指示液

分别称取 0.10g 亚甲基蓝，1.0g 二甲黄，溶于 125mL 甲醇中，混匀。

亚甲基蓝-甲基红指示液

亚甲基蓝乙醇溶液（1g/L）：称取 0.10g 亚甲基蓝溶于 100mL 乙醇中，混匀。
甲基红乙醇溶液（1g/L）：称取 0.10g 甲基红溶于 100mL 乙醇中，混匀。
将 10mL 亚甲基蓝乙醇溶液（1g/L）与 40mL 甲基红乙醇溶液（1g/L）混合。

亚甲基蓝-喹哪啶红指示液

分别称取 0.10g 亚甲基蓝，0.20g 喹哪啶红溶于 100mL 无水甲醇中，混匀。

亚甲基蓝-酸性蓝 93 指示液

亚甲基蓝乙醇溶液（1g/L）：称取 0.10g 亚甲基蓝溶于 100mL 乙醇中，混匀。
酸性蓝 93 溶液（1g/L）：称取 0.10g 酸性蓝 93 溶于 100mL 乙醇中，混匀。
将 40mL 亚甲基蓝乙醇溶液（1g/L）与 20mL 酸性蓝 93 乙醇溶液（1g/L）混合。

亚甲基蓝-酸性四号橙指示液

酸性四号橙冰醋酸溶液（1g/L）：称取 0.10g 酸性四号橙溶于 100mL 冰醋酸中，混匀。
亚甲基蓝冰醋酸溶液（1g/L）：称取 0.10g 亚甲基蓝溶于 100mL 冰醋酸中，混匀。

将40mL酸性四号橙的冰醋酸液（1g/L）与20mL亚甲基蓝的冰醋酸液（1g/L）混合。

烟鲁绿指示液（1g/L）

称取0.10g烟鲁绿，溶于100mL冰醋酸中，混匀。

七、纯化或特定要求的溶剂

无氨的氢氧化钠溶液

将所需浓度的氢氧化钠溶液注入烧瓶中，煮沸30min，用装有硫酸溶液（20%）的双球管的胶塞塞紧，冷却，用无氨的水稀释到原体积。转移到聚乙烯瓶中保存。

无氨的水

取2份强碱性阴离子交换树脂及1份强酸性阳离子交换树脂，依次填充于长500mm、内经30mm的交换柱中，将水以3mL/min～5mL/min的流速通过交换柱。

无二氧化碳的水

将水注入烧瓶中，煮沸10min，立即用装有钠石灰管的胶塞塞紧，冷却。

无甲醇的乙醇溶液

取300mL乙醇（95%），加少许高锰酸钾，蒸馏，收集馏出液。在馏出液中加入硝酸银溶液（取1g硝酸银溶于少量水中）和氢氧化钠溶液（取1.5g氢氧化钠溶于少量水中），摇匀，取上层清液蒸馏，弃去最初50mL馏出液，收集中间馏出液约200mL，用酒精比重计测其浓度，然后加水配成无甲醇的乙醇（60%）。

无醛的乙醇

量取2000mL乙醇（95%），加入10g 2,4-二硝基苯肼、0.5mL盐酸，在水浴上回流2h。加热蒸馏，弃去最初的50mL蒸馏液，收集馏出液于棕色玻璃瓶中保存。

按以上方法制备的无醛的乙醇，应符合下列要求：取5mL按上述方法制备的无醛的乙醇，加5mL水，冷却至20℃，加2mL碱性品红-亚硫酸溶液，放置10min，应无明显红色。

无羰基的甲醇

量取2000mL甲醇注入烧瓶中，加入10g 2,4-二硝基苯肼、0.5mL盐酸，装上合适的回流管，在水浴中，加热回流2h。缓慢蒸馏，弃去最初的50mL蒸馏液，收集馏出液于棕色玻璃瓶中保存。

无碳酸盐的氨水

量取500mL氨水，注入1000mL圆底烧瓶中，加入预先消化10.0g生石灰所得的石灰浆，混匀，将烧瓶与冷凝器连接（如图3-1），放置（18～20）h，将氨气出口3用橡皮管与另一装有约200mL无二氧化碳的水的烧瓶进口5连接，外部用冰冷却。将氨水和石灰浆的

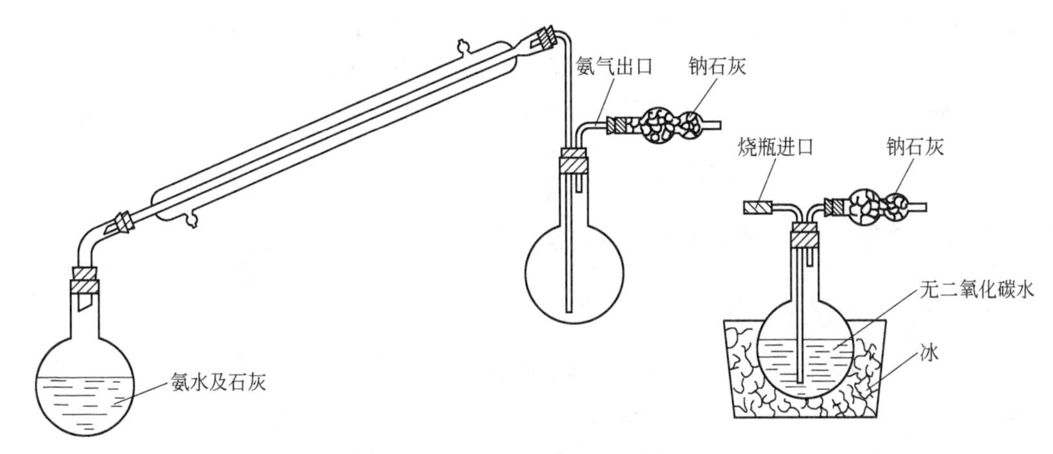

图 3-1　无碳酸盐氨水制备图

混合液用水浴加热，将氨蒸出直至制得的氨水密度达 0.9g/mL 左右。

无氧的水

将水注入烧瓶中，煮沸 1h，立即用装有玻璃导管的胶塞塞紧，导管与盛有焦性没食子酸碱性溶液（100g/L）的洗瓶连接，冷却。

无杂醇油的乙醇

取 300mL 乙醇（95%），加少许高锰酸钾，蒸馏，收集馏出液。在馏出液中加入硝酸银溶液（取 1g 硝酸银溶于少量水中）和氢氧化钠溶液（取 1.5g 氢氧化钠溶于少量水中），摇匀，取上清液蒸馏，弃去最初 50mL 馏出液，收集中间馏出液约 200mL，加 0.25g 盐酸间苯二胺，加热回流 2h，用分馏柱控制沸点进行蒸馏，收集中间馏出液 100mL。

八、常用吸收液

氨性硝酸银吸收液（测一氧化碳用）

（1）硝酸银溶液 [$c(AgNO_3)$=0.1mol/L]　称取 17g 硝酸银，溶于水，稀释至 1000mL。用棕色瓶储存。

（2）氢氧化钠溶液 [$c(NaOH)$=0.5mol/L]　称取 20g 优级纯氢氧化钠（NaOH）于塑料或聚四氟乙烯烧杯中，溶于 1000mL 水中，冷却后，转移到塑料瓶中，混匀，待用。

（3）氨水溶液（25%）　量取 10.3mL 氨水，稀释至 100mL。

（4）在 100mL 的硝酸银溶液 [$c(AgNO_3)$=0.1mol/L] 中，加 12mL 氨水（25%）及 800mL 氢氧化钠溶液 [$c(NaOH)$=0.5mol/L] 稀释到 1000mL，放置二周后使用。

硼氢化物还原比色法测定砷用吸收液

（1）硝酸银溶液（8g/L）：称取 4.07g 硝酸银于 500mL 烧杯中，加入适量水溶解后加入 30mL 硝酸，加水至 500mL，储于棕色瓶中。

（2）聚乙烯醇溶液（4g/L）：称取 0.4g 聚乙烯醇（聚合度 1500～1800）于小烧杯中，加入 100mL 水，沸水浴中加热，搅拌至溶解，保温 10min，取出冷却，备用。

取溶液两种溶液各 1 份，加入 2 份体积的乙醇（95%），混匀作为吸收液。使用时现配。

碘化汞碘化钾吸收液（测乙炔和炔烃用）

称取 25g 碘化汞和 30g 碘化钾溶于水中，使用前加氢氧化钾碱化。

对氨基二乙基苯胺吸收液（测氯用）

吸取 5mL 磷酸盐缓冲溶液［称取 2.4g$NaH_2PO_4 \cdot 3H_2O$ 及 4.6g$K_2HPO_4 \cdot H_2O$ 共溶于 50mL 水中，加 10mL EDTA 二钠盐溶液（8g/L），用水稀释到 100mL。pH6.6］及 5mL 对氨基二乙苯胺溶液（1g/L）于 100mL 容量瓶中，用水稀释到刻度，混匀。

二氯化汞-氯化钾-EDTA 吸收液（测定二氧化硫用）

称取 10.86g 二氯化汞，5.96g 氯化钾，0.066g 乙二胺四乙酸二钠（EDTA 二钠盐），溶于水中，移入 1000mL 容量瓶中，用水稀释到刻度，混匀。

用途：用于盐酸副玫瑰苯胺比色法测定二氧化硫。

二乙胺吸收液（测二硫化碳用）

吸取 1.0mL 新蒸馏的二乙胺，用无水乙醇溶解，稀释到 100mL，混匀。

二乙氨基二硫代甲酸银比色法吸收液（测定砷用）

吸收液 A：称取 0.25g 二乙氨基二硫代甲酸银，研碎后用适量三氯甲烷溶解，加入 1.0mL 三乙醇胺，再用三氯甲烷稀释至 100mL。静置后过滤于棕色瓶中，储存于冰箱内备用。

吸收液 B：称取 0.50g 二乙氨基二硫代甲酸银，研碎后用吡啶溶解，并用吡啶稀释至 100mL。静置后过滤于棕色瓶中，储存于冰箱内备用。

高锰酸钾-硫酸吸收液（测磷化氢用）

高锰酸钾溶液［$c(KMnO_4)=0.1mol/L$］：称取 15.803g 高锰酸钾（$KMnO_4$），溶于适量水中，并稀释至 1000mL，混匀。

硫酸溶液［$c(H_2SO_4)=1mol/L$］：取 56mL 浓硫酸缓慢加入到 600mL 水中，边加边搅拌，冷却，定容到 1000mL，混匀。

将高锰酸钾溶液（0.1mol/L）与等体积的硫酸溶液（1mol/L）混合，临用配制。

甲醛-邻苯二甲酸氢钾吸收液（甲醛-邻苯二甲酸氢钾缓冲液）

称取 2.04g 邻苯二甲酸氢钾，0.364g 乙二胺四乙酸二钠（EDTA 二钠盐）溶于水中，移入 1000mL 容量瓶中，再加入 5.30mL 甲醛溶液（37%），用水稀释到刻度。储于冰箱中，可保存 1 年。使用时用水稀释 10 倍。

此溶液用于盐酸副玫瑰苯胺比色法测定二氧化硫。

焦性没食子酸吸收液（测氧用）

称取56g焦性没食子酸溶于100mL水中，加260mL氢氧化钾溶液（330g/L），混匀。

聚乙烯醇磷酸铵吸收液

称取4.3g硫酸镉（$3CdSO_4 \cdot 8H_2O$）和0.3g氢氧化钠以及10g聚乙烯醇磷酸铵分别溶于水中。临用时，将三种溶液相混合，强烈振摇至完全混匀，再用水稀释至1000mL。此溶液为白色悬浮液，每次使用时要强烈振摇均匀再量取。储于冰箱中可保存1周。此溶液用于聚乙烯醇磷酸铵吸收-亚甲基蓝比色法测定硫化氢。

连二亚硫酸钠吸收液（测氧用）

称取50g连二亚硫酸钠溶于250mL水中，30g氢氧化钠溶于40mL水中，将两种溶液混合。

连二亚硫酸钠-蒽醌-β-磺酸钠吸收液（测氧用）

称取16g连二亚硫酸钠，6.6g氢氧化钠，2g蒽醌-β-磺酸钠溶于100mL水中，混匀。

硫酸钒吸收液（测乙烯用）

称取1g五氧化二钒在加热下溶于100g浓硫酸中，混匀。

硫酸亚铜-β-萘酚吸收液（测一氧化碳用）

称取20g氯化亚铜溶于200mL浓硫酸，加入到25mL水中，再加25g β-萘酚溶解，混匀。

氯化铜氨性吸收液（测一氧化碳用）

称取17.4g氯化铜溶于88mL浓氨水中，加入67mL水，混匀。

氯化亚铜氨性吸收液（测一氧化碳用）

称取32g氯化亚铜溶于110mL氯化铵溶液（250g/L）中，加入（80～100）mL的氨水溶液（25%），混匀。

吗啡林吸收液

移取4.0mL吗啡林（含量≥98.5%）于1000mL容量瓶中，用水稀释到刻度，混匀。此溶液用于盐酸副玫瑰苯胺比色法测定二氧化硫。

硼酸-碘化钾-过氧化氢吸收液

称取6.2g硼酸（HBO_3），加750mL水，并缓慢加热促使硼酸溶解。冷却后移入1000mL棕色容量瓶中，再加入10g碘化钾，溶解后，加入1mL过氧化氢溶液（0.0021%），充分混匀，用水稀释至刻度，混匀，吸收液pH=5.1±0.2。立即用10mm石英比色皿，以水为参比，在波长为352nm处，测定吸光度（A_1）。放置2h后，再测定吸光度（A_2）。若$A_2-A_1\geqslant$

0.008，则此溶液可以使用；否则，需重新配制。

此溶液用于硼酸碘化钾比色法测定臭氧。

茜素磺锆吸收液（测氟用）

氧氯化锆（$ZrOCl_2 \cdot 8H_2O$）溶液（4.5g/L）：称取 0.45g 氧氯化锆（$ZrOCl_2 \cdot 8H_2O$）溶于适量水中，用水稀释到 100mL，混匀。

茜素磺酸钠溶液（7.0g/L）：称取 0.70g 茜素磺酸钠溶于适量水中，用水稀释到 100mL，混匀。

将茜素磺酸钠溶液缓缓加入到氧氯化锆（$ZrOCl_2 \cdot 8H_2O$）溶液中，再用冷稀硫酸溶液（1＋10）将混合液稀释到 1000mL，混匀。

氰化汞吸收液（测乙炔用）

称取 13.2g 氢氧化钾溶于 67mL 水中，加入 20g 氰化汞溶解，混匀。

三乙酰基-1,2,4-苯三酚吸收液（测氧用）

称取 40g 三乙酰基-1,2,4-苯三酚溶于 200mL 氢氧化钾溶液（380g/L）中，混匀。

四氯汞钠吸收液（测亚硫酸盐用）

称取 13.6g 氯化高汞及 6.0g 氯化钠，溶于水中，并稀释至 1000mL，混匀，放置过夜，过滤后备用。

锌氨络盐吸收液

称取 5g 硫酸锌（$ZnSO_4 \cdot 7H_2O$）溶于约 500mL 水中，另称量 6g 氢氧化钠溶于约 300mL 水中，将两种溶液混合，此时有氢氧化锌沉淀形成。然后，称取 70g 硫酸铵加入溶液中，边加边搅拌，使氢氧化锌沉淀溶解，再加入 50g 甘油，搅匀，再用水稀释到 1000mL。

此溶液用于锌氨络盐吸收-亚甲基蓝比色法测定硫化氢。

溴化钾-甲基橙吸收液（测氯用）

称取 0.1g 甲基橙溶于（80～100)mL（40～50)℃的水中，将溶液冷却到 20℃，再加入 0.5g 溴化钾及 20mL 乙醇，然后加水至 1000mL。使用时稀释一定倍数，临用前用氯标准溶液标定。

溴水吸收液（测烯烃用）

称取 20g 溴化钾溶于 100mL 水中，通入溴配成溴饱和溶液。

亚砷酸钠吸收液（测硫化氢用）

称取 2g 亚砷酸钠，加 5g 碳酸钠，再加 30mL 水，微热使其溶解，用水稀释到 1000mL，混匀。

亚硒酸吸收液（测磷化氢用）

称取 80g 亚硒酸溶于 100mL 水中，混匀。

乙酸镉吸收液（测硫化氢用）

称取 80g 乙酸镉溶于 100mL 水中，加几滴冰醋酸，混匀。

乙酸铜-乙醇吸收液（测定二硫化碳用）

准确称取 50mg 乙酸铜，加无水乙醇溶解，移入 100mL 容量瓶中，并稀释到刻度。临用时，吸取 5mL 上述乙酸铜溶液，置于 500mL 容量瓶中，加入 300mL 无水乙醇，再加 2.5mL 新蒸馏的二乙胺，2.5mL 三乙醇胺，然后用无水乙醇稀释到刻度。溶液应几乎无色，放置冰箱中保存备用。

此溶液用于二乙胺比色法测定二硫化碳。

九、显色剂溶液

巴比妥酸-吡啶显色液

称取 15g 巴比妥酸，溶于适量水中，加入 75mL 吡啶，混匀，再加入 15mL 盐酸，冷却至室温后，以水稀释至 250mL，摇匀，此溶液置于阴暗处可使用 6 个月（测氰用）。

苯胺油-亚甲基蓝染色剂

将 3.0mL 苯胺油与 10.0mL 乙醇混合，持续搅拌下缓慢加入 15mL 三氯甲烷，加 30.0mL 亚甲基蓝的饱和醇溶液，用水稀释至 100.0mL，混匀，过滤后备用。此溶液用于直接显微镜法测定真菌。

苯酚-亚硝基铁氰化钠溶液

称取 25g 亚硝基铁氰化钠，先用少量水溶解，加入 5g 苯酚，移入 500mL 容量瓶，用水稀释至刻度，将此溶液储存于棕色瓶中，置于冰箱中，可使用 1 个月（测铵态氮用）。

苯基荧光酮显色液（0.6g/L）

称取 0.06g 苯基荧光酮，溶于 8mL 盐酸及乙醇溶液中，用乙醇稀释到 100mL，混匀。

变色酸显色液（100g/L）

溶解 10g 变色酸二钠盐于 100mL 水中，避光过滤。使用当天配制。

碘试剂

用具盖称量瓶称取（2.000±0.005）g 碘化钾，加适量的水以形成饱和溶液，加入（0.200±0.001）g 碘，碘全部溶解后将溶液定量移至 100mL 容量瓶中，加水至刻度，摇匀。每天用前现配，避光保存。

碘测定用显色液

将10mL淀粉溶液（5g/L），12滴硫代硫酸钠溶液（$Na_2S_2O_3 \cdot 5H_2O$）（10g/L），（5～10）滴硫酸（5＋13）混合，临用时现配。

丁基罗丹明B显色液（5g/L）

称取1.00g丁基罗丹明B溶于水后，并用水稀释到100mL，过滤后使用（测钽用）。

对氨基二乙基苯胺（DPD）**溶液**

称取0.10g对氨基二乙苯胺（DPD）草酸盐［或0.15g对氨基二乙苯胺（DPD）硫酸盐］溶于50mL水中，加2mL硫酸（10%），2.5mLEDTA二钠盐溶液（8g/L），用水稀释到刻度，混匀。

对硝基苯胺重氮盐显色液

称取0.30g对硝基苯胺溶于6mL水中，另称取1.5g亚硝酸钠溶于4mL水中，在对硝基苯胺溶液中加入14g碎冰，待冰块溶解后，将亚硝酸钠溶液倾入其中，搅拌后放置数分钟后即可使用，临用现配（用于测定氯丁二烯）。

对硝基苯偶氮氟硼酸盐显色液

称取50mg对硝基苯偶氮氟硼酸盐，溶于50mL冰醋酸-乙醇溶液（20%）中，临用时配制，过滤后使用（用于测定西维因）。

二苯胺基脲显色液（1g/L）

称取0.100g二苯胺基脲，置于250mL烧杯中，用100mL丙酮溶解后，储存在棕色玻璃瓶中。

苯卡巴肼溶液（10g/L）

称取1.0g 1,5-二苯卡巴肼，溶解在100mL丙酮中，加1滴冰醋酸，使溶液成酸性。此溶液保存在棕色瓶中，4℃时，有效期为14d。

二苯碳酰二肼丙酮溶液

称取0.125g二苯碳酰二肼［$CO(NH \cdot NH \cdot C_6H_5)_2$ 分析纯］，溶于由25mL丙酮和25mL水配成的混合液中，临用现配，放置于暗处。

2,6-二氯醌-氯亚胺［BHT；BHA；没食子酸丙酯（PG）］**显色液**

（1）2,6-二氯醌-氯亚胺显色液（2g/L）称取0.2g 2,6-二氯醌-氯亚胺溶于100mL乙醇中，混匀。

（2）2,6-二氯醌氯亚胺显色液（8.3g/L） 称取0.25g 2,6-二氯醌-氯亚胺溶解于30mL无水乙醇中，冷却保存（用于测定酚）。

2,4-二硝基苯肼显色液（20g/L）

称取 2g 2,4-二硝基苯肼，溶于 100mL 硫酸溶液［$c(H_2SO_4)=4.5mol/L$］中，混匀。过滤。保存于冰箱中，每次用前必须过滤。

二乙胺比色法测硫酸盐显色液

溶液 1：移取 400mL 二硫化碳于 1000mL 容量瓶中，用异丙醇稀释到刻度。

溶液 2：称取 150mg 氯化铜（$CuCl_2 \cdot 2H_2O$）、300mg 二乙胺四乙酸（$HOOC\text{-}CH_2)_2NH_2CH_2N(CH_2COOH)_2$ 及 2g 乙酸钠（$CH_3COONa \cdot 3H_2O$）于烧杯中，加入煮沸冷却的水至 250mL，移入 1000mL 容量瓶中，再用异丙醇稀释到刻度。

使用时将溶液 1 和溶液 2 按 1∶1 混合。

此溶液用于二乙胺比色法测定硫酸盐。

二氧化硫测定用显色液

A：对氨基苯磺酸（5g/L）的 2%盐酸溶液；B：亚硝酸钠溶液（5g/L）。A 与 B 临用前等体积混合。

二乙基二硫代氨基甲酸银-三乙醇胺-三氯甲烷显色液

称取 0.2g 二乙基二硫代氨基甲酸银，用少量三氯甲烷溶解，加入 3mL 三乙醇胺，用三氯甲烷稀释至 100mL。静置过夜，过滤，储于棕色瓶中。

氟试剂溶液［$c(C_{19}H_{15}NO_3)=0.001mol/L$］

准确称取 0.1925g 氟试剂($C_{19}H_{15}NO_3$，茜素胺羧络合剂，缩写为 LAC）用少量水润湿，滴加氢氧化钠溶液［$c(NaOH)=1mol/L$］使之溶解，再加入 0.13g 乙酸钠，用盐酸溶液［$c(HCl)=1mol/L$］调节至 pH5.0，再用水稀释至 500mL。

此溶液用于氟试剂比色法测定氟。

甘氨酸测定用显色液

(1) 邻苯二甲醛溶液（2g/L） 称取 0.20g 邻苯二甲醛，溶于 100mL 丙酮中，混匀。

(2) 氢氧化钾溶液（10g/L） 称取 1.0g 氢氧化钾，溶于 100mL 乙醇（95%）中，混匀。

铬天青 S 混合液

溶液Ⅰ：称取 0.50g 十六烷基三甲基溴化铵，溶于水，稀释至 100mL，混匀。

溶液Ⅱ：称取 0.040g 铬天青 S，加 5mL 乙醇溶解，稀释至 100mL，混匀。

量取 10mL 溶液Ⅰ及 50mL 溶液Ⅱ混合，稀释至 100mL，混匀。

镉试剂（显色液）

称取 38.4mg 6-溴苯并噻唑偶氮萘酚，溶于 50mL 二甲基甲酰胺，储于棕色瓶中。

3-甲基-2-苯并噻唑酮腙（MBTH）显色液（2g/L）

称取0.20g 3-甲基-2-苯并噻唑酮腙（盐酸盐的单水合物），溶于适量水中，移入100mL容量瓶中，用水稀释到刻度，混匀。溶液应呈无色，若浑浊应过滤，转移到棕色瓶中低温保存，可使用一周。

吉勃氏酚显色液

称取0.04g 2,6-双溴醌氯酰胺溶于10mL乙醇中，置棕色瓶中于冰箱内保存，临用时新配。

精氨酸测定用显色剂

方法1 ①称取5.0g尿素，溶于100mL α-萘酚-乙醇溶液（0.1g/L）中。按每100mL溶液加3g氢氧化钠，于使用前制备。②移取0.7mL溴水，加100mL氢氧化钠溶液（50g/L）混匀。

方法2 ①称取0.10g8-羟基喹啉，溶于100mL丙酮中。②移取1mL溴水，加500mL氢氧化钠溶液（20g/L）混匀。

酒石酸亚铁显色液

称取1g硫酸亚铁和5g酒石酸钾钠，准确至0.0001g，用水溶解，并定容至1000mL，混匀。溶液应避光，低温保存，有效期1个月。用于分光光度法测定酚。

聚磷酸盐测定用显色剂Ⅰ

将50mL浓硝酸与50mL四水钼酸铵溶液（75g/L）混合，在100mL上述溶液中溶解10g酒石酸，现用现配。

聚磷酸盐测定用显色剂Ⅱ

在195mL焦亚硫酸钠（150g/L）溶液与5mL亚硫酸钠（200g/L）溶液的混合液中，溶解0.5g 1-氨基-2-萘-4-磺酸，再在此溶液中溶解40g结晶乙酸钠。溶液储于密闭的棕色瓶中，于冰箱保存，可存放1周。

酪氨酸测定用显色液

（1）1-亚硝基-2-萘酚溶液（1.0g/L） 称取0.10g 1-亚硝基-2-萘酚，溶于100mL乙醇（75%）中，混匀。

（2）硝酸溶液（体积分数=0.15）量取15mL硝酸，用水稀释到100mL，混匀。

考马斯蓝R-250-甲醇-乙酸染色液

质量分数0.1%考马斯蓝R-250（Coomassie brilliant blue R-250），体积分数10%的甲醇，体积分数7.5%的乙酸。

蓝光重氮色盐蓝（牢固蓝B）**显色液**（1.25g/L）

称取0.005g蓝光重氮色盐蓝（牢固蓝B），溶于4mL水中，混匀。临用现配。

邻苯二酚紫显色液

称取 12mg 邻苯二酚紫，加入 100mL 水，再加入 2mL 十六烷基三甲基溴化铵溶液（5.5mg/mL），混匀。

用途：用于硫氰酸汞比色法测定氯。

邻苯胂酸偶氮-2-萘酚-3,6-二磺酸钠（钍试剂）**显色液**（1g/L）

称取 0.20g 钍试剂，置于 250mL 烧杯中，加入 50mL 水溶解后，加入 100mL 无水乙醇，移入 200mL 容量瓶中，用水稀释到刻度，混匀。

邻菲啰啉显色液（2g/L）

称取 0.2g 邻菲啰啉，溶于 100mL 乙醇（1+4）中。用于分光光度法测定金属离子。

硫氰酸汞-乙醇显色液（4g/L）

称取 0.4g 硫氰酸汞溶于无水乙醇中，用无水乙醇稀释至 100mL。此溶液放置一周后，将上层清液吸于另一棕色瓶中，备用。

此溶液用于硫氰酸汞比色法测定氯。

硫氰酸钾显色液（100g/L）

称取 10g 硫氰酸钾，置于 250mL 烧杯中，用 10mL 水溶解后，再加入 90mL 正丁醇，强力摇动混匀。用于比色法测定硫化物。

罗丹明 B 溶液（0.5%）**显色液**

称取 1.00g 罗丹明 B 溶于盐酸溶液（1+1）后，移入 200mL 容量瓶中，用盐酸溶液（1+1）定容。混匀（测三氧化二镓用）。

铝试剂显色液（0.5g/L）

称取 0.25g 铝试剂和 5g 阿拉伯树胶粉，置于 500mL 烧杯中，用热水溶解后，再加入 87g 乙酸铵，溶解后，加 145mL 盐酸溶液（15%），用水稀释到 500mL，混匀。必要时过滤，可使用 1 个月。用于分光光度法测定铝。

氯代磺酚 S 溶液显色液（1g/L）

称取 0.10g 氯代磺酚 S 溶解于少量水中，并用水稀释到 100mL，过滤后使用（测钽用）。

氯化十四烷基吡啶显色液（TPC）（3.3g/L）

称取 0.330g 氯化十四烷基吡啶溶解于少量水中，并用水稀释到 100mL，混匀。

氯亚胺基-2,6-二氯醌显色液（5g/L）

称取 0.5g 氯亚胺基-2,6-二氯醌，用 100mL 乙醇溶液。用于测定维生素 B_6。

玫红三羧酸铵显色液（0.5g/L）

称取 0.10g 玫红三羧酸铵，置于 500mL 烧杯中，用 200mL 水溶解，混匀即得。用于分光光度法测定铅。

偶氮氯膦Ⅲ显色液（0.2g/L）

称取 0.1g 偶氮氯膦Ⅲ［$(ClC_6H_3(PO_3H_2)N:N)_2C_{10}H_2(OH)_2(SO_2NHC_6H_5)_2$］溶于水中，稀释至 500mL。

此溶液用于偶氮氯膦Ⅲ比色法测定钙。

偶氮胂Ⅲ-偶氮胂 K 混合显色液（ⅢK 试剂）

将偶氮胂Ⅲ水溶液（0.5g/L）和偶氮胂 K 水溶液（0.5g/L），以等体积混合。

偶氮试剂

甲液：称取 0.5g 对硝基苯胺，加 5mL 盐酸溶液（1＋1）溶解后，再加水稀释至 200mL，置冰箱中。

乙液：亚硝酸钠溶液（5g/L），临用现配。

取 5mL 甲液、40mL 乙液混合后，立即使用。

品红-亚硫酸溶液

称取 0.1g 碱性品红研细后，分次加入共 60mL 80℃的水，边加水边研磨使其溶解，用滴管吸取上层溶液滤于 100mL 容量瓶中，冷却后加 10mL 亚硫酸钠溶液（100g/L），1mL 盐酸，再加水至刻度，充分混匀，放置过夜，如溶液有颜色，可加少量活性炭搅拌后过滤，储于棕色瓶中，置暗处保存，溶液呈红色时应弃去重新配制。

脯氨酸测定用显色剂

称取 1.0g 吲哚醌、1.5g 乙酸锌，加 1mL 冰醋酸、5mL 水及 95mL 异丙醇混合溶解。

色氨酸测定用显色液

称取 1.0g 对二甲氨基苯甲醛，溶于 95mL 乙醇（95%）中，加 5mL 盐酸，混合。

生物碱显色液

称取 0.85g 次硝酸铋，加 10mL 冰醋酸，加 40mL 水，溶解。取 5mL 溶液，加 5mL 碘化钾溶液（4g 碘化钾溶 5mL 水中），再加 20mL 冰醋酸，加水稀释至 100mL，混匀。

水杨基荧光酮（SAF）显色液（0.34g/L）

称取 0.084g 水杨基荧光酮（SAF）置于 300mL 烧杯中，加入 150mL 乙醇，3mL 硫酸（50%）完全溶解后，移入 250mL 棕色容量瓶中，用水稀释到刻度。

丝氨酸和羟脯氨酸测定用显色液

溶液 1：称取 6.75mg 高碘酸钠，加甲醇溶解，滴加 2 滴盐酸溶液（20%），用甲醇稀释到 100mL。

溶液 2：称取 15.0g 乙酸铵，加 0.3mL 冰醋酸，加 1mL 乙酰丙酮，用甲醇稀释到 100mL。

铁矾显色液

铁矾显色剂储备液：溶解 4.463g 硫酸铁铵 [$FeNH_4(SO_4)_2 \cdot 12H_2O$] 于 100mL 磷酸（85%）中，储于干燥器内，此液在室温中稳定。

铁矾显色液：吸取 10mL 铁矾显色剂储备液，用浓硫酸定容至 100mL。储于干燥器内，以防吸水。

硝酸银显色液

称取 0.050g 硝酸银溶于数滴水中，加 10mL 苯氧乙醇，加 10μL 过氧化氢溶液（30%），混合后储于棕色瓶中，置冰箱内保存。

溴化汞-乙醇显色液（50g/L）

称取 25g 溴化汞用少量乙醇溶解后，再定容至 500mL，混匀。

2-[(5-溴-2-吡啶)偶氮]-5-二乙氨基苯酚乙醇显色液（0.5g/L）

称取 0.10g 2-[(5-溴-2-吡啶)-偶氮]-5-二乙氨基苯酚置于 250mL 烧杯中，加水溶解后，移入 200mL 容量瓶中，用水稀释到刻度，混匀。

溴甲酚紫显色液（0.40g/L）

称取 0.040g 溴甲酚紫溶于 100mL 乙醇溶液（50%），用 1.2mL 氢氧化钠溶液（4g/L）调至 pH=8。

亚硝酸离子（NO_2^-）测定用显色溶液

溶液 1：称取 0.4g 磺胺，于盛有 160mL 水的 200mL 容量瓶中，在沸水浴上加热溶解。冷却后（必要时过滤）加入 20mL 盐酸，用水定容，避光保存。

溶液 2：称取 0.1g 萘乙二胺盐酸盐（$C_{10}H_7NHCH_2CH_2NH_2 \cdot 2HCl$，含量 98.5%以上），于 100mL 容量瓶中，加水溶解后，定容，避光保存。

溶液 3：量取 445mL 盐酸，于 1000mL 容量瓶中，加水定容，混匀。

亚硝酸盐比色法测氨显色液

称取 10g 氨基苯磺酸、2g 柠檬酸及 0.5g 盐酸萘乙二胺溶于 740mL 硫酸溶液 [$c(H_2SO_4)$= 2.5mol/L] 中，并加水稀释到 1000mL，储于棕色瓶中，冰箱中保存。

盐酸副玫瑰苯胺溶液

称取 0.1g 精制的盐酸副玫瑰苯胺（$C_{19}H_{18}N_2Cl \cdot 4H_2O$；*p*-rosanilinen hydrochloride）于研钵中，加少量水研磨使溶解并稀释至 100mL。取出 20mL，置于 100mL 容量瓶中，加盐酸（1+1），充分摇匀后使溶液由红变黄，如不变黄再滴加少量盐酸至出现黄色，再加水稀释至刻度，混匀，备用（如无盐酸副玫瑰苯胺可用盐酸品红代替）。

注：盐酸副玫瑰苯胺的精制方法：称取20g盐酸副玫瑰苯胺于400mL水中，用50mL盐酸（1+5）酸化，徐徐搅拌，加（4～5)g活性炭，加热煮沸2min。将混合物倒入大漏斗中，过滤（用保温漏斗趁热过滤）。滤液放置过夜，出现结晶，然后再用布氏漏斗抽滤，将结晶再悬浮于1000mL乙醚-乙醇（10+1）的混合液中，振摇（3～5)min，以布氏漏斗抽滤，再用乙醚反复洗涤至醚层不带色为止，于硫酸干燥器中干燥，研细后储于棕色瓶中保存。

羊毛铬花青R显色液

称取0.36g羊毛铬花青R溶于1000mL水中，静置24h后使用。

乙酸-β-萘酯显色液（1.25g/L）

称取0.125g乙酸-β-萘酯，溶于100mL无水乙醇中，混匀。

异麦芽酮糖测定用显色液

称取1g二苯胺，加1mL苯胺溶解后，加50mL丙酮，混匀，再加5mL磷酸（85%），密封，存放于棕色试剂瓶中保存（不可有沉淀出现）。

茚三酮显色液

pH5.2乙酸锂溶液：称取168g氢氧化锂（$LiOH \cdot H_2O$），加入279mL冰醋酸（优级纯），加水稀释到1000mL，用浓盐酸或氢氧化钠溶液（50%）调节pH至5.2。

茚三酮溶液：取150mL二甲基亚砜（C_2H_6OS）和50mL乙酸锂溶液加入4g水合茚三酮（$C_9H_4O_3 \cdot H_2O$）和0.12g还原茚三酮（$C_{18}H_{10}O_6 \cdot 2H_2O$），搅拌至完全溶解。

用于酶反应的显色液

在一个50mL容量瓶内加入7.81mg胆碱氧化酶（12.8U/mg），1.31mg过氧化酶（190U/mg）和7.5mg 4-氨基安替比林，用Tris缓冲溶液｛在注入约500mL蒸馏水的1000mL容量瓶中溶入6.057g三羟甲基氨基甲烷和0.5g苯酚，再用蒸馏水稀释至刻度。如需要可用盐酸溶液［c(HCl)=6mol/L］调pH至8.0｝稀释至刻度，混匀。

组氨酸和酪氨酸测定用显色液

溶液1：称取4.50g对氨基苯磺酸，加45mL盐酸，加热溶解，稀释到500mL。在0℃时将此溶液与等体积的亚硝酸钠溶液（50g/L）混合。

溶液2：100g/L碳酸钠溶液，称取10g碳酸钠溶于100mL水中，混匀。

十、常用洗涤液

草酸洗液（50g/L～100g/L）

称取（5～10)g草酸置于250mL烧杯内，加100mL水溶解，再加入少量浓盐酸。

洗涤沾有二氧化锰的器皿，必要时加热使用。

纯酸洗液

纯酸洗液一般为（1+1）或（1+2）的盐酸或硝酸。用于除去微量的离子。把洗净的仪器于纯酸洗液中浸泡 24h（除去 Hg、Pb 等重金属杂质）。

碘-碘化钾溶液

将 1g 碘和 2g 碘化钾溶于水中，用水稀释至 100mL。

洗涤用过硝酸银滴定液后留下的黑褐色沾污物，也可用于擦洗沾过硝酸银的白瓷水槽。

肥皂液及碱液洗涤液

当器皿被油脂弄脏时，用浓碱液（30%～40%）处理或用热肥皂液洗涤，再用热水和蒸馏水洗清洁。合成洗涤剂适合于洗涤被油脂或某些有机物沾污的器皿。将市售合成洗涤剂（又称洗衣粉）用热水配成浓溶液，洗时放入少量溶液，加热效果更好，振荡后倒掉，再用自来水和蒸馏水清洗多次。如果洗涤剂没有冲干净，装水后弯月面变平。洗滴定管、容量瓶等要用水冲洗到弯月面正常为止。

铬酸洗涤液

称取 5g 研细的重铬酸钾（又称红矾钾）置于 250mL 烧杯中，加 10mL 水，加热溶解，冷却后，再慢慢加入 80mL 粗浓硫酸（工业纯，应注意切不可将水加入浓硫酸中!），边加边搅拌。配好的洗液应为深褐色。待溶液冷却后，储于磨口瓶中密塞备用。器皿用铬酸洗液时应特别小心。因铬酸洗液为强氧化剂，腐蚀性强，易烫伤皮肤，烧坏衣服；铬有毒，使用时应注意安全，绝对不能用口吸，只能用洗耳球。

使用方法要点：用于除去器壁残留油污，用少量洗液涮洗或浸泡一夜，洗液可重复使用。洗液废液必须经废液处理，不可倒入下水道。具体操作如下：

① 使用洗液前，必须先将器皿用自来水和毛刷洗刷，倾尽器皿内水，以免洗液被水稀释后降低洗液的效率。

② 用过的洗液不能随意乱倒，只要洗液未变为绿色，应倒回原瓶，以备下次再用。若洗液变为绿色，表明洗液已失去去污力，要倒入废液缸内，另行处理，绝不能倒入下水道。

③ 用洗液洗涤后的仪器，应先用自来水冲净，（回收首次自来水清洗液，作为废液处理）再用蒸馏水或去离子清洗干净。

工业盐酸（浓或 1+1）

用于洗去碱性物质及大多数无机物残留。采用浸泡与浸煮器具的方法。

碱性洗液（100g/L 氢氧化钠水溶液）

称取 10g 氢氧化钠置于 250mL 烧杯中，加 10mL 水，加热溶解，冷却后，加 90mL 水混匀。洗液加热（可煮沸）使用，其去油效果较好；注意，煮的时间太长会腐蚀玻璃。

硫酸亚铁的酸性溶液或草酸及盐酸洗涤液

此溶液适用于清洗因使用高锰酸钾，而在器皿上残留二氧化锰的器皿。大多数不溶于水的无机物质都可以用少量粗盐酸洗去。灼烧过沉淀的瓷坩埚，可用热盐酸溶液（1+1）洗涤，然后再用铬酸洗液洗涤。

氢氧化钾-乙醇洗涤液（100g/L）

取100g氢氧化钾，用50mL水溶解后，加工业乙醇至1000mL，它适用洗涤油垢、树脂等。

氢氧化钠的高锰酸钾洗涤液

称取4g高锰酸钾，溶于少量水中，向该溶液中慢慢加入10g氢氧化钠溶解，混匀后储于带有橡皮塞的玻璃瓶中备用。

该洗液用于洗涤油污及有机物沾污的器皿。洗后在器皿上如留有二氧化锰沉淀可用浓盐酸或草酸洗液、硫酸亚铁、亚硫酸钠等还原剂除去。

氢氧化钠-乙醇（或异丙醇）**洗涤液**

称取120g氢氧化钠溶于塑料烧杯中，加150mL水溶解，用95%乙醇稀释至1000mL。用于洗涤油脂、焦油、树脂沾污的仪器。

砂芯玻璃滤器常用洗涤液

砂芯玻璃滤器常用洗涤液见表3-61。

表3-61 砂芯玻璃滤器常用洗涤液

沉淀物	洗涤液
AgCl	氨水(1+1)或硫代硫酸钠溶液(100g/L)
$BaSO_4$	100℃浓硫酸或EDTA-NH_3溶液(500mL EDTA二钠盐溶液30g/L与浓氨水100mL混合)，加热洗涤
汞渣	浓热硝酸
氧化铜	热高氯酸钾或盐酸混合液
有机物	铬酸洗液
脂肪	四氯化碳(CCl_4)或适当的有机溶剂
细菌	7mL浓硫酸，2g硝酸钠，94mL蒸馏水，充分混匀。抽气并浸泡48h后以热蒸馏水洗净

酸性草酸或酸性羟胺洗涤液

称取10g草酸或1g盐酸羟胺，溶于10mL盐酸溶液（1+4）中。该洗液洗涤氧化性物质，对沾污在器皿上的氧化剂，酸性草酸作用较慢，羟胺作用快且易洗净。

硝酸洗涤液

（1）硝酸洗涤液（体积分数：10%） 将（5或10）mL浓硝酸加入到（95或90）mL水中，混匀配制成10%的硝酸洗涤液。

沾污在铝和搪瓷器皿中的沉垢，可用5%～10%硝酸除去，酸宜分批加入，每一次都要在气体停止析出后加入。

（2）硝酸洗涤液（20%） 将20mL浓硝酸加入到80mL水中，混匀。

主要用于浸泡清洗测定金属离子的器皿。一般浸泡过夜，取出用自来水冲洗，再用去离子水或双蒸水冲洗。洗涤后玻璃仪器应防止二次污染。

硝酸-氢氟酸洗涤液

将 50mL 氢氟酸、100mL 硝酸，350mL 水于塑料器皿中混合，储于塑料瓶中盖紧。本溶液的主要用途是：利用氢氟酸对玻璃的腐蚀作用有效地去除玻璃、石英器皿表面的金属离子。不可用于洗涤量器、玻璃砂芯滤器、吸收池及光学玻璃零件。使用时特别注意安全，必须戴防护手套，以避免皮肤与氢氟酸接触。

硝酸-乙醇洗涤液

此洗液适用于洗涤油脂或有机物质沾污的酸式滴定管及用一般方法很难洗净的有少量残留有机物的器皿。使用时先在滴定管中加入 3mL 乙醇，再沿壁加入 4mL 浓硝酸，用小表面皿盖住滴定管。立即发生激烈反应，放出大量热和二氧化氮，让溶液在管中保留一段时间，反应停止后再用自来水和蒸馏水洗清，即可除去污垢。操作应在通风柜中进行，不可塞住容器，作好防护。

注：不可事先混合。

盐酸-乙醇洗涤液

用 1 份盐酸加 2 份乙醇混合配成洗涤液。此洗涤液适合于洗涤被有颜色的有机物质沾污的比色皿。

有机溶剂

此类溶剂主要指汽油、二甲苯、乙醚、丙酮、二氯乙烷等。可洗去油污或可溶于此类溶剂的有机物质，用时要注意其毒性及可燃性。用乙醇配制的指示剂溶液的干渣可用盐酸-乙醇（1＋2）洗液洗涤。

中性洗涤剂溶液

将 18.61g 乙二胺四乙酸二钠和 6.81g 四硼酸钠用 150mL 水加热溶解，另将 30g 十二烷基硫酸钠和 10mL 乙二醇一乙醚溶于 700mL 热水中，然后加入到第一种溶液中。将 4.56g 磷酸氢二钠溶于 150mL 热水中，再并入上述溶液中，如果需要，用磷酸调节上述混合液的 pH＝6.7～7.1，最后加水至 1000mL。使用时若有沉淀形成，可加热到 60℃使沉淀溶解。

Ⅳ 附　　录

一、元素的基本参数

表 4-1　元素的基本参数

元素符号	名　称	原子序数	相对原子质量	熔点 t /℃	沸点 t /℃	密度 ρ /g·cm^{-3}	摩尔体积 V_m /(cm^3/mol)	英 文 名
Ac	锕	89	[227]	1050	3300	10.070	22.55	Actinium
Ag	银	47	107.8682(2)	961.78	2162	10.490	10.27	Silver
Al	铝	13	26.981538(2)	660.32	2519	2.700	10.00	Aluminium
Am	镅	95	[243]	1176	2607	—	17.63	Americium
Ar	氩	18	39.948(1)	−189.3	−185.8	1.784g/L	22.56	Argon
As	砷	33	74.92160(2)	817	614	5.757	12.95	Arsenic
At	砹	85	[210]	302	—	—		Astatine
Au	金	79	196.96655(2)	1064.18	2856	19.300	10.21	Gold
B	硼	5	10.811(7)	2076	3927	2.460	4.39	Boron
Ba	钡	56	137.327(7)	727	1870	3.510	38.16	Barium
Be	铍	4	9.012182(3)	1287	2469	1.848	4.85	Beryllium
Bh		107	[264]	—	—	—		Bohrium
Bi	铋	83	208.98038(2)	271.3	1564	9.780	21.31	Bismuth
Bk	锫	97	[247]	986	—	14.780	16.84	Berkelium
Br	溴	35	79.904(1)	−7.3	59	3.119	19.78	Bromine
C	碳	6	12.0107(8)	3527	4027	2.267	5.29	Carbon
Ca	钙	20	40.078(4)	842	1484	1.55	26.20	Calcium
Cd	镉	48	112.411(8)	321.07	767	8.650	13.00	Cadmium
Ce	铈	58	140.116(1)	795	3360	6.689	20.69	Cerium
Cf	锎	98	[251]	900	—	15.100	16.50	Califonium
Cl	氯	17	35.453(2)	−101.5	−34.04	3.214g/L	17.39	Chlorine
Cm	锔	96	[247]	1340	3110	13.510	18.05	Curium
Co	钴	27	58.933200(9)	1495	2927	8.900	6.67	Cobalt
Cr	铬	24	51.9961(6)	1907	2671	7.140	7.23	Chromium
Cs	铯	55	132.90545(2)	28.44	671	1.879	70.94	Caesium
Cu	铜	29	63.546(3)	1357.77	2927	8.920	7.11	Copper
Db	𨧀	105	[262]	—	—	—		Dubnium
Dy	镝	66	162.50(3)	1407	2567	8.551	19.01	Dysprosium
Er	铒	68	167.259(3)	1497	2868	9.066	18.46	Erbium
Es	锿	99	[252]	860	—	—	28.52	Einsteinium
Eu	铕	63	151.964(1)	826	1527	5.244	28.97	Europium
F	氟	9	18.9984032(5)	−219.62	−188.12	1.69g/L	11.20	Fluorine

续表

元素符号	名　称	原子序数	相对原子质量	熔点 t /℃	沸点 t /℃	密度 ρ /$g\cdot cm^{-3}$	摩尔体积 V_m /(cm^3/mol)	英 文 名
Fe	铁	26	55.845(2)	1538	2861	7.874	7.09	Iron
Fm	镄	100	[257]	1527	—	—		Fermium
Fr	钫	87	[223]	—		—		Francium
Ga	镓	31	69.723(1)	29.76	2204	5.904	11.80	Gallium
Gd	钆	64	157.25(3)	1312	3250	7.901	19.90	Gadolinium
Ge	锗	32	72.64(1)	938.3	2820	5.323	13.63	Germanium
H	氢	1	1.00794(7)	−259.14	−252.87	0.0899g/L	11.42	Hydrogen
He	氦	2	4.002602(2)	−272.2	−268.93	0.1785g/L	21.0	Helium
Hf	铪	72	178.49(2)	2233	4603	13.310	13.44	Hafnium
Hg	汞	80	200.59(2)	−38.83	356.73	13.5939	14.09	Mercury
Ho	钬	67	164.93032(2)	1461	2720	8.795	18.74	Holmium
Hs	𬭶	108	[277]					Hassium
I	碘	53	126.90447(3)	113.7	184.3	4.940	25.72	Iodine
In	铟	49	114.818(3)	156.6	2072	7.310	15.76	Indium
Ir	铱	77	192.217(3)	2466	4428	22.650	8.52	Iridium
K	钾	19	39.0983(1)	63.38	759	0.856	45.94	Potassium
Kr	氪	36	83.80(1)	−157.36	−153.22	3.736g/L	27.99	Krypton
La	镧	57	138.9055(2)	920	3470	6.146	22.39	Lanthanum
Li	锂	3	[6.941(2)]	180.54	1342	0.535	13.02	Lithium
Lr	铹	103	[262]	1627	—	—		Lawrencium
Lu	镥	71	174.967(1)	1652	3402	9.841	17.78	Lutetium
Md	钔	101	[258]	827	—	—	14.00	Mendelevium
Mg	镁	12	24.3050(6)	650	1090	1.738		Magnesium
Mn	锰	25	54.938049(9)	1246	2061	7.470	7.35	Manganese
Mo	钼	42	95.94(1)	2623	4639	10.280	9.38	Molybdenum
Mt	鿏	109	[268]					Meitnerium
N	氮	7	14.0067(2)	−210.1	−195.79	1.2506g/L	13.54	Nitrogen
Na	钠	11	22.989770(2)	97.72	883	0.968	23.78	Sodium
Nb	铌	41	92.90638(2)	2477	4744	8.570	10.83	Niobium
Nd	钕	60	144.24(3)	1024	3100	6.800	20.59	Neodymium
Ne	氖	10	20.1797(6)	−248.59	−246.08	0.9002g/L	13.23	Neon
Ni	镍	28	58.6934(2)	1455	2913	8.908	6.59	Nickel
No	锘	102	[259]	827	—	—		Nobelium
Np	镎	93	[237]	637	4000	20.450	11.59	Neptunium
O	氧	8	15.9994(3)	−218.3	−182.9	1.429g/L	17.36	Oxygen
Os	锇	76	190.23(3)	3033	5012	22.610	8.42	Osmium
P	磷	15	30.973761(2)	44.2	277	1.823	17.02	Phosphorus
Pa	镤	91	231.03598(2)	1568	—	15.370	15.18	Protactinium
Pb	铅	82	207.2(1)	327.46	1749	11.340	18.26	Lead
pd	钯	46	106.42(1)	1554.9	2963	12.023	8.56	Palladium
Pm	钷	61	[145]	1100	3000	7.264	20.23	Promethium

续表

元素符号	名　称	原子序数	相对原子质量	熔点 t /℃	沸点 t /℃	密度 ρ /$g \cdot cm^{-3}$	摩尔体积 V_m /(cm^3/mol)	英 文 名
Po	钋	84	[209]	254	962	9.196	22.97	Polonium
Pr	镨	59	140.90765(2)	935	3290	6.640	20.80	Praseodymium
Pt	铂	78	195.078(2)	1768.3	3825	21.090	9.09	Platinum
Pu	钚	94	[244]	639.4	3230	19.816	12.29	Plutonium
Ra	镭	88	[226]	700	1737	5.000	41.09	Radium
Rb	铷	37	85.4678(3)	39.31	688	1.532	55.76	Rubidium
Re	铼	75	186.207(1)	3186	5596	21.020	8.86	Rhenium
Rf	𬬻	104	[261]	—	—	—		Rutherfordium
Rh	铑	45	102.90550(2)	1964	3695	12.450	8.28	Rhodium
Rn	氡	86	[222]	−71	−61.7	9.73g/L	50.50	Radom
Ru	钌	44	101.07(2)	2334	4150	12.370	8.17	Ruthenium
S	硫	16	32.065(5)	115.21	444.72	1.96	15.53	Sulfur
Sb	锑	51	121.760(1)	630.63	1587	6.697	18.19	Antimony
Sc	钪	21	44.955910(8)	1541	2830	2.985	15.00	Scandium
Se	硒	34	78.96(3)	221	685	4.819	16.41	Selenium
Sg	𨭎	106						Seaborgium
Si	硅	14	28.0855(3)	1414	2900	2.330	12.06	Silicon
Sm	钐	62	150.36(3)	1072	1803	7.353	19.98	Samarium
Sn	锡	50	118.710(7)	231.93	2602	7.310	16.29	Tin
Sr	锶	38	87.62(1)	777	1382	2.630	33.94	Strontium
Ta	钽	73	180.9479(1)	3017	5458	16.650	10.85	Tantalum
Tb	铽	65	158.92534(2)	1356	3230	8.219	19.30	Terbium
Tc	锝	43	[98]	2157	4265	11.500	8.63	Technetium
Te	碲	52	127.60(3)	449.51	988	6.240	20.46	Tellurium
Th	钍	90	232.0381(1)	1842	4820	11.724	19.80	Thorium
Ti	钛	22	47.867(1)	1668	3287	4.507	10.64	Titanium
Tl	铊	81	204.3833(2)	304	1473	11.850	17.22	Thallium
Tm	铥	69	168.93421(2)	1545	1950	9.321	19.1	Thulium
U	铀	92	238.02891(3)	1132.2	3927	19.050	12.49	Uranium
Uubm		112	[285]					Ununbiu
Uuh		116						Ununhexium
Uun		110	[281]					Ununnilium
Uuo		118						Ununoctium
Uuq		114	[289]					Ununquadium
Uuu		111	[272]					Unununium
V	钒	23	50.9415(1)	1910	3407	6.110	8.32	Vanadium
W	钨	74	183.84(1)	3422	5555	19.250	9.47	Tungsten
Xe	氙	54	131.293(6)	−111.7	−108	5.887	35.92	Xenon
Y	钇	39	88.90585(2)	1526	3336	4.472	19.88	Yttrium
Yb	镱	70	173.04(3)	824	1196	6.570	24.84	Ytterbium
Zn	锌	30	65.39(2)	419.53	907	7.140	9.16	Zinc
Zr	锆	40	91.224(2)	1855	4409	6.511	14.02	Zirconium

注：相对原子质量以 2001 年 IUPAC 公布相对原子质量为准。

二、化学式及式量

表 4-2 化学式与式量

化 学 式	式 量	化 学 式	式 量
Ag	107.8682	AlF_6	140.971957
Ag_3AsO_3	446.5244	$AlK(SO_4)_2 \cdot 12H_2O$	474.388
Ag_3AsO_4	462.5238	$AlNH_4(SO_4)_2 \cdot 12H_2O$	453.329
$AgBr$	187.772	$Al(NO_3)_3$	212.9962
$AgC_{10}H_9N_4O_2S$(磺胺嘧啶银)	357.137	$Al(NO_3)_3 \cdot 9H_2O$	375.1338
$AgC_7H_4NS_2$(巯基苯并噻唑银)	274.112	$\frac{1}{6}Al_2O_3$	101.9613
$AgC_2H_3O_2$(乙酸银)	166.9122	Al_2O_3	16.9936
$AgCN$	133.886	$Al(OH)_3$	78.0036
Ag_2CO_3	275.7453	$AlPO_4$	121.9529
$AgCl$	143.321	$Al_2(SO_4)_3$	342.151
Ag_2CrO_4	331.7301	$Al_2(SO_4)_3 \cdot 18H_2O$	666.426
$Ag_2Cr_2O_7$	431.7244	As	74.92160
AgF	126.8666	$AsBr_3$	314.634
$Ag_3[Fe(CN)_6]$	535.554	$AsCl_3$	181.281
$Ag_4[Fe(CN)_6]$	643.422	$AsCl_5$	252.187
AgI	234.7727	AsH_3	77.94542
$AgNO_2$	153.8737	AsO_3	122.9198
$AgNO_3$	169.8731	AsO_4	138.9192
Ag_2O	231.7358	As_2O_3	197.8414
$AgOCN$	149.8850	As_2O_5	229.8402
Ag_3PO_4	418.5760	As_2O_7	261.8390
Ag_2S	247.801	AsS_4	203.182
$AgSCN$	165.951	As_2S_3	246.038
Ag_2SO_4	311.799	As_2S_5	310.168
$AgVO_3$	206.8079	Au	196.96655
Ag_3VO_4	438.5437	$AuCN$	222.9840
Al	26.981538	$Au(CN)_2$	249.0014
$AlBr_3$	266.694	$Au(CN)_4$	301.0361
$Al(C_2H_3O_2)_3$(乙酸铝)	204.1136	$AuCl_3$	303.326
$Al(C_9H_6ON)_3$(8-羟基喹啉铝)	459.4317	$AuCl_3 \cdot 2H_2O$	339.356
$AlCl_3$	133.341	$AuCl_4$	338.779
$AlCl_3 \cdot 6H_2O$	241.432	B	10.811
AlF_3	83.976748	BBr_3	250.523

续表

化学式	式量	化学式	式量
BCl_3	117.170	BeO	25.0116
BF_3	67.806	$Be(OH)_2$	43.0269
BF_4	86.805	$Be_2P_2O_7$	191.9677
BO_2	42.810	$BeSO_4$	150.075
BO_3	58.809	$BeSO_4 \cdot 4H_2O$	177.136
B_2O_3	69.620	Bi	208.98038
B_4O_7	155.240	$BiC_6H_3O_3$(焦性五倍子酸铋)	332.0666
Ba	137.327	$Bi(C_9H_6ON)_3$(8-羟基喹啉铋)	641.4305
$BaBr_2$	297.135	$Bi(C_9H_6ON)_3 \cdot H_2O$(8-羟基喹啉铋)	659.4458
$BaBr_2 \cdot 2H_2O$	333.166	$Bi(C_{12}H_{10}ONS)_3$(巯乙酰替萘胺铋)	875.832
$BaCO_3$	197.336	$BiCl_3$	315.339
BaC_2O_4	225.346	$Bi[Cr(SCN)_6]$	609.471
$BaCl_2$	208.233	BiI_3	589.69379
$BaCl_2 \cdot 2H_2O$	244.264	BiI_4	716.59826
$Ba(ClO_3)_2 \cdot H_2O$	322.245	$(BiI_4H)(C_9H_7ON)$(8-羟基喹啉四碘络铋)	862.7642
$Ba(ClO_4)_2$	336.228	$(BiI_4H)(C_{10}H_9ON)$	876.7908
$Ba(ClO_4)_2 \cdot 3H_2O$	390.274	$(BiI_4H)(C_{10}H_9N)$(2-甲基喹啉四碘络铋)	860.7914
$BaCrO_4$	253.321	$Bi(NO_3)_3$	394.9951
BaF_2	175.324	$Bi(NO_3)_3 \cdot 5H_2O$	485.0715
$Ba(NO_3)_2$	261.337	Bi_2O_3	465.9590
BaO	153.326	$(BiO_2)_2CO_3 \cdot \frac{1}{2}H_2O$	550.9749
BaO_2	169.326	$BiOBr$	304.884
$Ba(OH)_2$	171.342	$BiOCl$	260.433
$Ba(OH)_2 \cdot 8H_2O$	315.464	$BiONO_3 \cdot H_2O$	305.0000
$BaSO_3$	217.390	$BiPO_4$	303.9517
$BaSO_4$	233.390	Bi_2S_3	514.156
$BaSeO_4$	280.28	Br	79.904
$BaSiF_6$	279.403	Br_2	159.808
Be	9.012182	BrO	95.903
$BeCO_3$	69.0211	BrO_3	127.902
$BeCO_3 \cdot 4H_2O$	141.0822	C	12.0107
$BeCl_2$	79.918	2C	24.0214
$BeCl_2 \cdot 4H_2O$	151.979	3C	36.0321
BeF_2	47.008988	4C	48.0428
BeF_4	85.005795	5C	60.0535
$BeNH_4PO_4$	122.0220	6C	72.0642
$Be(NO_3)_2 \cdot 3H_2O$	187.0678	7C	84.0749

续表

化学式	式量	化学式	式量
8C	96.0856	$CHBr_3$(三溴甲烷)	252.731
CCl_4	153.823	CH_3Br	94.939
C_6Cl_6(六氯苯)	284.782	$C_2H_4Br_2$(二溴乙烷)	187.861
$C_{10}Cl_{12}$(灭蚁灵)	545.543	$C_2HBrClF_3$(氟烷)	197.382
$C_8Cl_4N_2$(百菌清)	265.911	$C_{16}H_{17}BrClN_3O_3$(溴氯常山酮)	414.681
CCl_3NO_2(氯化苦、三氯硝基甲烷)	164.375	$C_4H_7Br_2Cl_2O_4P$(二溴磷)	380.784
$C_3Cl_3N_3O_3$(三氯异氰尿酸)	232.409	$C_{19}H_{42}BrN$(十六烷基三甲基溴化铵)	364.447
$C_6Cl_5NO_2$(五氯硝基苯)	295.335	$C_{21}H_{38}BrN$(十二烷基二甲基苄基季铵溴化物)	384.437
CH	13.0186	$C_{21}H_{38}BrN$(溴代十六烷基吡啶)	384.437
CH_2	14.0266	$C_{19}H_{34}BrN\cdot H_2O$(溴代十四烷基吡啶)	374.399
CH_3	15.0345	$C_{22}H_{40}BrN$(苯扎溴铵)	398.464
$2CH_3$	30.0690	$C_{14}H_{20}Br_2N_2\cdot HCl$(盐酸溴己新)	412.591
$3CH_3$	45.1035	$C_9H_{13}BrN_2O_2$(溴吡斯的明)	261.116
$4CH_3$	60.1380	$C_{12}H_{19}BrN_2O_2$(溴新斯的明)	303.195
CH_4	16.0425	$C_{15}H_{17}BrN_4O$	349.226
C_2H_2	26.0373	$C_{21}H_{30}BrNO_4$(丁溴东莨菪碱)	440.371
C_2H_5	29.0611	$C_{22}H_{19}Br_2NO_3$(溴氰菊酯)	505.199
C_6H_5	77.1011	$C_{22}H_{19}Br_4NO_3$(路咪啉)	544.900
C_6H_6	78.1118	$C_{22}H_{40}BrNO$(度米芬)	414.463
C_6H_{14}(正己烷)	86.1754	$C_{22}H_{40}BrNO\cdot H_2O$(度米芬)	432.478
C_7H_8(甲苯)	92.1384	$C_{23}H_{30}BrNO_3$(溴丙胺太林)	448.393
C_8H_8(苯乙烯)	104.1491	$C_7H_5BrO_2$(邻溴苯甲酸)	201.017
C_8H_{10}(二甲苯、乙基苯)	106.1650	$C_{17}H_{16}Br_2O_3$(溴螨酯)	428.115
$C_{10}H_6$	126.1546	$C_{20}H_8Br_4O_5$(四溴荧光黄)	647.891
$C_{10}H_7$	127.1626	$C_8H_8BrCl_2O_3PS$(溴硫磷)	365.996
$C_{10}H_8$(萘)	128.1705	$C_{19}H_{10}Br_4O_5S$(溴酚蓝)	669.961
$C_{10}H_{14}$(杜烯)	134.2182	$C_{19}H_{12}Br_2O_8S\cdot H_2O$(溴代邻苯三酚红)	576.166
$C_{11}H_{10}$(甲基萘)	142.1971	$C_{21}H_{14}Br_4O_5S$(溴甲酚绿)	698.014
$C_{16}H_{10}$(荧蒽)	202.2506	$C_{21}H_{16}Br_2O_5S$(溴甲酚紫)	540.222
$C_{16}H_{34}$(正十六烷)	226.4412	$C_{27}H_{28}Br_2O_5S$(溴百里酚蓝)	624.381
$C_{18}H_{38}$(十八烷)	254.4943	$CHCl_3$	119.378
$C_{20}H_{12}$(苯并[a]芘)	252.3093	CH_3Cl	50.488
$C_{20}H_{12}$(苯并[b]荧蒽)	252.3093	C_2HCl_3	131.388
$C_{20}H_{12}$(苯并[k]荧蒽)	252.3093	$C_2H_2Cl_2$(1,1-二氯乙烯)	96.943
$C_{22}H_{12}$(茚并[1,2,3,4]芘)	276.3307	$C_2H_2Cl_4$(1,1,2,2-四氯乙烷)	167.849
$C_{27}H_{48}$(5-α胆甾烷)	372.6700	C_2H_3Cl(氯乙烯)	62.498
$C_{40}H_{56}$(β-胡萝卜素)	536.8726	$C_2H_3Cl_3$(1,1,2-三氯乙烷)	133.404

续表

化学式	式量	化学式	式量
$C_2H_4Cl_2$(二氯乙烷)	98.959	$C_{21}H_{38}ClN \cdot H_2O$(氯代十六烷基吡啶)	358.001
C_4H_5Cl(氯丁二烯)	88.536	$C_{22}H_{17}ClN_2$(克霉唑)	344.837
C_6H_5Cl(氯苯)	112.557	$C_{22}H_{40}ClN$(苯扎氯铵)	354.013
$C_6H_6Cl_6$(林旦)	290.830	$C_{23}H_{25}ClN_2$(孔雀绿)	364.911
$C_6H_6Cl_6$(六六六)	290.830	$C_{24}H_{28}ClN_3$(甲基紫)	393.952
C_7H_7Cl(氯化苄)	126.583	$C_{25}H_{30}ClN_3$(结晶紫)	407.979
$C_{10}H_5Cl_7$(七氯)	373.318	$C_{27}H_{22}Cl_2N_4$(氯法齐明)	473.396
$C_{10}H_{10}Cl_8$(毒杀芬)	373.318	$C_{27}H_{33}ClN_2$(亮绿)	421.017
$C_{12}H_8Cl_6$(艾氏剂)	364.910	$C_5H_{11}Cl_2N \cdot HCl$(盐酸氮芥)	192.515
$C_{14}H_8Cl_4$(滴滴伊)	318.025	$C_9H_9Cl_2N_3 \cdot HCl$(盐酸可乐定)	266.555
$C_{14}H_9Cl_5$(滴滴涕)	354.486	$C_{16}H_{19}ClN_2 \cdot C_4H_4O_4$(马来酸氯苯那敏)	390.861
$C_{14}H_{10}Cl_4$(滴滴滴)	320.041	$C_{18}H_{26}ClN_3 \cdot 2H_3PO_4$(磷酸氯喹)	515.862
$C_{14}H_9ClF_2N_2O_2$(除虫脲)	310.683	$C_{19}H_{23}ClN_2 \cdot HCl$(盐酸氯米帕明)	351.313
$C_{15}H_{15}ClF_3N_3O$(利佛米)	345.747	$C_{22}H_{30}Cl_2N_{10} \cdot 2C_2H_4O_2$(醋酸氯己定)	625.550
$C_{21}H_{23}ClFNO_2$(氟哌啶醇)	375.864	$C_{22}H_{30}Cl_2N_{10} \cdot 2C_6H_{12}O_7$(葡萄糖酸氯己啶)	897.757
$C_{28}H_{27}ClF_5NO$(五氟利多)	523.965	$C_{25}H_{27}ClN_2 \cdot 2HCl$(盐酸美克洛嗪)	463.870
$C_{21}H_{23}ClFN_3O \cdot 2HCl$(盐酸氟西泮)	460.800	$C_{29}H_{32}Cl_2N_6 \cdot 4H_3PO_4$(磷酸哌喹)	927.491
$C_{23}H_{19}ClF_3NO_3$(三氟氯氰菊酯)	449.850	$C_{29}H_{32}Cl_2N_6 \cdot 4H_3PO_4 \cdot 4H_2O$(磷酸哌喹)	999.552
$C_{26}H_{22}ClF_3N_2O_3$(氟胺氰菊酯)	502.913	$C_5H_9Cl_2N_3O_2$(卡莫司汀)	214.050
$C_9H_{11}Cl_2FN_2O_2S_2$(抑菌灵)	333.230	$C_5H_{14}ClNO$(氯化胆碱)	139.624
$C_{15}H_{10}ClF_3N_2O_6S$(氟磺胺草醚)	438.763	$C_6H_4Cl_2N_2O_2$(氯硝胺)	207.014
$C_{24}H_{32}ClFO_5$(哈西萘德)	454.959	$C_7H_7ClN_4O_2$(8-氯茶碱)	214.609
$C_{25}H_{32}ClFO_5$(丙酸氯倍他索)	466.970	$C_7H_7Cl_2NO$(二氯二甲吡啶酚)	192.043
C_9H_5ClINO(氯碘羟喹)	305.500	$C_9H_{10}Cl_2N_2O$(敌草隆)	233.094
$C_{20}H_6Cl_2I_4O_5$(二氯四碘荧光黄)	904.783	$C_9H_{10}Cl_2N_2O_2$(利谷隆)	249.094
C_7H_8ClN(4-氯邻甲苯胺)	141.598	$C_9H_{16}ClN_3O_2$(洛莫司汀)	233.695
$C_7H_{12}ClN_5$(西玛津)	201.657	$C_{10}H_8ClN_3O$(辟哒酮)	221.643
$C_8H_{14}ClN_5$(阿特拉津)	215.683	$C_{10}H_{12}ClNO_2$(氯苯胺灵)	213.661
$C_{10}H_{13}ClN_2$(杀虫脒)	196.677	$C_{10}H_{13}ClN_2O$(绿麦隆)	212.676
$C_{12}H_{13}ClN_4$(乙胺嘧啶)	248.711	$C_{10}H_{14}Cl_6N_4O_2$(嗪氨灵)	434.962
$C_{12}H_{14}Cl_2N_2$(百草枯二氯化物)	257.159	$C_{10}H_{18}ClN_3O_2$(司莫司汀)	247.722
$C_{14}H_{19}ClN_4$(氨丙嘧吡啶)	278.780	$C_{11}H_{12}Cl_2N_2O_5$(氯霉素)	323.129
$C_{16}H_{11}ClN_4$(艾司唑仑)	294.738	$C_{12}H_6Cl_3NO_3$(草枯醚)	318.540
$C_{17}H_{12}Cl_2N_4$(三唑仑)	343.210	$C_{12}H_9Cl_2NO_3$(烯菌酮)	286.111
$C_{17}H_{13}ClN_4$(阿普唑仑)	308.765	$C_{13}H_8Cl_2N_2O_4$(氯硝柳胺)	327.120
$C_{18}H_{19}ClN_4$(氯氮平)	326.823	$C_{13}H_{11}Cl_2NO_2$(腐霉利)	284.138
$C_{19}H_{34}ClN \cdot H_2O$(氯代十四烷基吡啶)	329.948	$C_{13}H_{13}Cl_2N_3O_3$(异菌脲)	330.167

续表

化学式	式量	化学式	式量
$C_{13}H_{16}Cl_3NO_3$(杨菌胺)	340.630	$C_{18}H_{14}Cl_4N_2O \cdot HNO_3$(硝酸咪康唑)	479.141
$C_{14}H_{10}Cl_2N_2O_2$(灭幼脲)	309.147	$C_{18}H_{15}Cl_3N_2O \cdot HNO_3$(硝酸益康唑)	444.696
$C_{14}H_{12}Cl_2N_2O$(匹克司)	295.164	$C_{18}H_{22}ClNO \cdot HCl$(盐酸酚苄明)	340.287
$C_{14}H_{14}Cl_2N_2O$(烯菌灵)	297.180	$C_{21}H_{26}ClNO \cdot C_4H_4O_4$(富马酸氯马斯汀)	459.962
$C_{14}H_{16}ClN_3O_2$(三唑酮)	293.749	$C_{22}H_{23}ClN_2O_8 \cdot HCl$(盐酸金霉素)	515.341
$C_{14}H_{18}ClN_3O_2$(三唑醇)	295.765	$C_{26}H_{28}ClNO \cdot C_6H_8O_7$(枸橼酸氯米芬)	598.083
$C_{14}H_{19}Cl_2NO_2$(苯丁酸氮芥)	304.2122	$C_{29}H_{32}ClN_5O_2 \cdot 4H_3PO_4$(磷酸咯萘啶)	910.030
$C_{14}H_{22}ClN_3O_2$(甲氧氯普胺)	299.796	$C_{29}H_{33}ClN_2O_2 \cdot HCl$(盐酸洛哌丁胺)	513.498
$C_{14}H_{30}Cl_2N_2O_4$(氯化琥珀胆碱)	361.305	$C_{37}H_{41}ClN_2O_6 \cdot HCl$(氯化筒箭毒碱)	681.645
$C_{14}H_{30}Cl_2N_2O_4 \cdot 2H_2O$(氯化琥珀胆碱)	397.336	$C_{37}H_{41}ClN_2O_6 \cdot HCl \cdot 5H_2O$(氯化筒箭毒碱)	771.722
$C_{15}H_{10}ClN_3O_3$(氯硝西泮)	315.711	$C_{65}H_{73}Cl_2N_9O_{24} \cdot HCl$(盐酸去甲万古霉素)	1471.688
$C_{15}H_{11}ClN_2O_2$(奥沙西泮)	286.713	$C_7H_{15}Cl_2N_2O_2P \cdot H_2O$(环磷酰胺)	279.101
$C_{15}H_{16}Cl_2N_2O_8$(琥珀氯霉素)	423.202	$C_{12}H_{19}ClNO_3P$(育畜磷)	291.711
$C_{15}H_{17}Cl_2N_3O_2$(丙环唑)	342.220	$C_9H_{11}Cl_3NO_3PS$(毒死蜱)	350.586
$C_{15}H_{22}ClNO_2$(丙草胺)	283.794	$C_{12}H_{15}ClNO_4PS_2$(伏杀硫磷)	367.809
$C_{16}H_{13}ClN_2O$(地西泮)	284.740	$C_{22}H_{16}Cl_2N_4O_{14}P_2S_2$(偶氮氯膦Ⅲ)	757.364
$C_{16}H_{14}ClN_3O$(氯氮䓬)	299.755	$C_6H_6Cl_2N_2O_4S_2$(双氯非那胺)	305.159
$C_{19}H_{15}ClN_2O_2$(抗倒胺)	338.788	$C_7H_8ClN_3O_4S_2$(氢氯噻嗪)	297.739
$C_{19}H_{16}ClNO_4$(吲哚美辛)	357.788	$C_9H_4Cl_3NO_2S$(灭菌丹)	296.558
$C_{20}H_{16}Cl_2N_2O_3$(匹唑芬)	403.259	$C_9H_8Cl_3NO_2S$(克菌丹)	300.589
$C_{20}H_{18}ClNO_4$(盐酸小檗碱)	371.814	$C_{10}H_9Cl_4NO_2S$(敌菌丹)	349.061
$C_{20}H_{18}ClNO_4 \cdot 2H_2O$(盐酸小檗碱)	407.845	$C_{10}H_{13}ClN_2O_3S$(氯磺丙脲)	276.740
$C_{20}H_{18}ClNO_6$(赭曲霉毒素 A)	403.813	$C_{12}H_{11}ClN_2O_5S$(呋噻米)	330.744
$C_{22}H_{19}Cl_2NO_3$(氯氰菊酯)	416.297	$C_{12}H_{15}Cl_2NO_5S$(甲砜霉素)	356.222
$C_{22}H_{23}ClN_2O_8$(金霉素)	478.880	$C_{12}H_{16}ClNOS$(禾草丹)	257.780
$C_{25}H_{22}ClNO_3$(氰戊菊酯)	419.900	$C_{14}H_{11}ClN_2O_4S$(氯噻酮)	338.766
$C_{26}H_{27}ClN_2O_3$(罗丹明 6G)	450.957	$C_{15}H_{14}ClN_3O_4S$(头孢克洛)	367.807
$C_{26}H_{28}Cl_2N_4O_4$(酮康唑)	531.431	$C_{15}H_{14}ClN_3O_4S \cdot H_2O$(头孢克洛)	385.823
$C_{27}H_{42}Cl_2N_2O_6$(桐氯霉素)	561.538	$C_{16}H_{16}ClN_3O_3S$(吲达帕胺)	365.832
$C_{28}H_{31}ClN_2O_3$(罗丹明 B)	479.010	$C_{21}H_{26}ClN_3OS$(奋乃静)	403.969
$C_{30}H_{32}Cl_3NO$(苯芴醇)	528.940	$C_{23}H_{28}ClN_3O_5S$(格列本脲)	494.004
$C_6H_8ClN_7O \cdot HCl$(盐酸阿米洛利)	266.088	$C_{22}H_{14}Cl_2N_4O_{16}S_4$(氯磺酚 S)	789.530
$C_6H_8ClN_7O \cdot HCl \cdot 2H_2O$(盐酸阿米洛利)	302.119	$C_{12}H_{17}ClN_4OS \cdot HCl$(维生素 B_1)	337.268
$C_{11}H_{16}ClNO \cdot HCl$(盐酸氯丙那林)	250.165	$C_{18}H_{33}ClN_2O_5S \cdot HCl$(盐酸克林霉素)	461.444
$C_{12}H_{16}ClNO_3 \cdot HCl$(盐酸甲氯芬酯)	294.174	$C_{16}H_{18}ClN_3S$(亚甲基蓝)	319.852
$C_{12}H_{18}Cl_2N_2O \cdot HCl$(盐酸克仑特罗)	313.651	$C_{16}H_{18}ClN_3S \cdot 3H_2O$(亚甲基蓝)	373.898
$C_{13}H_{16}ClNO \cdot HCl$(盐酸氯胺酮)	274.186	$C_{18}H_{18}ClNS$(氯普噻吨)	315.860

续表

化学式	式量	化学式	式量
$C_{17}H_{19}ClN_2S \cdot HCl$(盐酸氯丙那林)	355.325	$C_8H_8Cl_3O_3PS$(皮蝇磷)	321.545
$C_2H_3Cl_3O_2$(水合氯醛)	165.403	$C_{11}H_{15}Cl_2O_3PS_2$(虫螨磷)	361.245
$C_2H_2Cl_2O_2$(二氯乙酸)	128.942	$C_{11}H_{16}ClOPS_3$(三硫磷)	342.865
C_2H_5ClO(氯乙醇)	80.514	$C_{14}H_{16}ClO_5PS$(蝇毒磷)	362.766
C_3H_5ClO(环氧氯丙烷)	92.524	$C_9H_6Cl_6O_3S$(硫丹)	406.925
C_3H_7ClO(氯丙醇)	94.540	$C_{12}H_6Cl_4O_2S$(三氯杀螨砜)	356.052
$C_4H_7Cl_3O$(三氯叔丁醇)	177.457	$C_{19}H_{12}ClO_5S$(氯酚红)	387.814
$C_4H_7Cl_3O \cdot \frac{1}{2}H_2O$(三氯叔丁醇)	186.464	$C_{23}H_{16}Cl_2O_9S$(铬天青 S)	539.339
C_6HCl_5O(五氯酚)	266.337	CH_3F	34.0329
$C_6H_2Cl_2O_4$(氯冉酸)	208.984	$C_{26}H_{26}F_2N_2 \cdot 2HCl$(盐酸氟桂利嗪)	477.417
$C_6H_4Cl_2O$(三氯酚)	197.446	$C_4H_3FN_2O_2$(氟脲嘧啶)	130.0772
$C_6H_4Cl_2O$(间氯二酚)	163.001	$C_4H_4FN_3O$(氟胞嘧啶)	129.0925
$C_7H_5ClO_2$(间氯苯甲酸)	156.566	$C_7H_5F_2NO$(2,6-二氟苯甲酰胺)	157.1175
$C_8H_5Cl_3O_3$(2,4,5-涕甲酯)	255.482	$C_8H_9FN_2O_3$(替加氟)	200.1671
$C_8H_6Cl_2O_3$(2,4-滴)	221.037	$C_{13}H_{12}F_2N_6O$(氟康唑)	306.2708
$C_{10}H_5Cl_7O$(环氧七氯)	389.317	$C_{13}H_{16}F_3N_3O_4$(氟乐灵)	335.2790
$C_{12}H_8Cl_6O$(狄氏剂)	380.909	$C_{15}H_{17}FN_4O_3$(依诺沙星)	320.3189
$C_{12}H_8Cl_6O$(异狄氏剂)	380.909	$C_{15}H_{17}FN_4O_3 \cdot 1\frac{1}{2}H_2O$(依诺沙星)	347.3418
$C_{12}H_{14}Cl_2O_3$(2,4-滴丁酯)	277.144	$C_{16}H_{18}FN_3O_3$(诺氟沙星)	319.3308
$C_{12}H_{15}ClO_3$(氯贝丁酯)	242.699	$C_{18}H_{20}FN_3O_4$(氧氟沙星)	361.3675
$C_{13}H_{12}Cl_2O_4$(依他尼酸)	303.138	$C_{19}H_{22}F_2N_4O_3$(巴沙)	392.3998
$C_{14}H_9Cl_5O$(三氯杀螨醇)	370.486	$C_{15}H_{15}FN_3O \cdot C_3H_6O_3$(乳酸依沙吖啶)	343.3770
$C_{16}H_{14}Cl_2O_3$(乙酯杀螨醇)	325.187	$C_{15}H_{15}FN_3O \cdot C_3H_6O_3 \cdot H_2O$(乳酸依沙吖啶)	361.3923
$C_{16}H_{14}Cl_2O_4$(禾草灵)	341.186	$C_{17}H_{18}FN_3O_3 \cdot HCl$(盐酸环丙沙星)	367.802
$C_{16}H_{15}Cl_3O_2$(甲氧滴滴涕)	345.648	$C_{17}H_{18}FN_3O_3 \cdot HCl \cdot H_2O$(盐酸环丙沙星)	385.818
$C_{17}H_{17}ClO_6$(灰黄霉素)	352.766	$C_{17}H_{18}FN_3O_3 \cdot C_3H_6O_3$(乳酸环丙沙星)	421.4195
$C_{20}H_{10}Cl_2O_5$(二氯荧光黄)	401.196	$C_{15}H_{14}F_3N_3O_4S_2$(苄氟噻嗪)	421.415
$C_{20}H_{21}ClO_4$(非诺贝特)	360.831	$C_{32}H_{44}F_3N_3O_2S$(癸氟奋乃静)	591.771
$C_{21}H_{20}Cl_2O_3$(氯菊酯)	391.288	$C_{22}H_{26}F_3N_3OS \cdot 2HCl$(盐酸氟奋乃静)	510.443
$C_{23}H_{21}ClO_3$(氯烯雌醚)	380.864	$C_{21}H_{24}F_3N_3S_2 \cdot 2HCl$(盐酸三氟拉嗪)	480.417
$C_{23}H_{29}ClO_4$(醋酸氯地孕酮)	404.927	$C_{21}H_{27}FO_6$(曲安西龙)	394.4339
$C_{28}H_{37}ClO_7$(丙酸倍氯米松)	521.042	$C_{22}H_{29}FO_5$(地塞米松)	392.4611
$C_2H_6ClO_3P$(乙烯利)	144.494	$C_{22}H_{29}FO_5$(倍他米松)	392.4611
$C_4H_7Cl_2O_4P$(敌敌畏)	220.976	$C_{23}H_{31}FO_6$(醋酸氟氢可的松)	422.4870
$C_4H_8Cl_3O_4P$(敌百虫)	257.437	$C_{24}H_{31}FO_6$(曲安奈德)	434.4977
$C_{10}H_{10}Cl_3O_4P$(甲基毒虫畏)	331.517	$C_{24}H_{31}FO_6$(醋酸地塞米松)	434.4977
$C_{12}H_{14}Cl_3O_4P$(毒虫畏)	359.570	$C_{26}H_{32}F_2O_7$(醋酸氟轻松)	494.5249

续表

化学式	式量	化学式	式量
$C_{26}H_{33}FO_7$(醋酸曲安奈德)	476.5344	$C_{14}H_{12}N_2$(新铜试剂)	208.2585
$C_8H_5F_3O_2S$(TTA)	222.184	$C_{14}H_{15}N_3$(甲基黄)	225.2890
$C_{20}H_{17}FO_3S$(舒林酸)	356.411	$C_{18}H_{12}N_2$(联喹啉)	256.3013
CH_3I	141.9390	$C_{19}H_{23}N_3$(双甲脒)	293.4060
$C_7H_9IN_2O$(碘解磷定)	264.0636	$C_{20}H_{16}N_4$(硝酸灵)	312.3678
$C_8H_6INO_5$(除草醚)	323.0414	$C_{22}H_{18}N_2$(联苯苄唑)	310.3917
$C_9H_{11}IN_2O_5$(碘苷)	354.0985	$C_{26}H_{28}N_2$(桂利嗪)	368.5139
$C_9H_{24}I_2N_2O$(普罗碘胺)	430.1086	$CH_5N_3 \cdot HNO_3$(硝酸胍)	122.0833
$C_{11}H_9I_3N_2O_4$(泛影酸)	613.9136	$C_2H_7N \cdot HCl$(盐酸二甲胺)	81.545
$C_{11}H_9I_3N_2O_4$(碘他拉酸)	613.9136	$C_3H_9N \cdot HCl$(三甲胺盐酸盐)	95.571
$C_{11}H_9I_3N_2O_4 \cdot 2H_2O$(泛影酸)	649.9441	$C_4H_{10}N_2 \cdot H_3PO_4$(磷酸哌嗪)	184.1308
$C_{11}H_{12}I_3NO_2$(碘番酸)	570.9319	$C_4H_{10}N_2 \cdot H_3PO_4 \cdot H_2O$(磷酸哌嗪)	202.1461
$C_{20}H_{14}I_6N_2O_6$(胆影酸)	1139.7620	$C_4H_{11}N_5 \cdot HCl$(盐酸二甲双胍)	165.625
$C_{11}H_9I_3N_2O_4 \cdot C_7H_{17}NO_5$(泛影葡胺)	809.1272	$C_5H_9N_3 \cdot 2H_3PO_4$(磷酸组胺)	307.1354
$C_{25}H_{29}I_2NO_3 \cdot HCl$(盐酸胺碘酮)	681.773	$C_8H_8N_4 \cdot HCl$(盐酸肼屈嗪)	196.637
$C_{19}H_{29}IO_2$(碘苯酯)	416.3368	$C_8H_{10}N_6 \cdot H_2SO_4$(硫酸双肼屈嗪)	288.284
CH_2N_2	42.0400	$C_8H_{10}N_6 \cdot H_2SO_4 \cdot 2\frac{1}{2}H_2O$(硫酸双肼屈嗪)	333.322
$C_2H_4N_4$(杀草强)	84.0800		
$C_2H_8N_2$(乙二胺)	60.0983	$C_8H_{12}N_2 \cdot 2HCl$(盐酸倍他司汀)	209.116
C_3H_3N(丙烯腈)	53.0626	$C_{10}H_{10}N_{10} \cdot H_2SO_4$(硫酸腺嘌呤)	368.332
$C_3H_6N_6$(三聚氰胺)	126.1199	$C_{10}H_{12}N_2 \cdot HCl$(盐酸妥拉唑林)	196.677
C_3HN(三甲胺)	59.1103	$C_{10}H_{15}N_5 \cdot HCl$(盐酸苯乙双胍)	241.721
$C_4H_{11}N$(二乙胺)	73.1368	$C_{10}H_{17}N \cdot HCl$(盐酸金刚烷胺)	187.710
C_5H_5N(吡啶)	79.0999	$(C_4H_{10}N_2)_3 \cdot 2C_6H_8O_7$(枸橼酸哌嗪)	642.6538
$C_5H_9N_3$(组织胺)	111.1451	$(C_4H_{10}N_2)_3 \cdot 2C_6H_8O_7 \cdot 5H_2O$(枸橼酸哌嗪)	732.7302
C_6H_7N(苯胺)	93.1265	$C_{14}H_{14}N_2 \cdot HCl$(盐酸萘甲唑林)	246.735
C_6H_7N(α-甲基吡啶)	93.1265	$C_{15}H_{16}N_4 \cdot HCl$(中性红)	288.775
$C_6H_{12}N_4$(乌洛托品)	140.1863	$C_{17}H_{19}N_3 \cdot HCl$(盐酸安他唑啉)	301.814
$C_6H_{13}N$(环已胺)	99.1741	$C_{18}H_{26}N_2 \cdot H_2SO_4$(硫酸苯丙胺)	368.491
$C_7H_{10}N_2$(二胺基甲苯)	122.1677	$C_{19}H_{24}N_2 \cdot HCl$(盐酸丙米嗪)	316.868
$C_8H_{11}N$(2,4-二甲基苯胺)	121.1796	$C_{20}H_{16}N_4 \cdot HClO_4$	412.826
$C_9H_{18}N_6$(六甲蜜胺)	210.2794	$C_{20}H_{16}N_4 \cdot HNO_3$	375.3806
$C_{10}H_8N_2$(2,2'-联吡啶)	156.1839	$C_{20}H_{23}N \cdot HCl$(盐酸马普替林)	313.864
$C_{12}H_8N_2$(邻二氮菲)	180.2053	$C_{20}H_{23}N \cdot HCl$(盐酸阿米替林)	313.864
$C_{12}H_8N_2 \cdot H_2O$(1,10-菲啰啉)	198.2206	$(C_{10}H_{22}N_4)_2 \cdot H_2SO_4$(硫酸胍乙啶)	494.695
$C_{12}H_{11}N$(二苯胺)	169.2224	$C_{21}H_{21}N \cdot HCl$(盐酸赛庚啶)	323.859
$C_{12}H_{11}N_7$(氨苯蝶啶)	253.2626	$C_{21}H_{21}N \cdot HCl \cdot 1\frac{1}{2}H_2O$(盐酸赛庚啶)	350.882

续表

化学式	式量	化学式	式量
CH_3NO_2(硝基甲烷)	61.0400	$C_6H_5NO_3$(硝基酚)	139.1088
CH_4N_2O(尿素)	60.0553	$C_6H_6N_2O$(烟酰胺)	122.1246
$CH_4N_2O_2$(羟基脲)	76.0547	$C_6H_6N_4O_4$(2,4二硝基苯肼)	198.1362
$C_2H_5NO_2$(甘氨酸、氨基乙酸)	75.0666	$C_6H_7N_3O$(异烟肼)	137.1393
$C_2H_5N_3O_2$(缩二脲)	103.0800	$C_6H_8N_2O_8$(硝酸异山梨酯)	236.1363
$C_2H_6N_2O$(*N*-亚硝基二甲胺)	74.0818	$C_6H_9NO_6$(氨基三乙酸)	191.1388
$C_3H_5NO_4$(3-硝基丙酸)	119.0761	$C_6H_9N_3O_2$(组氨酸)	155.1546
$C_3H_5N_3O_9$(硝酸甘油)	227.0865	$C_6H_9N_3O_3$(甲硝唑)	171.1540
$C_3H_7NO_2$(DL-丙氨酸)	89.0932	$C_6H_{11}NO$(环己酮肟)	113.1576
$C_3H_7NO_2$(氨基甲酸乙酯)	89.0932	$C_6H_{13}NO_2$(异亮氨酸)	131.1729
$C_3H_7NO_3$(丝氨酸)	105.0926	$C_6H_{14}N_2O$(*N*-亚硝基二丙胺)	130.1882
$C_4H_4N_2O_2$(尿嘧啶)	112.0868	$C_6H_{14}N_2O_2$(赖氨酸)	146.1876
$C_4H_4N_2O_2$(抑芽丹)	112.0868	$C_6H_{14}N_4O_2$(L-精氨酸)	174.2010
$C_4H_7NO_4$(天冬氨酸)	133.1027	$C_7H_5N_3O_6$(三硝基甲苯)	227.1311
$C_4H_8N_2O$(*N*-亚硝基吡咯烷)	100.1191	$C_7H_6NO_2$(邻氨基苯甲酸根)	136.1280
$C_4H_8N_2O_2$(丁二酮肟)	116.1185	$C_7H_6N_2O_5$(4,6-二硝基邻甲酚)	198.1329
$C_4H_8N_2O_2$(*N*-亚硝基吗啉)	116.1185	$C_7H_7NO_2$(对氨基苯甲酸)	137.1360
$C_4H_8N_2O_3$(天门冬酰胺)	132.1179	$C_7H_7NO_2$(水杨醛肟)	137.1360
$C_4H_8N_2O_3 \cdot H_2O$(一水天门冬酰胺)	150.1332	$C_7H_8N_4O_2$(茶碱)	180.1640
$C_4H_9NO_3$(苏氨酸)	119.1192	$C_7H_8N_4O_2 \cdot H_2O$(茶碱)	198.1793
C_4H_9NO(吗啡啉)	87.1204	$C_7H_{11}NO_2$(乙琥胺)	141.1677
$C_4H_{10}NO$(氢氧化四丁基铵)	88.1283	$C_7H_{14}N_2O_3$(茶氨酸)	174.1977
$C_4H_{10}N_2O$(*N*-亚硝基二乙胺)	102.1350	$C_7H_{15}NO_3$(左旋肉碱)	161.1989
$C_5H_4N_4O$(别嘌醇)	136.1115	$C_7H_{17}NO_5$(葡甲胺)	195.2136
$C_5H_4N_4O_2$(尿酸)	152.1109	$C_8H_6N_4O_5$(呋喃妥因)	238.1570
$C_5H_5N_3O$(吡嗪酰胺)	123.1127	$C_8H_7N_3O_5$(呋喃唑酮)	225.1583
$C_5H_7N_3O$(二甲硝咪唑)	125.1286	$C_8H_8N_6O_6$(紫尿酸铁)	284.1857
$C_5H_9NO_2$(脯氨酸)	115.1305	$C_8H_9NO_2$(乙酰氨基酚)	151.1626
$C_5H_9NO_3$(羟脯氨酸)	131.1299	$C_8H_{10}N_4O_2$(咖啡因)	194.1906
$C_5H_9NO_4$(L-谷氨酸)	147.1293	$C_8H_{10}N_4O_2 \cdot H_2O$(咖啡因)	212.2059
$C_5H_{10}N_2O_3$(L-谷酰胺)	146.1445	$C_8H_{11}NO$(对氨基苯乙醚)	137.1790
$C_5H_{11}NO_2$(缬氨酸)	117.1463	$C_8H_{11}NO_3$(吡哆醇)	169.1778
$C_6H_3N_3O_6$(三硝基苯)	213.1045	$C_8H_{11}N_5O_3$(阿昔洛韦)	225.2046
$C_6H_3N_3O_7$(苦味酸)	229.1039	$C_8H_{12}N_2O_2$(吡哆胺)	168.1931
$C_6H_4N_2O_5$(二硝基酚)	184.1064	$C_8H_{12}N_4O_5$(利巴韦林)	244.2047
$C_6H_5NO_2$(烟酸)	123.1094	$C_8H_{15}NO_2$(氨甲环酸)	157.2102
$C_6H_5NO_2$(硝基苯)	123.1094	C_9H_6NO(8-羟基喹啉离子)	144.1500
		C_9H_7NO(8-羟基喹啉)	145.1580

续表

化学式	式量	化学式	式量
$C_9H_{10}N_3O_2$(多菌灵)	192.1946	$C_{12}H_{17}NO_2$(仲丁威)	207.2689
$C_9H_{11}NO_2$(速灭威)	165.1891	$C_{12}H_{21}N_5O_3$(胆茶碱)	283.3268
$C_9H_{11}NO_2$(苯丙氨酸)	165.1891	$C_{13}H_{11}NO_2$(*N*-苯甲酰苯胺)	213.2319
$C_9H_{11}NO_2$(苯佐卡因)	165.1891	$C_{13}H_{11}NO_2$(邻苯氨基苯甲酸)	213.2319
$C_9H_{11}NO_3$(酪氨酸)	181.1885	$C_{13}H_{11}NO_5$(噁喹酸)	261.2301
$C_9H_{11}NO_4$(左旋多巴)	197.1879	$C_{13}H_{12}N_4O$(二苯卡巴肼)	240.2606
$C_9H_{13}NO_3$(肾上腺素)	183.2044	$C_{13}H_{15}NO$(月桂氮酮)	201.2643
$C_9H_{15}N_5O$(米诺地尔)	209.2483	$C_{13}H_{16}N_2O_2$(氨鲁米特)	232.2783
$C_9H_{19}NO_4$(右旋泛酸醇)	205.2515	$C_{13}H_{17}NO$(克罗米通)	203.2802
$C_9H_{19}NO_7$(酒石酸氢胆碱)	253.2497	$C_{13}H_{18}N_4O_3$(己酮可可碱)	278.3070
$C_9H_{20}N_2O_2$(霜霉威)	188.2673	$C_{13}H_{19}N_3O_4$(二甲戊灵)	281.3077
$C_{10}H_7NO_2$(1-亚硝基-2-萘酚)	173.1681	$C_{13}H_{21}NO_3$(沙丁胺醇)	239.3107
$C_{10}H_{10}N_2O$(1-苯基-3-甲基-5-吡唑酮)	174.1992	$C_{14}H_{13}N_3O_3$(异烟腙)	271.2713
$C_{10}H_{11}N_3O_2$(新铜铁试剂)	205.2132	$C_{14}H_{13}N_3O_3 \cdot H_2O$(异烟腙)	289.2866
$C_{10}H_{12}N_2O_5$(地乐酚)	240.2127	$C_{14}H_{16}N_2O_2$(依托咪酯)	244.2890
$C_{10}H_{13}NO_4$(甲基多巴)	211.2145	$C_{14}H_{16}N_4O_3$(吡咯嘧啶酸)	288.3018
$C_{10}H_{13}NO_4 \cdot 3/2H_2O$(甲基多巴)	238.2374	$C_{14}H_{17}N_5O_3$(吡哌酸)	303.3165
$C_{10}H_{14}N_2O$(尼可刹米)	178.2310	$C_{14}H_{17}N_5O_3 \cdot 3H_2O$(吡哌酸)	357.3623
$C_{10}H_{14}N_2O_4$(卡比多巴)	226.2292	$C_{14}H_{18}N_2O_5$(阿司帕坦)	294.3031
$C_{10}H_{14}N_4O_4$(二羟丙茶碱)	254.2426	$C_{14}H_{18}N_2O_5$(天门冬酰-苯丙氨酸甲酯)	294.3031
$C_{10}H_{17}N_7O_4$(麻痹性贝类毒素)	299.2865	$C_{14}H_{18}N_4O_3$(甲氧苄啶)	290.3177
$C_{11}H_9N_3O_2$(PAR)	215.2081	$C_{14}H_{19}NO$(乙氧基喹啉)	217.3068
$C_{11}H_{10}N_4O_4$(卡巴氧)	262.2215	$C_{14}H_{20}N_2O_2$(吲哚洛尔)	248.3208
$C_{11}H_{12}N_2O_2$(色氨酸)	204.2252	$C_{14}H_{21}NO_4$(乙霉威)	267.3208
$C_{11}H_{13}NO_4$(恶虫威、苯恶威)	223.2252	$C_{14}H_{22}N_2O_3$(阿替洛尔)	266.3361
$C_{11}H_{15}NO_2$(叶蝉散、异丙威)	193.2423	$C_{14}H_{22}N_4O_2$(双环己酮草酰双腙)	278.353
$C_{11}H_{15}NO_3$(残杀威)	209.2417	$C_{14}H_{23}N_3O_{10}$(喷替酸)	393.3465
$C_{11}H_{17}NO_3$(水杨酸二乙胺)	211.2576	$C_{14}H_{24}N_2O_7$(壮观霉素)	332.3496
$C_{11}H_{18}NO_4 \cdot H_2O$(磷胺)	246.2802	$C_{15}H_{11}N_3O$(PAN)	249.2673
$C_{11}H_{18}N_2O_3$(异戊巴比妥)	226.2722	$C_{15}H_{11}N_3O_3$(硝西泮)	281.2661
$C_{11}H_{18}N_4O_2$(抗蚜威)	238.2862	$C_{15}H_{12}N_2O$(卡马西平)	236.2686
$C_{12}H_{11}NO_2$(西维因)	201.2212	$C_{15}H_{15}NO_2$(甲芬那酸)	241.2851
$C_{12}H_{12}N_2O_3$(苯巴比妥)	232.2353	$C_{15}H_{15}N_3O_2$(甲基红)	269.2985
$C_{12}H_{13}N_3O_2$(异卡波肼)	231.2505	$C_{15}H_{18}N_2O_6$(乐杀螨)	322.3132
$C_{12}H_{13}N_3O_4$(喹乙醇)	263.2493	$C_{15}H_{18}N_4O_5$(丝裂霉素)	334.3272
$C_{12}H_{14}N_2O_2$(扑米酮)	218.2518	$C_{15}H_{21}NO_4$(甲霜灵)	279.3315
$C_{12}H_{15}NO_3$(呋喃丹)	221.2524	$C_{15}H_{23}NO_3$(氧烯洛尔)	265.3480

续表

化 学 式	式 量	化 学 式	式 量
$C_{15}H_{33}N_3O_2$(多果定)	287.4414	$C_{22}H_{43}N_5O_{13}$(阿米卡星)	585.6025
$C_{16}H_{10}N_2O_2$(靛蓝)	262.2628	$C_{23}H_{24}N_4O_2$(二安替比林甲烷)	388.4623
$C_{16}H_{13}N_3O_3$(甲苯咪唑)	295.2927	$C_{23}H_{30}N_2O_4$(福尔可定)	398.4953
$C_{16}H_{17}NO_2$(草 B 敌)	239.3123	$C_{23}H_{30}N_2O_4 \cdot H_2O$(福尔可定)	416.5106
$C_{16}H_{22}N_2O_5$(依替非宁)	322.3563	$C_{24}H_{35}NO_5$(癸氧喹酯)	417.5384
$C_{17}H_{15}NO_5$(贝诺酯)	313.3047	$C_{24}H_{40}N_8O_4$(双嘧达莫)	504.6256
$C_{17}H_{18}N_2O_6$(硝苯地平)	346.3346	$C_{26}H_{46}N_2O$(环维黄杨星 D)	402.6562
$C_{17}H_{19}NO_2$(灭锈胺)	269.3383	$C_{29}H_{39}NO_9$(高三尖杉酯碱)	545.6213
$C_{17}H_{19}NO_3$(吗啡)	285.3377	$C_{30}H_{26}N_2O_{13}$(钙黄绿素)	622.5330
$C_{17}H_{20}N_2O_2$(托吡卡胺)	284.3529	$C_{31}H_{36}N_2O_{11}$(新生霉素)	612.6243
$C_{17}H_{20}N_4O_6$(维生素 B_2)	376.3639	$C_{32}H_{32}N_2O_{12}$(金属酞)	636.6027
$C_{17}H_{21}NO$(苯海拉明)	255.3547	$C_{33}H_{40}N_2O_9$(利血平)	608.6787
$C_{17}H_{21}NO_4$(东莨菪碱)	303.3529	$C_{37}H_{67}NO_{13}$(红霉素)	733.9268
$C_{17}H_{23}NO_3$(阿托品)	289.3694	$C_{38}H_{44}N_2O_{12}$(百里酚酞络合剂)	720.7622
$C_{17}H_{23}NO_4$(消旋山莨菪碱)	305.3688	$C_{38}H_{69}NO_{13}$(克拉霉素)	747.9534
$C_{18}H_{14}N_6O_2$(镉试剂)	346.3428	$C_{38}H_{72}N_2O_{12}$(阿奇霉素)	748.9845
$C_{18}H_{15}NO_3$(奥沙普秦)	293.3166	$C_{41}H_{76}N_2O_{15}$(罗红霉素)	837.0465
$C_{18}H_{20}N_2O_6$(尼群地平)	360.3612	$C_{43}H_{58}N_4O_{12}$(利福平)	822.9402
$C_{18}H_{26}N_2O_4$(丙谷胺)	334.4100	$C_{43}H_{74}N_2O_{14}$(螺旋霉素)	843.0527
$C_{18}H_{36}N_4O_{11}$(卡那霉素)	484.4986	$C_{43}H_{75}NO_{16}$(琥乙红霉素)	862.0527
$C_{18}H_{37}N_5O_9$(妥布霉素)	467.5145	$C_{46}H_{77}NO_{17}$(泰乐菌素 A)	916.1001
$C_{19}H_{12}O_5$(苯芴酮)	320.2956	$C_{46}H_{80}N_2O_{13}$(泰乐菌素)	869.1330
$C_{19}H_{15}NO_8$(茜素氨羧络合剂)	385.3243	$C_{47}H_{73}NO_{17}$(两性霉素 B)	924.0790
$C_{19}H_{19}N_7O_6$(叶酸)	441.3975	$C_{62}H_{86}N_{12}O_{16}$(放线菌素 D)	1255.4170
$C_{19}H_{24}N_2O_2$(吡喹酮)	312.4061	$C_{62}H_{111}N_{11}O_{12}$(环孢素)	1202.6112
$C_{20}H_{21}NO_4$(罂粟碱)	339.3850	$C_5H_5N_5O \cdot HCl$(盐酸鸟嘌呤)	187.587
$C_{20}H_{22}N_8O_5$(甲氨蝶呤)	454.4393	$C_5H_5N_5O \cdot HCl \cdot H_2O$(盐酸鸟嘌呤)	205.602
$C_{20}H_{23}N_3O_2$(双苯唑菌醇)	337.4155	$C_5H_9NO_4 \cdot HCl$(L-谷氨酸氯化氢)	183.590
$C_{21}H_{25}NO_4$(罗通定)	355.4275	$C_6H_9N_3O_2 \cdot HCl$(盐酸组氨酸)	191.616
$C_{21}H_{32}N_2O$(司坦唑醇)	328.4916	$C_6H_9N_3O_2 \cdot HCl \cdot H_2O$(盐酸组氨酸)	209.631
$C_{22}H_{19}NO_4$(比沙可啶)	361.3906	$C_6H_{14}N_2O_2 \cdot HCl$(盐酸赖氨酸)	182.648
$C_{22}H_{23}NO_3$(甲氰菊酯)	349.4229	$C_6H_{14}N_2O_2 \cdot C_2H_4O_2$(醋酸赖氨酸)	206.2395
$C_{22}H_{23}NO_7$(那可丁)	413.4205	$C_6H_{14}N_4O_2 \cdot HCl$(盐酸精氨酸)	210.662
$C_{22}H_{23}N_3O_9$(铝试剂)	473.4327	$C_8H_9NO_3 \cdot HCl$(盐酸吡哆醛)	203.623
$C_{22}H_{24}N_2O_8$[四环素(TC)]	444.4346	$C_8H_{11}NO_2 \cdot HCl$(盐酸多巴胺)	189.639
$C_{22}H_{25}NO_6$(秋水仙碱)	399.4370	$C_8H_{11}NO_3 \cdot HCl$(维生素 B_6)	205.639
$C_{22}H_{27}NO_2$(达那唑)	337.4553	$C_8H_{11}NO_3 \cdot C_4H_6O_6$(重酒石酸去甲肾上腺素)	319.2647

续表

化学式	式量
$C_8H_{11}NO_3 \cdot C_4H_6O_6 \cdot H_2O$(重酒石酸去甲肾上腺素)	337.2800
$C_9H_{13}NO_2 \cdot HCl$(盐酸去氧肾上腺素)	203.666
$C_9H_{13}NO_2 \cdot C_4H_6O_6$(重酒石酸间羟胺)	317.2919
$C_9H_{13}N_3O_5 \cdot HCl$(盐酸阿糖胞苷)	279.678
$C_{10}H_{14}N_2O_4 \cdot H_2O$(卡比多巴)	244.2444
$C_{10}H_{15}NO \cdot HCl$(盐酸伪麻黄碱)	201.693
$C_{10}H_{15}NO \cdot HCl$(盐酸麻黄碱)	201.693
$C_{10}H_{15}N_3O_5 \cdot HCl$(盐酸卞丝肼)	293.704
$C_{10}H_{21}N_3O \cdot C_6H_8O_7$(枸橼酸乙胺嗪)	391.4168
$C_{10}H_{24}N_2O_2 \cdot 2HCl$(盐酸乙胺丁醇)	277.232
$C_{11}H_{16}N_2O \cdot HCl$(盐酸妥卡尼)	228.718
$C_{11}H_{16}N_2O_2 \cdot HNO_3$(硝酸毛果芸香碱)	271.2698
$C_{11}H_{17}NO \cdot 2HCl$(盐酸美西律)	252.181
$C_{11}H_{17}NO_3 \cdot HCl$(盐酸异丙肾上腺素)	247.718
$C_{11}H_{17}NO_3 \cdot HCl$(盐酸甲氧明)	247.718
$C_{12}H_{17}NO_2 \cdot C_2H_7NO$(环吡酮胺)	268.3520
$C_{12}H_{19}N_3O \cdot HCl$(盐酸丙卡巴肼)	257.760
$C_{13}H_{10}N_4O_5 \cdot C_6H_8N_2O$(尼卡巴嗪)	426.3828
$C_{13}H_{20}N_2O_2 \cdot HCl$(盐酸普萘洛尔)	272.771
$C_{13}H_{20}N_2O_2 \cdot C_{16}H_{18}N_2O_4S$(普鲁卡因青霉素)	570.700
$C_{13}H_{20}N_2O_2 \cdot C_{16}H_{18}N_2O_4S \cdot H_2O$(普鲁卡因青霉素)	588.716
$C_{13}H_{21}N_3O \cdot HCl$(盐酸普鲁卡因胺)	271.786
$(C_{13}H_{21}NO_3)_2 \cdot H_2SO_4$(硫酸沙丁胺醇)	576.700
$C_{14}H_{18}N_2O_2H_2SO_4$(对甲胺基酚硫酸盐)	344.383
$C_{14}H_{19}NO_2 \cdot HCl$(盐酸哌甲酯)	269.767
$C_{14}H_{22}N_2O \cdot HCl$(盐酸利多卡因)	270.798
$C_{14}H_{22}N_2O \cdot HCl \cdot H_2O$(盐酸利多卡因)	288.814
$C_{14}H_{24}N_2O_7 \cdot 2HCl \cdot 5H_2O$(盐酸大观霉素)	495.348
$C_{15}H_{21}NO_2 \cdot HCl$(盐酸哌替啶)	283.794
$C_{15}H_{21}N_3O \cdot 2H_3PO_4$(磷酸伯氨喹)	455.3371
$C_{15}H_{24}N_2O_2 \cdot HCl$(盐酸丁卡因)	300.824
$(C_{15}H_{25}NO_3)_2 \cdot C_4H_6O_6$(酒石酸美托洛尔)	684.8146
$C_{16}H_{21}NO_2 \cdot HCl$(盐酸普萘洛尔)	295.804
$C_{16}H_{22}N_2O_3 \cdot HCl$(盐酸丙卡巴肼)	326.818
$C_{16}H_{22}N_2O_3 \cdot HCl \cdot \frac{1}{2}H_2O$(盐酸丙卡巴肼)	335.826
$C_{16}H_{24}N_2O_3 \cdot HCl$(盐酸卡替洛尔)	328.834
$C_{16}H_{25}NO_2 \cdot HCl$(盐酸曲马多)	299.836
$C_{17}H_{17}NO_2 \cdot HCl$(盐酸阿扑吗啡)	303.783
$C_{17}H_{17}NO_2 \cdot HCl \cdot \frac{1}{2}H_2O$(盐酸阿扑吗啡)	312.791
$C_{17}H_{19}NO \cdot HCl$(盐酸奈福泮)	289.800
$C_{17}H_{19}NO_3 \cdot HCl$(盐酸吗啡)	321.799
$C_{17}H_{19}NO_3 \cdot HCl \cdot 3H_2O$(盐酸吗啡)	375.844
$C_{17}H_{19}N_3O \cdot CH_4O_3S$(甲磺酸酚妥拉明)	377.458
$C_{17}H_{21}NO \cdot HCl$(盐酸苯海拉明)	291.816
$C_{17}H_{21}NO_3 \cdot HBr$(氢溴酸加兰他敏)	368.266
$C_{17}H_{21}NO_4 \cdot HBr \cdot 3H_2O$(氢溴酸东莨菪碱)	438.311
$C_{17}H_{21}NO_4 \cdot HCl$(盐酸可卡因)	339.814
$C_{17}H_{23}NO_4 \cdot HBr$(氢溴酸山莨菪碱)	386.281
$C_{17}H_{24}N_2O \cdot HCl$(盐酸布桂嗪)	308.846
$C_{18}H_{21}NO_3 \cdot H_3PO_4$(磷酸可待因)	397.3594
$C_{18}H_{21}NO_3 \cdot H_3PO_4 \cdot 1\frac{1}{2}H_2O$(磷酸可待因)	424.3823
$C_{18}H_{23}NO_3 \cdot HCl$(盐酸多巴酚丁胺)	337.841
$C_{18}H_{28}N_2O \cdot HCl$(盐酸布比卡因)	324.889
$C_{18}H_{28}N_2O \cdot HCl \cdot H_2O$(盐酸布比卡因)	342.904
$C_{18}H_{36}N_4O_1 \cdot H_2SO_4$(单硫酸卡那霉素)	582.577
$C_{19}H_{21}NO_3 \cdot HBr$(氢溴酸烯丙吗啡)	392.287
$C_{19}H_{21}NO \cdot HCl$(盐酸多塞平)	315.837
$C_{19}H_{21}NO_4 \cdot HCl$(盐酸纳洛酮)	363.835
$C_{19}H_{21}NO_4 \cdot HCl \cdot 2H_2O$(盐酸纳洛酮)	399.866
$C_{19}H_{21}N_5O_4 \cdot HCl$(盐酸哌唑嗪)	419.862
$C_{19}H_{23}NO_3 \cdot HCl$(盐酸乙基吗啡)	349.852
$C_{19}H_{23}NO_3 \cdot HCl \cdot 2H_2O$(盐酸乙基吗啡)	385.882
$C_{19}H_{23}N_3O_2 \cdot C_4H_4O_4$(马来酸麦角新碱)	441.4770
$C_{19}H_{37}N_5O_7 \cdot 5H_2SO_4$(硫酸西索米星)	1385.445
$C_{20}H_{21}NO_4 \cdot HCl$(盐酸罂粟碱)	375.846
$C_{20}H_{24}N_2O_2 \cdot 2HCl$(二盐酸奎宁)	397.339
$C_{20}H_{31}NO \cdot HCl$(盐酸苯海索)	337.927
$C_{20}H_{31}NO_3 \cdot C_6H_8O_7$(枸橼酸喷托维林)	525.5886
$C_{21}H_{22}N_2O_2 \cdot HNO_3$(硝酸士的宁)	397.4244
$C_{21}H_{25}NO_4 \cdot HCl$(盐酸罗通定)	391.888
$C_{21}H_{27}NO \cdot HCl$(盐酸地芬尼多)	345.906
$C_{21}H_{27}NO \cdot HCl$(盐酸美沙酮)	345.906

续表

化学式	式量	化学式	式量
$C_{21}H_{27}NO \cdot H_3PO_4$(磷酸苯丙哌林)	407.4404	$C_{22}H_{24}N_2O_8 \cdot HCl \cdot \frac{1}{2}C_2H_5OH \cdot \frac{1}{2}H_2O$(盐酸多西环素)	512.937
$C_{21}H_{27}NO_3 \cdot HCl$(盐酸普罗帕酮)	377.905		
$C_{21}H_{28}N_2O_2 \cdot 2HCl$(盐酸去氯羟嗪)	413.381	$(C_{46}H_{77}NO_{17})_3H_3PO_4$(磷酸泰乐菌素 A)	2846.2754
$C_{21}H_{29}N_3O \cdot H_3PO_4$(磷酸丙吡胺)	437.4696	$C_5H_{15}N_2O_4P$(草丙磷铵盐)	198.1574
$C_{22}H_{22}N_2O_8 \cdot 2HCl$(盐酸美他环素)	478.880	$C_7H_{14}NO_5P$(久效磷)	223.1635
$C_{22}H_{24}N_2O_8 \cdot HCl$(盐酸四环素)	480.895	$C_{40}H_{82}NO_9P$(磷脂,磷脂酰胆碱)	752.0541
$C_{22}H_{24}N_2O_9 \cdot HCl$(盐酸土霉素)	496.895	$C_2H_8NO_2PS$(甲胺磷)	141.129
$C_{22}H_{27}NO_2 \cdot HCl$(盐酸洛贝林)	373.916	$C_4H_{10}NO_3PS$(乙酰甲胺磷)	183.166
$C_{22}H_{28}N_2O \cdot C_6H_8O_7$(枸橼酸芬太尼)	528.5940	$C_5H_{12}NO_3PS_2$(乐果)	229.257
$C_{22}H_{28}N_4O_6 \cdot 2HCl$(盐酸米托蒽醌)	517.403	$C_5H_{12}NO_4PS$(氧化乐果)	213.192
$C_{22}H_{28}N_2O \cdot C_6H_8O_7$(枸橼酸芬太尼)	528.5940	$C_6H_{11}N_2O_4PS_3$(甲噻硫磷)	302.331
$C_{22}H_{43}N_5O_{13} \cdot 1.8H_2SO_4$(硫酸阿米卡星)	762.144	$C_6H_{11}N_2O_4PS_3$(杀扑磷)	302.331
$C_{23}H_{46}N_6O_{13} \cdot 3H_2SO_4$(硫酸新霉素)	908.879	$C_8H_{10}NO_5PS$(甲基对硫磷)	263.208
$C_{24}H_{30}N_2O_2 \cdot HCl$(盐酸多沙普仑)	414.968	$C_8H_{18}NO_4PS_2$(完灭硫磷)	287.337
$C_{24}H_{30}N_2O_2 \cdot HCl \cdot H_2O$(盐酸多沙普仑)	432.983	$C_9H_{12}NO_5PS$(杀螟硫磷、杀螟松)	277.234
$(C_{12}H_{19}NO_3)_2 \cdot H_2SO_4$(硫酸特布他林)	548.647	$C_{10}H_{12}N_3O_3PS_2$(甲基谷硫磷)	317.324
$C_{26}H_{29}NO \cdot C_6H_8O_7$(枸橼酸他莫昔芬)	563.6381	$C_{10}H_{14}NO_5PS$(对硫磷)	291.261
$C_{26}H_{29}N_3O_6 \cdot HCl$(盐酸尼卡地平)	515.986	$C_{10}H_{17}N_2O_4PS$(乙嘧硫磷)	292.292
$C_{27}H_{38}N_2O_4 \cdot HCl$(盐酸维拉帕米)	491.063	$C_{11}H_{12}NO_4PS_2$(亚胺硫磷)	317.321
$C_{29}H_{40}N_2O_4 \cdot 2HCl$(盐酸依米丁)	553.561	$C_{11}H_{16}NO_4PS$(水胺硫磷)	298.288
$C_{29}H_{40}N_2O_4 \cdot 2HCl \cdot 7H_2O$(盐酸依米丁)	679.668	$C_{11}H_{20}N_3O_3PS$(甲基嘧啶磷)	305.334
$C_{29}H_{41}NO_4 \cdot HCl$(盐酸丁丙诺啡)	504.101	$C_{12}H_{15}N_2O_3PS$(喹硫磷)	298.298
$C_{30}H_{32}N_2O_2 \cdot HCl$(盐酸地芬诺酯)	489.048	$C_{12}H_{16}N_3O_3PS_2$(乙基谷硫磷)	345.378
$(C_{33}H_{35}N_5O_5)_2 \cdot C_4H_6O_6$(酒石酸麦角胺)	1313.4098	$C_{12}H_{21}N_2O_3PS$(二嗪农、地亚农)	304.346
$(C_{17}H_{19}NO_3)_2 \cdot H_2SO_4$(硫酸吗啡)	668.754	$C_{12}H_{26}O_6P_2S_4$(二噁硫磷)	456.539
$(C_{17}H_{19}NO_3)_2 \cdot H_2SO_4 \cdot 5H_2O$(硫酸吗啡)	758.830	$C_{13}H_{22}NO_3PS$(克线磷)	303.357
$(C_{17}H_{23}NO_3)_2 \cdot H_2SO_4$(硫酸阿托品)	676.817	$C_{14}H_{14}NO_4PS$(苯硫磷)	303.304
$(C_{17}H_{23}NO_3)_2 \cdot H_2SO_4 \cdot H_2O$(硫酸阿托品)	694.833	$C_{14}H_{20}N_3O_5PS$(定菌磷)	373.364
$C_{35}H_{61}NO_{12} \cdot H_3PO_4$(竹桃霉素)	785.8535	$C_{14}H_{22}NO_4PS$(甲基异柳磷)	331.368
$C_{37}H_{67}NO_{13} \cdot C_{12}H_{22}O_{12}$(乳糖酸红霉素)	1092.2228	$C_2H_7NO_3S$(牛磺酸)	125.147
$C_{37}H_{67}NO_{13} \cdot C_{18}H_{36}O_2$(硬脂酸红霉素)	1018.4040	$C_4H_6N_4O_3S_2$(乙酰唑胺)	222.245
$(C_{20}H_{24}N_2O_2)_2 \cdot H_2SO_4$(硫酸奎宁)	746.912	$C_5H_9NO_3S$(乙酰半胱氨酸)	163.195
$(C_{20}H_{24}N_2O_2)_2 \cdot H_2SO_4 \cdot 2H_2O$(硫酸奎宁)	782.943	$C_5H_9NO_4S$(羧甲司坦)	179.194
$C_{40}H_{71}NO_{14} \cdot C_{12}H_{26}O_4S$(依托红霉素)	1056.387	$C_5H_{10}N_2O_2S$(灭多威)	162.210
$(C_{21}H_{39}N_7O_{12})_2 \cdot 3H_2SO_4$(硫酸链霉素)	1457.384	$C_5H_{11}NO_2S$(甲硫氨酸)	149.211
$(C_{21}H_{41}N_5O_7)_2 \cdot 5H_2SO_4$(硫酸奈替米星)	1441.552	$C_5H_{11}NO_2S$(蛋氨酸)	149.211
$C_{46}H_{56}N_4O_{10} \cdot H_2SO_4$(硫酸长春新碱)	923.036	$C_5H_{11}NO_2S$(青霉胺)	149.211
$C_{46}H_{58}N_4O_9 \cdot H_2SO_4$(硫酸长春碱)	909.053	$C_6H_8N_2O_2S$(磺胺)	172.205

续表

化学式	式量	化学式	式量
$C_6H_{12}N_2O_4S_2$(胱氨酸)	240.300	$C_{14}H_{12}N_4O_2S$(磺胺喹噁啉)	300.336
$C_7H_{10}N_2OS$(丙硫氧嘧啶)	170.232	$C_{14}H_{15}N_7O_2S_2$(酞丁安)	377.445
$C_7H_{10}N_2O_2S$(卡比马唑)	186.232	$C_{15}H_{13}N_3O_2S$(苯硫苯咪唑)	299.348
$C_7H_{13}NO_3S$(*N*-乙酰-L-蛋氨酸)	191.248	$C_{15}H_{13}N_3O_3S$(奥芬达唑)	315.347
$C_7H_{13}NO_4S_3$(杀虫环)	271.377	$C_{15}H_{13}N_3O_4S$(吡罗昔康)	331.346
$C_7H_{13}N_3O_3S$(杀线威)	219.261	$C_{15}H_{21}N_3O_3S$(格列齐特)	323.410
$C_7H_{14}N_2O_2S$(涕灭威砜)	190.263	$C_{15}H_{23}NOS$(戊草丹)	265.414
$C_8H_{13}N_3O_4S$(替硝唑)	247.272	$C_{15}H_{23}N_3O_4S$(舒必利)	341.426
$C_8H_{14}N_4OS$(嗪草酮)	214.288	$C_{16}H_{12}N_2O_5S$(铬紫 B)	344.342
$C_8H_{15}N_7O_2S_3$(法莫替丁)	337.445	$C_{16}H_{12}N_2O_7S_2$(日落黄铝色淀)	408.406
$C_9H_7N_3O_2S$(TAR)	221.236	$C_{16}H_{12}N_4O_9S_2$(柠檬黄铝色淀)	468.418
$C_9H_7N_7O_2S$(硫唑嘌呤)	277.263	$C_{16}H_{14}N_2O_2S$(苯噻酰草胺)	298.360
$C_9H_9N_3O_2S_2$(磺胺噻唑)	255.317	$C_{16}H_{16}N_2O_4S$(醋氨苯砜)	332.374
$C_9H_{15}NO_3S$(卡托普利)	217.285	$C_{16}H_{17}N_3O_4S\cdot H_2O$(头孢氨苄)	365.404
$C_9H_{17}NOS$(禾大壮)	187.302	$C_{16}H_{17}N_3O_5S\cdot H_2O$(头孢氨羟苄)	381.404
$C_{10}H_6N_2OS_2$(甲基克杀螨)	234.297	$C_{16}H_{18}N_2O_4S$(青霉素)	334.390
$C_{10}H_{10}N_4O_2S$(磺胺嘧啶)	250.277	$C_{16}H_{18}N_2O_7S_2$(磺苄西林)	414.453
$C_{10}H_{11}N_3O_3S$(磺胺甲噁唑)	253.278	$C_{16}H_{19}N_3O_4S$(头孢拉定)	349.405
$C_{10}H_{11}N_3O_3S$(磺胺甲基异噁唑)	253.278	$C_{16}H_{19}N_3O_4S\cdot 3H_2O$(氨苄西林)	403.451
$C_{10}H_{12}N_2O_3S$(灭草松)	240.279	$C_{16}H_{19}N_3O_5S\cdot 3H_2O$(阿莫西林)	419.450
$C_{10}H_{16}N_2O_3S$(维生素 H)	244.311	$C_{17}H_{20}N_2O_5S$(布美他尼)	364.416
$C_{11}H_{11}N_3O_2S$(磺胺吡啶)	249.289	$C_{17}H_{29}NO_3S$(稀禾啶)	327.482
$C_{11}H_{12}N_4O_2S$(磺胺甲嘧啶)	264.304	$C_{18}H_{14}N_4O_5S$(柳氮磺吡啶)	398.393
$C_{11}H_{12}N_4O_3S$(磺胺甲氧嘧啶)	280.303	$C_{20}H_{13}N_3O_7S$(铬黑 A)	439.398
$C_{11}H_{13}N_3O_3S$(磺胺异噁唑)	267.304	$C_{20}H_{14}N_2O_5S$(铬蓝黑 B)	394.401
$C_{11}H_{14}N_4O_3S$(磺胺甲氧哒嗪)	282.319	$C_{20}H_{14}N_2O_5S$(铬蓝黑 R)	394.401
$C_{11}H_{15}NO_2S$(灭虫威)	225.307	$C_{20}H_{14}N_2O_{10}S_3$(苋菜红铝色淀)	538.528
$C_{12}H_{12}N_2O_2S$(氨苯砜)	248.301	$C_{20}H_{14}N_2O_{10}S_3$(胭脂红铝色淀)	538.528
$C_{12}H_{14}N_4O_2S$(磺胺二甲嘧啶)	278.330	$C_{20}H_{16}N_4O_6S$(锌试剂)	440.429
$C_{12}H_{14}N_4O_4S$(磺胺间二甲氧嘧啶)	310.329	$C_{20}H_{22}N_4O_{10}S$(头孢呋辛酯)	510.474
$C_{12}H_{14}N_4O_4S$(磺胺多辛)	310.329	$C_{21}H_{14}N_2O_7S$(钙指示剂)	438.410
$C_{12}H_{14}N_4O_4S_2$(甲基硫菌灵)	342.394	$C_{21}H_{27}N_5O_4S$(格列吡嗪)	445.535
$C_{12}H_{15}N_3O_2S$(阿苯达唑)	265.331	$C_{22}H_{22}N_6O_7S_2$(头孢他啶)	546.576
$C_{12}H_{17}N_5O_4S$(硝酸硫胺)	327.360	$C_{22}H_{22}N_6O_7S_2\cdot 5H_2O$(头孢他啶)	636.652
$C_{13}H_9N_3OS$(TAN)	255.295	$C_{23}H_{27}N_5O_7S$(哌拉西林)	517.555
$C_{13}H_{19}NO_4S$(丙磺舒)	285.359	$C_{23}H_{27}N_5O_7S\cdot H_2O$(哌拉西林)	535.570
$C_{13}H_{22}N_2O_6S$(甲硫酸新斯的明)	334.389	$C_{23}H_{52}N_6O_{25}S_3$(硫酸新霉素)	908.879

续表

化学式	式量	化学式	式量
$C_{25}H_{27}N_9O_8S_2$(头孢哌酮)	645.667	$C_{10}H_7N_3S$(噻菌灵)	201.248
$C_{25}H_{46}N_{14}O_{11}S$(硫酸卷曲霉素)	750.785	$C_{10}H_{16}N_6S$(西咪替丁)	252.339
$C_{31}H_{32}N_2O_{13}S$(二甲酚橙)	672.656	$C_{13}H_{12}N_4S$(双硫腙)	256.326
$C_{37}H_{36}N_2O_9S$(亮蓝铝色淀)	748.885	$C_{19}H_{21}NS$(苯噻啶)	295.442
$C_{37}H_{44}N_2O_{13}S$(甲基百里酚蓝)	756.816	$C_{17}H_{20}N_2S \cdot HCl$(盐酸异丙嗪)	320.880
$C_{37}H_{49}N_7O_9S$(五肽胃泌素)	767.892	$C_{11}H_{12}N_2S \cdot HCl$(盐酸左旋咪唑)	240.752
$C_{66}H_{103}N_{17}O_{16}S$(杆菌肽)	1422.693	$C_{11}H_{14}N_2S \cdot C_{23}H_{16}O_6$(双羟萘酸噻嘧啶)	594.677
$C_{143}H_{228}N_{42}O_{37}S_7$(乳酸链球菌素)	3352.055	$C_{21}H_{26}N_2S_2 \cdot HCl$(盐酸硫利达嗪)	407.035
$C_{257}H_{338}N_{65}O_{77}S_6$(重组人胰岛素)	5762.213	CH_2O(甲醛)	30.0260
$C_{990}H_{1528}N_{262}O_{300}S_7$(重组人生长激素)	22124.756	CH_2O_2(甲酸)	46.0254
$C_3H_7NO_2S \cdot HCl$(盐酸半胱氨酸)	157.619	CH_3O	31.0339
$C_3H_7NO_2S \cdot HCl \cdot H_2O$(盐酸半胱氨酸)	175.634	CH_4O(甲醇)	32.0419
$C_7H_{10}N_2O_2S \cdot C_2H_4O_2$(醋酸磺胺米隆)	246.283	C_2H_3O	43.0446
$C_{13}H_{22}N_4O_3S \cdot HCl$(盐酸雷尼替丁)	350.865	C_2H_4O(环氧乙烷)	44.0526
$C_{13}H_{24}N_4O_3S \cdot C_4H_4O_4$(马来酸噻吗洛尔)	432.492	C_2H_4O(乙醛)	44.0526
$C_{16}H_{20}N_2O_4S_2 \cdot 2HCl$(盐酸吡硫醇)	441.393	$C_2H_4O_2$(甲酸甲酯)	60.0520
$C_{16}H_{20}N_2O_4S_2 \cdot 2HCl \cdot H_2O$(盐酸吡硫醇)	459.408	C_2H_6O	46.0684
$C_{17}H_{20}N_2O_2S \cdot HCl$(盐酸二氧丙嗪)	352.879	C_3H_4O(丙烯醛)	56.0633
$C_{18}H_{34}N_2O_6S \cdot HCl$(盐酸林可霉素)	442.998	$C_3H_4O_2$(丙二醛)	72.0627
$C_{18}H_{34}N_2O_6S \cdot HCl \cdot H_2O$(盐酸林可霉素)	461.014	C_3H_6O(环氧丙烷、丙酮)	58.0791
$C_{19}H_{19}NOS \cdot C_4H_4O_4$(富马酸酮替芬)	425.497	$C_3H_6O_2$(丙酸)	74.0785
$C_{22}H_{22}N_6O_7S_2 \cdot 5H_2O$(头孢他啶)	636.652	$C_3H_6O_3$(乳酸)	90.0779
$C_{22}H_{26}N_2O_4S \cdot HCl$(盐酸地尔硫䓬)	450.979	C_3H_8O(正丙醇)	60.0950
$C_{25}H_{30}N_4O_9S_2 \cdot C_7H_8O_3S$(托西酸舒他西林)	766.859	$C_3H_8O_2$(丙二醇)	76.0944
$(C_{16}H_{18}N_2O_5S_2)_2 \cdot C_{16}H_{20}N_2$(苄星青霉素)	1145.319	$C_3H_8O_3$(甘油)	92.0938
$C_6H_{12}N_3PS$(塞替派)	189.218	$C_4H_2O_3$(顺丁烯二酸酐)	98.0569
CH_4N_2S(硫脲)	76.121	$C_4H_4O_4$(富马酸)	116.0722
$C_3H_6N_2S$(亚乙基硫脲)	102.158	$C_4H_4O_6$(酒石酸根)	148.0710
$C_4H_6N_2S$(甲巯咪唑)	114.169	$C_4H_6O_2$(巴豆酸)	86.0892
$C_5H_4N_4S$(巯嘌呤)	114.169	$C_4H_6O_2$(乙酸酐)	86.0892
$C_5H_4N_4S \cdot H_2O$(巯嘌呤)	152.177	$C_4H_6O_4$(琥珀酸,丁二酸)	118.0880
$C_5H_5N_5S$(硫鸟嘌呤)	167.192	$C_4H_6O_5$(苹果酸)	134.0874
$C_6H_{12}N_2S_4$(福美双)	240.433	$C_4H_6O_6$(酒石酸)	150.0868
$C_9H_7N_3S$(三环唑)	189.237	$C_4H_6O_6 \cdot H_2O$(酒石酸)	168.1021
$C_9H_{12}N_2S$(丙硫异烟胺)	180.270	C_4H_8O(2-丁酮)	72.1057
$C_{10}H_7N_3S$(噻苯唑)	201.248	$C_4H_8O_2$(乙酸乙酯)	88.1051
$C_{10}H_7N_3S$(噻苯哒唑)	201.248	$C_4H_8O_2$(丁酸)	88.1051

续表

化学式	式量	化学式	式量
$C_4H_{10}O$(仲丁醇)	74.1216	C_7H_8O(间甲酚、甲酚)	108.1378
$C_4H_{10}O$(乙醚)	74.1216	C_7H_8O(苯甲醇)	108.1378
$C_4H_{10}O$(正丁醇)	74.1216	$C_7H_8O_2$(愈创木酚)	124.1372
$C_4H_{10}O_2$(1,3-丁二醇)	90.1210	$C_7H_8O_3$(乙基麦芽酚)	140.1366
$C_5H_4O_2$(糠醛)	96.0841	$C_7H_{13}O_6$(速灭磷)	193.1745
$C_5H_8O_2$(戊二醛)	100.1158	$C_7H_{14}O_2$(乙酸异戊酯)	130.1849
$C_5H_8O_2$(乙酰丙酮)	100.1158	$C_8H_4O_3$(邻苯二甲酸酐)	148.1156
$C_5H_{10}O_2$(丙酸乙酯)	102.1317	$C_8H_6O_4$(对苯二甲酸)	166.1308
$C_5H_{10}O_3$(乳酸乙酯)	118.1311	$C_8H_8O_3$(对羟基苯甲酸甲酯)	152.1473
$C_5H_{12}O$(异戊醇)	88.1482	$C_8H_8O_3$(香兰素)	152.1473
$C_5H_{12}O_2$(新戊二醇)	104.1476	$C_8H_8O_4$(脱氢乙酸)	168.1467
$C_5H_{12}O_4$(季戊四醇)	136.1464	$C_8H_{10}O$(苯乙醇)	122.1644
$C_5H_{12}O_5$(木糖醇)	152.1458	$C_8H_{16}O_2$(辛酸)	144.2114
$C_5H_{12}O_5$(阿拉伯醇)	152.1458	$C_8H_{16}O_2$(己酸乙酯)	144.2114
C_6H_6O	94.1112	$C_9H_4O_3$(茚三酮)	160.1263
$C_6H_6O_2$(间苯二酚、对苯二酚)	110.1106	$C_9H_4O_3 \cdot H_2O$(茚三酮)	178.1415
$C_6H_6O_2$	110.1106	$C_9H_8O_4$(阿司匹林)	180.1574
$C_6H_6O_3$	126.1100	$C_9H_{10}O_2$(乙酸苄酯)	150.1745
$C_6H_6O_3$(麦芽糖醇)	126.1100	$C_9H_{10}O_3$(羟苯乙酯)	166.1739
$C_6H_8O_2$(山梨酸)	112.1258	$C_9H_{10}O_5$(没食子酸乙酯)	198.1727
$C_6H_8O_4$(丙二醛)	144.1253	$C_9H_{12}O$(苯丙醇)	136.1910
$C_6H_8O_6$(抗坏血酸、维生素 C)	176.1241	$C_9H_{14}O_6$(甘油三乙酸酯)	218.2039
$C_6H_8O_7$(柠檬酸)	192.1235	$C_9H_{16}O_2$(γ-壬内酯)	156.2221
$C_6H_8O_7 \cdot H_2O$(柠檬酸)	210.1388	$C_9H_{16}O_2$(己酸烯丙酯)	156.2221
$C_6H_{10}O_6$(葡糖酸内酯)	178.1400	$C_9H_{18}O_2$(庚酸乙酯)	158.2380
$C_6H_{12}O_2$(己酸)	116.1583	$C_9H_{18}O_2$(丁酸异戊酯)	158.2380
$C_6H_{12}O_6$(环己六醇)	180.1559	$C_{10}H_8O_3$(羟甲香豆素)	176.1687
$C_6H_{12}O_6$(丁酸乙酯)	180.1559	$C_{10}H_{10}O_2$(黄樟素)	162.1852
$C_6H_{12}O_6$(果糖)	180.1559	$C_{10}H_{10}O_2$(异黄樟素)	162.1852
$C_6H_{12}O_6$(半乳糖)	180.1559	$C_{10}H_{10}O_4$(邻苯二甲酸二甲酯)	194.1840
$C_6H_{12}O_6 \cdot H_2O$(葡萄糖)	198.1712	$C_{10}H_{12}O_2$(丁香酚)	164.2011
$C_6H_{14}O_6$(山梨醇)	182.1718	$C_{10}H_{12}O_3$(对羟基苯甲酸丙酯)	180.2005
$C_6H_{14}O_6$(甘露醇)	182.1718	$C_{10}H_{12}O_5$(棓酸丙酯)	212.1993
$C_6H_{14}O_6$(卫茅醇)	182.1718	$C_{10}H_{12}O_5$[没食子酸丙酯(PG)]	212.1993
$C_7H_6O_2$(苯甲酸)	122.1213	$C_{10}H_{14}O_2$(叔丁基邻苯二酚、叔丁基对苯二酚)	166.2170
$C_7H_6O_3$(水杨酸)	138.1207	$C_{10}H_{16}O$(樟脑)	152.2334
$C_7H_6O_4$(棒曲霉素)	154.1201	$C_{10}H_{16}O$(柠檬醛)	152.2334

续表

化学式	式量	化学式	式量
$C_{10}H_{18}O_4$(癸二酸)	202.2475	$C_{16}H_{14}O_3$(芬布芬)	254.2806
$C_{10}H_{20}O$(薄荷脑)	156.2650	$C_{16}H_{14}O_3$(酮洛芬)	254.2806
$C_{10}H_{20}O_2$(羟基香茅醛)	172.2646	$C_{16}H_{22}O_4$(邻苯二甲酸二丁酯)	278.3435
$C_{11}H_{16}O_2$(丁基羟基茴香醚)	180.2435	$C_{16}H_{26}O_5$(蒿甲醚)	298.3746
$C_{11}H_{20}O_2$(十一烯酸)	184.2753	$C_{17}H_{12}O_6$(黄曲霉毒素 B_1)	312.2736
$C_{12}H_{10}O$(邻苯基苯酚)	170.2072	$C_{17}H_{12}O_7$(黄曲霉毒素 G_1)	328.2730
$C_{12}H_{10}O_2$(α-萘乙酸)	186.2066	$C_{17}H_{12}O_7$(黄曲霉毒素 M_1)	328.2730
$C_{12}H_{14}O_4$(邻苯二甲酸二乙酯)	222.2372	$C_{17}H_{14}O_6$(黄曲霉毒素 B_2)	314.2895
$C_{12}H_{20}O_2$(乙酸芳樟酯)	196.2860	$C_{17}H_{14}O_7$(黄曲霉毒素 G_2)	330.2889
$C_{12}H_{20}O_2$(环己基丙酸烯丙酯)	196.2860	$C_{17}H_{24}O_3$(环扁桃酯)	276.3707
$C_{12}H_{20}O_7$(柠檬酸三乙酯)	276.2830	$C_{18}H_{12}O_6$(杂色曲霉素)	324.2843
$C_{12}H_{22}O_{11}$(乳果糖)	342.2965	$C_{18}H_{20}O_2$(己烯雌酚)	268.3502
$C_{12}O_{22}O_{11}$(乳清蛋白)	342.2965	$C_{18}H_{22}O_5$(赤霉烯酮)	318.3643
$C_{21}H_{22}O_{11}$(红花黄色素)	342.2965	$C_{18}H_{24}O_2$(雌二醇)	272.3820
$C_{12}H_{22}O_{11}$(乳酮糖)	342.2965	$C_{18}H_{24}O_3$(雌三醇)	288.3814
$C_{12}H_{22}O_{11}$(蔗糖)	342.2965	$C_{18}H_{32}O_2$(亚油酸)	280.4455
$C_{12}H_{22}O_{11} \cdot H_2O$(异麦芽酮糖)	360.3118	$C_{18}H_{34}O_2$(油酸)	282.4614
$C_{12}H_{24}O_2$(月桂酸)	200.3178	$C_{19}H_{14}O_3$(玫红酸)	290.3127
$C_{12}H_{24}O_2$(癸酸乙酯)	200.3178	$C_{19}H_{22}O_6$(赤霉酸)	346.3744
$C_{13}H_{10}O_2$(呫吨氢醇)	198.2173	$C_{19}H_{30}O_5$(增效醚)	338.4385
$C_{13}H_{18}O_2$(布洛芬)	206.2808	$C_{19}H_{34}O_3$(烯虫酯)	310.4715
$C_{14}H_8O_4$(茜素)	240.2109	$C_{20}H_{12}O_5$(荧光素)	332.3063
$C_{14}H_{10}O_3$(地蒽酚)	226.2274	$C_{20}H_{14}O_4$(酚酞)	318.3228
$C_{14}H_{10}O_4$(过氧化苯甲酰)	242.2268	$C_{20}H_{18}O_{10}$(联苯双酯)	418.3509
$C_{14}H_{10}O_5$(双水杨酯)	258.2262	$C_{20}H_{24}O_2$(炔雌醇)	296.4034
$C_{14}H_{14}O_3$(萘普生)	230.2592	$C_{20}H_{26}O_2$(炔诺酮)	298.4192
$C_{14}H_{18}O$(α-戊基肉桂醛)	202.2921	$C_{20}H_{28}O_2$(异维 A 酸)	300.4351
$C_{14}H_{20}O_3$(对羟基苯甲酸正庚酯)	236.3068	$C_{20}H_{30}O$(视黄醇)	286.4516
$C_{14}H_{22}O_2$(2,5-二叔丁基氢醌)	222.3233	$C_{20}H_{30}O_2$(甲睾酮)	302.4510
$C_{14}H_{28}O_2$(肉豆蔻酸十四烷酸)	228.7309	$C_{21}H_{26}O_5$(泼尼松)	358.4281
$C_{15}H_{14}O_4$(乙酸甲萘氢醌)	258.2693	$C_{21}H_{28}O_2$(炔诺孕酮)	312.4458
$C_{15}H_{16}O_2$(双酚 A)	228.2863	$C_{21}H_{28}O_2$(左炔诺孕酮)	312.4458
$C_{15}H_{20}O_6$(脱氧雪腐镰刀菌烯醇)	296.3157	$C_{21}H_{28}O_2$(炔孕酮)	312.4458
$C_{15}H_{22}O_3$(吉非罗齐)	250.3334	$C_{21}H_{28}O_5$(泼尼松龙)	360.4440
$C_{15}H_{22}O_5$(青蒿素)	282.3322	$C_{21}H_{30}O_2$(黄体酮)	314.4617
$C_{15}H_{24}O$(2,6-二叔丁基对甲酚)	220.3505	$C_{21}H_{30}O_5$(氢化可的松)	362.4599
$C_{15}H_{24}O_5$(双氢青蒿素)	284.3481	$C_{22}H_{32}O_2$(维生素 A 乙酸乙酯)	328.4883

续表

化学式	式量	化学式	式量
$C_{22}H_{32}O_3$(丙酸睾酮)	344.4877	$C_{41}H_{64}O_{13}$(洋地黄毒苷)	764.9391
$C_{22}H_{38}O_2$(卡前列甲酯)	335.5359	$C_{41}H_{64}O_{14}$(地高辛)	780.9385
$C_{22}H_{38}O_7$(抗坏血酸十六酯)	414.5329	$C_{42}H_{66}O_{14}$(甲地高辛)	794.9650
$C_{23}H_{28}O_6$(醋酸泼尼松)	400.4648	$C_{42}H_{70}O_{11}$(盐霉素)	750.9986
$C_{23}H_{30}O_6$(醋酸可的松)	402.4807	$(C_6H_{10}O_5)_7$(倍他环糊精)	1134.9842
$C_{23}H_{30}O_6$(醋酸泼尼松龙)	402.4807	$C_{44}H_{64}O_4$(栀子甙)	656.9766
$C_{23}H_{32}O_3$(戊酸雌二醇)	356.4984	$C_{47}H_{74}O_{19}$(去乙酰毛花苷)	943.0791
$C_{23}H_{32}O_4$(醋酸去氧皮质酮)	372.4978	$C_{59}H_{90}O_4$(辅酶 Q_{10})	863.3435
$C_{23}H_{32}O_6$(醋酸氢化可的松)	404.4966	$C_{76}H_{52}O_{46}$(单宁酸)	1701.1985
$C_{24}H_{32}O_4$(醋酸甲地孕酮)	384.5085	$C_4H_9O_4P$(3-甲基膦丙酸)	152.0856
$C_{24}H_{34}O_4$(醋酸甲羟孕酮)	386.5244	$C_6H_{18}O_{24}P_6$(植酸)	660.0353
$C_{24}H_{34}O_5$(去氢胆酸)	402.5238	$C_8H_{20}O_7P_2$(特普)	290.1877
$C_{24}H_{34}O_9$(T-2 毒素)	466.5214	$C_{10}H_{15}OP_2$(地虫硫磷)	213.1730
$C_{24}H_{40}O_4$(脱氧胆酸)	392.5720	$C_{14}H_{19}O_6P$(丁烯磷)	314.2708
$C_{24}H_{40}O_4$(熊去氧胆酸)	392.5720	$C_{18}H_{15}O_4P$(磷酸三苯酯)	326.2831
$C_{24}H_{40}O_5$(胆酸)	408.5714	$C_{21}H_{21}O_4P$(磷酸三甲苯酯)	368.3628
$C_{25}H_{28}O_3$(苯甲酸雌二醇)	376.4880	$C_6H_{15}O_2PS_3$(甲基乙拌磷)	346.351
$C_{25}H_{32}O_2$(炔雌醚)	364.5204	$C_7H_{17}O_2PS_3$(甲胺磷)	260.377
$C_{25}H_{32}O_3$(尼尔雌醇)	380.5198	$C_8H_{19}O_2PS_2$(丙线磷)	242.339
$C_{25}H_{36}O_6$(丁酸氢化可的松)	432.5497	$C_8H_{19}O_2PS_3$(乙拌磷)	274.404
$C_{27}H_{34}O_3$(苯丙酸诺龙)	406.5571	$C_8H_{19}O_3PS_2$(内吸磷)	258.338
$C_{27}H_{44}O$(维生素 D_3)	384.6377	$C_8H_{20}O_5P_2S_2$(治螟磷)	322.319
$C_{27}H_{40}O_4$(已酸羟孕酮)	428.6041	$C_9H_{21}O_2PS_3$(特丁磷)	288.431
$C_{27}H_{46}O$(胆固醇)	386.6535	$C_9H_{22}O_4P_2S_4$(乙硫磷)	384.476
$C_{28}H_{30}O_4$(百里酚酞)	430.5354	$C_{10}H_{15}O_3PS_2$(倍硫磷)	278.328
$C_{28}H_{44}O$(维生素 D_2)	396.6484	$C_{10}H_{19}O_6PS_2$(马拉硫磷)	330.358
$C_{28}H_{48}O$(菜油甾醇)	400.6801	$C_{11}H_{17}O_3PS$(稻瘟净)	260.290
$C_{29}H_{50}O_2$(生育酚)	430.7061	$C_{11}H_{17}O_4PS_2$(丰索磷)	308.354
$C_{30}H_{30}O_8$(棉酚)	518.5544	$C_{12}H_{17}O_4PS_2$(稻丰散)	320.365
$C_{30}H_{48}O_3$(十一酸睾酮)	456.7003	$C_{12}H_{26}O_6P_2S_4$(二噁硫磷)	456.539
$C_{31}H_{46}O_2$(维生素 K_1)	450.6957	$C_{13}H_{21}O_3PS$(异稻瘟净)	288.343
$C_{31}H_{52}O_3$(乙酸维生素 E)	472.7428	$C_{14}H_{15}O_2PS_2$(克瘟散)	310.371
$C_{33}H_{60}O_{10}$(壬苯醇醚)	616.8235	$C_{16}H_{20}O_6P_2S_3$(双硫磷)	466.469
$C_{36}H_{54}O_{14}$(毒毛花苷 K,毒毛旋花苷)	710.8056	CH_4O_3S(甲烷磺酸、甲基磺酸、甲磺酸)	96.106
$C_{36}H_{62}O_{11}$(莫能菌素)	670.8709	$C_3H_8OS_2$(二巯丙醇)	124.225
$C_{38}H_{60}O_{18}$(甜菊糖苷)	804.8722	$C_4H_6O_4S_2$(二巯丁二酸)	182.218
$C_{40}H_{52}O_2$(4,4-二酮-β-胡萝卜素)	564.8397	$C_6H_6O_8S_2$(钛铁试剂)	270.237

续表

化学式	式量	化学式	式量
$C_6H_{14}O_6S_2$(白消安)	246.302	$Ca(C_7H_4NO_3S)_2 \cdot 3.5H_2O$(糖精钙)	467.485
$C_7H_6O_6S$(磺基水杨酸)	218.184	$CaNa_2(C_5H_6NO_4)_2$(依他尼酸钙钠)	374.268
$C_7H_6O_6S$(5-磺基水杨酸)	218.184	$CaNa_2(C_5H_6NO_4)_2 \cdot 6H_2O$(依他尼酸钙钠)	482.360
$C_7H_8O_3S$(对甲苯磺酸)	254.214	$Ca(CHO_2)_2$	130.113
$C_7H_6O_6S \cdot 2H_2O$(5-磺基水杨酸)	172.202	$Ca(C_2H_3O_2)_2$	158.166
$C_{12}H_{18}O_4S_2$(稻瘟灵)	290.399	$Ca(C_3H_5O_2)_2$(丙酸钙)	186.219
$C_{19}H_{14}O_5S$(酚红)	354.376	$Ca(C_3H_5O_3)_2$(乳酸钙)	218.218
$C_{19}H_{14}O_5S$(酚磺酞)	354.376	$Ca(C_3H_5O_3)_2 \cdot 5H_2O$	308.294
$C_{19}H_{14}O_7S$(邻苯二酚紫)	386.375	$Ca_3(C_6H_5O_7)_2$(柠檬酸钙)	498.433
$C_{19}H_{26}O_4S$(克螨特)	350.472	$Ca_3(C_6H_5O_7)_2 \cdot 4H_2O$	570.495
$C_{21}H_{18}O_5S$(甲酚红)	382.430	$Ca(C_6H_7O_6)_2$(抗坏血酸钙)	390.390
$C_{23}H_{18}O_9S$(埃铬青 R)	470.449	$Ca(C_6H_7O_6)_2 \cdot 2H_2O$(抗坏血酸钙)	426.341
$C_{24}H_{32}O_4S$(螺内酯)	416.573	$Ca(C_6H_{11}O_7)_2$(葡萄糖酸钙)	430.373
$C_{27}H_{30}O_5S$(百里酚蓝)	466.589	$Ca(C_{12}H_{21}O_{12})_2$(乳糖醛酸钙)	754.654
$C_{30}H_{58}O_4S$(硫代二丙酸二月桂酯)	514.8441	$CaC_{30}H_{26}O_6$(非诺洛芬钙)	522.602
CN	26.0174	$CaC_{30}H_{26}O_6 \cdot 2H_2O$(非诺洛芬钙)	558.632
CNO	42.0168	$Ca(C_3H_7O_3)PO_3$(甘油磷酸钙)	210.136
CNS	58.082	$CaCN_2$(氰氨化钙)	80.102
CO	28.0101	$CaCO_3$	100.087
CO_2	44.0095	CaC_2O_4	128.097
CO_3	60.0089	$CaC_2O_4 \cdot H_2O$	146.112
C_2O_4	88.0190	$CaCl_2$	110.984
$CO(NH_2)_2$	60.0553	$CaCl_2 \cdot 2H_2O$	147.015
CO_2H	45.0174	$CaCl_2 \cdot 6H_2O$	219.076
CS_2	76.141	$Ca(ClO)_2$	142.983
$CS(NH_2)_2$	76.121	$Ca(ClO)_2 \cdot 4H_2O$	215.044
Ca	40.078	$CaCrO_4$	156.072
$CaBr_2$	199.886	$CaCrO_4 \cdot 2H_2O$	192.102
$Ca(BrO_3)_2$	295.882	CaF_2	78.075
$Ca(BrO_3)_2 \cdot H_2O$	313.898	$Ca_2[Fe(CN)_6] \cdot 12H_2O$	508.289
$CaBr_2 \cdot 6H_2O$	307.978	CaH_2	42.094
CaC_2	64.099	$Ca(HCO_3)_2$	162.112
$Ca(C_9H_{16}NO_5)_2$(泛酸钙)	476.532	$CaHPO_4$	136.057
$Ca(C_{10}H_7N_4O_5)_2 \cdot 8H_2O$(苦酮酸钙)	710.573	$CaHPO_4 \cdot 2H_2O$	172.088
$CaC_{20}H_{21}N_7O_7$(亚叶酸钙)	511.501	$Ca(H_2PO_4)_2$	234.052
$CaC_{20}H_{21}N_7O_7 \cdot 5H_2O$(亚叶酸钙)	601.578	$Ca(H_2PO_4)_2 \cdot H_2O$	252.068
$Ca(C_7H_4NO_3S)_2$(糖精钙)	404.431	$Ca(HS)_2 \cdot 6H_2O$	214.316

续表

化 学 式	式 量	化 学 式	式 量
$Ca(HSO_3)_2$	202.220	$CdCl_2$	183.317
CaI_2	293.887	$CdCl_2 \cdot H_2O$	201.332
$Ca(IO_3)_2$	389.883	$CdCl_2 \cdot 2.5H_2O$	228.355
$Ca(IO_3)_2 \cdot H_2O$	407.899	$Cd[Hg(SCN)_4]$	545.33
$CaMoO_4$	200.02	CdI_2	366.220
$Ca(NO_3)_2$	164.088	$CdNH_4PO_4 \cdot H_2O$	243.436
$Ca(NO_3)_2 \cdot 4H_2O$	236.149	$Cd(NO_3)_2$	236.421
CaO	56.077	$Cd(NO_3)_2 \cdot 4H_2O$	308.482
$Ca(OH)_2$	74.093	CdO	128.410
$Ca(PO_3)_2$	198.022	$Cd(OH)_2$	146.426
$Ca_2P_2O_7$	254.099	$Cd_2P_2O_7$	398.765
$Ca_3(PO_4)_2$	310.177	CdS	144.476
CaS	72.143	$CdSO_4$	208.474
$CaSO_3$	120.141	$CdSO_4 \cdot \frac{8}{3}H_2O$	256.514
$CaSO_3 \cdot 2H_2O$	156.172	Ce	140.116
$CaSO_4$	136.141	$Ce(C_2H_{10}N_2)_2 \cdot (SO_4)_4 \cdot 7H_2O$(硫酸二乙二铵铈)	774.702
$CaSO_4 \cdot \frac{1}{2}H_2O$	145.148		
$CaSO_4 \cdot 2H_2O$	172.171	$Ce(C_9H_6ON)_3$(8-羟基喹啉铈)	572.566
CaS_2O_3	152.206	$Ce_2(C_2O_4)_3$	544.289
$CaS_2O_3 \cdot 6H_2O$	260.298	$Ce_2(C_2O_4)_3 \cdot 9H_2O$	706.426
$CaSiF_6$	182.154	$CeCl_3$	246.475
$CaSiO_3$	116.162	$CeCl_3 \cdot 7H_2O$	372.582
$CaWO_4$	287.92	CeF_3	197.111
Cd	112.411	$CeF_4 \cdot H_2O$	234.125
$CdBr_2$	272.219	$Ce(NH_4)_2(NO_3)_6$	548.222
$CdBr_2 \cdot 4H_2O$	344.280	$Ce(NH_4)_2(NO_3)_6 \cdot 2H_2O$	584.253
$Cd(C_2H_3O_2)_2$	230.499	$Ce(NH_4)_4(SO_4)_4 \cdot 2H_2O$	632.551
$Cd(C_2H_3O_2)_2 \cdot 2H_2O$	266.530	$Ce(NO_3)_3$	326.131
$Cd(C_5H_5N)_2(SCN)_2$(二吡啶二硫氰酸络镉)	386.776	$Ce(NO_3)_3 \cdot 6H_2O$	434.222
$Cd(C_5H_5N)_4(SCN)_2$(四吡啶二硫氰酸络镉)	544.975	$Ce(OH)_3$	191.138
$Cd(C_7H_4NS_2)_2$(巯基苯并噻唑镉)	444.898	CeO_2	172.115
$Cd(C_7H_6O_2N)_2$(邻氨基苯甲酸镉)	384.667	Ce_2O_3	328.230
$Cd(C_9H_6ON)_2$(8-羟基喹啉镉)	400.711	Ce_3O_4	484.346
$Cd(C_9H_6ON)_2 \cdot 2H_2O$	436.742	$CePO_4$	235.087
$Cd(C_{10}H_6O_2N)_2$(喹哪啶酸镉)	456.731	$Ce(SO_4)_2$	332.241
$Cd(CN)_2$	164.446	$Ce(SO_4)_2 \cdot 4H_2O$	404.302
$CdCO_3$	172.420	$Ce_2(SO_4)_3$	568.420

续表

化学式	式量	化学式	式量
$Ce_2(SO_4)_3 \cdot 8H_2O$	712.542	$Cr(NO_3)_3 \cdot 9H_2O$	400.1483
Cl	35.453	CrO	67.9955
ClO	51.452	CrO_3	99.9943
ClO_2	67.452	CrO_4	115.9937
ClO_3	83.451	Cr_2O_3	151.9904
ClO_4	99.451	Cr_2O_7	215.9880
Co	58.933200	$Cr(OH)_3$	103.0181
$CoBr_2$	218.741	$CrPO_4$	146.9675
$CoBr_2 \cdot 6H_2O$	326.832	$Cr_2(SO_4)_3$	392.180
$Co(C_2H_3O_2)_2 \cdot 4H_2O$	249.082	$Cr_2(SO_4)_3 \cdot 18H_2O$	716.455
$Co(C_5H_5N)_4(SCN)_2$(四吡啶二硫氰酸络钴)	491.498	Cs	132.90545
$Co_3(C_6H_5O_7)_2 \cdot 4H_2O$(柠檬酸钴)	627.0601	$CsAl(SO_4)_2 \cdot 12H_2O$	568.196
$Co(C_7H_6O_2N)_2$(邻氨基苯甲酸钴)	331.1893	Cs_2CO_3	325.8198
$Co(C_9H_6ON)_2 \cdot 2H_2O$(8-羟基喹啉钴)	383.2638	$CsCl$	168.358
$Co(C_{10}H_6O_2N)_3 \cdot 2H_2O$(α-亚硝基β-萘酸钴)	611.4442	$CsClO_4$	232.356
$CoC_{63}H_{88}N_{14}O_{14}P$(维生素$B_{12}$)	1355.3652	Cs_2CrO_4	381.8046
$CoC_{72}H_{100}N_{18}O_{17}P$(腺苷钴胺)	1579.5818	$Cs_2Cr_2O_7$	481.7989
$CoC_2O_4 \cdot 2H_2O$	182.9828	CsI	259.80992
$CoCl_2$	129.839	$CsNO_3$	194.9104
$CoCl_2 \cdot 6H_2O$	237.931	Cs_2O	281.8103
$CoCrO_4$	174.9269	$CsOH$	149.9128
$Co[Hg(SCN)_4]$	491.85	$Cs_2[PtCl_6]$	673.607
$Co(NO_3)_2$	182.9430	Cs_2SO_4	361.874
$Co(NO_3)_2 \cdot 6H_2O$	291.0347	Cu	63.546
CoO	74.9326	$CuBr_2$	223.354
Co_2O_3	165.8646	$Cu(C_5H_5N)_2(SCN)_2$(二吡啶二硫氰酸络铜)	337.911
Co_3O_4	240.7972	$Cu(C_2H_3O_2)_2 \cdot H_2O$	199.649
$Co_2P_2O_7$	291.8097	$Cu(C_6H_{11}O_7)_2$(葡萄糖酸铜)	453.841
CoS	90.998	$Cu(C_7H_6O_2N)_2$(邻氨基苯甲酸铜)	335.802
$CoSO_4$	154.996	$Cu(C_9H_6ON)_2$(8-羟基喹啉铜)	351.846
$CoSO_4 \cdot 7H_2O$	281.103	$Cu(C_{10}H_6O_2N)_2 \cdot H_2O$(喹哪啶酸铜)	425.882
Cr	51.9961	$Cu(C_{12}H_{10}ONS)_2 \cdot H_2O$(巯乙酰替萘胺铜)	514.119
$CrCl_2$	122.902	$CuC_{14}H_{11}O_2N_2$(试铜灵铜)	302.795
$CrCl_3$	158.355	$CuCN$	89.563
$CrCl_3 \cdot 6H_2O$	266.447	$CuCl$	98.999
$CrK(SO_4)_2 \cdot 12H_2O$	499.403	$CuCl_2$	134.452
$Cr(NO_3)_3$	238.0108	$CuCl_2 \cdot 2H_2O$	170.483

续表

化学式	式量	化学式	式量
$Cu[Hg(SCN)_4]$	496.47	FSO_3H(氟磺酸)	100.070
CuI	190.450	Fe	55.845
$Cu(NO_3)_2$	187.556	$FeBr_3$	295.557
$Cu(NO_3)_2 \cdot 3H_2O$	241.602	$FeBr_3 \cdot 6H_2O$	403.649
$Cu(NO_3)_2 \cdot 6H_2O$	295.647	Fe_3C	179.546
CuO	79.545	$FeC_4H_2O_4$(富马酸亚铁)	169.901
$Cu(OH)_2$	97.561	$Fe(C_6H_{11}O_7)_2$(葡萄糖酸亚铁)	446.140
Cu_2O	143.091	$Fe(C_6H_{11}O_7)_2 \cdot 2H_2O$(葡萄糖酸亚铁)	482.170
$Cu_2(OH)_2CO_3$	221.116	$Fe(C_9H_6ON)_3$8-羟基喹啉铁	488.295
CuS	95.611	$Fe(CN)_6$	211.949
Cu_2S	159.157	$FeCO_3$	115.854
CuSCN	121.628	$FeCl_2$	126.751
$CuSO_4$	159.609	$FeCl_2 \cdot 4H_2O$	198.812
$CuSO_4 \cdot 5H_2O$	249.685	$FeCl_3$	162.204
Dy	162.50	$FeCl_3 \cdot 6H_2O$	270.296
$CyCl_3$	268.86	$Fe(HCO_3)_2$	177.879
DyF_3	219.50	$FeNH_4(SO_4)_2 \cdot 12H_2O$	482.192
$Dy(NO_3)_3 \cdot 5H_2O$	438.59	$Fe(NH_4)_2(SO_4)_2 \cdot 6H_2O$	392.139
Dy_2O_3	373.00	$Fe(NO_3)_3$	241.860
$Dy_2(SO_4)_3 \cdot 8H_2O$	757.31	$Fe(NO_3)_3 \cdot 6H_2O$	349.951
Er	167.26	FeO	71.844
$ErCl_3$	273.618	Fe_2O_3	159.688
$ErCl_3 \cdot 6H_2O$	381.710	Fe_3O_4	231.533
ErF_3	224.254	$Fe(OH)_3$	106.867
$Er(NO_3)_3 \cdot 5H_2O$	443.350	$FePO_4$	150.816
Er_2O_3	382.516	FeS	87.910
$Er_2(SO_4)_3$	622.706	FeS_2	119.975
$Er_2(SO_4)_3 \cdot 8H_2O$	766.828	$FeSO_4$	151.908
Eu	151.964	$FeSO_4 \cdot 7H_2O$	278.015
$EuCl_2$	222.870	$Fe_2(SO_4)_3$	399.878
$EuCl_3$	258.323	$Fe_2(SO_4)_3 \cdot 9H_2O$	562.015
EuF_2	189.961	Ga	69.723
EuF_3	208.959	$Ga(C_9H_6ON)_3$(8-羟基喹啉镓)	502.173
$Eu(NO_3)_3 \cdot 6H_2O$	446.070	$Ga(C_9H_4Br_2ON)_3$(二溴 8-羟基喹啉镓)	975.549
Eu_2O_3	351.926	$GaCl_3$	176.082
$Eu_2(SO_4)_3 \cdot 8H_2O$	736.238	Ga_2O_3	187.444
F	18.9984032		

续表

化学式	式量	化学式	式量
Gd	157.25	$HC_{10}H_6O_2N\cdot 2H_2O$	209.1986
$GdCl_3$	263.61	$H_4C_{10}H_{12}O_8N_2$(乙二氨四乙酸)	292.2426
$GdCl_3\cdot 6H_2O$	371.70	HCN	27.0253
GdF_3	214.25	HCO_2	45.0174
$Gd(NO_3)_3\cdot 6H_2O$	451.36	HCO_3	61.0168
Gd_2O_3	362.50	H_2CO_3	62.0248
$Gd_2(SO_4)_3\cdot 8H_2O$	746.81	$H_2C_2O_4$	90.0349
Ge	72.64	$H_2C_2O_4\cdot 2H_2O$	126.0654
$GeCl_4$	214.45	HCl	36.461
GeO_2	104.64	HClO	52.460
GeS_2	136.77	$HClO_3$	84.459
H	1.00794	$HClO_4$	100.459
H_3AsO_4	141.9430	H_2CrO_4	118.0096
$HAuCl_4\cdot 4H_2O$	411.848	$H_2Cr_2O_7$	218.0039
H_3AsO_3	125.9436	HF	20.00634
HBO_2	43.818	HI	127.91241
H_3BO_3	61.833	HIO	143.9118
HBr	80.912	HIO_3	175.9106
HBrO	96.911	HIO_4	191.9100
$HBrO_3$	128.910	H_5IO_6	227.9406
$HCHO_2$(甲酸)	46.0254	$H_2MoO_4\cdot H_2O$	179.99
$HC_2H_3O_2$(乙酸)	60.0520	HNO_2	47.0134
$HC_3H_5O_3$(乳酸)	90.0779	$H_2N\cdot NH_2\cdot H_2SO_4$	130.124
$H_2C_4H_4O_4$(琥珀酸)	118.0880	HNO_3	63.0128
$H_2C_4H_4O_5$(苹果酸)	134.0874	H_3NO_3S(氨基磺酸)	97.094
$H_2C_4H_4O_6$(酒石酸)	150.0868	HO	17.0073
$H_3C_6H_5O_7$(柠檬酸)	192.1235	H_2O	18.0153
$H_3C_6H_5O_7\cdot H_2O$	210.1388	H_2O_2	34.0147
$HC_6H_6O_3NS$(氨基苯磺酸)	173.1897	$HONH_3Cl$(盐酸羟胺)	69.491
$HC_6H_6O_3NS\cdot 2H_2O$	209.2202	HPO_3	79.9799
$HC_7H_5O_2$(苯甲酸)	122.1213	HPO_4	95.9793
$HC_7H_5O_3$(水杨酸)	138.1207	H_2PO_4	96.9872
$HC_7H_6O_2N$(邻氨基苯甲酸)	137.1360	H_3PO_3	81.9958
$H_2C_8H_4O_4$(邻苯二甲酸)	166.1308	H_3PO_4	97.9952
$H_2C_7H_4O_6S$(磺基水杨酸)	218.184	$H_4P_2O_7$	177.9751
$H_2C_7H_4O_6S\cdot 2H_2O$	254.214	H_2S	34.081
$HC_{10}H_6O_2N$(喹哪啶酸)	173.1681	HSCN	59.090

续表

化学式	式量	化学式	式量
HSO_3	81.071	HgS	232.66
H_2SO_3	82.079	Hg_2S	433.24
HSO_4	97.071	$Hg(SCN)_2$	316.75
H_2SO_4	98.078	$Hg_2(SCN)_2$	517.34
$H_2S_2O_3$	114.144	$HgSO_4$	296.65
H_2SO_5	114.078	Hg_2SO_4	497.24
HSO_3Cl(氯磺酸)	116.524	Ho	164.9304
H_2Se	80.98	$HoCl_3$	271.289
H_2SeO_3	128.97	HoF_3	221.92553
H_2SeO_4	144.97	Ho_2O_3	337.8588
H_2Te	129.62	$Ho_2(C_2O_4)_3 \cdot 10H_2O$	774.0704
H_2TeO_4	193.61	I	126.90447
H_6TeO_6	229.64	I_2	253.80894
H_2WO_4	249.85	ICl	162.357
Hf	178.49	ICl_3	233.263
$HfCl_4$	320.30	IO	142.9039
HfF_4	254.48	IO_3	174.9027
HfO_2	210.49	IO_4	190.9021
$HfOCl_2 \cdot 8H_2O$	409.52	In	114.818
Hg	200.59	$In(C_9H_6ON)_3$(8-羟基喹啉铟)	547.268
$HgBr_2$	360.40	$InCl_3$	221.177
$Hg(C_2H_3O_2)_2$	318.68	In_2O_3	277.634
$Hg(C_5H_5N)_2Cr_2O_7$(重铬酸二吡啶络汞)	574.78	$InPO_4$	209.789
$Hg(C_7H_6O_2N)_2$(邻氨基苯甲酸汞)	472.85	Ir	92.217
$Hg(C_{12}H_{10}ONS)_2$(巯乙酰替萘胺汞)	633.15	$IrCl_3$	298.576
HgC_2O_4	288.61	$IrCl_4$	334.029
$Hg(CN)_2$	252.62	$IrCl_6$	404.935
$HgCl_2$	271.50	IrO_2	224.216
Hg_2Cl_2	472.09	$Ir(OH)_3$	243.239
$HgCrO_4$	316.58	$Ir(OH)_4$	260.246
HgI_2	454.40	IrS	224.282
$Hg(NO_3)_2$	324.60	K	39.0983
$Hg(NO_3)_2 \cdot H_2O$	342.62	$KAl(SO_4)_2 \cdot 12H_2O$	474.388
$Hg_2(NO_3)_2$	525.19	$KAlSi_3O_8$	278.3315
$Hg_2(NO_3)_2 \cdot 2H_2O$	561.22	KBF_4	125.903
HgO	216.59	KBr	119.002
Hg_2O	417.18	$KBrO_3$	167.000

续表

化学式	式量	化学式	式量
$K(C_6H_5)_4B$	358.325	KHF_2	78.1030
$KC_5H_8NO_4$(谷氨酸钾)	185.2196	$KH(IO_3)_2$	389.9116
$KC_5H_8NO_4 \cdot H_2O$(谷氨酸钾)	203.2349	KH_2PO_2	104.0867
$KC_8H_8NO_5$(克拉维酸钾)	237.2511	KH_2PO_4	136.0855
$KC_4H_4NO_4S$(乙酰磺胺酸钾)	201.242	K_2HPO_4	174.1759
KCH_3O(甲醇钾)	70.1322	$KHSO_3$	120.169
$KC_2H_3O_2$	98.1423	$KHSO_4$	136.169
$KC_6H_7O_2$(山梨酸钾)	150.2169	KI	166.0028
$KC_{16}H_{17}N_2O_4S$(青霉素钾)	372.480	KI_3	419.8117
$KC_{16}H_{17}N_2O_5S$(青霉素 V 钾)	388.480	KIO_3	214.0010
$K_2C_4H_4O_6 \cdot \frac{1}{2}H_2O$(酒石酸钾)	235.2752	KIO_4	230.0004
$K_3C_6H_5O_7$(枸橼酸钾)	306.3946	$KMnO_4$	158.0339
$K_3C_6H_5O_7 \cdot H_2O$	324.4099	$KN(C_6H_2)_2(NO_2)_6$(2,4,6,2′,4′,6′,-六硝基二苯氨钾)	477.2982
KCN	65.1157		
K_2CO_3	138.2055	KNO_2	85.1038
$K_2C_2O_4 \cdot H_2O$	184.2309	KNO_3	101.0132
KCl	74.551	$KNaC_4H_4O_6 \cdot 4H_2O$	282.2202
$KClO_3$	122.550	K_2O	94.1960
$KClO_4$	138.549	KOCN	81.1151
$K_3[Co(NO_2)_6]$	452.2611	KOH	56.1056
$K_2Co(SO_4)_2 \cdot 6H_2O$	437.347	K_3PO_4	212.2663
K_2CrO_4	194.1903	K_2PtCl_6	485.993
$K_2Cr_2O_7$	294.1846	$KReO_4$	289.303
$KCr(SO_4)_2 \cdot 12H_2O$	499.403	K_2S	110.262
KF	58.0967	$K_2S \cdot 5H_2O$	200.338
$K_3[Fe(CN)_6]$	329.244	KSCN	97.181
$K_4[Fe(CN)_6]$	368.343	K_2SO_3	158.260
$K_4[Fe(CN)_6] \cdot 3H_2O$	422.388	$K_2SO_3 \cdot 2H_2O$	194.290
$KFe(SO_4)_2 \cdot 12H_2O$	503.252	K_2SO_4	174.259
KH_2AsO_4	180.0334	$K_2S_2O_5$	222.324
K_2HAsO_4	218.1237	$K_2S_2O_7$	254.322
$KHC_4H_4O_6$(酒石酸氢钾)	188.1772	$K_2S_2O_8$	270.322
$KH_2C_6H_5O_7$(柠檬酸二氢酸钾)	230.2139	$K(SbO)C_4H_4O_6 \cdot \frac{1}{2}H_2O$(酒石酸锑钾)	333.936
$KHC_8H_4O_4$(邻苯二甲酸氢钾)	204.2212	K_2SiF_6	220.2725
$KHCO_3$	100.1151	K_2TiF_6	240.054
$KHC_2O_4 \cdot H_2O$	146.1405	K_2WO_4	326.03
$KH_3(C_2O_4)_2 \cdot 2H_2O$	254.1907	La	138.9055

续表

化学式	式量	化学式	式量
$La(C_2H_3O_2)_3 \cdot \frac{3}{2}H_2O$	343.0605	$MgCO_3$	84.3109
$LaCl_3 \cdot 7H_2O$	371.372	$MgCl_2$	95.211
LaF_3	195.9007	$MgCl_2 \cdot 6H_2O$	203.303
$La(NO_3)_3 \cdot 6H_2O$	433.0119	$Mg(ClO_4)_2$	223.207
La_2O_3	325.8092	$Mg(ClO_4)_2 \cdot 6H_2O$	331.298
$La_2(SO_4)_3$	565.999	MgF_2	62.3018
Li	6.941	$Mg(HCO_3)_2$	146.3387
LiBr	86.845	$MgNH_4AsO_4 \cdot 6H_2O$	289.3543
$LiCH_3O$(甲醇锂)	37.975	$MgNH_4PO_4 \cdot 6H_2O$	245.4065
$Li_3C_6H_5O_7 \cdot 4H_2O$(柠檬酸锂)	281.984	$Mg(NO_3)_2$	148.3148
Li_2CO_3	73.891	$Mg(NO_3)_2 \cdot 6H_2O$	256.4065
LiCl	42.394	MgO	40.3044
LiF	25.939	$Mg(OH)_2$	58.3197
LiH	7.949	$Mg_2P_2O_7$	222.5533
LiI	133.846	$MgSO_4$	120.368
$LiI \cdot 3H_2O$	187.891	$MgSO_4 \cdot 7H_2O$	246.475
$LiNO_3$	68.946	$MgSiO_3$	100.3887
$LiNO_3 \cdot 3H_2O$	122.992	Mg_2SiO_4	140.6931
Li_2O	29.881	Mn	54.938049
LiOH	23.948	$Mn(C_2H_3O_2)_2 \cdot 4H_2O$	245.0872
Li_3PO_4	115.794	$Mn(C_6H_{11}O_7)_2$(葡萄糖酸锰)	445.2327
Li_2SO_4	109.945	$Mn(C_6H_{11}O_7)_2 \cdot 2H_2O$(葡萄糖酸锰)	481.2633
$Li_2SO_4 \cdot H_2O$	127.960	$[Mn(C_5H_5N)_4](SCN)_2$(硫氰酸二吡啶络锰)	487.502
Lu	174.947	$MnCO_3$	114.9469
$LuCl_3$	281.326	$MnCl_2$	125.844
LuF_3	231.962	$MnCl_2 \cdot 4H_2O$	197.906
Lu_2O_3	397.932	$MnNH_4PO_4 \cdot H_2O$	185.9632
$Lu_2(SO_4)_3 \cdot 8H_2O$	782.244	$Mn(NO_3)_2$	178.9478
Mg	24.3050	$Mn(NO_3)_2 \cdot 6H_2O$	287.0395
$Mg_2As_2O_7$	310.4490	MnO	70.9374
$MgBr_2$	184.113	MnO_2	86.9368
$MgBr_2 \cdot 6H_2O$	292.205	MnO_4	118.9356
$Mg(C_2H_5O_2)_2 \cdot 4H_2O$(乙酸镁)	214.4542	Mn_2O_3	157.8743
$Mg(C_7H_5O_3)_2$(水杨酸镁)	298.5306	Mn_3O_4	228.8117
$Mg(C_7H_5O_3)_2 \cdot 4H_2O$(水杨酸镁)	370.5917	$Mn(OH)_2$	88.9527
$Mg(C_9H_6ON)_2$(8-羟基喹啉镁)	312.6051	$Mn_2P_2O_7$	283.8193
$Mg(C_9H_6ON)_2 \cdot 2H_2O$	348.6356	MnS	87.003

续表

化学式	式量	化学式	式量
$MnSO_4$	151.001	$(NH_4)_2Cr_2O_7$	252.0649
$MnSO_4 \cdot H_2O$	169.016	NH_4F	37.0369
$MnSO_4 \cdot 4H_2O$	223.062	$NH_4Fe(SO_4)_2 \cdot 12H_2O$	482.192
$MnSO_4 \cdot 5H_2O$	241.077	$(NH_4)_2Fe(SO_4)_2 \cdot 6H_2O$	392.139
$MnSO_4 \cdot 7H_2O$	277.108	NH_4HCO_3	79.0553
Mo	95.94	$(NH_4)_2HC_6H_5O_7$(柠檬酸氢二铵)	226.1846
MoO_3	143.94	NH_4HF_2	57.0432
MoO_4	159.94	$NH_4H_2PO_4$	115.0257
$MoO_2(C_9H_6ON)_2$(8-羟基喹啉钼)	416.24	$(NH_4)_2HPO_4$	132.0562
MoS_2	160.07	NH_4HS	51.111
MoS_3	192.14	NH_4HSO_4	115.109
N	14.0067	$(NH_4)_2[Hg(SCN)_4]$	469.00
N_2	28.0134	NH_4I	144.9429
NH	15.0146	$(NH_4)_2IrCl_6$	441.013
NH_2	16.0226	$(NH_4)_6Mo_7O_{24} \cdot 4H_2O$	1235.86
NH_3	17.0305	NH_4NO_2	64.0440
NH_4	18.0385	NH_4NO_3	80.0434
N_2H_4	32.0452	$NH_4NaHPO_4 \cdot 4H_2O$	209.0687
$N_2H_4 \cdot HCl$	68.506	NH_4OH	35.0458
$N_2H_4 \cdot 2HCl$	104.967	$(NH_4)_3PO_4 \cdot 12MoO_3$	1876.34
$N_2H_4 \cdot H_2O$	50.0604	$(NH_4)_2OsCl_6$	439.03
$N_2H_4 \cdot H_2SO_4$	130.124	$(NH_4)_2PdCl_6$	355.22
$NH_2OH \cdot HCl$	69.491	$(NH_4)_2PtCl_6$	443.873
NH_2OH	33.0299	$(NH_4)_2RhCl \cdot 3/2H_2O$	201.458
$(NH_2OH)_2 \cdot H_2SO_4$	164.138	$(NH_4)_2RuCl_5 \cdot H_2O$	332.427
NH_2SO_3H	97.094	$(NH_4)_2Ru(H_2O)Cl_5$	332.427
$NH_4Al(SO_4)_2 \cdot 12H_2O$	453.329	$(NH_4)_2S$	68.142
NH_4Br	97.942	NH_4SCN	76.121
$NH_4C_2H_3O_2$	77.0825	$(NH_4)_2SO_3$	116.140
$(NH_4)_2CO_3$	96.0858	$(NH_4)_2SO_4$	132.140
$(NH_4)_2CO_3 \cdot H_2O$	114.1011	$(NH_4)_2S_2O_8$	228.202
$(NH_4)_2C_2O_4 \cdot H_2O$	142.1112	$(NH_4)_2SiF_6$	178.1528
$(NH_4)_4Ce(NO_3)_6$	548.299	$(NH_4)_2SnCl_6$	367.505
$(NH_4)_4Ce(SO_4)_4 \cdot 2H_2O$	632.551	NH_4VO_3	116.9782
NH_4Cl	53.491	NO	30.0061
NH_4ClO_4	117.489	NO_2	46.0055
$(NH_4)_2CrO_4$	152.0706	NO_3	62.0049

续表

化学式	式量	化学式	式量
N_2O	44.0128	$Na_2C_{20}H_6I_4O_5$(赤藓红)	879.8561
N_2O_3	76.0116	$Na_2C_{20}H_6I_4O_5 \cdot H_2O$(赤藓红)	897.8713
N_2O_4	92.0110	NaC_2H_6NO(氨基乙醇钠)	83.0461
N_2O_5	108.0104	$NaC_5H_8NO_4 \cdot H_2O$(谷氨酸钠)	187.1264
Na	22.989770	$NaC_6H_4NO_3$(邻硝基苯酚钠)	161.0906
2Na	45.979540	$NaC_7H_6NO_3$(对氨基水杨酸钠)	175.1172
3Na	68.969310	$NaC_7H_6NO_3 \cdot 2H_2O$(对氨基水杨酸钠)	211.1478
4Na	91.959080	$NaC_7H_6NO_4$(5-硝基邻甲氧基苯酚钠)	191.1166
Na_3AlF_6	209.941267	$NaC_{11}H_{17}N_2O_3$(异戊巴比妥钠)	248.2540
$NaAlSi_3O_8$	262.2230	$NaC_{12}H_{11}N_2O_3$(苯巴比妥钠)	254.2171
$NaAsO_2$	129.9102	$NaC_{12}H_{17}N_2O_3$(司可巴比妥钠)	260.2648
$Na_3AsO_4 \cdot 12H_2O$	424.0719	$NaC_{15}H_{11}N_2O_2$(苯妥英钠)	274.2498
$NaB(C_6H_5)_4$	342.216	$Na_2C_{30}H_{24}N_2O_{13}$(钙黄绿素)	666.4967
$NaBH_4$	37.833	$NaC_{17}H_{20}N_4O_9P$(核黄素磷酸钠)	478.3256
$NaBO_2 \cdot 4H_2O$	137.861	$NaC_{17}H_{20}N_4O_9P \cdot 2H_2O$(核黄素磷酸钠)	514.3562
$NaBO_3 \cdot 4H_2O$	153.860	$Na_2C_{10}H_{11}N_4O_8P$(肌苷酸二钠)	392.1696
$Na_2B_4O_7$	201.219	$Na_2C_{10}H_{12}N_5O_8P$(乌苷酸二钠)	407.1843
$Na_2B_4O_7 \cdot 10H_2O$	381.372	$NaC_6H_{12}NO_3S$(环拉酸钠)	201.219
$NaBiO_3$	279.9684	$NaC_6H_{12}NO_3S$(环己基氨基磺酸钠)	201.219
NaBr	102.894	$NaC_7H_4NO_3S$(糖精钠)	205.166
$NaBr \cdot 2H_2O$	138.924	$NaC_7H_4NO_3S \cdot 2H_2O$(糖精钠)	241.197
$NaBrO_3$	150.892	$NaC_8H_9N_2O_3S$(磺胺醋酰钠)	236.223
$NaC_{16}H_{11}AsN_2O_{10}S_2$(钍试剂)	553.307	$NaC_8H_9N_2O_3S \cdot H_2O$(磺胺醋酰钠)	254.239
$Na_2C_{16}H_{11}AsN_2O_{11}S_2$(偶氮胂Ⅰ)	592.296	$NaC_8H_{10}NO_5S$(舒巴坦纳)	255.223
$Na_2C_{22}H_{16}As_2N_4O_{14}S_2$(偶氮胂Ⅱ)	820.334	$NaC_{10}H_9N_4O_2S$(磺胺嘧啶钠)	272.259
$NaC_{21}H_{14}Br_4O_5S$(酪蛋白)	721.004	$NaC_{11}H_{17}N_2O_2S$(硫喷妥钠)	264.320
$Na_2C_{20}H_8Br_4O_{10}S_2$(磺溴酞钠)	837.997	$NaC_{12}H_{10}NO_3S$(二苯胺磺酸钠)	271.267
$NaC_{12}H_6Cl_2NO_2$(2,6-二氯靛酚钠)	290.077	$NaC_{13}H_{16}N_3O_4S$	333.339
$NaC_{14}H_{10}Cl_2NO_2$(双氯芬酸钠)	318.130	$NaC_{13}H_{16}N_3O_4S \cdot H_2O$(安乃近)	351.354
$NaC_7H_7ClNO_2S \cdot 3H_2O$(氯胺 T)	281.690	$NaC_{14}H_7O_7S \cdot H_2O$(茜素红)	360.271
$NaC_{19}H_{17}ClN_3O_5S$(氯唑西林钠)	457.863	$NaC_{14}H_{13}N_8O_4S_3$(头孢唑林钠)	476.489
$NaC_8H_6ClO_3$(4-氯苯氧乙酸钠)	208.754	$NaC_{14}H_{14}N_3O_3S$(甲基橙)	327.334
$NaC_{13}H_{11}Cl_2O_4$(依他尼酸钠)	325.120	$NaC_{16}H_{15}N_2O_6S_2$(头孢噻吩钠)	418.420
$Na_3C_{23}H_{13}Cl_2O_9S$(铬天青 S)	605.284	$NaC_{16}H_{15}N_4O_8S$(头孢呋辛钠)	446.367
$Na_2C_{22}H_{28}FO_8P$(倍他米松磷酸钠)	516.4046	$NaC_{16}H_{16}N_5O_7S_2$(头孢噻肟钠)	477.447
$Na_2C_{22}H_{28}FO_8P$(地塞米松磷酸钠)	516.4046	$NaC_{16}H_{17}N_2O_4S$(青霉素钠)	356.372
$NaC_{11}H_8I_3N_2O_4$(泛影酸钠)	635.8954	$NaC_{16}H_{18}N_3O_4S$(氨苄西林钠)	371.387

续表

化学式	式量	化学式	式量
$NaC_{16}H_{18}N_3O_5S$(阿莫西林钠)	387.386	$NaC_7H_5O_2$(苯甲酸钠)	144.1032
$NaC_{19}H_{18}N_3O_5S$(苯唑西林钠)	423.418	$NaC_8H_{15}O_2$(丙戊酸钠)	166.1933
$NaC_{19}H_{18}N_3O_5S \cdot H_2O$(苯唑西林钠)	441.433	$NaC_{14}H_{13}O_3$(萘普生钠)	252.2410
$NaC_{19}H_{27}O_5S \cdot 2H_2O$(硫酸普拉睾酮钠)	426.500	$NaC_{19}H_{15}O_4$(华法林钠)	330.3098
$NaC_{20}H_{12}N_3O_7S$(铬黑 T)	461.380	$NaC_{34}H_{53}O_8$(拉沙里菌素钠)	612.7696
$NaC_{23}H_{26}N_5O_7S$(哌拉西林钠)	539.537	$Na_2C_4H_4O_6 \cdot 2H_2O$(酒石酸钠)	230.0811
$NaC_{25}H_{26}N_9O_8S_2$(头孢哌酮钠)	667.649	$Na_2C_8H_4O_4$(邻苯二甲酸钠)	210.0945
$Na_2C_5H_{11}NO_6S_4$(杀虫双)	355.383	$Na_2C_{20}H_{10}O_5$(荧光素钠)	376.2699
$Na_2C_{10}H_5NO_8S_2$(亚硝基 R 盐)	377.258	$Na_2C_{23}H_{14}O_{11}$(色甘酸钠)	512.330
$Na_2C_{16}H_8N_2O_8S_2$(靛蓝胭脂红、靛蓝二磺酸钠)	466.353	$Na_3C_6H_5O_7$(柠檬酸钠)	258.0690
$Na_2C_{16}H_{10}N_2O_7S_2$(日落黄)	452.369	$Na_3C_6H_5O_7 \cdot 5\frac{1}{2}H_2O$(柠檬酸钠)	357.1530
$Na_2C_{16}H_{10}N_2O_8S_2$(变色酸 2R)	468.369	$Na_2C_3H_5O_4P$(磷霉素钠)	182.0227
$Na_2C_{16}H_{16}N_2O_7S_2$(磺苄西林钠)	458.417	$NaC_{10}H_7O_4S$(6-羟基-2-萘磺酸钠)	246.215
$Na_2C_{18}H_{14}N_2O_8S_2$(诱惑红)	496.422	$NaC_{11}H_9O_5S$(亚硫酸氢钠甲萘醌)	276.241
$Na_2C_{18}H_{16}N_8O_7S_3$(头孢曲松钠)	598.544	$NaC_{11}H_9O_5S \cdot 3H_2O$(亚硫酸氢钠甲萘醌)	330.287
$Na_2C_{18}H_{16}N_8O_7S_3 \cdot 3.5H_2O$(头孢曲松钠)	661.597	$NaC_{14}H_7O_7S \cdot H_2O$(茜素红 S)	360.271
$Na_2C_{27}H_{34}N_2O_9S_3$(亮蓝)	672.741	$NaC_{18}H_{29}O_3S$(十二烷基苯磺酸钠)	348.476
$Na_2C_{32}H_{22}N_6O_6S_2$(刚果红)	696.663	$NaC_{19}H_{27}O_5S \cdot 2H_2O$(硫酸普拉睾酮钠)	426.500
$Na_3C_{16}H_9N_2O_{12}S_3$(酸性铬蓝 K)	586.413	$Na_2C_4H_4O_4S_2$(二巯丁二钠)	226.182
$Na_3C_{16}H_9N_4O_9S_2$(柠檬黄)	534.363	$Na_2C_4H_4O_4S_2 \cdot 3H_2O$(二巯丁二钠)	280.228
$Na_3C_{18}H_{12}N_3O_{11}S_3$(新红)	611.466	$Na_2C_6H_4O_8S_2$(钛铁试剂)	314.201
$Na_3C_{20}H_{11}N_2O_{10}S_3$(苋菜红)	604.473	$NaCN$	49.0772
$Na_3C_{20}H_{11}N_2O_{10}S_3 \cdot 1.5H_2O$(胭脂红)	631.496	$NaCNS$	81.172
$Na_6C_{30}H_{15}N_6O_{21}S_6$(钙色素)	1125.796	Na_2CO_3	105.9884
$NaC_5H_{10}NS_2$(铜试剂)	171.259	$Na_2CO_3 \cdot 10H_2O$	286.1412
$NaC_5H_{10}NS_2 \cdot 2H_2O$(二乙基二硫代氨基甲酸钠)	207.290	$Na_2C_2O_4$	133.9985
		$NaCl$	58.443
$NaC_5H_{10}NS_2 \cdot 3H_2O$(二乙基二硫代氨基甲酸钠)	225.305	$NaClO$	74.442
		$NaClO_3$	106.441
$NaCH_3O$(甲醇钠)	54.0237	$NaClO_4$	122.440
NaC_2H_5O(乙醇钠)	68.0524	$Na_3Co(NO_2)_6$	403.9355
$NaC_2H_3O_2$	82.0338	Na_2CrO_4	161.9732
$NaC_2H_3O_2 \cdot 3H_2O$	136.0796	$Na_2CrO_4 \cdot 4H_2O$	234.0344
$NaC_3H_5O_2$(丙酸钠)	96.0604	$Na_2Cr_2O_7$	261.9675
$NaC_3H_5O_3$(乳酸钠)	112.0598	$Na_2Cr_2O_7 \cdot 2H_2O$	297.9981
$NaC_4H_7O_3$(羟丁酸钠)	126.0864	NaF	41.988173
$NaC_6H_7O_6$(维生素 C 钠)	198.1060	$Na_4Fe(CN)_6 \cdot 10H_2O$	484.061

续表

化学式	式量	化学式	式量
$Na_2[Fe(CN)_5NO] \cdot 2H_2O$(亚硝基五氰络铁酸钠、硝普钠)	297.948	$NaNO_3$	84.9947
		Na_2O	61.9789
Na_2HAsO_3	169.9073	Na_2O_2	77.9783
Na_2HAsO_4	185.9067	$NaOH$	39.9971
$Na_2HAsO_4 \cdot 7H_2O$	312.0136	$NaPO_3$	101.9617
$Na_2HAsO_4 \cdot 12H_2O$	402.0900	Na_3PO_4	163.9407
$NaHC_4H_4O_6$(酒石酸氢钠)	172.0687	$Na_3PO_4 \cdot 12H_2O$	380.1240
$Na_2HC_6H_5O_7$(柠檬酸氢二钠)	236.0872	$Na_4P_2O_7$	265.9024
$NaHC_8H_4O_4$(邻苯二酸氢钠)	188.1127	$Na_4P_2O_7 \cdot 10H_2O$	446.0552
$Na_2H_2C_{10}H_{12}O_8N_2$(EDTA 二钠)	336.2063	Na_2S	78.045
$Na_2H_2C_{10}H_{12}O_8N_2 \cdot 2H_2O$(EDTA 二钠二水化合物)	372.2369	$Na_2S \cdot 9H_2O$	240.182
		$NaSCN$	81.072
$NaHCO_3$	84.0066	Na_2SO_3	126.043
$NaHC_2O_4$	112.0167	$Na_2SO_3 \cdot 7H_2O$	252.150
$NaHC_2O_4 \cdot H_2O$	130.0320	Na_2SO_4	142.042
NaH_2PO_2	87.9782	$Na_2SO_4 \cdot 10H_2O$	322.195
$NaH_2PO_2 \cdot H_2O$	105.9935	$Na_2S_2O_3$	158.108
NaH_2PO_4	119.9770	$Na_2S_2O_3 \cdot 5H_2O$	248.184
$NaH_2PO_4 \cdot 2H_2O$	156.0076	$Na_2S_2O_4$	174.107
Na_2HPO_4	141.9588	$NaS_2O_4 \cdot 2H_2O$	210.138
$Na_2HPO_4 \cdot 2H_2O$	177.9894	$Na_2S_2O_5$	190.107
$Na_2HPO_4 \cdot 12H_2O$	358.1422	$Na_2S_2O_8$	238.105
$NaHS$	56.063	$Na_3SbS_4 \cdot 9H_2O$	481.127
$NaHSO_3$	104.061	Na_2SeO_3	172.94
$NaHSO_4$	120.060	Na_2SiF_6	188.0555
NaI	149.89424	Na_2SiO_3	122.0632
$NaIO_3$	197.8924	$Na_2SiO_3 \cdot 9H_2O$	284.2008
$NaIO_4$	213.8918	$Na_2SnO_3 \cdot 3H_2O$	266.734
$NaKC_4H_4O_6 \cdot 4H_2O$(酒石酸钠钾)	282.2202	$Na_2U_2O_7$	634.0332
$NaMg(UO_2)_3(C_2H_3O_2)_9 \cdot 6H_2O$	1496.8658	$Na_2U_2O_7 \cdot 6H_2O$	742.1248
Na_2MoO_4	205.92	$NaVO_3 \cdot 4H_2O$	193.9906
$Na_2MoO_4 \cdot 2H_2O$	241.95	Na_2WO_4	293.82
NaN_3	65.0099	$Na_2WO_4 \cdot 2H_2O$	329.85
$NaNH_2$	39.0124	$NaZn(UO_2)_3(C_2H_3O_2)_9 \cdot 6H_2O$	1537.95
$NaNH_4HPO_4$	137.0075	$NaO_4SC_{12}H_{25}$(十二烷基硫酸钠)	288.379
$NaNH_4HPO_4 \cdot 4H_2O$	209.0687	$NaO_4SC_{18}H_{37}$(十八烷基硫酸钠)	372.539
$NaNO_2$	68.9953	Nb	92.90638

续表

化学式	式量	化学式	式量
$NbCl_5$	270.171	Os	190.23
NbF_5	187.89840	$OsCl_4$	332.04
$Nb(HC_2O_4)_5$	538.0411	OsO_2	222.23
Nb_2O_5	265.8098	OsO_4	254.23
$NbOCl_3$	215.265	P	30.973761
Nd	144.24	PBr_3	270.686
$NdCl_3$	250.60	PCl_3	137.333
$NdCl_3 \cdot 6H_2O$	358.69	PCl_5	208.239
NdF_3	201.24	PH_3	33.99758
$Nd(NO_3)_3 \cdot 6H_2O$	438.35	PO_2	62.9726
Nd_2O_3	336.48	PO_3	78.9720
$Nd_2(SO_4)_3 \cdot 8H_2O$	720.79	PO_4	94.9714
Ni	58.6934	P_2O_3	109.9457
$Ni(C_2H_3O_2)_2 \cdot 4H_2O$	248.8426	P_2O_5	141.9445
$Ni(C_4H_7O_2N_2)_2$(丁二酮肟镍)	288.9146	P_2O_7	173.9433
$Ni(C_5H_5N)_4(SCN)_2$(硫氰酸四吡啶络镍)	491.258	$POCl_3$	153.332
$Ni(C_9H_6ON)_2$(邻氨基苯甲酸镍)	346.9935	$P_2O_5 \cdot 24MoO_3$	3596.46
$Ni(C_9H_6ON)_2 \cdot 2H_2O$	383.0240	Pb	207.2
$NiCO_3$	118.7023	$PbBr_2$	367.0
$Ni(CO)_4$	170.7338	$Pb(C_2H_3O_2)_2$	325.3
$NiCl_2$	129.599	$Pb(C_2H_3O_2)_2 \cdot 3H_2O$	379.3
$NiCl_2 \cdot 6H_2O$	237.691	$Pb(C_2H_5)_4$	323.4
$Ni(NO_3)_2$	182.7032	$Pb(C_7H_4NS_2) \cdot OH$(氢氧化巯基苯并噻唑铅)	390.5
$Ni(NO_3)_2 \cdot 6H_2O$	290.7949	$Pb(C_7H_6O_2N)_2$(邻氨基苯甲酸铅)	479.5
$Ni(NH_4)_2(SO_4)_2 \cdot 6H_2O$	394.987	$Pb(C_{10}H_7O_5N_4)_2 \cdot \frac{3}{2}H_2O$(苦铜酸铅)	760.6
NiO	74.6928	$Pb(C_{12}H_{10}ONS)_2$(巯乙酰替萘胺铅)	639.8
Ni_2O_3	165.3850	$PbCO_3$	267.2
$Ni_2P_2O_7$	291.3301	$PbCl_2$	278.1
NiS	90.758	$PbCl_4$	349.0
$NiSO_4$	154.756	PbClF	261.7
$NiSO_4 \cdot 6H_2O$	262.848	$PbCrO_4$	423.2
$NiSO_4 \cdot 7H_2O$	280.863	PbF_2	245.2
O	15.9994	PbI_2	461.0
OCH_3	31.0339	$PbMoO_4$	367.1
OC_2H_5	45.0605	$Pb(NO_3)_2$	331.2
OCN	42.0168	PbO	223.2
OH	17.0073	PbO_2	239.2

续表

化 学 式	式 量	化 学 式	式 量
Pb_3O_4	685.6	Rb_2CO_3	230.9445
$Pb(OH)_2$	241.2	RbCl	120.921
PbS	239.3	$RbClO_4$	184.918
$PbSO_3$	287.3	RbI	212.3722
$PbSO_4$	303.3	$RbNO_3$	147.4727
$PbWO_4$	455.0	Rb_2O	186.9350
Pd	106.42	Rb_2PtCl_6	578.732
$Pd(C_4H_7O_2N_2)_2$(丁二酮肟钯)	336.64	Rb_2SO_4	266.998
$Pd(C_7H_6O_2N)_2$(水杨醛肟或邻氨基苯甲酸钯)	378.68	Re	186.207
$Pd(C_9H_6ON)_2$(8-羟基喹啉钯)	394.72	$ReCl_3$	292.566
$Pd(CN)_2$	158.45	$ReCl_5$	363.472
$PdCl_2$	177.33	ReO_2	218.206
$PdCl_2 \cdot 2H_2O$	213.36	ReO_3	234.205
$PdCl_4$	248.23	ReO_4	250.205
$PdCl_6$	319.14	Re_2O_7	484.410
PdI_2	360.23	Rh	102.90550
$Pd(NO_3)_2$	230.43	$RhCl_3$	209.2645
PdO	122.42	RhO_2	134.9043
PdS	138.48	Rh_2O_3	253.8092
$PdSO_4$	202.48	Ru	101.07
$PdSO_4 \cdot 2H_2O$	238.51	RuO_4	165.07
Pr	140.90765	S	32.065
$PrCl_3$	247.267	SCN	58.082
$PrCl_3 \cdot 7H_2O$	373.374	SH	33.073
PrI_3	521.62106	SO_2	64.064
Pr_2O_3	329.8135	SO_3	80.063
PrO_2	172.9064	SO_3H	81.071
Pr_6O_{11}	1021.4393	SO_3Na	103.053
$Pr_2(SO_4)_3 \cdot 8H_2O$	714.125	SO_4	96.063
Pt	195.078	S_2O_3	112.128
$PtC_6H_{12}N_2O_4$(卡铂)	371.248	S_2O_4	128.128
$PtCl_4$	336.890	S_2O_7	176.126
$PtCl_6$	407.796	S_2O_8	192.125
$PtCl_2(NH_3)_2$(顺铂)	300.045	S_4O_6	224.256
PtS	227.143	Sb	121.760
Rb	85.4678	$SbC_6H_5O_4$(焦培酸锑)	262.862
$RbAl(SO_4)_2 \cdot 12H_2O$	520.758	$Sb(C_9H_6ON)_3$(8-羟基喹啉锑)	554.210

续表

化学式	式量	化学式	式量
$Sb(C_{12}H_{10}ONS)_3$(巯乙酰替萘胺锑)	770.597	$Sm_2(SO_4)_3 \cdot 8H_2O$	733.03
$SbCl_3$	228.119	Sn	118.710
$SbCl_5$	299.025	$SnC_{20}H_{35}N_3$(三唑锡)	436.222
SbI_3	502.473	$Sn_2C_{60}H_{78}O$(苯丁锡)	933.971
SbOCl	173.212	$SnCl_2$	189.616
Sb_2O_3	291.518	$SnCl_2 \cdot 2H_2O$	225.647
Sb_2O_5	323.517	$SnCl_4$	260.522
SbS_4	250.020	SnO	134.709
Sb_2S_3	339.715	SnO_2	150.709
Sb_2S_5	403.845	SnS	150.775
Sc	44.955910	SnS_2	182.840
$ScCl_3$	151.315	SnS_3	214.905
$Sc(OH)_3$	95.9779	Sr	87.62
$Sc(NO_3)_3$	230.9706	$Sr(C_2H_3O_2)_2 \cdot \frac{1}{2}H_2O$	214.72
$Sc(NO_3)_3 \cdot 4H_2O$	303.0317	SrC_2O_4	175.64
Sc_2O_3	137.9100	$SrC_2O_4 \cdot H_2O$	193.65
Se	78.96	$SrCO_3$	147.63
SeO_2	110.96	$SrCl_2$	158.53
SeO_3	126.96	$SrCl_2 \cdot 6H_2O$	266.62
SeO_4	142.96	$SrCrO_4$	203.61
Si	28.0855	$Sr(NO_3)_2$	211.63
SiC	40.0962	$Sr(NO_3)_2 \cdot 4H_2O$	283.69
$SiCl_4$	169.898	SrO	103.62
SiF_4	104.0791	$Sr(OH)_2$	121.63
SiF_6	142.0759	$Sr(OH)_2 \cdot 8H_2O$	265.76
SiH_4	32.1173	$SrSO_3$	167.68
SiO_2	60.0843	$SrSO_4$	183.68
SiO_3	76.0837	SrS_2O_3	199.75
SiO_4	92.0831	Ta	180.9479
Si_2O_7	168.1668	$TaCl_5$	358.213
Si_3O_8	212.2517	TaF_5	275.9399
Sm	150.36	Ta_2O_5	441.8928
$SmCl_2$	221.27	Tb	158.92534
$SmCl_3$	256.72	$TbCl_3 \cdot 6H_2O$	373.376
$SmCl_3 \cdot 6H_2O$	364.81	TbF_3	215.92055
$Sm(NO_3)_3 \cdot 6H_2O$	444.47	$Tb(NO_3)_3 \cdot 6H_2O$	453.0317
Sm_2O_3	348.72	Tb_2O_3	365.8489

续表

化学式	式量	化学式	式量
Tb_4O_7	747.6972	Tl_2S	440.832
$Tb_2(SO_4)_3 \cdot 8H_2O$	750.161	Tl_2SO_4	504.829
Te	127.60	Tm	168.93421
TeO_2	159.60	$TmBr_3$	408.646
TeO_3	175.60	$TmCl_3 \cdot 7H_2O$	401.400
TeO_4	191.60	TmF_3	225.92942
Th	232.0381	TmI_3	549.6474
$Th(C_9H_6ON)_4$(8-羟基喹啉钍)	808.6383	$Tm_2(C_2O_4)_3 \cdot 6H_2O$	710.0171
$Th(C_9H_6ON)_4 \cdot (C_9H_7ON)$	953.7962	Tm_2O_3	385.8666
$Th(C_{10}H_7O_5N_4)_4 \cdot H_2O$	1302.7989	U	238.02891
$Th(C_2O_4)_2 \cdot 6H_2O$	516.1678	UCl_4	379.841
$ThCl_4$	373.850	UF_4	314.02252
$Th(NO_3)_3$	480.0577	UF_6	352.01933
$Th(NO_3)_4 \cdot 4H_2O$	552.1188	UO_2	270.0277
$Th(NO_3)_4 \cdot 12H_2O$	696.2411	UO_3	286.0271
ThO_2	264.0369	UO_4	302.0265
$Th(SO_4)_2$	424.163	U_3O_8	842.0819
$Th(SO_4)_2 \cdot 9H_2O$	586.308	$UO_2(C_2H_3O_2)_2$	388.1158
Ti	47.867	$UO_2(C_2H_3O_2)_2 \cdot 2H_2O$	424.1463
$TiCl_3$	154.226	$UO_2(C_9H_6ON)_2 \cdot (C_9H_7ON)$(8-羟基喹啉氧铀)	703.4858
$TiCl_4$	189.679	$UO_2(NO_3)_2$	394.0375
$TiO(C_9H_6ON)_2$(8-羟基喹啉氧钛)	352.166	$UO_2(NO_3)_2 \cdot 6H_2O$	502.1292
TiO_2	79.866	$(UO_2)_3NaMg \cdot (C_2H_3O_2)_9 \cdot 6H_2O$	1496.8658
$(TiO)_2P_2O_7$	301.676	$(UO_2)_3NaZn \cdot (C_2H_3O_2)_9 \cdot 6H_2O$	1537.95
$TiOSO_4$	159.929	$(UO_2)_2P_2O_7$	713.9987
Tl	204.3833	UO_2SO_4	366.090
TlBr	284.287	$UO_2SO_4 \cdot 3H_2O$	420.136
$TlC_7H_4NS_2$(巯基苯并噻唑硫醇铊)	370.627	V	50.9415
$TlC_{12}H_{10}ONS$(巯乙酰替萘胺铊)	420.662	VCl_4	192.754
TlCl	239.836	VO	66.9409
Tl_2CrO_4	524.7603	$VOCl_2$	137.847
TlI	331.2877	VO_2	82.9403
$TlNO_3$	266.3882	VO_3	98.9397
Tl_2O	424.7760	VO_4	114.9391
Tl_2O_3	456.7648	V_2O_3	149.8812
TlOH	221.3906	$V_2O_3(C_9H_6ON)_4$(8-羟基喹啉氧钒)	726.4814
Tl_2PtCl_6	816.563	V_2O_5	181.8800

续表

化学式	式量	化学式	式量
W	183.84	$Zn(C_9H_6ON)_2$(8-羟基喹啉锌)	353.69
WC	195.85	$Zn(C_{10}H_6O_2N)_2 \cdot H_2O$(喹哪啶酸锌)	427.73
WCl_5	361.10	$Zn(C_6H_{11}O_7)_2$(葡萄糖酸锌)	455.68
$WO_2(C_9H_6ON)_2$(8-羟基喹啉氧钨)	504.14	$Zn(C_{11}H_{19}O_2)_2$(十一烯酸锌)	431.92
WO_3	231.84	$Zn(CN)_2$	117.42
WO_4	247.84	$ZnCO_3$	125.40
Y	88.90585	$ZnCl_2$	136.30
YCl_3	195.265	$Zn[Hg(SCN)_4]$	498.31
$YCl_3 \cdot 6H_2O$	303.357	$ZnNH_4PO_4$	178.40
YF_3	145.9011	$Zn(NO_3)_2$	189.40
$Y(NO_3)_3 \cdot 6H_2O$	383.0122	$Zn(NO_3)_2 \cdot 6H_2O$	297.49
Y_2O_3	225.8099	ZnO	81.39
$Y_2(SO_4)_3 \cdot 8H_2O$	610.122	$Zn(OH)_2$	99.40
Yb	173.04	$Zn_3(PO_4)_2 \cdot 4H_2O$	458.17
$YbCl_2$	243.95	$Zn_2P_2O_7$	304.72
$YbCl_3$	279.40	ZnS	97.46
$YbCl_3 \cdot 6H_2O$	387.49	$ZnSO_4$	161.45
YbF_2	211.04	$ZnSO_4 \cdot 7H_2O$	287.56
YbF_3	230.04	Zr	91.224
Yb_2O_3	394.08	$Zr(C_9H_6ON)_4$(8-羟基喹啉锆)	667.824
$Yb_2(SO_4)_3 \cdot 8H_2O$	778.39	$ZrCl_4$	233.036
Zn	65.39	$Zr(NO_3)_4$	339.244
$Zn(C_2H_3O_2)_2$	183.48	$Zr(NO_3)_4 \cdot 5H_2O$	429.320
$Zn(C_2H_3O_2)_2 \cdot 2H_2O$	219.51	ZrO_2	123.223
$Zn(C_5H_5N)_2(SCN)_2$(硫氢化二吡啶络锌)	339.75	$ZrOCl_2 \cdot 8H_2O$	322.252
$ZnC_{20}H_{18}N_8O_4S_2 \cdot 2H_2O$(磺胺嘧啶锌)	599.96	ZrP_2O_7	265.167
$ZnC_{20}H_{18}N_8O_4S_2$(磺胺嘧啶锌)	563.93	$Zr(SO_4)_2$	283.349
$ZnC_4H_6N_2S_4$(代森锌)	275.75	$Zr(SO_4)_2 \cdot 4H_2O$	355.410
$Zn(C_7H_6O_2N)_2$(邻氨基苯甲酸锌)	337.65	$ZrSiO_4$	183.307

注：根据 2001 年国际相对原子质量计算。

三、常用酸、碱试剂的密度和浓度

表 4-3 常用酸、碱试剂的密度与浓度

试剂名称	化学式	相对密度	质量分数/%	物质的量浓度①/(mol/L)
浓硫酸	H_2SO_4	1.84	96	18
浓盐酸	HCl	1.19	37	12
浓硝酸	HNO_3	1.42	70	16
浓磷酸	H_3PO_4	1.69	85	15
冰醋酸	$HC_2H_3O_2$	1.05	99	17
高氯酸	$HClO_4$	1.67	70	12
浓氢氟酸	HF	1.14	40	20
氢溴酸	HBr	1.38	40	7
浓氢氧化钠	$NaOH$	1.43	40	14
浓氨水	NH_3	0.90	28	15

① 物质的量浓度均以化学式为基本单元计算。

四、化学试剂的一般性质

表 4-4 常用酸、碱试剂的一般性质

名称	化学式	沸点/℃	密度①/(g/mL)	浓度①		一般性质
				质量分数/%	c_B/(mol/L)	
盐酸	HCl	110	1.18～1.19	36～38	约 12	无色液体，发烟。与水互溶。强酸，常用的溶剂。大多数金属氯化物易溶于水。Cl^-具有弱还原性及一定的络合能力
硝酸	HNO_3	122	1.39～1.40	约 68	约 15	无色液体，与水互溶。受热、光照时易分解，放出 NO_2，变成橘红色。强酸，具有氧化性，溶解能力强，速度快。所有硝酸盐都易溶于水
硫酸	H_2SO_4	338	1.83～1.84	95～98	约 18	无色透明油状液体，与水互溶，并放出大量的热，故只能将酸慢慢地加入水中，否则会因爆沸溅出伤人。强酸。浓酸具有强氧化性，强脱水能力，能使有机物脱水炭化。除碱土金属及铅的硫酸盐难溶于水外，其他硫酸盐一般都溶于水
磷酸	H_3PO_4	213	1.69	约 85	约 15	无色浆状液体，极易溶于水中。强酸，低温时腐蚀性弱，(200～300)℃时腐蚀性很强。强络合剂，很多难溶矿物均可被其分解。高温时脱水形成焦磷酸和聚磷酸
高氯酸	$HClO_4$	203	1.68	70～72	12	无色液体，易溶于水，水溶液很稳定。强酸。热溶时是强氧化剂和脱水剂。除钾、铷、铯外，一般金属的高氯酸盐都易溶于水。与有机物作用易爆炸

续表

名称	化学式	沸点/℃	密度①/(g/mL)	浓度①		一般性质
				质量分数/%	c_B/(mol/L)	
氢氟酸	HF	120 (35.35%时)	1.13	40	22.5	无色液体，易溶于水。弱酸，能腐蚀玻璃、瓷器。触及皮肤时能造成严重灼伤，并引起溃烂。对3价、4价金属离子有很强的络合能力。与其他酸(如 H_2SO_4、HNO_3、$HClO_4$)混合使用时，可分解硅酸盐，必须用铂或塑料器皿在通风橱中进行
乙酸	CH_3COOH	—	1.05	99 (冰醋酸) 36.2	17.4 (冰醋酸) 6.2	无色液体，有强烈的刺激性酸味。与水互溶，是常用的弱酸。当浓度达99%以上时(密度为1.050g/mL)凝固点为14.8℃，称为冰醋酸，对皮肤有腐蚀作用
氨水	$NH_3 \cdot H_2O$	—	0.91～0.90	25～28 (NH_3)	约15	无色液体，有刺激臭味。易挥发，加热至沸时，NH_3 可全部溢出。空气中 NH_3 达到0.5%时，可使人中毒。室温较高时欲打开瓶塞，需用湿毛巾盖着，以免喷出伤人。常用弱碱
氢氧化钠	NaOH	—	1.53	商品溶液 50.5	19.3	白色固体，呈粒、块、棒状。易溶于水，并放出大量热。强碱，有强腐蚀性，对玻璃也有一定的腐蚀性，故宜储存于带胶塞的瓶中。易溶于甲醇、乙醇
氢氧化钾	KOH	—	1.535	商品溶液 52.05	14.2	一定的腐蚀性，故宜储存于带胶塞的瓶中。易溶于甲醇、乙醇

① 表中的“密度”、“浓度”是对市售商品试剂而言。

表4-5 常用盐类和其他试剂的一般性质

名称	化学式	溶解度/(g/100g)			一般性质
		水(20℃)	水(100℃)	有机溶剂(18～25)℃	
硝酸银	$AgNO_3$	222.5	770	甲醇3.6 乙醇2.1 吡啶3.6	无色晶体，易溶于水，水溶液呈中性。见光、受热易分解，析出黑色Ag。应储于棕色瓶中
三氧化二砷	As_2O_3	1.8	8.2	—	白色固体，剧毒！又名砷华、砒霜、白砒。能溶于NaOH溶液形成亚砷酸钠。常用做基准物质，可作为测定锰的标准溶液
氯化钡	$BaCl_2$	42.5	68.3	甘油9.8	无色晶体，有毒！重量法测定 SO_4^{2-} 的沉淀剂
溴	Br_2	3.13 (30℃)	—	—	暗红色液体，强刺激性，能使皮肤发炎。难溶于水，常用水封保存。能溶于盐酸及有机溶剂。易挥发，沸点为58℃。需戴手套在通风橱中操作
无水氯化钙	$CaCl_2$	74.5	158	乙醇25.8 甲醇29.2 异戊醇7.0	白色固体，有强烈的吸水性。常用做干燥剂。吸水后生成 $CaCl_2 \cdot 2H_2O$，可加热再生使用
硫酸铜	$CuSO_4 \cdot 5H_2O$	32.1	120	—	蓝色晶体，又名蓝矾、胆矾。加热至100℃时开始脱水，250℃时失去全部结晶水。无水硫酸铜呈白色，有强烈的吸水性，可做干燥剂
硫酸亚铁	$FeSO_4 \cdot 7H_2O$	48.1	80.0 (80℃)	—	青绿色晶体，又称绿矾。还原剂，易被空气氧化变成硫酸铁，应密闭保存

续表

名称	化学式	溶解度/(g/100g) 水(20℃)	水(100℃)	有机溶剂(18～25)℃	一般性质
硫酸铁	$Fe_2(SO_4)_3$	282.8 (0℃)	水解	—	无色或亮黄色晶体，易潮解。高于600℃时分解。溶于冷水，配制溶液时应先在水中加入适量H_2SO_4，以防Fe^{3+}水解
过氧化氢	H_2O_2	∞	—	—	无色液体，又名双氧水。通常含量为30%，加热分解为H_2O和初生态氧[O]，有很强的氧化性，常作为氧化剂。但在酸性条件下，遇到更强的氧化剂时，它又呈还原剂。应避免与皮肤接触，远离易燃品，于暗、冷处保存
酒石酸	$H_2C_4H_4O_6$	139	343	乙醇 25.6	无色晶体，是Al^{3+}、Fe^{3+}、Sn^{4+}、W^{6+}等高价金属离子的掩蔽剂
草酸	$H_2C_2O_4 \cdot 2H_2O$	14	168	乙醇 33.6 乙醚 1.37	无色晶体，空气中易风化失去结晶水；100℃时完全脱水。是二元酸，既可作为酸，又可作还原剂，可用来配制标准溶液
柠檬酸	$H_3C_6H_5O_7 \cdot H_2O$	145	—	乙醇 126.8 乙醚 2.47	无色晶体，易风化失去结晶水。是Al^{3+}、Fe^{3+}、Sn^{4+}、Mo^{6+}等金属离子的掩蔽剂
汞	Hg	不溶	—	—	亮白微呈灰色的液态金属，又称水银。熔点−39℃，沸点357℃。蒸气有毒！密度大(13.55g/mL)，室温时化学性质稳定。不溶于H_2O、稀H_2SO_4。与HNO_3、热浓H_2SO_4、王水反应。应水封保存
氯化汞	$HgCl_2$	6.6	58.3	乙醇 74.1 丙酮 141 吡啶 25.2	又名升汞，剧毒！测定铁时用来氧化过量的氯化亚锡
碘	I_2	0.028	0.45	乙醇 26 二硫化碳 16 氯仿 2.7	紫黑色片状晶体，难溶于水，但可溶于KI溶液。易升华，形成紫色蒸汽。应密闭、暗中保存。是弱氧化剂
氰化钾	KCN	71.6 (25℃)	81 (50℃)	甲醇 4.91 乙醇 0.88 甘油 32	白色晶体，剧毒！易吸收空气中的H_2O和CO_2，同时放出剧毒的HCN气体！一般在碱性条件下使用，能与Ag^+、Zn^{2+}、Fe^{3+}、Mn^{2+}、Hg^{2+}、Co^{2+}、Cd^{2+}等形成无色络合物。如用酸分析其络合物，必须在通风橱中进行
溴酸钾	$KBrO_3$	6.9	50	—	无色晶体，370℃分解。氧化剂，常作为滴定分析的基准物质
氯化钾	KCl	34.4	56	甲醇 0.54 甘油 6.7	无色晶体，能溶于甘油、醇，不溶于醚和酮
铬酸钾	K_2CrO_4	63	79	—	黄色晶体，常作为沉淀剂，鉴定Pb^{2+}、Ba^{2+}等
重铬酸钾	$K_2Cr_2O_7$	12.5	100	—	橘红色晶体，常用氧化剂，易精制得纯品，作滴定分析中的基准物质
氟化钾	KF	94.9	150 (90℃)	丙酮 2.2	无色晶体或白色粉末，易潮解，水溶液呈碱性。常作掩蔽剂。遇酸放出HF，有毒
亚铁氰化钾	$K_4Fe(CN)_6$	32.1	76.8	—	黄色晶体，又称黄血盐。与Fe^{3+}形成蓝色沉淀，是鉴定Fe^{3+}的专用试剂
铁氰化钾	$K_3Fe(CN)_6$	42	91.6	—	暗红色晶体，又名赤血盐，加热时分解。遇酸放出HCN，有毒！水溶液呈黄色，是鉴定Fe^{2+}的专用试剂
磷酸二氢钾	KH_2PO_4	22.6	83.5 (90℃)	—	无色晶体，易潮解。水溶液的pH＝4.4～4.7，常用来配制缓冲溶液

续表

名称	化学式	溶解度/(g/100g) 水(20℃)	水(100℃)	有机溶剂(18～25)℃	一般性质
碘化钾	KI	144.5	206.7	甲醇 15.1 乙醇 1.88 甘油 50.6 丙酮 2.35	无色晶体，溶与水时吸热。还原剂，能与许多氧化性物质作用析出定量的碘，是碘量法的基本试剂。与空气作用易变为黄色(被氧化为 I_2)而使计量不准
碘酸钾	KIO_3	8.1	32.3		无色晶体，易吸湿。氧化剂，可作基准物质
高锰酸钾	$KMnO_4$	6.4	25 (65℃)	溶于甲醇、丙酮与乙醇反应	暗紫色晶体，在酸性、碱性介质中均显强氧化性，是化验中常用的氧化剂。水溶液遇光能缓慢分解，固体在大于 200℃时分解，故应储于棕色瓶中
硫氰酸钾	KSCN	217	674	丙酮 2.8 吡啶 6.15	无色晶体，易潮解。是鉴定 Fe^{3+} 的专属试剂，亦可用来作 Fe^{3+} 的比色测定
盐酸羟胺	$NH_2OH \cdot HCl$	94.4	—	甲醇 乙醇	无色透明晶体，强还原剂。又称氯化羟胺
氯化铵	NH_4Cl	37.2	78.6	甲醇 3.3 乙醇 0.6	无色晶体，水溶液显酸性，是配制氨缓冲溶液的主要试剂。337.8℃分解放出 HCl 和 NH_3
氟化铵	NH_4F	32.6	118 (80℃)	—	无色固体，易潮解。性质、作用同 KF
硫酸亚铁铵	$(NH_4)_2Fe(SO_4)_2 \cdot 6H_2O$	36.4	71.8 (70℃)	—	淡绿色晶体，易风化失水。又称莫尔盐。不稳定，易被空气氧化，溶液更易被氧化。为防止 Fe^{2+} 水解，常配成酸性溶液。常作为还原剂
硫酸铁铵	$(NH_4)Fe(SO_4)_2 \cdot 24H_2O$	124 (25℃)	400	—	亮紫色透明晶体，又称铁铵矾。易风化失水，230℃时失尽水。测定卤化物的指示剂
钼酸铵	$(NH_4)_2MoO_4$	—	—	—	微绿或微黄色晶体，化学式有时写成 $(NH_4)_6Mo_7O_{24} \cdot 4H_2O$。加热时分解。为测 P、As 的主要试剂
硝酸铵	NH_4NO_3	178	1010	甲醇 17.1 乙醇 3.8	白色晶体，溶于水时剧烈吸热，等量 H_2O 与 NH_4NO_3 混合可使温度降低(15～20)℃。210℃时分解。迅速加热或与有机物混合加热时会引起爆炸
过硫酸铵	$(NH_4)_2S_2O_8$	74.8 (15.5℃)	—	—	无色晶体，120℃分解。常作为氧化剂，有催化剂共存时可将 Mn^{2+}、Cr^{3+} 等氧化成高价。水溶液易分解，加热时分解更快。一般现用现配
硫氰酸铵	NH_4SCN	170	431 (70℃)	甲醇 59 乙醇 23.5	无色晶体，易潮解，170℃时分解。与 Fe^{3+} 形成血红色物质(量少时显橙色)。有毒!
钠	Na	剧烈反应	—	与乙醇反应溶于液态氨	银白色软、轻金属，密度为 0.968。与水、乙醇反应。在煤油中保存。暴露在空气中则自燃，遇水则剧烈燃烧、爆炸。常作为有机溶剂的脱水剂
四硼酸钠	$Na_2B_4O_7 \cdot 10H_2O$	4.74	73.9	—	无色晶体，又名硼砂。60℃时失去 5 个结晶水
乙酸钠	CH_3COONa	46.5	170	—	无色晶体，水溶液呈碱性，常用来配制缓冲溶液
碳酸钠	Na_2CO_3	21.8	44.7	甘油 98	白色粉末，有名苏打、纯碱。水溶液呈碱性。与 K_2CO_3 按 1∶1 混合，可降低熔点，常作为处理样品时的助溶剂。也常用作酸碱滴定中的基准物质
草酸钠	$Na_2C_2O_4$	3.7	6.33	—	白色固体，稳定，易得纯品。还原剂，常作为基准物质

续表

名称	化学式	溶解度/(g/100g) 水 (20℃)	水 (100℃)	有机溶剂 (18~25)℃	一般性质
氯化钠	NaCl	35.9	39.1	甲醇1.31 乙醇0.065 甘油8.2	无色晶体,稳定,常作基准物质
过氧化钠	Na_2O_2	反应	反应	与乙醇反应	白色晶体,工业纯为淡黄色。460℃分解。与水反应生成 H_2O_2 与 NaOH,是强氧化剂。易吸潮,应密闭保存
亚硫酸钠	Na_2SO_3	26.1	26.6	—	无色晶体,遇热分解。还原剂,在干燥空气中较稳定。水溶液呈碱性,易被空气氧化失去还原性
硫代硫酸钠	$Na_2S_2O_3 \cdot 5H_2O$	110	384.6	—	无色结晶,又称海波、大苏打。常温下较稳定,干燥空气中易风化,潮湿空气中易潮解。还原剂,能与 I_2 定量反应,是碘量法中的基本试剂
氯化亚锡	$SnCl_2 \cdot 2H_2O$	321.1 (15℃)	∞	—	白色晶体,强还原剂。溶于水时水解生成 $Sn(OH)_2$ 故常配成 HCl 溶液。为防止溶液被氧化,常加几粒金属锡粒

五、常用干燥剂

1. 常用无机干燥剂

常用的无机干燥剂有无水 $CaCl_2$、变色硅胶、P_2O_5、MgO、Al_2O_3 和浓 H_2SO_4 等。干燥剂的性能以能除去产品中水分的效率来衡量。表 4-6 为一些无机干燥剂的种类及其相对效率。

表 4-6 某些干燥剂的相对效率

干燥剂种类	残余水①量/(μg/L)	干燥剂种类	残余水①量/(μg/L)
$Mg(ClO_4)_2$	约1.0	变色硅胶②	70
BaO(96.2%)	2.8	NaOH(91%)(碱石棉剂)	93
Al_2O_3(无水)	2.9	$CaCl_2$(无水)	13.7
P_2O_5	3.5	NaOH	≈500
分子筛5A(Linde)	3.9	CaO	656
$LiClO_4$(无水)	13		

① 残余水是将湿的含 N_2 气体,通到干燥剂吸附,以一定方法称重得到的结果。

② 变色硅胶是含 $CoCl_2$ 盐的二氧化硅凝胶,其变色原理为

$$\underset{\text{粉红}}{CoCl_2 \cdot 6H_2O} \xrightarrow{52.25℃} \underset{\text{紫红}}{CoCl_2 \cdot 2H_2O} \xrightarrow{90℃} \underset{\text{蓝紫}}{CoCl_2 \cdot H_2O} \xrightarrow{120℃} \underset{\text{蓝}}{CoCl_2}$$

烘干后可重复使用。

2. 分子筛干燥剂

分子筛种类很多，目前作为商品出售和广泛应用的是 A 型、X 型和 Y 型，见表 4-7。

表 4-7 各类分子筛的化学组成和特性

类　型	有效孔径/nm	化 学 组 成	水吸附量 w/%
A 型:3A(钾 A 型)	约 0.3	$(0.75K_2O, 0.25Na_2O)+Al_2O_3+2SiO_2$	25
A 型:4A(钠 A 型)	约 0.4	$Na_2O+Al_2O_3+2SiO_2$	27.5
X 型:13X(钠 X 型)	0.9～1.0	$Na_2O+Al_2O_3+(2.5\pm0.5)SiO_2$	39.5
Y 型	1.0	$Na_2O+Al_2O_3+(3-6)SiO_2$	35.2

用分子筛干燥后的气体中含水量一般小于 10μg/g。它还适合于许多气体（如空气、天然气、氢、氧、乙炔、二氧化碳、硫化氢等气体）和有机溶剂（如苯、乙醇、乙醚，丙酮、四氯化碳等）的干燥。

六、玻璃量器校准——衡量法用表

1. 玻璃量器校准——衡量法用表（不同容量的纯水与砝码平衡质量值和差值）

在表 4-8 与表 4-9 中：

1. 已将玻璃量器的容量换算到标准温度 20℃时的值。

2. 表中差值系指质量值与容量值之间的换算差值。

3. 温度超过（15～25)℃时，对于精确度要求高的，可根据实际测得的温度、气压和相对湿度来计算空气密度，并对质量和差值重新进行计算。

4. 空气密度超过（0.0011～0.0013)g/cm³ 范围时，不宜采用此表。

5. 本表用下列公式计算出平衡纯水所需砝码的质量值 m(g)，即

$$m=V_0\rho_W[1+y(t-20)]-\frac{\rho_B}{\rho_B-\rho_A}\left(1-\frac{\rho_A}{\rho_W}\right)$$

式中 V_0——标称总容量，mL；

ρ_W——温度 t(℃）时纯水密度值，g；

ρ_A——空气密度（采用 0.0012g/cm³）；

ρ_B——砝码密度（统一名义密度值 8.0g/cm³）；

γ——玻璃体胀系数，℃$^{-1}$；

t——检定时纯水温度，℃。

表 4-8 玻璃量器校准表Ⅰ（空气密度 0.0012g/cm³，玻璃体胀系数 15×10⁻⁶℃，如中性玻璃）

质量/g \ 容量/mL	1		2		2.5		3		4		5		7.5		10		12.5		15		37.5	
温度/℃	质量	差值	质量	差值	质量	差值	质量	差值	质量	差值	质量	差值	质量	差值	质量	差值	质量	差值	质量	差值	质量	差值
15.0	0.99797	0.00203	1.9959	0.0041	2.4949	0.0051	2.9939	0.0061	3.9919	0.0081	4.9899	0.0101	7.4848	0.0152	9.9797	0.0203	12.475	0.025	14.970	0.030	37.424	0.076
15.1	0.99796	0.00204	1.9959	0.0041	2.4949	0.0051	2.9939	0.0061	3.9918	0.0082	4.9898	0.0102	7.4847	0.0153	9.9796	0.0204	12.474	0.026	14.969	0.031	37.423	0.077
15.2	0.99794	0.00206	1.9959	0.0041	2.4949	0.0051	2.9938	0.0062	3.9918	0.0082	4.9897	0.0103	7.4846	0.0154	9.9794	0.0206	12.474	0.026	14.969	0.031	37.423	0.077
15.3	0.99793	0.00207	1.9959	0.0041	2.4948	0.0052	2.9938	0.0062	3.9917	0.0083	4.9897	0.0103	7.4845	0.0155	9.9793	0.0207	12.474	0.026	14.969	0.031	37.422	0.078
15.4	0.99792	0.00208	1.9958	0.0042	2.4948	0.0052	2.9937	0.0063	3.9917	0.0083	4.9896	0.0104	7.4844	0.0156	9.9792	0.0208	12.474	0.026	14.969	0.031	37.422	0.078
15.5	0.99790	0.00210	1.9958	0.0042	2.4948	0.0052	2.9937	0.0063	3.9916	0.0084	4.9895	0.0105	7.4843	0.0157	9.9790	0.0210	12.474	0.026	14.969	0.031	37.421	0.079
15.6	0.99789	0.00211	1.9958	0.0042	2.4947	0.0053	2.9937	0.0063	3.9916	0.0084	4.9894	0.0106	7.4842	0.0158	9.9789	0.0211	12.474	0.026	14.968	0.032	37.421	0.079
15.7	0.99787	0.00213	1.9957	0.0043	2.4947	0.0053	2.9936	0.0064	3.9915	0.0085	4.9894	0.0106	7.4841	0.0159	9.9787	0.0213	12.473	0.027	14.968	0.032	37.420	0.080
15.8	0.99786	0.00214	1.9957	0.0043	2.4946	0.0054	2.9936	0.0064	3.9914	0.0086	4.9893	0.0107	7.4839	0.0161	9.9786	0.0214	12.473	0.023	14.968	0.032	37.420	0.080
15.9	0.99785	0.00215	1.9957	0.0043	2.4946	0.0054	2.9935	0.0065	3.9915	0.0086	4.9892	0.0108	7.4838	0.0162	9.9785	0.0215	12.473	0.023	14.968	0.032	37.419	0.081
16.0	0.99783	0.00217	1.9957	0.0043	2.4946	0.0054	2.9935	0.0065	3.9913	0.0087	4.9892	0.0108	7.4837	0.0163	9.9783	0.0217	12.473	0.027	14.967	0.033	37.419	0.081
16.1	0.99782	0.00218	1.9956	0.0044	2.4945	0.0055	2.9934	0.0066	3.9913	0.0087	4.9891	0.0109	7.4836	0.0164	9.9782	0.0218	12.473	0.027	14.967	0.033	37.418	0.082
16.2	0.99780	0.00220	1.9956	0.0044	2.4945	0.0055	2.9934	0.0066	3.9912	0.0088	4.9890	0.0110	7.4835	0.0165	9.9780	0.0220	12.473	0.027	14.967	0.033	37.418	0.082
16.3	0.99778	0.00222	1.9956	0.0044	2.4945	0.0055	2.9934	0.0066	3.9911	0.0089	4.9889	0.0111	7.4834	0.0166	9.9778	0.0222	12.472	0.028	14.967	0.033	37.417	0.083
16.4	0.99777	0.00223	1.9955	0.0045	2.4944	0.0056	2.9933	0.0067	3.9911	0.0089	4.9888	0.0112	7.4833	0.0167	9.9777	0.0223	12.472	0.028	14.967	0.033	37.416	0.084
16.5	0.99775	0.00225	1.9955	0.0045	2.4944	0.0056	2.9933	0.0067	3.9910	0.0090	4.9888	0.0112	7.4832	0.0168	9.9775	0.0225	12.472	0.028	14.966	0.034	37.416	0.084
16.6	0.99774	0.00226	1.9955	0.0045	2.4943	0.0057	2.9932	0.0068	3.9910	0.0090	4.9887	0.0113	7.4830	0.0170	9.9774	0.0226	12.472	0.028	14.966	0.034	37.415	0.085
16.7	0.99772	0.00228	1.9954	0.0046	2.4943	0.0057	2.9932	0.0068	3.9909	0.0091	4.9886	0.0114	7.4829	0.0171	9.9772	0.0228	12.472	0.028	14.966	0.034	37.415	0.085
16.8	0.99771	0.00229	1.9954	0.0046	2.4943	0.0057	2.9931	0.0069	3.9908	0.0092	4.9885	0.0115	7.4828	0.0172	9.9771	0.0229	12.471	0.029	14.966	0.034	37.414	0.086
16.9	0.99769	0.00231	1.9954	0.0046	2.4942	0.0058	2.9931	0.0069	3.9908	0.0092	4.9885	0.0115	7.4827	0.0173	9.9769	0.0231	12.471	0.029	14.965	0.035	37.413	0.087
17.0	0.99768	0.00232	1.9954	0.0046	2.4942	0.0058	2.9930	0.0070	3.9907	0.0093	4.9884	0.0116	7.4826	0.0174	9.9768	0.0232	12.471	0.029	14.965	0.035	37.413	0.087
17.1	0.99766	0.00234	1.9953	0.0047	2.4942	0.0058	2.9930	0.0070	3.9906	0.0094	4.9883	0.0117	7.4825	0.0175	9.9766	0.0234	12.471	0.029	14.965	0.035	37.412	0.088
17.2	0.99764	0.00246	1.9953	0.0047	2.4941	0.0059	2.9929	0.0071	3.9906	0.0094	4.9882	0.0118	7.4823	0.0177	9.9764	0.0236	12.471	0.029	14.965	0.035	37.412	0.088
17.3	0.99763	0.00237	1.9953	0.0047	2.4941	0.0059	2.9929	0.0071	3.9905	0.0095	4.9881	0.0119	7.4822	0.0178	9.9763	0.0237	12.470	0.030	14.964	0.036	37.411	0.089

续表

容量/mL 质量/g 温度/℃	1		2		2.5		3		4		5		7.5		10		12.5		15		37.5	
	质量	差值	质量	差值	质量	差值	质量	差值	质量	差值	质量	差值	质量	差值	质量	差值	质量	差值	质量	差值	质量	差值
17.4	0.99760	0.00239	1.9952	0.0048	2.4940	0.0060	2.9928	0.0072	3.9904	0.0096	0.9881	0.0119	7.4821	0.0179	9.9761	0.0239	12.470	0.030	14.964	0.036	37.410	0.090
17.5	0.99759	0.00241	1.9952	0.0048	2.4940	0.0060	2.9928	0.0072	3.9904	0.0096	4.9880	0.0120	7.4820	0.0180	9.9759	0.0241	12.470	0.030	14.964	0.036	37.410	0.090
17.6	0.99758	0.00242	1.9952	0.0048	2.4939	0.0061	2.9927	0.0073	3.9903	0.0097	4.9879	0.0121	7.4818	0.0182	9.9758	0.0242	12.470	0.030	14.964	0.036	37.409	0.091
17.7	0.99756	0.00244	1.9951	0.0049	2.4939	0.0061	2.9927	0.0073	3.9902	0.0098	4.9878	0.0122	7.4817	0.0183	9.9756	0.0244	12.470	0.030	14.963	0.037	37.409	0.091
17.8	0.99755	0.00245	1.9951	0.0049	2.4939	0.0061	2.9926	0.0074	3.9902	0.0098	4.9877	0.0123	7.4816	0.0184	9.9755	0.0245	12.469	0.031	14.963	0.037	37.408	0.092
17.9	0.99753	0.00247	1.9951	0.0049	2.4938	0.0062	2.9926	0.0074	3.9901	0.0099	4.9876	0.0124	7.4815	0.0185	9.9753	0.0247	12.469	0.031	14.963	0.037	37.407	0.093
18.0	0.99751	0.00249	1.9950	0.0050	2.4938	0.0062	2.9925	0.0075	3.9901	0.0099	4.9876	0.0124	7.4813	0.0187	9.9751	0.0249	12.469	0.031	14.963	0.037	37.407	0.093
18.1	0.99750	0.00250	1.9950	0.0050	2.4937	0.0063	2.9925	0.0075	3.9900	0.0100	4.9875	0.0125	7.4812	0.0188	9.9750	0.0250	12.469	0.031	14.962	0.038	37.406	0.094
18.2	0.99748	0.00252	1.9950	0.0050	2.4937	0.0063	2.9924	0.0076	3.9899	0.0101	4.9874	0.0126	7.4811	0.0189	9.9748	0.0252	12.468	0.032	14.962	0.038	37.405	0.095
18.3	0.99746	0.00254	1.9949	0.0051	2.4936	0.0064	2.9924	0.0076	3.9898	0.0102	4.9873	0.0127	7.4809	0.0191	9.9746	0.0254	12.468	0.032	14.962	0.038	37.405	0.095
18.4	0.99744	0.00256	1.9949	0.0051	2.4936	0.0064	2.9923	0.0077	3.9898	0.0102	4.9872	0.0128	7.4808	0.0192	9.9744	0.0256	12.468	0.032	14.962	0.038	37.404	0.096
18.5	0.99742	0.00258	1.9948	0.0052	2.4936	0.0064	2.9923	0.0077	3.9897	0.0103	4.9871	0.0129	7.4807	0.0193	9.9742	0.0258	12.468	0.032	14.961	0.039	37.403	0.097
18.6	0.99741	0.00259	1.9948	0.0052	2.4935	0.0065	2.9922	0.0078	3.9896	0.0104	4.9870	0.0130	7.4806	0.0194	9.9741	0.0259	12.468	0.032	14.961	0.039	37.403	0.097
18.7	0.99739	0.00261	1.9948	0.0052	2.4935	0.0065	2.9922	0.0078	3.9896	0.0104	4.9869	0.0131	7.4804	0.0196	9.9739	0.0261	12.467	0.033	14.961	0.039	37.402	0.098
18.8	0.99737	0.00263	1.9947	0.0053	2.4934	0.0066	2.9921	0.0079	3.9895	0.0105	4.9869	0.0131	7.4803	0.0197	9.9737	0.0263	12.467	0.033	14.961	0.039	37.401	0.099
18.9	0.99735	0.00265	1.9947	0.0053	2.4934	0.0066	2.9921	0.0079	3.9894	0.0106	4.9868	0.0132	7.4802	0.0198	9.9735	0.0265	12.467	0.033	14.960	0.040	37.401	0.099
19.0	0.99734	0.00266	1.9947	0.0053	2.4933	0.0067	2.9920	0.0080	3.9893	0.0107	4.9867	0.0133	7.4800	0.0200	9.9734	0.0266	12.467	0.033	14.960	0.040	37.400	0.100
19.1	0.99732	0.00268	1.9946	0.0054	2.4933	0.0067	2.9920	0.0080	3.9893	0.0107	4.9866	0.0134	7.4799	0.0201	9.9732	0.0268	12.466	0.034	14.960	0.040	37.399	0.101
19.2	0.99730	0.00270	1.9946	0.0054	2.4932	0.0068	2.9919	0.0081	3.9892	0.0108	4.9865	0.0135	7.4797	0.0203	9.9730	0.0270	12.466	0.034	14.959	0.041	37.399	0.101
19.3	0.99728	0.00272	1.9946	0.0054	2.4932	0.0068	2.9918	0.0082	3.9891	0.0109	4.9864	0.0136	7.4796	0.0204	9.9728	0.0272	12.466	0.034	14.959	0.041	37.398	0.102
19.4	0.99726	0.00274	1.9945	0.0055	2.4932	0.0068	2.9918	0.0082	3.9890	0.0110	4.9863	0.0137	7.4795	0.0205	9.9726	0.0274	12.466	0.034	14.959	0.041	37.397	0.103
19.5	0.99724	0.00276	1.9945	0.0055	2.4931	0.0069	2.9917	0.0083	3.9890	0.0110	4.9862	0.0138	7.4793	0.0207	9.9724	0.0276	12.466	0.034	14.959	0.041	37.397	0.103
19.6	0.99723	0.00277	1.9945	0.0055	2.4931	0.0069	2.9917	0.0083	3.9889	0.0111	4.9861	0.0139	7.4792	0.0208	9.9723	0.0277	12.465	0.035	14.958	0.042	37.396	0.104
19.7	0.99721	0.00279	1.9944	0.0056	2.4930	0.0070	2.9916	0.0084	3.9888	0.0112	4.9860	0.0140	7.4790	0.0210	9.9721	0.0279	12.465	0.035	14.958	0.042	37.395	0.105

续表

质量/g 容量/mL 温度/℃	1		2		2.5		3		4		5		7.5		10		12.5		15		37.5	
	质量	差值	质量	差值	质量	差值	质量	差值	质量	差值	质量	差值	质量	差值	质量	差值	质量	差值	质量	差值	质量	差值
19.8	0.99719	0.00281	1.9944	0.0056	2.4930	0.0070	2.9916	0.0084	3.9888	0.0112	4.9859	0.0141	7.4789	0.0211	9.9719	0.0281	12.465	0.035	14.958	0.042	37.395	0.105
19.9	0.99717	0.00283	1.9943	0.0057	2.4929	0.0071	2.9915	0.0085	3.9887	0.0113	4.9858	0.0142	7.4788	0.0212	9.9717	0.0283	12.465	0.035	14.958	0.042	37.394	0.106
20.0	0.99715	0.00285	1.9943	0.0057	2.4929	0.0071	2.9915	0.0085	3.9886	0.0114	4.9858	0.0142	7.4786	0.0214	9.9715	0.0285	12.464	0.036	14.957	0.043	37.393	0.107
20.1	0.99713	0.00287	1.9943	0.0057	2.4928	0.0072	2.9914	0.0086	3.9885	0.0115	4.9857	0.0143	7.4785	0.0215	9.9713	0.0287	12.464	0.036	14.957	0.043	37.392	0.108
20.2	0.99711	0.00289	1.9942	0.0058	2.4928	0.0072	2.9913	0.0087	3.9884	0.0116	4.9856	0.0144	7.4783	0.0217	9.9711	0.0289	12.464	0.036	14.957	0.043	37.392	0.108
20.3	0.99709	0.00291	1.9942	0.0058	2.4927	0.0073	2.9913	0.0087	3.9884	0.0116	4.9855	0.0145	7.4782	0.0218	9.9709	0.0291	12.464	0.036	14.956	0.044	37.391	0.109
20.4	0.99707	0.00293	1.9941	0.0059	2.4927	0.0073	2.9912	0.0088	3.9883	0.0117	4.9854	0.0146	7.4780	0.0220	9.9707	0.0293	12.463	0.037	14.956	0.044	37.390	0.110
20.5	0.99705	0.00295	1.9941	0.0059	2.4926	0.0074	2.9912	0.0088	3.9882	0.0118	4.9853	0.0147	7.4779	0.0221	9.9705	0.0295	12.463	0.037	14.956	0.044	37.389	0.111
20.6	0.99703	0.00297	1.9941	0.0059	2.4926	0.0074	2.9911	0.0089	3.9881	0.0119	4.9852	0.0148	7.4777	0.0223	9.9703	0.0297	12.463	0.037	14.955	0.045	37.389	0.111
20.7	0.99701	0.00299	1.9940	0.0060	2.4925	0.0075	2.9910	0.0090	3.9881	0.0119	4.9851	0.0149	7.4776	0.0224	9.9701	0.0299	12.463	0.037	14.955	0.045	37.388	0.112
20.8	0.99699	0.00301	1.9940	0.0060	2.4925	0.0075	2.9910	0.0090	3.9880	0.0120	4.9850	0.0150	7.4774	0.0226	9.9699	0.0301	12.462	0.038	14.955	0.045	37.387	0.113
20.9	0.99697	0.00303	1.9939	0.0061	2.4924	0.0076	2.9909	0.0091	3.9879	0.0121	4.9849	0.0151	7.4773	0.0227	9.9697	0.0303	12.462	0.038	14.955	0.045	37.386	0.114
21.0	0.99695	0.00305	1.9939	0.0061	2.4924	0.0076	2.9909	0.0091	3.9878	0.0122	4.9848	0.0152	7.4772	0.0228	9.9695	0.0305	12.462	0.038	14.954	0.046	37.386	0.114
21.1	0.99693	0.00307	1.9939	0.0061	2.4923	0.0077	2.9908	0.0092	3.9877	0.0123	4.9847	0.0153	7.4770	0.0230	9.9693	0.0307	12.462	0.038	14.954	0.046	37.385	0.115
21.2	0.99691	0.00309	1.9938	0.0062	2.4923	0.0077	2.9907	0.0093	3.9876	0.0124	4.9846	0.0154	7.4768	0.0232	9.9691	0.0309	12.461	0.039	14.954	0.046	37.384	0.116
21.3	0.99689	0.00311	1.9938	0.0062	2.4922	0.0078	2.9907	0.0093	3.9876	0.0124	4.9845	0.0155	7.4767	0.0233	9.9689	0.0311	12.461	0.039	14.953	0.047	37.383	0.117
21.4	0.99687	0.00313	1.9937	0.0063	2.4922	0.0078	2.9906	0.0094	3.9875	0.0125	4.9844	0.0156	7.4765	0.0235	9.9687	0.0313	12.461	0.039	14.953	0.047	37.383	0.117
21.5	0.99685	0.00315	1.9937	0.0063	2.4921	0.0079	2.9905	0.0095	3.9874	0.0126	4.9842	0.0158	7.4764	0.0236	9.9685	0.0315	12.461	0.039	14.953	0.047	37.382	0.118
21.6	0.99683	0.00317	1.9937	0.0063	2.4921	0.0079	2.9905	0.0095	3.9873	0.0127	4.9841	0.0159	7.4762	0.0238	9.9683	0.0317	12.460	0.040	14.952	0.048	37.381	0.119
21.7	0.99681	0.00319	1.9936	0.0064	2.4920	0.0080	2.9904	0.0096	3.9872	0.0128	4.9840	0.0160	7.4761	0.0239	9.9681	0.0319	12.460	0.040	14.952	0.048	37.380	0.120
21.8	0.99679	0.00321	1.9936	0.0064	2.4920	0.0080	2.9904	0.0096	3.9872	0.0128	4.9839	0.0161	7.4759	0.0241	9.9679	0.0321	12.460	0.040	14.952	0.048	37.380	0.120
21.9	0.99677	0.00323	1.9935	0.0065	2.4919	0.0081	2.9903	0.0097	3.9871	0.0129	4.9838	0.0162	7.4758	0.0242	9.9677	0.0323	12.460	0.040	14.952	0.048	37.379	0.121
22.0	0.99675	0.00325	1.9935	0.0065	2.4919	0.0081	2.9902	0.0098	3.9870	0.0130	4.9837	0.0163	7.4756	0.0244	9.9675	0.0325	12.459	0.041	14.951	0.049	37.378	0.122
22.1	0.99672	0.00328	1.9934	0.0066	2.4918	0.0082	2.9902	0.0098	3.9869	0.0131	4.9836	0.0164	7.4754	0.0246	9.9672	0.0328	12.459	0.041	14.951	0.049	37.377	0.123

续表

质量/g 容量/mL 温度/℃	1		2		2.5		3		4		5		7.5		10		12.5		15		37.5	
	质量	差值	质量	差值	质量	差值	质量	差值	质量	差值	质量	差值	质量	差值	质量	差值	质量	差值	质量	差值	质量	差值
22.2	0.99670	0.00330	1.9934	0.0066	2.4918	0.0082	2.9901	0.0099	3.9868	0.0132	4.9835	0.0165	7.4753	0.0247	9.9670	0.0330	12.459	0.041	14.951	0.049	37.376	0.124
22.3	0.99668	0.00332	1.9934	0.0066	2.4917	0.0083	2.9900	0.0100	3.9867	0.0133	4.9834	0.0166	7.4751	0.0249	9.9668	0.0332	12.459	0.041	14.950	0.050	37.376	0.124
22.4	0.99666	0.00334	1.9933	0.0067	2.4916	0.0084	2.9900	0.0100	3.9866	0.0134	4.9833	0.0167	7.4749	0.0251	9.9666	0.0334	12.458	0.042	14.950	0.050	37.375	0.125
22.5	0.99664	0.00336	1.9933	0.0067	2.4916	0.0084	2.9899	0.0101	3.9866	0.0134	4.9832	0.0168	7.4748	0.0252	9.9664	0.0336	12.458	0.042	14.950	0.050	37.374	0.126
22.6	0.99662	0.00338	1.9932	0.0068	2.4915	0.0085	2.9898	0.0102	3.9865	0.0135	4.9831	0.0168	7.4746	0.0254	9.9662	0.0338	12.458	0.042	14.949	0.051	37.373	0.127
22.7	0.99659	0.00341	1.9932	0.0068	2.4915	0.0085	2.9898	0.0102	3.9864	0.0136	4.9830	0.0170	7.4745	0.0255	9.9659	0.0341	12.457	0.043	14.949	0.051	37.372	0.128
22.8	0.99657	0.00343	1.9931	0.0069	2.4914	0.0086	2.9897	0.0103	3.9863	0.0137	4.9829	0.0171	7.4743	0.0257	9.9657	0.0343	12.457	0.043	14.949	0.051	37.371	0.129
22.9	0.99655	0.00345	1.9931	0.0069	2.4914	0.0086	2.9897	0.0103	3.9862	0.0138	4.9828	0.0172	7.4741	0.0259	9.9655	0.0345	12.457	0.043	14.948	0.052	37.371	0.129
23.0	0.99653	0.00347	1.9931	0.0069	2.4913	0.0087	2.9896	0.0104	3.9861	0.0139	4.9826	0.0174	7.4740	0.0260	9.9653	0.0347	12.457	0.043	14.948	0.052	37.370	0.130
23.1	0.99651	0.00349	1.9930	0.0070	2.4913	0.0087	2.9895	0.0105	3.9860	0.0140	4.9825	0.0175	7.4738	0.0262	9.9651	0.0349	12.456	0.044	14.948	0.052	37.369	0.131
23.2	0.99648	0.00352	1.9930	0.0070	2.4912	0.0088	2.9895	0.0105	3.9859	0.0141	4.9824	0.0176	7.4736	0.0264	9.9648	0.0352	12.456	0.044	14.947	0.053	37.368	0.132
23.3	0.99644	0.00356	1.9929	0.0071	2.4912	0.0088	2.9894	0.0106	3.9858	0.0142	4.9823	0.0177	7.4735	0.0265	9.9646	0.0354	12.456	0.044	14.947	0.053	37.367	0.133
23.4	0.99642	0.00358	1.9929	0.0071	2.4911	0.0089	2.9893	0.0107	3.9858	0.0142	4.9822	0.0178	7.4733	0.0267	9.9644	0.0356	12.455	0.045	14.947	0.053	37.366	0.134
23.5	0.99642	0.00358	1.9928	0.0072	2.4910	0.0090	2.9892	0.0108	3.9857	0.0143	4.9821	0.0179	7.4731	0.0269	9.9642	0.0358	12.455	0.045	14.946	0.054	37.366	0.134
23.6	0.99639	0.00361	1.9928	0.0072	2.4910	0.0090	2.9892	0.0108	3.9856	0.0144	4.9820	0.0180	7.4729	0.0271	9.9639	0.0361	12.455	0.045	14.946	0.054	37.365	0.135
23.7	0.99637	0.00363	1.9927	0.0073	2.4909	0.0091	2.9891	0.0109	3.9855	0.0145	4.9819	0.0181	7.4728	0.0272	9.9637	0.0363	12.455	0.045	14.946	0.054	37.364	0.136
23.8	0.99635	0.00365	1.9927	0.0073	2.4909	0.0091	2.9890	0.0110	3.9854	0.0146	4.9817	0.0183	7.4726	0.0274	9.9635	0.0365	12.454	0.046	14.945	0.055	37.363	0.137
23.9	0.99632	0.00368	1.9926	0.0074	2.4908	0.0092	2.9890	0.0110	3.9853	0.0147	4.9816	0.0184	7.4724	0.0276	9.9632	0.0368	12.454	0.046	14.945	0.055	37.362	0.138
24.0	0.99630	0.00370	1.9926	0.0074	2.4908	0.0092	2.9889	0.0111	3.9852	0.0148	4.9815	0.0185	7.4723	0.0277	9.9630	0.0370	12.454	0.046	14.945	0.055	37.361	0.139
24.1	0.99628	0.00372	1.9926	0.0074	2.4907	0.0093	2.9888	0.0112	3.9851	0.0149	4.9814	0.0186	7.4721	0.0279	9.9628	0.0372	12.453	0.047	14.944	0.056	37.360	0.140

续表

容量/mL 质量/g 温度/℃	1		2		2.5		3		4		5		7.5		10		12.5		15		37.5	
	质量	差值	质量	差值	质量	差值	质量	差值	质量	差值	质量	差值	质量	差值	质量	差值	质量	差值	质量	差值	质量	差值
24.2	0.99625	0.00375	1.9925	0.0075	2.4906	0.0094	2.9888	0.0112	3.9850	0.0150	4.9813	0.0187	7.4719	0.0281	9.9625	0.0375	12.453	0.047	14.944	0.056	37.360	0.140
24.3	0.99623	0.00377	1.9925	0.0075	2.4906	0.0094	2.9887	0.0113	3.9849	0.0151	4.9812	0.0188	7.4717	0.0283	9.9623	0.0377	12.453	0.047	14.943	0.057	37.359	0.141
24.4	0.99621	0.00379	1.9924	0.0076	2.4905	0.0095	2.9886	0.0114	3.9848	0.0152	4.9810	0.0190	7.4716	0.0284	9.9621	0.0379	12.453	0.047	14.943	0.057	37.358	0.142
24.5	0.99618	0.00382	1.9924	0.0076	2.4905	0.0095	2.9886	0.0114	3.9847	0.0153	4.9809	0.0191	7.4714	0.0286	9.9618	0.0382	12.452	0.048	14.943	0.057	37.357	0.143
24.6	0.99616	0.00384	1.9923	0.0077	2.4904	0.0096	2.9885	0.0115	3.9846	0.0154	4.9808	0.0192	7.4712	0.0288	9.9616	0.0384	12.452	0.048	14.942	0.058	37.356	0.144
24.7	0.99614	0.00386	1.9923	0.0077	2.4903	0.0097	2.9884	0.0116	3.9845	0.0155	4.9807	0.0193	7.4710	0.0290	9.9614	0.0386	12.452	0.048	14.942	0.058	37.355	0.145
24.8	0.99611	0.00389	1.9922	0.0078	2.4903	0.0097	2.9883	0.0117	3.9845	0.0155	4.9806	0.0194	7.4708	0.0292	9.9611	0.0389	12.451	0.049	14.942	0.058	37.354	0.146
24.9	0.99609	0.00391	1.9922	0.0078	2.4902	0.0098	2.9883	0.0117	3.9844	0.0156	4.9804	0.0196	7.4707	0.0293	9.9609	0.0391	12.451	0.049	14.941	0.059	37.353	0.147
25.0	0.99607	0.00393	1.9921	0.0079	2.4902	0.0098	2.9882	0.0118	3.9843	0.0157	4.9803	0.0197	7.4705	0.0295	9.9607	0.0393	12.451	0.049	14.941	0.059	37.352	0.148
25.1	0.99604	0.00396	1.9921	0.0079	2.4901	0.0099	2.9881	0.0119	3.9842	0.0158	4.9802	0.0198	7.4703	0.0297	9.9604	0.0396	12.451	0.049	14.941	0.059	37.352	0.148
25.2	0.99602	0.00398	1.9920	0.0080	2.4900	0.0100	2.9880	0.0120	3.9841	0.0159	4.9801	0.0199	7.4701	0.0299	9.9602	0.0398	12.45	0.05	14.94	0.06	37.351	0.149
25.3	0.99599	0.00401	1.9920	0.0080	2.4900	0.0100	2.9880	0.0120	3.9840	0.0160	4.9800	0.0200	7.4699	0.0301	9.9599	0.0401	12.45	0.05	14.94	0.06	37.35	0.15
25.4	0.99597	0.00403	1.9919	0.0081	2.4899	0.0101	2.9879	0.0121	3.9839	0.0161	4.9798	0.0202	7.4697	0.0303	9.9597	0.0403	12.45	0.05	14.939	0.061	37.349	0.151
25.5	0.99594	0.00406	1.9919	0.0081	2.4899	0.0101	2.9878	0.0122	3.9838	0.0162	4.9797	0.0203	7.4696	0.0304	9.9594	0.0406	12.449	0.051	14.939	0.061	37.348	0.152
25.6	0.99592	0.00408	1.9918	0.0082	2.4898	0.0102	2.9878	0.0122	3.9837	0.0163	4.9796	0.0204	7.4694	0.0306	9.9592	0.0408	12.449	0.051	14.939	0.061	37.347	0.153
25.7	0.99589	0.00411	1.9918	0.0082	2.4897	0.0103	2.9877	0.0123	3.9836	0.0164	4.9795	0.0205	7.4692	0.0308	9.9599	0.0411	12.449	0.051	14.938	0.062	37.346	0.154
25.8	0.99587	0.00413	1.9917	0.0083	2.4897	0.0103	2.9876	0.0124	3.9835	0.0165	4.9793	0.0207	7.4690	0.0310	9.9587	0.0413	12.448	0.052	14.938	0.062	37.345	0.155
25.9	0.99584	0.00416	1.9917	0.0083	2.4896	0.0104	2.9875	0.0125	3.9834	0.0166	4.9792	0.0208	7.4688	0.0312	9.9584	0.0416	12.448	0.052	14.938	0.062	37.344	0.156

表 4-9　玻璃量器校准表Ⅱ（空气密度 0.0012g/cm³，玻璃体胀系数 25×10⁻⁶℃）

质量/g 容量/mL 温度/℃	1		2		2.5		3		4		5		7.5		10		12.5		15		37.5	
	质量	差值	质量	差值	质量	差值	质量	差值	质量	差值	质量	差值	质量	差值	质量	差值	质量	差值	质量	差值	质量	差值
15.0	0.99792	0.00208	1.9958	0.0042	2.4948	0.0052	2.9938	0.0062	3.9917	0.0083	4.9896	0.0104	7.4844	0.0156	9.9792	0.0208	12.474	0.026	14.969	0.031	37.422	0.078
15.1	0.99791	0.00209	1.9958	0.0042	2.4948	0.0052	2.9937	0.0063	3.9916	0.0084	4.9895	0.0105	7.4843	0.0157	9.9791	0.0209	12.474	0.026	14.696	0.031	37.422	0.078
15.2	0.99790	0.00210	1.9958	0.0042	2.4947	0.0053	2.9937	0.0063	3.9916	0.0084	4.9895	0.0105	7.4842	0.0158	9.9790	0.0210	12.474	0.026	14.968	0.032	37.421	0.079
15.3	0.99789	0.00211	1.9958	0.0042	2.4947	0.0053	2.9937	0.0063	3.9915	0.0085	4.9894	0.0106	7.4841	0.0159	9.9788	0.0212	12.474	0.026	14.968	0.032	37.421	0.079
15.4	0.99787	0.00213	1.9957	0.0043	2.4947	0.0053	2.9936	0.0064	3.9915	0.0085	4.9894	0.0106	7.4840	0.0160	9.9787	0.0213	12.473	0.027	14.968	0.032	37.420	0.080
15.5	0.99786	0.00214	1.9957	0.0043	2.4946	0.0054	2.9936	0.0064	3.9914	0.0086	4.9893	0.0107	7.4839	0.0161	9.9786	0.0214	12.473	0.027	14.968	0.032	37.420	0.080
15.6	0.99785	0.00215	1.9957	0.0043	2.4946	0.0054	2.9935	0.0065	3.9914	0.0086	4.9892	0.0108	7.4838	0.0162	9.9784	0.0216	12.473	0.027	14.968	0.032	37.419	0.081
15.7	0.99783	0.00217	1.9957	0.0043	2.4946	0.0054	2.9935	0.0065	3.9913	0.0087	4.9892	0.0108	7.4837	0.0163	9.9783	0.0217	12.473	0.027	14.967	0.033	37.419	0.081
15.8	0.99782	0.00218	1.9956	0.0044	2.4945	0.0055	2.9935	0.0065	3.9913	0.0087	4.9891	0.0109	7.4836	0.0164	9.9782	0.0218	12.473	0.027	14.967	0.033	37.418	0.082
15.9	0.99781	0.00219	1.9956	0.0044	2.4945	0.0055	2.9934	0.0066	3.9912	0.0088	4.9890	0.0110	7.4835	0.0165	9.9780	0.0220	12.473	0.027	14.967	0.033	37.418	0.082
16.0	0.99779	0.00221	1.9956	0.0044	2.4945	0.0055	2.9934	0.0066	3.9912	0.0088	4.9890	0.0110	7.4834	0.0166	9.9779	0.0221	12.472	0.028	14.967	0.033	37.417	0.083
16.1	0.99778	0.00222	1.9956	0.0044	2.4944	0.0056	2.9933	0.0067	3.9911	0.0089	4.9889	0.0111	7.4833	0.0167	9.9778	0.0222	12.472	0.028	14.967	0.033	37.417	0.083
16.2	0.99776	0.00224	1.9955	0.0045	2.4944	0.0056	2.9933	0.0067	3.9910	0.0090	4.9888	0.0112	7.4832	0.0168	9.9776	0.0224	12.472	0.028	14.966	0.034	37.416	0.084
16.3	0.99775	0.00225	1.9955	0.0045	2.4944	0.0056	2.9932	0.0068	3.9910	0.0090	4.9887	0.0113	7.4831	0.0169	9.9775	0.0225	12.472	0.028	14.966	0.034	37.416	0.084
16.4	0.99773	0.00227	1.9955	0.0045	2.4943	0.0057	2.9932	0.0068	3.9909	0.0091	4.9887	0.0113	7.4830	0.0170	9.9773	0.0227	12.472	0.028	14.966	0.034	37.415	0.085
16.5	0.99772	0.00228	1.9954	0.0046	2.4943	0.0057	2.9932	0.0068	3.9909	0.0091	4.9886	0.0114	7.4829	0.0171	9.9772	0.0228	12.471	0.029	14.966	0.034	37.414	0.086
16.6	0.99770	0.00230	1.9954	0.0046	2.4943	0.0057	2.9931	0.0069	3.9908	0.0092	4.9885	0.0115	7.4828	0.0172	9.9770	0.0230	12.471	0.029	14.966	0.034	37.414	0.086
16.7	0.99769	0.00231	1.9954	0.0046	2.4942	0.0058	2.9931	0.0069	3.9908	0.0092	4.9885	0.0115	7.4827	0.0173	9.9769	0.0231	12.471	0.029	14.965	0.035	37.413	0.087
16.8	0.99768	0.00230	1.9954	0.0046	2.4942	0.0058	2.9930	0.0070	3.9907	0.0093	4.9884	0.0116	7.4826	0.0174	9.9768	0.0232	12.471	0.029	14.965	0.035	37.413	0.087
16.9	0.99766	0.00234	1.9953	0.0047	2.4942	0.0058	2.9930	0.0070	3.9906	0.0094	4.9883	0.0117	7.4825	0.0175	9.9766	0.0234	12.471	0.029	14.965	0.035	37.412	0.088
17.0	0.99765	0.00235	1.9953	0.0047	2.4942	0.0059	2.9929	0.0071	3.9906	0.0094	4.9882	0.0118	7.4824	0.0176	9.9765	0.0235	12.471	0.029	14.965	0.035	37.412	0.088
17.1	0.99763	0.00237	1.9953	0.0047	2.4941	0.0059	2.9929	0.0071	3.9905	0.0095	4.9882	0.0118	7.4822	0.0178	9.9763	0.0237	12.470	0.030	14.964	0.036	37.411	0.089
17.2	0.99762	0.00238	1.9952	0.0048	2.4940	0.0060	2.9928	0.0072	3.9905	0.0095	4.9881	0.0119	7.4821	0.0179	9.9762	0.0238	12.470	0.030	14.964	0.036	37.411	0.089
17.3	0.99760	0.00240	1.9952	0.0048	2.4940	0.0060	2.9928	0.0072	3.9904	0.0096	4.9880	0.0120	7.4820	0.0180	9.9760	0.0240	12.470	0.030	14.964	0.036	37.410	0.090

续表

质量/g 容量/mL 温度/℃	1		2		2.5		3		4		5		7.5		10		12.5		15		37.5	
	质量	差值	质量	差值	质量	差值	质量	差值	质量	差值	质量	差值	质量	差值	质量	差值	质量	差值	质量	差值	质量	差值
17.4	0.99759	0.00241	1.9952	0.0048	2.4940	0.0060	2.9928	0.0072	3.9903	0.0097	4.9879	0.0121	7.4819	0.0181	9.9759	0.0241	12.470	0.030	14.964	0.036	37.409	0.091
17.5	0.99757	0.00243	1.9951	0.0049	2.4939	0.0061	2.9927	0.0073	3.9903	0.0097	4.9878	0.0122	7.4818	0.0182	9.9757	0.0243	12.470	0.030	14.964	0.036	37.409	0.091
17.6	0.99755	0.00245	1.9951	0.0049	2.4939	0.0061	2.9927	0.0073	3.9902	0.0098	4.9878	0.0122	7.4817	0.0183	9.9755	0.0245	12.469	0.031	14.963	0.037	37.408	0.092
17.7	0.99754	0.00246	1.9951	0.0049	2.4938	0.0062	2.9926	0.0074	3.9902	0.0098	4.9877	0.0123	7.4815	0.0185	9.9754	0.0246	12.469	0.031	14.963	0.037	37.408	0.092
17.8	0.99752	0.00248	1.9950	0.0050	2.4938	0.0062	2.9926	0.0074	3.9901	0.0099	4.9876	0.0124	7.4814	0.0186	9.9752	0.0248	12.469	0.031	14.963	0.037	37.407	0.093
17.9	0.99751	0.00249	1.9950	0.0050	2.4938	0.0062	2.9925	0.0075	3.9900	0.0100	4.9875	0.0125	7.4813	0.0187	9.9751	0.0249	12.469	0.031	14.963	0.037	37.407	0.093
18.0	0.99749	0.00251	1.9950	0.0050	2.4937	0.0063	2.9925	0.0075	3.9900	0.0100	4.9875	0.0125	7.4812	0.0188	9.9749	0.0251	12.469	0.031	14.962	0.038	37.406	0.094
18.1	0.99748	0.00252	1.9950	0.0050	2.4937	0.0063	2.9924	0.0076	3.9899	0.0101	4.9874	0.0126	7.4811	0.0189	9.9748	0.0252	12.468	0.032	14.962	0.038	37.405	0.095
18.2	0.99746	0.00254	1.9949	0.0051	2.4936	0.0064	2.9924	0.0076	3.9898	0.0102	4.9873	0.0127	7.4809	0.0191	9.9746	0.0254	12.468	0.032	14.962	0.038	37.405	0.095
18.3	0.99744	0.00256	1.9949	0.0051	2.4936	0.0064	2.9923	0.0077	3.9898	0.0102	4.9872	0.0128	7.4808	0.0192	9.9744	0.0256	12.468	0.032	14.962	0.038	37.404	0.096
18.4	0.99743	0.00257	1.9949	0.0051	2.4936	0.0064	2.9923	0.0077	3.9897	0.0103	4.9871	0.0129	7.4807	0.0193	9.9743	0.0257	12.468	0.032	14.961	0.039	37.403	0.097
18.5	0.99741	0.00259	1.9948	0.0052	2.4935	0.0065	2.9922	0.0078	3.9896	0.0104	4.9870	0.0130	7.4806	0.0194	9.9741	0.0259	12.468	0.032	14.961	0.039	37.403	0.097
18.6	0.99739	0.00261	1.9948	0.0052	2.4935	0.0065	2.9922	0.0078	3.9896	0.0104	4.9870	0.0130	7.4804	0.0196	9.9739	0.0261	12.467	0.033	14.961	0.039	37.402	0.098
18.7	0.99738	0.00262	1.9948	0.0052	2.4934	0.0066	2.9921	0.0079	3.9895	0.0105	4.9869	0.0131	7.4803	0.0197	9.9738	0.0262	12.467	0.033	14.961	0.039	37.402	0.098
18.8	0.99736	0.00264	1.9947	0.0053	2.4934	0.0066	2.9921	0.0079	3.9894	0.0106	4.9868	0.0132	7.4802	0.0198	9.9736	0.0264	12.467	0.033	14.960	0.040	37.401	0.099
18.9	0.99734	0.00266	1.9947	0.0053	2.4934	0.0066	2.9920	0.0080	3.9894	0.0106	4.9867	0.0133	7.4801	0.0199	9.9734	0.0266	12.467	0.033	14.960	0.040	37.400	0.100
19.0	0.99733	0.00267	1.9947	0.0053	2.4933	0.0067	2.9920	0.0080	3.9893	0.0107	4.9866	0.0134	7.4800	0.0200	9.9733	0.0267	12.467	0.033	14.960	0.040	37.400	0.100
19.1	0.99731	0.00269	1.9946	0.0054	2.4933	0.0067	2.9919	0.0081	3.9892	0.0108	4.9865	0.0135	7.4798	0.0202	9.9731	0.0269	12.466	0.034	14.960	0.040	37.399	0.101
19.2	0.99729	0.00271	1.9946	0.0054	2.4932	0.0068	2.9919	0.0081	3.9892	0.0108	4.9865	0.0135	7.4797	0.0203	9.9729	0.0271	12.466	0.034	14.959	0.041	37.398	0.102
19.3	0.99727	0.00273	1.9945	0.0055	2.4932	0.0068	2.9918	0.0082	3.9891	0.0109	4.9864	0.0136	7.4796	0.0204	9.9727	0.0273	12.466	0.034	14.959	0.041	37.398	0.102
19.4	0.99726	0.00274	1.9945	0.0055	2.4931	0.0069	2.9918	0.0082	3.9890	0.0110	4.9863	0.0137	7.4794	0.0206	9.9726	0.0274	12.466	0.034	14.959	0.041	37.397	0.103
19.5	0.99724	0.00276	1.9945	0.0055	2.4931	0.0069	2.9917	0.0083	3.9890	0.0110	4.9862	0.0138	7.4793	0.0207	9.9724	0.0276	12.465	0.035	14.959	0.041	37.396	0.104
19.6	0.99722	0.00278	1.9944	0.0056	2.4931	0.0069	2.9917	0.0083	3.9889	0.0111	4.9861	0.0139	7.4792	0.0208	9.9722	0.0278	12.465	0.035	14.958	0.042	37.396	0.104
19.7	0.99720	0.00280	1.9944	0.0056	2.4930	0.0070	2.9916	0.0084	3.9888	0.0112	4.9860	0.0140	7.4790	0.0210	9.9720	0.0280	12.465	0.035	14.958	0.042	37.395	0.105

续表

温度/℃ \ 质量/g \ 容量/mL	1		2		2.5		3		4		5		7.5		10		12.5		15		37.5	
	质量	差值	质量	差值	质量	差值	质量	差值	质量	差值	质量	差值	质量	差值	质量	差值	质量	差值	质量	差值	质量	差值
19.8	0.99719	0.00281	1.9944	0.0056	2.4930	0.0070	2.9916	0.0084	3.9887	0.0113	4.9859	0.0141	7.4789	0.0211	9.9719	0.0281	12.465	0.035	14.958	0.042	37.394	0.106
19.9	0.99717	0.00283	1.9943	0.0057	2.4929	0.0071	2.9915	0.0085	3.9915	0.0113	4.9858	0.0142	7.4788	0.0212	9.9717	0.0283	12.465	0.035	14.958	0.042	37.394	0.106
20.0	0.99715	0.00285	1.9943	0.0057	2.4929	0.0071	2.9915	0.0085	3.9886	0.0114	4.9858	0.0142	7.4786	0.0214	9.9715	0.0285	12.464	0.036	14.957	0.043	37.393	0.107
20.1	0.99713	0.00287	1.9943	0.0057	2.4928	0.0072	2.9914	0.0086	3.9885	0.0115	4.9857	0.0143	7.4785	0.0215	9.9713	0.0287	12.464	0.036	14.957	0.043	37.392	0.108
20.2	0.99711	0.00289	1.9942	0.0058	2.4928	0.0072	2.9913	0.0087	3.9885	0.0115	4.9856	0.0144	7.4783	0.0217	9.9711	0.0289	12.464	0.036	14.957	0.043	37.392	0.108
20.3	0.99709	0.00291	1.9942	0.0058	2.4927	0.0073	2.9913	0.0087	3.9884	0.0116	4.9855	0.0145	7.4782	0.0218	9.9709	0.0291	12.464	0.036	14.956	0.044	37.391	0.109
20.4	0.99708	0.00292	1.9942	0.0058	2.4927	0.0073	2.9912	0.0088	3.9883	0.0117	4.9854	0.0146	7.4781	0.0219	9.9708	0.0292	12.463	0.037	14.956	0.044	37.390	0.110
20.5	0.99706	0.00294	1.9941	0.0059	2.4926	0.0074	2.9912	0.0088	3.9882	0.0118	4.9853	0.0147	7.4779	0.0221	9.9706	0.0294	12.463	0.037	14.956	0.044	37.390	0.110
20.6	0.99704	0.00296	1.9941	0.0059	2.4926	0.0074	2.9911	0.0089	3.9882	0.0118	4.9852	0.0148	7.4778	0.0222	9.9704	0.0296	12.463	0.037	14.956	0.044	37.389	0.111
20.7	0.99702	0.00298	1.9940	0.0060	2.4925	0.0075	2.9911	0.0089	3.9881	0.0119	4.9851	0.0149	7.4776	0.0224	9.9702	0.0298	12.463	0.037	14.955	0.045	37.388	0.112
20.8	0.99700	0.00300	1.9940	0.0060	2.4925	0.0075	2.9910	0.0090	3.9880	0.0120	4.9850	0.0150	7.4775	0.0225	9.9700	0.0300	12.463	0.037	14.955	0.045	37.388	0.112
20.9	0.99698	0.00302	1.9940	0.0060	2.4925	0.0075	2.9909	0.0091	3.9879	0.0121	4.9849	0.0151	7.4774	0.0226	9.9698	0.0302	12.462	0.038	14.955	0.045	37.387	0.113
21.0	0.99696	0.00304	1.9939	0.0061	2.4924	0.0076	2.9909	0.0091	3.9879	0.0121	4.9848	0.0152	7.4772	0.0228	9.9696	0.0304	12.462	0.038	14.954	0.046	37.386	0.114
21.1	0.99694	0.00306	1.9939	0.0061	2.4924	0.0076	2.9908	0.0092	3.9878	0.0122	4.9847	0.0153	7.4771	0.0229	9.9694	0.0306	12.4622	0.038	14.954	0.046	37.385	0.115
21.2	0.99692	0.00308	1.9938	0.0062	2.4923	0.0077	2.9908	0.0092	3.9877	0.0123	4.9846	0.0154	7.4769	0.0231	9.9692	0.0308	12.462	0.038	14.954	0.046	37.385	0.115
21.3	0.99690	0.00310	1.9938	0.0062	2.4923	0.0077	2.9907	0.0093	3.9876	0.0124	4.9845	0.0155	7.4768	0.0232	9.9690	0.0310	12.461	0.039	14.954	0.046	37.384	0.116
21.4	0.99688	0.00312	1.9938	0.0062	2.4922	0.0078	2.9907	0.0093	3.9875	0.0125	4.9844	0.0156	7.4766	0.0234	9.9688	0.0312	12.461	0.039	14.953	0.047	37.383	0.117
21.5	0.99686	0.00314	1.9937	0.0063	2.4922	0.0078	2.9906	0.0094	3.9875	0.0125	4.9843	0.0157	7.4765	0.0235	9.9686	0.0314	12.461	0.039	14.953	0.047	37.382	0.118
21.6	0.99685	0.00315	1.9937	0.0063	2.4921	0.0079	2.9905	0.0095	3.9874	0.0126	4.9842	0.0158	7.4763	0.0237	9.9685	0.0315	12.461	0.039	14.953	0.047	37.382	0.118
21.7	0.99683	0.00317	1.9937	0.0063	2.4921	0.0079	2.9905	0.0095	3.9873	0.0127	4.9841	0.0159	7.4762	0.0238	9.9683	0.0317	12.460	0.040	14.952	0.048	37.381	0.119
21.8	0.99681	0.00319	1.9936	0.0064	2.4920	0.0080	2.9904	0.0096	3.9872	0.0128	4.9840	0.0160	7.4760	0.0240	9.9681	0.0319	12.460	0.040	14.952	0.048	37.380	0.120
21.9	0.99679	0.00321	1.9936	0.0064	2.4920	0.0080	2.9904	0.0096	3.9871	0.0129	4.9839	0.0161	7.4759	0.0241	9.9679	0.0321	12.460	0.040	14.952	0.048	37.379	0.121
22.0	0.99677	0.00323	1.9935	0.0065	2.4919	0.0081	2.9903	0.0097	3.9871	0.0129	4.9838	0.0162	7.4757	0.0243	9.9677	0.0323	12.460	0.040	14.951	0.049	37.379	0.121
22.1	0.99675	0.00325	1.9935	0.0065	2.4919	0.0081	2.9902	0.0098	3.9870	0.0130	4.9837	0.0163	7.4756	0.0244	9.9675	0.0325	12.459	0.041	14.951	0.049	37.378	0.122

续表

质量/g \ 容量/mL 温度/℃	1		2		2.5		3		4		5		7.5		10		12.5		15		37.5	
	质量	差值	质量	差值	质量	差值	质量	差值	质量	差值	质量	差值	质量	差值	质量	差值	质量	差值	质量	差值	质量	差值
22.2	0.99672	0.00328	1.9934	0.0066	2.4918	0.0082	2.9902	0.0098	3.9869	0.0131	4.9836	0.0164	7.4754	0.0246	9.9672	0.0328	12.459	0.041	14.951	0.049	37.377	0.123
22.3	0.99670	0.00330	1.9934	0.0066	2.4918	0.0082	2.9901	0.0099	3.9868	0.0132	4.9835	0.0165	7.4753	0.0247	9.9670	0.0330	12.459	0.041	14.951	0.049	37.376	0.124
22.4	0.99668	0.00332	1.9934	0.0066	2.4917	0.0083	2.9901	0.0099	3.9867	0.0133	4.9834	0.0166	7.4751	0.0249	9.9668	0.0332	12.459	0.041	14.950	0.050	37.376	0.124
22.5	0.99666	0.00334	1.9933	0.0067	2.4917	0.0083	2.9900	0.0100	3.9867	0.0133	4.9833	0.0167	7.4750	0.0250	9.9666	0.0334	12.458	0.042	14.950	0.050	37.375	0.125
22.6	0.99664	0.00336	1.9933	0.0067	2.4916	0.0084	2.9899	0.0101	3.9866	0.0134	4.9832	0.0168	7.4748	0.0252	9.9664	0.0336	12.458	0.042	14.950	0.050	37.374	0.126
22.7	0.99662	0.00338	1.9932	0.0068	2.4916	0.0084	2.9899	0.0101	3.9865	0.0135	4.9831	0.0169	7.4747	0.0253	9.9662	0.0338	12.458	0.042	14.949	0.051	37.373	0.127
22.8	0.99660	0.00340	1.9932	0.0068	2.4915	0.0085	2.9898	0.0102	3.9864	0.0136	4.9830	0.0170	7.4745	0.0255	9.9660	0.0340	12.458	0.042	14.949	0.051	37.373	0.127
22.9	0.99658	0.00342	1.9932	0.0068	2.4914	0.0086	2.9897	0.0103	3.9863	0.0137	4.9829	0.0171	7.4743	0.0257	9.9658	0.0342	12.457	0.043	14.949	0.051	37.372	0.128
23.0	0.99656	0.00344	1.9931	0.0069	2.4914	0.0086	2.9897	0.0103	3.9862	0.0138	4.9828	0.0172	7.4742	0.0258	9.9656	0.0344	12.457	0.043	14.948	0.052	37.371	0.129
23.1	0.99654	0.00346	1.9931	0.0069	2.4913	0.0087	2.9896	0.0104	3.9861	0.0139	4.9827	0.0173	7.4740	0.0260	9.9654	0.0346	12.457	0.043	14.948	0.052	37.370	0.130
23.2	0.99652	0.00348	1.9930	0.0070	2.4913	0.0087	2.9895	0.0105	3.9861	0.0139	4.9826	0.0174	7.4739	0.0261	9.9652	0.0348	12.456	0.044	14.948	0.052	37.369	0.131
23.3	0.99649	0.00351	1.9930	0.0070	2.4912	0.0088	2.9895	0.0105	3.9860	0.0140	4.9825	0.0175	7.4737	0.0263	9.9649	0.0351	12.456	0.044	14.947	0.053	37.369	0.131
23.4	0.99647	0.00353	1.9929	0.0071	2.4912	0.0088	2.9894	0.0106	3.9859	0.0141	4.9824	0.0176	7.4735	0.0265	9.9647	0.0353	12.456	0.044	14.947	0.053	37.368	0.132
23.5	0.99645	0.00355	1.9929	0.0071	2.4911	0.0089	2.9894	0.0106	3.9858	0.0142	4.9823	0.0177	7.4734	0.0266	9.9645	0.0355	12.456	0.044	14.947	0.053	37.367	0.133
23.6	0.99643	0.00357	1.9929	0.0071	2.4911	0.0089	2.9893	0.0107	3.9857	0.0143	4.9821	0.0179	7.4732	0.0268	9.9643	0.0357	12.455	0.045	14.946	0.054	37.366	0.134
23.7	0.99641	0.00359	1.9928	0.0072	2.4910	0.0090	2.9892	0.0108	3.9856	0.0144	4.9820	0.0180	7.4731	0.0269	9.9641	0.0359	12.455	0.045	14.946	0.054	37.365	0.135
23.8	0.99639	0.00361	1.9928	0.0072	2.4910	0.0090	2.9892	0.0108	3.9855	0.0145	4.9819	0.0181	7.4729	0.0271	9.9639	0.0361	12.455	0.045	14.946	0.054	37.364	0.136
23.9	0.99636	0.00364	1.9927	0.0073	2.4909	0.0091	2.9891	0.0109	3.9855	0.0145	4.9818	0.0182	7.4727	0.0273	9.9636	0.0364	12.455	0.045	14.945	0.055	37.364	0.136
24.0	0.99634	0.00366	1.9927	0.0073	2.4909	0.0091	2.9890	0.0110	3.9854	0.0146	4.9817	0.0183	7.4726	0.0274	9.9634	0.0366	12.454	0.046	14.945	0.055	37.363	0.137
24.1	0.99632	0.00368	1.9926	0.0074	2.4908	0.0092	2.9890	0.0110	3.9853	0.0147	4.9816	0.0184	7.4724	0.0276	9.9632	0.0368	12.454	0.046	14.945	0.055	37.362	0.138

续表

质量/g 容量/mL 温度/℃	1		2		2.5		3		4		5		7.5		10		12.5		15		37.5	
	质量	差值	质量	差值	质量	差值	质量	差值	质量	差值	质量	差值	质量	差值	质量	差值	质量	差值	质量	差值	质量	差值
24.2	0.99630	0.00370	1.9926	0.0074	2.4907	0.0093	2.9889	0.0111	3.9852	0.0148	4.9815	0.0185	7.4722	0.0278	9.9630	0.0370	12.454	0.046	14.944	0.056	37.361	0.139
24.3	0.99627	0.00373	1.9925	0.0075	2.4907	0.0093	2.9888	0.0112	3.9851	0.0149	4.9814	0.0186	7.4721	0.0279	9.9627	0.0373	12.453	0.047	14.944	0.056	37.360	0.140
24.4	0.99625	0.00375	1.9925	0.0075	2.4906	0.0094	2.9888	0.0112	3.9850	0.0150	4.9813	0.0187	7.4719	0.0281	9.9625	0.0375	12.453	0.047	14.944	0.056	37.359	0.141
24.5	0.99623	0.00377	1.9925	0.0075	2.4906	0.0094	2.9887	0.0113	3.9849	0.0151	4.9811	0.0189	7.4717	0.0283	9.9623	0.0377	12.453	0.047	14.943	0.057	37.359	0.141
24.6	0.99621	0.00379	1.9924	0.0076	2.4905	0.0095	2.9886	0.0114	3.9848	0.0152	4.9810	0.0190	7.4715	0.0285	9.9621	0.0379	12.453	0.047	14.943	0.057	37.358	0.142
24.7	0.99618	0.00382	1.9924	0.0076	2.4905	0.0095	2.9885	0.0115	3.9847	0.0153	4.9809	0.0191	7.4714	0.0286	9.9618	0.0382	12.452	0.048	14.943	0.057	37.357	0.143
24.8	0.99616	0.00384	1.9923	0.0077	2.4904	0.0096	2.9885	0.0115	3.9846	0.0154	4.9808	0.0192	7.4712	0.0288	9.9616	0.0384	12.452	0.048	14.942	0.058	37.356	0.144
24.9	0.99614	0.00386	1.9923	0.0077	2.4903	0.0097	2.9884	0.0116	3.9846	0.0154	4.9807	0.0193	7.4710	0.0290	9.9614	0.0386	12.452	0.048	14.942	0.058	37.355	0.145
25.0	0.99611	0.00389	1.9922	0.0078	2.4903	0.0097	2.9883	0.0117	3.9845	0.0155	4.9806	0.0194	7.4709	0.0291	9.9611	0.0389	12.451	0.049	14.942	0.058	37.354	0.146
25.1	0.99609	0.00391	1.9922	0.0078	2.4902	0.0098	2.9883	0.0117	3.9844	0.0156	4.9805	0.0195	7.4707	0.0293	9.9609	0.0391	12.451	0.049	14.941	0.059	37.353	0.147
25.2	0.99607	0.00393	1.9921	0.0079	2.4902	0.0098	2.9882	0.0118	3.9843	0.0157	4.9803	0.0197	7.4705	0.0295	9.9607	0.0393	12.451	0.049	14.941	0.059	37.353	0.147
25.3	0.99604	0.00396	1.9921	0.0079	2.4901	0.0099	2.9881	0.0119	3.9842	0.0158	4.9802	0.0198	7.4703	0.0297	9.9604	0.0396	12.451	0.049	14.941	0.059	37.352	0.148
25.4	0.99602	0.00398	1.9920	0.0080	2.4901	0.0099	2.9881	0.0119	3.9841	0.0159	4.9801	0.0199	7.4702	0.0298	9.9602	0.0398	12.450	0.050	14.940	0.060	37.351	0.149
25.5	0.99600	0.00400	1.9920	0.0080	2.4900	0.0100	2.9880	0.0120	3.9840	0.0160	4.9800	0.0200	7.4700	0.0300	9.9600	0.0400	12.450	0.050	14.940	0.060	37.350	0.150
25.6	0.99597	0.00403	1.9919	0.0081	2.4899	0.0101	2.9879	0.0121	3.9839	0.0161	4.9799	0.0201	7.4698	0.0302	9.9597	0.0403	12.450	0.050	14.940	0.060	37.349	0.151
25.7	0.99595	0.00405	1.9919	0.0081	2.4899	0.0101	2.9878	0.0122	3.9838	0.0162	4.9797	0.0203	7.4696	0.0304	9.9595	0.0405	12.449	0.051	14.939	0.061	37.348	0.152
25.8	0.99593	0.00407	1.9919	0.0081	2.4898	0.0102	2.9878	0.0122	3.9837	0.0163	4.9796	0.0204	7.4694	0.0306	9.9593	0.0407	12.449	0.051	14.939	0.061	37.347	0.153
25.9	0.99590	0.00410	1.9918	0.0082	2.4898	0.0102	2.9877	0.0123	3.9836	0.0164	4.9795	0.0205	7.4693	0.0307	9.9590	0.0410	12.449	0.051	14.939	0.061	37.346	0.154

2. 纯水密度

表 4-10 纯水密度表

温度 t/℃	密度 ρ/(g/cm^3)	温度 t/℃	密度 ρ/(g/cm^3)
10	0.999699	21	0.997989
11	0.999604	22	0.997767
12	0.999496	23	0.997535
13	0.999376	24	0.997293
14	0.999243	25	0.997041
15	0.999098	26	0.996780
16	0.998941	27	0.996510
17	0.998772	28	0.996230
18	0.998593	29	0.995941
19	0.998402	30	0.995644
20	0.998201		

七、化学试剂标准目录

1. 化学试剂综合

GB/T 601—2002　化学试剂　滴定分析（容量分析）用标准溶液的制备
GB/T 602—2002　化学试剂　杂质测定用标准溶液的制备
GB/T 603—2002　化学试剂　试验方法中所用制剂及制品的制备
GB/T 604—1988　化学试剂　酸碱指示剂 pH 变色域测定通用方法
GB/T 605—1988　化学试剂　色度测定通用方法
GB/T 606—1988　化学试剂　水分测定通用方法（卡尔·费休法）
GB/T 608—1988　化学试剂　氮测定通用方法
GB/T 609—1988　化学试剂　总氮量测定通用方法
GB/T 610.1—1988　化学试剂　砷测定通用方法（砷斑法）
GB/T 610.2—1988　化学试剂　砷测定通用方法（二乙基二硫代氨基甲酸银法）
GB/T 611—1988　化学试剂　密度测定通用方法
GB/T 613—1988　化学试剂　比旋光度测定通用方法
GB/T 614—1988　化学试剂　折射率测定通用方法
GB/T 615—1988　化学试剂　沸程测定通用方法
GB/T 616—1988　化学试剂　沸点测定通用方法
GB/T 617—1988　化学试剂　熔点范围测定通用方法
GB/T 618—1988　化学试剂　结晶点测定通用方法
GB/T 619—1988　化学试剂　采样及验收规则
GB/T 2921—1988　化学试剂　气相色谱固定液的分类和命名
GB/T 2922—1982　化学试剂　色谱载体比表面积的测定方法

GB/T 3914—1983 化学试剂 阳极溶出伏安法通则
GB 6851—1986 pH 基准试剂 定值通则
GB/T 9721—1988 化学试剂 分子吸收分光光度法通则（紫外和可见光部分）
GB/T 9722—1988 化学试剂 气相色谱法通则
GB/T 9723—1988 化学试剂 火焰原子吸收光谱法通则
GB/T 9724—1988 化学试剂 pH 值测定通则
GB/T 9725—1988 化学试剂 电位滴定法通则
GB/T 9726—1988 化学试剂 还原高锰酸钾物质测定通则
GB/T 9727—1988 化学试剂 磷酸盐测定通用方法
GB/T 9728—1988 化学试剂 硫酸盐测定通用方法
GB/T 9729—1988 化学试剂 氯化物测定通用方法
GB/T 9730—1988 化学试剂 草酸盐测定通用方法
GB/T 9731—1988 化学试剂 硫化合物测定通用方法
GB/T 9732—1988 化学试剂 铵测定通用方法
GB/T 9733—1988 化学试剂 羰基化合物测定通用方法
GB/T 9734—1988 化学试剂 铝测定通用方法
GB/T 9735—1988 化学试剂 重金属测定通用方法
GB/T 9736—1988 化学试剂 酸度和碱度测定通用方法
GB/T 9737—1988 化学试剂 易碳化物质测定通则
GB/T 9738—1988 化学试剂 水不溶物测定通用方法
GB/T 9739—1988 化学试剂 铁测定通用方法
GB/T 9740—1988 化学试剂 蒸发残渣测定通用方法
GB/T 9741—1988 化学试剂 灼烧残渣测定通用方法
GB/T 9742—1988 化学试剂 硅酸盐测定通用方法
GB/T 10724—1989 化学试剂 无火焰（石墨炉）原子吸收光谱法通则
GB/T 10725—1989 化学试剂 电感耦合高频等离子体原子发射光谱法通则
GB/T 10726—1989 化学试剂 溶剂萃取-原子吸收光谱法测定金属杂质通用方法
GB 10737—1989 工作基准试剂（容量） 称量电位滴定法通则
GB 10738—1989 工作基准试剂（容量） 称量滴定法通则
GB/T 13648—1992 化学试剂 氨基酸测定通则
GB/T 15346—1994 化学试剂 包装及标志
GB/T 15356—1994 化学试剂 核苷酸测定通则
HG/T 3484—1999 化学试剂 标准玻璃乳浊液和澄清度标准
HG/T 3500—1982 化学试剂 气相色谱固定液极性常数测试方法
HG/T 3501—1982 化学试剂 气相色谱用载体有效塔板数的测定

2. 基准试剂

GB 1253—1989 工作基准试剂（容量） 氯化钠
GB 1254—1990 工作基准试剂（容量） 草酸钠
GB 1255—1990 工作基准试剂（容量） 无水碳酸钠

GB 1255—1990 工作基准试剂（容量） 三氧化二砷
GB 1257—1989 工作基准试剂（容量） 邻苯二甲酸氢钾
GB 1258—1990 工作基准试剂（容量） 碘酸钾
GB 1259—1989 工作基准试剂（容量） 重铬酸钾
GB 1260—1990 工作基准试剂（容量） 氧化锌
GB 1261—1977 工作基准试剂（容量） 无水对氨基苯甲酸
GB 6853—1986 pH 基准试剂 磷酸二氢钾
GB 6854—1986 pH 基准试剂 磷酸氢二钠
GB 6856—1986 pH 基准试剂 四硼酸钠
GB 6857—1986 pH 基准试剂 苯二甲酸氢钾
GB 10730—1989 第一基准试剂（容量） 邻苯二甲酸氢钾
GB 10731—1989 第一基准试剂（容量） 重铬酸钾
GB 10732—1989 第一基准试剂（容量） 氯化钾
GB 10733—1989 第一基准试剂（容量） 氯化钠
GB 10734—1989 第一基准试剂（容量） 乙二胺四乙酸二钠
GB 10735—1989 第一基准试剂（容量） 无水碳酸钠
GB 10736—1989 工作基准试剂（容量） 氯化钾
GB 12593—1990 工作基准试剂（容量） 乙二胺四乙酸二钠
GB 12594—1990 工作基准试剂（容量） 溴酸钾
GB 12595—1990 工作基准试剂（容量） 硝酸银
GB 12596—1990 工作基准试剂（容量） 碳酸钙
GB 12597—1990 工作基准试剂（容量） 苯甲酸

3. 一般无机试剂

GB/T 620—1993 化学试剂 氢氟酸
GB/T 621—1993 化学试剂 氢溴酸
GB/T 622—1989 化学试剂 盐酸
GB/T 623—1992 化学试剂 高氯酸
GB/T 625—1989 化学试剂 硫酸
GB/T 626—1989 化学试剂 硝酸
GB/T 628—1993 化学试剂 硼酸
GB/T 629—1997 化学试剂 氢氧化钠
GB/T 631—1989 化学试剂 氨水
GB/T 632—1993 化学试剂 十水合四硼酸钠（四硼酸钠）
GB/T 633—1994 化学试剂 亚硝酸钠
GB/T 636—1992 化学试剂 硝酸钠
GB/T 637—1988 化学试剂 硫代硫酸钠
GB/T 638—1988 化学试剂 氯化亚锡
GB/T 639—1986 化学试剂 无水碳酸钠
GB/T 640—1997 化学试剂 碳酸氢钠

GB/T 641—1994　化学试剂　过二硫酸钾（过硫酸钾）
GB/T 642—1999　化学试剂　重铬酸钾
GB/T 643—1988　化学试剂　高锰酸钾
GB/T 644—1993　化学试剂　六氰合铁（Ⅲ）酸钾（铁氰化钾）
GB/T 645—1994　化学试剂　氯酸钾
GB/T 646—1993　化学试剂　氯化钾
GB/T 647—1993　化学试剂　硝酸钾
GB/T 648—1993　化学试剂　硫氰酸钾
GB/T 649—1999　化学试剂　溴化钾
GB/T 650—1993　化学试剂　溴酸钾
GB/T 651—1993　化学试剂　碘酸钾
GB/T 652—1988　化学试剂　氯化钡
GB/T 653—1994　化学试剂　硝酸钡
GB/T 654—1999　化学试剂　碳酸钡
GB/T 655—1994　化学试剂　过硫酸铵
GB/T 656—1977　化学试剂　重铬酸铵
GB/T 657—1993　化学试剂　四水合钼酸铵（钼酸铵）
GB/T 658—1988　化学试剂　氯化铵
GB/T 659—1993　化学试剂　硝酸铵
GB/T 660—1992　化学试剂　硫氰酸铵
GB/T 661—1992　化学试剂　六水合硫酸铁（Ⅱ）铵（硫酸亚铁铵）
GB/T 664—1993　化学试剂　七水合硫酸亚铁（硫酸亚铁）
GB/T 665—1988　化学试剂　硫酸铜
GB/T 666—1993　化学试剂　七水合硫酸锌（硫酸锌）
GB/T 667—1995　化学试剂　六水合硝酸锌（硝酸锌）
GB/T 669—1994　化学试剂　硝酸钾
GB/T 670—1986　化学试剂　硝酸银
GB/T 671—1998　化学试剂　硫酸镁
GB/T 672—1988　化学试剂　氯化镁
GB/T 673—1984　化学试剂　三氧化二砷
GB/T 674—1978　化学试剂　氧化铜（粉状）
GB/T 675—1993　化学试剂　碘
GB/T 1263—1986　化学试剂　磷酸氢二钠
GB/T 1264—1997　化学试剂　氟化钠
GB/T 1265—1977　化学试剂　溴化钠
GB/T 1266—1986　化学试剂　氯化钠
GB/T 1267—1999　化学试剂　磷酸二氢钠
GB/T 1268—1998　化学试剂　硫氰酸钠
GB/T 1270—1996　化学试剂　六水合氯化钴（氯化钴）
GB/T 1271—1994　化学试剂　二水合氟化钾（氟化钾）

GB/T 1272—1988 化学试剂 碘化钾
GB/T 1273—1988 化学试剂 六氰合铁（Ⅱ）酸钾（亚铁氰化钾）
GB/T 1274—1993 化学试剂 磷酸二氢钾
GB/T 1275—1994 化学试剂 十二水合硫酸铝钾（硫酸铝钾）
GB/T 1276—1999 化学试剂 氟化铵
GB/T 1277—1994 化学试剂 溴化铵
GB/T 1278—1994 化学试剂 氟化氢铵
GB/T 1279—1989 化学试剂 硫酸铁（Ⅲ）铵
GB/T 1281—1993 化学试剂 溴
GB/T 1282—1996 化学试剂 磷酸
GB/T 1285—1994 化学试剂 氯化镉
GB/T 1287—1994 化学试剂 六水合硫酸镍（硫酸镍）
GB/T 1396—1993 化学试剂 硫酸铵
GB/T 1397—1995 化学试剂 碳酸钾
GB/T 2304—1988 化学试剂 无砷锌
GB/T 2305—2000 化学试剂 五氧化二磷
GB/T 2306—1997 化学试剂 氢氧化钾
GB/T 6684—1986 化学试剂 30％过氧化氢
GB/T 9853—1988 化学试剂 无水硫酸钠
GB/T 9856—1988 化学试剂 碳酸钠
GB/T 9857—1988 化学试剂 氧化镁
GB/T 15355—1994 化学试剂 六水合氯化镍（氯化镍）
GB/T 15897—1995 化学试剂 碳酸钙
GB/T 15898—1995 化学试剂 六水合硝酸钴（硝酸钴）
GB/T 15899—1995 化学试剂 一水合硫酸锰（硫酸锰）
GB/T 15900—1995 化学试剂 偏重亚硫酸钠（焦亚硫酸钠）
GB/T 15901—1995 化学试剂 二水合氯化铜（氯化铜）
GB/T 16496—1996 化学试剂 硫酸钾
HG/T 2629—1994 化学试剂 八水合氢氧化钡（氢氧化钡）
HG/T 2631—1994 化学试剂 七水合硫酸钴（硫酸钴）
HG/T 2760—1996 化学试剂 氯化锌
HG/T 2890—1997 化学试剂 氧化锌
HG/T 3033—1999 化学试剂 硫酸钡
HG/T 3438—1999 化学试剂 定氮合金
HG/T 3439—1976 化学试剂 重铬酸钠
HG/T 3440—1999 化学试剂 铬酸钾
HG/T 3441—1976 化学试剂 焦硫酸钾
HG/T 3442—1976 化学试剂 硫酸铝
HG/T 3443—1976 化学试剂 硝酸铜
HG/T 3444—1976 化学试剂 三氧化铬

HG/T 3445—1976　化学试剂　偏钒酸铵
HG/T 3446—1981　化学试剂　氯金酸（氯化金）
HG/T 3447—1976　化学试剂　发烟硝酸
HG/T 3448—1984　化学试剂　硝酸镍
HG/T 3464—1977　化学试剂　三氯化锑
HG/T 3465—1999　化学试剂　磷酸氢二铵
HG/T 3466—1999　化学试剂　磷酸二氢铵
HG/T 3467—1977　化学试剂　50%硝酸锰溶液
HG/T 3468—1977　化学试剂　氯化汞
HG/T 3469—1977　化学试剂　黄色氧化汞
HG/T 3470—1977　化学试剂　硝酸铅
HG/T 3471—1977　化学试剂　汞
HG/T 3472—1977　化学试剂　无水亚硫酸钠
HG/T 3473—1977　化学试剂　还原铁粉
HG/T 3474—1977　化学试剂　三氯化铁
HG/T 3482—1978　化学试剂　氯化锂
HG/T 3485—1979　化学试剂　五氧化二钒
HG/T 3487—1979　化学试剂　磷酸氢二钾
HG/T 3488—1980　化学试剂　结晶四氯化锡
HG/T 3489—1980　化学试剂　氯化亚铜
HG/T 3490—1980　化学试剂　线状氧化铜
HG/T 3491—1999　化学试剂　活性炭
HG/T 3492—1980　化学试剂　亚硫酸氢钠
HG/T 3493—1980　化学试剂　磷酸钠

4. 一般有机试剂（通用试剂、指示剂、特效试剂）

GB/T 676—1990　化学试剂　乙酸（冰醋酸）
GB/T 677—1992　化学试剂　乙酸酐
GB/T 678—1990　化学试剂　乙醇（无水乙醇）
GB/T 679—1994　化学试剂　乙醇（95%）
GB/T 681—1994　化学试剂　二苯胺
GB/T 682—1989　化学试剂　三氯甲烷
GB/T 683—1993　化学试剂　甲醇
GB/T 684—1999　化学试剂　甲苯
GB/T 685—1993　化学试剂　甲醛溶液
GB/T 686—1989　化学试剂　丙酮
GB/T 687—1994　化学试剂　丙三醇
GB/T 688—1992　化学试剂　四氯化碳
GB/T 689—1998　化学试剂　吡啶
GB/T 690—1992　化学试剂　苯

GB/T 691—1994 化学试剂 苯胺
GB/T 693—1996 化学试剂 三水合乙酸钠（乙酸钠）
GB/T 694—1995 化学试剂 无水乙酸钠
GB/T 695—1994 化学试剂 一水合草酸钾（草酸钾）
GB/T 696—1994 化学试剂 脲（尿素）
GB/T 1288—1992 化学试剂 四水合酒石酸钾钠（酒石酸钾钠）
GB/T 1289—1994 化学试剂 草酸钠
GB/T 1291—1988 化学试剂 邻苯二甲酸氢钾
GB/T 1292—1986 化学试剂 乙酸铵
GB/T 1293—1989 化学试剂 1,10-菲啰啉
GB/T 1294—1993 化学试剂 酒石酸
GB/T 1295—1993 化学试剂 DL-丙氨酸
GB/T 1296—1992 化学试剂 L-胱氨酸
GB/T 1297—1993 化学试剂 无水 L-半胱氨酸盐酸盐
GB/T 1400—1993 化学试剂 六次甲基四胺
GB/T 1401—1998 化学试剂 乙二胺四乙酸二钠
GB/T 6685—1986 化学试剂 氯化羟胺（盐酸羟胺）
GB/T 9854—1988 化学试剂 草酸
GB/T 9855—1988 化学试剂 柠檬酸
GB/T 10704—1989 化学试剂 8-羟基喹啉
GB/T 10705—1989 化学试剂 5-磺基水杨酸
GB/T 10727—1989 化学试剂 二乙基二硫代氨基甲酸钠（铜试剂）
GB/T 10728—1989 化学试剂 百里香酚酞
GB/T 10729—1989 化学试剂 酚酞
GB/T 12589—1990 化学试剂 乙酸乙酯
GB/T 12590—1990 化学试剂 正丁醇
GB/T 12591—1990 化学试剂 乙醚
GB/T 12592—1990 化学试剂 溴酚蓝
GB/T 14305—1993 化学试剂 环己烷
GB/T 15347—1994 化学试剂 抗坏血酸
GB/T 15348—1994 化学试剂 甲酚红
GB/T 15349—1994 化学试剂 溴甲酚氯
GB/T 15350—1994 化学试剂 间甲酚紫
GB/T 15351—1994 化学试剂 苯酚红
GB/T 15352—1994 化学试剂 溴百里香酚蓝
GB/T 15353—1994 化学试剂 百里香酚蓝
GB/T 15354—1994 化学试剂 磷酸三丁酯
GB/T 15894—1995 化学试剂 石油醚
GB/T 15895—1995 化学试剂 1,2-二氯乙烷
GB/T 15896—1995 化学试剂 甲酸

GB/T 16493—1996　化学试剂　二水合柠檬酸钠（柠檬酸三钠）
GB/T 16494—1996　化学试剂　二甲苯
GB/T 16495—1996　化学试剂　2,2-联吡吡啶
GB/T 16983—1997　化学试剂　二氯甲烷
GB/T 17521—1998　化学试剂　*N*,*N*-二甲基甲酰胺
HG/T 2630—1994　化学试剂　三水合乙酸铅
HG/T 2759—1996　化学试剂　可溶性淀粉
HG/T 2891—1997　化学试剂　异戊醇（3-甲基-1-丁醇）
HG/T 2892—1997　化学试剂　异丙醇
HG/T 3449—1999　化学试剂　甲基红
HG/T 3450—1999　化学试剂　丁二酮肟（二甲基乙二醛肟）
HG/T 3451—1976　化学试剂　硝基苯
HG/T 3452—1976　化学试剂　2,4-二硝基苯肼
HG/T 3453—1999　化学试剂　草酸胺
HG/T 3454—1999　化学试剂　硫脲
HG/T 3455—1981　化学试剂　环已酮
HG/T 3456—1976　化学试剂　苯并戊三酮（茚三酮）
HG/T 3457—1976　化学试剂　乙二胺四乙酸
HG/T 3458—1976　化学试剂　苯甲酸
HG/T 3459—1976　化学试剂　顺丁烯二酸酐
HG/T 3460—1976　化学试剂　乙酸异戊酯
HG/T 3461—1999　化学试剂　α-乳糖
HG/T 3462—1999　化学试剂　蔗糖
HG/T 3463—1976　化学试剂　偶氮胂Ⅲ［2,7-双（2-苯胂酸-1-偶氮)-1,8-二羟基萘-3,6-二磺酸］
HG/T 3475—1999　化学试剂　葡萄糖
HG/T 3476—1999　化学试剂　36%乙酸
HG/T 3477—1999　化学试剂　酒石酸钾
HG/T3478—1999　化学试剂　酒石酸钠
HG/T 3479—1977　化学试剂　邻苯二甲酸酐
HG/T 3480—1977　化学试剂　氨基乙酸
HG/T 3481—1999　化学试剂　4-甲基-2-戊酮（甲基异丁基甲酮）
HG/T 3483—1978　化学试剂　四苯硼钠
HG/T 3486—1979　化学试剂　乙二胺
HG/T 3494—1999　化学试剂　荧光素
HG/T 3495—1999　化学试剂　曙红（四溴荧光黄）
HG/T 3496—1980　化学试剂　茜素黄 R
HG/T 3497—1982　化学试剂　柠檬酸氢二铵
HG/T 3498—1999　化学试剂　乙酸丁酯
HG/T 3499—1983　化学试剂　1,4-二氧六环

八、一级标准物质技术规范（JJG 1006—1994）

本规范适用于化学成分、物理化学特性及工程技术特性一级标准物质的研制（二级标准物质的研制可参照本技术规范执行）。

（一）标准物质的制备

1 候选物

1.1 候选物的选择应满足适用性、代表性，以及容易复制的原则。

1.2 候选物的基体应和使用的要求相一致或尽可能接近。

1.3 候选物的均匀性、稳定性以及待定特性量的量值范围应适合该标准物质的用途。

1.4 系列化标准物质特性量的量值分布梯度应能满足使用要求，以较少品种覆盖预期的范围。

1.5 候选物应有足够的数量，以满足在有效期间使用的需要。

2 制备

2.1 根据候选物的性质，选择合理的制备程序、工艺，并防止污染及待定特性量的量值变化。

2.2 对待定特性量不易均匀的候选物，在制备过程中除采取必要的均匀措施外，还应进行均匀性初检。

2.3 候选物的待定特性量有不易稳定趋向时，在加工过程中应注意研究影响稳定性的因素，采取必要的措施改善其稳定性，如辐照灭菌、添加稳定剂等，选择合适的储存环境。

2.4 当候选物制备量大，为便于保存可采取分级分装。最小包装单元应以适当方式编号并注明制备日期。

2.5 最小包装单元中标准物质的实际质量或体积与标称的质量或体积应符合规定的要求。

（二）标准物质的均匀性检验

3 不论制备过程中是否经过均匀性初检，凡成批制备并分装成最小包装单元的标准物质，必须进行均匀性检验。对于分级分装的标准物质，凡由大包装分装成最小包装单元时，都需要进行均匀性检验。

4 抽取单元数

抽取单元数目对样品总体要有足够的代表性。抽取单元数取决于总体样品的单元数和对样品的均匀程度的了解。当总体样品的单元数较多时，抽取单元数也应相应增多。当已知总体样品均匀性良好时，抽取单元数可适当减少。抽取单元数以及每个样品的重复测量次数还应适合所采用的统计检验要求。

4.1 当总体单元数少于500时，抽取单元数不少于15个，当总体单元数大于500时，抽取单元数不少于25个。

4.2 对于均匀性好的样品，当总体单元数少于500时，抽取单元数不少于10个；当总体单元数大于500时，抽取单元数不少于15个。

5 取样方式

5.1 在均匀性检验的取样时，应从待定特性量值可能出现差异的部位抽取，取样点的分布对于总体样品应有足够的代表性，例如对粉状物质应在不同部位取样；对圆棒状材料可在两端和棒长的¼、½、¾部位取样，在同一断面可沿直径取样。对溶液可在分装的初始，中间和终结阶段取样。

5.2 当引起待定特性量值的差异原因未知或认为不存在差异时，则进行随机取样。可采用随机数表决定抽取样品的号码，随机数表见表 4-11。

表 4-11 随机数表

03	47	48	73	86	36	96	47	36	61	46	98	63	71	62	33	26	16	80	45	60	11	14	10	95
97	74	24	67	62	42	81	14	57	20	42	53	32	37	32	27	07	36	07	51	24	51	79	89	73
16	76	62	27	66	56	50	26	71	07	32	90	79	78	53	13	55	38	53	59	88	97	54	14	10
12	56	85	99	26	96	96	68	27	31	05	03	72	93	15	57	12	10	14	21	88	26	49	81	76
55	59	56	35	64	38	54	82	46	22	31	62	43	09	90	06	18	44	32	53	23	83	01	30	30
16	22	77	94	39	49	54	43	54	82	17	37	93	23	78	87	35	20	96	43	84	26	34	91	64
84	42	17	53	31	57	24	55	06	88	77	04	74	47	67	21	76	33	50	25	83	92	12	06	76
63	01	63	78	59	16	95	55	67	19	98	10	50	71	75	12	86	73	58	07	44	39	52	38	79
33	21	12	34	29	78	64	56	07	82	52	42	07	44	38	15	51	00	13	42	99	66	02	79	54
57	60	86	32	44	09	47	27	96	54	49	17	46	09	62	90	52	84	77	27	08	02	73	43	28
18	18	07	92	45	44	17	16	58	09	79	83	86	19	62	06	76	50	03	10	55	23	64	05	05
26	62	38	97	75	84	16	07	44	99	83	11	46	32	24	20	14	85	88	45	10	93	72	88	71
23	42	40	64	74	82	97	77	77	81	07	45	32	14	08	32	98	94	07	72	93	85	79	10	75
52	36	28	19	95	50	92	26	11	97	00	56	76	31	38	80	22	02	53	53	86	60	42	04	53
37	85	94	35	12	83	39	50	08	30	42	34	07	96	88	54	42	06	87	98	35	85	29	48	39
70	29	17	12	13	40	33	20	38	26	13	89	51	03	74	17	76	37	13	04	07	74	21	19	30
56	62	18	37	35	96	83	50	87	75	97	12	25	93	47	70	33	24	03	54	97	77	46	44	80
99	49	57	22	77	88	42	95	45	72	16	64	36	16	00	04	43	18	66	79	94	77	24	21	90
16	08	15	04	72	33	27	14	34	09	45	59	34	68	49	12	72	07	34	45	99	27	72	95	14
31	16	93	32	43	50	27	89	87	19	20	15	37	00	49	52	85	66	60	44	38	68	88	11	30
68	34	30	13	70	55	74	30	77	40	44	22	78	84	26	04	33	46	09	52	68	07	97	06	57
74	57	25	65	76	59	29	97	68	60	71	91	38	67	54	13	58	18	24	76	15	54	55	95	52
27	42	37	86	53	48	55	90	65	72	96	57	69	36	10	96	46	92	42	45	97	60	49	04	91
00	39	68	29	61	66	37	32	20	30	77	84	57	03	29	10	45	65	04	26	11	04	96	67	24
29	94	98	94	24	68	49	69	10	82	53	75	91	93	30	34	25	20	57	27	40	48	73	51	92
16	90	82	66	59	83	62	64	11	12	67	19	00	71	74	60	47	21	29	68	02	02	37	03	31
11	27	94	75	06	06	09	19	74	66	02	94	37	34	02	76	70	90	30	86	38	45	94	30	38
35	24	10	16	20	33	32	51	26	38	79	78	45	04	91	16	92	53	56	16	02	75	50	95	98
38	23	16	86	38	42	38	97	01	50	87	75	66	81	41	40	01	74	91	62	48	51	84	08	32
31	96	25	91	47	96	44	33	49	13	34	86	82	53	91	00	52	43	48	85	27	55	26	89	62
66	67	40	67	14	64	05	71	95	86	11	05	65	09	68	76	83	20	37	90	57	16	00	11	66
14	90	84	45	11	75	73	88	05	90	52	27	41	14	86	22	98	12	22	08	07	52	74	95	80
68	05	51	18	00	33	96	02	75	19	07	60	62	93	55	59	33	82	43	90	49	37	38	44	59
20	46	78	73	90	97	51	40	14	02	04	02	33	31	08	39	54	16	49	36	47	95	93	13	30
64	19	58	97	79	15	06	15	93	20	01	80	10	75	06	40	78	78	89	62	02	67	74	17	33
05	26	93	70	60	22	35	85	15	13	92	03	51	59	77	59	56	78	06	83	52	91	05	70	74
07	97	10	88	23	09	98	42	99	64	61	71	62	99	15	06	51	29	16	93	58	05	77	09	51
68	71	86	85	85	54	87	66	47	54	73	32	08	11	12	44	95	92	63	16	29	56	24	29	48
26	99	61	65	53	58	37	78	80	70	42	10	50	67	42	32	17	55	85	74	94	44	67	16	94
14	65	52	68	75	87	59	36	22	41	26	78	63	06	55	13	98	27	01	50	15	29	39	39	43

续表

17	53	77	58	71	71	41	61	50	72	12	41	94	96	26	44	95	27	36	99	02	96	74	30	83
90	26	59	21	19	23	52	23	33	12	96	93	02	18	39	07	02	18	36	07	25	99	32	70	23
41	23	52	55	99	31	04	49	69	96	10	47	48	45	88	13	41	43	89	20	97	17	14	49	17
60	20	50	81	69	31	99	73	63	68	35	81	33	03	76	24	30	12	48	60	18	99	10	72	34
91	25	38	05	90	94	58	28	41	36	45	37	59	03	09	90	35	57	29	12	82	62	54	65	60
34	50	57	74	37	93	80	33	00	91	09	77	93	19	82	74	94	80	04	04	45	07	31	66	49
85	22	04	39	43	73	81	53	94	79	33	62	46	86	28	08	31	54	46	31	53	94	13	38	47
09	79	13	77	48	73	82	97	22	21	05	03	27	24	83	72	89	44	05	60	35	80	39	94	88
88	75	80	18	14	22	95	75	42	49	39	32	82	22	49	02	48	07	70	37	16	04	61	67	87
90	96	23	70	00	39	00	03	06	90	55	85	78	38	36	94	37	30	69	32	90	89	00	76	33
63	74	23	99	67	61	32	28	69	84	94	62	67	86	24	98	33	41	19	95	47	53	53	33	09
63	38	06	86	54	99	00	65	26	94	02	82	90	23	07	79	62	67	80	60	75	91	12	81	19
35	30	58	21	46	06	72	17	10	94	25	21	31	75	96	49	28	24	00	49	55	65	79	78	07
63	43	36	82	69	65	51	18	37	88	61	38	44	12	45	32	92	85	88	65	54	34	81	85	35
98	25	37	55	26	01	91	82	81	46	74	71	12	94	97	24	02	71	37	07	03	92	18	66	75
02	63	21	17	69	71	50	80	89	56	38	15	70	11	48	43	40	45	86	98	00	83	26	91	03
64	55	22	21	82	48	22	28	06	00	61	54	13	43	91	82	78	12	23	29	06	66	24	12	27
85	07	26	13	89	01	10	07	82	04	59	63	69	36	03	69	11	15	83	80	13	29	54	19	23
58	54	16	24	15	51	54	44	82	00	62	61	65	04	69	38	18	65	18	97	85	72	13	49	21
34	85	27	84	87	61	48	64	56	26	90	18	48	13	26	37	70	15	42	57	65	65	80	39	07
03	92	18	27	46	57	99	16	96	56	30	93	72	85	22	84	64	38	56	98	99	01	30	93	64
62	93	30	27	59	37	75	41	66	48	86	97	80	61	45	23	53	04	01	63	45	76	08	64	27
08	45	93	15	22	60	21	75	46	91	98	77	27	85	42	28	88	61	08	84	69	62	03	42	73
07	08	55	18	40	45	44	75	13	90	24	94	96	61	02	57	55	66	83	15	73	42	37	11	61
01	85	39	95	66	51	10	19	34	88	15	84	97	19	75	12	76	39	43	78	64	63	91	03	25
72	84	71	14	35	19	11	58	49	26	50	11	17	17	76	86	31	57	20	18	95	60	73	46	75
88	78	28	16	84	18	52	53	94	53	75	45	69	30	96	73	89	65	70	31	99	17	43	48	76
45	17	75	65	57	28	40	19	72	12	25	12	74	75	67	60	40	60	31	19	24	62	01	61	62
96	76	28	12	54	22	01	11	94	25	71	96	16	16	83	63	64	36	74	45	19	59	50	38	92
48	31	67	72	30	24	02	94	08	63	98	82	36	66	02	69	36	98	25	39	48	03	45	15	12
50	44	66	44	21	66	06	58	05	62	68	15	54	35	02	42	35	48	96	32	14	52	41	52	43
22	66	22	15	86	26	63	75	41	99	58	42	36	72	24	58	37	52	18	51	03	37	18	39	11
96	24	40	14	51	23	22	30	88	57	95	67	47	29	83	94	69	40	06	07	18	16	36	78	86
81	73	91	61	19	60	20	72	93	48	98	57	07	23	69	65	95	39	69	58	56	80	30	19	44
78	60	73	99	84	43	89	94	36	45	56	69	47	07	41	90	22	91	07	12	78	35	34	08	72
84	37	90	61	56	70	10	23	93	05	85	11	34	76	60	76	48	45	34	60	01	64	18	39	96
36	67	10	08	23	98	93	35	08	86	99	29	76	29	81	33	34	91	58	93	63	14	52	32	52
07	28	59	07	48	89	64	58	89	75	83	85	62	27	89	30	14	78	56	27	86	63	59	80	02
10	15	83	87	60	79	24	31	66	56	21	48	24	06	93	91	98	94	05	49	01	47	59	38	00
55	19	68	97	65	03	73	52	16	56	00	53	55	90	27	33	42	29	38	87	22	33	88	83	34
53	81	29	13	39	35	01	20	71	34	62	33	74	82	14	53	73	19	09	03	56	54	29	56	93
51	86	32	68	92	33	93	74	66	99	40	14	71	94	53	45	94	19	38	81	14	44	99	81	07
35	91	70	29	13	80	03	54	07	27	96	94	78	32	66	50	95	52	74	33	13	30	55	62	54
37	71	67	95	13	20	02	44	95	94	64	85	04	05	72	01	32	90	76	14	53	89	74	60	41
93	66	13	83	27	92	79	64	64	72	28	54	96	53	84	48	14	52	98	94	56	07	93	39	30

续表

02	96	08	45	65	13	05	00	41	84	93	07	54	72	59	21	45	57	09	77	19	48	56	27	44
49	83	43	48	35	82	88	33	69	96	72	36	04	19	76	47	45	15	18	60	82	11	08	95	97
84	60	71	62	46	40	80	81	30	37	34	39	23	05	33	25	15	35	71	30	88	12	57	21	77
18	17	30	83	71	44	91	14	88	47	89	23	30	63	15	56	34	20	47	89	99	82	93	24	93
79	69	10	61	78	71	32	76	95	62	87	00	22	58	40	92	54	01	75	25	43	11	71	99	31
75	93	36	57	83	56	20	14	82	11	74	21	97	90	65	96	42	68	63	86	74	54	13	26	94
38	30	92	29	03	06	28	81	39	38	62	25	06	84	63	61	29	08	93	67	04	32	92	08	09
51	29	50	10	34	31	57	75	95	80	51	97	02	74	77	76	15	48	49	44	18	55	63	77	09
21	31	33	86	24	37	79	81	53	74	73	24	16	10	33	52	83	90	94	76	70	47	14	54	36
29	01	23	87	88	58	02	39	37	67	42	10	14	20	92	16	55	23	42	45	54	96	09	11	06
95	33	95	22	00	18	74	72	00	18	38	79	58	69	32	81	76	80	26	92	82	80	84	25	39
90	84	60	79	80	24	36	59	87	38	82	07	53	89	35	96	35	23	79	18	05	98	90	07	35
46	40	62	98	82	54	97	20	56	95	15	74	80	08	32	16	46	70	50	80	67	72	16	42	79
20	31	89	03	43	38	46	82	68	72	32	14	82	99	70	80	60	47	18	97	63	49	30	21	30
71	59	73	05	50	08	22	23	71	77	91	01	93	20	49	82	96	59	26	94	66	39	67	98	60

6 对具有多种待定特性量值的标准物质，应选择有代表性的和不容易均匀的待测特性量值进行均匀性检验。

7 选择不低于定值方法的精密度和具有足够灵敏度的测量方法，在重复性的实验条件下做均匀性检验。

8 待定特性量值的均匀性与所用测量方法的取样量有关，均匀性检验时应注明该测量方法的最小取样量。当有多个待定特性量值时，以不易均匀待定特性量值的最小取样量表示标准物质的最小取样量或分别给出最小取样量。

9 根据抽取样品的单元数，以及每个样品的重复测量次数，按选定的一种测量方法安排实验。

推荐以随机次序进行测定以防止系统的时间变差。选择合适的统计模式进行统计检验。

9.1 检测单元内变差与测量方法的变差，并进行比较，确认在统计学上是否显著。

检测单元间变差与单元内变差，并进行比较，确认在统计学上是否显著。

9.2 判断单元内变差以及单元间变差，统计显著性是否适合于该标准物质的用途。

9.2.1 相对于所用测量方法的测量随机误差或相对于该特性量值不确定度的预期目标而言，待测特性量值的不均匀性误差可忽略不计，此时认为该标准物质均匀性良好。

9.2.2 待测特性量值的不均匀性误差明显大于测量方法的随机误差，并是该特性量值预期不确定度的主要来源，此时认为该物质不均匀。

9.2.3 待定特性量值不均匀性误差与随机误差大小相近，且与不确定度的预期目标相比较又不可忽略，此时应将不均匀性误差记入总的不确定度内。

10 需要对每个单元样品单个定值的标准物质（如渗透管等），均匀性检验仅按 9.1 执行。需要对每个单元样品单个定值且单元又是整体使用的标准物质则不存在均匀性检验。

（三）标准物质的稳定性检验

11 标准物质应在规定的储存或使用条件下，定期地进行待定特性量值的稳定性检验。

12 稳定性检验的时间间隔可以按先密后疏的原则安排。在有效期间内应有多个时间间隔的监测数据。

13 当标准物质有多个待定特性量值时，应选择那些易变的和有代表性的待定特性量值进行稳定性检验。

14 选择不低于定值方法精密度和具有足够灵敏度的测量方法进行稳定性检验，并注意操作及实验条件的一致。

15 考察稳定性所用样品应从分装成最小包装单元的样品中随机抽取，抽取的样品数对于总体样品有足够的代表性。

16 按时间顺序进行的测量结果在测量方法的随机不确定度范围内波动，则该特性量值在试验的时间间隔内是稳定的。该试验间隔可作为标准物质的有效期。在标准物质发放期间要不断积累稳定性数据，以延长有效期。

17 一级标准物质有效期应在1年以上或达到国际上具有先进水平同类标准物质的有效期限。

（四）标准物质的定值

18 均匀性合格，稳定性检验符合要求的标准物质方可进行定值。

19 定值的测量方法应在理论上和实践上经检验证明是准确可靠的方法。应先研究测量方法、测量过程和样品处理过程所固有的系统误差和随机误差，如溶解、消化、分离、富集等过程中被测样品的沾污和损失，测量过程中的基体效应等，对测量仪器要定期进行校准，选用具有可溯源的基准试剂，要有可行的质量保证体系，以保证测量结果的溯源性。

20 选用下列方式之一对标准物质定值：

20.1 用高准确度的绝对或权威测量方法定值。

绝对（或权威）测量方法的系统误差是可估计的，相对随机误差的水平可忽略不计。测量时，要求有两个或两个以上分析者独立地进行操作，并尽可能使用不同的实验装置，有条件的要进行量值比对。

20.2 用两种以上不同原理的已知准确度的可靠方法定值。

研究不同原理的测量方法的精密度，对方法的系统误差进行估计。采取必要的手段对方法的准确度进行验证。

20.3 多个实验室合作定值。

参加合作的实验室应具有该标准物质定值的必备条件，并有一定的技术权威性。每个实验室可以采用统一的测量方法，也可以选该实验室确认为最好的方法。合作实验室的数目或独立定值组数应符合统计学的要求（当采用同一种方法时，独立定值组数一般不少于8个，当采用多种方法时，一般不少于6个）。定值负责单位必须对参加实验室进行质量控制和制订明确的指导原则。

21 特性量值的影响参数

对标准物质定值时必须确定操作条件对特性量值及其不确定度的影响大小，即确定影响因素的数值，可以用数值表示或数值因子表示。如标准毛细管熔点仪用的熔点标准物质，其毛细管熔点及其不确定度受升温速率的影响。定值时要给出不同升温速率下的熔点及其不确定度。

22 特性量值的影响函数

有些标准物质的特性量值可能受测量环境条件的影响。影响函数就是其特性量值与影响量（温度、湿度、压力等）之间关系的数学表达式。例如校准pH计用的标准溶液的pH受温度的影响。其影响数学表达式可写作 $pH=A/T+B+CT+DT^2$。因此，标准物质定值时必须确定其影响函数。

23 定值数据的统计处理。

23.1 当按 20.1 款方式定值时，测量数据可按如下程序处理。

23.1.1 对每个操作者的一组独立测量结果，在技术上说明可疑值的产生并予剔除后，可用格拉布斯（Grubbs）法（格拉布斯检验临界值表见表 4-12）或狄克逊（Dixon）法（狄克逊检验临界值表见表 4-13）从统计上再次剔除可疑值。当数据比较分散或可疑值比较多时，应认真检查测量方法、测量条件及操作过程。列出每个操作者测量结果：原始数据、平均值、标准偏差、测量次数。

表 4-12　格拉布斯检验临界值表

n \ α	1%	5%	n \ α	1%	5%	n \ α	1%	5%
3	1.155	1.155	36	3.330	2.992	69	3.617	3.252
4	1.496	1.481	37	3.343	3.003	70	3.622	3.257
5	1.764	1.715	38	3.356	3.014	71	3.627	3.262
6	1.973	1.887	39	3.369	3.025	72	3.633	3.267
7	2.139	2.020	40	3.381	3.036	73	3.638	3.272
8	2.274	2.126	41	3.393	3.046	74	3.643	3.278
9	2.387	2.215	42	3.404	3.057	75	3.648	3.282
10	2.482	2.290	43	3.415	3.067	76	3.654	3.287
11	2.564	2.355	44	3.425	3.075	77	3.658	3.291
12	2.636	2.412	45	3.435	3.085	78	3.663	3.297
13	2.699	2.462	46	3.445	3.094	79	3.669	3.301
14	2.755	2.507	47	3.455	3.103	80	3.673	3.305
15	2.806	2.549	48	3.464	3.111	81	3.677	3.309
16	2.852	2.585	49	3.474	3.120	82	3.682	3.315
17	2.894	2.620	50	3.483	3.128	83	3.687	3.319
18	2.932	2.651	51	3.491	3.136	84	3.691	3.323
19	2.968	2.681	52	3.500	3.143	85	3.695	3.327
20	3.001	2.709	53	3.507	3.151	86	3.699	3.331
21	3.031	2.733	54	3.516	3.158	87	3.704	3.335
22	3.060	2.758	55	3.524	3.166	88	3.708	3.339
23	3.087	2.781	56	3.531	3.172	89	3.712	3.343
24	3.112	2.802	57	3.539	3.180	90	3.716	3.347
25	3.135	2.822	58	3.546	3.186	91	3.720	3.350
26	3.157	2.841	59	3.553	3.193	92	3.725	3.355
27	3.178	2.859	60	3.560	3.199	93	3.728	3.358
28	3.199	2.876	61	3.566	3.205	94	3.732	3.362
29	3.218	2.893	62	3.573	3.212	95	3.736	3.365
30	3.236	2.908	63	3.579	3.218	96	3.739	3.369
31	3.253	2.924	64	3.586	3.224	97	3.744	3.372
32	3.270	2.938	65	3.592	3.230	98	3.747	3.377
33	3.286	2.952	66	3.598	3.235	99	3.750	3.380
34	3.301	2.965	67	3.605	3.241	100	3.754	3.383
35	3.316	2.979	68	3.610	3.246			

表 4-13 狄克逊检验临界值表

n	统计量	$\alpha=1\%$	$\alpha=5\%$	n	统计量	$\alpha=1\%$	$\alpha=5\%$
3	$\frac{X_{(2)}-X_{(1)}}{X_{(n)}-X_{(1)}}$ 和 $\frac{X_{(n)}-X_{(n-1)}}{X_{(n)}-X_{1}}$ 中的较大者	0.994	0.970	17	$\frac{X_{(3)}-X_{(1)}}{X_{(n-2)}-X_{(1)}}$ 和 $\frac{X_{(n)}-X_{(n-2)}}{X_{(n)}-X_{(3)}}$ 中的较大者	0.610	0.529
4		0.926	0.829	18		0.594	0.5
5		0.821	0.710	19		0.580	0.501
6		0.740	0.628	20		0.567	0.489
7		0.680	0.569	21		0.555	0.478
8	$\frac{X_{(2)}-X_{(1)}}{X_{(n-1)}-X_{(1)}}$ 和 $\frac{X_{(n)}-X_{(n-1)}}{X_{(n)}-X_{(2)}}$ 中的较大者	0.717	0.608	22		0.544	0.468
9		0.672	0.564	23		0.535	0.459
10		0.635	0.530	24		0.526	0.451
11	$\frac{X_{(3)}-X_{(1)}}{X_{(n-1)}-X_{(1)}}$ 和 $\frac{X_{(n)}-X_{(n-2)}}{X_{(n)}-X_{(2)}}$ 中的较大者	0.709	0.619	25		0.517	0.443
12		0.660	0.583	26		0.510	0.436
13		0.638	0.557	27		0.502	0.429
14	$\frac{X_{(3)}-X_{(1)}}{X_{(n-2)}-X_{(1)}}$ 和 $\frac{X_{(n)}-X_{(n-2)}}{X_{(n)}-X_{(3)}}$ 中的较大者	0.670	586	28		0.495	0.423
15		0.647	0.565	29		0.489	0.417
16		0.627	0.546	30		0.483	0.412

注：n——一组实验测量次数，将 n 次测量数值按由小到大排列为 $X_{(1)} \leqslant X_{(2)} \leqslant \cdots \leqslant X_{(n)}$；

α——显著性水平。

23.1.2 对两个（或两个以上）操作者测定数据的平均值和标准偏差分别检验是否有显著性差异。

23.1.3 若检验结果认为没有显著性差异。可将两组（或两组以上）数据合并给出总平均值和标准偏差。若检验结果认为有显著性差异，应检查测量方法，测量条件及操作过程，并重新进行测定。

23.2 当按 20.2 款定值时的测量数据可按如下程序处理：

23.2.1 对两个方法（或多个）的测量结果分别按 23.1.1 步骤进行处理。

23.2.2 对两个（或多个）平均值和标准偏差分别按 23.1.2 进行检验。

23.2.3 若检验结果认为没有显著性差异，可将两个（或多个）平均值平均求出总平均值，将两个（或多个）标准偏差的平方和除以方法个数，然后开方求出标准偏差。

23.3 当按 20.3 款定值时，测量数据可按如下程序处理：

23.3.1 对各个实验室的测量结果分别按 23.1.1 步骤进行处理。

23.3.2 汇总全部原始数据，考察全部测量数据分布的正态性。

23.3.3 在数据服从正态分布或近似正态分布的情况下，将每个实验室的所测数据的平均值视为单次测量值，构成一组新的测量数据。用格拉布斯法或狄克逊法从统计上剔除可疑值，当数据比较分散或可疑值比较多时，应认真检查每个实验室所使用的测量方法、测量条件及操作过程。

23.3.4 用科克伦（CoChran）法（科克伦检验临界值表见表 4-14）检查各组数据之间是否等精度，当数据是等精度时，计算出总平均值和标准偏差。

表 4-14 科克伦检验临界值表

f / k	显著性水平 $\alpha=0.05$													
	1	2	3	4	5	6	7	8	9	10	16	36	144	∞
2	0.9985	0.9750	0.9302	0.9057	0.8772	0.8534	0.8332	0.8159	0.8010	0.7880	0.7341	0.6602	0.5813	0.5000
3	0.9669	0.8709	0.7977	0.7457	0.7071	0.6771	0.6530	0.6333	0.6167	0.6025	0.5466	0.4748	0.4031	0.3333
4	0.9065	0.7679	0.6841	0.6287	0.5895	0.5598	0.5365	0.5175	0.5017	0.4884	0.4366	0.3720	0.3093	0.2500
5	0.8412	0.6838	0.5981	0.5441	0.5065	0.4783	0.4564	0.4387	0.4241	0.4118	0.3645	0.3066	0.2513	0.2000
6	0.7808	0.6161	0.5321	0.4803	0.4447	0.4184	0.3980	0.3817	0.3682	0.3568	0.3135	0.2612	0.2119	0.1667
7	0.7271	0.5612	0.4800	0.4307	0.3974	0.3726	0.3535	0.3384	0.3259	0.3154	0.2756	0.2278	0.1833	0.1429
8	0.6798	0.5157	0.4377	0.3910	0.3955	0.3362	0.3185	0.3043	0.2926	0.2829	0.2462	0.2022	0.1616	0.1250
9	0.6385	0.4775	0.4027	0.3584	0.3286	0.3067	0.2901	0.2768	0.2659	0.2568	0.2226	0.1820	0.1446	0.1111
10	0.6020	0.4450	0.3733	0.3311	0.3029	0.2823	0.2666	0.2541	0.2439	0.2353	0.2032	0.1655	0.1308	0.1000
12	0.5410	0.3924	0.3264	0.2880	0.2624	0.2439	0.2299	0.2187	0.2098	0.2020	0.1737	0.1403	0.1100	0.0833
15	0.4709	0.3346	0.2758	0.2419	0.2195	0.2034	0.1911	0.1815	0.1367	0.1671	0.1429	0.1144	0.0889	0.0667
20	0.3894	0.2705	0.2205	0.1921	0.1735	0.1602	0.1501	0.1422	0.1357	0.1303	0.1108	0.0879	0.0675	0.0500
24	0.3434	0.2354	0.1907	0.1656	0.1493	0.1374	0.1286	0.1216	0.1160	0.1113	0.0942	0.0743	0.0567	0.0417
30	0.2929	0.1980	0.1593	0.1377	0.1237	0.1137	0.1061	0.1002	0.0958	0.0921	0.0771	0.0604	0.0457	0.0333
40	0.2370	0.1576	0.1259	0.1082	0.0968	0.0887	0.0827	0.0780	0.0745	0.0713	0.0595	0.0462	0.0347	0.0250
60	0.1737	0.1131	0.0895	0.0765	0.0682	0.0633	0.0583	0.0552	0.0520	0.0497	0.0411	0.0316	0.0234	0.0167
120	0.0998	0.0632	0.0495	0.0419	0.0371	0.0337	0.0312	0.0292	0.0279	0.0266	0.0218	0.0165	0.0120	0.0083
∞	0	0	0	0	0	0	0	0	0	0	0	0	0	0

f / k	显著性水平 $\alpha=0.01$													
	1	2	3	4	5	6	7	8	9	10	16	36	144	∞
2	0.9999	0.9950	0.9794	0.9586	0.9373	0.9172	0.8998	0.8823	0.8674	0.8539	0.7949	0.7067	0.6062	0.5000
3	0.9933	0.9423	0.8831	0.8335	0.7933	0.7606	0.7335	0.7107	0.6912	0.6743	0.6059	0.5153	0.4230	0.3333
4	0.9676	0.8643	0.7814	0.7112	0.6761	0.6410	0.6129	0.5897	0.5702	0.5536	0.4884	0.4057	0.3251	0.2500
5	0.9279	0.7885	0.6957	0.6329	0.5875	0.5531	0.5259	0.5037	0.4854	0.4697	0.4094	0.3351	0.2644	0.2000
6	0.8828	0.7218	0.6258	0.5635	0.5195	0.4866	0.4608	0.4401	0.4229	0.4084	0.3529	0.2858	0.2229	0.1667
7	0.8376	0.6644	0.5685	0.5080	0.4659	0.4347	0.4105	0.3911	0.3751	0.3616	0.3105	0.2494	0.1929	0.1429
8	0.7945	0.6152	0.5209	0.4627	0.4226	0.3932	0.3704	0.3522	0.3373	0.3248	0.2779	0.2214	0.1700	0.1250
9	0.7544	0.5727	0.4810	0.4251	0.3870	0.3592	0.3378	0.3207	0.3067	0.2950	0.2514	0.1992	0.1521	0.1111
10	0.7175	0.5358	0.4469	0.3934	0.3572	0.3308	0.3106	0.2945	0.2813	0.2704	0.2297	0.1811	0.1376	0.1000
12	0.6528	0.4751	0.3919	0.3428	0.3099	0.2861	0.2680	0.2535	0.2419	0.2320	0.1961	0.1535	0.1157	0.0833
15	0.5747	0.4069	0.3317	0.2882	0.2593	0.2386	0.2228	0.2104	0.2002	0.1918	0.1612	0.1251	0.0934	0.0667
20	0.4799	0.3297	0.2654	0.2288	0.2048	0.1877	0.1748	0.1646	0.1567	0.1501	0.1248	0.0960	0.0709	0.0500
24	0.4247	0.2871	0.2295	0.1970	0.1759	0.1608	0.1495	0.1406	0.1338	0.1283	0.1060	0.0810	0.0595	0.0417
30	0.3632	0.2412	0.1913	0.1635	0.1454	0.1327	0.1232	0.1157	0.1100	0.1054	0.0867	0.0658	0.0480	0.0333
40	0.2940	0.1915	0.1508	0.1281	0.1135	0.1033	0.0957	0.0898	0.0853	0.0816	0.0668	0.0503	0.0363	0.0250
60	0.2151	0.1371	0.1069	0.0902	0.0796	0.0722	0.0668	0.0625	0.0594	0.0567	0.0461	0.0344	0.0245	0.0167
120	0.1225	0.0759	0.0585	0.0489	0.0429	0.0387	0.0357	0.0334	0.0316	0.0302	0.0242	0.0178	0.0125	0.0083
∞	0	0	0	0	0	0	0	0	0	0	0	0	0	0

注：$f=n-1$；n——每组实验测量次数；k——实验测量组数。

23.3.5 当全部原始数据服从正态分布或近似正态分布情况下，也可视其为一组新的测量数据，按格拉布斯法或狄克逊法从统计上剔除可疑值，再计算全部原始数据的总平均值和标准偏差。

23.3.6 当数据不服从正态分布时，应检查测量方法和找出各实验室可能存在的系统误差，对定值结果的处理持慎重态度。

（五）标准值的确定及总不确定度的估计

24 特性量的测量总平均值即为该特性量的标准值。

25 标准值的总不确定度由三个部分组成。第一部分是通过测量数据的标准偏差、测量次数及所要求的置信水平按统计方法计算出。第二部分是通过对测量影响因素的分析，估计出其大小。第三部分是物质不均匀性和物质在有效期内的变动性所引起的误差。当按 20.1 款定值，且均匀性和稳定性检验所使用的测量方法又不是定值方法时，引入此项误差尤为重要。将这三部分误差综合就构成标准值的总不确定度。

（六）定值结果的表示

26 定值结果一般表示为：标准值±总不确定度

要明确指出总不确定度的含义并指明所选择的置信水平。

当构成总不确定度的第二部分和第三部分影响可以忽略时，定值结果也可用如下信息表示：标准值、标准偏差、测定数目。

对某些特性量值的定值未达到规定要求或不能给出不确定度的确切值时，可作为参考值给出。参考值的表示方式是将数值括以括号。

27 定值结果的计量单位应符合国家颁布的法定计量单位的规定。

28 数值修约规则按 GB 8170《数值修约规则》进行。

29 总不确定度一般保留一位有效数字，最多只保留两位有效数字，采用只进不舍的规则。标准值的最后一位与总不确定度相应的位数对齐来决定标准值的有效数字位数。

（七）标准物质的包装与储存

30 标准物质的包装应满足该标准物质的用途。

31 标准物质的最小包装单元应贴有标准物质标签。标准物质标签上应附有《制造计量器具许可证》标志。

32 标准物质的储存条件应适合该标准物质的要求和有利于特性量值的稳定。一般应储存于干燥、阴凉、洁净的环境中。某些有特殊储存要求的，应有特殊的储存措施。

（八）标准物质证书

33 “标准物质证书”是介绍标准物质的技术文件。是研制单位向用户提出的质量保证书和使用说明，必须随同标准物质提供给用户。标准物质证书封面上应有《制造计量器具许可证》标志。

34 “标准物质证书”中应提供如下基本信息：标准物质编号、名称、标准物质定值日期、用途、制备方法、定值方法、标准值、总不确定度、均匀性及稳定性说明，最小取样量，使用中注意事项，储存要求等。

九、国家一级、二级溶液标准物质目录

表 4-15 国家一级溶液标准物质目录

名称	编号	质量分数		相对不确定度/%
水中铅成分分析标准物质	GBW 08601	1.00×10^{-6}		2
水中镉成分分析标准物质	GBW 08602	0.100×10^{-6}		2
水中汞成分分析标准物质	GBW 08603	0.0100×10^{-6}		4
水中氟成分分析标准物质	GBW 08604	1.00×10^{-6}		2
水中砷成分分析标准物质	GBW 08605	0.500×10^{-6}		1.5
水中 Cl^-、NO_3^-、SO_4^{2-} 成分分析标准物质	GBW 08606	Cl^-	22.0×10^{-6}	2
		NO_3^-	4.50×10^{-6}	2
		SO_4^{2-}	38.0×10^{-6}	1
水中镉、铬、铜、镍、铅、锌(μg/g 级)成分分析标准物质	GBW 08607	镉	0.100×10^{-6}	2
		铬	1.00×10^{-6}	2
		铜	1.00×10^{-6}	1
		镍	0.500×10^{-6}	2
		铅	5.00×10^{-6}	1
		锌	0.500×10^{-6}	2
水中镉、铬、铜、镍、铅、锌(ng/g 级)成分分析标准物质	GBW 08608	镉	10.0×10^{-9}	4
		铬	50×10^{-9}	4
		铜	30×10^{-9}	7
		镍	50×10^{-9}	4
		铅	90×10^{-9}	5
		锌	60×10^{-9}	5
水中汞成分分析标准物质	GBW 08609	质量浓度/(μg/mL) 1000		5
水中银成分分析标准物质	GBW 08610	1000		0.1
水中砷成分分析标准物质	GBW 08611	1000		0.1
水中镉成分分析标准物质	GBW 08612	1000		0.2
水中钴成分分析标准物质	GBW 08613	1000		0.1
水中铬成分分析标准物质	GBW 08614	1000		0.1
水中铜成分分析标准物质	GBW 08615	1000		0.1
水中铁成分分析标准物质	GBW 08616	1000		0.2
水中汞成分分析标准物质	GBW 08617	1000		0.1
水中镍成分分析标准物质	GBW 08618	1000		0.1
水中铅成分分析标准物质	GBW 08619	1000		0.2
水中锌成分分析标准物质	GBW 08620	1000		0.1
碘酸钾溶液标准物质	GBW 08621	标称物质量的浓度/(mol/L) 0.01000		0.1
盐酸溶液标准物质	GBW 08622	0.00600		0.2

续表

名　　称	编　　号	质 量 分 数		相对不确定度/%
磷酸盐溶液标准物质	GBW 08623	标称物质量的浓度/(μmol/L)		
		0.40		3
		0.80		2
		1.60		1
		3.20		1
		4.80		1
化学需氧量标准物质		质量浓度/(mg/L)		
	GBW 08624b	1277		15
	GBW 08625b	2539		23
	GBW 08626b	4937		37
硫化物溶液标准物质	GBW 08630	标称质量浓度/(μg/mL)		
		硫离子	50～100	2.3
铵-氮溶液成分分析标准物质		标称物质量浓度/(μmol/L)		
	GBW 08631	2.00		3
	GBW 08632	4.00		2
	GBW 08633	6.00		1
硝酸盐-氮溶液成分分析标准物质	GBW 08634	2.50		1
	GBW 08635	5.00		1
	GBW 08636	10.0		1
	GBW 08637	15.0		1
亚硝酸盐-氮溶液成分分析标准物质	GBW 08638	0.50		3
	GBW 08639	1.00		2
	GBW 08640	2.00		1
	GBW 08641	4.00		1
硅酸盐-硅溶液成分分析标准物质	GBW 08642	1.00		3
	GBW 08643	2.00		2
	GBW 08644	5.00		2
	GBW 08645	10.00		2
	GBW 08646	12.5		3
	GBW 08647	25.0		2
	GBW 08648	50.0		2
	GBW 08649	100.0		1
		质量分数/(μg/g)		
金溶液成分分析标准物质	GBW 08650	100.0		0.4
镧溶液成分分析标准物质	GBW 08651	982.3		0.3
铈溶液成分分析标准物质	GBW 08652	951.5		0.4
钐溶液成分分析标准物质	GBW 08653	982.3		0.6
铕溶液成分分析标准物质	GBW 08654	982.3		0.4
镱溶液成分分析标准物质	GBW 08655	982.3		0.3
镥溶液成分分析标准物质	GBW 08656	982.3		0.4
钇溶液成分分析标准物质	GBW 08657	982.3		0.3
甲醇中苯并[a]芘标准物质		质量浓度/(μg/mL)		
	GBW 08701	5.75		0.11
	GBW 08702	10.0		0.2
		标称质量浓度/(mg/mL)		
甲醇中苯溶液标准物质	GBW 08703	1.00		2.8
甲醇中甲苯溶液标准物质	GBW 08704			
甲醇中乙苯溶液标准物质	GBW 08705			
甲醇中邻二甲苯溶液标准物质	GBW 08706			
甲醇中间二甲苯溶液标准物质	GBW 08707			
甲醇中对二甲苯溶液标准物质	GBW 08708			

表 4-16　国家二级溶液标准物质目录

名　　称	编　　号	质量浓度	标准偏差
马拉硫磷农药溶液标准物质	GBW（E）060073	100μg/mL	2μg/mL
敌敌畏农药溶液标准物质	GBW（E）060074	99.8μg/mL	0.4μg/mL
乐果农药溶液标准物质	GBW（E）060075	101μg/mL	2μg/mL
甲体六六六农药溶液标准物质	GBW（E）060081	1.00mg/mL(25℃)	相对不确定度 1%
乙体六六六农药溶液标准物质	GBW（E）060082	1.00mg/mL(25℃)	相对不确定度 1%
丙体六六六农药溶液标准物质	GBW（E）060083	1.00mg/mL(25℃)	相对不确定度 1%
丁体六六六农药溶液标准物质	GBW（E）060084	1.00mg/mL(25℃)	相对不确定度 1%

名称	编　　号	标准值及标准偏差	质量浓度/(g/L)		
			$ZnCl_2$	KCl	H_3BO_3
钾盐镀锌溶液成分分析标准物质	GBW（E）060085	标准值	49.00	157.2	19.99
		标准偏差(S)	0.25	0.8	0.22
	GBW（E）060086	标准值	70.72	176.6	23.84
		标准偏差(S)	0.28	0.9	0.28
	GBW（E）060087	标准值	58.84	191.9	28.18
		标准偏差(S)	0.33	0.5	0.26
	GBW（E）060088	标准值	77.85	205.7	31.48
		标准偏差(S)	0.38	0.7	0.38
	GBW（E）060089	标准值	86.79	226.3	35.24
		标准偏差(S)	0.44	0.9	0.41

名称	编号	标称质量浓度/(mg/mL)	相对不确定度/%
P,P′-DDT 农药溶液标准物质	GBW（E）060102	1.00	1
O,P′-DDT 农药溶液标准物质	GBW（E）060103	1.00	1
P,P′-DDE 农药溶液标准物质	GBW（E）060104	1.00	1
P,P′-DDD 农药溶液标准物质	GBW（E）060105	1.00	1

名称	编号	质量浓度/(ng/mL)		
		标　称　值		不确定度
硫含量测定用标准物质	GBW（E）060108	S	1.00	0.11
	GBW（E）060109		10.0	0.2
	GBW（E）060110		100	1
氮含量测定用标准物质	GBW（E）060111	N	1.00	0.11
	GBW（E）060112		10.0	0.2
	GBW（E）060113		100	1

名称	编号	质量浓度/(mg/mL)		相对不确定度/%
有机氯农药混合溶液标准物质	GBW（E）060133	α-六六六 β-六六六 γ-六六六 δ-六六六 P,P′-DDT O,P′-DDT P,P′-DDE P,P′-DDD	0.010～1.00	2

名称	编号	质量摩尔浓度	相对不确定度
盐酸溶液标准物质	GBW（E）060189	0.1005mol/kg	0.1%
氢氧化钠溶液标准物质	GBW（E）060190	0.1003mol/kg	0.1%

续表

名　　称	编　　号	质量浓度	标准偏差
		质量浓度/(μg/mL)	
		标称值	不确定度
水中铜成分分析标准物质	GBW (E) 080002	100.0	0.2
水中铅成分分析标准物质	GBW (E) 080003	100.0	0.6
水中锌成分分析标准物质	GBW (E) 080004	100.0	0.2
水中镉成分分析标准物质	GBW (E) 080005	100.0	0.3
水中汞成分分析标准物质	GBW (E) 080006	100.0	0.4
水中镍成分分析标准物质	GBW (E) 080007	100.0	0.4
水中砷成分分析标准物质	GBW (E) 080008	100.0	0.7
		物质量的浓度标称值/(mol/L)	相对不确定度/%
盐酸标准溶液	GBW (E) 080009	0.00600	0.2
碘酸钾标准溶液	GBW (E) 080010	0.01000	0.2
		质量浓度标称值(以氮计)/(μg/L)	
铵盐标准溶液	GBW (E) 080011	0.0	5
	GBW (E) 080012	2.0	5
	GBW (E) 080013	4.0	5
	GBW (E) 080014	6.0	5
硝酸盐标准溶液	GBW (E) 080015	0.00	2
	GBW (E) 080016	2.50	2
	GBW (E) 080017	5.00	2
	GBW (E) 080018	10.0	2
	GBW (E) 080019	15.0	2
亚硝酸盐标准溶液	GBW (E) 080020	0.000	2
	GBW (E) 080021	0.500	2
	GBW (E) 080022	1.00	2
	GBW (E) 080023	2.00	2
	GBW (E) 080024	4.00	2
		质量浓度标称值(以磷计)/(μg/L)	
磷硝酸盐标准溶液	GBW (E) 080025	0.00	2
	GBW (E) 080026	0.80	2
	GBW (E) 080027	1.60	2
	GBW (E) 080028	2.40	2
	GBW (E) 080029	3.20	2
		质量浓度标称值(以硅计)/(μg/L)	
硅酸盐标准溶液	GBW (E) 080030	0.00	2
	GBW (E) 080031	1.00	5
	GBW (E) 080032	2.00	2
	GBW (E) 080033	5.00	2
	GBW (E) 080034	10.00	2
	GBW (E) 080035	12.5	2
	GBW (E) 080036	25.0	2
	GBW (E) 080037	50.0	2
	GBW (E) 080038	100.0	2

续表

名　　称	编　　号	质量浓度		标准偏差
		质　量　浓　度		
		标称值(μg/L)		不确定度
水中铜、铅、镉、铬、锌标准溶液	GBW (E) 080039	铜	100	3
		铅	30	2
		镉	10.0	0.6
		铬	30	2
		锌	800	24
海水中铜、铅、镉、铬、锌标准溶液	GBW (E) 080040	铜	5.0	0.4
		铅	10.0	0.6
		镉	1.00	0.06
		铬	5.0	0.4
		锌	70	3
水中汞标准溶液	GBW (E) 080041	1.00		0.06
海水中汞标准溶液	GBW (E) 080042	1.00		0.06

名　　称	编　　号	质量浓度/(mg/mL)	
		标称值	不确定度
化学耗氧量成分分析标准物质	GBW (E) 080060	50.0	3.0
	GBW (E) 080061	100.0	3.0
	GBW (E) 080062	250.0	6.0
	GBW (E) 080063	500	10

名　　称	编　　号	质量浓度/(μg/mL)	
		标称值	不确定度
水中锌成分分析标准物质	GBW (E) 080064	0.500	0.009
	GBW (E) 080065	5.00	0.05
水中砷成分分析标准物质	GBW (E) 080066	10.00	0.24
	GBW (E) 080067	0.500	0.016
	GBW (E) 080068	5.00	0.10
水中镉成分分析标准物质	GBW (E) 080069	0.100	0.014
	GBW (E) 080070	1.00	0.02
	GBW (E) 080071	4.00	0.06
水中铅成分分析标准物质	GBW (E) 080072	1.00	0.09
	GBW (E) 080073	10.00	0.20
水中铬(六价)成分分析标准物质	GBW (E) 080074	0.500	0.018
	GBW (E) 080075	5.00	0.14
水中总铬成分分析标准物质	GBW (E) 080076	10.00	0.46
水中镍成分分析标准物质	GBW (E) 080077	10.00	0.30
水中铜成分分析标准物质	GBW (E) 080078	1.00	0.05
	GBW (E) 080079	5.00	0.10

名　　称	编　　号		质量浓度/(μg/mL)				
			Cu	Pb	Zn	Cd	Ni
水中铜、铅、锌、镉、镍成分分析标准物质	GBW (E) 080080	标称值	1.00	1.00	5.00	0.100	0.50
		不确定度	0.04	0.06	0.09	0.006	0
水中铜、铅、锌、镉成分分析标准物质	GBW (E) 080081	标称值	0.500	0.500	0.500	0.500	
		不确定度	0.013	0.013	0.013	0.011	
水中铜、铅、锌、镉成分分析标准物质	GBW (E) 080082	标称值	5.00	5.00	5.00	5.00	
		不确定度	0.09	0.10	0.09	0.08	

续表

名　　称	编　　号	质量浓度	标准偏差
		质量浓度/(μg/mL)	
		标称值	不确定度
水中酚成分分析标准物质	GBW (E) 080083	10.00	0.30
水中氰成分分析标准物质	GBW (E) 080084	5.00	0.31
	GBW (E) 080085	50.0	2.3
水中氨氮成分分析标准物质	GBW (E) 080086	50.0	1.3
水中汞成分分析标准物质	GBW (E) 080087	10.00	0.50
水中氟成分分析标准物质	GBW (E) 080088	1.00	0.24
	GBW (E) 080089	10.00	0.49
	GBW (E) 080090	100.0	1.9
水中硝酸根成分分析标准物质	GBW (E) 080091	5.00	0.32
	GBW (E) 080092	10.00	0.32
	GBW (E) 080093	20.00	0.37
水中亚硝酸根成分分析标准物质	GBW (E) 080094	5.00	0.28
	GBW (E) 080095	10.00	0.44
	GBW (E) 080096	20.00	1.1
甲醇中苯并[a]芘成分分析标准物质	GBW (E) 080097	5.62	0.11

名称	编号		质量浓度(μg/mL)							
			K	Na	Ca	Mg	Cl^-	SO_4^{2-}	总硬度	总碱度
水中无机盐成分分析标准物质	GBW (E) 080098	标准值	9.60	46.50	40.40	8.30	88.50	93.30	136.0	78.0
		不确定度	0.15	0.39	0.27	0.09	0.46	0.82	0.9	0.7

名称	编号	质量分数标称值/(μg/g)	相对不确定度/%
水中氰成分分析标准物质	GBW (E) 080115	0.50	3
		100	2
		1000	1

名称	编号	质量浓度标称值/(μg/mL)	相对不确定度/%
水中银成分分析标准物质	GBW (E) 080116	1000	0.3
		500	0.5
		100	0.8
		50	2
水中砷成分分析标准物质	GBW (E) 080117	1000	0.3
		100	0.8
水中钙成分分析标准物质	GBW (E) 080118	1000	0.3
水中镉成分分析标准物质	GBW (E) 080119	1000	0.3
		100	0.8
水中钴成分分析标准物质	GBW (E) 080120	1000	0.3
		100	0.8
水中铬成分分析标准物质	GBW (E) 080121	1000	0.3
水中铜成分分析标准物质	GBW (E) 080122	1000	0.3
		500	0.5
		100	0.8
		50	2
水中铁成分分析标准物质	GBW (E) 080123	1000	0.3
		500	0.5
		100	0.8
		50	2
水中汞成分分析标准物质	GBW (E) 080124	1000	0.3
		100	0.8
水中钾成分分析标准物质	GBW (E) 080125	1000	0.3
水中镁成分分析标准物质	GBW (E) 080126	1000	0.3

续表

名称	编号	质量浓度	标准偏差
		质量浓度标称值/(μg/mL)	相对不确定度/%
水中钠成分分析标准物质	GBW（E）080127	1000	0.3
水中镍成分分析标准物质	GBW（E）080128	1000	0.3
		500	0.5
		100	0.8
		50	2
水中铅成分分析标准物质	GBW（E）080129	1000	0.3
		500	0.5
		100	0.8
		50	2
水中锌成分分析标准物质	GBW（E）080130	1000	0.3
		500	0.5
		100	0.8
		50	2
水中锰成分分析标准物质	GBW（E）080157	1000	0.3

十、分子吸收分光光度法通则（紫外和可见部分）

（一）方法原理

分子吸收分光光度法是通过测定被测物质在特定波长处或一定波长范围内的吸光度，对该物质进行定性和定量分析的方法。

常用的波长范围为：(200～400)nm 的紫外光区；(400～850)nm 的可见光区。所用仪器为紫外分光光度计；可见分光光度计或紫外、可见分光光度计。

单色光辐射穿过被测物质溶液时，被该物质吸收的量与该物质浓度的关系符合朗伯-比尔定律：

$$A=\lg\frac{\phi_0}{\phi_1}=KLc$$

式中 A——吸光度；

ϕ_0——入射光通量；

ϕ_1——透射光通量；

K——吸收系数［可采用（$E_{1cm}^{1\%}$）表示，其物理意义是当溶液中待测物浓度为 1%(g/ml)，光路长度为 1cm 时的吸光度；或用摩尔吸收系数 ε 表示，其物理意义是当待测物的物质的量浓度为 1mol/L 时，通过厚度为 1cm 的光路长度，待测物的吸光度］，L/(cm · mol)；

c——溶液中待测物的浓度；

L——光路长度，cm。

物质对光的选择性吸收波长，以及相应的吸收系数是该物质的物理常数。当已知某纯物质在一定条件下的吸收系数后，可用同样条件将待测样品配成溶液，测定其吸光度，即可由上式计算出待测样品中该物质的含量。在可见光区，除某些物质对光有吸收外，很多物质本身并没有吸收，但可在一定条件下加大显色试剂用量或经过处理使其显色后再测定，故又称比色分析。

（二）仪　　器

1. 仪器主要组成部分

分光光度计主要由光源、波长选择器、吸收池、检测器及数据处理系统组成。

2. 仪器的校正和检定

为保证测量结果的准确度，所用仪器应按照国家计量检定规程定期对仪器的波长准确度、分辨率、吸光度的准确度、杂散光、吸收池的配对等进行检定（校正）合格后方可使用。

（三）测　　定

1. 对溶剂的要求

测定样品前，应先检查所用的溶剂在检测样品所选用的波长附近是否符合要求，即用1cm石英吸收池盛溶剂，以空气为空白（即空白光路中不置任何物质）测定其吸光度。溶剂和吸收池的吸光度，在（220～240)nm范围内不得超过0.40，在（241～250)nm范围内不得超过0.20，在（251～300)nm范围内不得超过0.10，在300nm以上时不得超过0.05。

2. 测定方法

测定时，除另有规定外，应以配制样品溶液的同批溶剂为空白对照，采用1cm的石英吸收池，在规定的吸收峰波长±2nm以内测试几个点的吸光度，以核对样品的吸收峰波长位置是否正确，除另有规定外，吸收峰波长应在该样品规定的波长±2nm以内；否则应考虑该样品的真伪、纯度以及仪器波长的准确度，并以吸光度最大的波长作为测定波长。一般样品溶液的吸光度读数，以在0.3～0.7之间的误差较小。仪器的狭缝带宽度应小于样品吸收带的半宽度，否则测得的吸光度会偏低。狭缝宽度的选择，应以减小狭缝宽度时样品的吸光度不再增加为准。由于吸收池和溶剂本身可能有空白吸收，因此测定样品的吸光度后应减去空白读数，再计算含量。

用于含量测定的方法一般有以下几种。

（1）对照品比较法　按样品规定的方法，分别配制样品溶液和对照品溶液，对照品溶液中所含被测成分的量应为样品溶液中被测成分标称量的100%±10%，所用溶剂也应完全一致，在规定的波长测定样品溶液和对照品溶液的吸光度后，按下式计算样品中被测成分的浓度：

$$c_X=(A_X/A_R)c_R$$

式中　c_X——样品溶液的浓度；

A_X——样品溶液的吸光度；

c_R——对照品溶液的浓度；

A_R——对照品溶液的吸光度。

（2）吸收系数法　按样品规定的方法配制样品溶液，在规定的波长处测定其吸光度，再以该样品在规定条件下的吸收系数计算含量。用本法测定时，应确保仪器的计量性能。

（3）计算分光光度法　采用计算分光光度法应慎重。本法有多种，使用时均应按各样品规定的方法进行。当吸光度处在吸收曲线的陡然上升或下降的部位测定时，波长的微小变化可能对测定结果造成显著影响，故对照品和样品测试条件应尽可能一致。若测定时不用对照品（如维生素A测定法），则应在测定时对仪器做仔细的校正和检定。

十一、化学试剂电位滴定法通则（GB/T 9725—1988）

本标准等效采用国际标准 ISO 6353/1—1982《化学分析试剂——第一部分：通用试验方法》GM31.2“电位滴定”。

1. 主题内容与适用范围

本标准规定了通过测量电极电位来确定终点的方法。

本标准适用于酸碱滴定、沉淀滴定、氧化还原滴定和非水滴定。特别适用于混浊、有色溶液的滴定以及缺乏指示剂的滴定分析方法。

2. 引用标准

GB 601 化学试剂　滴定分析（容量分析）用标准溶液的制备

GB 6682　实验用水规格

3. 方法原理

将规定的指示电极和参比电极浸入同一溶液中，在滴定过程中，参比电极的电位保持恒定，指示电极的电位不断变化。在化学计量点前后，溶液中被测物质浓度的微小变化，会引起指示电极电位的急剧变化，指示电极电位的突跃点就是滴定终点。

4. 试剂

本标准中所用标准溶液按 GB 601 之规定配制。

实验用水应符合 GB 6682 中规定的三级水的规格。

5. 仪器和装置

5.1　一般实验室仪器

5.2　酸度计或电位计：应具有 0.1pH 单位或 10mV 的精确度。精确的实验应采用具有 0.02pH 单位或 2mV 精确度的仪器。

5.3　电极

5.3.1　指示电极

5.3.1.1　玻璃电极。

5.3.1.2　锑电极。

5.3.1.3　银电极。

5.3.1.4　铂电极。

5.3.2　参比电极

5.3.2.1　饱和甘汞电极。

5.3.2.2　双盐桥型饱和甘汞电极。

5.3.2.3　钨电极。

5.4　电磁搅拌器

6. 操作步骤

6.1　按图 4-1 所示连好仪器。

按产品标准的规定取样并制备试液，插入规定的指示电极和参比电极，开动电磁搅拌器，用规定的标准溶液滴定。从滴定管中滴入约为所需体积百分之九十的标准溶液，测量指示电极的电位或 pH 值。以后每滴加 1mL 或适量标准溶液测量一次电位或 pH 值，化学计量点前后，应每滴加 0.1mL 标准溶液测量一次，继续滴定至电位或 pH 值变化不大时为止。

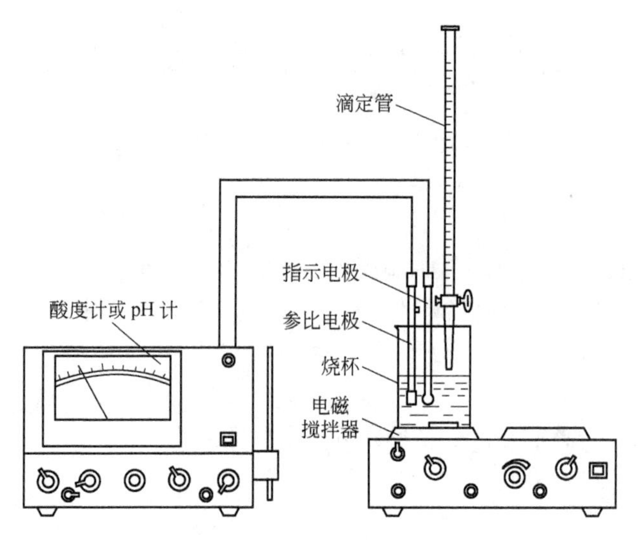

图 4-1 电位滴定仪器装置

记录每次滴加标准溶液前后滴定管的读数及测得的电位或 pH 值，用作图法或二级微商法确定滴定终点。

6.2 终点的确定

6.2.1 作图法

以指示电极的电位（mV）或 pH 值为纵坐标，以滴定管的读数（mL）为横坐标绘制滴定曲线。做两条与横坐标成 45°的滴定曲线的切线，并在两切线间作一与两切线距离相等的平行线（见图 4-2），该线与滴定曲线的交点即为滴定终点。交点的横坐标为滴定终点时标准溶液的用量，交点的纵坐标为滴定终点时的电位或 pH 值。本方法适用于滴定曲线对称的情况。

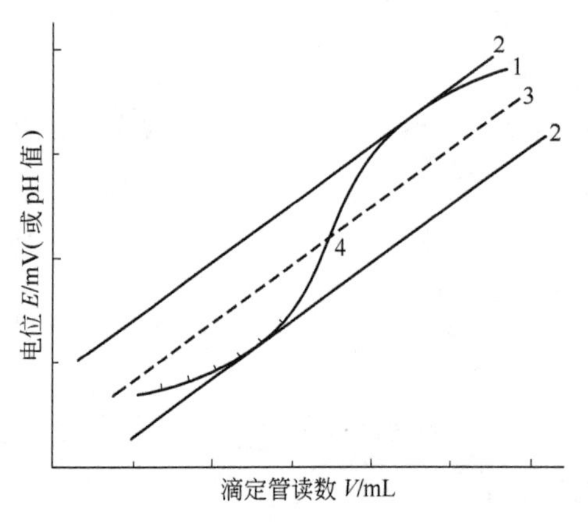

图 4-2 电位滴定曲线

1—滴定曲线；2—切线；

3—平行等距离线；4—滴定终点

6.2.2 二级微商法

将滴定管读数 V（mL）和对应的电位 E（mV）或 pH 值列成表格，并计算下列数值：

每次滴加标准溶液的体积（ΔV）；

每次滴加标准溶液引起的电位或 pH 值的变化（ΔE 或 ΔpH）；

一级微商值 即单位体积标准溶液引起的电位或 pH 值的变化，数值上等于 $\Delta E/\Delta V$ 或 $\Delta \mathrm{pH}/\Delta V$；

二级微商值 数值上相当于相邻的一级微商之差；

一级微商的绝对值最大，二级微商等于零时就是滴定终点。

滴定终点时标准溶液的用量按下式计算：

$$V_0 = V + \left(\frac{a}{a-b}\Delta V\right)$$

式中 V_0——滴定终点时标准溶液的用量，mL；

a——二级微商为零前的二级微商；

b——二级微商为零后的二级微商；

V——二级微商为 a 时标准溶液的用量，mL；

ΔV——由二级微商为 a 至二级微商为 b，所加标准溶液的体积，mL。

典型实例见下表。

V/mL	E/mV	ΔE/mV	ΔV/mL	一级微商$\frac{\Delta E}{\Delta V}$	二级微商
33.00	405				
		10	0.40	25	
33.40	415				10
		7	0.20	35	
33.60	422				10
		9	0.20	45	
33.80	431				15
		12	0.10	60	
34.00	443				60
		12	0.10	120	
34.10	455				30
		15	0.10	150	
34.20	470				290
		44	0.10	440	
34.30	514				110
		55	0.10	550	
34.40	569				−360
		19	0.10	190	
34.50	588				−80
		11	0.10	110	
34.60	599				−40
		7	0.10	70	
34.70	606				

在上表中，一级微商的最大值为 550，二级微商为零之点在 110 和 −360 之间。由上表中查得 $a=110$、$b=-360$、$V=0.1$mL。

$$
\begin{aligned}
V_0 &= 34.30\text{mL}+\left(\frac{110}{110-(-360)}\times 0.1\right)\text{mL} \\
&= 34.30\text{mL}+0.023\text{mL} \\
&= 34.32\text{mL}
\end{aligned}
$$

附　录　A
电极选择参考表
（补充件）

滴定方法	电极系统(指示-参比)	说　　明
1. 水溶液中和法	玻璃-饱和甘汞	(1)玻璃电极：使用前须在水中浸泡 24h 以上，使用后立即清洗，并浸于水中保存 (2)饱和甘汞电极：使用时电极上端小孔的橡皮塞必须拔出，以防止产生扩散电位，影响测定结果。电极内氯化钾溶液中不能有气泡，以防止断路。溶液内应保持有少许氯化钾晶体，以保证氯化钾溶液的饱和。注意电极液络部不被沾污或堵塞，并保证液络部有适当的渗出流速 (3)锑电极：使用前用细沙纸将表面擦亮，使用后应冲洗并擦干
2. 氧化还原法	铂-饱和甘汞 铂-钨	(1)铂电极：使用前应注意电极表面不能有油污物质。必要时可在丙酮或铬酸洗液中浸洗，再用水洗涤干净 (2)钨电极

续表

滴定方法	电极系统(指示-参比)	说明
3. 银量法	银-饱和甘汞	(1)银电极:使用前用细沙纸将表面擦亮,然后浸入含有少量硝酸钠的稀硝酸(1+1)溶液中,直到有气体放出为止,取出用水洗干净 (2)双盐桥型饱和甘汞电极:盐桥套管内装饱和硝酸铵或硝酸钾溶液。其他注意事项与饱和甘汞电极相同
4. 非水溶液酸量法	玻璃-饱和甘汞(冰醋酸作溶剂)	(1)玻璃电极:用法与水溶液中和法相同 (2)双盐桥型饱和甘汞电极:盐桥套管内装饱和氯化钾的无水乙醇溶液。其他注意事项与饱和甘汞电极相同
5. 非水溶液碱量法	玻璃-饱和甘汞(醇或乙腈作溶剂) 锑-玻璃(乙二胺等作溶剂)	(1)玻璃电极和双盐桥型饱和甘汞电极:用法与非水溶液酸量法相同 (2)锑电极:用法与水溶液中和法相同

参 考 文 献

1 国家质量技术监督局职业技能鉴定指导中心组编. 化学检验. 北京：中国计量出版社，2001
2 ISO 3696：1987（E）
3 GB/T 6682—1992
4 全国化学标准化技术委员会试剂分会，中国标准出版社第二编辑室. 化学工业标准汇编-化学试剂 2001. 北京：中国标准出版社，2001
5 杭州大学化学系分析化学教研室编. 分析化学手册. 第一分册. 第二分册. 第二版. 北京：化学工业出版社，1997
6 刘珍主编. 化验员读本-化学分析. 第四版. 北京：化学工业出版社，2004
7 JJG 196—1990
8 JJG 98—1990
9 夏玉宇主编. 化验员实用手册. 北京：化学工业出版社，1999
10 GB 3100～3102—1993
11 JJF 1001—1998
12 鲁绍曾主编. 计量学辞典. 北京：中国计量出版社，1995
13 中国实验室国家认可委员会编. 实验室认可与管理基础知识. 北京：中国计量出版社，2003
14 李云巧. 物理通报，2002，4：1
15 全浩. 标准物质及其应用技术. 北京：中国标准出版社，1990
16 韩永志主编. 标准物质手册. 北京：中国计量出版社，1998
17 JJG 1006—1994
18 中国实验室国家认可委员会编. 化学分析中不确定度的评估指南. 北京：中国计量出版社，2002
19 JJF 1059—1999
20 Li Yunqiao，Tian Guanghui，Shi Naijie etc. el. Accreditation and Quality Assurance. 2002. 7 (3)：115～120
21 李云巧，王东冬. 计量学报，2003，24（4）：348～351
22 崔九思，王钦源等著. 大气污染监测方法. 第二版. 北京：化学工业出版社，1997
23 GB 9724—88
24 北京化学试剂公司编. 化学试剂. 精细化学品手册. 北京：化学工业出版社，2002
25 《通用化工产品分析方法手册》编写组. 通用化工产品分析方法手册. 北京：化学工业出版社，1999
26 GB/T 601—2002
27 GB/T 602—2002
28 GB/T 603—2002
29 GB/T 5413. 1～5413. 32—1997
30 郑淳之主编. 精细化工产品分析方法手册. 北京：化学工业出版社，2002
31 齐文启，孙宗光. 痕量有机污染物的监测. 北京：化学工业出版社，2002
32 中国标准出版社第一编辑室编. 中国食品工业标准汇编. 水果、蔬菜及其制品卷. 北京：中国标准出版社，1999
33 中国标准出版社编. 中国农业标准汇编. 粮油作物卷. 北京：中国标准出版社，1998
34 中国标准出版社第一编辑室编. 中国农业标准汇编. 经济作物卷. 北京：中国标准出版

社，1997

35 中国标准出版社第一编辑室编. 中国农业标准汇编. 饲料卷. 北京：中国标准出版社，2001

36 崔淑文，陈必芳. 饲料标准资料汇编（二）. 北京：中国标准出版社，1993

37 杨曙明，张辉. 饲料中有毒有害物质的控制与测定. 北京：北京农业出版社，1994

38 国家轻工业局行业管理司质量标准处. 中国轻工业标准汇编. 香精与香料卷. 北京：中国标准出版社，1999

39 中国标准出版社. 化学工业标准汇编. 食品添加剂. 北京：中国标准出版社，1996

40 中国标准出版社第一编辑室编. 中国食品工业标准汇编. 食品添加剂卷. 第二版. 北京：中国标准出版社，2001

41 中国标准出版社第一编辑室编. 中国食品工业标准汇编. 罐头食品卷. 北京：中国标准出版社，1997

42 中国标准出版社第一编辑室编. 中国食品工业标准汇编. 肉禽蛋及其制品卷. 北京：中国标准出版社，1999

43 中国轻工总会质量标准部，全国食品发酵标准中心，中国标准出版社第一编辑室. 白酒标准汇编. 北京：中国标准出版社，1998

44 中国轻工总会质量标准部. 中国轻工业标准汇编. 制盐与制糖卷. 北京：中国标准出版社，1999

45 中国标准出版社第一编辑室，国内贸易部科技质量局标准处. 粮油标准汇编. 卫生检验卷. 北京：中国标准出版社，1998

46 全国食品发酵标准中心，中国标准出版社第一编辑室. 中国食品工业标准汇编. 发酵制品卷. 北京：中国标准出版社，2000

47 《中国食品工业标准汇编　焙烤食品、糖制品及相关食品卷》选编组. 中国食品工业标准汇编. 焙烤食品、糖制品及相关食品卷. 北京：中国标准出版社，1998

48 GB/T 5009.1～5009.72—1996

49 GB/T 5009.1～5009.203—2003

50 全国饲料工作办公室，全国饲料工业标准技术委员会，中国饲料工业协会编. 饲料工业标准汇编. 北京：中国标准出版社，1999

51 中国标准出版社第一编辑室编. 农药残留国家标准汇编. 北京：中国标准出版社，1999

52 韩永志主编. 中华人民共和国标准物质目录. 北京：中国计量出版社，2000

索　引

A

B

C

D

E

F

G

H

J

K

L

M

N

R

S

T

W

Y

Z

其他